필기시험과 면접시험을 위한 최고의 지침서!

공조냉동기계기술사
건축기계설비기술사
핵심800제

기술사 신정수 저

 일진사

들어가는 말

공조 · 냉동 및 건축기계설비 분야는 과거보다는 현재와 미래에 더 중요한 학문영역이자 기술영역이라고 생각한다. 즉, 인간에게 없어서는 안 될 그 중요성은 해가 다르게 더해가고 있다. 물(생수)이 흔했던 과거에 물을 사 먹는 미래를 상상하기 힘들었듯이 미래에는 신선한 공기를 얻기 위해 지금보다 훨씬 더 엄청난 비용을 지불해야 할지도 모른다. 기후와 환경에 따라 그 성질과 오염의 정도가 수시로 마술처럼 변화하는 공기를 인간이나 산업현장에 가장 쾌적한 상태로 조절하여 공급할 수 있게 만드는 것은 이 영역에 종사하는 사람들의 몫이다.

저자는 이 분야에 오랜 기간 종사하면서 그간의 경험과 노하우를 집대성해 이 분야에 몸담고 있는 선후배들과 지식을 공유할 필요가 있다고 느꼈고, 어렵게 기술사 시험을 준비하는 수험자들에게 보다 좋은 정보를 제공하겠다는 마음으로 이 책을 펴게 되었다.

이 분야는 공조분야 & 냉동분야 & 기계분야 & 건축설비(건축공학 분야의 내용도 일부 포함) 등이 광범위하게 포함되는 분야로 단순히 몇 권의 책으로 모든 기술을 집대성하기는 어렵지만, 이 분야에 종사하는 분들의 좋은 책들이 모아진다면, 이 분야에 대한 우리나라의 역량도 그만큼 커질 수 있다고 생각한다.

과거에 기술사 시험을 준비하며 공부했던 내용과 저자가 이 분야에 종사하면서 취득한 모든 지식을 집대성해 기쁜 마음으로 책을 펴지만, 한편 이 책이 기술사 시험을 준비하는 분들과 일반 독자들께 좋은 길잡이가 되어줄 수 있을까 하는 두려운 마음이다. 최선을 다하기는 했지만 부족한 점도 있을 것이므로 독자들의 충고를 겸허하게 받아들여 지속적으로 내용을 보완해 나갈 것이다.

기술사 시험에 소요되는 기간은 일반적으로 집중해서 공부 할 때 최소 1년 ~ 최대 3년 정도 소요되며, 회사업무나 개인적인 생업을 병행해서 공부 할 때 보통 2~5년이 소요되는 것으로 알려져 있다. 기술사 준비는 공부에 대한 집중 정도에 따라 취득까지의 소요

기간에 많은 차이가 있다. 만약 회사 일을 병행해야 하는 수험생이라면 회사 일을 제외한 나머지 시간은 오직 기술사 준비에 전념해야 한다. 퇴근 이후의 시간이나 주말에 친구나 가족과 어울리기를 좋아한다면 단기간에 합격하기란 불가능할 것이다.

요즘은 많은 직장에서 주5일 근무제가 시행되고 있어 주말을 잘 활용하는 것이 효과적이라고 할 수 있다. 평일에는 퇴근 이후 1시간이라도 꾸준히 공부하고, 주말을 잘 활용해 진도를 많이 나간다면 회사 일을 하면서도 충분히 시험에 합격할 수 있다. 공부하는 시간에는 TV시청, 잡담 등은 금물이며, 오직 집중해서 공부에만 열중하겠다는 각오로 마음을 다잡아야 한다.

기술사 시험은 보통 장시간이 소요되므로, 처음에는 하루에 몇 시간씩 꾸준히 공부하지만, 나중에는 대부분 바쁜 직장생활 등으로 인해 게을리 하기 쉽다. 기술사 시험은 암기해야 할 내용과 제대로 이해해야 할 내용이 많아 개인의 특출한 능력보다는 꾸준한 노력이 필요하다. 포기하지 않고 꾸준히 그리고 체계적으로 공부한다면, 누구나 언젠가는 기술사가 될 수 있다. 한두 번 응시해 합격하지 못해도 포기하지 않고 꾸준히 자신의 실력을 갈고 닦으면 반드시 좋은 결과가 기다리고 있을 것이다.

이 책을 기술사 시험과 직접적으로 연관지어 수험서로 보아도 되지만, 이 분야에 종사하는 분들이 항상 곁에 두고 오랫동안 참조할 수 있는 좋은 책이 되었으면 하는 바람이다.

저자가 이 책의 대체적 내용 정도의 지식을 가졌을 그 당시, 새로이 출제되는 기술사 문제에 '나도 합격할 자신이 있다'는 자신감과 확신이 생겼던 것을 보면 분명 수험생 여러분도 이 책을 벗삼아 열심히 학습한다면 기술사 자격취득이 충분히 가능하다고 말하고 싶다.

끝으로 이 책이 완성되기까지 수고하신 도서출판 **일진사** 임직원 여러분, 남재욱 기술사님, 강종주 기술사님, 주종상 기술사님, 송영헌 원장님, 김태원 원장님, 정은재 원장님, 김선혜 교수님, 김지홍 교수님 그리고 (주)제이앤지 박종우 대표이사님께 깊은 감사를 전한다. 그리고 원고가 끝날 때까지 항상 옆에서 많은 도움을 아끼지 않았던 나의 아내 서현, 딸 이나, 아들 주홍에게도 다시 한 번 고마움을 전한다.

신정수 드림

이 책의 특징

1. 논리적이고 체계적인 문제풀이

기술사 관련 서적들은 그 다루는 기술지식의 범위가 아주 광범위하기 때문에 내용을 이해하는데 상당한 혼란이 가중될 수 있으므로, 논리적이고 체계적인 구성이 될 수 있도록 최선을 다 하였다.

2. 각 문항별 '문제풀이 요령' 및 '칼럼' 별첨

많은 문제의 후반부에는 '문제풀이 요령'을 첨부해 핵심적인 지침이나 실전에서 문제를 풀어나갈 수 있는 요령을 쉽게 이해할 수 있도록 설명한 부분은 이 책의 가장 큰 특징 중 하나이며, 이 부분을 위주로 잘 이해하고 시험에서 살을 붙여 논술한다면, 무난히 높은 점수를 받을 수 있도록 최선을 다하였다. 특히 2차 면접시험에서는 이 부분만 제대로 읽고 응시하여도 좋은 결과가 나올 수 있도록 심혈을 기울여 작성하였다.

또, 중요 문제나 추가적인 설명이 필요한 문제에는 '칼럼'을 추가하여 좀 더 심화된 학습이 가능하게 하였다.

3. 합리적인 단원구성

책의 단원을 크게 3편(공통부분, 공조냉동기계, 건축기계설비)으로 나누어 엮음으로써, 공조냉동기계 기술사를 준비하는 수험자와 건축기계설비 기술사를 준비하는 수험자의 학습영역을 명확히 구분하였다. 이는 두 가지 기술사 자격을 모두 취득하고자 하는 수험자에게도 단계적 공부가 가능해져 많은 도움이 될 것이다.

4. 2차 문제 내용도 풍부하게 수록

① 1차 문제와 2차 문제는 내용상 거의 유사해 별도로 구분하여 기술하면, 같은 문제가 다른 문제로 보일 수 있으므로 한 문제 내에 통합해 설명하였다.

② 2차 문제도 1차 문제에 접목시켜 동시에 통합적으로 이해할 수 있도록 함으로써 과거 1차 시험 준비 시 공부했던 내용과 연관지어 보다 쉽게 공부할 수 있도록 하였다.

③ 2차 문제는 책 후미에 별도로 리스트되어 있고, 각 문제별 자세한 해설의 위치(문제 번호)를 표기해 두었으므로 쉽게 2차를 대비할 수 있을 것이다.

④ 이 한권의 책으로 1차뿐만 아니라 2차 면접시험까지 제대로 대비할 수 있도록 내용을 준비했다.

5. 중요한 문제는 별도 표기

각 문제의 출제빈도는 문제의 첫 머리에 별표(★★★, ★★☆, ★☆☆)로 구분하여 표현하여 참고할 수 있게 하였다.

　★★★ : 아주 자주 출제되는 문제

　★★☆ : 다소 빈번하게 출제되는 문제

　★☆☆ : 가끔 출제되는 문제

6. 실전에 가장 가까운 시험 준비서

다년간 출제되어온 문제들을 새로운 감각으로 풀이해, 책의 문제를 풀어보는 과정에서 자연스럽게 실전에 대비할 수 있도록 하였다. 특히 최근 출제된 문제들의 해설 위치(문제번호)를 이 책의 후미에 직접 표기해 두었으므로, 최근 출제 경향에 맞추어 쉽게 공부할 수 있을 것이다(1차 문제 및 2차 문제).

7. 방대한 자료와 깊이 있는 내용

기술사 시험 준비 관련 모든 기술 내용들이 이 한권의 책에 집대성되어 녹아있도록 하기 위해 심혈을 기울였다. 약 50여 권 이상의 협회지, 논문, 공조냉동관련 서적, 과거 20년 이상의 시험문제 총화, 인터넷 자료 등을 총망라해 분석하였고 시험만이 아닌 지식의 집대성을 이루기 위한 서적으로 꾸몄으며, 이론적 깊이를 중요시하여 각 문제풀이에 핵심적 기술 원리를 중요히 다루었다.

8. 공조냉동기계 분야와 건축기계설비 분야의 문제 구분

공조냉동기계 기술사 분야와 건축기계설비 기술사 분야는 그 기술 내용이 상당부분 겹칠 수 있으므로, 이 책을 공통부분, 공조냉동기계, 건축기계설비의 세 부분으로 크게 대별하였고, '공통부분'의 비중을 상당히 늘려잡아 앞으로 치러질 시험문제들의 대부분이 이 책의 그물망에 걸려들 수 있도록 노력하였다.

9. 일부 문제는 통합문제로 구성

단답식으로 흩어져 있는 여러 문제들은 이해를 돕고 일관성 있게 공부할 수 있도록 하기 위해 몇 개의 문제군으로 나누고 유사 문제끼리 한 문제로 통합해 설명함으로써 학습 시 문제 간 혼돈이 적도록 배려하였다(그래서 한 문제의 해설이 많이 길어져 있는 경우도 있다).

10. 깊이 있는 문제풀이

대분류된 각 문제를 기준으로 세세한 내용까지 자세히 담아, 깊이 있는 풀이가 될 수 있도록 하였다. 역시 가장 중요시한 것은 기술원리, 기술분류 등이지만 세부적인 여러 가지 기술 내용들도 중요하다고 판단되면, 해당 문제에 포함시켜 같이 설명하였다.

11. 계통도, 그림, 그래프 등 다수 추가

각 문제풀이의 이해를 돕기 위해 계통도, 그림, 그래프 등을 많이 추가하였다. 실전에서의 시험 답안 시 계통도 등을 잘 그려서 표현하면 더 효과적으로 시험 채점관에게 어필할 수 있을 것이다.

12. 핵심용어 위주의 공부 가능

문제 풀이 시 핵심용어 및 어휘를 많이 기술해야 좋은 점수 취득이 가능하므로, 핵심용어 및 어휘를 각 문제풀이 소항목의 제목으로 표기해 핵심용어가 오래 기억될 수 있도록 배려하였다. 또 이렇게 표현된 핵심용어들은 책 뒤편의 색인에서 쉽게 찾을 수 있도록 하였다.

향후 이 책으로 어느 정도 공부한 후 색인쪽을 한번 훑어보았을 때, 각 용어의 정의와 주요 기술 내용이 바로바로 떠오른다면 시험의 합격수준이 가까워졌다는 신호가 될 수 있다.

13. 색인 첨부

영문 및 국문으로 체계적으로 정리하였으므로, 학습 시 효과적인 공부를 위해 수시로 활용하는 것이 바람직하다. 또한 영어로 된 약자 및 어휘도 상당히 중요하고 시험에 잘 출제된다는 것을 명심해야 한다.

14. 내용상 생략된 부분

실제 수험장에서 답안 작성 중 본인의 경험, 본인의 의견 등을 추가로 작성하는 경우가 있는데 이는 개인에 따라 모두 다를 수 있어 이 책에서는 생략하였으므로, 시험을 준비하는 분들은 각자가 각 문제에 해당하는 본인의 다양한 경험적 내용들이 있다면 정리해 볼 필요가 있다. 물론, '본인의 경험', '본인의 의견' 등이 답안 작성 시 필수사항은 아니지만 잘만 작성된다면 가점도 가능하다.

15. 내용상 추가된 부분

단답형 문제의 경우, 짧게 반 페이지 정도의 답안을 작성할 수도 있겠으나, 단답형 문제가 논술형 문제 형식으로도 많이 출제될 수 있으므로 필요시 길게 해설을 덧붙였다. 또 상호 연관되는 몇 개의 문제들을 한 번에 쉽게 공부할 수 있도록 해설을 길게 해놓은 경우도 있다.

16. '광범위한 활용' 가능

이 책은 기술사를 준비하는 수험생뿐 아니라 공조, 냉동, 기계설비, 에너지 분야의 전반적 기술서적이 필요한 모든 단체, 기관, 학계에서도 활용할 수 있게 하기 위해서 이해가 쉽고 효율적으로 최신 기술을 습득할 수 있도록 최선을 다 하였으며, 또한 지속적으로 증보해 나갈 것을 약속드립니다.

17. 단위(Unit)의 용이한 학습

책 전체적으로 SI 단위를 기본으로 사용하되, 공학단위도 같이 참조할 수 있게 추가하였으므로, 단위의 환산문제나 계산문제를 충분히 대비할 수 있게 하였다.

18. 기출문제 및 예상문제

최근 시행된 기출문제 풀이와 출제 가능성이 높은 엄선된 예상문제를 통한 워밍업을 할 수 있도록 책의 맨 후미에 기출문제와 예상문제를 각각 추가하였다. 먼저 책의 본문 내용을 충실히 학습한 후 마지막으로 이들 문제를 풀어본다면 실전에서 당황하지 않고 차분하게 문제를 풀어나갈 수 있을 것이다.

기술사 시험 대비 요령

1. 기술 지식의 깊이 못지않게 지식의 양도 중요하다

기술사 시험에 합격하려면 4개 교시 평균 60점 이상을 취득해야 하는데 이는 그렇게 쉽지만은 않다. 1교시는 13문제(10문제 선택)로 단답형이 출제되고, 2교시부터 4교시까지는 6문제씩(각 교시 4문제 선택) 출제되는데 자기가 선택한 문제는 거의 완벽은 아니더라도 전문가 수준으로 답변해야 합격할 수 있는 정도이다. 출제된 문제에 모두 답하는 것이 아니라 선택하여 답하는 것이므로 쉽게 생각할 수 있겠지만, 실제 출제자가 의도하는 답변을 정확히 기술한다는 것은 생각만큼 그리 쉬운 문제가 아니다. 특히 1교시의 경우, 13문제 중 10문제를 제대로 답하기란 쉽지 않으며, 1문제를 놓쳐도 감점이 크다.

2. 정의와 종류에 익숙하라

대부분의 기술사 시험문제는 각 전문용어의 정의와 종류 등을 가장 많이 묻는다. 그러므로 이 점에 초점을 맞추어 정확한 각 용어의 정의와 세부적인 기술의 종류를 집중적으로 공부하는 것이 좋다. 예를 들어, '바닥취출 공조의 정의와 종류를 설명하시오' 라는 식으로 출제되는 문제가 많다.

3. 평소 쓰는 연습을 많이 하라

머리로만 공부하면 막상 시험장에서 표현력이나 응용력이 잘 발휘되지 않는다. 아는 문제도 막히고, 조금만 돌려서 문제가 출제되어도 막막할 때가 많다. 평소에 답안을 직접 써가면서 실전에 가깝게 문제풀이 연습을 해두어야 시험장에서 혼돈이 적고, 확실하게 문제풀이 하는데 도움이 된다.

4. 독창성 있는 기술내용 추가

자신이 경험한 다양한 현장 경험과 주특기인 기술의 내용을 책의 내용과 접목시켜, 독창성 있게 정리 및 기술한다면 더 훌륭한 답안 작성이 가능하다. 비록 맞는 답이라고 해도 수험자 대부분이 천편일률적으로 작성할 수 있는 평이한 내용의 답이라면 높은 점수를 받기 어려우며, 이 경우 대개는 50~60점 미만의 점수가 나올 것으로 예상된다.

5. 시사성 있는 문제 대비

시사성 있는 최근 업계동향 및 기술 트렌드에 대한 문제를 대비해 최근의 각종 협회지, 학술지 등을 여러 번 읽어두거나 요약해두는 것이 좋다. 특히 신기술 및 신공법에 대한 사항은 인터넷, 학회지 및 협회지 등을 통해 반드시 요약해 두는 것이 좋다.

6. 포기 없는 도전!

일반적으로 시험 준비 중 한두 번 낙방하면 실망하여 포기하기가 쉽다. 무엇보다 중요한 것은 단시간에 많은 양을 집중적으로 공부해 승부를 걸기보다는 시간을 가지고 자신을 잘 다스려 도중에 어려움이 있더라도 낙심하지 말고, 꾸준히 그리고 근성 있게 도전하는 것이 좋다. 물론 회사에 다니거나, 생업에 종사할 필요 없이 기술사 시험준비에만 전념할 수 있는 상황이라면, 단기간에 집중적으로 공부하여 목표 달성을 위해 도전하는 것도 하나의 방법이 될 수 있을 것이다.

시험 전·후 주의사항 및 답안작성 요령

 ## 시험 전 주의사항

1. 시험 전날 숙면 및 컨디션 관리

개인 차이는 있겠지만, 시험 전날 잠을 푹 자두어야 시험 당일 두뇌 활동이 좋아져 좋은 성적을 낼 수 있다. 또 평소 체력관리를 통해 좋은 컨디션 유지를 위해 노력하는 것이 좋으며, 특히 감기, 독감 등에 걸리지 않도록 주의가 필요하다. 시험 당일에는 온종일 답안을 작성해야하므로 체력과 컨디션이 무척 중요하다.

2. 요약수첩이나 필요서적 지참

시험 응시 중 쉬는 시간, 점심시간 등 공부할 수 있는 자투리 시간이 생길 수 있으니, 요약수첩이나 필요한 서적은 시험장으로 출발하기 전에 미리 챙기는 것이 좋다.

3. 계산기는 평소 사용하던 것으로 지참

계산문제 풀이는 평소 자주 사용하여 손에 익숙한 계산기를 사용해야 계산이 용이하므로, 시험 당일 새로운 계산기나 빌려온 계산기를 지참하는 것은 가능한 피하는 것이 좋다.

4. 자신에게 맞는 필기도구 준비

시험 당일 거의 하루 종일 시험을 치르므로, 시험을 모두 치르고 나면 팔이 무척 아프다. 본인의 필기 스타일에 잘 맞는 필기도구가 다소 도움이 된다. 특히 겨울철 시험 때에는 손이 얼어 글씨 쓰기가 힘들므로 손난로 같은 것을 지참하는 것도 도움이 될 것이다.

5. 시계, 점심 등 준비

시험장소는 주로 학교건물이고, 시계가 없는 경우도 있으므로(핸드폰 회수), 각 문제당 시간 안배를 위해 시계를 지참하는 것이 좋다. 또 점심식사를 할 곳이 마땅하지 않을 수 있으니 미리 김밥이나 도시락 등을 준비하는 것도 좋다.

6. 시험 시작 직전

매 교시 직전 화장실에 미리 다녀오는 것이 좋으며, 당일 아침 물을 너무 많이 마시는 것은 또한 좋지 않다. 매 교시 전반 50분간은 생리적 용무가 있어도 시험장 밖으로 나올 수 없다.

7. 편안한 마음가짐

반드시 시험에 합격해야 한다는 마음보다는 '아는 만큼 답안을 작성한다'는 다소 가벼운 마음가짐이 좋다. 너무 부담을 가지면 응용력이나 창의적 표현력이 다소 떨어질 수 있고, 시험 도중 쉽게 피로해질 수 있다.

 답안 작성 요령

1. 항목 나누기에 익숙하라

특히 논술문제의 경우 ① 개요 혹은 정의, ② 종류 및 특징(장단점), ③ 응용사례, ④ 결론 혹은 향후 전망 등의 순으로 질문내용에 대해 세부적으로 항목을 나누어 설명하는 것이 좋은 점수 취득을 위해 효과적인 방법이다. 너무 산문식으로 복잡하게 기술하는 것은 좋지 않다.

2. 논리적이고 체계적으로 기술하라

모든 문장은 간략하면서도 체계적으로 기술하는 것이 효과적이다. 즉 핵심용어나 핵심 어휘 위주로 논리적으로 서술하는 것이 좋다.

3. 응용력을 가져라

과거 기출문제와 똑같은 문제는 적지만, 유사문제는 매우 많으니, 처음 보는 문제를 대하더라도 당황하지 말고, 과거에 출제되었던 유사문제에서 힌트를 얻어 잘 기술할 수 있도록 노력해야 한다.

4. 계산문제는 가능한 놓치지 말라

계산문제는 맞으면 만점, 틀리면 0점인 경우가 많으므로 점수를 획득하기가 오히려 유리한 기회이다.

5. 시간 안배가 중요

기술사 시험을 치른다는 것은 어떤 의미에서 시간과의 전쟁을 뜻한다. 주어진 문제를 주어진 시간 내에 어떻게 가장 완벽하고 충분하게 풀어내느냐 하는 것이 중요하다. 시험의 매 교시마다 시간이 충분히 남아 먼저 나오는 사람은 대개 시험에 낙방하는 경우가 많다. 기술사 시험은 전문 분야에 대한 깊이 있는 지식을 객관식이 아닌 주관식으로 묻는 문제이므로, 가능한 질문에 대한 정확하고 풍부한 내용으로 문제를 풀어나가야 한다.

6. 답안작성의 분량

대개 매 교시 8~9페이지 정도의 분량으로 문제를 풀면 무난할 것으로 보인다. 너무 짧으면 답안이 불충분하게 보이기 쉽고, 너무 길게 작성하면 내용상 부정확한 내용을 많이 포함하거나, 핵심적인 내용을 밀도 있게 설명하기가 어려울 수 있다. 그러나 대개는 적은 분량의 답안보다는 많은 분량의 답안 작성이 훨씬 유리하다.

7. 답안 작성 시 핵심 용어 많이 구사

문제풀이 시 핵심 용어를 많이 기술하면 좋은 점수를 받는데 도움이 된다. 같은 답이라도 중요 용어나 핵심 단어가 많이 포함되어 있으면 채점관에게 보다 잘 어필할 수 있다.

8. 본인의 경험, 향후 전망 혹은 문제의 결론 등 추가

답안의 마지막 부분에 본인의 경험, 향후 전망 혹은 문제의 결론 등을 많이 추가해 놓으면 보다 효과적으로 자신의 실력과 전문성을 표현할 수 있다.

9. 도표, 그림, 그래프, 계산 수식 등의 활용

답안 구성은 도표, 그림, 그래프, 계산 수식 등 자신의 지식을 표현할 수 있는 모든 방법을 총동원하여 가급적 내용이 풍부하고, 매력적으로 작성하는 것이 좋다.

10. 한 눈에 들어오는 답안 구성

채점위원이 답안을 훑어보는데 소요되는 시간은 극히 짧기 때문에 이 짧은 시간 동안 채점위원에게 자기 답안의 첫인상, 논리성, 출제의도 반영성, 응용능력, 특화의 정도, 견해 제시력 등을 보여주어야 한다.

11. 자신감 있는 견해 피력

채점위원은 답안 작성자의 탁월한 견해를 기다리고 있는지도 모른다. 보편 타당한 논지에서 벗어난 엉뚱한 논지가 아닌 사회적으로 수용이 가능한 견해이면서도 답안 작성자의 신념이 묻어 있고, 전문가로서의 체취가 물신 풍기는 답안이 더욱 좋다.

12. 원어(영어) 혹은 한자 쓰기에 너무 소홀해서도 안 된다

답변을 기술할 때 한자를 적절히 섞어 쓰는 것도 좋은 방법이기는 하지만 필수사항은 아니며, 한자를 전혀 쓰지 않고도 합격하는데 크게 문제없으니, 한자에 약하다고 너무 걱정할 필요는 없다. 단 전문용어는 원어(대부분은 영어)로 표현하는 것이 훨씬 유리하다.

13. 글씨는 가능한 잘 써라

글씨를 아주 예쁘게 쓸 필요까지는 없지만, 또박 또박 알아보기 쉽게 쓰는 것이 좋다. 아무래도 채점 시 읽기 쉬운 답안이 채점관에게 의미 전달이 잘 되기 때문이다.

14. 동떨어진 답안은 금물

출제자가 요구하는 정확한 답을 쓰는 것이 가장 좋지만, 간혹 정답이 잘 생각나지 않으면, 본인이 생각하는 최선의 답안으로 어필할 수 있다. 그러나 너무 동떨어진 답을 쓰거나 전혀 관계없는 내용으로 답안을 작성하면, 올바르게 작성된 답안의 내용까지도 불신을 받을 가능성이 있으니 각별히 주의해야 한다.

1차 시험 직후 주의사항

1. 1차 시험 후에도 지속적 학습

1차 시험을 단 한 번에 합격하기는 무척 힘들므로, 1차 시험이 끝났다고 공부를 중지하면, 빠른 속도로 그동안 공부했던 내용을 잊어버리므로, 지속적으로 공부하는 것이 좋다. 더군다나 1차 시험에 합격하더라도, 1차 합격자 발표 약 한달 후 다시 2차 시험에 응시해야하므로, 꾸준히 연속적으로 공부하는 것이 필요하다.

2. 1차 시험 후 난이 문제 정답풀이

시험을 치를 때 좀 난해했던 문제나 제대로 답안을 작성하지 못한 문제에 대해서는 귀가 후 바로 정답을 풀어보거나 빠른 시일 내에 정답을 풀어보는 것이 좋다. 시기를 놓치면 기억이 가물가물해져 학습효과가 떨어진다. 이는 면접시험에도 도움을 준다.

3. 취약점 보완

1차 필기시험 후 필기시험 합격여부 발표일까지는 상당한 시간(약 40~50일)이 소요되므로, 발표 때까지 기다리는 것보다는 당 차수 응시에서의 잘한 점, 못한 점, 본인의 취약점 등을 잘 따져보고 보완한 후 1차 시험이든 2차 시험이든 향후의 시험을 대비하는 것이 좋다.

 2차 면접시험 준비요령

1. 전문적이고 구체적인 기술내용 질문

2차 시험은 과거 두 사람의 면접관(교수 혹은 기술사)이 주로 보았으나, 2006년부터는 세 사람의 면접관이 각자 자신의 전문분야 위주로 질문한다. 전문성이 좀 더 강화되었으므로, 과거처럼 일반적인 질문보다는 전문적이고 구체적인 기술 내용을 묻는 경우가 많다.

2. 질문내용은 1차 시험 문제와 유사

1차 시험과 2차 시험은 내용상 흡사하므로, 공부 방법도 거의 동일하다. 단지 글로 쓰느냐, 말로 표현하느냐의 차이는 있으나, 기술사 시험 정도에 응시하려면 사회적 실제 경험이 상당히 많기 때문에 본인이 알고 있는 기술을 말로 적절히 표현할 수 있는 능력은 다들 어느 정도 갖추어졌다고 보기 때문에 2차 시험의 관건은 실력 그 자체로 보아야 한다.

3. 2차 시험이 1차 시험과 다른 특징

① 장문(長文)의 논술이 아닌 단답형 문제가 많다.

② 단답형의 문제가 많으므로 정보의 양이 대단히 중요하다. 2차 시험에서는 답변의 깊이보다는 오히려 기술지식의 절대적인 양(폭넓은 지식)이 더 중요할 것 같다.

③ 대화식으로 하나의 질문에 대답하면 꼬리에 꼬리를 물고 질문하므로 잘 모르면 모른다고 정확히 답변을 하는 것이 좋다. 그래야 해당 문제를 건너뛰고, 다음 문제로 넘어간다.

④ 1차 시험에서와 동일하게 기존 문제 혹은 유사 문제에서도 많이 출제되므로 기출문제를 많이 풀어보는 것이 좋다.

기술사 시험 진행 규칙

 1차 시험

① 시험감독은 대개 2명이 배치되고, 시험 중 각자 답안지에 Sign을 해주며(반드시 시험감독(두 사람) 모두의 Sign이 있어야 함), 시험 시 주의사항 설명, 부정행위 감독, 시험지 및 답안지 배포 및 회수 등을 담당한다.

② 메모리가 큰 전자계산기는 사용할 수 없게 되어 있다(사용할 수 없는 전자계산기의 구체적 모델명 공개).

③ 1교시는 13문제 중 10문제를 선택하여 답하게 되어 있으며, 주로 단답형 혹은 간단한 계산문제 형식으로 출제된다. 2교시부터 4교시까지는 각 교시 여섯 문제 중 4문제를 선택해 답하면 된다. 출제된 문제의 번호 순서에 상관없이 자기가 자신 있는 문제부터 임의의 순으로 답하면 된다.

④ 오전 첫째 교시(100분)와 둘째 교시(100분)를 치르고 나면 점심식사 후 대개 책상을 바꾼다(부정행위 방지의 일환).

⑤ 매 교시 100분 중 50분이 지나면 시험을 마치고 밖으로 나올 수 있다. 즉 매 교시 시험을 모두 풀었다 해도 50분이 경과하기 전에는 시험실 밖으로 나올 수 없다.

⑥ 과거에는 매 교시 시험 완료 후 답안지와 문제지를 함께 회수해 갔으나, 요즘은 답안지만 회수하고, 문제지는 개인이 소지할 수 있다. 물론 합격자 발표 후에는 인터넷상으로도 문제를 공개한다.

⑦ 답안지는 한 페이지당 26칸으로 양면 12페이지로 구성되어 있고, 종이의 질이 매우 좋으며, 시험지가 모자라는 일은 거의 없으므로 걱정할 필요는 없다. 매 교시 쉬지 않고 계속적으로 답안을 작성해도 대개는 10페이지 정도 밖에 작성할 수 없다.

⑧ 총 400점 중 240점(즉 평균 60점) 이상이면 합격이다. (단, 상대평가 여부에 대한 정확한 정보는 없다.)

⑨ 필기도구는 흑색 볼펜을 사용하는 것이 원칙이며, 1교시부터 4교시까지 동일한 필기도구를 사용하도록 하고 있다.

⑩ 답안지에 문제의 앞부분 일부를 옮겨 적거나, 문제 전체를 모두 옮겨 적은 후 그 아래에 답안을 쓰면 된다.

⑪ 한 문제의 풀이가 끝나면 "끝"이라 기록하고, 2줄을 띄운 후, 다음 문제 풀이에 들어간다.

⑫ 마지막 문제 풀이가 끝나면 "끝"을 기록하고, 그 다음 줄에 "이하 여백"이라고 기록한다.

⑬ 답안지에 밑줄이나 이상한 표기 등을 하는 경우 실격이 될 수 있다.

⑭ 잘못된 내용은 두 줄로 선을 긋기만 하면 된다. 필요 이상으로 새까맣게 지우거나 이상한 표기는 하지 말아야 한다.

2차 면접시험 진행규칙 및 요령

① 2차 시험 일자 및 장소
- 장소 : 서울 마포구 공덕동 산업인력관리공단 경인본부 10층 강당
- 일자 : 면접 1주일 전에 공단 각 사무소 및 전화안내 서비스, PC통신에서 개인별 공지
- 면접시간 : 09:00~12:00(오전), 13:00~15:30(오후), 15:30~18:00(오후), 동절기는 1시간 단축

② 면접시험 복장
  복장은 정해져 있지 않지만 단정하게 보이기 위해 정장으로 차려입는 것이 좋다.

③ 1차 합격자들을 오전반(8 : 30)과 오후반(12 : 30, 15 : 00)으로 나눠 집합시킨다.

④ 집합 후 약 30분가량 출석을 부르고 진행자가 응시요령, 주의점 등에 대해 설명한 후 곧바로 출석을 부른 순서대로 구술시험(강당)에 들어간다.

⑤ 종목마다, 응시자마다 집합 날짜와 시간이 다르게 통보된다.

⑥ 심사 Booth가 강당에 약 12개 정도 있어 12종목이 동시에 진행된다.

⑦ 2차 시험 역시 60점 이상 취득하면 합격조건이 된다.

⑧ 시험 소요시간은 20~40분 정도이며, 개인당 출제문제(구술)는 약 10~25문제 정도이다.

⑨ 일반적으로 2차 심사위원과 1차 필기문제의 출제위원 및 채점위원들은 모두 동일인
이 아닌 것으로 알려져 있다.

⑩ 합격기준은 실무경력, 1차 필기시험 점수, 자질, 2차 면접시험 점수 등으로 평가하
지만, 2차 면접시험 점수가 가장 중요하다.

⑪ 한 종목당 오전에 7~8명을 심사하고 오후엔 12명 정도를 심사하게 되므로 Booth당
최대 심사 가능한 인원은 하루에 고작 20여 명에 불과하다.

⑫ 강당 밖에서 대기하다가 자기 차례가 호명되면 그때 강당으로 입실하여 자기 종목
에 해당하는 Booth에 들어가 심사를 받는다.

⑬ 응시장(강당)에는 아무것도 들고 들어갈 수 없다. 즉 일체의 부가적, 보충적인 설명
자료의 지참이 불가능하므로 공식적인 제출서류(공단 양식의 경력증명서 등)를 성의
있고, 상세하게 작성하는 것이 중요하다.

⑭ 구술시험이 끝난 응시자는 곧바로 퇴장(귀가)해야 하므로, 대기 중인 응시자와 정
보를 주고받는 경우가 있어서는 안 된다.

⑮ 면접은 전문 기술지식과 더불어 응시자의 자질과 인품에 대해서도 평가함을 명심
해야 한다. 면접 중 항상 품위를 잃지 않는 자세로 답하는 것이 좋다.

⑯ 필기도구를 지참하여 정확한 질문의 요지를 메모해가면서 답변하는 것이 효과적이다.

⑰ 시종일관 밝은 표정을 유지하는 것이 좋으며, 부정적인 답변 자세보다는 긍정적인
답변 자세가 필요하다.

⑱ 면접관 앞에서는 떨지 말고 침착하고 편안한 마음으로 답변하되 말의 말미에는
'~라고 생각합니다.' 또는 '~라고 봅니다.'라고 답하는 것이 좋다.

▶기타의 상세한 시험정보, 기출문제 및 응시방법은 아래의 한국산업인력공단 홈페이지를
참조한다.

• 한국산업인력공단 홈페이지

　　http://www.q-net.or.kr
　　http://www.hrdkorea.or.kr

공조냉동기계기술사 / 건축기계설비기술사 출제기준

◎ **필기시험 (공조냉동기계기술사)**

직무 분야	기계	중직무 분야	기계장비 설비ㆍ설치	자격 종목	공조냉동기계기술사	적용 기간	2019. 1. 1. ~

○ 직무내용 : 공조냉동기계(공기조화 및 냉동장치) 및 응용분야에 관한 고도의 전문지식과 실무경험에 입각한 계획, 연구, 설계, 분석, 시험, 운영, 시공, 평가 또는 이에 관한 지도, 감리 등의 직무 수행

검정방법	단답형/주관식 논문형	시험시간	400분 (1교시당 100분)

시험과목	주요항목	세부항목
냉난방장치, 냉동기, 공기조화장치, 그 밖에 냉난방 및 냉동기계에 관한 사항	1. 설비공학 이해	(1) 단위 및 물리상수 (2) 열공학 기초 (3) 유체역학 및 유체기계 (4) 열원 및 공조설비의 제어 (5) 실내환경 및 쾌적성 (6) 설비관련 시뮬레이션 (7) 공조냉동 설비 재료
	2. 공기조화	(1) 공기조화의 개념 (2) 공기조화 계획 (3) 공기조화 방식 (4) 공조부하 및 계산 (5) 습공기 및 공기선도
	3. 공조기기 및 응용	(1) 열원기기 (2) 공조기 (3) 순환계통의 기기 (4) 덕트 계통 및 설계 (5) 수배관 계통 및 설계 (6) 증기 및 기타 배관 (7) 가습기 및 필터 (8) 공조 소음 및 진동
	4. 환기 및 공기청정	(1) 환기의 목적 (2) 환기방식의 분류 (3) 제연 (4) 환기 계통 및 설계 (5) 클린룸 (6) 공기청정장치 (7) 실내 공기질 관리
	5. 냉동이론	(1) 냉동 사이클 (2) 증기압축식 냉동 (3) 흡수식 냉동 (4) 기타 냉동 방식(흡착식, 전자식 등) (5) 냉매 및 브라인
	6. 냉동기기	(1) 압축기 (2) 응축기 (3) 증발기 (4) 팽창밸브 (5) 냉각탑 (6) 기타 냉동장치 및 기기
	7. 냉동응용	(1) 냉동부하계산 (2) 냉동ㆍ냉장 창고 (3) 열펌프 (4) 냉온수기 (5) 운송 및 특수냉동 설비
	8. 에너지ㆍ환경	(1) 신재생에너지 (2) 에너지 절감안 도출 (3) 에너지계획 수립 (4) 친환경에너지계획 수립 (5) 녹색건축물 인증 계획 수립 (6) 온실가스 감축 (7) 에너지 사용 측정 및 검증
	9. 시공, 유지 보수 및 관리	(1) 시공계획 수립 (2) 건설사업관리 (3) 설치검사 (4) 빌딩 커미셔닝 (5) TAB (6) 유지보수계획 및 관리
	10. 공조ㆍ냉동 관련 규정, 제도, 기타	(1) 에너지 평가 (2) 신기술 인증관련 (3) 경제성 평가(VE) (4) 에너지관리 (5) 설비관련 법령의 이해

◈ 면접시험 (공조냉동기계기술사)

직무 분야	기계	중직무 분야	기계장비 설비 · 설치	자격 종목	공조냉동기계기술사	적용 기간	2019. 1. 1. ~

O 직무내용 : 공조냉동기계(공기조화 및 냉동장치) 및 응용분야에 관한 고도의 전문지식과 실무경험에 입각한 계획, 연구, 설계, 분석, 시험, 운영, 시공, 평가 또는 이에 관한 지도, 감리 등의 직무 수행

검정방법	구술형 면접	시험시간	15~30분 내외

면접항목	주요항목	세부항목
냉난방장치, 냉동기, 공기조화장치, 그 밖에 냉난방 및 냉동기계에 관한 전문지식 / 기술	1. 설비공학 이해	(1) 단위 및 물리상수　　　(2) 열공학 기초 (3) 유체역학 및 유체기계 (4) 열원 및 공조설비의 제어 (5) 실내환경 및 쾌적성　　(6) 설비관련 시뮬레이션 (7) 공조냉동 설비 재료
	2. 공기조화	(1) 공기조화의 개념　　　(2) 공기조화 계획 (3) 공기조화 방식　　　　(4) 공조부하 및 계산 (5) 습공기 및 공기선도
	3. 공조기기 및 응용	(1) 열원기기　　　　　　(2) 공조기 (3) 순환계통의 기기　　　(4) 덕트 계통 및 설계 (5) 수배관 계통 및 설계　(6) 증기 및 기타 배관 (7) 가습기 및 필터　　　(8) 공조 소음 및 진동
	4. 환기 및 공기청정	(1) 환기의 목적　　　　　(2) 환기방식의 분류 (3) 제연　　　　　　　　(4) 환기 계통 및 설계 (5) 클린룸　　　　　　　(6) 공기청정장치 (7) 실내 공기질 관리
	5. 냉동이론	(1) 냉동 사이클　　　　　(2) 증기압축식 냉동 (3) 흡수식 냉동 (4) 기타 냉동 방식(흡착식, 전자식 등) (5) 냉매 및 브라인
	6. 냉동기기	(1) 압축기　　　　　　　(2) 응축기 (3) 증발기　　　　　　　(4) 팽창밸브 (5) 냉각탑　　　　　　(6) 기타 냉동장치 및 기기
	7. 냉동응용	(1) 냉동부하계산　　　　(2) 냉동 · 냉장 창고 (3) 열펌프　　　　　　　(4) 냉온수기 (5) 운송 및 특수냉동 설비
	8. 에너지 · 환경	(1) 신재생에너지　　　　(2) 에너지 절감안 도출 (3) 에너지계획 수립　　(4) 친환경에너지계획 수립 (5) 녹색건축물 인증 계획 수립 (6) 온실가스 감축 (7) 에너지 사용 측정 및 검증
	9. 시공, 유지 보수 및 관리	(1) 시공계획 수립　　　　(2) 건설사업관리 (3) 설치검사　　　　　　(4) 빌딩 커미셔닝 (5) TAB　　　　　　　(6) 유지보수계획 및 관리
	10. 공조 · 냉동 관련 규정, 제도, 기타	(1) 에너지 평가　　　　　(2) 신기술 인증관련 (3) 경제성 평가(VE)　　(4) 에너지관리 (5) 설비관련 법령의 이해
품위 및 자질	11. 기술사로서 품위 및 자질	(1) 기술사 갖추어야 할 주된 자질, 사명감, 인성 (2) 기술사 자기개발 과제

❂ 필기시험 (건축기계설비기술사)

직무 분야	건설	중직무 분야	건축	자격 종목	건축기계설비기술사	적용 기간	2019. 1. 1. ~
○ 직무내용 : 건축설비분야에 관한 고도의 전문지식과 실무경험에 입각한 계획, 연구, 설계, 분석, 시험, 운영, 　　시공, 평가, 진단, 감리(사업관리) 또는 이에 관한 지도 등의 기술업무 수행							
검정방법		단답형/주관식 논문형			시험시간		400분 (1교시당 100분)

시험과목	주요항목	세부항목
건축기계설비의 계 획과 설계, 감리 및 유지관리 등 기타 건축기계설비에 관 한 사항	1. 건축기계설비관련 공학기본 사항	(1) 열역학　(2) 유체역학　(3) 열전달　(4) 건축환경 (5) 습증기 및 유체의 물리적 성질
	2. 공기조화 설비	(1) 부하계산　(2) 냉·난방설비　(3) 공기조화용 기기 (4) 열원 및 공조장비 (5) 수·빙축열 설비 (6) 지역 냉· 난방설비　(7) 환기 및 공기청정　(8) 특수공조설비 (9) 산업공조설비
	3. 위생설비 및 반송설비	(1) 급수 및 급탕 설비 (2) 오·배수 설비 (3) 오수, 중 수도, 우수 처리설비　(4) 위생장비 및 기구　(5) 서비스 설비 및 반송설비　(6) 가스설비
	4. 건축설비 설계	(1) 공기조화설비 계획 및 설계 (2) 위생설비 계획 및 설 계　(3) 설비자동제어 계획 및 설계　(4) 산업공조설비 계 획 및 설계　(5) BIM(Building information modeling) 과 3차원 설계　(6) LCC(Life cycle cost)　(7) 설비적산 (8) 설비시스템 검토　(9) 설계검증 시뮬레이션
	5. 건축시공감리 및 사업관리	(1) 설계도서 검토 (2) 시공계획 수립 (3) 관련법규 검토 (4) 원가관리　(5) 운전교육과 인수인계　(6) 공사착공관 리　(7) 감리행정업무　(8) 건축설비감리 기술검토　(9) 건축설비감리 공정관리　(10) 건축설비감리 품질관리 (11) 기성준공관리　(12) 건축설비감리 환경안전관리 (13) 건축설비 설계감리 (14) 기계설비 재료 (15) 방음 및 방진 (16) TAB(Testing adjusting and balancing) 및 커미셔닝　(17) CM(Construction management) (18) 시운전, 준공 및 사후 관리　(19) 시공방법 관리
	6. 건축설비 유지 관리 및 리 모델링	(1) 유지관리 계획 수립　(2) 설비리모델링　(3) 설비진 단　(4) 시설물 성능 상태 분석　(5) 유지관리 개선사항 피드백　(6) 설비운영종합계획　(7) 건축설비 유지관리 에너지관리　(8) BEMS(Building energy management system)
	7. 에너지절약, 친환경(에너지 절약 및 건축기계설비와 환 경)	(1) 건축설비관련 법규와 인증제도　(2) 친환경건축 (3) ESCO(Energy service company)사업 (4) IAQ(Indoor air quality)　(5) 신재생에너지 (6) 건축물에너지 평가　(7) 에너지 절약 계획서
	8. 건설공사 환경관리	(1) 공사환경 특성 파악　(2) 환경관련규정 검토 (3) 환경관련 인·허가 이행 (4) 에너지 및 온실가스 저감
	9. Issue 및 Trend	1. 기후변화대책 (2) 비구조물 내진설계 등 최신건설기 술 동향에 관한 사항　(3) 경제성 검토(VE)

✺ 면접시험 (건축기계설비기술사)

직무분야	건설	중직무분야	건축	자격종목	건축기계설비기술사	적용기간	2019. 1. 1. ~

○ 직무내용 : 건축설비분야에 관한 고도의 전문지식과 실무경험에 입각한 계획, 연구, 설계, 분석, 시험, 운영, 시공, 평가, 진단, 감리(사업관리) 또는 이에 관한 지도 등의 기술업무 수행

검정방법	구술형 면접시험	시험시간	15~30분 내외

면접항목	주요항목	세부항목
건축기계설비의 계획과 설계, 감리 및 유지관리 등 기타 건축기계설비에 관한 전문지식/기술	1. 건축기계설비관련 공학기본사항	(1) 열역학 (2) 유체역학 (3) 열전달 (4) 건축환경 (5) 습증기 및 유체의 물리적 성질
	2. 공기조화 설비	(1) 부하계산 (2) 냉·난방설비 (3) 공기조화용 기기 (4) 열원 및 공조장비 (5) 수·빙축열 설비 (6) 지역 냉·난방설비 (7) 환기 및 공기청정 (8) 특수공조설비 (9) 산업공조설비
	3. 위생설비 및 반송설비	(1) 급수 및 급탕 설비 (2) 오·배수 설비 (3) 오수, 중수도, 우수 처리설비 (4) 위생장비 및 기구 (5) 서비스 설비 및 반송설비 (6) 가스설비
	4. 건축설비 설계	(1) 공기조화설비 계획 및 설계 (2) 위생설비 계획 및 설계 (3) 설비자동제어 계획 및 설계 (4) 산업공조설비 계획 및 설계 (5) BIM(Building information modeling)과 3차원 설계 (6) LCC(Life cycle cost) (7) 설비적산 (8) 설비시스템 검토 (9) 설계검증 시뮬레이션
	5. 건축시공감리 및 사업관리	(1) 설계도서 검토 (2) 시공계획 수립 (3) 관련법규 검토 (4) 원가관리 (5) 운전교육과 인수인계 (6) 공사착공관리 (7) 감리행정업무 (8) 건축설비감리 기술검토 (9) 건축설비감리 공정관리 (10) 건축설비감리 품질관리 (11) 기성준공관리 (12) 건축설비감리 환경안전관리 (13) 건축설비 설계감리 (14) 기계설비 재료 (15) 방음 및 방진 (16) TAB(Testing adjusting and balancing) 및 커미셔닝 (17) CM(Construction management) (18) 시운전, 준공 및 사후 관리 (19) 시공방법 관리
	6. 건축설비 유지 관리 및 리모델링	(1) 유지관리 계획 수립 (2) 설비리모델링 (3) 설비진단 (4) 시설물 성능 상태 분석 (5) 유지관리 개선사항 피드백 (6) 설비운영종합계획 (7) 건축설비 유지관리 에너지관리 (8) BEMS(Building energy management system)
	7. 에너지절약, 친환경(에너지절약 및 건축기계설비와 환경)	(1) 건축설비관련 법규와 인증제도 (2) 친환경건축 (3) ESCO(Energy service company)사업 (4) IAQ(Indoor air quality) (5) 신재생에너지 (6) 건축물에너지 평가 (7) 에너지 절약 계획서
	8. 건설공사 환경관리	(1) 공사환경 특성 파악 (2) 환경관련규정 검토 (3) 환경관련 인·허가 이행 (4) 에너지 및 온실가스 저감
	9. Issue 및 Trend	(1) 기후변화대책 (2) 비구조물 내진설계 등 최신건설기술 동향에 관한 사항 (3) 경제성 검토(VE)
	10. 기술사로서 품위 및 자질	(1) 기술사가 갖추어야 할 주된 자질, 사명감, 인성 (2) 기술사 자기개발 과제

차 례

제  편 공조냉동기계 & 건축기계설비 기술사
(공통과목)

제1장 공조 기초문제

제**2**장 설비공학 기본

제**3**장 공조 및 환경 I

제4장 공조 및 환경 Ⅱ

제 5 장　보일러 난방 시스템

—제 **2** 편 공조냉동기계 기술사

제1장 냉 동

제3편 건축기계설비 기술사

제1장 건축설비 및 에너지

제2장 위 생

과년도 출제문제 / 예상문제

공조냉동기계 &건축기계설비 기술사(공통)

Q 이상기체의 정의, 가정 및 의미에 대해서 설명하시오.

(1) 이상기체 (Ideal Gas)의 정의

① 이상기체 상태방정식을 만족하는 기체를 말한다.

② 분자 사이의 상호작용이 전혀 없고, 그 상태를 나타내는 온도·압력·부피의 양(量) 사이에 '보일-샤를의 법칙'이 완전히 적용될 수 있다고 가정된 기체를 말한다.

(2) 상태 방정식(Boyle – Charles 의 법칙의 또 다른 표현)

$$PV = nRT$$

여기서, P : 압력 (N/m²)　　　　　　V : 체적 (m³)

n : 몰수 (입자수/6.02×10^{23})　　R : 일반기체상수 (8.31 J/mol·K)

T : 절대온도 (273.15 + ℃)

(3) '이상기체' 의 가정

이상 기체의 운동에 대해서는 다음과 같은 가정을 한다.

① 충돌에 의한 에너지의 변화가 없는 완전 탄성체이다.

② 기체 분자 사이에 분자력(인력 및 반발력)이 없다.

③ 기체 분자가 차지하는 크기(부피, 용적)가 없다.

④ 기체 분자는 불규칙한 직선운동을 한다.

⑤ 기체 분자들의 평균 운동 에너지는 절대 온도(켈빈 온도)에 비례한다.

⑥ Joule – Thomsaon 계수가 '0' 이다.

(4) 이상기체와 실제기체의 차이

① 이상기체는 질량과 에너지를 갖고 있으나 자체의 부피를 갖지 않고, 분자간 상호작용이 존재하지 않는 가상적인 기체이다. 그러나 실제기체는 부피를 가지며, 분자간 상호작용이 있으므로 이상기체와 상당한 차이를 보인다.

② 실제기체 중에서 분자량이 작은 기체일수록 이상기체와 가까운 상태를 보인다.

③ 이상기체는 뉴턴의 운동법칙에 따라 완전 탄성충돌을 하므로 에너지 손실이 없고, 분자간 인

력도 없으므로 온도와 압력을 변화시켜도 고체나 액체 상태로 변하지 않고 기체로 남으며, 절대 0도에서 부피가 완전히 0이 된다. 그러나 실제기체는 충돌 시 에너지 손실이 일어날 수 있고, 온도와 압력에 따라 상태 변화를 일으키며, 부피가 0이 되는 일은 없다.

④ 이상기체의 성질을 갖는 기체는 존재하지 않지만 실제기체가 상당히 높은 온도와 낮은 압력 상태에 있다면 분자간의 거리가 멀고 기체분자의 속도가 빨라서 분자간 상호작용을 극복할 수 있다. 이러한 조건에서 실제기체가 이상기체에 근접한다고 볼 수 있다.

(5) 이상기체 상태방정식의 의미 해설

① $PV = nRT$ 는 보일의 법칙과 샤를의 법칙, 아보가드로의 법칙을 종합해서 나온 식이다.

② 보일의 법칙은 일정한 온도에서 기체의 압력(P)과 부피(V)는 반비례한다는 것이다(PV =일정).

③ 샤를의 법칙은 압력이 일정할 때 기체가 차지하는 부피는 절대온도에 비례한다는 법칙이다(V/T=일정).

④ 보일의 법칙과 샤를의 법칙을 종합하면 온도, 압력, 부피의 상관관계를 얻을 수 있다(보일-샤를의 법칙 $P_1 V_1 / T_1 = P_2 V_2 / T_2$=일정).

⑤ 아보가드로의 법칙에 의하면 0℃ (절대온도 273 K), 1기압 표준상태에서 기체 1몰의 부피는 그 종류에 관계없이 22.4L이므로 이를 대입하면 기체상수 R은 0.082가 된다 (R= 1기압 × 22.4 L/273 K=0.082 atm·L/mol·K=8.31 J/mol·K).

⑥ 또한 기체의 부피는 몰수에 비례하므로 결국 식은 $PV/T = nR$이 된다.

⑦ 이처럼 이상기체의 상태방정식은 세 가지 법칙을 종합해서 유도해 낸 것이다.

(6) 비기체 상수
(임의기체 상수, 가스정수 ; R')

① 일반기체상수(R)를 분자량(몰질량)으로 나눈 값을 말한다.

② 비기체 상수를 이용한 상태방정식

$$PV = nRT$$
$$= \frac{m}{M} RT$$
$$= mR'T$$

혹은 $Pv = R'T$

여기서, m : 기체의 질량
v : 기체의 비체적
M : 기체의 분자량

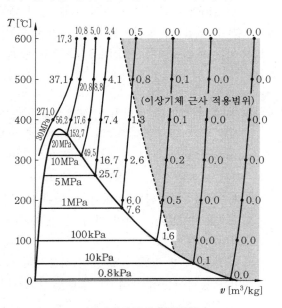

이상기체의 근사 적용방법

PROJECT 2 마찰손실 출제빈도 ★★☆

Q 배관의 마찰손실 계산방법으로 사용되고 있는 다르시-바이스바흐 (Darcy-Weisbach)의 식과 하젠-윌리엄즈 (Hazen-Williams) 실험식의 차이점에 대하여 설명하시오.

(1) 다르시-바이스바흐의 식

① 다르시-바이스바흐의 마찰손실 공식

$$\Delta P = \frac{f}{2}\rho v^2 \frac{L}{D} \quad \cdots\cdots\cdots\cdots\cdots\cdots\cdots\cdots\cdots ①$$

연속방정식에서 질량유량$(m) = \rho A v = \rho \pi D^2 v / 4$

여기서, v에 대해 정리하면, $v = 4m/\rho \pi D^2$

이것을 상기 ①식에 대입하면 아래와 같다.

$$\Delta P = \frac{8f}{\rho \pi^2} \cdot \frac{L}{D^5} m^2$$

여기서, ΔP : 압력손실(N/m²), f : 마찰계수, ρ : 유체의 밀도(kg/m³),
v : 유체의 속도(m/s), D : 배관의 내경(m), L : 배관의 길이(m),
m : 유체의 질량유량(kg/s), A : 배관 내부 단면적(m²)

② 다르시-바이스바흐 공식의 특징 (하젠-윌리엄즈 식과의 차이점)

(가) 냉매배관 혹은 물, 브라인 배관 등의 내부에 유체가 흐를 시, 비교적 정상류로 가정 할 수 있을 때 적용하여 관의 길이에 의한 마찰손실을 정확히 계산해 낼 때 사용한다.

(나) 이는 단위길이당 손실수두값으로도 쉽게 표시 가능하다.

$$\Delta H = \frac{\Delta P}{\rho g} = \frac{f}{2g} v^2 \frac{L}{D}$$

(다) 하젠-윌리엄즈 공식처럼 경험적인 지수방정식보다 좀 더 이론적 및 합리적인 데 기 초를 두고 있으므로 좀 더 광범위하게 이용되고 있다.

(라) 계산식의 각 구성 요소를 잘 들여다보면, 결국 압력강하는 배관경의 5제곱에 반비례 하므로 배관경의 영향도가 가장 크다. 따라서 압력강하를 쉽게 줄이려면 일반적으로 배관경을 크게 하여야 한다. 그러나 최적의 배관경보다 크게 하면 시공상 비용이 크게 증가할 수 있다는 것이 가장 큰 문제이다. 따라서 실무에서는 경제적 적정 배관경 선 정이 아주 중요하다.

(마) 사용 유체별 밀도(ρ)를 달리 적용하여 물 이외의 유체에도 적용이 용이하다. 예를 들 어 냉동사이클에 해석 시 장배관 설치시의 관내 마찰손실에 대한 해석이나, 냉동장치 의 성능 하락의 정량적 해석 등을 할 때에도 유용하게 사용되어질 수도 있다.

(2) 하젠-윌리엄즈 실험식

① 하젠-윌리엄즈 공식

$$V = 0.84935 \cdot C \cdot R^{0.63} \cdot I^{0.54}$$

$$h_L = 10.666 \cdot C^{-1.85} \cdot D^{-4.87} \cdot Q^{1.85} \cdot L$$

여기서, V : 평균유속(m/s), C : 유속계수, R : 경심= $D/4$ [m], I : 동수경사= h/L,
L : 연장(m), D : 관의 내경 (m), Q : 유량(m³/s), A : 관의 단면적 (m²),
h_L : 길이 L[m]에 대한 마찰손실수두 H[m]

C (유속계수, 조도계수) Table

C	조 건
140	아주 매끈하고 직선인 파이프, 석면-시멘트
130	꽤 매끈한 파이프, 콘크리트, 새 주철
120	목재, 새 용접강
110	경질도기, 새 리벳강
100	수년간 사용한 주철
95	수년간 사용한 리벳강
60~80	악조건속의 낡은 파이프

㈜ 설계를 위한 평균치(특히 강관에서)로는 보통 100을 많이 사용한다.

② 하젠-윌리엄즈 공식의 특징(다르시-웨버식과의 차이점)

⑺ 하젠-윌리엄즈 식은 부정형 '난류'의 해석에 알맞다.

⑷ 순수한 해석법으로는 마찰손실을 구할 수 없는 경우, 간편하게 마찰손실을 해석하기 위해 많이 사용한다.

⑸ 하젠-윌리엄즈 식은 물에서만 사용할 수 있다. 그 이유는 유체의 물리적 성질들을 적용하지 않았기 때문이다.

⑹ 물의 온도범위는 약 7.2~24℃일 것

⑺ 유속은 약 1.5 ~ 5.5 m/s일 것

⑻ 물의 비중량은 9,800 N/m³(=1,000 kgf/m³)으로 가정함

⑼ 실험식이므로 건전한 이론 기반을 가지고 있지는 않지만, 정확한 조도계수 C의 선택은 신뢰도를 증가시킬 수 있다.

⑽ 거친 관보다는 부드러운 관에서 훨씬 좋은 모델이라고 할 수 있다.

⑾ 유속계수 C가 측정된 값에 가깝고 관의 조도가 지나치지 않으면 좋은 결과를 얻을 수 있다.

• 문제풀이 요령
① 다르시-바이스바흐 (Darcy-Weisbach)의 식은 하젠-윌리엄즈 공식처럼 경험적인 지수방정식보다 좀 더 이론적 및 합리적인 데 기초를 두고 있으므로 좀 더 광범위하게 이용될 수 있다.
② 하젠-윌리엄즈 식은 부정형 '난류'의 해석, 순수한 해석법으로는 마찰손실을 구할 수 없는 경우, 물에 한정된 경험적 해석 등에 간편하게 사용될 수 있다.

PROJECT **3** **Seebeck Effect**(제베크 효과)   출제빈도 ★★☆

Q Seebeck Effect(제베크 효과)에 대해 설명하시오.

(1) 개요

① 열전대를 처음 발견한 사람의 이름을 따서 'Seebeck Effect'라고 부름

② 1821년 독일의 Seebeck(제베크)은 구리(Cu)선과 비스무스(Bi)선, 또는 비스무스선과 안티몬(Sb)선의 양쪽 끝을 서로 용접하고 접합부을 가열하면 전위차가 발생하고, 전류가 흐르는 현상을 발견하였다 (☞ Thermal Electricity의 현상이라고도 한다).

③ 이 현상은 온도차에 의해 전압, 즉 열기전력(Thermo Electromotive Force)이 발생하여 폐회로 내에서 전류가 흐르기 때문에 일어나는 것으로 열전발전의 원리이기도 하다.

(2) 정의

① 2개의 이종금속이 폐회로를 구성할 때 양접점의 온도차가 다르면 기전력이 발생하는 현상을 Seebeck Effect라고 한다.

② Peltier 효과(다른 종류의 도체 또는 반도체 접점에 전류를 흘리면 그 접점에 줄(Joule) 열외의 다른 종류의 열의 발생 또는 흡수가 일어나며, 전류의 방향을 바꾸면 열의 발생과 흡수도 바뀔 수 있는 현상)와는 반대 개념임

③ Thomson Effect (균질한 금속에 온도 기울기가 있을 때 그것에 전류가 흐르면 열이 흡수되거나 방출되는 현상으로, 전류를 고온부에서 저온부로 흐르게 하면 철(−)에서는 열을 흡수하고, 구리(+)에서는 열을 방출하는 것과 같은 현상)와 개념과도 유사성이 있는 개념이다.

(3) 용도(응용)

① 열전온도계(열전쌍 ; Thermocouple) : 온도 측정 센서 분야에서 광범위하게 이용하고 있다.

② 열전반도체

㉮ 다양한 종류의 열전반도체가 개발됨에 따라 이들을 응용하여 폐열을 이용한 발전설비(열전 변환장치)의 실용화에 관한 연구 및 개발이 전 세계적으로 활발히 진행되고 있다.

㉯ 최근 인체부착형 모바일 열전소자, 자동차 배기가스를 이용한 열전발전기술 등 다양한 기술이 많이 개발되고 있어 이 분야의 기술 개발이 앞으로 점점 전성기를 맞을 전망이다.

• 문제풀이 요령

Seebeck Effect (제베크 효과)는 2개의 이종금속의 접촉부에서의 온도차 발생으로 기전력이 발생(간접적 온도측정 가능)하는 원리이고, Thomson Effect는 1개의 금속도선의 각부에 온도차가 있을 때, 이것에 전류가 흐르면, 부분적으로 전자(電子)의 운동에너지가 다르기 때문에 열이 발생하거나 흡수하는 현상이 발생한다는 원리이다 (정확한 의미파악 필요).

PROJECT **4** **Thomson Effect**   출제빈도 ★☆☆

Q Thomson Effect에 대해 설명하시오.

(1) 원리

① 1851년 영국의 물리학자 켈빈(본명은 W.톰슨)이 발견한 현상이다.

② 1개의 금속도선의 각부에 온도 차가 있을 때, 이것에 전류가 흐르면, 부분적으로 전자(電子)의 운동에너지가 다르기 때문에 온도가 변화하는 곳에서 줄열 이외의 열이 발생하거나 흡수가 일어나는 현상이다(발열현상 혹은 흡열현상 발생).

③ 하나의 전도체 금속을 통해 전류가 흐를 때 그것은 Thermal Gradient를 갖고, 열은 열의 흐르는 방향으로 전류가 흐르는 어떤 한 점으로 방출된다.

(2) 특징

① 대체로 이 효과에 의해 발생하는 열은 전류의 세기와 온도차에 비례한다.

② 단위 시간을 취할 경우, 양자(兩者)의 비(比)는 도선의 재질에 따라 정해진 값을 취한다. 이 값을 톰슨 계수 또는 전기의 비열이라 한다.

③ 관계식

$$톰슨 계수 \ a = \frac{Q}{I \cdot \Delta T}$$

여기서, Q : 단위시간당 발열량, I : 전류, ΔT : 도체 양쪽의 온도차

(3) 실례

① 예를 들면 구리나 은은 전류를 고온부에서 저온부로 흘리면 열이 발생하고(陽), 철이나 백금에서는 열의 흡수가 일어난다(陰).

② 또 전류를 반대로 흘리면, 열의 발생흡수는 반대가 된다.

③ 단, 납에서는 이 효과가 거의 나타나지 않는다($a \fallingdotseq 0$). 따라서, 열기전력 측정 시 기준 물질로 사용된다.

• 문제풀이 요령

  Thomson Effect은 실제로는 Seebeck 혹은 The Peltier Effect와 A Junction(접합점) and An Electric Field(전기장)을 만들기 위해 두 개의 물체가 필요 없다는 것을 제외하고는 같다. 대신 그 자체가 Electric Field를 만드는 Temperature Gradient(온도구배)에 의존한다.

PROJECT 5 **Joule – Thomson Effect, Noise** 출제빈도 ★★★

Q (1) Joule –Thomson Effect에 대해 설명하시오.
   (2) 소음의 개념과 표현방법 3가지를 설명하시오

(1) Joule – Thomson Effect

① Joule –Thomson 계수의 정의

(가) 유체는 교축 과정에서 온도가 내려갈 수도, 올라갈 수도 혹은 변하지 않을 수도 있다.

(나) 교축 과정 동안의 유체의 온도 변화를 측정하는데 사용되는 Joule – Thomson 계수는 아래의 식으로 표현된다.

$$\mu = \frac{\Delta T}{\Delta P}$$

　　여기서, $\mu > 0$: 교축 과정(압력 하강)중 온도가 내려감
　　　　　　$\mu = 0$: 역전 온도 혹은 이상기체
　　　　　　$\mu < 0$: 교축 과정(압력 하강) 중 온도가 올라감

(다) 이 현상을 'Throttling 현상'이라고도 한다.

② Joule – Thomson 계수의 특징

(가) Joule – Thomson 계수는 그림 1과 같이 $T-P$선도에서 등엔탈피선의 기울기로 나타난다.

(나) 교축 과정은 압력 강하를 나타내므로 그림 1의 $T-P$ 선도에서 오른쪽으로부터 왼쪽으로 진행된다.

(다) 이때 그림 1의 역전온도선에서는 기울기가 0이 됨을 알 수 있다(역전온도 : 공기→487℃, 수소→ −72℃).

(라) 만약 교축 과정이 역전온도선의 왼쪽에서 시작된다면 교축은 주로 기체온도의 감소를 가져온다(이 점은 가스를 액화시키는 냉동장치의 해석에 유용하게 사용된다).

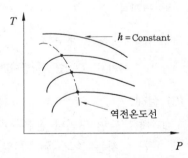

그림 1 교축 과정에 의한 $T-P$ 선도

③ 냉각 과정 설명

(가) 이상기체에서는 단열팽창(체적이 커지고, 압력이 떨어짐)이 온도가 일정한 상태에서 이루어진다.

(나) 그러나 수증기 등 일반기체는 단열 팽창 시 온도의 감소를 동반한다〔그림 2에서 3→4과정으로 변화 시 온도 및 압력이 동시에 떨어진다('비체적'은 증가)〕.

④ Joule – Thomson 계수 사용 시 주의점 : 그림 1에서 줄-톰슨 계수를 구하기 위해서는 온도(T) 및 압력(P)을 나

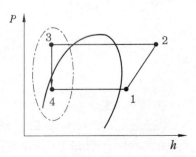

그림 2 냉동 장치의 교축 과정

타내는 포인트 두 개가 주어져야 하며, 그 기울기(혹은 미분값)가 줄-톰슨 계수를 의미한다 (만약 포인트가 한 개만 주어졌다면 법선기울기로 대신 할 수 있다).

(2) 소음(dB)의 크기에 대한 표현방법

① 개요

(가) Bel : 알렉산더 그레엄 벨의 이름에서 유래. 전기적, 음향적 혹은 다른 전력비의 상용로그 값

(나) dB : Bel의 값이 너무 작아 사용편의상 10배 한 것

(다) 원래 dB는 전화회선에서 송신측과 수신측 사이의 전력손실을 표시하기 위해 고안됨

(라) 사람의 청각이나 시각은 물리량(빛과 소리의 세기)이 어떤 규정레벨의 2배가 되면 약 3 dB($10 \log 2$) 증가, 10배가 되면 10 dB($10 \log 10$) 증가, 100배가 되면 20 dB($10 \log 10^2$)가 증가한 것으로 나타난다.

(마) 위에서 알 수 있는 것은 입력되는 물리량이 10배일 때 10 dB이지만, 100배가 되면 20 dB로 dB값은 단지 2배가 증가할 뿐이라는 것이다. 이것은 입력되는 물리량이 기하학적으로 늘어날 때, 사람이 느끼는 감각은 대수적으로 늘어난다는 것을 말하는 것이다. 따라서 대수의 값은 인간에게 있어, 소리의 세기를 표현하는데 대단히 편리한 값으로 사용되고 있다.

② SIL(Sound Intensity Level)

$$\text{SIL} = 10 \log \frac{I}{I_o}$$

여기서, I : Sound Intensity(W/m^2)

I_o : Reference sound intensity($10^{-12}\,\text{W/m}^2$)
(귀의 감각으로 1000 Hz 부근의 최소가청치)

③ SPL(Sound Pressure Level)

$$\text{SPL} = 20 \log \frac{P}{P_o}$$

여기서, P : Sound pressure(Pa)

P_o : Reference sound pressure($2 \times 10^{-5}\,\text{Pa}$)
(귀의 감각으로 1000 Hz 부근의 최소가청치)

④ PWL(Power Level)

$$\text{PWL} = 10 \log \frac{W}{W_o}$$

여기서, W : Sound power(W)

W_o : Reference sound power($10^{-12}\,\text{W}$)
(귀의 감각으로 1000 Hz 부근의 최소가청치)

• **문제풀이 요령**

유체의 교축 과정에서 압력 변화에 대한 온도 변화의 기울기 값을 줄-톰슨 계수(Joule-Thomson 계수)라고 한다.

PROJECT 6 냉동기초 용어 출제빈도 ★★☆

Q 다음에 주어진 용어를 설명하시오.
　① 열량　② 비중　③ 증발잠열　④ 비체적　⑤ 임계온도

(1) 열량 (cal, kcal)

순수한 물 1g (1kg)을 760 mmHg 압력하에서 14.5℃에서 15.5℃까지 올리는데 필요한 열량을 1cal (1kcal)라 한다.

(2) 물질의 비중〔比重, Specific Gravity〕

① 어떤 물질의 질량과, 이것과 같은 부피를 가진 표준물질의 질량과의 비를 말한다.
② 표준물질
　㉮ 고체 및 액체의 경우 : 보통 1atm, 4℃의 물을 취한다.
　㉯ 기체의 경우에는 0℃, 1atm 하에서의 공기를 취한다.
③ 비중은 온도 및 압력(기체의 경우)에 따라 달라진다.

(3) 증발잠열

압력이 일정한 상태하에서 건포화증기의 엔탈피와 포화액체의 엔탈피의 차(差)를 말함 (혹은 액체의 증발에 소요되는 열량을 말함).

(4) 물질의 비체적

① 유체, 냉매 등의 물질 1kg이 차지하는 체적(mm^3)을 말한다.
② 단위 : m^3/kg, cm^3/g

(5) 임계 온도

물질의 임계 온도는 물질에 적용된 압력에 관계없이 물질이 액화되는 최대온도를 말함(냉매 응축온도는 임계온도 이하여야 효과적임)

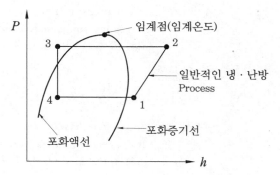

· 문제풀이 요령

상기 물리적 용어들은 기술사 1교시 문제(용어해설)로 자주 출제되오니 정확한 정의 숙지 필요

PROJECT 7 **온도와 습도**   출제빈도 ★☆☆

Q 다음 용어에 대해 설명하시오.
① 온도 ② 건구온도와 습구온도의 측정법 ③ 습도 ④ 밀도 ⑤ 비중량

---

(1) 온도

① 섭씨온도(Celsius Temperature ; ℃) : 표준 대기압하에서 순수한 물의 빙점을 0, 비점을 100
으로 하여 100등분 함

② 화씨온도(Fahrenheit Temperature ; ℉) : 표준대기압하에서 순수한 물의 빙점을 32, 비점을
212로 하여 180등분 함.

☞ 관계식 : $℉ = 1.8 × ℃ + 32$

③ 절대온도(Absolute Temperature, 열역학적 온도)

㈎ 열역학적으로 분자 운동이 정지한 상태의 온도를 0으로 하여 측정한 온도로 섭씨
-273.15℃가 절대 0도가 됨

㈏ 자연계에 존재하는 가장 낮은 온도

㈐ 열역학 제3법칙을 유도하는 과정에 발생한 개념으로 물질의 성질에 의존하지 않는
보편적인 온도이다.

㈑ 열역학 제3법칙 : 어떠한 이상적인 방법으로도 어떤 계를 절대 0도에 이르게 할 수
없다.

㈒ 중요 기체의 상변화 온도

• 액화천연가스 : -162℃

• 액체산소 : -183℃

• 액체질소 : -196℃

[칼럼] 액화산소 제조법 : 온도를 낮추면 먼저 액화되는 물질은 끓는점이 높은 산소이고 나중
에 질소가 액화되며, 액화된 상태에서 온도를 상승시키면 끓는점이 낮은 질소가 먼저 기
화하고 나중에 산소가 기화한다. 산소가 액화될 때 약간의 질소도 액화되기 때문에 정류
(Rectification) 혹은 Distillation(증류하여 불순물을 거르는 것)을 거쳐서 순수한 산소를
생성한다.

(2) 건구온도와 습구온도 측정법

① 건구 온도(Dry Bulb Temperature) : 보통의 온도계로 측정한 온도 (즉, 감온부가 건조한 상태
인 보통의 온도계로 측정한 공기의 온도)

② 습구 온도(Wet Bulb Temperature) : 봉상 온도계의 수은구 부분의 하단을 명주 또는 모스린
등으로 싸서 그 한 끝 부분을 물에 잠기게 하여 증발이 일어날 때 측정한 온도, 혹은 공기
로부터의 현열의 이동과 물의 증발열이 열적으로 동적 평형상태를 이룰 때의 온도

(3) 습도(Humidity)

① 공기 중의 수중기량을 나타내는 척도

② 공기는 습증기(수증기)를 흡수하며, 그 양은 공기의 압력과 온도에 달려 있다.

③ 공기의 온도가 높을수록 더 많은 습증기를 흡수하고, 공기의 압력이 높을수록 더 적은 양의 습증기를 흡수한다.

④ 종류

  ⑦ 절대습도(Absolute Humidity) : 온도와 관계없이 1 kg의 건조공기 중에 포함되어 있는 수증기의 중량(kg/kg DA)

  ⑭ 상대습도(Relative Humidity, 비교습도)

    ㉮ 공기 중의 수증기량을 그 공기 온도에서의 포화수증기량에 대한 비율(%)

    ㉯ 어떤 온도에서 공기중 수증기압과 포화수증기압의 비율 혹은 공기 중 수증기량과 포화수증기량의 비율(%)

(4) 밀도

① 어떤 물질의 단위체적당의 질량을 말한다.

$$\text{밀도}(\rho) = \frac{\text{질량}}{\text{부피}} = \frac{\text{비중량}}{\text{중력가속도}}$$

② 단위 : kg/m^3, $kgf \cdot s^2/m^4$

③ 대표 물질의 밀도

  ⑦ 물 : $1000\ kg/m^3$

  ⑭ 공기 : $1.2\ kg/m^3$

(5) 비중량

① 어떤 물체의 단위체적당 중량(무게)를 말한다.

$$\text{비중량} = \frac{\text{중량}}{\text{부피}}$$

② 단위 : N/m^3, kN/m^3, kgf/m^3

③ 대표 물질의 비중량

  ⑦ 물 : $9.8\ kN/m^3$

  ⑭ 공기 : $11.76\ N/m^3$

• **문제풀이 요령**

  섭씨온도, 화씨온도, 절대온도, 상대습도, 절대습도 등의 기본적인 정의와 개념에 대해 1교시 용어풀이 문제로 간혹 출제된다.

PROJECT **8** **현열과 잠열**   출제빈도 ★☆☆

Q 현열과 잠열에 대해 설명하시오.

(1) 현열(Sensible Heat, 감열)

① 물질의 상태 변화없이 온도변화에만 필요한 열

② 상태는 변하지 않고 온도가 변하면서 출입하는 열(온수난방 등에 많이 이용됨)

(2) 잠열(Latent Heat)

① 고체의 승화/융해, 액체의 기화 등 물질의 상태 변화에 따라 흡수하는 열량을 말함(반대일 경우에는 방출하는 열량)

② 온도는 변하지 않고 상태가 변하면서 출입하는 열(증기난방 등에 많이 이용됨)

③ 事例(표준 대기압 기준)

   (가) 100℃ 물→100℃ 증기 : 기화 잠열 2257 kJ/kg (≒539 kcal/kg)

   (나) 0℃ 수증기→0℃ 물로 응축(응결) : 응축 잠열 2501.6 kJ/kg (≒597.5 kcal/kg)

   (다) 0℃ 얼음→ 0℃ 물 : 융해잠열 334 kJ/kg (≒79.68 kcal/kg)

   (라) '드라이 아이스'의 승화잠열 : 573.6 kJ/kg (≒137 kcal/kg)

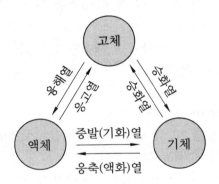

- **문제풀이 요령**

  물질의 상태 변화에 관여하지 않고 온도 변화에만 관여하는 열을 현열이라 하고, 반대로 물질의 상태 변화에 따라 흡수 혹은 방열하는 열을 잠열이라고 한다. (대표적 물질의 잠열은 꼭 기억해 둘 필요가 있다.)

PROJECT **9** **습공기**   출제빈도 ★★☆

Q 다음의 습공기 관련 용어에 대해 설명하시오.
① 건공기와 습공기 ② 포화공기   ③ 노점온도   ④ 상대습도
⑤ 절대습도   ⑥ 포화도   ⑦ 단열포화온도 (AST)

(1) 건공기와 습공기

① 공기의 성분은 N_2, O_2, Ar, CO_2, H_2, Ne, He, Kr, H_2O 등과 같은 여러 가지의 Gas가 혼합되어 있다.

② 여기서 수증기 이외의 성분은 지구상에서 거의 일정한 양을 유지하나, 수증기는 기후에 따라 변화가 심하다.

③ 이와 같이 수증기를 함유한 공기를 습공기(Moist Air, Humid Air)라고 하며, 수증기를 함유하지 않은 공기를 건공기(Dry Air)라고 한다.

(2) 포화공기(Saturated Air)

① 습공기 중의 절대습도 x 가 차차 증가하면 최후에는 수증기로 포화되는데 이 상태의 공기를 포화공기라 한다.

② 습공기 중에 수증기가 점차 증가하여 더 이상 수증기를 포함시킬 수 없을 때의 공기를 포화공기(Saturated Air)라고 한다.

③ 포화공기에 계속해서 수증기를 가하면 그 여분의 수증기는 미세한 물방울(안개)로 존재하는데 이를 Fogged Air라고 한다.

(3) 노점온도(Dew Point Temperature)

① 습공기가 냉각될 때 일정한 온도에서 공기 중의 수증기가 물방울로 변화된다. 이때의 온도를 노점온도(Dew Point Temp)라고 한다.

② 공기 중에 포함되어 있는 수증기가 포화해서 이슬이 맺히기 시작할 때의 온도로 절대습도에 의해 결정된다.

③ 공중의 수증기는 포화공기의 온도 이하로 냉각된 고체의 표면에서 응결하여 이슬이 된다. 즉, 포화공기의 온도를 약간 더 떨어뜨리면 이슬이 생긴다.

(4) 상대습도 (Relative Humidity, R.H.)

① 수증기의 분압(비중량)과 그 온도에 있어서의 포화공기의 수증기 분압(비중량)의 비를 말한다(습한 정도를 나타냄).

② 기호는 ψ 이고, 단위는 퍼센트(%)이다.

③ 계산식

$$\psi = \frac{P_w}{P_s} \times 100\% = \frac{\gamma_w}{\gamma_s} \times 100\%$$

여기서, P_w : 어떤 공기의 수증기 분압, P_S : 포화공기의 수증기 분압
γ_w : 어떤 공기의 수증기 비중량, γ_S : 포화공기의 수증기 비중량

(5) 절대습도 (AH ; Absolute Humidity, Specific Humidity)

① 습공기 중에 함유되어 있는 수증기의 중량을 나타내는 것을 절대습도라고 한다 → 건공기 1 kg 중에 포함된 수증기 X (kg)을 절대습도 X (kg/kg′)로 표시한다.

② 여기서, 습공기의 중량은 $1 + X$ (kg)임을 알 수 있다.

③ 동일한 포화수증기 분압을 갖는 상태에서는 상대습도가 커져도 절대습도는 변하지 않는다.

④ 계산식

$$\chi = \frac{\gamma_w}{\gamma_a} = \frac{0.622 \cdot P_w}{P - P_w}$$

여기서, P : 대기압, P_w : 수증기 분압, γ_a : 건조공기의 비중량

⑤ 단위 : kg/kg′ 혹은 kg/kgDA

(6) 포화도 (Degree Of Saturation, 비교습도)

① 습공기의 절대습도를 동일 온도에서의 포화습공기의 절대습도로 나누어 백분율로 나타낸 값

② 계산식

$$\Phi_s = \frac{X}{X_s} \times 100\%$$

여기서, Φ_s : 포화도(%),
X : 어떤 공기의 절대습도 (kg/kg′), X_s : 포화공기의 절대습도 (kg/kg′)

(7) AST (Adiabatic Saturated Temp. ; 단열포화온도)

① 완전히 단열된 공간에서의 에어워셔 사용시와 같이, 물로 하여금 공기를 포화시킬 때 출구공기의 온도를 단열포화온도라 한다.

② 완전히 단열된 용기 내에 물이 포화 습공기와 같은 온도로 공존할 때의 온도이다.

③ 습구온도(WB)의 열역학적 표현 (풍속＝5 m/s 이상)

[칼럼] 절대습도의 계산식

(1) 건공기의 기체상수는 29.27 kgf·m/kg·K이고, 수증기의 기체상수는 47.06 kgf·m/kg·K이다.

(2) 이러한 두 기체상수의 비율 때문에, $PV = mR'T$ 에서 $x = \frac{\gamma_w}{\gamma_a} = \frac{0.622 \cdot P_w}{P - P_w}$ 로 계산된다.

• 문제풀이 요령
노점온도, 포화도, AST 등은 특히 잘 출제되오니 정확한 정의 및 개념 숙지 필요

PROJECT 10 습공기의 엔탈피   출제빈도 ★★☆

Q 다음에 주어진 용어를 설명하시오.
   ① 건공기의 엔탈피   ② 수증기의 엔탈피
   ③ 습공기의 엔탈피   ④ 24DB & 50 % RH 인 습공기의 엔탈피

(1) 건공기의 엔탈피

$$h_a = C_p \cdot t$$

여기서, h_a : 엔탈피 (kJ/kg, kcal/kg)
   C_p : 건공기의 정압비열 ($\fallingdotseq$1.005kJ/kg · K$\fallingdotseq$0.24 kcal/kg℃), t : 건구온도 (℃)

(2) 수증기의 엔탈피

t ℃인 수증기의 엔탈피는 0℃의 포화액의 증발잠열에 이 증기가 t ℃까지 상승하는데 필요한 열량의 합이다.

따라서 t ℃ 수증기 1 kg의 엔탈피 h_v (kcal/kg)은

$$h_v = r + C_{vp} \cdot t$$

여기서, r : 0℃에서 포화수의 증발잠열 ($\fallingdotseq$2501.6 kJ/kg$\fallingdotseq$597.5 kcal/kg)
   C_{vp} : 수증기의 정압비열($\fallingdotseq$1.85 kJ/kg · K$\fallingdotseq$0.44 kcal/kg℃), t : 수증기의 온도 (℃)

(3) 습공기의 엔탈피

① 습공기의 엔탈피＝건공기의 엔탈피＋수증기의 엔탈피
② 절대습도 X(kg/kg′)인 습공기의 엔탈피 h_w 은

$$h_w = h_a + X \times h_v = C_p \times t + X(r + C_{vp} \times t)$$

여기서, C_p : 건공기의 정압비열 ($\fallingdotseq$1.005kJ/kg · K$\fallingdotseq$0.24 kcal/kg℃)
   X : 절대습도 (kg/kg ′), t : 습공기의 온도 (℃)
   597.5 : 0℃에서의 물의 증발잠열 (2501.6 kJ/kg$\fallingdotseq$597.5kcal/kg)
   0.44 : 수증기의 정압비열 (1.85kJ/kg · K$\fallingdotseq$0.44 kcal/kg℃)

(4) 습공기선도상에서 24 DB, 50 % RH인 습공기의 전열 (엔탈피)을 구하시오. (단, 절대습도＝0.0092)

습공기의 엔탈피 $h_w = h_a + X \times h_v$

$$= C_p \times t + X(r + C_{vp} \times t)$$
$$= 1.005 \times 24 + 0.0092 \times (2501.6 + 1.84 \times 24) = 47.54 \text{ kJ/kg}$$

※ 습공기선도 (Psychrometric Chart)

습공기의 수증기분압, 절대습도, 상대습도, 건구온도, 습구온도, 비체적, 엔탈피 등의 각 상태값을 하나의 선도에 나타낸 것을 습공기선도라고 한다.

PROJECT 11 음의 감소지수와 잔향시간   출제빈도 ★☆☆

Q 아래 소음관련 용어에 대해 설명하시오.
① 음의 감소지수(Sound Reduction Index)   ② 잔향시간

---

(1) 음의 감소지수(Sound Reduction Index)

① 정의

(가) 임의의 계를 통과하면서 감소하는 음향에
너지의 척도이다.

(나) 음압 P_i 인 음파가 어떠한 계에 입사하여
음압 P_t 로 투과되었을 때, 음의 감소지수
R 은 다음의 식과 같이 정의된다.

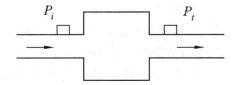

$$음의 감소지수(R) = 10\log\left(\frac{P_i}{P_t}\right)^2$$

② 적용상 주의사항

(가) 소음기의 성능지수로서 음의 감소지수를 사용할 수 있다.

(나) 계에 종속적이므로 일반적인 성능평가 방법으로는 부적합하다.

(2) 잔향시간(Reverberation Time ; RT)

① 정의

(가) 음원에서 음을 끊었을 때 음이 바로 그치지 않고 서서히 감소되는 현상

(나) 음향레벨이 정상레벨에서 $-60\,dB$ 되는 지점까지의 시간

② 계산공식

잔향시간 $RT = 0.16\,V/A$(초)

여기서, V : 실(室)의 용적(m^3), A : 실내 표면의 총흡음력($= \sum(\alpha \times s)$

α : 표면 마감재의 흡음률, s : 마감재의 면적

③ 적용상 주의사항

(가) 흡음재의 설치위치가 바뀌어도 RT 는 동일함

(나) 무향실 : 높은 흡수면에 음파가 대부분 흡수되어 잔향이 없는 실(室)

(다) 잔향실 : 경질 반사표면에 음파가 대부분 고르게 반사되어 실(室) 전체에 음이 분포하는
확산장

• **문제풀이 요령**

'음의 감소지수'란 계에 입사한 음압과 계를 투과한 후 나간 음압과의 비율을 로그함수화 한 것으로,
주로 소음기의 '성능지수'로 많이 활용되어진다.

PROJECT **12** 열이동의 방법   출제빈도 ★★☆

 열이동의 방법에 대해 3가지 이상 설명하시오.

(1) 이론적인 열이동 방법 5가지

열의 전달 방법에는 전도, 대류, 복사의 3가지가 가장 중요하며, 주로 복합된 형식으로 열이 이동한다.

① 열전도

  (개) 고온 → 저온(고체, 액체 그리고 기체에서도 일어날 수 있으나, 주로 고체에서 많이 발생하는 현상이다)

  (내) 열전도도의 순서는 '고체 > 액체 > 기체' 순임

  (대) 고체의 경우 전도체가 부도체보다 열전도도가 훨씬 크다(자유전자의 흐름이 열전도에 관여하기 때문이다).

  (래) 정지한 물체(유체) 간의 온도차에 의한 열의 이동현상을 말한다.

  (매) 고체 내부에서 열진동의 전달에 의해 열이 이동하는 현상 : 푸리에(Fourier) 열전도방정식

$$q = -\lambda A \frac{dt}{dx}$$

    여기서, q : 열전도량(W, kcal/h)
          λ : 열전도율(W/m · K, kcal/h · m · ℃)
          A : 면적(m²)
          t : 온도(K, ℃)
          x : 거리(m)

② 열의 대류

  (개) 유체의 밀도차에 의한 순환으로 인하여 열이 이동되는 현상(자연대류)

  (내) 액체나 기체의 운동에 의한 열의 이동현상으로서 자연대류에서는 유체에 있어서 온도차가 생기면 밀도차가 생기고, 그러면 유체의 흐름이 발생한다. 즉, 열의 이동이 생긴다.

  (대) 공조계통에서 가장 중요한 열전달의 방식 중 하나이다.

  (래) 자연대류 : Nusselt Number$(N_u) = \dfrac{\alpha \cdot L}{\lambda} = f(G_r,\ P_r)$

  (매) 강제대류 : Nusselt Number$(N_u) = \dfrac{\alpha \cdot L}{\lambda} = f(R_e,\ P_r)$

    여기서, $G_r = \dfrac{g \cdot \beta \cdot d^3 \cdot \Delta t}{\nu^2}, \quad P_r = \dfrac{\mu \cdot C_p}{\lambda}, \quad R_e = \dfrac{V \cdot d}{\nu}$

※ 기호 표기

β : 체적팽창계수

G_r : 자연대류의 상태를 나타냄

R_e : 강제대류의 상태를 나타냄(층류와 난류를 구분, 관성력/점성력)

ν : 동점성계수

V : 유체의 속도

d : 관의 안지름

μ : 점성계수

C_p : 정압비열

α : 열전달률(W/m^2 · K, kcal/h · m^2 · ℃)

L : 열전달 길이

λ : 열전도율(W/m · K, kcal/h · m · ℃)

③ 열의 복사(열방사)

㉮ 열전자(광자) 이동현상이다.

㉯ 열에너지가 중간물질에 관계없이 적외선이나 가시광선을 포함한 전자파인 열선의 형태를 갖고 전달되는 전열형식이다.

㉰ 다른 물체에 도달하여 흡수되면 열로 변하게 되는 현상이다.

㉱ Stefan-Boltzman 법칙

$$q = \varepsilon \sigma \left(T_s^{\ 4} - T_{sur}^{\ 4} \right) A \Phi$$

여기서, ε : 복사율($0 < \varepsilon < 1$; 건축자재는 대부분 0.85~0.95 수준임)

σ : Stefan Boltzman정수($= 5.67 \times 10^{-8}$ W/m^2· K^4 $= 4.88 \times 10^{-8}$ kcal/m^2· h· K^4)

T_s : 열원의 절대온도(K), T_{sur} : 주변 물체의 절대온도(K), A : 복사 면적 (m^2)

Φ : 형상계수(물체의 형상과 놓여있는 위치 및 각도별 복사 열전달에 영향을 미치는 순수 기하학적 인자)

㉲ 관련식

$$\tau + \varepsilon + \gamma = 1$$

여기서, τ : 반사율, ε : 흡수율, γ : 투과율

④ 열전달 : 유체와 고체 사이의 열이동 현상으로 뉴턴(Newton)의 냉각법칙에 의한 열전달열량은 다음 식과 같다.

$$q = \alpha A \left(t_1 - t_2 \right)$$

여기서, α : 열전달률(W/m^2· K, kcal/h· m^2· ℃)

A : 면적 (m^2)

t_1 : 고온측 온도 (K, ℃)

t_2 : 저온측 온도 (K, ℃)

[칼럼] 100℃의 사우나 증기에는 데지 않는데, 100℃의 물에는 데는 이유는?

① 증기는 물보다 열용량이 적고 열전달률(α)이 낮아 열전달량(q)이 작기 때문이다.

② 100℃의 사우나 증기에 들어가면 신체의 에너지 대사에 의해 땀이 많이 발생하고 이 땀이 증발함으로 인해 체온을 냉각시키는 효과를 일으킨다. 그러나 100℃의 물에 들어 가면 수압에 의해 땀의 증발(냉각) 효과가 없어진다.

③ 증기는 건공기와 수증기가 혼합된 상태(비체적이 큰 상태)이므로 피부와 접촉하고 있는 물질의 에너지량이 크지 않다.

⑤ 열통과(열관류) : 고체 벽을 사이에 두고 고온측 유체에서 저온측 유체로 열이 이동되는 현 상으로 다음식으로 구한다(열전달과 열전도의 조합으로 이루어진다).

$$q = KA\,(t_o - t_i)$$

여기서, K : 열관류율 (W/m$^2 \cdot$K, kcal/h$\cdot$m$^2 \cdot$℃)

$\quad\quad A$: 열통과 면적 (m^2)

$\quad\quad t_o$: 고온 유체의 온도 (K, ℃)

$\quad\quad t_i$: 저온 유체의 온도 (K, ℃)

(2) 기타 사항

① 열관류 저항 (m$^2 \cdot$K / W, h$\cdot$m$^2 \cdot$℃ / kcal) : 벽체의 열관류율의 역수값으로 열관류 저항이 클수 록 단열이 강화된다.

② 열전도 저항 (m$\cdot$K / W, h$\cdot$m$\cdot$℃ / kcal) : 재료가 열을 전달하지 않는 성질을 말하는 것으로 단 열재는 열전도 저항값이 클수록 좋다.

• 문제풀이 요령

"열이동의 방법 3가지를 설명하시오." 등의 형식으로 자주 출제되니 정확한 숙지가 필요하다 (3대 대 표적 열이동 방법은 전도, 대류, 복사임).

PROJECT 13 엔트로피(Entropy)   출제빈도 ★★☆

Q 엔트로피(Entropy)에 대해 설명하시오.

(1) 정의

① 자연의 방향성을 설명하는 것으로 비가역 과정은 엔트로피가 증가함
② 반응은 엔트로피가 증가하는 방향으로 진행된다(열역학 제2법칙).
③ 이론적으로는 물질계가 흡수하는 열량 dQ와 절대온도 T와의 비 $dS = \dfrac{dQ}{T}$로 정의한다
(여기서, dS는 물질계가 열을 흡수 혹은 방출하는 동안의 엔트로피 변화량이다).
④ 열역학 제2법칙을 정량적으로 표현하기 위해 필요한 개념으로 열에너지를 이용하여 기계적일을 하는 과정의 불완전도, 다시 말해 과정의 비가역성을 표현하는 것이 엔트로피이다.
⑤ 엔트로피는 열에너지의 변화 과정에 관계되는 양으로, 자연 현상에는 반드시 엔트로피의 증가를 수반한다.

(2) 엔트로피 증가의 법칙

① 온도차가 있는 어떤 2개의 물체를 접촉시켰을 때, 열 q가 고온부에서 저온부로 흐른다고 하면 고온부(온도 T_1)의 엔트로피는 $\dfrac{q}{T_1}$만큼 감소하고, 저온부(온도 T_2)의 엔트로피는 $\dfrac{q}{T_2}$ 만큼 증가하므로, 전체의 엔트로피는 이 변화를 통하여 증가한다 $\left(\dfrac{q}{T_1} < \dfrac{q}{T_2}\right)$.
② 저온부에서 고온부로 열이 이동하는 자연현상에 역행하는 과정, 예를 들면 냉동기의 저온부에서 열을 빼앗아 고온부로 방출하는 과정에서 국부적으로 엔트로피가 감소하지만, 여기에는 냉동기를 작동시키는 모터 내에서 전류가 열로 바뀐다는 자연적 과정이 필연적으로 동반하므로 전체로서는 엔트로피가 증가한다.

(3) 응용

① 열기관의 효율을 이론적으로 계산하는 이상기관의 경우는 모든 과정이 가역과정이므로 엔트로피는 일정하게 유지된다. 일반적으로 현상이 비가역과정인 자연적 과정을 따르는 경우에는 이 양이 증가하고, 자연적 과정에 역행하는 경우에는 감소하는 성질이 있다. 그러므로 자연현상의 변화가 자연적 방향을 따라 발생하는가를 나타내는 척도이다.
② 통계역학의 입장 : 엔트로피 증가의 원리는, 분자운동이 확률이 적은 질서 있는 상태로부터 확률이 큰 무질서한 상태로 이동해 가는 자연현상으로 해석한다.
③ 모든 종류의 에너지가 분자의 불규칙적인 열운동으로 변하여 열의 종말, 즉 우주의 종말에 도달하게 될 것이라는 논쟁이 있었다. 그러나 이는 우주를 고립된 유한한 계라고 가정했을 때의 결론이다.

· 문제풀이 요령
엔트로피는 자연계 과정의 방향성을 나타내는 물리량으로, 자연계의 모든 비가역 과정은 엔트로피를 증가시키는 방향으로 진행된다(엔트로피 증가의 법칙).

PROJECT 14 엔탈피(Enthalpy) 출제빈도 ★☆☆

Q 엔탈피(Enthalpy)에 대해 설명하시오.

---

(1) 개요

'열함수'라고도 하며 물질계의 내부에너지가 U, 압력이 p, 부피가 V, 절대온도가 T 라고 할 때, 그 상태의 열함량 H 는 아래와 같다.

$$H = U + pV \text{ (열역학 1법칙)}$$
$$= U + nRT \text{ (Joule의 법칙 ; 온도만의 함수)}$$

(2) 헤스의 법칙

열함량은 상태함수이기 때문에 출발 물질과 최종 물질이 같은 경우에는 어떤 경로를 통해서 만들더라도 그 경로에 관여한 열함량 변화의 합은 같다. 이를 '헤스의 법칙'이라고 한다.

(3) 엔탈피의 개념

① 어떤 물체가 가지고 있는 열량의 총합을 말한다.

② 물체가 갖는 모든 에너지는 내부에너지 외에 그때의 압력과 체적의 곱에 상당하는 에너지를 갖고 있다.

③ 내부 에너지와 계가 외부에 한 일의 합으로 정의되는 일종의 상태함수이다.

$$H = U + W = U + PV$$

④ 이를 엔탈피의 변화 개념으로 어떤 과정(process)을 설명할 때에는 아래와 같이 나타낼 수 있다. (여기서, S : 엔트로피, T : 절대온도)

$$\Delta H = T \cdot dS + V \cdot \Delta P$$

⑤ 압력의 변화가 0인 경우, 엔탈피의 변화량은 계가 주변과 주고받은 에너지를 나타낸다. 따라서 주변의 압력이 일정하게 유지되는 반응 전후의 에너지 출입을 나타내는 데 많이 쓰인다.

• 문제풀이 요령

엔탈피(열함수)는 어떤 물질이 가지고 있는 열량의 총합(내부 에너지+압력체적)이다.

PROJECT 15 열역학 제법칙   출제빈도 ★☆☆

Q 열역학 제법칙(1법칙, 2법칙, 3법칙)에 대해 설명하시오.

(1) 열역학 0법칙

① 열평형 및 온도에 대한 규정이다.

② 두 물체가 열평형상태(열이동이 없음)에 있으면 온도는 같다.

③ 온도가 서로 다른 두 물체를 접촉시키면 고온의 물체가 열량을 방출하고, 저온의 물체는 열량을 흡입해서 두 물체의 온도차는 없어진다. 이때 두 물체는 열평형이 되었다고 하며, 이런 열평형이 된 상태를 '열역학 제 0 법칙'이라고 한다.

(2) 열역학 1법칙

① 에너지 보존의 법칙

$$Q = \triangle U + W$$

② 밀폐계가 어떤 과정 동안에 받은 열량에서 그 계가 한 참일을 빼면 계의 저장(내부)에너지의 증가량과 같다.

③ 개방계를 설명하기 위한 개념

$$엔탈피(h) = u + Apv$$

④ 열과 일은 모두 하나의 에너지 형태로서 서로 교환하는 것이 가능하다. 이 법칙을 다른 말로 표현하면 '에너지 보존의 법칙'이라고도 한다.

(3) 열역학 2법칙

① 엔트로피(에너지의 질) 증가원리

$$\triangle S = \frac{\triangle Q}{T}$$

② 온도는 '퍼텐셜 에너지'이다(에너지의 질을 결정).

③ 이론적으로는 물질계가 흡수하는 열량 dQ와 절대온도 T와의 비 $dS = \dfrac{dQ}{T}$로 정의한다 (여기서, dS는 물질계가 열을 흡수(방출)하는 동안의 엔트로피 변화량이다).

④ 열과 기계적인 일 사이의 방향성(열 이동의 방향성)을 제시하여 주는 것이 열역학 제2법칙이다.

⑤ 열을 저온에서 고온으로 이동시키려면 별도의 일 에너지를 필요로 한다.

⑥ 물을 낮은 곳에서 높은 곳으로 이동시키려면 별도의 펌프의 힘이 필요하다.

⑦ Kelvin-Planck의 표현 : 자연계에 어떠한 변화를 남기지 않고 일정 온도의 어느 열원의 열을 계속하여 일로 변환시키는 기계를 만드는 것은 불가능하다(열효율 100 %인 기관을 만들 수 없다).

⑧ Clausius의 표현 : 자연계에 어떠한 변화를 남기지 않고서 열을 저온의 물체로부터 고온의 물체로 이동하는 기계(열펌프)를 만드는 것은 불가능하다.

(4) 열역학 3법칙

① 절대 0도에 대한 개념이다.

② 어떠한 이상적인 방법으로도 어떤 계를 절대 0도에 이르게 할 수 없다는 법칙이 Nernst에 의하여 수립되었다(열역학 제3법칙 혹은 Nernst의 열원리).

③ 절대 0도에 가까워질수록 엔트로피는 0에 가까워진다.

④ 절대 0도란 분자의 운동이 정지되어 있는 완전한 질서 상태를 의미한다.

• 문제풀이 요령

  열역학 0법칙~3법칙까지 개별적으로 간혹 출제됨(정확한 개념 위주의 간략한 정리 필요)

PROJECT *16* 압력(ata, atg, atm)   출제빈도 ★☆☆

Q 압력(ata, atg, atm)에 대해 설명하시오.

(1) 정의

① ata : 완전진공 상태를 0으로 보고, 이를 기준으로 압력측정(절대압력)

② atg : 국소대기압을 0으로 보고, 이를 기준으로 압력측정(게이지 압력)

③ atm(표준기압)

  ㉮ 대기압력인 수은주 760 mmHg를 1 atm으로 표기한다.

  ㉯ 정확히 공기의 표준온도(15℃)에서의 해면상의 대기압력을 0이 아닌 '1 표준기압(1atm)'
  이라고 한다.

(2) 측정기준

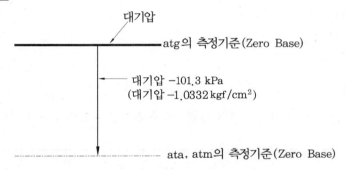

(3) 계산 예

① 1 atm=1.0332 ata → 상기 '측정기준'의 그림 참조

② 1 ata=−0.0332 atg → 상기 '측정기준'의 그림 참조

• 문제풀이 요령

① ata=Atmosphere Absolute, atg=Atmosphere Gauge, atm=Atmosphere의 약자임

② ata, atm은 표준대기압 −101.3 kPa를 기준점(영점)으로 하고, atg는 대기압을 기준점(영점)으
로 한다.

③ 역으로 대기압을 표현할 때, ata 측면에서는 101.3kPa 혹은 1.0332 kgf/cm² 로 표현하고,
atg 측면에서는 0 Pa 혹은 0 kgf/cm²으로 표현한다.

PROJECT 17 기본 단위의 환산(괄호 넣기)

출제빈도 ★☆☆

Q 기본 단위의 환산(괄호 넣기) 및 SI 기본 7대 단위에 대해 설명하시오.

(1) 괄호 안을 채우시오.

① 대기압 = (0) atg = (1) atm = (1.0332) ata = (1.0332) kg/cm^2 = (10.332) mAq
   = (1.013) bar = (1.013×10^5) N/m^2 (Pa) = (0.1013) MPa = (760) mmHg

② 100 mmAq = (10^{-1}) mAq = (10^{-2}) kg/cm^2 = (100) kg/m^2

③ 1 bar = (10) N/cm^2 = (10^5) N/m^2 (Pa)

④ 1 kcal/h = (3.968) Btu/h = (4.186) kJ/h

⑤ 1 W = (3.412) Btu/h

⑥ 1 kW = (860) kcal/h

⑦ 1 kgf = (9.8) N

⑧ 1 lb = (0.4536) kg

⑨ 1 ft = (0.3048) m

⑩ 1 mmAq = (9.8) Pa

(2) SI 기본 7대 단위

① 정의 : SI단위의 가장 기본이 되는 7개의 단위로서 독립적인 차원을 갖도록 정의되어 있다.

② SI 기본 7대 단위

양	명칭	기호	양	명칭	기호
길이	미터	m	온도	캘빈	K
질량	킬로그램	kg	물질량	몰	mol
시간	초	s	광도	칸델라	cd
전류	암페어	A			

③ SI 단위의 특징

㈎ 질량의 단위인 킬로그램(kg)만 인공적으로 만든 국제원기에 의해 정의되어 있으며, 나머지 6개의 단위는 모두 물리적인 실험에 의해 정의되어 있다.

㈏ 이 정의들은 과학기술의 발달에 따라 계속 바뀌고 있으며, 주로 CGPM(국제도량형 총회)에 의해 결정된다.

• 문제풀이 요령

  많이 사용되어지는 주요 단위(SI 단위, MKS 단위, CGS 단위, 공학단위 등) 간의 환산치는 기술사 시험에서 종종 출제되고 있으니 정확히 암기해둘 필요가 있다.

PROJECT **18** 마력(물리학적 마력)

출제빈도 ★☆☆

Q 마력(물리학적 마력)에 대해 설명하시오.

(1) 개요

① 보통 짐마차를 부리는 말이 단위 시간(1분)에 하는 일을 실측하여 1마력으로 삼은 데서 유래한다.

② 동력의 단위로 사용하는 단위에는 마력 및 와트(W) 또는 킬로와트(kW) 등이 있는데, 이 중에서 마력은 주로 엔진·터빈·전동기 등에 의해 이루어지는 일의 비율이나, 구동(驅動) 하고 있는 작업기계에 의해 흡수되는 일의 비율을 나타내는 데 사용한다.

(2) 정의

① 동력(動力, Power)이나 일률을 측정하는 단위

② 마력으로는 영국마력(기호 HP)과 미터마력(프랑스마력 : 기호 PS)이 있다.

　㉮ 1영국마력(HP)

　　㉠ 전기당량(電氣當量) : 746 W = 76 kg-m/s

　　㉡ 열당량(熱當量) : 2545 BTU/Hr

　　㉢ 1영국마력은 매초 550ft·lb, 즉 매분 33000 ft·lb의 일에 해당한다.

　　㉣ 원래는 말 한 필이 할 수 있는 힘과 같다는 것에서 유래되었으나, 현재의 개량종 1 마리는 4 HP정도의 힘을 가진다고 한다.

　㉯ 1미터마력(PS)

　　㉠ 1 PS = 735.5 W ≒ 75kg·m/s

　　㉡ 1미터마력 = 0.9858 영국마력

　　㉢ 1초에 75 kg을 1m 높이로 올릴 수 있는 동력의 단위로 쓰인다(혹은 매분 4500 kg 을 1m 높이로 올릴 수 있는 동력 단위).

• 문제풀이 요령

공조냉동 업계에서 흔히 1마력의 개념을 약 2500 kcal/h(약 2900W) 혹은 냉동톤(RT)과 유사한 용어로 사용하는 경우가 많은데, 이는 물리적 마력과 상당한 차이가 있는 개념이며, 공식 용어는 아니 므로, 정확성을 요하는 공식 계약문서나 학계에서는 사용을 피하는 것이 좋다.

PROJECT 19 엑서지(Exergy) 출제빈도 ★★☆

Q 엑서지(Exergy)의 정의와 응용에 대해 기술하시오.

---

(1) 엑서지(Exergy)의 정의

① 엑서지(Exergy)란 공급되는 에너지 중 활용 가능한 에너지, 즉 유용 에너지를 말하며 나머지 무용에너지를 아너지(Anergy)라고 한다.

② 엑서지는 에너지의 질을 의미하며, 엑서지가 높은 에너지로 고온상태의 열에너지와 다양한 에너지 변환이 가능한 전기에너지, 일 에너지 등이 있다.

③ 일로 바꿀 수 있는 유효 에너지 : 잠재 에너지 중에는 일로 바꿀 수 있는 유효에너지와 일로 바꿀 수 없는 무효에너지가 있는데 그 중에서 일로 바꿀 수 있는 유효에너지를 엑서지라 한다.

(2) 열역학 2법칙에 따른 열정산

카르노 사이클(Carnot Cycle)을 통하여 일로 바꿀 수 있는 에너지의 양을 말함

(3) 엑서지 효율

외부에서 열량 Q_1을 받고, Q_2를 방출하는 열기관에서 유효하게 일로 전환될 수 있는 최대 에너지를 유효에너지(엑서지)라 한다.

$$\text{엑서지 효율} = \frac{\text{실제의 출력}}{\text{유효 에너지}}$$

(4) 엑서지의 응용

① 엑서지는 에너지의 변환 과정에서 엑서지를 충분히 활용할 수 있는 장치의 개발과 시스템의 선정 등에 응용된다.

② 에너지(열)의 캐스케이드 이용 방식인 열병합발전 시스템(Co-Generation Sytem)을 적용하는 것은 엑서지의 총량을 높이는 것으로 엑서지가 높은 고온의 연소열에 의해서는 에너지의 질이 높은 전력을 생산하고, 이 과정에서 배출되는 보다 저온의 폐열을 회수하여 증기나 온수를 생산해 냉·난방, 급탕 등에 사용한다.

• 문제풀이 요령

① 엑서지의 정의가 간혹 출제된다.

② 엑서지(Exergy)란 공급되는 에너지 중 유효한 일로 변환이 가능한 최대에너지를 말함(카르노 사이클을 통한 열정산, 열병합발전 시스템의 효율정산 등에 활용)

PROJECT 20 카르노 & 역카르노 사이클   출제빈도 ★☆

Q 카르노 사이클과 역카르노 사이클에 대해 설명하시오.

(1) 카르노 사이클(Carnot Cycle)

① 이상적인 열기관의 사이클 : 카르노 사이클은 완전가스를 작업물질로 하는 이상적인 사이클로서 2개의 등온변화와 2개의 단열변화로 구성된다.

② 이론적으로 최대인 열기관의 효율을 나타내는 사이클 (가역과정)

③ 고열원에서 흡열하고, 저열원에 방출함

④ 카르노 사이클에서 다음과 같은 사실을 알 수 있다.

- 같은 온도의 열저장소 사이에서 작동하는 기관 중에서는 가역사이클로 작동되는 기관의 효율이 가장 좋다.
- 임의의 2개 온도의 열저장소 사이에서 가역사이클인 카르노 사이클로 작동되는 기관은 모두 같은 열효율을 갖는다.
- 같은 두 열저장소 사이에서 작동되는 가역사이클인 카르노 사이클의 열효율은 동작물질에 관계없으며, 두 열저장소의 온도에만 관계된다.

(2) 역카르노 사이클(Reverse Carnot Cycle)

① 역카르노 사이클은 카르노사이클을 역작용시킨 것으로서, 2개의 가역등온과정과 2개의 가역단열과정으로 구성된다.

② 이상적인 히트 펌프 사이클(냉동 사이클)

③ 이론적 최대의 냉난방 효율을 나타내는 사이클(가역과정)

④ 저열원에서 흡열하고, 고열원에 방출함

⑤ 등온팽창은 증발기에서, 단열압축은 압축기에서, 등온응축은 응축기에서, 단열팽창은 팽창밸브에서 이루어진다.

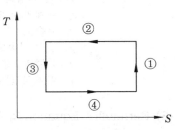

$\begin{cases} ①, ③ : 단열과정 \\ ②, ④ : 등온과정 \end{cases}$

역카르노 사이클

⑥ 성적계수는 소비에너지와 냉방열량 또는 난방열량과의 비이며, 난방시가 냉방시보다 항상 1이 크다 ($COP_h = 1 + COP_c$).

⑦ 기타 사항 : 상기 '카르노 사이클'과 동일함

· 문제풀이 요령

카르노 사이클은 이상적인 열기관의 사이클을 말하며, 역카르노 사이클은 카르노 사이클을 역작용시킨 것으로서, 이상적인 히트펌프 사이클(혹은 냉동 사이클)에 응용된다.

PROJECT **21** 베르누이 방정식(Bernoulli's Equation) 출제빈도 ★★☆

Q 베르누이 방정식(Bernoulli's Equation)에 대해 설명하시오.

(1) 개요

① 물리학의 '에너지 보존의 법칙'을 유체에 적용하여 얻은 식

② '운동유체가 가지는 에너지의 총합은 일정하다.'라는 의미를 지닌 방정식이다. 즉, 유체가 가지고 있는 에너지보존의 법칙을 관속을 흐르는 유체에 적용한 것으로서 관경이 축소(또는 확대)되는 관속으로 유체가 흐를 때 어느 지점에서나 에너지의 총합은 일정하다 (단 마찰손실 등은 무시).

③ 주로 학계에서는 운동유체의 압력을 구할 때 많이 사용하고, '공조 분야'에서는 수두(H)를 구할 때 많이 사용

(2) 법칙식

$$P + \frac{1}{2}\rho\gamma^2 + \gamma Z = 일정, \ 혹은 \ \frac{P}{\gamma} + \frac{v^2}{2g} + Z = H(일정)$$

여기서, H : 전수두(m)

P : 각 지점의 압력(Pa)

γ : 유체의 비중량(N/m^3)

v : 유속(m/s)

g : 중력 가속도(9.8 m/s^2)

Z : 기준면으로부터의 높이(m)

ρ : 유체의 밀도(kg/m^3)

(3) Bernoulli's Equation 의 가정(Assumption)

① 1차원 정상유동이다.

② 유선의 방향으로 흐른다.

③ 외력은 중력과 압력만이 작용한다.

④ 비점성, 비압축성 유동이다.

⑤ 마찰력에 의한 손실은 무시한다.

• **문제풀이 요령**

① Bernoulli's Equation을 이용한 계산 문제나 '5대 가정'이 간혹 출제됨

② 베르누이 방정식은 유체의 '에너지 보존법칙'이므로, 마찰손실을 무시할 경우 유체 흐름의 어느 곳에서나 에너지의 총합은 일정하다는 법칙이다.

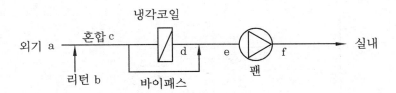

PROJECT 22 냉방 시 상태변화   출제빈도 ★★☆

Q 아래 그림과 같이 냉방 시의 상태변화를 공기선도로 작성하시오.

답 아래와 같이 작도한다.

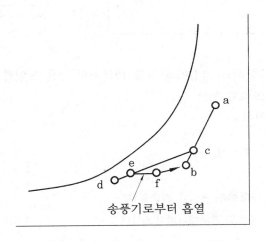

① 혼합과정 : 외기(a)와 리턴공기(b)가 적당한 비율로 섞인다.
② 냉각과정 : 혼합공기(c)가 냉각코일에 의해 냉각된다(d).
③ 일부 공기는 냉각되지 못하고 바이패스 된다(e).
④ 송풍기로부터의 흡열 : 송풍기로부터의 열의 취득이 있다(f).
⑤ 최종적으로 공조된 공기(f)는 실내(b)로 공급된다.

• 문제풀이 요령

　Bypass되는 양과 정상적으로 냉각되는 양은 적당한 비율로 섞일 것이고, 팬(송풍기)은 보통 실온보다 온도가 높으므로, 통과되는 공기가 팬으로부터 열을 받을 것이다.

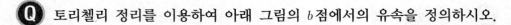

PROJECT 23 **토리첼리 정리를 이용한 유속**   출제빈도 ★☆☆

Q 토리첼리 정리를 이용하여 아래 그림의 b점에서의 유속을 정의하시오.

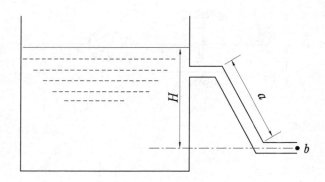

① 상기 그림에서 'a'의 어느 지점에서나 총 에너지의 합은 동일함
② 그림의 'b' 지점에서의 속도 계산
  '베르누이 방정식'에서

$$\frac{P}{\gamma} + \frac{v^2}{2g} + Z = H$$

  여기서, $\frac{P}{\gamma} = 0$ (b지점은 대기압 기준상태)
       $Z = 0$ (b지점은 위치에너지가 0이다.)

따라서 상기 Bernoulli's Equation은 아래와 같이 된다.

$$\frac{v^2}{2g} = H$$

$$\therefore v^2 = 2gH \text{ 혹은 } v = \sqrt{2gH}$$

· 문제풀이 요령

  그림의 'b' 지점은 대기 노출지점이므로 Bernoulli's Equation에서 압력에너지가 0이며 (대기압 상태), 최하단부에 도달했을 때이므로 위치에너지 또한 0의 값이 된다.

PROJECT 24 환경과 관련된 자연현상 출제빈도 ★

Q 환경에 관련된 다음의 용어를 설명하시오.
① 엘리뇨 ② 싸라기눈과 우박의 차이점
③ 푄현상 ④ 라니냐

(1) 엘리뇨 현상

① 정의

(개) 무역풍이 약해지는 경우 차가운 페루 해류 속에 갑자기 이상 난류가 침입하여 해수온도가 이상 급변하는 현상

(내) 스페인어로 '아기 예수' 또는 '남자아이'라는 뜻을 가진 말이다.

(대) 동태평양 적도해역의 월평균 해수면 온도가 평년보다 6개월 이상 0.5℃ 이상 높아지는 현상이다.

② 영향

(개) 오징어의 떼죽음

(내) 정어리 등의 어종이 사라지고, 해조(海鳥)들이 굶어 죽는다 (높아진 수온에 의해 영양염류와 용존산소의 감소에 기인함).

(대) 육지에 큰 홍수를 야기하기도 함

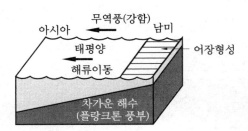

태평양의 정상적인 해류이동

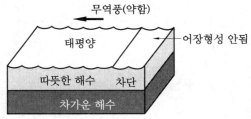

엘리뇨가 심할 때의 해류이동

(2) 싸라기눈과 우박의 차이점

① 구름 속에서 만들어진 얼음의 결정이 내리는 것을 눈이라고 하고, 구름 속에서 눈의 결정끼리 충돌하여 수 mm로 성장한 것이 싸라기눈이라고 한다.

② 특히 5 mm 이상 성장한 것을 우박이라고 하며, 우박 중에는 야구공 정도의 크기로 성장한 우박도 있다.

(3) 푄 현상

① 정의 : '높새바람'이라고도 하며, 산을 넘
어 불어 내리는 돌풍적 건조한 바람

② 영향

(가) 산의 바람받이 쪽에서는 기압상승으로
인하여 수증기가 응결되어 비가 내린다.

(나) 산의 바람의지(반대) 쪽에서는 기압이
하강하고, 온도상승 및 건조해짐

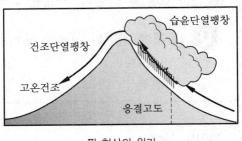

푄 현상의 원리

(4) 라니냐

① 정의

(가) 엘리뇨의 반대적인 현상이며, 라니냐는 스페인어로 '여자아이'를 뜻하는 말이다.

(나) 무역풍이 강해지는 경우 해수온도가 서늘하게 식는 현상으로 '반엘리뇨'라고 부르기
도 한다.

(다) 무역풍이 평소보다 강해져 동태평양 부근에 차가운 바닷물이 솟구쳐 발생한다.

(라) 동태평양 적도해역의 월평균 해수면의 온도가 5개월 이상 지속해서 평년보다 $0.5℃$
이상 낮아지는 현상이다.

② 영향

(가) 원래 찬 동태평양의 바닷물이 더욱 더 차가워져 서진하게 된다.

(나) 인도네시아, 필리핀 등의 동남아시아에는 격심한 장마가, 페루 등의 남아메리카에서
는 가뭄이, 북아메리카에는 강추위가 찾아올 수 있다.

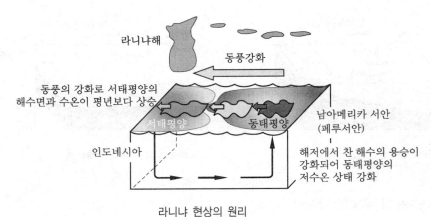

라니냐 현상의 원리

・**문제풀이 요령**

　엘리뇨 현상이 더운 난류의 침입으로 인한 자연현상인 것에 반해 라니냐 현상은 차가운 한류의 침입
에 의한 해류 및 기상이변 현상이다.

PROJECT 25 점성계수

출제빈도 ★☆☆

Q 점성계수에 대해 설명하시오.

(1) 점성계수 (μ)

① 유체의 흐름에서 전단력에 대해 저항하려는 정도를 나타내는 계수(유체의 특성)

② 유체의 층류유동에 대해 살펴보면, 유체의 층과 층 사이에는 점성 때문에 서로 다른 속도로 움직인다. 표면에서 거리 y, $y + dy$ 떨어진 곳의 속도를 u, $u + du$라 하면 $y + dy$의 층을 움직이는데 필요한 힘 F는 두 층의 접촉면적 A와 속도차 du에 비례하고, 거리 dy에 반비례하는 것을 알 수 있다. 즉,

$$F \propto A \times \frac{du}{dy}$$

$$\tau = \frac{F}{A} \propto \frac{du}{dy} = \mu \times \frac{du}{dy} \quad \text{(여기서, } \mu \text{ ; 점성계수)}$$

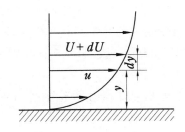

③ 점성계수의 단위로는 dyn s/cm^2($= 1$ poise), lb·s/in^2, lb·s/ft^2, kg·s/m^2, N·s/m^2 ($= 1$ Pa·s) 등

(2) 동점성계수 (ν)

① 유체유동의 방정식에는 μ보다 이것을 밀도 ρ로 나눈 값 $\nu = \dfrac{\mu}{\rho}$가 자주 쓰이며, ν를 동점성계수(Kinematic Viscosity)라 한다.

② 단위로는 m^2/s, ft^2/s, cm^2/s 등이 쓰이며, 특히 cm^2/s를 Stokes라 하여 동점성계수의 단위로 많이 쓰고 있다.

・문제풀이 요령

유체의 흐름에서 저항하려는 성질을 나타내는 값이 점성계수이며, 이 값을 밀도로 나눈 값이 동점성계수이다.

PROJECT 26 Cycle 용어 출제빈도 ★☆☆

Q 다음 Cycle 용어에 대해 설명하시오.
① 열펌프 ② 가역과정과 비가역과정 ③ 내부에너지

(1) 열펌프 (Heat Pump)

① 열을 Pumping 한다는 뜻으로 만들어진 용어이다(열을 낮은 쪽에서 높은 쪽으로 끌어올린다는 의미).

② 열펌프는 저온열원에서 열을 흡수한 후, 일을 가하여 고온열원에 열을 방출하는 장치이다.

③ 저온열원에서 열을 흡수할 때에는 냉동/냉방장치가 되고, 고온열원에 열을 방출할 때에는 가열/난방장치가 된다.

④ 여기서, 전자를 냉동기라 부르고, 후자를 열펌프라고 하기도 한다.

⑤ 냉방과 난방의 겸용 시스템을 흔히 '열펌프'라고 부르기도 한다.

(2) 가역과정과 비가역과정

① 가역과정 : 역학적, 열적 평형을 유지하면서 이루어지는 과정으로 계나 주위에 변화를 일으키지 않고 이루어지며, 역과정으로 원상태로 되돌려질 수 있는 과정이다(손실이 전혀 없는 이상적인 과정을 말한다).

② 비가역과정 : 상기의 가역과정과 반대인 과정을 말하며, 대부분의 자연계의 과정은 비가역과정이다.

(3) 내부 에너지(Internal Energy)

① 물체가 갖는 운동에너지나 위치에너지에 무관하게 물체의 온도나 압력 등에 따라서 그 자신의 내부에 갖는 에너지를 말한다.

② 내부 에너지 = 계의 총에너지 − 기계적 에너지($U = Q - W$)

• **문제풀이 요령**

① 열펌프란 우리가 흔히 '히트펌프'라고 부르는 장치를 말하며, 냉매의 흐름 방향을 바꾸어가며 Cooling과 Heating을 행할 수 있게 고안된 장치이며, 효율(COP)이 높다는 것이 가장 큰 장점이다.

② 가역과정은 역학적/열적 평형을 유지하면서 이루어지는 과정이므로 역으로 되돌려 놓을 수 있는 과정이며, 가역과정으로 운전되는 사이클을 '카르노 사이클'이라고 부른다.

PROJECT 27 상태변화

Q 상태변화와 관련하여 다음의 용어를 설명하시오.
① 계   ② 상태량   ③ 완전가스의 상태변화   ④ Dolton의 법칙

① 계 : 연구 대상이 되는 일정량의 물질이나 공간의 어떤 구역
   (개) 밀폐계 : 계의 경계를 통해 물질의 이동이 없는 계
   (내) 개방계 : 계의 경계를 통해 물질의 이동이 있는 계
   (대) 절연계(고립계) : 계의 경계를 통해 물질이나 에너지의 전달이 없는 계

② 상태량 (강도성 상태량과 종량성 상태량)
   (개) 강도성 상태량 : 계의 질량에 관계없는 상태량 (온도, 압력)
   (내) 종량성 상태량 : 계의 질량에 정비례한다 (체적, 에너지, 질량).

③ 완전가스의 상태변화
   (개) 등적변화 : 어떤 용기에 들어 있는 물체를 가열했을 때 체적의 변화가 없는 과정
   (내) 등압변화 : 어떤 용기에 열을 가하면 용기 내의 내압은 변하지 않고 체적만 변하는 과정
   (대) 등온변화
      ㉮ 어떤 용기 내에 열을 가한 후 온도를 일정하게 유지하면서 변하는 과정
      ㉯ 변화 과정 중에 등온을 유지하려면 열을 방출해야 하고, 팽창할 때는 외부로부터 가열해야 한다.
   (래) 단열변화 : 외부와 열의 출입을 완전히 차단하여 행하는 팽창 또는 압축의 변화(실제의 가스는 '폴리트로프 변화'의 과정을 나타낸다.)
      ※ 단열압축 : 압축기의 압축 과정에서 냉매에 대하여 열의 출입이 없는 압축을 말한다.

④ Dolton의 법칙
   (개) 두 가지 이상의 서로 다른 이상 기체를 하나의 용기 속에 혼합시킬 경우, 기체 상호간에 화학 반응이 일어나지 않는다면 혼합 기체의 압력은 각각 기체 압력의 합과 같다.
   (내) 이것을 'Dolton의 분압법칙'이라고 한다.

• 문제풀이 요령
① 계의 질량에 관계없는 상태량을 강도성 상태량이라 하고, 계의 질량에 비례하는 상태량을 종량성 상태량이라 한다.
② 완전가스의 상태변화에는 등적변화, 등압변화, 등온변화, 단열변화 등의 네 가지가 있다.

PROJECT 28 빙축열 관련용어   출제빈도 ★☆☆

Q 빙축열과 관련하여 다음의 용어를 설명하시오.
① 빙축열   ② 축열조   ③ 심야시간

(1) 빙축열(축냉설비)

① 정의 : 냉동기를 이용하여 심야시간대에 축열조에 얼음을 얼려 주간 시간대에 축열조의 얼음을 이용하여 냉방하는 설비를 말한다.

② 원리 : 물을 냉각하면 온도가 내려가 $0℃$가 되고, 더 냉각하여 얼음으로 상변환 될 때 얼음 1 kg에 대해서 응고열 334 kJ/kg (79.68 kcal/kg)이 저장되며, 반대로 얼음이 물로 변할 때는 융해열 334kJ/kg (79.68 kcal/kg)이 방출된다(즉, 용이하게 많은 열량을 저장 후 재사용 가능).

③ 설치대상 : "건축물의 설비기준 등에 관한 규칙"에 따라 다음 각 호에 해당하는 건축물에 중앙집중 냉방설비를 설치할 때에는 해당 건축물에 소요되는 주간 최대 냉방부하의 60% 이상을 심야전기를 이용한 축랭식, 가스를 이용한 냉방방식, 집단에너지사업허가를 받은 자로부터 공급되는 집단에너지를 이용한 지역냉방방식, 소형 열병합발전을 이용한 냉방방식, 신재생에너지를 이용한 냉방방식, 그 밖에 전기를 사용하지 아니한 냉방방식의 냉방설비로 수용하여야 한다. 다만, 도시철도법에 의해 설치하는 지하철역사 등 산업통상자원부장관이 필요하다고 인정하는 건축물은 그러하지 아니한다.

㉮ 판매시설, 교육연구시설 중 연구소, 업무시설로서 해당 용도에 사용되는 바닥면적의 합계가 3천제곱미터 이상인 건축물

㉯ 공동주택 중 기숙사, 의료시설, 수련시설 중 유스호스텔, 숙박시설로서 해당 용도에 사용되는 바닥면적의 합계가 2천제곱미터 이상인 건축물

㉰ 목욕장, 운동시설 중 수영장(실내에 설치되는 것에 한정한다)으로서 해당 용도에 사용되는 바닥면적의 합계가 1천제곱미터 이상인 건축물

㉱ 문화 및 집회시설(동ㆍ식물원은 제외한다), 종교시설, 교육연구시설(연구소는 제외한다), 장례식장으로서 해당 용도에 사용되는 바닥면적의 합계가 1만제곱미터 이상인 건축물

(2) 축열조

① 냉동기에서 생성된 냉열을 얼음의 형태로 저장하는 탱크를 말한다.

② 축열조는 축ㆍ방랭 운전을 반복적으로 수행하는데 적합한 재질의 축랭재를 사용해야 하며, 내부 청소가 용이하고 부식이 안 되는 재질을 사용하거나 방청 및 방식처리를 해야 한다.

③ 축열조의 용량 : 전체 축랭방식 또는 축열률이 40 % 이상인 부분 축랭방식으로 설치함

④ 축열조는 보온을 철저히 하여 열손실과 결로를 방지해야 하며, 맨홀 등 점검을 위한 부분은 해체와 조립이 용이하도록 하여야 한다.

(3) 심야시간

① 한국전력공사에서 전기요금을 차등부과하기 위해 정해 놓은 시간

② 23시~09시 : 야간 축랭을 진행하는 시간

PROJECT 29 압력(용어설명) 출제빈도 ★☆☆

Q 압력에 관련된 다음 용어에 대해 설명하시오.
① 압력 ② 절대 압력 ③ 진공 압력 ④ 게이지 압력 ⑤ 대기압

(1) 압력

① 가스체는 항상 팽창되려 하고 있다. 그러므로 이 가스를 용기에 넣으면 가스가 팽창되려고 용기의 벽을 밖으로 밀어내는 힘을 압력이라 한다.

② 단위

Pa, kPa, MPa 또는 kgf/cm^2, lb/in^2 〔$1\,kgf/cm^2 = 0.0981\,MPa = 14.22\,PSI\,(lb/in^2)$〕 등

(2) 절대 압력 (kg/cm^2abs)

① 절대 압력은 실제로 가스가 용기의 벽면에 가하는 힘의 크기를 말한다.

② '게이지 압력 + 대기압'으로 게이지 압력이 0이라도 가스는 실제로는 대체로 $101.3\,kPa$ 압력을 가지고 있으며, 완전진공 상태를 0으로 하여 측정한 압력이다.

③ 압력단위 : 보통 기호 뒤에 a 또는 abs를 덧붙인다.

(3) 진공 압력(Vacuum Pressure)

① 대기압력으로부터 절대 압력이 0인 곳으로 재어 내려가는 압력, 즉 대기압 이하의 압력을 말한다.

② 용기 내의 압력이 대기압 이하로 되는 것을 말한다.

③ 단위로는 주로 torr를 가장 많이 사용함 ($1\,torr = 1\,mmHg$)

(4) 게이지 압력

① 대기압 하에서 0을 지시하는 압력계로 측정한 압력, 가스가 용기 내벽에 가하는 힘과 대기가 외부에서 용기 외벽에 가하는 힘의 차를 의미한다.

② 별도의 지시가 없을 시 대개 게이지 압력을 말하며, 혼선을 방지하기 위해 압력단위 뒤에 G 혹은 gage를 붙인다.

③ 압력계의 지시 압력은 가스의 압력에서 대기 압력을 뺀 것으로 평지에 있어서의 대기압은 $101.3\,kPa\,(1.03\,kgf/cm^2abs)$이며, 절대 압력과 게이지 압력의 관계는 다음과 같다.

게이지 압력 = 절대 압력 − 대기압

(5) 대기압 (Atmospheric Pressure)

① 관내에서 수은 면의 높이가 약 76 cm 정도에서 멈추게 되는 것은 용기의 수은 면이 대기 압을 받고 있기 때문이다 (아래 그림 참조).

② 수은의 무게는 1 cc에 약 13.595 g이므로 76 cm의 수은의 무게는 밑면적 1 cm^2 마다 13.595 g×76＝1033.2 g이다.

③ 지상에 있는 모든 물건은 1033.595 gf/cm^{2}와 같은 공기의 압력을 받고 있는 것이며, 이 것이 곧 대기압이다.

즉, 표준 대기압 ＝ 760 mmHg ＝ 101.3 kPa＝1033.2 gf/cm^2 ≒ 1.03 kgf/cm^2

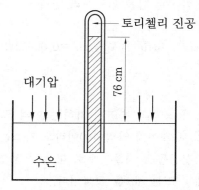

토리첼리의 수은주 시험

· 문제풀이 요령

공조냉동 및 건축설비 분야에서는 압력에 대한 개념이 상당히 중요하다. 대개 현장에서는 게이지 압력(게 이지 압력＝절대압력−대기압)을 기준으로 냉매압, 수압 등을 표기한다.

PROJECT 30 냉동기초 Ⅰ 출제빈도 ★★☆

Q 냉동 기초에 관련하여 다음의 용어를 설명하시오.
① 오일 포밍   ② 오일 해머링   ③ 크랭크케이스 히터   ④ 오일 백

(1) 오일 포밍(Oil Foaming)

① 정의 : 압축기가 정지하고 있는 동안 Crank Case 내 압력이 높아지고, 온도가 저하하면 Oil은 그 압력과 온도에 상당하는 양의 냉매를 용해하고 있다가, 압축기가 재가동 시 크랭크케이스 내 압력이 급격히 떨어지면, Oil과 냉매가 급격히 분리되는데, 이때 유면이 약동하고 심하게 거품이 일어나는 현상을 말한다(이 거품과 함께 오일이 압축기 출구 쪽으로 많이 토출됨).

② 오일 포밍 현상의 영향
  ㉮ Oil Hammer의 우려가 있음
  ㉯ 장치 중의 응축기, 증발기 등에 Oil이 유입되어 전열을 방해
  ㉰ 크랭크케이스 내에 Oil 부족 현상을 초래
  ㉱ 오일/냉매가 층분리되어 압축기 윤활불량 초래(우측 그림에서 ① 상태에서 온도를 내려 ② 상태로 되었을 때, 무거운 a라는 조성비율과 가벼운 b라는 조성비율이 ⓐ : ⓑ의 비율로 층분리된다.)

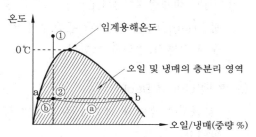

R-22와 나프텐계 오일의 용해도

(2) 오일 해머링(Oil Hammering)

Oil Back 혹은 Oil Foaming 등의 발생 시 Oil이 Cylinder 내로 다량 흡입되어 비압축성인 Oil을 압축함으로써 Cylinder Head부에서 충격음이 발생되고, 이러한 현상이 심하면 장치 내로 다량의 Oil이 넘어가 Oil 부족으로 압축기가 소손될 수 있다.

(3) 크랭크 케이스 히터

냉동장치를 처음 또는 장기간 운전을 정지할 때 주위 온도가 낮은 조건에서 갑자기 운전할 경우 Oil Foaming에 의해 기계의 무리를 초래할 수 있다. 이를 방지하기 위하여, 압축기 하부를 예열시킴으로써 Oil 중에 용해된 냉매를 자연스럽게 분리하여 압축기 기동시 무리가 없도록 하는 기능이다.

(4) 오일 백(Oil Back)

증발기에서 압축기로 회수되는 Oil이 Crank Case 내로 유입(Oil Return)되지 못하고 압축기의 압축부로 되돌아오는 현상(Oil Hammering 초래)

• **문제풀이 요령**
- 실외온도가 낮을 때 오일 포밍이 많이 발생하는 이유는?
  ☞ 고체는 액체의 온도가 높을수록 잘 녹아들어 가지만, 기체는 액체의 온도가 낮을수록 잘 녹아 들어간다.

PROJECT 31 냉동기초 Ⅱ   출제빈도 ★☆☆

Q 냉동 기초에 관련하여 다음의 용어를 설명하시오.

(1) 동 도금   (2) 액백   (3) 액 분리기   (4) $P-i$ 선도

(1) 동 도금(Copper Plating) 현상

① 프레온을 사용하는 냉동 Cycle에 수분이 침입하여 냉매와 반응하면 산이 생성되어 침입한 공기 중의 산소와 화합하고 동관 내부의 구리 성분을 분말화하여 반응 금속 표면에 다시 도금되는 현상이다(성능 저하 및 고장 초래).

② CFC 대체냉매인 R410A나 R407C 등의 냉매계통에 사용되는 압축기용 오일인 POE는 광유(Mineral Oil) 대비 흡습성이 약 12배 정도이므로 시공상 물이나 습기가 침투되지 않게 각별히 주의를 요한다.

(2) 액백(Liquid Back)

① 증발기에 유입된 액냉매 중 일부가 증발하지 못하고 액체 상태로 압축기에 흡입되는 현상이다.

② 액백은 압축기의 손상을 가져올 수 있으므로, 시스템 설계 시 가능한 방법을 고안(Accumulator 설치, 흡입배관상 Loop 형성, 증발기 과열도 증가, 냉매 봉입량 감소, 저온 보상제어 등)하여 미리 방지계획을 철저히 세워야 한다.

③ 액체냉매는 비압축성 유체이므로 압축이 불가능한 유체이다. 따라서 압축기가 이를 흡입하게 되면(액백현상) 압축기에 심각한 무리가 따를 뿐더러, 시스템 전체의 파손으로 진행될 수 있다.

④ 특히 저온 냉동 시스템, 히트 펌프 시스템 등 기술적으로 액압축이 우려되는 시스템에서는 과열도를 충분히 확보하여 자칫 발생할 수 있는 치명적인 액압축을 반드시 막아주어야 한다(압축기의 Sump 가열 등의 방법도 액압축 방지에 많은 도움이 된다).

(3) 액 분리기(Accumulator, Suction Trap)

① 압축기로 액상의 냉매가 유입되는 것을 방지할 목적으로 증발기와 압축기 사이의 흡입배관에 부착

② 보통 설치 시 시스템에 차징(Charging)될 수 있는 최대 냉매량을 기준으로 하여, 액압축이 일어나지 않는 용기를 내용적으로 그 크기를 정한다.

(4) $P-i$ 선도(혹은 $P-h$ 선도)

① 절대압력(kg/cm^2 abs) P 를 종축으로 하고 엔탈피 (kcal/kg) i 를 횡축으로 하는 선도로 서 냉동 사이클 내에서의 냉매 상태를 나타내는 중요한 선도이다.

② '$P-h$ 선도'라고도 한다(그림 참조).

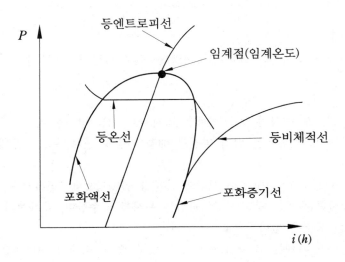

• **문제풀이 요령**

 액백(Liquid Back) 방지 장치 및 액 분리기(Accumulator)는 모두 압축기(기체 상태로만 압축 가능)를 액압축으로부터 보호하기 위한 장치이다.

PROJECT 32 복사열전달

출제빈도 ★☆☆

Q 복사 열전달 관련 다음의 용어를 설명하시오.
① 플랭크의 법칙 ② 키르히호프의 법칙

(1) Planck의 법칙

① 정의 : 흑체로부터 방사되는 에너지(방사열)는 전체 파장영역에서 주어진 온도에서의 최대치이다.

② 원리

㉮ 온도가 절대 0도 이상인 모든 물체는 복사 에너지를 방사한다.

㉯ 복사는 전도 및 대류와는 달리 열전달 매질이 필요 없다. 즉, 진공에서도 복사는 진행된다.

㉰ $\lambda = 0.1\,\mu m$ 에서 $\lambda = 100\,\mu m$ 사이의 복사를 일반적으로 '열복사' 라고 한다.

㉱ 흑체는 입사하는 모든 방향, 모든 파장의 복사를 흡수한다. 흑체보다 더 많은 에너지를 방사하는 물질은 없다.

㉲ 즉, 온도 T 인 흑체는 그 온도에서 방사할 수 있는 최대의 에너지를 방사한다고 할 수 있다.

㉳ 모든 파장에서 온도가 증가하면 방사도 증가한다.

㉴ 온도가 증가함에 따라 Peak는 단파장 쪽으로 이동한다.

(2) Kirchhoff의 법칙

① 정의 : 같은 파장인 적외선에 대한 물질의 흡수능력과 방사능력의 비는 물질의 성질과 무관하고, 온도에만 의존하여 일정한 값을 갖는다는 법칙이다.

② 관계식

㉮ 물체가 방사하는 에너지(E)와 흡수율(a)과의 비는 일정하다. 즉, 동일 파장 및 동일 온도에서

$$\frac{E_1}{a_1} = \frac{E_2}{a_2}$$

㉯ 이는 좋은 흡수체는 좋은 방사체가 될 수 있음을 말해준다.

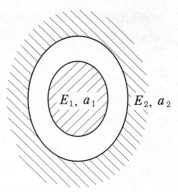

• **문제풀이 요령**

Planck의 법칙은 흑체로부터 방사되는 에너지(방사열)가 다른 물체 대비 최대라는 이론이고, Kirchhoff의 법칙은 방사에너지(E)와 흡수율(a)과의 비는 일정하다는 이론이다.

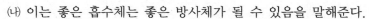

PROJECT 33 오리피스 유량측정장치 출제빈도 ★☆☆

Q 오리피스 유량측정장치에 대해 설명하시오.

(1) 원리

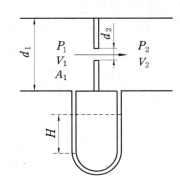

① 다음 그림과 같이 피토관(Pitot Tube) 설치 후 ΔP 혹은 수두(H)를 측정하여 유량을 계산함

② 설치비용이 적게 들고, 비교적 유량 측정이 정확하다 (오리피스 단면은 커다란 수두손실이 일어나는 것이 단점이다).

(2) 계산식

① 간단식

$$Q = K\sqrt{\Delta P}$$

여기서, Q : 유량(CMS), K : 유량 상수, V_1 : 유입부의 속도, V_2 : 유출부의 속도,
ΔP : 오리피스 상류 및 하류의 압력차($\Delta P = P_1 - P_2$; Pa), A_1 : 유입부의 단면적

② 상세식

$$Q = \frac{C \cdot A}{\sqrt{1 - \left(\dfrac{d_2}{d_1}\right)^4}} \sqrt{2gH}$$

여기서, C : 유출 계수$\left(= \dfrac{실제유량}{이론유량}\right)$, A : 목부분의 단면적(m^2) $= \dfrac{\pi d_2^2}{4}$, H : 수두 차(m),
g : 중력 가속도($= 9.8\,\text{m/s}^2$), d_1 : 유입부의 지름(m), d_2 : 목부분의 지름(m)

[칼럼] 유량계산 공식의 유도

Bernoulli 방정식에서 $P_1 + \dfrac{\rho V_1^2}{2} = P_2 + \dfrac{\rho V_2^2}{2}$ 또, $A_1 V_1 = A V_2$에서 $V_1 = \dfrac{A}{A_1} \cdot V_2$

따라서, $V_2 = \dfrac{1}{\sqrt{1 - \left(\dfrac{A}{A_1}\right)^2}} \sqrt{\dfrac{2(P_1 - P_2)}{\rho}} = \dfrac{1}{\sqrt{1 - \left(\dfrac{d_2}{d_1}\right)^4}} \sqrt{2gH}$

$\therefore$ 유량 $Q = \dfrac{CA}{\sqrt{1 - \left(\dfrac{d_2}{d_1}\right)^4}} \sqrt{2gH}$

• **문제풀이 요령**

  오리피스 장치는 오리피스 전후의 압력차를 이용하여 유량을 측정하거나, 직접적으로 유량을 조절하는 장치로 사용된다(수두 손실이 큰 점이 단점).

PROJECT 34 Pitot Tube

출제빈도 ★☆☆

Q Pitot Tube에 대해 설명하시오.

(1) 피토관 측정 방법

① 아래의 그림처럼 동압(동압 = 전압－정압)을 측정하여 '베르누이 정리'에 의해 유속을 측정한다.

② 풍속 4 m/s 이하에서는 정밀도가 다소 나빠진다.

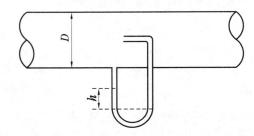

(2) 관계식

① 압력(동압) : $P = (S_o - S) \cdot g \cdot h = \dfrac{S V^2}{2}$

② 유속 : $V = C_v \sqrt{2gh\left(\dfrac{S_o}{S} - 1\right)}$

　　여기서, V : 관내 유속 (m/s)

　　　　　C_v : 속도 상수

　　　　　S_o : 관내 유체의 밀도 (kg/m³)

　　　　　S : 관외부 유체(공기)의 밀도 (kg/m³)

③ 유량 측정

　　　$Q = C \cdot A \cdot V$

　　여기서, Q : 유량(CMS)

　　　　　C : 유출계수 $\left(= \dfrac{\text{실제유량}}{\text{이론유량}}\right)$

　　　　　A : 관의 단면적(m²) $= \dfrac{\pi D^2}{4}$

　　　　　V : 관내 유속(m/s)

• 문제풀이 요령

　Pitot Tube는 정압, 동압, 전압 등을 측정하거나, 동압을 이용하여 유속 및 유량을 알아내는 데 사용된다.

PROJECT 35 마하수와 압축성 출제빈도 ★★☆

Q 마하수와 압축성과의 관계에 대해 설명하시오.

① 마하수$(M) = \dfrac{V}{a}$

　　여기서, V : 어떤 물체의 속도

　　　　　a : 음속(音速, Sound Velocity)

　　　　　　$= 331.5 + 0.61t$ [m/s]

　　　　　t : 매질(공기)의 온도

② 평가

　㈎ 마하수$(M) < 0.3$ 일 경우 '비압축성'으로 간주

　㈏ 마하수$(M) > 0.3$ 일 경우 '압축성'으로 간주(특히 초음속일 경우는 반드시 '압축성'으로 간주할 것)

③ 마하수 구분

　㈎ 초음속 : 마하수 M이 1을 초과할 경우(보통 마하수가 1.2~5일 경우를 말함)

　㈏ 아음속 : 마하수 M이 1에 못 미칠 경우(Bernoulli's Equation이 적용되는 영역)

　㈐ 천음속(轉移音速 ; Transonic Velocity)

　　㉮ 물체와 일정거리 이상에서는 $M < 1$이고, 날개 등의 물체와 접한 일부분에서 $M > 1$이 되는 경우

　　㉯ 마하수가 보통 0.75~1.2일 경우 발생한다.

　㈑ 극초음속(Hypersonic)

　　㉮ 비행물체의 주행속도와 비행물체 주변의 공기의 속도 모두 초음속보다 더욱 더 빠른 영역이다.

　　㉯ 보통은 마하수가 5 이상인 경우를 말한다.

・문제풀이 요령

　마하수(M)란 물체의 속도를 음속으로 나눈 값으로 아음속에서는 $M < 1$이고, 초음속에서는 $M > 1$이며, 천음속((轉移音速 ; Transonic Velocity)에서는 물체와 일정거리 이상에서는 $M < 1$이고, 바로 접한 특정 영역에서는 $M > 1$이다.

PROJECT 36 뉴턴 유체 ★☆☆

Q 뉴턴 유체에 대해 설명하시오.

(1) 정의

① 뉴턴의 전단법칙을 만족하는 유체를 '뉴턴 유체(Newtonian Fluid)'라고 한다.

② 전단응력(τ)과 속도구배(dv/dy)간의 비례상수를 점성계수(Viscosity)라 하는데, 점성계수가 일정하면 뉴턴 유체라 하고, 변하면 비뉴턴유체(Non-Newtonia Fluid)라고 부른다.

(2) 계산식 (뉴턴의 전단법칙)

$$\tau = \mu \cdot \frac{dv}{dy}$$

여기서, τ : 전단응력, μ : 점성계수, v : 속도, y : 좌표값

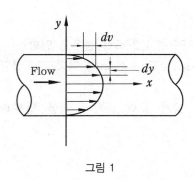

그림 1

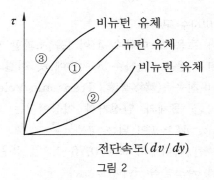

그림 2

(3) 뉴턴 유체의 특징

① 뉴턴 유체의 전단응력은 속도구배와 점성계수(μ)의 곱으로 나타내어진다.

② 유체는 전단력(Shear Force)에 저항하므로, 속도구배가 있는 곳에는 항상 전단응력이 존재한다.

③ 그림 2의 ②번 유체는 다일레이턴트(Dilatant)유체라고 하는데 전단속도의 증가에 따라 점도도 증가하는 유체이다 (모래-액체 현탄액, 비닐, 플라스틱 등).

④ 그림 2의 ③번 유체는 의소성(Pseudo-plastic) 유체라고 하는데 전단속도의 증가에 따라 점도가 감소한다 (마요네즈, 케찹 등).

• 문제풀이 요령

  유체가 뉴턴의 전단법칙에 따르면, 유체의 거리에 따른 속도구배(반비례)가 존재하며, 전단응력은 이 속도구배와 점성계수의 곱으로 계산된다.

PROJECT _37_ **Fourier 법칙**   출제빈도 ★★☆

Q Fourier 법칙에 대해 설명하시오.

---

(1) 개요

① 프랑스의 수리물리학자 Joseph Fourier에 의해 제안된 법칙이다.

② 서로 다른 온도의 두 물질이 열적으로 접촉하면 물질의 이동을 수반하지 않고, 고온의 물질로부터 저온의 물질로 열이 전달되는 현상을 '전도'라고 하는데, 퓨리에(Fourier)법칙에 의해 잘 설명된다.

③ 같은 온도라도 금속이 나무보다 더 차갑게 느껴지는 이유는 금속과 나무의 열전도도 차이 때문이다(금속은 나무보다 열전도도가 좋아 손에서 열을 더욱 빨리 빼앗아 간다).

④ 열전도도의 순서는 '은 > 구리 > 알루미늄 > 철 > 나무' 등의 순이다.

(2) 정의

① 전도에 의한 열 흐름의 기본 관계는 등온 표면을 통과하는 열 흐름 속도와 그 표면에서의 온도 구배 간의 관계이다.

② 한 물체 내 어떤 위치에서 그리고 어느 시간에라도 적용될 수 있도록 일반화된 것이다.

③ 관계식

$$q = -\lambda A \frac{dt}{dx}$$

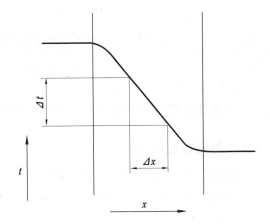

여기서, q : 열전도량(W, kcal/h)

λ : 열전도율(W/m·K, kcal/h·m·℃)

A : 면적(m^2)

t : 온도(K, ℃)

x : 거리(m)

• **문제풀이 요령**

Fourier 법칙의 정의에 대해 자주 출제된다.

PROJECT **38** **밀폐순환배관계**
출제빈도 ★☆☆

Q 다음과 같은 밀폐순환배관계에서 냉수 순환펌프 정지 시 및 운전 시 A점과 B점의 압력은 각각 몇 kPa인가? (단, 배관 및 배관부속류에서 마찰 손실 수두는 무시하고 냉동기 및 공조기에서의 마찰 손실 수두는 각각 10mAq임)

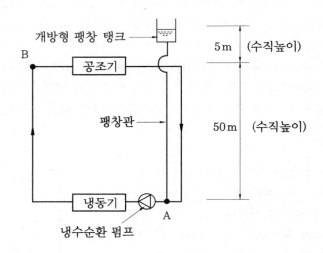

A점에서 정지 시나 운전 시 압력(수두)은 동일하다.

(1) 순환펌프 정지 시

① A점의 수두 = 50 m + 5 m = 55 m = 539 kPa

② B점의 수두 = 55 m − 50 m = 5 m = 49 kPa

㈜ 1 m = 9.8 kPa

(2) 순환펌프 운전 시

① A점의 수두 = 50 m + 5 m = 55 m = 539 kPa

② B점의 수두 = 개방형 팽창 탱크와의 수직높이 차 (5 m) + 공조기의 마찰 손실 수두 (10 m)
    = 15 m = 147 kPa

• **문제풀이 요령**

　냉동기의 흡입측은 개방형 팽창탱크에 연결되어 있어 순환펌프 정지 시 및 운전 시 모두 수두압(55 mAq)이 작용한다.

PROJECT 39 히트 펌프 방식의 수축열 시스템 출제빈도 ★☆☆

Q 공기열원 히트 펌프를 이용한 수축열 냉·난방 시스템의 냉온수 순환배관 흐름도를 간략하게 도시(圖示)하고, 특징을 설명하시오. (단, 수축열조는 개방형, 부하측공조기기로 순환되는 냉온수는 정유량 순환 방식임)

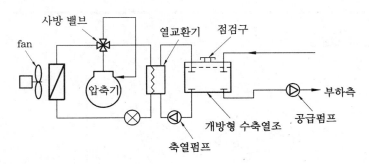

(1) 난방 시 운전 방법

① 압축기에서 나오는 고온고압의 가스는 열교환기 내에서 수축열조로부터 순환하는 물과 열교환함으로써 수축열조 속의 물을 데운다 (약 45~55℃ 수준).

② 이렇게 하여 수축열조에서 데워진 물은 부하측으로 운반되어 공조기, FCU 등의 열교환기를 가열시켜 난방을 행한다.

③ 한편, 냉매는 열교환기에서 열교환을 이룬 후 팽창 밸브를 거쳐 증발기로 흡입되어 대기의 열을 흡수한다(팬 가동).

④ 증발기에서 나온 냉매는 사방 밸브를 거쳐 다시 압축기로 흡입된다 (연속 재순환).

(2) 냉방 시 운전 방법

① 압축기에서 나오는 고온고압의 가스는 실외측 공랭식 응축기로 흘러 들어가 방열을 실시한다.

② 실외 공랭식 응축기에서 방열을 실시한 후 팽창 밸브를 거쳐 개방형 수축열조측의 열교환기로 흡입되어 물을 냉각시킨다 (약 5~7℃ 수준).

③ 개방형 수축열조의 냉각된 물은 부하측으로 운반되어 공조기, FCU 등의 열교환기를 냉각시켜 냉방을 행한다.

④ 개방형 수축열조 측의 열교환기에서 나온 냉매는 사방 밸브를 거쳐 다시 압축기로 흡입된다 (연속 재순환).

(3) 공기열원 수축열 히트 펌프 냉·난방 시스템의 특징

① 유리한 점 : 야간에 저렴한 심야 전력 사용이 가능하고 전력의 수요 관리 가능, 냉·난방 동시운전 가능, 축열된 냉온수를 이용하여 응급운전 가능

② 불리한 점 : 개방형 축열조 사용 시 수질의 악화(부식, 스케일) 및 펌프 동력 증가에 대한 주의 필요, 축열조 내부의 물이 온도차에 의해 층류화가 되도록 할 것.

PROJECT 40 **습공기 선도 작도 및 계산** 출제빈도 ★☆☆

Q 답안지에 간단하게 공기 선도를 그리고 외기온도, 실내온도, 공조기 입구 혼합온도를 표기하고 공조기의 토출온도를 구하는 방법을 설명하시오. (다만, 외기온도 31 ℃(50%), 실내온도 26℃(50 %), 외기도입량 10 %, SHF = 0.85)

(1) 습공기 선도상 작도

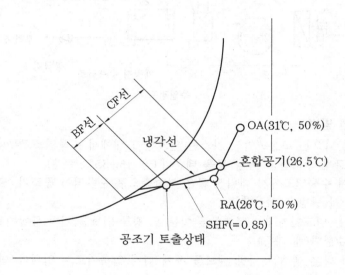

(2) 작도 및 계산 절차

① 상기 그림과 같이 외기온도(31℃, 50 %), 실내온도(26℃, 50 %)를 습공기선도상 나타내고, 외기도입량이 10%이므로 9 : 1의 비율로 혼합공기의 온도를 표현한다(상기 그림에서와 같이 혼합공기는 OA와 RA를 연결한 직선상에 RA에 더 가깝게 표현된다).

② 이때 혼합공기의 온도 : 26℃ + (31℃ − 26℃) / 10 = 26.5℃ 이다.

③ 혼합공기의 Point에서의 냉각선(컨택트 팩터 CF와 바이패스 팩터 BF로 분할됨)과 SHF선(0.85)이 만나는 교점을 작도하여, 그 점을 공조기의 토출 온도값으로 구한다.

• **문제풀이 요령**

공조기의 토출 온도값은 항상 실내의 SHF 선상에 있으므로, 냉각선과 SHF 선이 만나는 POINT가 공조기의 급기 온도값이 된다.

PROJECT 41 이상기체의 상태변화 I 　　　　출제빈도 ★★★

Q 이상 기체의 상태변화와 관련하여 다음의 용어를 설명하시오.
① 이상 기체의 가정　　　　　② 보일의 법칙
③ 샤를의 법칙　　　　　　　④ 보일−샤를의 법칙

(1) 이상 기체 분자 운동에 대한 가정

① 기체 분자는 불규칙한 직선운동을 한다.

② 충돌에 의한 에너지의 변화가 없는 완전탄성체이다.

③ 기체 분자가 차지하는 부피는 없다.

④ 기체 분자 사이에 인력 및 반발력이 없다.

⑤ 기체 분자들의 평균 운동 에너지는 절대 온도(켈빈 온도)에 비례한다.

(2) 보일의 법칙 (Boyles Law)

① 일정한 온도에서 일정량의 기체 부피(V)는 압력(P)에 반비례한다.

② 보일이 발견한 법칙으로 기체의 부피와 압력에 관한 서술이다.

③ 이 법칙은 이상기체 상태 방정식을 유도시 샤를의 법칙과 함께 중요하게 쓰인다.

④ 이를 식으로 나타내면, $PV = K$(일정), 혹은 $P_1 V_1 = P_2 V_2$

(3) 샤를의 법칙 (Charle's Law)

① 일정한 압력에서 기체의 부피는 절대 온도에 비례한다.

② 샤를이 발견한 법칙으로 기체의 부피와 온도에 관한 서술이다.

③ 이를 식으로 나타내면, $\dfrac{V}{T} = K$(일정), 혹은 $\dfrac{V_1}{T_1} = \dfrac{V_2}{T_2}$

(4) 보일−샤를의 법칙 (Boyle Charle's Law)

① 기체의 부피와 압력에 관한 서술인 보일의 법칙과 기체의 부피와 온도에 관한 서술인 샤를의 법칙을 합성한 법칙이다.

② 기체의 부피는 압력에 반비례하고, 켈빈 온도에 비례한다. 즉, $V \propto \dfrac{T}{P}$

③ 여기에 비례상수를 대입하면, $V = K \times \dfrac{T}{P}$ 가 된다. $\dfrac{PV}{T} = K$(일정), 혹은 $\dfrac{P_1 V_1}{T_1} = \dfrac{P_2 V_2}{T_2}$

• 문제풀이 요령

　보일의 법칙과 샤를의 법칙을 통합하면 보일−샤를의 법칙이 되며, 이들 법칙들은 이상 기체의 상태를 설명해주는 방정식이다 (실제의 기체 해석에서는 온도와 압력 등에 따라 다소 편차가 발생할 수 있다).

PROJECT **42** **이상기체의 상태변화 Ⅱ** 출제빈도 ★☆☆

Q 이상 기체의 상태변화와 관련하여 다음의 용어를 설명하시오.
① 이상 기체의 상태방정식, ② 정압·정적·등온·단열 변화

---

(1) 이상 기체 상태 방정식

① 1 mol의 기체에 관한 정리 : $PV = RT$

② n mol의 기체에 관한 정리 : $PV = nRT$

　　여기서, P : 압력, V : 체적, n : 몰수, R : 기체상수, T : 절대온도

(2) 이상 기체 상태 방정식의 활용

① 정압변화(Isobaric Change) : $PV = RT$ 공식에서 P (압력)가 일정하므로,

$$\frac{T_1}{V_1} = \frac{T_2}{V_2} \rightarrow \frac{T}{V} = \mathrm{Constant}$$

② 정적변화(Isochoric Change) : $PV = RT$ 공식에서 V(체적)가 일정하므로,

$$\frac{P_1}{T_1} = \frac{P_2}{T_2} \rightarrow \frac{P}{T} = \mathrm{Constant}$$

③ 등온변화(Isothermal Change) : $PV = RT$ 공식에서 T(온도)가 일정하므로,

$$P_1 V_1 = P_2 V_2 \rightarrow PV = \mathrm{Constant}$$

④ 단열 변화(Adiabatic Change) : 계의 경계선에서 열의 이동이 없는 변화이다.

$$PV^K = \mathrm{Constant} \text{ 혹은 } P_1 V_1^K = P_2 V_2^K$$

따라서, $\left(\dfrac{V_2}{V_1} \right)^K = \dfrac{P_1}{P_2} \qquad \dfrac{V_2}{V_1} = \left(\dfrac{P_1}{P_2} \right)^{\frac{1}{K}} = \left(\dfrac{P_2}{P_1} \right)^{-\frac{1}{K}}$

그러므로 $\dfrac{P_1 V_1}{T_1} = \dfrac{P_2 V_2}{T_2}$ 를 아래와 같이 바꿀 수 있다.

$$\frac{T_2}{T_1} = \frac{P_2 V_2}{P_1 V_1} = \frac{P_2}{P_1} \times \left(\frac{P_2}{P_1} \right)^{-\frac{1}{K}} = \left(\frac{P_2}{P_1} \right)^{\frac{K-1}{K}}$$

・**문제풀이 요령**

　단열변화(Adiabatic Change)는 계의 경계선에서 열의 이동이 없는 Process이며, PV^K 이 일정한 특징이 있다.

PROJECT **43** **열교환기의 파울링 계수**　　　　　출제빈도 ★☆☆

Q 열교환기의 파울링 계수에 대해 설명하시오.

(1) 열교환기 Fouling 현상

① 열교환기가 먼지, 유체 용해성분, 오일, 물때, 녹 등으로 인하여 오염되어 가는 현상을 말한다.

② 열교환기는 이러한 오염으로 인하여 그 전열 성능이 점차 방해를 받게 된다.

(2) 파울링 계수 (Fouling Factor, 오염 계수)

① 냉동기 등에서 열교환기의 오염으로 인한 냉동능력의 하강치를 고려하기 위한 계수

② 실제 냉동기 설계시 이 Fouling 계수만큼 여유를 갖게 선정한다.

(3) 파울링 계수 (오염도 계수)의 계산

① 운전 전후의 전열 계수의 변화를 이용한 계산

$$\gamma \,(\text{오염도 계수}) = \frac{1}{\alpha_2} - \frac{1}{\alpha_1}$$

여기서, γ : 오염도 계수($\text{m}^2 \cdot \text{K/W}$)
　　　　α_2 : 일정시간 운전 후의 전열 계수 ($\text{W/m}^2 \cdot \text{K}$)
　　　　α_1 : 운전 초기의 설계 전열 계수 ($\text{W/m}^2 \cdot \text{K}$)

② 부착물의 두께와 열전도율을 이용한 계산

$$\gamma \,(\text{오염도 계수}) = \frac{d_1}{\lambda_1} + \frac{d_2}{\lambda_2}$$

여기서, d_1 : 공정측 오염물질 두께 (m)
　　　　d_2 : 냉각수측 오염물질 두께 (m)
　　　　λ_1 : 공정측 오염물질의 열전도율($\text{W/m} \cdot \text{K}$)
　　　　λ_2 : 냉각수측 오염물질의 열전도율($\text{W/m} \cdot \text{K}$)

• **문제풀이 요령**
　열교환기의 파울링 계수(오염 계수)란 열교환기가 스케일, 먼지, 오일, 물때, 녹 등으로 인하여 오염 정도를 말하는 것이며, 열교환기의 설계시부터 미리 고려되어야 한다.

PROJECT 44 IPLV와 SEER(기간 에너지 효율)   출제빈도 ★☆☆

Q IPLV와 SEER(기간 에너지 효율)에 대해 설명하시오.

(1) 개요

① IPLV와 SEER은 냉·난방 기간 에너지 효율을 나타내는 지표이며, 연간 공조 부하를 연간 소비전력으로 나누어 계산한다 (kcal/kW·h).

② EER이나 COP가 정격치(표준 온·습도 조건, Full 부하 운전)를 이용하는데 반해 IPLV나 SEER은 부분부하 운전, 연간 대표 온도조건 등을 기준으로 하기 때문에 보다 더 실제 상황에 가깝다.

(2) IPLV (Integrated Part Load Value)

① 미국에서 1986년 개발되어 칠러 등의 효율평가법으로 주로 많이 사용되어 왔다. 〔1992년과 1998년 두 차례에 걸친 수정(부분부하 효율의 가중치 등)이 이루어짐〕

② 적용 : 한국과 같이 연간 비교적 짧은 시간 냉·난방 운전시 적합한 방법이다.

③ 아래와 같이 부분부하별 EER(효율)을 측정한 후 가중치를 두어 적산한다.

LOAD (운전율, 부분부하율)	EER (효율 ; 시험값)	Weighting (가중치)
100 % 운전	A	1%
75 % 운전	B	42%
50 % 운전	C	45%
25 % 운전	D	12%

④ 가중치 적산방법 : IPLV = 0.01 A + 0.42 B + 0.45 C + 0.12 D

 (가) 100 % 운전 시의 EER은 가중치가 적어 IPLV에 미치는 영향도가 적다.

 (나) IPLV 값이 높으려면 운전율이 75 % ~ 50 %인 대역에서 EER이 좋아야 한다.

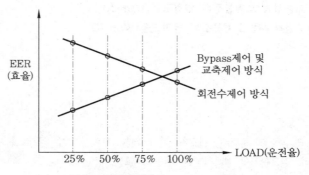

압축기 용량제어별 EER-LOAD 패턴

(3) SEER (Seasonal Energy Efficiency Ratio)

① SEER (Seasonal Energy Efficiency Ratio)는 미국에서 개발되어 유니터리 제품에 주로 많이 적용되는 방법이다.

② 적용 : 일본처럼 습도가 높아 연중 운전기간이 긴 경우 적합한 방법이다.

③ 실내외 온습도 조건별, 부하별 EER(효율)을 측정하여 발생 빈도수를 가중하여 적산하는 방법이다.

④ 국내 기준 (KS C 9306)

  ㉮ 고정 용량형, 2단 가변형, 가변 용량형의 세 가지로 분류하여 시험항목을 차별화 적용한다.

  ㉯ 용량 가변형은 냉·난방 모드에서의 최소 / 중간 / 정격 / 저온능력시험 및 난방 모드에서의 제상 / 제상 무착상 / 최대운전 시의 능력시험을 진행한다.

  ㉰ 냉방 시의 SEER을 CSPF(Cooling Seasonal Performance Factor)라고 하고, 난방 시의 SEER을 HSPF(Heating Seasonal Performance Factor)라고 한다.

※ 법규 관련 사항은 국가정책상 필요 시 항상 변경 가능성이 있으므로, 필요 시 재확인 바랍니다.

• 문제풀이 요령

① IPLV는 칠러 등의 효율평가법으로 주로 많이 사용되며, 연간 비교적 짧은 시간 냉·난방 운전 시 적합한 방법이다 (50 %와 75 % 운전시의 가중치가 큼).

② SEER은 유니터리 제품에 주로 많이 적용되는 방법이며, 일본처럼 습도가 높아 연중 운전기간이 긴 경우 적합한 방법이다 (정격운전보다 최소운전의 비중이 큼).

PROJECT 45 온도 센서(RTD, TC)   출제빈도 ★☆☆

Q 온도 센서(RTD, TC. Thermistor)에 대해 설명하시오.

(1) 개요

센서의 중요한 특성 중 하나가 출력 타입인데 RTD는 온도에 따라서 저항값이 변하고, TC(서모 커플)의 경우에는 전압이 변화한다.

(2) RTD (Resistance Temperature Detector) 센서

① RTD로 온도를 측정하기 위해서는 이 센서에 정전류를 흘려서 온도에 따라 변화하는 저항값에 걸리는 전압을 측정하면 된다(백금, 니켈, 동 등의 순금속 저항값의 온도 의존성 이용).

② 이때 센서와 측정 계기 사이가 멀면 선로저항을 염두에 두어야 한다.

③ 보통 3선식과 4선식이 있는데, 센서에 연결되는 두 가닥의 선외에 이렇게 추가되는 선은 라인저항을 측정하기 위한 것이다.

④ RTD는 넓은 온도 범위에서 안정한 출력을 얻을 수 있는 반면 상대적으로 비용이 많이 드는 편이다.

(3) TC (서모 커플)

① 성분이 서로 다른 금속도체 두 가닥을 이용하여 폐회로를 구성하고, 두 접점이 서로 다른 온도값을 가지면 열기전력이 발생하는데, 이러한 열기전력을 측정함으로써 온도를 알 수 있다.

② TC의 경우는 온도 변화에 따라서 uV 단위까지 변화하는 전압이 출력된다.

③ TC로 온도를 측정하기 위해서는 온도보상을 해주어야 하는데, 서모 커플의 출력전압은 현재 온도의 전압이 출력되는 것이 아니라, 측정하고자 하는 곳의 온도와 현재 측정하는 곳의 온도 차이에 해당하는 전압이 출력되기 때문에 현재 측정하는 곳의 온도에 해당하는 서모 커플의 출력 전압을 더한 값이 측정하고자 하는 곳의 온도에 해당하는 출력이 된다.

④ 서모 커플(TC)은 빠른 응답을 얻을 수 있고 비교적 비용이 적게 들지만, RTD보다는 출력이 리니어하지 못한 편이다.

(4) NTC 서미스터 (Negative Temperature Coefficient Thermistor)

① 금속과는 달리 온도가 높아지면 저항값이 감소하는 부저항 온도 계수의 특성을 이용한 것이다.

② NTC 특성을 갖는 산화물을 재료로 하는 반도체를 이용한다.

(5) PTC 서미스터(Positive Temperature Coefficient Thermister)

① NTC 서미스터와는 반대로 온도가 올라가면 저항이 증가하는 정특성 온도계수를 가진 센서이다.

② 온도의 변화에 대하여 극히 큰 저항값의 변화를 나타내는 저항기로써 과전류 보호용, 히터용, 모터 기동용, 온도 센서용 등으로 사용되어진다.

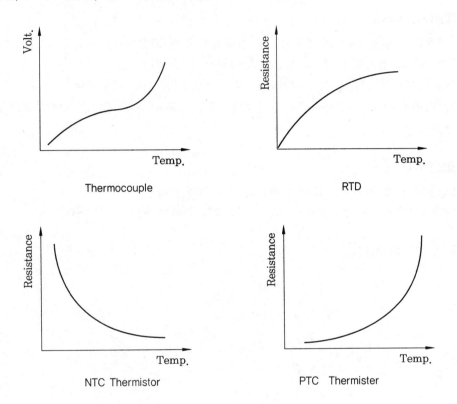

Thermocouple

RTD

NTC Thermistor

PTC Thermister

• 문제풀이 요령

RTD는 온도에 따라 변화하는 저항값을 이용하여 온도를 측정하는 방식이고, TC는 온도 변화에 따라서 uV 단위까지 변화하는 전압이 출력되는데, 여기에 온도 보상값을 더하는 과정을 거쳐 온도를 측정하는 방식이다.

PROJECT **46** **건코일과 습코일**   출제빈도 ★☆☆

Q 건코일과 습코일에 대해 설명하시오.

(1) 건코일(Dry Coil)

① 잠열부하가 없는 경우 현열부하만을 처리하기 위한 코일이다.

② 온수, 증기, 전기히터, 노점 이상의 냉각코일 등이 있다.

③ 'Dry Coil + 제습기'로 전열부하(현열부하 + 잠열부하) 처리 가능하다.

④ 증발기에서 나오는 응축수 처리가 곤란할 경우, 'Drainless 에어컨' 방식으로도 응용되고 있다.

(2) 습코일(Wet Coil)

① 현열부하와 잠열부하를 동시에 처리할 경우 사용한다.

② 노점온도 이하의 냉각코일 : 냉수 코일, 직팽 코일 등에 사용되는 방식이다.

(3) 습공기 선도상 표현

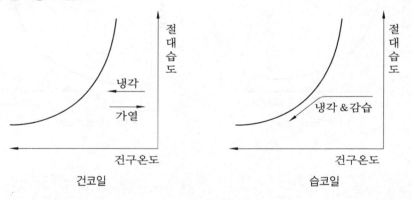

건코일   습코일

• **문제풀이 요령**

건코일(Dry Coil)은 잠열부하가 없는 경우 현열부하만을 처리하기 위한 코일이며, 습코일(Wet Coil)은 현열부하(온도 저하)와 잠열부하(습기 제거)를 동시에 처리 가능한 코일이다.

PROJECT **터보 인터쿨러 엔진** 예상문제

Q 터보 인터쿨러 엔진에 대해 설명하시오.

(1) 개요

① 원래 항공기에 사용된 것으로, 공기가 희박해지는 높은 고도에서도 기내에 일정한 공기 압을 유지해 주기 위해 개발된 것을 자동차 엔진 등에 응용한 것이다.

② 자동차 엔진, 기타 엔진 등에도 일부 채용되며, 기본 방식은 항공기의 경우와 동일하다.

(2) 원리

① 터보 인터쿨러는 가압 후 고온이 된 공기를 인터쿨러에서 냉각시켜 공기 밀도를 크게 함 으로써 실린더로 보급되는 흡입공기의 절대량을 늘려 엔진 출력을 향상시킨다.

② 자연흡기 엔진에 비해 출력이 30 % 가까이 향상되어 탁월한 동력 성능을 발휘한다.

③ 저속에서도 동일 출력을 내므로 엔진 수명이 오래가는 장점이 있다.

④ 진동과 소음, 배기가스 등이 감소되고, 연비 또한 좋아진다.

(3) 구성

① 터보 인터쿨러 방식의 엔진은 자연흡기 엔진에 몇 가지 장치를 추가한 것이다.

② 보통 터보 차저(Turbo Charger)와 인터쿨러(Intercooler)의 두 가지 대표적인 장치가 추가되어 향상된 엔진 성능을 발휘하게 된다.

③ 터보 차저(혹은 터보)

  ⑦ 엔진에서 연료가 폭발된 힘은 모두 바퀴를 돌리는 구동력으로 전달되지 않고, 그 중 약 1/3은 터빈을 돌리는 데 사용된다.

  ㉯ 터빈과 같은 축에 연결된 공기 압축기의 일종으로 엔진 흡입측 공기를 압축시켜 연소 실로 보내준다.

  ㉰ 이에 따라 엔진의 연료 공급량도 증가되어 일정 체적 안에서 연소되는 혼합기가 많아 지므로 출력 향상을 꾀할 수 있다.

  ㉱ 자동차의 디젤엔진에 터보 차저를 많이 장착하는데, 그 이유는 디젤엔진이 보통 고회 전하기 힘들다는 약점을 보완할 수 있고, 노킹 현상의 우려가 없기 때문이다.

④ 인터쿨러

  ⑦ 터보는 1분에 10만 회전 이상의 고속으로 돌기 때문에 이런 고열을 받으면 부풀어 팽 창하거나 기능이 떨어진다.

  ㉯ 이것을 막기 위해 냉각수로 터보를 식혀주는 장치가 인터쿨러이다.

  ㉰ 인터쿨러는 이를 위해 엔진 본체 라디에이터와는 별개로 또 하나의 라디에이터를 단다.

• **문제풀이 요령**

  터보 인터쿨러는 원래 항공기에서 엔진 효율을 향상하기 위한 수단으로 개발되었는데, 엔진으로 흡입 되는 공기의 밀도를 높여 공급하는 방식의 일종이다.

> **PROJECT 48 제습 방법**   출제빈도 ★★☆
>
> **Q** 제습 방법의 원리 및 특징에 대해서 설명하시오.

(1) 개요

① 많은 산업분야에서는 제품의 제조공정에서 실내의 상대습도를 조절하거나 매우 낮게 유지해야 할 경우가 생긴다.

② 공기를 감습하려면 원칙적으로 공기를 일단 노점온도 이하로 냉각하여 응축수분을 제거한 후 재가열하는 방법과 화학흡습제를 사용하는 방법 등이 있다.

(2) 제습의 필요성

① 쾌적한 환경의 유지

② 결로에 의한 장애의 방지

③ 흡수성 제품의 품질 및 생산성 저하 방지

④ 기타 : 녹의 방지, 착상의 방지, 건조, 극저온 배관실의 수분제거 등

(3) 제습 방법

① 냉각 감습장치

   (개) 냉각코일은 냉수를 이용하여 습공기를 노점온도 이하로 냉각하여 제습하는 방법 또는 공기세정기를 사용하는 방법이다.

   (내) 방법

      ㉮ 어떤 온도에서 습공기가 포화상태가 되어 이슬이 맺히기 시작하면, 냉각하면 냉각할수록 포함한 수분량은 적어져서 저노점의 공기가 된다.

      ㉯ 제습 한계는 냉각코일의 표면온도와 코일의 구조에 의해서 결정되고 Bypass Factor 또는 접촉열수에 의해 결정된다.

   (대) 단점 : 저노점으로 형성되므로, 제습이 어려울 수도 있다(직팽코일, 브라인 활용 등의 방법이 필요하다).

② 압축식 제습법

   (개) 습공기가 함유하는 수분의 양은 온도만의 변화에 의해 결정되는데, 대기압 760 mmHg인 상태에서 압축하면 온도가 변한다.

   (내) 같은 온도에서 함유할 수 있는 수분의 양은 습공기 전압에 비례하는 특성을 이용한다.

   (대) 노점온도가 상온 이상으로 상승되어, 상온 열교환으로 제습 가능함

   (래) 단점 : 공기 압축기를 사용해야 하므로, 동력비가 많이 소요된다(고효율의 공기 압축기 채용 필요).

③ 흡수식 제습법 : 액체식, 고체식

   (개) 염화리튬수용액과 트리에틸렌 글리콜액 등은 대기에 노출(분무)해 두면 공기 중의 수

분을 흡수(수증기 분압차 이용)해서 서서히 희박하게 되는 성질을 이용한다.

(나) 특징

㉮ 고형 흡습제는 용기 내의 제습에 소규모로 쓰인다.

㉯ 액상 흡습제일 경우 공기와 접촉면적 증대가 용이하므로, 대규모 제습장치에 적합하다. 또, 용액의 온도와 농도를 임의로 선정할 수 있으므로 재열 없이 목적하는 온습도를 얻을 수 있다.

㉰ 액체 흡습제가 쓰이는 곳은 주로 냉각제습에서 코일 결상문제가 일어나는 노점 4℃ 이하의 경우이다.

㉱ 이밖에 흡습제는 보통 살균성을 갖고 있으므로 소독 효과가 있다는 것도 하나의 특징이라 할 수 있다.

(다) 단점

㉮ 냉각제습에서는 출구습도와 온도가 일정한 관계에 있어 보통 원하는 온습도를 재열 없이는 얻을 수 없지만, 그래도 극단적인 재열을 요하는 경우를 제외하고 흡수식 제습법보다 냉각제습법 쪽이 간단하고 경제적이다.

㉯ 액체 흡습제를 사용하는 제습 장치는 결정의 추출이나 분해가 있다(극도의 저습도에는 고체 흡착제 쪽이 좋다).

㉰ 흡습제 선정이 적절하지 못하면 부식, 독성 등이 우려된다.

④ 흡착식 제습법 : 고체식

(가) 건조제를 이용하여 습공기 중의 수분을 제거하는 방법으로 제습시 냉각이나 압축이 불필요한 장점이 있다.

(나) 종류 : 활성탄, 실리카겔, 제올라이트, 활성 알루미나 등

(다) 흡착/탈착 과정 : 공기 중에 수분을 빨아들이는 흡착과정과 탈착과정으로 이루어진다.

(라) 단점 : 흡착제들은 재생 온도나 사용 시간에 의해서 열화되며 또 원료 공기의 청정도에도 영향이 있다. 취입공기 중에 먼지나 유분, 유화수소 등이 포함되어 있으면 열화 현상이 빨리 온다.

(4) 제습설비(제습설비) 설치 시 유의사항

① 제습 공간의 사용 목적

② 제습 공기의 질(질)

③ 습도 조절 범위 및 정도

④ 제습 공기의 성분, 폭발성, 휘발성, 냄새

⑤ 제습 장치의 사용 시간대 : 연속, 간헐

⑥ 장치의 이동성 여부 : 공정장치, 이동장치

⑦ 초기투자 비용 및 운전유지 비용

⑧ 기타 : 관련 설비의 상호연관성(냉수공급, 증기공급 등), 장치의 운전 및 보수 고려

• **문제풀이 요령**

제습 방법에는 냉각 감습장치(냉각코일 이용), 압축식 제습법(습공기를 압축하여 노점온도를 높여 제습하는 방법), 흡착식 제습법(건조제의 흡착과 탈착과정을 이용하는 방법), 흡수식 등이 있다.

PROJECT 49 **EER(Energy Efficiency Ratio)**   출제빈도 ★☆☆

Q EER(Energy Effciency Ratio)에 관한 다음 사항을 설명하시오.
① EER의 정의   ② 10 EER을 COP로 환산

(1) EER의 정의

① 일반적으로 냉동기, 히트 펌프 등에서의 '에너지 소비 효율'이라고 부른다.

② 정격 냉방능력을 정격 냉방소비전력으로 나눈 값이다.

③ 유사한 용어로 COP (성적계수 ; Coefficient of Performance)는 EER 계산공식의 분모와 분자가 차원이 같아져서 무차원인 경우를 말한다.

④ EER 계산공식

$$EER = \frac{C}{H}$$

여기서, EER : 에너지 소비 효율 (kJ/W·h, kcal/W·h, W/W)
 C : 정격 냉방능력 (kJ/h, kcal/h, W)
 H : 정격 냉방소비전력 (W)

(2) 10 EER (kcal/W·h)을 COP로 환산할 경우

$$10\,EER = 10\,kcal/W \cdot h = \frac{10}{0.86}\,W/W = 11.6\,W/W = 11.6\,COP$$

※ 단, 미국, 중동 등에서는 EER의 단위로 Btu/W·h를 많이 사용하므로 이 경우에는

$$10\,EER = 10\,Btu/W \cdot h = \frac{10}{3.412}\,W/W = 2.93\,W/W = 2.93\,COP$$

라고 할 수 있다.

• 문제풀이 요령

 EER은 보통 단위가 있고, 단위가 kJ/W·h이냐 Btu/W·h이냐 혹은 kcal/W·h 이냐 등에 따라 환산 COP의 값이 달라진다.

PROJECT 50 응축기 능력과 증발기 능력　　　　출제빈도 ★☆☆

Q 같은 조건일 때 응축기 능력과 증발기 능력 중 어느 것이 더 큰가?

(1) 개념

① $P-h$ 선도에서 냉동사이클은 압축, 응축, 팽창, 증발 과정을 거친다.

② 여기서 열역학 제1법칙인 에너지보존의 법칙을 적용하면 아래와 같다.

$$Q_c(\text{응축기 능력}) = AW(\text{압축일}) + Q_e(\text{증발기 능력})$$

③ 따라서, 응축기 능력이 증발기 능력보다 크다($Q_c > Q_e$).

(2) 선도상 해석

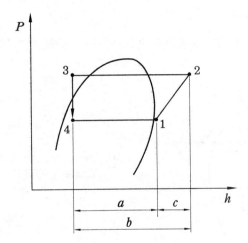

Q_e(증발기 능력) : a

Q_c(응축기 능력) : b

응축기 능력(b) = 증발기 능력(a) + 압축일(c)

따라서, 응축기 능력(b) > 증발기 능력(a)

즉, 동일 조건에서 응축기 능력은 증발기 능력보다 항상 크다고 할 수 있다.

• **문제풀이 요령**

　냉동 Cycle의 밀폐계에서 열열학 제1법칙을 적용하면 '응축기 방출열량 = 압축일 + 증발기 흡수열량'
이 성립된다.

PROJECT 51 실내 부하 감소 시 사이클 변화   출제빈도 ★☆☆

Q 에어컨에서 실내 부하가 감소하면 사이클은 어떻게 변화하는가?

(1) 증발기의 온도 변화

냉동사이클에서 부하란 보통 증발기 부하를 말하는데, 부하가 감소하면 증발기에서 흡수하는 열량이 적어져 증발압력(온도)이 내려간다 (실내측 증발기의 동결현상 주의 필요).

(2) 응축기의 온도 변화

상기처럼 증발압력(온도)이 내려가면, 압축비가 일정하다고 볼 때, 응축압력(온도)도 같이 하강하게 된다.

(3) 압축기 토출온도의 변화

상기처럼 증발압력(온도)과 응축압력(온도)이 하강함에 따라 압축기 토출온도도 함께 하강한다.

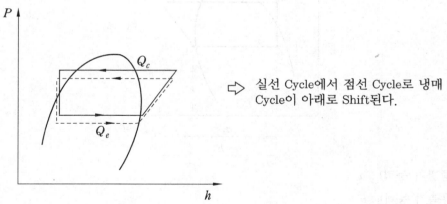

⇨ 실선 Cycle에서 점선 Cycle로 냉매 Cycle이 아래로 Shift된다.

(4) 결론

① 결론적으로 에어컨에서 실내부하가 감소하면 증발기의 흡열(Q_e)이 줄어들어 냉동 Cycle 전체가 아래쪽 (저온 및 저압측)으로 이동하게 된다.
② 이 경우 증발기측의 동결현상이나 압축기 입구측의 과열도 확보에 주의해야 한다.

• 문제풀이 요령

　에어컨에서 실내측 부하가 감소한다는 것은 냉매의 흡열이 줄어드는 경우로 해석되며, 이는 응축온도, 토출온도 등 사이클 전반을 아래로 Shift 시킨다 (본문 그림 참조).

PROJECT 52 히트 펌프의 COP   출제빈도 ★☆☆

Q 히트 펌프의 COP에 대해 설명하시오.

(1) COP의 개념

① COP는 성적계수로서 Coefficient Of Performance의 약자이다.

② 소비 에너지와 냉동능력의 비를 뜻하고 단위는 무차원이다.

③ 계산식

$$\text{COP} = \frac{\text{냉동능력}}{\text{소비 에너지}}$$

④ 히트 펌프의 Carnot Cycle의 경우, 동일 온도 조건에 비교시, 난방 COP가 냉방 COP 보다 항상 1이 크다. 즉,

$$\text{COP}_h = 1 + \text{COP}_c$$

(2) $P-V$ 선도 및 $T-S$ 선도상 해석(Reverse Carnot Cycle)

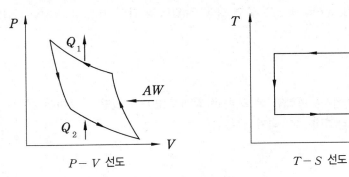

$P-V$ 선도 $T-S$ 선도

$$\text{냉방효율}(\text{COP}_c) = \frac{Q_2}{AW} = \frac{Q_2}{Q_1 - Q_2} = \frac{T_2}{T_1 - T_2}$$

$$\text{난방효율}(\text{COP}_h) = \frac{Q_1}{AW} = \frac{Q_1}{Q_1 - Q_2} = \frac{T_1}{T_1 - T_2} = 1 + \text{COP}_c$$

여기서, Q_1 : 고열원에 버린 열, Q_2 : 저열원에서 얻은 열, AW : 계에 한 일

• **문제풀이 요령**

히트 펌프에서 COP는 보통 단위가 없는 무차원 성적계수를 말하며, 에너지 효율을 나타내는 방법의 일종이다.

PROJECT 53 냉동과 가열(열량 계산)   출제빈도 ★☆☆

Q 물이 20℃에서 40℃로 상승시의 열량과 5℃에서 −15℃로 변화시의 열
량의 차이를 설명하시오.

(1) 물이 20℃에서 40℃로 상승 시 열량

$$q = G \times C \times \Delta T$$

여기서, G : 물의 질량(kg)

C : 물의 비열(4.1868kJ/kg · K＝1kcal/kg · ℃)

ΔT : 나중온도−처음온도(K, ℃)

그러므로, $q = 1 \times 4.1868 \times (40 - 20) = 83.74$ kJ (1 kg 기준)

(2) 물이 5℃에서 영하 15℃로 변화 시 열량

위의 공식을 참조하여 다음과 같이 계산한다.

$$4.1868 \times (5 - 0) + 333.6 + 2.1(0 + 15) = 386.03 \text{ kJ (1 kg 기준)}$$

단, 상기식에서 333.6kJ/kg 은 물의 응고 잠열량을 가리키며, 2.1kJ/kg · K는 얼음의 비
열을 가리킨다.

(3) 결론

상기 두 가지 경우에서, 변화한 온도 차는 같아도(20℃) 열량의 차이는 ②의 경우가 훨씬
크다 (→ ②에서는 잠열이 추가되기 때문임).

・**문제풀이 요령**

물이 5℃에서 −15℃로 변화 시에는 도중에 물 → 얼음으로의 상변화 과정이 있기 때문에 계산문제
풀이 시 이점에 주의를 요한다(또 얼음의 비열은 물의 비열의 절반 정도인 2.1kJ/kg · K인 것도 혼
돈하지 않도록 주의한다). 이러한 상변화 과정으로 인한 잠열교환은 냉동이나 열저장에서 많이 사용하는
이론이다.

PROJECT 54 벌류트 펌프(양정 계산) 출제빈도 ★★☆

Q 아래 그림과 같은 벌류트 펌프의 출구에서의 유체의 토출 속도가 $9.8\,\text{m/s}$일 때 펌프 필요 양정은 얼마인가?

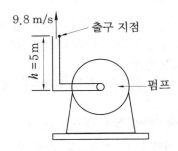

① 상기 그림에서 어느 지점에서나 총에너지의 합은 동일하다(Bernoulli 방정식).

② 상기 그림의 출구 지점에서 Bernoulli 방정식을 적용한다.

베르누이 방정식에서

$$\frac{P}{\gamma} + \frac{v^2}{2g} + Z = H \text{ (펌프 필요 수두)}$$

P : 압력 $(\text{Pa}, \text{kgf/m}^2)$

γ : 유체의 비중량 $(\text{N/m}^3, \text{kgf/m}^3)$

v : 유속 (m/s)

g : 중력 가속도 (9.807m/s^2)

Z : 기준면으로부터의 높이 (m)

단, 여기서

• 출구는 대기압에 노출되는 상태이므로 $P/\gamma = 0$

• 출구는 위치 에너지와 운동에너지만 존재한다. 따라서,

$$\frac{v^2}{2g} + h = H$$

$$H = \frac{9.8^2}{2 \times 9.8} + 5 = 4.9\,\text{m} + 5\,\text{m} = 9.9\,\text{m}$$

• 문제풀이 요령

① 펌프의 토출측은 대기압에 노출되기 때문에 압력 Bernoulli 방정식에서 속도에너지와 위치에너지만 존재한다고 할 수 있다.

② 본 문제와 같이 Bernoulli 방정식을 응용한 문제가 기술사 1차 및 2차 문제로 자주 출제된다.

PROJECT **55** 공랭식 냉방기의 시험법　　　출제빈도 ★☆☆

Q 공랭식 냉방기의 시험법과 국제 표준 냉/난방 온도 및 습도 조건은 얼마인가?

(1) 공랭식 냉방기의 성능시험 방법

① 항온항습 체임버 내부에 코드 테스터(풍량 및 출구 공기의 온·습도 측정 장치)를 설치하여 냉방기의 풍량과 냉방기 출구측의 온·습도를 측정함

② 코드 테스터 내부에서 풍량 측정 방법

　㉮ 코드 테스터 내부에 크고 작은 노즐을 몇 개 설치하여 냉방기의 용량에 맞게 노즐 몇 개를 Open한다.

　㉯ 노즐 입·출구의 차압을 측정하여 상기 ㉮에서 Open한 노즐의 풍량을 측정한다.

$$Q = K\sqrt{\Delta P}$$　여기서, Q : 풍량, K : 유량 상수, ΔP : 노즐 입구 및 출구의 차압

③ 항온항습 체임버 내부에 냉방기 입구측의 온·습도를 측정할 수 있는 Air Sampler를 설치한다.

④ 상기 ①, ②, ③에서 측정한 냉방기 입·출구측의 온·습도의 차이와 풍량을 이용하여 현열과 잠열을 자동으로 계산한다.

⑤ 계산방법

　　　• 현열 : $q = Q\rho C(t_1 - t_2) + \alpha$　　　• 잠열 : $q = q_L Q\rho(x_1 - x_2)$

　　여기서, q : 열량(kW, kcal/h), Q : 풍량(m^3/s, m^3/h)

　　　ρ : 공기의 밀도 ($=1.2kg/m^3$)

　　　C : 공기의 비열 (1.005 kJ/kg·K ≒ 0.24 kcal/kg·℃)

　　　q_L : 물의 증발잠열 (0℃에서 2501.6kJ/kg≒597.5kcal/kg) → 물론 온도에 따라 달라지는 값이다.

　　　$t_1 - t_2$: 냉방기 입구 공기의 건구온도 − 출구 공기의 건구온도(K, ℃)

　　　$x_1 - x_2$: 냉방기 입구 공기의 절대습도 − 출구 공기의 절대습도(kg/kg′)

　　　α : 코드 테스터 벽면의 열손실값

(2) 성능 측정 온·습도 조건 (국제 표준)

① 냉방 표준 온도 조건 (건구온도 / 습구온도)

　㉮ 실내측 : 27℃ / 19℃　　　　　　　㉯ 실외측 : 35℃ / 24℃

② 난방 표준 온도 조건 (건구온도 / 습구온도)

　㉮ 실내측 : 20℃ / 15℃　　　　　　　㉯ 실외측 : 7℃ / 6℃

• **문제풀이 요령**

① 공랭식 냉방기의 시험장치는 코드 테스터 및 에어 샘플러로 풍량 및 냉방기 입·출구의 건·습구온도를 측정하고, 이 값을 이용하여 현열과 잠열을 자동 연산하여 출력한다.

② 냉방기 시험방법에 대해서 2차 문제로 몇 번 출제된 바 있음.

PROJECT **56** 자연현상(건구온도, 습구온도)   출제빈도 ★☆☆

Q 따뜻한 물로 샤워한 후 목욕실 밖으로 나오면 실내온도가 높아도 추운 느낌을 경험하게 된다. 이러한 현상을 건구온도와 습구온도를 연관시켜 설명하시오.

(1) 개요

① 체내 깊숙한 곳의 근육조직에서 생산된 열은 피부 표면(또는 허파)으로 운반되며 주로 대류, 복사, 증발에 의해 주위로 방출된다.

② 보통 일반적인 경우에는 복사 열손실 약 45%, 대류열손실 약 30%, 증발로 인한 열손실 약 25% 정도이지만, 샤워 직후에는 피부 표면의 물기가 많이 묻어 있으므로 습구온도(증발)에 의한 열손실이 훨씬 더 커질 것으로 예상된다.

(2) 건구온도 측면

① 대류 열전달

(가) 인체의 피부 표면온도(약 30~31℃)와 주변 공기 사이의 열이동 현상으로 뉴턴(Newton)의 냉각법칙에 의한 열전달 열량은 다음 식과 같다.

$$q = \alpha A (t_1 - t_2)$$ 여기서, α : 열전달률(W/m² · K, kcal/m² · h · ℃), A : 면적(m²)

t_1 : 고온측 온도(K, ℃), t_2 : 저온측 온도(K, ℃)

(나) 무차원수 해석

⑦ 유체의 밀도차에 의한 순환으로 인하여 열이 이동되는 현상을 무차원수를 이용하여 해석하는 방법이다.

⑭ 계산식

Nusselt Number $(N_u) = \dfrac{\alpha \cdot L}{\lambda} = f(G_r, P_r)$

여기서, G_r : 그라쇼프 수(Grashof Number ; 자연대류의 상태, 부력/점성력)

P_r : 프란들 수(Prandtl Number ; 동점성계수/열확산계수), L : 열전달 길이

α : 열전달률(W/m² · K, kcal/m² · h · ℃), λ : 열전도율(W/m · K, kcal/m · h · ℃)

② 복사 열전달

(가) 피부와 주변 실내 구조체 간의 온도차에 의한 열전자(광자) 이동현상이다.

(나) 열에너지가 중간 물질에 관계없이 적외선이나 가시광선을 포함한 전자파인 열선의 형태를 갖고 전달되는 전열 형식이다.

(다) Stefan-Boltzman 법칙

$$q = \epsilon \sigma T^4 A$$

여기서, ϵ : 복사율($0 < \epsilon < 1$), T : 절대온도, A : 복사 면적(m²)

σ : Stefan Boltzman 정수(= 5.67×10^{-8} W/m²K⁴ = 4.88×10^{-8} kcal/m²h · K⁴)

(3) 습구온도 측면

증발량을 W_t [ng/s]라고 하면, 증발에 의한 잠열의 손실량(q_L ; W)은 아래와 같다.

$$q_L = 2.5016 \times 10^{-6} \cdot W_t$$

(4) 결론

① 샤워 직후에는 피부 표면의 물기가 많이 묻어 있으므로 습구온도에 의한 열손실(피부 표면의 수분 증발량에 비례)이 일반적인 경우(약 25%)보다 훨씬 더 커질 수 있다.

② 따라서 몸을 보온하여 체온을 유지하기 위해서는 샤워 직후 몸에 묻은 물기를 바로 닦아주는 것이 좋다.

PROJECT **57** **물의 상태도**   출제빈도 ★☆☆

Q 다음 그림은 물에 대한 상태도이다. 26.8의 물이 액체물로 존재하기 위
한 압력범위는 대략 얼마인가 ?

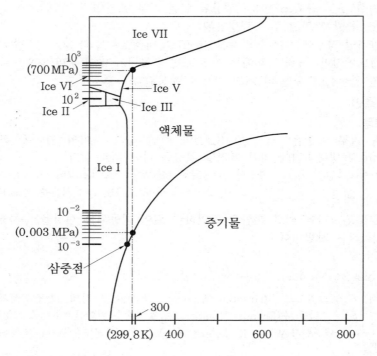

① 물의 상태도에서 해당 절대온도 계산

$$26.8℃ + 273 = 299.8 \, K$$

② 상기 선도상에서 수직으로 선(2점 쇄선)을 그어 세로축 상에 '액체물'의 존재 영역 표시

③ 좌측의 로그 좌표(세로축)에서 수치를 읽음(로그자 Scale이므로 눈금을 읽을 때 주의
를 요한다)

$$액체물 \, 존재 \, 영역 = 0.003 \, MPa \sim 700 \, MPa$$

· 문제풀이 요령

   우선 온도값을 절대온도(26.8℃ + 273 = 299.8K)로 바꾼 후 水상태도에서 세로 좌표축의 압력값
을 읽는다(단, 세로의 눈금을 읽을 때 로그자이므로 주의를 요한다).

PROJECT **58** 총에너지(수두) 계산

출제빈도 ★☆☆

Q 아래 그림의 c, d 지점에서의 총에너지(수두)를 계산하고, b지점에서의 속도를 구하시오.

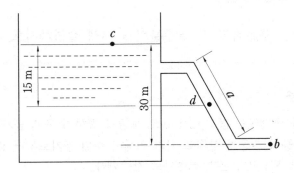

① 상기 그림에서 'c'에서의 총에너지(수두) 계산

베르누이(Bernoulli) 방정식에서 $\dfrac{P}{\gamma} + \dfrac{v^2}{2g} + Z = H = 30\,\text{m}$

② 그림의 'b' 지점에서의 속도 계산

베르누이(Bernoulli) 방정식에서

$$\frac{P}{\gamma} + \frac{v^2}{2g} + Z = H$$

여기서, $\dfrac{P}{\gamma} = 0$, $Z = 0$이므로 $\dfrac{v^2}{2g} = H$ 가 된다.

$$v = \sqrt{2gH} = \sqrt{2 \times 9.8 \times 30} = 24.25\ \text{m/s}$$

③ 상기 그림에서 'd'에서의 총에너지(수두) 계산 : 베르누이 방정식에서, 유동의 어느 지점에서나 총수두는 동일하다. 즉, 총수두 측면에서는 b, c, d 지점이 모두 동일하다. 따라서,

d 지점에서의 총수두 $= c$ 지점에서의 총수두 $= 30\,\text{m}$

• 문제풀이 요령

상부의 c 점에서는 위치에너지만 있으며, 하부의 b 점에서는 속도에너지만 있고, 그 중간 지점인 d 지점에서는 운동에너지와 위치에너지가 동시에 존재한다.

Q 가습 방법을 구분하고 각 열수분비에 대해 설명하시오.

(1) 순환수에 의한 가습

① 물을 가열하거나 냉각하지 않고, Pump로 노즐을 통하여 물을 공기 중에 분무하는 방법
② 이때, 분무되는 물이 수증기 상태로 되기 위해서 주위 공기로부터 증발잠열을 흡수하고, 이를 다시 공기에 되돌려주는 단열변화로 간주한다.
③ 예를 들어, 15의 순환수를 분무하면 $u = 15$인 ⓐ→ⓑ로 이동

$$u = C \cdot t = 4.1868 \times 15 = 62.8 \text{ kJ/kg}$$

여기서, C : 물의 비열(4.1868 kJ/kg · K, 1 kcal/kg · ℃)
t : 물의 온도(℃)

(2) 온수에 의한 가습

① 순환수를 가열하여 분무하는 방법이다.
② 예를 들어 60℃ 온수로 분무 가습 한다면 습공기 선도상에서 가습방향은 열수분비 $u = 60$에 평행하게 ⓐ→ⓒ로 이동

$$u = C \cdot t = 4.1868 \times 60 = 251.2 \text{ kJ/kg}$$

(3) 증기 가습

① 증기를 분무하여 가습하는 방법으로,

$$U = h/X = X(2501.6 + 1.85\,t_s)/X$$
$$= 2501.6 + 1.85\,t_s$$

여기서, 2501.6 kJ/kg : 0℃에서의 물의 증발잠열
1.85 kJ/kg · K : 증기의 정압비열, t_s : 증기의 온도

② 예를 들어 100 ℃ 포화증기이면, $U = 2501.6 + 1.85 \times 100 = 2686.6 \text{ kJ/kg}$

그림 설명: $u=60$, $u=641.6$, $u=15$ ⓑ, ⓒ, ⓓ, ⓐ — 온수가습, 증기가습, 순환수 가습

습공기 선도상 표시

• **문제풀이 요령**

순환수 및 온수에 의한 가습 과정에서는 물의 상변화가 없으므로 '열수분비(U) = $C \cdot t$'가 되며, 증기가습에서는 '열수분비(U) = 2501.6 + 1.85t_s'가 된다 (여기서 t_s : 증기의 온도).

PROJECT 2 **압축비**(압력비)   출제빈도 ★☆☆

Q **압축비**(압력비)에 대해 설명하시오.

---

(1) 정의

① 고압(압축)압력과 저압(증발)압력의 비를 압축비라 한다. 이때의 압력은 모두 절대압력 (MPa abs)을 사용한다.

② 더 정확하게는 압축기 흡입측과 출구측의 '절대압력의 비율'을 말한다.

여기서, 절대압력 = 게이지압력 + 대기압($= 0.1013$MPa, $1.0332\,kgf/cm^2$)

③ 압축비에는 단위가 없다 (무차원).

(2) 계산식

$$\text{압력비(압축비)} = \frac{P_2}{P_1} = \frac{\text{토출구 절대압력}}{\text{흡입구 절대압력}}$$

여기서, P_2 : 고압압력 (MPa abs), P_1 : 저압압력 (MPa abs)

(3) 압축기의 압축비 측면 고려사항

① 압축기의 필요 압축비는 압축기의 형태와 방식에 따라 차이가 있으나, 일반적으로 프레온계 냉매를 사용하는 경우에는 약 8 이하가 적당하다 (냉매 Cycle 설계의 기준).

② 압축기를 냉동시스템에 적용시 일반적으로 일정한 압축비를 유지시켜 주어야 하며, 이 압축비를 벗어날 시 효율의 급격한 하락 혹은 오일의 탄화, 압축기 밸브의 파손 등을 초래할 수 있다.

③ 저온 냉동창고, 저온 시험설비 등에서는 압축비가 필요 압축비 이상으로 초과될 수 있는데, 이 경우 2단압축, 이원냉동, 냉매 변경 등을 고려해야 한다.

(4) 응용 (왕복동식 압축기의 경우)

① 압축행정에서 저압의 가스를 고압의 가스로 압축하여 토출하는 것인데 고압의 가스가 실린더 상부의 틈새(톱 클리어런스)에 잔류한다.

② 이 고압의 잔류 가스가 피스톤의 하강에 따라 팽창하므로 실린더 내의 압력이 저압 압력보다 낮아질 때까지 흡입 밸브가 열리지 않아 냉매가스를 흡입할 수 없다.

③ 따라서 압축비가 클수록 냉매의 순환량이 감소하여 능력이 감소할 수 있다.

• 문제풀이 요령

  압축기 등의 압축비 (압력비)는 '토출측 고압 ÷ 흡입측 저압'으로 계산되지만, 게이지 압력이 아닌 절대압력으로 계산되어야 함을 주의해야 한다.

PROJECT 3 응축기 및 증발기 압력 출제빈도 ★☆☆

Q 냉동공조장치에서 응축기의 압력이 높아지는 원인(4가지 이상)과 대책, 증발기의 냉각이 불충분한 원인(7가지 이상)과 대책을 기술하시오.

(1) 냉동공조장치에서 응축기의 압력이 높아지는 현상의 원인 및 대책

① 응축기의 오염 : 응축기의 오염으로 인하여 열전달 불량을 초래하고, 이는 다시 열방출 능력을 부족하게 만들어 응축압력이 상승할 수 있다.

→ 대책 : 초기 설계 시 파울링 계수를 충분히 고려한다, 수처리 철저, 응축기 측으로 이물질 침투 및 부식 방지 등

② 실외 기온 상승 : 실외 기온의 상승으로 공랭식 응축기 혹은 냉각탑 주변 공기의 온도 및 습도가 상승하면 냉각불량을 초래하여 응축압력이 상승하게 됨

→ 대책 : 부하 산정 시 TAC초과 위험률을 줄인다, 열교환기의 전열면적 혹은 통과풍량을 증가시킴.

③ 유량의 증가 : 팽창밸브의 개도가 지나치게 증가하게 되면 냉매유량이 증가하게 되어 응축압력의 상승을 초래한다.

→ 대책 : 팽창밸브 개도를 정밀하게 조절하여 유량의 급격한 증가를 막는다.

④ 불응축성 가스 혼입 : 공기나 기타의 불응축성 가스가 밀폐냉매회로 내부에 혼입되게 되면 응축기 내부에서 기체분압이 상승하게 되어 액체냉매의 응축에 악영향을 주며 응축압력을 상승시키게 된다.

→ 대책 : 에어퍼지 실시, 냉매회로의 재진공 및 재차징 등

⑤ 기타의 원인 : 냉매 과충진으로 인한 밀폐회로 내부압력 상승, 공랭식응축기나 냉각탑의 팬 회전수 감소 혹은 통풍 불량, 냉각탑의 Short Circuit 등

(2) 증발기의 냉각이 불충분한 현상의 원인 및 대책

① 냉수량 부족 : 증발기측으로 흐르는 냉수량이 부족해지면, 증발기측의 냉각이 불충분해지고 냉동능력이 하락됨(직팽식에서는 풍량이 부족해지면 냉동능력 하락)

→ 대책 : 냉수량이 부족되지 않게 충분한 유량 확보(직팽식에서는 풍량 확보 필요)

② 증발기 결빙현상 : 증발기의 동결로 인한 열전달 방해로 냉각불량 초래

→ 대책 : 증발기 내부의 온도가 결빙온도에 도달하지 못하게 동결센서 등으로 관리.

③ 플래시 가스 증가 : 냉매유량 감소로 인한 성능하락

→ 대책 : 응축기 출구의 과냉각도 증가, 액관측 냉매의 재증발 방지 등

④ 압축기의 압축불량 : 냉매유량 감소로 인한 성능하락

   → 대책 : 압축기 수리 등

⑤ 증발기 오염 : 증발기측의 열전달 불량

   → 대책 : 증발기 설계시 파울링 계수를 충분히 고려한다, 수처리 철저 등

⑥ 과열도 부족 : 과열도 부족하면 Δh(엔탈피차) 감소로 인한 성능 하락

   → 대책 : 과열도 제어를 정밀하게(최적 과열도 제어) 이루어지도록 한다.

⑦ 과열도 과다 : 과열도 과다해지면 증발기 내부의 유효 내용적 감소로 성능 하락

   → 대책 : 과열도 제어를 정밀하게(최적 과열도 제어) 이루어지도록 한다.

⑧ 기타의 원인 : 냉매관 막힘으로 인한 냉매유량 부족, 냉매라인(직팽식) 혹은 냉수라인(칠러)의 지나친 장배관/고낙차 설치로 인한 압력 손실 증가 등

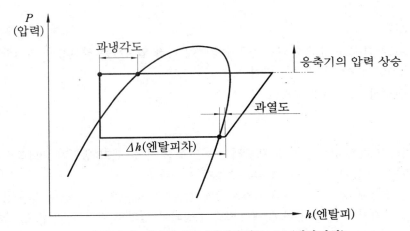

※ 증발기의 냉각력 = m(냉매유량)×Δh(엔탈피차)

· 문제풀이 요령

   냉동공조장치에서 응축기의 압력 상승은 기본적으로 응축력의 부족(열방출능력의 부족)을 의미하며, 증발기 냉각불량은 성능(냉동능력)의 부족을 의미한다.

PROJECT 4   냉동 및 공조   출제빈도 ★☆☆

Q 냉동과 관련하여 다음 용어를 설명하시오.
① 냉동 ② 냉각 ③ Langley ④ 냉동기 ⑤ 부력 ⑥ 주광률 ⑦ 태양상수

(1) 냉동 혹은 동결

응고점 이하까지 열을 제거하여 고체 상태로 만드는 것을 말한다.

(2) 냉각

얼리지 않고 상온 대비 낮은 온도로 만드는 것을 말한다.

(3) Langley(ly)

① 태양으로부터 지표면의 단위면적당 수평면에 직접 입사하는 일사량을 의미하며 단위 면적당의 태양에너지의 세기를 말한다.

② 단위 환산식 : $1\,\mathrm{ly} = 1\,\mathrm{cal/cm^2}$

(4) 냉동기

① 냉동기라고 하는 용어는 다소 포괄적인 의미를 가지며, 전기 냉동기 외에도 가스형 냉동기, 전자식 냉동기 등 여러 형태의 냉동기가 있다.

② 냉동 제조업체 혹은 부품상의 카탈로그에서 흔히 볼 수 있는 압축기, 압축기용 전동기, 응축기, 증발기 및 부속품이 일체형으로 구성되어 임의의 말단 기기(FCU, 공조기 코일 등)와 조합할 수 있는 냉매 재액화 장치이다.

③ 증발기가 포함되지 않는 상태로의 유닛을 특별히 응축유닛(Condensing Unit)이라고도 부른다.

④ 냉동기는 응축열의 제거 방법에 따라 수랭식과 공랭식으로 나누어진다. 수랭식은 냉동기에서 압축기의 압축 과정에서 발생한 열을 옥상에 설치된 냉각탑을 이용하여 제거하는 방식(물의 순환을 이용)이고, 공랭식은 공기 중에 설치된 팬(Fan)을 이용하여 응축열을 제거하는 방식(공기와 열교환기의 직접 접촉 방법 이용)이다.

⑤ 가장 널리 사용되는 전기식 냉동기는 다음 그림과 같은 냉매 Cycle을 구성한다.

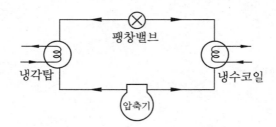

(5) 부력 (Buoyancy)

① 한마디로 물이나 다른 어떤 유체에 뜨려는 힘을 말한다.

② 크기는 유체 속에 있는 물체의 부피와 같은 부피를 가진 유체의 무게와 같으며, 아르키메데스의 원리라고도 한다.

③ 부력의 작용점은 물체가 밀어낸 부분에 유체가 있다고 가정했을 때의 무게중심과 일치한다. 이 작용점을 부력중심(또는 부심)이라 하며, 부체(떠 있는 물체)가 기울어져 있을 경우의 복원력을 결정하는 중요한 요소이다.

④ 물(유체)에서 뜨려고 하는 성질을 양성부력(Positive Buoyancy), 가라앉으려는 성질을 음성부력(Negative Buoyancy), 비중이 서로 비슷하여 뜨지도 가라앉지도 않는 상태를 중성부력(Neutral Buoyancy)이라고 한다.

⑤ 동일한 물체가 바닷물에 빨리 가라앉는가? 물에 빨리 가라앉는가?

→ 바닷물의 비중(약 1.02)이 물의 비중보다 크기 때문에 부력이 더 크게 작용한다. 따라서 바닷물에 더 천천히 가라앉는다. 즉 물에 더 빨리 가라앉는다.

(6) 주광률

① 정의 : 실내에서의 주광 조명도와 옥외에서의 전천공광(全天空光)조명도의 비율

② 주광률 계산

$$주광률(D) = \frac{E}{E_s} \times 100\,\%$$

여기서, E : 실내의 한 지점에서의 주광조도(晝光照度)
E_s : 전천공조도(실측 시 옥상 등의 건물 외부에서 측정함)

(7) 태양상수

① 대기층 밖에서 받는 태양의 복사 플럭스(복사밀도)

② 태양과 지구의 거리가 평균거리일 때 태양광도가 3.86×10^{26}W일 때 태양상수는 약 $1367\,W/m^2(1.946\,cal/cm^2 \cdot min)$가 된다(단위면적 및 단위 시간당 에너지).

③ 복사플럭스 공식

$$복사플럭스(F) = 에너지원의\ 에너지량(L) \times \frac{1}{4\pi r^2}$$

여기서, r : 에너지원과 흑체 사이의 거리

④ 실제의 태양상수값과 지구표면에서의 태양상수 값에 차이가 나는 이유 : 지구의 반사율, 대기의 흡수 및 산란, 지구의 형상〔지구는 평면이 아닌 구(球)이므로〕

> **PROJECT 5** EPR, SPR, CPR 출제빈도 ★☆☆
>
> **Q** 냉동장치에 사용되는 EPR, SPR, CPR에 대해 설명하시오.

(1) EPR

① 증발기 출구에 부착되어 증발기의 동결방지를 목적으로 함

② 증발기에 동결(결빙)이 발생되면 냉동능력 및 효율이 급격히 하락되므로 이를 방지해주기 위해 증발기 출구에 설치하여 증발압력을 일정하게 조절해준다.

(2) SPR

① 저압의 과상승을 방지하여 과부하를 방지함

② 압축기에서 저압이 과하게 상승된다는 것은 압축기측으로 인입되는 흡입유량이 증가한다는 것을 의미하므로 압축기에 부하는 증가시킨다.

③ SPR은 압축기로 흡입되는 냉매의 유량을 일정 한도 이하가 되게 관리해주어 압축기의 과부하를 방지해준다.

(3) CPR

① 제1 의미(Condenser Pressure Regulator)

㈎ 응축기측의 일부 냉매를 Bypass하는 Regulator

㈏ 응축기측의 응축량을 조절하여 냉동 Cycle이 저부하시에 일부 냉매가 응축기를 우회하게 하는 시스템에 적용한다.

② 제2 의미(Crankcase Pressure Regulator)

㈎ 압축기의 과열을 방지하기 위한 압축기 입구측에 부착된 Regulator (저압 Drop 방지)

㈏ 압축기의 흡입압력(低壓)이 너무 낮아지면 압축기측의 흡입유량이 감소하여 압축기가 과열될 수 있으므로 저압이 일정 수치 이상으로 유지되게 해주는 장치이다.

• **문제풀이 요령**

① EPR : Evaporator Pressure Regulator → 증발기(Evaporator)의 증발압력을 조절하여 증발기의 결빙 등을 막아준다.

② SPR : Suction Pressure Regulator → 압축기 입구를 Suction이라 하므로 압축기 입구의 흡입압력 조절을 의미한다.

③ CPR : Condenser 혹은 Crankcase 부의 압력을 일정하게 조절해준다.

PROJECT 6 냉매의 명명법   출제빈도 ★☆☆

Q 냉동장치에 사용되는 냉매의 명명법에 대해 설명하시오.

(1) 할로겐화 탄화수소 냉매

① R□□□ 로 'R + 100단위 숫자' 형식으로 표기
  (개) 백의 자리 : (탄소-1)   (내) 십의 자리 : (수소+1)
  (대) 일단위 : (불소)로 표기한다.
② 염소(Cl)원자의 수는 표기에서 생략한다.
③ 예(例)
  (개) CHCLF2 → R22   (내) CCL3F → R11   (대) CCL2F2 → R12

(2) 혼합냉매, 유기화합물 및 무기화합물

① 비공비혼합 냉매(非共沸混合冷媒) : R400 계열로 명명 : 조성비에 따라 오른쪽에 A, B, C 등을 붙임(R407C, R410A 등)
② 공비혼합 냉매(共沸混合冷媒) : R500부터 개발된 순서대로 일련번호를 붙임(R500, R501, R502 등)
③ 유기화합물(有機化合物)
  (개) R600 계열로 개발된 순서대로 명명
  (내) 부탄계(R60X), 산소화합물(R61X), 유황화합물(R62X), 질소화합물(R63X)
  (대) 예
    ㉮ R600 : 부탄   ㉯ R600A : 이소부탄
④ 무기화합물(無機化合物)
  (개) R700 계열로 명명
  (내) 뒤 두 자리는 분자량 (NH_3 = R717, 물 = R718, 공기 = R729, CO_2 = R744)

(3) 기타 명명법

① 불포화탄화수소 냉매〔R1(C-1)(H+1)(F)〕: 할로겐화 탄화수소 명명법에 1000을 더해서 나타냄(R1270, R1120, R1234yf 등)
② 환식 유기화합물 냉매〔RC(C-1)(H+1)(F)〕: 할로겐화 탄화수소 명명법에 "C"(Cycle)를 붙인다(RC317 등).
③ 할론 냉매〔Halon(C)(F)(Cl)(Br)(I)〕: R12=Halon1220, R13B1=Halon1301, R114B2=Halon2402

• **문제풀이 요령**
  할로겐화 탄화수소 냉매는 R(C-1)(H+1)(F) 형태로 명명하고, 비공비 혼합냉매는 R400 계열, 공비혼합냉매는 R500 계열, 유기화합 냉매는 R600 계열, 무기화합물은 R700 계열 등으로 명명한다.

PROJECT 7 암모니아와 대체냉매 출제빈도 ★★☆

Q CFC 대체 냉매의 구비조건과 비교하여 암모니아를 대체 냉매로 선정 시 장점 및 단점에 대해서 설명하시오.

---

(1) 개요

① CFC계 냉매의 대체 냉매로 HCFC, HFC계 냉매가 대두되나 종래의 냉매 대비, 응축압력, 냉동 Oil 등에 다소 문제가 있어 극복 과제가 된다. 그리고 대체 프레온 역시 지구온난화 효과가 크기 때문에, 앞으로는 사용 규제가 강화될 전망이다.

② 반면에 암모니아는 순수한 자연 냉매의 일종이므로 오존층 파괴나, 지구온난화 등의 폐해가 없을 뿐 아니라 증발잠열이 상당히 큰 편이기 때문에 잘만 사용하면 앞으로 보급의 가능성도 충분히 있다고 하겠다.

③ 암모니아 냉매의 사용이 활성화되기 위해서 독성, 인화성 등의 문제점이 효과적으로 극복되어야 하는 것이 앞으로의 숙제이다.

(2) 암모니아 (NH₃)의 장점

① 증발잠열이 커서(약 300~330 kcal/kg) 냉동능력이 큰 편이다.
   → R22가 약 52 kcal/kg인 것에 비하면 상당히 크다.
② 냉매의 가격이 저렴하다.
③ 증발, 응축 압력이 적당하다.
④ 사용 경험이 많다.
⑤ 누설 판단이 용이하다(누설 시 발견이 용이).
⑥ 열전도율이 좋다.
⑦ 증발 온도가 적당하다.
⑧ 순수 자연냉매이므로 친환경적이다.

(3) 암모니아 냉매의 단점

① 독성, 인화성
② 부식의 위험성이 높다.
③ 수분에 대한 흡습성이 강하다(수분 혼입 시 유막을 형성하여 전열불량 초래 가능).

(4) NH₃ (R-717)의 물리적 특성

① 폭발 범위 = 13~27 %

② 허용 농도＝25 ppm

③ 임계 온도＝133℃

④ 임계 압력＝11.4 MPa

⑤ 비등점＝−33.3℃

⑥ 응고점＝−77.7℃

⑦ 배관 재료는 강관(SPPS)

(5) 향후 동향

① 암모니아 냉매 사용 설비는 가스 누출 방지가 필요하다는 등 제약이 많아, 실제 현장 보급 건수(수주)가 아주 적은 편이다.

② 일본에서는 암모니아의 독성, 가연성 등의 위험을 최대한 줄이기 위해, 암모니아 냉매 사용량을 1/50로 대폭 줄인 시스템을 보급하기도 하였다.

③ 그 외 암모니아 냉매를 사용하는 공조설비가 세계적으로 수요가 계속 증대되기 위해서는 프레온 설비 사양에 비해 가격이 약 20 % 정도 비싼 것을 극복할 필요가 있다.

• 문제풀이 요령

CFC 대체 냉매로는 주로 HCFC, HFC계 냉매가 사용되고 있으며, 도입 초기 냉동효율, 냉동 Oil 회수 등에 다소 문제가 있었으나, 이미 이러한 문제는 거의 극복되었다고 말할 수 있다. 암모니아는 냉동능력 측면에서는 우수하나, 독성, 인화성 때문에 거의 단종 상태에 있었으나, 최근 환경문제로 인해 자연냉매의 중요성이 강조되면서 다시 일부 사용 및 연구 중에 있다.

PROJECT **8** **열수분비**   출제빈도 ★★☆

Q 열수분비에 대해 설명하시오.

(1) 의미
습공기의 상태 변화량 중 수분의 변화량과 엔탈피 변화량의 비를 말한다.

(2) 열수분비(U) 계산식
$$U = \Delta h \,/\, \Delta x$$
여기서, Δh : 엔탈피 변화량, Δx : 수분 변화량

(3) 가습 시의 응용
① 물 분무 시
$$U = C \cdot t\,[\text{kJ/kg, kcal/kg}]$$
② 증기 분무 시
$$U = \Delta h / \Delta x = \Delta x\,(2501.6 + 1.85t_s)\,/\,\Delta x = 2501.6 + 1.85\,t_s\,[\text{kJ/kg}]$$
여기서, 2501.6 kJ/kg : 0℃에서의 물의 증발잠열
1.85 kJ/kg · K : 증기의 정압비열
t_s : 증기의 온도

(4) 습공기 선도상 해석
① $u = \dfrac{h_2 - h_1}{x_2 - x_1} = \dfrac{q_S + q_L}{L}$

여기서, q_S : 현열(kcal / h)
q_L : 잠열(kcal / h)
L : 증감된 수분량(kg / h)

② 수분 변화가 없을 때
$$u = \frac{\Delta h}{\Delta x} = \frac{\Delta h}{0} = \infty$$

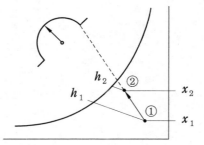

③ 엔탈피 변화가 없을 때
$$u = \frac{\Delta h}{\Delta x} = \frac{0}{\Delta x} = 0$$

• **문제풀이 요령**
열수분비(kcal/kg)란 습공기 중의 수분의 변화량(kg/kg')과 엔탈피 변화량(kcal/kg)의 비를 말한다.

PROJECT 9 **LMTD**(대수 평균 온도차) 출제빈도 ★★☆

Q LMTD (Logarithmic Mean Temperature Difference)에 대해 설명 하시오.

(1) 개요
① 열교환기의 열전달 해석 과정에서 보통 두 가지 유체의 평균온도차를 구할 필요가 있는 데, 이때 양 유체의 입·출구 온도차의 평균값을 이용하여 평균온도차를 구하는 '산술평 균온도차'를 이용하면 약식으로 그 값을 구할 수 있다.
② 이를 좀 더 정확하게 구하려면 실제의 열전달 경향과 가장 유사한 모형의 대수평균온도차를 이용하며, 이는 열교환하는 두 가지 유체 사이에 열전달과정을 미적분을 통해 구한 값이다.
③ 실제의 계산 결과는 보통 산술평균온도차보다 대수평균온도차가 조금 적게 계산되어진다.

(2) LMTD의 특징
① 동일한 유체 온도의 조건에서는 평행류 대비 대향류의 LMTD 값이 크다.
② LMTD 값이 큰 경우 코일의 전열면적 및 열수를 줄일 수 있어 경제적이다.
③ 실제 열교환기에서는 Tube Pass와 Shell Type에 의한 보정, Baffle 유무 등을 고려하고 직교류 열교환 형태 등을 감안해야 한다.
④ 일반적으로 공조기 등의 코일에서는 대수 평균 온도차 (LMTD)를 크게 하여 열교환력을 증가시키기 위해 유속은 늦고, 풍속은 빠르게 해준다(단, 한계풍속=약 2.5 m/s).

(3) 대향류 (Counter Flow)
평행류 대비 열교환에 유리(비교적 가역적 열교환이 이루어짐)하여 일반적으로 많이 적용하는 방식이다.

(4) 평행류(Parallel Flow)
① 비가역적 열교환이 증대된다.
② 대향류보다 열교환량이 적어 많이 적용하지 않는 방식이다.

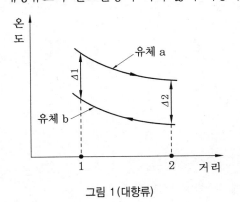

그림 1 (대향류)

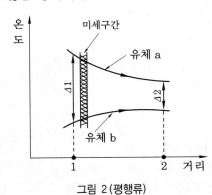

그림 2 (평행류)

(5) 상관 관계식

$$\text{LMTD} = \frac{\Delta 1 - \Delta 2}{\ln(\Delta 1 / \Delta 2)}$$

※ 가정 : ① 유체의 비열이 온도에 따라 불변하다.
② '열전달계수'가 열교환기 전체적으로 일정하다.

[칼럼] LMTD 공식 유도

　　상기 그림 2에서 고온유체 및 저온 유체간의 열교환량은 고온유체 (a)가 뺏긴 열량 혹은 저온
유체 (b)가 취득한 열량과 동일하다. (K: 열관류율, A: 면적, m: 질량, C: 비열, T: 온도)

$$q = K \cdot A \cdot \text{LMTD} = -m_a \cdot C_a (T_{a1} - T_{a2}) = m_b C_b (T_{b2} - T_{b1}) \quad \cdots\cdots\cdots ①$$

상기 미세구간에서의 일전달량은

$$dq = K(T_a - T_b)\,dA = m_a \cdot C_a \cdot dT_a = m_b \cdot C_b \cdot dT_b \quad \cdots\cdots\cdots\cdots\cdots ②$$

여기서, dT_a 혹은 dT_b로 재정리하면

$$dT_a = \frac{-K(T_a - T_b)}{m_a \cdot C_a}\,dA \quad \cdots\cdots\cdots\cdots\cdots\cdots\cdots\cdots\cdots\cdots ③$$

$$dT_b = \frac{K(T_a - T_b)}{m_a \cdot C_a}\,dA \quad \cdots\cdots\cdots\cdots\cdots\cdots\cdots\cdots\cdots\cdots ④$$

여기서, ③−④를 하여 이항 및 적분을 하면,

$$\int_1^2 \frac{d(T_a - T_b)}{T_a - T_b} = -\int_1^2 K\left(\frac{1}{m_a \cdot C_a} + \frac{1}{m_b \cdot C_b}\right) \cdot dA,$$

$$[\ln(T_a - T_b)]_1^2 = -K \cdot A\left(\frac{1}{m_a \cdot C_a} + \frac{1}{m_b \cdot C_b}\right)$$

여기서 상기 ①식과 접목하여 $\ln \dfrac{T_{a2} - T_{b2}}{T_{a1} - T_{b1}} = -K \cdot A\left(\dfrac{T_{a1} - T_{a2}}{q} + \dfrac{T_{b2} - T_{b1}}{q}\right)$

따라서, $q = K \cdot A \cdot \dfrac{T_{a1} - T_{a2} + T_{b2} - T_{b1}}{\ln\left(\dfrac{T_{a2} - T_{b2}}{T_{a1} - T_{b1}}\right)^{-1}} = K \cdot A \cdot \dfrac{(T_{a1} - T_{b1}) - (T_{a2} - T_{b2})}{\ln\left(\dfrac{T_{a1} - T_{b1}}{T_{a2} - T_{b2}}\right)}$

$$= K \cdot A \cdot \frac{\Delta_1 - \Delta_2}{\ln \dfrac{\Delta_1}{\Delta_2}}$$

상기 ①식에서 $\text{LMTD} = \dfrac{\Delta_1 - \Delta_2}{\ln \dfrac{\Delta_1}{\Delta_2}}$

• 문제풀이 요령

　　LMTD는 냉수 − 공기 혹은 브라인 − 공기 등의 열전달에서 열교환량을 계산하기 위한 평균온도차를
구하는 대표적인 방법으로 평행류와 대향류 (열전달에 유리함)로 대별된다.

PROJECT 10 HSI(열스트레스 지표) 출제빈도 ★☆☆

Q HSI(열스트레스 지표)에 대해 설명하시오.

(1) HSI (Heat Stress Index)의 정의

① 열스트레스 지수(열스트레스 지표라고도 함)는 열평형식을 근거로 하여 Belding과 Hatch (1955)가 제창한 지수로서, 어떤 임의의 환경조건 아래에서 기대할 수 있는 최대 증산량에 대하여 신체를 열평형 상태로 유지하기 위한 필요 증산량의 백분율로 나타낸다(열스트레스 지표를 백분율 표시).

② 고온 작업환경의 평가나 내열한계의 예측에 많이 사용된다.

(2) 계산식

$$HSI = \frac{E_{req}}{E_{max}} \times 100 = \frac{[(22 + 28v^{(1/2)}) \times T_g - 35) + 4 \times M]}{[40v^{0.4} \times (42 - e)]} \times 100$$

여기서, E_{req} : 체온 조절에 요구되는 증발량 (증산량)

E_{max} : 최대 가능 증발량(증산량)

v : 풍속(m / s)

T_g : 흑구온도(℃)

e : 환경의 수증기압 (mmHg)

M : 작업강도(kcal·m / s² · h)

(3) HSI 평가기준

HIS	열부하	작업능률의 변화
10 ~ 39	가벼움 ~ 중간 정도	변화 없음
40 ~ 69	높음	다소 저하됨
70 ~ 100	매우 높음	크게 저하

※ HSI가 70 이상에서는 작업능률이 크게 저하되고, 신체 리듬이 깨질 수 있으므로 감시와 충분한 검사 등이 필요하다.

칼럼 인체의 체온 조절 방법

(1) 자율신경 계통에 의한 땀을 배출시킨다.

(2) 혈류량을 증가 혹은 감소시킨다.

• **문제풀이 요령**

HSI(열스트레스 지표)는 어떤 환경조건 아래에서 기대할 수 있는 최대 증산량에 대하여 신체를 열평형 상태로 유지하기 위해 필요한 증산량의 백분율이다(고온 작업환경에 많이 사용되는 지표).

PROJECT 11 **비열**(Specific Heat)**과 열용량** 출제빈도 ★☆☆

Q 비열(Specific Heat)과 열용량(Thermal Capacity)에 대해서 설명하시오.

---

(1) 비열 (Specific Heat)

① 어떤 물질 1kg을 1℃ 높이는데 필요한 열량

② 정적비열(C_v)과 정압비열(C_p)이 있으며, 액체나 고체에서는 거의 차이가 없으므로 그냥 '비열'이라고 한다.

③ 사례

㈎ 물의 비열 : 4.1868 kJ/kg·K, 1 kcal/ kg·℃

㈏ 얼음의 비열 : 2.0934 kJ/kg·K, 0.5 kcal / kg·℃

㈐ 공기의 정압비열(C_p) : 1.005 kJ/kg·K, 0.24 kcal/kg·℃

㈑ 공기의 정적비열(C_v) = 0.712 kJ/kg·K, 0.17 kcal/kg·℃

(2) 열용량 (Thermal Capacity)

① 개념

㈎ 어떤 물질의 온도를 1℃ 올리는데 필요한 열량을 말함

㈏ 열용량이 작은 물체는 조금만 열을 가해도 쉽게 온도가 변함

㈐ 같은 질량의 물체라도 열용량이 클수록 온도 변화가 적고, 가열시간이 오래 걸린다.

② 단위 : J/K, kcal/℃ 등

③ 관계식

열용량 = 비열 × 질량

• 문제풀이 요령

비열(어떤 물질 1 kg을 1℃ 높이는데 필요한 열량)과 열용량(어떤 물질의 온도를 1℃ 올리는데 필요한 열량)의 개념이 혼돈되기 쉬우니 명확히 해둘 필요가 있다.

PROJECT **12** **비열비**(단열지수)   출제빈도 ★★☆

Q 비열비(단열지수)에 대해 설명하시오.

(1) 의미

① 정압비열(C_p)과 정적비열(C_v)의 비 $K(= C_p / C_v > 1)$의 값이 큰 냉매는 일반적으로 토출 가스의 온도가 높다(아래 관계식 참조).

② 비열비(K)를 낮추면 토출가스 온도가 하락하여 냉매특성이 향상된다.

③ 액체와 고체의 비열은 정압비열(C_p)과 정적비열(C_v)의 차이가 거의 없다.

④ 공기의 비열비(K) = $0.24 / 0.17 = 1.4$

(2) 관계식

단열 과정은 '$PV^K = $ 일정' 과정이다. 즉,

$$P_1 V_1{}^K = P_2 V_2{}^K$$

$$\frac{V_2}{V_1} = \left(\frac{P_1}{P_2}\right)^{1/K} = \left(\frac{P_2}{P_1}\right)^{-1/K} \quad \cdots\cdots\cdots\cdots\cdots\cdots\cdots ①$$

보일샤를의 법칙 $\dfrac{P_1 V_1}{T_1} = \dfrac{P_2 V_2}{T_2}$ 에서,

$$\frac{T_2}{T_1} = \left(\frac{P_2}{P_1}\right)\left(\frac{V_2}{V_1}\right) \quad \cdots\cdots\cdots\cdots\cdots\cdots\cdots\cdots ②$$

여기에, 상기 ①식을 대입하면,

$$\frac{T_2}{T_1} = \left(\frac{P_2}{P_1}\right)^{1 - \frac{1}{K}} = \left[\frac{P_2}{P_1}\right]^{\frac{K-1}{K}} \quad \cdots\cdots\cdots\cdots\cdots ③$$

(3) 실제의 압축

① 실제의 압축은 '단열과정'이 아니라 열을 방출하는 과정이 동반된다.

② 따라서, $PV^n = $ 일정

$$\frac{T_2}{T_1} = \frac{P_2 V_2}{P_1 V_1} = \left[\frac{P_2}{P_1}\right]^{\frac{n-1}{n}}$$

※ 주 : n = 폴리트로프 지수(압축기 고유값으로 주로 시험을 통해서 결정됨)

• **문제풀이 요령**

　비열비(단열지수)를 낮추면 토출 가스 온도가 하락하여 냉매특성이 향상되므로 비열비가 낮은 냉매를 선정하는 것이 유리하다.

PROJECT 13 표준 냉동 Cycle   출제빈도 ★★★

Q 냉동장치의 기준 냉동 Cycle에 대해 설명하시오.

(1) 개념

① 냉동기는 증발온도, 응축온도, 소요동력 등이 시스템마다 모두 다르기 때문에 냉동기의
성능 비교시 일정한 조건을 정할 필요가 있다(응축온도 = 30 ℃, 증발온도 = -15 ℃, 과
냉각도 = 5 ℃).

② 단점 : 고온형이든 (초)저온형이든 획일적이므로 실제의 값과는 차이가 많이 생김

(2) 사이클도

증발온도 = -15 ℃, 응축온도 = 30 ℃, 과냉각도 = 5 ℃ 기준으로 아래와 같이 작도함.
(단, 과열도 = 0℃)

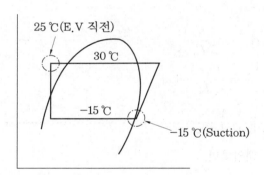

(3) 응용

① '고압가스안전관리법(시행령)'의 적용 대상을 정하기 위해서는 장비의 법정 냉동톤이
3RT 이상이 되는지 아닌 지의 여부를 결정해야 한다.

② 이때 법정 냉동톤을 계산하기 위한 기준이 되는 냉동 Cycle이 '기준냉동 Cycle'이다.

③ 기타 각 건물의 고압가스 안전관리 책임자 선임 등의 법적 적용 기준을 마련하기 위한
이론적 기준이 되는 Cycle이다.

• **문제풀이 요령**

 기준 냉동 Cycle 은 법정 냉동톤을 계산하기 위한 표준 Cycle이다 (지나치게 획일적이므로 실제 사용
되는 조건에서의 값과는 차이가 많이 생기는 것이 단점).

PROJECT 14 **냉동설비의 능력 표기방법**   출제빈도 ★★☆

Q 냉동설비의 능력 표기방법에 대해 다음의 용어를 설명하시오.
　　(1) 냉동 효과   (2) 체적냉동 효과   (3) 냉동능력   (4) 냉동톤   (5) 제빙톤

(1) 냉동효과, 냉동력, 냉동량 (kJ/kg, kcal/kg)

$$q = h_o - h_i \quad \text{(여기서, } h_o : \text{증발기 출구의 엔탈피, } h_i : \text{증발기 입구의 엔탈피)}$$

(2) 체적냉동 효과 (kJ/m³, kcal/m³)

$$q_v = (h_o - h_i) / v \quad \text{(여기서, } v : \text{압축기 흡입측의 냉매의 비체적)}$$

(3) 냉동능력 (W, kW, kJ/h, kcal/h) : 질량과 시간 개념이 포함됨

$$Q = G(h_o - h_i) \quad \text{(여기서, } G : \text{냉매유량(kg/s))}$$

(4) 냉동톤 (Ton Of Refrigeration ; RT)

① 국제 냉동톤 (JRT, RT, CGS 냉동톤, CGSRT) = 3,320 kcal/h = 3.86 kW
　㉮ 0 ℃의 순수한 물 1 t (1000 kg)을 1일 (24시간) 만에 0 ℃의 얼음으로 만드는데 제거
　　해야 하는 열량
　㉯ 계산 : 얼음의 융해열이 79.68 kcal/kg 이므로,
　　　1국제 냉동톤(JRT, RT) = 79.68 kcal/kg × 1000 kg / 24 hr = 3320 kcal / h = 3.86 kW
② USRT (미국 냉동톤, 영국 냉동톤) = 3024 kcal/h = 3.516 kW
　㉮ 32 ℉의 순수한 물 1 t (2000 lb)을 1일 (24시간) 만에 32 ℉의 얼음으로 만드는데 제
　　거해야 하는 열량
　㉯ 계산 : 얼음의 융해열이 144 Btu/lb 이므로,
　　　1 USRT = 144 Btu / lb × 2000 lb / 24 hr = 12000 Btu / h = 3024 kcal / h = 3.516 kW

(5) 제빙톤

　　25℃의 물 1 t (1000 kg)을 1일 (24시간)만에 −9℃의 얼음으로 만들 때 제거(외부손실
20% 감안)해야 할 열량 (1제빙톤 = 1.65 RT)

• 문제풀이 요령
① 냉동톤 중에서는 국제 냉동톤(CGS 냉동톤)과 USRT (미·영국 냉동톤)가 가장 많이 사용된다(시험
　에도 가장 많이 출제).
② 국제 단위가 SI 단위 기준으로 많이 통일되고 있어 냉동톤 대신 kW, W 단위의 사용이 점차 증가 추세이다.

PROJECT 15 열전반도체   출제빈도 ★☆☆

> **Q** 열전반도체(열전기 발전기 ; Thermoelectric Generator)에 대해서 설명하시오.

(1) 열전반도체의 정의

① 주로 배기가스 등의 폐열을 이용하여 전기를 생산하는 반도체 시스템
② 한쪽은 배기가스(약 80 ~ 100℃), 다른 한쪽은 상온의 공기로 전기를 생산하는 시스템
③ 열전기쌍과 같은 원리인 제베크 효과에 의한 열에너지가 전기적 에너지로 변환하는 장치

(2) 열전반도체의 원리

① 종류가 다른 두 종류의 금속(전자 전도체)의 한쪽 접점을 고온에 두고, 다른 쪽을 저온에 두면 기전력이 발생한다. 이 원리를 이용해서 고온부에 가한 열을 저온부에서 직접 전력으로 꺼내게 하는 방식이다.
② 기전부분(起電部分)에 사용되는 전도체로서는 열의 불량도체(不良導體)인 동시에 전기의 양도체인 것이 유리하다. 따라서 기전부분을 금속만의 조합으로 만들기는 힘들고, 적당한 반도체인 비스무트–텔루르, 납–텔루르 등을 조합해서 많이 사용한다.

(3) 적용 분야

① 구 소련 '우주 항공분야'가 최초(인공위성, 무인기상대(無人氣象臺) 등)
② 국내에서도 연구 및 시제품 개발의 예가 많다.
③ 열효율이 나쁜 것이 흠(약 5 ~ 10 %에 불과)
④ 점차 재료의 개발에 따른 동작온도의 향상과 더불어 용도가 매우 넓어지고 있는 상황이다.

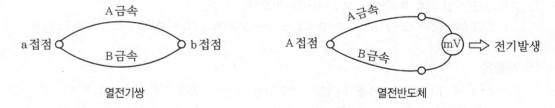

열전기쌍   열전반도체

⑤ 최근 자동차의 배기가스가 함유한 폐열을 회수하기 위한 열전소자, 인체의 온도를 이용하여 발전하는 기술 등 다양한 형태의 기술개발이 이루어지고 있다.

• **문제풀이 요령**

　열전반도체는 일종의 Seebeck 효과(2개의 이종금속이 폐회로를 구성할 때 양접점의 온도차가 다르면 기전력 발생)를 이용한 폐열회수 방법이다.

PROJECT 16 Snap Switch, DX 코일   출제빈도 ★☆☆

Q 공조부품 관련 다음의 용어를 설명하시오.

(1) Snap Switch   (2) DX 코일   (3) 공조기(AHU)

(1) Snap Switch

① 정의 : 스프링의 탄성을 이용하여 접점의 착탈을 순간적으로 작동하게 하는 스위치
② 효과 : 스파크 발생 방지, 동작 간격 유지에 효과적임

(2) DX코일 (Direct Expansion Coil)

① 1차 냉매가 2차 냉매를 거치지 않고, 바로 공조기까지 도입되어 직접 냉방을 실시하는 형태의 실내측 혹은 공조기의 열교환기를 말한다.
② 구성 : 주로 열교환기, 감온식 팽창변, 온도 센서 등이 일체형으로 되어 있다.
③ 콘덴싱 유닛, 패키지형 공조기 등에서 주로 많이 사용된다.
④ 낮은 증발온도를 얻을 수 있어 필요 공간의 잠열 처리에 용이하다.

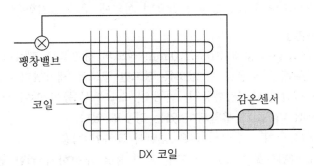

팽창밸브

코일→

감온센서

DX 코일

(3) AHU (Air Handling Unit)

① 공기냉각기, 공기가열기, 공기여과기, 가습기, 송풍기 등 공기조화기의 구성기기 모두를 일체의 케이싱에 조립한 것이다.
② 공기냉각기는 냉수코일, 공기가열기는 증기 또는 온수코일이 사용된다(냉수와 온수를 겸한 냉온수 코일도 있음).
③ 공장 제작형과 현장 조립형이 있다.
④ 공조기(AHU)는 공조여과기(필터), 코일 등의 공기 통과 부분에 박테리아, 곰팡이균 등의 세균이 서식(악취 발생)하기 쉬우므로 청소 및 관리를 아주 철저히 해주어야 한다.

• 문제풀이 요령

 DX 코일은 콘덴싱 유닛의 실내기나, 패키지형 공조기 등에서 많이 사용되는 증발방식으로 2차 냉매를 거치지 않고 1차 냉매가 바로 증발기측으로 인입되어 효율적인 냉방을 이룰 수 있으며, 비교적 적은 규모의 공사나 개별공조 등에 많이 응용되는 방식이다.

> **PROJECT 17 콘덴싱 유닛(Condensing Unit)**   출제빈도 ★☆☆
>
> **Q** 콘덴싱 유닛(Condensing Unit)에 대해 설명하시오.

(1) 정의

① 콘덴싱 유닛은 Chiller대비 증발기가 없고 직팽식 코일 등에 냉매를 바로 보낼 수 있게 설계된 열원기기를 말한다.

② 공조 분야의 패키지형 공조기(유닛 쿨러)에서도 실외기로 콘덴싱 유닛을 사용하기도 한다.

(2) 칠러와 콘덴싱 유닛의 차이점

① 칠링 유닛(칠러)은 압축기, 응축기, 팽창장치, 증발기가 일체로 조립된 제품으로서 액체 (물, 브라인 등)를 냉각하기 위한 장치를 말한다.

② 콘덴싱 유닛은 압축기, 응축기, 안전장치, 제어장치, 기타 부속품 일체를 하나로 조립한 것으로 실내기나 쿨러, 직팽식 공조기 등과 연결하면 바로 냉동장치로 이용할 수 있으며, 응축형태에 따라 수랭식과 공랭식이 있으며 실외에 주로 설치한다.

③ 콘덴싱 유닛의 구성

(가) Casing & Frame : 대개 1.0 ~ 2.0 mm 정도의 강판으로 제작하며, 특히 하부는 콘 덴싱 유닛의 무게를 지탱할 수 있도록 견고한 구조로 제작한다.

(나) Compressor (압축기) ; 왕복동식, 원심식, 스크루식 등이 많이 사용되며, 용량제어용 으로 Solenoid Valve가 부착되어 있는 경우도 있다.

(다) Condenser (응축기) ; 수랭식 혹은 공랭식 응축기 적용

(라) Control Box (컨트롤 Box) : 압축기, 모터 등을 구동하기 위한 전장 부품이다.

(마) 기타 : 냉매배관, 안전장치, Fan & 모터(공랭식의 경우) 등으로 구성된다.

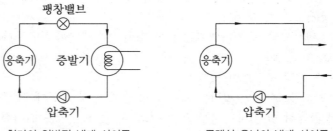

칠러의 일반적 냉매 사이클   콘덴싱 유닛의 냉매 사이클

> **· 문제풀이 요령**
>
> 콘덴싱 유닛은 실내기, 쿨러, 직팽식 공조기 등과 연결하면 바로 냉동장치가 가능하게 설계된 형태의 냉동기이며, 응축형태에 따라 수랭식과 공랭식이 있다.

PROJECT **18** 열확산 계수   출제빈도 ★☆☆

Q 열확산 계수에 대해 설명하시오.

(1) 정의

① 열확산 계수(Thermal Diffusitive)는 $\alpha = k$ / (밀도×비열)의 공식으로 표현되며, 어떤 물질이 가지고 있는 열을 확산시켜 자신의 온도를 얼마나 빨리 변화시킬 수 있는가에 대한 지표이다.

② 사용 단위로는 m^2/s이 주로 사용된다.

(2) 물리적 의미

① 물리적 의미는 물질 내부의 온도가 시간에 따라 변화하는 동안에 물질 내부로 진행되는 열의 전파에 관련 되어 있다.

② 열 확산율이 클수록 물질 내의 열의 전파가 더욱 빠르게 진행된다.

(3) 관계식

$$\alpha = k/(\rho \times c)$$

여기서, α : 열확산계수 (혹은 열확산율)

k : 물질의 열전도율 ($kJ/m \cdot s \cdot K$ 혹은 $kcal/m \cdot s \cdot ℃$)

ρ : 물질의 밀도 (kg/m^3)

c : 물질의 비열 ($kJ/kg \cdot K$ 혹은 $kcal/kg \cdot ℃$)

(4) 응용

① 열확산 계수(α)는 은에서의 약 $170 \times 10^{-6}\ m^2/s$로부터 연질고무에서의 0.077×10^{-6} m^2/s까지 물질별 큰 차이를 보인다.

② 따라서 주어진 크기의 온도 조건하에서 은 내부에서 일어나는 열의 침투는 연질고무에 대한 열의 침투보다 매우 빠르다.

• 문제풀이 요령

열확산 계수는 그 물질의 열을 전파할 수 있는 고유 능력을 말한다 (m^2/s).

PROJECT　19　법정냉동능력(R, RT ; 호칭 냉동톤)　　　　　출제빈도 ★★☆

Q 법정냉동능력 (R, RT ; 호칭 냉동톤)에 대해 설명하시오.

---

(1) 개요

① 기준 냉동 Cycle(표준 냉동사이클)에서의 능력을 말함

② '고압가스 안전관리법'에 저촉 여부를 결정하기 위한 계산 방법으로 가장 많이 활용된다.

(2) 계산법

① 물리적 계산법

$$R = \frac{\text{피스톤 압출량}(V) \times \text{냉동 효과}}{\text{비체적}(-15℃의\ 건조포화증기) \times 3320} \times \text{체적효율}$$

여기서, 체적효율은 압축기 1개 기통 체적이,
- $5000\ cm^3$ 이하 → 0.75
- $5000\ cm^3$ 초과 → 0.8을 각각 적용한다.

② 고압가스 안전관리법에서의 계산법

$$R = \frac{V}{C}$$

여기서, R : 법정냉동능력 (법정냉동톤, RT)
　　　　V : 피스톤 압출(토출)량 (m³/h)
　　　　C : 기체상수 (고압가스 안전관리법에 냉매 종류별로 정해져 있음)

칼럼 일반적으로 1개의 기통체적 $5000\ cm^3$ 이하의 실린더에서는 기체상수 값(R-22 : 8.5, R407 C : 9.8, R410A : 5.7, NH₃ : 8.4 등)이다.

•문제풀이 요령

　법정냉동능력이 일반 냉동톤과 다른 점은 건물, 시설 등의 냉동능력 산정이나, 장비선정 등에 직접 사용되는 예는 적고, 고압가스 안전관리법에의 적용 여부를 판단하기 위한 기준으로 주로 사용된다는 점이다.

PROJECT **20** 공기열원 패키지 히트펌프   출제빈도 ★★☆

Q 제주도에 신축 중인 모텔에 공기열원 주거용 패키지 히트펌프(Air-Source Residential Package Heat Pump) 시스템을 적용할 경우 장점을 설명하시오.

(1) 패키지 건물 외주부 공조나 간편공조 등에 히트펌프 설치 시의 장점

① 제주도는 한랭지가 아니므로 기본적으로 히트펌프를 설치하면 실외측의 보조열원 없이도 냉·난방이 동시에 가능하다.

② 히프 펌프의 가장 큰 장점인 냉·난방은 공히 높은 에너지 효율을 극대화할 수 있다.

③ 겨울철 난방시 제상(실외 열교환기의 착상) 모드의 진입이 거의 없어 연속적인 난방이 가능할 수도 있다.

④ 제주도는 타 지역 대비 바람이 많고 실외기 주변의 통풍이 잘 이루어질 수 있어 응축력 (증발력)이 증가될 수 있다.

⑤ 패키지형 히트펌프에 직팽식 코일을 적용하는 경우에는 제주도의 높은 습도를 제거하는 데 도움이 된다.

(2) 응용

① 제주도의 날씨는 현열비가 낮고 제습부하가 크므로, 패키지 히트펌프의 실내 풍량을 줄이고, 코일 면적을 다소 크게 하여 감습량을 증가시켜 주는 것이 좋다.

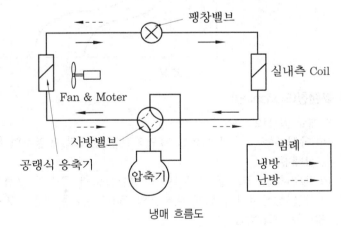

냉매 흐름도

② 제습부하를 용이하게 처리하기 위해 필요시 재열시스템 등 고려가 필요하다.

③ 최근 시스템 멀티(실외기 한대에 실내기를 여러 대 부착 가능)가 많이 보급되고 있어 많이 활용 가능하다.

· 문제풀이 요령

공기 열원 Heat Pump 시스템의 최대 단점 중의 하나는 강원도 등의 한랭지역에 설치할 경우 압축비가 증가하여 단단 압축으로는 효율이 많이 부족하고, 충분한 난방능력을 확보하기 어렵다는 점이다.

PROJECT **21**   **표면동결**(表面凍結)**외**   출제빈도 ★☆☆

Q 식품동결에 관련하여 다음의 용어에 대해 설명하시오.
(1) 표면동결   (2) 블랜칭

(1) 표면동결

① 표면동결은 급속동결(−1 ~ −5℃의 최대 빙 생성대를 30분 내로 급속히 통과)로 진행된다. → 식품의 내부까지 급속동결을 실시할 경우 생선, 식품 내 얼음입자가 미세하게 되어 품질이 좋아짐
② 열저항은 식품의 중심점으로 갈수록 급속히 증가하여 동결속도(凍結速度)가 느려진다.
③ 동결선도 (凍結速度)

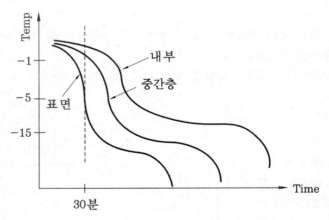

(2) 블랜칭(Blanching)

① 개요 및 정의
(가) 야채류는 소수의 예외를 제외하고는 생체로 동결하면 해동 후 변색 및 품질의 손상이 심해진다.
(나) 블랜칭은 원료를 단시간에 가열함으로써 효소의 활성을 잃게 하여 식품의 동결보존성을 향상시키기 위해 대부분의 동결 야채에 적용하고 있는 전처리법이다.
② 블랜칭 처리 방법
(가) 보통의 효소는 90℃에서 몇 분 동안, 혹은 100℃에서 30초 정도의 가열로 활성을 잃지만 카타라제, 퍼옥시다제는 내열성이 강하기 때문에 약간 장시간을 필요로 한다.
(나) 열탕침지법(균일한 가열 가능, 수용성 성분의 유출 많음), 증기분사법 등이 있다.

• 문제풀이 요령

표면동결은 내부동결과 달리 급속동결의 일종이다 (동결속도가 매우 빠름).

PROJECT **22** **부스터 사이클(Booster Cycle)**   출제빈도 ★☆☆

Q 부스터 사이클(Booster Cycle)에 대해 설명하시오.

(1) 개요

① 2단 압축 Cycle에서 저단압력 ~ 중간압력까지 압축하는 것을 의미한다.

② 동일 Crank Shaft 및 Oil Sump를 채용하는 Compound Comp 시스템을 적용할 수도 있다.

③ 이때 저단측의 압축기를 특별히 부스터(Booster)라고 부른다.

(2) 중간압력 계산 공식

$$P_m = \sqrt{P_L \cdot P_H}$$

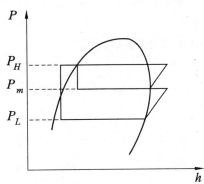

(3) 응용

▶ 2단 압축 : 위 그림에서 저단압축기로 저단압력 (P_L)을 중간압력(P_m) 까지 압축시킨 후 고단압축기를 이용하여 중간압력(P_m)을 고단압력(P_H)로 압축시키는 시스템이다.

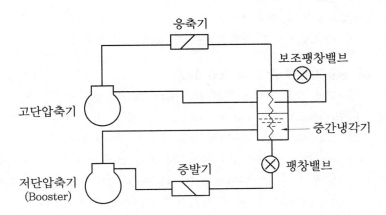

- **문제풀이 요령**

  'Booster Cycle'이라 함은 각종 2단 압축과정 중에서 저단압축 (저단압력 → 중간압력) 과정을 말한다.

PROJECT 23 냉동유　　　　　　　　　　　출제빈도 ★☆☆

Q 냉동유의 목적과 구비조건에 대해 설명하시오.

---

(1) 개요

① 냉동기유는 항상 냉매와 접촉하여 혼합되고, 압축되고, 일부는 밀폐 Cycle 내부를 순환한다.

② 압축기 및 응축기 부위에서는 고온으로, 증발기 부위에서는 저온으로 되는 등 사용되는 온도 조건이 아주 가혹한 상태로 장시간 사용된다.

③ 냉동기유로서 요구되는 특성은 냉매와 희석하여도 화학적인 반응을 일으키지 않고, 온도 및 압력 상의 악조건에서도 안정적으로 사용할 수 있어야 한다.

(2) 사용 목적

① 윤활 : 기계적 구동부 및 마찰부의 윤활

② 냉각 : 마찰부의 마찰열 제거

③ 밀봉 : 개방형 압축기 등에서 축봉부분의 밀봉

④ 방청 : 산화, 부식 등 방지

⑤ 기타 : 방음, 방진 등

(3) 구비 조건

① 응고점은 낮고, 인화점은 높아야 한다.

② 화학적 결합이 안정적이어야 한다.

③ 점도가 적당해야 한다.

④ 점도의 변화가 적어야 한다.

⑤ 냉매 Cycle상 오일의 회수가 잘 되어야 한다.

(4) 냉동기유의 종류 및 개발 동향

① R22용 오일 : Mineral Alkylbenzene 계열(SONTEX−200LT, SUNISO−3GS, SUNISO−4GS, Blended White, Lunaria KVG, Zerol 등)

② 대체냉매(R410A, R407C)용 오일 : Polyol Ester 계열(POE FREOL, MMMAPOE 등)

③ 최근에는 냉매용 압축기의 냉동유나 엔진(내연기관)의 엔진오일의 용도로 '저점도 윤활유'가 많이 개발되어지고 있는데, 이는 윤활유의 점도를 줄여 구동부의 마찰력을 감소시키고 결과적으로 장치의 효율을 증가시키기 위함이다.

· 문제풀이 요령

냉동유의 4대 기본 목적(윤활, 냉각, 밀봉, 방청)과 구비조건을 잘 알아둘 필요가 있다.

PROJECT **24** 불응축성 Gas   출제빈도 ★☆☆

Q 불응축성 Gas에 대해 설명하시오.

(1) 정의

공기, 염소, 오일의 증기 등으로서 응축기나 수액기의 상부에 모여 액화되지 않고 남아 있는 Gas를 말한다.

(2) 발생 원인

① 냉매 충전시, 공기가 혼입되거나, 규격에 맞지 않는 가스 성분이 혼입될 경우
② 윤활유 충전시 공기나 이물질이 혼입될 경우
③ 냉동 장치의 설치 후 시운전시에 혹은 사후 관리 중 서비스 할 때 불완전한 진공작업으로인하여 냉매 사이클 계통 내부에 공기나 수분이 남아 있을 수 있다(반드시 5 Torr. 이하로 철저히 진공 필요함).
④ 압축기가 과열되어 오일이 탈 경우에도 불응축 가스 발생이 가능함

(3) 영향

① 냉매 과차징의 경우와 유사하게 응축온도(압력)를 상승시켜 성능 및 성적계수 하락됨
② 특히 불응축성 가스 중에 포함되어 있는 산소 성분, 수분 등은 냉매 Cycle 계통 내부를 심각하게 오염시킬 수 있다.

(4) 조치

① 응축기 혹은 수액기 상부의 Relief Valve를 통해 방출시킴
② 소형 장치의 경우 밀폐 Cycle 내의 냉매를 모두 방출 후, 재진공 및 Recharging을 실시한다.
③ 흡수식 냉동기의 경우에는 추기 펌프를 이용하거나, 용액펌프의 토출압을 이용하여 불응축성가스를 분리 후 제거한다.

• **문제풀이 요령**

공기, 염소가스 등의 불응축성 Gas 는 냉동 Cycle 내부에 남아서 냉동능력, 성적계수 등을 악화시키므로, Relief Valve 를 통해 방출시켜야 한다.

PROJECT 25 제상법(Defrost) 출제빈도 ★★★

Q 제상법(Defrost)에 대해 설명하시오.

(1) 제상법의 종류와 특징

① Hot Gas 이용법 : 압축기에서 토출되는 뜨거운 Hot Gas를 증발기 혹은 저압측으로 보내어 성에 (Ice)를 녹이는 방법

② 역 Cycle 운전법 : 냉난방 절환 밸브(4Way Valve)를 가동하여 냉매의 흐름을 반대로 바꾸어 성에(Ice)를 제거하는 방법

③ 전열식 : 전열선에 전기를 통하여 열교환기를 가열하여 녹이는 방법

④ 냉동기 정지 방법 : 잠시 정지 후 재가동하면 압축기 재기동 직전까지 열교환기를 녹일 수 있다.

⑤ 살수법 : 미지근한 물을 살포하여 성에(Ice)를 녹이는 방법

⑥ 브라인 분무법 : 미지근한 브라인을 살포하여 성에(Ice)를 녹이는 방법

⑦ 온브라인 이용법 : 따스한 브라인을 뿌려 성에(Ice)를 녹이는 방법

⑧ 온공기 이용법 : 따스한 공기를 도입하여 열교환기에 통과시키는 방법

⑨ 서모 뱅크(Thermo-Bank) : 정상 운전 시 미리 데워놓은 서모 뱅크를 통과시킴

  (가) 정상 운전 시

    ㉮ 배압 밸브에 의해 흡입 증기가 재증발 코일을 통하지 않게 하여 불필요한 압력손실과 서모 뱅크의 고온에 의한 흡입 증기의 과열을 방지한다.

    ㉯ 서모 뱅크의 일정한 온도를 유지하기 위해 서모 뱅크의 수온이 상승시 바이패스하여 직접 응축기로 토출가스가 흐르도록 한다.

    ㉰ 냉매의 흐름 : 압축기 → 서모 뱅크(축열조 재증발 코일 ; 일부 냉매는 바이패스) → 응축기 → 수액기 → 온도 자동 팽창 밸브 → 증발기 → 압축기

  (나) 제상 운전 시

    ㉮ 토출가스관의 제상용 전자 밸브를 열어 고압가스에 의해 제상을 행하며, 이때 응축 액화된 액은 배압조정 밸브와 교축 밸브를 통해 서모 뱅크로 유입되고 재증발하여 압축기로 흡입된다.

    ㉯ 냉매의 흐름(제상 사이클) : 압축기 → 드레인 가열 코일 → 증발기(응축) → 정압 팽창 밸브 → 축열조 재증발 코일(서모 뱅크) → 압축기

(2) 제상법의 사용 용도

① 히트펌프 시스템에서 난방으로 운전시 실외측 열교환기(증발기)에 성에나 얼음 발생시 이를 제거해 준다.

② 냉동고의 증발기가 동결되는 경우, 성에나 얼음을 제거해 준다.

③ 기타 증발기가 동결되어 성에나 얼음이 발생하는 모든 경우에 적용할 수 있다.

• 문제풀이 요령

냉동장치에서 증발기 동결시 주기적으로 얼음을 녹여주는 방법을 제상법이라 하며, Hot Gas 이용법, 역 Cycle 운전법, 전열식, 서모 뱅크 등 다양한 방법이 사용된다.

PROJECT 26 초킹(Choking) 현상　　　　　　　출제빈도 ★☆☆

Q 초킹(Choking) 현상에 대해 설명하시오.

(1) 정의

① 유로의 목부분에서 아음속 → 초음속으로 바뀌는 영역에서 더 이상 풍량이 늘어나지 않으면서 강력한 진동이나 소음을 초래하는 현상

② 엔진의 경우 : 회전수가 너무 높으면 유속이 지나치게 빨라져 초킹 현상이 일어나 더 이상 흡기의 흡입량이 증가되지 않아 체적효율이 떨어지는 현상을 말한다.

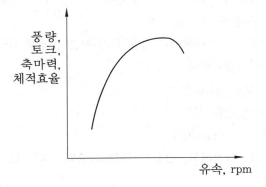

Flow

(2) Choking 현상의 선도

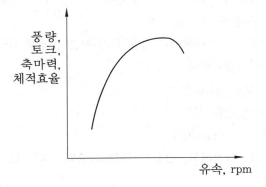

풍량,
토크,
축마력,
체적효율

유속, rpm

[칼럼] '도장공사'의 초킹(Chalking) 현상

(1) 칠판에 분필로 글씨를 쓴 후 문지르면 손에 묻어나는 것과 같이 햇볕(자외선)에 장시간 노출된 도막을 손으로 문지르면 색상이 손에 묻어나는 현상을 말하며, '백아화 현상'이라고도 한다.

(2) 실외측에 장시간 노출될 수밖에 없는 콘덴싱 유닛, 냉각탑 등의 외관 Case의 도장 처리 표면에서 이러한 백아화 현상이 종종 발생한다.

(3) Chalking 현상 방지법

① 실외측 설비의 케이스 부분의 도장 도색 재질을 자외선에 강한 재질로 처리한다.

② 실외측 설비가 자외선에 노출되는 것을 가능한 피한다(자외선 차단막 설치 등).

• 문제풀이 요령

초킹(Choking) 현상은 도장공사에서의 Choking 현상(자외선에 의한 백아화 현상)과 혼돈하지 말아야 한다.

> **PROJECT 27** Flash Gas(Flash Vapor) 출제빈도 ★☆☆
>
> **Q** Flash Gas(Flash Vapor)의 발생원인, 영향 및 방지대책에 대해 설명하시오.

(1) Flash Gas(Flash Vapor)의 정의

① 플래시 가스는 증발기가 아닌 곳에서 불필요하게 증발한 냉매가스를 말한다.

② 발생 부위는 주로 고압 액체배관이나 팽창기구에서 팽창시 압력강하에 의해 발생한다.

(2) 플래시 가스(Flash Gas)의 발생 원인

① 발생 원인은 압력 손실이 있는 경우와 주위 온도에 의해 가열되는 경우 발생한다.

② 압력 손실의 원인

(개) 액관의 수직 상승이 커서 위치수두로 인한 압력강하 시

(내) 액관의 구경이 작고 길이가 길어 마찰 손실에 의한 압력강하 시

(대) 각종 밸브 등의 구경이 과소한 경우

(라) 스트레이너 등 여과기가 막히거나 장치 중의 수분이 팽창 기구에서 동결되어 팽창 밸브를 폐쇄하면 다량 발생한다.

③ 주위 온도에 의해 가열된 경우의 원인

(개) 액관이 단열되지 않았을 경우

(내) 수액기에 일사광이 들어올 경우

(대) 액관이 장배관으로 설치되고, 건물 외부로 노출되어 태양광선을 받을 때

(3) Flash Gas의 영향

① 증발기에서의 엔탈피차 감소 : 팽창 밸브에서 Flash Vapor 양이 많아지면 아래의 선도상 (3 → 4 과정) → (5 → 6 과정)으로 변하게 되어 결과적으로 엔탈피차가 $(h_1 - h_4) \rightarrow (h_1 - h_6)$으로 줄어들게 된다.

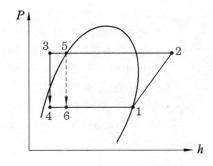

② 냉매유량 감소 : 증발기로 공급되는 냉매 유량이 적어져서 냉동능력의 손실이 많다 (Flash gas의 비체적이 크기 때문임).

③ 결과적으로 '냉동능력=냉매유량×증발기에서의 엔탈피차'의 공식에서 우측항의 두 가지 모두 감소되므로 냉동능력이 감소한다.

④ 열의 흡수로 불필요한 온도 상승 및 에너지 손실이 발생한다.

⑤ 기타 증발기 입구에서 기체의 비율이 높아져(건도가 높아져) 냉매음 등의 이상 소음이 발생할 수도 있다.

(4) 방지 대책

① 응축기 하부에 추가로 보조 열교환기 등을 설치해서 액냉매를 과냉각시킨다.

② 액관의 압력 손실을 적게 유지한다(액관의 배관경을 크게 하고, 꺾임부위가 적게 한다).

③ 액관의 단열을 철저히 하고, 수액기 및 액관의 일사광 차단

④ 수액기 (Receiver)를 설치하여 응축기에서 나오는 기체 냉매나 불응축성 가스를 분리시킨다.

⑤ 액-가스 열교환기(이중관 열교환기, 과냉각장치 등)를 설치하여 응축액을 과냉각시킨다.

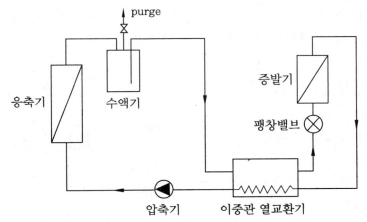

•문제풀이 요령

　Flash Gas는 주로 증발기가 아닌 곳(주로 고압 액체배관 내부) 혹은 팽창밸브 내부에서 불필요하게 발생하여 시스템의 성능을 저하시키는 냉매 증기이므로 발생을 최대한 방지해주는 노력이 필요하다.

PROJECT **28** IQF (개별 급속 냉동방식) 출제빈도 ★☆☆

Q IQF(Individual Quick Freezing ; 개별 급속 냉동방식)에 대해 설명하시오.

(1) 정의

개체 한 개씩 동결한 식품을 말하며 설치비, 운영비가 다소 비싸지만 냉동품의 품질이 우수하여 고급 냉동방식으로 많이 사용된다.

(2) 냉동 방식

① 각 개체에 액체질소 등의 액화가스를 이용하여 순간적으로 동결(약 −30℃ 이하의 냉기를 불어 넣음)하는 방식을 주로 사용한다.

② 보통 컨베이어 시스템(Inline Freezing)을 이용하여 연속적인 급속동결을 행한다.

③ 종류 : 터널 방식, 유도화 터널 방식(하부 팬 부착 방식)

(3) 장점

① 초급속으로 동결이 가능하다.

② 연속 작업이 가능하다.

③ 동결 장치에 맞는 블록으로 하지 않아도 된다.

④ 식품의 외형이 그대로 유지된다.

⑤ 식품의 세포 조직과 맛이 그대로 유지된다.

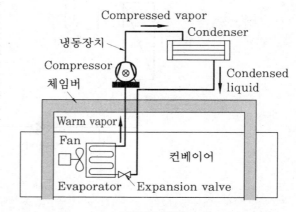

IQF방식 (사례)

(4) 단점

① 설치비와 운영비가 비싸다.

② 급속동결로 인하여 제품에 균열이 생길 수 있다.

(5) 용도

① 새우, 반탈각굴, 기타 고급 어종 등에 주로 사용

② 미트볼, 햄버거, 만두 등 가열처리 식품의 냉동처리

③ 기타 핵가족 상황에서 소포장 단위로 판매해야 할 식품

• 문제풀이 요령

IQF(Individual Quick Freezing)는 고급 어류 등을 개체 한 개씩 동결하는 방법이므로 설치비와 운영비가 비싸지만 냉동품의 품질이 우수한 방식이다.

PROJECT 29 분젠식 버너 출제빈도 ★☆☆

Q 분젠식 버너에 대해 설명하시오.

(1) 개요

① 분젠식 버너(Bunsen Burner)는 1855년 독일의 분젠이 고안한 가스 버너의 일종이다.
② 공기 구멍의 크기를 적당히 조절하여 1차 공기의 유인량을 조절하여 화력을 강하게 혹은 약하게 조절할 수 있는 방식이다.
③ 현재까지도 대부분의 가정용 보일러에 채용되고 있다.
④ 과잉 공기량을 많이 필요로 하고, 고온의 배기가스 방출로 인해 열손실이 증가하고, NO_x, CO 등의 공해 물질을 많이 배출하는 단점이 있고, 가스소비량이 많다.

(2) 특징

① 가스와 공기를 처음부터 적당히 혼합하여 그것을 대기 속으로 분출시켜 연소시키는 이중 연소 방식이다.
② 이 경우 미리 혼합한 공기를 1차 공기, 연소하고 있는 불꽃 주위로부터 얻는 공기를 2차 공기라고 한다.
③ 분젠식의 경우 불꽃의 색이 청색으로 온도는 높고 화염의 안정성이 우수하여 역화하는 경우가 적다.
④ 양자의 계면에서 연소를 일으키는 확산연소이다.
⑤ 내염과 외염이 뚜렷이 구별

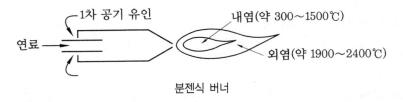

분젠식 버너

(3) 세미 분젠 버너(Semi-Bunsen Burner)

① 기본적인 구조는 분젠식 버너와 동일하나 분젠 버너에 비해 1차 공기량이 적은 편이다.
② 1차 공기량이 전체 공기량의 40 % 이하인 경우를 세미 분젠 버너라고 하고, 40~80 % 정도인 경우를 분젠식 버너라고 한다.
③ 기타의 특징 : 내염·외염 구별이 확실치 않음. 불꽃온도는 약 1,000℃(청색), 역화 없음, 효율 높음 등

• **문제풀이 요령**
　분젠식 버너는 연료에 1차 공기와 2차 공기를 나누어 별도 공급하는 방식이기 때문에 내염(1차 공기에 의한 연소)과 외염(2차 공기에 의한 연소)의 구별이 뚜렷해진다.

PROJECT 30 과잉 공기량   출제빈도 ★☆☆

Q 연소 과정에서 과잉 공기량에 대해 설명하시오.

(1) 개요
① 연소에서 한정반응물(연료)은 고가인 것
② 연소에서 과잉반응물(공기)은 저가인 것
③ 따라서 값싼 공기를 과잉으로 투입하여 연소를 완전 연소에 가까운 상태로 해주는 것이 효과적이다.

(2) 정의
① 완전 연소를 위하여 추가로 필요한 공기량
② 연소 과정에 참가하지는 않고 Bypass되는 공기량
③ 이론적 공기량은 공기와 연료의 완전 접촉이 이루어지는 경우에 대한 것인데 실제의 연소를 양호하게 행하기 위해서는 과잉 공기가 필요하다.

(3) 과잉 공기량의 정도를 나타내는 척도(m)
① 공기비

$$m = \frac{A}{A_0}$$

여기서, A : 실제 공기량 (= 이론 공기량 + 과잉 공기량)
A_0 : 이론 공기량

② 과잉 공기 백분율 (Excess Air %)

$$\text{Excess Air} = \frac{\text{과잉 공기량}}{\text{이론 공기량}} \times 100$$

(4) 공기비가 너무 클 경우의 영향
① 배기가스 중 SO_x, NO_x 함량이 많아져 부식이 촉진된다.
② 연소 가스의 온도가 저하된다 (연소실의 냉각효과).
③ 배기가스량의 증가에 의한 열손실이 커져 열효율이 감소된다.

(5) 공기비가 너무 적을 경우의 영향
① 매연이나 검댕 발생량이 증가한다.
② 불완전 연소로 인해 연소효율이 저하된다.

• 문제풀이 요령
과잉 공기량은 연소 과정에 참가하지는 않지만 완전 연소를 위해 꼭 필요한 공기량이다 (공기비로 계산됨).

PROJECT *31* 온도계   출제빈도 ★★☆

Q 냉동 공조 분야에 사용되는 온도계의 종류에 대해 설명하시오.

▶ **온도계의 종류**

① 봉상 온도계 : 유리관이 봉상으로 되어 있고, 그 중심부에 감온액(感溫液)이 통과하는 온도
   계로 구조는 간단하지만, 정밀한 측정에는 사용하지 않음

② 바이메탈 온도계 : 이종금속 2개를 맞붙여 선팽창계수 이용 (⑩ 구리와 니켈의 박판 2장을
   밀착시킨 바이메탈 온도계 등)

③ 열전 온도계 (TC) : 열기전력의 변화를 계측기상에 표시하는 방식 (Seebeck 효과를 이용)

④ 저항 온도계 (RTD) : 도체나 반도체의 전기저항이 온도에 의해 변화하는 것을 이용하여 전
   기저항을 측정함으로써 온도를 측정

⑤ 노점 온도계 : 대기의 이슬점 온도를 재는 기기로서, 금속 표면을 냉각시켜 이슬이나 서리
   가 생길 때의 온도를 측정함

⑥ 복사 온도계 : 고온체(高溫體)로부터 방출되는 복사에너지를 측정하여, 그 물체의 온도를
   아는 장치로 접근하기 어려운 곳의 온도 측정에 유리(스테판–볼츠만 법칙을 이용)

⑦ 글로브 온도계 : 인체의 온감(溫感)에 복사열의 영향을 넣기 위하여 고안된 온도계 (15 cm
   정도의 흑색구 내에 봉상 온도계를 넣어 측정 → 그림 참조)

⑧ 압력 온도계 : 온도에 따른 압력의 변화를 부르동관(Bourdon Tube)의 자유단 변화로 검출

⑨ 광도 온도계 : 복사 중에서 가시광선의 휘도 이용

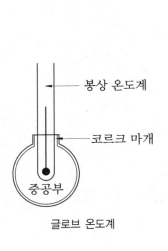

글로브 온도계

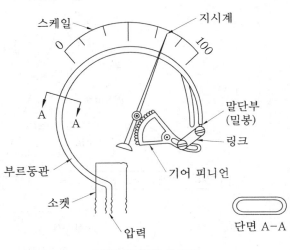

압력(부르동관) 온도계

PROJECT 32 진공동결 건조기 출제빈도 ★★☆

Q 진공동결 건조기에 대해 설명하시오.

(1) '진공동결 건조'의 방법

① 1단계 : 습한 상태의 재료를 −30~−50℃ 정도로 급속 예비동결
② 2단계 : 진공 펌프를 이용하여 물의 3중점 이하의 온도/압력으로 급격히 동결함(급속냉동)
③ 3단계
   ㉮ 얼음→열매체를 이용하여 기체로 바로 승화시킴(상온에서의 기화는 품질을 떨어뜨림 ; 그림 참조)
   ㉯ 승화된 물은 Cold Trap(Cold Chamber)에서 응고됨
④ 4단계 : (멸균 처리 후) 밀봉 및 포장

(2) 장점 : 고급 식품의 동결/건조 가능(품질 우수, 변질 없음)

(3) 단점 : 깨지기 쉬움, 고비용(기밀포장 비용 등)

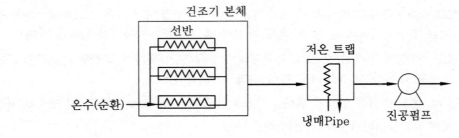

진공 동결 건조기

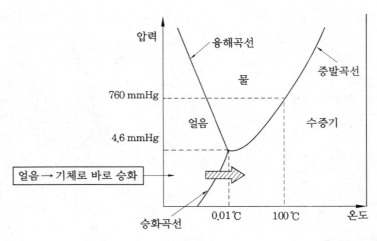

물의 삼중점

PROJECT 33 Wilson Plot   출제빈도 ★☆☆

Q 윌슨 플롯(Wilson Plot)에 대해 설명하시오.

(1) 정의
① '비등 열전달' 시험 등에 사용되는 '2차 유체 가열방법'에 의한 시험
② 2중관 방법 사용 : 열전달 Tube 주변에 지름이 더 큰 관(Tube)을 설치하여 시험

(2) 장점
① '전기 가열법'(열전달 튜브에 열선을 균일하게 감고 전기를 흘려 가열하는 방법)대비 실제 열전달 상황에 더 가까움
② 시험 장치가 간단하고 쉽게 열전달 계수를 계산해 낼 수 있다.

(3) 단점
① 열유속이 일정치 않아 '평균 열전달 계수'를 구하여 간접적으로 평가한다.
② 건도의 변화를 적게 해야 정밀도 향상이 가능하다 (오차 발생 쉬움).

(4) 측정 방법
① 물측 환상공간의 열전달 계수를 먼저 예측한 후 이를 이용하여 총괄 열전달 저항식으로부터 간접적으로 냉매측 열전달 계수를 구한다 (오차 발생에 주의 필요).
② 계량법(Wall Temp. Measuring) : Wilson Plot 방법을 기본으로 하되, 벽면에 직접 열전대를 설치하여 직접 전달 계수를 측정하는 방법

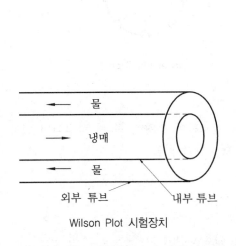

Wilson Plot 시험장치

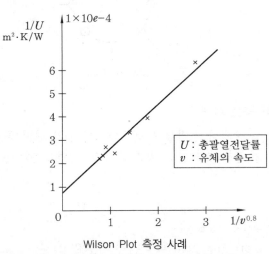

Wilson Plot 측정 사례

• **문제풀이 요령**

Wilson Plot은 전기가열법과 더불어 비등 열전달 해석 시험법(2중 관법을 사용하여 열교환기의 열전달 계수를 구함)의 일종이다.

PROJECT 34 **Low Fin Tube & Inner Fin Tube** 출제빈도 ★★☆

Q Low Fin Tube & Inner Fin Tube에 대해 설명하시오.

(1) Low Fin Tube 및 Inner Fin Tube 선정 방법

① 열교환이 불량한 측에 Fin을 설치하는 것이 원칙임

② 열교환 효율 : NH_3 > H_2O > 프레온 > 공기

③ 구분

　(개) Low Fin Tube(로 핀 튜브)

　　㉮ Fin이 관의 외부에 부착되는 형태

　　㉯ 관의 외부 유체가 내부의 유체보다 효율(열전달 계수)이 불량한 경우임

　(내) Inner Fin Tube(이너 핀 튜브)

　　㉮ Fin이 관의 내부에 부착되는 형태

　　㉯ 관의 내부 유체가 외부의 유체보다 효율(열전달 계수)가 불량한 경우임

(2) 형상

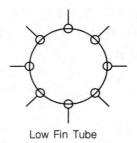

Low Fin Tube　　　　　　Inner Fin Tube

(3) 응용 사례

① 공랭식 콘덴싱 유닛에서 열교환기 핀이 공기측(열교환이 불량한 쪽)에 형성되어 있음

② 공조기 코일의 외측(공기측)에 열교환기 핀이 형성되어 있음

•문제풀이 요령

Low Fin Tube(외부 핀)를 사용하든 Inner Fin Tube(외부 핀)를 사용하든 열교환이 불량한 유체측에 Fin을 설치하는 것이 열전달에 유리함

PROJECT **35** **DNB**(Departure From Nucleate Boiling)   출제빈도 ★☆☆

Q DNB (Departure From Nucleate Boiling)에 대해 설명하시오.

(1) 정의

① DNB(Departure From Nucleate Boiling)는 우리말로 '핵비등 한계'라고 하며, 핵비
등에서 막비등으로 변화하는 변화점을 말한다.

② 발열 표면과 냉각 액체 간에 형성되는 증기막이 표면으로부터 액체로의 열전달을 감소시
키는 현상을 말한다.

(2) 발생 과정

① 초기 : 표면 과열도 증가에 따라 기포 증가 → 수중의 교반작용 증가 → 열유속 증가

② 일정 시간 이후 : 기포가 일정량 이상 발생 시 → 표면 열전달 방해 → 오히려 열유속 감소

(3) Graph

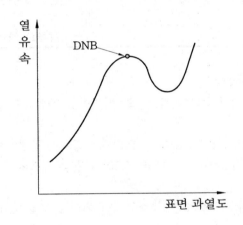

(4) 핵비등 이탈률 (DNBR ; Departure From Nucleate Boiling Ratio)

① 주어진 조건에서 실제 열유속에 대한 핵비등 이탈을 일으키는 열유속의 비를 말한다.

② 이때(핵비등 이탈 시)의 열유속을 CHF(Critical Heat Flux)라고 한다.

• 문제풀이 요령

유체를 가열시 초기에는 표면 과열도 증가에 따라 기포가 증가되면서 열유속이 증가하지만, 일정 과열
도 이상에서는 기포가 일정량 이상 발생하여 오히려 표면 열전달을 방해한다 (열유속 감소).

PROJECT **36**　로렌츠 사이클과 역카르노 사이클	출제빈도 ★★☆

Q 로렌츠 사이클과 역카르노 사이클에 대해 설명하시오.

---

(1) 역카르노 사이클과 로렌츠 사이클의 비교표

구 분	역카르노 사이클	로렌츠 사이클
$T-S$선도		
적 용	순수냉매 혹은 공비 혼합냉매	비공비 혼합냉매(R407C 등)
특 징	응축기, 증발기 모두 등온/등압 과정	응축기에서는 온도 하락 증발기에서는 온도 상승 (냉동 효율 하락)
개선책	–	대향류로 하여 일부 개선

(2) 역카르노 사이클의 특징

① 2개의 등온 과정과 2개의 단열 과정으로 이루어진 이상적인 냉동 사이클 또는 히트펌프 사이클이다.

② 순수냉매(R22, R123, R125, R134A, R32 등), 공비 혼합냉매(R500, R501, R502 등) 혹은 유사 공비 혼합냉매(R410A, R410B, R507A 등)의 열교환 해석에 주로 사용되는 사이클이다.

③ 이상적인 가열 사이클로서 주어진 조건에서 최대의 효율을 구현하는 사이클이다.

(3) 로렌츠 사이클의 특징

① 2개의 단열 과정과 2개의 온도 구배를 가진 열교환 과정으로 이루어진다.

② 비공비 혼합냉매(R407C 등)의 열교환기 해석에 주로 사용한다.

③ 보통 증발기에서는 입구보다 출구 온도가 상승하는 상승온도구배를 형성하고, 응축기에서는 입구보다 출구 온도가 하강하는 하강온도구배를 형성한다.

• 문제풀이 요령

　로렌츠 사이클은 역카르노 사이클 대비 응축기에서는 온도가 하락하고 증발기에서는 온도가 상승하는 Gradient가 있는 것이 특징이다(시스템 효율상 좋지 못한 특징).

PROJECT 37 Ericsson Cycle & Brayton Cycle   출제빈도 ★★☆

Q Ericsson Cycle & Brayton Cycle을 비교하고, 각 Cycle의 효율을 유도하시오.

(1) 개요

① 에릭슨 사이클은 2개의 등온과정과 2개의 정압과정으로 이루어진 열기관 사이클로서 효율이 좋은 외연기관을 실현할 수 있으므로 내연기관의 연료인 휘발유, 경유보다 연료의 질이 좋지 않은 중유나 화석연료, 천연가스, 공장 폐열과 태양열 등 연료의 선택의 폭이 크다.

② Brayton Cycle(제트 엔진의 내연기관)의 단열과정 대신 등온과정으로 이루어진 사이클이 에릭슨 사이클이다.

③ 에릭슨 사이클은 폭발 행정이 없어 소음과 진동이 적다.

④ 브레이턴 사이클은 항공기 엔진의 대표 사이클로 사용되며, 2개의 단열과정과 2개의 정압과정으로 이루어진다.

(2) Brayton Cycle과 Ericsson Cycle 비교표

비교항목	Brayton Cycle	Ericsson Cycle
특 징	• 단열압축 + 단열팽창	• 등온압축 + 등온팽창 • 폭발 행정이 없는 외연기관
응 용	• Brayton : 항공기 엔진 등 • 역 Brayton : 공기냉동, LNG 냉동 등에 응용	• 현실성이 없는 Cycle (등온과정의 실현이 어려움)
Cycle도	• 그림 1 참조	• 그림 2 참조
평 가	• 항공기 엔진의 대표 Cycle	• 그림 2에서 정압 냉각된 열이 완전히 회수되어 그대로 정압가열 과정에서의 열공급에 이용된다면 카르노 사이클의 열효율과 같음
과 정 (Cycle)	• 단열압축→연소→터빈(동력)→배기	• 정압냉각→등온압축→정압가열→등온팽창

(3) Brayton Cycle의 효율 (그림 1 참조)

$$\eta = (Q_1 - Q_2)/Q_1 = 1 - Q_2/Q_1 = 1 - \frac{C_p(T_4 - T_1)}{C_p(T_3 - T_2)} = 1 - \frac{T_1(T_4/T_1 - 1)}{T_2(T_3/T_2 - 1)} = 1 - \frac{T_1}{T_2}$$

여기서, $\dfrac{T_2}{T_1} = \dfrac{P_2 V_2}{P_1 V_1} = \left[\dfrac{P_2}{P_1}\right]^{\frac{K-1}{K}}$ 이므로, $\eta = 1 - \left[\dfrac{P_1}{P_2}\right]^{\frac{K-1}{K}}$

여기서, 압축비 $\dfrac{P_2}{P_1}$ 를 'R_p'라 하면, $\eta = 1 - [R_p]^{\frac{1-K}{K}}$

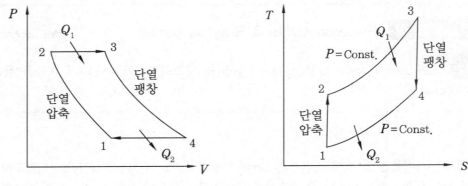

그림 1   Brayton Cycle

(4) Counter Brayton Cycle 의 효율

① Counter Brayton Cycle은 그림 1(Brayton Cycle) 대비 화살표 방향이 반대로 작동된다.

② 단열압축과 단열팽창의 위치도 서로 바뀌게 된다.

$$\eta = \frac{Q_2}{Q_1 - Q_2} = \frac{C_p(T_4 - T_1)}{C_p(T_3 - T_2 - (T_4 - T_1))}$$

$$= \frac{(T_4 - T_1)}{(T_3 - T_2) - (T_4 - T_1)} = \frac{1}{(T_2 / T_1) - 1}$$

(5) Ericsson Cycle의 효율

① 카르노 사이클과 마찬가지로 에릭슨 사이클은 가역기관으로서, 열기관의 효율은 오직 열흡수 시의 온도(T_a)와 방출 시의 온도(T_b)에 의존한다.

② 따라서, 이들 기관의 효율은 아래와 같이 서로 같다(스터링 사이클도 동일하다). 즉,

$$\eta_{carnot} = 1 - \frac{T_b}{T_a} = \eta_{ericsson} = \eta_{stirling}$$

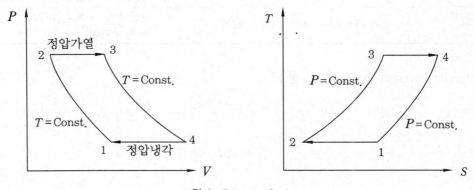

그림 2 Ericsson Cycle

PROJECT **38** **핀-관 열교환기** 출제빈도 ★☆☆

> **Q** 핀-관 열교환기를 증발기 사용 시보다 응축기로 사용할 때 열교환량이
> 증가하는 이유는?

(1) 개요

① 핀-관 열교환기란 냉매(1차 냉매 혹은 2차 냉매)가 흐르는 관의 외부에 핀(주로 알루미늄
핀 사용)을 부착하여 외부유체(공기)와의 열교환 효율을 증대시킨 형태의 열교환기이다.

② 공기의 열(에너지)을 흡수할 목적으로 사용할 시에는 증발기라고 하며, 공기에 냉매가
포함하고 있는 열(에너지)을 방출할 목적으로 사용하면 응축기라고 부른다.

③ 증발기로 사용 시에는 잠열제거를 위해 보통 핀 표면과 온도가 공기의 노점온도 이하가
되게 설계한다.

④ 응축기로 사용 시에는 관 내부가 고온고압이므로 잠열제거량은 없다(공기를 가열).

(2) 핀-관 열교환기를 응축기로 사용 시 열교환량 증가 사유

① 증발기로 사용 시에는 응축수가 생겨 열저항이 증가하고, 풍량이 감소하여 열교환량이
감소(응축기로 사용 시에는 응축수가 생기지 않아 열교환량이 증가한다)

② 응축기로 사용 시 관내 냉매의 압력(밀도)이 높아 열전달 계수 증가

③ 일반적으로 응축기측이 증발기 측보다 열교환하는 냉매-유체 간의 온도차가 더 크므로
열교환량도 증가한다.

(3) 응용 사례

① 장마철에 공조기 코일이
나 에어컨의 실내 측 코일
에 공기 중의 습기가 많이
응축되어 풍량이 감소하고
열교환 효율이 떨어진다
(이런 장애를 줄이기 위해
열교환기 핀 표면에 친수
성 코팅을 해주는 예가 많다).

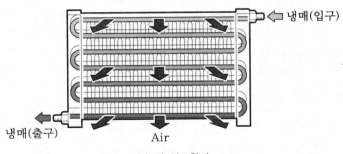

냉매(입구)

냉매(출구)   Air

핀-관 열교환기

② '응축기 방열량 = 증발기 흡열량 + 압축기 소요동력'이라는 공식이 성립되려면 응축기의
열교환량이 증발기 열교환량보다 필히 커야 한다.

• **문제풀이 요령**

동일 핀-관 열교환기에 대한 열교환량의 비교 문제는 응축수가 생겨 발생할 수 있는 열저항 증가
문제와 관내 냉매의 압력(밀도)의 문제로 요약할 수 있다.

PROJECT 39 Vortex Tube (와류 튜브)   출제빈도 ★☆☆

Q Vortex Tube (와류 튜브)에 대해 설명하시오.

---

(1) 원리

① 공기압축기로부터의 압축공기를 이용한 히트펌프의 일종임
② Vortex(와류)에 의해 Tube의 외측 공기가 압축 및 가열되고, 내측은 저압으로 단열팽창 (냉각)됨
③ 냉각 용량을 증가시키기 위해서는 Vortex Tube를 병렬로 여러 개 연결해 사용한다.

(2) 그림

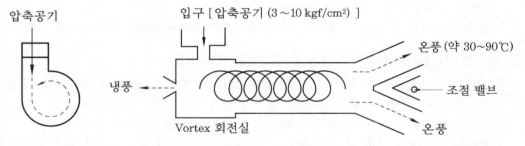

압축공기
입구 [압축공기 (3~10 kgf/cm²)]
온풍 (약 30~90℃)
냉풍
조절 밸브
온풍
Vortex 회전실

(3) 응용

① 공작기계 절삭면 : 공작기계류의 절삭면을 냉각시키기 위해 사용
② 고온 작업자 : 고온작업자 주변을 국소냉방으로 온도를 낮추기 위해서 사용
③ 전자 부품의 급속냉각, 납땜부의 냉각
④ 각종 전기패널, 제어반 등의 냉각
⑤ 유리, 주물, 제철공장에서의 급속 냉각
⑥ 보석, 귀금속, 치과기공 등에서의 냉각

(4) 특징

① 냉매, 전기 화학약품 등을 사용하지 않아 근본적으로 안전하다.
② 압축공기의 투입 즉시 초저온(-65℃까지) 발생 가능함(냉각 용량은 약 32~2500 kcal/h)
③ 작고 가벼우며 동작부위가 없어 고장이 거의 없다(반영구적 수명).
④ 초저온 용기의 사용량, 희망온도에 따라 조절 가능하다.
⑤ 설치비와 운영비가 저렴하다.

• 문제풀이 요령

Vortex Tube 는 공기압축기를 이용한 히트펌프로 주로 산업현장 (공작기계 냉각, 고온작업자 냉방 등)에 많이 사용된다.

PROJECT *40* 동결률(Freezing Ratio ; 凍結率) 출제빈도 ★☆☆

Q 동결률(Freezing Ratio ; 凍結率)에 대해 설명하시오.

(1) 정의

식품을 동결점 이하로 냉각하면 식품 중에는 고체의 얼음과 액상의 물이 공존한다. 이때 식품의 처음의 함유 수분량에 대하여 빙결정으로 변한 비율을 '동결률'이라고 한다.

(2) 적용 방법

① 동결점과 공정점(共晶點) 사이의 온도에서 식품 속의 수분이 얼어 있는 비율을 말하므로 '동결 수분율'이라고도 한다.

② 식품 중의 수분은 동결점에서 0 %, 공정점에서 100 % 동결한다.

③ 동결점과 공정점 사이의 온도에서 동결되어 있는 비율은 근사적으로 다음 식으로 구한다.

$$동결률 = \left(1 - \frac{식품의\ 동결점\ ℃}{식품의\ 온도\ ℃}\right) \times 100\ \%$$

④ 동결률을 1에서 빼어 100배 한 것을 미동결률(미동결 수분율)이라고 한다.

⑤ 공정점 : 식품 중의 모든 수분이 동결을 완료하는 온도, 즉 동결률이 100 %인 온도를 말하며, 보통 어육, 축육, 야채 등의 공정점은 −55~−65℃ 정도이다 (동결점은 보통 영하 1~2℃임).

(3) 응용

① 업소용 초저온 냉장고 : 냉장고 내를 −60℃ 근처로 만들어 저장식품의 동결점에 이르게 하여 식품의 단백질 분해라든지 지방의 산화 등을 완전히 방지한다.

② 가정용 콤팩트형 초저온 냉장고 : 상기 업소용 초저온 냉장고를 가정용으로 보급하기 위해 소형으로 제작한 것

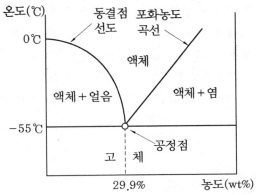

염화칼슘(CaCl₂)의 동결점과 공정점

•문제풀이 요령

용어의 의미 그대로, 초기 수분량에 대한 동결된 비율을 동결률이라고 한다.

PROJECT **41** 냉동창고의 Air Relief Valve 및 잠금 방지장치 출제빈도 ★☆☆

Q 냉동창고에서 Air Relief Valve와 잠금장치란 무엇인가?

(1) Air Relief Valve

① 냉동창고(보통 −18℃ 이하 물품 보관 창고)에서 냉동기 가동을 멈추면 고내 체적이 팽창하여 창고를 구성하는 단열벽체가 찌그러지는 현상이 발생할 수 있으므로 벽체에 밸브를 설치하여 상승한 내압을 방출할 수 있도록 설치함

② 보통 설치 온도 기준은 −10℃ 이하면 설치 권장함

③ 일명 '기압조정 밸브'라고도 함

(2) 잠금방지 장치

① 냉동창고 (축산물, 수산물 등의 냉동물품 보관)에서 내부에 작업원이 작업을 할 때 실수로 외부에서 방열 도어를 닫고 잠가버리면 내부에서 동사할 우려가 있음

② 따라서, 안전사고를 방지하기 위하여 냉동창고 내부에서 열고 나올 수 있도록 냉동방열 도어의 안쪽에 잠금방지 장치를 설치함

(3) 기타의 냉동창고 요구사항

① 손잡이(압봉)에 야광 불빛을 설치하여 어떠한 비상시에도 쉽게 출입구의 위치를 찾을 수 있게 설계 필요

② 이중 혹은 삼중 안전탈출장치를 구비하여 Door나 안전장치의 일부가 고장났을 때에도 안전하게 탈출할 수 있게 해야 한다.

③ 작업자의 안전을 최우선으로 하기 위해서, 이밖에도 다양한 안전장치가 개발되고 있다.

• 문제풀이 요령

　Air Relief Valve는 냉동창고의 정지 시 벽체의 찌그러짐 방지를 위한 것이고, 잠금방지 장치는 냉동창고에서 인원의 안전을 위해 고안된 장치이다.

PROJECT 42 오일 포밍(Oil Foaming)   출제빈도 ★★☆

Q 오일 포밍(Oil Foaming)의 현상과 대책에 대해 간단히 설명하시오.

(1) 개요

① 압축기를 사용하는 냉동장치에서 냉동기 오일은 윤활, 밀봉, 냉각, 방청 등 아주 중요한 역할을 담당한다.

② 압축기 내부에 오일이 부족할 경우 압축기에 치명적인 문제를 야기하므로 오일이 부족하지 않게 냉동시스템을 잘 관리해 주어야 한다.

(2) 오일 포밍(Oil Foaming)의 현상과 대책

① 오일 포밍(Oil Foaming)의 현상

(가) 프레온 냉동장치에서 주로 발생한다.

(나) 냉동기 정지 시 압축기 크랭크 케이스 내의 오일 온도가 강하하고 압력이 상승함에 따라 유면상부에 체류하고 있는 냉매 증기가 오일에 용해된다(온도 저하와 압력상승에 따라 용해도 증가).

(다) 냉매가 오일에 많이 용해된 상태에서 압축기를 기동하게 되면 크랭크 케이스 실내의 압력이 급격히 저하되어 용해되어 있는 냉매가 분리 발생되면서 유면이 약동하고, 거품이 발생하는 현상이 오일 포밍 현상이다.

(라) 오일 포밍 시 오일이 실린더 헤드로 넘어가 오일 해머링(Oil Hammering)이 발생할 수 있다.

② 오일 포밍(Oil Foaming)의 대책

(가) 냉동기 정지 시 또는 냉동기 기동 몇 시간 전에 크랭크케이스 내 오일 중에 오일 히터(Oil Heater)를 설치하여 오일을 가열한다.

(나) 오일 포밍이 발생하더라도 오일 해머링이 일어나지 않는 구조의 압축기를 채용한다.

(다) 흡입 냉매 증기가 크랭크 케이스 내를 통과하지 않는 구조의 흡입방식으로 하고, 압축기 정지 시 흡입 스톱 밸브와 토출 스톱 밸브를 차단하여 크랭크 케이스 내로의 냉매의 유입을 차단한다.

• **문제풀이 요령**

　오일 포밍 현상은 냉매가 오일에 용해된 상태에서 압축기를 가동하게 되면 압력이 급격히 저하되어 용해되어 있는 냉매가 분리되면서 거품이 발생하여 오일이 다량 토출되어 압축기 오일 부족현상이나 오일해머링 현상이 발생하는 것을 말한다.

PROJECT 43 냉동 계산 문제 출제빈도 ★★☆

Q (1) 함수율 80 %인 농산물 1000 kg을 함수율 20 %의 농산물로 건조시키고자 한다. 제거해야 할 수분량을 계산하시오.

(2) 증발온도가 5℃, 응축온도가 40℃, 포화액에서 팽창하고 건포화증기에서 압축되며 압축효율이 80 %, 비교속도가 35 rpm의 조건으로 500 USRT(미국 냉동톤)의 원심식 압축기에서 프레온 12(R-12) 냉매로서 압축기에 대한 소형화를 계획할 때, 프레온 11(R-11)냉매를 사용하는 경우에 비해 압축기 회전수는 몇 배인지 계산하여 답하시오. (단, 체적 효율은 93 %이고, 아래 냉매에 대한 성능치를 참조. 답은 소수 셋째 자리에서 반올림할 것)

내 용	R-11	R-12
① 응축기 엔탈피	108.1	109.2
② 압축기 입구측 엔탈피	146.2	137.3
③ 압축기 출구측 엔탈피	151.3	141.7
④ 압축기 입구측 가스 비체적	0.34	0.05

(1) 제거할 수분량 계산

① 건조 전 수분량 = 1000 kg × 0.8 = 800 kg

② 건조 전 수분 제외한 질량 = 200 kg

③ 함수율이 20 %일 때의 수분량을 x [kg]이라 하면

$$\frac{x}{(200+x)} = 0.2, \quad x = 50\,\text{kg} \quad \therefore \ \text{제거해야 할 수분량} = 800\,\text{kg} - 50\,\text{kg} = 750\,\text{kg}$$

(2) 압축기 회전수 계산

① R-11 냉매에 대한 계산

(가) 냉동능력 $q = G(h_1 - h_4)$

여기서, G : 냉매의 질량유량 (kg/h)

q : 냉동능력

(500 USRT = 500×3024

= 1512000 kcal/h)

따라서,

$$G = \frac{q}{(h_1 - h_4)} = \frac{151200}{(146.2 - 108.1)}$$

$$= 39685.04 \text{ kg/h}$$

(나) 압축기의 입구측 비체적 $v = \dfrac{Q}{G}$ 에서,

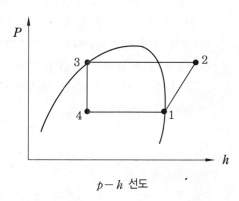

$p - h$ 선도

체적유량 $(Q) = v \times G = 0.34\,\text{m}^3/\text{kg} \times 39685.04\,\text{kg/h} = 13492.91\,\text{m}^3/\text{h}$

여기서, 체적효율(93 %)을 고려하면

필요체적유량$(Q_1) = 13492.91\,\text{m}^3/\text{h}/0.93 = 14508.51\,\text{m}^3/\text{h}$

② R-12에 대한 계산

　(가) 냉동능력 $q = G(h_1 - h_4)$에서,

$$G = \frac{q}{(h_1 - h_4)} = \frac{1512000}{(137.3 - 109.2)} = 53807.83\,\text{kg/h}$$

　(나) 압축기 입구측의 비체적 $v = \dfrac{Q}{G}$에서

체적유량 $(Q) = v \times G = 0.05\,\text{m}^3/\text{kg} \times 5387.83\,\text{kg/h} = 2690.39\,\text{m}^3/\text{h}$

여기서, 체적효율(93 %)을 고려하면

필요체적유량$(Q_2) = 2690.39\,\text{m}^3/\text{h}/0.93 = 2892.89\,\text{m}^3/\text{h}$

③ 필요 회전수 계산

비교회전수 $N_s = N\dfrac{\sqrt{Q}}{H^{3/4}}$ 공식에서

회전수 $N = \dfrac{N_s \times H^{3/4}}{\sqrt{Q}}$ 공식 유도

R-11의 회전수$(N_1) = \dfrac{N_s \times H^{3/4}}{\sqrt{Q_1 \propto \dfrac{1}{\sqrt{14508.51}} \propto \dfrac{1}{120.45}}}$

R-12의 회전수$(N_2) = \dfrac{N_s \times H^{3/4}}{\sqrt{Q_2 \propto \dfrac{1}{\sqrt{2892.89}} \propto \dfrac{1}{53.79}}}$

따라서 $N_1 : N_2 = \dfrac{1}{120.45} : \dfrac{1}{53.79} = 1 : 2.24$

즉, R-12 적용 시스템의 회전수는 R-11 적용 시스템의 회전수보다 2.24배 크게 설계되어야 한다.

• **문제풀이 요령**

　함수율이라 함은 수분의 질량을 식품 전체의 질량 (수분을 제외한 질량 + 수분의 질량)으로 나누어 계산한다.

PROJECT 44 핀 유용도(Fin Effectiveness)　　　　출제빈도 ★☆☆

Q 핀 유용도 및 핀효율의 정의 및 핀의 사용을 정당화하기 위한 핀 유용도
(Fin Effectiveness)의 범위를 기술하시오.

---

(1) 핀 유용도의 정의

① 핀(Fin)은 열교환이 필요한 물체나 기기의 유효 표면적을 증가시켜 열전달을 용이하게
해주는 역할을 하는 장치이다. 그러나, 핀(Fin)은 물체나 기기의 표면으로 부터의 열전달
에 있어 열저항(전도저항)을 증가시키는 역할도 하므로 열전달에 도움이 안될 수도 있다.
즉, 열전달률을 올리는데 반드시 도움이 된다고 말할 수는 없다.

② 이러한 문제를 설명하기 위하여 핀 유용도(핀 유효도 ; Fin Effectiveness)의 개념을
도입할 수 있다.

③ 핀 유용도는 핀이 없을 때의 열전달률 대비 핀이 있을 때의 열전달률의 비로 정의된다.

$$핀 \ 유용도 = \frac{q_{fin}}{hA_{c,b}(T_b - T_\infty)}$$

여기서, q_{fin} : 핀이 있을 때의 열전달률 (W)

　　　　　　횡단면이 균일하고 길이가 무한한 경우, $q_{fin} = \sqrt{hPkA_c}(T_b - T_\infty)$

　　h : 열전달계수 (W/m^2 · K)

　　P : 핀 횡단면적의 주변길이 (m)

　　k : 핀 열전도계수 (W/mK)

　　A_c : 핀의 횡단면적 (m^2)

　　$T_b - T_\infty$: 핀이 없을 때의 핀 베이스 온도－주변온도 (K)

　　$A_{c,b}$: 핀이 없을 때의 핀 베이스 횡단면적 (m^2)

(2) 핀의 사용을 정당화하기 위한 Fin Effectiveness의 범위

① 위 식에서 보면 열전달을 효과적으로 하기 위해서는 핀 유용도가 충분히 클수록 유리하다.

② 일반적인 평가로는 핀 유용도가 2보다는 커야 핀의 사용을 정당화할 수 있다.

(3) 핀 효율(η)

열전달부분에 핀을 붙여 표면적을 증가시켜도 핀의 열저항으로 인해 면적이 늘어난 만
큼 전열량이 증가되지 않는다. 이 전열량 증가분의 저감률을 나타내는 값이 핀 효율이다.

$$핀 \ 효율(Fin \ Efficiency) = \frac{\int (t-T)dA}{(t_0 - T)A} = \frac{핀 \ 표면의 \ 평균온도 - 외부 \ 유체의 \ 온도}{핀 \ 부착점온도 - 외부 \ 유체의 \ 온도}$$

$$\fallingdotseq \frac{핀 \ 표면의 \ 평균온도}{핀 \ 부착점온도}$$

여기서, A : 핀의 표면적

PROJECT 45 **실외기 옥상 설치 시 주의사항**   출제빈도 ★☆☆

Q Condensing Unit 혹은 에어컨의 실외기를 옥상에 설치 시 주의해야 할 사항은 무엇인가?

---

(1) 실외기 옥상 설치 시 주의사항

① 압축기를 옥상에 설치 시 냉동기 오일 회수 문제가 대두되는데, 이때는 입상 속도에 의해 오일이 관벽을 타고 올라갈 수 있도록 일정 높이 (주로 10 m)마다 U-trap을 설치하여 오일 회수를 한다(그림 참조).

② 콘덴싱 유닛 내부에 성능이 좋은 유분리기를 설치하고, 오일 트랩을 생략하는 경우도 있음

③ 특히 실외가 저온일 때에는 프레온계 냉매의 윤활유에 대한 용해성이 증가하고, 저온에서 농도가 다른 2상이 분리되어 압축기 토유량이 증가하는 경우가 많으므로 보다 더 주의를 요한다.

④ Condensing Unit 혹은 에어컨 실외기를 옥상에 설치 시 냉방 Cycle은 비교적 원활하나, 난방 Cycle로 운전 시에는(히트펌프의 경우) Condensing Unit(실외기)으로 회귀되는 액냉매의 압력 손실(액주압) 및 실내 측으로 공급되는 과열냉매의 분배 불균일로 인해 시스템의 성능 하락이 있을 수 있으니 각별히 주의를 기울여야 한다.

(2) 설치도

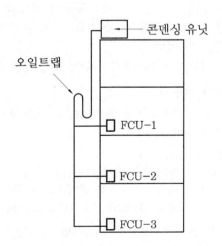

4층 건물의 콘덴싱 유닛 설치도

• **문제풀이 요령**

  Condensing Unit 혹은 에어컨의 실외기를 옥상에 설치 시 압축기가 옥상에 위치 (증발기보다 상부에 위치)하게 되므로 압축기의 흡입관에서의 오일 회수 문제가 주로 대두된다.

PROJECT 46 일반 냉동기와 대온도차 냉동기 출제빈도 ★☆☆

Q 일반 냉동기와 대온도차 냉동기에 대해 설명하시오.

(1) 일반 냉동기
① 냉수를 순환시켜 냉방 시 공조기에서 약 5℃의 온도차 이용(7℃ → 12℃)
② 대온도차 냉동기 대비 평균온도가 낮으므로 열 손실이 다소 많아진다.

(2) 대온도차 냉동기 (냉수측)
① 냉수를 순환시켜 냉방시 공조기에서 약 9℃의 온도차 이용(6℃ → 15℃)
② 일반 냉동기 대비 평균 온도가 높으므로 열손실이 적은 편이다.
③ 공조기의 냉각 코일에서 9℃의 온도차를 이용함으로써 순환 냉수량을 줄일 수 있다.

냉각 코일에서의 열교환량 $(q) = G \cdot C \cdot \Delta T$

여기서, q : 열량(kW, kcal/h), G : 냉수량(kg/s, kg/h)
C : 물의 비열(4.1868 kJ/kg·K=1 kcal/kg·℃)
ΔT : 냉각 코일 출구 수온 – 입구 수온(K, ℃)

상기식에서 ΔT가 증가하므로(약 5℃ → 9℃) 그만큼 냉수량 (G)을 줄일 수 있다.
④ 그에 따라 냉수 펌프의 용량이 적어도 되므로, 펌프의 동력 절감과 냉수 배관 사이즈가 줄어드는 효과 있음.
⑤ 그러나 공조기의 냉각 코일의 Size가 증가한다(Δt 가 증가하기 때문임).
　㉮ 공조기 코일의 열수 증가　　　　　㉯ 공조기 코일의 PATH 수 증가
⑥ 송풍기 압력이 축소될 수 있다(적은 풍량 소요) → 저온 급기 방식
⑦ 실내 환기량이 부족해질 수 있다.
⑧ 냉수(공조기측)뿐만 아니라, 냉각수(냉각탑측)에도 동일한 원리로 적용 가능하다.

(3) 공조기 송풍기측 대온도차 냉동기
① 공조기용 송풍기의 풍량을 줄이고(송풍동력 감소), 온도차 $(t_i - t)$를 늘리는 방식
② 이 경우 열교환량 $(q) = Q \rho C_p (t_i - t)$

여기서, q : 열량(kW, kcal/h)
Q : 공조기용 송풍기의 공급 공기량(m³/s, m³/h)
t_i : 실내 공기온도(K, ℃), t : 송풍 급기온도(K, ℃), ρ : 공기의 밀도(1.2 kg/m³)
C_p : 공기의 정압비열(1.005 kJ/kg·K=0.24 kcal/kg·℃)

③ 상기 식에서 풍량 (Q)을 줄이고, 온도차 $(t_i - t)$를 늘리면 동등한 열교환량(냉동능력)을 확보할 수 있다. 단, 이 경우 역시 공조기 코일의 열수나 크기를 다소 증가시켜 주어야 한다.

(4) 냉각수측 (Condensing Water) 대온도차 냉동기
냉각수측이란 냉동기의 응축기라는 부품과 냉각탑과 연결되는 냉각수 배관라인을 의미한다. 이 경우에도 상기 '냉수측 대온도차 냉동기'와 거의 동일하게 적용 가능하다. 즉, 냉각수 펌프의 유량을 감소시키고 대신 ΔT를 늘리는 방식이다.

PROJECT 47 냉매의 온도 구분   출제빈도 ★☆☆

Q 냉매의 온도별 구분(고온, 중온, 저온)에 대해 설명하시오.

(1) 사용 증발온도 기준

① 고온 냉매 : 약 $2 \sim 5$℃

② 중온 냉매 : 약 $-5 \sim -15$℃

③ 저온 냉매 : 약 $-10 \sim -25$℃

④ 특수 저온냉매 : 약 -25℃ 이하

(2) 냉매별 사용 예

① 고·중온용 : R22, R11, R12, R502 등

② 중·저온용 : R12, R502 등

③ 특수 저온용 : R13, R14, R503 등

④ 냉매 종류별 대체 냉매 및 주요 용도

냉매 구분	기존 냉매명	대체 냉매명	주요 용도
고·중온용	R22	R410a, R410b, R407c	가정용 및 산업용 에어컨 냉동·냉장 시스템
	R11	R123	
	R12	R134a, R401a, R409a	
	R502	R507a	
중·저온용	R12	R401b	중·저온 상업용 냉동·냉장 시스템
	R502	R507, R404a, R408a	
특수 저온용	R13, R14, R503	R23	특수 저온시스템, Halon 제조용

• **문제풀이 요령**

시스템의 요구 압축비가 높은 냉동창고, 냉동시스템 등은 냉동 등급별로 고온, 중온, 저온 냉매 시스템을 구분하여 적용하는 것이 냉동 시스템의 효율이나 장치의 신뢰성에 도움이 된다.

PROJECT 48 고속 압축기 설계   출제빈도 ★☆☆

Q 고속 압축기 설계 시 고려해야 할 사항에 대해 설명하시오.

---

(1) 고속 압축기 설계 시 기술적 고려사항

① 압축방식 : 고속 회전용으로 주로 터보 압축기 방식을 많이 채용한다.

② 구조적 강도 : 임펠러(Vane), 케이싱 등 각 구조 부품의 강도가 뛰어날 것

③ 용량제어 : 용량제어의 안정성 및 신뢰성 고려

④ 흡입 밸브의 교축, IGV(Inlet Guide Vane)의 설계 최적화

⑤ 내압성 : 고압에 의한 파손, 내구성 고려

⑥ Tip : 회전 날개 말단의 간격의 최적화

⑦ 응력 및 진동 : 고속 회전에 의한 응력 및 진동 확인

⑧ 베어링 : 마모성, 윤활 등 확인

⑨ 소음 : 소음 저감, 이상음 방지 등

⑩ 누설 방지 : 밀봉 효과 등 확인

⑪ 윤활 : 기계적 구동부 및 마찰부의 윤활이 원활할 것

⑫ 냉각 : 마찰부의 마찰열 제거에 용이한 설계

⑬ 방청 : 산화, 부식 등 방지 설계

냉매(출구)
임펠러(Tip)
단자함
냉매(입구)
하부 베어링
오일

고속 스크롤 압축기 단면

(2) 기타 고려사항

① 피로 파괴가 일어나지 않도록 설계한다.

② 냉매회로의 배관상 압력 손실의 발생에도 효율 저하가 적어야 한다(터보 압축기는 액체 밀도가 적은 편이므로 배관상 압력손실에 의한 성능하락에 각별히 주의 필요).

③ 용량 제어시 소비전력이 확실히 감소될 수 있도록 효율적 설계 필요

④ 안전장치를 2중, 3중으로 설계하여 만일의 안전사고에 대비해야 한다.

⑤ 다른 형식의 압축기와의 호환성, 부품의 표준화 및 공용화 필요

⑥ 경제성 고려하여 가격적인 측면의 경쟁력이 있어야 한다.

⑦ 고온에서도 오일의 탄화, 금속의 열화 등이 없어야 한다.

• 문제풀이 요령

압축기를 고속으로 설계할 때에는 구조적 강도, 내압성, 밸브 설계, Tip 설계 등 압축기 내구성 전반의 문제를 방지해주어야 한다.

PROJECT 49 동관의 종류 및 장점   출제빈도 ★☆☆

Q 공조용 동관의 종류 및 장점에 대해 설명하시오.

(1) 동관의 종류

① 두께에 따른 분류

(가) K-Type (Heavy Wall) : 가장 두껍다.

(나) L-Type (Medium Wall) : 두껍다.

(다) M-Type (Light Wall) : 보통의 두께

(라) N-Type : 가장 얇은 두께 (KS 에는 없다.)

② 용도에 따른 분류

(가) 이음매 없는 인탈산 동관 : 인(P)을 탈산제로 사용, 수소(H)에 강하고 용접이 용이하다.

(나) 동합금강 : 여러 가지 다용도로 사용된다(고강도용, 특수 목적용 등).

(2) 동관의 장점

① 내식성이 우수하고 내부 유체의 마찰손실이 적다.

② 가볍고 용접이 용이하여 시공이 편리하다.

③ 전기 전도율이 양호하다.

④ 연신율이 좋아 충격이나 동파에 강하다.

⑤ 위생적이고 녹이 적게 발생

⑥ 벤딩, 굴곡 등 가공성이 용이하다.

(3) 사용상 주의점

① 이종금속 연결 부위에는 접촉 부식에 특히 주의를 요한다 (접촉 부위에 부싱(Bushing) 이나, 어댑터 사용이 권장된다).

② 녹에 의한 청수 발생에 주의를 요한다.

(4) 연결법 : 용접식, 나팔관식(Flare Type), 플랜지식 등

• **문제풀이 요령**

　동관의 종류는 두께에 따라 K > L > M > N 순이며, 가격과 내압성, 법규 등을 종합적으로 고려하여 선정해야 한다.

PROJECT **50** 저온잠열재

Q 저온잠열재에 대해 설명하시오.

(1) 개요

① 콜드체인 시스템은 상온보다 낮은 온도로 유지되어야 할 대상물을 생산 단계에서부터 소비자에게 이르기까지 지속적으로 적절한 온도로 유지시켜 생산 당시의 품질 상태로 소비자에게 공급하는 유통체계 시스템을 의미하며, 여기에 저온잠열재가 많이 응용된다.

② 저온에서의 상변화를 이용하는 일종의 PCM(Phase Change Materials)이다.

(2) 저온잠열재의 종류

① 물과 얼음

㈎ 가장 대표적인 잠열재이다.

㈏ 일정한 상변화 온도와 잠열량을 갖고 있다.

㈐ 잠열량

㉮ 얼음의 융해잠열 : 334 kJ/kg, 79.68 kcal/kg

㉯ 물의 0℃ 응축잠열 : 2501.6 kJ/kg, 597.5 kcal/kg

㉰ 물의 100℃ 기화잠열 : 2257 kJ/kg, 539 kcal/kg

② 공융 용액(두 가지 이상의 혼합물질 또는 화합물질)

㈎ 고유의 공융점(공정점)을 갖는 상변화 상태도를 갖게 된다.

㈏ 공융 용액 실용화 조건

㉮ 과냉각이 작고 사용 온도에 적합한 공융점을 가진 용액

㉯ 잠열량 및 기타 열물성치가 우수한 용액

㉰ 장기간의 주기적인 동결·해빙 과정에서 변형이 없는 물질

㉱ 가격이 저렴한 물질

㉲ 독성이 적은 물질

㉳ 부식성이 적고 화학적으로 안정된 물질

• **문제풀이 요령**

저온잠열재는 저온에서의 상변화에 의해 냉동이 가능한 물질(물, 얼음, 공융용액 등)을 말한다.

PROJECT **51** **이상기체의 상태방정식**(계산 문제)   출제빈도 ★★☆

Q 다음 물음에 계산식을 사용하여 답하시오(계산 후 소수점 이하는 삭제).

체적 2m³의 탱크에 이상 기체가 200 kPa abs, 온도 20℃인 상태로 들어 있다. 이 기체의 압력을 350 kPa로 올리려면 몇 kJ의 열량을 가해야 하는가? (단, $R = 0.461\,\mathrm{kJ/kg \cdot K}$, $C_v = 1.398\,\mathrm{kJ/kg \cdot K}$)

---

(1) 변화과정 요약

$$V = 2\,\mathrm{m}^3$$
$$P = 200\,\mathrm{kPa \cdot abs}$$
$$t = 20℃$$

$q = ?$ ⇨

$$P = 350\,\mathrm{kPa}$$
$$V = 2\,\mathrm{m}^3(\text{정적과정})$$

(2) 계산과정

① 정적과정이므로,

$$q = GC_v(T_2 - T_1) = GC_vT_1\left(\frac{T_2}{T_1} - 1\right) \quad\cdots\cdots\cdots\cdots\cdots\cdots ①$$

여기서, q : 열량(kcal), G : 이상 기체의 중량(kg)
T_1 : 초기 온도(가열 전), T_2 : 가열 후 온도

② 이상 기체의 상태방정식

$$P_1V_1 = GRT_1, \quad G = \frac{P_1V_1}{RT_1} \quad\cdots\cdots\cdots\cdots\cdots\cdots ②$$

③ 정적과정에서 보일-샤를의 법칙

$$\frac{P_1}{T_1} = \frac{P_2}{T_2} \text{ 그러므로, } \frac{T_2}{T_1} = \frac{P_2}{P_1} \quad\cdots\cdots\cdots\cdots\cdots\cdots ③$$

④ ②와 ③의 식을 ①에 대입하면,

$$q = \frac{P_1V_1C_v\left(\dfrac{P_2}{P_1} - 1\right)}{R} = \frac{200 \times 2 \times 1.398\left(\dfrac{350 + 101.3}{200} - 1\right)}{0.461} = 1524.15\,\mathrm{kJ}$$

·문제풀이 요령

Process 과정에서 탱크의 체적이 일정하므로 정적과정이다. 또 초기상태에서 압력, 온도, 체적이 모두 주어져 있으므로 질량을 계산할 수 있다(기본식으로는 $q = GC_v\Delta T$ 이용).

PROJECT 52 **인장 응력**(계산 문제) 출제빈도 ★★☆

Q 다음 물음에 계산식을 사용하여 답하시오(계산 후 소수점 이하는 삭제).

안지름 800 mm, 동판 두께 16 mm의 용접 구조용 탄소강판(허용응력 = 410MPa)재 수액기에서 수압 3MPa의 압력을 가할 때 동판에 유기되는 인장 응력은 허용인장 응력의 몇 %인가?

---

(1) 계산과정

① 인장 응력 계산공식 유도 : 상기 그림에서 원통의 중심축을 기준으로 힘의 균형의 원리 측면에서 볼 때, 관의 외부로 작용하는 압력에 의한 힘 = 관의 양쪽 두께에 작용하는 응력에 의한 내구력 즉,

$$P \times d \times L = \sigma \times 2t \times L$$

상기 식에서,

$$\sigma = \frac{P \times d}{2t} = \frac{3 \times 800}{2 \times 16} = 75 \,\text{MPa}$$

② 용접구조용 탄소강의 최저 인장 강도가 410MPa 이므로, 동관의 인장 응력은

$$\frac{75}{410} = 0.1829 = 약 \ 18.3 \,\%$$

(2) 그림

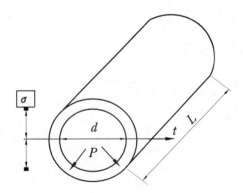

· 문제풀이 요령

인장 응력 유도식이 $\sigma = P \times d / 2t$ 이라는 것만 알고 있으면 이런 종류의 문제는 쉽게 풀이할 수 있다. (압력탱크나 냉동 시스템의 용기 설계에 많이 쓰여지는 공식이다.)

PROJECT 53 왕복동 압축기의 피스톤 압출량　　출제빈도 ★☆☆

Q 왕복동 압축기의 피스톤 압출량의 계산식을 나타내시오.

(1) 계산식

왕복동 압축기의 피스톤 압출량을 V 라 하면,

$$V = \frac{60\,\pi d^{\,2}}{4} \times SNa \ [\mathrm{m^3/h}]$$

여기서, S : 행정길이
　　　N : RPM
　　　a : 기통수
　　　d : 실린더 내경

(2) 그림

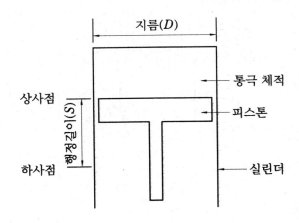

㊟ ① 통극체적 : 왕복동 압축기에서 피스톤이 행정을 끝내는 상사점 상부의 공간
　② 행정체적 : 왕복동 압축기의 상사점과 하사점 사이의 공간
　③ 통극체적 비율 $= \dfrac{\text{통극체적}}{\text{행정체적}} \times 100\,(\%)$

• **문제풀이 요령**

피스톤 압출량의 개념은 통극체적, 행정체적 $\left(= \pi D^2 \times \dfrac{S}{4}\right)$ 과 혼돈이 없도록 정리해야 함.

PROJECT 54 냉동능력, COP(계산 문제)   출제빈도 ★☆☆

Q 응축온도 t_1, 증발온도 t_2인 냉동장치로 온도 t_3, 비열 C인 쇠고기 T톤을 온도 t_4까지 냉각하는 냉동공장을 설계하고자 한다. 다음에 답하시오. (단, 압축기 흡입증기는 과열상태이며, 팽창 밸브 직전의 냉매는 과랭상태이다. 그리고 냉매순환량은 G이며, 압축기 입구와 출구의 엔탈피는 각각 h_1, h_2로 한다.)
① $p-h$ 선도 작성   ② 냉동능력 계산   ③ COP 계산

(1) 냉각과정 정리

| 온도$=t_3$ 비열$=C$ 질량$=T$톤 | 냉각 ⇨ | 온도$=t_4$ 비열$=C$ 질량$=T$톤 |

(2) 사이클을 $P-h$ 선도상에 표시하시오.

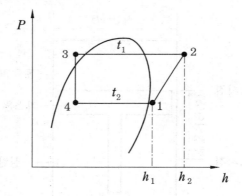

(3) 냉동능력(R) 계산식

$$R = G \cdot C \cdot \Delta t = 1000\,T \times C \times (t_3 - t_4)\ \text{(여기서, 1000 kg은 1톤을 의미한다.)}$$

(4) COP 계산식

$$COP = \frac{1000\,T \times C \times (t_3 - t_4)}{G \times (h_2 - h_1)}$$

· 문제풀이 요령

① COP는 냉동능력 / 소비입력 혹은 필요부하 / 소비입력으로 계산할 수 있다.

② 여기서, 소비입력은 압축기 입구와 출구의 엔탈피 차($h_2 - h_1$)에 냉매 유량을 곱하여 계산할 수 있다.

③ 또 냉각을 한다고 했으므로 잠열의 변화는 없다.

PROJECT **55** **카 에어컨의 성적계수**(계산 문제)   출제빈도 ★★☆

Q   여름철에 승용차를 운행할 때 에어컨을 작동시킨다. 이 에어컨의 실제 성적계수는 이론적 최대 성적계수 값의 1/3며, 자동차 엔진으로 구동되는 구조로 되어 있다. 외부 기온은 35℃이며, 차량 내부 온도는 20℃로 유지된다고 가정하자. 이때 1000 kJ의 열을 제거하려면 얼마의 비용이 드는가? 현재 연료값은 1 L 당 1450원이다. 엔진의 열효율은 35%이며, 휘발유의 에너지 함유량(Content)은 44000 kJ/kg이다 (즉, 가솔린 1kg을 연소시키면 44000 kJ의 열이 발생한다). 또한 휘발유의 밀도는 0.75kg/L이다.

① 에어컨의 이론적 최대 성적계수 → Reverse Carnot Cycle을 의미

$$COP = \frac{T_2}{T_1 - T_2} = \frac{(273 + 20)}{(35 - 20)} = 19.5$$

② 에어컨의 실제의 성적계수 $= \dfrac{19.5}{3} = 6.5$

③ 1000 kJ의 열을 제거하기 위한 압축일 $= \dfrac{1000}{6.5} = 153.8$ kJ

④ 153.8 kJ의 출력을 내기 위한 자동차의 엔진입력 $= \dfrac{153.8 \text{kJ}}{0.35} = 439.4$ kJ

⑤ 439.4 kJ의 에너지를 공급하기 위한 휘발유의 중량 $= \dfrac{439.4 \text{ kJ}}{44000} = 0.01 \text{kg}$

⑥ 0.01 kg의 휘발유 COST $= \dfrac{0.01}{0.75} \times 1,450$원/L $= 19$원

• 문제풀이 요령

에어컨의 이론적 최대 성적계수라는 힌트에서 역카르노 사이클에서의 성적계수 구하는 공식 $COP = \dfrac{T_2}{(T_1 - T_2)}$ 를 이용해야 한다.

PROJECT 56 브라인의 취급상 주의점   출제빈도 ★☆☆

Q 브라인의 안전상의 주의점과 구비조건에 대해서 설명하시오.

---

(1) 브라인의 안전상 주의사항

① 브라인이란 낮은 동결점을 가진 용액이나 액체를 총칭하는 용어이며, 직접 식품에 닿아야 할 때는 주로 식염수나 프로필렌글리콜 용액을 많이 사용한다.

② 에틸렌글리콜은 맹독성이 있는데 특히 부동액은 단맛이 나기 때문에 아이들이 모르고 먹을 수도 있다. 또한 개나 고양이 같은 애완동물이 먹을 수도 있다 (신장결석 등 발병 가능).

③ 부동액 중독에 의해 나타나는 초기의 증상은 심한 의기소침과 무기력증 등이다 (마치 비틀거리며 술에 취한 것과 같이 보이기도 한다).

(2) 2차 냉매(브라인)의 구비조건

① 동결온도가 낮을 것
② 부식이 적을 것
③ 안전성 : 불연성, 무독성, 누설시 해가 적을 것
④ 악취가 없을 것
⑤ 열전도성이 우수할 것
⑥ 냉매의 비열이 클 것
⑦ 배관상 멀리 보내도 압력 손실이 적을 것
⑧ 점성이 적을 것

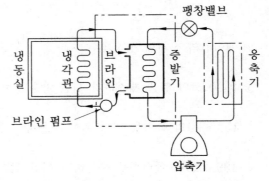

냉동창치의 2차 냉매로 사용되는 브라인의 적용 사례

(3) 브라인의 부식방지 처리

① 공기와 접촉하지 않는 순환방식 채택   ② 브라인의 pH 관리 : 약 pH 7.5 ~ 8.2

③ 방청제 첨가

  (가) $CaCl_2$ (염화칼슘) : 브라인 1 L 당 중크롬산소다 1.6 g 첨가, 중크롬산소다 100 g당 가성소다 27 g 첨가

  (나) NaCl (염화나트륨) : 브라인 1 L당 중크롬산소다 3.2 g 첨가, 중크롬산소다 100 g당 가성소다 27 g 첨가

  (다) 유기질 브라인 : 부식성이 거의 없어 거의 모든 금속에 적용 가능

• 문제풀이 요령

① 브라인은 식품냉동에 사용될 경우 특히 안전상의 주의를 요한다 (비닐 밀봉 처리 후 동결하는 방법 등 강구).

② 브라인은 냉각수로 사용 시 특히 동결온도가 낮고, 부식이 적고, 열전도가 좋을 것.

제 3 장 공조 및 환경 I

1. 공조 방식 및 부하계산

> **PROJECT 1** **공조 계획법(空調 計劃法)**　　　출제빈도 ★★☆
>
> **Q** 공조 계획법(空調 計劃法)에 대해 논하시오.

(1) 개요

① 공조 계획에서 가장 중요한 사항은 건축, 위생, 전기, 방재 등의 각 분야별 담당자들과 협의를 잘 진행하여 전체적인 건물의 목적을 달성하는 데 있다(협업의 중요성).

② 사전 조사 등을 통해 설계의 기본 방향, 기준 데이터, 열원방식, 공조방식, 위생설비, 소화설비, 자동제어설비, 기타(방음, 방진, 주방, 청소, 조명 설비 등) 각종 경제성 검토서, 시스템 기본계획서 등을 상세히 작성해야 한다.

③ 공조 계획은 세부 실시설계의 이전 단계로 전체적인 기획 및 방향성 제시가 주요 목적이다.

(2) 공조 계획의 절차

① 사전 조사 (조사 사항에 대한 체크)

  (가) 건물 : 용도, 규모, 구조적 특징, 개·보수, 장래의 확장, IB 요구수준, 기타 해당 건물의 특수 요구 조건 등

  (나) 외부환경 : 방위, 온습도, 풍속, 일조 등

  (다) 실내환경 : 조명, 인원, 기기, 환기부하 등의 부하 특성

  (라) 에너지 공급원 : 지역난방, 전력공급 등

  (마) 법적규제 : 관련법규 검토(소방법, 건축법 등)

  (바) 유사 건물에 대한 Bench Marking : 기존 사례, 실패 사례 등 분석 등

  (사) 건축주와의 협의 : 건축주의 의도, 요구사항 등

  (아) 건축, 위생, 전기, 방재 등의 각 분야별 담당자들과 협의

② 조닝(Zoning)

  (가) 건물의 방위, 용도 등을 기준으로 조닝 실시

  (나) 부하 특성, 부하 패턴(현열비, 사용 시간대 등)이 유사한 곳을 같은 Zone으로 구성한다.

③ 건물 전체에 대한 개략 부하계산 실시

  (가) 냉방부하(필요시 난방부하 포함) 산출

㈏ 장비선정 등은 최대부하설계법으로 계산하고, 계약전력은 기간부하 계산법으로 산출

④ 각 기기와 방식 결정 및 장비선정

㈎ 공조방식 선정(1안, 2안, 3안 등으로 압축해 나감) : 초기투자비, 운전비용, 쾌적성 등 종합적 판단 실시

㈏ 기계실의 위치, 크기 등 : 소음전달 적고, 거주자의 안전, 기기반입 용이, 환기 등 고려할 것

㈐ 열원방식과 열원기기 선정 및 기계실 내 배치 : 냉열원, 온열원, 급탕열원 등으로 분류해서 계획함

㈑ 덕트 경로, 취출구, 흡입구, 환기·배기구 등 선정

㈒ 공조기실, 실내 유닛, 파이프 샤프트, 덕트 샤프트 등과 건축의 의장구조와의 관계 체크

㈓ 에너지 절약을 위하여 폐열회수 방안, 전열교환기 계획 등 적극 검토

㈔ 각종 펌프계획 : 냉·난방 순환펌프, 급수펌프, 소화펌프 등 (관리 측면에서 일정한 자리로 일괄적으로 계획하는 것이 유리)

㈕ 각 설비와 펌프 등 기기의 동력, 급수량, 배수량 협의

㈖ 제어실(중앙감시실) : 제어실에서 각종 기계의 운전상태 및 MCC 패널을 용이하게 판독할 수 있는 위치 선택 계획

⑤ 제안서, 계산서 작성 및 사양 결정

㈎ 계획도에 의거 설비의 초기 투자비와 운전비 계산

㈏ 설비의 단열, 일사, 조닝, 연돌, 샤프트, 냉각탑 등을 협의

㈐ 공조방식, 열원방식, 부속 기기의 사양 등 결정

⑥ 발주자와 협의 : 부하, 설비용량, 부속기기 용량 등의 각 계산서, 공조 계통도, 계획도 등을 완성하여, 그 결과를 가지고 발주자와 최종 협의

(3) 결론 (結論)

① 공조계획 수립 초기에 건축, 위생, 전기, 방재 등의 각 담당과의 협의, 기후환경과 법규 등의 사전 조사, 유사건물에 대한 Bench Marking, 가능한 시스템에 대한 비교분석 등의 사전조사를 잘 하는 것이 공조설계의 성공여부를 결정할 수 있는 가장 중요한 요소이다.

② 공조계획을 면밀히 검토 후, 단계적으로 실시설계로 들어가야 재시공 등의 우려를 최소로 줄일 수 있다.

• 문제풀이 요령

① 공조 분야의 초기 계획 설계에서는 건축, 위생, 소방 등 각 분야별 담당자들과의 협의 및 조율, 각종 조사 (벤치마킹, 실패 사례 분석 등), 각종 시스템에 대한 비교 분석 등이 가장 중요하다고 할 수 있다.

② 공조 계획의 전체적인 절차는 '사전 조사 → 조닝 → 부하 계산 → 각 기기와 방식 결정 → 계산 및 사양 결정 → 발주자와 협의' 순이다.

PROJECT 2 단일 덕트 방식 출제빈도 ★★☆

Q 공기조화 방식 중 단일덕트 방식의 분류 및 특징에 대해 설명하시오.

(1) 개요

① 중앙공조의 전공기방식(全空氣方式)의 일종으로 중앙장치에서 조화된 공기를 공조가 요구되는 실내로 송풍하여 공조하는 방식으로서, 오염이 적고, 외기냉방에 유리한 방식이다.

② 변풍량 방식(VAV)과 고정풍량 방식(CAV, 말단재열기 방식)이 있다.

③ 한 개의 덕트계통으로 냉방(여름)과 난방(겨울)을 겸하여 사용하는 방식

④ 실(室)의 수가 적고, 비교적 부하 패턴이 단순한 건물에 많이 사용된다.

(2) 단일 덕트 방식(Single Duct System)의 분류

① 정풍량 방식 (Constant Air Volume : CAV)

  (개) 정풍량 방식은 실내의 부하에 따라 코일의 자동조절 밸브 조정하여 유량을 조절함으로써 송풍온도를 변화시키고 송풍량을 일정하게 유지시킨다.

  (내) 실내부하 조절에 있어 풍량제어가 되지 않아 변풍량 방식 대비 부하조절 추종성이 낮고, 실내 쾌감도도 떨어지나, 바람의 도달거리가 일정하여 실내공기의 순환력이 좋다.

  (대) 송풍기의 송기량을 일정하게 유지할 수 있어 최소 외기 도입량을 걱정 안해도 된다.

  (라) 송풍기의 회전수(동력)가 늘 일정하여 부하저감에 따른 동력비 절감이 이루어지지 않는다(연간 소비동력 즉 에너지 소비가 크다).

  (마) 각 실마다의 부하변동에 대응되지 않으므로 각 실의 온도차가 있다.

  (바) 존의 수가 적을 때는 타 방식에 비해 설비비가 적은 편이다.

  (사) 적용

    ⑦ 연면적 2000 m^2 이하의 소규모 건물에 적합하다.

    ④ 연면적 2000 m^2 이상의 다층건축의 내부 존 공조에 유리하다.

② 정풍량 재열식 (단일 덕트 시스템에서 말단 재열기 설치)

  (개) 설비비는 단일 덕트 방식보다는 크고 2중 덕트 방식보다 작다.

  (내) 운전비는 재열기의 재열 손실에 상당하는 분량만큼 단일 덕트보다 크다.

  (대) 여름에도 보일러 운전을 해야 한다.

  (라) 보수 관리비가 증가한다.

  (마) 병원, 연구실, 산업실험실 등에 채용된다.

  (바) 말단재열기(Terminal Reheater) : CAV 방식에서는 각 존마다의 송풍온도가 일정하므로 존에 속하는 각 실의 부하 변동이 있을 시 실온에 큰 차가 생기는데 이의 해결을 위해 각 실에 말단재열기를 설치하여 취출온도를 변경시켜 희망하는 설정치로 유지한다.

③ 변풍량 방식(Variable Air Volume : VAV)

  (개) 변풍량 방식은 실내부하에 따라 송풍량을 주로 변화시키고, 송풍온도를 대개 일정하

게 유지한다.

(나) VAV방식은 원래 냉방 전용으로 개발되어 급기온도 일정유지가 원칙이나, 우리나라와 같이 추운 겨울의 경우 난방부하가 발생되므로 설계 시 최적화에 주의

(다) 각 실 또는 스페이스별 제어가 가능하다.

(라) 타 방식에 비해 에너지 절감 효과가 크다.

(마) 대규모일 때 덕트와 공조기의 용량은 동시 사용률을 고려해 정풍량 방식의 약 80 % 정도로 한다.

(바) 정풍량 방식보다 설비비가 비싸다.

(사) 실내공기의 고청정화를 요할 때는 부적당하다.

(아) 실내부하 조절에 있어 풍량을 제어하는 것이 부하조절 추종성이 높고, 실내 쾌감도도 좋다. 또한 풍량제어로 인한 연간 송풍동력비 절감과 에너지 절감 효과가 가능하다.

(자) 종류

㉮ 급기온도일정(Constant) : 내주부와 같이 부하변동폭 작은 곳

㉯ 급기온도가변(Variable) : 외주부와 같이 특수 부하 또는 온도 조건이 까다로운 곳

(3) 단일덕트 방식(Single Duct System)의 주요 특징

① 공조기가 주로 기계실에 위치하므로 운전관리, 유지, 보수가 편리하다.

② 진동/소음의 전달이 거의 적다.

③ 공기 정화가 용이하고, 환기량이 충분하다.

④ Zone 수가 많지 않은 곳에 적당하다.

⑤ 가격이 저렴하고 효율이 좋다.

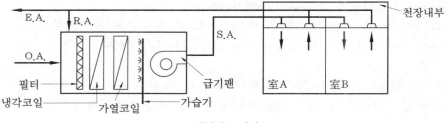

단일덕트 방식

(4) 주적용 사례

① 오염방지 중요 시 : 병원, 반도체 공장 등

② 냉방부하만 있을 시 : 대공간 건물, 체육관, 극장 등

③ 송풍량, 환기량 많이 필요 시 : 공연장, 대회의장 등

④ Zone 수가 많지 않은 곳 : 공장, 백화점 등

• 문제풀이 요령

① 단일 덕트 방식에는 정풍량 방식, 정풍량 재열식, 변풍량 방식 등이 있다.

② 단일 덕트 방식은 가격이 저렴하고, 송풍량 / 환기량이 충분하고, 완전한 공기정화가 용이하여 공장, 대공간 건물 등에 많이 적용하나, 부하가 복잡한 건물에는 적합하지 않다.

PROJECT 3 2중 덕트 방식   출제빈도 ★★★

Q 공기조화 방식 중 2중 덕트 방식의 분류 및 특징에 대해 설명하시오.

(1) 개요

① 한 건물 내 냉·난방 부하가 동시 발생 시, 대응할 수 있는 공조방식이다 (방송국 스튜디오, 기타 냉난방 부하 동시 발생 장소 등).

② 중앙의 냉각장치와 가열장치로서 온도가 다른 2종의 공기를 만들어 냉풍, 온풍 2개의 덕트로써 각 존에 보내어 부하에 따라 혼합기로 양자의 혼합비 및 풍량을 조절하여 실내로 보내는 방식

③ 혼합 에너지 손실이 많은 방식으로 특수한 경우 외에는 사용하지 않는 것이 좋다.

④ 외기 → 필터 → 송풍기 → 가열 코일, 냉각 코일 → 이중 덕트 → 혼합상자 → 급기 순으로 공기를 도입한다.

⑤ 변풍량방식(VAV), 고정풍량방식(CAV), 멀티존 유닛 등의 방식이 있다.

(2) 2중 덕트 방식(Double Duct System)의 분류

① 2중 덕트 정풍량 방식 (Double Duct Constant Air Volume : DDCAV)

  (가) 실내부하에 따라 각 실 제어나 존 제어가 가능하다.

  (나) 공조기가 중앙에 설치되므로 운전보수 관리가 용이하다.

  (다) 열매가 공기이므로 실온의 응답이 아주 빠르다.

  (라) 유인 유닛과 같이 실내에 유닛이 노출되지 않는다.

  (마) 단일 덕트 방식에 비해 덕트의 점유 면적이 커지므로 고속 덕트 방식을 주로 채택한다.

  (바) 실내온도를 일정하게 유지하기 위해서 여름에도 보일러를 운전할 필요가 있다.

  (사) 혼합 열손실로 인하여 시스템 소비동력이 크다.

  (아) 송풍 동력이 많다.

② 2중 덕트 변풍량 방식 (Double Duct Variable Air Volume : DDVAV)

  (가) 변풍량 방식은 냉방부하가 아주 적어지면 실온이 저하하는 결점이 생기므로 이를 방지하기 위하여 혼합상자와 VAV 유닛을 조합한 것을 사용하여 최소 풍량에 있어서는 부하의 감소에 따라 온풍혼합량을 차차 유닛에 증가시켜 실온을 일정하게 유지하도록 한다.

  (나) 실온의 조건을 정확하게 할 필요가 있을 때 사용한다.

  (다) 같은 기능을 갖는 재열식변풍량 방식에 비해 에너지 손실이 적다.

  (라) 단순한 변풍량 방식에 비해 에너지 손실이 크다.

  (마) 유닛이 고가이다.

  (바) 2중 덕트를 요하므로 설비비가 비싸다.

  (사) 사무실 건축의 중역실, 전자기계실 등에 많이 채택한다.

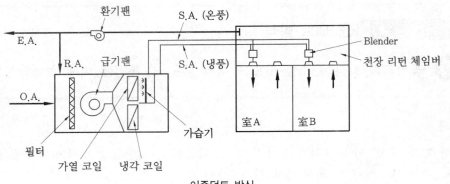

이중덕트 방식

(3) 2중 덕트 방식의 주요 장단점

① 2중 덕트 방식의 장점

(개) 개실 제어가 용이하다.　　　　　(내) 동시 냉·난방이 용이하다.

(대) 별도의 조닝이 필요 없다.

② 2중 덕트 방식의 단점

(개) 덕트의 구조가 복잡해지고, 스페이스가 증가한다.

(내) 혼합 열손실이 발생한다.

(대) 연간 송풍동력이 많이 소모된다.

(래) 초기 투자비와 운전비 모두 증가한다.

(4) 장치 흐름도 (2중 덕트 방식)

① 부분 감습형

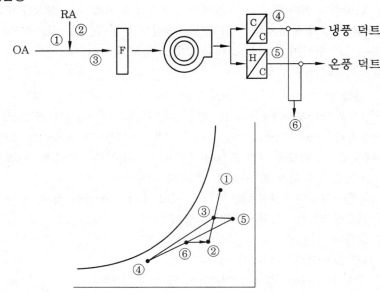

② 전체 감습형

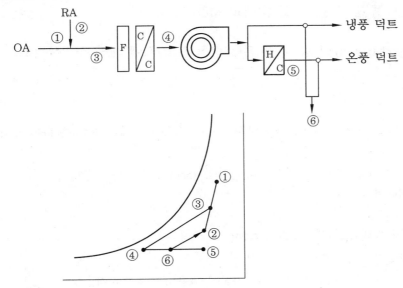

③ 외기 감습형(일반적으로 가장 많이 사용하는 방법 중 하나임)

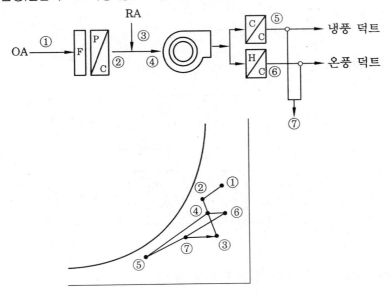

• 문제풀이 요령

　냉풍 및 온풍이 별도의 덕트 라인으로 공급되므로, 부하가 복잡한 건물의 공조에도 잘 적용될 수 있으나, 단일 덕트 대비 덕트 공사비가 많이 소요되고, 송풍량 / 환기량 부족을 초래할 수 있고, 혼합 열손실이 발생하므로 건물 내 부하의 종류가 복합하고, 정밀 제어가 요구되는 특수한 경우에만 적용하는 것이 좋다.

PROJECT 4 이중 콘딧 방식과 MZU   출제빈도 ★☆☆

Q 공기조화 방식 중 이중 콘딧 방식과 MZU에 대해 설명하시오.

(1) 정 의

① 공조기를 병렬로 이중으로 설치하여 용량제어(공조기 대수 제어)를 하는 것이 이중 콘딧 방식이다.

② MZU는 각각의 제어 Zone 수마다 혼합 Damper를 설치하여 혼합 급기하여 세부 존으로 구분 제어하는 방식이다.

(2) 이중 콘딧 방식 (Dual Conduit System)

① 이중 콘딧 방식의 특징

⑴ 부하가 많이 변동하는 멀티 존 건물에 적용하기 적합하다.

⑵ 야간 및 주말에는 소형의 1차 공조기만을 운전하여 경제적인 운전이 가능한 시스템이다.

⑶ 이중 덕트보다 덕트 치수가 작아진다.

⑷ 여름과 겨울의 전환 운전이 간단하다.

② 장치도(裝置圖)

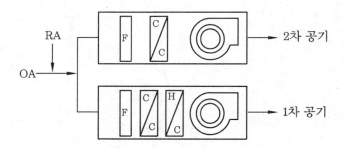

(3) MZU (Multi Zone Unit System, 멀티존 유닛 방식)

① 이중 덕트 방식을 간소화한 형태로, 공조기 측에서 미리 '냉풍+온풍'을 혼합한 후 공급한다.

② 공조기 내에 가열코일과 냉각코일을 병렬로 설치하고, 이들이 만든 별도의 온풍과 냉풍을 출구의 혼합 댐퍼로 혼합시킨 후, 이것과 각기 접촉하는 여러 덕트를 통해 각 구역으로 혼합공기를 공급하는 방식 (각각의 제어 Zone 수마다 혼합 Damper를 설치하여 혼합 급기함)

③ 비교적 작은 규모 (2000 m² 이하)의 공조면적을 더욱 작은 존으로 나눌 때 편리하다.

④ 존 제어가 가능하므로 대규모 건물의 내부 존에 사용될 수 있다.

⑤ 2중 덕트 방식과 같이 혼합 손실이 생기므로 가열기와 냉각기를 동시에 운전할 때는 타 방식에 비해 냉동기 부하가 크다.

⑥ 2중 덕트 방식에 비해 정풍량 장치가 없으므로 각 실의 부하변동이 심할 때에는 각 실의 송풍량의 불균형이 생길 우려가 있다.

⑦ 유닛에서 나오는 덕트의 수가 많으므로 덕트의 공간이 커지는 것을 방지하기 위해 유닛은 건물의 중앙에 두는 것이 좋다.

⑧ 멀티 존 유닛의 출구 댐퍼의 개폐로서 각 계통의 풍량이 심하게 변동하는 것을 방지하기 위해서는 모든 송풍 덕트를 전저항 15 mmAq 이상으로 하는 것이 좋다.

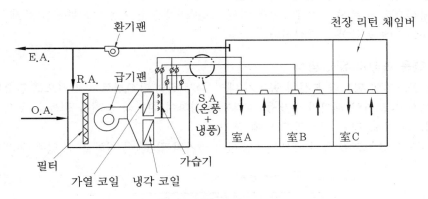

멀티존 유닛

• 문제풀이 요령

① 이중 콘딧방식 : 공조기의 대수제어(병렬로 2대의 공조기 설치)가 가능해져 부하조절이 용이하여 에너지 절감이 가능하다(일종의 댓수 제어).

② MZU : 각각의 제어 Zone을 부하에 따라 별도로 제어할 수 있고, 정풍량 장치가 없는 것이 특징이다.

PROJECT 5 **덕트 병용 패키지 방식과 각층 유닛 공조방식** 출제빈도 ★★☆

Q 공기조화 방식 중 덕트 병용 패키지 방식과 각층 유닛 공조방식에 대해 설명하시오.

---

(1) 정의

① 덕트병용 패키지 방식은 패키지 유닛을 실외에 설치하여 환기와 급기를 덕트를 통해 실 내를 공조하는 덕트를 이용한 공조방식이다.

② 각층 유닛 공조방식은 공조대상 층별 공조기가 설치(1대 혹은 여러 대의 공조기를 배치) 된 방식으로 주로 중앙기계실에서 가열 또는 냉각된 온·냉수를 배관을 통해 각층 공조 실 공조기에 공급하는 방식이다.

(2) 덕트 병용 패키지 유닛 방식

① 중앙공조기의 덕트와 분산형 공조기(패키지)가 실의 용도별로 유기적으로 결합된 방식임

② 개별식 공조기인 패키지 유닛을 실외에 설치하여 환기와 급기를 덕트를 통해 공급하는 방법으로 주로 작은 규모의 조닝에 쓰인다.

③ 공기정화, 습도조절 등이 충분하지 못하여 공기의 질(質)이 저하될 수 있어 주의를 요한다.

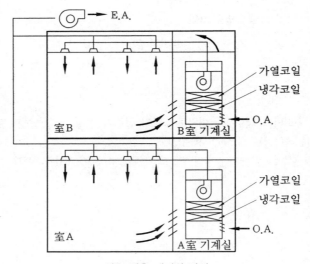

덕트 병용 패키지 방식

(3) 각층 유닛 공조방식(Step System)

① 각층 유닛 공조방식의 특징

㉮ 대개 1차, 2차 공조기를 별도로 설치하여 1차 조화기(중앙 유닛)를 건물의 옥상, 지하 등의 기계실에 설비하고 실내의 소요 신선공기 (1차 공기)만을 취입시켜 온도 및 습도 를 조정한 후 고속 또는 저속 덕트에 의해 건물의 존마다 마련된 2차 조화기(각층 유

닛)로 보낸다.

㈏ 2차 조화기에서는 각 존마다 재순환 공기를 흡입하여 1차 공기와 혼합·분출하는 역할을 한다.

㈐ 각층에 설치된 공조기가 부하의 전체를 담당하는 형태로도 설치가 가능하다.

㈑ 층별 별도 제어가 용이하다(층별 Zoning에 유리하다).

㈒ 송풍 덕트가 짧고 환기 덕트를 필요로 하지 않을 경우에는 덕트 스페이스가 작아진다.

㈓ 2차 조화기가 거주역에 가까우므로 진동, 소음에 주의를 요한다(건축 계획시부터 건축분야와 협의 필요)

② 응용

㈎ 단일 덕트, 2중 덕트 방식 등에 응용할 수 있다.

㈏ 방송국, 신문사, 아파트형 공장 등의 층별 용도가 많이 다른 대형건물에 많이 적용된다.

㈐ 백화점과 같이 넓은 바닥 면적이 있을 경우에도 많이 사용되며, 한 층에 2개 이상 공조실 확보로 고장, 화재대비 및 배연 덕트의 역할이 필요하다.

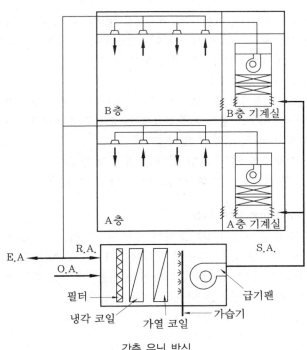

각층 유닛 방식

• **문제풀이 요령**

① '각층 유닛 공조방식'이 덕트 병용 패키지 유닛 방식 대비 시험에 좀 더 많이 출제됨

② 대개 1차, 2차 공조기를 별도로 설치하여 1차 조화기(중앙 유닛)에서 온도 및 습도를 완전히 조절 후 건물의 각 2차 조화기(각층 유닛)로 보낸 다음, 재순환 공기를 흡입하여 1차 공기와 혼합 분출하는 방식이 각층 유닛 방식이다.

PROJECT 6 **공기 – 수 방식** 출제빈도 ★★☆

Q 공기조화 방식 중 공기-수 방식에 대해 설명하시오.

---

(1) 개요

① 공기 – 수 방식(空氣-水 方式)도 중앙공조의 한 방식이다.

② 중앙장치에서 냉각 또는 가열된 수와 공기가 실내에 설치된 Terminal Unit으로 반송되어 공기조화를 하는 방식

③ 다수의 Zone을 가지며 현열부하의 변동폭이 크고, 고도의 습도 제어를 요구하지 않는 사무소, 병원, 호텔, 학교, 아파트, 실험실 등의 외주부에 많이 사용한다.

(2) 덕트병용 FCU 방식

① OA(Outdoor Air)는 덕트를 이용하고, RA(Return Air)는 공조기 및 FCU를 이용한 방식

② 덕트방식에 팬코일 유닛(Fan Coil Unit)을 병용하는 방식으로 '공기 – 수 방식'이다.

③ FCU는 설치 장소에 따라 상치형과 천장형이 있다.

④ 전공기방식 대비 덕트 수가 적다.

⑤ 각 유닛을 수동으로 제어할 수 있으며, 각 실마다의 부하변동을 제어할 수 있다.

⑥ 열량 수송량의 50 % 이상을 물에 의존하므로 에너지 절감 효과가 있다(전공기식에 비해).

⑦ 수배관의 누수 및 동파의 염려가 있다.

⑧ FCU의 필터는 매월 1회 정도 세정 및 교체의 필요가 있다.

⑨ Unit Filter의 불완전으로 실내의 청정도가 낮아질 수 있다.

(3) 유인 유닛 방식 (Induction Unit Type)

① 1차공기(OA)는 중앙 유닛 (1차 공기조화기)에서 냉각 감습되고 고속 덕트 또는 저속 덕트에 의하여 각실에 마련된 유인 유닛에 보내어 2차 공기(RA) 혼합 후 공급하는 방식

② 유인 유닛으로부터 분출되는 기류에 의하여 실내공기를 유인하고 유닛의 코일을 통과시키는 방식이며, 이때의 유인비는 아래와 같이 계산한다.

$$유인비 = \frac{(1차 \ 공기 + 2차 \ 공기)}{1차 \ 공기} = \frac{(Q_1 + Q_2)}{Q_1} : 코안다 \ 효과$$

③ 장치 흐름도

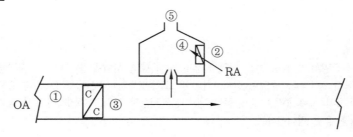

④ 습공기 선도

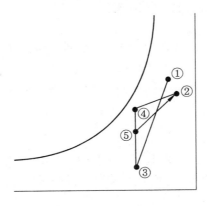

칼럼 공조방식 대분류

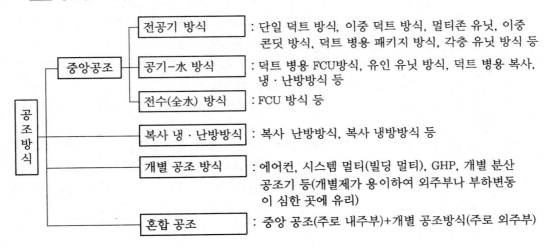

• **문제풀이 요령**

  물(水)을 사용하는 FCU나 유인 유닛이 외벽이나 창측의 Cold Draft나 외기 침투를 방지할 수 있기 때문에, 공기-수 방식은 주로 부하 변동폭이 큰 사무소, 병원, 호텔, 학교, 아파트, 실험실 등의 외주부에 많이 적용된다.

PROJECT 7 기타의 공기조화 방식　　　　　　출제빈도 ★★☆

Q 공기조화 방식 중 다음 방식의 특징에 대해 설명하시오.
① 전수 방식　　② 복사 냉·난방 방식　　③ 개별 공조 방식

---

(1) 전수 방식

① 정의

　(개) 전수 방식(全水方式)은 중앙공조의 한 방식으로 FCU 방식이라고도 한다.

　(내) 실내에 설치된 Unit(FCU, 컨벡터) 등에 냉·온수를 순환시켜 냉·난방을 실시하는 방식이다.

② 특징

　(개) 덕트 스페이스가 필요 없다.

　(내) 부하증가 시 팬코일 유닛의 증설만으로 용이하게 계획될 수 있다.

　(대) 환기는 창문을 여는 것 혹은 별도의 환기 설비에 의해 행해야 한다(드물게는 FCU 등에 개별 덕트 및 댐퍼를 설치하여 외기를 도입하는 방식이 있다).

　(래) 각 실에 수배관이 필요하며 유닛이 실내에 설치되므로 실내 유효 면적이 감소한다.

　(매) 다수 유닛이 분산 설치되므로 보수관리가 곤란하다.

　(배) 전공기식에 비해 다량의 외기 송풍량을 공급하기 곤란하므로 중간기나 동기의 외기 냉방이 곤란하다.

　(새) 공조기용 고정압 모터가 필요 없어 반송동력이 적게 소모된다.

　(애) 소량의 송풍으로 송풍 성능이 적으므로 고성능 필터를 사용하기가 어렵다.

　(재) 실내용 소형 공조기이므로 고도의 공기 처리를 할 수 없다(실내 청정도, 항온항습 기능 불량 가능)

③ 용도

　(개) 기존 건물에 설치하기가 용이하고 각 유닛마다 조절할 수 있으므로 개별제어가 필요한 곳에 적합하다.

　(내) 고도 습도제어가 불필요하고 재순환 공기에 의한 오염이 우려되지 않는 곳으로 개별 제어가 요구되는 호텔, 모텔, 아파트, 사무소 등에 많이 사용

　(대) 많은 병원에 FCU 방식이 채용되고 있지만 필터의 효율이 낮고, 유닛을 항상 청결히 유지하기 어려우므로 병원 채용은 다소 단점이 많음

　(래) 창문이나 벽체 부근에 설치하여 냉기류(Cold Draft)나 틈새바람을 차단할 수 있다.

④ FCU 방식(전수 방식)의 종류

　(개) 2관식 : 냉·온열원 공용으로 공급관 1개 + 리턴관 1개(각 계통별 냉·난 절환 밸브 사용하여 냉·난방 절환)

　(내) 3관식 : 냉·온열원 공급관 1개씩 + 리턴관 1개

　(대) 4관식 : 냉·온열원이 각각 독립적으로 공급관과 리턴관을 가짐

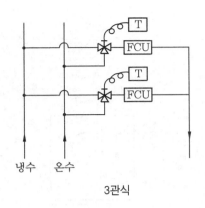

3관식

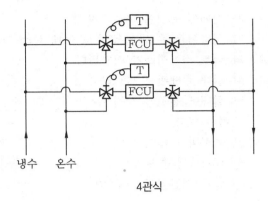

4관식

⑤ 팬 컨벡터(Fan Convector) 방식

  ㉮ 컨벡터에 팬을 붙여 대류를 강제적으로 일으키기 때문에 컨벡터보다 소형이지만 팬 소음이 발생하는 단점이 있다.

  ㉯ FCU(팬코일 유닛)와의 주요 차이점은 '팬 컨벡터 방식'은 난방 전용이기 때문에 냉방 시의 응축수를 받는 드레인 팬이 없다.

⑥ FCU의 온도제어 방식

  ㉮ 공급수온도 일정(FCU 풍량에 의한 실내 온도제어)

  ㉯ 외기 보상제어 : 외기온도를 감지하여 밸브를 비례 제어한다.

  ㉰ 실내 설정 온도 제어 : 다음 그림과 같이 설정 온도 근처에서 ON/OFF 제어 혹은 비 례제어 한다.

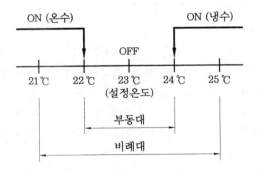

(2) 복사 냉·난방 방식

① 개요

  ㉮ 대류가 아닌 복사열전달 원리에 의한 냉·난방 방식이다.

  ㉯ 유닛 병용 방식에서는 유닛 대신에 천장, 바닥의 복사면으로 급열하는 방식이며, 실 내 잠열부하는 1차 공기로 제어하고, 현열부하는 대부분 패널로 처리한다.

② 특징

  ㉮ 복사열을 사용하므로 쾌감도가 높다.

(나) 실내에 유닛이 노출되지 않는다.

(다) 천장이 높은 방에서 온도 구배 축소 가능

(라) 덕트 스페이스가 절약된다.

(마) 실내 수배관이 필요하다.

(바) 실내에 결로가 생길 우려가 있다.

(사) 설비비가 많이 든다.

(아) 외기냉방이 불가하다.

(자) 바닥 패널식의 경우 중량이 커진다.

(차) 천장이 높은 방 등에 많이 채택된다.

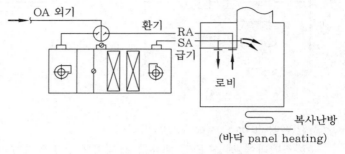

덕트병용 복사 난방 방식 (사례)

(3) 개별 공조 방식

① 개요

(가) 개별 방식 (냉매방식)에는 룸 에어컨, 패키지 유닛 방식(중앙식), 패키지 유닛 방식(터미널 유닛 방식)등이 있으며, 주택, 호텔객실, 점포 등 비교적 소규모 건물이나 24시간 계통, 컴퓨터실, 수위실 등에 사용되지만 최근에는 사무소나 일반 건물에도 많이 채용되고 있다.

(나) 건물의 특성 혹은 용도 측면에서 개별적 혹은 독립적으로 제어가 필요한 곳에 사용의 편리성 및 에너지 절감을 위해 사용된다.

② 개별 공조 방식의 종류

(가) WRAC (Window Type Room Air Conditioner) : 통칭 일체형 혹은 창문형을 말함

(나) RAC (Room Air Conditioner) : 통칭 벽걸이형(Wall Mounted)을 말함

(다) PAC (Package Air Conditioner) : 상치형(바닥거치형)

(라) 멀티 에어컨 : 1대의 실외기에 여러 대(2대 이상)의 실내기를 부착하여 사용함

(마) 싱글 시스템 에어컨 : 1대의 실외기에 1대의 실내기만 부착되는 카세트형 혹은 덕트형, 인테리어형 에어컨

(바) 시스템 멀티(빌딩 멀티) 에어컨 혹은 GHP : 1대의 실외기에 다수의 실내기가 자유롭게 부착 가능한 에어컨(통상 Free Joint Multi라 칭함)

(사) 기타 : 개별 분산 공조기, 이동식 에어컨 등

③ 혼합 공조 방식

(가) 기존의 중앙 공조와 개별 공조를 혼합한 형태의 공조 방식이다.

(나) 내주부 열부하 처리 : 부하의 종류가 다양하고 환기량이 많이 필요하므로 주로 중앙 공조방식을 채용한다.

(다) 외주부 열부하 처리 : 방위별 조닝 실시 후 주로 개별 공조 방식을 채용한다(부하의

변동이 심하고 필요 환기량이 적은 편이며, 일부 건물은 친환경적 측면에서 자연환기를 유도하는 방식을 취한다).

㈜ 일본에서 가장 활발하게 연구 및 적용되고 있는 방식이다.

(4) 시스템 멀티(시스템 에어컨)

① 특징

㈎ 응축기 냉각방식에 따라 공랭식과 수랭식으로, 기능에 따라 히트펌프형과 냉방 전용으로, 난방 시의 TAC 초과 위험 확률에 따라 일반 온도형과 한랭지형 등으로 구분되어 불리어진다.

㈏ 개별제어가 용이하도록 각종 제어기가 발달되어진 시스템이며, 별도의 기계실이 필요없다.

㈐ 주로 EHP(Electric Heat Pump) 타입이며, 환기가 부족한 시스템이기 때문에 전열교환기 등의 환기장치와 접목되어진다.

㈑ 가습장치가 장착되어 있지 않아 가습을 필요로 하는 장소나 정밀 공조용으로는 적용하기 어렵다.

② 시스템 구성 : 보통 한 대의 실외기 혹은 실외기 모듈에 다수의 실내기가 장착되고 Header 혹은 Y-분지관에 의해 냉매회로가 구성되어진다.

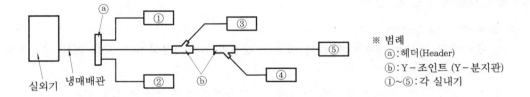

※ 범례
ⓐ : 헤더(Header)
ⓑ : Y-조인트 (Y-분지관)
①~⑤ : 각 실내기

③ 대형건물의 경우 상기 그림상의 실외기를 건물 옥상에 다수 밀집된 형태로 설치하는 경우가 많은데, 이 경우 실외기에 부착된 공랭식 열교환기의 통풍문제(통풍량 부족)로 인하여 열교환량이 부족하게 되고, 이로 인하여 냉매압력 상승, 냉·난방능력 부족 등을 초래할 수 있다. 이러한 문제를 해결하기위해서는 실외기간 충분한 이격거리 확보, 실외기 팬의 토출 가이드 설치, 옥상 난간의 일부 철거, 별도의 옥상 통풍팬 설치 등의 다양한 방법을 고려하여야 한다.

· 문제풀이 요령

① 공기와 물의 반송능력 비교 : 공기의 비열은 $1.005 \text{ kJ}/(\text{kg} \cdot \text{℃})$, 물의 비열은 $4.186 \text{ kJ}/(\text{kg} \cdot \text{℃})$으로 약 4배의 차이가 나지만, 상온에서의 비용적이 공기가 830 L/kg, 물이 1 L/kg이라서, 부피 기준 물의 반송능력이 공기에 비해 약 3320배가 된다는 것을 알 수 있다 (全水 방식의 반송동력 절감).

② 전수 방식은 덕트 공사가 필요 없고, 간단히 수배관 공사만으로 설치가 가능하므로 아주 간단한 공조방식이지만, 환기나 공기 정화가 극히 어려워 제한적으로 사용된다.

> **PROJECT 8** **복사 냉방 시스템의 구조 및 원리**   출제빈도 ★★☆
>
> **Q** 복사(패널) 냉방 시스템의 구조 및 원리, 장·단점(일반 강제대류 냉방과
> 비교하여)을 기술하시오.

(1) 개요

① 복사 냉방은 인체와 차가운 복사 냉방 시스템의 표면과의 복사열전달을 통해 냉방을 하는 방식이다. 인체는 복사를 통해서 42~43 %, 대류를 통해서 32~35 %, 증발을 통해서 21~26 %의 열발산을 한다.

② 복사 냉방은 인체와 직접 복사열교환을 하기 때문에 대류냉방방식에 비해 쾌적감이 우수하고, 대류열교환이 적기 때문에 실내에서의 드래프트 및 소음으로 인한 불쾌감이 적다.

③ 또한, 에너지 사용 측면에서 대부분의 복사 냉방 시스템은 복사 표면의 냉각 매개체로 물을 사용하고 있다. 단위 중량에 대한 열용량을 비교하여 볼 때, 물이 공기에 비해 4배 이상 높기 때문에, 유량이 감소되어 냉방에 필요한 냉각 매개체의 전달에 사용되는 에너지를 줄일 수 있다는 장점이 있다.

(2) 복사 냉방의 구조 및 원리

① Capillary Tube System

㈎ 냉수관의 간격을 조밀하게 하여 석고나 집성보드에 매몰하거나 천장 면에 부착하여 사용하는 방식이다.

㈏ 플라스틱 관의 유연성 때문에 개·보수 시 사용하기에 적합한 시스템이다.

② Suspended Ceiling Panel System

㈎ 가장 널리 알려져 있는 방식이며, 알루미늄 패널에 인접한 금속관으로 냉수를 순환시켜 냉방하는 방식이다.

㈏ 열전도율이 좋은 재료를 사용하면, 실부하의 변화에 빠르게 대응할 수 있는 시스템을 만들 수 있다.

③ Concrete Core System

㈎ 이 시스템은 바닥 난방 시스템과 동시에 사용이 가능한 방식이다.

㈏ 축열체인 콘크리트에 의한 축열 냉방을 한다.

㈐ 지연효과(Time-Lag)에 의하여, 실부하의 변화에 빠르게 대응하기 위한 제어가 어렵다는 단점이 있다.

(3) 복사 냉방의 장점

① 지중에 열교환 파이프를 매설하여 지열을 직접적으로 회수할 수 있다 (반면, 대류냉방에

서의 지열은 주로 응축기 냉각용으로 간접적으로 사용될 수 있을 뿐이다).

② 복사 냉방과 제습 및 보조 냉방(대류 냉방)의 조합에 의한 냉방 시, 구조체의 축랭에 의해 실온의 변화 폭이 아주 적게 관리되어질 수 있어 쾌적 공조를 이룰 수 있다.

③ 복사 냉방은 대류 냉방 대비 소음이 거의 없고, 정숙한 방법이므로 소음 공해를 줄일 수 있다.

④ 구조체의 축냉에 의한 지속적인 냉방이 가능해져 쾌적지수 상승 가능하다.

⑤ 바닥 패널 설치의 경우 거주역공조(Task/Ambient 공조)가 가능해져 에너지 절감이 가능해진다.

⑥ 바닥 복사 냉방과 제습 및 보조 냉방에 의한 냉방 시, 바닥 구조체의 냉각에 의해 바닥 온도가 낮아 불쾌할 것으로 생각되나, 부하의 변동에 대해 적정 바닥 표면 온도를 유지하면서, 쾌적하고 안정적으로 실온을 제어할 수도 있다.

⑦ 냉방과 난방을 같이 할 수 있다는 장점이 있으며, 우리나라의 경우 기존의 온돌 시스템을 이용하여 사용할 수 있기 때문에 적용 가능성이 높은 시스템이다.

(4) 단점

① 복사 냉방 단독적으로 충분한 냉방을 하기 어렵다. 대개 다른 보조 냉방장치 혹은 제습장치가 추가되어야 효과적인 냉방이 가능하다.

② 냉방 초기에 축열기간 중 반응속도가 느려, 빠른 설정 온도에 도달이 어렵다.

③ 냉방도중 갑자기 부하가 증가 혹은 감소할 경우에도 즉각적인 반응이 어렵다.

④ 바닥 복사 냉방을 현장에 적용 시 결로 제어를 위한 냉수 온도 제어 및 보조 냉방기 가동 등과의 연동은 기술적 난이도가 높은 편이다.

• **문제풀이 요령**

복사 냉방은 결로, 부하 응답 속도 등의 문제로 단독으로 완벽한 냉방 시스템을 이루기는 어려우나, 보조 냉방(대류냉방)과의 결합 및 연동제어를 통해 최적의 공조 Solution이 될 수도 있으며, 지열 등의 대체에너지를 효과적으로 활용할 수 있다는 장점도 있다.

PROJECT 9 공조 부하 계산(負荷計算) 순서   출제빈도 ★★☆

Q 공조 부하 계산(負荷計算)과 정비선정의 개략적인 진행 절차에 대해 설명하시오.

---

(1) 해당 건물의 부하 특성(負荷特性) 조사

설계도, 시방서, 질의 등을 통해 건물의 대체적 용도, 건축재료, 기타 부하 특이점 등을 조사한다.

(2) 조닝(Zoning)

① 공조기 사용 시간대와 부하 특성을 고려하여 대체적 조닝을 구획한다.
② 세부적인 온습도 제어를 위한 구간으로 분할하고, 온도조절기 부착 위치를 결정한다.

(3) 실내 설계조건(設計條件) 설정

실내 설계조건(인원의 성향, 목표 온도/습도/환기량 등)을 상세히 파악 및 산출한다.

(4) 부하 계산(負荷計算)

① 부하 계산의 기초 자료 발췌 : 건축설계도, 시방서 등으로부터 부하 계산 시 필요한 기초 자료(재실 인원, 발열부하, 잠열부하, 환기부하 등)를 발췌한다.
② 인체, 조명, 기기 등 내부 발생 부하(內部負荷) 조사 : 인원 재실시간, 기기의 동시 사용률 등을 상세히 조사한다.
③ 최대 Peak 부하 발생 시각 예측(豫測)
  (가) Peak 부하와 Off Peak 부하 (비첨두 부하)의 패턴 분석
  (나) 세부 구획 및 건물 전체에 대한 최대 부하 발생 시각 및 조건 선정
④ 각 Data 계산 및 최종 집계(集計) : 세부적으로 Zone별 부하 계산 실시 후 전체 집계(현열, 잠열, 환기량 등)한다.

(5) 각 기기의 용량 선정

세부 Zone별 부하 계산 결과를 참조하여 펌프, FCU, FPU 등의 말단기기 및 반송기기, PIPE 등의 용량을 선정한다.

(6) 공조기 용량 선정

냉방부하(냉각 코일 부하), 난방부하, 급기량, 환기량 등을 계산 후 공조기 용량을 선정한다.

(7) 냉동기, 냉각탑, 보일러 등 선정

① 실내부하 외에 배관 및 펌프 손실부하 등을 고려하여 냉동기, 보일러 등을 선정한다.
② 냉동기(열원) 용량(=증발기의 냉동능력) = 냉방부하(냉각 코일 부하, 공조기 부하) + 배관 및 펌프 손실부하 = 냉방부하 (냉각 코일 부하)×1.05~1.1
③ 냉각탑 용량 = 냉동기 용량×1.2~1.3

• 문제풀이 요령
부하 계산은 크게 부하 특성 조사 → 조닝 → 실내 설계조건 → 부하계산 → 각 설비의 용량 산정 순으로 진행한다.

PROJECT 10 공조 부하 계산법(負荷計算法) 출제빈도 ★★☆

Q 공조 부하 계산 관련하여 아래에 대해 논하시오.
① 기간부하 계산법   ② 최대부하 계산법   ③ 기밀성능(풍기량) 표기방법

(1) 개요

① 부하 계산법은 크게 '기간부하 계산법'과 '최대부하 계산법'으로 나뉘어진다.

② 열원설비, 공조기 등의 크기 산정 등을 위해서는 최대부하 계산법이 사용되고, 전력 수전용량 혹은 계약용량 산정시에는 기간부하 계산법이 사용된다.

③ 최대부하 계산법에서는 냉방부하와 난방부하를 별도로 계산해야 하며, 계산 방법이 약간 상이하므로 주의해야 한다(주로는 냉방부하 위주로 계산함).

④ 냉·난방 부하의 종류 : 외부부하, 내부부하, 장치부하로 구분하여 산정함

  ㈎ 외부부하 : 외피를 통한 관류열, 일사열, 내부 벽면의 전도열, 침입외기부하 등

  ㈏ 내부부하 : 인체, 조명, 동력기구, 실내기구 등

  ㈐ 장치부하 : 환기부하, 송풍기부하, 덕트 열손실, 재열부하 등

(2) 기간부하 계산법

① 연간 혹은 기간별 에너지량(계약전력 등)을 산정하는 방법이다.

② 도일법(Degree Day), 확장 도일(EDD : Extended Degree Day), 표준 빈법(BIN Method), 수정빈법(표준 BIN 법 + 시간평균, 다변부하 개념 적용) 등으로 산정

③ 입력변수가 정확해야 출력부하를 신뢰할 수 있음(우리나라에는 아직 많이 부족)

④ 수계산으로 활용하기 위해 CLTD, SCL, CLF 등에 대한 응용이 가능하다.

⑤ 선진 자동 계산 프로그램이 많이 이용 : 최대부하도 동시 계산 가능

  ㈎ 미국 : TRNSYS, DOE-2

  ㈏ 일본 (공기조화 위생공학회) : HASP, ACLD

⑥ 프로그램 입력 외계조건 (7가지) : 건구온도, 절대습도, 풍속, 풍향, 법선일사량, 수평일사량, 운량(雲量)

⑦ 1967년 'HOF'에 의해 처음 제안되었고 지금까지 발전해왔으나, 'ASHRAE' 등 타 기관도 부하 계산 발달사에 많이 기여함

(3) 최대부하 계산법

① 냉방부하 계산법

  ㈎ 외부부하(외부로부터의 침투부하)

㉮ 외벽, 지붕을 통한 열취득량 : 태양열의 복사에 의한 효과와 일반 열관류에 의해 발생하는 열취득의 합으로 계산된다.

㉯ 칸막이, 천장, 바닥을 통한 열취득량의 내·외부 온도차에 의해 발생

㉰ 유리를 통한 열취득량 = 관류 열전달 + 일사 취득열(축열에 의한 시간 지연 고려 시 더 정확한 계산 가능)

㉱ 극간풍(틈새바람)에 의한 취득열량=현열 + 잠열 동시 고려

(나) 내부부하 (내부 발생 부하)

㉮ 인체에 의한 열취득량=현열 + 잠열 동시 고려

㉯ 조명기구로부터의 취득 열량 : 백열등, 형광등 (안정기 계수 고려)

㉰ 동력으로부터의 취득 열량 (펌프, 기기 등)

㉱ 기구로부터의 취득 열량 (가스레인지, 커피포트 등)

(다) 장치부하

㉮ 송풍기로부터의 취득 열량

㉯ 덕트로부터의 취득 열량 : 실내 취득 현열량의 약 2 % 수준임

㉰ 재열부하 : 잠열은 없고, 현열만 존재함

㉱ 외기부하 : 상기 '극간풍에 의한 취득 열량'과 동일 방법으로 계산함

② 난방부하(煖房負荷) 계산법

㉮ 외벽, 지붕, 창유리의 열손실 : 열관류와 대기복사량 고려

㉯ 칸막이, 천장, 내창을 통한 열손실 : 내부와 외부의 온도 차에 의함

㉰ 지면과 접하는 바닥면, 지하 벽체의 열손실 : 지하 깊이에 따른 열손실량 적용

㉱ 극간풍 및 외기부하에 의한 열손실 : 냉방과 동일(단, 잠열부하는 계산하지 않는 경우가 많음)

㉲ 덕트에서의 열손실 : 실내 현열량의 약 5~10 % 수준임

(4) 기밀성능(풍기량) 표기방법

① 창, 문 등의 기밀성능에서 풍기량이란 의도하지 않은 경로를 통하여 실내로 들어오는 공기량을 의미한다.

② 침기율 혹은 누기율(Air Leakage Rate)로도 표현되며, 실(室)의 내·외 압력차에 따른 통기량을 말한다.

③ 이 값이 커지면 극간풍으로 인한 열손실의 증가로 인하여 냉방부하 및 난방부하가 증가한다.

④ 대표적 표시방법

㉮ CMH50(m^3/h) : 실내와 실외의 압력차를 50Pa로 유지하기 위하여 실내로 외기를 압입하거나, 흡출하여야 하는(진공을 걸어야 하는) 공기량을 말한다(여기서, 50Pa은 기후조건의 영향을 최소화하기 위한 압력차로 약 9 m/s의 바람이 불어올 때 생기는

압력에 상응함).

㈏ ACH50(회/h) : 상기 CMH50 값을 실의 체적으로 나눈 값이며, 이 값은 크기가 다른 장소끼리의 기밀성능(풍기량)을 비교 및 평가하기에 적합하다.

㈐ Air Permeability($m^3/m^2 \cdot$ h) : 건물의 외피면적당 풍기량(CMH50)을 말한다.

㈑ ELA(Effective Leakage Area ; 유효누기면적, 단위는 cm^2 혹은 cm^2/m) : 4Pa에서 침기(누기) 풍량과 같은 양의 공기가 새어나가는 구멍의 크기(cm^2)를 말한다. 여기서, 구멍의 크기란 Blower Door Fan의 Inlet 부분과 유사한 노즐면적으로 환산하는 유효누기면적을 말한다.

㈒ EqLA(Equivalent Leakage Area ; 상당누기면적, 단위는 cm^2 혹은 cm^2/m) : 10Pa에서 침기(누기)가 발생하는 개구부의 크기(cm^2)를 말한다. 여기서, 구멍의 크기란 얇은 판 위의 구멍의 크기를 의미한다.

• 문제풀이 요령

열원설비, 공조기 등의 용량 산정 등을 위해서는 '최대부하 계산법'이 사용되고, 전력 수전용량 혹은 계약 용량 산정시에는 '기간부하 계산법'이 사용된다(서로 사용 목적이 다름).

PROJECT 11 냉방부하 계산법 출제빈도 ★★☆

Q 공조에서 냉방부하 계산법에 대해 설명하시오.

(1) 개요

① 냉방부하 계산법은 TAC 온도 등을 사용하여 장치용량 산정을 위한 최대부하(最大負荷) 계산법의 일종이다.

② 각 열취득의 경우를 현열과 잠열 개념으로 나누어 적용하여야 한다.

(2) 냉방부하 계산법

① 외부부하(벽, 지붕, 창 등 구조체를 통한 열 침투량)

⑺ 외벽 열취득량, 지붕 열취득량 : $q = K \cdot A \cdot \text{ETD}$

여기서, K : 열관류율 $(\text{kcal/h} \cdot \text{m}^2 \cdot \text{℃})$

A : 면적(m^2)

ETD (Equivalent Temp. Difference) : 상당 외기 온도차 (ETD = SAT−실내온도)

SAT (Solar Air Temperature, 상당 외기 온도)

여기서, 상당 외기 온도는 복사 열교환이 없으면서도 태양열의 복사와 대류에 의해 실질적으로 발생하는 열교환량과 동일하게 나타나는 외부 공기온도를 말한다(SAT = 실외온도+벽체의 일사 흡수량에 해당하는 온도)

【CLTD에 의한 방법】 상기 계산식 $q = K \cdot A \cdot \text{ETD}$에서, ETD를 CLTD (Cooling Load Temperature Difference)로 대체하는 방법으로서, 일사에 의해 구조체가 축열된 후 축열의 효과가 시간차를 두고 서서히 나타나는 현상을 고려하는 방법이다.

⑴ 내벽 취득열량(칸막이, 천장, 바닥을 통한 열취득량) : $q = K \cdot A \cdot \Delta T$

여기서, ΔT : 내부와 외부의 온도차

⒟ 유리를 통한 열취득량 = 관류 열전달 + 일사 취득열 (아래 그림 '유리를 통한 열취득량' 참조)

㉮ 관류(대류) 열전달 : $q = K \cdot A \cdot \Delta T$

㉯ 일사 취득열 : $q = ks \cdot Ag \cdot \text{SSG}$

㉰ 단, 축열 시간 지연 고려 시에는 $q = ks \cdot Ag \cdot \text{SSG} \cdot \text{SLF}_g$

혹은 $q = ks \cdot Ag \cdot \text{SSG} + kr \cdot Ag \cdot \text{AMF}$로 계산한다(아래 '축열의 영향' 참조).

여기서, ks (전 차폐 계수) : 유리 및 Blind의 종류의 함수

Ag : 유리의 면적 (m^2)

SSG (Standard Sun Glass ; 표준일사 취득열량) : 유리의 방위 및 시각의 함수

SLF_g (Storage Load Factor ; 축열부하 계수) : 구조체의 중량, 방위, Blind 유/무, 시각의 함수

kr : 복사 차폐 계수

AMF (Absorb Modify Factor ; 일사 흡열 수정계수) : 벽체의 종류, 방위, 시각
의 함수

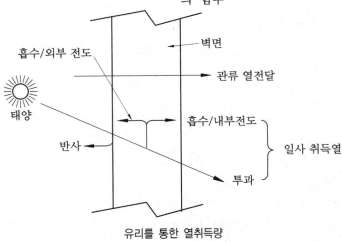

유리를 통한 열취득량

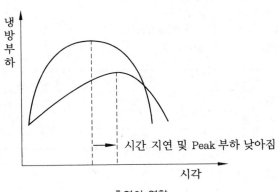

축열의 영향

【SCL에 의한 방법】 상기 계산식 $q = ks \cdot Ag \cdot SSG \cdot SLF_g$ 에서 SSG×SLF$_g$ 대신 SCL (Solar Cooling Load)이라는 단일 개념을 적용할 수 있다.

㈑ 극간풍(틈새바람)에 의한 취득열량 = 현열 + 잠열

　㉮ 현열 : $q = Q \cdot \rho \cdot C \cdot (t_o - t_r)$

　㉯ 잠열 : $q = q_L \cdot Q \cdot \rho \cdot (x_o - x_r)$

　여기서, q : 열량 (kW), Q : 풍량 (m³/s)

　　　　ρ : 공기의 밀도 (=1.2kg/m³)

　　　　C : 공기의 비열 (1.005 kJ/kg · K, 0.24 kcal/kg · ℃)

　　　　q_L : 0℃에서 물의 증발잠열 (2501.6 kJ/kg, 597.5 kcal/kg)

　　　　$t_o - t_r$: 실외온도 − 실내온도(K, ℃)

　　　　$x_o - x_r$: 실외 절대습도 − 실내 절대습도 (kg/kg′)

④ 상기에서 Q (극간풍량) 구하는법

- 환기회수법 : $Q = n \cdot V$

여기서, n : 시간당 환기횟수
V : 실의 체적(m^3)

- 창문의 틈새 길이법 : $Q = l \cdot Q_I$ 혹은 $Q = l \cdot a \cdot \Delta P^{2/3}$

여기서, l : 창문의 틈새 길이(Crack)
Q_I : 창문의 종류와 풍속의 함수(I ; Infiltration)
a : 통기 특성(틈새 폭의 함수)
ΔP (작용압차) = 풍속에 의한 압차 + 연돌 효과에 의한 압력차, 즉

$$\Delta P = C_f \frac{\gamma_o}{2g} \omega^2 + (\gamma_r - \gamma_o)h$$

여기서, C_f (풍상) : 풍압계수 (실이 바람의 앞쪽일 경우, C_f = 약 0.8~1)
C_b (풍하) : 풍압계수 (실이 바람의 뒷쪽일 경우, C_b = 약 -0.4)
γ_o : 실외측 공기의 비중량 (kg/m^3)
g : 중력가속도 (9.8 m/s)
ω : 실외측 공기의 풍속 (m/s)
γ_r : 실내측 공기의 비중량 (kg/m^3)
h : 중성대에서의 높이 (m)

칼럼	건물폭/건물높이	C_f	C_b
	0.1~0.2	1.0	
	0.2~0.4	0.9	−0.4
	0.4 이상	0.8	

- 창문의 면적법 $Q = A \cdot QI$

여기서, A : 창의 면적 (m^2)

- 출입문 사용 빈도법 : $Q = 사람 수 \cdot QI$

② 내부부하 (室내부 열 취득량)

㉮ 인체 열취득량 = 현열 + 잠열

㉠ 인체의 현열 : $q_s = n \cdot H_s$

여기서, n : 사람 수, H_s : 1인당 인체 발생 현열량

㉡ 인체의 잠열 : $q_L = n \cdot H_L$

여기서, H_L : 1인당 인체 발생 잠열량

※평균 재실 인원 = 0.1 ~ 0.2인/M^2

㉯ 조명기구 취득열량

㉠ 백열등 : $q = 860 \cdot kW \cdot f$

㉡ 형광등 : $q = 860 \cdot kW \cdot f \cdot 1.2$

여기서, kW : 조명기구 발열량

　　　　f : 조명 점등률

　　　　1.2 : 안정기(Ballast) 계수

   ㉯ 축열부하 고려 시 : $q' = q \cdot SLF$

　　SLF : 축열부하 계수 (SLF < 1)

 ㈐ 동력 취득열량

　　　$q = 860 \cdot P \cdot f_e \cdot f_o \cdot f_s$

　　여기서, P : 전동기의 정격 출력(kW)

　　　　　f_o : 가동률

　　　　　f_e : 부하율 (실제출력 ÷ 정격출력) ≒ 0.8~0.9

　　　　　f_s(사용상태 계수) : 전동기는 실외, 기계는 실내 ; f_s=1

　전동기는 실내, 기계는 실외 $f_s = (1/\eta) - 1$

　전동기, 기계 모두 실내 ; $f_s = 1/\eta$

 ㈑ 기구 취득열량(가스레인지, 커피포트 등)

　　　$q = q_e \cdot f_o \cdot f_r$

　　여기서, q_e : 기구의 열원용량(방열량 ; kcal/h, kW)

　　　　　f_o : 가동률(사용률) ≒ 0.4

　　　　　f_r : 실내로의 복사비율 ≒ 0.5

【CLF에 의한 방법】 상기 내부부하 계산식에서 공히 축열에 의한 효과를 고려 시 CLF (Cooling Load Factor) 혹은 SLF (Storage Load Factor)를 곱하여 사용하는 방법

③ 장치부하

 ㈎ 송풍기 취득열량 : $q = 860 \cdot kW$, 혹은 실내취득 현열량의 약 5~10 %

 ㈏ 덕트로 취득열량 : 실내 취득 현열량의 약 2 %

 ㈐ 재열부하 : 잠열은 없고, 현열만 존재함

　　　$q = Q \cdot \rho \cdot C \cdot (t_2 - t_1)$

　　여기서, q : 열량(kW), Q : 풍량(m^3/s)

　　　　　ρ : 공기의 밀도 (=1.2kg/m^3)

　　　　　C : 공기의 비열 (1.005 kJ/kg · K, 0.24 kcal/kg · ℃)

　　　　　$t_2 - t_1$: 재열기 출구온도-재열기 입구온도(K, ℃)

 ㈑ 외기부하 : 상기 '극간풍에 의한 취득열량'과 동일 방법으로 계산함

　　　외기 도입에 의한 취득열량 = 현열 + 잠열

   ㉮ 현열 : $q = Q \cdot \rho \cdot C \cdot (t_o - t_r)$

   ㉯ 잠열 : $q = q_L \cdot Q \cdot \rho \cdot (\chi_o - \chi_r)$

　　단, 여기서 Q : 외기 도입량 (일반 공조에서는 급기량의 약 30 % 정도를 도입하나 각 건물의 용도나 재실 인원 등의 특성에 따라 차이가 남)

> **PROJECT 12 난방부하 계산법** 출제빈도 ★☆☆
>
> **Q** 공조에서 난방부하 계산법에 대해 설명하시오.

(1) 개요

① 난방부하 계산법은 장치용량 산정을 위한 난방 측면의 최대부하 계산법이다.

② 장치용량이 대개 냉방용량 위주로 설계가 많이 되므로, 냉방부하보다 다소 중요도가 떨어지나, 히트펌프 타입의 냉·난방기에서는 장비의 냉방능력보다 난방능력이 부족할 경우가 많으므로 난방능력 산정에 보다 더 주의를 요한다.

(2) 난방부하 계산법

① 외부 부하(구조물을 통한 손실 열량)

  (가) 외벽, 지붕, 창유리의 열손실 : $q = K \cdot A \cdot k \cdot (t_r - t_o - \Delta t_{air})$

    여기서, K : 열관류율 (W/m^2·K, kcal/h·m^2·℃), A : 면적(m^2), k : 방위계수

      $t_r - t_o$: 실내온도 - 실외온도, Δt_{air} : 대기복사량

  (나) 칸막이, 천장, 내창을 통한 열손실 : $q = K \cdot A \cdot \Delta T$

    여기서, ΔT : 내부와 외부의 온도차(℃)

  (다) 지면과 접하는 바닥면, 지하 벽체의 열손실

    ㉮ 지상 0.6 m ~ 지하 2.4 m

      $q = k_p \cdot l \cdot (t_r - t_o)$

    여기서, k_p : 지하 벽체의 열손실량 (W/m·K, kcal/h·m·℃), l : 지하 벽체의 길이 (m)

      $(t_r - t_o)$: (실내온도 - 실외온도)

    ㉯ 지하 2.4 m 이하

      $q = K \cdot A \cdot (t_r - t_g)$

    여기서, q : 열량 (W, kcal/h)

      K : 열관류율(W/m^2·K, kcal/h·m^2·℃)

        바닥인 경우 : 약 0.284 W/m^2·K≒0.244 kcal/h·m^2·℃

        벽체인 경우 : 약 0.455 W/m^2·K≒0.391 kcal/h·m^2·℃

      A : 벽체 혹은 바닥의 면적(m^2), $t_r - t_g$: 실내온도 - 지중온도 (℃, K)

  (라) 극간풍에 의한 열손실 : 냉방과 동일(단, 잠열부하는 난방부하가 아니고, 가습기 부하에 해당)

    $q = Q \cdot \rho \cdot C \cdot (t_r - t_o)$ (단, Q : 극간풍량)

② 장치부하

  (가) 외기부하에 의한 열손실 : 냉방과 동일(단, 잠열부하는 난방부하가 아니고, 가습기 부하에 해당)

    $q = Q \cdot \rho \cdot C \cdot (t_r - t_o)$ (단, 여기서 Q : 외기 도입량(일반 공조에서는 급기량의 약 30 % 정도를 도입하나 각 건물의 용도나 재실 인원 등의 특성에 따라 차이가 남))

  (나) 덕트에서의 열손실 : 보통 실내 현열량의 5~10 % 정도로 산정

2. 시스템 및 반송장치

PROJECT 13 히트펌프 시스템   출제빈도 ★★☆

Q 히트펌프 시스템의 장·단점 및 분류에 대해 논하시오.

(1) 개요

① 히트펌프 시스템은 원래 높은 성적계수(COP)를 구현하여 에너지를 효율적으로 이용하는 방법의 일환으로 연구되어 왔으며, 저열원에서 고열원으로 에너지를 전달하는 장치로 정의되어 질 수 있다.

② Heat Pump는 보통 하계 냉방 시에는 보통의 냉동기와 같지만, 동계 난방 시에는 냉동 사이클을 이용하여 응축기에서 버리는 열을 난방용으로 사용하여 양 열원을 겸할 수 있으므로 보일러실이나 굴뚝 등 공간절약이 가능하다.

③ 열원의 종류로는 공기(대기), 물, 태양열, 지열 등 다양하며(사용의 편의상 공기와 물이 주로 사용됨), 온도가 너무 높거나 낮지 않고 시간적 변화가 적은 열원일수록 좋다.

④ 시스템의 종류(열원/열매) : 공기 대 공기, 공기 대 물, 물 대 공기, 물 대 물, 태양열 대 물, 지열 대 물, 이중응축기 방식 등

(2) 장·단점

① 장점

㈎ 대부분의 사용 영역에서 성적계수(COP)가 높음

㈏ 1대로 냉·난방을 동시에 할 수 있다.

㈐ 보통의 냉동기보다 압축비를 높여 고온의 물이나 공기도 얻을 수 있고, 연소가 없으므로 대기오염이나 오염물질 배출이 거의 없다.

㈑ 발열의 '재생 이용'에 효과적임(폐열회수)

㈒ 난방 시의 열량 및 열효율을 냉방 시보다 높일 수 있는 가능성이 많다.

㉮ 성능측면 : 응축열량 = 증발열량 + 압축기 소요동력

㉯ $COP_h = 1 + COP_c$ (즉, 이상적인 Cycle에서는 난방 성적계수가 냉방 성적계수대비 1 정도 높다.)

② 단점

㈎ 성적계수(COP)가 외부 기후조건(TAC 위험률 초과 온·습도 시 눈, 비, 바람 등)에 따라 매우 유동적일 수 있다.

㈏ 난방운전 시 주기적인 제상운전이 필요 : 난방의 간헐적 중단, 평균 용량 저하, 과잉 액체처리 등이 문제

㈐ 냉·난방을 겸할 수 있으나, 외기 저온 난방 시에는 높은 압축비를 필요로하므로 열효율이 많이 떨어진다.

㈃ 비교적 부품이 많고, 제어가 복잡하다(냉매회로 절환, 혹은 공기/수회로 절환).

㈄ 보일러와 달리 많은 열을 동시에 얻기 어렵다.

㈅ 히트펌프는 난방 시 보조적 열원으로 많이 응용된다(단, 보일러, 지열 등의 기후조건 에 변치 않는 고정열원을 확보한다면 이러한 단점이 극복 가능하다).

(3) 히트펌프의 분류 및 각 특징(特徵)

방 식	열원측	가열(냉각측)	변환 방식	특 징
ASHP	공기	공기	냉매회로 변환방식	• 장치구조 간단 • 중소형 히트펌프에 많이 사용
			공기회로 변환방식	• 덕트 구조 복잡하여 SPACE 커짐 • 거의 사용 적음
	공기	물	냉매회로 변환방식	• 구조 간단(축열조 이용 가능) • 고효율 운전이 가능하여 많이 사용됨
			水회로 변환방식	• 수회로 구조 복잡 • 브라인 교체 등 관리 복잡 • 현재 거의 사용 적음
WSHP	물	공기	냉매회로 변환방식	• 장치구조 간단 • 중소형 히트펌프에 많이 사용
			水회로 변환방식	• 수회로 구조 복잡 및 관리의 어려움 • 현재 거의 사용 적음
	물	물	냉매회로 변환방식	• 대형에 적합 • 냉온수 모두 이용하는 열회수 시스템 가능
			水회로 변환방식	• 수회로 구조 복잡 • 브라인 교체 등 관리 복잡
			변환 없는 방식	• 일명 Double Bundle Condenser • 냉·온수 동시간 이용 가능(실내기 2대 설치 등)
SSHP	태양열	공기 혹은 물	냉매회로 변환방식	• 태양열을 이용한 열원 확보 • 보조열원과 연계운전 필요
GSHP	지열	공기 혹은 물	냉매회로 변환방식	• 냉매와 대지가 직접 열교환 • 냉·난방 공히 안정된 열원

※ 용어
- ASHP(Air Source Heat Pump) : 실외 공기를 열원으로 하는 히트펌프
- WSHP(Water Source Heat Pump) : 물을 열원으로 하는 히트펌프
- SSHP(Solar Source Heat Pump) : 태양열을 열원으로 하는 히트펌프
- GSHP(Ground Source Heat Pump) : 땅속의 지열을 열원으로 하는 히트펌프

(4) 열원방식별 특징

① ASHP

㈎ 공기-공기 방식 : 간단한 패키지형 공조기, 에어컨 종류 등에 많이 적용

㈏ 공기-물 방식 : 공랭식 칠러 방식, 실내측은 공조기 혹은 FCU방식이 대표적임

② WSHP

㈎ 물-공기 방식 : 수랭식(냉각탑 사용), 실내측은 직팽식공조기, 패키지형 공조기 등을 많이 적용함.

(내) 물-물 방식 : 수랭식(냉각탑 사용), 실내측은 공조기 혹은 FCU 방식이 대표적임
③ 기타의 내용은 상기 1. 및 2. 에 나와있는 내용(히트펌프 전체적 공통사항)과 동일함

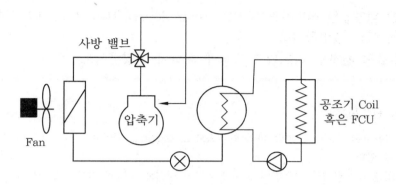

공기-물 히트펌프 (냉매회로 변환방식)

(5) 최근 동향

① 과거의 국내 기후 조건에서는 남부지방 일부 지역과 제주도 지역만 가능했으나, 최근에는 한랭지향이 적극 개발되면서 기술적으로 외기온도의 영향을 많이 극복하였다.
② 축열(물) 후 이용 : 축열 가능, 멀리 이송 가능, 기타 다양한 용도로 사용
③ GHP, EHP 및 냉·난방 겸용 패키지형 에어컨 등에 적용 노력이 많이 이루어지고 있다 (특히 GHP는 에너지 절약형 공조기기로서 학교 건물, 사무실 용도 등에 최근 많이 적용되고 있다).
④ HR(Heat Recovery) 기술을 개발하여 폐열회수(연간 소비전력 절감) 등.

(6) 향후 연구과제

① 고효율 열교환기 개발로 COP 향상
② 고효율 및 고압축비에서 신뢰성이 강한 압축기 개발
③ 작동 열매체 Upgrade (대체냉매의 COP 향상 등)
④ 히트펌프의 실외 저온난방 Cycle 개선 및 효율 개선
⑤ 사용처 확대 방안 모색 필요

· 문제풀이 요령
① 히트펌프의 가장 큰 장점 : 1대의 열원으로 냉·난방을 동시에 행할 수 있다는 점과 난방 시의 에너지 효율이 타 장치보다 높다는 점이다.
② 히트펌프의 가장 큰 단점 : 공랭식의 경우 동계 난방 시 실외온도가 많이 낮을 시 압축기의 압축비가 증가함으로 인해 난방능력 저하와 시스템 효율 저하를 가져올 수 있다는 점과 겨울철 습도가 많을 시 제상운전이라고 하는 빈번한 간헐운전 (간헐난방)이 진입할 수 있는 점이다.
  ☞ 단, 보일러, 지열 등의 기후 조건에 변치 않는 고정열원을 확보한다면 상기 단점 극복이 가능하다.
③ 열원으로서는 물과 공기가 가장 많이 쓰이며, 앞으로 태양열, 지열 등도 많이 보급될 전망이다.

PROJECT 14 **태양열원 히트펌프(SSHP), 수열원 천장형 히트펌프**   출제빈도 ★★☆

Q (1) 태양열원 히트펌프(SSHP ; Solar Source Heat Pump)의 분류 및 특징에 대해 설명하시오.
(2) 수열원 천장형 히트펌프 방식에 대하여 설명하시오.

---

(1) 태양열원 히트펌프

① 개요 : 태양열원은 기상 조건에 따라 좌우되므로, 축열조를 만들어 온도를 안정시킨 후 다용도로 사용할 수 있다.

② 집열기의 분류 : 태양열 집열기의 종류(집열부의 방식)는 다음의 3가지로 나뉜다.

  (개) 평판형 집열기(Flat Plate Collector)

    ㉮ 집광장치가 없는 평판형의 집열기로 가격이 저렴하여 일반적으로 사용된다.

    ㉯ 집열매체는 공기 또는 액체로 주로 부동액을 이용한 액체식이 보통이다.

    ㉰ 열교환기의 구조에 따라 관 – 판, 관 – 핀, 히트파이프식 집열기 등이 있다.

    ㉱ 지붕의 경사면(40~60도) 이용, 구조가 간단하여 가정 등에서 많이 적용함

  (내) 진공관형 집열기 : 보온병 같이 생긴 진공관식 유리 튜브에 집열판과 온수 파이프를 넣어서 만든 것으로 단위 모듈의 크기(용량)가 작아, 적절한 열량을 얻기 위해서는 단위 모듈을 여러 개 연결하여 사용한다.

  (대) 집광형 집열기 (Concentrating Solar Collector)

    ㉮ 반사경, 렌즈 혹은 그 밖의 광학기구를 이용하여 집열기 전체 면적(Collector Aperture)에 입사되는 태양광을 그보다 적은 수열부면적(Absorber Surface)에 집광이 되도록 고안된 장치임

    ㉯ 직달일사를 이용하여 고온을 얻을 수 있다 (태양열 추적장치 필요).

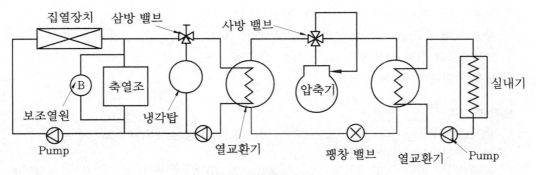

태양열원 히트펌프의 개략도

③ 특징

  (개) 일종의 설비형(능동형) 태양열 시스템이다 (↔ 자연형 태양열 시스템).

  (내) 보조열원 필요 (장시간 흐린 날씨 대비)

(다) 선택흡수막 : 흡수열량 증가를 위한 Selective Coating (장파장에 대한 방사율을 줄
여준다.)

[칼럼] ① 냉방 시에는 응축기의 열을 냉각탑을 이용하여 배출하고, 난방 시에는 증발기의 열원
으로 태양열을 사용한다.
② ⑧ (보조열원) : 장마철, 흐린 날, 기타 열악한 기후 조건에서는 태양열원이 약하기 때문에
보일러 등의 보조열원이 대신 구동된다(보통 평시에는 Stand-By 상태임).

(2) 수열원 천장형 히트펌프 방식

① 개요 및 장치도

(가) 각층 천장에 여러 대의 소형 히트펌프를 설치하여 실내 공기를 열교환기측과 열교환
시켜서 냉·난방을 행하는 시스템이다.

(나) 유닛 내에 압축기, 응축기, 증발기, 팽창 밸브 등이 일체화된 방식이다.

(다) 압축기, 열교환기 등의 무게 때문에 보통 소형으로 제작하여 실내부하량에 따라 병렬
로 여러 대 설치한다.

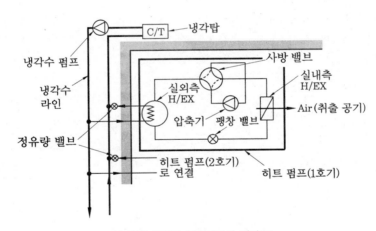

수열원 천장형 히트펌프의 개략도

② 장치의 특장점(냉동기 및 보일러 방식 대비 특장점)

(가) 고효율 : 보일러의 미사용(간혹 보조보일러를 사용하는 경우도 있음)으로 고효율 실현
가능. (보통 COP를 3.0 이상 실현 가능)

(나) 개별제어 용이 : 필요한 유닛을 한 대만 가동하여도 국소 냉·난방 운전 가능(대수
제어)

(다) 기타 : 기계실 불필요, 단위시공 용이, 냉수라인 불필요(직팽식), 저온급기 실현 용이 등

③ 단점

㉮ 압축기 등의 진동원이 천장에 매달리게 되므로 구조적으로 진동 전달 가능

㉯ 겨울철 외기 온도가 많이 저하될 시 난방 성능이 저하(제상 운전 때문에 난방운전율 저하)

㉰ 기타 : 유닛의 하중 때문에 천장 설치 시공이 어려움, 서비스의 어려움, 냉각수의 각 층별 불균형으로 성능저하 가능성 등

• 문제풀이 요령

① 태양열 히트펌프 (SSHP) : 태양열을 열원으로 함으로써 무공해 청정에너지를 사용할 수는 있으나, 기후가 흐린 날씨를 대비하여 보조열원이 반드시 필요한 히트펌프의 일종이다.

② 태양열 히트펌프의 가장 핵심 부품 : 집열기, 축열조 및 보조열원부이다. 집열기에는 평판형, 진공형, 집광형 등이 있고, 축열조는 물, 브라인용 등이 사용된다.

③ 수열원 천장형 히트펌프는 개별제어가 용이하고 시공 및 사용이 간편하여 빌딩 건물의 보조 냉·난방용으로 많이 사용되어 진다.

PROJECT **15** 지열원 히트펌프(GSHP) 출제빈도 ★★☆

Q 지열원 히트펌프(GSHP ; Ground Source Heat Pump)의 특징과 방식에 대해 설명하시오.

(1) 개요

① 지열은 위도나 기후에 따라 거의 변화가 적다(평균 온도가 약 4~20℃ 정도임). 따라서 연간 안정된 열원으로 사용이 가능하다.

② 지하 20 m 이하에서는 약 15℃ 이상의 안정적 온도가 확보된다.

(2) 개략도

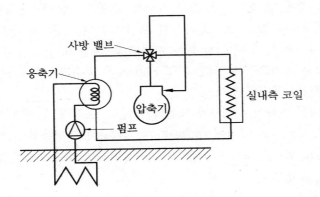

(3) 특징

① 냉매와 대지가 직접 열교환 혹은 물/Brine(2차 냉매)과 대지의 열교환

② 관내 압력강하 증가하여 압축비 증가 혹은 펌프 소요동력 증가

③ 지중 매설 공사의 어려움

④ 가격이 고가(高價)이다(초기 투자비 측면).

⑤ 배관 등 설비의 부식 우려가 있다.

⑥ 지열은 친환경적이면서도 향후 충분한 잠재 가능성을 지니고 있는 무궁무진한 에너지이다.

⑦ 효율적이면서도 무제상(無除霜) 운전이 가능하여 이상적인 히트펌프 시스템을 구축할 수 있다.

⑧ 흡수식 냉·온수기 대비 장점 : 에너지 효율 매우 높음(약 3배 이상), 운전 유지비 절감, 친환경 무공해 시스템, 대형 냉각탑 불필요, 연료의 연소과정이 없으므로 수명이 길다, 물-공기 형태로 구성하여 개별 제어성이 우수하게 구현 가능

⑨ 흡수식 냉·온수기 대비 단점 : 지중 냉각관 매설로 인한 초기 설치공사가 까다롭고, 기술과 경험부족으로 인한 최적의 성능 구현이 어렵다.

(4) 지열(히트펌프) 시스템의 종류

① 폐회로(Closed Loop) 방식

㉮ 일반적으로 적용되는 폐회로는 파이프가 폐회로로 구성되어 있는데, 파이프 내에는 지열을 회수(열교환)하기 위한 열매가 순환되며, 파이프의 재질은 고밀도 폴리에틸렌이 주로 사용된다.

㉯ 폐회로 시스템(폐쇄형)은 루프의 형태에 따라 수직, 수평 루프 시스템으로 구분되는데 수직으로 100~250 m, 수평으로는 1.2~2.5 m 정도 깊이로 묻게 되며, 수평 루프 시스템은 상대적으로 냉·난방부하가 적은 곳에 쓰인다.

② 개방회로(Open Loop) 방식

㉮ 개방회로는 수원지, 호수, 강, 우물(복수정, 단일정) 등에서 공급받은 물을 운반하는 파이프가 개방되어 있는 것으로 풍부한 수원지가 있는 곳에서 주로 적용될 수 있다.

㉯ 폐회로가 파이프 내의 열매(물 또는 부동액)와 지열 Source가 열교환 되는 것에 비해 개방회로는 파이프 내로 직접 지열 Source가 회수되므로 열전달 효과가 높고, 설치비용이 저렴한 장점이 있다.

㉰ 폐회로에 비해 열매회로 내부가 오염되기 쉽고, 보수 및 관리가 많이 필요한 단점이 있다(열원과 히트펌프 사이에 열교환기를 설치하여 열원측의 오염으로 인한 피해를 줄이는 방법도 있다).

③ 냉매 직접 열교환 방식

㉮ 냉매와 대지가 직접 열교환하는 방식으로 가장 간단한 방식이다.

㉯ 자칫 관내 압력 손실 증가로 인하여 압축비 상승과 효율 저하를 초래할 수 있다.

④ 하이브리드 방식 : 초기투자비, 설치 여건 등을 감안하여 지열원과 냉각탑, 보일러, 온도차 에너지, 태양열 에너지 등을 결합한 형태의 시스템이다.

·문제풀이 요령

① 지열원 히트펌프(GSHP) : 지중 열원을 사용함으로써 무한한 땅속 에너지를 사용할 수 있고, 태양열 대비 열원 온도가 일정하여 기후의 영향을 적게 받기 때문에 보조열원이 거의 필요하지 않는 무제상 히트펌프의 일종이다.

② 지열원 히트펌프의 가장 큰 단점 : 냉매와 대지가 직접 열교환을 함으로써 냉매관 내 압력강하가 증가하고, 초기 설치의 까다로움 등으로 투자비가 증대된다.

③ 지열원 히트펌프는 폐회로 방식(수평형, 수직형)과 개방회로 방식이 있다.

④ 지열원 히트펌프는 태양열원 히트펌프 대비 기후 조건에 영향을 거의 받지 않는 안정된 열원이기 때문에 상당히 간단하고 효율적이다.

PROJECT **16** 열매(熱媒)의 종류 출제빈도 ★☆☆

Q 지역 냉난방 및 건물공조에 사용되는 열매(熱媒)의 종류 및 특징에 대해 설명하시오.

(1) 개요

① 지역 냉난방은 경제적, 사회적으로 여러 가지 이점이 있으나 '경제성 조건'을 주로 검토하여 이를 기준으로 계획한다.

② 내압, 열용량 등의 측면에서, 지역난방에서는 중온수, 고온수, 증기 등이 많이 사용되어지며, 건물공조(난방)에서는 저온수 혹은 저압 증기 등이 많이 사용되어진다.

(2) 열매

① 중압증기 (약 0.1~0.85 MPa) 및 고압증기 (약 0.85 MPa 이상)

　㉮ 0.1 MPa 이상의 증기(건물공조에서는 통상 0.1 ~ 0.3 혹은 0.4 MPa 정도를 사용)를 사용하는 방식이다.

　㉯ 동력발생(Process) 가능하다.

　㉰ 정수두 없어 고층빌딩에 적합하다.

　㉱ 공장 및 지역난방 등에도 많이 사용된다.

　㉲ 이 방식에서는 고압증기를 발생시킨 뒤 배관 도중에서 감압장치를 설치해 저압증기로 만든 다음에 주로 이용한다.

② 저압증기 (약 0.1 MPa 이하)

　㉮ 0.1 MPa 이하의 증기(건물공조에서는 통상 0.01 ~ 0.035 MPa 정도를 사용)를 사용하는 방식이다.

　㉯ 예열부하 적음

　㉰ 배관 열손실 적음

③ 고온수 : 150~180℃ 정도의 온수, 열용량 및 부하 추종성이 우수하다.

④ 저온수 : 100℃ 이하의 온수(잘 사용하지 않음)를 말한다.

⑤ 중온수 : 100~150℃ 정도의 온수를 말한다.

⑥ 냉수 : 공급(약 4~7℃), 환수(약 11~15℃), 주로 7~8℃ 차이가 일반적이다.

⑦ 1차 냉매 : 1차 냉매를 직접 순환시키는 방식이다 (압력손실 등의 기술적인 문제로 인하여 지역난방에서는 잘 사용하지 않는 열매임).

　칼럼 증기와 온수 열매의 차이점 (난방 방식 측면)

　• 증기난방은 열매인 증기를 부하기기에 공급하여 실내를 난방하는 방식으로 잠열을 이용하는 방식이다.

• 온수난방은 열매인 온수를 부하기기에 공급하여 실내를 난방하는 방식으로 현열만을 이용하는 방식이다.

[칼럼] 지역 냉난방의 배관방식 : 열공급 목적에 따라 단관식, 2관식, 3관식, 4관식, 6관식 등이 있다. 난방 및 급탕만을 위해서는 2관식도 가능하나, 냉난방을 동시에 하거나 2가지 이상의 열매(온수, 증기, 냉수 등)를 동시에 연중 공급하기 위해서는 3관식 이상(주로 4관식 이상)을 적용하여야 한다.

* 설치 사례

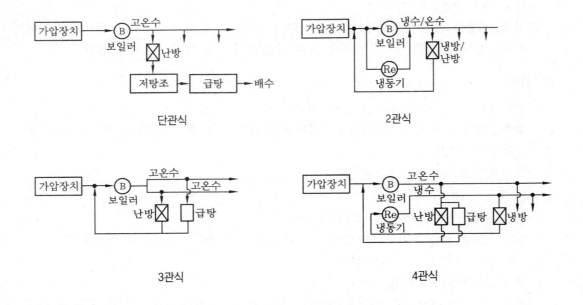

단관식

2관식

3관식

4관식

• 문제풀이 요령

지역난방의 열매에는 어떤 종류가 있는가 ?

– 저압증기 (약 0.1MPa 이하) : 통상 0.01~0.035 MPa 정도로 사용

– 중압증기 (약 0.1~0.85 MPa) : 통상 0.1~0.4 MPa 정도로 사용

– 고압증기 (약 0.85 MPa 이상) : 통상 0.3~0.4 MPa 이상으로 사용

– 저온수 : 100℃ 이하의 온수(잘 사용하지 않음)

– 중온수 : 100~150℃ 정도의 온수

– 고온수 : 150~180℃ 정도의 온수

– 냉수 : 공급 (약 4~7℃), 환수(약 11~15℃), 주로 7~8℃ 차이가 일반적임

– 냉매 : 냉매를 직접 순환시키는 방식(압력손실 등의 기술적인 문제로 인하여 잘 사용하지 않는 열매임)

– 영어식 용어로 냉수는 chilled water라고 하고, 냉각수는 condensing water 이라고 한다.

PROJECT 17 **지역난방(地域煖房)의 방식** 출제빈도 ★☆☆

Q 지역난방(地域煖房) 방식의 장·단점과 배관방식 및 배관망에 대해 설명하시오.

(1) 지역난방의 장점(長點)

① 지역난방은 지역별로 열원 플랜트를 설치하여 수용가까지 배관을 통해 열매를 공급하고, 에너지의 효율적인 이용, 대기오염 방지 및 인적 절약의 장점이 있는 집단 에너지 공급 방식이다.

② 배관구배, 응축수 회수 등의 문제로 고온수 방식이 주로 많이 사용된다.

③ 대기오염, 에너지 효율화 측면에서 대도시 외곽 신도시 건설 지역에 지역난방 시설을 설치하는 것이 유리

④ 기타 화재방지 등도 집약적 관리가 가능하다.

(2) 지역난방의 단점(短點)

① 초기 투자비가 많이 필요하다.

② 배관 열손실, 순환펌프 손실 등이 크다.

③ 배관 부설비용이 방대하여 전체 공사비의 40~60 %를 차지한다.

(3) 배관방식(配管方式)

① 단관식 : 공급관만 부설함, 설치비가 경제적임

② 복관식 : 공급관 및 환수관을 설치한 방식, 여름철에 냉수 및 급탕을 동시 공급 불가

③ 3관식
  (개) 공급관 : 2개(부하에 따라 대구경＋소구경 혹은 난방 / 급탕관＋냉수관)
  (나) 환수관 : 1개

④ 4관식
  (개) 난방 / 급탕관 : 공급관 ＋ 환수관
  (나) 냉수관 : 공급관 ＋ 환수관

⑤ 6관식
  (개) 냉수관 : 공급관 ＋ 환수관
  (나) 온수(난방 / 급탕)관 : 공급관 ＋ 환수관
  (다) 증기관 : 공급관 ＋ 환수관

(4) 배관망(配管網)의 구조 (아래 그림의 ⑧ : 보일러 설비)

① 격자형 : 가장 이상적인 구조, 어떤 고장 시에도 대부분 공급 가능, 공사비가 큼

② 분기형 : 간단하고, 공사비 저렴

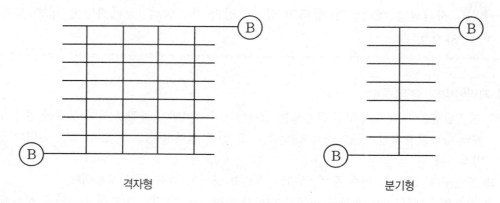

격자형   분기형

③ 환상형(범용) : 가장 보편적으로 많이 사용, 일부 고장 시에도 공급 가능

④ 방사형 : 소규모 공사에 많이 사용, 열손실이 적은 편임

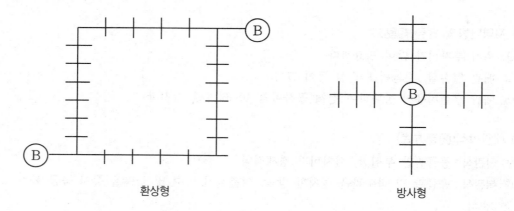

환상형   방사형

• 문제풀이 요령

① 지역난방의 특장점 : 지역난방은 지역별 혹은 지구별 대규모 열원 플랜트를 설치하여 집단적으로 열을 생산/공급하는 시스템으로, 수용가까지 배관을 통해 열매를 공급하므로 배관상 열손실이 커지고, 배관 부설비, 설비투자비 등의 초기투자비가 방대해지는 단점이 있지만, 전체적인 에너지 이용 효율의 향상, 집약적 관리의 용이, 방재 용이, 대기오염 최소화 등의 장점이 있어 점차 많이 보급되고 있다.

② 지역난방의 종류 : 배관방식(配管方式)에 따라 단관식, 복관식, 3관식, 4관식, 6관식으로 나누어지고, 배관망(配管網)에 따라 격자형(가장 이상적인 구조), 분기형, 환상형(범용), 방사형(보일러가 1대뿐이므로 소규모 공사형) 등으로 나눌 수 있다.

PROJECT 18 **열병합 발전**(Co-Generation) 출제빈도 ★★★

Q 열병합 발전 (熱倂合發電 ; Co-Generation)에 대해 논하시오.

(1) 개요
① TES(Total Energy System)이라고도 한다.
② 보통 화력발전소나 원자력발전소에서는 전기를 생산할 때 발생하는 열을 버린다. 발전을 위해 들어간 에너지 중에서 전기로 바뀌는 것은 35 % 정도 밖에 안되기 때문에 나머지는 모두 쓰지 못하는 폐열이 되어 밖으로 버려지는 것이다.
③ 이렇게 버려지는 폐열은 에너지를 허비하는 것일 뿐만 아니라, 바다로 들어가면 어장이나 바다 생태계를 망치기도 한다.
④ 열병합 발전은 이렇게 버리는 열을 유용하게 재사용 할 수 있다는 것이 장점이다(효율이 70~80 % 까지 상승 가능).
⑤ 열병합 발전의 규모는 큰 것부터 작은 것까지 다양하다.
⑥ 한 가지 연료를 사용하여 유형이 다른 두 가지의 에너지(전기 & 온수 / 증기)를 동시에 생산 가능하다.
⑦ 고온부에서는 동력(전기)을 생산하고, 저온부에서는 난방 혹은 급탕용 온수 / 증기 생산

(2) 열병합 발전소의 원리
① 열병합 발전소 중에는 투입된 에너지의 대부분을 전기와 열로 이용하는 것도 있다(즉, 가스 속에 담겨 있는 에너지의 90 % 이상이 전기와 열로 바뀌어서 이용되는 경우도 있음).
② 가스 등을 연소시켜 가스 터빈을 통과시킴으로써 한 차례 전기를 생산한다.
③ 이때 터빈을 통과한 연소 가스는 온도가 여전히 높은데, 이 연소 가스로는 물을 증기로 변환하여 증기 터빈을 돌리는데 한 번 더 이용한다. 이 과정에서 또 한 차례의 전기가 생산된다.
④ 증기 터빈을 통과하고 나온 증기의 열은 여전히 100℃ 이상의 열을 지니고 있기 때문에, 발전용으로는 사용할 수 없지만 난방용으로는 얼마든지 이용이 가능하다.
⑤ 이 증기를 다시 한 번 열교환기를 통과시켜서 난방·온수용 물을 만들어 이용함으로써 세 차례에 걸쳐 에너지를 최대한 이용할 수 있는 것이다.
⑥ 작은 규모의 열병합 발전기는 주택이나 작은 건물의 전기와 난방용 열을 충분히 공급할 수 있다.

(3) 열병합 발전의 분류별 특징
① 회수열에 의한 분류
  ㈎ 배기가스 열회수
    ㉮ 배기가스의 온도가 높으므로 회수 가능한 열량이 많다.

ⓒ 배기가스의 온도는 '가스 터빈 > 가스 엔진 > 디젤 엔진 > 증기 터빈'의 순이다.

ⓓ 배기가스의 열회수 방식으로는 배기가스 열교환기를 통한 고온수 및 고(저)압 증기의 공급, 배기가스 보일러에 의한 고압증기 공급, 이중효용 흡수식 냉온수기를 통한 열회수 등의 방법을 사용한다.

(나) 엔진 냉각수 재킷 열회수

㉮ 가스 엔진, 디젤 엔진의 냉각수를 이용한 열회수 방법으로 온도는 그다지 높지 않다(주로 저온수 회수).

㉯ 회수 열매는 주로 온수이지만, '비등 냉각 엔진'의 경우에는 저압증기를 공급할 수 있다.

㉰ 자켓을 통과한 엔진 냉각수를 다시 배기가스 열교환기에 직렬로 통과시키면 회수되는 온수의 온도가 올라가 성적계수를 높일 수 있다.

(다) 복수 터빈(復水 ; Turbine)의 복수기 냉각수 열회수(熱回收) : 증기 터빈 발전 방식의 경우로 복수터빈 출구의 복수기로부터 냉각수의 열을 저온수나 중온수 등의 형태로 회수한다.

(라) 배압 터빈(背壓 ; Turbine)의 배압증기 열회수(熱回收) : 증기 터빈 발전 방식의 경우로 배압 터빈 출구의 증기를 직접 난방, 급탕 등에 사용하거나, 흡수식 냉동기의 가열원으로 사용한다.

② 회수열매에 의한 분류

(가) 온수 회수방식

㉮ 가스 엔진, 디젤 엔진의 냉각수 자켓과 열교환한 온수를 난방과 급탕에 이용하는 방식이다.

㉯ 냉방은 배기가스 열교환기를 재차 통과시켜 고온의 온수로 단효용 흡수식 냉동기를 구동하게 한다.

(나) 증기 회수방식

㉮ 디젤 엔진 및 가스 엔진의 경우 비등 냉각 엔진에서 발생하는 저압증기를 난방, 급탕, 단효용 흡수식 냉동기에 이용한다.

㉯ 배기가스 열교환기에서 회수한 고압증기는 단효용 및 이중 효용 흡수식 냉동기의 가열원으로 사용하게 한다.

㉰ 가스 터빈의 경우, 배기가스 열교환기를 이용하여 고압증기를 바로 난방, 급탕, 이중효용 흡수식 냉동기의 열원으로 이용한다.

(다) 온수, 증기 회수방식

㉮ 디젤 엔진 및 가스 엔진의 냉각수를 온수로 회수하여 난방 및 급탕에 이용하는 방식

㉯ 배기가스 열교환기에서 회수된 중압증기로 이중 효용 흡수식 냉동기를 운전하는 방식

㈜ 냉수, 온수 회수방식

㉮ 배기가스 열교환기를 이용하여 바로 급탕용 온수를 공급할 수 있다.

㉯ 가스 터빈 방식에서는 배기가스를 직접 '배기가스 이중 효용 흡수식 냉온수기'의 가열원으로 이용하여 냉수 및 온수를 제조하여 냉·난방에 이용한다.

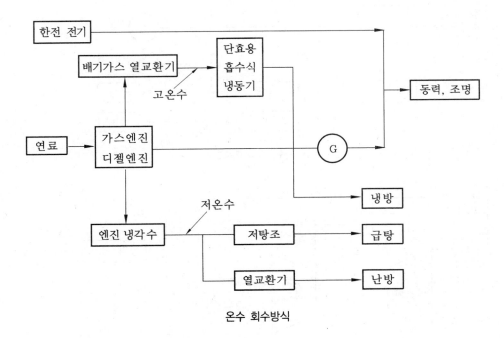

온수 회수방식

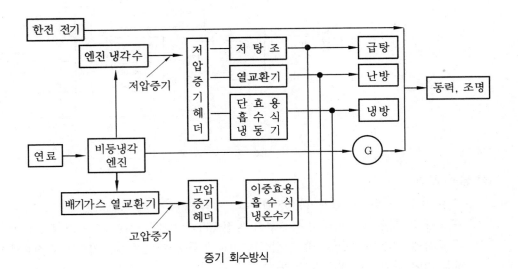

증기 회수방식

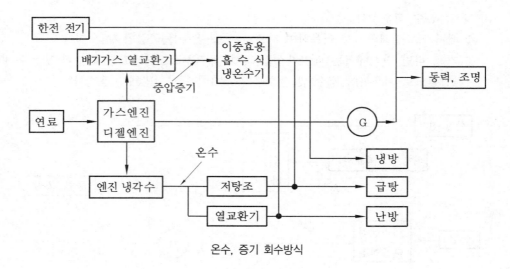

온수, 증기 회수방식

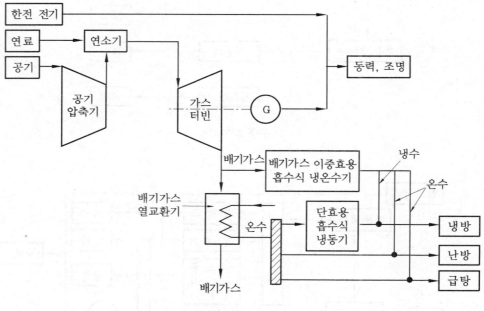

냉수, 온수 회수방식

(4) 응용 사례

① 작은 소규모 열병합 발전기는 유럽 여러 지역 등에 널리 보급되어지고 있는 추세이다.

② 규모가 큰 것은 우리나라의 복합화력 발전소라고 불리는 것이 바로 그것인데 전기와 열을 동시에 생산해서 공급하는 시설이다(서울의 목동 아파트에는 이러한 발전소에서 만들어진 열이 난방열로 공급되고 있다).

③ 최근에는 중규모의 아파트 단지에서도 쓰레기 소각장의 열을 이용하여 열병합 발전을 행하고, 여기에서 나오는 전기를 매전까지 하는 경우도 있다. 이 경우는 쓰레기 처리, 난

방, 전기 사용(혹은 매전) 등을 한꺼번에 해결할 수 있어 장점이 크다.

④ 산업용 열병합 발전의 사례 : 대구 염색단지, 삼성 코닝, 군산 페이퍼코리아 (연료전지) 등

⑤ 대단위 아파트 단지의 열병합 발전 사례 : 경기도 안양, 분당, 일산, 부천, 군포, 산본, 마곡지구 등 주로 신도시 지역에 많이 위치해 있다.

(5) 향후 동향

① 매전(전기판매)이 법적으로 가능하게 되어 있어 앞으로 성공 사례가 늘어날 것으로 전망된다.

② 쓰레기 소각장 등의 열을 이용할 경우, 주로 외지에 건설되므로 열 및 전기를 팔기가 어려우므로 자체 유락시설 등을 만들어 많이 사용한다.

③ 초기 투자시 효율향상, 투자비회수 등 경제성을 잘 따져서 도입 결정 필요

④ On-Site Energy System 활성화 : 열병합 발전과 유사하나 전기나, 온수 / 증기 등을 판매하지 않고 해당 현장이나 건물 내에서 직접 이용 (즉, 열병합 발전으로 해당 지역사회 자체에 자가발전, 온수 / 증기 사용 등을 의미함)

⑤ 연료전지
　㈎ 수소와 산소 사이의 화학 반응을 이용하여 전기 및 열을 생산하는 방법으로 최근 보급이 활성화되고 있다.
　㈏ 최근 전 세계적으로 연료전지 발전소 건설이 활성화되고 있으며, 미래에는 수소 및 연료전지가 인류의 가장 주요한 에너지원의 하나가 될 전망이다.

• 문제풀이 요령

① 열병합 발전은 고온부에서는 동력(전기)을 생산하고, 저온부에서는 난방 혹은 급탕용 온수 / 증기를 생산할 수 있게 되어 있어 열을 효율적으로 사용할 수 있는 시스템으로 회수열에 의해 배기가스 열회수, 엔진 냉각수 재킷 열회수, 복수 터빈의 복수기 냉각수 열회수, 배압 터빈의 배압증기 열회수 등으로 나눌 수 있고, 회수 열매에 의해 온수 회수방식, 증기 회수방식, 온수 및 증기 회수방식, 냉·온수 회수방식 등이 있다.

② 열병합 발전 사례 : 중대규모의 아파트 단지에서 쓰레기 소각장의 열을 이용하여 열병합 발전을 행하고, 여기에서 나오는 열도 난방과 급탕용으로 사용하는 경우가 늘고 있다. 이 경우는 골치 아픈 쓰레기처리, 난방열매 및 전기 생산 (사용 혹은 매전) 등을 한꺼번에 해결할 수 있어 장점이 크다.

PROJECT 19 **VAV 시스템 적용시의 문제점 / 해결책** 출제빈도 ★★☆

Q VAV 시스템 적용시의 문제점 / 해결책 및 기술 측면의 고려사항에 대해 설명하시오.

---

(1) VAV 시스템 적용시의 문제점 / 해결책

① 환기의 부족

(개) 풍량이 감소할 때 환기 부족이 우려되므로 풍량의 상한치 및 하한치를 미리 설정하여 풍량의 이상 저감 및 과다를 막아준다.

(내) 교축형 대신 유인형, 바이 패스형, FPU 방식 등을 검토한다.

② 기류분포(氣流分布)의 불균일 : 실내 저풍량 시 기류분포가 문제될 수 있으므로(특히 난방 시) 디퓨저 선택, 유인비 설정 등에 세심한 주의가 필요하다.

③ 냉방시의 과랭 : 실내 최소 풍량시 과랭되기 쉬우니, 재열 등의 검토가 필요하다.

④ 난방시의 과열

(개) 난방 시 실내 최소 풍량으로 인한 과열이 우려되므로, 난방부하는 Convector, FCU 등의 다른 방법으로 처리하는 것도 검토가 필요하다.

(내) 교축형 대신 유인형, 바이패스형, FPU 방식 등을 검토한다.

⑤ 환기팬 제어 난이 : 환기팬 제어가 적절하지 못할 때 실내가 양압 혹은 음압으로 될 수 있으므로, 풍량 감지기를 통한 환기팬의 정밀제어가 필요하다.

⑥ 소음(Noise) : VAV 유닛은 풍량 조절 시 특정 영역에서 소음이 증가될 수 있으므로, 소음이 우려되는 곳에는 미리 소음기 혹은 흡음 체임버 설치를 고려한다.

⑦ 기타

(개) 냉·난방 겸용 코일 설치 시 난방부하가 과대해질 수 있으므로 특히 주의를 요한다.

(내) 천장 오염 우려 : 대류에 의해 천장이 오염(먼지 침착, 얼룩 등)될 수 있으므로 천장 마감재 선택 시 오염이 적은 것으로 선택하는 것이 좋다.

(대) 실내 습도 상승 : 실내의 습도가 지나치게 높은 경우, 충분히 제습 후 재열이 필요하다.

(2) VAV 시스템 기술 측면의 고려사항

① 설계 측면

(개) 연간 부하변동 철저히 고려 필요(에너지 절약, 개별제어 등 고려)

(내) 냉동기 및 송풍기의 용량제어와 연계해야 효과적이다.

(대) 소음 특성이 우수하도록 설계할 것(VAV는 소음에 민감)

② 제작 측면

  ㈎ 센서, 스프링 등의 정밀부품 : 정확도가 높은 부품 선정

  ㈏ 제작상의 이물질 방지 : 조작부, 정밀 동작부 등에 이물질, 먼지 없게 관리

  ㈐ 최고·최저 풍량 Setting : 환기 부족, 과다 풍량 등 막아줌

③ 설치·시공 측면

  ㈎ 방진, 방음 : 소음, 진동의 전달이 이루어지지 않게 방음, 차음, 방진 등을 철저히 고려해야 한다(방진고무, 방진스프링 등 설치 고려).

  ㈏ 흡음 체임버 : 소음이 우려되는 곳에는 흡음 체임버, 소음기 등 설치 고려

  ㈐ 센서, 제어기 등 : VAV는 정확한 검출 및 제어가 가장 중요하므로 센서 및 제어기의 정확도에 신경 쓰고, 부착 위치 선정에도 주의를 요한다.

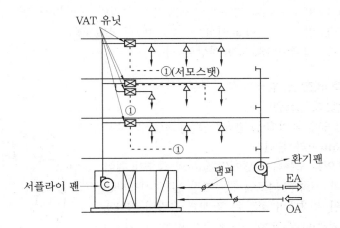

• **문제풀이 요령**

  VAV 시스템 적용 시의 핵심 문제점 : VAV 문제점은 실내부하가 줄어들어 최소 풍량으로 운전 시 발생하는 문제점이 대부분이며, 그 내용은 환기의 부족, 기류분포 불균일, 냉·난방 시의 과랭 혹은 과열, 소음문제 등이다.

PROJECT 20 송풍기 출제빈도 ★★★

Q 공조용 송풍기의 분류 및 특징에 대해 설명하시오.

---

(1) 흡입구 형상에 의한 분류

① 편흡입 : 팬의 어느 한쪽 면에서만 공기를 흡입하여 압축하는 형상

② 양흡입 : 팬의 양측으로 공기를 흡입하여 압축하는 형상

(2) 압력에 의한 분류

① Fan : 압력이 10 kPa 미만일 경우 (cf. 선풍기는 압력이 거의 0에 가까움)

② Blower (송풍기) : 압력이 10 kPa 이상 ~ 100 kPa 미만일 경우

③ Air Compressor : 압력이 100 kPa 이상일 경우

(3) 날개 (Blade)에 의한 분류

① 전곡형 (다익형, Sirocco팬)

(가) 최초로 전곡형 다익팬을 판매한 회사 이름을 따서 Sirocco Fan이라 불린다.

(나) 바람 방향으로 오목하게 날개(Blade)의 각도가 휘어 효율이 좋아 저속형 덕트에서는 가장 많이 사용하는 형태임 (동일 용량대비 회전수 및 모터 용량이 적다.)

(다) 풍량이 증가하면 축동력이 급격히 증가하여 Overload 가 발생된다 (풍량과 동력의 변화가 큼).

(라) 회전수가 적고 크기에 비해 풍량이 많으며, 운전이 정숙한 편이다.

(마) 일반적으로 정압이 최고인 점에서 정압효율이 최대가 된다.

(바) 압력곡선에 오목부가 있어 서징 위험이 있다.

(사) 물질 이동용으로는 부적합하다 (부하 증가 시 대응 곤란).

(아) 용도 : 저속 Duct 공조용, 광산터널 등의 주급배기 용, 건조로/열풍로의 송풍용, 공동주택 등의 지하주 차장 환기팬(급배기) 등

(자) 보통 날개폭은 외경의 1/2로 하며, 크기(외경)는 150 mm 단위로 한다.

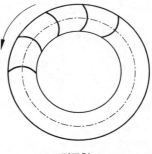

전곡형

② 후곡형(Turbo형)

(가) 보통 효율이 가장 좋은 형태이고, 압력 상승이 크다.

(나) 바람 방향으로 볼록하게 날개(Blade)의 각도가 휘 어짐, 소요 동력의 급상승이 없고, 풍량에 비해 저

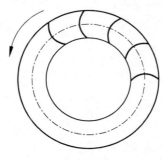

후곡형

소음형이다.

(다) 용도 : 고속 Duct 공조용, Boiler 각종 노의 연도 통기 유인용, 광산, 터널 등의 주 급기용

③ 익형 (Air Foil형, Limit Load Fan)

(가) Limit Load Fan

㉮ 전곡형이 부하의 증가에 따라 급격히 특성이 변하는 현상(Over Load 현상)을 개선한 형태임.

㉯ 날개가 S자 형상을 이루어 오버 로드를 방지할 수 있다.

(나) Air Foil형

㉮ 날개의 모양은 후곡형과 유사한 형태이나, 박판을 접어서 비행기 날개처럼 유선형 (Airfoil형)의 날개를 형성한 형태임

㉯ 유선형의 날개를 가진 후곡형(Backward)으로, Non-Overload 특성이 있고, 특성은 터보형과 같으며 높은 압력까지 사용할 수 있다.

㉰ 고속회전이 가능하며, 특별히 소음이 적다.

㉱ 정압효율이 86 % 정도로 원심 송풍기 중 가장 높다.

(다) 용도

㉮ 고속 Duct 공조용, 고정압용

㉯ 공장용 환기 급배기용

㉰ 광산, 터널 등의 주 급기용

㉱ 공조용으로는 보통 80 mmAq 이상의 고정압에 적용 시에는 에어포일팬(익형팬)을 많이 선호하고, 80 mmAq 이하에는 시로코팬(다익형팬)을 많이 사용한다.

④ 방사형(Plate Fan, Self Cleaning, Radial형, 자기 청소형)

(가) 효율이나 소음면에서는 다른 송풍기에 비해 좋지 않다.

(나) 용도 : 분진의 누적이 심한 공장용 송풍기 등

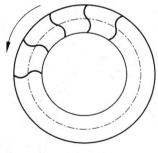

Limit Load Fan

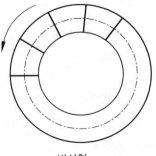

방사형

⑤ 축류형(Axial Fan) : 공기를 임펠러의 축방향과 같은 방향으로 이송시키는 송풍기로써, 임펠러의 깃(Blade)은 익형으로 되어 있다.

(가) 프로펠러 송풍기

㉮ 프로펠러 송풍기는 튜브가 없는 송풍기로써 축류송풍기 중 가장 간단한 구조임

㉯ 낮은 압력하에서 많은 공기량을 이송할 때 많이 사용

㉰ 용도 : 실내환기용 및 냉각탑, 콘덴싱 유닛용 팬 등

(나) 튜브형 축류송풍기

㉮ 튜브형 축류송풍기는 임펠러가 튜브 안에 설치되어 있는 송풍기이다.

㉯ 용도 : 국소통풍이나 터널의 환기, 선박/지하실 등의 주 급배기용 등

(다) 베인형 축류송풍기

㉮ 베인형 축류송풍기는 튜브형 축류송풍기에 베인(안내깃, Guide Vane)을 장착한 송풍기로써 베인을 제외하면 튜브형 축류송풍기와 동일하다.

㉯ 베인은 임펠러 후류의 선회유동을 방지하여 줌으로써 튜브형 축류송풍기보다 효율이 높으며 더 높은 압력을 발생시킨다.

㉰ 용도 : 튜브형 축류송풍기와 동일(국소통풍이나 터널의 환기 등)

⑥ 관류형

(가) 관류(管流, Tubular Fan) : 날개가 후곡형으로 되어 원심력에 의해 빠져나간 공기가 다시 축방향으로 유도되어 나감(옥상용 환기팬으로 많이 사용)

(나) 관류(貫流, Cross Flow Fan) : 날개가 전곡형으로 되어 효율이 좋다(에어컨 실내기, 팬코일 유닛, 에어커튼 등에 많이 사용됨), 횡류(橫流) 팬의 일종이다.

(4) 벨트 구동 방식에 의한 분류

① 전동기 직결식 : 모터에 팬을 직결시켜 운전함

② 구동 벨트 방식 : 벨트를 통해 모터의 구동력을 팬에 전달시켜 운전함

(5) 송풍기 특성곡선

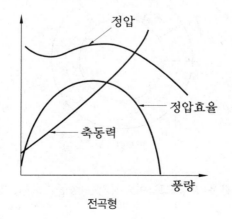

전곡형

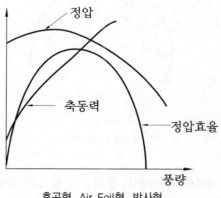

후곡형, Air Foil형, 방사형

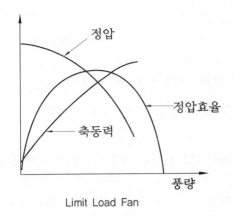

Limit Load Fan

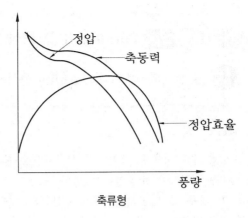

축류형

(6) FAN 선정 시 주의점

① 서징으로 인한 소음, 파손 방지

  (개) 우하향 특성이 있는 Limit Load Fan이 가장 유리함

  (내) 토출 댐퍼 대신 흡입 댐퍼 또는 흡입 베인으로 용량 제어 실시

② 무엇보다 필요 풍량 및 필요 기외정압에 부합해야 한다.

③ 타 공정과 크로스 체크(건축, 전기, 통신, 소방 등)

④ 유량이 너무 적으면 Surging이 발생하기 쉽고, 유량이 너무 많으면 축동력이 과다해져 Overload를 초래하기 쉽다(Overload가 발생하면 과전류 유발, 송풍기의 정지 혹은 고장 등을 초래 가능).

·문제풀이 요령

  송풍기의 분류 : 흡입구 형상에 따라 편흡입과 양흡입, 압력에 따라 Fan / Blower / Compressor, 날개의 형상에 따라 전곡형 / 후곡형 / 익형(Limit Load Fan, Air Foil형) / 방사형 / 축류형 / 관류형, 벨트의 구동방식에 따라 전동기 직결식 / 구동 벨트 방식 등으로 분류된다.

PROJECT 21 Surging(서징) 현상 출제빈도 ★★★

Q 송풍기와 펌프의 Surging 현상의 원인과 대책에 대해 논하시오.

(1) 개요

① 송풍기를 저유량 영역에서 사용 시 유량과 압력이 주기적으로 변하여 불안정 운전상태로 되는 것을 Surging이라 한다.

② 이 경우 큰 압력변동, 소음, 진동의 계속적 발생으로 장치나 배관이 파손되기 쉽다.

③ 배관의 저항특성과 유체의 압송특성이 맞지 않을 때 주로 발생한다.

④ 자려운동(일정한 방향으로만 외력이 가해지고, 진동적인 여진력이 발생하지 않더라도 발생하는 진동, 대형사고 유발 가능)으로 인한 진동현상 이라고도 한다.(즉, 외부의 가진이 전혀 없어도, 또는 가진의 원인이 불분명한 상태에서 발생하는 진동현상)

⑤ 펌프에서는 물이 비압축성 유체이므로 1차측에 공기 침투나 비등 발생시에 주로 발생한다.

(2) 원인

① 송풍기

　(가) 특성이 양정측 산고곡선의 상승부(왼쪽)에서 운전 시

　(나) 한계치 이하의 유량으로 운전 시

　(다) 한계치 이상의 토출 측 댐퍼 교축 시

② 펌프

　(가) 펌프 1차 측의 배관 중 수조나 공기실이 있을 때

　(나) 수조나 공기실의 1차 측 밸브가 있고, 그것으로 유량 조절 시

　(다) 임펠러를 가지는 펌프를 사용 시

　(라) 서징은 펌프에서는 잘 일어나지 않는다. (∵ 물이 비압축성 유체이기 때문이다)

(3) 현상

심한 소음/진동, 베어링 마모, 불안정 운전 등

(4) 송풍기의 Surging 주파수(Hz)

서징 발생시의 토출압력이나 유량이 변화하는 주파수를 말하며, 아래의 식으로 근사치를 구할 수 있다.

$$f = \left(\frac{a}{2\pi}\right)\sqrt{\frac{S}{LV}}$$

　여기서, a : 음속(m/s), S : Fan의 송출구 면적(m^2)

　　　　　L : 접속관의 길이(m), V : 접속 덕트의 용적(m^3)

(5) Surging 대책

① 송풍기의 경우

(가) 송풍기 특성곡선의 우측(우하향) 영역에서 운전되게 할 것

(나) 우하향 특성곡선의 팬(Limit Load Fan 등)을 채용하는 것이 유리

(다) 풍량조절 필요 시 가능하면 토출 댐퍼 대신 흡입 댐퍼를 채용할 것

(라) 송풍기의 풍량 중 일부 풍량은 대기로 방출시킨다(Bypass법).

(마) 동익, 정익의 각도 변화

(바) 조임 댐퍼를 송풍기에 근접해서 설치한다.

(사) 회전차나 안내깃의 형상치수 변경 등 팬의 운전특성을 변화시킨다.

② 펌프의 경우

(가) 회전차, 안내깃의 각도를 가능한 적게 가변시킨다.

(나) 방출 밸브와 무단변속기로 회전수(양수량)를 변경한다(무단제어).

(다) 관로의 단면적, 유속, 저항을 변경(개선)한다.

(라) 관로나 공기 탱크의 잔류공기를 제어한다.

(마) 서징이 발생하지 않는 특성을 갖는 펌프를 사용한다.

(바) 성능곡선이 우하향 펌프를 사용한다.

(사) 서징 존 범위 외에서 운전해야 한다.

(아) 유량조절 밸브는 펌프 출구에 설치한다(Cavitation 방지).

(자) 바이 패스 밸브를 사용한다.

(차) 관경을 바꾸어 유속을 변화시킨다.

(카) 배수량을 늘리거나 임펠러 회전수를 바꾸는 방식 등을 선정해야 한다(펌프의 작동점을 변경).

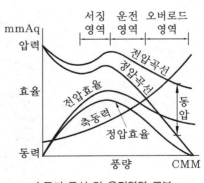

송풍기 특성 및 운전영역 구분

• **문제풀이 요령**

Surging 현상 : 서징은 송풍기 및 펌프에 공히 발생할 수 있으며, 송풍기 서징은 기계를 최소유량 이하의 저유량 영역에서 사용 시 운전상태가 불안정해져서(소음/진동 수반) 주로 발생하며, 펌프에서의 서징은 펌프의 1차 측에 공기가 침투하거나, 비등 발생 시 주로 나타난다(Cavitation 동반 가능).

PROJECT 22 송풍기의 풍량제어 출제빈도 ★★☆

Q 송풍기의 풍량제어 방법에 대해 설명하시오(특성곡선 포함).

① 토출 댐퍼, 스크롤 댐퍼 제어 : 토출 측의 댐퍼 혹은 스크롤을 조절하여 풍량을 제어하고, 토출압력을 상승시킨다.

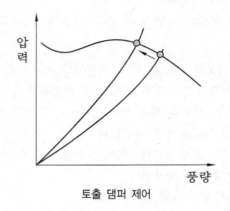

토출 댐퍼 제어

[칼럼] 스크롤 댐퍼(scroll damper) : 팬하우징의 유로 확대 부분에 가요성인 얇은 판을 덧대어 유로 확대부의 저항을 조절할 수 있게 한다.

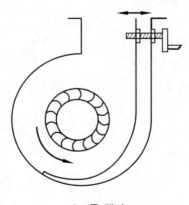

스크롤 댐퍼

② 흡입 댐퍼 제어 : 흡입 측의 댐퍼를 조절하여 풍량을 제어하고, 토출압력을 하락시킨다.
③ 흡입 베인 제어
  ㈎ 토출압력 하락, 송풍기 흡입 측에 가동 흡입 베인을 부착하여 Vane의 각도를 조절(교축)하는 방법이다.
  ㈏ '흡입 댐퍼 제어'와 유사한 방법이나, 동력은 더 절감된다.

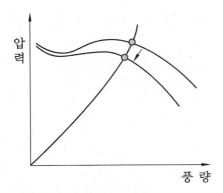

흡입 댐퍼 & 흡입 베인 제어

[칼럼] 흡입 댐퍼 / 토출 댐퍼 / 흡입 베인

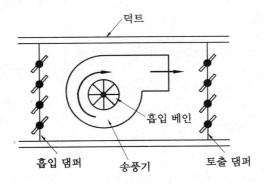

④ 회전수 제어

(가) 모터의 회전수 제어로 풍량 제어 (성능이 가장 우수)

(나) 극수변환, Pulley 직경 변환, SSR 제어, 가변속 직류 모터, 교류 정류자 모터, VVVF (Variable Voltage Variable Frequency) 등

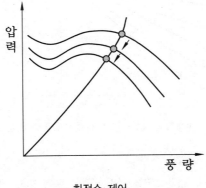

회전수 제어

⑤ 가변 피치 제어 : Blade 각도 변환 (축류송풍기에 주로 사용), 장치 다소 복잡

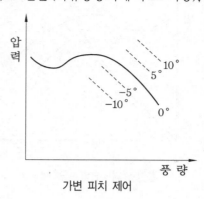

가변 피치 제어

⑥ 바이패스(Bypass) 제어 : 토출압력이 줄어들어 토출측 풍량은 줄일 수 있으나, 동력절감에는 도움이 되지 않는다.

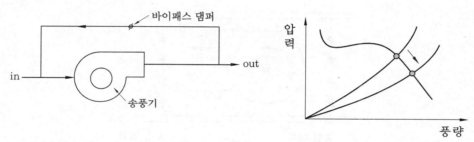

[칼럼] 주요 풍량 제어방식별 소요동력 비교 (에너지절약 효과) : 풍량 제어 시의 소요동력 측면으로 보면, 아래 그림과 같이 토출 댐퍼 제어 및 스크롤 댐퍼 제어가 가장 불리(에너지절약 효과가 가장 적음)하고, 회전수 제어가 가장 유리(에너지절약 효과가 가장 큼)하다.

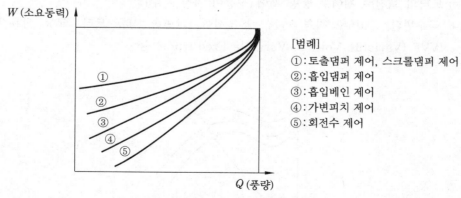

[범례]
① : 토출댐퍼 제어, 스크롤댐퍼 제어
② : 흡입댐퍼 제어
③ : 흡입베인 제어
④ : 가변피치 제어
⑤ : 회전수 제어

송풍기의 풍량 제어방식별 소요동력 비교 곡선

• 문제풀이 요령

　송풍기의 풍량제어 방법 : 토출 댐퍼(스크롤 댐퍼) 제어, 흡입 댐퍼 제어, 흡입 베인 제어, 가변 피치 제어, 회전수 제어(가장 효율 우수), bypass제어 등이 있다.

PROJECT 23 펌프(Pump)　　　　　　　　　　　　　출제빈도 ★★☆

Q 펌프(Pump)의 분류 및 특징에 대해 설명하시오.

(1) 원심(력) 펌프(회전 펌프)

① 흡입구 형상에 의한 분류

　㈎ 편흡입 : 펌프의 어느 한 쪽에서만 물을 흡입하여 압축 후 내보내는 형상

　㈏ 양흡입 : 펌프의 양측으로 물을 흡입해 압축하여 내보내는 형상

② 안내깃/단수에 의한 분류

　㈎ Volute Pump : 임펠러와 스파이럴 케이싱 사이에 안내깃(가이드 베인) 없음, 20 m 이하
　　의 저양정

　㈏ Turbine Pump : 임펠러와 스파이럴 케이싱 사이에 안내깃(가이드 베인) 있음, 20 m 이
　　상의 고양정

　▶ 주의점

　　• 일반적으로 양정이 낮은 곳에는 볼류트 펌프를 사용하며, 양정이 높은 곳에는 터빈
　　　펌프를 사용한다.

　　• 안내날개(Guide Vane) : 회전차 출구의 흐름을 감속하여 속도 에너지를 압력 에너
　　　지로 변환시키는 역할을 한다.
　　　- 단단 펌프 : 펌프 1대를 기본적으로 연결(50m 이하의 중간 양정용)
　　　- 다단 펌프 : 여러 대의 펌프를 직렬로 연결(50m 이상의 고 양정용)

③ 유체의 흐름 방향에 의한 분류

　㈎ 축류 펌프 : 유체가 축방향으로 흐르게 함

　㈏ 반경류 펌프 : 유체가 반경방향으로 흐르게 함

　㈐ 사류(혼류) 펌프 : 유체가 일정 경사방향으로 흐르게 함

(2) 왕복 펌프

수량조절이 어렵고, 양수량이 적고, 양정만이 클 때
적합하고, 송수압 변동이 심하고, 고속회전 시 용적효
율이 저하된다.

① 피스톤 펌프 (Piston pump) : 저압 급수용

② 버킷 펌프 (Bucket pump) : 피스톤에 밸브가 설치된
　것을 말한다.

③ 플런저 펌프 (Plunger pump) : 플런저를 왕복동시켜
　실린더 내부의 물을 높은 압력으로 송출함. 고압 펌
　프로 수압이 높고(고압) 유량이 적은 곳에 주로 사

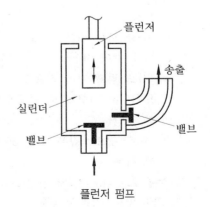

플런저 펌프

용함. 플런저는 피스톤이 봉 모양으로 된 것이 특징이다.

④ 증기 직동 펌프 : 발생 증기의 힘을 구동력(직동식)으로 회수하는 왕복동식 펌프, 증기측 실린더와 물측 실린더가 각각 1개씩인 것을 단식 펌프(Simplex pump, Weir pump 등)라 하고 증기측 및 물측 실린더가 각각 2개씩인 것을 복식 펌프(Duplex pump, Worthington pump 등)라 함. 보일러 내의 급수 등에 활용한다.

(3) 특수 펌프

① 웨스코 펌프(마찰 펌프, Westco Pump) : 임펠러 외륜에 이중 날개(Vane)를 절삭하여 유체가 Casing 내의 홈(Channel)에 따라 회전하며, 이를 임펠러가 한바퀴 회전하여 고에너지를 가지고 토출구로 토출되는 펌프

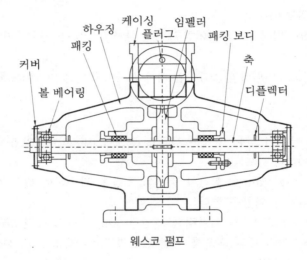

웨스코 펌프

② 응축수 펌프 : 고압 보일러 급수용 펌프, 펌프와 응축수 탱크가 일체로 되어 있는 펌프이다.

③ Injector(인젝터 펌프) : 고압 보일러 급수용 펌프, 예비용(정전 대비용)으로 일부 적용함

④ 심정 펌프

    ㈎ 보어홀 펌프 : 7 m 이상의 깊은 우물에 사용

    ㈏ 수중 모터 펌프 : 우물, 호수 등에 일반적으로 많이 사용

    ㈐ 기포 펌프(에어 리프트 펌프) : 깊은 우물용(10 m 이상)으로 가동부위가 없다(구조가 간단)

    ㈑ 제트 펌프 : 깊은 우물(25 m)이나 소화용에 사용

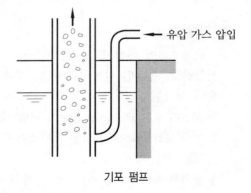

기포 펌프

⑤ 논클로그 펌프(특수회전 펌프) : 오수 펌프

⑥ 기어 펌프 : 기름 반송용

PROJECT 24 펌프 설치 시 주의사항 및 과부하운전   출제빈도 ★☆☆

Q 펌프 설치 시 주의사항 및 과부하운전에 대해 설명하시오.

(1) 펌프 설치 시 주의사항

① 흡입양정

(개) 가능한 짧게 할 것

(내) 펌프의 이론상 흡입양정은 10.33 m이나, 대기압이 낮을수록, 해발 고도가 높을수록, 수온이 높을수록 펌프의 흡입양정은 낮아진다(실질적인 양정은 6~7 m에 불과함).

② 원동기 : 펌프를 원동기에 직결한 경우 원동기의 축 중심과 펌프의 축 중심을 일치시킴

③ 누설 : 굴곡부를 적게 하고, 관의 접속은 수밀, 기밀을 유지

④ 흡입구 위치 : 동 수위 면에서 관경의 2배 이상의 깊이에 잠기게 한다.

⑤ 양정 : 양정이 비교적 높을 때에는 펌프 토출구와 게이트 밸브 사이에 체크 밸브를 설치한다.

⑥ 회전방향 : 원동기 쪽에서 보아 우회전하도록 한다.

⑦ 배관의 저항 : 가능한 관로 저항이 적게 한다 (관경, 밸브는 크게, 굴곡부 수는 가능한 적게 할 것).

(2) 펌프의 과부하 운전조건

구 분	원 인	대 책
수력적 원인	흡입양정이 현저히 감소할 때	Cavitation이 발생하지 않는 범위 내에서 흡입양정을 증가시킴
	토출양정이 현저히 감소할 때	설계 허용범위 이내에서 토출양정을 증가시킴
	유량 증가로 인한 과부하	유량을 다소 감소시킴
	전양정 증가로 축동력 증가	축동력이 허용범위 이내로 제한되도록 전양정을 증가시킴
	Cavitation 발생에 의한 과부하(보통 진동이나 굉음을 동반함)	수온의 상승 방지, 흡입양정 관리, 흡입부 저항 감소 등
전기적 원인	펌프의 전동기 인입 전압이 지나치게 높거나 낮을 때	원동기의 운전전류가 허용범위 이내로 운전되도록 전압의 허용범위 제한.
	주파수 증가에 의한 회전수 증가	인버터에서는 최대/최소 회전수를 제한함
	전압의 심한 변동	AVR이나 UPS를 설치하여 전압을 안정화 시킴
기계적 원인	베어링 마모 및 이물질 침투	베어링 교체, 이물질 제거
	원동기와의 직결 불량	원동기와 펌프의 연결구조 개선
	회전체의 평형 불량	축심에 대한 Balancing 실시
	회전체의 변형이나 파손, 각부의 헐거움	구조적 문제 해결

• **문제풀이 요령**

펌프는 캐비테이션을 방지하고 유효흡입양정을 늘리기 위해 가능한 흡입양정을 줄이고, 수온을 낮게 해야 하고, 워터해머링을 방지하기 위해 토출양정이 높을 때 펌프 토출구에 체크 밸브 및 Bypass 관을 설치한다. 또 과부하운전을 방지하기 위해 부하저감을 위한 여러 가지 조치(원동기 직결 불량 개선, 회전수(유량)의 지나친 증가 방지, 베어링 마모 및 이물질 방지)를 해줄 필요가 있다.

PROJECT 25 유효흡입양정(NPSH)   출제빈도 ★★★

Q 펌프의 유효 흡입 양정 (NPSH ; Net Positive Suction Head)에 대해 설명하시오.

(1) 정의

① Cavitation이 일어나지 않는 유효 흡입 양정을 수주(水柱)로 표시한 것을 말하며, 펌프의 설치 상태 및 유체온도 등에 따라 다르다.

② 펌프 설비의 실제 NPSH는 펌프 필요 NPSH보다 커야 Cavitation이 일어나지 않는다.

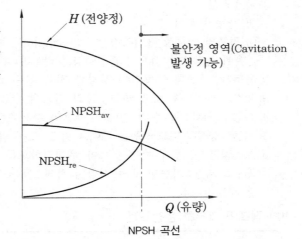

NPSH 곡선

(2) 이용 가능 유효 흡입 양정

$$\text{NPSH}_{av} \geq 1.3\,\text{NPSH}_{re}$$

여기서, NPSH_{re} : 필요(요구) 유효 흡입 양정 → 펌프 회사에서 제공하는 값

NPSH_{av} : 이용 가능한 유효 흡입 양정 → 공식에 의해 계산 가능

(3) 계산식

$$H_{av} = \frac{P_a}{\gamma} - \left(\frac{P_{vp}}{\gamma} \pm H_a + H_{fs} \right)$$

여기서, 이용 가능 유효 흡입 양정(H_{av} : Available NPSH : m)

흡수면 절대압력 (P_a : Pa) : 표준대기압은 $1.013 \times 10^5 \text{Pa}$

유체온도 상당포화증기 압력 (P_{vp} : Pa)

유체비중량 (γ : N/m³)

흡입 양정 (H_a : m, 흡상 (+), 압입(−))

흡입 손실 수두 (H_{fs} : m)

• 문제풀이 요령

NPSH(유효 흡입 양정) : Cavitation이 일어나지 않는 유효 흡입 양정을 수주(水柱)로 표시한 것을 말하며, 보통 여유율을 고려하여 요구 흡입양정의 약 1.3배 정도로 선정된다.

PROJECT **26** 펌프의 Cavitation   출제빈도 ★★★

Q 펌프의 Cavitation (공동현상)의 원인과 대책에 대해 설명하시오.

(1) 개요

① 이론적 흡입 양정은 10.332 m, 관마찰 등을 고려한 실질적인 양정은 6~7 m

② 양정이 6~7 m 초과 시, 물이 비교적 고온 시, 해발고도가 높을 때 잘 발생함

③ 펌프는 액체를 빨아올리는데 대기의 압력을 이용하여 펌프 내에서 진공을 만들고(저압부를 만듦) 빨아올린 액체를 높은 곳에 밀어 올리는 기계이다.

④ 만일 펌프 내부 어느 곳에든지 그 액체가 기화되는 압력까지 압력이 저하되는 부분이 발생되면 그 액체는 기화되어 기포를 발생하고 액체 속에 공동 (공동 : 기체의 거품)이 생기는데 이를 캐비테이션이라 하며, 임펠러(Impeller)입구의 가장 가까운 날개 표면에서 압력은 크게 떨어진다.

⑤ 이 공동현상은 압력의 강하로 물 속에 포함된 공기나 다른 기체가 물에서부터 유리되어 생기는 것으로 이것이 소음, 진동, 부식의 원인이 되어 펌프의 재료에 치명적인 손상을 입힌다.

(2) 발생 Mechanism

① 흡입 측이 양정 과다, 수온 상승 등의 여러 요인으로 인하여 압력강하가 심할 경우 증발 및 기포가 발생함

② 이 기포는 결국 펌프의 출구 쪽으로 넘어감

③ 출구 측에서 압력의 급상승으로 기포가 갑자기 사라짐

④ 이 순간 급격한 진동, 소음, 관부식 등이 발생함

(3) 캐비테이션의 발생 조건(원인)

① 흡입양정이 클 경우

② 액체의 온도가 높을 경우 혹은 포화증기압 이하로 된 경우

③ 날개 차의 원주 속도가 클 경우(임펠러가 고속)

④ 날개 차의 모양이 적당하지 않을 경우

⑤ 휘발성 유체인 경우

⑥ 대기압이 낮은 경우(해발이 높은 고지역)

⑦ 소용량 흡입 펌프 사용 시(양흡입형으로 변경 필요)

(4) 캐비테이션(Cavitation) 방지법

① 흡수 실양정을 될 수 있는 한 작게 한다.

② 흡수관의 손실 수두를 작게 한다(즉, 흡수관의 관경을 펌프 구경보다 큰 것을 사용하며, 관 내면의 액체에 대한 마찰저항이 보다 작은 파이프를 사용하는 것이 좋다).

③ 흡수관 배관은 가능한 한 간단히 한다. 휨을 적게 하고 엘보(Elbow)대신에 벤드(Bend)를 사용하며, 밸브는 슬루스 밸브(Sluice Valve)를 사용한다.

④ 스트레이너(Strainer)는 통수면적으로 크게 한다.

⑤ 계획 이상의 토출량을 내지 않도록 한다. 양수량을 감소하며, 규정 이상으로 회전수를 높이지 않도록 주의해야 한다.

⑥ 양정에 필요 이상의 여유를 사용하지 않는다.

⑦ 흡입 배관 측 유속은 가능한 1 m/s 이하로 하며, 흡입 수위를 정(+)압 상태로 하되 불가피한 경우 직선 단독 거리를 유지하여 펌프 유효 흡입 수두보다 1.3배 이상 유지한다(즉, $NPSH_{av} \geq 1.3 \times NPSH_{re}$가 되도록 한다).

⑧ 펌프의 설치 위치를 가능한 낮게 하고, 흡입 손실 수두를 최소로 하기 위해 흡입관을 가능한 짧게 하고, 관내 유속을 작게 하여 $NPSH_{av}$를 충분히 크게 한다.

⑨ 횡축 또는 사축인 펌프에서 회전차 입구의 직경이 큰 경우에는 캐비테이션의 발생 위치와 NPSH 계산상의 기준면과의 차이를 보정해야 하므로 $NPSH_{av}$에서 흡입 배관 직경의 $\frac{1}{2}$을 공제한 값으로 계산한다.

⑩ 흡입 수조의 형상과 치수는 흐름에 과도한 편류 또는 와류가 생기지 않도록 계획하여야 한다.

⑪ 편흡입 펌프로 $NPSH_{re}$가 만족되지 않는 경우에는 양흡입 펌프로 하는 경우도 있다.

⑫ 대용량 펌프 또는 흡상이 불가능한 펌프는 흡수면보다 펌프를 낮게 설치하거나 압축 펌프로 선택하여 회전차의 위치를 낮게 하고, Booster 펌프를 이용하여 흡입 조건을 개선한다.

⑬ 펌프의 흡입 측 밸브에서는 절대로 유량조절을 해서는 안 된다.

⑭ 펌프의 전양정에 과대한 여유를 주면 사용 상태에서는 시방양정보다 낮은 과대 토출량의 범위에서 운전하게 되어 캐비테이션 성능이 나쁜 점에서 운전하게 되므로, 전양정의 결정에 있어서는 실제에 적합하도록 계획한다.

⑮ 계획 토출량보다 현저하게 벗어나는 범위에서의 운전은 피해야 한다. 양정 변화가 큰 경우에는 저양정 영역에서의 $NPSH_{re}$가 크게 되므로 캐비테이션에 주의해야 한다.

⑯ 외적 조건으로 보아 도저히 캐비테이션을 피할 수 없을 때에는 임펠러의 재질을 캐비테이션 괴식에 대하여 강한 재질을 택한다.

⑰ 이미 캐비테이션이 생긴 펌프에 대해서는 소량의 공기를 흡입 측에 넣어서 소음과 진동을 적게 할 수도 있다.

(5) Cavitation 방지를 위한 펌프의 설치 및 배관상의 주의

① 펌프는 기초 볼트를 사용하여 기초 콘크리트 위에 견고하게 설치 고정한다.

② 펌프와 모터의 축 중심을 일직선상에 정확하게 일치시키고 볼트로 죈다.

③ 펌프의 설치 위치를 되도록 낮춰 흡입양정을 낮게 한다.

④ 흡입양정은 짧게 하고, 굴곡배관을 되도록 피한다.

⑤ 흡입관의 횡관은 펌프 쪽으로 상향구배로 배관하고, 횡관의 관경을 변경할 때는 편심 이음쇠를 사용하여 관내에 공기가 유입되지 않도록 한다.

⑥ 풋밸브(Foot Valve) 등 모든 관의 이음은 수밀, 기밀을 유지할 수 있도록 시공한다.

⑦ 흡입구는 수위면에서부터 관경의 2배 이상 물 속으로 들어가게 한다.

⑧ 토출 쪽 횡관은 상향구배로 배관하며, 공기가 낄 우려가 있는 곳은 에어 밸브를 설치한다.

⑨ 펌프 및 원동기의 회전방향에 주의한다.

⑩ 양정이(18 m 이상) 높을 경우에는 펌프 토출구와 게이트 밸브와의 사이에 역지 밸브를 장착한다.

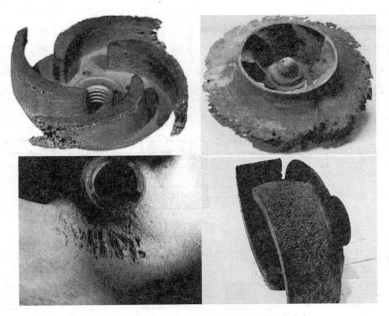

캐비테이션에 의해 심하게 파손된 펌프의 임펠러

• **문제풀이 요령**

　공동현상(Cavitation) : 펌프의 흡입 측에 양정 과다, 수온 상승 등의 요인이 발생하면 압력강하로 인하여 기포가 발생하게 되고, 이 기포는 결국 펌프의 출구 쪽으로 넘어간 후 출구 측의 압력 급상승으로 인해 기포가 갑자기 사라지면서 순간 급격한 진동, 소음 등을 발생시키는 현상을 말한다.

> **PROJECT 27 자동제어(自動制御)**　　　　　　　　　　출제빈도 ★★★
>
> **Q** 자동제어(自動制御)에 대해 논하시오.
> 　① 자동제어의 분류 및 특징　　　② 에너지 절약적 자동제어법

(1) 개요

① 자동제어는 실내온도, 습도, 환기 등을 자동 조절하는 장치를 말하며, 검출부, 조절부, 조작부로 구성된다.

② 최근 전자기술의 발달과 소프트웨어의 발달로 자동제어에 컴퓨터가 본격적으로 도입되고 있다.

(2) 제어 방식(조절 방식)에 따른 분류

① 시퀀스 (Sequence) 제어 : 한 방향으로만 신호 전달

② 피드백 (Feed Back) 제어 : 제어의 목표값과 실측값을 계속적으로 비교하여 일치시켜 나감

③ 피드 포워드 (Feed forward) 제어(예측제어)

　㈎ 외란의 영향이 제어 대상에 나타나기 전에 필요한 수정동작을 하는 제어

　㈏ 개회로(Open Loop) 제어의 일종이고, 예측제어로서 제어성이 좋다.

④ 피드백 피드 포워드 제어 : 피드백 제어 + 피드 포워드 제어의 융합 형태

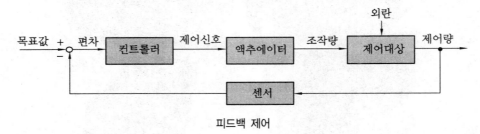

피드백 제어

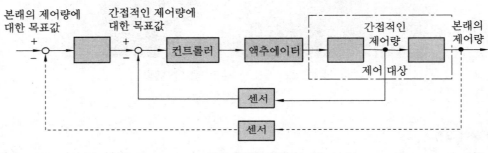

피드 포워드 제어

(3) 신호전달 방식에 따른 분류

① 자력식 : 검출부에서 얻은 힘을 바로 정정 동작에 사용

② 타력식

   (개) 전기식 : 전기적 신호 이용

   (내) 유압식 : 유압 사용, Oil에 의해 Control부 오염 주의

   (대) 전자식 : 전자식 증폭기구 사용(Pulse DDC제어)

   (래) 공기식 : 공기압 사용

   (매) 전자 공기식 : 검출부는 전자식, 조절부는 공기식

(4) 제어 동작에 따른 분류

① 불연속동작 : On-Off Solenoid 밸브 방식

② 연속동작

   (개) PID 제어 : 비례제어(Proportional)＋적분제어(Integral)＋미분제어(Differential)

$$조작량 = (k_p \times 편차) + (k_i \times 편차의\ 누적값) + (k_d \times 현재의\ 편차와\ 전회편차와의\ 차)$$

     여기서, k_p : 비례계수, k_i : 적분계수, k_d : 미분계수, 편차＝(현재값－목표값)

   (내) PI 제어 : 비례제어(Proportional)＋적분제어(Integral) → 정밀(잔류편차 제거)

   (대) PD 제어 : 비례제어(Proportional)＋미분제어(Differential) 등 → 응답속도 제어

(5) 디지털화 구분에 따른 분류

① Analog 제어 : 개별식

   (개) 제어기능 : Hardware적 제어   (내) 감시 : 상시 감시   (대) 제어 : 연속적 제어

② DDC (Digital Direct Control) : 분산형 (Distributed)

   (개) 자동제어 방식은 Analog 방식으로 부터 DDC, DGP (Data Gathering Panel) 등으로 발전되고 있음 (고도화, 고기능화)

   (내) 제어기능 : Software적 제어

   (대) 감시 : 선택 감시

   (래) 제어 : 불연속(속도로 극복)

   (매) 검출기 : 계측과 제어용 공용

(6) '정치제어'와 '추치제어'

① 목표치가 시간에 관계없이 일정한 것을 정치제어, 시간에 따라 변하는 것을 추치제어라고 한다.

② 추치제어에서 목표치의 시간 변화를 알고 있는 것을 공정제어(Process Control), 모르는 것을 추정제어(Cascade Control)라 한다.

③ 공기조화제어는 대부분 Process Control(공정제어)이다.

(7) 공조기 자동제어 계통도 (사례)

① 외기 → ② T_1 (온도검출기) → ③ 환기RA 혼합 → ④ 냉각 코일(T_2 : 공기온도 검출기, V_1 : 전동 3방 밸브) → ⑤ 가열 코일(T_3 : 공기온도 검출기, V_2 : 전동 2방 밸브) → ⑥ 가습기 (V_3 : 전동 2방 밸브) → ⑦ 송풍기 → ⑧ 실내(T_4 : 실내온도 검출기, HC : 실내습도 검출기)

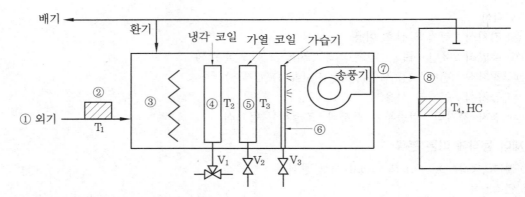

(8) 에너지 절약을 위한 자동제어법

① 절전 Cycle 제어 (Duty Cycle Control) : 자동 On/Off 개념의 제어

② 전력 수요제어 (Demand Control) : 현재의 전력량과 장래의 예측 전력량을 비교 후 계약 전력량 초과가 예상될 때, 운전 중인 실내기 중 가장 중요성이 적은 실내기부터 Off 함

③ 최적 기동/정지 제어 : 쾌적범위 대에 도달 소요시간을 미리 계산하여 계산된 시간에 기동 및 정지하게 하는 방법

④ Time Schedule 제어 : 미리 Time Scheduling 하여 제어하는 방식

⑤ 분산 전력 수요제어 : DDC 간 자유로운 통신을 통한 제어 (상기 4개 항목 중 몇 개를 연동한 다소 복잡한 제어)

⑥ HR : 중간기 혹은 연간 폐열회수를 이용하여 에너지 절약

⑦ VAV : 가변 풍량 방식으로 부하조절

⑧ 대수 제어 : 펌프, 송풍기, 냉각탑 등에서 사용 대수를 조절하여 부하조절 등

⑨ 인버터 제어 : 전동기의 회전수를 제어하여 (가능한 낮은 회전수로 운전시킴) 에너지 절감을 도모하는 제어 방법

(9) 논리회로

① 개념

AND 회로	OR 회로	NOT 회로	XOR 회로
A○ ⊐○Z B○	A○ ⊐○Z B○	A○ ⊐○Z B○	A○ ⊐○Z B○
• 곱하기 • A, B 모두 1이어야 1 출력	• 더하기 • A, B 중 한 개만 1이어도 1출력	• 입력과 반대인 출력	• 입력 A, B가 서로 다르면 1로, 같으면 0으로 출력

② 입/출력 비교 Table

입력(A)	입력(B)	출력(AND)	출력(OR)	출력(XOR)
1	1	1	1	0
1	0	0	1	1
0	1	0	1	1
0	0	0	0	0

PROJECT 28 외기 냉수냉방   출제빈도 ★★☆

Q 외기 냉수냉방 시스템에 대해 설명하시오.

---

(1) 개요

① 중간기의 냉방 수단으로 기존에는 외기냉방을 주로 사용하였으나, 심각한 대기오염, 소음, 필터의 빠른 훼손 등으로 '외기 냉수냉방'이 등장하였음

② 자연 기후조건을 최대한 이용하여 냉방할 수 있는 방식으로서 외기를 직접 실내로 송풍하는 외기냉방 시스템에 비하여 항온항습을 요하는 공동대상건물(전산 센터)이나 습도에 민감한 OA 기기 사용 사무소 등에 채택하여 에너지를 절약할 수 있는 방식

③ 외기 온도가 아주 낮을 경우(겨울철)에도 사용할 수 있게 하기 위해 연구가 진행 중이다. 동파방지대책으로 부동액(에틸렌글리콜 등) 혼합하여 사용한다.

④ 'Free Cooling'이라는 용어로도 소개되어지고 있다.

(2) 원리

① 냉각탑에 냉동장치(응축기)와 열교환기를 3방 밸브 등을 이용하여 병렬로 구성하여 교번 동작이 가능하게 함

② 주로 제습부하가 있을 시에는 냉동기 가동, 제습부하가 없을 시에는 냉각탑과 열교환기가 직접 열교환하게 함(외기 냉수 냉방)

(3) 외기 냉수냉방의 종류

① 개방식 냉수냉방 : 개방식 냉각탑을 사용한다.

  ㈎ 열교환기를 설치하지 않은 경우(냉각수 직접순환방식)

    ㉮ 1차측 냉각수 : C / T→펌프→공조기, FCU(LOAD)→C / T로 순환

    ㉯ 2차측 냉수 : 1차측 냉각수에 통합됨.

  ㈏ 열교환기를 설치한 경우(냉수 열교환기 방식)

    ㉮ 1차측 냉각수 : C / T→펌프→열교환기→C / T 로 순환

    ㉯ 2차측 냉수 : 열교환기→공조기(Load)→펌프→열교환기 순서로 순환한다.

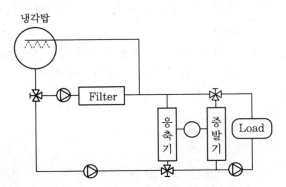

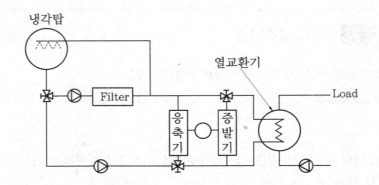

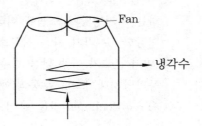

② 밀폐식 냉수냉방 : 밀폐식 냉각탑을 사용함

   ㉮ 상기 개방식과 같은 수회로 계통이다(열교환기
      방식 혹은 냉각수 직접순환방식).

   ㉯ 장점 : 냉수가 외기에 노출되지 않아 부식이 없고
      수처리장치 불요

   ㉰ 단점 : 냉각탑이 커지고, 효율저하, 투자비 상승
      등의 단점이 있다.

(4) '외기냉방 ↔ 외기냉수냉방' 방식의 비교

   ① 외기 직접 도입 ↔ 전열 교환 실시

   ② 댐퍼로 유량 조절 ↔ 밸브로 유량 조절

   ③ OA(외기)의 질에 영향 받음 ↔ OA(외기)의 질에 무관

   ④ 주로 16℃ 이하의 외기 사용 ↔ 주로 10℃ 이하의 외기 사용

   ⑤ 외기 덕트의 100 % 외기량 기준으로 설계 ↔ 최소 외기량 기준으로 설계

   ⑥ 시설 유지비 적음 ↔ 시설 유지비 많이 소요

(5) 결론

   ① 외기 냉수냉방에서 냉각탑은 오염방지를 위해 밀폐식을 사용하는 것이 좋음(단, 투자비
     상승)

   ② 초기설치비는 외기냉방 대비 다소 상승하지만, 공해 및 오염 없는 중간기 냉방 등에 사
     용할 수 있어 충분한 경제성이 있음

• 문제풀이 요령

   외기 냉수냉방은 일반 외기냉방이 공해, 대기오염 등으로 사용 곤란 시 대체 설치하여 사용 가능하며,
개방식(냉각수 직접순환방식, 냉수 열교환기방식)과 밀폐식(밀폐식 냉각탑 사용)으로 대별된다.

PROJECT 29 학교 냉·난방 방식 출제빈도 ★★☆

Q 학교 냉·난방 방식을 몇 가지로 구분하고 그 특징에 대해 설명하시오.

(1) 학교 교실부하의 특징

① 교실은 인원(학생)수가 많아 냉방부하 및 필요 환기량이 큰 편이다.

② 창과 출입문의 면적이 커서 난방부하 또한 큰 편이다.

③ 층고가 다소 높고 바닥단열이 부족하여, 난방 시 온도 성층화(Stratification)가 심해질 수 있다.

④ 학생들에 대한 안전문제 때문에 전기 히터 방식, 가스 방식 등은 안전(화재, 가스 사고 등)에 특히 유의해야 한다.

(2) 중앙공조

① 정풍량 단일 덕트 방식 : 학교 건물은 인원이 많고 공간 구조가 복잡하지 않으므로 전공기 방식의 공조중 '정풍량 / 단일 덕트 방식'이 적합하다.

② FCU 방식 : 水(물)를 이용한 방식으로, 창측에 FCU를 설치하여 냉풍방지, 대류 확산, 외기 차단 등의 역할을 할 수 있다.

③ 공기-水 방식 : 외주부는 콜드 드래프트(cold draft) 방지 등을 위해 수(水) 방식을 채용하고, 내주부는 환기량 제어, 내부 발생 부하 제거, 습도제어 등을 위해 공기(空氣) 방식을 채용한다.

(3) 개별공조

① 시스템 멀티 에어컨(EHP)

　㈎ 전기로 냉·난방을 동시에 할 수 있고, 개별제어가 용이하고, 부분부하 효율이 높아 최근에 많이 보급되고 있다.

　㈏ 정부의 '교단선진화' 시책의 일환으로 많이 보급된 공조방식이다.

② 패키지 에어컨 및 온풍기 이용 : 냉방은 전기로 패키지 에어컨을 가동하여 실시하고, 난방은 도시 가스나 등유 등을 이용하여 온풍기를 가동시켜 실시함

③ GHP : 도시 가스 등으로 엔진을 가동시켜 엔진의 축동력으로 압축기를 구동시키고 냉매를 순환시키는 방식임

(4) 국내 초등학교의 냉·난방을 위해 히트펌프를 설치하는 근본적인 이유

① 안전 : 기존의 가스, 등유, 전기 히터 등의 방식에 비하면, 위험 요소가 거의 없어 상당히 안전한 시스템이다.

② 효율 : 히트펌프 시스템은 열효율(COP) 측면에서 기존 시스템보다 월등하다(효율(COP)이 보통 3.0 이상 구현된다).

③ 건강 : 냄새가 없고, 실내 산소 부족현상이 거의 없는 은은한 대류에 의한 방식이다.

④ 쾌적 : 자동운전에 의한 항온기능이 갖추어지고, 설정온도 구현성이 좋아 쾌적한 실내환경 유지가 가능하다.

⑤ 냉·난방 겸용 : 한 대의 장치로 냉·난방을 겸할 수 있어 편리하다.

⑥ 기술선도 : 고효율의 기술을 구현하여, 앞으로 펼쳐질 고유가 시대의 기술 방향에 부합한다.

⑦ 정부의 시책 : 정부의 에너지 정책과 교단선진화 정책에 부응한다.

[칼럼] EHP/GHP 적용 사례

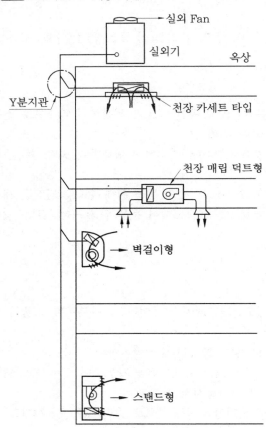

① 최근에 빌딩 공조, 학교 냉난방, 일반 건물 공조 등에 많이 보급되고 있으며, 주로 히트펌프형이다.

② 실외기 한 대에 실내기를 여러 대 연결하여 설치한다.

③ 각종 Type의 실내기를 다양하게 선택하여 설치할 수 있다.

④ 개별 냉난방이 용이하고, 설치가 간단하다.

⑤ 보통 환기기능이 없으므로, 전열교환기, 환기팬, 자연환기 등을 별도로 고려하여야 한다.

⑥ 가습 기능이 없으므로 가습 필요 시, 별도의 가습장치를 설치하여야 한다.

• **문제풀이 요령**

　학교 냉·난방 방식은 중앙공조로는 정풍량 단일 덕트 방식과 FCU 방식, 개별공조로는 패키지 에어컨과 온풍기 방식이 대부분이었으나, 최근 EHP와 GHP (주로 천장 카세트형 실내기 장착)가 많이 보급되고 있다.

PROJECT **30** **GHP**　　　　　　　　　　　　　　　　　　출제빈도 ★★☆

> **Q** 공조 시스템의 한 종류인 GHP에 대해 설명하시오.

(1) 개요

① 하절기에 사용이 적은 액화 가스를 이용하여 전력 피크 부하를 줄일 수 있고, 동절기에는 엔진의 배열을 이용하여 저온난방 성능을 향상할 수 있다.

② 에너지 합리화 측면에서 아주 효과적인 히트펌프 시스템이라고 할 수 있다.

③ 압축기를 가스 엔진으로 구동하고 난방 시 엔진 배열을 이용하는 부분을 제외하면 일반 전동기로 구동하는 열 펌프(EHP) 시스템과 유사하다.

(2) GHP 특징

① EHP 대비 전기료가 약 10 % 이하에 불과하다.

② 한랭지형, 교단형 등 기존의 히트펌프가 대처하기 힘든 영역을 커버할 수 있다(엔진의 배열을 이용하여 저온난방 필요 증발력을 보상해줄 수 있는 시스템이다).

③ 겨울철 난방 운전시 액-가스 열교환기(엔진의 폐열 이용)를 이용하여 제상 Cycle로 거의 진입하지 않아 난방운전율 및 운전효율을 높여준다.

④ 단, 냉방 시에는 폐열의 활용도가 낮으며, 그냥 배열처리하는 경우도 있으나, 온수/급탕 제조용으로 활용하는 경우도 있다.

⑤ EHP의 제상법으로는 대부분 역Cycle 운전법(냉·난방 절환 밸브를 가동하여 냉매의 흐름을 반대로 바꾸어 Ice를 제거하는 방법)이 사용되나, GHP는 엔진의 폐열을 사용하므로 대개의 경우 제상 사이클로의 진입이 없다(그러나 시판되는 일부 모델은 EHP 형태의 '역 Cycle 제상법'을 사용함).

(3) 주요 부품의 특징

① 가스 엔진

　⑦ 4행정 수랭식 엔진이 주로 사용되며 40 % 이상의 고효율, 4만 시간 이상의 긴 수명이 요구된다.

　⑭ 용량제어가 용이하여 부분부하 효율이 우수해야 한다(회전수 제어, 공연비 조절).

　⑭ 폐열(마찰열과 배기 가스)을 이용하기가 용이해야 한다.

② 압축기

　⑦ 주로 개방형 스크롤 압축기를 많이 사용함

　⑭ 엔진과 구동벨트 혹은 직결방식으로 연결한다.

③ 배기가스 열교환기(GCX : Exhaust Gas-Coolant Heat Exchanger)

　⑦ 가스 엔진에서 발생하는 마찰열과 배기 가스 열을 회수 유용하게 이용

(나) 배기다기관과 소음기 역할 동시 수행

(다) 내부식성도 우수해야 됨

(라) 배열회수 효율은 엔진 효율이 높을수록 좋아지므로 GHP 시스템의 성능 향상을 위해
서는 엔진 효율 개선 필요

(마) 배열회수 약 70 % 정도 가능함

(바) 압력강하는 약 230 mmAq 정도임

④ 운전 및 제어 시스템

(가) 회전수 조절

(나) 공연비 조절

(다) 엔진 냉각수 및 엔진룸의 온도 조절

(라) 엔진의 On/Off 횟수를 최소로 유지

(4) 그림

아래는 실외기 1대에 실내기 4대를 연결한 멀티형 GHP의 일례이다.

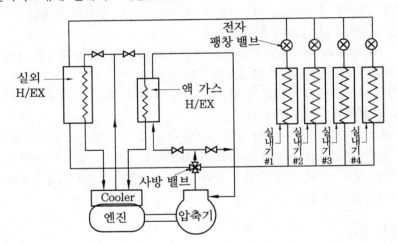

(5) 작동원리

① GHP의 작동 원리도 일반 'EHP형 시스템 멀티'와 거의 동일하다.

② 단지 압축기 구동의 동력으로 전기 에너지를 이용하지 않고 가스(주로 도시 가스 사용)
를 이용한다는 점이 차이점이다.

③ 추가적인 차이점

(가) 엔진의 배열을 상기 그림처럼 실외 H/EX 쪽으로 보내어 한편으로는 실외 열교환기
의 증발력을 보상을 해준다(저온 난방능력 개선).

(나) 엔진의 배열을 상기 그림의 액-가스 열교환기 방향으로 보내어 한편으로는 저압을 보상
시켜 제상 Cycle로 거의 진입하지 않게 하여 난방 운전율 및 운전효율을 높여준다.

④ GHP의 폐열 이용 방법

　(가) 냉매 직접 가열형

　　⑦ 배기 가스 열교환기 및 엔진 냉각수로 난방 시 실외 증발기에서 나온 냉매를 가열시켜 증발열을 보상해 준다.

　　⑭ 냉방 시에는 압축기 토출가스 냉각이 가능하다.

　(나) 공기예열 이용형

　　⑦ 배기가스 열교환기 및 엔진 냉각수를 이용하여 난방 시 실외 증발기 입구측 공기의 예열이 가능하다.

　(다) 폐열 직접 이용형

　　⑦ 급탕이나 난방 등에 폐열의 활용이 가능하다.

　　⑭ 배기가스열이나 엔진냉각수 열을 다른 목적(산업용, 공정용 등)으로 사용하는 것이 가능하다.

(6) 단점

① 일반 'EHP형 시스템멀티' 대비 초기투자비 증가됨(기기 가격 높음)

② 엔진 오일, 필터, 점화 플러그 등의 소모품에 대한 교체/관리가 번거롭다.

③ 도시 가스 미도입 지역 등은 사용이 어렵다(가스 공급이 어려움).

④ 동일 마력의 EHP 대비 실외기의 Size가 커져 설치면적을 크게 차지한다.

⑤ 배기되는 연소가스의 영향으로 주변을 오염 및 부식시킬 수 있다.

(7) GHP의 고효율화 방안

① 엔진 압축비의 증대

② 공연비의 최적화

③ 균일 연소를 위한 연소실 형상의 최적화

④ 연료 흡입 계통의 최적화

⑤ 점화 타이밍의 최적화

⑥ 밸브 개폐 타이밍의 최적화

⑦ 흡배기 저항의 저감

⑧ 재질의 경량화 등을 통한 기구부의 손실 저감

⑨ 열교환기류의 고효율화

⑩ 압축기의 고효율화

⑪ 냉매유량의 최적제어 등

(8) GHP 연료

① LNG (Liquefied Natural Gas, 액화 천연 가스)

(가) 메탄(CH_4)을 주성분으로 지하에서 추출

(나) 저공해 연료 : 가솔린에 비해 CO와 HC 배출량 적음

(다) 이산화탄소 발생이 적다.

(라) 취급과 조절이 용이하고 시동성이 좋다.

(마) 열효율 우수 : 옥탄가가 높아 압축비를 높일 수 있어 노킹에 유리

(바) 대형 엔진에도 사용 가능

(사) LPG에 비해 가격과 안전성 우수

(아) 공기보다 가볍다.

(자) 발화점이 높다.

(차) 공급압력 : 약 저압 0.1 MPa 이하, 중압 0.1~1 MPa, 고압 1 MPa 이상

② LPG (Liquefied Petroleum Gas, 액화 석유 가스)

(가) 프로판, 프로필렌, 부탄, 부틸렌 등의 혼합 가스로 천연 가스의 부산물로 생산되며, 석유 정제 과정에서도 부산물로 발생

(나) 상온, 상압에서는 기체이나 냉각 또는 가압에 의해 쉽게 액화됨

(다) 공기보다 무겁다.

(라) 기화 시 체적 250배

(마) 무색, 무미, 무취

(바) 연소 범위가 좁고 발열량이 크며, 공기 소모량이 크다.

(9) 정부 지원

① GHP는 EHP 대비 초기 투자비가 비싸지만 운전 유지비가 절감된다.

② 정부는 에너지 합리화 측면에서(하절기 에너지 불균형) GHP 설치를 장려하기 위해 각종 제도적 지원책을 마련하고 있다(설계장려금, 설치장려금, 법인세 환급 등).

・문제풀이 요령

　GHP는 EHP 대비 구동열원으로 전기대신 가스를 사용한다는 점(가스 엔진의 축동력을 압축기의 회전력으로 사용)과 엔진의 폐열을 회수하여 난방 시 증발압력을 보상한다는 점이 가장 큰 특징이다.

PROJECT 31 저속 치환공조   출제빈도 ★★☆

Q 저속 치환공조의 원리와 특징에 대해 설명하시오.

(1) 개요

공조방식 중 냉·난방 에너지를 절감하고, 공기의 질을 향상하기 위한 아주 효과적인 방법으로 유럽에서 가장 많이 응용되고 있는 방식이다.

(2) 원리

① 실의 바닥 근처에 저속으로 급기하여, 급기가 데워지면 상승 효과(대류)
② 밀도 차에 의해 거주역의 오염공기를 위로 밀어내어 거주역의 공기의 질을 향상시킴
③ Shift Zone(치환 구역)이 재실자 위로 형성되게 할 것

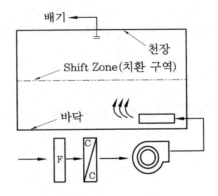

저속 치환공조의 개략도

(3) 특징

① 덕트 치수 및 디퓨저 면적이 크고, 풍속이 적다.
② 팬동력이 적고, 취출공기 온도가 적어도 되므로 에너지 효율이 좋고, 지하수 냉방 등을 고려해볼 수도 있다.
③ 공기의 질을 획기적으로 제고할 수 있는 방법이다.
④ 국내보다는 유럽 등에서 많이 사용하는 고급 공조 방식이다.
⑤ 국내에서도 적용사례가 점차 늘고있는 추세이다.
⑥ 기타의 적용 : Spot cooling(국소냉방), Air pocket(공기정체 구역)의 해결방안

> • **문제풀이 요령**
> 저속 치환 공기조화는 室의 바닥 근처에 저속으로 급기하여, 급기가 데워지면 상승기류를 형성하게 하여 실내 공기의 질을 획기적으로 개선할 수 있는 방법.

3. 건물공조 방식 및 부하계산

PROJECT 32 외기냉방의 에너지 절약 방법 ·········· 출제빈도 ★★☆

Q 외기냉방에서 취입 외기에 의해 부하를 감소시켜 에너지를 절약하는 방법과 국내 기후에서 외기냉방의 가능성에 대해 설명하시오.

(1) 외기 엔탈피 제어방법 (부하의 억제)

① 개요

㉮ 외기냉방을 행하기 위해 엔탈피 컨트롤(Entalpy Control)을 시행하는 방법이다.

㉯ 주로 동계 혹은 중간기에 내부 존(Zone) 혹은 남측 존에 생기는 냉방부하를 외기를 도입하여 처리하는 방법으로 에너지 절약적 차원에서 많이 응용되고 있다.

㉰ 전수(全水) 공조 방식에서는 '외기 냉수냉방'을 동일한 목적으로 사용이 가능하다.

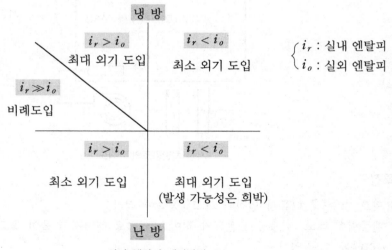

외기 엔탈피 제어방법

② 방법

㉮ 외기의 현열 이용방식 : 실내 온도와 외기 온도를 비교하여 외기량을 조절한다.

㉯ 외기의 전열 이용방식 : 실내 엔탈피와 외기 엔탈피를 비교하여 외기량을 조절한다.

(2) CO_2 제어방법 (적정한 실내환경조건 설정)

에너지 절약 차원에서 어느 정도는 기준 완화 가능(대신 IAQ 강화 필요), CO_2 센서를 이용하여 풍량을 가감하거나 운전/정지 방식으로 제어한다.

(3) 현열교환기 혹은 전열교환기를 이용한 폐열회수

① 환기를 위해 버려지는 배기에 대해 역교류 방법 혹은 가동 휠을 이용하여 폐열을 회수하는 장치이다.

② 현열회수 혹은 전열(현열＋잠열)회수를 행한다.

(4) Run Around를 이용한 폐열회수

외기와 배기 측 간에 열교환기를 설치하고 Brine을 순환시켜 배기의 폐열을 회수하는 방법이다.

(5) 우리나라 기후에서 '외기냉방'의 가능성

① 봄, 가을, 겨울에 외기온도는 대개 실내온도보다 낮음(연간 약 3~4개월을 제외하면 외기온도가 실내온도보다 낮다.)

② 갈수록 실내 냉방부하가 많이 발생(고층화, 대형화, 기밀화)

③ 실내오염이 심해짐 : 각종 기구, OA기기 등

④ 첨단 기기들의 실내 발생부하 증가

☞ 따라서, 에너지 절약적 차원에서 충분한 가능성이 있음

(6) 백화점 외기냉방 적용의 타당성

① 여름뿐만 아니라, 연중 냉방부하가 많이 발생한다.

② 많은 재실 인원으로 환기량이 많이 필요하다.

③ 분진 등의 발생이 많음(고청정 및 환기량 증가 필요)

④ 에너지 다소비형 건물이며, 에너지 절감이 절실하다.

⑤ 존별 특성이 뚜렷하여 외기 엔탈피 제어가 용이하다.

⑥ 잠열부하가 큰 편이다.

⑦ 실내 발생 부하가 크고, 국부적 환기도 필요하다.

⑧ 부하변동 심함(저부하 시 특히 효과적임)

(7) 규모가 큰 공조건물의 천창에 겨울철 결로가 발생하는 이유와 해결 방안

항 목	원 인	대 책
환기 부족	창측에서 멀어질수록 내부의 환기가 부족해지기 쉽다.	공조기 흡입구의 적절한 배치와 충분한 환기량 확보
기류 정체	대류가 원활하지 못함	실내기류를 원활히 하고, 최소 풍속 이상으로 유지한다.
인원 및 사무실 집중	냉·난방 부하 증가 (잠열 및 현열 부하 증가)	별도의 조닝으로 내부 존의 부하를 충분히 처리
구조체 야간 냉각	건물 구조체가 야간 냉각 후 축열이 이루어져 한동안 냉각되어 있음	예열, 야간 Set-Back 운전 등 실시
일사 침투 부족(고습)	일사가 내부까지 침투하지 못해 고습한 상태를 오래 유지	일사가 내부 깊숙이 침투될 수 있도록 건물 구조적으로 고려한다(아트리움 등).

· 문제풀이 요령

에너지 절약적 외기냉방 방법 : 에너지 절약적 외기냉방의 종류에는 외기 전열 이용방식(Entalpy Control), 외기 현열 이용방식, CO_2 제어 방법, 기타(전열교환기 이용 방법, Run Around 방식) 등이 있다.

PROJECT 33 **초고층 건물의 공조방식** 출제빈도 ★★★

Q 초고층 건물, 초고층 복합건물의 공조방식에 대해 논하시오.

---

(1) 개요

① 초고층 건축물 : 한계 없으나 보통 층수가 50층 이상이거나, 높이가 200 m 이상인 건축물을 말한다.

② 에너지 다소비형 건물이므로 '에너지 절약대책' 특별히 필요

③ 기타 초고층 용도로서의 각종 설비의 신뢰성 필요

(2) 초고층 건물의 열환경 특징

① 초고층 건물일수록 SVR(Surface area to Volume Ratio)이 커서 열손실이 크고 건물의 에너지절약 측면에서 좋지 못하다. 단, 지붕면적은 작아 지붕으로 침투되는 일사량의 비율은 줄어들지만 여전히 '옥상녹화'는 추천되어진다.

② 고층부에 풍속이 커서 대부분 기밀성이 높은 건축구조이며, 자연환기가 어려운 구조 이다.

③ 연돌효과가 매우 크고, 여름철 일사부하가 상당히 크며, 겨울철 강한 풍속으로 인한 열손실이 큰 부하특성을 가진다.

④ 건물 외피부분의 시간대별 부하특성이 매우 변동이 심하므로 내주존, 외주존을 분리하여 공조장치를 적용하는 방법도 검토 필요하다.

⑤ 기타 초고층 용도로서의 각종 설비의 내압, 내진 신뢰성이 강조되며, 화재시의 방재 등 안전에 대한 고려가 무엇보다 중요하다.

(3) 급수관 수압 / 소음 대책 (수송 동력 절감 및 기기 내압에 주의)

① 급수관 분할방식, 감압 밸브 사용

② 배관재 : 고압용 탄소강관 (수압이 10 kg/cm^2 넘으면 고압용 탄소강관 사용)

③ 입상관 : 3층마다 방진 필요

④ 입상배관 유수음 대책 : 이중관 및 스핀관 등 시공

⑤ 에너지 절감 측면에서 Booster 펌프 방식 등 검토

(4) 내진 대책

① 풍압에 의한 상대변위 고려 : 약 20 mm

② 각 층마다 횡진방진

③ 기타 횡력 보강 조인트, 충격 흡수장치 등 적용

(5) 연돌효과 (굴뚝효과) 대책

① Air Curtain, 2중문, 회전문 등으로 외기 차단
② 2중문 사이 Convector 혹은 FCU 설치
③ 방풍실 설치, 가압으로 외기차단
④ 기밀성 : 밀실시공 및 개구부 축소
⑤ 층간 구획으로 공기 흐름을 차단 시킴
⑥ 엘리베이터의 층별 구분 설치 (저층부용, 중간층용, 고층부용, 초고층부용 등)

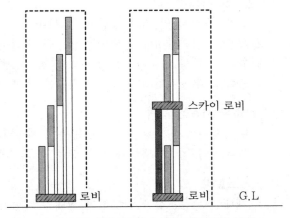

초고층 건물의 엘리베이터 층별 구분 설치 사례

(6) 에너지 절약 대책

초고층 건물은 에너지 다소비형 건물(첨단장치, 설비 등이 전기로 작동)이므로 '에너지 절약 대책'이 상당히 중요하다.
① 전열교환기 : 환기 시 버려지는 폐열회수 가능
② 이중외피(Double Skin 방식) 구조 : 자연 환기를 실시할 수 있고, 에너지를 절감할 수 있다.
③ 중간기에는 외기냉방 실시(엔탈피 제어 등 동반 필요)
④ VAV 방식을 채용하여 반송 동력비 절감 검토
⑤ 기타 연돌효과의 방지, 선진창틀 적용, 외벽의 단열강화 등

(7) 공조설비 선정 시 고려사항

① 초고층 건물은 저층 건물에 비해 복사, 바람, 일사에 의한 영향으로 냉·난방 부하가 더 커지기 때문에 열원장비의 용량이 재래의 건물과 비교하여 증가하게 된다.
② 창문의 개폐가 어려우므로 자연환경의 이용보다는 공조설비의 의존도가 크게 된다.
③ 건물 방위별로 부하의 차가 크며, 냉·난방이 동시에 필요하므로 냉열원과 온열원이 동시에 요구되며, 연간 냉방 및 중간기 공조가 필요하다.
④ 사무자동화의 일반화로 OA 기기로 인한 내부 발열이 크기 때문에 열원설비의 용량이 증가하게 된다.
⑤ 열원 시스템은 건물 규모, 열부하의 중간기 특성, 에너지 단가 측면에서의 경제성, 정부 시책 등을 바탕으로 고효율, 고성능, 유지관리비의 최소에 따른 에너지 절약을 고려하여 그 종류 및 배치 계획을 종합적으로 분석한 후 결정한다.
⑥ 시스템의 안정성과 연료 공급의 안전성을 고려하여 연료의 다원화와 비상 열원이 필요하다.
⑦ 추후 부하변동에 유연성 있게 대응할 수 있도록 준비되어야 한다.

(8) 냉열원 시스템 사례

① 장비 : 흡수식 및 터보 냉동기/각 세대 공조기

② 저층부 : 열원장비에서 생산된 냉수를 직접 공급(냉수 온도 약 7℃)

③ 고층부 : 판형 열교환기를 설치하여 공급(냉수 온도 약 8℃)

④ 냉각탑 : 무동력형(고층이므로 원활한 풍속 확보)

(9) 온열원 시스템 사례

① 노통 연관식 증기 보일러 : 부하변동에 대비하기 용이하고 보유 수량이 많음

② 흡수식 냉온수기 : 냉수와 온수 모두 공급 가능

(10) 공조설비

① 세대별로 공조실을 확보하여 세대별 소형 공조기 설치

② 전공기 방식 : 환기에 유리한 방식

③ 공조배관 조닝

㉮ 유량의 균등 분배를 위하여 각 세대 공조기마다 정유량 밸브 설치

㉯ 고층부 : 유량 제어를 위해 정유량 밸브 설치

㉰ 저층부 : 유량 밸런싱을 위해 차압 밸브 설치

(11) 각 층 복도 공조

① 높이가 높을수록 실내 기압의 유지가 어렵고, 특히 겨울철 실내·외 온도차가 클 경우 상승기류 (엘리베이터 홀, 복도)가 생긴다.

② 기계적인 공조에 의해 온도 및 공기상태의 적절한 유지가 필요

(12) 기타 부속 공간

공조기에 의해 정풍량 단일 덕트 방식으로 냉난방 및 환기

(13) 급수공급 방식

① 부스터 펌프에 의한 상향공급방식(회전수 제어 및 대수 제어) 검토

② 세대별 감압 밸브 및 유량조절 밸브 설치

③ 수격방지기(Arrester) 설치

④ 중수도 설비 : 대변기 및 소변기의 세정용수에 적용

(14) 정수 처리 설비

① 중앙정수처리 설비 혹은 각 세대별 정수기 설치하여 배관상의 부유물 및 탁도 제거

② 정수 처리 방식

㉮ U/V Filter : Post Sterilizer

㉯ Filtering : $AlSiO_2$ Filter + Silver Filter 등

㉰ Membrane (막분리식 여과장치)

㉮ Micro Filtration (정밀 여과장치) : $0.1 \sim 0.2 \mu m$ 입자

㉯ Ultra Filtration (초정밀 여과장치) : $0.0015 \sim 0.1 \mu m$ 입자

⑭ Nano Filtration (초순수정밀 여과장치) : $0.001 \mu m$ 입자

(15) 중앙집중식 진공 청소 설비

① 벽 혹은 바닥에 설치된 흡입구에 호스를 연결하여 진공 흡입하는 방식
② 이동식 청소기의 미세 먼지 분출 단점 보완
③ 편의성 및 주거 환경 쾌적도 향상
④ 실외기 실에 진공 흡입 유닛 설치

(16) Double Skin (외벽 통기 시스템)

① 건축물 구조 내부 및 단열재의 함습 방지
② 내외부 결로 방지 효과
③ 하계 일사열에 의한 외피 온도의 상승 억제
④ 초고층에서의 자연환기 유도
⑤ 초고층 건물의 효과적 부하절감 방법임

(17) 기타 고려사항

① 음식물 탈수기 설치 : 음식물 쓰레기 발생량을 줄이고 환경오염 방지 도모
② 각실 룸 온도 제어 : 실별 온도 차로 입주민 민원사항 불편 해소
③ 화장실 배수배관 이중관 사용 : 소음 방지
④ 주방배기 확산 방지 : 거실로 오염물질이 확산되지 않게 적정 배기 풍량 산정
⑤ TAB : 고품질 유지와 추후 건물 관리에 효율적으로 대처할 수 있는 체계 확립
⑥ 천장 속 공간 확보 : 중앙 냉방 방식에 따른 천장 내 덕트 및 배관공사에 대한 천장 속 공간이 충분히 고려되지 않으면 시공 곤란 가능성(계획시부터 건축과 협의 필요)
⑦ 중간 기계실 및 세대 공조실 공간 확보 : 유지보수 및 소음 차단을 위한 적정 공간 확보 필요
⑧ 소음 대책 : 바닥 충격음 기준(주택건설 기준 등에 관한 규정)
   ㈎ 층간 소음 : 경량 충격음 58 dB 이하, 중량 충격음 50 dB 이하
   ㈏ 교통소음 : 1층과 소음도가 가장 높을 것으로 예측되는 층의 소음도를 평균한 값이 65 dB 이하일 것
⑨ 원격 검침 시스템
   ㈎ 중앙관제실에서 원격 검침
   ㈏ 관리 효율의 증대, 현장 관리 인건비 절감 및 세대의 프라이버시 침해 방지
   ㈐ 시수 미터, 급탕 미터, 가스 미터 등 설치

• **문제풀이 요령**

① 국내에도 인천 동북아 무역타워, 부산 해운대 아이파크타워, 잠실 제2롯데월드(123층) 등의 초고층 건물이 많이 지어지면서 이 분야의 건축, 공조 및 기계설비 부문의 요구 기술 수준이 고도화되고 있고, R&D 측면에도 활성화가 이루어지고 있다.

② 초고층 건물의 공조방식 : 초고층 건물은 주로 높은 건물 높이로 인하여 기류의 연돌 효과, 수배관 등의 내압 / 좌굴, 환기의 어려움, 풍압에 의한 내진, 유량 불균일(정유량 밸브 / 차압 밸브 등 설치 필요), 방재의 어려움 등의 다양한 문제를 해결해야 한다.

> **PROJECT** *34* **대공간 건물의 공조방식**　　　　　출제빈도 ★★★
>
> **Q** 대공간 건물의 공조방식에 대해 논하시오.

(1) 개요

① 대공간이라 함은 체육관이나 극장, 강당 등과 같이 하나의 실로 구성되며, 보통 천장 높이가 약 4~6 m 이상, 체적이 $10000 \, \text{m}^3$(바닥면적 약 $2000 \, \text{m}^2$) 이상인 것을 말한다(대공간에서의 공조 System 선정과 공기분배 방식은 매우 중요하다).

② 대공간 온열환경 고려요소 : 천장 높이, 실공간 용적, 실사용 공간 분석, 외벽 면적비 등

(2) 대공간 건물(大空間 建物)의 기류 특성

① 냉방 시에는 어떤 공기분배 방식을 사용해도 기류가 하향하게 되나 난방 시에는 온풍을 아래까지 도달시키기 어렵다(이는 공기의 밀도 차에 의한 원리로 가열된 공기는 상승, 냉각 공기는 하강하려는 성질이 있기 때문이다).

② 연돌효과, Cold Draft(냉기류) 등으로 인해 기류제어가 대단히 어렵다.

③ 공간의 상하간 온도 차에 의한 불필요한 에너지 소모가 많음 (거주역만 냉·난방 제어하기가 어려움)

④ 구조체의 열용량, 단열성능 약화에 의한 냉·난방 부하 증가

⑤ 동절기 결로 혹은 Cold Bridge 현상 등 우려

(3) 대공간 공조계획

① 건축 측면 : 대공간의 특수성에 의한 건축계획 측면의 환기 계획, 외피구조 계획 등 필요

② 기계설비 : 대류/복사열 부하, 경계층 열이동, 열원(열매)방식, 사용 에너지 등 고려 필요

③ 공조방식 : 단일 덕트 방식이 좋음 (Zone 수가 많지 않으므로)

④ 기타 : 건물 내·외부의 환경 변화 고려 (일사와 구조체, 실내 발생열, 투입 열량, 기류조건 등)

⑤ 실내 기류의 최적치 : 난방의 경우 0.25~0.3 m/s, 냉방의 경우 0.1~0.25 m/s

(4) 공기 분배 방식

① 수평 대향 노즐(횡형 대향 노즐)

　㉮ 이 방법의 특징은 도달거리를 크게 할 수 있으므로 대공간을 소수의 노즐로 처리 가능하고, 덕트가 적으므로 설비비 면에서 유리하다.

　㉯ 반면에 온풍(난방) 취출 시에는 별도의 온풍 공급 방식을 채택하거나 보조적 난방 장치가 필요하다.

② 천장(하향) 취출방식

　㉮ 극장의 객석 등에 응용 예가 많다.

　㉯ 온풍과 냉풍의 도달거리가 상이하므로 덕트를 2계통으로 나누어 온풍 시에는 N_1 개

를 사용하고 냉풍 시에는 $(N_1 + N_2)$개를 사용하면 온풍의 토출속도를 빠르게 하여 도달거리를 크게 할 수 있다.

③ 상향 취출방식 (샘공조 방식)

  ㉮ 독일에서 많이 사용 (좌석 하부나 지지대에서 취출)

  ㉯ 하부에 노즐장치를 설치

    ㉠ 1석당 1차공기 약 $25 \, \mathrm{m^3/h}$를 토출하고, 2차공기를 $50 \, \mathrm{m^3/h}$를 흡인

    ㉡ 쾌적감 측면 토출 온도 차를 3~4℃ 정도로 한다.

    ㉢ 토출 풍속 : 약 1~5 m/s (평균 2.5 m/s)로 한다.

④ 천장취출 바닥흡입 방식 : 천장에 소용량의 노즐 디퓨저를 분산설치하고, 바닥면에서 공기를 흡입하여 리턴시키는 방식이다.

(5) 에너지 절약 대책

① 환기 : CO_2 센서를 설치하고 환기량 제어를 실시하여 에너지 절감을 기한다.

② 급기구 위치는 가급적 거주 공간에 가깝게 배치하여 반송 동력을 절감한다(도달거리를 크게 하기 위해 풍속을 크게 하면 정압이 상승한다).

③ 급기구는 유인비가 큰 성능의 것을 선택함으로써 환기 기능을 좋게 한다.

④ 중간기 외기냉방을 할 수 있도록 한다.

⑤ 천장 쪽에서의 Heat Gain은 배기 팬을 이용하여 기류를 이동시킨다.

⑥ 난방 시 온풍에 의한 방법보다 상패널 히팅 (바닥 패널 방식)으로 하고, 공기는 등온 취출하는 것이 좋다(공기 하부 취출이 유리).

⑦ 일사차단막을 설치하여 일사량에 대한 조절이 필요함(전면이 유리로 된 대형 건물의 외주부에서는 더욱 중요 사항임)

(6) 결론

① 요즘에는 거주 및 작업 공간에서의 환경의 요구 조건이 크게 변모하고 있을 뿐만 아니라 환경과 에너지 문제의 중요성이 더욱 부각되어 공조 공간에서의 적절한 공기 분배 방법은 실내환경 개선과 에너지 절약에도 매우 효과가 클 것으로 기대된다.

② 대공간의 기류특성(냉·난방 시의 도달거리 상이, 연돌효과 등)을 잘 파악하여 각 공조 공간의 특성에 맞는 최적의 공조방식을 채택해야 효율적인 공조를 실현할 수 있다.

③ 대공간 건물 중 극장, 대강당, 공연장 등 소음에 주의가 필요한 건물은 저속 덕트, 기계실 격리 등 소음관련 사항에 특별히 주의를 요한다.

④ 기타 대공간 건물(大空間 建物)은 용도별 그 특성이 많이 다르므로 용도별 특성을 고려하여 각 경우에 맞게 공조설계를 해야 한다.

• **문제풀이 요령**

  대공간 건물은 보통 천장 높이가 약 4~6 m 이상, 체적이 $10000 \, \mathrm{m^3}$(바닥면적 약 $2000 \, \mathrm{m^2}$) 이상인 것을 말하며, 기류의 층류화, 연돌효과, Cold Draft, 거주역 / 비거주역 구분의 어려움, 결로, Cold bridge 현상 등의 공조상 어려움이 있다.

PROJECT 35 Hotel의 공조방식   출제빈도 ★★☆

Q Hotel의 공조방식에 대해 논하시오.

(1) 개요

① 호텔 열부하는 일반 건물 대비 종류가 많고, 대단히 복잡하다.

② 객실은 방위의 영향이 크고, Public부는 내부부하, 인체, 조명, 발열 비율이 높으므로 용도, 시간대별 조닝이 필요하다.

(2) 호텔의 부하 (열환경) 특성

① 호텔 건물은 대부분 고층 혹은 초고층으로 지어지므로 연돌효과, 외피를 통한 열손실 증가 등 고층건축물의 부하특성과 유사한 면을 가지고 있다.

② 호텔은 하루 중 시간대별 에너지 사용량이 많이 변하며 일반 건물보다 부하 변동의 추종성이 좋게(특히 부분부하 특성이 우수하도록) 공조 및 열원설비를 도입하는 것이 좋다.

③ 고층일수록 SVR(Surface area to Volume Ratio)이 커서 열손실이 크고 건물의 에너지 절약 측면에서 좋지 못한 에너지 다소비형 건물이다. 단, 지붕면적은 작아 지붕으로 침투되는 일사량의 비율은 줄어들지만 여전히 '옥상녹화'는 추천되어진다.

④ 보통 연돌효과가 크고, 여름철 일사부하가 상당히 크며, 겨울철 강한 풍속으로 인한 열손실이 큰 부하특성을 가진다.

⑤ 건물 외피 부분의 시간대별 부하특성이 매우 변동이 심하므로 기본적으로 내주존, 외주존을 분리하고, 또한 용도별 조닝을 설정하여 공조장치를 분리 적용하는 방법도 검토 필요하다.

⑥ 기타 야간 혹은 특정시간에는 재실인원 밀도가 매우 크므로 화재시의 방재 등 안전에 대한 특별한 고려가 필요하고, 공조장치와 배연장치의 연동제어 등도 철저히 검토 및 점검 필요하다.

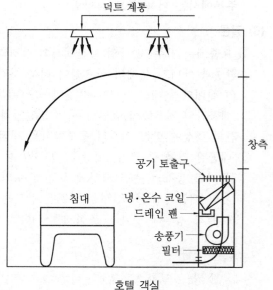

호텔 객실

(3) 각 실별(室別) 공조방식

① 건물 전체적으로 열부하 특성이 아주 다양하고 복잡함

② 객실 : 전망 때문에 대개 창문이 크고, 외기에 접함(방위별로 조닝함이 필요하다.)

    ㈎ 주로 'FCU+덕트' 방식임

    ㈏ 창문 아래 FCU 설치하여 Cold Draft 방지

    ㈐ FCU 소음 주의(침실 주변)

    ㈑ 침대 근처 FCU 송풍 금지

    ㈒ 개별제어 : 고객 취향에 따라 개별 온도제어 가능할 것

    ㈓ 주로 야간에 가동되므로 열원계통 분리 필요

③ 현관, 로비, 라운지 : 연돌효과 방지 필요

④ 대연회장, 회의실 : 잠열부하, 환기량이 많이 필요하므로, 전공기 방식이 유리

⑤ 음식부, 화장실 : 부압유지 필요

⑥ 관리실 : 작은 방이 많아 개별제어 필요

⑦ 최상층 레스토랑

    ㈎ Cold Draft 방지 대책 필요

    ㈏ 바닥 패널 고려, 영업시간 고려 단독계통이 유리

(4) 열원 장비(熱源 裝備) 선정

① 객실계통, Public 계통 분리(부하특성 많이 다름)

② 보통 지하에 설치하나, 옥상 설치 시에는 소음, 진동, 흡음재 특별 고려

③ 부분부하 효율이 특히 좋을 것

④ 초고층의 경우 소음, 진동을 고려하여 설비 분산 검토

⑤ 부분부하와 특성이 다른 부하가 많아, 부분부하 효율을 고려한 장비 선정, 대수 분할은
3대 정도 고려함이 유리

⑥ 추천 열원장비

    ㈎ 흡수식 냉동기+증기 보일러

    ㈏ 직화식 냉온수기+증기 보일러

    ㈐ 빙축열+지역난방 고려 등

(5) 실내공기의 질(質)

① 호텔은 고급 건물로 카펫 등의 먼지 발생이 많아 실내 공기청정에 주의하고 환기 및 필
터 선정에 주의가 필요하다.

② 전열교환기를 설치하여 환기를 충분히 하면서, 동시에 버려지는 폐열의 회수가 가능하다.

③ 가능한 전공기 방식을 채택하여 중앙기계실에서 Filtering을 충분히 해 주는 것이 좋다.

• 문제풀이 요령

    호텔의 공조방식 : 호텔은 열부하 특성이 각 室별 아주 다양하고 복잡하여 객실, 현관, 로비, 회의실, 음식부, 관리실, 최상층 등에 따라 아주 다르므로 각 室별 부하특성을 살려 공조에 반영해 주어야 한다. 따라서 열원장비(熱源裝備)는 부분부하 효율이 좋은 것을 선정(개별제어에 부합)해야 하고, 거주 인원의 쾌적과 건강을 위해 실내공기의 질(質)도 잘 관리되어야 한다.

PROJECT 36 **도서관 공조방식** ···················· 출제빈도 ★☆☆

Q 도서관 공조방식에 대해 논하시오.

---

(1) 개요

① 구분 : 도서관은 자료보관실, 열람실, 대출과 참고도서실, 시청각 자료 보관실과 집회실, 휴게실 그리고 관리실, 기계실 등으로 구분된다.

② 세부계획 : 도서관은 목적과 사용시간, 조닝 등 각 부분 부하특성에 따른 시스템 구성, 세부 계획이 필요하고, 항온항습 개념의 시스템 선택을 고려할 필요가 있다.

③ 국회도서관, 공공 / 대학 / 학교 / 전문 / 특수 도서관 등이 도서관에 포함된다.

(2) 설계 조건

① ASHRAE 기준

　(가) 기온 : 20~22 ℃ (고문서 13~18 ℃)

　→ 기온이 지나치게 낮게 되면 제본의 아교가 상하거나 자기디스크 Reading 불가 등을 초래할 수 있다.

　(나) 습도 : 40~55 % (고문서 35 %, 필름 50~63 %)

　(다) 기류 : 0.13 m/s 이하

② 기타 UNESCO, ICOM(국제박물관회의), ICCROM(국제보존수복센터) 기준 등 있음

(3) 공조설계 시 고려사항

① 용도별 조닝 : 열람부, 서고부, 학습부, 관리부 등

② 조닝 시 고려사항 : 운전시간, 부하특성, 조건, 청정도 등

③ 기타 물 피해 방지, 종이의 지질보호, 청정 등이 중요하다.

(4) 시스템 계통 (공조방식 및 IAQ)

① 전공기 방식이 유리(물 피해 방지), VAV 방식 채택

② 공기정화 설비 : 활성탄 정화, Air Washer 등 이용

③ 훈증설비

　(가) 취화메틸과 산화에틸렌 혼합제 사용

　(나) 서고 밀폐 후 훈증제 살포(독성이 있으므로 훈증 후 바로 배기 해야 함)

(5) 소음 및 진동

도서관 건물은 소음에 민감하므로, 가능한 NC 35~40 dB 이하로 할 것

(6) 주의사항

① 습도 30 % 이하 시 : 종이의 지질 약화 및 정전기 우려

② 고습 시 : 곰팡이, 결로, 녹발생 등 우려

③ 제본 소재, 지류, 고문서, 필름, 테이프 등은 특히 보관에 주의

(7) 기타의 특수 고려사항

① 아트리움 공조

㈎ 도서관에 쉼터의 역할을 할 수 있는 아트리움이 조성되어 있는 경우, 실내 온도조절, 기류제어 등이 매우 어려워지므로 특히 주의하여야 한다.

㈏ 굴뚝효과(연돌효과)로 인한 극간풍 증가, 에너지 낭비, 소음 증가 등에 주의가 필요하다.

㈐ 기타 결로방지, cold draft 방지, 수목이나 화초의 동사가 없도록 잘 관리하여야 한다.

㈑ 아트리움 내부 공기의 성층화에 의해 상부에 더운 공기가 집중될 수 있으므로, 이를 재열에 유용하게 사용하거나, 배출(여름철)할 수 있는 시스템을 갖추는 것이 유리하다.

② 서고의 공조

㈎ 서고의 목적은 특히 도서를 수장 및 보존하는 데 있으므로 방화, 방습, 유해가스 제거에 중점을 두어야 하며, 특히 물의 피해를 원천적으로 방지할 수 있는 시스템이 유리하다.

㈏ 도서 증가에 따른 장래의 확장성을 고려하여 공조설비의 여유분을 준비한다.

③ 열람실

㈎ 많은 인원이 책을 열람하는 공간이므로 무엇보다 환기와 실내공기의 질이 중요하다.

㈏ 배치상 내·외부로부터의 소음의 격리에 신경쓸 필요가 있다.

㈐ 채광상 직사광선을 피하고, 부득이한 경우에는 루버나 차양으로 일사를 조절한다.

• 문제풀이 요령

도서관 공조방식 : 도서관은 시청각 자료의 보관 및 보존기능 때문에 정밀한 공조계획이 있어야 하고, 항온항습 시스템 선택을 고려할 필요가 있다. 또 물에 의한 피해를 방지하기 위해 전공기방식(VAV 방식)이 유리하고, 책 속의 좀 등의 살균을 위해 훈증설비가 필요하다.

PROJECT 37 박물관, 미술관의 공조방식　　　　　　출제빈도 ★★☆

Q 박물관, 미술관의 공조방식에 대해 논하시오.

---

(1) 개요

① 박물관 내 각종 자료에 영향을 주는 상대습도, 건구온도, 공기 오염물질 중 실내 상대습도가 가장 많은 영향을 준다. 수장고, 전시 케이스 등은 항온항습으로 영구 자료 보존하되 공기오염 물질에도 노출되지 않게 해야 한다.

② 우리나라는 4계절의 구분이 뚜렷해 박물관, 미술관의 세밀한 항온항습과 관련된 기술과 기법의 연구 노력이 필요하며, 정확한 Back Data가 요구된다.

(2) 상대습도(항습)

① 적정습도 : 40~64 ± 2.5 % RH (서적 보관소 : 35 %)

② 금속은 낮게, 흡수 재료는 적정습도, 상대습도 급변화 방지

(3) 건구온도(항온) 및 기류

① 건구온도 16~24 ± 5℃, 기류 0.1~0.12 m/s

② 건구온도 변화는 상대습도를 변화시키므로 변동범위 Setting 하고, 속도 급변화 방지

(4) 공기오염 물질

부유분진(충해원인), 아황산가스(금속부식), 이산화질소(섬유, 모, 염료변질) 등

(5) 공기정화 장치

활성탄 정화, Air Washer 등 이용

(6) 전시실(展示室)

① 일반공조 대비 습도제어, 청정도 강조됨

② 밀폐되어 있는 철근 콘크리트 등 건축 마감재의 수지분, 수분 포함으로 인한 곰팡이, 세균 번식 방지를 위해 공기조화 설비 및 환기 대책이 필요함

(7) 수장고 (수랍고)

① 단열 성능이 좋고, 조명도 인원이 있을 때만 점등으로 연간 부하 극히 적은 편

② 실내 조건은 항온항습, 온도는 16~25℃, 연중 습도 변화폭 5~10 %, 기류속도 1 m/s 이내

③ 부하특성

㈎ 단열성능 우수

㈏ 열부하 및 풍량이 적고, 취출구 설치가 곤란하다.

㈐ 잠열부하가 크며, 실내압을 양압으로 유지해야 한다. (수장고는 피폭 우려로 지하 1층에 많이 설치함)

④ 공조설계 시 주의사항

㈎ 항온항습 및 예비 열원 필요

    (내) 흡입구 및 급기구 적정 배치

    (대) 공조 개시 시 쇼크가 일어나지 않도록 할 것(예열 필요)

    (래) 운전시간은 주로 24시간(보존용 공조)

    (매) 청정도 유지는 NBS(비색법) 85 %(포집효율) 정도로 한다.

  ⑤ 공조 방식

    (개) 소형 에어소스 히터 펌프(ASHP)

    (내) 패키지 에어컨, 전기히터 내장형 패키지 에어컨

    (대) 단일 덕트 정풍량 방식, 단일 덕트 변풍량 방식 및 정풍량 재열방식 등

(8) 전시 케이스

① 항온, 항습 필요, 가장 난이도가 높음

② 항온, 항습, 기류분포, 조명점 등에 주의를 요하며, 전시 케이스 자체의 열성능이 나쁜 점을 고려하여 센서류 설치 위치 등을 다수화 하여 최적제어로 전시품 열화 방지가 필요하다.

③ 전시실과 케이스 내 온도차로 열부하 변동폭이 크므로, 엄밀한 항온, 항습이 요구되며, 대개 깊이는 90~120 cm로 짧고 너비는 넓어 내부기류 분포를 고려해야 한다.

④ 취출, 흡입구 배치는 냉풍은 상부, 온풍은 하부 취출, 최소 풍량, 최소 풍속으로 단독 24시간 공조계획으로 운전

(9) 공조 시스템 방식

① 전공기 방식(물 피해 방지) : 최소 풍량, 풍속(한계치 이상) 유지 등

② 연간 항온항습 : 예비기, 별도 제습설비 등 추가 설치 고려

③ 취출구는 천장에, 흡입구는 바닥에 배치하는 것이 좋음(Short Circuit 방지)

④ 청정장치, 환기, 훈증 등 : 곰팡이 방지

⑤ 가습수 : 수질이 좋은 물 사용

(10) 열원 방식

① PAC 공조기 + 전기 히터 조합

② 공기열원 히트펌프 직결(냉온 동시 취출)방식

③ 축열방식 : 축열조는 야간운전 배제, 주간운전

④ 종래 냉동기 + 보일러 방식은 불리(운전 유지비 과중)

(11) 에너지 절약 대책

① 전열교환기 : 폐열회수

② CO_2 제어로 외기 도입량 최적화

③ 기타 VAV 시스템, 열원기기 부분부하 운전 등 응용

• 문제풀이 요령

  박물관 및 미술관의 공조방식 : 박물관 내 각종 자료에 영향을 가장 많이 주는 인자는 상대습도이므로, 항온항습을 고려 (수장고, 전시 케이스 등)해야 한다. 전시실은 건축 마감재의 수지분, 수분 등으로 인한 곰팡이, 세균 번식을 주의해야 한다(환기, 습도제어 등 필요).

PROJECT *38* 병원의 공조방식   출제빈도 ★★☆

Q 병원의 공조방식에 대해 논하시오.

(1) 개요

① 환자와 의료진의 건강상 실내공기 오염 확산 방지를 위해 각실 청정도 및 양압 혹은 부압 유지 필요

② 실용도, 기능, 온습도 조건, 사용 시간대, 부하특성 등에 의해 공조방식을 결정한다.

③ 병원설비 고도화, 복잡화로 증설 대비한 설비용량 확보, 원내 감염 방지, 비상 시 안정성, 신뢰성 등 모두 갖출 것

(2) 공조방식

① 병실부 및 외래진료부 : 외주부 (FCU + 단일 덕트), 내주부(단일 덕트)

② 방사선 치료부, 핵의학과, 화장실 : 전공기 단일 덕트, (−)부압

③ 중환자실, 수술실, 응급실, 신생아실, 분만실, 무균실 : 전공기 단일 덕트(정풍량) 혹은 전외기 식, (+)정압

④ 응급실 : 전공기 단일 덕트, 24시간 운전계통

⑤ 분만부, 신생아실 : 전공기 정풍량, 100 % 외기도입, 온습도를 유지하기 위한 재가열 코일, 재가습, HEPA 필터 채용, 실내 정압(+) 유지 등

(3) 열원방식

① 긴급 시 및 부분 부하 시를 대비하여 열원기기 복수로 설치하면 효과적 (→ 응급실 등은 24시간 공조가 필요하므로, 복수 열원기기 꼭 필요)

② 온열원 : 증기 보일러 (의료기기, 급탕가열, 주방기기, 가습 등 고려) 등

③ 냉열원 : 흡수식냉동기, 터보 냉동기 또는 빙축열 시스템 등

(4) 병원의 난방 / 급수

① 병원의 난방은 열용량이 크고, 소음 및 관부식이 적은 '온수난방'을 주로 선호한다.

② 극연수의 수송을 위해 철관의 내·외면에 주석도금을 한 황동관(놋쇠관) 등을 많이 사용한다.

• **문제풀이 요령**

　병원 공조방식 : 병원은 환자와 의료진의 건강상 실내공기 오염 확산 방지가 중요하므로, 각실 청정도, 양압 및 부압 유지가 매우 필수적이다. 또 응급실은 24시간 운전 가능한 전공기 단일 덕트 방식을 채용하여 별도 계통 (열원기기 등)으로 분리하는 것이 바람직하다.

PROJECT **39** 백화점의 공조 설비 시스템

출제빈도 ★★☆

Q 백화점의 공조설비시스템(HVAC System of Department Store)에 대해 논하시오.

(1) 백화점 열환경의 특징

① 백화점은 일반 건물에 비해 냉방부하가 크고, 공조 시간이 길어 에너지의 소비가 많으므로 설비방식 계획 시 건축환경, 에너지 절약에 중점 계획 필요

② 내부에 많은 인원을 수용해야 하므로 환기부하가 상당히 많다.

③ 각 층별 상품코너별 공조부하 특성이 많이 다르므로 공조방식으로는 '각층 유닛' 등이 적당하다.

(2) 백화점 공조계획 시 고려사항

① 실내부하 패턴의 최적 자동제어, 에너지 절약의 안정성, 장래의 용도 변경, 매장의 확장 등 영업측면 고려

② 중앙기계실(구조적 안정성), 공조실(한층 2개소), 천장공간(최소 1 m 이상), 수직 Shaft (코어 인접, 판매 동선과 분리), 출입구(Air Curtain), 지하 주차장(급·배기팬실 분산), 옥탑(소음, 진동, 미관 고려) 등 고려

③ 출입구, 에스컬레이터, 계단실 : 연돌효과 방지 필요

④ 내주부/외주부 : Zoning 필요(외벽면에 유리 면적이 큼)

⑤ 식당, 매점 : 냄새 제거를 위해 부압 유지가 필요하다.

⑥ 천장공간 : 조명, 소방 등으로 1 m 이상(1~2 m) 확보 필요

⑦ 방재, 방화시설 : 배연 덕트, 화재감지기 등 방재 / 방화 시설 강화 필요

⑧ 매장 : 화재 시 배연 덕트 전환 장치 필요

(3) 열원설비

내부조명, 조밀 인원 밀도로 일반 사무소 건물에 비해 냉방부하가 2.5~3배, 냉방은 전기간 6개월로 2배, 제어특성 좋은 장비로 최소 3대 분할 설치 필요함

① 가스 냉방방식

  ㈎ 매장 : 가스직화식 냉온수 유닛

  ㈏ 스포츠 센터 : 보일러+흡수식 냉동기

  ㈐ 빙축열 대비 초기 투자비 저렴, 방식단순, 신뢰성, 운전관리 유리, 수전설비 용량 축소

② 빙축열 방식 : 싼 심야전력으로 운전비를 절감하고, 가스 방식 대비 부하 대응성이 유리

(4) 공조 설계

① TAC 2.5 %(전산실 TAC 1 % 적용)

② 일반 건물(0.1~0.2인/m²) 대비 큰 인체부하(1인/m²), 큰 조명부하(100W/m²) 감안 필요함

③ 전공기 단일 덕트 정풍량 공조(주로 냉방부하) : '각층 유닛 방식'이 유리

(5) 에너지 절약대책

① 배기량이 많으므로 전열교환기, 폐열회수 장치 등이 효과적임

② 외기냉방 적극 응용 필요

③ 기타 VAV 시스템, 열원기기 부분부하 운전 등 응용

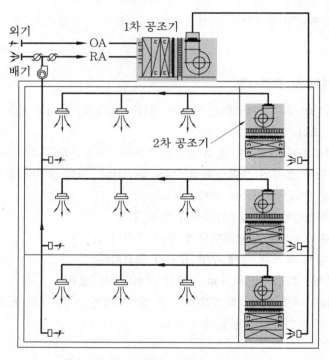

백화점에 많이 적용되는 각층 유닛 공조방식

• 문제풀이 요령

백화점의 공조방식 : 백화점은 내부 인원을 많이 수용하는 대공간 건물이므로 일반 건물에 비해 냉방부하(잠열부하) 및 환기부하가 크고(폐열회수, 외기냉방 필요), 층별 상품 코너별 공조부하 특성이 많이 다르므로 공조방식으로는 '각층 유닛'이 좋은 방법이다. 또 방재시설, 조명, 소방시설 등을 많이 설비해야 하므로 천장 내부공간을 최소 1m 이상 확보해주는 것이 좋다.

PROJECT 40 단독·공동주택 및 사무실의 공조방식 출제빈도 ★☆☆

Q 단독주택, 공동 주택 및 사무실의 공조방식에 대해 설명하시오.

(1) 단독주택 공조

① 특징
  ㈎ 단독주택, 다세대 주택, 다가구 주택을 포함한 개념이다.
  ㈏ '에너지 절약형' 공조방식을 지향한다 (전기 누진세 등 적용).
  ㈐ 외기 강제 도입이 거의 없고, 대부분 차양이 있으며, 주간 조명부하가 없다. 내부 발생열이 적어 평당 부하가 적은 편이다.
  ㈑ 외피 : 단열성능 및 열용량을 크게 할 것
  ㈒ 소음, 공해로 밀폐된 도심의 집은 '기계환기' 고려
② 공조방식 : 바닥 패널 방식+에어컨, 히트펌프 등 고려

(2) 공동 주택 공조

① 외피부하(外皮負荷)가 적기 때문에 단독주택 대비 냉·난방부하가 더 적음
② '개별 공급식'과 '중앙 공급식'이 있다.
③ 중앙공급식으로는 '간헐식 난방'을 주로 쓰기 때문에 실내온도의 변화폭이 다소 크다.
④ 주로 난방 위주의 공조 설계임
⑤ 냉방은 일반 에어컨, 멀티 에어컨, 시스템 에어컨 등 고려 필요

(3) 일반 사무실 공조

① 일반 사무실 부하의 특징
  ㈎ 집무 환경을 위해 창 면적을 크게 하기 때문에 일사량, 관류량이 커진다.
  ㈏ 조명, OA 기구 등 증가
  ㈐ 중간기 : 외기 온도의 변화 폭이 커서 냉·온 양열원 필요하다.
  ㈑ 폐열회수 : 냉열원·온열원의 재활용이 늘어나고 있는 추세이다.
② 일반 사무실에서의 냉·난방 방식
  ㈎ 외주부 FCU, 내주부 전공기식
  ㈏ 야간 근무지는 전용 보일러 별도 설치(계통 분리)
  ㈐ 화장실은 Radiator 설치
  ㈑ 회의실 등 간헐적으로 사용되는 실은 난방 겸용 패키지 에어컨 등 설치

• **문제풀이 요령**
  ① 단독주택 혹은 공동주택의 공조 특징 : 외기 강제 도입이 거의 없고, 대부분 차양이 있으며, 주간 조명부하가 없고, 내부 발생열이 적어 타 건물 대비 평당부하가 상당히 적은 편이다. 주로 난방 위주의 공조 설계임
  ② 일반 사무실 공조의 특징 : 창면적 증가(일사량, 열관류량 증가), 조명/OA기구 증가, 재실 인원이 많아 환기량 증가(폐열회수, 외기냉방 필요) 등이며, 외주부는 FCU, 내주부는 전공기식을 많이 활용한다.

PROJECT 41 항온항습실의 공조방식   출제빈도 ★★☆

Q 항온항습실의 공조방식에 대해 설명하시오.

(1) 개요

① 항온항습실은 건축 계획으로 외기온도의 영향을 거의 받지 않도록 하되, 실내 측에 덕트 배치 시 공기 정체 부분이 없도록 취출구, 흡입구 배치에 주의를 요한다.

② 연구, 시험시설, 제약공장, 반도체 공장 등 보건공조가 아닌 프로세스 계통에 주로 사용되며, 공조기 구성, 제어방식 등은 실내 유지 온습도의 정밀도에 따라 달라진다.

(2) 온도, 습도 등 규격 (JIS 기준)

① 온도

(가) 온도 : 20℃, 23℃, 25℃

(나) 공차 : ±0.5℃, ±1℃, ±2℃, ±5℃, ±15℃

(다) 온도 15급 (±15℃)은 표준상태의 온도 20℃에 대해서만 사용

② 습도

(가) 습도 : 50 %, 65 %

(나) 공차 : ±2 %, ±5 %, ±10 %, ±20 %

(다) 습도 20급 (±20%)은 표준상태의 습도 65%에 대해서만 사용

③ 기압 : 86~106 kPa

(3) 구성

급기팬, 환기팬, 재열, 예열, 예랭, 냉각제습 코일, 에어필터, 가습기 장치(전기식 팬형 및 증기가습 분무장치)로 항온항습기 구성된다.

(4) 정밀제어

제어 시스템(PID 동작제어), 조작기와 Interlock 등

(5) 항온항습실의 환기 횟수 공식

$$N = \frac{30}{\Delta t}$$

여기서, Δt 는 실내 허용 온도차

예 15회는 ±2℃, 120회는 ± 0.25℃ 제어이다.

(6) 덕트 계획

순환풍량 변화 적게 Bypass법 사용, 유인비 큰 취출구 선정

(7) 배관 계획

① 기본 열매는 저압증기 사용

② 재열 시 정밀 제어 가능한 40~50℃의 저온수 사용

③ 가습은 $0.5 \, kg/cm^2$ 정도의 수증기를 사용하며, 소음, 온도 급변화 등을 방지한다.

(8) 기타 고려사항

① 정밀 제어를 위해 다단계 용량 제어가 가능한 압축기 채용(인버터, PWM, Unloader, Slide Valve 등의 방식 채용)

② 송풍기의 용량 제어도 정밀한 방법 채용 필요(인버터 제어 등 고려)

③ 일반건축물이 m^2당 약 150 kcal/h 정도로 냉방부하를 설계하는 데 반해, 기계장비가 많은 항온항습실(전산실, 서버룸 등)은 m^2당 약 400~500 kcal/h 정도로 설계한다(예비열원을 감안하여 약 900 kcal/h로 설계하기도 한다).

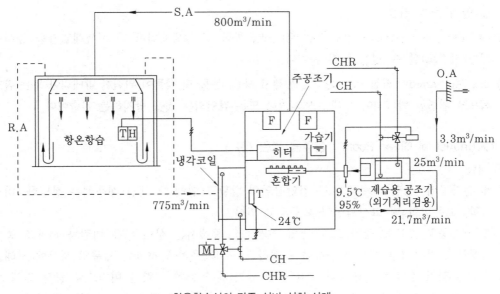

항온항습실의 각종 설비 설치 사례

• **문제풀이 요령**

항온항습실의 공조방식 : 항온항습실은 외기온도 및 기후 조건의 영향을 거의 받지 않도록 단열 및 방습을 철저히 시공해야 하며, 실내공기의 정체 부분이 없도록 기류 순환을 원활히 해주어야 한다. KS 표준 1급 기준은 온도 20±1℃, 습도 65±2 %이다.

PROJECT 42 Clean Room의 분류 및 ICR 출제빈도 ★★☆

Q Clean Room의 분류 및 ICR (산업용 클린 룸)에 대해 논하시오.

---

(1) 개요

① 클린 룸이란 공기 중의 부유 미립자가 규정된 청정도 이하로 관리되고, 또한 그 공간에 공급되는 재료, 약품, 물 등에 대해서도 요구되는 청정도가 유지되며, 필요에 따라서 온도·습도·압력 등의 환경조건에 대해서도 관리가 행해지는 공간을 말한다.

② 실내 기류 형상과 속도·유해가스·진동·실내 조도 등도 관리 항목으로 요구되고 있다.

③ 바이오 클린 룸은 상기 클린 룸에서 실내 공기 중의 생물 및 미생물 미립자를 제어한 공간을 말한다.

(2) 분류 (대분류)

① ICR (Industrial Clean Room ; 산업용 클린 룸) : 공장 등에서 분진을 방지하여 정밀도 향상, 불량 방지 등을 위함

② BCR (Bio Clean Room ; 바이오 클린 룸) : 생물학적 입자(생체입자)와 비생체입자를 동시에 제어(청정도)할 수 있는 클린 룸이다.

③ BHZ (Bio Hazard) : 직접 또는 환경을 통해서 사람, 동물 및 식물이 위험한 박테리아 또는 잠재적으로 위험한 박테리아 등에 오염되거나 또는 감염되는 것을 방지하는 기술이다.

(3) ICR (Industrial Clean Room ; 산업용 클린 룸)

① 개요

　㉮ 전자공업, 정밀 기계공업 등 첨단산업의 발달로 인해 그 생산 제품에는 정밀화, 미소화, 고품질화 및 고신뢰성이 요구되고 있다.

　㉯ 전자공장, FILM 공장 또는 정밀 기계공장 등에서는 실내 부유 미립자가 제조 중인 제품에 부착되면 제품의 불량을 초래하고, 사용 목적에 적합한 제품의 생산에 저해요소가 되어 제품의 신뢰성과 수율(생산 원가)에 막대한 영향을 미치므로 공장 전체 또는 중요한 작업이 이루어지는 부분에 대해서는 필요에 대응하는 청정한 환경이 유지되도록 해야 한다.

② 목적 : 공장 등에서 분진을 방지하여 정밀도 향상, 불량 방지 등을 위함

③ 청정의 대상 : 부유 먼지의 미립자

④ 적용 : 반도체 공장, 정밀 측정실, 필름 공업 등

⑤ 산업용 클린 룸의 방식

  ㈎ 층류방식 Clean Room(Laminar Flow, 단일방향 기류) : 실내의 기류를 층류(유체 역학적인 층류가 아니고 Piston Flow를 의미함)로 해서 오염원의 확산을 방지하고, 그 배출을 용이하게 하는 방식

    ㉮ 수직 층류형 Clean Room(Vertical Laminar Flow)

- 기류가 천장 면에서 바닥으로 흐르도록 하는 방식으로 청정도 Class 100 이하의 고청정 공간을 얻을 수 있다.
- 취출 풍속은 0.25~0.5 m/s이다.

    ㉯ 수평 층류형 Clean Room(Horizontal Laminar Flow)

- 기류가 한쪽 벽면에서 마주보는 벽면으로 흐르도록 하는 방식으로 이 방식의 특징 은 상류 측의 작업의 영향으로 하류 측에서는 청정도가 저하되는 것이다.
- 상류 측에서는 Class 100 이하, 하류 측에서는 상류 측의 작업 내용에 따라 Class 1000 정도의 청정도를 얻을 수 있다.
- 취출 풍속은 0.45 m/s 이상이다.

  ㈏ 난류방식 Clean Room (Turbulent Flow, 비 단일방향 기류)

    ㉮ 기본적으로 일반 공조의 취출구에 HEPA Filter를 취부한 방식으로 청정한 취출 공기에 의해 실내오염원을 희석하여 청정도를 상승시키는 희석법이다.

    ㉯ 청정도는 Class 1000~100000 정도를 얻을 수 있다.

    ㉰ 환기 회수는 20~80회/h 정도이고, HEPA Box 또는 BFU(Blower Filter Unit) 를 사용하여 공조기로부터 Make Up된 공기를 취출하고 청정 유지에 필요한 풍량 을 순환시킨다.

    ㉱ 특징

- 구조가 간단하고, 설비비가 저렴하다.
- 실내의 구조 및 장비 배치에 따라 천장에 Return Box를 설치하거나 실내에 Return 풍도를 설치하여 공기를 순환시킨다.
- Room의 확장이 비교적 용이하다(단, AHU 용량범위 안에서).
- Clean Bench 등을 이용하여 국부적인 고청정도를 형성할 수 있다.
- 와류나 기류의 혼란이 생기기 쉽고, 오염 입자가 실내에서 순환하는 경우가 있다.

  ㈐ 슈퍼 클린 룸(Super Clean Room)

    ㉮ 현재 Super Clean Room 레벨은 명확하지 않으나, 종래의 클린 룸 클래스를 확장 적 용하여 0.3μm / 클래스 10, 또는 0.1μm / 클래스 10 등과 같이 구별한다(99.9997 % 이상).

    ㉯ Super Clean Room에 적용되는 방식은 앞서 설명한 각종 Clean Room 방식 중 에서 기본적으로 Vertical Laminar Flow(수직 층류형)의 형태를 갖추고 있고, 공기 의 순환형태 및 온습도 제어의 방식에 따라 몇 가지 System이 적용되고 있다.

㉰ 기류의 방식 : 수직 층류 방식, 터널 유닛 방식 등

㉱ Open Bay 방식 : 기본적으로는 All Down Flow 방식의 일종으로서 순환 Fan(또는 D.F.U)을 Return Plenum 내에 설치하여 공기를 순환시키며, 청정도에 따라 Filter와 Blind Panel을 적절히 배치하여 청정 공간을 유지한다.

- Layout 변경에 한계가 있으므로 제한적이다.
- 청정도 변환은 풍량 변경에 한계가 있으므로 제한적이다.
- Plenum 높이를 충분히 확보해야 안정된 기류를 얻을 수 있다.
- Fan에 별도의 흡음설비가 필요하다.
- 운전 시간대가 간헐적인 클린 룸에 대해서 대응이 어렵다.
- 시공이 쉽고 간편하다.
- 순환 Fan 고장 시 전체 풍속의 저하로 청정도가 낮아진다.

㉲ Fan Filter Unit 방식 : Fan Filter Unit를 채용한 개별 방식의 수직 층류형 시스템으로 Return Air 공급을 위한 별도의 공조기는 없고 FFU만으로 순환이 가능하므로 클린 룸을 매우 경제적으로 구성할 수 있다.

- Layout 변경이 자유롭다.
- 청정도 변환이 자유롭다.
- Filter 상부의 오염원이 클린 룸 내로 유입이 안 된다.
- 중앙집중식 제어에 의한 풍속제어 및 대수제어가 가능하며, 유지·관리가 쉽다.
- Unit 1대로 다양한 기류를 얻을 수 있다.
- 저소음형으로 흡음 설비가 필요하지 않아 공기 및 공사비를 줄일 수 있다.
- 기존 건물이라도 적정한 높이만 있으면 설치가 가능하다.
- 운전 시간대가 간헐적인 클린 룸에 대해서도 최소 Clean화 정도로만 유지하도록 제어가 가능하므로 운전비 등을 절감할 수 있다.
- 공사 기간이 짧다.
- 소규모 클린 룸에서 대규모 클린 룸까지 다양하게 활용할 수 있다.

㉳ C.T.M(Clean Tunnel Module) 방식 : 공기 순환 계통은 Local 순환 방식으로 생산 시설의 Layout이 Bay 방식으로 되는 경우에 Fan, Filter 및 Cooling Coil이 조합된 Tunnel Module을 설치하여 원하는 청정도 및 온습도를 얻는 방식이다.

- 공기순환 동력비가 타 방식에 비해 가장 적은 반면 청정도, 온·습도 유지 성능이 약간 떨어진다.
- C.T.M을 일단 설치하면 이설이 어렵기 때문에 Flexibility의 문제점이 있다.
- 공기순환 방식이 Local 순환이므로 각 Bay에서 사용하는 약품이 인접 Bay에도 영향을 미치기 때문에 Cross-Contamination의 문제가 있어 근래에는 Super Clean Room 방식으로는 사양화되고 있다.

㈜ SMIF & FIMS System(Standard Mechanical Interface & Front-Opening Interface Mechanical Standard System)

㉮ 전체 클린 룸 설비 가운데 노광 및 에칭 등 초청정 환경이 요구되는 일부 공간만을 클래스 1 이하의 초청정 상태로 유지함으로써 전체 클린 룸 설비의 사용 효율을 극대화하는 차세대 클린 룸 설비로 각각의 핵심 반도체 장비에 부착되는 초소형 클린 룸 장치(수직 하강 층류 이용)

㉯ 밀폐형 웨이퍼 용기(POD/FOUP), 밀폐형 웨이퍼 용기 개폐 장치(Indexer/Opener), 그리고 웨이퍼 이송용 로봇 시스템 등으로 구성된다.

- 웨이퍼 공정진행 공간만을 최소화하여 국부적 고청정도를 유지시킴으로써 외부 환경에 따른 오염 발생을 근본적으로 차단
- 반도체의 수율 및 수익성 향상
- 설비 및 Running Cost 절감
- Chamber 내의 기류 분포 균일성 유지

• 문제풀이 요령

① Clean Room의 분류 : 클린 룸은 크게 ICR(산업용 분지 제거), BCR(생체입자, 비생체입자 동시 제거), BHZ(실험실 내 박테리아 등의 실내외 전파 방지)로 구분된다.

② ICR의 분류 : 청정도에 따라 난류방식(Class 1000~100000), 층류방식(Class 100 이하), Super Clean Room(Class 10 이하), SMIF & FIMS System(국소 고청정 ; Class 1 이하) 등으로 분류된다.

③ 웨이퍼(Wafer) : 웨이퍼는 두께가 약 1/30″ 정도로 매우 얇고 둥근 실리콘 원판으로, 마이크로프로세서의 제조에 사용된다. 제작 공정은 대체로 하나의 웨이퍼 위에 여러 개의 마이크로프로세서(칩)를 새긴다(기술적으로 점점 더 큰 웨이퍼(300 mm 이상)가 개발되고 있으며, 실리콘 원통을 얇게 썰어 내는 방식으로 만들어진다).

| PROJECT 43 BCR & BHZ | 출제빈도 ★★☆ |

Q 클린 룸의 종류 중 BCR & BHZ에 대해 설명하시오.

(1) BCR (Bio Clean Room ; 바이오 클린 룸)

① 정의

(가) 제약공장, 식품공장, 병원의 수술실 등에서는 제품의 오염 방지, 변질 방지 및 환자의 감염 방지를 위해 무균에 가까운 상태가 요구된다.

(나) 일반 박테리아는 고성능 Filter에 잡혀 제거되지만, 바이러스는 박테리아에 비해 대단히 작기 때문에 그 자체만으로는 제거가 곤란하다. 그러나, 대부분의 박테리아나 바이러스는 공기 중의 부유 미립자에 부착해서 존재하므로 공기 중의 미립자를 제거함으로써 세균류의 제거도 동시에 가능하다.

(다) 살균방법 : 오존살균, 자외선 살균, 플라스마 살균 등

② 목적

(가) 무균실의 환경을 유지하기 위한 목적임(외부로부터 내부를 보호하는).

(나) 어떤 목적을 위해 특정 규격을 만족하도록 생물학적 입자(생체 입자)와 비생체 입자를 제어(청정도)할 수 있는 동시에 실내온도, 습도 및 압력을 필요에 따라 제어

③ 청정의 대상 : 세균, 곰팡이, 박테리아, 바이러스 등의 생체 입자 및 비생체입자(분진 등)

④ 적용분야

(가) 의약품 제조공장 : 약품의 오염 방지

(나) 병원

   ㉮ 공기 중 세균을 감소시켜 환자의 감염 방지

   ㉯ 무균 병실, 신생아실, 수술실 등이 주요 대상임

   ㉰ 환자에게 쾌적한 온도, 습도, 청정도 유지

(다) 시험동물 사육시설 : 장시간 일정한 조건(온도, 습도, 청정도, 기류 등)에서 사육해야 DATA의 신뢰성 보장 가능

(라) 식품제조 공장

   ㉮ 식중독, 세균 감염 등 방지

   ㉯ GMP(우수 의약품 제조기준) 및 HACCP(식품 위해 요소 중점 관리기준)에 따라 위생관리 철저 가능

(마) 기타 : 무균실, GLP(Good Laboratory Practice) 등에도 사용된다(정압 유지).

⑤ 풍속과 기류분포(기류 이동방식)

(가) 재래식 : 비층류형 (Conventional Flow)

(나) 층류식 : 수평 층류형 (Cross Flow Type), 수직 층류형 (Down Air Flow)

(다) 병용식 : 경제적인 비층류형과 고청정을 얻을 수 있는 층류형을 혼용한 형태

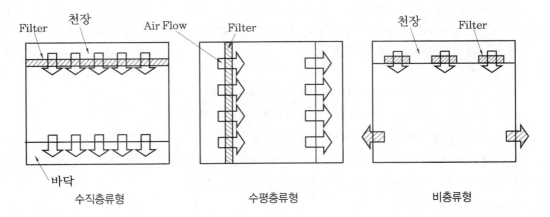

수직층류형 수평층류형 비층류형

⑥ 바이오 클린 룸의 운영 방식

(가) 병원용 BCR : 병원용 BCR의 주목적은 공기 중의 세균을 감소시켜 공기 감염을 방지하고 실내 환경을 환자들의 체내 대사에 적합한 온습도로 유지시키는 것이다.

(나) 동물실험 시설

㉮ 동물실험 시설은 실험동물의 사육 또는 보관, 실험 등을 위한 시설로서 GLP (Good Laboratory Practice)기준에 따른다.

㉯ GLP라 함은 의약품의 안전성을 확인하기 위해 이루어지는 비임상 독성시험의 신뢰성을 확보하기 위한 기준으로 시험기관의 조직, 시설 및 장비, 시험계획 및 실시, 시험물질 및 대조물질, 시험의 운영 및 보고서 작성·보관 등 시험 과정에 관련되는 모든 사항을 체계적으로 관리할 수 있는 규정을 말한다.

(다) 약품 및 식품 공장 : 약품 및 식품은 인체에 직접 영향을 주는 것으로 균, 곰팡이 등의 오염물질이 혼입되지 않도록 해야 하며, 이를 위한 설비는 GMP 규정에 따른다. GMP(Good Manufacturing Practice)는 품질이 보증된 우수의약품을 제조하기 위한 기준으로서 제조소의 구조 설비를 비롯해 원료의 구입으로부터 제조, 포장, 출하에 이르기까지의 전 공정에 걸쳐 제조와 품질의 관리에 관한 조직적이고 체계적인 규정을 말한다.

(2) BHZ (Bio Hazard)

① 정의

(가) 위험한 병원 미생물이나 미지의 유전자를 취급하는 분야에서 발생하는 위험성을 생물학적 위험(Bio Hazard)이라 한다.

(나) 생물학적인 박테리아와 위험물 보호의 두 개 단어의 조합이다.

㈐ 직접 또는 환경을 통해서 사람, 동물 및 식물이 위험한 박테리아 또는 잠재적으로 위험한 박테리아에 오염되거나 또는 감염되는 것을 방지하는 기술이다.

㈑ 실험실 내 감염 방지와 외부로 전파되는 것을 방지하며, 안정성 확보를 위해 취급이나 실험수단을 제한하고 실험설비 등의 안전기준을 정하여 이 위험성으로부터 격리하는 것이 생물학적 위험 대책이다.

② 목적

㈎ 취급하는 병원체의 확산을 방지함(내부로부터 외부를 보호하는 방이다.)

㈏ 음압유지 및 배기에 대한 소독을 실시해 세균 감염 방지

㈐ 실험실, 박테리아, 미생물 등이 주요 대상임.

③ 청정의 대상 : 정규적 병원균, 박테리아, 바이러스, 암 바이러스, 재조합 유전자 등

④ 적용 : 박테리아 시험실, DNA 연구 개발실 등(부압 유지)

⑤ BHZ(Bio Hazard)의 등급 구분

㈎ P_1 Level : 대학교 실험실 정도의 수준

㈏ P_2 Level : 약간 장갑도 끼고 작업함

㈐ P_3 Level : 전체 복장을 하고 Air Shower도 한다.

㈑ P_4 Level : 부압 유지 등의 기본적인 공조 시스템은 상기와 동일하나, 안전도를 가장 높임(가장 위험한 생체 물질을 격리하기 위한 것으로 인터로크 문 추가, 샤워실 추가, 배기용 필터 소독 가능구조 혹은 2중 배기 시스템 적용)

• **문제풀이 요령**

① BCR : 생물학적 입자(생체 입자)와 비생체 입자를 동시에 제어할 수 있는 클린 룸으로 병원, 제약공장, 시험용 동물 사육시설, 식품공장 등의 무균 필요 시설에 주로 적용된다.

② BHZ : 실험실 내 박테리아 등의 실내외 전파 방지를 위해 음압유지 및 배기에 대한 소독이 필수이며, 위험도의 정도에 따라 P_1 Level, P_2 Level, P_3 Level, P_4 Level로 나누어진다.

PROJECT 44 **Clean Room의 4대 원칙 및 에너지 절감** 출제빈도 ★☆☆

Q Clean Room의 4대원칙 및 에너지 절감 대책에 대해 설명하시오.

(1) Clean Room의 개요

① Clean Room의 청정도 표시규격

(가) 미 연방규격(U.S FEDERAL STANDARD 209E)

㉮ 영국단위 : 1 ft^{3}중 0.5μm 이상의 미립자 수를 CLASS로 표현한다.

㉯ 미터단위 : 1 m^{3}중 0.5μm 이상의 미립자 수를 10^{X}으로 표현하고, 이때의 청정도를 'CLASS M X'라고 표시한다 (즉, 1 m^3 중 0.5μm 이상의 미립자수가 100개이면 100은 10^{2}이므로 'CLASS M 2'로 표현함).

(나) ISO, KS, JIS 규격 : 1 m^3 중 0.1μm 이상의 미립자수를 10^{X}으로 표현하고, 이때의 청정도를 'CLASS X'라고 표시한다 (즉, 1 m^3 중 0.1μm 이상의 미립자 수가 100개이면 100은 10^{2}이므로 'CLASS 2'로 표현함).

② Class 10~100 : HEPA (주대상 분진 ; 0.3~0.5μm), 포집률이 99.97 % 이상일 것

③ Class 10 이하 : ULPA (주대상 분진 ; 0.1~0.3μm), 포집률이 99.9997 % 이상일 것

㈜ HEPA : High Efficiency Particulate Air Filter

　　ULPA : Ultra Low Penetration Air Filter

(2) Clean Room의 4대 원칙

① 먼지, 균(미생물) 등의 유입 및 침투 방지 : 室 외부로부터 침투되지 않게 관리한다.

② 먼지, 균(미생물) 등의 발생 방지 : 室의 내부에서 발생하지 않게 관리

③ 먼지, 균(미생물) 등의 집적 방지 : 室의 바닥에 쌓이지 않게 관리

④ 먼지, 균(미생물) 등의 신속 배제 : 일단 발생된 먼지는 신속히 배제할 것

(3) CR 혹은 반도체 공장에서의 에너지 절감대책

① 냉방부하 : 외기 냉방, 외기냉수 냉방, 배기량 조절(제조장치 비사용 시의 배기량(환기량) 저감 등)

② 반송(운송)동력

(가) 송풍량 절감 : 부하에 알맞게 풍량을 선정하고 부분부하 시 회전수 제어를 적용한다.

(나) 압력 손실 적은 필터 채용, 고효율 모터 사용, 덕트 상의 저항, 마찰 손실 줄임 등

③ 제조장치로부터 발생하는 폐열을 회수하여 재열/난방 등에 활용

④ 부분적으로 '국소 청정 시스템' 등 채용 (SMIF & FIMS System)

⑤ 기타

(가) 질소 가스 증발잠열 이용

(나) 지하수를 이용한 외기 예랭 및 가습

(다) 히트파이프를 이용한 배열회수

(라) 지하수(냉각수)의 옥상 살포

(마) 고효율 히트펌프 시스템 적용 등

PROJECT 45 Clean Room의 설계순서 및 국제규격   출제빈도 ★☆☆

Q Clean Room의 설계순서 및 국제규격에 대해 설명하시오.

(1) 클린 룸의 설계 순서

① 용도, 청정도, 공조 방식 및 공기정화 방식 선정
② 송풍량 및 외기 도입량 결정
③ Pre, 중간, 최종 필터 종류, 포집률 설정
④ 정상상태 실내 부유 미립자 농도 계산
⑤ 계산된 실내 부유 미립자 검토
⑥ 설정 허용 농도와 비교하여 사용필터 확정($M = Q \times \Delta C$ 등의 공식 이용)
⑦ 클린 룸의 유틸리티 배관 종류 : 물, 산소, 액화질소, 압축공기 등 설계
⑧ 기타 : Pass Box, Air Shower (10 m/s 이상, Air Jet), Clean Bench, Clean Booth 등 고려
⑨ 경제성 및 보수 난이도 평가의 설계순서로 계획

(2) 클린 룸의 국제규격

① 본격적인 ICR(공업용 클린룸) 규격으로 1963년 미국연방규격 209B(Federal Standard 209B)가 제정되었다.
② 규격은 청정도 이외, 압력, 기류속도, 온도, 습도, 조도에 대해서도 규정하고 있다.
③ 1999년 청정도에 관한 국제규격인 'ISO14644'가 발표되어 세계적 규격의 통일에 한발 전진하게 되었다.
④ BCR(생물용 클린 룸)규격은 NASA 규격에 규정되어 있으며, 이들 규격의 내용은 ICR (공업용 클린 룸)규격과 거의 같지만, 미생물 농도를 더하고 있다.

(3) 향후 전망

① 종래는 미세 입자 제어만 노력했지만 클린 룸 내 확산되는 미량이온, 유기 미스트 및 산성 알칼리성 가스까지도 계면과 피막에 영향을 미치므로 PPB 레벨에서 제어되어야 할 전망이다.
② 각종 Chemical 오염물질 등 환경 조건의 요구 기준을 맞추기 위해 기술, 경제면에서 새로운 발상과 꾸준한 연구가 요구된다.

• **문제풀이 요령**

　클린룸의 국제규격과 규제 전망 : 최초 1963년 미국연방규격 209B, 1999년 국제규격 'ISO14644', NASA 규격(미생물 포함) 등에 규정되어 있으며, 향후에는 미량 이온, 유기 미스트 및 산성 알칼리성 가스까지도 관리해주어야 하므로 계속 강화될 전망이다.

PROJECT **46** IB(첨단 정보 빌딩)의 공조방식   출제빈도 ★☆☆

Q IB(첨단 정보 빌딩)의 공조방식에 대해 논하시오.

(1) 정의

　　IB란 건축, OA (Office Automation ; 사무자동화), BAS (Building Automation Sys-tem ; 빌딩 자동화 시스템), TC (Tele-Communication ; 원거리 통신)의 네 가지 기능이 통합된 첨단 정보 빌딩을 말한다.

(2) 온도 및 습도 조절

① 온도 : (10~15℃)~(32~35℃) 등으로 Zone별 특성에 맞게 나누어 공조
② 습도 : 40~70 % (중앙공조 기준) 등으로 Zone별 특성에 맞게 나누어 공조

(3) 주의사항 (특히 온·습도 사용 범위에 주의)

① 보통 5℃ 이하에서는 자기 디스크 Reading 불가, 제본의 아교가 상하는 현상 등을 초래할 수 있다.
② 저습 시 종이의 지질 약화 및 정전기 우려
　　※ 정전기 방지 대책 : 접지, 공기 이온화 장치, 전도성 물질 도장 등
③ 고습 시 곰팡이, 결로, 녹발생 등 우려

(4) 냉방시스템 구성 (사례)

① IBS 건물의 Data 센터실은 24시간 운전되고 있다. 냉방부하(최대 부하) 용량이 1000 RT 일 경우 Back Up 운전 50 %, 100 % 고려 시의 냉방 시스템(열원) 구성
② 백업 50 % 고려 시 : 500 RT 3대를 설치하여 1대는 Stand-By 상태
③ 백업 100 % 고려 시 : 500 RT 4대를 설치하고 2대는 Stand-By 상태

(5) 기타 주의사항

① IB 공조는 OA 기기 증가로 예측이 어렵고, 대부분이 OA기기 발열에 의한 냉방부하로 냉방부하의 효과적인 처리가 관건이다 (국배소기 필요).
② VAV 방식으로 대응 시 저부하에서 환기량이 저하될 수 있으므로 주의 필요
③ IB 건물은 부하가 다양하고 복잡하므로, 어느 정도 정밀제어가 가능하게 설계되어야 한다.
④ 재실 인원 증가, 기밀구조 강화로 인한 환기량 제어가 필요하며, CO_2 센서 제어, 외기 엔탈피 제어 등을 응용할 필요가 있다.

• **문제풀이 요령**

　　IB (Intelligent Building ; 첨단 정보 빌딩)의 정의 : 건축, OA(사무자동화), BAS(빌딩 자동화 시스템), TC(원거리 통신)의 네 가지 기능이 통합된 첨단 정보 빌딩

PROJECT 47 지하공간 및 지하주차장의 공조방식　　출제빈도 ★★☆

Q 지하공간 및 지하주차장의 공조방식에 대해 논하시오.

---

(1) 지하공간 환경 특성

① 전략 방호시설, 토지 수요 증가, 보온・보랭 지역

② 대부분 환기부하가 많음

③ 열환경 : 지반, 축열 효과, 지중 온도, 미이용 에너지 등

(2) 지하 생활공간에서 공기의 질(IAQ) 관리 법안

① 1996. 12. 30일 지하역사, 지하통로 등 지하 생활 공간의 공기의 질을 체계적, 효율적으로 관리하기 위한 제도장치가 마련되었음

② 그 후 2004년부터 '다중이용시설 등의 실내공기질 관리법'으로 개정 및 적용대상 확대 적용 중임

③ 해로운 건축자재의 사용을 제한하고, 시공자로 하여금 실내공기질 측정 및 공고, 교육의 의무 등을 규정하고 있다.

(3) 지하공간 공조설계 시 고려사항

① 공기의 질 시험방법, 공기의 질 유지기준 설정 필요

② 환기 및 공기정화 설비(기계) 설치

③ 높은 잠열부하 처리 방법 검토

④ 기타 재난 방지 방안, 지중 온도 활용 방안 등 검토

(4) 지하공간 공조방식

① 전공기 방식(단일 덕트 방식 등) : 청정, 충분한 산소 공급, 습도제어, 외기냉방

② 안전관련 : 연기 확산 방지제어, 피난통로 가압, 정전 시 비상 전원설비

③ 기타 조닝, 용도별 계획, 법규(지하공간 제연설비관계법 등), 기능 등을 고려하여 환기 및 공조설비 채택

(5) 지하공간의 필터

① PM 10 (10 마이크로미터 이하) 미세분진 (호흡성 분진)을 필터링 할 수 있는 능력의 필터이어야 한다.

② 지하공간의 필터는 수명이 짧으므로 보수관리가 용이한 것으로 선택해야 한다.

③ 여재를 쉽게 교환시킬 수 있는 것

④ 유지 관리가 편한 자동세정형, 권취형 필터가 유리하다.

⑤ 헤파 필터 등의 고성능 필터는 피하는 것이 좋다.

(6) 지하주차장 공조(환기)방식

비교항목	급/배기 덕트 방식	노즐 방식	무덕트 방식 (유인팬 방식)
급배기 방식	급기팬 & 덕트 배기팬 & 덕트	급기팬 ; 터보팬,노즐 배기팬 & 덕트(高速)	급기팬 ; 터보팬(유인용) 배기팬
덕트 방식	저속 덕트	고속 덕트	덕트 없음
스페이스	大	中	小
기타 특징	• 실내공기 부분적 정체 • 개별제어 곤란 • 자연환기와 조합 곤란 • 층고 증대 • 설비비 및 동력비 증대	• 소음 및 환기 효과가 크다. • 먼지 비산 우려 • 자연환기와 조화가 된다.	• 설치비 및 운전 비용이 저렴 • 공기 정체 현상이 없다. • 개별 제어와 전체 제어가 가능하다. • 고장이 나더라도 전체에 영향이 없다. • 소음이 적다.

(7) 지하 주차장의 환기팬(급기팬 및 배기팬)이 잘 멈추기 쉬운 이유

① 지하주차장의 급기 및 배기측의 루버(louver)의 면적이 적고, 유로저항이 크다.

② 지하에 분진이 비교적 많아 팬모터의 베어링부를 쉽게 오염시킨다.

③ 굴뚝효과(stack effect)에 의해 송풍기에 역압이 걸리기 쉽다.

④ 지하 주차장 설비는 보통 관리가 소홀해지기 쉽다.

⑤ 차량의 진입 및 출차에 의해 기류의 방향이 일정하지 못하다.

• 문제풀이 요령

① 지하공간 공조방식 : 지하공간은 충분한 산소공급(환기), 습도제어, 방재 등이 중요하다. 따라서 '전공기 단일 덕트 방식'이 추천되어지며, 방재를 위해 연기 확산 방지제어, 피난통로 가압, 정전 시 비상전원설비 등을 고려해야 한다.

② 지하주차장 환기 방식의 종류 : 흔히 급·배기 덕트 방식, 고속 노즐 방식(급기 고속 노즐 + 배기 고속 덕트), 무덕트 방식(유인팬 + 배기팬 방식)의 세 가지로 나누어진다.

PROJECT 48 지하상가 공조방식 출제빈도 ★★☆

Q 지하상가의 공조방식에 대해 설명하시오.

---

(1) 개요

① 지하상가는 지상건물과 달리 지하라는 심리적 압박, 폐쇄감이 심할 수 있는 공간이다.

② 일정한 조도 확보, 방위감 확보, 보행 쾌적성 확보, 자연 접촉감 확보 등에 신경 써야 하며, 지상층 대비 양호한 환기 및 공조환경 조성 필요

(2) 공조 관련 주요 인자

① 온도 : 17~28 ℃   ② 습도 : 40~70 % RH

③ 기류 : 0.5 m/s 이하   ④ CO_2 : 1,000 ppm

⑤ CO : 10 ppm   ⑥ 분진(PM10) : 0.15 mg/m^3

⑦ 환기횟수

(개) 영업, 주방 : 60회/h 이상

(내) 비영업용 : 40회/h 이상(지상 대비 10~20 % 환기횟수 증가시킴)

(3) 주의사항

① 먼지, 인원밀집 등의 문제로 환기량 확보가 절대적으로 중요함

② 통상 전공기 방식 : 환기가 용이한 공조방식 채택

③ 지하 습도에 의한 SHF가 낮아서 재열 필요

④ 안전 및 방재 관련

(개) 연기 확산 방지제어

(내) 피난통로 가압이 효과적임.

(대) 정전 시 비상 전원설비, 일정수준 이상의 조도 확보 등

(4) 다중이용시설 등의 실내 공기의 질 관리법

① 과거 '지하생활 공간의 공기의 질 관리법'이 2004년 5월부터 개정되어 '다중 이용시설 등의 실내 공기의 질 관리법'으로 불리고 있다.

② 지하상가의 환기량 : 환기량 계산법으로 한 사람 당 36 m^3/h 이상이며, 예상 이용 인원이 가장 많은 시간대를 기준으로 산정한다.

• **문제풀이 요령**

지하상가의 공조방식 : 지하상가는 지상건물과 달리 심리적 압박, 폐쇄감이 심할 수 있으므로 일정한 조도 확보, 방위감 확보, 보행 쾌적성 확보, 자연 접촉감 확보 등이 중요하며, 인원 밀집 / 먼지 발생등으로 지상층 대비 '공기의 질 향상'을 위한 노력이 더 필요하다.

PROJECT 49 냉장고 및 냉동창고의 설계   출제빈도 ★★☆

Q 냉장고(冷藏庫) 및 냉동창고(冷凍倉庫)의 설계 및 분류에 대해 기술하시오.

(1) 개요

① 주로 대형 상업용 냉장고 혹은 냉동창고를 말한다.

② 주로 농산물, 수산물 등을 장기 보관해야 하므로 에너지 효율이 우수하고 유지관리가 편리한 시스템으로 선정하는 것이 좋다.

(2) 설계법(設計法)

① Q (총열손실) = 외부 침입 열부하 + 냉장품 냉각을 위한 열부하 + 송풍기 발생열 + 기타 열손실(작업인원 + 환기 + 전등 등)

② Q (총열손실) = (외부 침입 열부하 + 냉장품 냉각을 위한 열부하 + 송풍기 발생열)×135%

(3) 위치 선정

① 저온(-20℃ 이하) 냉동창고와 일반 냉동창고 혹은 냉장고를 면하여 설치 시에는 일반 냉동창고가 특히 나빠지기 쉬우므로(습기의 침투, 결로 등 발생) 가능한 인접하여 설치하지 않는다.

② 냉장고 혹은 냉동창고는 설치 위치에 따라 부하량, 보관 중인 식품의 신선도, 품질 저하의 가능성 등이 많이 차이가 나므로 냉동창고의 위치 선정에도 주의를 기울여야 한다.

(4) 시스템 비교(중앙집중식, 개별식)

① 중앙집중식

(개) 대용량의 냉동기로 여러 냉장실을 동시에 냉각한다.

(내) 통합제어가 용이하고 설치비가 절감되어, 대형 냉동창고 현장에 적합하다.

(대) 프레온계 및 암모니아 냉동에 많이 활용(전문 기술자 필요)

(래) 비례제어가 정확히 되지 않아 비경제적이다.

(매) 배관 길이가 길어져 압력 손실이 크다.

(배) 고장 시 Risk가 크다.

(새) 소음이 다소 크다.

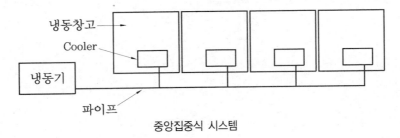

중앙집중식 시스템

② 개별식

㉮ 각 냉장실 혹은 냉각기마다 별도로(단독으로) 냉동기를 설치한다.

㉯ 프레온 냉동에 많이 사용된다.

㉰ On/Off 제어 혹은 비례제어로 에너지 절감에 유리하다.

㉱ 소규모에 적합하고, 소음이 적다.

㉲ 비가동 시 개별 실(室)을 Off 하기 용이하다(에너지 절감).

㉳ 프라이버시 측면에서 유리한 방식이다.

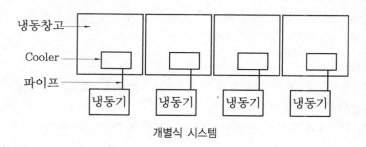

개별식 시스템

(5) 냉동창고의 에너지 절감법

① 증발기의 제상에 응축기의 응축열을 사용한다.

② 냉각수 라인은 보온을 하지 않고 열방출에 유리하도록 한다.

③ 가능한 개별식을 많이 적용하여 에너지절감을 유도한다.

④ 냉동기나 펌프 등의 전동부품에 대한 대수 제어, 용량 제어, 인버터 제어 등을 행한다.

⑤ 수산물 등에 대한 저온 냉동 시에는 2단압축 혹은 이원냉동방식 등을 채용한다.

⑥ 냉수 라인 등에는 단열을 철저히 행하여 배관상의 열손실을 방지한다.

⑦ 기타 냉매압 관리, 자동 모니터링, 분산 자동제어 등 검토

• 문제풀이 요령

냉장고(冷藏庫) 혹은 냉동창고(冷凍倉庫) 부하설계법 : Q (총열손실) = 외부 침입 열손실 + 냉장품 냉각 위한 열손실 + 송풍기 발생열 + 기타 열손실(작업인원 + 환기 + 전등 + …) = (외부 침입 열손실 + 냉장품 냉각을 위한 열손실 + 송풍기 발생열) × 135 %

PROJECT 50 지하철 공조   출제빈도 ★★☆

Q 지하철 공조에 대해 논하시오.

(1) 개요
① 지하철 내 최대 열 발생 원인은 달리는 열차 차체이다.
② 터널 환기방식, 역사 환기방식, 정거장 환기방식 등으로 나누어 고려해야 한다.

(2) 열차 발생열 계산 방법
① 소비 전력에 의한 계산 방법
② 위치 에너지 및 속도 에너지에 의한 방법
③ '주행저항 공식'을 이용하는 방법 등

(3) 터널 환기방식
① 단선구간 : 자연 환기 (피스톤 효과를 이용하는 환기방식)
② 복선구간 : 중앙급기 / 양단배기, 중앙배기 / 양단급기, 양단급배기 방식 등이 있다.
③ 안전관련 : 화재 감시, 유독가스 배출, 역회전 가능 송풍기 등 고려

(4) 지하철 역사 환기방식
① 지하철 환기방식은 외부공기와 지하철 내부 공기를 환기하여 쾌적한 실내환경 조성과 화재시 제연을 하기 위한 시스템이다.
② 환기방식은 자연 환기방식, 기계 환기방식, 자연 환기방식과 기계 환기방식 혼합형으로 대별된다.
③ 역사의 환기를 구역별로 보면, 냉방구역(대합실, 승강장 및 직원 근무실)과 냉방 제외구역으로 구분할 수 있으며, 각 구역별 특성에 맞게 환기를 해야 한다.

(5) 정거장 공조환기의 환경기준
① 온습도 : 26~28℃, 50~60 %RH ② 기타 : 공기 오염도 제한 등

(6) 지하철 (역사) 환기필터 (공기정화)
① 공기의 질을 쾌적한 상태로 유지하기 위해 역사와 지하터널, 선로를 물로 씻어 미세 먼지와 각종 오염물질을 제거하는 살수 설비 도입 가능
② 역사의 환기 설비로 외부의 공기를 빨아들여 자동 세정형 필터로 오염물질을 제거한 후 깨끗한 공기를 공급하고, 오염된 필터는 물을 이용해 자동으로 세척한다.
③ 일반적으로 고성능 필터류는 청소 및 관리가 용이하지 못하므로 사용이 곤란하다.
④ 부유 분진 규제치 : 현재 150 ppm 이하로 규제함

(7) 지하철 제동열의 산정방법
① 지하철 제동열은 열차의 제동(브레이크)으로 인해 발생한 열을 말함(공조부하 증가)
② 부하의 비율은 브레이크 발생 열량의 50 %(승강장에 직접 영향을 주는 비율) 정도이다.

(8) 지하철 설계 시 열차풍 방지 대책

① 정의

㉮ 열차풍이란 열차의 피스톤 작용에 의하여 열차와 주위의 공기가 같이 이동하는 현상이다.

㉯ 열차의 출발, 가속, 감속, 정지 시에 주로 발생하며, 지하철 환경 유지에 가장 큰 외란이다.

② 열차풍의 발생 요인

㉮ 열차의 속도, 편성, 시격

㉯ 환기구의 면적, 마찰조도, 거리(환기 구간 거리), 환기 방식

㉰ 폐쇄율(Block Ratio), 구조(승강장과 터널 연결) 등

③ 열차풍 영향

㉮ 단점 : 불쾌감, 부하 증가, 유막파괴, 냉방 효과 감소 등

㉯ 장점 : 자연환기 가능

④ 방지대책

㉮ 스크린 도어 방식

㉠ 장점

• 승객의 안전 확보, 기류의 안정성 확보 • 열차풍이 방지되어 쾌적성 우수

• 에너지 절약(냉방부하 경감) 가능

㉡ 단점

• 승강장 면적 확대, 열차 이용 시간(승하차) 증대

• 투자비 증대, 관리비 증대 등

㉢ 스크린도어 방식의 종류

• 반밀폐형 : 스크린 및 가동도어 상부에 갤러리 또는 개구부를 설치하여 일부자연환기 가능(지상역사)

• 밀폐형 : 스크린 및 가동도어 상부까지 밀폐됨(공조장비의 용량감소로 에너지 절감)

㉯ 유막 급기(에어 커튼) 방식

㉠ 천장 및 상부 급기 하부 배기 방식 : 배기 효과가 크나 공조 덕트 연결부 설치 곤란

㉡ 천장 급기 상하부 배기 방식 : 천장 상부 축열방지, 배기 효율 높인 방식

㉰ 열차풍을 외부로 배출하는 방법(배열 효과) 등

㉱ 공조 덕트 및 FCU 겸용 방식

㉠ 승강장에 FCU 보완 설치하는 방식 ㉡ 덕트 축소, 유지 보수 다소 곤란 등

• **문제풀이 요령**

① 지하철 열차 발생열 계산 방법 : 소비전력에 의한 계산방법, 위치 에너지 및 속도 에너지에 의한 방법, 주행저항 공식에 의한 방법 등

② 지하철 환기 방식 : 터널 환기의 방법으로서 단선구간은 피스톤 효과를 이용한 자연환기 방법을 주로 사용하며, 복선구간은 중앙급기 / 양단배기, 중앙배기 / 양단급기 혹은 양단급배기 방식을 사용한다. 또, 지하철 역사 환기방식으로서는 자연 환기방식, 기계 환기방식, 자연 환기방식과 기계 환기방식 혼합방식 등이 사용된다(환기설비는 환기라는 본래의 목적 외에 제연설비의 역할도 한다).

③ 열차풍 방지대책 : 스크린 도어 방식(쾌적성 및 안전성 우수, 투자비 고가), 유막 급기 방식(천장 급기 + 하부 배기, 천장 급기 + 상하부 배기 방식), 열차풍을 외부 배출방법(배열효과), 공조 덕트 및 FCU 겸용 방식 등이 있다.

PROJECT **51** 아이스 링크 공조방식 출제빈도 ★☆☆

Q 아이스 링크(Ice Link) 공조방식에 대해 논하시오.

(1) 개요

① 대중 링크(유희용), 하키, 피겨, 스피드, 컬링, 쇼용 가반식 링크 등을 말한다.
② 냉각관 방식에 따라 영구형, 개방형, 철판형 등으로 나눌 수 있다.

(2) 분류 (냉각관 방식에 따라)

① 영구형 : 냉각관을 콘크리트로 매설
② 개방형(모래 충진형) : 노출 후 모래 충진
③ 철판형 : 철판 마감으로 처리

(3) 제빙방식

① 직접제빙 : 냉매 직접 순환방식(직팽식)
  (가) 효율 우수(냉동기의 증발기에서 생산된 냉매를 링크 냉각관에 직접 보내서 빙상경기
    장의 물을 결빙시킴)
  (나) 별도의 펌프, 2차 배관 등의 추가 설비가 필요 없다.
② 간접제빙 : 2차 냉매(Brine 등) 순환방식
  (가) 2차 냉매를 이용하는 배관방식은 1차 냉매배관 대비 압력이 낮고, 냉매누설시의 피해
    를 줄일 수 있어, 비교적 안정성이 뛰어나다.
  (나) 냉동기의 증발기에서의 브라인측으로 열전달 후 재차 브라인(염화칼슘 혹은 에틸렌
    글리콜 등)이 빙상 경기장의 물을 결빙시킴.
  (다) 냉동기 연결배관과 링크 냉각관의 전반적인 내부 압력이 낮아서 비교적 안전한 냉각
    방식이다(플라스틱관 사용 가능)
  (라) 플라스틱 관은 가격이 저렴하고, 내약품성, 유연성 등이 뛰어나기 때문에 개보수 시
    사용하기에 편리하다(단, 열전도율이 낮고, 강도가 약한 단점이 있음).

(4) 설계방법

① 냉동기는 터보식, 왕복동식, 스크루식, 회전식 냉동기 등 실정에 맞는 기종을 선정
② 액압축에 강하여 고장이 적고, 무단계 용량 제어가 쉬워 스크루식을 가장 많이 사용함
③ 실내의 냉방부분은 많은 수용 인원에 대한 환기를 위하여 전공기 방식을 많이 사용한다.
④ 브라인은 염화칼슘 또는 에틸렌글리콜 수용액 등을 사용한다.
⑤ 빙상경기장 바닥 구조는 용도, 운전방법, 보수성, 건설비, 빙상용기의 활용법 등을 고려
  하여 알맞은 빙면이 되도록 설계
⑥ 수면 관리는 수면이 골주에 의해 손상되므로 하루 3번 정도 고무걸레로 얼음 부스러기를

밀어내고, 80℃ 정도의 온수를 빙면에 뿌려 청소와 동시에 얼음의 갈라진 틈을 메운다.

⑦ 보통 TAC 1% 정도로 엄격히 설계한다.

(5) 공조 설계 시 유의사항

① 건축적 측면

   (개) 실내 링크의 경우 건물 전체의 단열처리를 요구

   (내) 고온다습한 공기가 링크 출입구를 통해 들어오지 못하도록 방풍실을 설치

   (대) 링크와 면하는 내벽에도 단열처리

   (래) 링크와 면하는 유리창은 열관류율이 낮은 결로 방지형으로 선정

   (매) 결빙기실 및 눈처리장을 설치

   (배) 링크 주변에 수분이 침투되지 않도록 하며 철저한 방수 및 단열처리

② 설비적 측면

   (개) 링크에 제습기를 설치하여 안개 현상 방지

   (내) 링크와 면하는 로비나 홀에는 공조 시 가습하지 말 것

   (대) 건축자와의 협의를 통해 건물 각 부분의 단열여부 확인

   (래) 천장면을 저방사형으로 적용(결로 방지에도 효과적)해야 한다.

③ 기류의 방향 : 천장 중앙부 취출방식 + 관객석 바닥면 취출방식이 많이 사용되어진다.

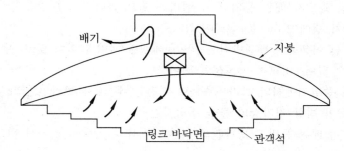

   (개) 천장 중앙부에서 별도의 덕트 계통을 통하여 하향으로 외기를 취출한다.

   (내) 객석 부분에서는 냉방 혹은 난방으로 공조된 공기를 취출한다.

   (대) 넓은 외곽부 천장면으로 공기를 흡입하여 상부로 배기한다.

• **문제풀이 요령**

  아이스 링크(Ice Link) 공조방식 : 냉각관 방식에 따라 영구형, 개방형, 철판형으로 나누어지고, 제빙방식에 따라 직접 제빙방식과 간접 제빙방식으로 나누어지며, 보통 TAC 1% 정도로 엄격히 설계한다.

PROJECT 52 IB(인텔리전트 빌딩)의 특징 출제빈도 ★★☆

Q IB(인텔리전트 빌딩 ; Intelligent Building)의 정의 및 4대 요소, 공조 설계상 특징에 대해 설명하시오.

(1) 배경

① 미국의 UTBS(United Technologies Building System)사가 미국의 코네티컷 주 하트포트에 건설하여 1984년 1월에 완성한 시티 플레이스(City Place)에서 그 특징을 선전하는 의미로 처음 사용되었다.

② 미국에서는 스마트 빌딩(Smart Building)과 IB가 동의어로 사용되고 있다.

(2) 정의

BA, OA, TC 의 첨단 기술이 건축 환경이라는 매체 안에서 유기적으로 통합되어 쾌적화, 효율화, 환경을 창조하고, 생산성을 극대화시키며, '정보화 사회'에 부응할 수 있는 완전한 형태의 건축을 의미함

(3) 4대 요소

① OA(Office Automation) : 사무자동화, 정보처리, 문서처리 등의 자동화

② TC(Tele Communication) : 원격통신, 전자 메일, 화상회의 등

③ BAS(Building Automation System) : 공조, 보안, 방재, 관리 등 빌딩의 자동화 시스템

④ 건축(Amenity) : 쾌적과 즐거움을 주는 곳으로서의 건물

　(가) 업무환경 : 컴퓨터 단말기 작업에 적합한 사무환경 및 인간공학에 입각한 의자 및 작업대의 선택 등

　(나) Refresh 환경 : 아트리움, 휴게실, 식당, 카페테리아, 티라운지, 화장실 등

　(다) 건강유지 환경 : 헬스 클럽, 클리닉 등

　(라) 보조 시스템 : 각종 시스템에 연결되는 배관, 덕트, 배선, 등을 건물 구조 속에 아름답게 정리되도록 하는 보조적인 시스템

※ CA (Communication Automation) : TC (Tele Communication)와 OA (Office Automation)가 통합화 된 개념

⑤ 보통은 상기 CA를 빼고, IB의 4대 요소(OA, TC, BAS, 건축)로 많이 부른다.

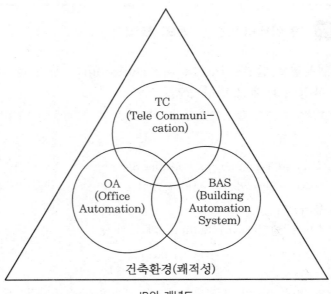

IB의 개념도

(4) IB 공조 설계상 특징

① 설계할 때는 쾌적성, 변경성, 편리성, 안정성, 효율성, 독창성 및 생산성이 고려되어야 한다.

② IB 공조는 OA 기기 증가로 예측이 어렵고, 대부분 OA 기기 발열에 의한 냉방부하가 많아 일반사무실 부하와 달리 해석해야 한다.

③ VAV 방식으로 대응 시 환기부하 (저부하 시)에 유의, 동시 냉난방 발생 시 대비책 필요

④ 온열기류 유의점(내부발열 10 kcal/h·m² 이상 시 연중 냉방 필요)

⑤ 내부 발열량 변동, 내부발열 시간대, 기류분포 등 고려할 것

⑥ 기기 용량 산정 시 단계적 증설 가능성도 고려할 것

⑦ 제어 시스템 : 운전관리 제어, 이산화탄소 농도 제어, 대수 제어, 냉각수 수질 제어, 공기 반송 시스템 제어 및 조명제어 등 고려

⑧ 절전제어(Computer Software에 의한 제어) : 최적 기동제어, 전력제어, 절전 운전제어, 역률 제어 및 외기 취입 제어(예열 및 예랭 제어, 외기 엔탈피 제어, 야간 외기취입 제어) 등 고려

• 문제풀이 요령

　인텔리전트 빌딩의 4대 구성 요소에는 OA, TC, BAS, 건축 (Amenity), CA(Communication Automation ; 최근 등장한 개념) 등이 있다.

PROJECT 53 IB의 등급   출제빈도 ★★★

Q 'IB의 등급'에 대해 설명하시오.

(1) 배경

① IB(인텔리전트 빌딩 ; Intelligent Building) 시스템에서 경제성 분석의 일환으로 검토되어야 할 항목 중에 IB 시스템의 등급 분류를 검토하지 않을 수 없다.

② 기존 건물과 IB 건물과의 정확한 구분이 쉽지 않기 때문에 건물이 어느 정도 IB화 되었는가에 따라 건물을 구분하는 것이 보다 더 현실적이다.

③ IB 등급 분류 체계는 미국이나 일본의 경우도 많이 소개되었지만 표준화되고 규격화된 것은 별로 없다.

④ 국내에 있어서는 국내 실정에 맞게 소개된 등급 분류 체계로서 소프트웨어적 분류법, 건축적 분류법 등의 사례가 있으며, 아래에 그 요지를 간략히 설명한다.

(2) 소프트웨어적 분류

① 등급 1 : 빌딩의 기능이 전체적인 계획에 의해 도입되지 않고 부분별로 도입되어 독자적인 형태의 기능을 수행하는 수준

② 등급 2 : 빌딩의 기능이 등급 1 수준으로 도입되어 부분적인 통합에 의해 업무를 수행하며 향후 확장 및 변경을 고려하여 건축이나 각 기능에 반영되어 입주자 서비스에 대응할 수 있는 수준

③ 등급 3 : 정보화사회 거점으로서 고도 정보통신 기능을 갖추고 총체적 계획에 의해 도입 및 대부분의 기능이 통합되어 타 빌딩과의 정보교환이 가능하고 지역 정보 서비스에 대응할 수 있으며, 미래 기술의 도입 및 확장에도 완벽하게 대응할 수 있는 수준

④ 등급 4 : 국제적 텔리포트로서 광대역 통신을 실현한 국내 및 국제 정보통신 기능을 완벽하게 수행할 수 있는 미래의 최첨단 정보 빌딩을 의미함

(3) 건축적 분류법

① IB화 수준 0 : 종래 빌딩의 수준으로 법정 수준의 방재 관련 시스템은 있을 수 있으나 에너지 관리 등을 위한 컴퓨터 자동제어 시스템은 없으며, 방범 등 빌딩 관리도 재래식으로 하는 자동화되지 아니한 건물이며, 건축 계획 시 초기투자비에 대한 관심이 높은 특징이 있다고 할 수 있다.

② IB화 수준 1 : 다소 진보하여 초보적인 수준으로 HVAC, 엘리베이터, 방재, 방범 시스템에 에너지 절감 등을 위한 최적 기동 컴퓨터 제어 시스템 등이 도입되었으나 종합적인 시스템 구성이 미비한 수준으로 아트리움 등 일부 Amenity 공간이 설치되고 모듈, 천장고등

건축계획 요소별 쾌적성에 대한 배려가 된 건물이다.

③ IB화 수준 2 : 수준 1에 입주자 공용 회의실, 공용 복사실, 공용 컴퓨터실 등을 추가하고 통신망을 구축하여 본격적인 IB화를 시도한 건물로 부분적으로 시스템 통합이 이루어지며 건축계획 요소별로 쾌적성, 기능성, 유연성 등에 깊은 배려가 있는 건물이다. 경제성 검토에서 초기투자비 뿐만 아니라 라이프 사이클 코스트 등 종합적인 검토가 되는 수준

④ IB화 수준 3 : 현재 기술로서는 최대한도로 IB화된 수준으로 수준 2에 음성데이터, 비디오의 고속통신 서비스 및 첨단 통신망, OA 관련 각종 공용 서비스가 제공되는 건물로 완벽한 시스템 통합과 최상급의 건축 마감을 하게 되어 현행 법규상 제약조건으로 제한되는 사항이 발생할 수도 있으며, 초기투자비의 과다보다는 투자에 대한 효과에 관심을 두게 되는 수준

⑤ IB화 수준 4 : 수준 3에 첨단 정보처리 서비스, 초고속 광대역 통신 서비스 등이 추가되어 현재보다 미래를 위한 수준으로 현재로서는 다소 지나친 수준임

(4) 향후 발전 방향

① 요즘 건축기술의 발달속도가 매우 빠르므로 미래지향적이고 지속적으로 'IB의 등급'을 개량해 나가는 것이 필요하다.

② 국내의 IB 측면에서의 에너지 관련 기준의 강화가 필요하며, 향후 정부의 융자제도 및 세제 혜택의 지원책을 유도할 수 있는 방안으로 검토될 필요가 있다.

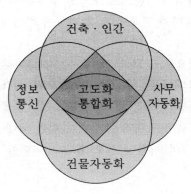

IB의 변화
(점차 고도화 및 통합화 추세)

PROJECT 54 BEMS(빌딩 에너지 관리 시스템) · · · · · · · · · · · · · · · 출제빈도 ★☆☆

Q BEMS(빌딩 에너지 관리 시스템)의 정의와 방법에 대해 설명하시오.

(1) BEMS의 정의

① IB(Intelligent Building)의 4대 요소(OA, TC, BAS, 건축) 중 BAS의 일환으로 일종의 빌딩의 에너지 관리 및 운용의 최적화 개념이다.

② 자연 환기의 자동 제어뿐만 아니라 전체 건물의 전기 및 공조설비 등의 운전 상황과 효과를 BEMS(Building Energy Management System)가 감시하고 제어를 최적화하고 피드백 한다.

(2) BEMS의 구현 방법

① BEMS 시스템은 빌딩 자동화 시스템에 축적된 데이터를 활용해 전기, 가스, 수도, 냉방, 난방, 조명, 전열, 동력 등의 분야로 나눠 시간대별, 날짜별, 장소별 사용 내역을 면밀히 모니터링 및 분석하고 기상청으로부터 약 3시간마다 날씨 자료를 실시간으로 제공받아 최적의 냉·난방, 조명 여건 등을 예측한다.

② 사전 시뮬레이션을 통해 가장 적은 에너지로 최대의 효과를 볼 수 있는 조건을 정하면 관련 데이터가 자동으로 제어 시스템에 전달되어 실행됨으로써 에너지 비용을 크게 줄일 수 있는 시스템이다.

③ 세부 제어의 종류로는 열원기기 용량제어, 엔탈피 제어, CO_2 제어, 조명제어, Duty Control, 최적 기동 정지제어 등을 들 수 있다.

(3) 향후 전망

① 점차 본격적인 고유가 시대가 도래하고 있어, 에너지 다소비형 고층 빌딩 등에서 BEMS를 이용한 에너지 관리에 대한 체계적인 기술 정립과 현장 적용이 절실하다 하겠다.

② BEMS 또한 BMS의 일부이므로 전체적인 빌딩 관리의 통합화가 유기적으로 잘 이루어지게 하는 것이 올바른 방향이다.

• **문제풀이 요령**

BEMS는 BMS(Building Management System, 건물관리 시스템) 중 에너지 관리에 관한 것이다(전기, 가스, 수도, 공조, 동력 등 전 분야).

PROJECT 55 CM, PERT/CPM

Q 아래 건설사업 용어를 설명하시오.
① CM (Construction Management)   ② PERT / CPM 관리기법

---

(1) CM (Construction Management)

① CM의 정의

(가) 발주자가 CM(Construction Management)을 대리인으로 선정하여, 타당성 조사→ 설계→계획→발주→시공→사용의 전 단계를 진행하는 것을 말한다.

(나) 적정 품질을 유지하며 공기 및 공사비 최소화, Coordinate, Communicate 하는 절차

② CM의 특징 : 공기단축, VE 기법, 전문가 관리, 원활한 의사소통, 발주자의 객관적 의사 결정 을 도움, 관리 기술수준 향상, 업무 융통성, 공사비용 감소, 위험 감소, CM 전문인력 부족

③ CM의 분류

(가) CM For Fee(Agency CM ; 용역형 CM) : 직접 일에 참여하지 않고, 조언자로서의 역할만 수행

(나) CM At Risk(위험 부담형 CM) : Construction Manager가 시공자로서의 역할도 하면서 이윤과 연계함

④ CM의 사업단계별 주요 업무

(가) 공통 업무 : 건설사업관리 수행계획서 및 건설사업관리 절차서 작성·운영, 작업분류 체계 및 사업정보 관리, 각종 업무협의 주관 등

(나) 기본 설계 : 설계자 선정, VE, 공사비 및 품질관리 방안 검토, 설계용역 계획 수립, 기성관리, 연계성 검토 등

(다) 실시 설계 : 발주계획 수립, VE, 공사비 및 품질관리 진행, 설계용역 진행, 기성관리, 지급자재조달, 시공자 선정 등

(라) 시공 단계 : 공정·공사비 분석 및 대책 수립, 클레임 분석 및 분쟁 대응, 최종 건설 사업관리 보고 등

⑤ 현황

(가) 국내 CM 도입 현황은 경부고속철도 건설, 영종도 신공항 등 많이 적용된 바 있다.

(나) 관련 법규, 종합건설업 제도 등의 도입이 필요하다.

(다) 우리나라도 건설 및 건축 분야의 전 공정의 합리화와 기술적 타당성을 위해 CM 제도 의 본격적인 도입이 절실하다.

(라) 가능하다면 용역형 CM보다는 위험 부담형 CM을 도입하는 것이 Construction Manager의 이윤과도 연계되어 추진력과 방향이 확실해질 수 있다.

(2) PERT / CPM 관리기법

① PERT / CPM 관리기법의 특징

㈎ PERT 관리기법 : 연구개발 업무는 전혀 새로운 것이 대부분이므로 확률적인 추정치를 기초로 하여 Event 중심의 확률적 시스템을 전개함으로써 최단기간에 목표를 달성하고자 의도하는 기법(주로 미경험의 비반복성 설계사업의 평가 검토 및 관리를 목적)

㈏ CPM 관리기법 : 공장건설 등에 관한 과거의 실적자료나 경험 등을 기초로 하여 Activity 중심의 확정적 시스템으로 전개하여 목표기일의 단축과 비용의 최소화를 의도한 기법이다(시간추정이 확정적이고 모든 계획을 활동, 즉 작업 중심으로 수립).

㈐ 그렇지만 PERT기법의 확률적인 모델이나 CPM기법의 확정적인 모델은 어느 것이나 양쪽 기법(PERT와 CPM)에 모두 적용시킬 수 있는 것이다. 뿐만 아니라 비용을 고려한 PERT-COST가 개발됨으로써, 당초 다른 목적으로 개발된 PERT기법과 CPM기법은 서로 접근 경향을 띠게 되었으며, 근래에는 이들 양자를 총괄하여 'PERT/CPM 기법'이라고 한다.

② PERT / CPM기법 도입 시의 장점

㈎ Project를 구성하는 제반작업들의 선, 후 관계를 따져 Network로 표시하고, 주 공정(Critical Path)을 발견함으로써 시스템적인 종합관리가 가능하다.

㈏ 필요한 정도에 따라 Project를 세분화하여 관리가 가능하다.

㈐ 장래 예측이 가능하며, 전향적(Forward Looking) 관리 방식이다.

㈑ 전체 공사를 시공하는 데 필요한 공기를 상당히 정확하게 추정할 수 있다.

㈒ 공사기간 내 시공을 위하여 촉진시공이 필요한 작업에 대한 관리가 가능하다.

㈓ 시공일을 앞당겨야 할 경우 공기단축을 위한 지침을 세울 수 있게 한다.

㈔ 하도급시공자의 작업일정과 자재의 현장투입 일정에 대한 기준을 제공한다.

㈕ 공사에 필요한 인력과 공사 장비에 대한 일정을 세우는 기준을 제공한다.

㈖ 대체공법을 신속하게 평가할 수 있게 한다.

㈗ 진도보고와 기록에 편리한 기준자료가 된다.

㈘ 공사변경이나 지체가 공기에 주는 영향을 평가하는데 기준을 제공한다.

㈙ 향상 유기적이며 과학적으로 생각하기 때문에, 누락되는 일이 드물고 사전에 잘못을 발견하기 쉽다.

4. 난방 시스템 및 환경

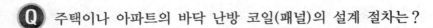

PROJECT 56 **바닥 난방 코일(패널)의 설계**　　　　출제빈도 ★☆☆

Q 주택이나 아파트의 바닥 난방 코일(패널)의 설계 절차는?

▸ **바닥 난방코일의 설계 절차**

① 난방부하 Q [kcal/h]를 계산한다.

② 단위 면적당 난방부하를 계산한다.

$$q_p = \frac{Q}{A_p}$$

③ q_p와 t_r (室 온도)에 의해 t_p(패널의 표면온도)를 '표'를 이용하여 구한다.

④ 패널 아래의 단위 면적당 열손실량(q_d)을 계산한다.

$$q_d = \frac{C \cdot P(t_p - t_o)}{A_p}$$

　　여기서, q_d : 패널 아래 단위 면적당 열손실량 (W/m^2, kcal / m^2·h)

　　　　　　C : 열손실 계수 (W/m·K, kcal/m·h·℃)

　　　　　　P : 패널의 주변 길이 (m),　t_p : 패널의 표면 온도 (K, ℃)

　　　　　　t_o : 외기 온도 (K, ℃),　A_p : 패널의 면적 (m^2)

⑤ 패널 단위 표면적당 코일의 필요 표면적 (코일 m^2/m^2)　$S = \dfrac{(q_p + q_d)}{K(t_w - t_p)}$

　　여기서, K : 코일의 열관류율 (W/m^2·K, kcal / m^2·h·℃)

　　　　　　t_w : 온수 평균 온도 (K, ℃)

　　　　　　t_p : 패널 표면 온도 (K, ℃)

⑥ 코일의 피치 (P) 계산

$$a \times \frac{1}{P} = S \text{ 관계에서 } P = \frac{a}{S}$$

　　여기서, a : 적용 코일 (25A, 20A 등)의 단위길이당 외표면적 (m^2/m)

⑦ 코일의 배관길이

$$L = \frac{A_p}{P}$$

⑧ 코일 배관의 피치 (pitch)는 상기와 같이 계산하면 대략 25A는 300mm, 20A는 250mm
　　내외 수준으로 나온다.

PROJECT **57** **고온수 난방 가압방식(加壓方式)** 출제빈도 ★★☆

Q 고온수 난방에서의 가압방식(加壓方式)에 대해 설명하시오.

(1) 개요

① 고온수 난방(100℃ 이상 온수 ; 평균 온도 100~200℃, 온도강하 20~50℃)은 위험성이 있기 때문에 직접 이용은 곤란하여 특수 건물, 공장, 지역난방 등에 주로 사용된다.

② 물의 온도와 압력의 관계 : 물의 끓는점이 100℃이기 때문에, 온수 난방에서 물의 온도가 100℃ 이상이라는 의미는 물의 압력이 대기압 이상이라는 뜻이다.

③ 고온수의 유동 상태는 장치 내의 어떤 부분이라도 그 포화압력 이상으로 유지하고 (1.5 ~2.0 kg/cm²), 플래시(Flash) 현상이 일어나지 않도록 한다.

④ 압력 조정 범위에서 확실하고 신속하게 작동하며, 그 유지 관리가 용이해야 한다.

⑤ 장치 내의 고온수에 대해 부식의 원인이 되는 산소의 보급원이 되지 않아야 하는 것이 요구된다.

(2) 정수두(압) 가압방식

① 고층빌딩 등에 사용할 수 있는 방법으로, 순수하게 수두압을 이용한 가압방식 (무동력)

② 초고층 빌딩 내 상층부에는 팽창탱크 설치하고, 지하층에는 고온수기기를 설치하는 방식

③ 장치도 : 개방형 팽창 탱크→보일러 급수 및 가압

(3) 펌프 가압방식

① 장치 내 압력 저하 시 가압 급수 펌프를 운전하여 압력을 상승시킴

② 순환 펌프 외에 별도의 가압 펌프를 이용하여 가압하는 방식

③ 장치도 : 펌프 가압 + 개방형 팽창 탱크→보일러 급수, 가압

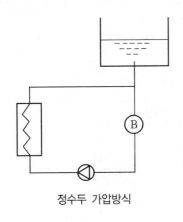

정수두 가압방식

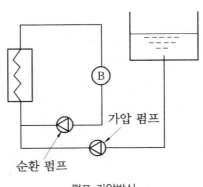

펌프 가압방식

(4) 증기압 가압방식

① 증기압 가압방식의 종류 : 증기의 가압력이 탱크 내
온수 온도를 좌우하는 방식이다.

  ⑺ 고온수 보일러의 증기실을 이용하는 방법

  ⑷ 밀폐식 팽창 탱크의 증기실을 이용하는 방식

  ⑸ 밀폐식 팽창 탱크의 증기실을 보조 가열기로
가열하는 방식('장치도' 참조)

② 장치도 : 증기압 + 밀폐식 팽창 탱크 → 보일러 급
수, 가압

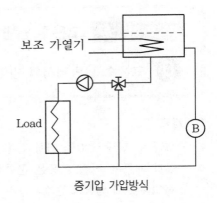

증기압 가압방식

(5) 가스(질소) 가압방식

① 변압식 : 질소 봄베 통을 감압밸브를 통하여 고압 탱크로 연결하여, 필요한 압력만큼 가압
할 수 있게 한 방식

② 정압식 : 질소 가스 압력이 가능한 일정하게 유지되도록 맞춘다.

③ 장치도 : 질소봄베 + 팽창 탱크(고압 탱크) → 보일러 급수, 가압

  ⑺ 변압식 : 수온의 변화에 따라 가압압력이 변화한다.

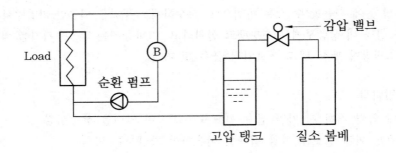

  ⑷ 정압식(대규모 장치에 적용) : 가스 스페이스의 압력을 항상 일정하게 유지 가능하다.

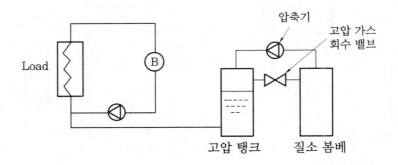

(대) 정압 오버플로 방식 : 가스 스페이스가 일정하더라도, 온도에 따라 가압압력이 변할 수 있다.

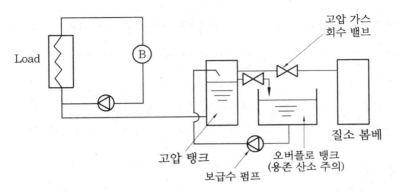

(6) 설계 요구 조건

① 포화압력 이상으로 관리되어 Flash 현상 방지될 것
② 보급수 보충이 최소화 될 것 (팽창 탱크의 역할을 겸할 수 있다)
③ 압력 조정 기능의 신뢰성 및 유지 관리 용이할 것
④ 부식의 원인인 산소의 보급원이 되지 않을 것

(7) 운전 정지 중에도 가압이 필요한 사유 (일반 난방배관 모두에 해당)

① 부식의 원인인 용존산소 유입 방지
② 서징과 순환 불량의 원인이 되는 공기 유입 방지

•문제풀이 요령

고온수 난방은 포화증기압 이상을 유지하기 위해 정수두 가압방식(건물의 최상부 위치에 개방형 팽창 탱크 설치), 증기압 가압방식(증기압 + 펌프 흡입측 밀폐식 팽창 탱크 설치), 질소 가압방식(질소압 + 고압 탱크), 펌프 가압방식(가압 펌프 가압 + 개방형 팽창 탱크) 등의 여러 가지 방법이 사용되어진다.

PROJECT **58** 온수 순환수량과 방열면적 　　　출제빈도 ★★☆

Q 온수 난방 방식에서 온수 순환수량, 방열면적에 대해 설명하시오.

(1) 개요

① 온수 난방은 온수를 열매체로 난방하는 방식을 말한다.

② 증기 난방에 대비 온도 조절 및 쾌감도가 좋아서 일반 난방용으로 많이 사용된다.

(2) 온수 순환수량

① 온수의 순환수량은 반송 열량에 비례하고, 온수 출입구 온도 차(t)에 반비례한다. 즉, 유량 계산은 아래와 같다.

$$Q = \frac{q}{\rho \cdot C \cdot \Delta t}$$

$$G = \frac{q}{C \cdot \Delta t}$$

여기서, Q : 체적유량(m^3/s, m^3/h)

q : 반송 열량(kW, kcal/h)

G : 질량 유량(kg/s, kg/h)

Δt : 온수 출입구 온도차(K, ℃)

C : 물의 비열(4.1868kJ/kg · K, 1 kcal/kg · ℃)

ρ : 물의 밀도(kg/m^3)

(3) 실제의 입출구 온도차

① 저온수 중력식 : 60~90℃ 공급(≒80℃), 강하온도 15~20℃

② 저온수 강제순환식 : 75~85℃ 공급(≒80℃), 강하온도 7~15℃

③ FCU : 40~60℃(≒50℃) 공급, 강하온도 5~10℃

④ 중·고온수 : 100~200℃ 공급, 강하온도 20~50℃

(4) 필요 방열면적의 의미

필요 방열면적은 열손실량에 표준방열량을 나눈값을 의미하며, 보정계수 및 안전율을 감안한 값이다.

(5) 필요 방열면적

$$\text{필요 방열면적} = \frac{\text{열손실량}}{\text{표준방열량}} \times \text{보정계수} \times 1.1(\text{안전율})$$

$$\text{보정계수}\ (C) = \frac{\text{실제온도차}}{\text{표준온도차}}\,n$$

$$= \frac{(t_s - t_r)}{(102 - 18.5)}\,n : \text{증기방열기}$$

$$= \frac{(t_w - t_r)}{(80 - 18.5)}\,n : \text{온수방열기}$$

여기서, n : 주철제 · 강판제=1.3, 콘벡터=1.4

$\quad\quad\quad t_s$: 실제 평균 열매(스팀)온도(℃)

$\quad\quad\quad t_w$: 실제 평균 열매(온수)온도(℃)

$\quad\quad\quad t_r$: 실제 평균 실내온도(℃)

(6) 설계기준

① 증기열매온도 : 실내온도 : 표준방열량 = 102℃ : 18.5℃ : 0.756 kW/m^2 (= 650 kcal/m$^2 \cdot$ h)

② 온수열매온도 : 실내온도 : 표준방열량 = 80℃ : 18.5℃ : 0.523 kW/m^2 (=450 kcal/m$^2 \cdot$ h)

(7) 배관손실 고려사항

① 마찰 직관부 저항, 상당장 저항(직관부의 1~1.5배) 고려

② 단위 길이당 등압 마찰손실(mmAq) 적용 : 등압법

③ 단위마찰손실

　㈎ 소규모 : 약 5~20 mmAq/m

　㈏ 대규모 : 약 10~30 mmAq/m

④ 유속은 최대 1.5~2 m/s 미만이 적당

(8) 기타

① 온수 난방은 적당한 온도 강하, 유량 밸런스 사용

② 대부분 강제 순환 방식으로 한다.

③ 관에 공기 유입 배제를 위해 밀폐식 팽창 탱크를 사용하는 것이 유리하다.

• 문제풀이 요령

1. 온수 난방 방식의 온수 순환수량은 "$Q = q/(\rho \cdot C \cdot \Delta t)$" 공식으로 계산하며, 필요 방열면적은 "필요방열면적 = (열손실량 / 표준방열량) × 보정계수 × 1.1(안전율)" 공식으로 계산한다.

2. 상기 式에서 (열손실량 / 표준방열량)를 특히 상당 방열면적(EDR)이라고 한다.

PROJECT 59 태양에너지의 적용분야

출제빈도 ★★☆

Q 태양에너지의 실제 적용 분야에 대해 설명하시오.

(1) 집광식 태양열 발전
① 태양 추적장치, 집광 렌즈, 반사경 등의 장치가 필요
② 1000℃ 이상의 증기를 이용하여 터빈 운전

(2) 태양광 발전
① 소규모로는 전자계산기, 손목시계와 같은 일용품과 인공위성 등에 주로 적용되고 있으며, 이를 대규모의 발전용으로도 이용할 수 있다.
② 실리콘 등으로 제작된 태양전지(Solar Cell)를 이용하여 태양광을 직접 전기로 변환시킴
③ 기타 P-N 반도체 모듈, 인버터, 축전지 등이 필요

(3) 태양열 증류
고온의 태양열을 이용하여 탈수 및 건조 가능

(4) 태양열 조리기기 (Cooker 등)
집광 렌즈를 이용하여 조리, 요리 등 가능

(5) 주광 조명
① 낮에도 어두운 지하 시설 등에 자연광 도입
② 수직 기둥 속 렌즈를 이용하여 반사 원리를 통한 태양광 도입

(6) 급탕, 난방 (평판식 태양열 집열기 등 이용)
태양열을 축열조를 이용하여 저장 후 급탕, 난방 등에 활용함

(7) 태양열 냉방 시스템
① 증기 압축식 냉방 : 증기 터빈 가동에 사용
② 흡수식 냉방 : 저온 재생기 가열에 보조 가열원으로 사용
③ 흡착식 : 흡착제의 탈착(재생) 과정에 사용
④ 제습 냉방(Desiccant Cooling System) : 제습기 휠의 재생열원 등에도 사용

(8) 흡수식 냉동기
태양열, 혹은 열병합 발전소의 발전기 냉각수를 보조 열원으로 활용하여 흡수식 냉동기를 가열해 냉·난방을 함

(9) 자연형 태양열(주택) 시스템

직접획득형, 온실부착형, 간접획득형, 분리획득형, 이중외피형 등

(10) 기타

자외선살균, 의학분야 및 웰빙 분야 등

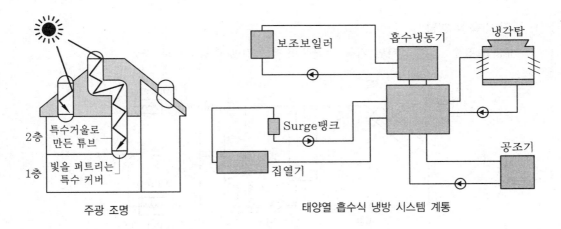

주광 조명   태양열 흡수식 냉방 시스템 계통

※ 태양열 급탕이 다른 태양열 이용 시스템 대비 유리한 이유

① 태양열 발전, 태양광 발전, 태양열 난방 등처럼 많은 에너지를 필요로 하지 않는다.

② 열매의 온도가 비교적 저온(약 $40{\sim}80^{\circ}\text{C}$ 정도)이어서 열손실이 적다.

③ 연중 계속적인 축열의 활용이 가능하다.

④ 소규모 제작이 용이하고, 보조가열원의 용량이 작아도 된다.

⑤ 급탕부하는 부하의 변동폭이 적다.

⑥ 급탕부하는 냉·난방부하에 비해 작으므로 불규칙한 태양열로도 공급이 가능하다.

⑦ 가격이 비교적 저렴한 평판형 집열기로도 사용 가능하다.

•문제풀이 요령

태양열의 적용은 열과 빛(조명)이 필요한 대부분의 장소에 응용될 수 있다는 점이 중요하다. 특히 고청정 무한대의 에너지이므로 최근 각 분야에서 연구및 보급이 활발하다.

PROJECT **60** **태양열 냉방 시스템** 출제빈도 ★★☆

Q 태양열 냉방 시스템에 대해 예를 들어 설명하시오.

(1) 증기 압축식 냉방

태양열 흡수 → 증기 터빈 가동 → 냉방용 압축기에 축동력으로 공급

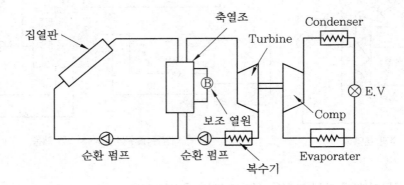

(2) 흡수식 냉방

'이중효용 흡수식 냉동기'에서 주로 저온 발생기의 가열원으로 적용이 가능하다.

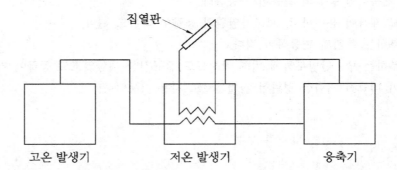

(3) 흡착식 냉방

① 태양열 사용 방법 : 태양열을 흡착제 재생(탈착)에 사용
② '제습냉방' 대비 내부가 고진공, 강한 흡착력에 의해 냉수(7℃) 제작 가능

(4) 제습냉방 (Desiccant Cooling System)

① 태양열 사용 방법 : 제습기 휠의 재생열원으로 '태양열' 사용

② 구조도

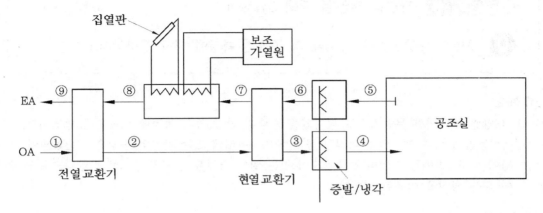

③ 제습제(Desiccant)에 따른 제습 냉방의 종류

  (가) 활성탄(Activated Carbon)

    ⑦ 대표적인 흡착제의 하나이며 탄소 성분이 풍부한 천연자원(역청탄, 코코넛 껍질)으로 만들어진다.

    ④ 기체, 액체상의 유기물이나 비극성 물질들을 흡착하는데 적당하다.

    ⑤ 수분에 대한 흡착력이 매우 크고, 흡수 성능은 우수하나 기계적 강도가 약하여 압축 공기에는 그 사용이 극히 제한적이다.

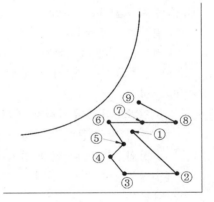

습공기 선도상 표기

  (나) 알루미나(Alumina) : 무기 다공성 고체로 알루미나에 물을 흡착시켜 기체에서 수분을 제거하는 건조 공정에 이용되며 노점 온도는 대략 $-40℃$ 이하에 적용된다.

  (다) 실리카 겔(Silica Gel) : Alumina와 같은 무기 다공성 고체로 기체 건조 공정에 이용된다.

  (라) 제올라이트, 모레큐라 시브(Zeolite, Molecular Sieve)

    ⑦ 아주 규칙적이고 미세한 가공 구조를 갖는 Zeolite와 Molecular Sieve는 특히 낮은 노점(이슬점)을 요구하는 물질을 흡착하는데 이용된다.

    ④ 그 노점 온도 대략 $-75℃$ 이하에 적용된다.

(5) 기타의 방식

① 태양전지로 발전 후 그 전력으로 냉방기 혹은 히트펌프 구동

② 태양열로 물을 데운 후 '저온수 흡수 냉동기' 구동

• 문제풀이 요령

  태양열을 냉방에 활용하는 예로서는 증기 압축식 냉방(증기 터빈 가동 후 압축기에 구동력 전달), 흡수식 냉방(저온 발생기의 가열원), 흡착식 냉방(흡착제 재생), 제습냉방(제습 휠의 재생), 기타 태양전지로 발전 후 냉방기 구동하는 방식 등 다양하다.

PROJECT 61 자연형 태양열 주택 System   출제빈도 ★★★

Q 자연형 태양열주택 System의 종류별 특징에 대해 설명하시오.

---

(1) 개요

① 태양열 주택이란 무동력으로 태양열을 주택의 난방 등의 목적에 이용하는 방법이다.

② 낮 동안에는 태양에 의해 데워진 공기가 위·아래에 있는 공기의 구멍으로 순환되어 난방이 되고, 밤에는 집열벽에 축열되어 있는 열이 벽체를 통해 방안으로 전달되므로 난방이 되는 방식을 이용한 것이다.

(2) 종류 및 특징

① 직접 획득형(Direct Gain)

  (가) 일부는 직접사용

  (나) 일부는 벽체 및 바닥에 저장(축열) 후 사용

  (다) 여름철을 대비해 차양 설치 필요

  (라) 장점

    ㉮ 일반화되고 추가비가 거의 없다.

    ㉯ 계획 및 시공이 용이하다.

    ㉰ 창의 재배치로 일반 건물에 쉽게 적용할 수 있다.

    ㉱ 집열창이 조망, 환기, 채광 등의 다양한 기능을 유지한다.

  (마) 단점

    ㉮ 주간에 햇빛에 의한 눈부심이 발생하고 자외선에 의한 열화현상이 발생하기 쉽다.

    ㉯ 실온의 변화 폭이 크고 과열현상이 발생하기 쉽다.

    ㉰ 유리창이 크기 때문에 프라이버시가 결핍되기 쉽다.

    ㉱ 축열부가 구조적 역할을 겸하지 못하면 투자비가 증가된다

    ㉲ 효과적인 야간 단열을 하지 않으면 열손실이 크게 된다.

② 온실 부착형(Attached Sun Space)

  (가) 남쪽 창측에 온실을 부착하여, 온실에 일단 태양열을 축적한 후 필요한 인접 공간에 공급하는 형태(분리 획득형으로 분류하는 경우도 있음)

  (나) 온실의 역할을 겸하므로, 주거공간의 온도 조절이 용이

  (다) 장점

    ㉮ 거주공간의 온도 변화 폭이 적다.

    ㉯ 휴식이나 식물재배 등 다양한 기능을 갖는 여유공간을 확보할 수 있다.

    ㉰ 기존 건물에 쉽게 적용할 수 있다.

    ㉱ 디자인 요소로서 부착 온실을 활용하면 자연을 도입한 다양한 설계가 가능하다.

(라) 단점

　㉮ 초기투자비가 다른 방식에 비해 비교적 높다.

　㉯ 설계에 따라 열 성능에 큰 차이가 나타난다.

　㉰ 부착온실 부분이 공간 낭비가 될 수 있다.

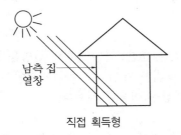
직접 획득형

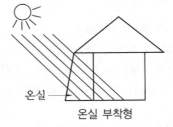
온실 부착형

③ 간접 획득형(Indirect Gain, Trombe Wall, Drum Wall)

　(가) 콘크리트, 벽돌, 석재 등으로 만든 축열벽형을 'Trombe Wall'이라 하고, 수직형 스틸 Tube(물을 채움)로 만든 물벽형을 'Drum Wall'이라고 한다.

　(나) 축열벽 등에 일단 저장 후 '복사열' 공급

　(다) 축열벽 전면에 개폐용 창문 및 차양 설치

　(라) 축열벽 상·하부에 통기구 설치하여 자연대류를 통한 난방도 가능

　(마) 물벽, 지붕연못 등이 '간접획득형'에 해당함

　(바) 대개 유리 측면은 검은색, 방측면은 흰색으로 한다 (검은색 : 흡열효과, 흰색 : 방열효과).

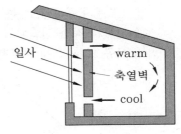
간접 획득형

　(사) 장점

　　㉮ 거주공간의 온도 변화가 적음

　　㉯ 일사가 없는 야간에 축열된 에너지의 대부분이 방출되므로 이용 효율이 높다.

　　㉰ 햇빛에 의한 과도한 눈부심이나 자외선의 과다 도입 등의 문제가 없다.

　　㉱ 우리나라와 같은 추운 기후에서 효과적이다.

　　㉲ 태양 의존율 : 보고에 따르면 Trombe Wall의 태양 의존율은 약 27 % 정도에 달하는 것으로 알려져 있으며, 설비형 태양열 설비(태양열 의존율이 50~60 % 정도)의 절반 수준이다. 단, 설비형은 투자비가 과다하게 들어가는 단점이 있다.

　　※ 태양 의존율 (또는 태양열 절감률) : 열부하 중 태양열에 의해서 공급되는 비율을 말한다.

　(아) 단점

　　㉮ 창을 통한 조망 및 채광이 결핍되기 쉽다.

　　㉯ 벽의 두께가 크고 집열창과 이중으로 구성되어 유효 공간을 잠식.

　　㉰ 효과적으로 집열창에 대한 야간 단열을 하기가 용이하지 않다.

　　㉱ 건축 디자인 측면에 있어서 조화로운 해결이 용이하지 않다.

　(자) 축열 지붕형(Roof Pond)

　　㉮ 지붕연못형이라고도 하며 축열체인 액체가 지붕에 설치되는 유형

⑭ 난방기간에는 주간에 단열 패널을 열어 축열체가 태양열을 받도록 하며, 야간에는 저장된 에너지가 건물의 실내로 복사되도록 한다.

⑮ 냉방기간에는 주간에 실내의 열이 지붕 축열체에 흡수되고 강한 여름 태양 빛으로부터 단열되도록 단열 패널을 닫고 야간에는 축열체가 공기 중으로 열을 복사 방출하도록 단열 패널을 열어 둔다.

④ 분리 획득형(Isolated Gain)

  ⑦ 축열부와 실내공간을 단열벽 등으로 분리시키고, 대류현상을 이용하여 난방을 실시한다.

  ⑭ 자연대류형(Thermosyphon)이라고도 하며, 공기가 데워지고 차가워짐에 따라서 자연적으로 일어나는 공기의 대류에 의한 유동현상을 이용한 것이다.

  ⑭ 장점

    ㉮ 집열창을 통한 열손실이 거의 없으므로 건물 자체의 열성능이 우수

    ㉯ 기존의 설계를 태양열 시스템과 분리하여 자유롭게 할 수 있다.

    ㉰ 온수 급탕에 적용할 수 있다.

  ⑭ 단점

    ㉮ 집열부가 주로 건물 하부에 위치하므로 설계의 제약조건이 될 수 있다(대류현상 때문).

    ㉯ 일사가 직접 전달되지 않고 대류공기를 통해서 전달되므로 효율이 떨어진다.

    ㉰ 시공 및 관리가 비교적 어렵다.

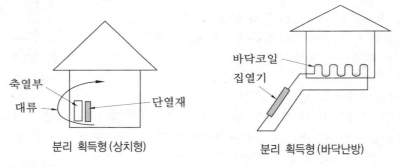

분리 획득형 (상치형)　　　　　분리 획득형 (바닥난방)

⑤ 이중 외피구조형(Double Envelope)

  ⑦ 이중 외피구조형은 건물을 2중 외피로 하여 그 사이로 공기가 순환되도록 하는 형식을 말한다.

  ⑭ 주간에 부착온실(남측 면에 보통 설치)에서 데워진 공기는 2중 외피 사이를 순환하게 되며, 바닥 밑의 축열재를 가열하게 된다.

  ⑭ 야간에는 역류현상이 일어나 축열조에서 가열된 공기가 북측 벽과 지붕을 가열하여 열손실을 막는다.

• 문제풀이 요령

  자연형 태양열 주택은 직접획득형, 온실 부착형, 간접획득형 (물벽, 지붕연못 등), 분리획득형 (축열부와 실내공간을 단열벽으로 분리), 2중 외피구조형 등으로 분류되고, 무동력으로 난방을 하기 위해 고안된 난방방식이다.

PROJECT **62** IAQ (Indoor Air Quality)   출제빈도 ★★☆

Q IAQ(실내 공기의 질)에 대해 논하시오.

(1) 개요 및 특징

① 국내에서는 IAQ가 새집증후군 혹은 "새건물증후군(Sick House Syndrome Or Sick Building Syndrome)" 정도로 축소 인식되는 경향이 있다.

② 산업사회에서 현대인들은 실외 공기하에서 생활하는 것보다 실내 공기를 마시며 생활하는 경우가 대부분이며, 실내 공기가 건강에 미치는 영향이 훨씬 지대하다.

③ 국내에서는 '다중이용시설 등의 실내 공기질 관리법'에 실내 분진농도 등에 대한 상하 한치가 규정되어 있다.

④ ASHRAE 기준에서는 실내 공기의 질에 관한 불만족자율은 재실자의 20 % 이하로 규정함

⑤ 만족도(Satisfaction) : 집무자의 만족도를 바탕으로 열적쾌적성 혹은 실내 공기 질에 관한 지표이다.

(2) 정의(실내 공기의 질)

실내의 부유분진뿐만 아니라 실내온도, 습도, 냄새, 유해 가스 및 기류 분포에 이르기까지 사람들이 실내의 공기에서 느끼는 모든 것을 말한다.

(3) 실내 공기오염(Indoor Air Pollution)의 원인

① 산업화와 자동차 증가로 인한 대기오염(환기 시 실내 유입)

② 생활양식 변화로 인한 건축자재 재료의 다양화

③ 에너지 절약으로 인한 건물의 밀폐화

④ 토지의 유한성과 건설기술 발달로 인한 실내공간 이용의 증가

(4) 실내 공기오염(Indoor Air Pollution)의 원인 물질

① 건물 시공 시 사용되는 마감재, 접착제, 세정제, 도료 등에서 배출되는 휘발성 유기 화합물(VOC ; Volatile Organic Compound)

② 유류, 석탄, 가스 등을 이용한 난방기구에서 나오는 연소성 물질

③ 담배연기, 먼지, 세정제, 살충제 등

④ 인체에서 배출되는 이산화탄소, 인체의 피부 각질

⑤ 생물학적 오염원 : 애완동물 등에서 배출되는 비듬과 털, 침, 세균, 바이러스, 집먼지 진드기, 바퀴벌레, 꽃가루 등

(5) 실내 공기 오염의 영향

① 눈, 코, 목의 불쾌감, 기침, 쉰 목소리, 두통, 피곤함 등

② 기타 기관지 천식, 과민성 폐렴, 아토피성 피부염 등

③ 업무 효율 떨어짐

(6) 실내 공기 오염에 대한 대책

① 원인 물질의 관리 : 가장 손쉬우면서도 확실한 방법이다.

  ㈎ 새집증후군과 관련된 환경친화적인 재료의 사용, 허용 기준에 대한 관리감독 강화, 건물 시공 후 바로 입주하지 않고 상당 기간 환기를 시키는 등의 방법이 있다.

  ㈏ 실내금연 등 상기 원인 물질에 대한 꼼꼼한 관리 및 차단이 필요하다.

② 환기 : 원인 물질을 관리한다고 하지만 한계가 있고 생활하면서 오염 물질은 끊임없이 배출되기 때문에 환기는 가장 중요한 대처 방법이다.

  ㈎ 가급적 자주 최소한 하루 2~3회 이상 30분 이상 실내를 환기시키는 것이 좋으며, 흔히 잊고 있는 욕실, 베란다, 주방에 설치된 팬(환풍기)을 적극적으로 활용하는 것이 중요하다.

  ㈏ 조리 시에 혹은 가연물질 발생 시 일산화탄소 등을 바로 그 자리에서 배출하는 것이 중요하다.

  ㈐ 자연환기가 어려운 고층빌딩, 사무용 건물 등은 기계 환기를 철저히 해주고, 환기 장치 관리를 정기적으로 실시한다.

③ 공기 청정기의 사용

  ㈎ 공기 청정기는 집안에서 이동 가능한 것부터 건물 전체의 환기 시스템을 조정하는 대규모 공사까지 그 규모가 다양하다.

  ㈏ 시판되는 이동 가능한 공기 청정기 상품들은 그 효율성에 관한 논란이 많으며, 특히 기체성 오염물질의 제거에는 부족한 경우가 대부분이라고 하지만 관리만 잘 된다면 적극적으로 활용하는 것이 좋다.

(7) IAQ 관련 향후 동향

① 실내 공기의 질 문제(새집증후군 등)는 아직까지 학술적으로도 그 정의와 원인, 발병과정, 진단방법 등 논란이 분분할 뿐 명확히 확립된 것이 없다.

② 앞으로 이 분야는 지속적으로 중요성이 증가되므로 보다 더 관심을 기울여 학문적, 실용적 체계를 세우는 것이 필요하다.

• **문제풀이 요령**

  실내 공기의 질은 재실 인원의 건강과 쾌적을 위해 점차 중요성이 강조되고 있는 분야이며, 그 오염에 대한 대책으로는 원인물질 관리(가장 확실), 환기(가장 중요 ; 욕실, 베란다, 주방 등의 환풍기 활용 필요), 공기 청정기 사용(기체성 오염물질의 제거에는 부족) 등이 있다.

PROJECT 63 실내 공기질 공정시험방법   출제빈도 ★★☆

Q 공동주택의 실내 공기질 공정시험방법에 대해 설명하시오.

(1) 개요

① 실내 공기의 오염원은 실내 거주자, 건축자재, 실내 연소기구, 애완동물 등 매우 다양하게 존재한다.

② 오염물질 역시 VOCS, 라돈, CO, CO_2, NO_2, O_3, 미세먼지(pm 10), 부유세균, 포름알데히드(HCHO), 진드기 등 다양하다.

③ 신축 공동주택은 입주 전 공기질의 측정 및 공고가 의무화되어 있음

(2) 공정시험방법

① High 개념 : 고도의 정밀도가 요구되는 실험실 분석용 장비

② Low 개념 : 휴대용 현장측정기기 및 방법

(3) 공동주택의 주요 실내 공기질 시험방법

① 측정대상 주동 및 주호의 선정 : 100세대를 기본으로 하여 동일 라인에서 고층부, 중층부, 저층부의 3개 지점으로 구분(100세대 증가시마다 한 개 지점씩 추가)

② 측정점 선정 : 거실 중앙부위에서 실시하며, 원칙적으로 벽으로부터 최소 1 m 이상 떨어진 위치의 바닥면으로부터 1.2~1.5 m 높이에서 측정

③ 측정방법

(가) 환기 : 창, 문, 내장가구의 문 등을 모두 개방하고 30분 이상 사전 환기 시행

(나) 밀폐 상태의 확보 : 사전환기 후, 외부 공기에 면한 창 및 문 등의 모든 개구부를 닫고, 5시간 이상 밀폐 상태를 유지시킨다. 이 경우 설치된 내장가구의 문과 실내간 이동문은 개방한다.

(다) 샘플링 : 밀폐 후 정해진 유량으로 약 30분간 2회 시료 공기를 오염물질별 포집 방법에 따라 샘플링하며, 휘발성유기화합물 및 포름알데히드 농도의 하루 중 변동이 최대로 예상되는 오후 1시에서 5시 사이에 하는 것이 원칙이다.

(라) 상시 소풍량 환기 시스템이 적용된 경우, 시스템 가동상태에서 측정 수행

(마) 기타

    ⑦ 시료 채취시의 실내온도는 20℃ 이상을 유지하도록 한다.

    ⑭ 기류조건 : 환기시스템이 가동하는 경우, 급기구나 배기로부터 영향을 받지 않는 지점에서 측정한다.

(4) 오염물질별 주요 측정 및 분석방법

① 미세분진 : 저용량(low volume) 공기포집기, 소용량(mini volume) 공기포집기, 베타선법, 광산란법, 광투과법

② 석면 : 위상차 현미경법, 주사전자 현미경법, 투과전자 현미경법

③ 일산화탄소, 이산화탄소 : 비분산 적외선 분석법

④ 이산화질소 : 화학발광법, 살츠만법

⑤ 오존 : 자외선광도법, 화학 발광법

⑥ HCHO : 2,4-DNPH 유도체화 HPLC 분석법, 현장측정 방법(휴대용 장비 사용)

⑦ 라돈 : 연속 모니터 측정법, 활성탄흡착법, 알파 비적 검출법

⑧ 부유세균 : 충돌법, 세정법, 여과법

(5) 소형 체임버법

① 소형의 체임버를 이용한 건축자재의 오염물질 방출량 측정법

② 건축자재에서 발생하는 오염물질의 방출량에 대한 측정법은 데시케이터법(방출되는 오염물질의 양을 데시케이터 내부의 증류수에 흡수시켜 측정), 체임버법 등이 있으나 소형 체임버법을 이용한 건축자재의 오염물질 방출량 측정법이 세계적으로 보편화되어 가는 추세이다.

③ 소형 체임버 내의 공기의 농도와 체임버를 통과한 공기를 적산유량 및 시험편의 표면적을 구하여 시험대상인 단위면적당 오염물질 방출량을 측정하는 방법이다.

> 칼럼 공동주택의 실내공기질 권고 기준
> ① 포름알데히드(HCHO) : $210\mu g/m^3$ 이하
> ② 벤젠 : $30\mu g/m^3$ 이하
> ③ 톨루엔 : $1000\mu g/m^3$ 이하
> ④ 에틸벤젠 : $360\mu g/m^3$ 이하
> ⑤ 자일렌 : $700\mu g/m^3$ 이하
> ⑥ 스틸렌 : $300\mu g/m^3$ 이하

- 문제풀이 요령

실내 공기의 질 측정 순서는 30분 이상 사전 환기 → 5시간 이상 밀폐 상태를 유지 → 약 30분간 (2회) 시료 공기를 포집 → 각 오염물질별 측정 순이다.

PROJECT **64** 탄산가스(CO_2) 배출 기준

출제빈도 ★★☆

Q 탄산가스(CO_2) 배출 기준에 대해 설명하시오.

(1) 필요 환기량 관계식

$$M = Q \times \Delta C \ \ 혹은 \ \ Q = \frac{M}{\Delta C}$$ .... 〔식 1〕

여기서, M : 1인당 탄산가스 배출량(= 약 $0.017\,m^3/h$), Q : 필요 환기량(m^3/h)

ΔC : 실내·외 CO_2 농도차(= 실내 설계 기준 농도 – 실외 농도)

(2) 오염물질 발생에 따른 실내 공기의 농도변화 예측방법

① 〔식 1〕에서, 아래 식을 유도해낼 수 있다.

$$M = Q \times \Delta C = Q \times (실내\ 탄산가스\ 농도 - 실외\ 탄산가스\ 농도)$$

$$실내\ 탄산가스\ 농도 = \frac{M}{Q} + 실외\ 탄산가스\ 농도$$

② 상기 식에서 실외 탄산가스 농도는 보통 350 ppm으로 설계되고, 풍량이 주어져 있다면, 오염물질(탄산가스 등) 배출량에 따른 실내 탄산가스의 농도를 계산할 수 있다.

(3) CO_2 농도의 설계조건 및 1인당 환기량

① 실내 : 기준치 = 1000 ppm : 1인당 약 26.15 CMH의 환기량 필요

  평균치 = 2000 ppm : 1인당 약 10.3 CMH의 환기량 필요

  상한치 = 3000 ppm : 1인당 약 6.4 CMH의 환기량 필요

② 실외 : 350 ppm(설계 기준)

(4) 건축물의 설비기준등에 관한 규칙(제 11 조)

공동주택 및 다중이용시설의 환기설비 기준 등에 관한 규칙이다.

① 건축법 시행령 제 87 조 제 2 항의 규정에 따라 신축 또는 리모델링하는 다음 각 호의 어느 하나에 해당하는 주택 또는 건축물(이하 "신축공동주택등"이라 한다)은 시간당 0.5회 이상의 환기가 이루어질 수 있도록 자연환기설비 또는 기계환기설비를 설치하여야 한다.

  1. 30세대 이상의 공동주택

  2. 주택을 주택 외의 시설과 동일건축물로 건축하는 경우로서 주택이 30세대 이상인 건축물

② 신축공동주택등에 자연환기설비를 설치하는 경우에는 자연환기설비가 제1항의 규정에 의한 환기횟수를 충족하는지에 대하여 「건축법」 제 4 조의 규정에 의한 지방건축위원회의 심의를 받아야 한다. 다만, 신축공동주택등에 「산업표준화법」에 따른 한국산업규격의 자연환기설비 환기성능 시험방법(KS F 2921)에 따라 성능시험을 거친 자연환기설비를 별표에 따른 자연환기설비 설치 길이 이상으로 설치하는 경우는 제외한다.

③ 신축공동주택등에 기계환기설비를 설치하는 경우에는 별표의 기준에 적합하여야 한다.

④ 특별시장·광역시장·특별자치시장·특별자치도지사 또는 시장·군수·구청장(자치구의 구청장을 말하며, 이하 "허가권자"라 한다)은 30세대 미만인 공동주택과 주택을 주택 외의 시설과 동일 건축물로 건축하는 경우로서 주택이 30세대 미만인 건축물 및 단독주

택에 대해 시간당 0.5회 이상의 환기가 이루어질 수 있도록 자연환기설비 또는 기계환기 설비의 설치를 권장할 수 있다.

⑤ 다중이용시설을 신축하는 경우에 기계환기설비를 설치해야 하는 다중이용시설 및 각 시설의 필요 환기량은 별표 1의6과 같으며, 설치해야 하는 기계환기설비의 구조 및 설치는 다음 각 호의 기준에 적합해야 한다.

1. 다중이용시설의 기계환기설비 용량기준은 시설이용 인원 당 환기량을 원칙으로 산정할 것
2. 기계환기설비는 다중이용시설로 공급되는 공기의 분포를 최대한 균등하게 하여 실내 기류의 편차가 최소화될 수 있도록 할 것
3. 공기공급체계·공기배출체계 또는 공기흡입구·배기구 등에 설치되는 송풍기는 외부 의 기류로 인하여 송풍능력이 떨어지는 구조가 아닐 것
4. 바깥공기를 공급하는 공기공급체계 또는 바깥공기가 도입되는 공기흡입구는 다음 각 목의 요건을 모두 갖춘 공기여과기 또는 집진기(集塵機) 등을 갖출 것
   가. 입자형·가스형 오염물질을 제거 또는 여과하는 성능이 일정 수준 이상일 것
   나. 여과장치 등의 청소 및 교환 등 유지관리가 쉬운 구조일 것
   다. 공기여과기의 경우 한국산업표준(KS B 6141)에 따른 입자 포집률이 계수법으로 측 정하여 60퍼센트 이상일 것
5. 공기배출체계 및 배기구는 배출되는 공기가 공기공급체계 및 공기흡입구로 직접 들 어가지 아니하는 위치에 설치할 것
6. 기계환기설비를 구성하는 설비·기기·장치 및 제품 등의 효율과 성능 등을 판정하는데 있어 이 규칙에서 정하지 아니한 사항에 대하여는 해당항목에 대한 한국산업표준에 적합할 것

기계환기설비를 설치하여야 하는 다중이용시설 및 필요 환기량(제11조 제4항 관련)

구 분		필요 환기량 (m³/인·h)	비 고
가. 지하시설	1) 지하역사	25 이상	
	2) 지하도상가	36 이상	매장(상점) 기준
나. 문화 및 집회시설		29 이상	
다. 판매시설		29 이상	
라. 운수시설		29 이상	
마. 의료시설		36 이상	
바. 교육연구시설		36 이상	
사. 노유자시설		36 이상	
아. 업무시설		29 이상	
자. 자동차 관련 시설		27 이상	
차. 장례식장		36 이상	
카. 그 밖의 시설		25 이상	

[비고] 가. 연면적 또는 바닥면적을 산정할 때에는 실내공간에 설치된 시설이 차지하는 연면적 또는 바닥 면적을 기준으로 산정한다.
　　　 나. 필요 환기량은 예상 이용인원이 가장 높은 시간대를 기준으로 산정한다.
　　　 다. 의료시설 중 수술실 등 특수 용도로 사용되는 실(室)의 경우에는 소관 중앙행정기관의 장이 달 리 정할 수 있다.
　　　 라. 자동차 관련 시설의 필요 환기량은 단위면적당 환기량(m³/m²·h)으로 산정한다.

☞. 법규 관련 사항은 국가정책상 필요 시 항상 변경 가능성이 있으므로, 필요 시 재확인 바랍니다.

PROJECT 65 LCC(Life Cycle Cost)   출제빈도 ★★☆

Q LCC(Life Cycle Cost)에 대해 설명하시오.

(1) 개요

LCC(Life Cycle Cost, 생애 주기 비용)는 계획, 설계, 시공, 유지관리, 폐각 처분 등의 총비용을 말하는 것으로 경제성 검토 지표로 사용해 총비용을 최소화할 수 있는 수단이다.

(2) LCC(Life Cycle Cost) 구성

① 초기투자비(Initial Cost) : 제품가, 운반, 설치, 시운전 비용
② 유지비(Running Cost) : 운전 보수관리비

유지비 = 운전비 + 보수관리비 + 이자 + 보험료

③ 폐각비 : 철거 및 잔존 가격

(3) Life Cycle Cost 계산법

$$\text{Life Cycle Cost} = C + F_r \cdot R + F_m \cdot M$$

여기서, C : 초기 투자비, R : 운전비(보험료 포함), M : 폐각비
F_r, F_m : 종합 현재 가격 환산계수

(4) 회수기간(回收期間) : 투자비의 회수를 위한 경과 년을 계산하여 경제성을 판단하는 방법

$$\text{회수 기간} = \frac{\text{투자비}}{\text{연간 절약액}}$$

(5) 기타의 경제성 분석법

① 순현가(순현재가치법, NPV : Net Present Value) : 아래와 같이 계산하여 순현가가 "0"보다 작으면 사업안 기각, "0"보다 크면 타당성이 있는 것으로 판단

$$\text{NPV} = \text{총편익 현가}(B) - \text{총비용 현가}(C) = \Sigma \frac{B_i}{(1+r)^i} - \Sigma \frac{C_i}{(1+r)^i}$$

여기서, B_i : 연차별 총편익, C_i : 연차별 총비용, i : 기간
r : 할인율(미래의 가치를 현재의 가치와 같게 하는 비율)

② 비용·편익비 분석(CBR : Benefit-Cost Ratio, B/C Ratio) : 투자로부터 기대되는 총편익 현가(B)를 총비용 현가(C)로 나누어 1.0 보다 크면 경제성이 있는 것으로 평가한다. 단, 총편익 현가(B) 및 총비용 현가(C)를 계산하는 방법은 상기와 동일하다.

③ 내부수익률(IRR) : 투자로부터 기대되는 총편익 현가(B)와 총비용 현가(C)를 같게 하는 할인율이 실제의 적용 할인율(r)보다 크면 경제성이 있다고 판단한다.

> **PROJECT 66 조닝(Zoning)** 출제빈도 ★★☆
>
> **Q** 공조계획에서 조닝(Zoning)에 대해 설명하시오.

(1) 정의

한 건물의 열부하는 방위, 시간대, 용도 등에 따라 변하며 부하 특성의 유사구역을 Zone 으로 해야 효율적 공조 및 에너지 절약, 운전제어의 용이성 등이 가능하다.

(2) 조닝(Zoning)의 방법

① 방위별 조닝 : 보통 건물의 방위별 부하특성이 많이 다르므로 이를 기준으로 조닝을 행함.

② 외주부와 내주부 : 보통 건물의 내주부는 환기, 청정도 위주의 공조가 강조되고, 외주부는 부하변동에 대한 세밀한 제어가 필요하다.

③ 부하특성별 존 : 건물의 평면을 부하특성별로 구분하여 조닝을 하는 방법이다.

④ 층별 존 : 고층건물은 층별 기후적 외란과 부하특성의 차이가 크므로 이를 기준으로 조닝 을 행하는 방법이다.

⑤ 사용시간별 존 : 사용 시간대가 유사한 구역별로 나누어 조닝을 행한다.

⑥ 설정 온·습도 조건별 존 : 요구되는 설정 온·습도 조건이 유사한 구역끼리 묶어 존을 만 든다.

⑦ 열운송 경로별 존 : 열운송 경로상 가깝거나 공사가 용이한 방향으로 조닝을 행하여 반송 동력 절감, 공사비 절감 등을 도모할 수 있다.

⑧ 실 요구 청정도별 존 : 실(室)의 요구청정도, 외기도입 필요량 등이 유사한 구역별 조닝을 행하는 방법이다.

※ 주 : 외주부 (Perimeter Zone)와 내주부 (Interior Zone)

① Perimeter Zone (PZ ; 옥내 외주 공간)

  (개) PZ의 정의

    ㉮ 건물의 지하층을 제외한 각층 외벽의 중심선에서 수평거리가 5 m 이내인 옥내의 공간

    ㉯ 지붕의 바로 밑층의 옥내 공간

    ㉰ 외기에 접하는 바닥 바로 위의 공간

  (내) PZ 공조방법

    ㉮ Cold Draft 방지, 외부 침입열량 방지 등을 위하여 FCU + Duct 방법을 많이 사용한다.

    ㉯ 날씨별, 시간대별, 계절별 부하 변동이 크므로 VAV 덕트 방식을 많이 채용한다.

② Interior Zone (IZ ; 옥내 내주 공간)

  (개) 건물의 내부에 위치한 공간으로 방위의 영향을 적게 받는다.

  (내) 연간 냉방부하가 발생할 수도 있다(주로 용도에 따라 세부 Zoning 실시 가능).

  (대) 계절에 관계없이 환기부하와 잠열부하가 크다.

(3) 공조 조닝(Zoning)의 필요성(효과)

① 에너지의 효율적 이용(과열 및 과랭 방지)
② 부하변동에 따라 공조기 및 열원장치를 부분부하 운전할 수 있어 에너지가 절감된다.
③ 열부하 특성에 따른 공조계통을 별도로 함으로써 공조실의 부하 변동에 대한 제어가 용이하다.
④ 특성이 유사한 공조환경을 동일 공조영역으로 묶음으로써 쾌적성과 효율성이 향상되고, 전문적인 최적의 공조환경 조성이 가능해진다.
⑤ 유지 및 관리가 용이하다.
⑥ 습도 조절 용이(과가습, 과제습 방지)

(4) 공조 조닝 시 고려사항

① 부하 특성을 정확히 파악한다.
② 방위별, 내·외주부별, 용도별, 사용 시간대별, 현열비별 등으로 조운수를 결정한다.
③ 열원기기 및 공조기의 설치 위치, 내압문제, 반송동력, 반송거리, 손실절감, 유지관리의 용이성 등을 고려한다.
④ 레이아웃 변경, 장래부하 증가, 개보수의 용이성 등을 고려한다.
⑤ 소형 분산형 공조기에 의한 조닝의 세분화를 적극 검토하고 원격제어 등을 검토한다.

(5) 실례

① 공조할 공간을 내주부와 외주부로 나누고, 외주부를 다시 방위에 따라 2~4개로 나눈다.
② 내주부, 외주부 등의 구분이 곤란할 경우, 북측 Zone과 남측 Zone으로 나눈다.
③ 고층빌딩은 층별 별도의 부하 특성을 가지고 있고, 수압 Balance가 다르므로, 층수별로 몇 층씩 묶어 Zone을 설정한다.

• 문제풀이 요령
조닝은 공조할 대상 건물을 부하 특성별 몇 개의 Zone으로 구분하여, 각 존에 맞는 최적의 장비 선정, 제어 구축, 관리 등을 하여 에너지 절감, 사용자 만족 등을 도모하는 것이다.

PROJECT **67** 내진설계(耐震設計) 출제빈도 ★☆☆

Q 내진설계(耐震設計) 시 고려사항에 대해 설명하시오.

(1) 개요

① 내진설계는 지진 시나 고정하중, 적재하중, 적설하중, 풍압, 토압, 수압 등으로부터 설비 기계들의 안전성을 고려한 설계 방법이다.

② 설비물의 탈락 및 추락에 의한 주위 피해 방지와 2차 피해 방지가 내진의 주목적이다.

(2) 고려사항

① 기기선정 : 내진 설계된 설비 선정

② 기초, 앵커 볼트, 내진 Stopper 고려

③ 배관 및 배관 이음 시 신축성 고려

④ 중량이 큰 기기는 가능한 하층부에 설치

⑤ 지진 시 진동 특성이 서로 다른 기기는 플렉시블 이음으로 연결

⑥ 2차 재해 유발 기기인 보일러 등은 안전장치 및 소화장치가 필수적임

⑦ 지진 발생 시 인명 및 재산 피해 최소화 대책 수립 등

(3) 기본지침

① 중소지진 : 지진의 진동 가속도 $80 \sim 250 \, \text{Gal} (= \text{cm/s}^2)$ 대비 설계할 것

② 대지진 : 지진의 진동 가속도 $250 \sim 400 \, \text{Gal} (= \text{cm/s}^2)$ 대비 설계할 것

(4) 건축물 구조 안전의 확인 (건축법 시행령 32조)

① 건축물을 건축하거나 대수선하는 경우 해당 건축물의 설계자는 국토교통부령으로 정하는 구조기준 등에 따라 그 구조의 안전을 확인하여야 한다.

② 제1항에 따라 구조 안전을 확인한 건축물 중 다음 각 호의 어느 하나에 해당하는 건축물의 건축주는 해당 건축물의 설계자로부터 구조 안전의 확인 서류를 받아 착공신고를 하는 때에 그 확인 서류를 허가권자에게 제출하여야 한다. 다만, 표준설계도서에 따라 건축하는 건축물은 제외한다.

  1. 층수가 2층(주요 구조부인 기둥과 보를 설치하는 건축물로서 그 기둥과 보가 목재인 목구조 건축물의 경우에는 3층) 이상인 건축물

  2. 연면적이 200제곱미터(목구조 건축물의 경우에는 500제곱미터) 이상인 건축물. 다만, 창고, 축사, 작물재배사는 제외한다.

  3. 높이가 13미터 이상인 건축물

4. 처마높이가 9미터 이상인 건축물

5. 기둥과 기둥 사이의 거리가 10미터 이상인 건축물

6. 건축물의 용도 및 규모를 고려한 중요도가 높은 건축물로서 국토교통부령으로 정하는 건축물

7. 국가적 문화유산으로 보존할 가치가 있는 건축물로서 국토교통부령으로 정하는 것

8. 아래의 특수 구조 건축물

　가. 한쪽 끝은 고정되고 다른 끝은 지지(支持)되지 아니한 구조로 된 보·차양 등이 외벽(외벽
　　이 없는 경우에는 외곽 기둥을 말한다)의 중심선으로부터 3미터 이상 돌출된 건축물

　나. 특수한 설계·시공·공법 등이 필요한 건축물로서 국토교통부장관이 정하여 고시하는 구조
　　로 된 건축물

9. 건축법상 단독주택 및 공동주택

☞. 법규 관련 사항은 국가정책상 필요 시 항상 변경 가능성이 있으므로, 필요 시 재확인 바랍니다.

PROJECT 68 다중 이용시설 등의 실내 공기질 관리   출제빈도 ★☆☆

Q   실내 공기의 질 관리법(다중 이용시설 등의 실내공기질 관리법)에 대해 설명하시오.

---

(1) 개요

① 다중 이용시설 (불특정 다수인이 이용하는 시설)에 인체에 특히 해로운 오염물질을 방출하는 건축자재의 사용을 제한하고, 시공자로 하여금 실내 공기질을 측정 및 공고하도록 의무화하는 등을 규정한 법안

② 2003년 5월 법률이 공포되었으며, 1년 후인 2004년 5월부터 정식으로 발효되었음(시행일)

(2) 주요 내용

① 법명을 '다중 이용시설 등의 실내 공기 질 관리법'으로 개정 및 적용 대상 확대 : 과거 법명이 '지하 생활공간 공기 질 관리법'이었고, 지하 생활 공간만을 대상으로 하였는데 반해, 각종 터미널, 도서관, 의료기관 등의 지상 실내 공간을 적용 대상에 추가함

② 실내 공기 질 공정시험방법 고시 : 환경부장관이 '실내 공기 질 공정 시험방법'을 고시함

③ 실내 공기 질 기준을 유지기준과 권고기준으로 이원화함

  (㈎) 유지기준 : 반드시 지켜야 하는 기준

  (㈏) 권고기준 : 일정 기준에 따르도록 권고하는 사항

④ 다중 이용시설의 소유자(혹은 관리 담당자) 등에게 실내 공기 질 관리 교육의 의무 부여

⑤ 신축 공동주택의 주민 입주 전 공기질 측정 : 시공자는 주민 입주개시 전까지 공동주택의 실내 공기 질을 측정하여 그 측정 결과를 해당 시장, 군수, 구청장에게 제출하고, 입주민들이 잘 볼 수 있는 장소에 공고하도록 함

⑥ 오염물질 방출 건축자재 고시 및 사용제한 : 환경부장관은 관계 중앙행정기관장과 협의하여 건축자재 방출 오염물질이 많이 나오는 건축자재를 고시할 수 있으며, 다중 이용시설을 설치하는 자는 고시된 건축자재를 사용하여서는 아니됨

⑦ 다중 이용시설 소유자 등에 실내 공기 질 측정의무 부여

⑧ 보고 및 검사업무 지방자치 이양

  [칼럼] 다중 이용시설 등의 실내공기 질 관리법의 '시행규칙'

    ① 실내 공기질 유지기준 : 미세먼지 ($100 \sim 200 \mu g/m^3$), CO_2 (1000 PPM), HCHO ($100 \mu g/m^3$), 총부유세균 ($800 \, CFU/m^3$), CO ($10 \sim 25$ PPM)

    ② 실내 공기질 권고기준 : NO_2 ($0.05 \sim 0.3$ PPM), Rn ($148 \, Bq/m^3$), VOC ($400 \sim 1000 \mu g/m^3$), 석면 (0.01개/cc), 오존 ($0.06 \sim 0.08$ PPM)

• 문제풀이 요령

'지하 생활공간 공기 질 관리법'이 2004년 5월부터 '다중 이용시설 등의 실내 공기 질 관리법'으로 변경되어 각종 터미널, 도서관, 의료기관 등의 지상 실내 공간이 적용 대상에 추가되었으며, 특히 신축 공동주택의 시공자는 주민 입주전 공기질을 측정하여 주민 입주개시 전까지 측정 결과를 해당 시장군수구청장에게 제출하고, 입주민들이 잘 볼 수 있는 장소에 공고하도록 하였다.

PROJECT **69** **소음기의 분류 및 각 종류별 특징**   출제빈도 ★★☆

Q 소음기를 분류 및 각 종류별 특징에 대해 설명하시오.

(1) 개요

소음기란 덕트 내의 유체(공기)의 흐름에 의해 유발되는 소음을 방지하기 위한 흡음장치로 덕트 내에 특정 모양의 체임버를 만들어 유속을 부분적으로 둔화시키거나 흡음하는 것이 특징이다.

(2) 소음기의 종류

① Splitter형 혹은 Cell형 : 덕트 내부의 접촉 단면적을 크게 하여 흡음
② 공명형 : 소음기 내부 Pipe에 다수의 구멍을 형성해 놓음, 특정 주파수에 대한 방음이 필요한 경우에 효과적인 방법임
③ 공동형 : 소음기 내부에 공동 형성
④ 흡음 체임버 : 송풍기 출구 측 혹은 분기점에 주로 설치하며, 입·출구 덕트끼리의 방향이 서로 어긋나게 형성되어 있음

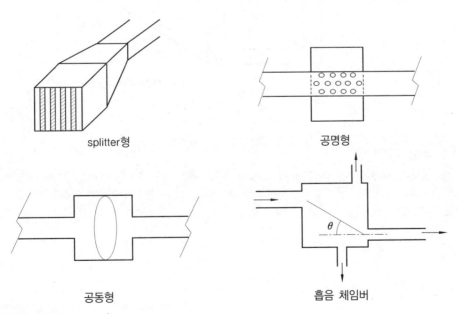

splitter형   공명형

공동형   흡음 체임버

⑤ 흡음 덕트 (Lined Duct)
    (개) 덕트를 통과하는 소음을 줄이기 위하여 흡음재를 설치한 덕트이다.
    (내) 흡음 덕트의 성능은 덕트의 단면적, 흡음재의 흡음률 및 두께, 설치면적 등에 의해 결정되나, 유속이 빠를 때는 유속의 영향도 받는다.

㈐ 전 주파수대역에서 흡음 성능을 나타내나 흡음재의 흡음률은 저주파보다 고주파에서 높으므로 고주파 음에 대하여 특히 효과적이다.

㈑ 공명형 소음기에 비하여 유동저항이 적고 광대역 주파수 특성을 나타내는 특성이 있다.

㈒ 구간별 덕트의 단면적을 변화시키면서 흡음재를 부착하면 반사 효과와 공명에 의한 흡음률의 상승으로 인해 소음 성능을 크게 높일 수 있다.

㈓ 통과 유속이 높을 경우에는 흡음재를 지탱하기 위한 천공판 등에 의한 표면처리가 필요하며, 이로 인한 흡음률의 변화 및 기류에 의한 자생소음과 소음 특성의 변화에 관해서 주의해야 한다.

㈔ 또한 주파수가 높은 음은 벽면의 영향을 받지 않고 통과하는 'Beam 효과'가 있기 때문에 방사단, 출구에서 음원이 보이지 않도록 하는 것이 바람직하다.

㈕ 흡음 성능은 음파가 접선 방향으로 지날 때보다 수직으로 입사할 때가 훨씬 높아진다.

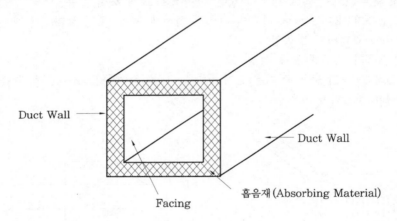

• **문제풀이 요령**

덕트에 사용되는 소음기에는 Splitter형 / Cell형 (덕트 내부 접촉 단면적 증가), 공명형 (소음기 내부 Pipe에 다수의 구멍 형성), 공동형 (소음기 내부에 공동 형성), 흡음 체임버 (체임버 입출구 방향을 어긋나게 형성) 등이 있다.

PROJECT **70** 에너지 절약적 공조설계   출제빈도 ★★☆

Q 에너지 절약적 공조설계 및 폐열회수 방법에 대해 논하시오.

---

(1) 에너지 절약적 공조설계

① Passive 방법(에너지 요구량을 줄일 수 있는 기술)

(개) 단열 등 철저히 시공하여 열손실 최소화

(내) 단열창, 2중창, Air Curtain 설치 등 고려함

(대) 환기의 방법으로는 자연환기 혹은 국소환기를 적극 고려하고, 환기량 계산 시 너무 과잉 설계하지 않는다.

(래) 건물의 각 용도별 Zoning을 잘 실시하면 에너지의 낭비를 막아줄 수 있다.

(매) 극간풍 차단을 철저히 해준다.

(배) 건축 구조적 측면에서 자연친화적 및 에너지절약적 설계를 고려한다.

(새) 자연채광 등 자연에너지의 활용을 강화한다.

② Active 방법(에너지 소요량을 줄일 수 있는 기술)

(개) 고효율 기기 사용

(내) 장비 선정 시 'TAC 초과 위험확률'을 잘 고려하여 설계한다.

(대) 각 '폐열회수 장치' 적극 고려함

(래) 전동설비에 대한 인버터 제어 실시

(매) 고효율 조명, 디밍제어 등을 적극 고려한다.

(배) IT 기술, ICT 기술을 접목한 최적 제어를 실시하여 에너지를 절감한다.

(새) 지열히트펌프, 태양열 난방/급탕 설비, 풍력장치 등의 신재생에너지 활용을 적극 고려한다.

(2) 폐열 회수 방법(장치)

① 직접 이용 방법

(개) 혼합공기 이용법 : 천장 내 유인 유닛 : 조명열을 2차 공기로 유인하여 난방 혹은 재열에 사용하는 방법

(내) 배기열 냉각탑 이용 방법 : 냉각탑에 냉방 시의 실내 배열을 이용(여름철의 냉방 배열을 냉각탑 흡입 공기 측으로 유도 활용)

② 열교환 이용법

(개) Run Around 방식 : 배기측 및 외기(OA)측에 코일을 설치하여 부동액을 순환시켜 배기의 열을 회수하는 방식(그림 참조) → 배기의 열을 회수하여 외기(OA)측으로 전달함

(내) 전열교환기 : 외기와 배기의 열교환(공기 : 공기 열교환)

(대) Heat Pipe : 히트파이프의 열전달 효율을 이용한 배열 회수

㈃ 수랭 조명기구 : 조명열을 회수하여 히트펌프의 열원, 외기의 예열 등에 사용함

㈄ 증발냉각 : Air Washer를 이용하여 열교환된 냉수를 FCU 등에 공급함

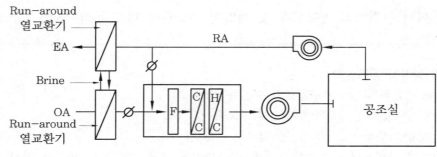

Run Around 방식

③ 승온 이용

㈎ 2중 응축기(응축부 Double Bundle) : 병렬로 설치된 응축기 및 축열조를 이용하여 재열 혹은 난방을 실시함

㈏ 응축기 재열 : 항온항습기의 응축기 열을 재열 등에 사용

㈐ 소형 열펌프 : 소형 열펌프를 여러 개 병렬로 설치하여 냉방 시 응축기 방열을 난방에 활용 가능

㈑ Cascade 방식 : 열펌프 2대를 직렬로 조합하여 저온 측 히트펌프의 응축기를 고온 측 히트펌프의 증발기로 열전단 시켜, 저온 외기 상황에서도 난방 혹은 급탕용 온수 (50~60℃)를 취득 가능

④ TES (Total Energy System) : 종합 효율의 최대화를 도모(이용)하는 방식

㈎ 증기 보일러 (또는 지역난방 이용) + 흡수식 냉동기(냉방)

㈏ 응축수 회수 탱크에서 재증발 증기 이용 등

㈐ 열병합 발전 : 가스 터빈 + 배열 보일러 등

[칼럼] 우리나라 건물이 다른 선진국들의 건물대비 에너지 소모가 큰 이유

① 폐열회수 미흡 : 온도차에너지 혹은 각종 폐열에 대한 회수 및 재이용 부족

② 자연에너지 활용 미흡 : 태양열, 우수, 바이오메스 등에 대한 이용이 부족

③ 외기냉방 활용 부족 : 우리 나라는 4계절이 뚜렷하기 때문에 여름외에는 외기를 보조 냉방의 수단으로 적극 활용하려는 노력이 필요하다.

④ 설정 온도의 부적절 : 여름철 냉방시에는 설정온도를 너무 낮추고, 겨울철 난방시에는 설정온도를 너무 높이는 습관이 있다.

⑤ 고층 아파트, 주상 복합건물 등 에너지 다소비형 건물이 많다.

• 문제풀이 요령

폐열 회수 방법은 크게 직접 이용방식, 열교환기 이용법, 승온이용(저온 → 고온 상승 후 사용), TES (종합 에너지 효율 고려) 등으로 나누어 볼 수 있다.

PROJECT 71 아트리움 공간 출제빈도 ★★★

Q 아트리움 공간 내 열환경에 대해 설명하시오.

---

(1) 아트리움 공간 내 열환경의 특징

① 주야간 및 계절에 따른 실내외 온도 차가 심하다.

② 유리가 차지하는 면적이 크기 때문에 외풍 및 외기의 침입 등이 많아진다.

③ 대공간이므로 거주역에서의 온도 조절 및 기류 조절이 매우 어렵다.

④ 외관이 중요한 장소이므로 공조설비(취출구, 흡입구, FCU 등)가 건축물의 미관을 해치지 말아야 한다.

(2) 문제점

① 굴뚝효과(연돌효과) : 대공간 상하의 기압 차에 의한 굴뚝효과가 커지고, 극간풍이 많이 유입된다.

② 결로 및 Cold Draft 현상 : 아트리움은 유리창이 차지하는 비중이 크므로 결로 및 Cold Draft 현상이 쉽게 발생한다(심지어는 조경용 수목이나 화초가 동사하는 경우도 발생하므로 주의해야 한다).

③ Stratification(내부 온도의 성층화) : 상하부 공기의 밀도 차에 의한 온도 차가 심하며, 이 현상은 여름보다 겨울철에 더 심해진다(특히 천장 취출 방식의 경우 난방능력 부족에 대한 Claim사례가 많다).

④ 유리를 통한 취득열(냉방 시), 손실열(겨울)이 매우 크기 때문에 별도의 에어 커튼, 방풍설비, 일사 차단 장치 등을 고려해야 한다(하계에는 상부 공기 온도가 50~60℃ 정도로 흔히 과열될 수 있다).

⑤ 거주역과 비거주역의 구분이 어려워 환기량을 설정하기 어렵다.

(3) 사례

① 아트리움의 실제 현장에서는 공조 및 장비설계 측면에서 아직도 제대로 된 설계가 부족한 실정이다.

② 아트리움, 고층빌딩의 1층 로비, 대공간 건물 등에 공조(냉·난방)가 잘 안되고, 소음이 증가하고, 소요동력이 증가하여 사용자로부터의 클레임(냉·난방 성능 부족, 소음 과다 등)이 접수되는 예가 많다.

• 문제풀이 요령

아트리움 공간 내 열환경의 특징은 굴뚝효과(연돌효과) 증가, 결로 및 Cold Draft 현상, 내부 온도의 성층화(Stratification), 넓은 유리를 통한 취득열(냉방 시) 혹은 손실열(겨울), 주·야간 및 계절에 따른 부하 변동의 심화 등이다.

PROJECT 72 **환기방법(換氣方法)에 따른 외기냉방**   출제빈도 ★★☆

Q 환기방법(換氣方法)에 따른 외기냉방의 분류 및 특징에 대해 설명하시오.

(1) 환기팬 시스템

① 특징

(개) 팬(환기팬)이 연중 가동됨

(내) 댐퍼 입·출구 압력이 +/−가 되어 댐퍼에 무리를 줄 수 있다.

(대) 환기 덕트가 길어도 됨

② 그림

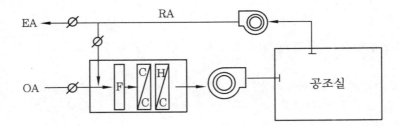

(2) 배기팬 시스템

① 특징

(개) 팬(배기팬)이 외기 냉방 시 혹은 배기 필요시에만 가동됨

(내) 댐퍼 입·출구 압력이 모두 음압(−)이 되어 댐퍼에 무리가 없다.

(대) 외기 도입량의 변경이 용이하다.

(래) 환기 덕트의 길이가 길어지면 풍량 저하의 우려가 있음

② 그림

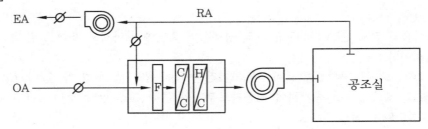

•문제풀이 요령

환기방법에 따라 외기냉방을 환기팬 시스템(환기팬 연중 가동), 배기팬 시스템(배기팬이 외기냉방 시에만 가동)으로 나눌 수 있다.

PROJECT 73 **LCA**(Life Cycle Assessment) 출제빈도 ★★★

Q 환경부하 평가법 중 LCA(Life Cycle Assessment)에 대해 설명하시오.

(1) 의의

① LCA는 건물(설비, 기계 포함)의 생애주기 동안 친환경적 건축재료, 에너지 절약, 자원절약, 재활용, 공해저감 등에 관한 총체적인 환경부하(온실 가스 배출량) 평가임(Green Building 개념과 거의 유사하나 보다 정량적인 접근 방법임)

② 목적 설정, 목록 분석, 영향 분석, 해석의 네 단계로 나누어짐

(2) LCA의 구성

① 목적 및 범위의 설정(Goal And Scope Definition) : LCA 실시 이유, 결과의 응용, 경계(LCA 분석 범위), 환경 영향 평가 항목의 설정과 그 평가 방법 설정

② 목록분석(LCI : Life Cycle Inventory Analysis) : LCA의 핵심적인 단계로 대상물의 전 과정(Life Cycle)에 걸쳐서 투입(Input)되는 자원과 에너지 및 생산 또는 배출(Output)되는 제품 부산물의 데이터를 수집하고, 환경부하 항목에 관한 입출력 목록을 구축하는 단계(일반적으로 LCA 소프트웨어를 이용하여 각 공정별 Data를 수집·정리)

③ 영향평가(LCIA : Life Cycle Impact Assessment) : 목록 분석에서 얻어진 데이터를 근거로 각 환경부하 항목에 대한 목록 결과를 각 환경 영향 범주로 분류하여 환경 영향을 분석·평가하는 단계. 평가 범위로는 지구 환경문제를 중심으로 다음과 같은 내용을 포함

　㈎ 자원/에너지 소비량, 산성비 해양오염, 야생 생물의 감소

　㈏ 지구온난화, 대기/수질오염, 삼림파괴, 인간의 건강을 위해

　㈐ 오존층의 고갈, 위해 폐기물, 사막화, 토지 이용

④ 결과해석(Interpretation) : 목록 분석과 영향평가의 결과를 단독으로 또는 종합하여 평가, 해석하는 단계. 해석 결과는 LCA를 실시한 목적과 범위에 대한 결론. 환경 개선을 도모할 경우 조치는 이 결과를 기초로 함

⑤ 보고(Reporting) : 상기 ①~④까지의 순서에 따라 얻어진 LCA 조사 결과는 보고서의 형식으로 정리되어 보고 대상자에게 제시됨

⑥ 검토(Critical Review) : ISO 규정에 따르고 있는지, 과학적 근거가 있는지 또한, 적용한 방법과 데이터가 목적에 대해 적절하며 합리적인지를 보증하는 것으로, 그 범위 내에서 LCA 결과의 정당성을 간접적으로 보증하는 것이라 할 수 있음

(3) 평가방법

① 개별 적산방법 : 각 공정별 세부적으로 분석하는 방법(조합, 합산), 비경제적, 복잡하고 어

러움

② 산업연관 분석법 : '산업연관표'를 사용하여 동종 산업 부문간 금액을 기준으로 거시적으로 평가하는 방법(객관성, 재현성, 시간단축)

③ 조합방법 : 일단 '개별 적산방법'으로 구분한 대상에 '산업연관표' 적용함(개별 적산방법과 산업연관분석법의 상호보완)

(4) LCA의 문제점

① 신뢰할 수 있는 Data Base 구축을 확대해 나가야 한다.

② 국제표준화가 좀더 진전되어야 함

③ 투명성, 전문성을 보증해줄 수 있는 '평가 인증기관' 확대 필요

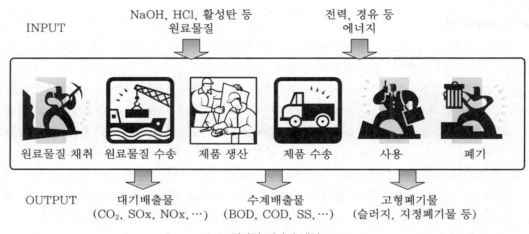

LCA 전과정 평가의 개념도

• 문제풀이 요령

　LCA는 건물(설비, 기계 포함)의 생애주기 동안의 총체적인 환경부하(온실가스 배출량)를 평가하는 것으로, 개별 적산방법(각 공정별 세부적 분석), 산업연관 분석법(산업연관표 사용), 조합방법(개별 적산방법으로 구분한 대상에 산업연관표 적용) 등의 방법을 사용하여 계산한다(GB가 정성적 평가인 반면, LCA는 정량적 평가 방법이다).

PROJECT 74 **IT(정보기술) 발달에 따른 공조 접목 사례** 출제빈도 ★★☆

Q 최근 IT(정보기술) 발달에 따른 공조 접목 사례에 대해 기술하시오.

(1) 쾌적공조
① DDC 등을 활용하여 실(室)의 PMV 값을 자동으로 연산하여 공조기를 제어하는 방법
② 실내 부하변동에 따른 VAV 유닛의 풍량제어 시 압축기 용량제어와 연동시켜 에너지를 절감하는 방법

(2) 자동화 제어
① 공조, 위생, 소방, 전력 등을 '스케줄 관리 프로그램'을 통하여 자동으로 시간대별 제어하는 방법
② 현재의 설비 상태 등을 자동인식을 통해 감지하고 제어하는 방법

(3) 원격제어
① 집중관리(BAS) → IBS에 통합화 → Bacnet, Lonworks 등을 통해 통합 인터넷 제어 가능
② 핸드폰으로 가전제품을 원거리에서 제어할 수 있게 하는 방법

(4) 에너지 절감
① Duty Control : 설정 온도에 도달하면 자동으로 On / Off 하는 제어
② Demand Control(전력량 수요제어) : 계약 전력량의 범위 내에서 우선순위별 제어하는 방법

(5) 공간의 유효활용
① 소형 공조기의 분산 설치(개별운전) → 중앙집중관리 시스템으로 제어
② 열원기기, 말단 방열기, 펌프 등이 서로 멀리 떨어져 있어도 통신기술을 통해 신속히 정보교환 → 유기적 제어 가능

(6) 자동 프로그램의 발달
① 부하계산을 자동연산 프로그램을 통해 쉽게 산출해내고, 열원기기, 콘덴싱 유닛 등을 컴퓨터가 자동으로 선정해준다 (장비 선정 프로그램).
② 환경 : LCA 분석(자동 프로그램 연산)을 통해 '환경부하' 최소화

(7) BEMS(Building Energy And Enviroment Management System)에 의한 커미셔닝
BEMS 시스템은 빌딩 자동화 시스템에 축적된 데이터를 활용해 전기, 가스, 수도, 냉방, 난방, 조명, 전열, 동력 등 분야로 나눠 시간대별, 날짜별, 장소별 사용 내역을 면밀히 분석하고 기상청으로부터 약 3시간마다 날씨 자료를 실시간으로 받아 최적의 냉·난방, 조명 여건 등을 예측한다.

(8) BMS(Building Management System, 건물관리 시스템)
기존의 컴퓨터를 이용한 건물 제어방식에서 MMS(Maintenance Management System, 보수·

유지 · 관리 프로그램) 기능을 추가한 개념이다.

(9) BAS (Building Automation System, 건물자동화 시스템)

① DDC(Direct Digital Control) 적용으로 자동화, 분산화 및 에너지 절감 프로그램 등 적용

② IB (인텔리전트 빌딩)를 구성하는 기본 요소로 BEMS, BMS, 시큐리티 (Security) 시스템을 모두 합친 개념이라고 할 수 있다.

(10) FMS (Facility Management System, 통합건물 시설관리 시스템)

① 빌딩 관리에 필요한 데이터를 온라인으로 접속하고 Total Building Management System을 구축하여 독자적 운영

② 건물의 각종 설비나 집기류 등의 부동산 전체를 통합 관리하는 시스템이다.

(11) 유비쿼터스 (Ubiquitous) : 시간과 장소에 상관없이 자유롭게 네트워크에 접속할 수 있는 정보통신 환경("Any Where Any Time")

(12) 스마트 그리드 제어 : 스마트 그리드(smart grid) 제어는 전기, 연료 등의 에너지의 생산, 운반, 소비 과정에 정보통신기술을 접목하여 공급자와 소비자가 서로 상호작용함으로써 효율성을 높인 '지능형 전력망 시스템'이다.

(13) IOT (사물 인터넷 ; Internet Of Things)

① 기존에 M2M(Machine to Machine)이 이동통신 장비를 거쳐서 사람과 사람 혹은 사람과 사물 간 커뮤니케이션을 가능케 했다면, IOT는 이를 인터넷의 범위로 확장하여 사람과 사물 간 커뮤니케이션은 물론이거니와 현실과 가상세계에 존재하는 모든 정보와 상호작용하는 개념이다.

② IOT라 함은 인간과 사물, 서비스의 세 가지 환경요소에 대해 인간의 별도 개입 과정이 없이 인터넷망을 통한 상호적인 협력을 통해 센싱, 네트워킹, 정보처리 등 지능적 관계를 형성하는 연결망을 의미하는 것이다.

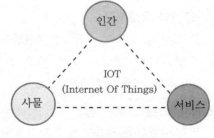

IOT (사물 인터넷) 개념도

(14) 기타

① 빌딩군 관리 시스템 (Building Group Control & Management System) : 다수의 빌딩군을 서로 묶어 통합제어하는 방식

② 수명 주기 관리 시스템 (Life Cycle Management : LCM) : 컴퓨터를 통한 각종 설비의 수명관리 시스템

• 문제풀이 요령

IT의 정보분야 활용 : 쾌적공조 분야, 자동화 부문, 원격제어, 에너지 절감, BAS 등 공조의 각 분야에 적용되고 있으며, 미래형 공조에서는 IT 혹은 ICT를 떼어놓고는 공조를 생각조차 할 수 없을 정도로 중요성을 더해가고 있다.

PROJECT 75 방음대책(흡음, 차음)　　　　출제빈도 ★☆☆

Q 음의 차단 (흡음과 차음)과 방음대책에 대해 설명하시오.

(1) 흡음

① 실내 표면에서 소리 에너지가 반사하는 것을 감소시키는 것(흡음률이 클 것)

　　여기서, 흡음률＝1 － (음의 반사 에너지 / 입사 에너지)

② 흡음재는 실내 천장이나 벽체 등의 외벽에 사용 금지, 경량일 것

③ 반사율과 투과율이 낮을 것

　　여기서, 반사율＝음의 반사에너지 / 입사에너지, 투과율 ＝ 음의 투과에너지 / 입사에너지

④ 흡음재의 종류 및 특성

(개) 다공질형 흡음재 : 구멍이 많은 흡음재로서 흡음이 관계되는 주요 인자들은 밀도, 두께, 기공률, 구조계수 및 흐름저항 등으로서 벽과의 마찰 또는 점성저항 및 작은 섬유들의 진동에 의하여 소리 에너지의 일부가 기계적 에너지인 열로 소비됨으로써 소음도가 감쇠된다.

(내) 판(막)진동형 흡음재 : 판진동 하기가 쉬운 얇은 것일수록 흡음율이 크게 되고, 흡음율의 최대치는 200~300Hz 내외에서 일어나며, 재료의 중량이 크거나, 배후 공기층이 클수록 저음역이 좋아지고, 배후 공기층에 다공질형 흡음재를 조합하면 흡음률이 커지며, 판진동에 영향이 없는 한 표면을 칠하는 것은 무방하다.

(대) 공명형 흡음재 : 구멍 뚫린 공명기에 소리가 입사될 때, 공명주파수 부근에서 구멍부분의 공기가 심하게 진동하여 마찰열로 소리 에너지가 감쇠되는 현상을 이용한 것이다.

⑤ 흡음 성능의 표시 : 실내에서의 흡음률 값에 따라 통상 다음과 같은 용어를 사용하기도 한다.

(개) $\alpha = 0.01$: 반사가 많음(Very Live room)

(내) $\alpha = 0.1$: 적절한 반사(Medium Live room)

(대) $\alpha = 0.5$: 흡음이 많음(Dead room)

(래) $\alpha = 0.99$: 무향공간(Virtually anechoic)

⑥ 흡음재 선정 요령

(개) 요구되는 흡음 요구량을 이론적으로 판단한다.

(내) 현장 설치 요건을 점검 : 내화성, 내구성, 강도, 밀도, 색상

(대) 경제성을 비교·검토한다.

(래) 납기를 고려한다.

⑦ 흡음 성능 표시

(개) 소음감쇠 계수(NRC)

$$NRC = 1/4 \times (\alpha 250 + \alpha 500 + \alpha 1000 + \alpha 2000)$$

여기서, $(\alpha\,250 + \alpha\,500 + \alpha\,1000 + \alpha\,2000)$: 250~2000 Hz 대역에서의 흡음률의 산출 평균값의 합

(나) 소음감쇠량

⑦ $10\log(A_2 / A_1)$

여기서, A_1 : 대책 전 흡음력(m²), A_2 : 대책 후 흡음력(m²)

④ $10\log(R_2 / R_1)$

여기서, R_1 : 대책 전 잔향시간(초), R_2 : 대책 후 잔향시간(초)

(2) 차음

① 흡음률이 적을 것

② 중량이 무겁고(콘크리트, 벽돌, 돌 등) 통기성이 적을 것

③ 외벽, 이중벽 쌓기 등

④ 반사율이 높고, 투과율은 낮고 균일할 것 (→ 틈새, 크랙 등으로 인한 투과율의 불균일은 차음 성능에 치명적임)

(3) 방음 대책(건축물 및 덕트 시스템)

① 공조기를 설치할 때는 음향 절연 저항이 큰 재료를 이용

② 재료는 가급적 밀도가 크고 무거운 것을 사용할 것

③ 공조기실, 송풍기실, 기계실 등에는 원칙적으로 차음벽 혹은 이중벽체 시공을 고려할 것

④ 기계실 등의 외부로 공기 누출이 없도록 할 것

⑤ 안벽은 바름벽(모르타르, 회반죽, 흙칠 바름)으로 할 것

⑥ 벽체는 가급적 흡음률이 적은 재료를 사용할 것

⑦ 주 소음원 쪽에 건물의 배면이 향하도록 한다.

⑧ 수목을 식재하고 건축물간에 각도를 주는 배치 형태를 유지한다.

⑨ 덕트에는 소음 엘보, 소음상자, 내장 소음재 등을 사용

⑩ 주덕트는 거실 천장 내에 설치해서는 안 된다(부득이한 경우 철판 두께를 한 치수 높이고, 보온재 위에 모르타르를 발라 중량을 크게 하면 차음 효과를 크게 할 수 있다).

⑪ 공조기 출구에는 플레넘 체임버(급기 체임버)를 설치한다.

⑫ 덕트가 바닥이나 벽체를 관통할 때는 슬리브와의 간격을 암면 등으로 완전히 절연시킨다.

• 문제풀이 요령

방음대책으로는 흡음과 차음이 있는데, 흡음은 소리 에너지가 반사하는 것을 감소시키는 방법(주로 다공성 흡음재료 사용)이고, 차음은 흡음률이 적어 음을 차단시켜주는 방법(주로 통기성이 적고, 중량이 무거운 재료 사용)이다.

PROJECT 76 글로벌 친환경 건축물 평가제도   출제빈도 ★★☆

Q 세계적으로 대표적인 '친환경 건축물 평가제도' 중 5가지를 설명하시오
(LEED 포함).

---

(1) LEED (Leadership in Energy and Environmental Design)

① LEED의 배경

(개) 미국 그린빌딩위원회 (USGBC : the United States Green Building Council, 1993
년) 산업과 학계와 정부로부터 많은 협력자들에 의해 설립된 비정부 기구이다.

(내) LEED는 모든 건물 유형, 즉 주택, 단지개발, 상업용 인테리어, 신규 건축, 임대건
물, 학교 및 의료기관, 상점 등에 적용 가능하며, 또한 건물의 라이프 사이클 – 설계,
시공, 운영 등의 모든 단계에서 적용 가능한 건물인증제도이다.

② Green Building Rating System

배 점	취득 점수	등급 구분
총 110점 • 일반 배점 : 100점 • 보너스 점수 : 10점	총 취득 점수 80점 이상	LEED 인증 백금 등급
	총 취득 점수 60 ~ 79점	LEED 인증 금 등급
	총 취득 점수 50 ~ 59점	LEED 인증 은 등급
	총 취득 점수 40 ~ 49점	LEED 인증

③ Green Building 인증을 위한 기술적 조치 내용

(개) 지속가능한 토지 : 26점   (내) 수자원 효율(물의 효율적 사용) : 10점

(대) 에너지 및 대기환경 : 35점   (라) 자재 및 자원 : 14점

(마) IAQ (실내환경) : 15점   (바) 창의적 디자인 (설계) : +6점

(사) 지역적 특성 우선 : +4점

  CERTIFIED   SILVER   GOLD   PLATINUM

(2) 영국의 BREEAM (the Building Research Establishment Environmental Assessment Method ; 건축 연구 제정 환경평가 방식)

① BRE (Building Research Establishment Ltd)와 민간기업이 공동으로 제창한 친환경인증
제도

② BREEAM의 평가방식

　(가) 관리 : 종합적인 관리 방침, 대지위임 관리 그리고 생산적 문제

　(나) 에너지 사용 : 경영상의 에너지와 이산화탄소

　(다) 건강과 웰빙 : 실내와 외부의 건강과 웰빙에 영향을 주는 문제

　(라) 오염 : 공기와 물의 오염문제

　(마) 운반 : CO_2와 관련된 운반과 장소 관련 요소

　(바) 대지 사용 : 미개발지역과 상공업지역

　(사) 생태학 : 생태학적 가치 보존과 사이트 향상

　(아) 재료 : 수면 주기 효과를 포함한 건축 재료들의 환경적 함축

　(자) 물 : 소비와 물의 효능

③ 건축물은 ACCEPTABLE, PASS, GOOD, VERY GOOD, EXCELLENT, OUTSTANDING과
　같은 등급으로 나뉘어지며 장려의 목적으로 사용될 수 있는 인증서가 발부된다.

<10%	Unclassified	–
>10%	Acceptable	★☆☆☆☆☆
>25%	Pass	★★☆☆☆☆
>40%	Good	★★★☆☆☆
>55%	Very good	★★★★☆☆
>70%	Excellent	★★★★★☆
>80%	Outstanding	★★★★★★

(3) 일본의 CASBEE (Comprehensive Assessment System for Building Environmental Efficiency)

① CASBEE (카스비)의 특징

　(가) CASBEE는 프로세스상의 흐름에 평가제도를 반영

　(나) CASBEE에서 가장 중요한 개념은 건물의 지속효율성을 표현하려는 노력인 환경적
　효율건물, 즉 BEE이다.

　(다) BEE의 개념

　　(가) Building Environmental Efficiency Value of products or servies

　　　즉, 건물의 지속 효율성 = 상품이나 서비스의 환경적 개념의 효율

　　(나) BEE는 간단히 건물에 지속효율성을 적용하는 개념을 현대화시킨 것이다.

　　(다) 다양한 과정, 계획, 디자인, 완성, 작업과 리노베이션으로 평가받고 있는 건물의
　　평가 도구

② BEE의 평가방식

　(가) BEE평가는 숫자로 되어 있으며 근본적으로 0.5에서 3의 서식범위로 부여한다.

　Built Environment Efficiency(BEE) = Q(Built environment quality) / (Built
environment load)

　(나) 즉, S부류 (3.0이나 그보다 높은 BEE)로 부터 A부류(1.5에서 3.0의 BEE), B+(1.0에서
　1.5의 BEE), B-(0.5에서 1.0의 BEE), 그리고 C부류(0.5 이하의 BEE)로 이루어져 있다.

CASBEE 인증 마크

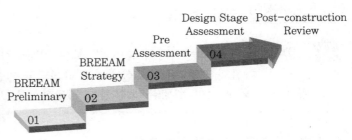

CASBEE 인증 프로세스

(4) 호주의 Green Star

① 건물 시장에서 사용되는 개발의 직전단계의 새로운 건물평가 시스템으로 회사 건물 분야에 최초로 상품화된 제도이다.

② 건물 생태주기의 다양한 과정에 등급을 정하고 차별화된 건물의 등급을 포인트 매긴다.

③ GREEN STAR 디자인 기술 분류

   (가) 관리(12포인트)   (나) 실내 환경적 상태(27포인트)   (다) 에너지(24포인트)

   (라) 운반(11포인트)   (마) 용수(12포인트)   (바) 재료(20포인트)

   (사) 신기술(5포인트)   (아) 대지 사용과 생태학 (8포인트)   (자) 방사(13포인트)

④ 최대 132포인트까지 받을 수 있으며, 다량의 "별"을 부여한다.

⑤ 6개의 별이 가장 높은 수치이며 국제적으로 인식되고 보상받을 수 있다. 5개의 별은 호주의 지도자의 지위를 받으며, 4개의 별은 최고의 환경적 솔선의 모습을 보여주는 것으로 인지

(5) 캐나다의 BEPAC

① 캐나다에서는 영국의 BREEAM을 기본으로 한 건물의 환경수준을 평가하는 BEPAC (Building Environmental Performance Assessment Criteria)를 시행하고 있다.

② 이 평가기준은 신축 및 기존 사무소 건물의 환경성능을 평가하는 것으로 다음의 분류체제로 구성되어 건축설계와 관리운영 측면에서 평가가 이루어진다.

   (가) 오존층 보호   (나) 에너지소비에 의한 환경에의 영향

   (다) 실내환경의 질   (라) 자원절약   (마) 대지 및 교통

③ BEPAC의 활용 수단

   (가) 환경에 미치는 영향을 평가하는 수단

   (나) 건축물을 유지 관리하는 수단

   (다) 건축물의 보수, 개수 등을 위한 계획 수단

   (라) 건축물의 환경설계를 위한 수단

   (마) 건축주가 입주자들에게 건축물의 환경의 질을 설명할 수 있는 수단

   (바) 환경의 질이 높은 건축물로의 유도를 위한 수단

PROJECT 77 실내 환기량 출제빈도 ★★☆

Q 실내에서 거주하는 시간이 늘어남으로써 실내공기 오염의 심각성이 강조되고 있다. 다음과 같은 인자가 실내에서 발생되고 있을 때 환기량을 구하는 관계식과 기호에 대한 설명을 포함해서 기술하시오.

(1) 실내 발열량 H[kcal/h]이 있는 경우

현열 : $H = Q \cdot \rho \cdot C \cdot (t_r - t_o)$ 에서

$$Q = H / (\rho \cdot C \cdot (t_r - t_o))$$

여기서, H : 열량 (kW, kcal/h), Q : 풍량 (m^3/s, m^3/h)

ρ : 공기의 밀도 ($= 1.2 kg/m^3$), $t_r - t_o$: 실내온도 − 실외온도(K, ℃)

C : 공기의 비열 (1.005 kJ/kg · K ≒ 0.24 kcal/kg · ℃)

(2) M[kg/h]인 가스의 발생이 있는 경우

$M = Q \times \Delta C$ 에서

$$Q = M / \Delta C$$

여기서, M : 가스 발생량 (kg/h), Q : 필요 환기량 (kg/h)

ΔC : 실내 · 외 가스 농도 차(= 실내 설계기준 농도 − 실외 농도)

(3) W[kg/s]인 수증기 발생이 있는 경우

잠열 : $q = q_L \cdot Q \cdot \rho \cdot (\chi_r - \chi_o)$ 에서

$$W = Q \cdot \rho \cdot (\chi_r - \chi_o)$$

$$Q = W / (\rho \cdot (\chi_r - \chi_o))$$

여기서, q : 열량 (kW, kcal/h), Q : 풍량 (m^3/s, m^3/h)

ρ : 공기의 밀도 ($= 1.2 kg/m^3$)

$x_r - x_o$: 실내 절대습도 − 실외 절대습도(kg/kg ′)

q_L : 물의 증발잠열 (kJ/kg, kcal/kg)

· 문제풀이 요령

다른 시험문제에서는 계산문제의 형태로 아래와 같이 출제될 수도 있다.

(예) 실내 허용농도 1000 ppm, 신선 외기농도 300 ppm, 1인당 CO_2 발생량 : 17 L/h일 때 필요한 환기량은?)

(답) 실내의 오염농도 제거에 의한 공식에 대입

$Q = M / (C_i - C_o) = 0.017 / (0.001 - 0.0003) = 0.017 / 0.0007 ≒ 24.3 m^3$/h

☞. 그러므로 1인당 약 24m^3/h의 환기량이 필요함

PROJECT 78 리모델링(Remodeling)   출제빈도 ★☆☆

Q 건축물의 리모델링(Remodeling)에 대해 설명하시오.

(1) 리모델링의 개념
① 리모델링은 한 마디로 건축 분야의 재활용 프로젝트를 뜻한다.
② 신축에 대비되는 개념으로서 기존의 건축물을 새롭게 디자인하는 개·보수의 모든 작업을 일컫는다.
③ 제2의 건축이라고도 불린다. 일본에서는 리노베이션, 리폼이라는 용어가 일반적인 반면 미국에서는 리모델링이 통용되고 있다.

(2) 리모델링의 목적
① 신축이나 재건축과 구별되며 현행 건축법에 따르면 증축, 개축, 대수선으로 정의하고 있다.
② 리모델링에는 실내외 디자인, 구조 디자인 등 다양한 디자인 요소가 포함되며, 건축물의 기능 향상 및 수명을 연장시키는 것이 주목적이다.
③ 지은 지 오래되어 낡고 불편한 건축물에 얼마간 재투자로서 부동산 가치를 높이는 경제적 효과 외에도 신축 건물 못지 않은 안전하고 쾌적한 기능을 회복할 수 있다는게 큰 장점이 있다.

(3) 리모델링의 방법
① 리모델링은 잘못 시도했다가는 큰 낭패를 볼 수도 있으므로 반드시 전문가(구조 전문, 디자이너 등)의 치밀한 상담 및 조언을 받아 접근하는 것이 바람직하다.
② 오래된 건물을 리모델링할 경우에는 먼저 전문가의 도움을 받아 하중을 지지하는 기둥과 벽에 대한 조사가 필요하다.
③ 조사가 끝난 연후에는 기둥과 내력벽, 그리고 바닥만을 남기고 다른 부분을 털어낸 다음 다시 외장벽을 만들고, 인테리어 디자인을 하면 되는 것이다(물론 일부만을 대상으로 리모델링 할 수도 있다).
④ 최근 오래된 건물을 말끔히 새 단장하여 현대적 감각이 넘치는 글라스 월 등 각종 신소재를 사용하여 꾸미는 경우가 많다.

(4) 리모델링의 절차
① 계획단계 : 무엇을 왜, 어떻게 바꿀 것인가?

• 리모델링의 주요 목적과 바꾸고자 하는 용도 및 방향을 설정한다.

② 사전조사 : 어떤 절차로 변경할 것인가?

㉮ 도면을 비롯한 건물에 관한 모든 자료를 준비하고 건물의 노후 상태를 체크한다.

㉯ 법률에 저촉되는 리모델링일 경우 건축 신고 및 허가 절차를 거쳐야 한다.

㉰ 건물 에너지진단 등을 통하여 사전 정량적인 조사를 행한다.

③ 리모델링 업체 선정 및 안전진단 : 어떤 곳에 맡길 것인가?

㉮ 사전조사에서 마련된 자료를 바탕으로 적합한 리모델링 업체를 찾는다.

㉯ 도면이 없을 경우 실측이 필요하며 건물의 노후 상태가 심하거나 구조를 변경하는 경우 안전진단을 실시해야 한다.

④ 상담 : 어떻게 적용시킬 것인가?

• 마련된 자료를 바탕으로 전문가와의 상담을 통해 계획한 내용을 최대한 반영할 수 있는 방법을 모색한다.

⑤ 확정 : 어떤 안을 선택할 것인가?

• 각종 설계도, 공사 일정표, 프리젠테이션 등의 결과물을 토대로 가장 적절한 안을 선택하여 계약을 체결한다.

⑥ 건축 신고 및 허가(관공서)

• 법률에 저촉되는 리모델링일 경우 관공서에 공사 내용에 따른 건축 신고 및 허가 절차를 거쳐야 한다.

⑦ 시공(착공)

• 건축 신고 및 허가관련 리모델링은 착공 서류를 관할 행정 관청이나 동사무소에 제출한다.

⑧ 완공(준공)

• 건축 신고 및 허가관련 리모델링은 준공(사용 승인) 서류를 관할 행정 관청이나 동사무소에 제출한다.

⑨ 사후 관리 : 어떻게 관리할 것인가?

• 공사 기간 중 숙지한 정보를 바탕으로 앞으로의 관리 계획을 세우도록 하며, 보증기간 내에 하자가 발생했을 경우 시공 업체에 A/S를 의뢰한다.

(5) 향후 리모델링 고려 시의 '설계 고려사항'

① 바닥 위 배관 방식 : 공사 시 한 개 층 단독 작업 가능

② 천장 내 설비공간 : 장래의 부하 증가를 대비하여 가능한 한 크게 한다.

③ 설비용 샤프트 : 서비스 등을 원활히 하기 위해 여유공간 및 점검구 마련

④ 반출입구 : 크기를 여유 있게 설계 함

⑤ 계통 분리 및 대수 분할 : 일정한 단위별로 분리

⑥ 주요배관 노출 : 개·보수 용이하게 하기 위함

⑦ LCC 분석 : 경제성 검토

⑧ 각종 측정 기기류 부착 : 설비진단 용이

⑨ 준공 도서 : 정확성을 기함 (설비기기 등 정확히 표현 필요)

(6) 리모델링의 동향

① 선진국의 경우 리모델링 비중은 전체 건설 시장의 30 %를 웃돌고 있다.

② 1990년대 초반부터 서울 강남의 저층 아파트를 중심으로 유행, 재건축이 힘든 고층아파트나 단독주택으로까지 확산되고 있다.

③ 2005년 2월부터 발효되고 있는 지구온난화방지협약 또한 리모델링 시장을 부추기는 결정적인 요인으로 작용, 리모델링은 성장 잠재력이 높은 각광받는 사업분야로 부상하고 있다.

④ 최근 공동주택에서 발코니와 복도를 확장하는 공사가 유행처럼 많이 전파되고 있는 것 또한 리모델링의 앞으로의 추세를 대변해주고 있다고 하겠다.

> [칼럼] 재건축과 리모델링의 차이
> ① 재건축은 기존에 있던 건축물을 허물고 다시 세우는 것을 말하며, 리모델링은 기본 골조는 그대로 둔채 일부의 구조와 내장공사를 새로이 시공하는 것을 말한다.
> ② 과거에는 새집의 내부 설계를 완전히 자유롭게 바꿀 수 있다는 점에서 재건축을 많이 선호했지만, 최근에는 정부의 규제, 시공비용(평당 단가), 공기(공사기간) 등에서 유리한 리모델링 수요가 증가 추세에 있다.
> ③ 무엇보다 재건축에 따른 국가자원 손실, 환경폐해 등에 대한 비용을 종합적으로 고려한다면, 재건축보다 리모델링이 유리한 점이 많다고 하겠다.

라파엘 센터 리모델링 공사   좌측 (공사 전) 대비 우측 (공사 후)이 건물 외부에 차양, 기밀성 창호 등을 적용하여 외피부하를 크게 줄인 사례

• 문제풀이 요령

　리모델링 (Remodeling)은 오래된 불편한 건축물에 구조 강도물을 제외한 일부분을 수선하여 부가가치를 높이는 개보수 작업이며, 각종 신소재의 개발, 지구온난화방지협약 발효 등은 리모델링 시장을 부추기는 결정적인 요인으로 작용하고 있다.

PROJECT 79 HACCP(식품위해요소 중점관리기준)　　　출제빈도 ★★☆

Q 식품의 HACCP(Hazard Analysis Critical Control Point)에 대해 설명하시오.

---

(1) 개요 및 정의

① 보통 약자로 'HAS-SIP'이라고 발음하며, Risks To Food Safety를 예측 및 분석하는 방법이다.

② 국내의 '식품의약품안전청'에서는 이를 식품위해요소 중점관리기준으로 부르고 있다.

③ HACCP은 위해 분석(HA)과 중요 관리점(CCP)으로 구성되어 있는데, HA는 위해 가능성이 있는 요소를 찾아 분석·평가하는 것이며, CCP는 해당 위해 요소를 방지 및 제거하고 안전성을 확보하기 위하여 중점적으로 다루어야 할 관리점을 말한다.

④ 종합적으로, HACCP란 식품의 원재료 생산에서부터 제조, 가공, 보존, 유통단계를 거쳐 최종 소비자가 섭취하기 전까지의 각 단계에서 발생할 우려가 있는 위해 요소를 규명하고, 이를 중점적으로 관리하기 위한 중요 관리점을 결정하여 자주적이며 체계적이고 효율적인 관리로 식품의 안전성(Safety)을 확보하기 위한 과학적인 위생관리체계라 할 수 있다.

⑤ 식품 구역의 환경 여건을 관리하는 단계나 절차와 GMP(Good Manufacturing Practice ; 적정제조기준) 및 SSOP(Sanitation Standard Operating Procedures; 위생관리절차) 등을 전체적으로 포함하는 식품 안전성 보장을 위한 예방적 시스템이다.

(2) HACCP의 역사

① HACCP의 원리가 식품에 응용되기 시작한 것은 1960년대 초 미국 NASA(미항공우주국)가 미생물학적으로 100 % 안전한 우주식량을 제조하기 위하여 Pillsbury사, 미육군 NATICK 연구소와 공동으로 HACCP를 실시한 것이 최초이다.

② 1973년 미국 FDA에 의해 저산성 통조림 식품의 GMP에 도입되었으며, 그 이후 전 미국의 식품업계에서 신중하게 그 도입이 논의되기 시작했다.

③ 최근 세계 각국은 식품의 안전성 확보를 위해 HACCP를 이미 도입하여 그 확대를 서두르고 있는 상황이다.

(3) HACCP 도입의 필요성

① 최근 수입 식육이나 냉동식품, 아이스크림류 등에서 살모넬라, 병원성 대장균 O-157, 식중독 세균이 빈번하게 검출되고 있다.

② 농약이나 잔류수의약품, 항생물질, 중금속 및 화학물질, 다이옥신 등에 의한 위해 발생도 광역화되고 있다.

③ 이들 위해 요소를 효과적으로 제어할 수 있는 새로운 위생관리기법인 HACCP를 법적 근거에 따라 도입하여 적용하고 있거나 적용을 추진하고 있다.

④ 더욱이 EU, 미국 등 각국에서는 이미 자국 내로 수입되는 몇몇 식품에 대하여 HACCP를

적용하도록 요구하고 있으므로 수출경쟁력 확보를 위해서도 HACCP 도입이 절실히 요구
되고 있는 실정이다.

(4) 일반적인 위해의 구분

① 생물학적 위해

  (가) 생물학적 위해 : 생물, 미생물들로 사람의 건강에 영향을 미칠 수 있는 것을 말한다.

  (나) 보통 Bacteria는 식품에 넓게 분포하고 있으며, 대다수는 무해하나 일부 병원성을
    가진 종에 있어서 문제시된다.

  (다) 미생물학적 요인 : 식육 및 가금육의 생산에서 가장 일반적인 생물학적 위해 요인이다.

② 화학적 위해

  (가) 화학적 위해는 오염된 식품이 광범위한 질병 발현을 일으키기 때문에 큰 주목을 받고
    있다.

  (나) 화학적 위해는 비록 일반적으로 영향을 미치는 원인은 더 적으나 식인성 질병을 일으
    킬 수 있다.

  (다) 화학적 위해는 일반적으로 다음의 3가지 오염원에서 기인한다.

    ㉮ 비의도적(우발적)으로 첨가된 화학물질

     • 농업용 화학물질 : 농약, 제초제, 동물약품, 비료 등

     • 공장용 화학물질 : 세정제, 소독제, 오일 및 윤활유, 페인트, 살충제 등

     • 환경적 오염물질 : 납, 카드뮴, 수은, 비소, PCBs 등

    ㉯ 천연적으로 발생하는 화학적 위해 : 아플라톡신, 마이코톡신과 같은 식물, 동물 또
      는 미생물의 대사산물 등

    ㉰ 의도적으로 첨가된 화학물질 : 보존료, 산미료, 식품첨가물, 아황산염 제재, 가공보
      조제 등

③ 물리적 위해

  (가) 물리적 위해에는 외부로부터의 모든 물질이나 이물 등의 여러 가지 것들이 포함된다.

  (나) 물리적 위해 요소는 제품을 소비하는 사람에게 질병이나 상해를 발생시킬 수 있는 식
    품 중에서 정상적으로는 존재할 수 없는 모든 물리적 이물로 정의될 수 있다.

  (다) 최종 제품 중에서 물리적 위해 요소는 오염된 원재료, 잘못 설계되었거나 유지·관리
    된 설비 및 장비, 가공공정 중의 잘못된 조작 및 부적절한 종업원 훈련 및 관행과 같
    은 여러 가지 원인에 의해 발생할 수 있다.

• 문제풀이 요령

① 해썹(Hazard Analysis Critical Control Point)은 식품의 원재료 생산에서부터 제조, 가공,
보존, 유통 단계를 거쳐 최종 소비자가 섭취하기 전까지의 각 단계에서 발생할 우려가 있는 위해요소
(생물학적 위해, 물리학적 위해, 화학적 위해 등)를 규명하고, 이를 중점적으로 관리하여 식품의 안전
성을 높이기 위한 과학적이고 체계적인 위생관리체계이다.

② GMP(Good Manufacturing Practice)는 제약 분야에 있어서의 안전기준(우수 의약품 제조관
리 기준)이므로 혼돈하지 말아야 한다.

PROJECT 80 건물 에너지 효율등급 인증제도 출제빈도 ★★☆

Q 건물 에너지 효율등급 인증제도(인증규정)에 대해 설명하시오.

(1) 개요

① 대상건물 : 단독주택, 공동주택, 기숙사, 업무시설, 기타 건축법 시행령에 따른 냉방 또는 난방 면적이 500제곱미터 이상인 건축물

② 신청인 : 건축주, 건축물 소유자, 시공자 또는 사업주체

③ 신청시점 : 신청서류가 완비된 시점 (건축 허가신고 혹은 사업계획 승인(주택법)을 받은 후 언제라도 예비인증 신청 가능)

⇨ 대상건축물 중 신청서류가 완비되면 사용 승인 또는 사용 검사 전이라도 언제든지 신청이 가능하며 건축공사의 인허가절차와 관계없이 별도로 진행이 될 수 있음

(2) 건축물의 에너지 효율 평가 기준

① 에너지 소요량 = 해당 건축물에 설치된 난방, 냉방, 급탕, 조명, 환기 시스템에서 소요되는 에너지량

② 단위면적당 에너지 소요량 $=\dfrac{\text{난방에너지 소요량}}{\text{난방에너지가 요구되는 공간의 바닥면적}}$

$+\dfrac{\text{냉방에너지 소요량}}{\text{냉방에너지가 요구되는 공간의 바닥면적}}$

$+\dfrac{\text{급탕에너지 소요량}}{\text{급탕에너지가 요구되는 공간의 바닥면적}}$

$+\dfrac{\text{조명에너지 소요량}}{\text{조명에너지가 요구되는 공간의 바닥면적}}$

$+\dfrac{\text{환기에너지 소요량}}{\text{환기에너지가 요구되는 공간의 바닥면적}}$

③ 단위면적당 1차 에너지 소요량 = 단위면적당 에너지소요량×1차 에너지 환산계수

(3) 인증절차 및 등급평가

① 예비인증 : 예비인증신청서, 설계도면 및 시방서, 에너지절약 계획서, 최대부하 계산서, 인증받은 실적, 기타

② 본인증 : 본인증 신청서, 최종설계도면 및 시방서, 최종 에너지절약 계획서, 설계변경사항(예비인증시와 변경된 내용), 기타

③ 본인증 등급평가 : 건물완공 후에 최종설계도면 및 현장실사를 거쳐 최종적으로 본 인증등
급을 아래와 같이 부여한다.

등 급	주거용 건축물	주거용 이외의 건축물
	연간 단위면적당 1차 에너지 소요량 (kWh/m²·년)	연간 단위면적당 1차 에너지 소요량 (kWh/m²·년)
1^{+++}	60 미만	80 미만
1^{++}	60 이상 90 미만	80 이상 140 미만
1^{+}	90 이상 120 미만	140 이상 200 미만
1	120 이상 150 미만	200 이상 260 미만
2	150 이상 190 미만	260 이상 320 미만
3	190 이상 230 미만	320 이상 380 미만
4	230 이상 270 미만	380 이상 450 미만
5	270 이상 320 미만	450 이상 520 미만
6	320 이상 370 미만	520 이상 610 미만
7	370 이상 420 미만	610 이상 700 미만

㊜ EBL (최대 허용 에너지량 ; Energy Budget Level) : 상기 표와 같이 kWh/m²·년 등으
로 표현된 연간 단위면적당의 1차 에너지 소요량을 EBL이라 한다.

☞. 법규 관련 사항은 국가정책상 필요 시 항상 변경 가능성이 있으므로, 필요 시 재확인 바랍니다.

PROJECT 81 빌딩 커미셔닝

Q 건축물의 빌딩 커미셔닝(Building Commissioning)에 대해 설명하시오.

(1) 정의

① 건축물의 신축이나 개·보수를 함에 있어서 효율적인 에너지 및 성능 관리를 위하여 건물 주나 설계자의 의도대로 설계, 시공, 유지관리 되도록 하는 새로운 개념의 건축 공정을 '빌딩 커미셔닝'이라 한다.

② 건물의 계획 및 설계 단계부터 준공에 이르기까지 발주자가 요구하는 설계 시방서와 같은 성능을 유지하고, 또한 운영 요원의 확보를 포함하여 입주 후 건물주의 유지 관리상 요구를 충족할 수 있도록 모든 건물 시스템이 작동하는 것을 검증하고 문서화하는 '체계적인 공정'을 의미한다.

(2) 목적

① 빌딩 커미셔닝은 특히 효율적인 건물 에너지 관리를 위한 가장 중요한 요소로서 건축물의 계획, 설계, 시공, 시공 후 설비의 시운전 및 유지 관리를 포함한 전 공정을 효율적으로 검증하고 문서화하여 에너지의 낭비 및 운영상의 문제점을 최소화함

② 건물 시스템의 건전하고 합리적인 운영을 가능케 하여 거주자의 쾌적성 확보, 안전성 및 목적한 에너지 절약을 달성할 수 있다.

(3) 주요 업무 항목

① 설계 의도에 맞게 시공되는지 확인

② 최적의 에너지 효율 및 성능이 발휘되는지 확인

③ 하자의 발견 및 보수

④ 시험 가동 후 문제점 도출하고 해결해 나감

⑤ 모든 절차의 검증 및 문서화 작업

⑥ 시설관리자에 대한 교육 등

(4) 빌딩 커미셔닝 (building commissioning) 응용

① Total Building Commissioning : 빌딩 커미셔닝(building commissioning)은 원래 공조 (HVAC)분야에서 처음 도입되기 시작하였으나, 그 이후 건물의 거의 모든 시스템에 단계적으로 적용되고 있어서 'Total Building Commissioning'이라고 불리기도 한다.

② 리커미셔닝 : 기존 건물의 각종 시스템이 신축시의 의도에 맞게 운용되고 있는지를 확인하고, 문제점을 파악한 후, 건물주의 요구조건을 만족하기 위하여 필요한 대안이나, 조치 사항을 보고한다.

(5) 동향

빌딩 커미셔닝이 제대로 정착될 때 우리 사회에 만연되어 있는 부실 시공으로 인한 엄청난 유지·관리·보수비 투입이나 건축물의 해체로 인한 막대한 재산상의 손실은 물론, 부실 시공을 제 때 발견하지 못해 발생하는 인명과 재산상의 피해를 사전에 예방할 수 있을 것이다.

PROJECT 82 GMP(Good Manufacturing Practice)　　　출제빈도 ★☆☆

Q 의약품에 대한 GMP(Good Manufacturing Practice)에 대해 설명하시오.

(1) GMP의 정의

① 의약품의 안정성과 유효성을 품질면에서 보증하는 기본 조건으로서의 우수 의약품 제조관리 기준임

② 품질이 고도화된 우수 의약품을 제조하기 위한 여러 요건을 구체화한 것으로 원료의 입고에서부터 출고에 이르기까지 품질 관리의 전반에 이르러 지켜야 할 규범이다.

③ KGMP(The Good Manufacturing Practice For Pharmaceutical Products In Korea) : 의약품의 제조업 및 소분업이 준수해야 할 우리나라의 기준임

(2) GMP의 목적

현대화 및 자동화된 제조시설과 엄격한 공정관리로 의약품 제조 공정상 발생할 수 있는 인위적인 착오를 없애고 오염을 최소화함으로써 안정성이 높은 고품질의 의약품을 제조하는 데 목적이 있다.

(3) 동향

① GMP 제도는 미국이 1963년에 제정하여, 1964년 처음으로 실시했음

② 1968년 세계보건기구(WHO)가 그 제정을 결의하여 이듬해 각국에 권고함

③ 독일이 1978년, 일본이 1980년부터 실시함

GMP의 운영조직(사례)

④ 한국은 1977년에 제정, 2015년 이후 점차 GMP의 확대 적용의 가속화 및 의무화가 진행되어지고 있다.

・문제풀이 요령

GMP(Good Manufacturing Practice)는 제약 원료의 입고에서부터 출고에 이르기까지 품질관리의 전반에 이르러 지켜야 할 규범(안정성이 높은 고품질의 의약품 제조가 목적)을 말하는 것으로 의약 분야에서의 HACCP 이라고 말할 수 있다.

> **PROJECT 83 환기(換氣)방식**   출제빈도 ★★☆
>
> **Q** 환기(換氣)방식의 종류 및 특징에 대해 설명하시오.

(1) 개요
① 실내 발열, 유해가스, 분진제거, 오염 방지 등을 위한 적절한 환기방식 선정이 필요함
② 오염물질 발생 장소는 에너지 절약, 실내공기 오염 정도를 고려하여 전역환기(희석환기)
   보다 국소배기에 의한 환기가 권장될 수 있다.

(2) 자연환기(제4종 환기, Wind Effect)
① 바람, 연돌효과(Stack Effect, 온도차) 등 자연현상을 이용하는 방법
② 보통 적당한 자연 급기구를 가지고, 환기통 등을 이용하여 배기를 유도하는 방식
③ 급기량, 배기량 등을 제어하기 어려움

(3) 기계환기
① 제1종 환기 : 급/배기 송풍기를 이용하여 강제 급기 + 강제 배기
② 제2종 환기
  ㈎ 강제 급기 + 자연 배기   ㈏ 압입식이므로 통상 정압(양의 압력)을 유지함
  ㈐ 소규모 변전실(냉각)이나 병원(수술실, 신생아실 등), 무균실, 클린 룸 등에 많이 적
     용되고 있다.
③ 제3종 환기
  ㈎ 자연급기 + 강제배기   ㈏ 통상 부압(음의 압력)을 유지함
  ㈐ 화장실, 주방, 기타 오염물 배출 장소 등에 많이 적용됨

(4) 전체환기와 국소환기
① 전체환기(희석환기)
  ㈎ 실 전체를 환기해야 할 경우 ㈏ 오염물질이 실 전체에 산재해 있을 경우
② 국소환기
  ㈎ 주방, 화장실, 기타 오염물 배출 장소 등에 후드를 설치하여 국소적으로 환기하는 경우
  ㈏ 에너지 절약적 차원에서 환기를 실시하는 경우

(5) 하이브리드 환기방식
① 자연환기 및 기계환기를 적절히 조화시켜 에너지를 절감
② 사무용 건물에서 주거용 건물로 점점 적용 사례가 늘어나는 추세이다.
③ 하이브리드 방식의 종류
  ㈎ 자연환기 + 기계환기(독립방식) : 전환에 초점
  ㈏ 자연환기 + 보조팬(보조팬방식) : 자연환기 부족 시 저압의 보조팬 사용하여 환기량 증가
  ㈐ 연돌효과 + 기계환기(연돌방식) : 자연환기의 구동력을 최대한, 그리고 항상 활용할 수
     있게 고안된 시스템이다.

PROJECT 84 아파트의 주방환기 출제빈도 ★☆☆

Q 아파트의 '주방환기'에서 냄새 확산 방지 방법에 대해 설명하시오.

(1) 아파트 주방환기 방식별 특징

① 세대별 환기 : 팬이 부착된 레인지 후드를 설치하여 세대별 별도로 환기하는 방식

② 압입 방식 : 팬이 부착된 레인지 후드를 이용하여 배기굴뚝으로 밀어넣는 방식

③ 흡출 방식 : Ventilator를 이용하여 배기굴뚝으로 흡출해 내는 방식

④ 압입·흡출 방식

   (개) 압입 방식과 흡출 방식을 통합한 방식으로 냄새 배출의 효과가 가장 뛰어나다.

   (내) 아파트가 고층화되면서 대부분 이 방식을 많이 채용하고 있다.

(2) 그림

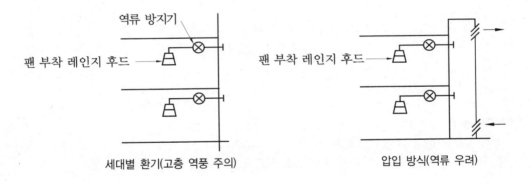

세대별 환기(고층 역풍 주의)　　　　　　　압입 방식(역류 우려)

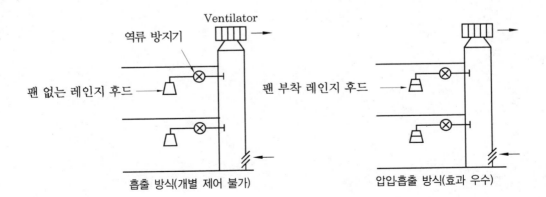

흡출 방식(개별 제어 불가)　　　　　　　압입·흡출 방식(효과 우수)

(3) 최근의 기술 동향

① 분리형 주방배기 시스템 : 실내 측으로 전달되는 배기팬의 소음 감소를 위해 배기팬을 후드
  와 분리시켜 베란다나 실외측에 배치하는 시스템이다.

② 코안다형 주방 배기 시스템 : 보조 배기팬을 추가로 몇 개 더 설치하여 뜨거워진 공기와 냄
  새를 2차적으로 유도 및 배기시키는 시스템(보통 배기 덕트는 설치하지 않고, 천장 플레
  넘을 사용한다.)

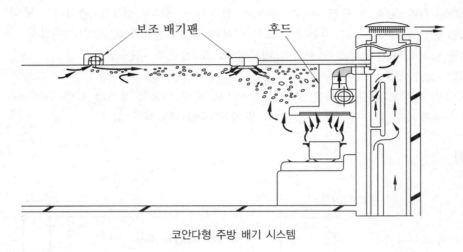

코안다형 주방 배기 시스템

• **문제풀이 요령**

　아파트 주방환기에서 냄새 확산 방지 방법은 세대별 환기(고층건물 등에서 역풍 시 효과 우려), 압입
방식(역류 우려), 흡출 방식(개별제어 안됨), 압입 · 흡출 방식(가장 좋은 방법) 등이 있다.

PROJECT 85 공조설비의 내용연수   출제빈도 ★★☆

Q 공조설비의 내용연수와 욕조곡선에 대해 설명하시오.

(1) Bath Tub(욕조곡선)

아래와 같이 고장률(λ)의 시간적 변화를 나타냄

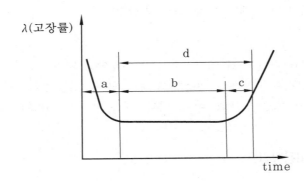

a : 초기고장
b : 우발고장
c : 마모고장
d : 내용연수

(2) 욕조곡선

① 초기고장 : 설계나 제조상의 결함, 사용 환경상 부적합 등으로 제품 설치 후 초기에 주로 나타나는 불량률을 말한다.

② 우발고장 : 초기고장과 마모고장의 중간영역으로 순전히 우발적으로만 고장이 발생

③ 마모고장 : 마모, 피로, 열화 등에 의해 고장률 증가됨

④ 내용연수
   (개) 우발고장의 시작부터 마모 고장률이 허용 한계에 이르는 구간까지의 영역
   (내) 내구연한 측면에서는 '물리적 내구연한'과 유사 용어임.
   (대) 건축설비의 경우에는 '물리적 내구연한'을 보통 15~20년 정도로 본다(단, 이 수치는 설비의 종류와 유지보수 관리의 유무에 따라 가변적이다).

㈜ : 내용연수는 내구연한(물리적·사회적·경제적·법적 내구연한)과 혼용하여 쓰는 경우도 많이 있으므로 주의를 요한다.

• **문제풀이 요령**
   공조설비의 내용연수는 우발고장의 시작부터 마모 고장률이 허용 한계에 이르는 구간까지의 연수를 말한다.

PROJECT 86 신재생에너지   출제빈도 ★★☆

Q 신재생에너지의 정의 및 종류별 이용방법에 대해 설명하시오.

---

(1) 신재생에너지의 정의

신에너지 및 재생에너지(신재생에너지)라 함은 기존의 화석연료를 변환시켜 이용하거나 햇빛·물·지열·강수·생물유기체 등을 포함하는 재생가능한 에너지를 변환시켜 이용하는 에너지를 말한다 (신에너지 및 재생에너지 개발·이용·보급 촉진법).

(2) 신재생에너지의 종류

① 석유, 석탄, 원자력, 천연가스가 아닌 에너지로서 11개 분야를 지정
② 신에너지 : 3종 (수소, 연료전지, 석탄액화·가스화 및 중질잔사유(重質殘渣油)가스화 에너지)
③ 재생에너지 : 9종 (태양열, 태양광, 풍력, 수력, 지열, 해양, 바이오 에너지, 폐기물 에너지, 수열 에너지)

(3) 신에너지 및 재생에너지 이용방법

① 수소
  ⑦ 가정(전기, 열), 산업(반도체, 전자, 철강 등), 수송(자동차, 배, 비행기) 등에 광범위하게 사용되어질 수 있다.
  ⑭ 수소의 제조, 저장기술 등의 인프라 구축과 안전성 확보 등이 필요하다.

② 연료전지
  ⑦ 수소와 산소가 결합하여 전기, 물 및 열을 생성 가능하다.
  ⑭ 일종의 열병합발전(Co-generation)이라고 할 수 있다.

③ 석탄액화·가스화 및 중질잔사유가스화 에너지
  ⑦ 석탄 (중질잔사유)가스화 : 대표적인 가스화 복합발전기술(IGCC : Integrated Gasification Combined Cycle)은 석탄, 중질잔사유 등의 저급원료를 고온·고압의 가스화기에서 수증기와 함께 한정된 산소로 불완전연소 및 가스화시켜 일산화탄소와 수소가 주성분인 합성가스를 만들어 정제 공정을 거친 후 가스 터빈 및 증기 터빈 등을 구동하여 발전하는 신기술이다.
  ⑭ 석탄액화 : 고체 연료인 석탄을 휘발유 및 디젤유 등의 액체연료로 전환시키는 기술로 고온 고압의 상태에서 용매를 사용하여 전환시키는 직접액화 방식과 석탄가스화 후 촉매상에서 액체연료로 전환시키는 간접액화 기술이 있다.

④ 태양열 : 건물 냉난방·급탕, 농수산(건조, 온실난방), 담수화, 산업공정열, 열발전, 우주용, 광촉매폐수처리, 광화학, 신물질제조 등의 분야에 광범위하게 사용되어지고 있다.

⑤ 태양광
  ⑦ 태양광 발전은 태양광을 직접 전기에너지로 변환시키는 기술이다.

㈏ 햇빛을 받으면 광전효과에 의해 전기를 발생하는 태양전지를 이용한 발전방식이다.

㈐ 태양광 발전시스템은 태양전지(solar cell)로 구성된 모듈(module)과 축전지 및 전력 변환장치 등으로 구성된다.

⑥ 풍력

㈎ 풍력은 바람에너지를 변환시켜 전기를 생산하는 발전 기술이다.

㈏ 풍력이 가진 에너지를 흡수, 변환하는 운동량변환장치, 동력전달장치, 동력변환장치, 제어장치 등으로 구성

㈐ 종류 : 수직축 방식은 바람의 방향과 관계가 없어 사막이나 평원에 많이 설치하여 이용이 가능하지만 소재가 비싸고 수평축 풍차에 비해 효율이 떨어지는 단점이 있다. 수평축 방식은 간단한 구조로 이루어져 있어 설치하기 편리하나 바람의 방향에 영향을 받는다.

⑦ 수력

㈎ 수력발전은 물의 유동 및 위치에너지를 이용하여 발전하는 기술이다.

㈏ 2005년 이전에는 시설용량 10 MW 이하를 소수력으로 규정하였으나, 그 이후 '신에너지 및 재생에너지 개발이용보급촉진법'에서 소수력을 포함한 수력 전체를 신재생에너지로 정의한다.

㈐ 신재생에너지 연구개발 및 보급 대상은 주로 소수력발전기를 대상으로 한다.

⑧ 지열

㈎ 지열에너지는 물, 지하수 및 지하의 열 등의 온도차를 이용하여 냉난방에 활용하는 기술이다.

㈏ 태양열의 약 47%가 지표면을 통해 지하에 저장되며, 이렇게 태양열을 흡수한 땅속의 온도는 지형에 따라 다르지만 지표면 가까운 땅속의 온도는 개략 10 ~ 20℃ 정도 유지해 열펌프를 이용하는 냉난방시스템에 이용한다.

㈐ 우리나라 일부지역의 심부(지중 1 ~ 2 km) 지중온도는 80℃ 정도로서 직접 냉난방에 이용 가능하다.

㈑ 지열시스템의 종류는 대표적으로 지열을 회수하는 파이프(열교환기) 회로 구성에 따라 폐회로(Closed Loop)와 개방회로(Open Loop)로 구분된다.

⑨ 해양

㈎ 해양에너지는 해양의 조수·파도·해류·온도차 등을 변환시켜 전기 또는 열을 생산하는 기술로써 전기를 생산하는 방식은 조력·파력·조류·온도차 발전 등이 있다.

㈏ 조력 발전 : 조석간만의 차를 동력원으로 해수면의 상승하강운동을 이용하여 전기를 생산하는 기술이다.

㈐ 파력 발전 : 연안 또는 심해의 파랑에너지를 이용하여 전기를 생산하는 기술이다.

㈑ 조류 발전 : 해수의 유동에 의한 운동에너지를 이용하여 전기를 생산하는 발전기술이다.

㈒ 온도차 발전 : 해양 표면층의 온수(예 25 ~ 30℃)와 심해 500 ~ 1000m 정도의 냉수(예 5 ~ 7℃)와의 온도차를 이용하여 열에너지를 기계적 에너지로 변환시켜 발전하는

기술 등

(ㅂ) 해류 발전(OCE, Ocean Current Energy) : 해류를 이용하여 대규모의 프로펠러식 터빈을 돌려 전기를 일으키는 방식

(ㅅ) 염도차 발전 혹은 염분차 발전(SGE, Salinity Gradient Energy)

　㉮ 삼투압 방식 : 바닷물과 강물 사이에 반투과성 분리막을 두면 삼투압에 의해 물의 농도가 높은 바닷물 쪽으로 이동함. 바닷물의 압력이 늘어나고 수위가 높아지면 그 윗부분의 물을 낙하시켜 터빈을 돌림으로써 전기를 얻게 됨.

　㉯ 이온교환막 방식 : 이온교환막을 통해 바닷물 속 나트륨 이온과 염소 이온을 분리하는 방식, 양이온과 음이온을 분리해 한 곳에 모으고 이온 사이에 미는 힘을 이용해서 전기를 만들어내는 방식

(ㅇ) 해양 생물자원의 에너지화 발전 : 해양 생물자원으로 발전용 연료를 만들어 발전하는 방식

(ㅈ) 해수열원 히트펌프 : 해수의 온도차 에너지 형태로 활용하는 방식이며, 히트펌프를 구동하여 냉·난방 및 급탕 등에 적용한다.

⑩ 바이오 에너지

(가) 바이오에너지 이용기술이란 바이오매스(Biomass, 유기성 생물체를 총칭)를 직접 또는 생화학적, 물리적 변환과정을 통해 액체, 가스, 고체연료나 전기열에너지 형태로 이용하는 화학, 생물, 연소공학 등의 기술을 말한다.

(나) Biomass : 태양에너지를 받은 식물과 미생물의 광합성에 의해 생성되는 식물체균체와 이를 먹고 살아가는 동물체를 포함하는 생물 유기체이다.

⑪ 폐기물

(가) 폐기물에너지는 폐기물을 변환시켜 연료 및 에너지를 생산하는 기술이다.

(나) 폐기물 신재생에너지의 종류

　㉮ 성형고체연료(RDF) : 종이, 나무, 플라스틱 등의 가연성 폐기물을 파쇄, 분리, 건조, 성형 등의 공정을 거쳐 제조된 고체연료이다.

　　※ RDF : Refuse Derived Fuel

　㉯ 폐유 정제유 : 자동차 폐윤활유 등의 폐유를 이온정제법, 열분해 정제법, 감압증류법 등의 공정으로 정제하여 생산된 재생유이다.

　㉰ 플라스틱 열분해 연료유 : 플라스틱, 합성수지, 고무, 타이어 등의 고분자 폐기물을 열분해하여 생산되는 청정 연료유이다.

　㉱ 폐기물 소각열 : 가연성 폐기물 소각열 회수에 의한 스팀 생산 및 발전, 시멘트킬른 및 철광석소성로 등의 열원으로의 이용 등의 예가 있다.

⑫ 수열 에너지

(가) 물의 열을 히트펌프(heat pump)를 사용하여 변환시켜 얻어지는 에너지

(나) 해수(海水)의 표층 및 하천수의 열을 변환시켜 얻어지는 에너지

☞. 법규 관련 사항은 국가정책상 필요 시 항상 변경 가능성이 있으므로, 필요 시 재확인 바랍니다.

PROJECT 87 공조기 소음전달 과정과 대책 출제빈도 ★★☆

Q 어느 백화점 중간층 기계실에 30HP 외치형 송풍기가 설치된 공조기가 있다. 소음전달 과정별로 기계실 소음대책을 수립하고, 선정 이유를 설명하라.

(1) 개요

① 건물의 중간층에 기계실을 설치할 경우 소음 대책은 더욱 중요하다. 설계와 시공의 관점에서 면밀한 대책이 필요하며, 시공 시 사전 소음 조사가 필요하다.

② 거주역에 가까운 만큼 소음 및 진동원에 대해 뜬 바닥 구조 등을 이용하여 확실한 절연이 필요하다.

(2) 일반 소음 발생원

① 옥탑층 : 냉각탑, 송풍기 등의 소음 및 진동

② 사무실 : PAC, 취출구, 흡입구 등의 소음

③ 샤프트 : PS 소음, 덕트, 배관 등의 투과소음

④ 기계실

   ⑦ 공조기, 송풍기, 냉동기, 펌프, 구조체 등의 진동

   ⑭ 기계실 내부의 공진 등

(3) 소음전달 경로와 대책

① 바닥 구조체를 통한 실내전달 : Floating 구조(Jack Up 방진)로 진동 및 소음 발생원을 완전히 고립시킨다.

② 벽 구조체를 통한 실내로의 전달 : 중량벽 구조, 흡음재를 설치하여 차음과 흡음이 동시에 이루어질 수 있게 한다.

③ 흡입구, 배기구를 통한 실내외 전달 : 단면적 크게, 흡음 체임버 설치하여 유속을 줄이는 동시에 흡음을 할 수 있게 한다.

④ 덕트와 건축물 틈새 전달 : 밀실 코킹을 실시하여 틈새를 통한 소음의 전파를 차단해 준다.

⑤ 덕트를 통한 전달 : 덕트 흡음재, 에어 체임버, 소음기, 소음 엘보 등을 설치하여 기계실에서 발생한 소음이 실내까지 전달되지 못하게 천장 내 중간경로에서 차단해 준다.

• 문제풀이 요령

백화점, 고층빌딩 등의 중간층에 기계실 설치 시 소음원에 대한 격리가 어려워 소음전달에 더욱더 주의를 요한다 (바닥/벽 구조체를 통한 소음, 공진, 진동의 전달이 용이).

PROJECT 88 설비의 내구연한

출제빈도 ★★☆

Q 설비의 내구연한의 분류 및 특징에 대해 설명하시오.

(1) 개요

① 각종 설비(장비)에 대해 내구연한을 논할 때는 주로 물리적 내구연한을 위주로 말하고 있으며, 이는 설비의 유지보수와 밀접한 관계를 가지고 있다.

② 내구연한은 일반적으로 다음의 네 가지로 크게 나뉜다.

　(가) 물리적 내구연한

　(나) 사회적 내구연한

　(다) 경제적 내구연한

　(라) 법적 내구연한

(2) 내구연한의 분류 및 특징

① 물리적 내구연한

　(가) 마모, 부식, 파손에 의한 사용 불능의 고장 빈도가 자주 발생하여 기능 장애가 허용 한도를 넘는 상태의 시기를 물리적 내구연한이라 한다.

　(나) 물리적 내구연한은 설비의 사용 수명이라고도 할 수 있으며, 일반적으로는 15~20년을 잡고 있다(단, 15~20년이란 사용 수명도 유지관리 여부에 따라 실제로는 크게 달라질 수 있는 값이다).

② 사회적 내구연한

　(가) 사회적 동향을 반영한 내구연수를 말하는 것으로 이는 진부화, 구형화, 신기종 등의 새로운 방식과의 비교로 상대적 가치 저하에 의한 내구연수이다.

　(나) 법규 및 규정 변경에 의한 갱신 의무, 형식 취소 등에 의한 갱신 등도 포함된다.

③ 경제적 내구연한 : 수리 및 수선을 하면서 사용하는 것이 신형제품 사용에 비해 경제적으로 더 비용이 많이 소요되는 시점을 말한다.

④ 법적 내구연한 : 고정자산의 감가상각비를 산출하기 위한 세법상의 내구연한을 말한다.

• 문제풀이 요령

　설비의 내구연한은 분석목적에 따라 크게 네 가지(물리적 내구연한, 사회적 내구연한, 경제적 내구연한, 법적 내구연한)로 나눌 수 있다.

PROJECT 89 연료전지

Q 최근 기술 개발이 활발해지고 있는 연료전지의 특성과 원리에 대해 설명하시오.

(1) 개요

① 대부분의 화력 발전소나 원자력 발전소는 규모가 크고, 그곳으로부터 집까지 전기가 들어오려면 복잡한 과정을 거쳐야 한다.

② 이들 발전소에서는 전기가 만들어질 때 나오는 열은 모두 버려진다.

③ 반면, 작은 규모로 집안이나 작은 장소에 설치할 수 있고, 거기에서 나오는 전기는 물론 열까지도 쓸 수 있는 장치가 바로 연료전지와 소형 열병합 발전기이다.

(2) 연료전지의 특성

① 연료전지는 수소와 산소를 반응하게 해서 전기와 열을 만들어내는 장치로 재생 가능 에너지는 아니다.

② 현재 사용되는 연료 전지용 수소는 거의 대부분 천연가스를 분해해서 생산한다.

③ 천연가스 분해 과정에서 이산화탄소가 배출되기 때문에 이에 대한 처리기술 혹은 재활용 기술이 필요하다.

④ 연료전지는 한번 쓰고 버리는 보통의 전지와 달리 연료(수소)가 공급되면 계속해서 전기와 열이 나오는 반영구적인 장치이다.

⑤ 연료전지의 규모 : 연료전지는 규모를 크게 만들 수도 있고, 가정용의 소형으로 작게 만들 수도 있다(규모의 제약을 별로 받지 않음).

⑥ 연료전지는 거의 모든 곳의 동력원과 열원으로 기능할 수 있다는 이점을 가지고 있지만, 연료전지에 사용되는 수소는 폭발성이 강한 물질이고 $-253℃$에서 액체로 변환되기 때문에 다루기에 어려운 점이 있다.

(3) 연료전지의 원리 : 물의 전기분해 과정과 반대과정

① 연료전지는 다른 전지와 마찬가지로 양극(+)과 음극(-)으로 이루어져 있는데, 음극으로는 수소가 공급되고, 양극으로는 산소가 공급된다.

② 음극에서 수소는 전자와 양성자로 분리되는데, 전자는 회로를 흐르면서 전류를 만들어낸다.

③ 전자들은 양극에서 산소와 만나 물을 생성하기 때문에 연료전지의 부산물은 물이다 (즉, 연료전지에서는 물이 수소와 산소로 전기 분해되는 것과 정반대의 반응이 일어나는 것이다).

④ 연료전지에서 만들어지는 전기는 자동차의 내연기관을 대신해서 동력을 제공할 수 있고 (자전거에 부착하면 전기 자전거가 됨), 전기가 생길 때 부산물로 발생하는 열은 난방용으로 이용할 수 있다.

⑤ 연료전지로 들어가는 수소는 수소 탱크로부터 직접 올 수도 있고, 천연가스 분해 장치를 거쳐 올 수도 있다. 수소 탱크의 수소는 석유 분해 과정에서 나온 것일 수도 있다. 그러나 어떤 경우든 배출 물질은 물이기 때문에, 수소의 원료가 무엇인지 따지지 않으면 연료전지는 매우 깨끗한 에너지 생산 장치로 볼 수 있다.

(4) 연료전지의 종류 (전해질 종류와 동작온도에 의한 분류)

구 분	알칼리 (AFC)	인산형 (PAFC)	용융탄산염형 (MCFC)	고체산화물형 (SOFC)	고분자전해질형 (PEMFC)	직접메탄올 (DMFC)
전해질	알칼리	인산염	탄산염 $(Li_2CO_3+K_2CO_3)$	지르코니아 $(ZrO_2+Y_2O_3)$ 등의 고체	이온교환막 (Nafion 등)	이온교환막 (Nafion 등)
연료	H_2	H_2	H_2	H_2	H_2	CH_3OH
동작 온도	약 120℃ 이하	약 250℃ 이하	약 700℃ 이하	약 1200℃ 이하	약 100℃ 이하	약 100℃ 이하
효율	약 85 %	약 70 %	약 80 %	약 85 %	약 75 %	약 40 %
용도	우주발사체 전원	중형건물 (200 kW)	중·대용량 전력용 (100 kW~MW)	소중대용량 발전 (1 kW~MW)	정지용, 이동용, 수송용 (1~10 kW)	소형 이동 (1 kW 이하)
특징	–	CO내구성 큼, 열병합 대응 가능	발전효율 높음, 내부개질 가능, 열병합 대응 가능	발전효율 높음, 내부개질 가능, 복합발전 가능	저온작동, 고출력밀도	저온작동, 고출력밀도

㈜ AFC : Alkaline Fuel Cell
PAFC : Phosphoric Acid Fuel Cell
MCFC : Molten Carbonate Fuel Cell
SOFC : Solid Oxide Fuel Cell
PEMFC : Polymer Electrolyte Membrane Cell
DMFG : Direct Methanol Fuel Cell
Nafion : Du Pont에서 개발한 perfluorinated sulfonic acid 계통의 막이다.

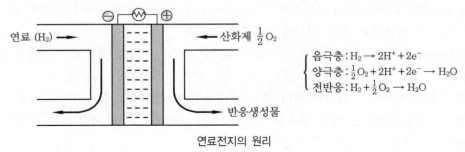

음극층 : $H_2 \rightarrow 2H^+ + 2e^-$
양극층 : $\frac{1}{2}O_2 + 2H^+ + 2e^- \rightarrow H_2O$
전반응 : $H_2 + \frac{1}{2}O_2 \rightarrow H_2O$

연료전지의 원리

(5) 연료전지의 응용

① 전기자동차의 수송용 동력을 제공할 수 있다.

② 전기를 생산함과 동시에 열도 생산하기 때문에 소규모의 것은 주택의 지하실에 설치해서 난방과 전기 생산을 동시에 할 수 있다.

③ 큰 건물 (빌딩, 상가건물 등)의 전기와 난방을 담당할 수 있다.

④ 대규모로 설치하면 도시 공급용 전기와 난방열을 생산할 수 있다.

(6) 연료전지의 효율

① 발전효율(Generation Efficiency) : 연료전지로 공급된 연료의 열량에 대한 순발전량의 비율(%)

$$발전효율 = \frac{연료전지의\ 발전량(kWh) - 연료전지의\ 수전량(kWh)}{연료전지로\ 공급된\ 연료의\ 열량(kWh)} \times 100(\%)$$

② 열효율(Thermal Efficiency) : 연료전지로 공급된 연료의 열량에 대한 회수된 열량의 비율(%)

$$열효율 = \frac{연료전지의\ 열회수량(kWh)}{연료전지로\ 공급된열량(kWh)} \times 100(\%)$$

③ 종합효율(Overall Efficiency)

$$종합효율(\%) = 발전효율(\%) + 열효율(\%)$$

(7) 향후 전망

① 가스를 분해해서 쓰는 소형 연료전지는 이미 개발되었는데, 앞으로 몇 년 후면 본격적으로 사용될 수 있을 것이다.

② 이 연료전지는 전기생산과 난방을 동시에 하는 장치로 쉽게 설치할 수 있기 때문에, 추운 지방에 보다 더 널리 보급될 것으로 전망된다.

③ 일부 에너지 연구자들은 인류가 앞으로 화석 연료를 사용하는 경제 구조로부터 수소를 사용하는 구조로 나아갈 것으로 전망하는데, 이때는 연료전지가 그 핵심 역할을 할 것으로 본다.

④ 수소는 폭발성이 강한 물질이므로, 향후 수소의 유통 과정 및 취급 전반에 걸친 안전성을 확보하는 것이 중요하며, 수소 제조상의 CO_2 등의 배출로 인한 지구온난화 문제 등을 해결해야 한다.

• **문제풀이 요령**

① 연료전지는 물이 수소와 산소로 전기분해 되는 전기분해 과정을 정반대로 일으킨다($2H_2 + O_2 \rightarrow 2H_2O$).

② 수소는 폭발성이 강한 물질이므로, 향후 수소의 유통과정 및 취급 전반에 걸친 안전성을 확보하는 것이 중요하며, 수소 자체의 제조상 CO_2 등의 배출로 지구온난화를 해결하지 못한다는 점은 여전히 해결해야 할 과제로 남아 있다.

5. 덕트 시스템 및 TAB

PROJECT **90** **덕트 설계법**   출제빈도 ★★★

Q 덕트 설계법에 대해 논하시오.

(1) 개요

① 덕트는 공조기에 조화된 공기 반송 통로로 주로 건물 천장부 설치로 거주 공간에 가까워 설계, 시공 시 소음에 유의가 필요하다.

② 공기는 비열이 작으므로 거주 공간 공조를 위해 대량의 공기를 필요로 하며, 덕트 스페이스가 커야 한다.

③ 설계 방법 : 정압법, 등속법, 정압 재취득법, 전압법 등 (쾌적 공조에서는 주로 정압법, 10 m/s 초과 시 등속법을 많이 사용한다.)

(2) 덕트 설계 순서

① 송풍량(CMH) 결정

$$송풍량\,(Q) = \frac{q_s}{\rho \cdot C_p \cdot \Delta t}$$

여기서, q_s : 현열부하(kW, kcal/h)

Q : 풍량($\mathrm{m^3/s}$, $\mathrm{m^3/h}$), ρ : 공기의 밀도(= 1.2kg/$\mathrm{m^3}$)

C_p : 공기의 비열(= 1.005 kJ/kg·K, 0.24 kcal / kg·℃)

Δt : 취출 온도차(실내온도 - 공조기의 설계 취출온도)

② 취출구 및 흡입구 위치 결정(형식, 크기 및 수량)

③ 덕트의 본관, 지관 경로 결정

④ 덕트의 치수 결정

⑤ 송풍기 선정

⑥ 설계도 작성

⑦ 설계 및 시공 사양 결정

(3) 덕트 치수 설계 방법

① 등속법

㉮ 전 구간 풍속이 일정하게 설계함

㉯ 구간별 압력 손실이 서로 다름(모두 계산 필요)

(다) 용도

⑦ 먼지나 산업용 분진 이송용

④ 공장환기 및 배연 덕트용 등

(라) 설계 순서

⑦ 풍량을 결정하고 풍속은 임의 값을 선정하여 메인 덕트 치수를 풍량과 풍속에 의해 구한다.

④ 주경로의 압력 손실은 송풍기 선정용 정압으로 하고, 다른 경로는 같은 정도의 압력 손실이 되도록 풍속을 수정해서 구하며 계산은 복잡하다.

② 등압법 (등마찰 저항법, 등마찰 손실법)

(가) 이 방법은 덕트의 단위 길이당 마찰 저항이 일정한 상태가 되도록 덕트 마찰 손실 선도에서 직경을 구하는 방법으로 쾌적용 공조의 경우에 흔히 적용된다.

(나) 저속 덕트의 단위 길이당 마찰 손실(압력 손실)은 실의 소음 제한이 엄격한 주택이나 음악감상실과 같은 곳은 $0.06 \sim 0.07 \, mmAq \, / \, m$ (최대풍속 = 7 m/s 이하), 일반 건축은 $0.1 \, mmAq \, / \, m$ (최대 풍속 = 8 m/s 이하), 공장이나 기타의 소음 제한이 적은 곳은 $0.15 \, mmAq \, / \, m$ (최대풍속 = 10 m/s 이하)으로 한다.

(다) 등마찰 저항법으로 많은 풍량을 송풍하면 소음 발생이나 덕트의 강도상에도 문제가 있어서 풍량이 $10,000 \, m^3/h$ 이상이 되면 등속법으로 하기도 한다.

(라) 이 방법의 단점은 주간 덕트에서 분기된 분기 덕트가 극히 짧은 경우에는 분기 덕트의 마찰저항이 적으므로 분기 덕트 쪽으로 필요 이상의 공기가 흐르게 된다. 따라서 이 현상을 막기 위하여 '개량 등마찰 저항법'으로 덕트 치수를 정하기도 한다.

③ 개선 등압법 (Improved Equal Friction Loss Method)

(가) 등압법을 개량한 것으로, 먼저 등압법으로 덕트 치수를 정한다.

(나) 풍량분포를 댐퍼 없이도 균일하게 하도록 분기부의 덕트 치수를 적게 해서 압력 손실을 크게 하고, 균형을 유지하는 방법이다.

(다) 이 방법에 의하여 덕트 내 풍속이 너무 크게 되어 소음 발생의 원인이 되기 쉬우므로 주의를 요한다.

④ 정압 재취득법 (Static Pressure Regain Method)

(가) 정압을 일정하게 해주기 위해 앞 구간의 취출 후에는 풍속을 감소시켜 정압을 올려준다.

(나) 직선 덕트 내에서 속도가 감소하면 베르누이의 정리로부터 일부의 속도 에너지는 압력 에너지로 변환하여 2차 쪽의 압력은 증가한다.

⑤ 전압법

(가) 각 취출구까지의 전압력 손실이 같아지도록 설계

(나) 덕트 내에서의 풍속변화를 동반하는 정압의 상승·하강을 고려하기 위해 사용하는 방식이다.

(다) 토출덕트의 하류측에서 정압재취득에 의해 정압이 상승하고, 상류측에서 하류측으로

의 토출풍량이 설계치보다 커지는 경우가 있다. 이와 같은 불편함을 없애기 위해 각 토출구에서 전압이 동일해지도록 덕트를 설계하는 방법이 전압법이다.

(라) 전압법은 가장 합리적인 덕트설계법이지만, 동압까지 고려해야 하는 번거로움 때문에 정압법으로 설계한 덕트의 check 정도에 주로 이용되고 있다.

(4) 저속 덕트(Low-Velocity Duct System)와 고속 덕트(High-Velocity Duct System)

덕트 내부를 흐르는 공기의 풍속에 따른 구분(덕트계 풍속은 반송 유체의 종류, 건물의 사용 용도, 풍량과의 관계 등을 검토하여 결정)

① 저속 덕트

(가) 풍속 : 15 m/s 이하, 적정 풍속은 10~12 혹은 8~15 m/s 정도

(나) 정압 손실 : 0.07~0.2 mmAq/m

(다) 전압 : 50~75 mmAq 정도

(라) 용도 / 형상 : 대부분의 공조용 덕트 / 각형

(마) 특징

㉮ 덕트 스페이스의 제한이 크지 않은 공장, 다실 건축물, 극장, 영화관 등 단일 대용적의 건물일수록 유리하다.

㉯ 덕트 스페이스가 커져서 초기 덕트 설치비가 증가되나, 구동 전동기의 출력 감소(동력비 절감) 가능

② 고속 덕트

(가) 15 m/s 초과, 적정 풍속은 20~25 m/s(소음 제한 기준) 정도임

(나) 정압 손실 : 1 mmAq/m

(다) 전압 : 150~200 mmAq 정도

(라) 용도 / 형상 : 산업용(분체, 분진 이송용 등) / 원형 덕트

(마) 특징

㉮ 주로 저속 덕트의 2배 이상의 풍속이며 덕트 스페이스는 축소되나 송풍 장치 구동 전동기의 출력 증대에 따른 설비비가 많이 든다.

㉯ 소음이 크므로 주로 소음상자를 취출구에 설치하며, 고층건물, 선박 등에 많이 쓰인다.

㉰ 소음 문제로 인해 대개 최고 속도를 25 m/s 이하로 제한한다.

(5) 덕트 단면 형상에 따른 분류

① 각형 덕트(장방형 덕트) : 단면이 직사각형인 덕트

② 원형 덕트 : 단면이 원형인 덕트

③ 스파이럴 덕트(Spiril Duct) : 함석을 나선모양으로 말아서 만든 덕트

④ 플렉시블 덕트(Flexible Duct) : 면, 섬유 등에 철심을 넣어 만든 덕트를 말한다.

(6) 덕트 재질

① 아연도강판

② 스테인리스 강판

③ PVC 덕트

④ 베니어판

⑤ Glass Wool 등

(7) 부속

① Volume Damper

② 방화 댐퍼

③ 가이드 베인

④ 터닝 베인 등

(8) 취출구, 흡입구

축류 취출구, 복류 취출구, 면형, 선형 등 (→ 자세한 사항은 '덕트의 취출구 및 흡입구' 문제를 참조하세요.)

(9) 덕트 설치 시 주의사항

① 각형 덕트 단면은 가능한 정방형이 되도록 하며, 아스펙트 비율(Aspect Ratio)이 최대 8 : 1 이상을 넘지 않게 하고 가능한 4 : 1 이하로 억제한다.

② 곡률반경 : 직경(원형 덕트)이나 덕트 폭(장방형 덕트)의 1.5배 이상

③ 덕트의 설치 공간이 충분하지 않을 경우를 제외하고는 소음, 송풍기 동력 등을 고려해 가능한 저속 덕트 방식을 채택한다.

④ 덕트 재료는 가능한 표면이 매끄러운 아연도금철판, 알루미늄판 등을 사용한다.

☞ **아스펙트 비율(Aspect Ratio)** : 각형 덕트의 긴 변과 짧은 변에 대한 길이의 비를 말하며, 이 비율이 클 경우 동일 단면적에 공기가 접촉하는 표면적이 넓어져서 마찰 손실이 커진다(아래 그림에서 종횡비$= a : b$).

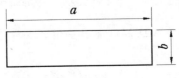

표준 종횡비 = 4 : 1

⑤ 관내 흐름이 급격한 방향 전환, 급확대, 급축소 등과 같이 압력 손실이 큰 덕트 연결은 설계하지 않도록 하고, 확대부의 각도는 20도 이하로, 축소부 각도는 60도 이하가 되도록

억제한다.

⑥ 분기 덕트일 때 각 덕트 분기점에는 댐퍼(Damper, 송풍량을 가감하기 위한 문)를 설치해서 압력 평행과 적정한 기류 분포를 유도하는 것이 좋다.

⑦ 덕트는 주기적으로 청소해야 성능 극대화와 실내 공기의 질 향상이 가능

(10) 주덕트의 배치법

① 간선 덕트 방식 : 천장 취출, 벽취출 방식 등

② 환상 덕트 방식 : VAV 유닛의 외주부 방식

③ 개별 덕트 방식 : 소규모 건물

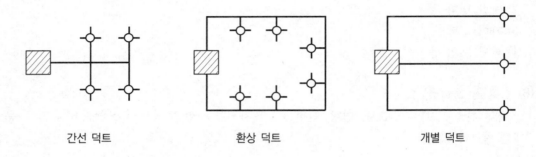

| 간선 덕트 | 환상 덕트 | 개별 덕트 |

(11) 덕트 이음매의 종류

① 가로방향 : Drive Slip, Standing Seam

② 세로방향(직각방향) : Snap Seam, Pittsburgh Seam

③ 원형 : Grooved Seam

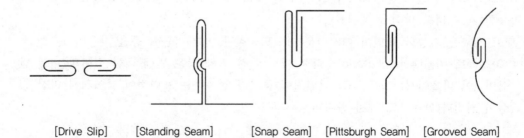

[Drive Slip]　　[Standing Seam]　　[Snap Seam]　　[Pittsburgh Seam]　　[Grooved Seam]

※ **Canvas Connection** : 장치와 덕트 사이에 진동 및 소음의 전달을 막기 위해 천, 가죽 등으로 제작한 이음매

(12) Glass Wool Duct

① 개요

㉮ 한 번의 설치(시공)로 덕트 구조물과 단열재 작업을 동시 시공하는 것과 같다.

(내) 경량, 시공성 우수, 단열이 불필요한 우수한 덕트 재료이다.

② 특성

(가) 난연, 흡음, 단열, 작업성, 경량으로 인건비 절약

(나) 풍속은 각형 13 m/s 이하, 원형 15 m/s 이하에 주로 사용

(다) 정압 50 mmAq 이상은 사용 제한

③ 가공 방법 : 1 Piece, L형 2 Piece, U형 2 Piece, 4 Piece Type 등

(13) 덕트의 누설시험 방법

① 보온 하기 전 : 몇 개의 구간으로 나누어 개구부를 철판으로 완전히 막음

② 시험용 팬 : 시험용 팬으로 일반 덕트는 설계압의 2배 이상, 고속 덕트는 3배 이상의 압력 (정압)을 걸어줌

③ 비눗물 검사 : 비눗물 등으로 누설 부위를 체크하여 수리함

(14) 덕트 시스템에서의 풍속 측정방법

① 덕트에서 풍속을 측정하는 방법은 주로 피토관으로 측정(동압을 풍속으로 환산)하거나, 풍속계, 풍속 센서 등으로 측정한다.

② 피토 튜브를 이용한 원형 덕트에서의 풍속 측정

(가) 피토 튜브의 이송 위치는 최소 12점이며, 20점을 넘지 않도록 한다.

(나) 덕트의 직경에 따라,

230 mm 미만 : 12점

230~300 mm : 16점

300mm 초과 : 20점

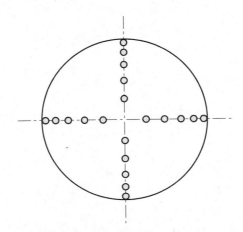

동일면적분할법 (300 mm 초과의 경우)

③ 피토 튜브를 이용하여 장방형 덕트에서의 풍속측정

 ⑺ 피토 튜브의 이송 위치는 최소 16점 ~ 최대 64점을 넘지 않도록 한다.

 ⑻ 가능한 피토 튜브 측정 위치의 중심거리는 150 mm 이하여야 한다.

 ⑼ 덕트 벽면에 가장 가까운 측정점의 위치는 측정점간 중심거리의 1 / 2 이어야 한다.

 ⑽ 각 측정점에서 측정한 동압을 풍속으로 환산하여 기록한다.

④ 풍속계에 의한 측정법

 ⑺ 그릴, 레지스터 등이 있는 경우의 풍속 측정은 기류의 안정화를 위하여 그릴 혹은 루버로부터 약 25 mm 떨어진 지점에서 측정한다.

 ⑻ 풍량 산정 시 필요한 급기면적은 그릴 내부 프레임의 면적(유효면적)으로 한다.

 ⑼ 풍속계 사용 시에는 정확성을 위하여 가급적 2 m/s 이상에서 사용하도록 하고 최소 1분 이상 측정하도록 한다.

 ⑽ 이때 낮은 풍속 영역에서 높은 영역으로 측정을 하고, 4회 이상 측정하여 평균값을 사용한다.

• 문제풀이 요령

① 덕트 설계 순서는 송풍량 (CMH) 결정 → 취출구 및 흡입구 위치 결정(형식, 크기 및 수량) → 덕트의 본관, 지관 경로 결정 → 덕트의 치수 결정 → 송풍기 선정 → 설계도 작성 → 설계 및 시공 사양 결정 순이다.

② 덕트의 설계 방법은 등압법 (쾌적공조), 개선 등압법 (송풍기에서 가까운 분기 덕트의 치수를 적게 해서 압력 손실을 크게 하고 취출구간의 풍량의 균형을 맞추는 방법), 등속법(10 m/s 초과 시), 정압 재취득법, 전압법 (최소풍량 이상 확보) 등 크게 다섯 가지로 나눌 수 있다.

PROJECT 91 덕트의 취출구 및 흡입구 출제빈도 ★☆☆

Q 덕트의 취출구 및 흡입구에 대해 논하시오.

(1) 개요

① 조화된 공기를 실내에 공급하는 개구부를 취출구(토출구)라고 하고 설치 위치, 형식에 따라 실내로의 기류 방향과 형상, 온도 분포, 환기 기능 등이 변한다.

② 취출구(토출구)는 크게 축류와 복류, 선형과 면형으로 분류된다.

(2) 취출구(吹出口)

① 복류형(Radial flow)

　(가) 아네모스탯(Anemostat) : 확산형, 유인 성능이 좋아 가장 널리 사용되며 원형과 각형이 있다.

　(나) 팬형(Pan Type) : 상하로 움직이는 둥근 Pan 이용 풍향, 풍속 조절 가능

　(다) 웨이형(Way Type) : 1 ~ 4방향까지 특정 방향으로 고정되어 취출됨

② 면형

　(가) 다공판형(多孔板形 ; Multi Vent Type) : 다수의 원형 홈을 만들어 제작

③ 선형(라인형)

　(가) Line Diffuser : Breeze Line, Calm Line, T-Line 등

　(나) Light - Troffer : 형광등의 등기구에 숨겨져 토출됨

④ 축류형

　(가) 노즐형(Nozzle Type) : 취출구 형상이 노즐 형태로 되어 있어 취출 공기를 멀리 보낼 수 있음

　(나) 펑커 루버(Punkah Louver) : 취출 공기를 멀리 보낼 수 있게 취출구 단면적의 크기 조절이 가능함

⑤ 격자(날개)형 : 베인형의 격자형태

　(가) 그릴(Grille) : 풍량 조절용 셔터(Shutter)가 없음

　　㉠ H형 : 수평 루버형

　　㉡ V형 : 수직 루버형

　　㉢ H-V형 : 수평 및 수직 루버형

　(나) 레지스터(Register) : 풍량 조절용 셔터(Shutter) 있음

　　㉠ H-S형 : 수평 루버+셔터(Shutter)

　　㉡ V-S형 : 수직 루버+셔터(Shutter)

㉠ H-V-S형 : 수평 및 수직 루버+셔터(Shutter)

⑥ 가변 선회형 디퓨저

㈎ 개념

㉮ 기류의 토출 방향을 조절할 수 있는 가변형 취출구는 취출 특성에 따라 축류형과 선회류형이 있고, 도달거리에 따라 일반형과 고소형이 있다.

㉯ 축류형은 유인비와 확산 반경이 작아서, 도달점에서 실내온도와 취출 온도의 편차가 약 3~4℃ 정도로 심해지는 관계로 불쾌감을 유발한다고 하여 많이 사용되지 않는다.

㈏ 일반형 가변선회 취출구

㉮ 천장고가 4~12 m 높이에 사용되는 취출구

㉯ 경사진 블레이드를 통과한 기류는 강력한 선회류(Swirl)를 발생시키고, 기류 확산이 매우 신속하게 이루어진다.

㉰ 유인비가 높아 2차 실내 기류의 유동을 촉진하여 정체 공간을 해소한다.

㉱ 실온에 가까운 공기가 재실자에 유입되는 특징이 있다.

㈐ 고소형 가변선회 취출구

㉮ 천장고가 10~25 m 높이에 사용되는 취출구

㉯ 일반적인 특성은 '일반형 가변선회 취출구'와 동일하나, 난방 시 확산각이 일반형에 비해 감소되는 차이가 있다.

⑦ VAV 디퓨저 : 개별 풍량제어 가능(VAV 유닛 대신 설치 가능, 소음 주의, 고가)

(3) 흡입구 (吸入口)

① Slit형 : 긴 홈 모양으로 철판 등을 펀칭하여 만듦

② Punching Metal형 : 금속판에 작은 홈들을 펀칭하여 만듦

③ 화장실 배기용 : 화장실의 배기 전용으로 제작

④ Mush Room형 : 바닥 취출을 위한 형태(버섯 모양)

⑤ 기타 취출구에서 셔터 및 루버를 떼어내고 모두 흡입구로 사용 가능

가변선회 취출구

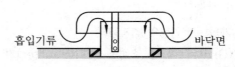

흡입기류 ←→ 바닥면

Mush Room형 흡입구

PROJECT 92 덕트의 설계 및 토출기류 특성   출제빈도 ★☆☆

Q 덕트 설계 시 에너지 절약을 위한 고려사항 및 토출 기류의 특성에 대해 설명하시오.

(1) 덕트 설계 시 에너지 절약을 위한 고려사항

① 가능한 저속 덕트 사용 (고속 덕트는 동력비 증가)

② VAV 형식으로 에너지 절감

③ 덕트 배치 시 굴곡부 최소화

④ 덕트 내 압력 손실 최소화

⑤ 취출구 배치 및 형식의 최적화 (냉·난방 모두를 고려한 취출구 선정)

(2) 토출 기류의 특성과 풍속

① 토출구 퍼짐각 : 약 $18 \sim 20°$

② 혼합 공기의 풍속 계산 $Q_1 V_1 + Q_2 V_2 = (Q_1 + Q_2) V_m$

$$V_m = \frac{(Q_1 \cdot V_1 + Q_2 \cdot V_2)}{(Q_1 + Q_2)}$$

여기서, Q_1, Q_2 : 취출, 유인풍량

V_1, V_2 : 취출, 유인풍속

V_m : 혼합공기의 풍속

③ 토출 기류 4역

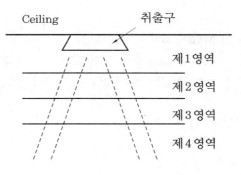

(가) 1역 $(V_x = V_0)$

(나) 2역 $[V_x \propto (1/\sqrt{x})] \rightarrow$ 유인작용

(다) 3역 $[V_x \propto (1/x)] \rightarrow$ 유인작용

(라) 4역 $(V_x \leq 0.25\,\mathrm{m/s}) \rightarrow$ 확산작용 (도달거리)

여기서, V_x : 어떤 지점의 풍속

V_0 : 취출구 측의 초기 풍속

x : 어떤 지점의 취출구로부터의 거리

④ 2영역, 3영역은 2차 공기의 유인작용을 하고, 4영역은 확산 작용되어 도달거리 공급

⑤ 확산반경 (최대 확산반경, 최소 확산반경)

(가) 최대 확산반경 : 천장 취출구에서 기류가 취출되는 경우 드리프트가 일어나지 않는 상태로 하향 취출했을 때 거주영역에서 평균 풍속이 $0.1 \sim 0.125\,\mathrm{m/s}$로 되는 단면적의 반경을 최대 확산반경이라고 한다.

(나) 최소 확산반경 : 천장 취출구에서 기류가 취출되는 경우 드리프트가 일어나지 않는

상태로 하향 취출했을 때 거주영역에서 평균 풍속이 $0.125 \sim 0.25$ m/s로 되는 단면적의 반경을 최소 확산반경이라고 한다.

(다) 확산반경 설계 요령

㉮ 최소 확산반경 내에 보나 벽 등의 장애물이 있거나, 인접한 취출구의 최소 확산반경이 겹치면 드리프트(Drift) 현상이 발생한다.

㉯ 취출구의 배치는 최소 확산반경이 겹치지 않도록 하고, 거주 영역에 최대 확산반경이 미치지 않는 영역이 없도록 천장을 장방형으로 적절히 나누어 배치한다.

㉰ 이때 보통 분할된 천장의 장변은 단변의 1.5배 이하로 하고, 또 거주영역에서는 취출 높이의 3배 이하로 한다.

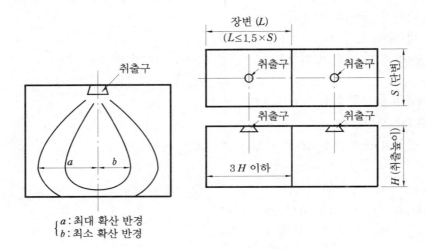

$\begin{cases} a : \text{최대 확산 반경} \\ b : \text{최소 확산 반경} \end{cases}$

• 문제풀이 요령

토출 기류의 4역은 1역($V_x = V_0$), 2역($V_x \propto (1/\sqrt{x}\,)$), 3역($V_x \propto (1/x)$), 4역($V_x \leq 0.25$ m/s)으로 나눌 수 있으며, 2영역과 3영역은 2차 공기의 유인작용을 하며 4영역은 확산 작용을 한다.

PROJECT 93 사용 목적에 따른 댐퍼 분류   출제빈도 ★★☆

> **Q** 공조용 댐퍼를 날개의 회전방향과 사용 목적에 따라 분류하고 그 특징에
> 대해 설명하시오.

(1) 개요

공기조화에서 덕트 내 풍량의 조절 및 개폐 목적으로 사용하는 부속품을 댐퍼라고 한다.

(2) 날개의 회전방향에 의한 분류

① 평행익형 댐퍼(Parallel Blade Damper)
  ㈎ 서로 이웃하는 날개가 같은 방향으로 회전하는 댐퍼를 말한다.
  ㈏ 날개가 조금만 열려도 많은 유량이 흐르게 되므로 제어성이 나쁘고 선형비례제어의
     특성을 얻으려면 시스템 전체의 압력 손실 대비 Full Open 댐퍼에서의 압력 손실이
     약 30 % 정도 이상이어야 한다.
② 대향익형 댐퍼(Opposed Blade Damper)
  ㈎ 서로 이웃하는 날개가 반대방향으로 회전하는 댐퍼이며, 대부분의 링크 구동 댐퍼와
     전량의 기어구동형 댐퍼가 이에 해당한다.
  ㈏ 평행익형 댐퍼보다는 제어성이 좋다. 시스템 전체의 압력 손실 대비 Full Open 댐퍼
     에서의 압력 손실이 약 10 % 정도 이상이어도 비례제어 특성이 약간씩 나타난다.

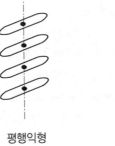

평행익형

대향익형

③ 혼합형 댐퍼 : 정풍량 댐퍼처럼 평행형과 대향형 날개가 섞여 있는 댐퍼를 말한다.
④ 슬라이드형 댐퍼 : 미닫이문처럼 날개가 가이드를 따라 개폐되는 경우의 댐퍼를 말한다.
⑤ 커튼 댐퍼(Curtain Damper) : 주로 방화 댐퍼에 사용되며 날개가 접힐 수 있는 구조로 되어
   있으며, 접혀 있을 때는 Locking되어 있다가 퓨즈나 기타 신호에 의하여 Unlocking된다.
   스프링 또는 중력에 의하여 댐퍼를 폐쇄하는 댐퍼를 말한다.
⑥ Butterfly Damper : 가장 구조 간단, 회전축을 가진 날개(Blade) 1매 장착, 와류 발생 때문에
   풍량조절 보다는 개폐용 (소형 덕트)으로 주로 사용됨

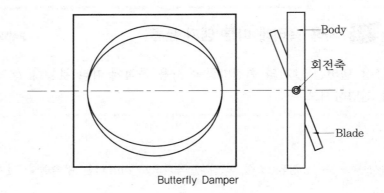

Butterfly Damper

(3) 사용 목적에 따른 분류

① 일반 댐퍼 (Volume Control Damper)

　㈎ 주로 유량의 조절이나 폐쇄용으로 사용되며 가장 널리 사용되는 댐퍼이다.

　㈏ 사용되는 재질은 냉각압연강판, 아연도강판 또는 알루미늄이 일반적이다.

② 밸런싱 댐퍼 (Balancing Damper)

　㈎ 일반 댐퍼와 동일하나 덕트의 여러 분지관에 설치되어 압력을 강하시킴으로써 지표
　　경로 (Index Circuit) 상의 최말단 취출 / 흡입구와 기타 분지관에 있는 취출 / 흡입구
　　에서의 정압이 유사하도록 압력을 조정하여 각 취출 / 흡입구에서 흡토출 풍량이 일정
　　하도록 하는데 사용된다.

　㈏ 이때 댐퍼의 날개는 조정된 상태에서 고정되며, 특별한 경우가 발생하지 않는 한 그
　　대로 사용되므로 TAB를 할 때 이외에는 조절하지 않는다.

③ 저누설 댐퍼 (Air Tight Damper, Low Leakage Damper)

　㈎ Volume Control Damper의 일종으로 완전폐쇄 시 댐퍼를 통한 유체의 흐름이 적
　　도록 설계되어 에너지 손실 감소, 코일 등의 동파방지 등의 목적에 사용된다.

　㈏ 공조기의 OA Damper에 주로 많이 사용되는 추세이다.

④ 정풍량 댐퍼 (일정풍량 댐퍼, 비례제어 댐퍼, Linear Volume Control Damper)

　㈎ 에너지 절약 및 공정상의 이유로 어느 시스템에서는 결정된 유량의 공기 또는 Gas만
　　흘러야 할 필요가 있다.

　㈏ 센서에 의한 방법이 아닌 경우의 비례제어 댐퍼는 댐퍼가 조절될 때마다 댐퍼 입구의
　　정압조건이 달라지므로 정확한 비례제어 특성을 기대하기는 어렵다.

　㈐ 종류

　　㉮ 댐퍼 모터와 유량감지 센서를 이용하는 방법 : Controller에서 필요한 풍량을
　　　Setting하고 센서에서 유량을 감지하여 Feedback 시켜 원하는 풍량이 흐르는지
　　　확인하는 형태로 일정한 풍량을 보내는 댐퍼이며, 풍량제어 방식은 CAV 시스템과
　　　유사하다 (Pressure Independent 형 제어가 주로 사용됨).

　　㉯ 댐퍼에서 저항을 많이 주는 방법

- 유로에 Blank-Off Plate로 유로를 막고 댐퍼에서의 통과유속을 증가시킨다.
  - 바람막이(Blank-Off Plate) : 댐퍼 유로상 댐퍼의 날개를 상하로 배열해도 날개의 폭이 전체 면적을 다 덮을 수 없는 경우가 발생한다. 이때는 폭이 다른 날개를 상단 또는 하단에 끼움으로써 이를 처리할 수 있으나 부득이한 경우는 상단부 또는 하단부에 맹판(Blind Plate)으로 막게 되는데 이를 말한다.
  - 댐퍼에서의 정압손실이 커지므로 개도에 따라 유량이 선형비례에 근사하게 조절된다.
  - 그러나 댐퍼에서의 압력 손실이 커지게 되므로 Fan의 동력이 커지고, 소음이 많이 발생한다.
- 폭이 작고 두꺼운 날개를 많이 단다.
  - 댐퍼 날개의 개수가 많으므로 날개에 의해 막히는 면적이 커져 유량이 선형비례에 근사하게 조절된다.
  - 동력손실은 와류가 적은 만큼 작아지게 된다.
  - 현재 국내에서는 일반형 및 저누설 댐퍼의 경우에는 150 mm 폭의 날개가 많이 사용되고, 정풍량 댐퍼에서는 100 mm 및 70 mm 폭의 날개가 많이 사용되고 있다.
- 평행형 날개와 대향형 날개를 섞어 비례제어 특성을 유도한다.
  - 평행형 날개의 댐퍼는 개도가 작은 상태에서도 많은 풍량이 통과하고 대향형 날개의 경우는 이와 반대적인 현상이 나타나므로 이를 적절히 혼합하면 선형비례의 특성이 나타날 수 있다.
  - 국내에서 사용되는 비례제어 댐퍼는 이 방법과 폭이 작은 날개를 동시에 사용하므로써 '정압 손실'을 유도하는 방법을 많이 이용하고 있다.
- 날개의 개도를 조정하는 구동장치를 특수하게 만드는 방법
  - 평행형 또는 대향형 댐퍼를 이용하되 핸들의 회전각도와 날개의 회전각도를 다르게 하여 비례제어 특성이 나타나도록 제작된 경우이다.
  - 링크 구조가 복잡해지고 제작이 어려우며, 가격이 비싸지므로 많이 이용되지 않고 있다.

⑤ **역풍방지 댐퍼**(Back Draft Damper, Shutter, Check Damper)

(가) 하나의 Casing 안에서 여러 개의 Fan이 병렬로 운전되고, 하나의 토출 체임버로 토출하고 있을 때, 이 중에는 Stand-By Fan과 같이 정지되어 있는 Fan이 있을 수 있는데 이 경우 Fan의 내부를 통해 기류가 역류하게 된다. 기류의 역류가 발생하게 되면 공기가 Short Circuit으로 재순환되므로 에너지적으로 손실이 발생함은 물론 Fan Rotor가 거꾸로 회전하므로 재기동할 때 기동 토크가 커져 축 또는 전기적인 문제가 발생할 수 있다. 이와 같은 역류현상을 방지하기 위해 기류의 중간에 설치하는 댐퍼를 '역풍방지 댐퍼'라고 말한다.

㉯ 역풍방지 댐퍼는 역압이 발생할 때 역류를 방지하는 것이 우선적인 목적이다.

⑥ 릴리프 댐퍼(Pressure Relief Damper) : 양압이 걸린 실내처럼 일정 압력 이상의 압력이 걸리면 유체가 도피할 수 있도록 하는 기능을 가진 댐퍼를 릴리프 댐퍼(Pressure Relief Damper)라고 한다.

⑦ Shut-Off Damper : 배기 Fan의 토출구에 부착되어 있는 댐퍼는 단순히 개방과 폐쇄의 기능만을 유지하여 Fan이 운전되면 열리고 정지하면 닫히는데, 이러한 댐퍼를 Shut-Off Damper라고 한다.

⑧ 방화 댐퍼(Fire Damper)

㉮ 화재가 발생하면 방화벽을 통과하는 덕트 등을 통해 유독가스 및 화염이 순식간에 이동하여 한쪽 구역에서 발생한 화재의 영향이 다른 구역에 영향을 미친다. 이 중 화염에 의한 피해를 방지할 목적으로 불길을 차단하기 위해 설치하는 댐퍼를 '방화 댐퍼'라고 한다.

㉯ 특징

㉮ 방화 댐퍼는 퓨즈 또는 전기신호에 의하여 스프링, 전기 및 중력의 힘에 의하여 작동된다. 닫히는 형태는 일반 댐퍼(Volume Control Damper)와 같이 날개가 회전하는 형태 및 슬라이딩 셔터(Curtain)처럼 닫히는 형태 등이 일반적이다.

▶ 화염에서 견딜 수 있는 시간에 의한 분류

• 1.5 Hour Rating Fire Damper : 벽, 바닥 및 칸막이에 설치되어 최초 화재 발생 후 1.5시간 이상 3시간 미만 동안 견딜 수 있는 방화 댐퍼

• 3 Hour Rating Fire Damper : 벽, 바닥 및 칸막이에 설치되어 최초 화재 발생 후 3시간 이상 견딜 수 있는 방화 댐퍼

㉰ 방화 댐퍼(Fire Damper) 구분

㉮ Static Rated Fire Damper : 화재가 발생하면 이를 감지하여 Fan이 정지하고 댐퍼는 닫히는 형태의 방화 시스템을 Static Fire(Smoke) Control이라고 하며, 이때 사용되는 방화 댐퍼를 Static Rated Fire Damper라고 한다.

㉯ Dynamic Rated Fire Damper : 자동제어를 가미하여 화재 지역의 급기 댐퍼와 화재 발생 이외 지역의 배기 댐퍼는 폐쇄하고, 화재 지역의 배기 댐퍼와 화재 발생 이 외 지역의 급기 댐퍼는 열어 사람이 대피하는 동안에 질식 등을 방지할 수 있도록 제어하는 방화 시스템을 Dynamic Fire(Smoke) Control이라고 한다. 여기에 사용되는 방화댐퍼를 Dynamic Rated Fire Damper라고 불린다.

⑨ 방연 댐퍼(Smoke Damper)

㉮ 화재 발생 시에는 화염에 의한 인명 피해보다 유독 가스나 연기에 질식되어 발생하는 인명 피해가 더 많으며, 가스의 이동 속도는 화염보다 더 빠르므로 가스의 이동을 차단하고 이를 배연하는 시스템이 반드시 필요하다.

㉯ 방연 댐퍼는 화염에 충분히 견딜 수 있는 강도와 가스의 유동을 차단하기 위한 밀폐

성이 보장되어야 한다.

(대) Dynamic Fire (Smoke) Control System에서는 일정 시간 동안 제어할 수 있는 자동제어 계통의 화염에 대한 내성도 필요하다.

(래) 배연(제연) 댐퍼도 방연 댐퍼의 일종이며, 화재의 제어 후 배연할 목적으로 사용된다.

⑩ 방화·방연 댐퍼 (SFV Damper, Fire & Smoke Damper)

(가) 화재나 연기를 감지하여 작동함 (철판 두께 1.6 T 이상, 납의 용융점은 72℃ 이하)

(나) 방화방연 댐퍼는 방화 댐퍼와 방연 댐퍼를 혼합한 형태의 댐퍼를 말하며, 최근에는 이 방화·방연 댐퍼를 주로 사용하는 추세이다.

⑪ 동파방지 댐퍼 : 겨울철 냉·난방 코일의 동파 방지 방법으로 사용됨

(가) 실제로 동파를 방지할 수 있는 기능은 가지고 있지 않으나 하나의 프레임에 저누설 댐퍼(Air Tight Damper)의 날개를 이중으로 배열하여 누설률을 더 줄이고 날개 사이에 중간층을 둠으로써 외부공기의 냉기전달 속도를 둔화시키는 댐퍼를 편의상 이렇게 부른다.

(나) 코일의 동파방지를 위해 보통은 동파방지 히터를 공조기에 내장하거나 온수 또는 스팀을 계속 순환시키는 방법도 이용되고 있다.

※ 겨울철 냉·난방 코일의 동파 방지 방법

- 히터 (전기, 온수, 증기) 설치
- 미사용 시 코일 내부의 배수 실시
- 동파 방지 댐퍼 설치
- 온수 또는 스팀 계속 순환

⑫ IAQ 댐퍼

(가) 댐퍼 자체의 기능이나 형상을 나타내는 표현은 아니다.

(나) 실내공기의 오염 정도 (주로 이산화탄소의 농도)를 측정하여 오염이 되면 외기를 더 도입하도록 외기 댐퍼의 개도를 늘리고 일정 농도 이하의 오염하에서는 외기 도입을 줄임으로써 에너지 절약을 유도하는 컨트롤을 갖춘 댐퍼를 일컫는다 (CO_2 제어).

• 문제풀이 요령

　댐퍼를 날개의 회전방향에 따라 평행익형, 대향익형, 혼합형, 슬라이드형, Curtain형, Butterfly형 등으로 나눌 수 있고, 사용 목적에 따라 일반 댐퍼 (Volume Control Damper), 밸런싱 댐퍼 (일반 댐퍼와 동일하나 덕트의 여러 분지관에 설치되어 풍량 균등화), 저누설 댐퍼 (에너지 손실 감소, 코일 등의 동파방지 등), 정풍량 댐퍼 (CAV 비례제어 댐퍼), 역풍방지 댐퍼, 릴리프 댐퍼 (일정 압력 이상의 압력이 걸리면 유체가 도피), Shut-Off Damper (Fan이 운전되면 열리고, 정지하면 닫힘), 방화 댐퍼 (화재 시 불길 차단), 방연 댐퍼 (가스의 이동을 차단하고 이를 배연하는 시스템), 방화방연 댐퍼 (SFV 댐퍼), IAQ 댐퍼 (실내공기의 오염 정도를 측정하여 환기량 제어) 등이 있다.

PROJECT **94** 송풍기의 특성 곡선과 직·병렬 운전 　　출제빈도 ★★★

Q 공조용 송풍기의 특성 곡선과 직·병렬 운전에 대해 설명하시오.

---

(1) 개요

① 송풍기 특성 곡선은 해당 송풍기의 특성을 나타내는 것이며, 개개의 기종에 따라 다르게 나타난다.

② 또 동일 종류 중에서도 날개(Impeller)의 크기, 압력비 등에 의해 그 특성이 다르게 나타난다.

(2) 특성 곡선의 구성

① 풍량이 어느 한계 이상이 되어 축동력이 급증하고 압력과 효율은 낮아지는 오버 로드 현상이 있는 영역과, 송풍기 동작이 불안정한 서징(Surging) 현상이 있는 영역에서의 운전은 좋지 않다.

② 서징(Surging)의 대책

㉮ 시방 풍량이 많고, 실사용 풍량이 적을 때 바이 패스 또는 방풍 필요

㉯ 송풍기 특성곡선의 우측(우하향) 영역에서 운전되게 할 것

㉰ 축류식 송풍기는 동, 정익의 각도를 조정한다.

(3) 송풍기의 직렬운전 방법(용량이 동일한 경우)

① 승압을 목적으로 동일 특성의 송풍기 2대를 직렬로 연결하여 운전하는 경우에 해당하며, 2대 직렬 운전 후의 특성은 어떤 풍량점에서의 압력을 2배로 하여 얻어진다.

② 특성 곡선은 이와 같이 2배로 얻어지지만 단독운전의 송풍기에 1대 추가하여 직렬로 운전해도 실제의 압력은 2배가 되지 않

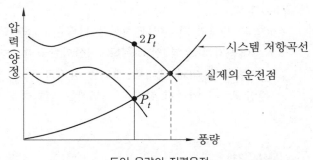

동일 용량의 직렬운전
(펌프의 경우에도 동일하나 좌하향 구간이 없음)

는다. 그것은 배관의 마찰저항 증가, 풍량 증가 등에 기인한다.

③ 2대 운전하고 있는 장치의 1대를 정지한 경우의 작동점의 압력은 절반 이상이 된다.

④ 압력이 높은 송풍기를 직렬로 연결한 경우, 1대째의 승압에 비해 2대째의 송풍기가 기계적인 문제를 야기할 수 있음을 주의해야 한다.

(4) 송풍기 직렬운전 방법(용량이 다른 경우)

① 합성운전점이 a일 경우 소용량 송풍기의 양정이 b가 되어 음의 양정이 되면 안 된다.

② 이 경우 소용량 송풍기는 오히려 시스템의 저항으로 작용한다.

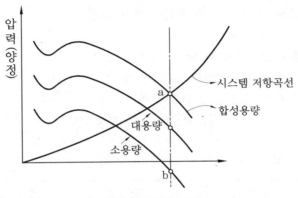

용량이 다른 직렬운전
(펌프의 경우에도 동일하나 좌하향 구간이 없음)

(5) 송풍기의 병렬운전 방법(용량이 동일한 경우)

① 동일 특성의 송풍기를 2대 이상 병렬로 연결하여 운전하는 경우에 해당하며, 이 경우 특성 곡선은 풍량을 2배하여 얻어지지만, 실제 2대 운전 후의 작동점은 2배의 풍량으로는 되지 않는다. (압력도 다소 증가)

② 또한 병렬운동을 행하고 있는 송풍기 중 1대를 정지하여 단독운전을 해도 풍량은 절반 이상이 된다.

동일 용량의 병렬운전
(펌프의 경우에도 동일하나 좌하향 구간이 없음)

(6) 송풍기의 병렬운전 방법(용량이 다른 경우)

① 합성운전점 a의 양정이 소용량 펌프의 최고양정 b보다 낮은 경우에는 2대의 펌프로 공히 양수 가능하게 된다.

② 특성이 크게 다른 송풍기를 병렬운전하는 것은 운전이 불가능한 경우도 있으므로 피하는 편이 좋다.

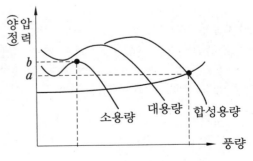

다른 용량의 병렬운전
(펌프의 경우에도 동일하나 좌하향 구간이 없음)

(7) 직·병렬 운전의 용도

① 직렬운전

㉮ 송풍기의 총압력을 높이고자 할 때

㉯ 송풍기 1대의 압력보다 소요압력이 높은 경우

㉰ Booster형식으로 저단 / 고단의 구분이 필요한 경우

② 병렬운전

㉮ 송풍기의 풍량을 높이고자 할 때

㉯ 송풍기 대수 제어로 효율 관리가 필요한 경우

㉰ 건물 반입상의 문제(크기 및 운반상 문제)

㉱ 송풍기 1대 고장시 Back – Up 운전이 필요한 경우

(8) 직·병렬 운전 비교표

항 목	직 렬 운 전	병 렬 운 전
원 리	• 공조용 저압송풍기를 직렬로 운전	• 2대 또는 그 이상의 동일 성능의 송풍기를 병렬로 운전
특징	• 송풍기의 풍량이 동일한 경우, 송풍기 총압(總壓)은 각각의 송풍기 총압을 합산한 것임(마찰 손실 제외 시)	• 동일 송풍기의 경우 그 특성 곡선은 각 송풍기의 총압(總壓) 또는 정압에 대한 각 송풍기의 풍량을 합산한 것임(마찰 손실 제외 시)
용 도	• 소요 압력이 1대에서 얻어지는 최대 압력보다 높은 경우 • 송풍 저항의 변화에 따라 저압 시에는 1대, 고압 시에는 2대를 부스터로서 사용하는 경우	• 송풍기의 높이가 너무 높아서 건물 내 반입이 어려운 경우 • 고장 시에도 어느 정도의 풍량이 꼭 확보되어야 하는 경우 • 송풍계의 저항이 송풍기 정압에 비해 작고 소요 풍량이 1대에서 얻어질 수 있는 최대 풍량보다 많을 때

• 문제풀이 요령

송풍기에서 압력을 승압할 목적으로 동일 특성의 송풍기 2대를 직렬로 연결하여 운전하는 방법을 '직렬운전'이라 하고, 동일 특성의 송풍기 2대를 병렬로 연결하여 풍량을 2배 얻고자 하는 방식을 '병렬운전' 이라고 한다(실제의 작동점은 관로저항 등으로 인하여 직·병렬 모두 2배가 되지 못한다).

PROJECT *95*   공조용 Air Filter   출제빈도 ★★★

Q 공조용 Air Filter의 분류 및 특징에 대해 설명하시오.

(1) 개요

① 공조용 필터는 그 종류가 매우 다양하나, 대체적으로는 충돌 점착식, 건성 여과식, 전기식, 활성탄 흡착식 등으로 나눌 수 있다.

② 일반적으로 청정도가 높은 Filter는 정압 손실이 크기 때문에 Fan 동력 증가로 동력 손실이 많으므로 주의가 필요하고, 정압 손실이 적은 Filter 선정으로 에너지 절약이 필요함

(2) 충돌점착식 (Viscous Impingement Type)

① 특징

㈎ 비교적 관성이 큰 입자에 대한 여과

㈏ 비교적 거친 여과장치

㈐ 기름 또는 Grease에 충돌하여 여과함

㈑ 기름이 혼입될 수 있으므로 식품관계 공조용으로는 사용하지 않음

② 종류

㈎ 수동 청소형

 ㉮ 충돌 점착식의 일반적 형태임

 ㉯ 여과재 교환형과 유닛 교환형이 있다.

㈏ 자동 충돌점착식(자동 청소형)

 ㉮ 여과재를 이동하는 체인(Chain)에 부착하여 회전시켜가며 여과함

 ㉯ 하부에 있는 기름통에서 청소하는 비교적 대규모 장치

(3) 건성여과식 (Dry Filtration Type)

① 여과재의 종류 : 셀룰로오스 (Cellulose), 유리 섬유 (Glass Wool), 특수처리지, 목면(木綿), 毛 펠트(Felt) 등

② 유닛 교환형

㈎ 수동으로 청소, 교환, 폐기하는 형태임

㈏ 주로 여러 개의 유닛 필터를 프레임에 V 자(字) 형태로 조립하여 사용

③ 자동권취형 (Auto Roll Filter) : 자동 회전하여 먼지 회수

㈎ 자동권취형(Auto Roll) Air Filter는 일상의 순회 점검 및 매월 정기적인 여재의 교체가 필요 없는 제품 (자동적으로 롤러가 회전하면서 여과함)

㈏ 용도 및 장소에 따라 내·외장형 및 외부여재 교환형과 2차 Filter를 조합한 형태로 구분되며, 설치 면적에 의해 종형과 횡형으로 구분되어 목적에 맞게 선택의 폭이 다양하다.

   (다) 자동적으로 권취되기 때문에 관리비가 적게 들고 연간 유지 비용이 크게 절감된다.

   (라) 자동권취 방식은 시간, 차압, 시간 및 차압 검출에 의한 3가지 방식으로 제어가 가능하고, Filter의 교환이 용이하도록 제작되었다.

④ 초고성능 필터 (ULPA Filter)

   (가) 일반적으로 'Absolute Filter', 'ULPA Filter'라고 부른다.

   (나) 이 Filter에도 굴곡이 있어서 겉보기 면적의 15~20배 여과면적을 갖고 있다.

   (다) HEPA Filter는 일반적으로 가스상 오염물질을 제거할 수 없지만, 초고성능 Filter는 담배연기 같은 입자에 흡착 혹은 흡수되어 있는 가스를 소량 제거할 수 있다.

   (라) 특징

      ㉮ 대상분진(입경 $0.1 \sim 0.3 \mu m$의 입자)을 99.9997 % 이상 제거한다.

      ㉯ 초 LSI 제조공장의 Clean Bench 등에 사용한다.

      ㉰ Class 10 이하를 실현시킬 수 있다.

⑤ 고성능 필터 (HEPA Filter ; High Efficiency Particulate Air Filter)

   (가) 정격 풍량에서 미립자 직경이 $0.3 \mu m$의 DOP 입자에 대해 99.97 % 이상의 입자 포집률을 가지고, 또한 압력 손실이 245 Pa (25 mmH$_2$O) 이하의 성능을 가진 에어 필터

   (나) 분진 입자의 크기가 비교적 미세한 분진의 제거용으로 사용되며, 주로 병원 수술실, 반도체 Line의 Clean Room 시설, 제약회사 등에 널리 사용된다.

   (다) Filter의 Test는 D.O.P Test (계수법)로 측정한다.

   (라) HEPA Filter의 종류

      ㉮ 표준형 : 24"×24"×11 1/2"(610 mm×610 mm×292 mm) 기준하여 1inch Aq/1250 cfm (25.4 mmAq / 31 CMM)의 제품

      ㉯ 다풍량형 : 24"×24"×11 1/2"(610 mm×610 mm×292 mm) 크기로 하여 여재의 절곡수를 늘려 처리 면적을 키운 제품

      ㉰ 고온용 : 표준형의 성능을 유지하면서 높은 온도에 견딜 수 있도록 제작된 제품

⑥ 중성능 필터 (Medium Filter)

   (가) Medium Filter는 고성능 Filter의 전처리용으로 사용되며, 빌딩 A.H.U에는 Final Filter로 널리 사용된다.

   (나) 효율은 비색법으로 나타내고 65 %, 85 %, 95 %가 많이 쓰이며, 여재의 종류는 Bio-Synthetic Fiber, Glass Fiber 등이 있으나 최근에는 Glass Fiber (유리 섬유)에 발암물질이 내포되어 있다 하여 Bio Synthetic을 주로 널리 사용한다.

⑦ Panel Filter (Cartridge Type) : Aluminum Frame에 부직포를 주 재질로 하고 있으나 Frame 및 여재의 선택에 따라 다양한 제작이 가능하고 널리 사용되는 제품이다.

⑧ Pre Filter (초급 / 전처리용)

   (가) 비교적 입자가 큰 분진의 제거용으로 사용되며, 중성능 필터의 전단에 설치하여 Filter의 사용 기간을 연장하는 역할을 한다.

   (나) Pre Filter의 선택 여부가 중성능 Filter의 수명을 좌우하므로 실질적으로 매우 중요

한 역할을 한다.

㈐ Pre Filter는 미세한 오염 입자의 제거 효과는 없으므로 중량법에 의한 효율을 기준으로 한다.

㈑ 종류 : 세척형, 1회용, 무전원정전방식, 자동권취형, 자동집진형 등

(4) 전기집진식 필터

고전압 (직류 고전압)으로 먼지 입자를 대전시켜 집진함

① 주로 '2단 하전식 집진장치'를 말함

② 하전된 입자를 절연성 섬유 또는 플레이트에 집진하는 일반형 전기 집진기 (Charged Media Electric Air Cleaner)와 강한 자장을 만들고

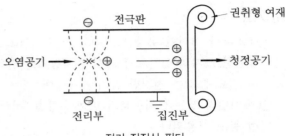

전기 집진식 필터

있는 하전부와 대전한 입자의 반발력을 이용하는 집진부로 된 2단형 전기 집진기 (Ioinzing Type Electronic Air Cleaner)가 있다.

③ 2단형 전기 집진기는 압력 손실이 낮고, 담배 연기 등의 제거 효과가 있다.

㈎ 1단 : 이온화부 (방전부) → 직류전압 10~13 kV로 하전됨

㈏ 2단 : 집진 극판 → 직류전압 5~6 kV로 하전됨

㈐ 1단과 2단의 중간 간격은 약 50 mm이고, 0.2μm의 텅스텐 선이 설치된다.

④ 효율은 비색법으로 85~90 % 수준이다.

⑤ 공업용(산업용) : 음극 방전, 공조용 : 양극 방전

⑥ 세정법

㈎ 자동 세정형 : 하부에 기름 탱크를 설치하고, 체인으로 회전

㈏ 여재 병용형(자동 갱신형) : 분진 침적 → 분진응괴 발생 → 기류에 의해 이탈 → 여재에 포착

㈐ 정기 세정형 : 노즐로 세정수 분사

(5) 활성탄 흡착식 (Carbon Filter, 활성탄 필터)

① 유해가스, 냄새 등을 제거하는 것이 목적이다.

② 냄새 농도의 제거 정도로 효율을 나타낸다.

③ 필터에 먼지, 분진 등이 많이 끼면 제거 효율이 떨어지므로 전방에 프리필터를 설치하는 것이 좋다.

• 문제풀이 요령

　공조용 필터는 충돌 점착식 (수동 청소형 및 자동 청소형), 건성 여과식 (유닛 교환형, 자동 권취형, 고성능, 초고성능, 중성능, Panel Type, 프리 필터 등), 전기 집진식, 활성탄 흡착식 등으로 나눌 수 있다.

PROJECT 96 Air Filter의 성능 시험방법 출제빈도 ★★☆

Q 공조용 Air Filter의 성능 시험방법에 대해 설명하시오.

(1) 개요

① Filter란 어떠한 유체(Air, Oil, Fuel, Water, 기타)를 일정한 시간 내에 일정한 용량을 일정한 크기의 입자로 통과시키는 장치를 말하며, 특히 대기 중에 존재하는 분진을 제거해 필요에 맞는 청정한 공기를 만들어 내는 것이 Air Filter 이다.

② 에어필터 성능을 시험하기 위해 중량법, 비색법, 계수법 이외에 압력 손실법, Leak Test법 등도 사용된다.

(2) 중량법 : Prefilter 등

① AFI 또는 ASHRAE 규격을 적용하여 시험한다.

② AFI와 ASHRAE의 특징은 시험장비가 AFI는 수직으로 되어 있고, ASHRAE는 수평으로 되어 있으며, 분진 공급 장치가 서로 다르다.

③ 사용 분진 조성에서도 미미한 차이가 나고 있다 (규격 참조).

④ 적용 대상 분진의 입경은 1μm 이상으로 되어 있고, 일반 공조용의 외기 및 실내공기 중의 부유분진 포집용에 적용한다.

⑤ 시험방법

㈎ Filter 상류 측으로부터 시험용 Filter를 하류 측에 절대 Filter를 설치하여 분진을 공급한 다음 시험용 Filter와 절대 Filter의 중량 차이로 측정하는 것이다.

㈏ 효율 : $v(\%) = \dfrac{w_1}{w_2} \times 100$ 으로 표기된다.

여기서, w_1 = Filter가 포집한 분진량(g), w_2 = 공급된 분진량(g)

(3) 비색법 (변색도법) : 중성능 필터 등

① 적용대상 분진의 입경은 1μm 이하로 중고성능용 Filter 또는 정전식 Air Filter와 같이 중량법의 포집효율이 95 % 이상일 때 적용한다.

② NBS(National Bureau Of Standard, 비색법)와 ASHRAE 규격을 적용하며, 양 규격 모두 시험장비는 횡형으로 되어 있다.

③ 시험방법

㈎ 시험용 Filter를 상류, 하류 측의 중간에 놓고 분진을 통과시킨 다음 빛(光)을 투과시켜 변색된 상당치를 측정하는 것이다.

㈏ 효율 $v(\%) = \left(\dfrac{c_1 - c_2}{c_1}\right) \times 100$ 으로 표기된다.

여기서, c_1 = 상류 측 분진 농도 상당치, c_2 = 하류 측 분진 농도 상당치

(4) 계수법(DOP) 시험방법 : 고성능 필터 등

① MIL, Std-282에서 규정하였고 중량법, 비색법에서는 포집률이 100%가 되면 미립자에 대한 높은 포집률의 계산은 불가능하다.

② DOP(Di-Octyl-Phthalate) 에어로졸을 제너레이터 용기에 넣고 열을 가하게 된다.

③ 에어로졸은 증기화되고 이 증기(DOP 증기)는 가열된 기류 속으로 주입되어 혼합실로 보내진다.

④ 혼합실에서 DOP 증기를 동반한 이 가열 공기는 실내온도 정도의 찬기류와 혼합되고, 이것은 증기를 아주 작은 응축액으로 액화시킨다.

⑤ 여기서 이 물방울의 크기는 혼합온도에 의해 조절되며, DOP법에 있어 미립자의 크기는 $0.3\mu\mathrm{m}$을 만들도록 통제한다.

⑥ 이들 미립자는 시험필터 상류쪽 기류 속에 주입되고 시험 중인 필터의 입구·출구 측 농도는 빛 확산 장치(광산란)에 의해 측정된다.

⑦ 사실상 DOP 방법은 미립자 수에 의거하여 시험 Filter 입, 출구 쪽 미립자 농도를 비교하는 것으로 계수법이라 부른다.

⑧ 효율 $v(\%) = \left(\dfrac{c_1 - c_2}{c_1}\right) \times 100$

　　여기서, c_1 = 상류 측 분진 농도 상당치, c_2 = 하류 측 분진 농도 상당치

(5) 압력 손실법

① 시험용 Air Filter의 정격 풍량으로 풍량을 조정하고, 시험 Filter 상류의 압력(P_1)과 시험 Filter 하류의 압력(P_2)을 측정하여 표시함

② 압력 손실(mmAq) = $P_1 - P_2$

(6) Leak Test

① 시험 Air Filter에 면속 0.4~0.5 m/s로 풍량을 조정하고 상류에 분진(DOP, 대기진, PSL, DEHS, 실리카 등)을 투입하면서 Filter의 하류에서 Particle Counter 기계를 이용 Probe를 일정 속도로 이동하면서 여재(Media)의 손상이나, Filter Frame과 여재(Media)의 접착 상태를 확인 Test하는 방법임

② Scan Test법이라고도 한다.

• 문제풀이 요령

Air Filter의 성능 시험방법에는 중량법($1\mu\mathrm{m}$ 이상), 비색법($1\mu\mathrm{m}$ 이하), 계수법(고성능 필터) 등이 있으며, 효율 측정법은 $v(\%) = (c_1 - c_2/c_1) \times 100$ 공식으로 계산한다.

PROJECT 97 VAV의 종류별 특징 출제빈도 ★★★

Q 공조용 VAV의 종류 (기능별 분류)별 특징에 대해 설명하시오.

(1) 개요

① CAV(정풍량 방식) : 풍량이 일정하므로 급기 온·습도를 조절하여 공조할 실의 온·습도를 제어함

② VAV(변풍량 방식) : 송풍량을 조절하여 온도 및 습도를 조절함

③ VAV는 흔히 바이패스형, 교축형(Throttling Type), 유인형 등으로 대표되며, 바이패스 타입은 3방 밸브에, 교축형은 2방 밸브에 비유되기도 한다.

④ 정풍량선도 : 정압이 일정 한도 이내 변할 때 풍량 같음 풍량 조절 장치에 의해 Step별로 풍량 증감시킴

⑤ VAV는 정풍량 특성이 좋고, 공기량을 부하변동에 따라 통과시키므로 온도 조절, 정압 조정 가능하고 제어성이 양호하다.

(2) 교축형 VAV (Throttle Type)

① 특징

㈎ 가장 널리 보편화된 형태(Bypass Type보다는 교축형이 일반적이다)로써 댐퍼 Actuator를 조절하여 실내 부하조건에 일치하는 풍량을 제어하는 방식이다.

㈏ 동력 절감이 확실함, 소음/정압 손실이 높음, 저부하 운전 시 환기량 부족 우려될 수 있음

㈐ 동작은 실내의 변동부하 추정 동작인 Step제어(전기식), 덕트 내 정압변동 감지동작으로 구분되며, 스프링 내장형, 벨로스형 등이 있다.

② 구분

㈎ Pressure Dependent Type : 덕트 내 압력 변동에 종속적이므로, 중량의 안정화가 어렵다.

㈏ Pressure Independent Type : 실내온도에 따른 교축(1차 구동), 덕트 내 압력변동을 스프링, 벨로스 등이 흡수함(2차 구동, 정풍량 특성)

  ㉮ 스프링 내장형 : 스프링에 의해 압력 변동을 흡수

  ㉯ 벨로스형(Bellows Type) : 공기의 온도에 따라 수축/팽창하여 공기량을 조절하는 방법

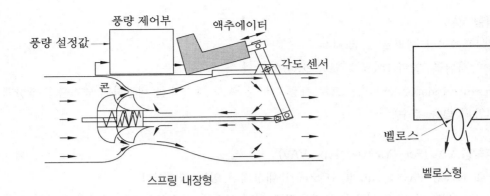

스프링 내장형   벨로스형

(3) 바이패스형 VAV (Bypass Type)

① 특징

㈎ 실내 부하 조건이 요구하는 필요한 풍량만 실내로 급기하고 나머지 풍량은 천장 내로 바이패스하여 리턴으로 순환시키는 방법이다. 따라서 엄밀한 의미에서는 VAV라 할 수 없다.

㈏ 저부하 운전 시 동력 절감이 안되나, 정압 손실이 거의 없다.

② 그림

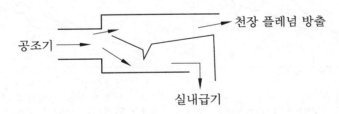

(4) 유인형 VAV (Induction Type)

① 특징

㈎ 실내 부하가 감소하여 1차 공기의 풍량이 실내 설정 온도점 이하부터는 천장 내의 2차 공기를 유인하여 실내로 급기하는 방식이다.

㈏ 덕트 치수가 작아지고, 환기량이 거의 일정, 덕트 길이의 한계 존재

② 그림

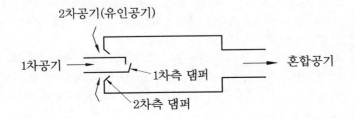

(5) 댐퍼형 VAV

① 버터플라이형 댐퍼를 주로 사용

② 댐퍼 하단부 '압력 Drop'에 의한 소음에 주의

③ Pressure Independent Type으로 사용 시에는 '속도 감지기'를 내장하여 댐퍼를 조작하게 함 (압력 변동 흡수)

(6) 팬부착형 VAV (Fan Powered Type VAV)

① 주로 교축형 VAV에 Fan 및 Heater가 내장되어 있는 형태이다.

② VAV는 냉방 및 환기 전용으로 작동되고 실내 부하가 감소하여 1차 공기의 풍량이 설계치의 최소 풍량일 때 실내 온도가 계속 (Dead Band 이하로) 내려가면 Fan이 동작되고, Reheat Coil의 밸브가 열려 천장 내의 2차 공기를 가열하여 실내로 급기하는 방식이다.

　칼럼 교축형과 바이패스형 vav의 습공기 선도상 표현

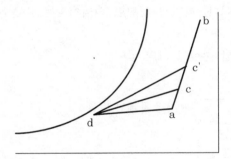

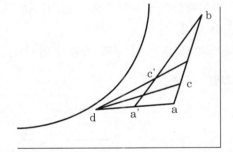

```
* 범례
a : 실내공기
b : 외기(외기도입량 일정의 경우)
c : 공조기 입구상태(부하 100%)
c' : 공조기 입구상태(부분부하)
d : 공조기 출구상태
```

　　　　　　교축형 VAV

```
a : 실내공기
a' : 공조기 리턴 공기상태(부분부하)
b : 외기(외기도입량 일정의 경우)
c : 공조기 입구상태(부하 100%)
c' : 공조기 입구상태(부분부하)
d : 공조기 출구상태
```

　　　　　　바이패스형 VAV

• 문제풀이 요령

① VAV는 정풍량 특성이 좋고, 부하변동에 따른 제어성이 양호하다.

② VAV의 종류로는 교축형 (보통은 압력독립형), Bypass Type (저부하 운전 시 동력 절감 안됨), In-Duction Type (천장 내의 2차 공기를 유인), 댐퍼형 (버터플라이형 댐퍼), Fan Powered VAV Type (Dead Band 이하에서 Fan 동작 + Reheat Coil의 밸브 Open되어 천장 내 2차 공기를 가열하여 급기) 등이 있다.

③ VAV 유닛과 모터 댐퍼의 차이 : VAV 유닛은 온도 감지기의 신호로 풍량이 설정되어 있고, 정풍량 기능(시스템의 압력이 변해도 설정풍량 유지 가능)이 작동되지만, 모터 댐퍼에서는 단순히 일정한 신호에 의해 댐퍼의 개도가 설정되고 정풍량 기능도 없기 때문에 덕트계의 단순한 개폐 전환 제어에만 사용된다.

PROJECT 98 VAV System의 적용 방법　　　　출제빈도 ★☆☆

Q 건물의 내주부 및 외주부에 VAV System의 적용 방법에 대해 설명하시오.

(1) 개요

① 보편적으로 건물은 전열 및 복사열 등 외부의 영향을 직접 받는 외주부와 외부의 영향을 받지 않는 내주부로 구성된다.

② 설비 설계 시에도 내·외주부는 구별되어 설계되며, 실제로 HVAC System에 VAV 방식을 적용하는 대표적인 방법은 아래와 같다.

㈎ VAV Unit (내주부)+Fan Powered VAV Unit (외주부)

㈏ VAV Unit (내주부)+FCU 또는 방열기 (외주부)

㈐ VAV Unit (내주부)+VAV Unit (외주부)

㈑ Fan Powered VAV Unit (내주부)+Fan Powered VAV Unit (외주부)

(2) VAV Unit (내주부)+Fan Powered VAV Unit (외주부)

① 내주부의 VAV Unit은 내주부에서 발생하는 냉방부하를 담당함으로 항시 냉방운전으로 동작하고, 외주부의 Fan Powered VAV Unit는 외주부에서 발생하는 냉방부하(하계 시) 또는 난방부하(동계 시)를 처리하는 방식이다.

② VAV Unit는 실내온도 상승 시 풍량을 많이 공급해 주어 냉방부하를 처리하고, 냉방부하 감소 시에는 풍량을 감소시켜 실내온도를 설정점으로 유지하여 준다(이때 VAV Unit의 최소 풍량은 실내의 최소 환기량으로 설정된다).

③ PF Unit는 하계 시에는 Fan과 Reheating Coil을 사용하지 않고, 내부의 VAV Unit에 의해 내주부의 VAV Unit와 동일하게 운전(냉방)되고, 난방부하 발생 시 최소 환기량을 유지하는 동시에 Fan과 Reheating Coil을 동작하여 실내에 난방부하를 제어한다.

(3) VAV Unit (내주부)+FCU 또는 방열기 (외주부)

① 냉방 VAV Unit + 난방 FCU 또는 방열기를 사용할 때 하계 시에는 VAV Unit에 의해 단일 공조 제어를 하여 실내온도 상승 시 풍량을 증가하여 주어 냉방부하를 처리하고, 냉방부하 감소 시에는 풍량을 감소시켜 실내온도를 설정점으로 유지하여 준다 (이때 VAV Unit의 최소 풍량은 실내의 최소 환기량으로 설정된다).

② 동계 난방 시에는 VAV Unit는 최소 풍량을 실내에 공급하고 최소 환기량을 유지하여 실내에 공급하며, 외주부의 난방 FCU 또는 방열기로 난방부하를 처리한다.

(4) VAV Unit (내주부) + VAV Unit (외주부)

① 하계 시에는 내·외주부 VAV Unit에 의해 냉방제어를 하여 실내온도 상승 시 풍량을 증가시켜 냉방 부하를 처리하고 냉방부하 감소 시에는 풍량을 감소시켜 실내온도를 설정점으로 유지하여 준다(VAV Unit의 최소 풍량은 최소 환기량으로 한다).

② 동계 시에 내주부 VAV Unit는 하계와 동일하게 운전(냉방)하고, 외주부 VAV Unit는 이 부분에서 발생하는 난방부하를 처리하도록 난방운전을 한다.

③ 이렇게 공조 시스템을 VAV Unit로만 구성할 때는 별도의 공조기로 내·외주부로 구분해야 하고, 단일 공조기 사용 시에는 외주부의 덕트 계통에 재열 코일을 설치하여 급기온도를 다르게 설정하여 급기할 수 있도록 해야 한다.

(5) Fan Powered VAV Unit(내주부) + Fan Powered VAV Unit (외주부)

① 내·외주부 Fan Powered VAV Unit를 사용하는 방법 널리 사용되지는 않으나 주덕트의 크기를 줄일 수 있는 저온 급기방식을 사용할 때 주로 사용하며 저온급기된 공기를 Fan Powered VAV Unit에서 실내 순환공기와 혼합하여 실내로 공급하여 주는 방식이다.

② 1차공기(AHU 급기)와 2차 공기(실내 순환 공기)를 혼합하여 실내에 급기되는 온도를 적정하게 상승시켜, 급기온도와 실내온도의 차이를 줄여 인체에 해로운 영향을 방지하고, 또한 급기 풍량이 항상 일정하므로 실내 기류 상태를 안정적으로 유지할 수 있는 장점이 있다.

• 문제풀이 요령

외부 기후의 영향을 직접 받는 외주부에는 Fan Powered VAV Unit, FCU, 방열기, 별도의 VAV(내주부와 별개 ; 재열 코일 부착) 등을 적용하는 것이 좋고, 주로 내부 발생열을 처리해야 하는 내주부는 일반 VAV Unit을 사용한다.

PROJECT 99 코안다 효과 (Coanda Effect)   출제빈도 ★★☆

Q 코안다 효과 (Coanda Effect)에 대해 설명하시오.

(1) 코안다 효과의 정의

① 벽면과 천장면에 접근하여 분출된 기류는 그 면에 빨려 들어가 부착하여 흐르는 경향을 가짐을 말한다 (압력이 낮은 쪽으로 유도되는 원리를 이용).

② 이 경우에는 한쪽만 확산되므로 자유 분류에 비해 속도 감쇠가 작고 도달 거리가 커진다.

(2) 적용 예

① 복류형 디퓨저 : 유인성이 큰 복류형 디퓨저 등에서 도출되는 바람이 천장 및 벽면을 타고 방의 구석까지 멀리 유동하는 현상이 발생한다.

② 주방 레인지 후드 : 음식을 조리할 때 생기는 냄새와 오염가스, 잉여 열 등을 바깥으로 내보내는 기능을 원활히 하기 위해 주거공간 내부 벽을 따라 공기를 외부로 배출시키는 '코안다' 효과를 이용한 경우도 있다.

③ Bypass형 VAV Unit에서의 On−Off 제어 : 아래 그림에서 댐퍼 A를 열면 급기 측으로 공기가 유도되고, 댐퍼 B를 열면 Bypass 쪽으로 공기가 유도된다 (압력이 낮은 쪽으로 유도되는 원리).

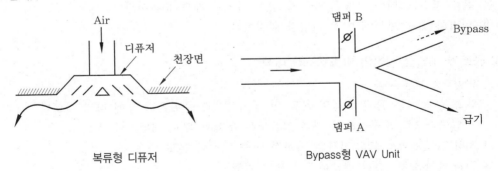

복류형 디퓨저   Bypass형 VAV Unit

(3) 주의할 점

① 천장, 벽면 등에 먼지가 많이 부착될 수 있다.

② 자칫 원하는 위치와 다르게 기류가 도달할 수 있으니 주의가 필요하다.

・**문제풀이 요령**

코안다 효과 (Coanda effect)는 벽면이나 천장면에 접근하여 분출된 기류가 압력이 낮은 쪽으로 유도 (벽면, 천장면에 부착)되어 흐르는 현상을 말한다 (천장이나 벽면 등에 먼지가 많이 부착되는 원인이기도 하다).

PROJECT 100 공기조화기의 동결방지 대책
출제빈도 ★☆☆

Q 동절기 공기조화기의 동결방지 대책에 대해 설명하시오.

(1) 개요

① 동절기 공조기 방동대책은 중부 이북지역처럼 겨울철 외기온도가 낮을 때 특히 중요하다.

② 지역별 방동대책은 지역의 기온, 기후 변동 정보의 입수로 적정한 대책이 요구되며 보온 대책 외에 부동액 봉입, 자동 퇴수 밸브, 동결방지 댐퍼 등의 설치도 고려할 필요가 있다.

(2) 보온, 동결방지 위한 조사내용

① 풍향, 풍속, 적설량 등의 기상조건

② 지반 동결심도 등 파악

③ 기타 배관 노출지점 파악

(3) 공조기의 동결방지 대책

① 동파방지 히터(전기 히터, 온수 히터, 증기 히터)를 내장한다.

② 공조기 정지 시 열교환기 내부의 물을 배수한다.

③ 동파 방지 댐퍼를 설치한다.

④ 온수 혹은 스팀의 소량은 공조기 정지 시에도 계속 순환시킨다.

⑤ 외기의 입구 부분에 예열 히터를 설치한다.

(4) 공조기 수배관 설비의 방동(防凍) 대책

① 단열재로 보온 시공

  (가) 보온 두께는 관내 유체의 온도 및 정지시간과 주위온도 등에 따라 다르다.

  (나) 일반적으로 소구경보다 대구경의 보온 두께가 더 두꺼워진다.

② 지하 매설로 방동처리 : 지하의 비교적 연중 일정한 온도 이용

③ 전기 열선 설치 : 전기 밴드히터 등으로 가열

④ 소량의 물이 항상 흐르게 한다.

⑤ 자동 퇴수 밸브(동결방지 밸브) 설치 고려

⑥ 설해 방지 조치(방설 가이드 설치 등)

⑦ 부동액을 혼입하여 방동처리한다.

• **문제풀이 요령**

  동절기 공기조화기의 동결방지 대책으로는 보온, 부동액 봉입, 자동 퇴수 밸브, 동결방지 댐퍼(IAQ) 설치, 수배관 설비의 단열 등 여러 가지 조치를 들 수 있다.

PROJECT *101* 바닥취출 공조(UFAC)   출제빈도 ★★☆

> **Q** 바닥취출 공조(UFAC, 샘공조 방식, Free Access Floor System)에 대해 설명하시오.

(1) 개요

① IBS(Intelligent Building System)화에 따른 OA기기의 배선용 이중 바닥 구조를 이용하여 바닥에서 기류를 취출하게 만든 공조 방법

② 출현 배경 : 1980년대 북유럽에서 천장, 바닥 냉방방식 발전

③ IB, 전산실, 항온항습실 등은 뜬바닥 구조를 많이 이용하며 이는 OA기기의 배선용 바닥의 목적외 소음, 진동 전달 방지 등의 효과도 있다.

(2) 바닥취출 공조 방식의 장점

① 에너지 절약

(가) 거주역(Task) 위주 공조 가능(공조대상 공간이 작아 에너지 절감 가능)

(나) 기기발열, 조명열 등은 곧바로 천장으로 배기되므로 거주역 부하가 되지 않는다.

(다) 흡입/취출 온도 차가 작으므로 냉동기 효율이 좋다.

② 실내 공기질

(가) 비혼합형 공조로 환기 효율이 좋다.

(나) 발생 오염 물질이 곧바로 천장으로 배기되므로 거주공간에 미치는 영향이 적다.

(다) '저속치환공조'로 응용 가능하여 실내의 청정도를 높일 수도 있다(단, 바닥 분진 주의).

③ 실내 환경 제어성

(가) OA기기 등의 내부 발생 열부하 처리가 쉬움

(나) 급기구의 위치변동 및 제어로 개인(개별) 공조(Personal Air – Conditioning)가 가능하다.

(다) 난방 시에도 바닥에서 저속으로 취출하므로 온도와 기류분포가 양호하다(난방 시 공기의 밀도 차에 의한 성층화 방지 가능).

(라) 바닥 구조체에 의한 복사 냉·난방의 효과로 실내 쾌적도가 향상된다.

④ 리모델링 등 장래확장성

(가) Free Access Floor 개념(급기구의 자유로운 위치 변경) 도입으로 Lay Out 변경에 대한 Flexibility가 좋다.

(나) 이중바닥(Acess Floor)의 급기공간이 넓어 급기구를 늘릴 수 있어 장래 부하증가에 대응할 수 있다.

⑤ 경제성

㉮ 덕트 설치비용 절감 가능함

㉯ 층고가 낮아지고 공기가 단축되므로 초기투자비가 절감된다.

㉰ 냉동기 효율이 좋고 반송동력이 작아 유지비가 절감된다.

⑥ 유지보수

㉮ 바닥작업으로 보수관리가 용이하다.

㉯ 통합제어(BAS)의 적용으로 제어 및 관리가 유리하다.

(3) 바닥 취출 공조방식의 단점

① 바닥에서 거주역으로 바로 토출되므로 Cold Draft가 우려된다.

② 바닥면에 퇴적되기 쉬운 분진의 유해성 등 검토 필요

③ 바닥면의 강도가 약할 수 있으니 적극적인 대처가 요구된다.

(4) 종류별 특징

① 덕트형

㉮ 가압형 : 급기 덕트로 급기

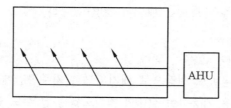

㉯ 등압형 : 급기 덕트 및 급기팬으로 급기

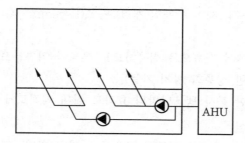

② 덕트리스형

㉮ 가압형 : 덕트 없고, 팬 없는 취출구 방식

㉯ 등압형 : 덕트 없고, 팬 부착 취출구 방식(급기팬으로 급기)

③ 바닥벽 공조 : 바닥벽 급기형 샘공조 방식(0.2 m/s 이하)

④ 의자밑 SAM 공조 : 의자 취출구 공조 방식 등

⑤ 각 종류별 비교 Table

비교 항목	덕트방식(方式) (가압형 / 등압형)	무덕트 방식	
		가압 체임버	등압 체임버
급기 길이	40 m 이하	18 m 이하	30 m 이하
이중 바닥	350 mm 이상	300 mm 이상	250 mm 이상
급기온도 차	9℃	9℃	9℃
취 출 구	팬 없음/있음	팬 없음	팬 있음

(5) 바닥 취출구 (吹出口)

① 토출공기 온도 : 18℃ 정도 (드래프트에 주의)

② 바닥 취출구 : 원형선회형(난방 ↖↗ 냉방 ↑↑), 원형비선회형, 다공 패널형, 급기팬 내장형 등

• 문제풀이 요령

① 바닥 취출 공조는 OA기기의 배선용 이중바닥 혹은 뜬바닥 구조(방진·방음용)를 이용하여 바닥에서 기류를 취출하게 만든 공조 방법으로, 거주역(Task) 위주의 에너지 절약적 공조가 가능하다는 점과 급기구의 위치변동과 제어로 개별공조가 가능하다는 점이 가장 큰 장점이다.

② 바닥취출 공조의 종류는 덕트형(가압형, 등압형)과 덕트리스형(가압형, 등압형)으로 대별된다.

PROJECT 102 TAB(시험, 조정, 균형) 출제빈도 ★★☆

Q 건축물의 TAB(시험, 조정, 균형)에 대해 설명하시오.

(1) TAB의 개요

① TAB은 Testing(시험), Adjusting(조정), Balancing(균형)의 약어로 건물 내의 모든 공기조화 시스템에 설계에서 의도하는 바대로(설계 목적에 부합되도록) 기능을 발휘하도록 점검, 조정하는 것이다.

② 성능, 효율, 사용성 등을 현장에 맞게 최적화시킴

③ 에너지 낭비의 억제를 통하여 경제성을 도모할 수 있다.

④ 설계부문, 시공부문, 제어부문, 업무상 부문 등 전 부분에 걸쳐 적용된다.

⑤ 최종적으로 설비 계통을 평가하는 분야이다(보통, 설계가 약 80% 이상 정도 완료된 후 시작).

(2) TAB의 역사

① 미국의 경우 일찍이 TAB의 필요성을 느끼고 1960년 이전부터 꾸준히 독자적인 기술과 기준을 개발하였으며, TAB 전문협회가 있어 엄격한 TAB 기준을 갖고 보다 나은 공기조화 시스템을 만들고자 노력하고 있다.

② 국내에서는 주로 1980년대 이후 해외 프로젝트에 참여하여 TAB 기술에 대한 경험을 쌓은 엔지니어링 및 건설업체 기술자들이 이의 중요성을 인식, 대형 건물에서부터 TAB를 적용하기 시작했다.

③ 근래에는 건설 교통부 제정 건축기계설비공사 표준시방서(기계부문)에도 TAB 부분이 반영되어 공사의 품질 향상을 기하도록 하고 있다.

(3) TAB 시행 전 체크 사항

① 자료 수집 및 검토 : 도면, 시방서, 승인서 등의 자료 수집 및 검토

② 시스템 검토 : 공조설비, 배관계, 열원설비 등 검토

③ 작업계획

　㈎ 계측기(마노미터, 기록지 등), 기록지 등 준비

　㈏ 사전 예상되는 문제점 검토

(4) 시험, 조정, 균형의 의미

① 시험(Testing) : 각 장비의 정량적인 성능 판정

② 조정(Adjusting) : 터미널 기구에서의 풍량 및 수량을 적절하게 조정하는 작업

③ 균형(Balancing) : 설계치에 따라 분배 시스템(주관, 분기관, 터미널) 내에 비율적인 유량이 흐르도록 배분

(5) TAB의 적용대상 건물 및 설비

① 적용대상 건물 : 냉·난방 설비가 구비되어 있는(규모에 무관) 모든 건물
② 대상설비 : 공기조화 설비를 구성하는 모든 기기와 장비가 포함됨
  ㈎ 공기 분배 계통으로는

㉮ 공기조화기	㉯ 변풍량 및 정풍량 유닛
㉰ 유인 유닛	㉱ 가열 및 환기 유닛
㉲ 팬	㉳ 전열교환기
㉴ 덕트 및 덕트 기구 등	

  ㈏ 물 분배 계통

㉮ 보일러	㉯ 냉동기
㉰ 냉각 코일 및 가열 코일	㉱ 냉각탑
㉲ 열교환기	㉳ 펌프
㉴ 유닛히터	㉵ 방열기 및 복사 패널
㉶ 냉·온수, 냉각수 및 증기배관	㉷ 각종 조절 밸브 등

(6) TAB의 필요성

① 장비의 용량 조정
  ㈎ 설계 및 시공 상태에 따라 부여한 용량의 여유율에 상당한 차이가 있을 수 있다.
  ㈏ 덕트나 배관 시스템의 시공 상태에 따라 계산치와 차이가 있게 마련이며, 이로 인해 설계 용량과 달리 운전되는 경우가 허다하다.
② 유량의 균형 분배를 위한 조정 : 배관이나 덕트의 설계 시 규격 결정 (Sizing)은 일반적으로 수계산으로 간이 데이터를 이용하여 간단한 방법으로 하고 있으며, 실제 운전 시 배관이나 덕트에 Auto Balancing Valve나 CAV(Constant Air Volume) 유닛을 사용하지 않는 한 각 분기관별 설계 유량보다 과다 혹은 과소한 유량이 흐르게 된다.
③ 장비의 성능 시험
  ㈎ 시공 과정에서 현장 사정에 의해 설치 및 운전 조건 등의 변화로 재성능을 발휘하지 못하는 경우가 있다.
  ㈏ 이는 장비의 성능 점검을 하기 전에는 알 수 없으므로 적절한 시험을 통해 성능을 확인할 필요가 있다.
④ 자동제어 및 장비 간의 상호 연결 : 자동설비는 각 Sensor와 Actuator 간에 적절한 연결, Calibration이 필수적인 요건이 되므로 이 계통의 정확한 점검이 없이는 원만한 자동제어가 되지 않으며, 최신의 고가 설비를 갖추고서도 적절히 사용치 못하고 수동 운전을 하게 된다.

(7) TAB의 효과

① 에너지 절감 : 과 용량의 장비를 적정 용량으로 조정하여 운전하고, 덕트의 누기 등을 방지하여 필요 이상의 에너지 소비와 손실을 미연에 방지할 수 있고, 장비의 작동 성능을 원

활하게 하여 최고의 효율로 운전함으로써 에너지 절감을 기할 수 있다.

② 사후 개보수 방지 : 설치된 장비의 역기능을 미리 밝혀내고 시공 및 설치상의 하자를 해결함으로써 개보수 및 장비 교체 등의 발생 소지를 미연에 방지한다.

③ 공해방지를 통한 쾌적한 환경 조성 : 장비의 용량 과다 또는 과소로 인한 소음, 진동을 방지하여 이의 공해에서 벗어날 수 있다.

④ 효율적이고 체계적인 건물관리 : TAB를 함으로써 건물 내에 설치된 전체 기계 설비 시스템의 각 장비에 대한 용량, 효율, 성능, 작동 상태, 운전 및 유지 관리자의 유의사항 등에 대한 종합적인 데이터가 작성되기 때문에 설비를 효율적이며 체계적으로 관리할 수 있다.

⑤ 기타 효과

   (개) 초기시설 투자비 절감   (내) 운전경비 절감

   (대) 시공품질 증대   (래) 장비수명 연장

   (매) 완벽한 계획하의 개보수

(8) TAB 발주 시기

① TAB 발주 시기는 발주 업체에 따라 다소 차이가 있으나 대체적으로 약 80 % 이상 설계가 완료된 후 장비 발주 전에 TAB 차원에서 설계도면 및 부하 계산서를 검토하여 설계 변경에 반영하고 있으며, 일부 업체는 설비 공사가 50 % 이상된 시점에서 발주하는 업체도 있는데, 이는 잘못된 경우이다 (TAB의 시작 시점을 놓치면 잘못된 부분에 대한 수정이 어려워질 수도 있다).

② 적어도 설계가 완료되기 전에 TAB 용역을 발주하여 설계에 참여함으로써 TAB 기술자의 의견을 반영해야 한다.

③ 설계자가 TAB 업체의 의견을 참고하여 설계에 동시에 반영하는 것이 가장 바람직하다.

(9) 활성화 대책

① 법제화, 법규화 강화

② Infra 구축 : 용역회사 증대, 전문인원 양성

③ 용역비 현실화

④ TAB 기술력 향상

⑤ TAB 첨단 계측기기 개발

⑥ 과학적이고 체계화된 TAB 기술 정착화

⑦ IT 기술과 연계시켜 TAB 수행의 용이화 및 고도화를 기할 필요가 있다.

• 문제풀이 요령

  TAB은 Testing (시험), Adjusting (조정), Balancing (균형)을 통해 건물을 최적의 상태로 유지하기 위한 노력이며, 대체적으로 약 80 % 이상 설계가 완료된 후 장비 발주 전에 시작해야 하며 (TAB 차원에서 설계도면, 시방서 및 부하 계산서 등을 검토 / 반영), 공기계통, 물계통, 제어계통 등 전체 계통을 점검 / 개선 조치하고, 최종적으로는 'TAB 보고서'를 작성한다.

PROJECT 103 수축열 냉방(水蓄熱 冷房) 시스템   출제빈도 ★★☆

Q 수축열 냉방(水蓄熱 冷房) 시스템의 정의 및 원리에 대해 설명하시오.

(1) 정의
① 수축열 방식으로 냉열을 축열 후 공조기가 필요 시 그 냉열을 사용하는 방식이다.
② 수축열 방식은 '냉·온수 겸용' 혹은 '냉수 전용'으로 사용될 수 있다.
③ 야간에 저렴한 심야전력을 이용하여 축열 후 주간에 사용할 수 있는 시스템이다.

(2) 원 리
① 냉동기는 고열원 측의 물을 급수 받아 냉각시킨 후 저열원 측으로 저장함
② 냉동기 입구 측 3방 밸브는 설계된 온도로 냉수를 저장하기 위한 성층화용으로 사용되거나 혹은 수온 상승으로 압축기에 과부하 발생 시, 일부의 냉수와 혼합시켜 부하를 낮추는 것이 목적이다 (냉동기 입구 수온을 일정 설계 범위 내로 한정하여 압축기가 과부하 없이 최적 운전을 할 수 있게 해줌).
③ 공조기는 저열원 측의 냉수를 급수 받아 열교환 후 고열원 측으로 보냄
④ 공조기 측 3방 밸브 역시 성층화용으로 사용하거나 혹은 실온에 따른 실내부하 조절을 위해 사용된다 (실내온도가 설정온도 가까이 도달 시 부하를 낮추기 위해 일부의 온수를 혼합).

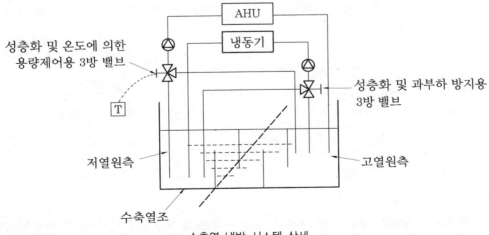

수축열 냉방 시스템 상세

·문제풀이 요령
 수축열은 빙축열과 더불어 축열의 대표적인 방식이며, 빙축열 대비 현열만을 이용하여 열용량이 부족하다는 단점이 있지만, 냉방 / 난방이 동시에 가능하다는 큰 장점도 있다.

PROJECT 104 빙축열(氷蓄熱) 시스템 　　　　출제빈도 ★★★

Q 빙축열(氷蓄熱) 시스템의 분류 및 특징과 설계 전 파악사항에 대해 설명하시오.

---

(1) 빙축열 시스템의 분류

① 빙(氷)축열방식에 따른 분류

　㉮ 관외 착빙형

　　㉮ 원리 : 축열조 내부의 관 내부에 부동액 혹은 냉매를 순환시켜 관 외부에 빙 생성

　　㉯ 장점 : 표면적 증가 시에는 전열이 매우 효율적임

　　㉰ 단점 : 축열 초기부터 만기까지 부하가 많이 변동됨, 면적이 넓어진다.

　　㉱ 축열조 해빙방식에 따라 내융형과 외융형이 있다.

　　　• 내융형 : 제빙과 해빙이 모두 관내의 브라인에 의해 이루어짐

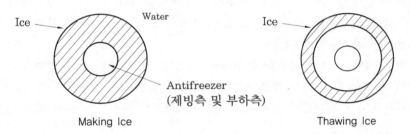

　　　• 외융형 : 제빙은 관내 브라인에 의해 이루어지고, 해빙은 관외 물에 의해 이루어지는 방식

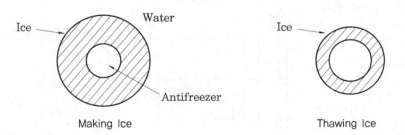

　㉯ 관내 착빙형

　　㉮ 원리 : 축열조 내부의 관 외부에 부동액 혹은 냉매를 순환시켜 관 내부에 빙 생성

　　㉯ 장점 : 해빙 시 열교환 효율이 우수

　　㉰ 단점 : 막히기 쉬우므로 주의 필요

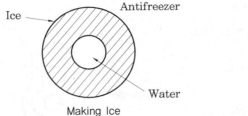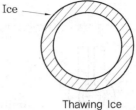

(다) 완전 동결형

㉮ 원리 : 결빙실 내 완전한 동결이 이루어지게 설계(외부의 부동액은 제빙용이고, 내부의 부동액은 부하 측 부동액임)

㉯ 장점 : 부하 측이 밀폐회로로 펌프 동력 감소

㉰ 단점 : 해빙 시 효율 저하, 대형 시스템에는 부적합

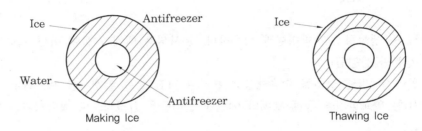

(라) Capsule형

㉮ 원리 : 조내에 작은 Capsule을 설치하고, 내부에 물을 채워 얼림

㉯ 장점 : 제빙효율 (IPF) 우수

㉰ 단점 : 부하측까지 부동액이 있다, 축열조의 열손실이 크다.

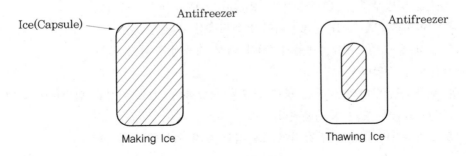

(마) 빙박리형 (Dynamic Type, Harvest Type)

㉮ 원리 : 분사된 물이 코일 주변에 응결된 후 역Cycle로 부동액 혹은 냉매를 순환시켜 얼음을 박리하여 사용함

㉯ 장점 : 제빙 시 아주 효율적임(분사된 물이 입자 상태로 열교환)

     ⒟ 단점 : 별도의 저장조 필요, 물 분사를 위한 스프레이 동력이 필요함

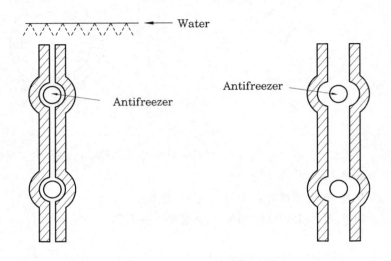

   ⑷ 액체 빙 생성형 : 빙 박리형과 비슷하나, 분사되는 액체가 물이 아닌 브라인 수이다 (물 성분만 동결됨).

     ⑦ 원리 : 에틸렌 글리콜 수용액을 이용하여 직접 얼음 알갱이를 생성하는 방법(직접 식)과, 열교환기를 통해 냉매와 에틸렌 글리콜을 간접적으로 접촉시키는 방법(간접 식)이 있다.

     ⑭ 장점 : 열교환 효율이 높다 (아주 작은 알갱이 형태로 열교환).

     ⒟ 단점 : 농도가 진해지면 COP 저하(물의 양이 줄어듦)

② 축열률에 따른 분류 (축열률 ; 1일 냉방부하량에 대한 축열조에 축열된 얼음의 냉방부하 담당비율)

   ⑺ 전부하 축열방식

     ⑦ 주간 냉방부하의 100 %를 야간(22 : 00 ~ 08 : 00)에 축열함

     ⑭ 심야전력 요금(을1)이 적용되어 운전비용상 경제적이나,

     ⒟ 초기 투자비(축열조, 냉동기 등)가 커서 경제성이 높지 않음

   ⑻ 부분부하 축열방식

     ⑦ 주간 냉방부하의 일부만 담당(법규상 축열률이 40 % 이상을 담당해야 하며, 심야 전력 요금은 '을2'가 적용된다.)

     ⑭ 초기투자비가 많이 절감되어 효율적인 투자 가능(경제성 높음)

③ 냉동기 운전방식에 따른 분류

   ⑺ 냉동기 우선 방식(부하 → 냉동기 → 축열조 순)

     ⑦ 고정부하를 냉동기가 담당, 변동부하는 축열조가 담당(소용량형)

     ⑭ 냉동기 상류방식 채택 : 냉동기가 축열조 기준 상류에 위치

ⓒ 경제성은 떨어짐(일일 처리부하가 적을 경우 축열조를 이용하지 못한다.)

ⓓ 일일 최대부하를 안전하게 처리할 수 있다는 장점이 있다.

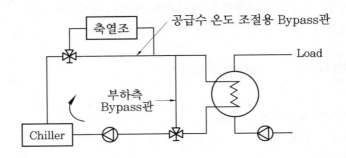

(나) 축열조 우선 방식(부하 → 축열조 → 냉동기 순)

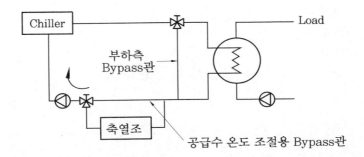

ⓐ 고정부하를 축열조가 담당, 변동부하는 냉동기가 담당 (대용량형)

ⓑ 냉동기 하류방식 채택 : 냉동기가 축열조 기준 하류에 위치

ⓒ 축열량을 모두 유용하게 사용할 수 있어 경제적이다.

ⓓ 열원기기 용량이 적고, 부분부하 대처가 용이하며, 열원기기 고장 시 대처가 용이하다.

ⓔ 단점 : 축열조 커져 열손실 유의, 보온재 선택, 밀실구조 공사에 유의, 최대 부하 적응력이 떨어진다.

④ 축열조 해빙 방식에 따른 분류

(가) 내융형

ⓐ 관외착빙형에서 관내에 보내진 브라인이 순환하면서 해빙〔제빙과 해빙이 모두 관내의 브라인에 의해 이루어지므로, 빙충진율 (IPF)이 높다〕.

ⓑ 시간이 지남에 따라 해빙 속도 감소

ⓒ 간접 열교환 방식이므로 부하 측 이용 온도차가 작다.

(나) 외융형

㉮ 관외착빙형에서 관외의 물이 순환하면서 해빙(해빙속도가 일정함)

㉯ 초기 해빙 시 물의 순환통로를 확보해야 하므로 빙충진율 (IPF)이 낮다.

㉰ 직접 열교환 방식이므로 부하 측 이용 온도차가 크다.

(2) 빙축열 시스템에서 설계 전 파악해야 할 사항

① 건물의 순간 최대 냉방부하값

② 건물의 운전시간대별 Load Profile

③ 건물의 Zone 구획 및 용도

④ 냉수의 이용 온도

⑤ 냉수 / 냉각수의 수두압 / 운전압력

⑥ 기계실 내 기계 설치위치

⑦ 축열조 설치 공간의 높이

⑧ 전원공급 계통과 공급 방식

⑨ 자동제어 구성 방법

⑩ 향후 예측 : 건축물의 미래 예측 (부하 측면) 및 IB 수준

· **문제풀이 요령**

　각 분류별 상세한 기술 및 원리를 이해할 필요가 있다. 빙축열 시스템은 축열방식에 따라 관외 착빙형, 관내 착빙형, 완전 동결형, Capsule형, 빙 (氷) 박리형, 액체식 빙 생성형 등으로, 축열률에 따라 전부하 축열방식과 부분부하 축열방식으로, 냉동기 운전방식에 따라 냉동기 우선방식과 축열조 우선방식으로, 축열조 해빙방식에 따라 내융형과 외융형으로 다양하게 분류되어진다.

PROJECT 105 **빙축열 시스템의 장·단점**   출제빈도 ★☆☆

Q 빙축열 (공조) 시스템의 장단점에 대해 설명하시오.

(1) 빙축열 시스템의 정의(定義)

① 야간의 값싼 심야 전력을 이용하여 전기 에너지를 얼음 형태의 열에너지로 저장하였다가 주간에 냉방용으로 사용하는 방식

② 전력부하 불균형 해소와 더불어 값싸게 쾌적한 환경을 얻을 수 있는 방식이다.

(2) 개요

① 공조용 빙축열 시스템은 에너지 형태를 냉열 에너지로 저장하였다가 필요 시 공조에 사용하는 시스템으로 냉열원기기와 공조기기를 이원화하여 운전함에 따라 열의 생산과 소비를 임의로 조절할 수 있으므로 에너지를 효율적으로 이용할 수 있다.

② 공조용 빙축열 시스템을 심야전력과 연계하여 사용하면 기존의 공조방식과 비교하여 냉열원기기의 고효율 운전, 설비 용량의 축소 (최대 70 %), 열회수에 의한 에너지 절약 등을 얻을 수 있다.

③ 기존의 공조방식은 냉수를 만들어 즉시 부하 측에 공급하여 냉방을 실시하고, 빙축열 공조방식은 심야시간대에 일부하의 전량 또는 일부를 얼음으로 만들어 빙축열조에 저장하였다가 필요 시 부하 측에 공급하여 냉방을 하는 공조 방식이다.

④ 도입 배경 : 빙축열 시스템의 도입 배경에는 최근 우리나라에 심각한 문제가 제기되고 있는 하절기 냉방전력에 의한 최대 피크 전력관리의 필요성 때문이다.

(3) 빙축열 시스템의 장점

① 경제적 측면

㈎ 열원 기기의 운전시간이 연장되므로 기기 용량 및 부속 설비용량의 대폭적인 축소

㈏ 심야전력 사용에 따른 냉방용 전력비용(기본요금, 사용요금) 대폭 절감

㈐ 정부의 금융지원 및 세제 혜택에 따른 설비투자 부담 감소

㈑ 한전의 무상지원금에 따른 투자비 감소

② 기술적 측면

㈎ 전부하 연속 운전에 의한 효율 개선 가능.

㈏ 축열 능력의 상승 : 1톤의 0℃ 물에서 얼음으로 변할 경우 334 MJ의 응고열이 발생하므로 12℃, 1톤의 물이 얼음으로 상변화할 때는 384 MJ(334 MJ+50 MJ)의 이용 열량이 생기는 셈이며, 이것은 같은 경우의 수축열 생성 과정에 비해 약 5배 이상의 열량비가 된다.

㈐ 열원 기기의 고장 시 축열분 운전으로 신속성 향상

(라) 부하변동이 심하거나 공조계통의 시간대가 다양한 곳에도 안정된 열공급이 가능하다.

(마) 증설 또는 변경에 따른 미래부하 변화의 적응성이 높다.

(바) 시스템 자동제어반 채용으로 무인운전, 예측부하운전, 동일제어 장치에 의한 냉·난 방 이용으로 운전 보수관리가 용이해, 자동제어 장치를 채용할 시에는 특히 야간의 자동제어 및 예측 축열이 효과적으로 행하여 질 수 있다.

(사) 저온급기 방식 도입에 의해 설비투자비 감소 (미국, 일본의 경우 저온급기 방식의 설치 적용 사례가 점차적으로 증가하는 추세임)를 가져올 수 있다.

(아) 부하설비 축소 : 빙축열의 이용 온도가 0~15℃로 범위가 넓은 점을 활용하여 펌프 용량 및 배관 크기가 축소되고, 이에 따른 반송 동력 및 설비투자비가 절감됨

(자) 다양한 건물 용도에 적용 : 다양한 운전방식을 응용하여 사용시간대나 부하 변동이 상이한 거의 모든 형태의 건물에 효율적인 대응이 가능하다.

(차) 개축용이 : 공조기, 냉·온수 펌프, 냉·온수 배관 등의 기존 2차측 공조설비를 그대로 놔두고, 1차 측 열원설비를 개축 후 접속만 하면 되므로 설비 개선 시 매우 경제적이라 할 수 있다.

(4) 빙축열 시스템의 단점 및 문제점

① 축열조 공간 확보 필요

② 냉동기의 능력에 따른 효율 저하 : 제빙을 위해 저온화하는 과정에 따른 냉동기의 능력, 혹은 효율이 저하된다.

③ 축열조 및 부대설비의 단열 보냉공사로 인한 추가비용 소요

④ 축열조 내에 저온의 매체가 저장됨에 따른 열손실 발생

⑤ 수처리 필요 (브라인의 농도 관리 등)

(5) 응용

① 심야극장의 빙축열조 크기(용량) : 심야극장은 말 그대로 심야에 냉방이 요구되므로 굳이 심야에 빙축열을 축적할 이유가 없고, 또 일반 냉수 계통을 이용하면 되므로, 빙축열의 타당성이 없다.

② 사무소 건물의 빙축열조 크기(용량) : 사무소 건물의 빙축열조는 비교적 크게 하는 것이 유리하다 (주간의 전기 사용을 줄여주므로 초기 투자비 수년 내 회수 가능).

• 문제풀이 요령

 빙축열 (공조) 시스템은 여름철 Peak 전력을 줄이고, 저렴한 심야전력을 사용할 수 있는 등 장점이 많은 공조방식이지만, 초기 투자비 상승과 축열조 등의 설치공간이 많이 소요되는 점 등이 단점이다.

PROJECT 106 저냉수 · 저온공조 방식 출제빈도 ★★☆

Q 빙축열 시스템에서 저냉수 · 저온공조 방식(저온 급기 방식)에 대해 논하시오.

(1) 개요

① 빙축열 시스템은 주로 0℃ 냉수를 7℃로 만들어 사용하기 때문에 상당히 비효율을 초래한다.

② 0℃ 근처의 낮은 온도의 냉수를 그대로 이용하면 빙축열의 부가가치(에너지 효율)를 높이는데 결정적인 역할을 할 수 있다.

③ 냉방에 있어 냉열원 장비 반송능력이 주된 동력이므로 빙축열을 통해 냉열원과 펌프의 동력을 약 40% 이상 줄일 수 있고, 저온공조를 통해 Fan 동력을 약 30% 이상 절감할 수 있다.

④ 빙축열 시스템의 경제성 및 에너지 절약의 최종 목표가 저냉수 · 저온공조라고 할 수 있다.

⑤ 최근에는 빙축열 뿐만이 아니고 흡수식 냉동기, 전기식 냉동기 등에서도 '저냉수 · 저온공조 방식'을 많이 적용하고 있는 추세이다(대온도차 냉동기 방식이라고도 부름).

(2) 원리

① 빙축열의 저온냉수(0~4 ℃)를 사용하여, 일반공조 시의 15~16 ℃ 정도의 송풍온도 ($\Delta t = 10℃$)보다 4~5℃ 낮은 온도(10 ~ 12℃)의 공기 공급으로 송풍량을 45~50% 절약하여 반송동력을 절감하는 방식이다.

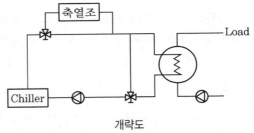

개략도

② 공조기 코일 입·출구 공기의 온도차를 일반 공조 시스템의 경우는 약 $\Delta t = 10℃$ 정도로 설계하나 저온공조는 약 $\Delta t = 15 \sim 20℃$ 정도로 설계하여 운전하는 공조 시스템이다.

③ 저온 공조방식은 공조기 용량, 덕트 축소, 배관경 축소 등으로 초기비용 절감과 공기 및 수 반송동력 절약에 의한 운전비용 절감 등의 장점이 있으나 Cold Draft 방지를 위한 유인비 큰 취출구, 결로 방지 취출구, 최소 환기량 확보 등을 고려해야 한다.

(3) 저온공조의 특징

① $q = GC\Delta t$에서 Δt를 크게 취하여 송풍량을 줄임(취출온도차 기존 10→15℃ 이상 수준으로 증가시킴)

② 층고축소, 설비비절감, 낮은 습구 온도로 인한 쾌적감증가, 동력비 절감

③ 실내온도 조건 : 26℃, 35%~40%

④ 주의사항 : 기밀유지, 단열강화, 천장 리턴 고려

⑤ 취출구 선정 주의 : 유인비가 큰 취출구 선정 필요

(4) 기대 효과

① 에너지 소비량의 감소
② 실내공기의 질과 쾌적성의 향상
③ 습도 제어가 용이
④ 덕트, 배관 사이즈의 축소
⑤ 송풍기, 펌프, 공조기 사이즈의 축소
⑥ 전기 수전설비 용량 축소
⑦ 초기 투자비용 절감에 유리
⑧ 건물 층고의 감소
⑨ 쾌적한 근무환경 조성에 의한 생산성 향상
⑩ 기존 건물의 개·보수에 적용하면, 낮은 비용으로 냉방 능력의 증감이 용이하다.

(5) 저온급기 방식의 취출구 : 혼합이 잘 되는 구조 선택

① 복류형 (다중 취출형) : 팬형, Way형, 아네모스탯 등
② Slot형 : 유인비를 크게 하는 구조
③ 분사형 : Jet 기류

(6) 주의사항

① 저온급기로 실내 기류분포 불균형 주의
② Cold Dtaft, Cold Shock 발생하지 않게 설치 시 유의할 것
③ 배관단열, 결로 등에 취약 가능성이 있으므로 주의 필요

(7) 결론

① Pump의 반송동력 및 Fan의 반송동력을 줄일 수 있어 경제성이 있음
② 현재 FPU를 많이 사용하고 있고, 이 경우 송풍동력 감소분에 대한 이점은 많이 감소됨
③ 보온재의 두께 및 재질 재검토하여 열손실 및 결로를 방지할 수 있어야 한다.

(8) 향후 전망

① 미국, 일본 등 선진국에서 이미 저온공조 방식을 많이 적용해 연구 검토한 바에 의하면, 저온공조 시스템은 다른 냉방 시스템과 비교하여, 설비비, 운전비, 라이프 사이클 비용이 최소이고, 또한 재실자에게 높은 쾌적성을 줄 수 있는 시스템으로 판명되었다.
② 지구환경 보전을 배경으로 한 에너지 절약, 주간 전력 억제를 고려한다면 빙축열을 이용한 저온공조 시스템은 향후 보다 많은 곳에 보급될 것으로 사료된다.

• 문제풀이 요령

저온수 및 저온공조 방식 (저온 급기 방식)은 빙축열 시스템의 효율을 증대시키기 위한 매우 유효한 공조방식이며, 초기투자비 절감(공조기 용량, 덕트, 배관경 등 축소)과 운전비용 절감(냉동기 소비전력 감소, 공기 및 수 반송동력 절약 등)을 동시에 취할 수 있다.

PROJECT 107 가스 냉열원 시스템과 빙축열 시스템   출제빈도 ★☆☆

Q 열원기기 중 가스 냉열원 시스템과 빙축열 시스템의 특징과 경제성을 비교하시오.

(1) 개요

① 현재 일정 규모 이상의 건축물 냉열원은 가스 냉열원 시스템이나 빙축열 시스템을 60 % 이상 사용하여 설계해야 한다.

② 가스 냉열원 시스템, 빙축열 시스템은 모두 하절기 Peak Load를 줄일 수 있는 중요한 열원 방식이다.

(2) 시스템 특성

① 가스 냉열원 방식

(개) 열원이 가스일 때 냉온수 유닛, 증기 또는 고온수 시 흡수식 냉동기라 한다.

(내) 냉·온수 유닛은 겨울철에 온수 생산도 가능하다 (냉방 및 급탕·난방 겸용).

(대) 최근에는 GHP라고 하여 히트펌프형 가스열원도 보급되어지고 있다.

② 빙축열 방식

(개) 축열조, 제빙장비, 야간근무자 등 필요

(내) 저렴한 심야전력을 사용하여 야간에 축열하고, 이렇게 축열된 에너지를 주간의 냉방에 사용한다.

(3) 경제성 비교

① 개략적으로 전동식 냉동기 대비 '전력량 25 %, 투자비 125 %, 회수 3년'의 가스 냉·열원 방식과 '전력량 70 %, 투자비150 %, 회수 5년'의 빙축열 방식으로 대별된다.

② 빙축열 방식은 축열조 건설을 위한 건축공간, 단열공사, 제빙시설 등 초기 투자비가 상대적으로 높고 열효율이 높지 않아 가스 냉·열원 시스템이 더 많이 사용되고 있다.

③ 가스 냉방의 장점 : 연료 단가 낮음, 소음 / 진동 유리, 안전(내부 진공), 냉방 / 난방 / 급탕의 겸용 가능

④ 가스 냉방의 단점 : 냉각탑 용량이 커짐, 굴뚝 필요, 수명 짧음, 예랭시간이 길다, 도시가스 미도입 지역에 사용이 불편하다는 것 등이 단점으로 작용한다.

• **문제풀이 요령**

가스 냉열원 시스템이 빙축열 시스템 대비 대체로 우수하나, 굴뚝 필요, 예열 시간이 길고, 가스로 인한 설비의 수명 단축 등의 단점도 있다.

PROJECT 108 보온재(단열재)

출제빈도 ★☆☆

Q 보온재 (단열재)의 분류 및 구비조건에 대해 설명하시오.

(1) 제조 형태별 분류

① 보드형 : 탱크, 덕트 등 넓은 부분을 보온 시 재단하여 사용

② 커버형 : 특정한 모양의 형태를 가진 물체를 보온 시 사용

③ Roll형 : 두루마리식으로 제작하여 공급, 현장에서 쉽게 재단하여 사용

(2) 재질별 분류

① 유기질

㈎ FOAM – PE : 보온재의 강도는 우수하고, 흡수성 / 흡습성 등은 낮음

㈏ FOAM – PU : 열전도율이 가장 낮고, 흡음 효과도 있음, 현장 발포도 가능

㈐ 기타 : FELT (소음 절연성 우수) 등

② 무기질

㈎ 유리섬유 (Glass Wool) : 흡수·흡습성이 적고, 압축강도가 낮음, 가격대비 성능 우수

㈏ 세라믹 파이버 : 초고온 시 사용하는 재질

㈐ 기타 : 암면 (Rock Wool) 등

(3) 보온재의 구비조건 (냉장창고용, 일반보온 등)

① 사용온도 범위 : 장시간 사용에 대한 내구성이 있고, 사용 온도 범위가 넓을 것

② 열전도율이 적을 것 : 단열효과가 클 것

③ 물리·화학적 성질 : 사용 장소에 따라 물리적, 화학적 강도를 갖고 있을 것

④ 내용연수 : 장시간 사용해도 변질, 변형이 없고 내구성이 있을 것

⑤ 단위 중량당 가격 : 가볍고(밀도가 적고), 값이 저렴하고 또 공사비가 적게 들 것

⑥ 구입의 난이성 : 일반 시장에서 쉽게 구입할 수 있을 것

⑦ 공사현장의 상황에 대한 적응성 : 시공성이 좋을 것

⑧ 불연성 : 소방법상 불연재일 것

⑨ 투습성 : 투습계수가 적을 것(냉장창고용에서 특히 중요)

• 문제풀이 요령

① 보온재 (단열재)는 제조 형태별 보드형, 커버형, Roll형으로 구분하고, 재질별로 유기질 (Foam – PE Foam-PU, FELT 등)과 무기질 (Glass Wool, Rock Wool, 세라믹 파이버 등)로 구분할 수 있다.

② 어떤 문제에서는 간혹 보온재를 '방열재(防熱材)'라고 표현하는 경우가 있으므로 혼돈이 없기를 바란다.

PROJECT 109 **단열의 종류 및 법적 시공부위**   출제빈도 ★☆☆

Q 건축물의 단열의 종류 및 법적 시공 부위에 대해 설명하시오.

(1) 단열의 종류 및 특징

① 내단열

  ⑦ 시공상 불연속 부위가 많이 존재함   ④ 간헐난방(필요 시에만 난방)에 유리

  ④ 구조체를 차가운 상태로 유지 : 내부 결로 위험성이 높다.

  ④ 내단열 시공 시 : 내부 결로 방지(방습층 설치), 표면 결로의 의미가 적음

  ⑩ 공사비가 저렴하고, 시공 용이

② 외단열

  ⑦ 불연속 부위가 아예 없게 시공 가능   ④ 연속난방(지속 난방)에 유리

  ④ 단열재를 항상 건조 상태로 유지 필요   ④ 결로 방지(내부 결로, 표면 결로)

  ⑩ 공사비 비싸다, 시공이 까다롭다.   ⑭ 단열재의 강도가 어느 정도 필요하다.

  ㉑ 구미 선진국에서 가장 많이 사용하는 방법이다.

③ 중단열

  ⑦ 불연속 부위가 내단열 대비 적음

  ④ 단열재의 강도 문제상 단열재의 외부에 구조벽을 한번 더 시공(구조벽 중간에 단열재 시공)한 형태이다.

  ④ 한국에서 가장 많이 사용하는 방법이다.

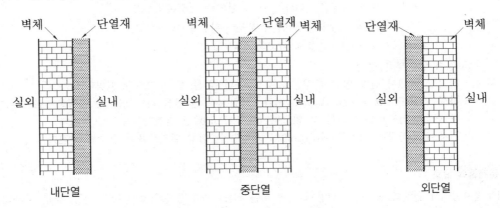

(2) 일정 규모 이하의 열관류율을 확보하기 위해 법적으로 단열재 및 방습층을 동시에 시공해야 하는 부위

① 최상층 거실의 반자, 지붕(단열재 두께를 가장 두껍게 시공)

② 거실의 외벽   ③ 최하층 거실의 바닥   ④ 공동주택 측벽

칼럼 1. 건물의 단열 / 결로 성능평가 방법

① 벽체의 열관류율 계산법 : 제1편 - 3장 - 123번 문제 참조

② 실험에 의한 방법

- 일정한 온·습도를 유지 가능한 두 체임버 사이에 단열벽체 시험편을 끼워 넣고 단위시간 동안의 통과열량을 측정한다.
- 소요시간 및 비용이 많이 든다.
- 실험의 정확성을 위하여 철저한 기기보정이 필요하다.

③ 전열해석에 의한 방법

- 컴퓨터를 이용하여 모델링된 벽체에 대해 '유한차분법' 등의 수치해석 기법으로 통과열량을 계산하는 방법이다.
- 실험에 의한 방법 대비 소요시간과 비용이 적게 든다.
- 해석의 정확성을 위해 필요 시 실험을 병행해야 한다.

2. 열교의 평가방법

① 열교 부위 단열 성능은 열관류율($W/m^2 \cdot K$)로 평가할 수 없다 (열교현상은 선형 혹은 점형 등으로 나타나므로 단위로는 $W/m \cdot K$ 혹은 W/K로 표현되며, 단위면적당으로 표현되는 열관류율($W/m^2 \cdot K$)로는 나타낼 수 없다).

② 선형 열관류율 방법

- 정상 상태에서 선형 열교 부위만을 통한 단위길이당, 단위 실내·외 온도차당 전열량($W/m \cdot K$)
- 선형 열교(Linear Thermal Bridge)란 공간상의 3개 축 중 하나의 축을 따라 동일한 단면이 연속되는 열교 현상
- 구하는 방법

$$\Psi = \frac{\Phi}{\theta_i - \theta_o} - \Sigma U_i l_i$$

여기서, Ψ : 선형 열관류율 ($W/m \cdot K$)

Φ : 평가 대상 부위 전체를 통한 단위길이당 전열량 (W/m)

θ_i : 실내측 설정온도 (℃), θ_o : 실외측 설정온도 (℃)

U_i : 열교와 이웃하는 일반 부위의 열관류율 ($W/m^2 \cdot K$)

l_i : U_i의 열관류율값을 가지는 일반 부위 길이(m)

③ 점형 열관류율 방법

- 정상 상태에서 점형 열교 부위만을 통한 단위 실내·외 온도차당 전열량(W/K)
- 점형 열교(Point Thermal Bridge)란 1차원적인 한 점을 따라 열교가 발생하므로 단위길이나 단위면적으로는 표현할 수 없으며, 한 점(Point)당 열전달량으로 표현된다.
- 전체 열통과량은 이러한 점(Point)이 많을수록, 점형 열관류율이 클수록 커진다.

· 문제풀이 요령

① 건축물에서 단열의 종류는 내단열(불연속 부위 많음), 외단열(불연속 부위가 가장 적음 ; 구미식), 중단열(내단열과 외단열의 중간 수준 ; 한국식) 등이 있다.

② 최근에는 건축물의 에너지효율 등급이 강화되면서 내단열보다 외단열이 많이 권장되어지고 있는 추세이다.

PROJECT 110 레지오넬라 병(Legionaires Disease)   출제빈도 ★★☆

Q 냉각탑의 Legionaires Disease(재향군인병)에 대해 설명하시오.

---

(1) 개요

① 레지오넬라(Legionella) 균에 의해 발병하는 폐렴의 일종으로 '재향군인병(미국)'이라고도 함

② 1976년 미국 필라델피아의 호텔에서 모임을 갖던 재향군인 회원에 발병(사망자 발생)해 처음으로 전 세계에 경종을 울린 세균성 질환이다.

③ 무서운 집단 감염성과 높은 사망률에도 불구하고 이에 대한 인식과 대책이 아직도 부족한 편이다(공조용 냉각탑은 우리의 생활환경과 가깝게 위치해 있으며, 보수작업자도 감염 위험에 노출되어 있음).

④ 일반적으로 현재 운전 중인 냉각탑의 60~70%에서 레지오넬라균이 검출된다고 하지만 실제 조사에서는 98% 이상이 검출된다는 보고가 있다.

(2) 레지오넬라(Legionella) 균의 특성

① 이 균은 거의 모든 자연원수에 존재해 있으며, 수도관을 통해 이동될 수 있고, 식수용의 안전한 처리 방법에도 완전하게 살균되지 않는다.

② 공조 측면에서는 주로 냉각탑, 응축수 탱크, 수영장, 샤워 헤드 등에 서식/비산/전파된다.

③ 65℃ 이상에서는 살지 못하며 37℃ 부근에서 번식력이 매우 높고(8시간에 2배로 증식) 매우 낮은 온도에서도 잠복한다.

④ 농축되는 냉각탑 특성에 따라 치명적인 농축 레벨이 될 수 있다.

⑤ 이 병의 전염은 주로 잘못 설계되거나 보수 소홀로 인한 냉각탑에 기인한다(이런 경우 세계 어느 곳에서나 이 병이 발생하지 않은 곳이 없다).

(3) 감염 경로

① 냉각탑의 비산(Drift)으로부터 비산량의 조절은 이 균의 퍼짐을 억제할 수 있는 Key라고 할 수 있다.

② 대량 감염은 공기조화기의 외부공기 흡입구를 통해 실내로 전달되어 일어날 수 있다.

③ 바람에 의한 비산수의 이동과 보수작업자의 직접 흡입에 의해 감염될 수 있다.

④ 염소 및 어떠한 Slime Control 약품 투입에도 불구하고 이 균은 멸균되지 않는다.

(4) 레지오넬라(Legionella) 병균의 영향

① 레지오넬라균(Legionella)은 주로 냉각탑 등의 물에서 번식하다가 물분무 입자와 함께 이동되며, 사람의 호흡기를 통해 폐에 침투함으로써 감염된다.

② 폐렴과 유사한 증상을 보이며 현재에도 매년 많은 인명에 발병하고, 치사율도 높은 편이다.

③ 레지오넬라균에 감염되면 30% 정도는 설사와 구토를 하고 10~15% 정도는 사망하나 2차 감염은 없다.

④ 감염되기 쉬운 사람은 담배를 피우거나 허약한 중년 남성의 경우가 많다.

⑤ 인체에 발병 시 증상 : 감염이 되면 발열, 오한, 호흡기 장애 등의 증상이 주로 나타난다.

⑥ 전열면에 부착하여 열교환을 방해하기도 한다.

(5) 레지오넬라균을 방지하기 위한 고려사항

전동식 또는 흡수식 냉동기의 응축열 제거용인 냉각탑 수온은 32℃(출구), 37℃(입구) 정도로 미생물 서식 및 번식에 유리하므로 이를 방지하기 위해 다음의 조치를 취한다.

① 1차적으로 약품 주입으로 번식을 없앤다 (염소 등).

② 2차적으로 비산 물방울 제거(냉각탑에 '비산 방지망'을 설치)한다.

③ 3차적으로 송풍공기의 급기구 혼입방지를 고려해야 한다.

④ 수온은 Legionella균의 최적 생육 조건인 30~40℃를 최대한 회피해 설계 검토한다.

⑤ 비산 방지형 냉각탑의 설치

   ㉮ 표준 Drift Eliminator를 설치(비산율 : 0.001%)하여 비산 방지

   ㉯ 바람에 의한 공기 흡입구에서의 비산을 줄일 수 있는 Wind Baffle을 설치한다.

   ㉰ 토출공기 속도를 바람의 영향을 덜 받도록 빠르게 한다 (압송식 냉각탑 등은 토출공기 속도가 작으므로 바람에 의한 이송이 쉽다).

   ㉱ 빈틈이 없는 표준 PVC 충진재의 사용

   ㉲ 보수점검을 쉽게 할 수 있고 운전 중 청소가 가능한 구조

   ㉳ Sludge를 쉽게 모을 수 있는 Basin 구조와 쉽게 배수시킬 수 있는 바닥 드레인 설치

   ㉴ FRP나 Stainless Steel 등 부식을 최소화시킬 수 있는 재료로 구성

⑥ 냉각탑 위치 선정 : 냉각탑의 위치 선정을 사무실 환기 시스템과 떨어지게 하며 바람의 방향도 고려해야 한다.

⑦ 여과기, 수처리 설비의 가동과 점검 및 청소 철저히 수행

   ㉮ 염소보다는 오존처리가 멸균력이 더 강한 것으로 나타나고 있으며 Side Stream Filter의 사용이 바람직하다.

   ㉯ 냉각탑 작업자는 작업 시 방독면을 착용하고, 냉각수가 분무상태가 되지 않도록 주의

   ㉰ 냉각탑의 수조 청소는 1~2주 간격으로 1회씩 하는 것이 좋다.

⑧ Dry Cooler의 사용

   ㉮ 매우 바람직하나 낮은 냉각수 온도를 얻기 어렵고, 시설비와 설치공간이 더 필요하다.

   ㉯ 소음이 더 크고 운전비용이 더 소요된다.

⑨ 냉각수 모니터링 및 관리지표를 세운다.

⑩ 기타 생성 방지 대책 수립(잔류염소 0.2 ppm 이상, 정기적 블로 다운 처리, 자동살균장치, 통풍 장애 없는 곳 설치 등)

• **문제풀이 요령**

① 특징, 감염경로 및 방지법 등의 이해와 및 숙지가 필요하다.

② 레지오넬라(Legionella)균의 특징 : 거의 모든 자연원수에 존재해 있으며, 수도관, 덕트 등을 통해 이동될 수 있고, 냉각탑처럼 농축되기 쉬운 설비에서는 자칫 청소 및 관리 소홀로 치명적일 수 있다. 또 65℃ 이상에서는 살지 못하며, 37℃ 부근에서 번식력이 매우 높고, 매우 낮은 온도에서도 죽지 않고 잠복한다.

PROJECT **111** **냉각탑**(Cooling Tower)   출제빈도 ★★★

Q 냉각탑 (Cooling Tower)의 종류별 특징과 설계 및 설치상 검토 사항에 대해 설명하시오.

(1) 개요

① 냉각탑은 용도별 공업용과 쾌적 공조용으로 나뉘며, 냉동기의 응축기열을 냉각시키고, 물을 주위 공기와 직접 접촉, 증발시켜 물을 냉각하는 장치 등을 말한다.

② 강제통풍식은 송풍기 사용, 공기유통으로 냉각 효과가 크고, 성능 안정, 소형 경량화가 가능해 주로 사용되는 형식이며, 대기식 및 자연통풍식은 효율 불안정으로 인해 많이 사용하지 않는다.

(2) 종류 (대분류)

① 개방식 냉각탑

㈎ 대기식 : 상부에서 분사하여 대기 중 냉각시킴

㈏ 자연 통풍식 : 원통기둥의 굴뚝효과 이용

㈐ 기계 통풍식 (강제 통풍식)

㉮ 직교류형 : 저소음, 저동력, 높이가 낮음, 설치면적이 넓고 중량이 큼, 토출공기의 재순환 위험, 비산수량이 많음, 가격이 고가, 유지관리 편리 등

㉯ 역류형(대향류형, 향류형) : 상기 '직교류형'과 반대

㉰ 평행류형 : 효율이 낮아 잘 사용하지 않는다.

② 밀폐식 냉각탑

㈎ 냉각수가 밀폐된 관 내부로 흐르면서 열교환을 함

㈏ 순환냉각수 오염방지를 위해 코일 내 냉각수 통하고 코일 표면에 물을 살포함

㈐ 설치면적이 크다.

㈑ 24시간 공조용 냉각탑 적용

㈒ 가격이 고가이다.

㈓ 종류

㉮ 건식(Dry Cooler) : 공기와 열교환   ㉯ 증발식 : 공기 및 살수에 의해 열교환

③ 간접식 냉각탑 (개방식 냉각탑 + 중간 열교환기 사용)

㈎ 상기 밀폐식은 냉각수 오염방지에는 상당히 유리하나, 개방식 대비 구매 가격이 약 4배 정도되므로, 특수 목적을 제외하고는 선택되기가 상당히 어렵다.

㈏ 따라서 요즘은 냉각탑 가격도 어느 정도 낮으면서(밀폐식과 개방식의 중간 가격) 냉각수 오염방지에도 효과가 있는 '간접식'이 많이 보급되고 있다.

㈐ 상기 개방식과 밀폐식이 직접 열교환 방식(응축기와 냉각탑이 직접 열교환)이라면,

간접식은 응축기와 냉각탑 사이에 중간 열교환기를 설치(서비스 용이)하여 기계 측 오염을 미연에 방지해주는 시스템이다.

④ 무동력 냉각탑 (Ejector C/T)

㈎ 물을 노즐로 분무하여 수평 방향으로 무화시킴, 현열 및 증발 잠열을 방출시킴

㈏ 성능이 낮기 때문에 현재 많이 사용되지 않는다.

(3) 연결 계통도 (병렬식)

① 냉각탑의 병렬 설치로 부분부하 운전 시 동력저감, 소음저감 등이 가능해짐

② 병렬로 연결된 냉각탑끼리 유량의 균등 분배를 위해 연통관을 설치한다.

③ 기타 각 계통의 배관 지름, 배관 길이 등의 관로 저항을 동일하게 해주면 균등 분배에 효과적임

④ 계통도

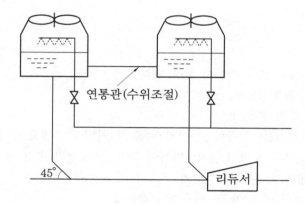

[칼럼] 연통관 : 냉각탑을 병렬로 설치 시 냉각수 분배 불균형으로 순환량의 차이가 나므로, 한쪽은 냉각수 부족현상, 다른 쪽은 넘침 현상이 발생하므로 연통관을 설치하여 균형을 잡고, 병렬 분기관에 밸브 등을 설치하여 유량 조절 기능을 부여 및 대수제어 운전을 대비해야 한다.

(4) 냉각톤

① 냉각탑의 공칭능력임(37℃의 순수한 물 13 L를 1시간 동안에 32℃의 물로 만드는데 필요한 냉각능력)

② 1냉각톤 = 약 $4.535\,kW/RT ≒ 3,900\,kcal/h \cdot RT$ (냉동기 1RT당 방출해야 할 열량)

(5) 냉각탑 효율 (KS표준)

① Range = 입구 수온 – 출구 수온

② Approach = 출구 수온 – 입구 공기Wb

③ 냉각탑 효율 = $\dfrac{(입구\ 수온 - 출구\ 수온)}{(입구\ 수온 - 입구\ 공기\ WB)}$ = $\dfrac{Range}{(Approach + Range)}$

④ KS표준 온도조건(냉각탑의 성능에 영향을 미치는 인자

  (개) 입구수온 = 37℃ ⎤ 온도차가 클수록 냉각탑의 성능이 올라감
  (나) 출구수온 = 32℃ ⎦

  (다) 입구공기WB = 27℃ ⎤ 온도가 낮을수록 성능에 유리함
  (라) 출구공기WB = 32℃ ⎦ 습구 온도차가 적을수록 성능에 유리함

  (마) 냉각수량 : 1냉각톤당 13 L ─ 냉각수량이 증가할수록 냉각탑의 성능이 올라감

⑤ 수온 및 공기의 WB 그래프

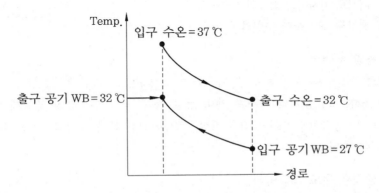

  ⚐ 1. 냉각탑 입구 공기의 습구 온도가 같은 조건일 때 어프로치가 작은 냉각탑이 그 만큼 많이 냉각되었다는 것을 뜻하며 능력이 크다는 것이다.
    2. 어프로치를 작게 하기 위해서는 물과 공기의 접촉을 보다 많이 할 수 있게 설계해야 하며 일반적으로 3~5℃를 기준으로 한다.

(6) 설치상 주의점

① 고온다습한 공기의 영향
② 먼지의 영향
③ 견고성 (건물의 강도)
④ 유효공간 활용성
⑤ 냉각 보급수량 (증발 + 비산 (Blow Out 포함) + Blow Down 수량) 보충 필요 : 순환수량의 약 1~3 %

  [칼럼] Blow Out : 비산수 중에서 냉각탑의 팬 측으로 튀겨나가는 물을 말함

⑥ 통풍이 원활한 장소에 설치
⑦ 비산방지망, 겨울철 사용 시 동파방지용 히터(전기식)설치
⑧ 소음과 진동대책 수립 : 이격, 팬 사일런서, Spring Type 방진가대, 방진재, 차음벽, 저소음형 팬 모터 등
⑨ 위치에 의한 경제성 : 냉각효율 높고 통풍이 잘 되는 위치에 설치

⑩ 냉각탑을 냉동기보다 낮은 위치에 설치 시 고려사항(그림 참조)

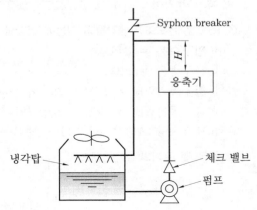

   (가) 응축기 출구 배관은 응축기보다 높은 위치로 입상시킨다.

   (나) 냉각수 펌프 정지 시 사이펀 현상을 방지 : 냉각탑 입구 측에 Syphon Breaker, 벤트관 혹은 차단 밸브를 설치해 주어야 한다.

   (다) Cavitation 현상을 방지하기 위해 냉각수 펌프를 냉각탑의 출구 측 가까이에 혹은 동일 레벨로 설치하고 펌프의 토출구에는 체크 밸브를 설치하여 누설을 막는다.

(7) 냉각탑의 용량 제어법

① 수량 변화법 : Bypass 수회로 등을 이용하여 냉각수량을 조절해 준다.

② 공기유량 변화법 : 송풍기의 회전수 제어 등을 통해 공기의 유량을 조절해 주는 방법

③ 대수분할제어 : 냉각탑의 대수를 2대 이상으로 하거나, 혹은 냉각탑의 내부를 분할하여 분할제어를 해 준다.

(8) 냉각탑의 냉각수 온도 제어방식

① 냉각탑의 냉각수 온도제어 방식은 2방 밸브와 3방 밸브 및 냉각탑 Fan Motor의 On-Off 제어 방법이 있다.

② 2방, 3방 밸브는 설치위치 선정, C_V(밸브의 유량계수) 값에 의해 밸브 사이즈 선정, 정밀성 등이 요구된다.

③ 최근 일반사무소 건물은 간단한 Fan Motor 제어 방법이 주로 사용된다.

(9) 냉각탑의 순환 펌프 양정계산

    순환 펌프 양정$(H) = h_1 + h_2 + h_3$

  여기서, h_1 : 낙차 수두

        h_2 : 배관 및 밸브류 등의 마찰 손실

        h_3 : 노즐 살수압력 수두

· 문제풀이 요령

① 냉각탑의 용량 단위는 냉각톤 (4.535 kW/RT ≒ 3900 kcal/h·RT)을 사용하고, 효율은 (Range / Approach + Range)로 계산하며, 순환 펌프 양정은 "$H = h_1$(실양정) + h_2(관마찰 손실) + h_3(노즐 말단압력)"으로 계산한다.

② 요즘은 간접식 냉각탑(응축기와 냉각탑 사이에 중간 열교환기를 설치)의 보급이 많이 늘어나고 있는 추세이다 (초기투자비 절감과 수질 개선의 절충).

PROJECT 112 냉각탑 운전관리   출제빈도 ★☆☆

Q 냉각탑의 운전관리 및 냉각수계 장애 요인에 대해 설명하시오.

(1) 냉각탑 운전관리의 개요
① 냉각수 수처리(블로 다운 등), 소음 및 진동 방지 등을 고려
② 냉각탑의 용량제어(공기 유량, 수량, 대수 등),냉각수 온도 제어/대처 등이 필요하다.
③ 냉각수계의 여러 장애요인(부식, 슬라임, 스케일 등)에 대한 대처를 잘 해나가야 지속적
이고 효율적인 성능 발휘가 가능하다.

(2) 소음 및 진동
① 소음 발생원(송풍기, 살포수, 루버 등)에 대한 소음방지 대책 필요
② 진동 발생원(모터, 송풍기, 송풍기 브래킷, 펌프, 구조물 등)에 대한 소음 방지 대책 필요

(3) 냉각수 처리 및 관리
① 냉각수 처리 : Blow Down (오버, 연속) 등 필요
② 냉각수계 장애요인(부식, 스케일, 슬라임) 모니터링
③ 냉각탑의 관리지표 개발
④ 배관계 : 스트레이너 설치, 보급수량 확보, 과냉각 방지 등
⑤ 동결방지 : 냉각탑 하부에 전열코일 설치, 배관계에 Band Heater 설치 및 고밀도 단열재
시공, 부동액 사용, Drycooler 사용 등

(4) 냉각수계 장애요인
① 부식
  (가) 부식반응을 제어하기 위해서는 밀폐계에서는 수중의 용존산소를 제거하는 것이 유효
    하다.
  (나) 개방계(Open Pipe System)
    ㉮ 개방순환 냉각수계에서는 금속표면에 피막 형성이 가능한 '방식제'를 수중에 첨가
      하는 방법이 사용되고 있다.
    ㉯ 밀폐계에서는 온도 상승에 따라 부식이 계속 증대되나, 개방계의 경우에는 80℃
      이상에서는 부식이 진행되지 않는다 (즉, 수온이 80℃ 이상의 개방계에서는 수온이
      상승하면 용존산소의 감소로 부식속도가 오히려 감소된다).
    ㉰ 이물질, 공기의 침입 등으로 수질 악화 및 스케일, 부식우려 : 수질관리 철저 필요
  (다) 부식에 영향을 미치는 인자
    ㉮ 금속 측의 인자 : 금속 조성의 균일성 결여, 금속 내·외부 Stress 등

ⓘ 냉각수 측의 인자 : 용존 산소, 용존 염류, 수온, 유속, 퇴적물 및 슬라임, pH 등
(라) 부식방지 대책
　(가) 금속 재료 측의 개선책
　　• 금속 표면에 유기 또는 무기물질의 각종 Coating을 하여 물과의 접촉을 피한다.
　　• 합금 등을 하여 내식성이 있는 재료를 사용
　(나) 물측의 개선책
　　• 외부 전류를 사용하여 양극 또는 음극으로 전기적 방식(防蝕)을 함
　　• 부식 방지제의 사용 : 양극형 방식제(+), 음극형 방식제(−), 양극형 방식제(+, −)

② 슬라임
(가) 보급수 중의 미생물과 냉각탑에서 수중에 혼입한 미생물은 계내에서 증식해 미생물 Floc을 형성한다.
(나) 미생물 Floc 중에는 미생물에 의해 분비된 점성물질이 있고, 이 점성에 의해서 열교환기류에 부착하여 슬라임이 된다.
(다) 슬라임 장해의 분류 : 슬라임 부착형 Fouling, 슬라임 퇴적형 Fouling
(라) 슬라임 형성에 영향을 미치는 인자 : 수온, 영양원, 유속, pH, 용존산소 등
(마) 슬라임 방지대책
　(가) 냉각수계에서의 슬라임 발생 요인의 혼입방지 : 보급수의 여과, Process Leak 방지
　(나) 살균, 살조처리 (염소처리)
　(다) 슬라임 부착방지와 슬라임 박리처리
　(라) Side Filter 설치하여 슬러지 퇴적방지
(바) 슬라임 처리제의 종류 : 살균제, 슬라임 부착방지 및 슬라임 박리처리제

③ 스케일
(가) 보급수 중에는 Calcium Carbonate, Magnecium Silicate 등의 난용성염이 해리 용해되어 있고 이것들의 염류는 냉각수계 내에서 농축되고 고온의 열교환기류의 전열면에 석출하여 스케일 장해를 일으킨다.
(나) 방식제로 사용되는 인산염류도 부적절한 사용 환경에서는 Calcium Phosphate로 스케일화 될 수 있다.
(다) 스케일의 구성성분 : 탄산칼슘, 산화철, 실리카 등
(라) 스케일 생성에 관한 대표적인 요인
　(가) 스케일 성분의 포화용액 생성요인
　　• 순환수 중에서의 염류의 농축
　　• 금속 표면에서의 염류의 농축 (계면농축현상, 국부비 등)
　　• 수온의 상승 (냉각수온의 상승, 열교환기 Tube 표면에서의 온도 상승)
　　• pH의 상승 (농도, 탄산이온 HCO_3의 열분해 등)
　(나) 스케일의 금속표면 부착에 관한 요인

    • 금속표면이 스케일 성분 석출 시의 결정핵이 된다.

    • 석출결정과 금속표면 간의 정전인력

    • 석출결정의 침강, 퇴적

(마) 스케일 형성에 영향을 미치는 인자

    ㉮ 칼슘이온 농도와 탄산이온 농도 : 탄산칼슘이 난용성 염이므로 칼슘과 탄산이온의 이온적. 즉 $(Ca^{+2})(CO_3^{-2})$이 어떠한 값에 이르게 되면 침전하기 시작한다.

    ㉯ pH : 높은 pH에서는 스케일이 더 많이 퇴적한다.

    ㉰ 수온과 H/EX 양측 사이의 온도 차 : 온도의 증가에 따라 탄산칼슘의 용해도가 감소하게 되고 중탄산이온이 탄산이온으로 열분해되어 스케일이 증가한다.

    ㉱ 유속 : 유속의 증가에 따라 스케일은 기계적으로 제거되고 경계면에서의 수온 역시 감소하여 열전달 표면의 스케일량이 줄어든다.

    ㉲ 용존염류 : 용존염의 농도가 증가함에 따라 탄산이온과 칼슘 이온의 활성도가 감소되므로 스케일 형성이 어려워진다(용존염 농도가 2000 ppm 이하에서는 기대하지 못함).

(바) 스케일 방지 처리

    ㉮ 농축배수 조절에 의한 스케일 방지

    ㉯ 순환수의 pH 조정(산주입)에 의한 스케일 방지

    ㉰ 스케일 Control제에 의한 스케일 방지

    ㉱ Scale 생성 방해

        • 화학적 방법 : 인산염 이용법, 경수 연화장치, 순수장치

        • 물리적 방법 : 전류 이용법, 라디오파 이용법, 자장이용법, 전기장 이용법 등

(5) 한국과 미국의 냉각탑 용량관리 기준 비교

비교항목	순환수량 (LPM)	입구온도 (℃)	출구온도 (℃)	습구온도 (℃)	냉각열량 (kcal/h)	표준냉각능력 (CRT)
한 국	13	37	32	27	3900	1
미 국	11.36 (3GPM)	35 (95°F)	29.4 (85°F)	25.6 (78°F)	3785	1.414 (1t)

• 문제풀이 요령

    냉각탑의 운전관리 측면에서는 냉각수의 수처리 문제(블로 다운, 부식, 스케일, 슬라임 등)와 소음 및 진동문제(모터, 살포수, 루버, 송풍기 등)가 가장 핵심사항이다.

PROJECT 113 냉각탑의 수처리

출제빈도 ★★☆

Q 냉각탑에서 냉각수에 대한 수처리의 방법에 대해 설명하시오.

(1) 개요

① 냉각수의 수질을 적절하게 관리하지 않으면 설비의 수명을 단축시킬 뿐 아니라 프로세스 가동률 저하, 제품의 불량 발생, 에너지 손실, 배관과 펌프 등에서의 누설, 약품 투입비 증가 등 각종 관리비용의 증가 등 여러 가지 낭비적 결과를 가져온다.

② 또한 인체에 치명적인 영향을 주는 레지오넬라균에 의한 질병 발생의 위험도 있다.

(2) 냉각탑의 블로 다운 (Blow Down)

① 냉각탑을 운전하면 순환수의 일부분이 증발되면서 냉각 효과를 발휘하는 대신, 남아 있는 냉각수 중의 이온들은 농축되고 따라서 부식, 스케일 등이 쉽게 생성될 수 있는 여건이 형성된다.

② 그러므로 항상 적정량의 블로 다운(Blow Down)을 실시하여 새로운 물을 보충해 줌으로써 농축배수를 일정 수준 이하로 관리해 주는 것이 냉각수 수질 유지를 위한 기본 사항이다.

③ 이때, 보급수량 = 증발수량 + 비산수량(Blow Out 포함) + Blow Down 수량, 이는 보통 전체 순환량의 약 1~3 %에 해당한다.

④ 블로 다운 (Blow Down) 미실시 경우의 영향

  (가) 응축 열교환기의 오염으로 응축압력 상승 가능 : 이로 인한 냉동능력감소, HPC (High Pressure Cut Out Switch) 동작 등의 가능성 있음

  (나) 이온들은 농축되어 부식, 스케일 등 초래 가능

  (다) 냉각수가 오염되어 레지오넬라균 번식 등

⑤ 블로 다운 (Blow Down)의 방법

  (가) 냉각탑 운전 중에 Drain Valve를 약간 열어둔다.

  (나) 냉각탑 하부수조의 운전수위를 높여서 계속 조금씩 Over Flow시킨다.

  (다) 하부수조의 청소를 겸해서 정기적으로 물을 갈아 넣는다.

(3) 냉각탑의 순환여과 (Side-Stream Filtration) 처리 - 역세식, 원심식 포함

① 냉각수 중의 이물질은 크게 부유고형물과 용해고형물로 나뉘는데 여과를 통해서는 주로 부유고형물을 제거하며 약품처리를 통해서 용해고형물을 처리하게 된다.

② 냉각수에 포함되어 있는 부유고형물의 분포를 살펴보면 대략 85~95 %가 10 micron 이하의 크기를 가진 미세 입자인데 이러한 입자는 배관의 스케일(Scale) 또는 슬라임(Slime)을 유발하고 미생물 번식의 환경을 조성하기 때문에 반드시 제거되어야 하며, 미세 여과

제3장 공조 및 환경 I **415**

장치와 화학약품 처리를 병용함으로써 효과적인 처리가 가능하다.
③ 그러므로 냉각수의 순환여과 처리에는 10 micron 이하의 미세입자를 제거할 수 있는 여과 성능이 필요하다.
④ '냉각수 여과처리 시스템'의 종류로는 원심식 입자분리기(Centrifugal Separator), 자동 역세식 스트레이너(Back Washable Strainer, 금속 여과망), 일반 모래 여과기(Conven tional Sand Filter), 볼텍스식 모래 여과기(Volti-Sand Strainer) 등이 있다.

(4) 냉각탑의 약품처리(Chemical Dosing)

① 부식방지제 : 금속의 부식은 부식회로 형성에 의한 것으로 이 회로의 형성 요인 중 어느 한 인자를 차단함으로써 달성할 수 있으며, 약품처리는 금속 표면에 방식 피막을 형성시켜 부식회로를 차단하는 것으로 침전피막형(인산염계, 금속 이온형 등)과 금속 표면을 부동태화시키는 산화피막형으로 구분된다.

② 스케일 방지제 : 스케일의 발생은 냉각수계에 용해된 칼슘 등의 염기류가 pH와 온도 상승에 따른 용해도의 차이에 의해 석출하는 현상이므로 방지제는 각각의 생성 단계에 대응하여 석출의 억제(Anti-Precipitation)와 분산(Dispersion) 등의 작용을 하며, 배출 규제에 대응키 위해서는 비인산염계의 사용이 요구된다.

③ 슬라임(Algae) 방지제 : 슬라임(바닷물의 경우는 Algae)은 냉각수계에 용존하는 영양원을 이용하여 세균이나 미생물이 번식하고 이 미생물을 주체로 무기물, 먼지 등이 혼합되어 발생되는 부가적인 장해로써 살균처리용 염소제와 브롬계 및 분산제가 사용된다.

(5) 랑겔리어 지수 (Langelier Index)

① 칼슘경도, 중탄산칼슘, pH, 온도 등에 의한 탄산칼슘의 수중 침전의 정도를 나타내는 지수이다.
② 스케일의 부착량 혹은 부착 속도를 직접 의미하는 것이 아니고, 물의 탄산칼슘 혹은 중탄산칼슘 함유량만을 나타내는 수치이다.

• **문제풀이 요령**
① 냉각수 수처리의 방법은 블로 다운이 가장 대표적이며 (보일러의 블로 다운과 유사), 기타 순환여과 처리(부유 고형물 처리), 약품처리 (부식 방지제, 스케일 방지제, 슬라임 방지제 등을 혼입하여 용해 고형물 처리) 등의 방법이 있다.
② 보급수량 = 증발수량 + 비산수량(Blow Out 포함) + Blow Down 수량 (보급수량은 전체 순환량의 약 1%~3 % 에 해당)

PROJECT 114 에어커튼(Air Curtain) 출제빈도 ★☆☆

Q 공조용 에어커튼(Air Curtain)에 대해 설명하시오.

(1) 발달 배경

① 경제와 문화가 발달하면서 현대인의 생활환경도 갈수록 편리해지고 있다. 생활의 대부분을 실내에서 보내기 때문에 조금이라도 더 쾌적한 실내환경을 요구하게 되고 따라서 계절에 관계없이 최적의 환경을 유지하기 위하여 엄청난 에너지 비용을 부담하게 되었다.

② 산업발전에 따른 대기 오염으로부터 자신의 생활 환경을 보호하기 위한 장치 시설도 점점 필요하게 되었다. 이러한 문제를 해결하기 위한 공기관련 기기들 중 한 가지가 에어커튼이다.

(2) 에어커튼의 사용 목적

① 문이 열려있어도 보이지 않는 공기막을 형성하여 실내공기가 바깥으로 빠져나가는 것을 막아 필요 이상 낭비되는 에너지 비용을 절감할 수 있다.

② 바깥의 오염된 공기가 안으로 들어오는 것을 막음으로써 쾌적한 실내환경을 유지할 수 있다.

③ 여름과 겨울철 건물의 내·외부에 형성되는 기압 차에 의한 '연돌효과'를 어느 정도 방지할 수 있다.

(3) Air Curtain의 원리

① 개방되어 있거나 사람의 출입이 빈번한 출입구의 상단에 장치하여 안과 밖을 통과하는 공기의 속도보다 더 강한 풍속의 공기를 쏘아 출입구에 보이지 않는 막을 형성한다.

② 문이 열려있어도 문이 닫혀있는 것처럼 실내외의 공기가 서로 유통하지 못하도록 하는 것이 에어 커튼의 본질적인 기능이다.

(4) Air Curtain의 효과

① 실내기온(온기/냉기)의 유출 방지로 쾌적감 향상 및 에너지 비용 절약 : 외부 공기가 들어오지 못하기 때문에 문이 열릴 때마다 추위, 더위를 느꼈던 불쾌감이 해결되고 지속적인 온도 유지로 에너지 효율이 높아짐으로써 과다한 에너지 낭비를 막을 수 있다.

② 오염된 외부공기를 막아 실내 청결유지 : 외부 공기를 통해 들어오는 먼지, 오염된 공기, 연기, 냄새 등의 오염물질을 원천적으로 막아줌으로써 위생적인 실내공간을 만들 수 있으며 나아가서는 장비나 기계의 고장발생률을 낮출 수 있다.

③ 신선도 유지와 업무효율 향상 : 냉동실 또는 냉장창고의 경우 급격한 온도 상승을 막아 저장 제품의 신선도를 유지하고, 번번이 문을 개폐할 필요가 없으므로 사람과 장비 등의 출입이 자유롭고 문을 개폐하는데 걸리는 시간을 절약할 수 있다.

(5) Air Curtain의 적용

① 사람의 출입이 잦으면서도 쾌적한 환경을 유지해야 하는 곳 : 은행, 우체국, 대합실, 상가, 백화점, 공항 등

② 외부의 오염과 철저히 격리되어야 하는 곳 : 병원, 식당, 식품·의약품 관련 공장 등

③ 온도 손실 또는 오염이 제품에 크게 영향을 끼치는 곳 : 냉동냉장창고, 기타 저장창고 등

④ 오염물을 처리하는 산업현장 : 위생처리장(쓰레기 소각장, 분뇨 처리장), 각종 공장 등

(6) 에어 커튼의 에어 방출두께 관련 착안점

① 에어 방출 두께는 높이가 높으면 두께(폭)가 커져야 한다.

② 실내 온도가 낮으면 두께(폭)가 커져야 한다.

③ 고체는 열전도율이 큰 반면 기체는 열전도율이 작다.

④ 에어 커튼은 주위의 공기를 유인 혼합하여 주로 대류에 의한 열전달이 이루어진다.

⑤ 실내·외 온도차에 의한 열전도는 상대적으로 시간이 많이 걸린다.

(7) 에어커튼의 종류

① 흡출형

㈎ 에어커튼 장치에 분출구만 있고, 흡입구는 없다.

㈏ 분출풍속 : 옥외에 설치하는 경우에는 10~15 m/s, 옥내에 설치하는 경우에는 5~10 m/s 정도가 적당하다.

② 분출·흡입형(Push·Pull Type)

㈎ 분출구와 흡입구가 모두 설치되어 있는 형태이다.

㈏ 상기 흡출형 대비보다 확실한 성능을 발휘할 수 있다.

㈐ 분출 풍속 : 상기 흡출형과 동일하다.

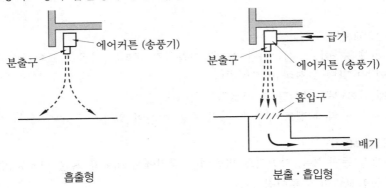

흡출형   분출·흡입형

• 문제풀이 요령

에어 커튼은 문이 열려있어도 보이지 않는 공기막을 형성하여 불필요한 에너지 낭비를 절감할 수 있고, 오염된 외부공기를 막아 실내 청결유지가 가능한 장점이 있다.

PROJECT **115** 전열교환기(HRV, ERV) 출제빈도 ★★★

Q 공조용으로 사용되는 전열교환기 (HRV, ERV)의 특징, 종류, 효율, 설치시 유의사항에 대해 설명하시오.

(1) 정의

① HRV〔Heat Recovery (Reclaim) Ventilator〕혹은 ERV〔Energy Recovery (Reclaim) Ventilator〕라고도 불린다.

② 전열교환기는 배기되는 공기와 도입되는 외기 사이에 열교환을 통해 배기가 지닌 열량을 회수하거나 도입 외기가 지닌 열량을 제거하여 도입 외기부하를 줄이는 장치로서 '공기 대 공기' 열교환기이다.

(2) 특징

① '공기 대 공기' 열교환기의 일종이며, 외기 Peak 부하 감소로 열원기기 용량 감소, 설비비 상쇄와 운전비 절약의 장점이 있다.

② 배기가 지닌 열과 습기를 회수하여 급기 측으로 옮겨주는 원리이다.

③ 전열교환기는 최근 에너지 절감을 위해 고급 빌라, 초고층형 아파트 등에 많이 시공되고 있다.

④ 열회수 환기 방식 종류는 현열교환기와 전열교환기가 있으며, 전열교환기는 고정식과 회전식이 있다.

⑤ 약 50~70 % 이상의 에너지 회수가 가능하여 운전비 절감에 크게 기여한다.

(3) 종류

① 회전식 전열교환기

㉮ 흡착제(제올라이트, 실리카겔 등)를 침착시킨 로터(허니콤상 로터)의 저속회전에 의해 현열 및 잠열 교환이 이루어진다.

㉯ 흡습제(염화리튬 침투판)를 사용하는 경우도 있다.

㉰ 구동 방식에 따라 벨트 구동과 체인 구동 방식이 있다.

② 고정식 전열교환기

㉮ 펄프 재질 등의 특수 가공지로 만들어진 필터에서 대향류 혹은 직교류 형태로 현열교환 및 물질교환이 이루어짐

㉯ 잠열효율이 떨어져 주로 소용량으로 사용함

㉰ 박판 소재의 흡습제로 염화리튬을 사용하는 경우도 있다.

㉱ 교대·배열 방법으로 열교환 효율을 높임

③ 계통도 : 전열교환기의 위치에 따라 공조기 내장형 혹은 외장형의 두 가지 형태가 있다(계

통도는 동일).

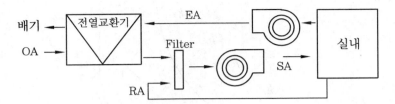

전열교환기 계통도(공조기 내장형 혹은 외장형)

(4) 전열교환기 효율

① 겨울철(난방)

$$\eta_h = \frac{\Delta h_o}{\Delta h_e} = \frac{(h_{o_2} - h_{o_1})}{(h_{e_1} - h_{o_1})}$$

② 여름철(냉방)

$$\eta_c = \frac{\Delta h_o}{\Delta h_e} = \frac{(h_{o_1} - h_{o_2})}{(h_{o_1} - h_{e_1})}$$

(5) 겨울철 사용 시 개요도

(실내)배기 $h_{e_1} \rightarrow h_{e_2}$: 외기에 열전달

(실외)외기 $h_{o_1} \rightarrow h_{o_2}$: Heating (배기 열 취득)

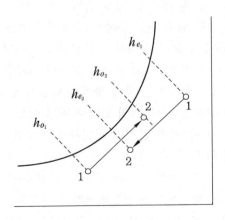

(6) 여름철 사용 시 개요도

(실외)외기 $h_{o_1} \rightarrow h_{o_2}$: Cooling (열손실)

(실내)배기 $h_{e_1} \rightarrow h_{e_2}$: 외기가 가진 열 취득

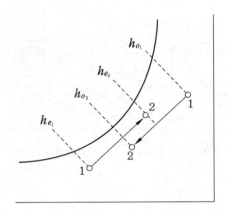

(7) 전열교환기 설치 시 유의 사항

① 전열교환기와 급기, 배기 Fan과의 운전은 Inter-Lock하여 Motor 정지 중에는 통풍시키지 않도록 한다.

② 외기 및 환기에는 Filter를 설치한다.

③ Gallery로부터 침입한 빗방울이 Motor까지 비산하지 않도록 하며 외기 흡입구에는 큰 먼지나 빗방울의 유입을 방지하기 위하여 유입 속도를 2 m/s 이하로 한다.

④ Motor 점검을 위하여 전열교환기 전후에 점검구를 설치한다.

⑤ Rotor 면의 풍속 조절은 가능한 한 작게 되도록 한다.

⑥ 급기, 배기의 바람의 흐름은 대항류(Counter Flow)가 되도록 한다.

⑦ 중간기용으로 Bypass Duct를 설치한 경우 급기, 배기 Duct를 모두 시공한다.

⑧ Casing은 가급적 수직으로 설치한다. 수평으로 설치 시에는 하중이 걸리지 않도록 하여 주고, 하부 받침대는 하중 분포가 일정하게 분산되도록 한다.

⑨ Bearing 받침대에는 최대 휨이 1 mm 이하가 되도록 보강대를 설치해야 한다.

⑩ 전동기의 주위 온도 : 전동기에는 과열 방지 장치가 내장되어 있어 주로 40℃ 이하(공기온도)에서 운전되게 제작되나 전열교환기의 급기나 배기 어느 한쪽이 40℃ 이상이 될 경우, 차가운 쪽에 전동기를 위치시키며 열기가 침입하지 않도록 한다.

⑪ 급기, 배기 온도가 모두 40℃ 이상인 특수한 경우에는 별도의 전동기 냉각용 송풍기를 설치하든가 아니면 전동기를 전열기 Casing 외부에 설치하도록 한다.

⑫ 전열교환기의 동결방지 : 한랭지에서는 전열교환기가 결빙될 수 있으므로 예열 히터 등을 사용해야 하는데, 이때 예열 히터의 부착 위치는 외기가 전열교환기로 들어가는 입구에 주로 설치한다.

(8) 전열교환기의 중간기 운전방법

① 봄·가을에 외기 냉방 시 전열교환기를 운전하면, 실온보다 낮은 외기가 전열교환기에서

실내 배기와 열교환함으로써 데워진 후 실내에 급기되게 된다 (따라서 제대로 된 외기 냉방을 할 수 없다).

② 이 문제를 해결하기 위해 전열교환기를 운전 정지하거나, Bypass Duct를 설치하여 열교환을 하지 못하게 한다.

③ 이때 회전형 전열교환기에서는 장시간 운전 정지 시 통풍으로 인해 모터의 회전부에 먼지가 막힐 수 있으므로 타이머로 간헐운전(On/Off 제어)을 해주는 것이 좋다.

(9) 국내외 동향

① 전열교환기는 에너지 절약 차원에서 최근에 각광을 받고 있으며, 일본에서는 이미 법제정으로 설치를 확실하게 유도하고 있음

② 국내에서도 법제화가 활발하게 검토 및 일부 적용되고 있으며, 지속적으로 사용이 증가될 것으로 예상된다.

③ 고정식 및 회전식은 서로 장·단점을 가지고 있으나, 고정식은 크기가 크고 입출구 덕트 연결부가 복잡하고 설비 공간 커져 중·대형 전열교환기로는 회전식을 보다 많이 사용하고 있다.

• 문제풀이 요령

① 전열교환기는 폐열회수 효과가 뛰어나 수년 내 초기 투자비 (기계 가격, 설치비 등)를 회수할 수 있는 큰 장점이 있으며, 종류는 회전식, 고정식으로 대별된다.

② 습도 조절 역할 : 전열교환기는 냉방 시에는 제습부하, 난방 시에는 가습부하를 경감시켜주는 역할도 한다.

PROJECT 116 FPU(Fan Powered Unit) 출제빈도 ★☆☆

Q FPU (Fan Powered Unit)의 특징과 응용에 대해 설명하시오.

---

(1) 병렬식 FPU

① VAV에서 외주부 공조에 사용되는 Terminal Unit

② 공조부하가 아주 작아질 때 1차 공기만으로 실내온도 조절이 안되어 천장 플레넘 공기 인입할 때 사용함 (1차 공기 + 천장 플레넘 공기)

③ 아래 그림과 같이 공조용 팬의 하류에서 혼합시킴

(2) 직렬식 FPU

① CAV에서 저온급기(빙축열 등)에 사용되는 Terminal Unit

② 아래 그림과 같이 공조용 팬의 상류에서 혼합되게 함 (1차 공기 + 천장 플레넘 공기)

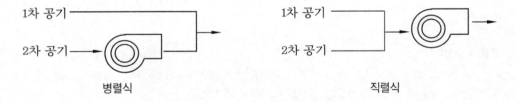

병렬식　　　　　　　　　　　직렬식

(3) 응용

① 건물에서 전열 및 복사열 등 외부의 영향을 직접 받는 외주부에 많이 적용하여 냉·난방 시 에어 커튼 유사 역할을 해준다 (외기 침입방지, Cold Draft 방지, 열차단 효과 등의 역할).

　㉮ VAV Unit (내주부) + Fan Powered VAV Unit (외주부)

　　㉮ VAV Unit : 내주부의 냉방부하 담당 전용

　　㉯ FPV Unit : 하계 시 주로 냉방으로 운전하고, 동계시는 난방으로 운전

　㉯ Fan Powered VAV Unit (내주부) + Fan Powered VAV Unit (외주부)

　　㉮ 저온 급기된 공기를 천장 플레넘 공기와 혼합하여 실내로 공급한다.

　　㉯ 급기풍량을 항상 일정하게 하여 실내기류를 안정시키고 Cold Draft를 방지시켜 준다.

· 문제풀이 요령

　　FPU(Fan Powered Unit)의 형식에는 실내 저부하 시 주로 사용되는 병렬식과 빙축열의 저온급기를 위해 사용되는 직렬식의 두 가지가 있다.

PROJECT 117 개별(천장) 분산형 공조기 출제빈도 ★☆☆

Q 개별(천장) 분산형 공조기(Ceiling Type Separated Air Handling Unit)에 대해 설명하시오.

(1) 개요

① 토지가격, 건물 임대가격, 국제화, 업무공간 증대로 중앙공조에서 개별 분산 공조방식으로 변경 추세이다. 특히 IB 개념 도입으로 층고 4 m 이상 되고, 상부 천장 내부가 1 m 이상 확보되어 Dead Space 이용한 천장내부 공조기 설치, 운전방식으로 건축·설비 측면에서 유리하다.

② 정보활동과 사고작업이 활발하게 되어 사무실은 OA 화가 진행될 뿐 아니라 Flex Time의 채용과 기업활동의 국제화, 24시간 영업에 따라 주야를 불문한 기업활동으로 공간적, 시간적 환경변화에 따라 공조는 건물 전체의 집중제어에서 임대 면적마다의 분산제어로 요청되며 최근 제어기술 등의 진보로 PAC 방식이 들어와 온도, 풍량, 풍속, 운전시간에 대해 개별제어 하는 것이 유리할 수 있다.

(2) 장점

① Compact한 구성 : 천장 내부 공간이 적어도 된다 (층고 축소 가능).
② 개별제어가 쉬움 : 여러 대수로 나누어 설치하므로 각 室별 개별제어가 용이하다.
③ 건축물 유효면적 증대 : 별도의 공조실이 필요 없어 공간 절약 가능

(3) 단점

① 청정도, 외기도입, 습도 조절 등 성능 면에서 중앙공조 대비 떨어질 수 있음
② 선별적 및 제한적 사용 필요 (소규모건물 등에 유리).

(4) 종류

① 천장형 공조기
② 천장 일체형 공조기
③ 기타 패키지형 공조기 등

• **문제풀이 요령**

개별(천장) 분산형 공조기는 건물 전체의 공조 시스템을 분산 및 개별 제어하기 위한 시스템이며, 건물 유효면적을 효과적으로 이용할 수가 있다는 큰 장점이 있으나, 청정도, 외기도입, 습도 조절 등의 질(質)을 떨어뜨릴 수 있으므로 주의해서 적용해야 한다.

PROJECT 118 패키지형 공조기   출제빈도 ★☆☆

Q 패키지형 공조기(Packaged Air Conditioner)에 대해 설명하시오.

(1) 개요

패키지형 공조기란 공조기에 냉동기를 동시에 장착하여 유닛화한 것으로 공조기의 냉·온수 코일 대신에 직팽 코일(Direct Expansion Coil)을 채용한 것이다.

(2) 종류

① 일체형 : 압축기, 응축기, 팽창 밸브, 증발기, 송풍기, 에어필터, 제어장치 등을 한 케이싱 안에 수납한 형태

② 세퍼레이트형 : 실외 열교환기와 압축기를 옥외에 설치한 형태(Condensing Unit 형식)

③ 기타 : 공랭식과 수랭식, 냉방전용과 냉·난방 겸용(Heat Pump), 싱글 타입과 멀티 타입 등이 있다.

④ 대개는 개별 방식에 적합하도록 구성되어 있지만, 대용량일 경우는 가열 및 가습 기능을 더하여 중앙방식에도 적용하고 있다.

⑤ 단일 기능일 경우에는 엄격하게 구분하여 패키지형 온풍난방기, 패키지형 냉방기라고도 한다.

(3) 장점

① 개별제어가 용이하다.

② 증설이나 Lay - out 변경에 쉽게 대응할 수 있다.

③ 설치가 용이하고 시설비가 저렴하다.

④ 덕트가 없으므로 층고가 낮아진다.

⑤ 대량 생산이 가능해져 품질 확보가 용이해진다.

(4) 단점

① 중소규모 건물에 적당(대규모 건물에는 설치 대수가 많아져 복잡해짐)

② 실내에 소음이 발생할 수 있다.

③ 환기가 어렵고, 공기의 질이 떨어질 수 있다.

• 문제풀이 요령

패키지형 공조기의 가장 큰 특징은 공조기에 냉동기를 동시에 장착하여 유닛화한 것과 냉온수 코일 대신에 직팽 코일을 채용했다는 것이다. 그러나 최근에는 세퍼레이트형이라고 하여 실외 열교환기와 압축기를 옥외에 설치한 형태(콘덴싱 유닛 방식)도 패키지형 공조기라고 한다.

PROJECT 119 유도전동기 　　　　　　　　　　　　　　　　출제빈도 ★☆☆

Q 송풍기, 펌프 등에 사용되는 유도전동기의 기동방식에 대해 설명하시오.

---

(1) 개요

① 전동기란, 전기에너지를 기계에너지로 바꾸는 기계이며, 모터(Motor)라고도 한다.

② 대부분이 회전운동의 동력을 만들지만, 직선운동의 형식으로 하는 것도 있다.

③ 전동기는 전원의 종별에 따라 직류전동기와 교류전동기로 구분된다.

④ 교류전동기는 다시 3상교류용과 단상교류용으로 구분된다. 3상교류용은 주로 대용량에 사용되며, 단상교류용은 소형모터에 주로 채용되고 있다.

(2) 유도 전동기의 원리

① 유도전동기(誘導電動機, Induction Motor)는 고정자(Stator)와 회전자(Rotor)로 구성되어 있으며, 고정자 권선(捲線, Winding)이 삼상인 것과 단상인 것이 있다.

② 삼상은 고정자 권선에 교류가 흐를 때 발생하는 회전자기장(Rotating Magnetic Field)에 의해서 회전자에 토크가 발생하여 전동기가 회전하게 된다.

③ 그러나 단상 고정자 권선에서는 교류가 흐르면 교번자기장(Alternating Magnetic Field)만이 발생되어 회전자에 기동 토크가 발생하지 않아서 별도의 기동장치가 필요하게 된다.

④ 일반적으로 가장 많이 사용되는 전동기이며, 구조가 간단하고 튼튼하며 염가이고 취급이 용이하다.

⑤ 원래 정속도(Constant Speed) 전동기이지만 가변속으로도 사용되고 있다.

(3) 기동방식 비교

① 전전압(全電壓) 직입기동

　(가) 전동기에 최초부터 전전압을 인가하여 기동

　(나) 전동기 본래의 큰 가속 토크가 얻어져 기동시간이 짧고, 가격이 저렴하다.

　(다) 기동 전류가 크고 이상전압강하의 원인이 될 수 있다.

　(라) 기동시 부하에 가해지는 쇼크가 크다.

　(마) 전원 용량이 허용되는 범위 내에서는 가장 일반적인 기동 방법으로 가능한 이 방식이 가장 유리하다

② Y-Δ 기동

　(가) Δ 결선으로 운전하는 전동기를 기동시만 Y로 결선을 하여 기동전류를 직입 기동시의

$\dfrac{1}{3}$ 로 줄인다.

(나) 최대 기동전류에 의한 전압강하를 경감 시킬 수 있다.

(다) 감압기동 가운데서는 가장 싸고 손쉽게 채용할 수 있다.

(라) 최소기동 가속 토크가 작으므로 부하를 연결한 채로 기동할 수 없다. 기동한 후 운전으로 전환될 때 전전압이 인가되어 전기적, 기계적 쇼크가 있다.

(마) 5.5 kW 이상의 전동기로 무부하 또는 경부하로 기동이 가능한 것, 강압 기동에서는 가장 일반적이며, 공작기, 크래셔 등에 사용한다.

③ 콘돌파기동

(가) 단권변압기를 사용해서 전동기에 인가 전압을 낮추어서 기동

(나) 탭의 선택에 따라 최대 기동전류, 최소기동 토크가 조정이 가능하며 전동기의 회전수가 커짐에 따라 가속 토크의 증가가 심하다.

(다) 가격이 가장 비싸고, 가속토크가 Y−Δ 기동과 같이 작다.

(라) 최대 기동전류 최소기동 토크의 조정이 안 된다.

(마) 최대 기동전류를 특별히 억제할 수 있는 것, 대용량 전동기 펌프, 팬, 송풍기, 원심분리기 등에 사용

④ 리액터기동

(가) 전동기의 1차측에 리액터를 넣어 기동시의 전동기의 전압을 리액터의 전압 강하분 만큼 낮추어서 기동

(나) 탭 절환에 따라 최대 기동 전류 최소 기동 토크가 조정가능 전동기의 회전수가 높아짐에 따라 가속 토크의 증가가 심하다.

(다) 콘돌파 기동보다 조금싸고 느린 기동이 가능하다.

(라) 토크의 증가가 매우 커서 원활한 가속 가능

(마) 팬, 송풍기, 펌프, 방직관계 등의 부하에 적합

⑤ 1차 저항기동

(가) 리액터 기동의 리액터 대신 저항기를 넣은 것

(나) 리액터 기동과 거의 같음 리액터 기동 보다 가속토크의 증대가 크다.

(다) 최소 기동 토크의 감소가 크다(적용 전동기의 용량은 7.5 kW 이하).

(라) 토크의 증가가 매우 커서 원활한 가속 가능

(마) 소용량 전동기(7.5 kW 이하)에 한해서 리액터 기동용 부하와 동일 적용

⑥ 인버터 기동방식

(가) 컨버터에 의하여 상용 교류전원을 직류전원으로 바꾼 후, 인버터부에서 다시 기동에 적합한 전압과 주파수의 교류로 변환시켜 유도전동기를 기동시킨다.

(내) 기동전류는 입력전압(V)에 비례하므로 입력전압을 감소시킴으로써 기동전류을 제한할 수 있다.

(다) 운전중에도 회전수제어를 지속적으로 행할 수 있는 방식이다.

(라) 축동력의 비는 회전수비의 세제곱과 같다.

$$\frac{W_2}{W_1} = \left(\frac{N_2}{N_1}\right)^3$$

(마) 회전수제어에 의하여 동력은 현격히 절감할 수 있는 방식이다.

(바) 인버터의 기본 원리

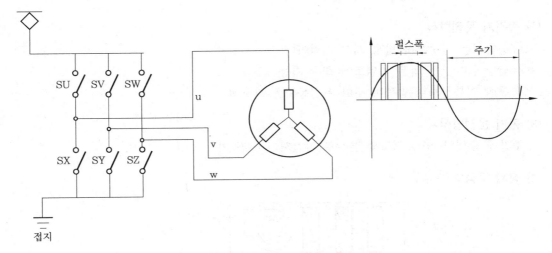

※ Chopping : 인버터 각 ARM에 있는 스위치의 ON, OFF 시간을 조절하여 펄스폭을 변경하여 출력 평균 전압을 제어한다. 펄스폭이 커지면 평균 전압이 커지고, 펄스폭을 작게 하면 평균전압이 작아진다.(Variable Voltage 기능)

※ Switching : 인버터의 각 ARM에 있는 스위치의 ON, OFF 주기를 조절하여 출력 주파수를 제어(변환)한다. (Variable Frequency)

・**문제풀이 요령**

① 모터는 직류와 교류의 종별이 있다고는 하지만, 원리상으로 보면 동일한 것으로 자기장 속에 도체를 자기장과 직각으로 놓고 여기에 전류를 통하면 자기장에도 직각 방향으로 전자기적인 힘이 발생한다는 전자유도현상을 응용한 것이다.

② 유도전동기의 기동방식에는 크게 전전압 직입기동과 감전압 기동(Y-Δ기동, 콘돌파기동, 리액터기동, 1차저항기동, 인버터 기동방식) 등이 있다.

PROJECT 120 이중 응축기

출제빈도 ★☆☆

Q 이중 응축기(Double Bundle Condenser)의 운전방식에 대해 설명하시오.

(1) 하기 운전방식

냉방 시 버려지는 응축기의 폐열량을 동시에 회수하여 재열 등의 난방열원으로 사용하고, 남는 응축열량은 냉각탑을 통해 대기에 버린다.

(2) 중간기 운전방식

① 중간기는 난방부하 발생 개시 시점이다.
② 난방하고 남는 열은 축열조에 회수 가능
③ 통상 여름철보다 압축비 낮아 운전동력은 감소됨

(3) 동기 운전방식

주간에 축열한 45℃ 정도의 온수로 야간까지 운전 가능

(4) 장치 구성도 (一例)

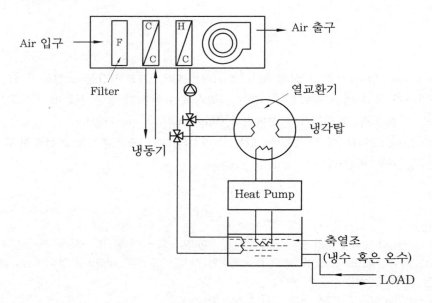

• **문제풀이 요령**

이중 응축기(Double Bundle Condenser)는 주로 주간에 난방 후 남는 열을 저장 후 야간 난방을 위해 사용하거나, 냉방 시 버려지는 응축기의 폐열량을 동시에 회수하기 위해 사용된다.

7. 공조 및 부하

PROJECT 121 CF & BF   출제빈도 ★★☆

Q 공조 코일에서 CF (Contact Factor)와 BF (Bypass Factor)에 대해 설명하시오.

(1) 정의

① 냉각 코일이 습코일이며, Coil Row 수가 무한히 많고, 코일 통과 풍속이 무한히 느리다면 통과 공기는 포화공기 온도(t_s)에 도달 가능하다.

② 그러나 실제로는 그렇지 못하므로, 냉·난방 과정에서 코일을 충분히 접촉하지 못하고 Bypass되어 들어오는 공기의 양이 존재한다.

③ 전체의 공기량 중 Bypass되어 들어오는 공기의 양의 비율을 바이패스 팩터(BF)라 한다.

④ 전체의 공기량 중 정상적으로 열교환기와 접촉되는 공기의 양의 비율을 컨택트 팩터(CF)라 한다.

⑤ 따라서 아래의 관계식이 성립된다.

$$CF + BF = 1$$

⑥ 난방용 혹은 재열용 가열 코일에서도 상황은 마찬가지이다 (흡입공기 온도가 가열 히터의 표면온도에까지 도달하지 못한다).

(2) 냉방 시

일반적인 냉방 과정을 습공기선도상에 도시하면 옆의 그림과 같다.

$$CF = \frac{(t_1 - t_2)}{(t_1 - \mathrm{ADP})}$$

$$BF = \frac{(t_2 - \mathrm{ADP})}{(t_1 - \mathrm{ADP})}$$

여기서, t_1 : 코일 입구공기의 온도
t_2 : 코일 출구공기의 온도
ADP : 장치노점온도

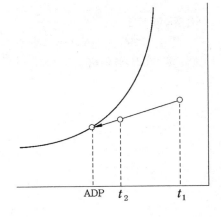

(3) 난방 시

일반적인 난방 과정을 습공기선도상에 도시하면 다음과 같다.

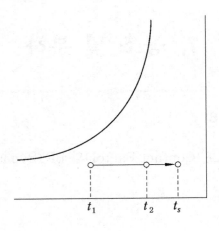

$$CF = \frac{(t_2 - t_1)}{(t_s - t_1)} \qquad\qquad BF = \frac{(t_s - t_2)}{(t_s - t_1)}$$

여기서, t_1 : 히터 입구공기의 온도
t_2 : 히터 출구공기의 온도
t_s : 히터의 표면 온도

(4) BF (Bypass Factor)를 줄이는 방법

① 열교환기의 열 수, 전열면적, 핀 수 (FPI) 등을 크게 한다.
② 풍량을 줄여 공기의 열교환기와의 접촉시간을 증대시킨다.
③ 열교환기를 세관화하여 효율을 높인다.
④ 장치 노점온도 (ADP)를 높인다.

• 문제풀이 요령

코일을 통과하는 전체의 공기량 중 정상적으로 열교환기와 접촉되는 공기량의 비율을 컨택트 팩터 (CF)라 하고, 열교환기를 Bypass하여 들어오는 공기량의 비율을 바이패스 팩터 (BF)라 한다.

PROJECT 122 습공기 선도   출제빈도 ★☆☆

Q 습공기 선도(Psychrometric Chart)의 구성과 종류에 대해 설명하시오.

(1) 습공기 선도의 특징

① 습공기의 상태를 표시한 그림으로 습공기 중의 수증기분압(P_w), 절대습도(x), 상대습도(ϕ), 건구온도(t), 습구온도(t'), 노점온도(t''), 비체적(v), 엔탈피(i) 등의 각 상태값을 하나의 선도에 나타낸 것

② 습공기 선도 사용 시 실내조건에 따른 부하계산이 가능하며 장비용량 계산, 풍량, 온습도 조건 등 공기조화에 따른 모든 계산이 가능하다.

③ 통상 공기조화에서 사용되는 공기 선도는 $i-x$ 선도로서 엔탈피, 절대습도를 사교 좌표축으로 구한다 (몰리에르 선도).

④ 하절기 습공기 선도상 0℃ 부근으로 외기온도가 낮아지면, 포화액선을 따라 냉각하게 되므로, 겨울철 대비 상대습도가 높게 된다.

(2) 습공기 선도의 사용법

① 대기압 760 mmHg에 대한 '$i-x$ 선도'에서 상태점 (State Point) 표시

② 가열과 냉각에 의한 변화표시 : 건구온도(t), 습구온도(t'), 노점온도(t''), 절대습도(x), 상대습도(ϕ), 수증기분압(P), 엔탈피(i), 비체적(v) 등

(3) 습공기 선도의 종류 (응용 좌표축)

① 비엔탈피(i) – 절대습도(χ) : 몰리에르 선도 (가장 많이 사용)

② 건구온도(t) – 절대습도(χ) : 캐리어 선도

③ 건구온도(t) – 비엔탈피(i) : 냉각탑 등의 물질 이동 해석에 많이 사용

(4) 응용 좌표축의 종류별 특징

① $i-\chi$ 선도 (몰리에르 선도)

  (개) 이 선도는 절대습도 χ를 종축으로 하고 비엔탈피 i를 여기에 사교하는 좌표축으로 선택해서 $i-\chi$의 사교좌표로 되어 있다.

  (내) 실제로 작성된 선도에서는 그림의 하부에 건구온도(t)를 나타내고 있는 것이 많으며 건구온도선이 그 축에 대해서 수직으로 되어 있지 않고 상부로 감에 따라 차츰 열려 있는 것으로부터도 건구온도 t가 좌표축이 아닌 것을 알 수 있다.

  (대) 열수분비 u의 그래프가 포함되어 있어 습도 조정 등의 계산에 사용되어 진다.

② $t-\chi$ 선도 (캐리어 선도)

 (가) 이 선도는 절대습도 χ 를 종축에, 건구온도 t 를 횡축에 취한 직교좌표로 습구온도 t' 가 같은 습공기의 비엔탈피 i 는 건구온도가 달라져도 근사적으로 같은 값을 나타낸다.

 (나) 단열 포화온도 항에서도 동일한 습구온도의 공기라도 포화공기의 비엔탈피와 불포화 공기의 비엔탈피 사이에는 절대습도의 차에 의한 온도 t' 인 수증기의 비엔탈피분 만큼 불포화공기의 비엔탈피는 작은 값을 지닌다.

 (다) 열수분비 u 대신에 SHF란 눈금이 있는데, 이것을 '감열비 눈금'이라고 부른다.

 (라) 건구온도선이 전부 평행으로 되어있고, 습구온도선을 이용하여 엔탈피 값을 읽도록 되어 있다.

③ $t-i$ 선도

 (가) 건구온도 t ℃를 횡축에, 포화공기의 비엔탈피를 종축에 취한 것을 습공기의 $t-i$ 선도라고 한다.

 (나) 냉각탑의 열전달(물질전달), 냉각식 감습장치 등의 해석에 많이 사용된다.

 (다) 건구온도선이 전부 평행으로 되어 있고, 습구온도선을 이용하여 엔탈피값을 읽도록 되어 있다.

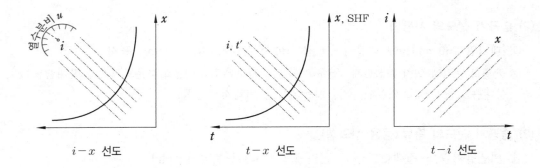

$i-x$ 선도 $t-x$ 선도 $t-i$ 선도

• 문제풀이 요령

 습공기 선도에는 $i-\chi$ 선도(몰리에르 선도 ; χ를 종축, i를 사교축), $t-\chi$ 선도 (캐리어 선도 ; t를 횡축, χ를 종축), $t-i$ 선도 (t를 횡축, i를 종축)의 세 가지 응용좌표축이 있다.

PROJECT **123** 벽체 단열재와 통형 단열재   출제빈도 ★☆☆

Q 공조분야에 사용되는 벽체 단열재와 통형 단열재의 설계기준에 대해 설명하시오.

(1) 벽체 단열재 설계

① 결로방지 기준

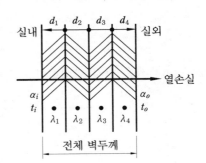

$$\alpha_i\,(t_i - t_s) = K(t_i - t_o)$$

상기 ① 식에서 아래식 유도

벽체 표면온도 $t_s = t_i - \dfrac{K\,(t_i - t_o)}{\alpha_i}$ ...... ①

상기에서 '$t_s <$ 노점온도'이면 결로 발생 판정

② 열관류율(K) 계산

$$K = \frac{1}{R} = \cfrac{1}{\dfrac{1}{\alpha_i} + \dfrac{d_1}{\lambda_1} + \dfrac{d_2}{\lambda_2} + \dfrac{d_3}{\lambda_3} + \dfrac{d_4}{\lambda_4} + \ldots \dfrac{1}{\alpha_o}} \quad \cdots\cdots\cdots\cdots ②$$

여기서, α_o : 외부 면적당 열전달계수 (kcal/h · m² · ℃)

α_i : 내부 면적당 열전달계수 (kcal/h · m² · ℃)

$(t_i - t_s)$: 내부온도 – 표면온도(℃)

K : 열관류율 (kcal/h · m² · ℃)

$(t_i - t_o)$: 내부온도 – 외부온도 (℃)

R : 열저항(h · m² · ℃/kcal)

λ_1 : 구조체 1번의 열전도율(kcal/h · m · ℃)

λ_n : 구조체 n번의 열전도율(kcal/h · m · ℃)

d_1 : 구조체 1번의 두께(m)

d_n : 구조체 n번의 두께(m)

③ 결로 방지를 위한 단열재를 두께 계산

(개) 상기 ② 식에서 d_4를 단열재의 두께라 하면,

(내) 상기 ① 식의 t_s 값에 '노점온도'를 대입하여 구한 K 값을 ② 식에 대입하여 두께를 구한다.

(2) 통형 단열재 설계

① 열전달량

$$q = K_o A\,(t_o - t_i) \quad \cdots\cdots\cdots\cdots\cdots\cdots\cdots\cdots\cdots\cdots\cdots\cdots ③$$

여기서, K_o : 원통에서의 열관류율 A : 원통형 관의 상당면적

t_o : 외부 공기 온도 t_i : 내부 유체의 온도

R : 열저항 계수 L : 원통의 길이

② 열관류량 계산(상기 ③에서 $K_o A$ 계산)

$$K_o A = \frac{A}{R} = \cfrac{1}{\cfrac{1}{\alpha_i A_i} + \cfrac{\int_1^2 \frac{1}{r} dr}{2\pi k_1 L} + \cfrac{\int_2^3 \frac{1}{r} dr}{2\pi k_2 L} + \cfrac{1}{\alpha_o A_o}}$$

$$= \cfrac{1}{\cfrac{1}{\alpha_i A_i} + \cfrac{\ln \frac{r_2}{r_1}}{2\pi k_1 L} + \cfrac{\ln \frac{r_3}{r_2}}{2\pi k_2 L} + \cfrac{1}{\alpha_o A_o}}$$

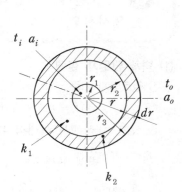

이 식을 다시 단위길이당 개념으로 바꾸면,

$$\frac{K_o A}{L} = \cfrac{2\pi}{\cfrac{1}{\alpha_i r_1} + \cfrac{\ln \frac{r_2}{r_1}}{k_1} + \cfrac{\ln \frac{r_3}{r_2}}{k_2} + \cfrac{1}{\alpha_o r_3}}$$

따라서, 상기 식 ③을 아래와 같이 표현할 수 있다. 단위길이당 손실열량은

$$\frac{q}{L} = \frac{K_o A}{L}(t_o - t_i) = \cfrac{2\pi(t_o - t_i)}{\cfrac{1}{\alpha_i r_1} + \cfrac{\ln \frac{r_2}{r_1}}{k_1} + \cfrac{\ln \frac{r_3}{r_2}}{k_2} + \cfrac{1}{\alpha_o r_3}}$$

[칼럼] 상기 식 ② 유도

$$q = \alpha_i A (t_i - t_1) = \lambda \frac{A}{d}(t_1 - t_2) = \alpha_o A (t_2 - t_o)$$

여기서, $t_i - t_1 = \dfrac{q}{\alpha_i A}$ ································· ⓐ

$t_1 - t_2 = \dfrac{dq}{\lambda A}$ ································· ⓑ

$t_2 - t_o = \dfrac{q}{\alpha_o A}$ ································· ⓒ

여기서 ⓐ+ⓑ+ⓒ를 하면,

$$t_i - t_o = \left(\frac{1}{a_i} + \frac{d}{\lambda} + \frac{1}{\alpha_o} \right) \cdot \frac{q}{A}$$

$$\therefore q = \frac{1}{\left(\dfrac{1}{\alpha_i} + \dfrac{d}{\lambda} + \dfrac{1}{\alpha_o} \right)} \cdot A(t_i - t_o)$$

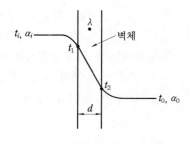

여기서 $\dfrac{1}{\left(\dfrac{1}{\alpha_i} + \dfrac{d}{\lambda} + \dfrac{1}{\alpha_o} \right)}$ 을 K라 한다.

• 문제풀이 요령

단열재의 설계 기준은 결로방지이며, 그 계산은 "$\alpha_i(t_i - t_s) = K(t_i - t_o)$" 공식을 사용한다.

PROJECT **124** 프레온계 냉매   출제빈도 ★★☆

Q 프레온계 냉매 (대체 냉매 포함)에 대해 설명하시오.

(1) CFC (Chloro Fluoro Carbon, 염화불화탄소)

① CFC는 냉동, 냉장, 공조기의 프레온계 냉매와 질식소화제의 할로겐 약제 등에 사용되었다.
② 성층권 밖의 오존층 파괴, 태양 자외선 통과 및 온실효과 (Green House Attack) 등을 초래함
③ 몬트리올 의정서(1987.9)에 따라 1996년 이후 전면적으로 금지되고 있다.
④ R11(CCl_3F), R12(CCl_2F_2), R502 등은 대표적인 CFC 계열의 냉매이다.

(2) HBFC (Hydro Bromo Fluoro Carbon)

수소를 첨가하여 할로겐 분자의 안정성을 낮추어 대기권에서 분해 가능하게 한다 (즉, 성층권에 도달하기 전에 미리 분해되게 함).

(3) HCFC(Hydro Chloro Fluoro Carbon)

① 수소를 첨가하여 할로겐 분자의 안정성을 낮추어 대기권에서 분해 가능
② 오존층을 파괴하는 Br은 없으나, 염소를 함유하고 있으므로 제한되고 있음
③ 몬트리올 의정서에 따라 2020년(개도국은 2030년) 이후 금지하게 되어 있으나, 교토의정서 등의 영향으로 사용금지 규제 및 무역장벽화가 훨씬 빨라지고 있는 실정이다 (EU ; 2010년 혹은 그 이전 전면 금지).
④ R22 ($CHClF_2$) 등이 대표적인 HCFC 계열의 냉매이다.

(4) HFC (Hydro Fluoro Carbon), FC (Fluoro Carbon)

① 오존층을 파괴하는 염소나 Br이 근원적으로 없음
② 단, 지구온난화지수가 여전히 높아 HFC계열 역시 빠르게 없어질 전망이다(지구온난화 관련 '교토의정서' 상의 규제 물질 중 하나임).
③ R134A, R407C, R410A, R404A 등이 대표적인 HFC 계열의 냉매이다.

(5) IFC (Iodo Fluoro Carbon)

① FC에 요오드를 첨가
② 대기권에서 적외선에 의해 분해 가능하나 인체에 독성 우려

(6) 불화알킨류

① 3중 결합인 알킨 화합물을 이용하여 대기권에서 아주 쉽게 분해됨
② 알킨 화합물이 Br을 함유하더라도 ODP는 거의 미미함

• 문제풀이 요령
프레온계 냉매는 가장 원시적인 CFC (오존층 파괴)를 비롯하여 HBFC와 HCFC (대기권에서 분해), HFC (ODP가 거의 0이기 때문에 대체 냉매로 각광, 그러나 GWP 높아 교토 의정서의 규제 대상물질), IFC (대기권에서 분해, 독성 우려), 불화알킨류 (대기권에서 분해) 등이 있다.

PROJECT 125 지구 온난화   출제빈도 ★☆☆

 Q 지구 온난화의 원인과 영향에 대해 설명하시오.

---

(1) 개요

① 2005년 2월부터 교토의정서(지구온난화 방지 관련 협약)가 정식으로 발효되어 지구온난화를 방지하기 위한 다자간의 의무 실행지침이 시행중이다.

② 이는 1차년도인 2008년~2012년까지(5년간) 1990년 대비 평균 5.2 %까지 온실가스를 감축할 것을 규정하고 있다 (36개 선진 참가국 전체 의무 실행).

(2) 지구온난화의 원인

① 수소화불화탄소 (HFC), 메탄 (CH_4), 이산화탄소 (CO_2), 아산화질소 (N_2O), 불화탄소 (PFC), 육불화황 (SF_6) 등은 방출되는 적외선을 흡수하여 저층의 대기 중에 다시 방출한다.

② 상기와 같은 사유로 지구의 연간 평균온도가 조금씩 상승하는 온실효과를 일으키고 있음

(3) 지구온난화의 영향

① 인체 : 질병 발생률 증가

② 수자원 : 지표수 유량 감소, 농업용수 및 생활용수난 증가

③ 해수면의 상승 : 빙하가 녹아 해수면 상승하여 저지대 침수 우려

④ 생태계 : 생태계의 빠른 멸종(지구상 항온동물의 생존보장이 안됨), 도태, 재분포 발생, 생물군의 다양성 감소

⑤ 기후 : CO_2의 농도 증가로 인하여 기온상승 등 기후변화 초래

⑥ 산림의 황폐화와 지구의 점차적 사막화 진행(열대우림의 사막화 등으로 지구의 허파 기능의 상실 가능)

⑦ 기타 많은 어종(魚種)이 사라지거나 도태, 식량 부족 등

(4) 지구온난화 대책

① 온실가스 저감을 위한 국제적 공조 및 다각적 노력 필요

② 신재생에너지 및 자연에너지 보급 확대

③ 국제 사회의 공동 노력으로 해결해야 할 문제

• 문제풀이 요령

① 온난화의 원인 : HFC, 메탄, 이산화탄소, 아산화질소, PFC, SF_6 (6대 온실가스라 부름) 등의 온실가스가 우주 공간으로 방출되는 적외선을 흡수하여 저층의 대기중에 다시 방출하기 때문이다.

② 지구온난화의 결과 (영향)는 질병 창궐, 물가뭄, 빙하 해빙, 생태계 교란 등이 대표적이다.

PROJECT **126** 지하 냉동창고 설치 시 고려사항 출제빈도 ★☆☆

Q 폐광지역에 지하 냉동창고 설치 시의 특성 및 주의사항에 대해 설명하시오.

(1) 지하의 특성

① 지하수 온도 및 지하 공간의 온도가 연중 거의 일정함(4~16℃) → 지하 20 m에서는 약 15℃의 지하수를 얻을 수 있다.

② 일사부하 및 극간풍이 거의 없다.

③ 주간 조명이 부족하여 조명비용 증가가 필요하다(자연적 일사조명 도입 검토 필요하다).

④ 공기의 유동이 적고, 환기가 잘 되지 않는다.

(2) 유리한 점

① 응축온도를 낮고 일정하게 할 수 있어 기기의 용량을 줄일 수 있고, 에너지 효율이 높다.

② 고내 침입 열량이 적어 냉동부하를 줄일 수 있다.

③ 지하수 이용 시 냉각탑 생략도 가능하다.

④ 일사에 의한 냉동부하 증가가 거의 없다.

⑤ 기후 조건, 악천후 등의 영향을 적게 받는다.

(3) 주의사항

① 지하수에 의한 침수 및 동선 확보에 주의해야 한다.

② 벽체 등 구조물의 방습 및 방식에 주의를 해야 한다.

③ 악취가 나지 않게 통풍에도 신경을 써야 한다.

④ 화재나 기타 재해시 방재대책 마련도 중요하다.

⑤ 조명이 부족하기 쉬우므로 비상조명, 자연조명 등의 검토가 필요하다.

⑥ 높은 습기에 의한 균류 번식, 식품 보장장애 등이 없도록 관리가 필요하다.

• 문제풀이 요령

　폐광지역에 지하 냉동창고를 설치한다는 의미는 지열을 어떻게 유용하게 사용할 수 있는가 하는 의미로 해석하면 된다(지하의 특성과 주의사항 측면에서 논술하면 된다).

PROJECT 127 혼합공기의 온도 및 가열량(계산문제) 출제빈도 ★☆☆

Q ① 온도($t_1 = 4$ ℃), 풍량($Q_1 = 10000$ m³/h), 비체적($v_1 = 0.789$)와 온도($t_2 = 25$℃), 풍량($Q_2 = 20000$ m³/h), 비체적($v_2 = 0.858$)의 혼합 시 온도는?

② 2℃ 공기 20000 m³/h의 풍량으로 가열기를 통과하여 22℃로 공급될 때 시간당 필요열량(kJ/h)을 계산하시오. (다만, 2℃ 공기 비체적은 0.785 m³/kg)

(1) 1번 답안

① 계산방법

㉮ 온도(t), 풍량(Q), 비체적(v)이 서로 다른 공기가 혼합 시 '현열교환'에 의해 온도, 비체적 등의 Property가 변화된다.

㉯ 이때의 현열교환량 계산량은 $q_s = Q \cdot \gamma \cdot C \cdot \Delta t = Q/v \cdot C \cdot \Delta t$ (C는 정압비열이므로 일정)

㉰ 온도가 낮은 공기의 얻은 열량과 높은 공기의 잃은 열량은 동일하므로, 혼합시의 온도를 t_3라고 하면,

$$\left(\frac{t_1 \times Q_1}{v_1} + \frac{t_2 \times Q_2}{v_2} \right) = t_3 \times \left(\frac{Q_1}{v_1} + \frac{Q_2}{v_2} \right)$$

따라서, $t_3 = \dfrac{\left(\dfrac{t_1 \times Q_1}{v_1} + \dfrac{t_2 \times Q_2}{v_2} \right)}{\left(\dfrac{Q_1}{v_1} + \dfrac{Q_2}{v_2} \right)}$

② 계산식 : 상기 계산식에 따라,

$$\text{혼합시의 온도 } t_3 = \frac{\left(\dfrac{4 \times 10000}{0.789} + \dfrac{25 \times 20000}{0.858} \right)}{\left(\dfrac{10000}{0.789} + \dfrac{20000}{0.858} \right)} = 17.6℃$$

(2) 2번 답안

① $q = Q \cdot \rho \cdot C \cdot (t_2 - t_1)$

여기서, Q : 풍량 (m³/h), ρ : 공기의 밀도 (= 1 / 비체적 ; kg/m³)
C : 공기의 비열 (1.005kJ/kg · K), $t_2 - t_1$: 온도차 (K)

② 따라서,

가열량 $q = (20000 / 0.785) \times 1.005 \times (22 - 2) = 512101.91$kJ/h

---

• **문제풀이 요령**

혼합공기의 온도 계산 : 온도가 낮은 공기의 얻은 열량과 높은 공기의 잃은 열량($q_s = Q/v \cdot C \cdot \Delta t$)을 이용하여 보강법으로 구할 것 (잠열 교환은 없다고 가정)

PROJECT 128 굴뚝효과(Stack Effect) 출제빈도 ★★★

Q 공조분야에서 굴뚝효과(Stack Effect)에 대해 설명하시오.

(1) 개요

① 연돌효과(煙突效果)라고도 하며, 건물 안팎의 온·습도차에 의해 밀도차가 발생하고, 따라서 건물의 위·아래로 공기의 큰 순환이 발생하는 현상을 말한다.

② 최근 빌딩의 대형화 및 고층화로 연돌효과에 의한 작용압은 건물 압력 변화에 영향을 미치고, 열손실에 중요 요소가 되고 있다.

③ 외부의 풍압과 공기부력도 연돌효과에 영향을 주는 인자이다.

④ 이 작용압에 의해 틈새나 개구부로부터 외기의 도입을 일으키게 된다.

⑤ 건물의 위 아래쪽의 압력이 서로 반대가 되므로 중간의 어떤 높이에서 이 작용압력이 0이 되는 지점이 있는데, 이곳을 중성대라 하며 건물의 구조 틈새, 개구부 등에 따라 다르지만 대개 건물 높이의 1/2 지점에 위치한다.

(2) 연돌효과의 문제점

① 극간풍(외기 및 틈새바람) 부하의 증가로 에너지 소비량의 증가

② 지하주차장, 하층부 식당 등에서의 오염공기의 실내 유입

③ 창문개방 등 자연환기의 어려움

④ 엘리베이터 운행시 불안정

⑤ 휘파람소리 등 소음 발생

⑥ 실내 설정압력 유지곤란(급배기량 밸런스의 어려움)

⑦ 화재시 수직방향 연소확대 현상의 증대

(3) 연돌효과의 개선방안

① 고기밀 구조의 건물구조로 함

② 실내외 온도차를 작게 함(대류난방보다는 복사난방을 채용하는 등)

③ 외부와 연결된 출입문(1층 현관문, 지하주차장 출입문 등)은 회전문, 이중문 및 방풍실, 에어 커튼 등 설치, 방풍실 가압

④ 오염실은 별도 배기하여 상층부로의 오염확산을 방지

⑤ 적절한 기계 환기방식을 적용(환기유닛 등 개별 환기 장치도 검토)

⑥ 공기조화장치 등 급·배기 팬에 의한 건물 내 압력제어

⑦ 엘리베이터 조닝(특히 지하층용과 지상층용은 별도로 이격분리)

⑧ 구조층 등으로 건물의 수직구획(화재 시 연돌효과 감소)

⑨ 계단으로 통한 출입문은 자동 닫힘구조로 할 것

⑩ 층간구획, 출입문 기밀화, 이중문 사이 강제대류 컨벡터 혹은 FCU설치

⑪ 실내 가압하여 외부압보다 높게 함

(4) 틈새바람의 영향

① 바람 자체(풍압)의 영향 : Wind Effect에 의한 압력 (Pa)

$$\Delta P_w = C \times \frac{\rho \cdot V^2}{2}$$

② 공기밀도차 및 온도 영향 : Stack Effect에 의한 압력 (Pa)

$$\Delta P_s = h \cdot (r_i - r_o)$$

여기서, 풍압계수(C)
- C_f (풍상) : 풍압계수 (실이 바람의 앞쪽일 경우, C_f = 약 0.8~1.0)
- C_b (풍하) : 풍압계수 (실이 바람의 뒷쪽일 경우, C_b = 약 -0.4)
- ρ : 공기 밀도 (kg/m³)
- V : 외기속도 (약 겨울 7 m/s, 여름 3.5 m/s)
- h : 창문 지상높이에서 중성대 지상높이 뺀 거리 (m)
- r_i, r_o : 실내외 공기 비중량 (N/m³)

③ 연돌효과(Stack Effect) 개략도

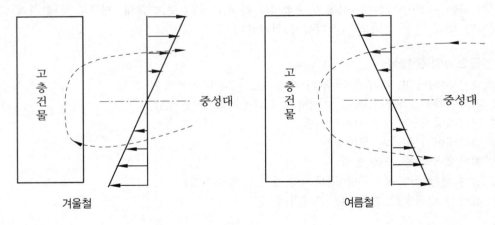

겨울철   여름철

㈎ 겨울철

  ㉮ 외부 지표에서 높은 압력 형성 : 침입공기 발생

  ㉯ 건물 상부 압력 상승 : 공기 누출

㈏ 여름철(역연돌효과 발생 가능)

  ㉮ 건물 상부 : 침입공기 발생

  ㉯ 건물 하부 : 누출공기 발생

칼럼 중성대의 변동

 ① 건물에 강풍이 불어와 풍상측에 풍압이 상승하면 중성대는 하강한다.

 ② 실내를 가압하거나, 실내압이 존재하거나, 풍상측의 풍압이 감소하면 중성대는 상승한다.

· 문제풀이 요령

굴뚝효과(Stack Effect)는 건물 안팎의 공기의 밀도차(온·습도, 기류 등에 기인)에 의해 발생하므로, 고층건물, 층간 기밀이 미흡한 건물, 대공간 건물, 계단실 등에서 심해진다.

PROJECT **129** 현열비와 유효 현열비   출제빈도 ★☆☆

Q 현열비(SHF)와 유효 현열비(ESHF)에 대해 설명하시오.

(1) 현열비 (SHF : Sensible Heat Factor)

① 현열비는 실내현열비, 유효현열비, 전현열비(총현열비)로 구분된다.

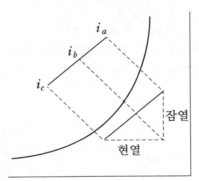

② 현열비는 엔탈피 변화에 대한 현열량의 변화 비율(공기의 정압비열×온도차)이다.

③ 현열비는 실내로 송풍되는 공기의 상태를 정하는 지표로서 현열부하를 전열부하로 나눈 개념이다.

$$SHF = \frac{(i_b - i_c)}{(i_a - i_c)}$$

(2) 유효현열비 (ESHF : Effective Sensible Heat Factor)

① 코일표면에 접촉하지 않고 bypass되어 들어오는 공기량도 실내측 부하에 포함되므로, 실내부하에 Bypass량까지 고려한 현열비를 유효현열비(ESHF)라 한다 (아래 그림 참조).

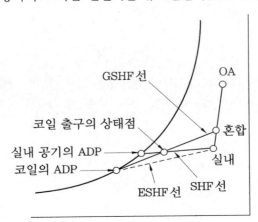

여기서,

- GSHF(TSHF ; 총현열비) : 외기부하(OA)와 실내부하(RA)를 포함한 전체 현열비

  ☞ $GSHF = \dfrac{총현열}{(총현열 + 총잠열)}$

- SHF(室현열비) : 실내부하만 고려한 현열비

- $SHF = \dfrac{室현열}{(室현열 + 室잠열)}$

- ESHF(유효 현열비) : 실내부하(RA)에 Bypass부하 고려한 현열비

  ☞ $ESHF = \dfrac{유효 室현열}{(유효 室현열 + 유효 室잠열)}$

- ADP(Apparatus Dew Point ; 장치 노점온도) : 상기의 '코일의 ADP' 혹은 '실내공기의 ADP'를 말함(각 SHF선이 포화습공기선과 만나는 교점을 말하는 것)

[칼럼] 실제의 냉각선도

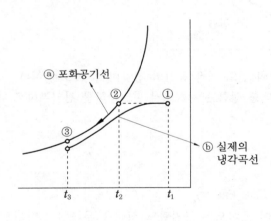

① 코일의 표면온도가 통과공기의 노점온도 (t_2)보다 낮은 t_3이라면, ①의 공기는 ②지점까지는 수평으로 오다가 그 이후부터는 포화공기선(ⓐ)을 따라서 ③까지 냉각되어야 한다.

② 그러나, 실제로는 포화공기선을 따라서 내려오지 않고 실제의 냉각곡선(ⓑ)을 따라 냉각된다.

③ 이는 Bypass Factor의 영향으로 출구공기가 완전히 100 %로 포화되지 못하기 때문이다.

- **문제풀이 요령**

   현열비 (SHF)는 총현열비 (외기부하와 실내부하를 포함한 전체 현열비), 실현열비 (실내부하만 고려한 현열비), 유효 현열비 (실내부하에 Bypass부하 고려한 현열비)의 세 가지의 현열비로 대별된다.

PROJECT *130* 습공기선도상 Process　　　　출제빈도 ★★★

Q 습공기선도상 아래 Process를 도시하시오.
　① 기본 프로세스　　② 혼합+냉각+재열　　③ 혼합+가열+가습
　④ 예랭+혼합+냉각　⑤ 예열+혼합+가습+가열

(1) 기본 프로세스(8종)

습공기 선도상의 기본 Process에는 가열(현열가열), 가습, 현열냉각, 감습, 가열가습, 냉각가습, 냉각감습, 가열감습이 있다.

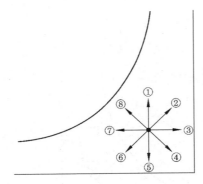

① 가습
② 가열가습
③ 현열가열
④ 가열감습
⑤ 감습
⑥ 냉각감습
⑦ 현열냉각
⑧ 냉각가습

(2) 혼합+냉각+재열

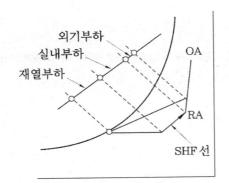

*냉방부하＝외기부하+실내부하+재열부하

(3) 혼합+가열+가습

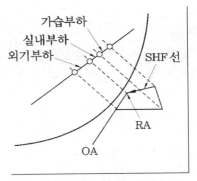

*난방부하＝외기부하+실내부하

(4) 예랭+혼합+냉각

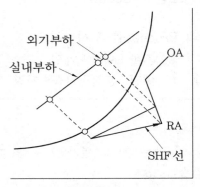

* 냉방부하 = 외기부하 + 실내부하

(5) 예열+혼합+가습+가열

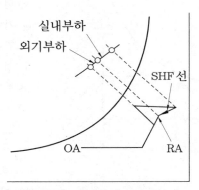

* 난방부하 = 외기부하 + 실내부하

- **문제풀이 요령**

  가열(현열가열), 가습, 현열냉각, 감습, 가열가습, 냉각가습, 냉각감습, 가열감습의 8가지 각종 process를 조합하여 여러 가지 응용 프로세스를 도시하고 설명할 수 있어야 한다.

PROJECT *131* **Return Air Bypass형 공조기**   출제빈도 ★☆☆

Q 리턴에어 바이패스형 (Return Air Bypass) 공조기에 대해 설명하시오.

(1) 개요
① 공조기에서 외기부하(습도 및 온도) 처리를 용이하게 하기 위해서는 Return Air Bypass 형 공조기를 많이 채용한다.
② Return Air Bypass형 공조기에서는 실내 취출 공기량이 잘 확보되어 취출기류의 도달거 리 확보와 공기의 원활한 순환에 도움을 준다.

(2) 장치도(裝置圖)

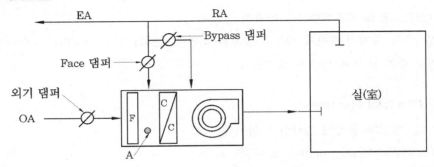

(3) 작동방법
① 室 내부부하 대비 외기가 가진 현열부하 혹은 잠열부하가 크고 이를 효율적으로 처리하기 위하여는 Bypass 댐퍼를 점차 열고, Face 댐퍼는 점차 닫은 후, 외기를 최대한 받아들이는 방식으로 공조기 운행을 행한다(이때 외기댐퍼는 가능한 최대한으로 여는 것이 유리하다).
② 공조기가 처리해야 하는 외기부하(현열부하 및 잠열부하)가 줄어들거나, 실내부하가 커 서 실내온·습도를 빨리 처리해야 하는(낮추어야 하는) 경우에는 상기와 반대로 Bypass 댐퍼를 점차 닫고, Face 댐퍼는 점차 열어, 코일 통과 풍량을 증가시켜 일반 공조기 운전 방식으로 복귀시킨다(이때 외기댐퍼는 필요한 만큼만 여는 것이 유리하다. CO_2센서를 이 용한 자동 댐퍼 조절방식이 유리).

(4) Return Air Bypass형 공조기의 목적
① 순환량이 증가하여 기류 분포가 보다 양호해지고, 급기 온도가 일정해진다.
② 유속 감소에 의한 코일의 효율 증가
③ 외기와 환기의 혼합공기(A지점)의 온도가 냉방시에는 높게, 난방시에는 낮게 형성되어 냉·난방 효율을 증대시킬 수 있다.
④ 'A지점'의 공기가 완전 혼합으로 코일 아래면 동파 방지에 유리함
⑤ Face 댐퍼를 어느 정도 닫으면 외기 제습부하 처리가 용이하다.
⑥ 외기 냉방이 쉽다.   ⑦ 비산수 발생량이 적다.

> **PROJECT 132 전압(全壓), 정압(靜壓), 동압(動壓)** 출제빈도 ★★★
>
> **Q** 공조용 덕트에서 전압(全壓), 정압(靜壓), 동압(動壓)에 대해 설명하고, 덕트 내의 압력변화에 대해 도시하시오.

(1) 동압 (P_d = Dynamic Pressure = Velocity Pressure)

① 유체의 흐름 방향으로 작용하는 압력

② 동압은 속도에너지를 압력에너지로 환산한 값

(2) 정압 (P_s = Static Pressure)

① 유체의 흐름과 직각방향으로 작용하는 압력

② 정압 P_s는 유체의 흐름에 평행인 물체의 표면에 유체가 수직으로 미치는 압력이므로 그 표면에 수직 Hole을 만들어 측정한다.

(3) 전압 (P_t = Total Pressure)

① 전압은 정압과 동압의 절대압의 합이다.

② 단위 : mmAq(Aqua), mmWG, mmH₂O, mAq

③ 계산식

$$P_t = P_s + P_d$$

(4) 측정법 : 아래 그림처럼 마노미터를 설치하여 측정함

전압(a) = 정압(c) + 동압(b)

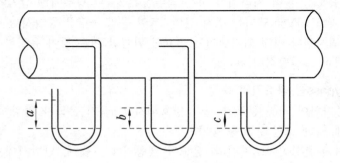

(5) 동압 계산식

$$동압\ P_d = \frac{\rho \cdot V^2}{2}$$

여기서, V : velocity [m/s]

ρ : density [kg/m^3]

(6) 예제 1 : 덕트 내 압력변화 도시(압력손실을 고려할 경우)

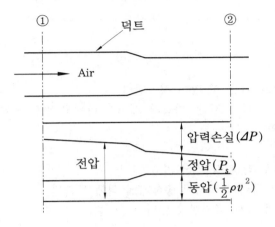

상기 그림에서,

$$P_{s_1} + \frac{1}{2}\rho v_1^2 = P_{s_2} + \frac{1}{2}\rho v_2^2 + \Delta P$$

의 관계식이 성립된다.

(7) 예제 2 : 덕트 내 압력변화 도시(압력손실을 고려할 경우)

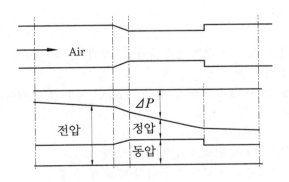

· 문제풀이 요령

 덕트 내의 압력은 유체의 흐름 방향과 동일한 방향으로 작용하는 동압, 직각방향으로 작용하는 정압, 그리고 이 두 압력의 합으로 정의되는 전압이 있다.

PROJECT 133 가습장치 출제빈도 ★★☆

Q 공조용으로 사용되는 가습장치의 종류별 특징에 대해 설명하시오.

(1) 수분무식(Spray 식)

① 특징

(개) 공장 등 대량으로 가습 시 많이 사용한다.

(내) 저온가습 가능, 동력비 절감, 가습량 제어가 나쁘고 결로가 우려됨 (상대습도가 100 % 이상 될 수 있다.)

② 종류

(개) 원심식(원심 분무식, 원심 부하 가습기)

㉮ 고속회전으로 물이 흡상되어 송풍기에 의해 무화됨

㉯ 실내 설치형과 덕트 설치형이 있다.

(내) 초음파식

㉮ 수중에서 진동자를 사용하여 초음파(104 Hz 이상)를 복사하면, 계면이 교란되어 분무가 발생한다(무화현상).

㉯ 수중의 불순물이 결정화되어 백분(白粉)으로 공중으로 날아올라 실내를 오염 가능하므로 주의를 요한다.

(대) 분무식 : 노즐로 물을 미세하게 분무하는 방식

(2) 증기식(증기 발생식)

① 특징

(개) 가습에 의한 온도 변화가 적어 항온항습실, 클린 룸 등 정밀하고 효율적인 가습을 요하는 곳에 많이 사용한다.

(내) 에너지 소비가 크다, 온도변화가 적다, 가습량 제어가 용이하고, 물 소비량이 적어 효율적이다.

② 종류

(개) 전열식 : 전기적 가열로 인하여 증기를 발생케 함

(내) 전극식 : 전기 에너지를 전극으로 공급하여 증기 발생

(대) 적외선식 : 적외선으로 가열하여 증기 발생

전열식　　　　　전극식　　　　　적외선식

(3) 증기식 (증기 공급식)

① 특징 : 상동 (증기 발생식)

② 종류

　㈎ 과열증기식 : 증기를 얻기 쉬운 곳에 사용 (과열공기 실내로 공급함)

　㈏ 분무식 : 증기를 분무하여 가습함

(4) 증발식(기화식)

① 특징

　㈎ 백색가루가 날리지 않아 미술관, 박물관 등 고급 가습에 많이 사용한다.

　㈏ 주로 소용량의 높은 습도 요구시 사용, 동력비가 적고, 결로 염려도 없지만, 제어성
　이 나쁘다.

② 종류

　㈎ 회전식 : 고속 회전으로 물을 비산시키면서 증발시킴

　㈏ 모세관식 : 섬유류 등으로 물을 흡상시키면서 공기를 통과시킴

　㈐ 적하식 : 물을 아래로 뿌리면서 공기를 통과시킴

　㈑ Air Washer에 의한 가습 : Air Washer로 물을 뿌리면서 공기를 접촉시킴

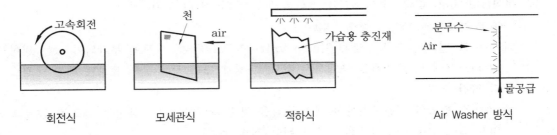

회전식　　　　　모세관식　　　　　적하식　　　　　Air Washer 방식

③ 2단 가습

　㈎ 1단 가습의 엔탈피차(h_1)대비 엔탈피차 증가
　　($h_2 + h_1$)

　㈏ 1단 가습의 절대습도 증가량(x_1) 대비 절대습
　　도 증가($x_1 + x_2$)

　㈐ 1단 가습의 상대습도 변화($\phi_1 \rightarrow \phi_2$)대비 상대
　　습도 증가($\phi_1 \rightarrow \phi_3$)

　㈑ 실내의 건구온도는 가능한 변화 없이 가습하는
　　것이 유리함(과냉각 방지)

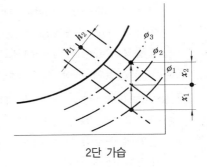

2단 가습

• 문제풀이 요령

　가습장치는 순분무식(대량 가습), 증기발생식(정밀하고 효율적), 증기공급식(증기를 얻기 쉬운 곳), 증
발식(소규모의 고급 가습), Air Washer에 의한 가습장치 등으로 대별된다.

PROJECT 134 밸브류 출제빈도 ★★★

Q 공조용으로 사용되는 밸브의 종류별 특징에 대해 설명하시오.

(1) 밸브(Valve)의 정의

① 밸브(Valve)는 유체의 유량조절 및 흐름의 단속을 제어하기 위하여, 배관 도중이나 기기 및 장치 등에 설치하는 것

② 유로(流路)를 개폐할 수 있는 가동기구(가동기구)를 갖는 기기를 말하기도 한다.

(2) 밸브의 구성

주요 구성부분은 기본적으로 밸브 몸통(Valve Body), 밸브 시트(Valve Seat) 및 디스크 (Disk)로 이루어지며, 밸브에 의한 유로의 개폐는 디스크의 회전 또는 상하작용에 의해 이루어진다.

(3) 개폐용(開閉用) 밸브 : 유량조절용 밸브로 사용시에는 침식 우려(주의)

① 게이트 밸브(Gate Valve , 슬루스 밸브)

㉮ 게이트 밸브는 슬루스 밸브(Sluice Valve)라고도 하며, 시트에 부착되어 있는 원형 의 디스크에 의해 흐름을 조절하는 것으로, 밸브 내의 직선 유체 통로는 배관 내경보 다 약간 크다.

㉯ 게이트 밸브의 사용목적은 유체의 흐름을 완전 개폐하는데 사용하는 것으로, 흐름의 억제 및 조절용으로 사용해서는 안 된다 (침식 우려).

㉰ 사용 용도에 따른 분류 : 밸브 디스크가 단체형 디스크 (Solid Wedge Disk) 및 분할 형 디스크 (Split Wedge Disk)로 나누어지는 쐐기형 (Wedge Type)과 평행 슬라이드 밸브 (Parallel Slide Valve)와 복좌 밸브 (Double Disk Gate Valve)로 나누어지는 평행형 (Parallel Type)으로 분류할 수 있다.

㉱ 마찰손실이 가장 적으므로 급수용으로 많이 사용된다.

② 볼 밸브(Ball Valve) : Ball 모양의 밸브를 회전시켜 여닫음

㉮ 볼 밸브는 최근 밸브 시트 및 볼 재질의 개발에 따라 급속히 발달된 것으로 두 개의 원형 실(Seal) 또는 시트 사이에 있는 여러 종류의 배출구 (Port) 크기의 정밀한 볼을 내장한 밸브이다.

㉯ 볼 밸브는 핸들을 90° 회전시키면 볼이 회전하여 완전 개폐가 가능하다.

㉰ 교축과 제어 또는 밸런싱을 위한 볼 밸브는 볼 및 핸들 정지점을 갖는 축소형 배출구 (Reducing Port)로 되어 있다.

㉱ 종류 : 볼 밸브는 밸브 몸체가 일체형(一體形)인 것과 2체형, 3체형으로 구분된다.

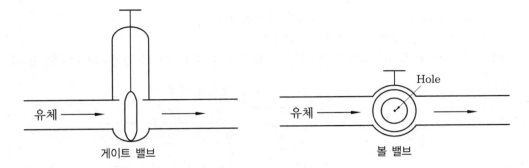

게이트 밸브   볼 밸브

(4) 유량조절용 밸브

① 글로브 밸브(Globe Valve, 스톱 밸브, 구형 밸브)

　㈎ 글로브 밸브는 유체 통로 주위를 감싸고 있는 환상링(Annular Ring) 또는 시트로부
　　터 원판 디스크(Circular Disk)를 강제적으로 이동시켜서 유량을 조절한다.

　㈏ 이때 밸브의 이동 방향은 밸브의 통로를 통과하는 유체의 흐름방향과 평행하며, 밸브
　　가 설치되어 있는 배관축과는 수직으로 작동한다.

　㈐ 이 밸브는 주로 소구경배관에 많이 사용되지만 직경 300 mm 까지 사용할 수 있으며,
　　유량조절이 필요한 곳에 교축하기 위해 사용된다.

　㈑ 사용목적에 따른 분류 : 밸브 내의 흐름이 일직선인 것과 직각인 것, 나사이음과 용접
　　이음 또는 끼워 넣기 결합의 것 등이 있다.

　㈒ 소형이며 가볍고 염가이나 유체에 대한 저항이 크다.

② 앵글 밸브(Angle Valve)

　㈎ 밸브를 수직으로 여닫음, 유체의 흐름을 직각으로 절환시킴

　㈏ 기타의 동작 원리 측면 : 상기 글로브 밸브와 동일함

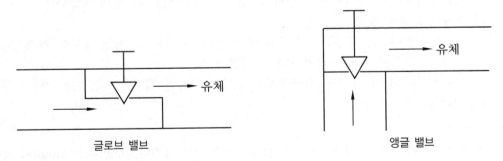

글로브 밸브   앵글 밸브

③ 플러그 콕(Plug Cock, Plug Valve)

　㈎ 플러그 밸브는 90도 회전에 의해 완전 개폐를 한다.

　㈏ 밸브의 용량은 오리피스 면적과 밸브가 설치된 배관 면적비에 좌우되며, 오리피스는
　　배관 치수보다 훨씬 작다.

　㈐ 밸브 오리피스를 완전히 왼쪽으로 돌리면 (즉, 100 % 열림 위치), 밸브 오리피스와 접
　　속 배관면적이 같아지므로 유량조절장치로서의 유용성은 줄어들게 된다.

　㈑ 이 밸브는 다음과 같은 이유 때문에 On / Off 제어용으로 많이 사용된다.

　　㉮ 조정용 렌치면은 전문가가 아니면 아무나 조정이 어렵다.

㉯ 조절했을 때 그 위치를 확실하게 유지한다.

㉰ 조절위치를 명백히 확인할 수 있다.

㈐ 유량을 한 번 맞춰놓으면 오랫동안 그대로 사용할 경우(밸브의 손잡이가 삭제된 형태)

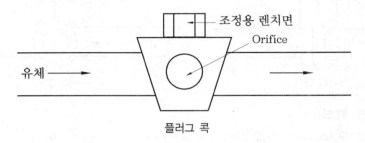

플러그 콕

④ 버터플라이 밸브(Butterfly Valve)

㈎ 버터플라이 밸브는 밸브 몸통 내의 중심축에 원판 형태의 디스크를 설치하여 밸브대(Valve Stem)를 회전시키는데 따라 디스크가 개폐하는 구조로 되어 있다.

㈏ 디스크가 유체 내에서 단순히 회전할 뿐이므로 유량조정의 특성은 좋으나 유체의 누설의 방지가 어려워 다른 밸브에 비하여 사용범위가 한정되어 있다.

㈐ 완전 열림에서 완전밀폐로의 전환은 단지 밸브디스크를 90도 회전시키면 된다.

㈑ 버터플라이 밸브의 구조는 수동 작동을 위한 레버(Hand Quadrant)가 부착되어 있거나, 또는 액추에이터에 의한 자동 작동을 위한 연장축을 가지고 있는 경우도 있다. 특히 자동 작동의 경우, 액추에이터의 크기를 선정할 때에는 토크를 조절하기 위한 특별한 주의가 필요하다.

㈒ 구조가 단순하고 콤팩트한 디자인, 낮은 압력강하 및 빠른 작동성 등을 들 수 있다.

㈓ 빠른 작동성은 자동제어에 적절하고, 낮은 압력강하는 대유량에 적합하다.

㈔ 종류(몸통형에 따라)

㉮ 웨이퍼 형(Wafer Style) : 배관의 인장 응력 전달과 웨이퍼형 몸통을 압착시키기 위한 볼트로 두 개의 플랜지 사이를 체결한 것

㉯ 돌출형(Lugged Style) : 돌출부분의 절단이 가능한 웨이퍼형 몸통에 암나사 구멍이 있는 것

⑤ 핀치 밸브

㈎ 핀치밸브의 몸통은 신축이음관을 압착하는 방식의 재킷핀치(Jacket Pinch)와 많은 산업체에서 슬러리 제어에 사용하는 손더스형 몸통(Saunders-Type Bodies) 등 두 가지 형태가 사용된다.

㈏ 유량조절 방법

㉮ 재킷핀치(Jacket Pinch)형 : 핀치 밸브의 재킷에 신축 이음관을 압착시켜 밀어 넣음으로써 축소가 가능하다.

㉯ 손더스형 몸통 : 액추에이터(Actuator)를 이용해 수동적으로 또는 자동적으로 다이어프램을 누름으로써 위어(Weir) 형태로 배출시키는 것이다.

(5) 특수 목적용

① Check Valve(역지 밸브) : 한 방향으로만 흐르게 하는 밸브(역류 방지형)

  ㈎ 스윙형 : 수평, 수직배관에 둘 다 사용한다.

  ㈏ 리프트형 : 수평배관에만 사용된다

② 사방 밸브(4Way Valve) : 냉/난방 절환 밸브

③ 온도 밸브 : 온도를 감지하여 개폐함

④ 압력 밸브 : 압력을 감지하여 개폐함

⑤ 모터 밸브 : 밸브의 개폐장치를 모터의 힘으로 작동함

⑥ 조정 밸브 : 감압 밸브, 배압 밸브, 안전 밸브, 온도조절 밸브, 공기빼기 밸브, 자동수위조
절 밸브 등

⑦ 방열기 밸브

  ㈎ 방열기 밸브 : 증기용, 온수용 방열기 밸브

  ㈏ 방열기 트랩(열동 트랩) : 방열기 출구에 사용하여 증기와 응축수를 분리하여 응축수
만을 환수시킬 목적으로 사용한다.

    ㉮ 버킷 트랩   ㉯ 플로트 트랩   ㉰ 밸로스 트랩

⑧ 볼탭 : 탱크의 수위조절용 등의 목적으로 사용함

(6) 자동 밸브 (Automatic Valve)

자동 밸브는 보통 유체의 흐름을 제어하는 장치 또는 자동제어 기기와 결합하여 작동하는
조절용 밸브로 간주되며, 조절용 밸브는 다음과 같이 분류할 수 있다.

① 액추에이터 (Actuators)

  ㈎ 밸브 액추에이터란 전기 또는 공압신호와 같은 조절기기의 출력을 회전 또는 직선운
동으로 바꾸어 주는 장치이다. 즉, 액추에이터는 최종 제어 요소(자동 밸브)가 작동하
도록 제어 변수를 바꾸어 주는 장치이다.

  ㈏ 크기(Sizes) : 액추에이터의 크기는 소형 솔레노이드 또는 시계 모터, 작은 방열기형
으로부터 대형 공기식 액추에이터까지 있다.

  ㈐ 형식 (Types) : 자동밸브에 사용되는 액추에이터의 가장 일반적인 형태로는 솔레노이드,
열동식 방열기, 공기압, 전기 모터, 전자 그리고 유압으로 작동하는 것을 들 수 있다.

  ㈑ 가능출력〔Output(Force) Capabilities〕 : 상업용 HVAC 및 주택용의 제어를 위한 가
장 작은 형태의 액추에이터는 단지 아주 작은 출력만으로도 가능하지만, 보다 큰 공기
식 또는 유압식 액추에이터는 큰 힘을 낼 수 있는 구조이다.

② 전기식 액추에이터 (Electric Actuators)

  ㈎ 전기식 액추에이터는 보통 캠(Cam) 또는 래크와 피니언(Rack And Pinion) 기어로
결합되어 밸브대에 연결된 기어장치 및 출력축과 연결된 복권 전동기로 구성된다.

  ㈏ 밸브를 기동하는 경우, 모터축은 160도 회전을 한다.

  ㈐ 기어장치는 밸브의 과도한 이동을 막고, 회전력을 증가시키기 위한 밸브 스트로크의
이동을 위하여 전기식 액추에이터와 내부적으로 연결되어 있다.

㈜ 추가적인 시스템 제어기능을 위해 위치지시계(Position Indicator) 및 피드백(Feed Back)을 대비하여 기어장치를 리밋 스위치와 보조 퍼텐셜 미터 등과 함께 설치할 수도 있다.

③ 전기유압식 액추에이터(Electrohydraulic Actuators)

㈎ 전기 유압식 액추에이터는 전기 및 유압 액추에이터의 특성을 결합한 형태임

㈏ 전기유압식 액추에이터는 유압용 유체가 들어있는 밀폐 하우징, 펌프 및 계측 또는 제어(피스톤이나 피스톤 / 다이어프램을 통한 압력제어) 장치로 구성되어 있다.

④ 솔레노이드 밸브 (Solenoid Valve)

㈎ 솔레노이드 밸브는 솔레노이드 코일에 전압을 가하여 밸브를 개폐하는 전기 기계식 제어요소이다.

㈏ 솔레노이드 밸브는 약 6~50 mm 배관에 흐르는 온수, 냉수 및 수증기의 유량을 제어하는데 사용된다.

㈐ 솔레노이드 액추에이터는 2위치 제어장치로서 이것을 구동하는데는 직류뿐만 아니라 교류(50 Hz 및 60 Hz) 전압을 사용할 수도 있다.

⑤ 열동식 방열기 (Thermostatic Radiator) 밸브

㈎ 열동식 방열기 밸브는 외부의 에너지원이 필요 없는 자력구동식이다.

㈏ 이 밸브는 방열기, 콘벡터 또는 베이스보드 히터를 통한 온수 또는 수증기 유량을 조정하여 실내온도를 제어하는데 사용된다.

㈐ 이 열동식 방열기 밸브는 원격 센서 또는 감지기 일체형 및 원격 및 적산 조정기를 이용하여 다양한 요구장소에 설치할 수 있다.

㈑ 보통 감지기와 밸브 측을 연결하는 관속의 가스의 온도에 의한 팽창과 수축의 원리를 이용한다.

⑥ 단좌 및 복좌 2방향 밸브 (Two-Way Valves)

㈎ 2방향 자동밸브에서 유체는 유입구(Inlet Opening)로 들어가서 100 %의 유량 또는 소정의 유량으로 배출구(Outlet Port)로 나간다.

㈏ 이때의 유량변화는 밸브 시트뿐만 아니라 디스크와 밸브대의 위치에 따라 좌우된다.

㈐ 구분

　㉮ 단좌 밸브

　　• 차압이 낮은 곳에 주로 사용한다.

　　• 하나의 시트와 하나의 플러그-디스크가 흐름을 차단한다.

　　• 플러그-디스크의 형태는 설계자에 따라 또는 시스템 적용에 필요한 조건에 따라 변화시킬 수 있다.

　㉯ 복좌 밸브

　　• 차압이 높은 곳에 주로 사용(밸브 시트 상하의 압력이 상쇄됨)

　　• 두 개의 시트, 플러그 및 디스크를 가지며 2방향 밸브를 특수하게 적용한 것이다.

　　• 일반적으로 단좌 밸브에서 완전히 닫혔을 때의 밸브 전후의 압력이 너무 클 때 사용한다(단좌 밸브로 흐름을 차단할 수 없는 경우에 사용).

- 완전차단이 필요한 곳에는 사용할 수 없다.

⑦ 3방향 혼합밸브(Three-Way Valve)

(가) 3방향 혼합밸브는 2개의 입구와 하나의 출구 및 두 개의 시트사이에서 작동하는 양면 디스크로 이루어져 있다.

(나) 이 밸브는 입구부로 유입되어 공통출구로 유출되는 두 유체를 적절히 혼합하는데 사용된다 (이때의 혼합비는 밸브대 및 디스크의 위치에 따라 좌우된다).

(다) 이 밸브는 HVAC 시스템에서 냉수 또는 온수를 혼합하는데 일반적으로 사용된다 (혼합 밸브에서 유출된 유체의 온도를 제어하기 위함).

⑧ 3방향 분할밸브(3방향 바이패스 밸브)

(가) 온도 제어를 위해 하나의 흐름을 두 개의 흐름으로 분할하는 곳에 사용한다.

(나) 구성 : 유입구, 두 개의 유출구, 2개의 분리디스크, 시트로 구성된다.

(다) 쿨링타워(냉각탑) 제어와 같은 특이한 경우에는 혼합 밸브 대신에 분할 또는 바이패스 밸브를 사용해야 한다.

(라) 대부분의 경우에 있어서 혼합 밸브는 배관이 혼합 밸브에 적합하도록 재배치된다면 분할 또는 바이패스 밸브와 동일한 기능을 할 수 있다.

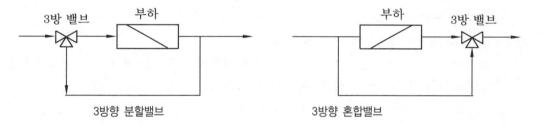

⑨ 기타 특수 목적의 밸브

(가) 보일러용 4방향 밸브 : 보일러 회로의 가열 영역에서 순환수의 분리 및 혼합에 사용하는 4방향 밸브

(나) 히트펌프용 4방향 밸브 : 열펌프(Heat Pump) 장치에서 증발기와 응축기의 기능을 바꾸어 줌으로써 냉난방을 전환하는데 사용한다.

(다) 플로트 밸브(Float Valve) : 보일러의 급수탱크와 저탕조의 액면을 일정한 수위로 유지하기 위하여 사용하는 밸브

• 문제풀이 요령

밸브는 개폐용 밸브 (게이트 밸브, 볼 밸브)와 유량 조절용 밸브 (글로브 밸브, 앵글 밸브, 플러그 콕, 핀치 밸브, 버터플라이 밸브 등), 특수목적용 (체크밸브, 4방 밸브, 모터 밸브, 압력 밸브 등), 자동 밸브 (액추에이터, 솔레노이드, 2방 밸브, 3방 밸브, 플로트 밸브 등) 등으로 나누어진다.

PROJECT 135 SHF선이 포화공기선과 교차하지 않는 현상 출제빈도 ★★☆

> **Q** 습공기선도에서 SHF선이 포화공기선과 교차하지 않는 현상에 대해 설명하시오.

(1) 원인

① 잠열부하가 클 때(장마철 등)

② 지하공간에서 벽체 투습량이 클 때

③ 인체 잠열부하가 클 때

④ 기타 SHF선이 급경사를 이루어 냉각코일이 토출공기 온도조건을 충족하기 어려울 경우

(2) 해결책

① 혼합법 : 전량 외기 도입 공조 시 → 실내공기 혼합해줌 (아래 그림 1 참조)

② 화학약품 감습 후 냉각법 : 실리카겔, 리튬브로마이드 등 (아래 그림 2 참조)

③ 냉각 후 재열방법 (Reheating, Terminal Reheating) : (아래 그림 3 참조)

　(카) 냉각 및 재열의 2중 에너지 손실을 초래함

　(나) 최근에는 에너지절약을 위해 현열비가 작은 경우에도 재열을 하지 않고 실내 상대습도가 조금 높아지는 것을 허용하는 경우가 많이 있다.

　(다) 재열부하는 냉방부하(장치부하)에 포함시킨다.

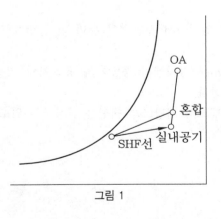

그림 1

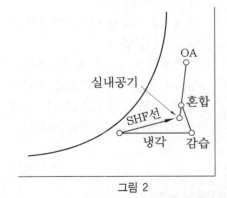

그림 2

(3) 에너지 절약적인 해결책

① 냉각 후 이중응축기(Double Bundle Condenser)에 의한 재열(아래 그림 3, 4 참조)

② 냉각 후 냉동기의 Hot Gas에 의한 재열(아래 그림 3, 5 참조)

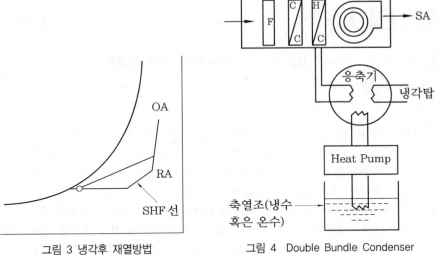

그림 3 냉각후 재열방법

그림 4 Double Bundle Condenser

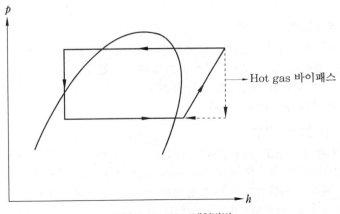

그림 5 Hot Gas 재열방법

• 문제풀이 요령

　　SHF선이 포화공기선과 교차하지 않는다는 의미는 현열부하 대비 잠열부하가 지나치게 커서 일반적인 냉방방법으로는 만족할만한 급기를 공급하기 어렵다는 뜻이다. 따라서 잠열부하 처리를 위하여 특별한 조치를 하는 것이 유리한 상황이다.

> **PROJECT 136 동상(凍上)**　　　　　　　　　　　출제빈도 ★★☆
>
> **Q** 동상(凍上 ; Heave Up, Frost Heave)에 대해 설명하시오.

(1) 정의

① 토양 속의 수분이 얼음으로 변하면서 체적팽창을 일으켜 지표면이 상승하는 현상

② 얼음에 묻어 있는 차가운 액체 상태의 물이 땅속 더 깊은 곳에 있는 따뜻한 수분을 빨아올리는 펌프와 같은 역할을 한다. 이는 열역학적으로 따뜻한 물이 차가운 물보다 더 많은 자유에너지를 가지고 있어서 나타나는 열분자압력 때문이다.

③ 그렇게 빨려 올라온 수분도 차가운 공기에 의해 식으면 결국은 얼어붙게 된다.

④ 지표면 바로 밑에서 생기기 시작한 얼음은 땅 속 더 깊은 곳에 있는 수분을 끌어올려서 점점 더 커지고, 그렇게 만들어진 얼음의 부피는 더욱 더 늘어나서 위로 솟아오르게 된다.

⑤ 땅 속의 온도가 섭씨 1도 올라갈 때마다 열분자압력은 대략 $11 \, \text{kgf/cm}^2$ 정도 상승된다고 보고되어 있다.

(2) 동상(凍上)으로 나타나는 현상

① 흙을 푸석푸석하게 만들고, 자갈을 밀어올릴 수도 있다.

② 철로, 수도관, 송유관 등이 구부러지거나 파열되기도 한다.

③ 도로 표면에 금이 가거나 울퉁불퉁하게 만든다.

④ 극지에 건설된 건축물이 기울어진다.

(3) 동상(凍上)을 방지하는 방법

① 건축물의 기초는 동결심도 〔지표면에서 부동선(不凍線)까지의 심도〕 이하로 해야 한다.

② 기초 주변의 동착력이 적도록 동상성이 거의 없는 모래, 자갈 등으로 치환

③ 기초 주변의 배수가 원활하도록 하여 동해를 입지 않도록 해야 한다.

④ 바닥 코일을 깔거나, 히트파이프를 매설한다.

⑤ 바닥 아래 단열재를 시공하거나, 바닥 슬래브를 높혀서 지면과의 사이에 공간을 만듦.

⑥ 바닥 아래 부분의 환기를 철저히 해준다.

(4) 사 례

냉동창고, 냉장창고 등의 하부는 타 시설 대비 특히 온도가 낮은 경우(-30℃ 이하)가 많으므로, 동상현상으로 바닥이 파열되거나, 건물이 뒤틀리는 경우가 있다. 바닥에 코일을 깔거나, 지하 환기공과 마사토층 등을 만들어 방지가 가능하다(지하의 고온과 표층 사이의 히트파이프 응용 가능).

• **문제풀이 요령**

'동상'이라 함은 토양 속의 수분이 얼음으로 변하면서 체적팽창을 일으켜 지표면이 상승하는 현상으로 타 시설 대비 특히 온도가 낮은 냉동창고 등은 동상현상으로 바닥이 파열되거나 건물이 뒤틀리는 등 더욱 심각해질 수 있으므로 특히 주의를 요한다.

PROJECT 137 결로(結露) 현상　　　출제빈도 ★★★

Q 결로(結露 ; Condensation) 현상의 원인과 대책에 대해 설명하시오.

(1) 개요

① 수증기를 포함한 공기의 온도가 서서히 떨어지며 수증기를 포함하기가 불가능해져 물방울이 되는 현상을 '결로'라고 하고, 그 온도를 노점온도라 한다.

② 결로는 실내환경 저해, 마감재를 손상시키므로 설계시 적절한 단열재료 사용, 실내 수증기 발생 억제, 급격한 온도변화 방지, 벽체표면 기류정체 방지 등의 실시가 필요하다.

③ 결로는 겨울철에는 실내에, 여름철에는 실외에 주로 맺힌다.

(2) 결로의 발생 원인 (물리학적 원인)

① 실내 · 외 온도차가 클수록 쉽게 발생한다.

② 실내의 절대습도가 높을수록 잘 발생한다.

③ 열관류율이 높을수록, 열전도율이 높을수록 잘 발생한다.

④ 실내 환기가 부족할수록 잘 발생한다.

(3) 결로의 발생 원인(실제적 원인)

① 냉방시의 찬 동관이나 찬 케이스에 의해 발생

② 난방시의 찬 외기 온도에 의해 창문이나 단열이 불량한 벽 등에 발생

③ 공기가 정체되어 있는 곳(주방 주변의 천장, 바닥 모서리 등)

④ 습기의 발생원(화장실, 주방, 싱크대 등) 주변

⑤ 최상층의 옥상 슬래브 주변

⑥ 기타 단열 불연속 등으로 '열교'가 있는 곳

⑦ 냉각탑 주변에는 '백연 현상'에 의해 결로가 생길 수 있다.

(4) 결로의 유형

① 표면 결로 (벽체의 외부 표면에 발생하는 결로)

　㈎ 건축물의 벽체 등의 표면에 주로 발생하는 결로(주로 실내·외 온도차에 기인하는 결로 형태임)

　㈏ 표면 결로 방지책

　　㉮ 코너부 열교 특히 주의할 것

　　㉯ 내단열 및 외단열(필요 시)을 철저히 시공할 것(아래 그림 참조)

　　㉰ 기류 정체 없게 할 것(실내온도를 일정하게 유지)

　　㉱ 과다한 수증기 발생을 억제

ⓜ 주방 등 수증기 발생처는 국소배기 필요

ⓝ 밀폐된 초고층건물은 환기 철저 등

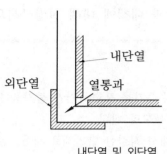

내단열 및 외단열

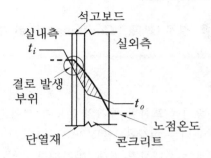

표면 결로 발생도

② 내부 결로(벽체의 내부에 발생하는 결로)

　(가) 내부 결로의 원인

　　㉮ 구조체 내부의 어느 점에서의 수증기 분압이 포화수증기 분압보다 높을 때 발생

　　㉯ 열관류율이 작은 방한벽(防寒壁)일수록 이 경향이 크다.

　　㉰ 발생하기 쉬운 장소로는 단열재의 저온측 또는 외벽측이다.

　(나) 내부 결로의 방지책

　　㉮ 이중벽(방습층 혹은 단열층 형성)을 설치하여 방지가 가능하다.

　　㉯ 내부 결로를 방지하기 위해서는 습기가 구조체에 침투하지 않도록 방습층을 수증
기 분압이 높은 실내측에 설치하는 것이 유리하다(단열재는 실외측에 설치하는 것
이 유리).

　　㉰ 단, 방습층 및 단열층의 위치와 표면 결로와는 무관→이 경우 벽체의 내·외부(양
측) 모두에 방습층을 형성하지는 말 것(내부 결로 우려)

　　㉱ 실내의 온도를 높인다.

　　㉲ 수증기 발생 억제

　　㉳ 환기 횟수 증대 등

　(다) 그림(벽체의 방습층 위치)

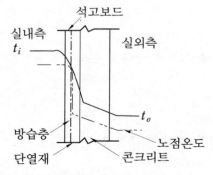

그림 1 단열재로부터 따뜻한 쪽에 방습층 설치

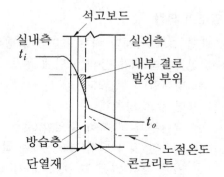

그림 2 단열재로부터 차가운 쪽에 방습층 설치

　　㉮ 단열재로부터 따뜻한 쪽에 방습층 설치 : 정상적 설치(결로 발생치 않음)
　　　→ 그림 1 참조

　　㉯ 단열재로부터 차가운 쪽에 방습층 설치 : 결로 발생 → 그림 2 참조

　㈑ 지붕 : 지붕 역시 단열재로부터 따뜻한 쪽에 방습층을 설치하는 것이 좋음(단, 지붕속 환기 병용하면 더 효과적임)

③ 냉교 현상에 의한 결로

　㈎ 옥내의 전기설비나 단열재를 관통하여 설치되는 볼트, 앵커, 인서트, 금속 전선관 등을 통한 열관류 현상이다.

　㈏ 단열 인서트, 합성수지재 전선관 등을 사용한다.

(5) 결로가 발생하기 쉬운 건축 환경

① 벽체의 열관류율이 작고(내부 결로만 해당), 틈 사이가 작은 건물

② 철근 콘크리트조의 건물(열전도율 및 수분흡수율이 크다.)

③ 단열공사가 잘 되어 있지 않은 주택의 바깥벽, 북향벽, 동벽 또는 최상층의 천장 등(외부와 접한 부분 또는 일사량이 적은 곳)

④ 현관 주위의 칸막이벽 등의 내벽

⑤ 구조상 일부 벽이 얇아진다든지 재료가 다른 열관류 저항이 작은 부분(열교교 개구부), 문틀 부위, 벽체 두께가 상이한 부분, 단열재 불연속 시공부, 중공 벽체의 연결 철물, 접합부(벽체와 바닥판), 단열재 지지부재 등

⑥ 고온 다습한 여름철과 겨울철 난방 시

⑦ 야간 저온 시 실외 온도 급강하로 실내에서 결로 발생 쉬움.

⑧ 수영장 : 상기 모든 경우가 포함되지만, 수영장은 특히 전체적 희석환기 철저, 내부환기량 증가, 제습장치 설치, 가습장치 사용금지 등이 필요하다.

　㈎ 공조기 환기설비는 1종 환기로 10~15회/h, 증발수의 제거를 위해 별도의 배기팬 설치시에는 4~5회/h 정도의 환기량이 필요하다.

　㈏ 자연채광을 위한 상부 개구부는 바닥면적의 1/5 이상으로 할 것.

　㈐ 복층유리 및 단열 스페이서 사용 (알루미늄 스페이서는 결로 우려)

　㈑ 기류방향 : 데크 부위에서 휴식하는 사람에게 기류방지, 창측 결로방지 위해 기류 형성 (그림 3 참조)

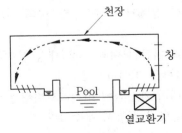

그림 3　수영장 기류(페라미터 취출 및 흡입방식)

⑭ 수영장 일반 설계조건

㉮ 공기의 온도 : 24~29℃

㉯ 공기의 상대습도 : 50~60%

㉰ 물의 온도 : 24~29℃

⑯ 기타의 설계상 고려사항 : 전외기형 설치 고려, 24시간 환기 고려, 염소에 의한 구조물 부식에 대한 대책 필요, HR(Heat Recovery)에 의한 폐열회수 적극 검토 등

(6) 노점온도 계산

① 구조체 표면온도(t_s) > 노점온도(t_d)로 커야 한다.

② 노점온도 계산방법

$$K(t_i - t_o) = \alpha_i(t_i - t_s) \text{에서,}$$

$$t_s = t_i - \left(\frac{K}{\alpha_i}\right)(t_i - t_o) = t_i - \left(\frac{R_i}{R_t}\right)(t_i - t_o) \cdots\cdots\cdots\cdots\cdots [\text{식 } 1]$$

여기서, t_i, t_o : 실내외 온도(℃)

K : 벽체의 열관류율(kcal/h·m²·℃),

α_i : 실내 표면 열전달률 (kcal/h·m²·℃)

R_t : 벽체의 열관류저항(h·m²·℃/kcal)

R_i : 실내 표면 열전달 저항(h·mm²·℃/kcal)

(7) 겨울철 창문의 실내측 결로 방지책

① 고단열 복층유리, 진공 복층유리, 2중창 등을 설치하여 실내측 유리면의 온도가 노점온도 이상으로 되게 함

② 창 아래 방열기를 설치하여 창측에 기류 형성

③ 창 바로 위에 디퓨저를 설치하여 창측에 기류 형성

④ 습기의 발생원(화장실, 주방, 싱크대 등)과 되도록 멀리 이격

⑤ 창문틀 주변에 단열 불연속부위가 없게 철저히 기밀시공 한다.

⑥ 부득이 발생 시 창 아래 드레인 장치를 설치한다.

(8) 온도 차이 비율(TDR : Temperature Difference Ratio)

①'공동주택 결로 방지를 위한 설계기준'에서 건축물의 결로방지를 위해 500세대 이상의 공동주택에 적용한다.

②'실내와 외기의 온도 차이에 대한 실내와 적용 대상 부위의 실내표면의 온도 차이'를 표현하는 상대적인 비율을 말하는 것이다.

③ 단위가 없는 지표로서 아래의 계산식에 따라 그 범위는 0에서 1 사이의 값으로 산정되며, 그 값이 낮을수록 결로 방지 성능이 우수하다.

④ 계산공식

$$\text{TDR} = \frac{t_i - t_s}{t_i - t_o}$$

여기서, t_i : 실내온도, t_o : 외기온도, t_s : 적용 대상부위의 실내표면온도

⑤ 기준 : 실내온도 25℃, 습도 50%, 외기온도 −15℃ 조건에서 결로가 발생하지 않은 TDR 을 0.28로 기준을 정함.

(9) 계산 예제

다음 조건을 이용하여 벽체의 내부표면온도를 구하시오.

• 벽체의 열관류저항 $R_t = 1.720\,\text{m}^2 \cdot \text{K/W}$

• 실내측 벽체표면의 열전달 저항 $R_i = 0.112\ \text{m}^2 \cdot \text{K/W}$

• 실외측 벽체표면의 열전달 저항 $R_o = 0.043\ \text{m}^2 \cdot \text{K/W}$

• 실내온도 $t_i = 26\,℃$

• 실외온도 $t_o = -7.6\,℃$

◀풀이▶ 상기 〔식 1〕을 이용하면,

$$\text{내부표면온도 } t_s = t_i - \frac{R_i}{R_t}(t_i - t_o) = 26 - \left(\frac{0.112}{1.720}\right) \times \{26 - (-7.6)\}$$

$$= 23.812\,℃$$

칼럼 전산실(IT ROOM)의 결로문제

① 전산실의 공조환경상 특징

(가) 전산실은 사무공간에 필요한 여러 전산 장비들을 한 곳에 모아 집중적으로 관리할 수 있 게 하기 위한 장소이다 (HEAVY DUTY ZONE).

(나) 연중 냉방부하가 필요하며, 보통 하루 24시간 냉방을 실시한다.

② 전산실의 결로문제

(가) 건물 내부의 일정한 장소에 전산실을 설치할 경우, 전산실의 내벽측에도 단열 및 방습을 실시하는 것이 유리하다.

(나) 이때 특히 방습층을 소홀히 하여, 설치하지 않는 경우가 많다. 이 경우 내부결로에 의해 내벽의 마감재 손상이나 기타 다른 물피해를 입는 경우가 많다.

(다) 실내측의 내벽이라고 하여 너무 간단히 생각하지 말고, 년중 저온으로 유지되어야 하는 룸의 경우에는 내벽과 외벽을 구분하지 말고 단열 및 결로방지에 신경 쓸 필요가 있다.

• 문제풀이 요령

결로의 유형은 크게 표면 결로와 내부 결로로 구분되는데, 표면 결로는 벽체의 외부 표면이 노점온도 이하로 냉각되어 발생하는 결로이며, 내부 결로는 구조체 내부의 어느 점에서의 수증기 분압이 포화수 증기 분압보다 높을 경우 발생하는 결로이다.

PROJECT 138 인체의 열적 쾌적감   출제빈도 ★☆☆

Q 인체의 열적 쾌적감에 영향을 미치는 주요 6가지 인자에 대해 설명하시오.

---

(1) 개요

아래와 같이 크게 2가지(물리적, 개인적 변수)로 나눌 수 있다.

① 물리적 변수 : 공기의 온도, 평균 복사온도, 습도, 기류

② 개인적 변수 : 활동량, 의복량, 나이, 성별 등

(2) 공기의 온도

실내공기의 건구온도(실내 환경기준 : 17~28℃)

(3) 평균 복사온도(MRT ; Mean Radiant Temperature, 평균 방사 온도)

① 어떠한 실제 환경에서 인체와 동일량의 복사 열교환을 하는 가상 흑체의 균일한 표면온도이다.

② 실내에 있는 물체와 이것을 둘러싸고 있는 주변의 벽이나 그 외의 물체간의 열(熱)방사에 의한 열의 흐름에 의한 온도를 말한다.

③ 실내의 여러 지점의 복사온도의 평균값으로 계산한 값

④ 계산식

$$\text{MRT} = \frac{A_1 \cdot T_1 + A_2 \cdot T_2 + A_3 \cdot T_3 \,......}{A_1 + A_2 + A_3 \,......}$$

(4) 습도

실내온도의 상대습도(실내 환경기준 : 40~70 %로 규정)

(5) 기 류

실내공기의 풍속(실내 환경기준 : 0.5 m/s 이하로 규정)

(6) 의복의 착의상태 (clo, 의복량)

① 1 clo : 기온 21℃, 상대습도 50 %, 기류속도 0.05 m/s 이하의 실내에서 인체표면으로부터 방열량이 1 met 활동량과 평형을 이루는 착의상태(의복의 열저항값) (1 clo=0.155 m^2 · ℃/W = 0.18 h · m^2 · ℃/kcal)

② 착의량의 범위 : 보통 0~4 clo

　㉮ 겨울 신사복, 드레스 상의 : 1.0 clo

　㉯ 여름 하복 : 0.6 clo

　㉰ 얇은바지, 셔츠 : 0.5 clo

　㉱ 나체, 수영복 : 0 clo

　㉲ 두꺼운 신사복, 코트 : 2.0 clo

(7) 활동량 (MET)

① 1 met : 열적으로 쾌적한 상태에서, 의자에 가만히 앉아 안정을 취할 때의 체표면적당 대사량 ($=58.2 \text{ W/m}^2 = 50 \text{ kcal/h} \cdot \text{m}^2$) 여기서, m^2 은 인간의 체표면적을 말함(1인당 평균 1.7 m^2으로 봄)

② 사무실 작업의 경우 : $58.2 \text{ W/m}^2 \times 1.2 \text{ met} \times 1.7 \text{ m}^2 = 119 \text{ W}$ (약 102 kcal/h)

③ 격렬한 운동을 하는 경우 : $58.2 \text{ W/m}^2 \times 6 \text{ met} \times 1.7 \text{ m}^2 = 594 \text{ W}$ (약 510 kcal/h)

칼럼 대사량

　① 기초대사량 : 생명을 유지시키는데 필요한 최소한의 필요 에너지량

　② 활동대사량 : 인간이 일상생활을 하는데 필요한 에너지량(보통 기초대사량의 약 0.7배이다.)

　③ 대사량 = 기초대사량 + 활동대사량

　④ 대사량은 보통의 생활자의 경우, 남성의 경우 하루에 약 2600 kcal 안팎이고, 여성의 경우 약 2000 kcal 안팎인 것으로 보고되고 있다.

• 문제풀이 요령

인체의 열적쾌적감에 영향을 미치는 주요 6가지 인자에는 공기 온도, 평균 복사온도, 습도, 기류, 활동량 (met), 의복 착의상태 (clo, 의복량) 등이다.

PROJECT 139 쾌적지표(Comfort Index)   출제빈도 ★☆☆

Q 쾌적지표(Comfort Index) 관련 아래 용어에 대해 설명하시오.
① 유효온도 ② 수정유효온도 ③ 신유효온도 ④ 표준신유효온도

---

(1) 유효온도(ET : Effective Temperature)

① 건구온도, 습도, 기류를 조합한 열쾌적지표(주관적)

② 기류는 정지상태(무풍), 습도는 포화상태를 기준으로 해서 이 때의 기온을 유효온도라 한다(습도＝100 %, 기류＝0 m/s에서의 환산온도).

③ 단점 : 복사열효과 미고려, 습도/기류가 일반적 조건 아님

④ 쾌적ET

  (개) 겨울 : 온도 17~22℃, 습도 40~60 %, 기류 0.15 m/s 이하

  (내) 여름 : 온도 19~24℃, 습도 45~65 %, 기류 0.25 m/s 이하

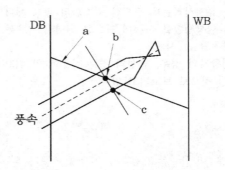

칼럼 그래프상 유효온도 읽는 법

• 건구온도(DB)와 습구온도(WB)를 이어서 a선을 긋는다.

• a선과 풍속선이 만나는 b지점에서의 좌표값인 c를 읽는다.

(2) 수정유효온도 (CET : Corrected Effective Temperature)

① ET의 건구온도 대신에 글로브온도(흑구온도), 습구온도 대신 상당습구온도(t_g, t_g')로 대체한 온도

② '복사열효과'를 감안한 온도

(3) 신유효온도 (NET : New Effective Temperature)

① 인체 열평형의 수리적 모델사용, 상대습도 50 %, 기류 0.15 m/s, 실온 25℃인 공간의 작

용(유효)온도를 말함

② 가벼운 옷을 입은 성인이 근육운동을 하지 않고서, 실내에 장시간 체재할 때의 온·습도의 감각을 선으로 표시한 것이다.

(4) 표준신유효온도 (SET : Standard Effective Temperature)

① 하복을 입은 상태(0.6 clo, 1 met)에서 기류속도 0.125 m/s, 상대습도 50 %인 표준조건하에서 경험하는 기온과 등가인 열적 자극을 주는 온열조건을 나타내는 지표

② 벽면의 온도와 건구온도는 같다고 보고, 복사개념은 생략하고 적용한다.

③ NET의 단점 (착의, 활동량 등이 구체적이지 못함)을 극복하기 위한 유효온도

④ CHI (Comfort Health Index) : '표준신유효온도'에 따른 쾌적건강지표로 ASHRAE의 comfort zone을 정할 때 사용되어진다.

⑤ 동일한 SET에서는 HEAT STRESS, 체온조절, 피부 습윤도 등의 변화가 일정하다고 생각되어진다.

• 문제풀이 요령

쾌적지표로는 유효온도(무풍, 포화 습공기 상태), 수정유효온도(복사열 감안), 표준신유효온도(복사개념 생략되고, 온도, 습도, 기류, 착의상태, 활동량 등 적용), 신유효온도(실온 25 ℃, 상대습도 50 %, 기류 0.15 m/s에서의 작용온도)가 주로 사용되어진다.

> **PROJECT 140 작용온도 관련용어** 출제빈도 ★☆☆
>
> **Q** 작용온도 관련 아래 용어에 대해 설명하시오.
>
> (1) 작용온도 (2) 습작용온도

(1) OT (Operative Temperature ; 작용온도)

① 건구온도, 복사온도, 기류의 영향을 종합한 지표

② 관계식

$$OT = \frac{h_c \times T_i + h_r \times T_r}{h_c + h_r}$$

여기서, h_c : 대류 열전달계수

h_r : 복사 열전달계수

T_i : 건구온도

T_r : 복사온도($= MRT$)

(2) HOT (Humid Operating Temperature ; 습작용온도)

어떤 상태(t_1)의 피부 열손실량과 동일한 상대습도 100%에서의 해당온도(t_2)

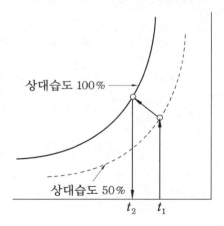

상대습도 100%

상대습도 50%

t_2 t_1

• 문제풀이 요령

① 작용온도는 건구온도와 복사온도의 각각의 열전달계수 가중치를 이용한 평균값이다.

② 습작용온도에서 '피부 열손실량과 동일하다'는 것은 '등엔탈피 과정'이라는 의미로 해석 가능하다.

PROJECT 141 C.I 관련용어   출제빈도 ★★☆

Q 쾌적지수(C.I) 관련 아래 용어에 대해 설명하시오.

 (1) PMV   (2) PPD

(1) PMV (Predicted Mean Vote Index ; 열적쾌적, 예상 평균 쾌적지수)

 ① 열환경의 쾌적도를 직접 온냉감의 형태로서 정량적으로 나타내는 표시의 하나로서, 많은 사람에게 온냉감을 투표시켜 수치화하여 평균한 값

 ② 실내온도, 기류속도, 착의상태, 작업강도(활동량) 등 4가지 변수에 따른 각인(약 1300여 명)의 반응의 평균치

 ③ 쾌적한 상태가 기준으로 되어 있기 때문에 쾌적감에서 크게 떨어진 조건에 대해서는 적용할 수 없다.

 ④ 평가 Table

−3	−2	−1	0	1	2	3
춥다	서늘하다	조금 서늘하다	쾌적	조금덥다	덥다	무덥다

(2) PPD (Predicted Percentage Of Dissatisfied, 예측 불만족률)

 ① 많은 사람들 중 열적으로 불만족(불쾌적)하게 느끼는 사람들의 비율을 예측 및 표시하는 것

 ② PMV＝0 에서도 5 %는 불만족

 ③ ASHRAE의 Comfort Zone (권장쾌적 열환경 조건)

  −0.5 < PMV < 0.5, PPD < 10 %일 것 (아래 그림 참조)

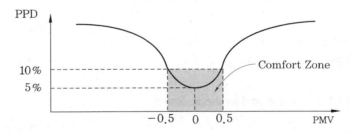

• **문제풀이 요령**

 ① PMV와 PPD의 차이점이 자주 출제됨.

 ② PMV는 실내온도, 기류속도, 착의상태, 작업강도 (활동량) 등 4가지 변수에 따른 각인의 반응의 평균치를 7단계로 나눈 지표 (춥다, 서늘하다, 조금 서늘하다, 쾌적, 조금 덥다, 덥다, 무덥다)이고, PPD는 열적으로 불만족 (불쾌적)하게 느끼는 사람들의 비율을 예측하는 방법이다.

PROJECT *142* **에너지대사 관련용어**   출제빈도 ★☆☆

Q 에너지대사 관련 아래 용어에 대해 설명하시오.
(1) 불쾌지수   (2) 호흡계수   (3) 에너지대사율

---

(1) 불쾌지수 (DI : Discomfort Index)

① 관계식

$$DI = f(실온, 습구온도) = 0.72(t + t') + 40.6$$

여기서, t : 건구온도
t' : 습구온도

② 평가 기준

DI ≥ 70 : 예민한 사람들부터 불쾌감 느끼기 시작함

DI ≥ 75 : 실(室)의 절반 이상이 불쾌감 느끼기 시작함

DI ≥ 80 : 거의 대부분의 사람이 불쾌감 느끼기 시작함

DI ≥ 86 : 참을 수 없을 정도의 괴로움 호소

[칼럼] 체감온도 : 주로 겨울철에 인체가 느끼는 외기의 추위 정도에 대한 정량적인 평가지표를 말하며, 외기의 건구온도에 비례하며 외기풍속에 반비례한다.

(2) RQ (Respiratory Quotient ; 호흡계수)

① 정의

$$RQ = \frac{CO_2 \, 배출량}{O_2 \, 섭취량}$$

② 기준치

㈎ 중작업 시 : RQ = 약 1.0 수준

㈏ 안정 시 : RQ = 약 0.83 수준

(3) 에너지대사율 (RMR ; Relative Metabolic Ratio)

$$RMR = \frac{(작업 \, 시의 \, 소비 \, Energy - 안정 \, 시의 \, 소비 \, Energy)}{기초 \, 대사량}$$

▶ 기초 대사량 (BMR ; Basic Metabolic Ratio) : 생명 유지를 위한 최소열량

• 문제풀이 요령

불쾌지수는 온·습지수를 하나의 생활상 불쾌감을 느끼는 수치로 표시한 것이며, 계산법은 $DI = 0.72$ (건구온도+습구온도)+40.6 이다.

PROJECT 148 Cold Draft　　　　　　　　　출제빈도 ★★☆

Q　Cold Draft 관련 아래 용어에 대해 설명하시오.
　　(1) 열평형방식　　　　　　(2) 도달거리　　　　　(3) Cold Draft

---

(1) 열평형방정식

① 관계식

$$Q_t = Q_r + Q_v + Q_{dif} + Q_{sw} + Q_{re}$$

여기서, Q_t : 피부 총 열손실량
　　　　Q_r : 복사 열손실
　　　　Q_v : 대류 열손실
　　　　Q_{dif} : 피부 증기확산
　　　　Q_{sw} : 땀에 의한 열손실
　　　　Q_{re} : 호흡에 의한 열손실
　　　　M : 인체 대사량

② 쾌적 판단

$$DQ = M - Q_t$$

$DQ > 0$: 더움,　$DQ = 0$: 쾌적,　$DQ < 0$: 추움

(2) Throw (도달거리)

① 토출구로부터 풍속이 0.25 m/s되는 지점까지의 거리(확산반경)
② 최대 강하거리 : 도달거리 동안 일어나는 기류의 강하거리

(3) Cold Draft (콜드 드래프트)

① 정의
　㉮ 인체 주변의 온도가 인체대사량 대비 너무 하락하여 추위를 느끼는 현상
　㉯ 소비되는 열량이 많아져서 추위를 느끼게 되는 현상

② 원인
　㉮ 인체주변 공기 온도 및 습도의 하강(인체 주변의 국부적 냉각)
　㉯ 벽면 등의 냉기의 복사 및 대류(즉, 주위 벽면의 온도가 낮을 때 창가를 따라 존재하게 되는 냉기가 취출기류에 의해 밀려 내려와 바닥면을 따라 거주역으로 흘러내려 가는 현상)
　㉰ 기류속도 증가 : 인체 주위의 기류 속도가 클 때
　㉱ 극간풍 증가 : 동계 창문의 틈새바람 과다 시 발생

③ Cold Draft의 방지대책

㉮ 실내 온·습도 분포 균일화

㉯ 기류의 풍속을 제한값 이내로 관리(ASHRAE : 표준 풍속 0.075~0.2 m/s 권장)

㉰ 창 밑바닥에 흡입구 설치

㉱ 창 밑바닥 또는 창틀에 취출구나 방열기 설치

㉲ 이중유리 등을 사용하여 창문 단열을 보강

㉳ Airflow Window(공기식 집열창) 설치

㉴ 취출구에서의 온풍이 바닥면까지 도달되도록 하는 방법

[칼럼] 'Airflow Window(공기식 집열창)'

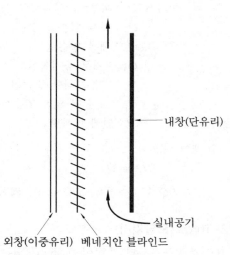

내창(단유리)

실내공기

외창(이중유리) 베네치안 블라인드

(1) 우측 그림과 같이 외창(이중유리), 내창(단유리), 베네치안 블라인드 등으로 구성되어 있다.

(2) 실내로부터 배기되는 공기가 창의 아래로 흡입되고, 수직상승하면서 일사에 의해 데워진 베네치안 블라인드를 통과하면서 서로 열교환이 이루어진다.

(3) 데워진 공기는 창의 상부로 배출되는데 보통 여름철에는 외부로 방출되고, 겨울철에는 재열, 예열 등의 열원으로 사용할 수 있다.

(4) 효과
   ① 창문으로부터의 cold draft 방지 (겨울철)
   ② 외기침투(틈새바람) 및 벽체 복사열전달 방지로 창문 하단부에 주로 설치되던 FCU, 방열기 등의 2차 기기를 생략할 수 있다.
   ③ 창의 종합 열관류율 개선
   ④ 창으로부터의 직달 일사량을 줄여 쾌적감 향상

(5) 적용 : 병원, 호텔, 학교, 중대형 상업용 건물 등에 적용 가능

• **문제풀이 요령**

① 이 부분에서는 Cold Draft의 정의, 원인, 대책을 묻는 문제가 가장 잘 출제된다.

② 열평형 방정식은 인체의 온열감을 평가하는 기준방식이다. (인체대사량 = 피부 총열손실량)

PROJECT *144* **유효온도**   출제빈도 ★★☆

Q 유효온도 관련 아래 용어에 대해 설명하시오.
  (1) EDT   (2) ADPI

(1) EDT (Effective Draft Temperature ; 유효 드래프트 온도)

어떤 실내의 쾌적성을 온도분포 및 기류분포로 나타내는 값

① 조건 : 바닥 위 75 cm, 기류 0.15 m/s, 기온 24℃

② 계산식

$$EDT = (t_x - t_m) - 8(V_x - 0.15)$$
$$= (임의장소 온도 - 실내 평균온도) - 8(실내 임의장소 풍속 - 0.15)$$

③ EDT의 쾌적기준

  ㈎ EDT 온도 : -1.7 ~ 1.1 ℃(혹은 -1.5 ~ 1.0 ℃)

  ㈏ 기류 : 0.35 m/s 이하

(2) ADPI [Air Diffusion(Distribution) Performance Index ; 공기확산성능계수]

① 실내에서 쾌적한 EDT위치의 백분율을 말한다.

② 즉, ADPI는 거주구역의 계측점 가운데, 실내기류속도 0.35 m/s이하에서 유효 드래프트 온도차가 -1.7~1.1℃의 범위에 들어오는 비율을 나타낸 쾌적상태의 척도이다.

③ 공기류의 도달거리(수평 방향)를 실(室)의 대표 길이로 나눈 수치가 통계적으로 ADPI에 관련지어 진다.

④ 이 수치는 특수한 VAV 디퓨저와 저온 취출구와의 사이에서는 다를 수도 있다.

⑤ ADPI가 높다면 높은 만큼 예측되는 실내의 쾌적성은 높게 된다.

⑥ ADPI는 실내 온도상태의 척도지만, 공기가 충분히 섞여 있는 실내에서는 오염물질 제거 효과와 IAQ에도 관련지을 수 있다.

[칼럼] EDR (Equivalent Direct Radiation ; 상당 방열 면적)과의 혼돈에 주의

  ① 직접 난방 설비에서 용량 표시법의 일종으로서 실온 18.5℃, 증기 온도 102℃, 온수 온도 85℃ 를 기준 상태로 하여 난방 부하를 증기난방에서는 650 kcal/h, 온수난방에서는 450 kcal/h로 나눈 값을 EDR(m²)로 표시한다.

  ② 방열기나 보일러 용량 표시로 이용되기도 한다.

• 문제풀이 요령

  ① 비슷비슷한 용어들의 차이점을 잘 파악하여 공부해 두어야 한다(Cold Draft, EDT, ADPI, EDR…).
  ② 실내의 각점에 대한 EDT를 구하고, 전체 측정점 갯수에 대한 쾌적한 조건의 EDT의 측정점 개수 의 비율(백분율)을 구하는 것이 ADPI이다.

PROJECT **145** PAL & CEC   출제빈도 ★★☆

Q 공조부하 관련 PAL과 CEC에 대해 설명하시오.

(1) PAL [Perimeter Annual Load Factor ; 외피 연간 부하(Mcal/year.m^2)]

① 정의 : 외주부의 열적 단열성능을 평가할 수 있는 지표로서 외주부의 연간 총발생부하를 그 외주부의 바닥면적으로 나누어 계산한다.

② 계산식

$$PAL = \frac{외주부의\ 연간\ 총발생부하(MJ/year)}{외주부의\ 바닥면적의\ 합계(m^2)}$$

③ 계산 결과 규정 수치 상회 시 외피설계 재검토 필요함

④ 단위 : J/m^2, kJ/m^2, MJ/m^2, GJ/m^2 등

(2) CEC [Coefficient Of Energy Consumption ; 에너지 소비계수(무차원)]

① 어떤 건물이 '에너지를 얼마나 합리적으로 사용하는가'를 나타내는 지표이다.

② 에너지 합리화법상 에너지의 효율적 이용에 대한 판단기준이다.

③ 계산식(무차원) : 아래 계산식의 각 분모는 가상의 표준조건에서의 에너지량이며, 분자는 실제의 사용 습관, 폐열 혹은 배열회수, 자동제어 등을 감안한 값임.

(가) 공조에너지 소비계수(CEC/AC : Coefficient of Energy Consumption for Air Conditioning)

$$CEC/AC = \frac{연간\ 공조에너지\ 소모량(MJ/year)}{연간\ 가상\ 공조부하(MJ/year)}$$

(나) 급탕에너지 소비계수(CEC/HW : Coefficient of Energy Consumption for Hot Water Supply)

$$CEC/HW = \frac{연간\ 급탕에너지\ 소비량(MJ/year)}{연간\ 가상\ 급탕부하(MJ/year)}$$

(다) 조명에너지 소비계수(CEC/L : Coefficient of Energy Consumption for Lighting)

$$CEC/L = \frac{연간\ 조명에너지\ 소비량(MJ/year)}{연간\ 가상\ 조명에너지\ 소비량(MJ/year)}$$

(라) 환기에너지 소비계수(CEC/V : Coefficient of Energy Consumption for Ventilation)

$$CEC/V = \frac{연간\ 환기에너지\ 소비량(MJ/year)}{연간\ 가상\ 환기에너지\ 소비량(MJ/year)}$$

(마) 엘리베이터에너지 소비계수(CEC/EV : Coefficient of Energy Consumption for Elevator)

$$CEC/EV = \frac{연간\ 엘리베이터에너지\ 소비량(MJ/year)}{연간\ 가상\ 엘리베이터에너지\ 소비량(MJ/year)}$$

PROJECT 146 도일법 & BPT법 출제빈도 ★☆☆

Q 기간부하 관련 아래 용어에 대해 설명하시오.
 (1) 도일법　　　　　　　(2) BPT법

(1) DD법 (도일법)

① 개념

(개) 냉방도일법(CD)과 난방도일법(HD)이 있다.

(내) 실내의 설계온도와 실외의 평균기온의 차에 일수를 곱한 값의 합(℃·Days)

(대) 실내온도와 내부발열이 연간 비교적 일정시 주로 사용하는 방법(변수로써 실내온도와 외기온도만을 이용함)

(래) 연간 필요 부하를 계산하여 에너지 소비량과 비용을 계산하는데 사용

② 계산식

(개) 난방도일법(HD)

㉮ 난방일수를 실외온도가 실내 설계온도보다 낮은 날로 잡은 경우

$$\mathrm{HD} = \sum d(t_i - t_o) = \frac{N}{24} \times (t_i - t_o)$$

여기서, t_i : 실내 설계온도 (℃)
　　　　t_o : 실외 평균기온 (℃)
　　　　N : 난방 사용 시간의 합 (h)
　　　　d : 난방일수 (days)

㉯ 난방일수를 실외온도가 실내 설계온도보다 낮은 어느 일정한 온도(난방한계온도 ; $t_o{'}$) 이하로 내려간 날로 잡은 경우

$$\mathrm{HD} = \sum d(t_o{'} - t_o) + (t_i - t_o{'})Z$$

여기서, $t_o{'}$: 난방 한계 온도 (℃)
　　　　Z : 1년간 난방 일수 (days)

(내) 냉방도일법(CD)

㉮ 냉방일수를 실외온도가 실내 설계온도보다 높은 날로 잡은 경우

$$\mathrm{CD} = \sum d(t_o - t_i) = \frac{N}{24} \times (t_o - t_i)$$

여기서, t_i : 실내 설계온도 (℃)
　　　　t_o : 실외 평균기온 (℃)
　　　　N : 냉방 사용 시간의 합 (h)
　　　　d : 냉방일수 (days)

④ 냉방일수를 실외온도가 실내 설계온도보다 높은 어느 일정한 온도(냉방한계온도 ; t_o') 이상으로 올라간 날로 잡은 경우

$$CD = \sum d(t_o - t_o') + (t_o' - t_i)Z$$

여기서, t_o' : 냉방 한계 온도 (℃)

Z : 1년간 냉방 일수 (days)

(2) BPT 법 (Balanced Point Temperature ; 균형점 온도법)

① 일정한 실온(t_i)에 있어서 내부발생열과 열취득(일사 및 전도열)을 고려한 부하가 균형을 이루는 외기온도(밸런스 온도)를 이용함

② 난방 개시 시점을 알려줌

칼럼 계산 예제

(1) 난방도일 HDD가 3,250 [℃ · day/년]인 건물의 설계 난방부하가 200,000 kJ/h이며, 도시가스(LNG)를 사용한다. 난방도일법을 이용하여 연간 연료사용량 Fy[Nm³/년]을 구하시오 (단, 설계 실내온도는 22℃, 외기온도는 −11.3℃, 도시가스의 고위발열량은 43,600 kJ/Nm³ 이고, 난방 시스템의 효율은 80 %이다).

(2) 위와 같은 건물이 노후화되어 난방 시스템을 96 %인 고효율 난방 시스템으로 교체할 경우, 연간 절감되는 도시가스(LNG) 사용량을 구하시오.

◀풀이▶ (1) 난방부하 측면에서,

$$q = K \cdot A \cdot \Delta t$$
$$200,000 = K \cdot A(22 - (-11.3))$$
$$K \cdot A = 6,006.006$$

난방도일을 이용한 연간 난방부하 계산

$$q = 24 \cdot K \cdot A \cdot HDD = 24 \times 6,006.006 \times 3,250 = 468,468,468.47$$

$$Fy1 = \frac{\text{연간 난방부하}}{(\text{효율} \times \text{고위발열량})} = \frac{468,468,468.47}{0.8 \times 43,600} = 13,430.86 \, [\text{Nm}^3/\text{년}]$$

(2) 상기 계산식에서,

효율이 96 %일 경우

$$Fy2 = \frac{\text{연간 난방부하}}{(\text{효율} \times \text{고위발열량})} = \frac{468,468,468.47}{0.96 \times 43,600} = 11,192.385 \, [\text{Nm}^3/\text{년}]$$

그러므로, 연간 절감되는 도시가스(LNG) 사용량 $= Fy1 - Fy2$

$$= 13,430.86 - 11,192.385 = 2,238.47 \, [\text{Nm}^3/\text{년}]$$

PROJECT 147 기간부하 관련용어 출제빈도 ★☆☆

Q 기간부하 관련 아래 용어에 대해 설명하시오.
(1) 확장 도일법   (2) 가변 도일법   (3) 표준 BIN법
(4) 수정 BIN법   (5) 난방 기준일수

(1) 확장 도일법

① 개요
  ㈎ 최근 건물의 단열 시공이 강화되고, 내부 발생열이 증가되고 있기 때문에 실내외 온
    도차에 의해서만 부하를 계산하는 것은 맞지 않음
  ㈏ 보정계수를 이용하여 이를 보완하고 있다.

② EHD법(Enhanced Heating Degree Day ; 확장 난방 도일법)
  ㈎ 외기 온도뿐만 아니라 일사, 내부발열량 등을 고려한 방법
  ㈏ 연간 난방을 필요로 하는 날의 합산을 통한 연간 난방부하 계산(약 4~5개월)

③ ECD법(Enhanced Cooling Degree Day ; 확장 냉방 도일법)
  ㈎ 외기 온도뿐만 아니라 일사, 내부발열량 등을 고려한 방법
  ㈏ 연간 냉방을 필요로 하는 날의 합산을 통한 연간 냉방부하 계산(약 4개월)

(2) 가변 도일법(Variable Base Degree Day Method)

① Balanced Point Temperature(균형점 온도)의 개념을 도입하여 태양복사열 취득과 내부
  발생열을 고려한 부하가 영(Zero)이 되는 균형점 온도를 계산 뒤, Degree Day 산정하여
  연간 부하 계산
② 건물의 특성마다 도일값이 다르므로 이를 고려한 값임.

(3) 표준 BIN법

① 외기온도에 따라 효율이 많이 변화하는 히트펌프 등에서는 도일법을 그대로 사용할 수
  없다.
② Bin이라고 불리우는 일정한 시간간격의 빈도수에 따라 열부하를 가중 계산하는 방식(보
  통 2.8℃의 간격을 많이 사용)
③ 실외온도에 시간수를 곱한 적산 필요(즉 실외온도의 빈도수에 따른 가중 계산)
④ 평형점 온도를 사용하여 내부발생 열량과 태양 일사취득의 영향을 고려하기도 한다.

(4) 수정 BIN법 (Modified Bin Method)

① 종래의 BIN법에 평균부하 및 다변부하의 개념을 도입하는 방법

② 표준 BIN법에 기상조건과 발생정도에 알맞게 가중 계산

③ CLF 등을 이용하여 구조체의 축열성능도 동시 고려함

④ 대개 각 BIN을 월별로 분리 산정하여 연간 에너지 소비량을 계산함

(5) 난방 기준일수 및 난방 기준일자 (정부고시)

① 난방 기준 일수 : 4개월(120일)

② 난방 기준 일자 : 11월 15일~3월 15일

• 문제풀이 요령

① 확장 도일법(ECD법, HCD법)은 외기온도 뿐만 아니라 일사, 내부발열량 등도 고려한 방법이며, 가변 도일법은 건물의 특성별 균형점 온도(BPT) 개념을 도입하여 연간 부하를 계산하는 방법이다.

② 표준 BIN법은 히트펌프 등에 도일법을 적용하기 위해 실외온도의 빈도수에 따른 가중치를 적용하여 적산한 방법이며, 수정 BIN법에 기상조건과 발생정도 고려하여 월별로 분리 산정하여 연간 에너지 소비량을 계산하는 방법이다.

PROJECT **148**   Time Lag & Decrement Factor   출제빈도 ★★☆

Q 구조체 축열 시 발생하는 Time Lag & Decrement Factor에 대해 설명하시오.

(1) 개요

① 대개의 건축재료는 열전달을 억제하는 성질과 지연시키는 성질을 동시에 가지고 있으며 이 중 한 가지 성질이 우수하면 다른 것은 그렇지 못한 게 일반적이다.

② 벽돌이나 콘크리트는 많은 양의 열을 흡수할 수 있으나 열전달을 억제하는 능력은 극히 작으며, 반면에 유리섬유와 같은 단열재는 열전도를 억제하는 능력은 매우 크지만, 열에너지를 흡수하거나 열전달을 지연시키는 능력은 매우 작다.

③ 벽체에 이러한 두 가지 재료를 같이 사용했을 때, 그 벽체의 전열특성이 정해지는데, 열전달을 억제하는 것은 '단열성능'이라 하고 열전달을 지연시키는 것은 벽체의 '축열성능'이라 한다.

(2) 벽체의 축열 성능

① 건축물의 벽체 등이 지니는 축열성능(열용량)은 아래와 같이 타임랙(time-lag)과 디크리먼트 팩터(decrement factor)로 설명이 가능하다.

② 타임랙 (time-lag ; 시간지연 효과)

(가) **구조체 열용량**에 따른 열전달의 지연효과 (최대부하 발생의 시간차)

(나) 벽체 등 구조체의 축열로 인한 최대부하가 실제보다 시간이 지연되어 나타나는 현상

③ 디크리먼트 팩터 (decrement Factor ; 진폭 감쇄율) : 구조체에 의한 1일 열류사이클의 진폭이 **건물의 열용량**의 차이에 의해 감쇄되는 비율

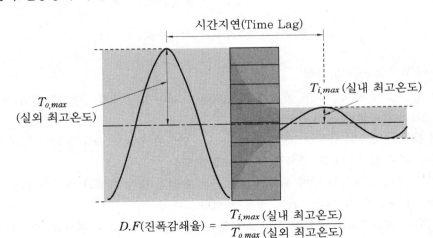

$$D.F(진폭감쇄율) = \frac{T_{i,max}\,(실내\ 최고온도)}{T_{o,max}\,(실외\ 최고온도)}$$

PROJECT　1　**공기-공기 히트펌프(Air To Air Heat Pump)**　　출제빈도 ★☆☆

> **Q** 공기-공기 히트펌프의 특징과 효율(COP)에 대해서 설명하시오.

(1) 공기-공기 히트펌프의 정의

① 대기를 열원으로 하며, 냉매 코일에 의해서 직접 대기로부터 에너지를 흡열(혹은 방열)하여 사용처(열교환기)로 송출해서 공기를 가열하거나 냉각하는 방식이다.

② 열원측과 가열측의 냉매가 모두 공기와 열교환하는 방식의 히트펌프이다.

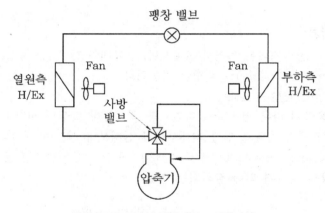

공기-공기 히트펌프 (냉매회로 변환방식)

(2) 공기-공기 히트펌프의 특징

① 중소형 히트펌프(패키지형 공조기, Window cooler형 공조기, 시스템 멀티 등)에 적합한 방식이다(비교적 장치구조 간단).

② 여름철의 냉방과의 균형상, 전열기 등의 보조 열원이 필요할 경우가 많다(한랭지형 고압축비용 히트 펌프, GHP 등으로 일부 해결 가능).

③ 공기 회로가 일정하고 냉매 회로를 교체하는 형식과 냉매 회로가 일정하고 공기 회로를 교체하여 사용할 수 있는 2가지 종류가 있다.

④ 공기회로 변환방식은 장치가 지나치게 복잡하여 주로 냉매회로 변환방식이 많이 사용되어진다.

⑤ 작동원리 (냉매회로 변환방식)

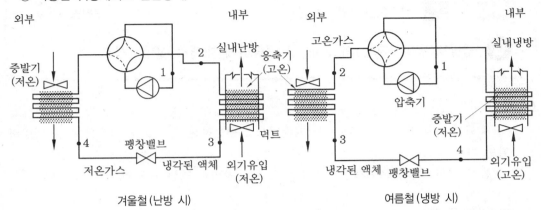

겨울철 (난방 시)   여름철 (냉방 시)

  ⑺ 겨울철 (난방 시)
    ㉮ 압축기에서 나오는 고온고압의 가스는 실내측으로 흘러 들어가 난방을 실시한다.
    ㉯ 실내 응축기에서 난방을 실시한 후 팽창밸브를 거쳐 증발기로 흡입되어 대기의 열을 흡수한다.
    ㉰ 증발기에서 나온 냉매는 사방밸브를 거쳐 다시 압축기로 흡입된다.
  ⑻ 여름철 (냉방 시)
    ㉮ 압축기에서 나오는 고온고압의 가스는 실외측 응축기로 흘러 들어가 방열을 실시한다.
    ㉯ 실외 응축기에서 방열을 실시한 후 팽창밸브를 거쳐 실내측 증발기로 흡입되어 냉방을 실시한다.
    ㉰ 실내측 증발기에서 나온 냉매는 사방밸브를 거쳐 다시 압축기로 흡입된다.
⑥ 물(水)을 사용하지 않으므로 수질관리의 복잡성, 냉각탑 설비, 수배관 공사 등을 피할 수 있어 아주 간편한 방식이다.
⑦ 난방시 열원측의 온도가 하강하면 증발온도가 낮아져 열교환기에 착상이 발생하기 쉬워지므로 수시로 제상을 실시해주어야 한다.

(3) COP 계산 : 다음 $P-h$ 선도에서

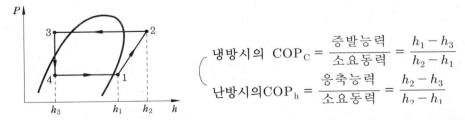

$$냉방시의 \ COP_C = \frac{증발능력}{소요동력} = \frac{h_1 - h_3}{h_2 - h_1}$$

$$난방시의 COP_h = \frac{응축능력}{소요동력} = \frac{h_2 - h_3}{h_2 - h_1}$$

• 문제풀이 요령

  공기-공기 히트펌프는 열원측과 가열측의 냉매가 모두 공기와 열교환하는 시스템이며, 한랭지에서는 겨울철 열원측의 온도 저하가 심하므로 전열기, 폐열회수 등의 보조 열원이 필요할 경우가 많다는 것이 가장 큰 단점이다.

PROJECT 2 **냉방병**(냉방증후군) 　　　　　　　　　　출제빈도 ★☆☆

Q 냉방병(냉방증후군)의 증상 및 예방법에 대해서 설명하시오.

---

(1) 개요

① 실내·외 온도차가 5~8℃ 이상으로 지속적으로 냉방하는 곳에 오래 머무를 경우 '냉방병' 발병 가능

② 여름철 실내·외의 온도차를 줄여주는 것이 냉방병을 막는 가장 확실한 방법이다.

(2) 냉방병의 증상

① 감기, 몸살에 걸린 것처럼 춥고 두통 호소

② 체내에 열 보충 위해 계속 열을 생산하므로 쉽게 피로감을 느끼기도 한다.

③ 재채기, 콧물, 후두통을 동반할 수 있다.

(3) 예방법

① 실내/외 온도차를 적게 함 : 여름철 실내의 설정온도를 주로 25~28℃ 정도로 권장한다.

② 여성은 남성보다 추위에 더 민감하므로 특별히 주의한다.

③ 긴소매의 겉옷을 준비하여 착용한다.

④ 가끔 창문을 열어 환기해 준다.

⑤ Cold Draft 현상을 방지해 준다.

⑥ 땀을 많이 흘린 경우는 바로 씻어 준다.

⑦ 주기적으로 가볍게 몸을 움직여 준다.

⑧ 체온을 많이 뺏기지 않게 속옷을 잘 입는다.

⑨ 실내 습도가 너무 낮은 경우에는 가습기를 켜준다.

⑩ 실내 풍속이 지나치게 크지 않게 관리해 준다.

⑪ 공조 취출구의 풍속은 가능한 적게 한다.

⑫ 냉방 취출온도는 가능한 높게 한다.

⑬ 환기관련 법규상 필요한 환기횟수 이상을 꼭 유지할 수 있도록 한다.

• 문제풀이 요령

　냉방병의 증상과 예방법은 SBS(낮은 환기량, 높은 오염물질 발생으로 성에너지 건물 내 거주자들이 현기증, 구역질, 두통, 평행감각 상실, 두통, 건조, 호흡계통 증상 등 유발)와 다소 유사하니 혼돈 없어야 합니다.

| PROJECT **3** SI 단위 | 출제빈도 ★☆☆ |

Q SI 단위(The International System of Units)의 기본단위, 보조단위 및 유도단위에 대해서 설명하시오.

(1) SI 7대 기본단위

길이(m), 질량(kg), 시간(s), 물질량(mol), 전류(A), 광도(cd ; 칸델라), 온도(K)

① 길이(m) : 길이의 기본단위는 미터(meter)이며, 1미터는 평면 전자파가 진공 중에서 1/299,792,458초 동안 진행한 거리와 같은 길이이다.

② 질량(kg) : 질량의 기본단위는 킬로그램(Kilogram)이며, 국제 킬로그램원기의 질량과 같다.

③ 시간(s) : 시간의 기본단위는 초(Second)이다. 1초는 세슘 133의 기저 상태에 있는 두 초 미세 준위간의 천이에 대응하는 복사선의 9,192,631,770 주기의 지속 시간이다.

④ 전류(A) : 전류의 기본단위는 암페어(Ampere)이다. 1 암페어는 무한히 길고 무시할 수 있을 만큼 작은 원형 단면적을 가진 두 개의 평행한 직선 도체가 진공 중에서 1미터 간격으로 유지될 때 두 도체 사이에 미터당 $2 \times (10^{-7})$ N의 힘을 생기게 하는 일정한 전류이다.

⑤ 온도(K) : 온도의 기본 단위는 캘빈(Kelvin)이다. 이것은 열역학적 온도의 단위로 물의 삼중점의 열역학적 온도의 1/273.16이다.

⑥ 물질량(mol) : 몰질량의 기본단위는 몰(Mole)이다. 1 몰은 탄소 13의 0.12 kg에 있는 원자의 수와 같은 수의 구성 요소를 포함한 어떤 계의 몰질량이다. 몰을 사용할 때는 구성 요소를 반드시 명시해야 하며, 이 구성 요소는 원자, 분자, 이온, 전자, 기타 입자 또는 이 입자들이 특정한 집합체가 될 수 있다.

⑦ 광도(Cd) : 광도의 기본단위는 칸델라(Candela)이다. 1 칸델라는 주파수 $540 \times (10^{12})$ Hz인 단색광을 방출하는 광원의 복사도가 어떤 주어진 방향으로 매 스테라디안(Sr)당 1/683 W일 때 이 방향에 대한 광도이다.

(2) 유도 단위

SI 7대 단위를 기준으로 유도되어지는 단위, 평면각, 입체각 등

① 힘(=질량×가속도) : N, dyn
② 일(=힘×거리) : J, erg
③ 일률(=일/시간) : Watt
④ 열전도율 : W/(m·K)
⑤ 비열 : J/(kg·K)
⑥ 열관류율 : W/(m²·K)
⑦ 엔탈피 : J/kg
⑧ 압력 : N/m² 혹은 Pa
⑨ 평면각 (rad ; 라디안) : 원의 반지름과 같은 길이의 원둘레에 대한 중심각
⑩ 입체각 (sr ; 스테라디안) : 구(球)의 반지름의 제곱과 같은 넓이의 표면에 대한 중심 입체각

・**문제풀이 요령**

① 2차 문제에서는 "SI 7대 기본 단위의 종류가 무엇이냐?"라는 간단히 묻는 문제가 간혹 출제된다.

② SI 7대 기본단위, 2대 보조단위, 유도단위 등을 정확히 기억해 둘 필요가 있다.

PROJECT 4 **용어 설명**(대수분할 운전 등)   출제빈도 ★☆☆

Q 공조장치의 운전방법 중 대수 분할 운전, 전부하 운전특성, 부분부하 운전특성, 전열교환기에 대해 간략히 설명하시오.

---

(1) 대수 분할 운전

① 기기를 여러 대 설치하여 부하상태에 따라 운전 대수를 조절하여(부하가 클 경우에는 운전 대수를 늘리고, 적을 때는 운전 대수를 줄임) 전체 시스템의 용량을 조절하는 방법

② 보일러, 냉동기, 냉각탑 등의 장비를 현장에 설치 시 큰 장비 한대를 설치하는 것보다 작은 장비 몇 대를 설치하여, 부하에 따라 운전 대수를 증감함으로써 에너지 절약 측면에서 최적운전을 할 수 있는 시스템

(2) 전부하 운전 특성

① 전부하는 부분부하의 상대 개념으로 어떤 시스템이 가지고 있는 최대 운전 상태(Full Loading)로 운전할 때의 특성을 말한다.

② 장비가 Full Loading시 나타나는 여러 가지 특성(성능, 소비전력, 운전전류 등)을 말한다.

(3) 부분부하 운전 특성

① 부분부하는 전부하의 반대되는 개념으로서 시스템이 발휘할 수 있는 최대의 운전상태에 못 미치는 상태(Partial Loading)로 운전할 때의 특성이다.

② 기기가 최대용량에 미달되는 상태에서 운전을 실시할 때(최소용량 포함) 나타나는 여러 가지 특성(성능, 소비전력, 운전전류 등)을 말한다.

③ 건물의 부하변동이 심할 경우, 에너지 절감효과를 기대하기 위해서는 장치들의 부분부하 운전특성이 우수하여야 한다.

(4) 전열교환기

① 배기되는 공기와 도입외기 사이에 공기의 열교환을 통하여 배기가 지닌 열량을 회수하거나(난방 시) 또는 도입외기가 지닌 열량을 제거하여(냉방 시) 도입외기를 실내 또는 공기조화기로 공급하는 장치를 말한다.

② 초기 공조설비 설치시 장비가격(전열교환기 가격)은 추가되지만, 에너지 절약적 차원에서 유지비를 절약하여 투자비를 회수하는 것이 가장 큰 목적이다.

• 문제풀이 요령

전열교환기는 환기를 위해 배기되어 버려지는 공기의 에너지(잠열과 현열의 형태)를 회수하는 폐열회수 장치의 일종이다.(단, 현열교환기는 현열만을 회수하는 장치를 말한다.)

PROJECT 5 용어 해설(흡음 엘보 등)   출제빈도 ★☆☆

Q 덕트 설비에 관련하여 다음 용어에 대해서 설명하시오.
   (1) 흡음 엘보   (2) 덕트 점검구   (3) 테스트 홀

(1) 흡음 엘보

① 흡음재를 덕트 등 공기 유로 내부의 굴곡부에 부착하
   여 접촉에 의해 흡음효과(吸音 效果)를 내게 함
② 흡음재의 비산 및 박리에 주의해야 한다.
③ 비교적 넓은 주파수 범위에서 효과가 있다.
④ 가장 간단한 조치로 덕트 내부에서 발생하는 소음을
   흡음할 수 있는 방법이다.

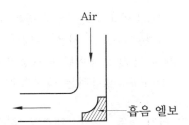

(2) 덕트 점검구

① 덕트 점검구(Access Door)는 이미 설치된 덕트의 내부를 유지 및 보수하기 위한 개구부
   를 말한다(Door가 설치되어 있음).
② 이러한 점검구는 덕트면의 일부나 마찬가지이므로, 누설시험(약 100 mmAq에서 시험)
   시 공기의 누설치가 기준치 이하이어야 한다.
③ 노출되는 점검구는 외관상 건축마감과 잘 어울릴 수 있는 것이 좋다.
④ 점검구의 종류는 도어의 형태에 따라 경첩형, 분리형, 고정피스형 등이 있다.
⑤ 구성부품 : Frame, Door, Seal(Gasket), 보온재 등

(3) 테스트 홀

① 덕트는 시공이 완료된 후 통과풍량, 덕트정압 등을 점검해 보는 시험을 수행하게 된다
   (TAB이라 함).
② 이는 공기량의 균형이 설계시 계획되어진 대로 잘 이루어지는지를 주로 점검하기 위함이다.
③ 이 때 압력계, 피토 튜브 등을 삽입하기 위해 구멍을 뚫게 되는데 이를 테스트 홀(Test
   Hole)이라 한다 (향후의 추가 점검을 위해 보통 소켓형 마개를 달아둔다).
④ 테스트 홀의 마개에서도 공기의 누설이 발생하지 않도록 주의하여야 한다.

• 문제풀이 요령
   흡음 엘보(Acoustical Elbow)는 덕트의 곡관부에 간단하게 설치하여 덕트상 전파되는 음을 효과적
   으로 차단(흡음)해 줄 수 있는 장치이다.

PROJECT 6 IDU(유인 유닛)와 FCU(팬코일 유닛)　　　출제빈도 ★☆☆

Q IDU(유인 유닛)와 FCU(팬코일 유닛)을 비교 설명하시오.

---

(1) 개요

① IDU 및 FCU는 '유닛 병용식' 공조방식으로 주로 사용되어진다. 단, FCU는 전수방식(全水方式)으로도 사용되어진다.

② '유닛 병용식'이란 덕트방식에 팬코일 유닛(Fan Coil Unit) 또는 유인 유닛(Induction Unit)을 병용하는 방식으로 공기-수 방식이다.

(2) 외기 덕트 병용식 팬코일 유닛 방식

① 열반수송량의 50 % 이상을 물에 의존하므로 전공기식에 비해 에너지 절감효과(반송동력 절감)가 크지만 수배관의 누수 및 동파의 염려가 있다.

② FCU의 필터는 대개 매월 1회 정도 세정, 교체 필요하고, Unit Filter의 불완전으로 청정도가 낮다.

(3) 유인 유닛 방식(Induction Unit Type)

① 1차 공기는 중앙유닛(1차 공기조화기)에서 냉각 감습되고 고속 덕트 또는 저속 덕트에 의하여 각실에 마련된 유인 유닛에 보내고, 여기서 유닛으로부터 분출되는 기류에 의하여 실내공기를 유인하고 유닛의 코일을 통과시키는 방식이다.

② 유인비(=합계공기/1차 공기)는 보통 3~4 정도이며, 더블코일의 경우 6~7 정도이다.

(4) IDU (유인 유닛)와 FCU (팬코일 유닛)의 비교

비교 항목	IDU (유인 유닛)	FCU (팬코일 유닛)
소음	불리	유리
COST(가격)	불리	유리(저렴)
수명	유리(길다)	불리
특징	최소 2계통의 전용 덕트를 필요	• 팬, 모터의 서비스 필요 • 필터 세정, 교체 필요 • Unit filter의 불완전으로 청정도가 낮다.

• **문제풀이 요령**

　IDU는 급기의 유인작용을 이용해 실내공기를 순환시키는 형태이며, FCU는 팬을 이용하여 강제대류시키는 방식이다.

PROJECT 7 부분부하 시 실내온도 유지방법 　　출제빈도 ★☆☆

Q 부분부하 발생 시 실내온도를 일정하게 유지할 수 있는 제어방법에 대해서 기술하시오.

(1) 재열제어 (Reheating Control)

① 습도제어에 유리한 방식이다.

② 주로 단일 덕트 정풍량방식에서 실내온도를 설정온도에 근접시키기 위해 사용되어진다.

③ 주로 실내습도를 원하는 만큼 충분히 떨어뜨린 후, 필요한 건구온도만큼 가열시키는 데 사용하는 방법이다.

(2) 바이패스 제어

① 일부 공기가 열교환기를 거치지 않고 통과되게 한다.

② 감습되지 않은 바이패스 공기에 의해 습도가 상승되는 경향이 있다.

(3) 송풍기 풍량제어

① VAV Unit과 팬정압제어에 의하여 부분부하에 대응한다.

② 회전수 제어, 댐퍼 제어, 가변피치 제어, 흡입베인 제어 등을 통해 풍량제어를 한다.

(4) 천장 플래넘 공기를 유인 유입시켜 1차 공기와 혼합하는 방식

(5) 공기조화기를 On/Off 하는 제어방식 (Zero Energy Band 방식)

(6) 냉동기

압축기 용량제어(인버터 제어, PWM 제어, 흡입밸브 제어, Unloader방법 등), Bypass 제어, On/Off제어, 대수 제어 등

(7) VAV

교축형, Bypass형, 유인형, Damper형, FPU형(Fan Powered Type) 등

(8) CAV

① 급기되는 풍량이 일정하므로 급기의 온도를 설정온도에 따라 조절하여 부하조절을 함

② VAV 방식 대비 송풍기 소요동력이 커진다 (설정온도에 관계없이 항상 일정 스피드로 운전됨).

• **문제풀이 요령**

부분부하 제어방법은 열원기기 용량제어(압축기 회전수 제어, 댓수제어, ON/OFF 제어 등), VAV에 의한 풍량제어, 공조기 모터의 용량제어(회전수 조절, 댐퍼 제어 등) 등으로 나눌 수 있으며, 실제 상기 몇 가지 방법이 혼합되어 주로 사용되어진다.

PROJECT 8 공조 관련 용어(SMACNA 등) 출제빈도 ★☆☆

Q 공조 덕트 시스템 관련 다음 용어에 대해 설명하시오.
  (1) SMACNA   (2) Canvas Connection
  (3) 단락류 현상   (4) 배열효과
  (5) 배연효과   (6) 취·흡출구의 모듈 배치
  (7) Heavy Duty Zone

(1) SMACNA

① 원래는 미국의 덕트업자 협회(SMACNA ; Sheet Metal & Air Conditioning Constractors National Association)를 말한다.

② 덕트의 주요 연결부를 공장에서 전문적으로 제작하고, 현장에서는 간단히 조립만 하면 되게 하여 표준화 및 인건비/시공비 절감을 할 수 있는 공법

③ 이 협회에서 채용하고 있는 덕트는 저속 덕트용이며, 종래 공법에 비하여 이음부 및 이음매의 형상이 기계가공에 적합한 것으로 작업능률이 좋다.

④ 변길이 2100 mm 이하의 덕트에서는 형강을 사용하는 일이 별로 없으므로 자중이 적어지며 지지 방법도 간단하게 된다.

(2) 캔버스 이음(Canvas Connection)

① 캔버스 이음(Canvas Connection)은 송풍기의 진동소음이 덕트 구조물을 타고 실내로 전달되는 것을 방지하기 위한 이음 방법이다.

② 장치(공기조화기)와 덕트 사이에 설치하며, 캔버스의 재질로는 천, 가죽 등이 주로 사용되어진다.

(3) 단락류(Short Circuit) 현상

① 취출기류가 거주역 방향으로 멀리 도달하지 못하고, 바로 흡입구로 다시 빨려 들어가서 실내기 주변에서만 기류가 회전하는 현상

② 취출구와 흡입구의 배치나 방향이 좋지 못할 때 혹은 취출기류의 속도가 지나치게 낮을 때 주로 발생한다.

(4) 배열효과

① 조명기구 부근 혹은 일사를 받는 창의 윗쪽 부근에 배기의 흡입구 설치하여 더워진 공기를 바로 실외로 배출하거나 재열에 사용함으로써 냉방부하를 경감할 수 있는 효과이다.

② 에너지를 절감할 수 있는 국소환기의 일종이다.

(5) 배연효과

① 흡연이 심한 회의실이나 연회장의 상부에 배기의 흡입구를 설치하여 연기를 실외로 직접 뽑아낼 수 있게 한 효과

② 배열효과와 더불어 에너지를 절감할 수 있는 일종의 국소환기이다.

(6) 취·흡출구의 모듈(Module) 배치

① 실내의 칸막이 등의 장래의 변경 가능성을 고려하여, 공조용 취출구 및 흡입구를 모듈 단위로 분할 설치하는 방법

② 실내 인테리어 변경 시에 대응한 공조 기류분포 분야의 대책에 해당됨

(7) Heavy Duty Zone

① 정의

㈎ 협의(통신 중장비 공용센터) : Heavy Duty Zone이란 다양한 기능의 통신장비들을 한 곳으로 통합시켜 공용할 수 있도록 갖춘 정보센터, 의사결정실, 대형컴퓨터실 등을 지칭하는 말이다.

㈏ 광의(집중 공조부하 존)

㉮ 집무 스페이스(집무 존)에 여러 장치들을 고밀도로 수용하는 스페이스(heavy duty zone)를 말한다.

㉯ 전산실, 컴퓨터실, 교환실, 통신장비 공용센터 등을 특정 층 혹은 특정 Zone으로 만들어 집중적 관리를 하고, 열이나 조명, 소음 등의 부하가 일반 사무공간으로 퍼지지 않게 해야하는 곳을 지칭한다.

㉰ 과도한 소음이나 열을 발생시키는 OA기기는 사무실 내의 특정부분에 집중시켜 Heavy Duty Zone을 만들고, 공조 및 조명 등을 증가시키고 흡음에 대해 고려함으로써 오피스 환경의 전반적인 악화를 방지하는 일체의 방법을 말한다.

㉱ 병원 등에서는 수술실, 응급실 등의 전외기 공조 및 항온항습이 필요한 곳을 지칭하기도 한다.

② 집중부하 대응 방향

㈎ 업무시설의 기능 확대에 따른 문제점(업무의 복잡 다양화, 정보화에 따른 OA기기의 발열, 소음, 밀폐된 공간 등 사무환경이 악화되어 능률이 저하 등)을 개선하기 위해 최근에는 대규모의 아트리움 등이 시설되고 있으며 식당, 라운지 등에 쾌적한 휴식공간을 마련하고 건강관리를 위한 헬스클럽 등도 중요하게 다루어진다.

㈏ 사무실 공간을 내구역(Interior Zone ; 근무자의 통행, 비서실, 자료 및 도서실, 서류저장실, 회의실, 창고, 컴퓨터실(프린터실), 머신룸 등), 외구역(Exterior Zone ; 각종 집무공간과 주요 실, 휴게장소·접객공간·임원실 등)과 더불어 Heavy Duty Zone(특수 부하 영역)을 별도로 분리하여 3개의 개념으로 정리가 필요하다.

이것은 3가지의 Zone이 부하특성, 사용시간대, 평당 냉·난방 부하가 많은 차이를 보이기 때문이다. 이중에서 heavy duty zone은 다른 Zone에 비해 평당 냉방 부하가 3배~5배 이상 되기도 한다.

• 문제풀이 요령

SMACNA는 덕트 설비에 사용되어지는 여러 부자재들을 표준화하여 공장에서 전문적으로 제작하고, 현장에서는 간단히 조립만 하면 시공이 끝나는 일종의 표준화 및 단위화 시공방법이다.

PROJECT 9 **환경용어**(LCCO₂ 등) 출제빈도 ★★☆

Q 환경용어 관련 아래를 설명하시오.

(1) LCCO₂   (2) ODP   (3) GWP
(4) HGWP   (5) TEWI   (6) 분진과 분진 측정방법

---

(1) LCCO₂

① LCCO₂는 CO_2의 Life Cycle을 의미하며 ISO 14040의 LCA(life cycle assessment)에서 기원된 말이다.

② 제품의 전과정, 즉 제품을 만들기 위한 원료를 채취하는 단계부터, 원료를 가공하고, 제품을 만들고, 사용하고 폐기하는 전체 과정에서 발생한 CO_2의 총량을 의미한다.

③ 최근 건축 등의 분야에서 그 환경성을 평가하기 위해 건축물의 전과정 동안 배출된 CO_2량을 지수로써 활용하고 있다.

(2) ODP(Ozone Depletion Potential)

① 어떤 물질이 오존 파괴에 미치는 영향을 R-11(CFC-11)과 비교(중량 기준)하여 어느 정도인지를 나타내는 척도이다.

② GWP와는 별도의 개념이므로, ODP가 낮다고 해서 GWP도 반드시 낮은 것은 아니다.

③ 공식

$$ODP = \frac{어떤\ 물질\ 1kg이\ 파괴하는\ 오존량}{CFC-11\ 1kg이\ 파괴하는\ 오존량}$$

(3) GWP(Global Warming Potential)

① 어떤 물질이 지구온난화에 미치는 영향을 CO_2와 비교(중량 기준)하여 어느 정도인지를 나타내는 척도이다.

② R134A, R410A, R407C 등의 HFC계열의 대체냉매는 ODP가 Zero이지만, 지구 온난화지수(GWP)가 상당히 높아서 교토의정서의 6대 금지물질 중 하나이다.

③ 공식

$$GWP = \frac{어떤\ 물질\ 1kg이\ 기여하는\ 지구온난화\ 정도}{CO_2\ 1kg이\ 기여하는\ 지구온난화\ 정도}$$

(4) HGWP(Halo-Carbon Global Warming Potential)

① GWP와 개념은 동일하나, 비교의 기준 물질을 CO_2 → CFC-11로 바꾸어 놓은 지표이다.

② 공식

$$HGWP = \frac{어떤\ 물질\ 1kg이\ 기여하는\ 지구온난화\ 정도}{CFC-11\ 1kg이\ 기여하는\ 지구온난화\ 정도}$$

③ 할로 카본(Halo-Carbon) : 메탄의 수소원자 모두를 할로겐〔불소(F), 염소(Cl), 브롬(Br), 요오드(I) 등의 비금속 원소를 말함〕으로 치환한 것을 모두 총칭한다.

(5) TEWI (Total Equivalent Warming Impact)

① TEWI(Total Equivalent Warming Impact)는 우리말로 '총 등가 온난화 영향도' 혹은 '전 등가 온난화 지수(계수)'라고 불리며, GWP와 더불어 지구온난화 영향도를 평가하는 지표 중 하나이다.

② 냉동기, 보일러, 공조장치 등의 설비가 직접적으로 배출한 CO_2량에 간접적 CO_2 배출량 (냉동기, 보일의 등의 연료 생산과정에서 배출한 CO_2량 등)를 합하여 계산한 총체적 CO_2 배출량을 의미한다. 최근 보고에 따르면 간접적 CO_2 배출량이 직접적 CO_2 배출량에 비해 훨씬 큰 것으로 알려져 있다.

③ TEWI는 지구온난화계수인 GWP와 COP의 역수의 합으로서 표시되기도 하는데, 냉매 측면에서는 지구온난화를 방지함에 있어서 작은 GWP와 큰 COP와를 가지는 냉매를 선정하는 것이 유리하다고 하겠다.

(6) 분진과 분진 측정방법

① 분진

㈎ 협의 : 공기 중에 부유하거나 강하하는 미세한 고체상의 입자상 물질

㈏ 광의 : 공기 중에 부유하는 미립자와 에어로졸 전체

㈐ 입자의 크기는 $0.01\mu m \sim 100\mu m$ 이상으로 다양하다.

㈑ 에어로졸의 종류

㉮ 품 : 액체금속이 증발/기화 후 다시 산화 및 응축에 의해 형성된 미립자

㉯ 미스트 : 액체가 증발 후 재응축된 상태(주로 분무나 비말화에 의함)

㉰ 가스 : 연소로 인한 탄화물 상태의 미립자(가시적 성질)

② 분진 측정방법

㈎ LV법(Low Volume Air-sampler 사용법)

㉮ 시료공기를 Air-sampler를 통해 여과지에 흡인 및 통과시킨 후

㉯ 여과지의 질량을 측정하여 분진 질량 측정(이때 약 6시간~8시간 정도의 운전이 필요함)

㈏ 디지털 분진계 사용법

㉮ 부유분진으로 인한 산란광의 강도 변화(분진의 농도에 비례) 발생

㉯ 이를 광전자 증폭관으로 광전류로 변환하여 디지털 분진계에 표시

㈐ 수정 발진식 분진계 사용법

㉮ 수정 전극판에 분진을 정전 및 포집한 후

㉯ 이때 발생하는 진동수의 변화(질량에 비례)를 수치로 Display함(약 2분 소요됨)

• 문제풀이 요령

LCCO₂란 건축물이나 기계설비 등의 환경성 평가를 위해 전과정 동안의 배출된 지구온난화를 일으키는 가스를 CO_2로 환산한 총량을 말한다.

> **PROJECT 10 대류 열전달의 특징**　　　　　　　출제빈도 ★☆☆
>
> **Q** 대류 열전달(Convection)의 정의 및 특징 그리고 고체의 표면에서 열전
> 달 성능이 떨어지는 이유에 대하여 설명하시오.

(1) 대류 열전달

① 정의

　(가) 액체, 기체 등 유체의 열교환 방법 중 유체간의 이동(Flow)에 의해서 열교환하는 방식이다.

　(나) 강제 대류와 자연 대류로 구분되며 강제 대류는 송풍기, 팬 등으로 강제로 대류를 발생시키는 방식이고, 자연대류는 외력이 없이 순수하게 유체의 온도차에 의한 부력으로 발생하는 대류현상이다.

② 계산공식

$$q = h_c \cdot A \cdot \Delta T$$

　여기서, h_c : 대류 열전달계수
　　　　　A : 유체 접촉면적
　　　　　ΔT : 유체간의 온도차

③ 특징

　(가) 유체에서만 일어나는 열전달 현상

　(나) 유체 분자간에 직접적인 이동을 통해서 혼합되는 현상(열교환 현상)

(2) 고체표면에서 열전달 성능이 떨어짐

① 고체표면과 유체의 사이에 경계층(고체의 유체측 표면)에서는 고체 입자들의 한쪽 측면이 밀도가 적은 공기와 접촉되어 있어 열전달률이 떨어지기 때문이다.

② 즉, 일반적으로 고체간의 열전달계수가 유체-고체간의 열전달계수보다 크다.

• **문제풀이 요령**

　대류 열전달은 팬, 송풍기 등의 기계를 이용하는 강제 대류와 순수하게 유체 간의 온도차에 의존하는 자연대류로 나누어 해석되어진다.

PROJECT 11 재열부하

Q 공조부하 중에서 재열부하의 정의와 특징에 대해서 설명하시오.

(1) 재열부하의 정의

공조장치가 최소부하로 운전 시 혹은 감습을 위해 과랭 시 지나치게 취출 온도가 낮아지지 않게 송풍계통의 도중이나, 공조기 내에 가열기를 설치하여 자동제어로 Control 해준다. 이때의 가열기부하를 '재열부하'라 한다.

(2) 재열부하의 특징

① 재열부하는 취출온도를 일정하게 해줄 수 있는 장점이 있지만, 결국은 에너지 낭비적인 요소이기 때문에 지나치게 사용하면 에너지효율 측면에서 불리해진다.

② 가열기 부하로 폐열, 이중응축기 등을 이용하여 에너지 절감을 유도할 필요가 있다.

③ 냉동기의 부분부하 효율 개선 및 VAV의 풍량조절 시스템을 접목하면 재열부하를 상당 부분 줄일 수 있다.

④ 공조기 혹은 덕트 계통에서 재열코일을 설치하고, 열매로는 주로 증기, 혹은 온수를 순환시켜 재열코일을 가열시킨다.

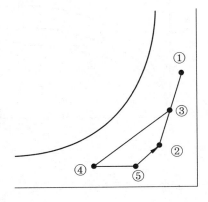

범 례

① 실외 공기 상태
② 실내 공기 상태
③ 혼합 공기 상태
④ 실내 감습기준까지 냉각한 상태
⑤ 재열 코일 출구 공기상태

• **문제풀이 요령**

재열부하는 Cold Draft 방지나 실내온도 유지를 위해 주로 급기 덕트 도중이나 말단에 코일을 설치하고 증기나 온수를 순환시켜, 급기를 가열해주는 방식이므로, 에너지 손실을 수반한다.

PROJECT **12** NTU(Number of Transfer Unit) 출제빈도 ★★☆

Q 열교환기 해석 방법 중 NTU (Number Of Transfer Unit)에 대해서 설명하시오.

(1) 정의

① '열전달 단위수' 혹은 '교환계수'라고도 하며, 열교환기에서 Size및 형식을 결정하는 척도인 자이다.

② 열교환기의 입·출구의 온도차를 모를 경우 열교환기의 능력을 측정하는 방법의 일종이다.

(2) 계산식

$$NTU = KA / C_{min} = 열교환기의 \ 열전달능력/유체의 \ 열용량 \ 중 \ 적은 \ 쪽$$

여기서, K : 열관류율(kcal/m²·h·℃)

A : 면적(m²)

C_{min} : 최소 열용량(두 매체의 열용량 중 최소 열용량)

C_{max} : 최대 열용량(두 매체의 열용량 중 최대 열용량)

(3) LMTD 및 유용도(ε)와의 관계

① 열교환기에서 유체들의 모든 입출구 온도들을 알고 있으면 LMTD로 쉽게 해석되나, 유체의 입구온도 또는 출구온도만 알고 있으면 LMTD 방법으로는 반복계산이 요구되므로, 이 경우 유용도-NTU (Effectiveness-NTU)를 주로 사용한다.

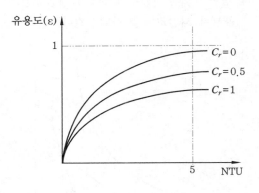

② 열교환기의 유용도 = 실제 열전달률 / 최대 가능 열전달률 (단위 ; 무차원, ε는 0과 1사이의 값)

③ NTU가 대략 5정도일 때 유용도가 실용상 가장 높아진다($\epsilon = 0.5 \sim 1$).

④ 용량 유량비(C_r) : $C_r = \dfrac{C_{min}}{C_{max}}$

· 문제풀이 요령

열교환기의 열교환 능력은 입출구 온도를 모두 알고 있을 경우는 LMTD로 쉽게 해석되나, 기타의 경우에는 '유용도-NTU'로 간접적으로 해석 가능하다 (대략 NTU 5 정도에서 유용도가 실용상 최대가 되어 최대 열교환량에 수렴한다).

PROJECT 13 IB에서의 개별공조   출제빈도 ★☆☆

Q IB (Intelligent Building)에서의 개별공조의 의미는?

(1) 바닥취출 공조(UFAC ; Under Floor Air Conditioner)

① 공조기 말단의 팬유닛 및 덕트를 재실자 주변에 설치하여 개별적인 취향에 맞게 공기조
건(온도, 풍량, 풍향 등)을 조절할 수 있게 하는 방법

② IB (인텔리전트 빌딩)은 내부에 전산장비, 사무기기 등으로 부터의 발열량이 크므로 '바
닥취출공조'를 잘 적용하면 효율적이고 에너지 절약적 공조를 행할 수 있다.

③ 기타 바닥벽 취출 공조, 격벽 취출 공조방식 등에서도 동일한 개념으로 개별제어가 가능
하다.

(2) 책상취출 공조

공조기 말단 취출구를 재실자의 책상 주변으로 유도하여 재실자 주변의 공기조건(온도,
풍량, 풍향 등)을 자유로이 조절 가능하게 하는 방법

(3) EHP 혹은 GHP 채용

① 말단 FCU 혹은 개별 덕트를 거주자 주변에 설치하여 야간 근무나, 휴일근무 등을 실시
할 경우 개별적으로 일부분의 유닛만 가동시킬 수 있는 시스템이다.

② EHP 혹은 GHP 시스템을 설치할 경우 거실자 주변에 환기량이 부족해질 수 있기 때문
에 주의가 필요하며, 이러한 이유로 이 시스템은 창이 많은 건물의 외주부에 주로 설치되
어지는 경우가 많다.

(4) 기타의 방식

① 패키지 공조기 혹은 패키지 에어컨 설치

② 이동형으로 제작된 간이 냉·난방기를 추가로 설치

③ 기타 분산형 공조기를 여러 대 설치 등

• 문제풀이 요령

IB에서 '개별공조'의 의미는 개별 취향에 맞게 말단 취출구의 온도, 풍량, 풍향 등을 조절하는 것이고,
냉동기 차제를 On/Off 하거나 제어하는 것은 아니다.

PROJECT 14 가이드 베인(Guide Vane) 출제빈도 ★☆☆

Q 덕트 시스템에 적용되는 가이드 베인(Guide Vane)에 대해서 설명하시오.

(1) 정의

① 가이드 베인(Guide vane)은 덕트의 굴곡부에 설치하여 덕트의 저항을 줄이고, 기류를 안정화시키기 위한 장치이다.

② 덕트 벤딩부분의 기류를 안정시키기 위해서 구형 덕트의 엘보에서는 중심 반경 R이 엘보의 평면상에서 본 폭의 1.5배 정도로 많이 설계한다(효과 우수).

③ 터닝 베인(Turning Vanes)이라고도 하며, 마찰손실값 및 와류를 최소화하기 위하여 Double Vane(반달형의 겹날개로 구성) 혹은 Side Piece(더블 베인을 여러 개 조합하여 제작) 형태로 많이 적용되어진다.

④ 일부 업체에서는 간단히 제작하기 위해, 한 겹으로 밴딩한 플레이트형으로도 제작되어진다(성능 떨어짐).

⑤ 선진국의 경우 터닝 베인을 거의 필수적으로 부착한 덕트 시스템을 설치하는 경우가 많다(덕트 기구 전문업체에서 제작함).

⑥ 덕트의 굴곡부 주변의 기류를 안정화시켜 덕트 내부의 이상소음 저감에도 효과가 있다.

(2) 그림

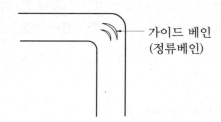

가이드 베인
(정류베인)

· 문제풀이 요령

가이드 베인은 덕트의 굴곡부에 설치하여 와류 및 정압손실을 최소화할 목적으로 사용되어지며, 덕트 내부에서 발생하는 이상소음 저감에도 효과가 있다.

PROJECT **15** 종횡비(Aspect Ratio)　　　출제빈도 ★☆☆

Q 각형 덕트에서 종횡비(Aspect Ratio)에 대해서 설명하시오.

(1) 종횡비의 개념

① 사각덕트에서 가로 및 세로의 비율('가로 : 세로'로 표기함)을 말함

② 아래 그림에서 종횡비 = a : b

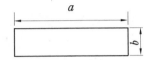

③ 표준 종횡비(Aspect Ratio) = '4 : 1 이하'일 것

④ 종횡비의 한계치 = '8 : 1 이하'일 것

⑤ 덕트의 에스펙트비가 커지면 공사비와 운전비가 증가하므로, 적정 에스펙트비의 적용이 필요함

⑥ 에스펙트비가 증가하면 유인비가 커져서 냉방시에는 특별한 문제가 없을 수 있으나, 난방시에는 도달거리가 짧아져 단락류(Short Circuit)가 발생할 수 있으므로 주의를 요한다.

(2) 응용(원형덕트의 크기를 각형덕트의 크기로 변환하는 방법)

① 관계식

$$D = 1.3 \times [(a \times b)^5 / (a + b)^2]^{1/8}$$

여기서, D : 원형 덕트의 직경

a : 사각 덕트의 장변의 길이

b : 사각 덕트의 단변의 길이

② 천장 내부공간의 높이가 낮을시에는 상기와 같이 a(사각 덕트의 장변의 길이)를 늘리고, b(사각 덕트의 단변의 길이)를 줄여주어도 동일한 풍량값을 얻을 수 있다.

③ 실용면에서는 주로 상기 계산식을 편리하게 선도(Graph)나 Table화하여 쉽게 구할 수 있게 하여 사용하고 있다.

• **문제풀이 요령**

　덕트에서 종횡비가 증가하면 덕트 내 저항이 증가하여 소음 유발, 정압 증가 등의 부작용이 있을 수 있으므로 적정 에스펙트비를 지켜 공사해야 한다.

PROJECT 16 유인비 출제빈도 ★☆☆

Q 공조취출구에서 유인비에 대해서 설명하시오.

(1) 개요

① 정의 : 1차 공기량과 2차 공기량의 비율을 말한다.

② 공조취출구의 기류해석(도달거리, 확산반경 등)에 많이 사용되는 용어이다.

(2) 응용

① 유인비를 크게 할 경우

  (개) 취출되는 공기의 도달거리가 짧아짐

  (내) 취출 공기의 혼합 및 확산이 양호하게 이루어짐

  (대) 여름철 Cold Draft를 방지할 수 있다.

  (래) 난방보다는 냉방시에 주로 적용되는 방법이다.

② 유인비를 크게 할 수 있는 방법

  (개) 고속덕트를 적용한다(고속 덕트 + 유인비가 큰 디퓨저)

  (내) '에스펙트비(Aspect Ratio)'를 크게 한다.

  (대) 유인비가 큰 취출구(Anemostat 형태 등)를 설치한다.

③ 유인비를 작게 할 경우

  (개) 취출되는 공기의 도달거리가 길어짐

  (내) 취출 공기를 거주역 근처로 멀리 보낼 수 있다.

  (대) 겨울철 난방시 아주 유익한 방법으로 활용할 수 있다.

④ 유인비를 작게 할 수 있는 방법

  (개) 에스펙트비(Aspect Ratio)를 작게 한다.

  (내) 취출구의 형상을 유인비가 작은 형태(수직하강기류 유도형태)로 채용한다.

(3) 계산식

$$유인비 = \frac{Q_1 + Q_2}{Q_1} = \frac{1차\ 공기량 + 2차\ 공기량}{1차\ 공기량}$$

• 문제풀이 요령

  일반적으로 여름철에는 유인비를 크게 하여 확산이 양호하게 하고, Cold Draft를 방지해주는 것이 좋고, 겨울철에는 유인비를 작게 하여 취출되는 공기의 도달거리를 길게 해주는 것이 유리하다.

PROJECT 17 **PM 10**   출제빈도 ★☆☆

Q 미세먼지에 관련하여 PM 10에 대해서 설명하시오.

(1) 정의

① 영어로 'Particulate Matter less than $10\mu m$'를 의미한다.

② 따라서 '입자의 크기가 $10\mu m$ 이하인 미세 먼지'를 의미한다.

③ 아황산가스, 질소산화물, 납, 오존, 일산화탄소 등과 함께 수많은 대기 오염물질 중의 하나이다.

④ 미세 먼지(Fine Particles)는 부유분진(Suspended Particles), 입자상 물질(Particulate matter), 또는 에어로졸(Aerosol) 등으로 불리며, 명칭에 따라 약간씩 의미가 다르다.

(2) 영향

호흡기, 눈질환, 코질환, 진폐증, 폐암 유발도 가능하다고 보고되고 있으므로, 고성능 필터를 이용하여 필터링이 필요하다.

(3) 적용

① 가정용으로 사용되는 청소기의 경우 성능이 나쁜 것은 배출되는 공기중 이러한 PM10, PM2.5 등이 상당량 포함되어 있어 가족 구성원의 건강을 오히려 해칠 수 있으므로 구입 시 주의를 요한다는 보고가 있다.

② 국가 대기 환경기준으로는 연평균 $50\mu g/m^3$ 이하, 24시간 평균 $100\mu g/m^3$ 이하를 기준으로 하고 있다.

[칼럼] PM 2.5

(1) 입자의 크기가 $2.5\mu m$ 이하인 초미세먼지를 말한다.

(2) 입자의 크기가 작을수록 건강에 미치는 영향이 커질 수 있다.

(3) 선진국에서는 90년대 후반부터 PM 2.5 규제를 도입했으나, 우리나라는 최근(2015년)부터 도입되었으며, 그 기준치는 연평균 $25\mu g/m^3$, 24시간 평균 $50\mu g/m^3$ 이하이다.

(4) WHO 기준은 연평균 $10\mu g/m^3$, 24시간 평균 $25\mu g/m^3$으로서 매우 낮다 (발암물질로 규정).

※ 주 : TSP (Total Suspended Particles) : 총부유분진이라고 하며, 입경에 관계없이 부유하는 모든 먼지를 말하는 용어이며, $10\mu m$ 이상에서는 인체에 미치는 영향이 적다고 하여 90년대 후반부터 TSP에서 PM10으로 환경기준을 변경하였다.

• 문제풀이 요령

 PM10은 $10\mu m$ 이하의 미세먼지를 말하며, 환경기준으로 연평균 $50\mu g/m^3$, 24시간 평균 $100\mu g/m^3$ 이하로 규제되어지고 있는 물질이다 (초미세먼지 PM 2.5는 연평균 $25\mu g/m^3$, 24시간 평균 $50\mu g/m^3$ 이하).

PROJECT 18 군집제어 등

출제빈도 ★☆☆

 아래 용어에 대해서 간단히 기술하시오.
(1) 군집제어   (2) Cross Talking   (3) 빌딩병
(4) Connection Energy System   (5) FMS

(1) 군집제어

① 일정한 Building군을 하나의 집단으로 묶어 BMS 시스템으로 통합제어 하는 방식이다.

② Bacnet, Lonworks 등의 통합제어 Protocol을 이용하여 건물 내·외 전체시스템(공조, 방범, 방재, 자동화 설비 등)을 동시에 관리할 수 있는 시스템

(2) Cross Talking

① 호텔의 객실 등 정숙을 요하는 공간에서는 입상 덕트를 설치하여 옆방과 덕트가 바로 연결되지 않게 하는 것이 좋다.

② 이는 덕트를 통한 객실간의 소음 전파를 줄이고, privacy를 확보하기 위함이다.

③ 입상 덕트 활용, 덕트 계통분리 등의 다양한 대책 강구 필요하다.

(3) 빌딩병 (SBS : Sick Building Syndrome)

① 낮은 환기량, 높은 오염물질 발생으로 성에너지 건물 내 거주자들이 현기증, 구역질, 두통, 평행감각 상실, 통증, 건조, 호흡계통 증상 등이 발생되는 것으로 기밀성이 높은 건물, 환기량 부족 건물에서 거주자 20~30 % 이상 증상시 빌딩병 시사한다.

② 구미보다 일본에서 빌딩병 발생이 적은 이유는 '빌딩 관리법'에 의해 환기량을 보장하고 있기 때문이다.

(4) Connection Energy System

① 열병합 발전에서 생산된 열을 고온 수요처로부터 저온 수요처 순으로 차례로 열을 사용하는 시스템을 말한다.

② 열을 효율적으로 사용할 수 있어 에너지 절감이 가능한 시스템이다.

③ 가령, 가스터빈에서 1차적으로 사용한 열매(증기)를 증기터빈에서 한번 더 사용하고, 증기터빈 발전이후 발생되는 온수를 급탕, 난방 등에 다시 사용하는 시스템이다.

•문제풀이 요령

군집제어란 빌딩군을 Bacnet, Lonworks 등의 Protocol을 통하여 통합제어하는 시스템으로 Interface Module을 통하여 서로 다른 Protocol 끼리 연결하여 사용하는 경우가 많다.

PROJECT **19** 용어 설명 (공실 제어 관련)   출제빈도 ★★☆

Q 공실 제어 관련, 다음의 용어에 대해 설명하시오.
(1) 예열 (2) 예랭 (3) Night Purge (4) Night Cooling (5) 야간기동 (6) 최적기동제어

(1) 예열 (Warming Up)

① 겨울철 업무 개시 전 미리 실내온도 승온
② 축열부하를 줄임으로써 열원설비의 용량을 축소시킬 수 있다.
③ VAV 방식은 수동 조정 후 시행

(2) 예랭 (Cool Down, Pre-Cooling)

① 여름철 업무 개시 전 미리 냉방을 하여 실내온도를 감온(최대부하를 줄임)
② 축열부하를 줄임으로써 열원설비의 용량을 축소시킬 수 있다.
③ VAV 방식은 수동 조정 후 시행
④ 외기냉방과 야간기동 등의 방법을 병행 가능

(3) Night Purge

① 여름철 야간에 외기냉방으로 냉방 실시함(축열 제거)
② 주로 100 % 외기도입 방식이다 (리턴에어 불필요).

(4) Night Cooling

① 여름철 야간에도 축열부하 제거를 위해 냉동기, 공조기 등을 가동하는 방식이다 (보통 설정온도는 29℃ 이상).
② 보통 공조기의 외기냉방과 연동하여 운전한다.

(5) 야간기동 (Night Set Back Control)

① 난방시(겨울철) 아침에 축열부하를 줄이기 위해 일정 한계치 온도(경제적 온도설정= 약 15℃)를 Setting하여 연속운전하여 주간부하 경감한다.
② 외기냉방이 아니다 (외기 도입이 불필요) : 대개 100 % 실내공기 순환 방법
③ 기타의 목적
㈎ 결로를 방지하여 콘크리트의 부식 및 변질을 방지한다.
㈏ 건축물의 균열 등을 방지하고, 수명 연장
㈐ 설비용량(초기 투자비)을 줄일 수 있다.
㈑ 관엽식물을 동사하지 않게 할 수 있다.

(6) 최적기동제어

① 불필요한 예열, 예랭 줄이기 위해(예열/예랭 생략하고) 최적 START 실시함
② 아침에 설비가동시간을 존(Zone)별로 미리 예측하여 Setting해 두고, 그 시간에 기동케 함

PROJECT 20 거주역/비거주역(Task/Ambient) 출제빈도 ★★☆

Q 거주역/비거주역(Task/Ambient) 공조시스템의 종류와 특징에 대해서 설명하시오.

---

(1) 목적

① 에너지절약을 위한 공조방법의 일종이다.

② 개별 제어가 용이하여 사용이 편리하다.

(2) 종류

① 바닥 취출 공조, 바닥벽 취출 공조, 격벽 취출 공조방식

② 개별 분산 공조방식

③ 이동식 공조기 사용

④ 기타의 개별공조 : Desk 공조 등

(3) 거주역 / 비거주역 공조의 장점

① 흡입온도와 취출온도의 차이를 줄일 수 있어 경제적인 시스템 운영이 가능하다(에너지 소비효율 증가).

② 기기발열, 조명열 등을 곧바로 천장 안으로 배기시킴으로써 거주역 부하가 되지 않는다.

③ 공조 대상공간을 거주역으로 한정지음으로써 에너지 절감이 가능하다.

④ 덕트 공간을 절약할 수 있어 경제적이다.

⑤ 개별 제어로 제어가 용이하여 사용이 편리하고 합리적이다.

⑥ Lay Out 변경으로 인한 Flexibility가 좋다.

(4) 거주역 / 비거주역 공조의 단점

① 재실자 주변으로 바로 기류가 흐르므로, 냉방 시 Cold Draft, 난방 시 불쾌감 등이 우려된다.

② 집진 필터링, 가습, 환기 등이 부족하기 쉬워 공기의 질이 떨어질 우려가 있다.

• **문제풀이 요령**

① 거주역 / 비거주역(Task/Ambient)은 개별운전으로 조절 가능한 공조방식 전체를 통칭한다.

② 이 방식은 공조 대상공간이 거주역에 한정되므로 경제적이고 합리적인 공조가 가능하나, 거주자에 대한 Cold Draft, 불쾌감, 공기의 질 하락 등을 초래할 수 있어 다소 제한적으로 사용하는 것이 좋다.

PROJECT **21** 강제 대류방식과 자연 대류방식   출제빈도 ★☆☆

Q 강제 대류방식과 자연 대류방식의 유닛을 비교 설명하시오.

(1) 개요

① 강제 대류방식의 유닛(FCU 등)은 유닛 자체에 팬과 모터를 장착하고 있어 실내의 공기를 강제적으로 순환시켜 공조하는 방식이다.

② 자연 대류방식의 유닛(컨벡터 등)은 유닛 자체에 팬과 모터가 없고, 열교환 장치만이 내장되어 있어, 열교환기에 의해 가열된 공기가 가벼워지므로 부력을 받아 상승하는 원리를 이용한 방식이다.

③ 자연 대류방식은 팬과 모터 구동부가 없어 조용하고 정숙한 운전이 가능하다는 것이 가장 큰 장점이다.

(2) 방식 비교

비교 항목	강제 대류방식	자연 대류방식
장치 종류(말단 유닛)	FCU, Unit Cooler 등	Convector, 방열기 등
주요 기술 원리	• 팬에 의한 강제 대류 • 냉방 및 난방 겸용 • 열전달 해석 시 무차원수 RE와 PR 이용	• 공기의 밀도차 이용 • 주로 난방용(난방 시가 냉방 시 대비 평균온도차가 크기 때문임) • 열전달 해석 시 무차원수 GR와 PR 이용
검토사항	• 적절한 용량 선정 • 팬 소음 영향 줄일것 • Cold Draft 방지 • 내부 공기의 방안 전체적 순환 유도 • 원활한 드레인 설치 • 동결 방지 고려 • 워터해머 방지	• 적절한 용량 선정 • Cold Draft 방지 • 내부 공기의 방안 전체적 순환 유도 • 동결 방지 고려 • 워터해머 및 스팀해머 방지

• **문제풀이 요령**

   공기를 순환할 수 있는 팬과 모터가 있는 방식이 강제 대류방식이고, 없는 형태가 자연 대류방식이다.

PROJECT **22** 도로터널 환기방식

Q 도로터널 환기방식의 분류 및 설계방법에 대해 설명하시오.

(1) 자연환기

① 차량에 의한 피스톤 효과(Piston Effect ; 움직이는 물체를 따라 기류가 같이 움직이는 현상)를 이용하는 방식이다.

② 이 방식은 추가적인 동력 송풍장치 등을 설치하지 않고, 순수한 자연적인 바람에 의존하는 방식이다.

(2) 기계환기

① 양방향 터널 환기

㉮ 연기의 층류화를 교란하지 않아야 한다.

㉯ 길이방향의 유속은 낮아야 한다.

㉰ 천장 상부의 개구부를 통한 배출방식을 적용한다.

㉱ 주로 적용하는 방식은 "수직 갱구 송배기식"이다 (그림 참조).

② 일방향 터널 환기

㉮ 종류식(縱流式)

㉠ 차도를 연하여 공기를 강제로 수송시켜 환기하는 방식이다.

㉡ 종류 : 제트팬식, 집중배기식, 집진식(분진 제거하여 재사용) 등

㉢ 교통방향으로 임계속도 이상의 기류를 형성하여 연기의 역류를 방지한다.

㉣ 연기층의 교란을 방지하기 위해 화재지점으로부터 가장 먼 곳의 팬부터 작동시킨다.

㉯ 횡류식(橫流式) 혹은 반횡류식 시스템

㉠ 차도를 횡류하여 수직 갱구로 급·배기하는 방식이다.

㉡ 종류 : 횡류식(급기+배기), 송기반횡류식(급기만 수행), 배기반횡류식(배기만 수행)

㉢ 횡류식은 급기 덕트, 배기 덕트를 모두 설치하는 방식으로, 터널의 길이가 매우 긴 경우에도 화재 시 배연효율이 높은 방식이다.

㉣ 화재지점 상류의 급기 최대화, 하류의 배기 최대화로 교통방향의 기류를 형성하는 것이 유리하다.

(3) FAN

① 화재 시 열기류에 노출되는 팬과 그 부품들은 250℃의 열기류에서 최소 1시간 이상의 가동 상태를 유지해야 한다.

② 급배기구는 재순환하지 않도록 조치한다.

③ 비상용 팬을 추가로 구비한다.

(4) 온도와 속도 기준

① 운전자는 화재비상 시 60℃를 초과하는 공기 중에 노출되지 않아야 한다.

② 환기류의 속도 하한은 연기의 역류를 방지할 수 있는 속도(임계속도) 이상이어야 한다.
③ 보행에 지장을 주지 않는 초속으로 보통 11M 이하로 관리한다.

(5) 환기량 계산

① 소요 환기량 : 국제 상설도로회의(PIARC : Permanent International Association of Road Congresses) 방식 근간
② 오염농도 제어 대상물질 : 매연, 일산화탄소, 질소산화물 등
③ 설계 환기량 : 목표연도의 차종별 구성비 및 오염물질 기준 배출량 등의 데이터를 이용하여 주행속도별 소요환기량을 산출하고 제연 환기 소요량과 비교하여 결정

(6) 환기량 설계방법

환기 기본계획단계, 터널 단면과 덕트 단면을 결정하는 단계 및 환기시설 제원의 설계 등 각 단계마다 다음 사항을 검토한다.
① 환기량의 설계   ② 자연환기의 계산
③ 기계환기의 계산   ④ 환기방식에 따른 환기장치의 설계
⑤ 환기기 관련 전기설비 등의 설계   ⑥ 환기운용, 기타사항 검토 및 설계

(7) 국내법 (도로의 구조 · 시설 기준에 관한 규칙) 기준

① 터널에는 안전하고 원활한 교통 소통을 위하여 필요하다고 인정되는 경우에는 도로의 설계 속도, 교통 조건, 환경 여건, 터널의 제원 등을 고려하여 환기시설 및 조명시설을 설치하여야 한다.
② 화재나 그 밖의 사고로 인하여 교통에 위험한 상황이 발생될 우려가 있는 터널에는 소화설비, 경보설비, 피난설비, 소화활동설비, 비상전원설비 등의 방재시설을 설치하여야 한다.
③ 터널 안의 일산화탄소 및 질소산화물의 농도는 다음 표의 농도 이하가 되도록 하여야 하며, 환기 시의 터널 안 풍속이 초속 10미터를 초과하지 아니하도록 환기시설을 설치하여야 한다.

구 분	농 도
일산화탄소	100ppm
질소산화물	25ppm

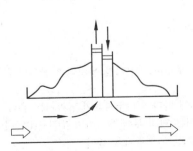

수직 갱구 송 · 배기 방식

제트팬식

PROJECT 23 **투명 단열재** 출제빈도 ★★☆

Q 투명 단열재(TIM ; Transparent Insulation Materials)에 대해서 설명하시오.

---

(1) 개요

① 친환경 건축재료로 유리 대체품으로 개발중이다.

② 겨울철 열유출의 47 %(상업용 건물)~50 %(주택)가 유리창을 통하여 유출되므로 '투명 단열재' 개발이 에너지 절약에도 크게 기여할 것임

③ 스마트 그레이징(Smart Glazing) : 선진 창틀재료, 투명단열재 등의 기술의 총칭

(2) 정의

① 투명단열재(TIM)는 기존의 유리창에 단열기능을 추가하여, 주간조명을 유지하면서, 단열효과를 추가한 선진 유리창의 일종이다.

② 냉방 시 열취득을 최소화해주고, 난방 시 외부로 열손실을 최소화해주어, 냉방 및 난방 운전 비용 절감, 장비 용량 감소 등에 기여한다.

(3) 기술 동향

① 일본에서는 10 mm 정도의 '판상 실리카 에러로겔 투명단열재' 개발 완료하여 난방 부하를 약 11~40 % 절감 가능

② 강도와 가격 측면 : 강도 보강 위해 양쪽에 판유리를 끼운 '투명 단열재'도 나와 있음

[칼럼] 1. 투명단열재 외 창문의 단열 개선방법

(1) 로이 유리(Low Emissivity 유리, 저방사 유리) : 일반유리가 적외선(냉방부하가 됨)을 일부만 반사시키는데 반해 로이 유리는 대부분을 반사시킴(은, 산화주석 등의 다중 코팅방법 사용)

(2) Super Window : 이중유리창 사이에 '저방사 필름' 사용

(3) Electrochromic Glazing : 빛과 열에 반응하는 코팅으로 적외선을 반사시킴

(4) 창틀의 기밀 및 단열성 강화

(5) 전기창(Electric Glazing) : 보통 로이 유리 위, 아래에 전극을 형성하여 가열시킴

(6) 시스템 창호 : Air－Flow Window 등

(7) 기타 : 2중~5중 유리, 진공유리, 고밀도 가스 주입 유리 등

2. 투과율 가변유리의 종류

(1) 일렉트로 크로믹 유리 : 전기가 투입되지 않는 상황에서 투명하고 전기가 투입되면 불투명해지는 유리(반대로도 가능)

(2) 서모 크로믹 유리 : 산화팔라듐 등의 박막 코팅으로 온도에 따라 일사투과율이 달라지는 유리

(3) 포토 크로믹 유리 : 실내와 같이 광량(光量)이 적은 곳에서는 거의 무색 투명하며 투과율(透過率)이 높고, 옥외에서는 빛에 감응하여 착색하며 흡수율이 높아지는 가변투과율 유리

(4) 가스 크로믹 유리 : 2장의 유리 사이 공간에 가스를 충진하여 산소와의 반응을 통하여 스위칭한다.

PROJECT 24 에너지 관련 용어　　　　　　　　　출제빈도 ★☆☆

> **Q** 에너지 관련 다음 용어에 대해 간략히 기술하시오.
> (1) EBL(최대허용 에너지량)　　　(2) 머크지수와 그린지수

(1) EBL (최대허용 에너지량 ; Energy Buget Level)

① 적용대상 : '건물에너지 효율등급 인증제도'상의 신축 업무용 건축물의 1차 에너지 소모량($kWh/m^2 \cdot$ 년)을 다른 말로 EBL(최대 허용 에너지량 ; Energy Budget Level)이라고도 부른다.

② 등급별 최대허용치 (중부지역, 남부지역, 제주도 동일 기준 적용) – '건축물 에너지효율등급' 기준

등 급	주거용 건축물 연간 단위면적당 1차 에너지 소요량 ($kWh/m^2 \cdot$ 년)	주거용 이외의 건축물 연간 단위면적당 1차 에너지 소요량 ($kWh/m^2 \cdot$ 년)
1^{+++}	60 미만	80 미만
1^{++}	60 이상　90 미만	80 이상　140 미만
1^{+}	90 이상　120 미만	140 이상　200 미만
1	120 이상　150 미만	200 이상　260 미만
2	150 이상　190 미만	260 이상　320 미만
3	190 이상　230 미만	320 이상　380 미만
4	230 이상　270 미만	380 이상　450 미만
5	270 이상　320 미만	450 이상　520 미만
6	320 이상　370 미만	520 이상　610 미만
7	370 이상　420 미만	610 이상　700 미만

(2) 머크지수(MURC Index)와 그린지수(Green's Index)

① 개요

　(가) 머크지수 (MURC Index)란 'Measure of Undesirable Respirable Contaminants Index'의 약어로 우리가 호흡하는 대기의 오염 및 인체의 위해의 정도를 대기 중 포함된 미세먼지의 농도의 함수로 표현하는 방법이다.

　(나) 그린지수 (Green's Index)도 머크지수 (MURC Index)와 유사한 환경지표이지만, 머크지수가 COH만의 함수인 것에 반해, 그린지수는 COH 및 SO_2(이산화황)의 함수이다.

　(다) 국내에서는 기상청에서 대기오염의 지표로 미세먼지농도를 발표하는 것과 거의 유사한 방법이라고 할 수 있다.

② 머크지수 (MURC Index)의 계산 및 평가방법

$$MURC = 70X^{0.7}$$

여기서, X : COH (Coefficient of Haze) → 불투명도의 log값인 광학밀도(Optical Density)

를 0.01로 나눈값, 즉 $COH = 100 \log\left(\dfrac{I_o}{I}\right)$

I_o : 초기 빛의 강도

I : 오염된 필터 통과 후의 빛의 강도

【평가】

- $0 \sim 30$: 매우 깨끗한 공기
- $31 \sim 60$: 미세먼지가 조금 포함된 상태
- $61 \sim 90$: 미세먼지가 어느 정도 (중간 정도) 포함된 상태
- $91 \sim 120$: 미세먼지가 많이 포함된 상태
- > 120 : 미세먼지가 매우 많이 포함된 상태

③ 그린지수 (Green's Index)의 계산 및 평가방법

$$I_1 = 26.6X^{0.576}$$
$$I_2 = 84Y^{0.431}$$
$$I = 0.5(I_1 + I_2)$$

여기서, X : COH

Y : SO_2 (이산화황 ; ppm)

【평가】

- $I = 25$: 안전
- $I = 50$: 경고 레벨
- $I = 100$: 위험 레벨

PROJECT **25** Heating Tower   출제빈도 ★☆☆

Q Heating Tower의 정의와 특징에 대해서 설명하시오.

(1) 히팅 타워(Heating Tower)의 정의

① '가열탑'이라고도 불리며, 수랭식 냉동기를 히트펌프 시스템으로 사용 시 열원(대기)으로 부터 에너지(증발열)를 흡수하기 위한 장치이다.

② 일반 냉각탑과 거의 같은 구조를 가지고 있으며, Brain(브라인) 등의 저온 액체를 공기 와 접촉시켜 가열하고, 이것을 히트펌프의 열원으로 사용하는 장치이다.

(2) 히팅 타워의 특징

① 히트 펌프의 경우에는 겨울철 저온난방을 위하여 압축비가 많이 상승하므로 Cooling Tower대비 약 2배 정도의 증발기 면적이 필요하다(실외 저온 난방운전시의 에너지 효율 및 난방성능 향상을 위함).

② 또 반드시 동결온도가 많이 낮은 부동액을 사용하여 동기 난방운전시에 문제가 없어야 한다.

③ 한 대의 냉각탑을 이용하여 냉·난방을 동시에 행할 수 있어 초기투자비 측면에서 유리하 고, 냉방 사용유지비 측면에서는 특별히 효율적일 수 있다(입·출구 온도차 유지 가능).

(3) 히팅 타워의 종류

① 개방식 히팅 타워

㈎ 냉각수가 대기중에 개방되어 있어 수질관리 및 수질처리에 주의해야 한다.

㈏ 히팅타워의 크기가 밀폐식 대비 작기 때문에 설치공간 축소 및 초기투자비 측면에서 유리하다.

② 밀폐식 히팅 타워

㈎ 냉각수의 오염이 방지되고, 수질이 향상되지만 설비 시설비 및 장비가격이 상승한다.

㈏ 중앙공조분야의 히트펌프 시스템에 사용되는 방식으로 스크루 히트펌프에 밀폐식 히 팅타워(부동액 사용)를 적용한 사례도 있다.

㈐ 성적계수(COP)는 약 3~5 정도 나오는 것으로 보고되어 있다.

• **문제풀이 요령**

히팅타워는 수랭식 시스템의 냉각탑을 히트펌프 시스템의 난방 시에도 사용할 수 있게 하기 위한 장 치로, 열원(대기)의 특성상 크기가 냉각탑 대비 약 2배가 되는 것이 단점이다.

PROJECT 26 백연현상   출제빈도 ★★☆

Q 냉각탑의 백연현상의 정의, 영향 및 대책에 대해서 설명하시오.

(1) 정의

실외온도가 저온다습한 경우 냉각탑 유출공기가 냉각되고 과포화되어 수적발생 → 마치 흰 연기(백연)처럼 보인다.

(2) 주변의 영향

① 냉각탑 주변의 결로 발생

② 낙수 등으로 냉각탑 주변 민원 발생

③ 주민들이 백연을 산업공해로 오인하여 환경적인 문제를 제기할 수 있다.

④ 동절기에 백연이 더욱 응축되어 도로, 인도 등을 결빙시킬 수 있다.

⑤ 냉각탑 주변에 공항시설이 있을 경우, 항공기 이착륙을 방해할 수 있다.

⑥ 거주민들에게 시각적 방해를 줄 수 있다.

⑦ 동절기 건물, 빌딩 등의 창유리를 결빙시킬 수 있다.

⑧ 도시환경에 대한 시각적 이미지가 실추될 수 있다.

(3) 백연현상의 방지법

① 냉각탑 주변에 통풍이 잘 될 수 있도록 고려한다.

② 냉각탑 설치위치 : 백연현상이 발생하여도 민원 발생이 적은 장소 선택

③ 다습한 토출공기를 재열하여 습기를 증발시켜 내보낸다.

④ 냉각탑에 '백연 방지장치'를 장착한다.

⑤ 백연 경감 냉각탑을 설치한다.

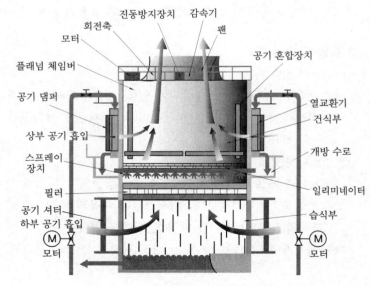

백연 경감 냉각탑 (사례)

[칼럼] 백연 경감 냉각탑 : 혼합냉각탑 혹은 Wet/Dry 냉각탑이라고도 불리며, 증발식(습식) 냉각탑에서 백연 문제에 대한 해결책으로 개발된 건식(그림 윗부분의 플래넘 체임버 및 열교환기 부위) 및 습식(그림 아랫부분의 필러 아래 부위)의 결합체이다.

PROJECT 27 대류 해석관련 무차원수   출제빈도 ★☆☆

Q 자연대류와 강제대류 해석관련 무차원수에 대해서 설명하시오.

(1) 자연대류 : 공기의 온도차에 의한 부력으로 공기순환이 이루어짐

$$\text{Nusselt Number}\,(Nu) = \frac{\alpha \cdot L}{\lambda} = f\,(Gr,\ Pr)$$

(2) 강제대류 : 기계적인 힘(팬, 송풍기 등의 장치)에 의존하여 공기를 순환하는 방식

$$\text{Nusselt Number}\,(Nu) = \frac{\alpha \cdot L}{\lambda} = f\,(Re,\ Pr)$$

여기서, $G_r = \dfrac{g \cdot \beta \cdot d^3 \cdot \Delta t}{\nu^2}$, $P_r = \dfrac{\mu \cdot C_p}{\lambda}$, $R_e = \dfrac{V \cdot d}{\nu}$

> ▶ 기호 표기
> - β : 체적팽창계수(℃^{-1})
> - Nu : 누설트 수 (Nusselt Number ; 열전달률/열전도율)
> - Gr : 그라소프 수 (Grashof Number ; 자연대류의 상태를 나타냄, 부력/점성력)
> - Pr : 프란들 수 (Prandtl Number ; 유체의 Property, (점성계수×정압비열)/열전도율)
> - Re : 레이놀즈수 (Reynolds Number ; 강제대류의 상태를 나타냄, 층류와 난류를 구분, 관성력/점성력)
>
> - ν : 동점성계수   - V : 유체의 속도
> - d : 관의 내경   - μ : 점성계수
> - C_p : 정압비열   - α : 열전달률($\text{kcal/h} \cdot \text{m}^2 \cdot \text{℃}$)
> - L : 열전달 길이   - λ : 열전도율($\text{kcal/h} \cdot \text{m} \cdot \text{℃}$)

(3) Dittus－Boelter식(식의 오차범위 ; 약 25 % 이내)

매끈한 원형관 내의 완전히 발달한 난류흐름에 대한 국소 Nusselt 수의 식이다.

$$Nu = 0.023 Re^{0.8} Pr^n$$

여기서, n : 가열의 경우 0.4, 냉각의 경우 0.3
Pr : 0.7 이상 160 이하, Re : 10000 이상
L/D (＝원형관의 길이 / 원형관의 지름) : 10 이상

· 문제풀이 요령
　주로 자연대류는 프란들 수와 그라소프 수로 해석되고, 강제대류는 프란들 수와 레이놀즈 넘버로 해석된다.

PROJECT **28** **온도의 성층화**(Stratification)   출제빈도 ★★☆

Q 공조에서 온도의 성층화(Stratification)의 정의와 해결책에 대해서 설명하시오.

(1) 정의
찬공기와 더운 공기의 밀도 차에 의해 실(室)의 윗쪽은 지나치게 과열되고 室의 아래쪽은 지나치게 차가운 공기층으로 형성되어 Air Circulation이 잘 이루어지지 않는 현상 (여름철 냉방보다 겨울철 난방시에 특히 심함)

(2) 온도의 성층화의 해결책
① 바닥 취출공조의 적극적 활용
② 노즐 디퓨저 이용하여 공기 도달거리 확보
③ 복사난방 등의 공조방법 이용
④ 온도조절기를 호흡선 위치에 설치함
⑤ FCU방식을 잘 활용하여 유로를 바닥측 혹은 거주역으로 맞추어준다.
⑥ 유인비가 특별히 적은 디퓨저를 사용하여 난방시 도달거리가 길어질 수 있도록 고려한다.
⑦ 건물의 바닥 재질로 콘크리트나 기타 열전도가 잘 되는 재질을 피한다.
⑧ 실(室)의 바닥에 단열재를 강화하거나, 카펫 등을 깔아주어 바닥이 너무 차가워지지 않게 한다.
⑨ 저속치환공조를 채용하여 바닥에서 상부로 자연스러운 공기의 흐름을 유도한다.

(3) 그림(난방시의 성층화)

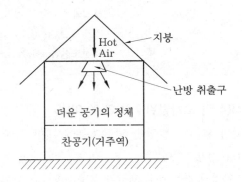

• 문제풀이 요령
공조분야에서의 온도의 성층화는 주로 난방시의 공기의 밀도차에 의한 실내 공기의 상하 불균일 현상을 말하며, 난방장치가 정상적으로 작동해도 거주역에서 난방이 잘 이루어지지 못하는 결과를 초래한다.

PROJECT 29 Moody Diagram & Reynolds Number   출제빈도 ★★☆

> **Q** Moody Diagram과 Reynolds Number에 대해서 설명하시오.

(1) Moody Diagram (무디 선도)

① 정의 : 관, 덕트 등의 '마찰계수'를 구하는 선도

② 함수식 : $f = f(Re, \ e/d)$

③ 그림 (개략도)

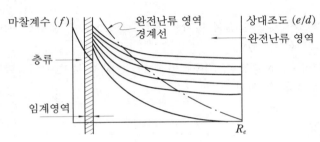

> 칼럼 층류에서 마찰계수(f)는 Re만의 함수, 즉 $f = 64/Re$
>
> 난류에서 마찰계수(f)는 공식 $\dfrac{1}{\sqrt{f}} = -1.8 \log \left\{ \dfrac{6.9}{Re} + \left(\dfrac{e/d}{3.7} \right)^{1.11} \right\}$ 으로 구한다.

(2) 레이놀즈수 (Reynolds Number)

① 정의

(가) 레이놀즈 넘버는 층류와 난류를 판별하는 척도이다.

(나) 관성력을 점성력으로 나눈 값이며, 단위는 무차원이다.

② 계산식

$$Re \ (\text{Reynolds Number}) = \frac{관성력}{점성력}, \ \ 즉 \ Re = \frac{VL}{\nu}$$

여기서, V : 속도(m/s), L : 길이(m), ν : 동점성계수

③ 임계 레이놀즈수

(가) 임계 레이놀즈 넘버 이하인 경우는 층류라 하고, 그 이상인 경우는 난류라고 한다.

(나) 평판형의 경우의 임계 레이놀즈수

   ㉮ 정사각형 : 약 2200~4300   ㉯ 직사각형 : 약 2500~7000

(다) 원통형의 경우의 임계 레이놀즈수

   • 원통형 : 약 2100~2300

• 문제풀이 요령

　Moody Diagram은 Reynolds Number와 관의 상대조도를 이용하여 '마찰계수'를 구하는 선도를 말하며, 유체가 임계 레이놀즈 넘버 (원통형의 경우 ; 약 2100) 이상이면 난류라 하고, 이하이면 층류라 한다.

PROJECT 30 지하수 활용 방안   출제빈도 ★☆☆

Q 지하수의 활용 방안에 대해서 설명하시오.

(1) 개요

① 지하수는 우리가 일반적으로 생각하고 있는 것처럼 수질이 그렇게 심하게 나쁘지는 않
  다. 요즘은 지표수가 많이 오염되어 있으므로, 오히려 지표수보다 정수과정이 간단해질
  수도 있다.

② 지하수는 사용하지 않으면 결국 바다로 흘러 들어가므로, 유용한 에너지를 낭비하는 결
  과를 초래한다고 할 수 있다.

③ 지하수는 산업용수, 공업용수, 식수뿐만 아니라, 공조 분야에서도 다양하게 활용하여 에
  너지 절약에 기여할 수 있다.

(2) 지하수 활용방안

① '중수'로 활용 : 청소용수, 소화용수, 대중목욕탕 용수 등으로 활용 가능하다.

② 냉각탑의 보급수 또는 냉각수와 열교환용으로 사용 : 지하의 수온은 연중 거의 일정하고, 무궁
  무진하므로 아주 효과가 크다(순환수량의 약 30 %까지 절감 가능하다).

③ 직접 냉방에 활용 : 직접 열교환기에 순환시켜 냉매로 활용 가능하다.

④ 산업용수로 활용

  ㈎ 각종 산업 및 건설현장의 각종 용수로 활용 가능하다.

  ㈏ 정수 처리 후 특정한 용도로 사용 가능하다.

⑤ 농업용수로 활용

  ㈎ 관개용수의 확보를 위해 지표수 개발과 지하수 개발이 같이 검토되어질 수 있으나,
    지표수개발은 막대한 재원과 시간이 필요하다.

  ㈏ 지하수 개발은 단시간에 막대한 양의 농업용수를 확보할 수 있게 한다.

⑥ 식수로 활용

  ㈎ 현재 상수도 보급률이 낮은 농촌이나 어촌 등에서 일부 식수로 활용한다.

  ㈏ 지하수를 본격적으로 식수로 활용하기 위해서는 오염처리 방법 등에 기술개발이 좀
    더 선행되어야 한다.

· **문제풀이 요령**

  지하수도 미활용(미사용)에너지의 일종으로, 우리가 유용하게 활용만 잘 한다면 충분히 자원절약, 에너
지 절약 등에 기여할 수 있다.

PROJECT 31 KNM(Key Number Method)   출제빈도 ★☆☆

> **Q** 건축물의 KNM(Key Number Method)과 에너지 절약요소에 대해서 기술하시오.

(1) 개요

① 우리나라는 에너지의 97 %를 수입에 의존하고 있으며, 단위 GNP 생산 기준 소비 에너지량이 선진국의 3배 정도의 수준으로 에너지 과소비형 국가라 할 수 있다.

② 또한 매년 연평균 3~6 %씩 총 에너지 수요가 증가하고 있어, 전체 에너지 소모의 35 % 이상의 비중을 차지하는 건물의 에너지 절약은 중요한 문제가 아닐 수 없다.

③ 우리가 사용하는 에너지원의 대부분은 화석연료로서 약 30년 후에는 고갈될 것으로 예상되므로 전 세계적으로 에너지 절약의 필요성이 더욱 높아져 가고 있는 추세이다.

④ 또 최근 건물 부분에서 고급 연료의 선호 경향으로 특수 수입에너지의 소비 경향이 폭발적으로 증가한 우리나라의 실정을 볼 때, 에너지 절약에 대한 관심과 노력은 매우 필요하다고 하겠다.

(2) KNM의 정의

① 연간 에너지 소모량을 Data Base화하여 BM(Bench Marking)하기 위해 사용하는 용어이다.

② 1수준에서 3수준까지 분류할 수 있고, 건물끼리의 에너지 소비정도를 비교할 수 있는 정량적 비교방법으로 유용하게 사용되어진다.

(3) 종류

① Level 1 : 건물 전체에 대한 값   ② Level 2 : 각 설비 요소별 값

③ Level 3 : 세부 Parts별(부품별) 값

(4) 건물의 에너지 절약을 위한 대표적 요소

건축적 요소	설비적 요소
① 건물의 재료와 마감 형상 ② 건물의 방위각과 조도 ③ 단열 처리의 정도 ④ 건축물의 주변환경(그늘, 통풍 등) ⑤ 창, 문 등의 개구율	① 제어 및 관리시스템 방식 ② 설비들의 각 효율 ③ 배관, 덕트 등의 손실 값(반송동력) ④ 자연에너지, 미활용 에너지의 사용정도 ⑤ 폐열 회수 방법 ⑥ 조명의 조도 및 ON/OFF 제어 ⑦ VAV제어, 인버터, 축열조, Cool Tube System 등

> • **문제풀이 요령**
> 건물의 연간 에너지 소모량을 절감하기 위해 대표적 건물의 에너지 소모량을 기준점(BM)으로 삼아 비교시키는 방법이다.

PROJECT 32 GB(Green Building)   출제빈도 ★☆☆

Q 건축물의 GB(Green Building ; 친환경 건축물)에 대해서 설명하시오.

(1) GB의 정의

① GB는 인류의 생존과 지구의 환경보존 분야에 기여하는 건축분야의 대안이라고 할 수 있다.

② 3E(Energy, Environment, Ecology)를 기본으로 설계/시공된 건물(친환경적 건물)

(2) GB의 평가분야

건물의 생애주기동안 아래 사항에 대한 총체적 평가

① 에너지 절약적 측면 : 고효율, 에너지 저감, 폐열회수 등

② 환경보전적 측면 : 친환경적 건축재료, 자원절약, 재활용, 공해저감, 해체 용이성, 생태계 보전성 등에 관한 총체적인 평가

(3) 국내 녹색건축 인증에 관한 규칙 : 국내에서는 이 규칙이 GB를 대신한다.

① 이 규칙은 녹색건축 인증대상, 건축물의 종류, 인증기준 및 인증절차, 인증유효기간, 수수료, 인증기관 및 운영기관의 지정 기준, 지정 절차 및 업무범위 등에 관한 사항과 그 시행에 필요한 사항을 규정함을 목적으로 한다.

② 해당 부처의 장관은 녹색건축센터로 지정된 기관 중에서 운영기관을 지정하여 관보에 고시하여야 한다.

③ 인증의 전문 분야 및 세부 분야

전문 분야	해당 세부 분야
토지이용 및 교통	단지계획, 교통계획, 교통공학, 건축계획, 도시계획
에너지 및 환경오염	에너지, 전기공학, 건축환경, 건축설비, 대기환경, 폐기물처리, 기계공학
재료 및 자원	건축시공 및 재료, 재료공학, 자원공학, 건축구조
물순환 관리	수질환경, 수환경, 수공학, 건축환경, 건축설비
유지 관리	건축계획, 건설관리, 건축시공 및 재료, 건축설비
생태환경	건축계획, 생태건축, 조경, 생물학
실내환경	온열환경, 소음진동, 빛환경, 실내공기환경, 건축계획, 건축설비, 건축환경

④ 인증기준

㈎ 인증등급은 신축 및 기존 건축물에 대하여 최우수(그린1등급), 우수(그린2등급), 우량(그린3등급) 또는 일반(그린4등급)으로 한다.

㈏ 7개 전문 분야의 인증기준 및 인증등급별 산출기준에 따라 취득한 종합점수 결과를 토대로 부여한다.

⑤ 인증심사 세부기준 : "녹색건축 인증기준 운영세칙" 참조

☞. 법규 관련 사항은 국가정책상 필요 시 항상 변경 가능성이 있으므로, 필요 시 재확인 바랍니다.

PROJECT 33 공조시스템의 소음전달 방법   출제빈도 ★☆☆

Q 공조시스템에서 소음 및 진동의 전달 방법과 방지대책을 설명하시오.

(1) 공기 전달 (Air-Borne Noise)

① 벽체를 투과하여 전달되는 소음을 말한다.

② 공기를 통해 직접 전파되는 소음으로 이중벽, 이중문, 차음재, 흡음재 등으로 저감 가능

(2) 고체 전달 (Structure-Borne Noise)

① 고체 구조물을 타고 전파되는 소음을 말한다.

② 장비 연결배관, 건축 구조물, 기타 진동원과의 연결 구조물을 타고 전달되는 소음으로 뜬바닥 구조, 방진재 등으로 저감 가능

(3) 덕트 전달 (Duct-Borne Noise)

① 기계실의 기기, 덕트 설비 등으로부터 덕트 내 Air Flow를 타고 실내로 취출되는 소음을 말한다.

② 덕트 관로상에 소음기, 소음 체임버 등을 설치하여 덕트 내 전달 소음을 감소 가능하다.

(4) 공진

① 진동계가 그 고유진동수와 같은 진동수를 가진 외력(外力)을 주기적으로 받아 진폭이 뚜렷하게 증가하는 현상

② 기계실의 기기, 송풍기, 펌프 등의 진원에 의해 공진 발생으로 소음 및 진동이 실내로 전파될 수 있다.

③ 이 때는 소음 및 진폭이 크게 증폭되어 여러 경로(공기전달, 고체전달, 덕트 전달 등)를 통해 한꺼번에 전달되는 것이 특징이다.

(5) 소음 및 진동 방지 대책

① 건축계획시 고려사항

㈎ 기계실 : 기계실 이격, 기계실 내벽의 중량벽 구조, 흡음재(Glass wool+석고보드) 설치 등

㈏ 거실 인접시 이중벽 구조, 바닥 Floating Slab 구조 처리 등

㈐ 덕트계통은 저속 덕트로 하고, 풍속관리, 소음기 설치, 방진 행어, 와류방지 등을 적절히 하여 소음, 진동을 방지한다.

㈑ 공조 취출구 : 흡음 취출구, VAV기구 등을 설치하거나, 풍속이 지나치게 높지 않도

록 관리한다.

② 설비계획시 고려사항

  ㈎ 각설비 공통사항

    ㉮ 저소음형 기기 선정 및 소음기 설치

    ㉯ PAD, 방진가대 등 설치

    ㉰ 진동전달 우려되는 곳은 플렉시블이음을 해준다.

  ㈏ 열원설비

    ㉮ 건물의 대형화에 따른 설비의 대형화로 열원기기의 장비용량이 지나치게 커지면 소음·진동도 함께 커질 수 있으므로 주의가 요구된다.

    ㉯ 이 경우 대수제어가 가능하도록 설비의 용량을 지나치게 크게 하지말고, 각 설비를 적은 용량 여러 대로 계획하는 것도 좋겠다 (보일러, 냉동기, 냉각탑 등).

  ㈐ 반송설비

    ㉮ 수배관 및 펌프는 캐비테이션, 수격작용 등에 주의 필요하며, 이 경우 수격방지기, 감압밸브, 팽창탱크, 에어벤트 등을 적절히 설치한다. 또 적정한 유속이 될 수 있도록 하고, 특히 과도한 유속이나 유속의 급격한 변화는 반드시 피한다.

    ㉯ 증기배관계통은 스팀해머 현상이 없도록 단열작업, 주관 30 m 마다 증기트랩 설치, 신축이음 등을 잘 시공하여야 한다.

    ㉰ 송풍기는 서징 (Surging) 현상이 없도록 특히 주의를 요하고 덕트와의 연결부에는 캔버스이음 등을 고려한다.

• 문제풀이 요령

  공조시스템의 소음전달 방법(계통)은 크게 고체 전달음, 공기 전달음, 덕트 전달음, 공진 등으로 대별될 수 있으며, 특히 공진은 일반 소음 및 진동보다 크게 증폭되어 여러 경로로 동시에 전달되므로 많은 주의를 요한다.

PROJECT 34 방습재

Q 공조 및 설비분야에 사용되는 방습재의 종류와 선정시 주의사항에 대해서 설명하시오.

(1) 방습재의 종류

① 냉시공법 재료 : 염화비닐 테이프, PE(폴리에틸렌) 테이프, 알미늄박, 아스팔트 펠트, 기타 고분자 물질

② 열시공법 재료 : 아스팔트 가열, 용융, 도포 등

(2) 방습재 선정 시 주의사항

① 사양, 물성 등이 용도에 맞는지 확인

② 규격재료, 규격품 사용 여부

③ 수분, 이물질 등의 침투 없을 것

④ 방습재 표면이 찢어지거나, 하자가 없어야 한다.

⑤ 시방서에 명시된 방습재의 품질 기준을 만족하는지 확인 필요하다.

(3) 시공 사례

① 콘크리트 바닥의 단열·방습 공사 : 슬래브 바탕면을 깨끗이 청소한 다음 방습 필름을 깐 후, 그 위에 단열재를 틈새없이 깔고, 다시 그 위에 누름콘크리트 등을 타설한다.

② 마루 바닥의 단열·방습 공사 : 단열재 위에 방습 필름을 설치하고 마루판 등을 깔아 마감한다.

③ 벽돌조 중공벽체의 단열·방습 공사 : 단열재는 내측 벽체에 밀착시켜 설치하되, 단열재의 내측면에 방습층을 설치하고, 단열재와 외측벽체 사이에는 쇄기용 단열재를 약 600 mm 간격으로 설치하여 단열재 및 방습층이 움직이지 않도록 밀착시켜 주는 것이 좋다.

④ 벽체 내벽면의 단열·방습 공사 : 바탕벽에 목공사에 따라 띠장을 소정의 간격으로 설치하되, 방습층은 바탕면에 미리 설치해 두어야 한다. 그 다음 단열재를 재단하여 띠장 내부에 꼭 맞게 끼운 후, 마감재를 부착한다.

⑤ 방습재 부착위치 기준 : 내부결로가 방지되고, 방습재가 구조적으로 보호될 것

•문제풀이 요령

방습재는 단열재와 더불어 동시에 시공되는 경우가 대부분이며, 내부결로 방지, 방습재의 구조적 보호, 결함 등으로 인한 하자 방지 등이 중요하다.

PROJECT 35 기계실(냉동기, 보일러 등)의 위치 　출제빈도 ★☆☆

Q 기계실(냉동기, 보일러 등)을 지하층에 설치할 경우와 최상층에 설치할 경우 각각의 위치별 장점에 대해서 설명하시오.

(1) 개요
① 기계실은 건물의 인테리어상 상당히 중요하게 고려되어져야 함에도 불구하고, 건물의 겉멋에 치중하다 보면, 적절하지 못한 장소로 위치 선정되는 경우가 많다.
② 기계실이 밀폐된 구석 자리에 선정되면 통풍이 안되어 시스템의 효율이 떨어지거나 화재, 폭발 등의 불의의 사고시 그 위험성이 증가된다.
③ 또, 냉동기 및 보일러 등을 효율적으로 사용할 수 없게 되고, 장기적으로는 수명을 떨어뜨리고, 결국은 경제적 손실이 가중될 수 있다.
④ 또, 기계실은 소음과 진동에 대한 처리를 잘하여 거주지역으로 소음이나 진동이 전파되지 않는 것이 민원 발생 방지를 위해 무엇보다 중요하다.

(2) 기계실의 위치와 수압과의 관계
① 건물이 고층화 될수록 열원기기나 공조기기들이 수압에 많은 영향을 받으므로, 기계실 위치에 유의해야 한다.
② 이 경우 수압문제를 해결하기 위해 아래의 방법이 고려될 수 있다.
　㉮ 모든 설비기기 및 배관류를 내압성이 있는 것으로 선정
　㉯ 중간층에 열교환기를 설치하여 배관을 구분하는 방법
　㉰ 기계실의 분산 : 기계실을 지하층, 중간층, 최상층 등 여러 곳으로 분산 설치
③ 기기에 걸리는 수압이 1MPa (수두압으로 약 100 m)를 넘지 않도록 하는 것이 경제적이다.

(3) 기계실의 위치별 장점 비교

기계실이 지하층에 설치된 경우	기계실이 최상층에 설치된 경우
1. 중량물에 대한 안정성 있음 2. 소음 및 진동이 적다. 3. 기기 반입이 비교적 쉬움 4. 온수 등 순환력이 증가 5. 굴뚝효과로 연기 방출 등이 쉬움	1. 화재시 피해를 최소화 할 수 있음 2. 기계실 내 공기의 질이 우수 3. 오염공기 실내 유입이 적음 4. 기기와 냉각탑 간의 거리가 가까워 수배관 등의 내압강도를 줄일 수 있음

　🈳 고층건물 혹은 초고층 건물에서는 기계실이 중간층에 나누어 배치되는 경우도 많으며, 이 경우는 기계실이 지하층에 배치될 경우와 최상층에 배치될 경우의 중간 특성을 가진다.

・문제풀이 요령
　① 기계실을 최상층에 설치하는 것은 중량물에 대한 안전성, 반입문제 등만 해결한다면 좋은 방법이 될 수도 있다 (방재, 공기의 질, 냉각탑과의 짧은 거리 등 장점 많음)
　② 요즘 각 장비에 대한 통합적인 중앙제어가 용이해져, 기계실을 필요에 따라 몇 개의 층에 분산하여 설치하는 것도 또다른 대안이 될 수 있다.

PROJECT **36** 아트리움의 냉방 및 난방 대책 출제빈도 ★★☆

Q 아트리움을 로비 등으로 활용할 경우 에너지 절약형 냉방 및 난방 대책은?

(1) 개요

① 아트리움(Atrium)은 층고가 높고 벽면의 면적이 커서 일종의 대공간 건물 공조와 유사한 공조방식이 유용하다.

② 온도의 성층화(Stratification)에 대한 특별한 대책이 필요하고, Cold Draft를 방지하기 위한 대책도 중요하게 검토되어져야 한다.

③ 기타 연돌효과로 인한 에너지 손실을 방지하기 위해 방풍실, 회전문, 2중문, 에어커튼, 실내 가압 등의 장치를 중요하게 고려하여야 한다.

④ 무엇보다 아트리움은 에너지 과소비형 공간이므로(외피 면적 크고, 층고 높음) 여러 가지 에너지 절약 방안(전열교환기, 거주역 공조, 국소 환기, 국소냉·난방 등)이 강구되어져야 한다.

(2) 아트리움의 냉방 및 난방 전략

냉 방 전 략	난 방 전 략
거주지역 부분 공조(바닥취출, 저속치환 공조, 횡형 취출 등 이용)	거주지역 부분 공조(횡형 취출, 복사난방 등 이용)
상부는 외기냉방(설정온도 높아도 됨)	상부 공기는 급기의 플래넘으로 활용
일사 차폐장치	자연 태양열 이용
전열교환기 혹은 현열교환기 설치	전열교환기 혹은 현열교환기 설치
외기 냉수냉방	히트펌프 적용 적극 검토
연돌효과 방지(방풍실, 회전문 등)	연돌효과 방지 (방풍실, 회전문, 바닥취출 등)
Cold Draft 방지(FCU 설치 등)	Cold Draft 방지(컨벡터, FCU 설치 등)

• 문제풀이 요령

아트리움은 천장이 높은 대공간 건물의 일종이므로 연돌효과 방지, 거주역 공조, Cold Draft 방지 등이 핵심 이슈이다.

PROJECT 37 표준기상년   출제빈도 ★☆☆

 표준기상년(Typical Meteorological Year)에 대해서 설명하시오.

(1) 표준기상년의 정의

① 정적 및 동적 열부하 계산을 위한 외계의 1년간의 기상 데이터
② 보통 각 지역별 과거 10년간의 평균 Data를 사용

(2) 표준기상년의 활용방법

① 기상청으로부터 구입된 광범위한 기상자료를 일괄적으로 처리하여, 우리나라 각 지역의 표준기상년을 쉽게 작성할 수 있도록 '소프트웨어 엔진'이 많이 개발·보급되고 있는 중이다.
② 이렇게 계산된 표준기상년을 Data Base화하여 공조설비의 기간부하계산, 외부조도 및 천공휘도 분포 계산(건물의 자연채광 설계 시) 등에 유용하게 활용할 수 있다.
③ 표준기상년은 DOE-2, HASP, ACLD 등을 통한 공조부하의 기간에너지(소비전력) 계산 시(Simulation) 유용한 입력변수가 될 수 있다.

(3) 표준기상년의 7가지 제공 Data

건구온도, 절대습도, 풍속, 풍향, 수평 일사량, 법선 일사량, 운량

(4) 응용

① 정적 열부하 계산 및 동적 열부하 계산시에 기준이 되는 데이터로 사용된다.
② 실질적으로 일사량, 운량(구름의 양) 등은 정확한 예측이 곤란하여 부하계산 시 정확도 확보에 주의를 요한다.
③ 지구 기후환경이 점차 악화되고, 이상 기후 현상이 많아져 기상통계, 표준 기상년 계산 등에 있어서도 보다 더 체계적인 기술개발이 필요해지고 있다.

· 문제풀이 요령

표준 기상년은 한 지역의 과거 10년 동안의 날씨의 1년 평균치를 말하는 것으로, 소프트웨어 엔진을 통하여 정밀계산 후 공조 및 기타 산업분야에 유용하게 사용될 수 있다.

PROJECT **38** Home Automation System　　출제빈도 ★☆☆

Q HA(Home Automation) 혹은 HAS(Home Automation System)에 대해 설명하시오.

(1) 개요

① 홈 오토메이션(HA)은 가정이나 사무실내에 사용되어지는 전자·전기제품(Home Application)을 사용의 편의성을 위하여 통합제어 및 원격제어하는 시스템을 말한다.

② 좀 더 편하고자 하는 인간의 욕망이 유비쿼터스(Ubiquitous)를 향해 기술발전이 급속히 진보되도록 재촉하고 있다.

(2) 대체적 분류

① 통신기능(Communication) : 자동응답, 단축다이얼 등

② 방범 방재기능(Security) : 자동 경보, 자동 통보, 원격 감시 등

③ 원격제어기능(Telephone-control) : 외부에서 전화, 핸드폰 등으로 가전 기기 조정 등

④ 방문객 영상 확인기능(Video phone) : 방문객 영상 확인후 출입문 개방

(3) 향후 전망

① 발전적 적용 가능한 Home Automation : Home Networking, Home Entertainment, Home Security 등

② 기능 다변화 HBS(Home Bus System) : 가정용 구내 정보 통신망(LAN)의 도입 표준화, 가전제품 HA화 및 공용화가 필요하다.

③ 유비쿼터스(Ubiquitous) : 시간과 장소에 상관없이 자유롭게 네트워크에 접속할 수 있는 정보통신 환경("Any Where, Any Time")

④ IOT (Inter of Things) : 인간과 사물과 서비스의 환경요소가 인터넷망을 통해 상호적인 협력을 하고, 지능적 소통 및 관계를 유지하는 것을 말한다.

• 문제풀이 요령

　향후 HA는 Home Networking, Home Entertainment, Home Security, Ubiquitous, IOT 등으로 급속히 발전될 전망이다.

PROJECT 39 중부지역의 열관류율 출제빈도 ★☆☆

Q 중부지역의 열관류율의 기준은 어떻습니까?

(1) 개요

① '건축물의 에너지절약 설계기준'에 의하여 건축물을 건축하는 경우에는 각 지역별 열관류율 혹은 단열재 두께를 지켜 건축함으로써, 에너지 이용 합리화 관련 조치를 하여야한다.

② 중부1지역 : 강원도(고성, 속초, 양양, 강릉, 동해, 삼척 제외), 경기도(연천, 포천, 가평, 남양주, 의정부, 양주, 동두천, 파주), 충청북도(제천), 경상북도(봉화, 청송)

③ 중부2지역 : 서울특별시, 대전광역시, 세종특별자치시, 인천광역시, 강원도(고성, 속초, 양양, 강릉, 동해, 삼척), 경기도(연천, 포천, 가평, 남양주, 의정부, 양주, 동두천, 파주 제외), 충청북도(제천 제외), 충청남도, 경상북도(봉화, 청송, 울진, 영덕, 포항, 경주, 청도, 경산 제외), 전라북도, 경상남도(거창, 함양)

(2) 각 지역별 열관류율 기준 (건축물의 에너지절약 설계기준)

(단위 : $W/m^2 \cdot K$)

건축물의 부위		지역	중부1지역 [1]	중부2지역 [2]	남부지역 [3]	제주도
거실의 외벽	외기에 직접 면하는 경우	공동주택	0.150 이하	0.170 이하	0.220 이하	0.290 이하
		공동주택 외	0.170 이하	0.240 이하	0.320 이하	0.410 이하
	외기에 간접 면하는 경우	공동주택	0.210 이하	0.240 이하	0.310 이하	0.410 이하
		공동주택 외	0.240 이하	0.340 이하	0.450 이하	0.560 이하
최상층에 있는 거실의 반자 또는 지붕	외기에 직접 면하는 경우		0.150 이하		0.180 이하	0.250 이하
	외기에 간접 면하는 경우		0.210 이하		0.260 이하	0.350 이하
최하층에 있는 거실의 바닥	외기에 직접 면하는 경우	바닥난방인 경우	0.150 이하	0.170 이하	0.220 이하	0.290 이하
		바닥난방이 아닌 경우	0.170 이하	0.200 이하	0.250 이하	0.330 이하
	외기에 간접 면하는 경우	바닥난방인 경우	0.210 이하	0.240 이하	0.310 이하	0.410 이하
		바닥난방이 아닌 경우	0.240 이하	0.290 이하	0.350 이하	0.470 이하
바닥난방인 층간바닥			0.810 이하			
창 및 문	외기에 직접 면하는 경우	공동주택	0.900 이하	1.000 이하	1.200 이하	1.600 이하
		공동주택 외 창	1.300 이하	1.500 이하	1.800 이하	2.200 이하
		공동주택 외 문	1.500 이하			
	외기에 간접 면하는 경우	공동주택	1.300 이하	1.500 이하	1.700 이하	2.000 이하
		공동주택 외 창	1.600 이하	1.900 이하	2.200 이하	2.800 이하
		공동주택 외 문	1.900 이하			
공동주택 세대현관문 및 방화문	외기에 직접 면하는 경우 및 거실 내 방화문		1.400 이하			
	외기에 간접 면하는 경우		1.800 이하			

비고
1) 중부1지역 : 강원도(고성, 속초, 양양, 강릉, 동해, 삼척 제외), 경기도(연천, 포천, 가평, 남양주, 의정부, 양주, 동두천, 파주), 충청북도(제천), 경상북도(봉화, 청송)
2) 중부2지역 : 서울특별시, 대전광역시, 세종특별자치시, 인천광역시, 강원도(고성, 속초, 양양, 강릉, 동해, 삼척), 경기도(연천, 포천, 가평, 남양주, 의정부, 양주, 동두천, 파주 제외), 충청북도(제천 제외), 충청남도, 경상북도(봉화, 청송, 울진, 영덕, 포항, 경주, 청도, 경산 제외), 전라북도, 경상남도(거창, 함양)
3) 남부지역 : 부산광역시, 대구광역시, 울산광역시, 광주광역시, 전라남도, 경상북도(울진, 영덕, 포항, 경주, 청도, 경산), 경상남도(거창, 함양 제외)

(3) 평가

① 열관류율이 높을수록 여름철 외부에서 건물 내부로 침투하는 열량이 많아지며, 겨울철에는 건물 내부에서 외부로 빠져나가는 열량이 많아진다.

② 이론적으로는 열관류율이 낮을수록 좋으나, 그렇게 하려면 단열재의 두께를 크게 하거나 재질을 고급재질로 강화해야 한다. 이는 건축물의 초기 투자비에 미치는 영향이 크다.

③ 단열재 사용시 상기 건축법상 규제내용 및 경제성 평가(LCC)를 잘 실시하며, 최적의 단열재를 선정할 수 있어야 한다.

☞. 법규 관련 사항은 국가정책상 필요 시 항상 변경 가능성이 있으므로, 필요 시 재확인 바랍니다.

PROJECT 40 **태양굴뚝**   출제빈도 ★☆☆

Q 태양굴뚝(Solar Chimney)에 대해서 설명하시오.

(1) 발전용 태양굴뚝

① 태양열로 인공바람을 만들어 전기를 생산하는 방식이다.

② 마치 가마솥 뚜껑 형태로, 탑의 아랫쪽에 대형 온실을 만들어 공기를 가열시킴.

③ 중앙에 약 500m ~ 1000m 내외의 탑을 세우고 발전기를 설치함

④ 하부의 온실에서 데워진 공기가 길목(중앙의 탑)을 빠져나감으로써 발전용 팬을 회전시켜 발전 가능 (초속 약 15m/s 이상의 강풍 확보 가능)

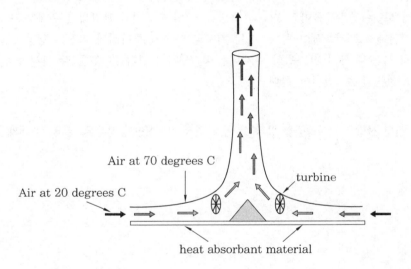

(2) 건물의 자연환기 유도용 태양굴뚝

① 다양한 건축물에서 자연환기를 유도하기 위해서 '솔라침니'를 도입할 수 있다.

② 태양열에 의해 굴뚝 내부의 공기가 가열되게 되면 가열된 공기가 상승하여 건물 내 자연환기가 자연스럽게 유도되어질 수 있다.

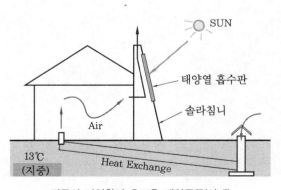

건물의 자연환기 유도용 태양굴뚝(사례)

PROJECT **41** AD(Air Duct), PD(Pipe Duct)   출제빈도 ★☆☆

Q 공조분야에 사용되는 AD(Air Duct), PD(Pipe Duct)의 설계 시 및 시공 시 고려사항은?

(1) 개요

① 에어 덕트는 중앙공조기, 패키지형 공조기 등에서 급·배기 덕트가 통과하는 통로이며, 파이프 덕트는 공조용 배관, 급·배수배관, 오수배관 등이 지나가는 통로이다.

② 에어 덕트, 파이프 덕트 공간은 보통 건축의 유효 면적에서는 제외되며, 서비스성, 외관, 설비관리 등의 측면이 고려되어지는 공간이다.

(2) AD 및 PD 설계·시공 시 고려사항

설계 시	시공 시
최단거리로 설치, 굴곡부위 최소화	AD, PD 먼저 시공 후 주벽(샤프트) 시공하여 샤프트 면적이 절약될 수 있게 함
AD 및 PD간 서로 간섭 금지, 보 및 기둥과 간섭 금지	주벽은 분해 가능 구조로 하여 서비스성 향상, 점검구 마련, 파이프 보온 철저
수리/점검 용이하게 할 것(서비스성)	Unit화 단위 시공이 효율적임
누수 발생시 거주역에 영향 없게 할 것	문자, 화살표 등 표기
건축구조, 전기설비, 소방설비 등과 조화	유수 소음 방지
상부에 보가 통과하거나 장애물이 있는 곳은 피한다 (아래 그림 참조).	

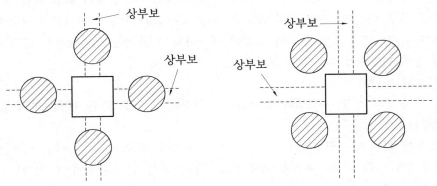

AD, PD 설치 지양구간 (빗금친 영역)   AD, PD 설치 권장구간 (빗금친 영역)

· 문제풀이 요령

AD 및 PD는 건축물에서 공기, 물, 냉매 등이 이동하는 통로이므로 유수소음 방지, 물 등에 의한 피해 최소화 설계, 서비스성, 관리의 용이성 등이 중요하다.

PROJECT 42 **윗목/아랫목** 출제빈도 ★☆☆

Q 복사난방의 바닥코일 배치방법 중 윗목·아랫목 개념에 대해 설명하시오.

(1) 장점
① 사용 공간·비사용 공간을 각기 구분하여 난방을 적용하므로 에너지 절약적인 방법임
② 난방부분에서의 개별공조(필요부분만 공조)를 실현하여 사용의 편의성을 추구하는 방법이다.

(2) 단점
① 타 공조방식 대비 Lay-out 변경이 제한적임(보통 TASK/AMBIENT 공조는 Lay-Out 변경이 용이함)
② 바닥의 각 부분별 온도차에 의하여 바닥균열, 결로 등의 우려가 있다.

(3) 기타 윗목·아랫목 코일 도입상의 주의점
① 바닥 온도의 불균일로 활동의 자유도가 감소할 수 있다.
② 일종의 바닥 복사난방의 거주역·비거주역 공조라고 할 수 있다(국소 복사난방의 개념).

(4) 응용
① 윗목·아랫목 공조는 거주역·비거주역(Task·Ambient)공조의 난방부분에서의 대응 방안 중 하나이다(거주역 위주의 복사난방 실현하여 에너지 절감 가능).
② 기존의 온돌난방은 침대, 가구, 소파 등이 있는 자리까지 난방이 되고 있어 비효율적인 난방이 될 뿐 아니라, 가구 등의 뒤틀림, 손상 등을 초래하였다. 이러한 문제를 해결하기 위하여 아랫목에는 코일 간격을 촘촘히 배치하고, 윗목에는 코일간격을 넓게 배치하는 방식 등이 개발되어 적용되어지고 있다.
③ 차등 난방 시스템
　㉮ 기존의 균등 난방 시스템과 달리 윗목·아랫목의 공급배관을 이원화하여 별도 제어해주는 방식이다.
　㉯ 필요에 따라서는 윗목·아랫목을 서로 바꿀 수도 있으며, 심지어는 균등난방까지도 가능해진다(즉, 윗목·아랫목 각각의 원하는 온도를 언제든 맞출 수 있다).

·문제풀이 요령
　윗목·아랫목 개념은 복사난방에 적용되는 일종의 에너지 절약적 거주역·비거주역 공조이다(단, 바닥 균열, 결로 등 주의).

PROJECT 43 합성소음 레벨 　　　　　　　　　　　　출제빈도 ★☆☆

Q 디퓨저를 4개 설치(각 디퓨저의 소음은 40 dB)하여 소음 측정의 경우 '합성 소음 레벨'은 얼마인가?

(1) 개요

① ISO9610에서 제안하고 있는 환경소음 산정식이 있지만, 이것은 기하학적 확산, 공기흡음, 지면반사 및 흡음, 구조물 등의 표면반사, 회절현상에 의한 차음, 기상, 건물 등의 요소에 의한 소음 감쇠효과를 반영하도록 하고 있다.

② 이 수식을 현장에 적용할 경우, 비전문가들인 현장기술자들이 사용에 어려움을 겪을 수 있어 다소 비현실적이다.

③ '중앙환경 분쟁 조정 위원회'에서 사용하고 있는 식(대표합성소음 방식, 거리감쇠적용 방식)을 이용하면 비교적 간단하고 실용적으로 합성소음을 계산해 낼 수 있다.

(2) 합성소음 계산 방식

① 대표 합성소음 방식

㈎ 개별 음원을 합성하여 다수의 음원을 대표하는 합성소음을 만드는 방식이다.

㈏ 전체 기계의 합성소음 $= SPL_o = 10 \log \left(10^{\frac{L_1}{10}} + 10^{\frac{L_2}{10}} + \cdots + 10^{\frac{L_n}{10}} \right)$

　　여기서 $L_1, L_2, \cdots, L_n$; 각 기계의 기준소음(보통 7.5 m 혹은 15 m 기준)

② 거리 감쇠 적용 방식

㈎ 수음점에서의 합성소음을 계산하기 위해 거리감쇠를 적용하는 수식이다.

㈏ 수음점에서의 합성소음 $SPL = SPL_o - 20 \log \dfrac{r}{r_0}$

　　단, 여기서 r : 소음을 구하는 점 ~ 음원의 거리
　　　　　　　r_0 : 소음 측정점 ~ 음원의 거리
　　　　　　　SPL_o : 측정 소음

(3) 디퓨저 4개(각 40 dB)의 합성소음 계산

대표합성소음 방식의 합성 레벨 공식에 의거 아래와 같이 계산할 수 있다.

$$합성 소음레벨\,(L) = 10 \log \left(10^{\frac{40}{10}} + 10^{\frac{40}{10}} + 10^{\frac{40}{10}} + 10^{\frac{40}{10}} \right) = 46\,\mathrm{dB}$$

• **문제풀이 요령**

일반적으로 합성소음을 계산하는 방식은 '중앙환경 분쟁 조정 위원회'에서 권고하는 대표 합성소음 방식인 $SPL_o = 10 \log \left(10^{\frac{L_1}{10}} + 10^{\frac{L_2}{10}} + \cdots + 10^{\frac{L_n}{10}} \right)$ 을 이용하여 계산한다 ('거리감쇠 적용방식' 도 같이 알아 둘 것).

PROJECT **44** **용어 해설**(빙축열 관련)　　　　　　　출제빈도 ★★☆

Q 빙축열 시스템에 사용되는 다음의 용어에 대해 설명하시오.
(1) IPF　　　　　　　(2) 축열효율　　　　　　　(3) 축열률

---

(1) IPF(Ice Packing Factor ; 제빙효율, 빙충진율, 얼음 충전율)

① 계산식

$$IPF = \frac{빙중량}{수중량} \times 100\%$$

혹은, $IPF = \dfrac{빙체적}{축랭재\ 충전체적} \times 100\%$

② IPF가 크면 동일 공급수 기준 '축열열량'이 크다.

(2) 축열효율

① 계산식

$$축열효율 = \frac{방열량}{축열량} \times 100\%$$

② 축열효율이 크면 동일 축열량 기준 '해빙열량'이 크다.

③ 축열된 열량 중에서 얼마나 손실없이 방열을 이루어질 수 있는지(변환손실이 얼마나 적은지)를 가늠하는 척도이다.

(3) 축열률

① 1일 냉방부하량에 대한 축열조에 축열된 얼음의 냉방부하 담당비율

② 축열률에 따라 빙축열시스템을 '전부하 축열방식'과 '부분부하 축열방식'으로 나눌 수 있다.

③ 계산 : "축열률"이라 함은 통계적으로 최대냉방부하를 갖는 날을 기준으로 기타 시간에 필요한 냉방열량 중에서 이용이 가능한 냉열량이 차지하는 비율을 말하며 아래와 같은 백분율(%)로 표시한다.

$$축열률 = \frac{이용\ 가능한\ 냉열량}{심야시간\ 이외의\ 시간에\ 필요한\ 냉방열량}$$

[칼럼] 여기서, "이용이 가능한 냉열량"이라 함은 축열조에 저장된 냉열량 중에서 열손실 등을 차감하고 실제로 냉방에 이용할 수 있는 열량을 말한다.

•문제풀이 요령

　이 부분에서는 IPF라는 용어가 가장 많이 출제되는데, IPF는 빙축열 시스템에서 공급수의 결빙량(잠열량)을 나타내는 지표이다.

PROJECT 45 정풍량 특성　　　　　출제빈도 ★☆☆

Q 'VAV 유닛'의 정풍량 특성에 대해서 설명하시오.

(1) 정풍량 특성의 정의

　　풍량을 가변할 수 있는 VAV 유닛 혹은 CAV 시스템에서 풍속센서, 풍량 조절기 등을 설치하여 정압의 일정한도 내에서 변하더라도 풍량을 동일하게 자동 조절해 주는 특성을 말함

(2) 그림

　　아래 그림에서 정압이 일정한도(a~b) 내에서 변할 때 풍량은 같음

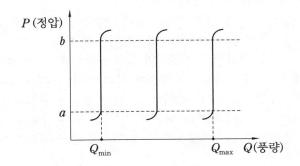

(3) 응용

　① 교축형 VAV(Pressure Independent Type)
　　㈎ 실내 부하 변동에 따라 1차 동작부를 조절
　　㈏ 1차 덕트 내의 압력 변동을 2차 동작부(스프링 장치)에서 흡수하여 정풍량 유지
　　㈐ 상기와 같이 각각 독립적인 1차 동작부와 2차 동작부를 가지고 있으며, 1개의 온도감지기로 여러 개의 Unit을 동시에 제어할 수 있다.
　② 댐퍼식
　　㈎ 풍속센서에 의한 동압의 출력으로 '정풍량제어기' 작동시킴
　　㈏ 정풍량제어기는 제어모터를 내장하고 있어 댐퍼의 개도를 조절하여 정풍량 제어를 행한다.
　③ 기타의 방식 : 벨로스 타입, 공기식 풍속 센서 이용방식, 전기식 풍속센서 이용방식 등

・**문제풀이 요령**

　　정압이 일정한도 내에서 변할 시 이를 흡수하여 동일량의 안정된 풍량을 유지시키는 방법이 정풍량 특성이다.

PROJECT 46 공동주택 기계환기설비의 설치기준   출제빈도 ★☆☆

Q 건축물의 설비 기준 등에 관한 규칙에 따라 공동주택 기계환기설비의 설치기준에 대하여 기재 하시오.

(1) 개요

'건축물의 설비 기준 등에 관한규칙' 제11조 제3항 관련 신축공동주택등의 환기횟수를 확보하기 위하여 설치되는 기계환기설비의 설계·시공 및 성능평가방법은 다음 각 호의 기준에 적합하여야 한다.

(2) 기계환기설비 설치기준

① 기계환기설비의 환기기준은 시간당 실내공기 교환횟수(환기설비에 의한 최종 공기흡입구에서 세대의 실내로 공급되는 공기량의 합인 총 체적 풍량을 실내 총 체적으로 나눈 환기횟수를 말한다)로 표시하여야 한다.

② 하나의 기계환기설비로 세대 내 2 이상의 실에 바깥공기를 공급할 경우의 필요 환기량은 각 실에 필요한 환기량의 합계 이상이 되도록 하여야 한다.

③ 세대의 환기량 조절을 위하여 환기설비의 정격풍량을 최소·적정·최대의 3단계 또는 그 이상으로 조절할 수 있는 체계를 갖추어야 하고, 적정 단계의 필요 환기량은 신축공동주택 등의 세대를 시간당 0.5회로 환기할 수 있는 풍량을 확보하여야 한다.

④ 공기공급체계 또는 공기배출체계는 부분적 손실 등 모든 압력 손실의 합계를 고려하여 계산한 공기공급능력 또는 공기배출능력이 제11조 제1항의 환기기준을 확보할 수 있도록 하여야 한다.

⑤ 기계환기설비는 신축공동주택 등의 모든 세대가 제11조 제1항의 규정에 의한 환기횟수를 만족시킬 수 있도록 24시간 가동할 수 있어야 한다.

⑥ 기계환기설비의 각 부분의 재료는 충분한 내구성 및 강도를 유지하여 작동되는 동안 구조 및 성능에 변형이 없도록 하여야 한다.

⑦ 기계환기설비는 다음 각 목의 어느 하나에 해당되는 체계를 갖추어야 한다.

　가. 바깥공기를 공급하는 송풍기와 실내공기를 배출하는 송풍기가 결합된 환기체계

　나. 바깥공기를 공급하는 송풍기와 실내공기가 배출되는 배기구가 결합된 환기체계

　다. 바깥공기가 도입되는 공기흡입구와 실내공기를 배출하는 송풍기가 결합된 환기체계

⑧ 바깥공기를 공급하는 공기공급체계 또는 바깥공기가 도입되는 공기흡입구는 다음 각 목의 요건을 모두 갖춘 공기여과기 또는 집진기 등을 갖춰야 한다. 다만, 제7호 다목에 따른 환기체계를 갖춘 경우에는 별표 1의4 제5호를 따른다.

　가. 입자형·가스형 오염물질을 제거 또는 여과하는 성능이 일정 수준 이상일 것

　나. 여과장치 등의 청소 및 교환 등 유지관리가 쉬운 구조일 것

　다. 공기여과기의 경우 한국산업표준(KS B 6141)에 따른 입자 포집률이 계수법으로 측정하여 60퍼센트 이상일 것

⑨ 기계환기설비를 구성하는 설비·기기·장치 및 제품 등의 효율 및 성능 등을 판정함에

있어 이 규칙에서 정하지 아니한 사항에 대하여는 해당 항목에 대한 한국산업규격에 적합하여야 한다.

⑩ 기계환기설비는 환기의 효율을 극대화할 수 있는 위치에 설치하여야 하고, 바깥공기의 변동에 의한 영향을 최소화할 수 있도록 공기흡입구 또는 배기구 등에 완충장치 또는 석쇠형 철망 등을 설치하여야 한다.

⑪ 기계환기설비는 주방 가스대 위의 공기배출장치, 화장실의 공기배출 송풍기 등 급속 환기 설비와 함께 설치할 수 있다.

⑫ 공기흡입구 및 배기구와 공기공급체계 및 공기배출체계는 기계환기설비를 지속적으로 작동시키는 경우에도 대상 공간의 사용에 지장을 주지 아니하는 위치에 설치되어야 한다.

⑬ 기계환기설비에서 발생하는 소음의 측정은 한국산업규격(KS B 6361)에 따르는 것을 원칙으로 한다. 측정위치는 대표길이 1미터(수직 또는 수평 하단)에서 측정하여 소음이 40dB이하가 되어야 하며, 암소음(측정대상인 소음 외에 주변에 존재하는 소음을 말한다)은 보정하여야 한다. 다만, 환기설비 본체(소음원)가 거주공간 외부에 설치될 경우에는 대표길이 1미터(수직 또는 수평 하단)에서 측정하여 50dB 이하가 되거나, 거주공간 내부의 중앙부 바닥으로부터 1.0~1.2미터 높이에서 측정하여 40dB 이하가 되어야 한다.

⑭ 외부에 면하는 공기흡입구와 배기구는 교차오염을 방지할 수 있도록 1.5미터 이상의 이격거리를 확보하거나, 공기흡입구와 배기구의 방향이 서로 90도 이상 되는 위치에 설치되어야 하고 화재 등 유사 시 안전에 대비할 수 있는 구조와 성능이 확보되어야 한다.

⑮ 기계환기설비의 에너지 절약을 위하여 열회수형 환기장치를 설치하는 경우에는 한국산업표준(KS B 6879)에 따라 시험한 열회수형 환기장치의 유효환기량이 표시용량의 90퍼센트 이상이어야 하고, 열회수형 환기장치의 안과 밖은 물 맺힘이 발생하는 것을 최소화할 수 있는 구조와 성능을 확보하도록 하여야 한다.

⑯ 기계환기설비는 송풍기, 열회수형 환기장치, 공기여과기, 공기가 통하는 관, 공기흡입구 및 배기구, 그 밖의 기기 등 주요 부분의 정기적인 점검 및 정비 등 유지관리가 쉬운 체계로 구성되어야 하고, 제품의 사양 및 시방서에 유지관리 관련 내용을 명시하여야 하며, 유지관리 관련 내용이 수록된 사용자 설명서를 제시하여야 한다.

⑰ 실외의 기상조건에 따라 환기용 송풍기 등 기계환기설비를 작동하지 아니하더라도 자연환기와 기계환기가 동시 운용될 수 있는 혼합형 환기설비가 설계도서 등을 근거로 필요 환기량을 확보할 수 있는 것으로 객관적으로 입증되는 경우에는 기계환기설비를 갖춘 것으로 인정할 수 있다. 이 경우, 동시에 운용될 수 있는 자연환기설비와 기계환기설비가 제11조제1항의 환기기준을 각각 만족할 수 있어야 한다.

⑱ 중앙관리방식의 공기조화설비(실내의 온도·습도 및 청정도 등을 적정하게 유지하는 역할을 하는 설비를 말한다)가 설치된 경우에는 다음 각 목의 기준에도 적합하여야 한다.

　가. 공기조화설비는 24시간 지속적인 환기가 가능한 것일 것. 다만, 주요 환기설비와 분리된 별도의 환기계통을 병행 설치하여 실내에 존재하는 국소 오염원에서 발생하는 오염물질을 신속히 배출할 수 있는 체계로 구성하는 경우에는 그러하지 아니하다.

　나. 중앙관리방식의 공기조화설비의 제어 및 작동상황을 통제할 수 있는 관리실 또는 기능이 있을 것

☞. 법규 관련 사항은 국가정책상 필요 시 항상 변경 가능성이 있으므로, 필요 시 재확인 바랍니다.

PROJECT 47 내재 에너지(Embedded Energy)   출제빈도 ★☆☆

Q 건축 부자재에 적용되는 내재 에너지 (Embedded Energy)에 대해서 설명하시오.

(1) 내재 에너지의 정의

① 그린빌딩(GB)에서 주로 사용하는 용어로 건축 부·자재를 가공하는데 발생하는 CO_2량을 말한다(좁은 의미).

② 건축 부·자재의 총체적 에너지(환경부하)로 초기투자시 및 재순환시도 포함하는 개념

(2) 적용 사례

알루미늄은 초기 투자시에는 철보다 높은 내재에너지가 드나 재가공(재순환)시에는 내재에너지가 낮다.

(3) 관련 동향

① 선진국에서는 건축부자재별로 이의 생산에 필요한 에너지(내재에너지, Embedded energy)를 산출, 제공하여 건축 부자재 생산에 활용케 하고 있다.

② 건물로 인한 CO_2 발생량을 줄이기 위해 꼭 필요한 개념이라고 할 수 있다.

③ 건물과 관련하여 발생되는 CO_2 발생량은 국가 전체 발생량의 약 40% 내외로 추산되고 있어 이러한 막대한 환경부하를 절감하고, 오염을 방지하기 위해서는 '내재에너지'에 대한 혹은 환경부하 전반에 걸친 인식 전환이 필요하다.

(4) 건축 부자재의 내재에너지

① 보통 목재(내재에너지=1)를 기준한 '평균지수'로 표현함. 즉, 목재1 Board foot(목재 1 $ft^2 \times$ 두께 1 inch)를 기준으로 표현한다.

② 판유리의 내재 에너지 평균지수=제곱 피트당 약 1.9

③ 박판유리의 내재 에너지 평균지수=제곱 피트당 약 18.8

④ 벽돌의 내재 에너지 평균지수=한 장당 약 14.4

⑤ 점토타일의 내재 에너지 평균지수=한 장당 약 22.0

⑥ 알루미늄의 내재 에너지 평균지수=lb(파운드)당 약 28.2

• **문제풀이 요령**

내재 에너지는 건축 부·자재를 가공하는데 발생하는 CO_2 환산량+재순환시에 발생하는 CO_2 환산량

PROJECT **48** VVVF

출제빈도 ★☆☆

Q VVVF(Variable Voltage Variable Frequency)에 대해서 설명하시오.

(1) 개요

① 일명 인버터라고도 하며 주파수를 조절하여 용량(운전 속도)를 조절한다.

② 교류 ↔ 직류로 변환시 전압과 주파수를 조절하여 전동기의 속도를 조절할 수 있도록 해주는 장치이다(전압을 같이 조절하는 이유는 토크가 떨어지지 않게 하기 위함).

③ 그래서 VVVF(Variable Voltage Variable Frequency)라고도 부르고 VSD(Variable Speed Drive)라고도 한다.

(2) 인버터의 정의

① 인버터란 원래 직류전류를 교류로 바꾸어주는 역변환장치를 말하며, 반도체를 이용한 정지형 장치를 말한다.

② 관련된 용어로 '컨버터'는 정류기를 이용하여 교류를 직류로 바꾸는 장치이다.

③ 공조분야에 사용되는 인버터란 용어의 의미는 "교류 → 직류로 변환 → 교류(원래의 교류와 다른 주파수의 교류)로 재변환"하는 장치이다.

④ 따라서, 공조분야의 인버터의 의미는 '컨버터형 인버터'라고 할 수 있다. 즉, 교류의 주파수를 변환하여 회전수를 가변하는 반도체를 이용한 장치라고 할 수 있다.

(3) 에너지 효율 측면

① 송풍기, 펌프, 압축기 등에서 풍량(V)의 비는 회전수(N)의 비와 같고, 압력(P)의 비는 회전수(N)의 제곱의 비와 같다.

$$\frac{V_2}{V_1} = \frac{N_2}{N_1}, \quad \frac{P_2}{P_1} = \left(\frac{N_2}{N_1}\right)^2$$

② 축동력(W)의 비는 회전수비(N)의 세제곱과 같다.

$$\frac{W_2}{W_1} = \left(\frac{N_2}{N_1}\right)^3$$

③ 따라서, 부하가 절반으로 되어 풍량을 1/2로 하면, 동력은 1/8로 절감할 수 있다(단, 축동력의 5~10 % 정도의 직·교류 변환 에너지 손실 발생).

• **문제풀이 요령**

　VVVF란 산업분야에서 흔히 인버터라고 부르는 전동기의 속도변환장치이며, 저속으로 운전시의 소비전력 저감을 위해서 보급이 신속하게 확산되고 있는 실정이다.

PROJECT **49** **Zero Energy Band**   출제빈도 ★☆☆

Q 공조분야의 Zero Energy Band(With Load Reset)에 대해서 설명하시오.

(1) 정의

① 제로 에너지 밴드(Zero Energy Band)란 건물의 최소 에너지 운전을 위하여 냉방 및 난방을 동시에 행하지 않고, 설정 온도에 도달시 RESET(냉·난방 열원 정지)하는 시스템이다.

② 외기냉방과 연동시켜 운전하면, 좀 더 효과적으로 에너지 절감이 가능해진다.

(2) 특징

① 주로 외기냉방과 연계하여 운전한다.

② 건물의 에너지 절약방법의 한 종류이다(재열 등으로 인한 에너지 낭비를 최소로 줄임).

③ 제로 에너지 밴드를 넓게 잡을수록 에너지 절약에 유리하다. 그러나 너무 넓게 잡으면 실내에 불쾌적을 초래할 수 있으므로 주의해야 한다.

(3) 그림

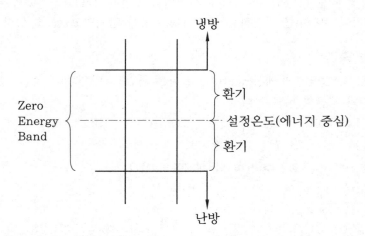

• **문제풀이 요령**

 Zero Energy Band는 각종 공조 장치의 운전 시 실내의 목표하는 온·습도 도달 시 자동으로 Reset시켜 에너지 절감에 기여할 수 있게 하는 방법이다.

PROJECT 50 휘발성 유기화합물질(VOCs)   출제빈도 ★★☆

Q 최근 환경문제로 대두되는 휘발성 유기화합물질 (VOCs)에 대해서 설명하시오.

(1) 정의
① VOCs는 Volatile Organic Compounds의 약어이다.
② 대기 중에서 질소산화물과 공존하면 햇빛의 작용으로 광화학반응을 일으켜 오존 및 팬 (PAN : 퍼옥시아세틸니트레이트) 등 광화학 산화성 물질을 생성시켜 광화학스모그를 유발하는 물질을 통틀어 일컫는 말이다.

(2) 영향
① 대기오염물질이며 발암성을 가진 독성 화학물질이다.
② 광화학산화물의 전구물질이기도하다.
③ 지구온난화와 성층권 오존층 파괴의 원인물질이다.
④ 악취를 일으키기도 한다.

(3) 법규
① 국내의 대기환경보전법 시행령 제39조 제1항에서는 석유화학제품의 유기용제 또는 기타 물질로 정의한다.
② 환경부고시 제1998-77호에 따라 벤젠, 아세틸렌, 휘발유 등 31개 물질 및 제품이 규제 대상이다.
③ 끓는점이 낮은 액체연료, 파라핀, 올레핀, 방향족화합물 등 생활주변에서 흔히 사용하는 탄화수소류가 거의 해당된다.

(4) VOCs 배출원
① VOC의 배출오염원은 인위적인(Anthropogenic) 배출원과 자연적인 배출원(Biogenics)으로 분류된다. 자연적인 배출원에 대해서는 평가할만한 자료의 부족으로 보통 인위적인 배출원만이 관리대상으로 고려되고 있다.
② 인위적인 VOC의 배출원은 종류와 크기가 매우 다양하며 SOx, NOx 등의 일반적인 오염물질과 달리 누출 등의 불특정배출과 같이 배출구가 산재되어 있는 특징이 있어 시설관리의 어려움이 있다.
③ 지금까지 알려진 인위적인 VOC의 주요 배출원으로는 배출 비중의 차이는 있으나 자동차 배기가스와 유류용제의 제조·사용처 등으로 알려져 있다.

(5) VOCs 조절방법
① 고온산화(열소각)법(Thermal Oxidation)
㈎ VOC를 함유한 공기를 포집해서 예열하고 잘 혼합한 후 고온으로 태움
㈏ 분해효율에 영향을 미치는 요인 : 온도, 체류시간, 혼합정도, 열을 회수하는 방법, 열교환방법, 재생방법 등

② 촉매산화법(Catalytic Thermal Oxidation)

(개) 촉매가 연소에 필요한 활성화 에너지를 낮춤

(내) 비교적 저온에서 연소가 가능

(대) 사용되는 촉매 : 백금과 팔라듐, 그리고 Cr_2O_3, Al_2O_3, Co_3O_4 등의 금속산화물이 포함

(라) 촉매의 평균수명은 2~5년 정도이다.

(마) 장점 : 낮은 온도에서 처리되어 경제적, 유지 관리가 용이, 현장부지여건에 따라 수평형 또는 수직형으로 설치 가능

(바) 단점 : 촉매 교체비가 고가, 촉매독을 야기하는 물질의 유입시 별도의 전처리가 필요

③ 흡착법

(개) 고체 흡착제와 접촉해서 약한 분자간의 인력에 의해 결합하여 분리되는 공정

(내) 흡착제의 종류와 특징

㉮ 활성탄 : VOC를 제거하기 위해 현재 가장 널리 사용되고 있는 흡착제

㉯ 활성탄 제조원료 : 탄소함유 물질

(대) 활성탄 종류 : 분말탄, 입상탄, 섬유상 활성탄 등

(라) 탄소 흡착제에는 휘발성이 높은 VOC (분자량이 40 이하)는 흡착이 잘 안되며 비휘발성 물질 (분자량이 130 이상이거나 비점이 150℃보다 큰 경우)은 탈착이 잘 안되기 때문에 효율적이지 못하다.

④ 축열식 연소장치 (RTO, RCO)

(개) 배기가스로 버려지는 열을 재회수하여 사용하는 방식으로, 대표적으로는 RTO (Regenerative Thermal Oxidizer), RCO(Regenerative Catalytic Oxidizer) 등이 있다.

(내) 휘발성 화합물을 사용하는 사업장에서 발생되는 배출가스를 축열연소방식으로 연소시켜 청정공기를 대기중으로 배출하는 시설로 VOCs처리에 수반되는 열을 회수 공급함으로 약 95% 이상의 열을 회수할 수 있으며, 저농도로도 무연료 운전이 가능한 에너지 절약형 기술이다.

(대) 2개 이상의 축열실을 갖는 기존의 축열방식(Bed Type ; VOC 가스의 흐름을 Timer에 의해 변화시킴) 보다 Rotary Wing에 의한 풍향 전환형 축열설비 형태로 많이 개발 및 보급되고 있는 실정이다.

⑤ 기타의 방법

(개) 흡수법 : VOC 함유 기체와 액상흡수제(물, 가성소다 용액, 암모니아 등)가 향류 또는 병류의 형태로 접촉하여 물질전달을 함(기체와 액체간의 VOC 농도 구배 이용)

(내) 냉각 응축법 : 냉매(냉수, 브라인, HCFC 등)와 VOC 함유 기체를 직접 혹은 간접적으로 열교환시켜 비응축가스로부터 VOC를 응축하여 분리시킨다.

(대) 생물학적 처리법 : 미생물을 이용하여 VOC를 CO_2, 무기질, H_2O 등으로 변환(생물막법이 많이 사용됨)

(라) 증기재생법 : 오염물질을 흡착제에 흡수 후, 260℃ 정도의 수증기로 탈착시키고, 고온의 증발기를 통과시켜 VOC가 H_2, CO_2 등으로 전환되게 한다.

(마) 막분리법 : 진공 펌프를 이용해 막모듈 내의 압력을 낮게 유지시키면, VOC만 막을 통과하고 공기는 통과하지 못한다.

(바) 코로나 방전법 : 코로나 방전에 의해 이탈된 전자가 촉매로 작용하여 VOC를 산화시킨다.

PROJECT 51 에너지 자립형 건물   출제빈도 ★☆☆

> **Q** 에너지 자립형 건물(Self-Sufficient Solar Building 또는 Zero Energy
> Building)에 대해서 설명하시오.

(1) 정의

① 화석연료를 전혀 안 쓰고, 대체 에너지(태양열, 지열, 바이오 에너지 등)만을 이용하여
급탕, 조명 등을 행함

② 건물 자체 내에서 모든 에너지를 생산 소비할 수 있는 100 % 에너지 자립형 건물임

(2) 적용기술

① 건물 기본부하의 경감 : 에너지 절약기술(고기밀, 고단열 구조 채용)

② 자연 에너지의 이용 : 태양열 난방 및 급탕, 태양광 발전, 자연채광(투명 단열재도입 적극
검토), 지열, 풍력, 소수력 등 이용

③ 미활용 에너지의 이용 : 배열회수(폐열회수형 환기 유닛 채용), 급배기 열교환기 채용, 폐온
수 등 폐열의 회수, 바이오 에너지 활용(분뇨 메탄가스, 발효 알코올 등)

④ 기타 보조열원설비, 상용전원 등 백업시스템, 축전시스템, 에너지 절약적 자동제어 등

(3) 사례 및 동향

① 에너지 자립형 건물은 최근 제로 에너지 하우스(Zero Energy House) 혹은 제로 카본
하우스(Zero Carbon House)로 많이 불리어지고 있다.

② 모든 에너지를 건물 내에서 스스로 해결하고, 오히려 태양열 발전에 의해 추가 생산된
전기를 매전하는 사례도 있다.

③ 에너지 자립형 건물에서는 보통 특수 단열창, 태양열 집열장치, 벽체의 열관류율 최소
화, 지열 및 우수 활용, 폐열 회수장치 등이 거의 필수적으로 적용되고 있다.

④ 이 기술이 21세기 건물 에너지 분야의 궁극적 목표가 될 것이라는 점에 인식을 같이하고
각종 신기술의 접목을 통한 요소 기술 개발 및 실용화 연구가 활발히 진행되고 있다.

⑤ UN 기후변화 협약 및 교토의 정서의 지구온난화 물질 규제 관련 CO_2 감량을 위해 절실
히 필요한 기술이라 하겠다.

• **문제풀이 요령**
에너지 자립형 건물은 화석연료로부터의 자립 + 건물 외부 공급으로 부터의 자립을 의미한다.

PROJECT **52** 온도차 에너지

Q 미활용 에너지 중 온도차 에너지에 대해서 설명하시오.

(1) 개념

① 온도차 에너지는 일종의 미활용 에너지(Unused Energy ; 소각열, 하수열, 공장배열 등 생활 중 사용하지 않고 버려지는 아까운 에너지)로 공장용수, 해수 하천수 등을 말함
② 사용하지 않으면 바다로 흘러들어 가므로 에너지 낭비를 초래한다고도 볼 수 있다.

(2) 온도차 에너지 이용법

① 직접이용 : 냉각탑의 냉각수로 직접 활용하는 경우
② 간접이용 : 냉각탑의 냉각수와 열교환하여 냉각수의 온도를 낮추어줌
③ 냉매열교환방식 : 응축관 매설 방식

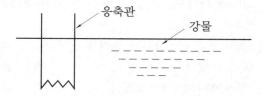

④ 수질의 오염을 필터링(Filtering) 후 쿨러(Cooler)에 직접 이용도 가능하다.

(3) 결론

① 미사용 에너지 중 고온에 해당되는 소각열, 공장배열 등은 주로 난방, 급탕 등에 응용가능하며, 경우에 따라서는 흡수식 냉동기의 열원으로도 사용되어질 수 있다.
→ 60℃ 미만의 급탕, 난방을 위해 고온의 화석연료를 직접 사용한다는 것은 불합리하게 생각해야 한다.
② 그러나, 온도차 에너지는 미사용 에너지 중 주로 저온에 해당하므로, 난방보다는 냉방에 활용될 가능성이 더 많다(냉각수, 냉수 등으로 활용).
③ 일본, EU국가 등에서는 민생용 에너지 수요량의 상당량을 미활용 에너지로 보급할 계획으로 적극적 정책 추진 중이다.
④ 미활용 에너지의 문제점 : 이물질 혼입, 열 밀도가 낮고 불안정, 계절별 온도의 변동 많음, 수질 및 부식의 문제, 열원배관의 광역적 네트워크 구축의 어려움 등

• **문제풀이 요령**

① 온도차 에너지는 미활용 에너지의 일종으로 온도차를 이용하여 폐열회수가 가능하고 활용도에 따라 파급 효과가 아주 큰 잠재 에너지라 하겠다.
② 온도차 에너지 활용 기술은 지구온난화 물질 규제 관련, CO_2 감량을 위해 아주 중요한 에너지 기술로 평가되어진다.

PROJECT 53 UN 기후변화협약 　　　　출제빈도 ★★★

Q UN 기후변화협약(UNFCC)에 대해서 설명하시오.

(1) 배경

① 정식 명칭은 '기후변화에 관한 유엔 기본협약(United Nations Framework Convention on Climate Change)'이다.

② 지구온난화 문제는 1979년 G.우델과 G.맥도날드 등의 과학자들이 지구온난화를 경고한 뒤 논의를 계속했다.

③ 국제기구에서 사전 몇 차례 협의 후 1992년 6월 브라질 리우에서 정식으로 '기후변화협약'을 체결했다.

④ 지구온난화에 대한 범지구적 대책 마련과 각국의 능력, 사회, 경제 여건에 따른 온실가스 배출 감축 의무를 부여하였으며, 우리나라의 온실가스 배출량은 약 세계 10위 내외이다.

⑤ 우리나라는 1993년 12월에 47번째로 가입하였다.

(2) 협약의 내용

① 이산화탄소를 비롯한 온실가스의 방출을 제한하여 지구온난화를 방지

② 기후변화협약 체결국은 염화불화탄소(CFC)를 제외한 모든 온실가스의 배출량과 제거량을 조사하여 이를 협상위원회에 보고해야 하며 기후변화 방지를 위한 국가계획도 작성해야 한다.

(3) 대표적 기후변화협약 당사국 총회(COP)

① COP3 (1997년 12월, 기후변화협약 제3차 당사국 총회)

㈎ 브라질 리우 유엔환경회의에서 채택된 기후변화협약을 이행하기 위한 국가간 이행 협약이며, 1997년 12월에는 일본 교토에서 개최되었다(교토의정서 채택).

㈏ 제3차 당사국 총회로서 이산화탄소(CO_2), 메탄(CH_4), 아산화질소(N_2O), HFCs, SF_6, PFCs 등 6종을 온실가스로 지정하였으며, 감축계획과 국가별 목표 수치가 제시되었다 (38개 선진국 간의 감축 의무에 대한 합의).

　※ PFC(Per Fluoro Carbon ; 과불화탄소) : Per는 모든(All)을 뜻하므로, Per Fluoro Carbon은 '탄소의 모든 결합이 F와 이루어 있음'을 의미함

㈐ 1990년 대비 평균 5.2 % 감축 약속임

㈑ 단, 한국과 멕시코 등은 개도국으로 분류되어 감축 의무가 면제되었다.

② COP18 (2012년 11월, 기후변화협약 제18차 당사국 총회 ; 카타르 도하 게이트웨이)

  ㉮ 카타르 도하 내 카타르 국립 컨벤션센터(QNCC)에서 개최됨

  ㉯ 주요 합의 내용

    ㉠ 2차 교토의정서(2013~2020) 개정안 채택 : 1차 교토의정서(2008~2012) 종료 후 2차 교토의정서가 채택됨.

    ㉡ 교토의정서보다 광범위한 체제가 필요 : 1990년 대비 25~40%의 온실가스 감축 약속, 단, 각 국 의회 승인 없어 강제력은 없음.

    ㉢ 대한민국 인천에 녹색기후기금(Green Climate Fund) 사무국 유치가 확정된 회의이다.

③ COP21 (2015년 11월, 기후변화협약 제21차 당사국 총회 ; 파리협약)

  ㉮ 파리 협정서는 무엇보다 선진국만의 의무가 있었던 교토 의정서와 달리 195개 선진국과 개도국 모두 참여해 체결했다는 것이 큰 특징이다.

  ㉯ 주요 합의 내용

    ㉠ 이번 세기말(2100년)까지 지구 평균온도의 상승폭을 산업화 이전 대비 1.5℃ 이하로 제한하기 위해 노력한다.

    ㉡ 5년마다 탄소 감축 약속 검토(법적 구속력) : 각국은 2018년부터 5년마다 탄소 감축 약속을 잘 지키는지 검토를 받아야 한다. 첫 검토는 2023년도에 이뤄진다. 이러한 점은 기존 대비 획기적으로 진전된 합의로 평가되어진다.

(4) 향후 전망

① 우리나라는 OECD(Organization for Economic Cooperation and Development, 경제협력개발기구) 회원국이어서 '파리협약' 이후 점차 감축 의무 부담 압력이 거세어질 것으로 예상됨

② 지구 환경보호를 위한 온실가스 감축 문제는 앞으로 산업 및 무역분야 뿐만 아니라, 인간의 생존을 유지하기 위해, 모든 분야에서 중요시 대두될 것이며, 그것도 급속히 다가오고 있는 실천 문제의 개념이다.

PROJECT **54** SMIF & FIMS System　　　　출제빈도 ★☆☆

Q 클린 룸(Clean Room)관련 SMIF & FIMS System에 대해서 설명하시오.

(1) 정의

① '국소 집중 고청정 시스템'이라고도 하며, 기술 측면에서는 클린벤치, 클린 부스 등과 유사한 개념이다.

② SMIF(Standard Mechanical InterFace) & FIMS(Front-Opening Interface Mechanical Standard) 시스템은 전체 클린 룸 설비 가운데 초고청정 환경이 요구되는 일부 공간만을 수직 하강 층류기류를 이용하여 클래스 1 이하의 초고청정 상태로 유지시키는 시스템이다(에너지 절약 차원).

③ 전체 클린 룸 설비의 사용 효율 및 비용절감을 극대화하는 차세대 클린 룸 설비로서 각각의 핵심 반도체 장비에 부착되는 초소형 클린 룸 장치(Mini-Environment)로도 활용된다.

(2) 사례 (반도체 공장)

밀폐형 웨이퍼 용기(POD/FOUP), 밀폐형 웨이퍼 용기 개폐 장치(Indexer/Opener), 그리고 웨이퍼 이송용 로봇 시스템 등으로 구성된다.

(3) 효과

① 반도체 CR 설비의 운전 유지비(Running Cost) 절감

② 반도체 수율 및 품질 향상 가능

③ 국부적 공간만을 고청정으로 유지함으로써 외부환경으로부터의 오염 침투에 대한 근본적 방지가 가능하다.

④ 국소공간 내의 정밀한 기류 분포 및 균일성이 가능해진다.

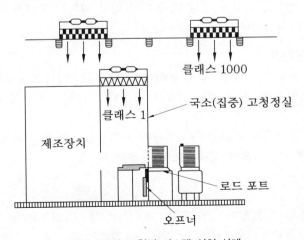

국소 (집중) 고청정 시스템 설치 사례

PROJECT 55 건축물의 압력분포 출제빈도 ★★☆

Q 그림과 같은 샤프트와 5층으로 된 건축물의 압력분포를 그림(화살표)으로 나타내고 설명하시오.

(1) 압력분포 설명

① 그림에서와 같이 화살표로 나타냄

② 중성대를 기준으로 하부에는 음압(공기가 밀려들어 옴), 상부에는 양압(공기가 밀려 나감)이 걸린다.

③ 그림에서 각 층간 개구부가 있으므로, 이 부분에서는 상승기류가 형성된다.

④ 샤프트 역시 음압인 아래로부터 양양압인 위로 상승기류가 형성된다.

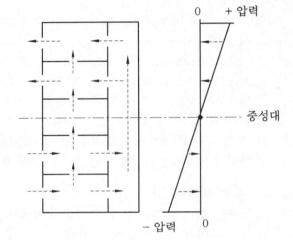

(2) 압력분포에 대한 평가

① 상기와 같은 현상을 굴뚝효과 혹은 연돌효과(Stack Effect)라고 한다.

② 상기와 같은 연돌효과는 에너지 절약에 악영향을 미치므로 이중문, 방풍실, 하층 가압, 층간 밀실시공 등의 방법을 통해 최소화되도록 노력해야 한다.

③ 상기 샤프트는 화재 시 연기가 밀려들어오므로 피난통로로 활용되어서는 안 된다.

(3) 여름철 건물 내 냉방 시에는 역연돌 현상 발생

① 이 경우에는 상기 그림의 화살표가 모두 반대로 형성되어, 기류가 오히려 위에서 아래로 내려오게 된다.

② 이는 여름철 냉방으로 인하여 건물 내 공기가 건물 외부의 공기보다 차게되어(무거워져) 아래로 내려오는 현상이다.

(4) 수직온도 구배 분석법

① 상기와 같이 연돌효과 발생 시 일정 높이에서의 온도는 하나의 중요한 열환경 지표가 된다(더운 공기는 상부에, 찬 공기는 하부에 체류되기 쉬움 → 역연돌 현상 발생 시에는 반대로 됨).

② 사무실과 같은 환경에서는 근무하는 사람에게 열감응의 영향을 미치며, 이와 같은 높이, 즉 0.7~1.5 m에서의 기온이 실내온도로 적용된다.

• 문제풀이 요령

겨울철 연돌현상 대비하여 여름철 역연돌현상은 그 세기가 상당히 약하다(이는 실내외 공기의 온도차에 의한 밀도차가 여름철이 겨울철 대비 훨씬 적기 때문임)

PROJECT 56 냉각탑의 상당 RT

출제빈도 ★☆☆

Q 냉각탑 분야에 사용되는 상당 RT에 대해 설명하시오.

(1) 개요

① 냉각탑의 용량은 반드시 순환수량, 입출구수온, 입구 공기 습구온도 등을 기준으로 표시되어 야 한다.

② 습구온도의 변화와 여러 흡수식 냉동기 등의 형태별 차이를 감안한 비교를 위해 상당RT 로의 변환이 필요하다.

③ 상당 RT를 다른 용어로 'CRT'라 부른다.

(2) 정의

① 냉각탑의 상당 RT의 의미 : 표준적 조건에서 운전되는 전동식 냉동기(왕복동 또는 터보 냉 동기) 몇 CGS RT를 감당해내는 냉각탑 용량인가를 표시하는 단위

② 냉각탑 상대 크기 비교를 위해 냉각탑의 '1상당 RT'는 아래와 같이 표시된다.

(가) 냉각열량 : 4.535 kW (≒3900 kcal/h)

(나) 입구 수온 : 37℃

(다) 출구 수온 : 32℃

(라) 입구 공기의 습구온도 : 27℃

(마) 출구 공기의 습구온도 : 32℃

(바) 순환 수량 : 13 LPM (≒ 0.217 kg/s)

(3) 응용

① 밀폐형 냉각탑 혹은 개방형 냉각탑 선정시 냉동기용량(RT)을 기준으로 편리하게 선정 가능하다.

② 흡수식 냉동기의 사용 경우에는 '냉각톤'을 사용하지 않고, 흡수식 냉동기 용량의 2 ~ 2.5배의 냉각탑 용량을 선정한다(단효용 흡수식의 경우에는 약 2.5배 이중효용 흡수식의 경우에는 약 2배).

③ 전동식 냉동기 1RT당 필요 냉각수량 계산에도 편리하게 사용될 수 있다.

• **문제풀이 요령**

냉각탑의 상당 RT(냉각톤)는 냉각탑의 표준 온도조건에서 운전되는 왕복동 또는 터보 냉동기 1RT를 감당해내는 냉각탑 용량을 표시하는 단위이다.

PROJECT **57**   냉각탑에서 출구 수온의 변화   출제빈도 ★☆☆

Q 냉각탑에서 외부 공기의 절대습도가 높아지면 출구 수온의 변화는?

(1) 정답 : 상승한다.

(2) 사유

① 물(냉각수) → 외부 공기측으로의 물질 이동량(수증기 분압차 감소) 감소로 열교환량(증발량, 잠열) 감소

② 일정한 Cooling Approach라면 냉각수 출구 온도가 외부 공기의 절대습도가 증가한 만큼 상승함

③ 공기와 물의 유량 등 다른 조건이 동일하다면, 열교환량 ∝ f (공기와 물의 온도차 및 습도차)

∴ 외부 공기의 절대습도가 높아지면 열교환량 감소하여 출구 수온이 높아진다(그림 참조).

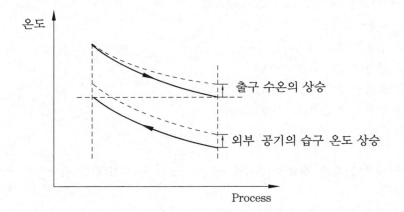

· 문제풀이 요령

외부 공기의 절대습도가 증가하면 수증기 분압이 상승하여 물의 증발량이 감소하며, 따라서 물의 증발 잠열 감소에 따라 냉각 효과도 감소한다.

PROJECT 58 공조기부하와 열원기기부하   출제빈도 ★☆☆

Q 열원기기 선정 시 공조기부하와 열원기기부하의 차이점을 간략히 기술하시오.

(1) 공조기부하

공조기부하(냉각코일부하, 냉방부하) = 내부부하 + 외부부하 + 장치부하(송풍기 등)

① 내부부하 (내부발생부하)

   (가) 인체에 의한 취득열량

   (나) 조명기구(백열등, 형광등 등)로부터의 취득 열량

   (다) 기기(가스레인지, 냉장고 등)로부터의 취득 열량

   (라) 동력(기계장치)으로부터의 취득 열량

② 외부부하 (외기로부터의 침투 열량)

   (가) 외벽, 지붕, 내벽 등으로부터의 침투 열량

   (나) 극간풍으로부터의 취득열량 등

③ 장치부하 (장치발생부하)

   (가) 송풍기로부터의 취득 열량

   (나) 덕트로부터의 취득 열량

   (다) 재열 및 외기(환기)부하 (현열 및 잠열)

(2) 열원기기부하

열원기기부하(냉동기부하) = 공조기부하 + 펌프 / 배관부하

여기서, 펌프 / 배관부하 : 반송동력의 압력 손실값 (펌프, 밸브, 배관길이, 수두차 등) 및 단열 불완전에 의한 열취득값 등

(3) 펌프 / 배관 부하의 약식 계산

보통 냉각코일부하(공조기부하)의 약 5~10 % 정도로 약식으로 계산하는 경우도 있다.

• **문제풀이 요령**

열원기기 용량 선정 시 공조기 부하 (냉각코일부하)를 먼저 계산 후 여기에 반송 손실(펌프, 밸브, 배관길이, 수두차 등)을 더하여 계산한다.

PROJECT 59 주택에서 사용하는 히트 펌프 　　　　출제빈도 ★☆☆

Q 주택에서 사용하는 히트 펌프(공기열원형, 수열원형, 지열원형)를 환경적 측면, 에너지절약 측면 및 경제적 측면에서 비교 설명하시오.

---

(1) 비교 Table

구 분	환경적 측면	에너지절약 측면	경제적 측면
공기열원형	2	3	1
수열원형	3	2	2
지열원형	1	1	3

㊟ 1 : 가장 우수, 2 : 중간 수준, 3 : 가장 부족

(2) 특성 분석

① 환경적 측면

　(개) 환경적인 측면에서는 무공해인 지열원이 가장 유리하다.

　(내) 더군다나 지열원 히트 펌프는 에너지 효율(COP)이 높아 그만큼 에너지 소모 및 CO_2 방출량이 적어 지구온난화 및 환경문제 해결에도 기여도가 크다.

　(대) 수열원형은 수질오염(레지오넬라균, 부식, 스케일, 백연현상 등)의 우려가 있고, 공기열원은 공기오염(응축열 무단 방출, 분진, 등)의 우려가 있다.

② 에너지절약 측면

　(개) 에너지 절약적 측면에서는 역시 지열원이 가장 유리하다. 연중 일정한 온도를 무동력으로 얻을 수 있어 아주 효율적이다.

　(내) 수열원은 냉각탑과 펌프 등에 동력이 많이 투입되고, 공기열원 방식은 혹한기 난방이나 혹서기 냉방시에 압축비의 증가로 압축기 동력 소비가 크다.

③ 경제적 측면(초기투자비) : 초기투자비 측면에서는 공기열원 방식이 가장 유리하다. 수랭식처럼 냉각탑 및 수배관 공사가 불필요하고, 지열원형처럼 Pipe 매설을 위한 초기 투자가 과잉되지 않는다.

④ 기타 고려사항

　(개) 최종적인 결정은 경제적인 측면에서는 LCC평가, 회수기간 평가 등을 해보고 결정하는 것이 좋다.

　(내) 상기 공기열원형, 수열원형, 지열원형 등은 각각의 장점과 단점을 가지고 있으므로, 적용 현장에 따라 판단이 필요하다.

• **문제풀이 요령**

　공기열원형은 경제적인 측면(초기투자비)에 강점이 있고, 수열원형은 무난하며, 지열원형 등은 초기 공사비가 많이 투자되지만, 일단 설치가 완료되면 유지관리비가 저렴하고, 효율적 운전이 가능하다.

PROJECT **60** **단열재의 두께**(계산문제)   출제빈도 ★☆☆

Q 열관류율 K를 $0.9\,\mathrm{W/m^2 \cdot K}$에서 $0.6\,\mathrm{W/m^2 \cdot K}$으로 만들기 위해 추가할 단열재($\lambda = 0.033\mathrm{W/m \cdot K}$)의 두께는 ?

(1) 단열재의 두께 계산

$$\Delta R = \frac{1}{0.6} - \frac{1}{0.9} = 0.5556 \,\mathrm{m^2 \cdot K / W}$$

여기서, $\Delta R = \dfrac{d}{\lambda}$ 에서,

$$d = \Delta R \cdot \lambda = 0.5556 \times 0.033 = 0.0183\,\mathrm{m} = 18.3\,\mathrm{mm}$$

∴ 19 mm 이상의 단열재 추가 필요함

(2) 결론

① 열관류율을 계산하는 방법에 의거 상기처럼 필요 단열재 두께를 계산하였고, 계산적으로 는 18.3 mm 이상이면 충분하다.

$$\frac{1}{K} = R = \frac{\text{단열재의 두께}}{\text{열전도율}(\lambda)}$$

② 그러나, 실제의 단열재 두께 선정시에는 손실 열량을 계산하여 LCC (경제성 평가)개념 을 도입하여 선정하는 것이 더 올바른 방법이라고 하겠다.

$$\text{열손실량 } q = KA(t_i - t_o)$$

여기서, K : 열관류율 $(\mathrm{W/m^2 \cdot K})$
A : 열전달 표면적 $(\mathrm{m^2})$
t_i : 실내의 공기온도 $(\mathrm{℃})$
t_o : 실외의 공기온도 $(\mathrm{℃})$

• **문제풀이 요령**

　상기문제를 풀기 위해서는 열관류율(K), 단열재 두께(d), 단열재의 전도율(λ)이 포함되는 상관관계식 $\left(\dfrac{1}{K} = R = \dfrac{d}{\lambda}\right)$에서 힌트를 얻을 수 있다.

PROJECT 61 용어 해설(공조)   출제빈도 ★☆☆

Q 다음의 용어에 대해 설명하시오.
  (1) 공기 운송계수   (2) 스머징   (3) 로이유리

---

(1) 공기운송계수 (ATF ; Air Transport Factor)

① 냉동기의 COP(성적계수)와 유사 개념으로 부하 계산에 주로 사용함

② 실내에서 발생하는 열량 중 현열부하를 송풍기(送風機)의 전력으로 나눈 수치

$$ATF = \frac{현열부하}{송풍기의\ 소비전력}$$

③ ATF가 클수록 실내부하를 일정하게 하면 송풍기 전력을 적게 할 수 있다.

④ 미국에서는 4 이상을 권장

⑤ 공조기 덕트상의 공기의 반송동력 절감을 위해 유용하게 사용될 수 있다.

⑥ ATF를 크게 할 수 있는 방안

  ㈎ 대온도차 냉·난방 시스템의 적용

  ㈏ 저온 급기방식의 채택 (빙축열 공조)

  ㈐ 고효율 펌프 및 고효율 송풍기의 채택

  ㈑ 배관 및 덕트의 마찰계수를 줄이고, 수력 반경을 크게 함

  ㈒ 기타 대수제어, 가변제어, 간헐운전 등의 자동제어 채택

(2) 스머징 (Smudging) – '공조 디퓨저'에서의 정의

① 공조 디퓨저(급기구)중에서 유인비가 큰 디퓨저(급기구)가 천장면(혹은 벽면)에 가깝게 기류를 토출하면 천장면과 기류와의 사이에 기압이 낮아져서, 천장면에 부착되듯이 기류가 송출된다(코안다 효과).

② 이때 많은 공기량이 천장면을 따라 흐르면서 디퓨저 주변의 천장이 더렵혀지는 현상을 스머징 현상이다.

③ 스머징 현상의 원인 : 큰 유인비, 천장면 혹은 벽면에 근접한 공기취출, 풍속과다, 코안다 효과가 발생하는 장소, 실내공기의 오염 등

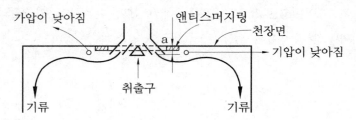

④ 대책 : 스머징 현상의 상기원인의 제거, 디퓨저 일부 노출(상기 그림의 'a' 치수를 키움), 그릴의 사용, 앤티스머지링 사용 등

※ **스머징(Smudging) – '도면 작도법'에서의 정의**

① 정의 : 도면 작도에서 절단된 단면 주위를 연필 혹은 규정된 색연필을 이용하여 엷게 칠하여 표현하는 방법

② 사용법

㈎ 원칙적으로 연필 또는 KSG 2607(색연필)에 규정된 흑색 색연필을 사용한다.

㈏ 절단된 단면을 표현할 때 스머징 외에도 해칭(Hatching)의 방법이 있다. 해칭은 보통 주된 중심선에 대하여 45°의 각도로, 가는 실선(등간격)으로 표현한다.

㈐ 절단자리의 면적이 넓은 경우에는 그 외형선을 따라 적절한 범위에 스머징(해칭)을 한다.

(3) 로이유리(Low Emissivity Glass)

① 정의

㈎ 로이유리는 '저방사유리'라고도 부르며, 일반유리가 적외선을 일부만 반사시키는데 반해 로이유리는 대부분을 반사시킬 수 있는 유리이다.

㈏ 은, 산화주석 등의 다중 코팅방법을 사용하여 적외선을 차단하여 냉·난방 시 에너지 적약적 창호에 적용할 수 있는 유리이다.

② 복층 유리창에 로이유리 적용 방법

㈎ 여름철 냉방 위주의 건물, 사무실 및 상업용 건물 등 냉방 부하가 큰 건물, 커튼월 외벽, 남측면 창호 : 로이유리의 특성상 코팅면에서 열의 반사가 일어나므로 아래의 그림 A와 같이 제 ②면에 로이 코팅면이 위치하게 하여 적외선을 반사시키는 것이 냉방 부하 경감에 가장 효율적인 방법이다.

㈏ 겨울철 난방 위주의 건물, 주거용 건물, 공동주택 등 난방부하가 큰 건물, 패시브하우스, 북측면 창호 : 겨울철 또는 난방 부하가 큰 건물의 경우(우리나라 기후는 대륙성 기후로 보통 4계절 중 3계절이 난방이 필요한 기후)에는 창문을 통한 외부로의 난방열의 전도 손실이 가장 큰 문제가 되기 때문에, 그림 B와 같이 로이 코팅면이 ③면에 위치하게 하여 실내의 열을 외부로 빠져나가지 못하게 하고, 내부로 다시 반사시켜 준다. (단, 3중 유리일 경우에는 ③면 대신 ⑤면에 설치한다.)

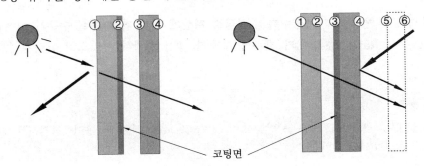

그림 A : 여름철 위주, 사무용 건물   그림 B : 겨울철 위주, 주거용 건물

PROJECT 62 용어 해설(A/T비 등)   출제빈도 ★☆☆

 Q 공조 분야에 사용되는 다음의 용어에 대해 간략히 기술하시오.
① A/T 비   ② 수력직경과 수력반경

(1) 'A / T 비'

① 정의
  ㈎ 유인유닛의 1차 공기량과 유인유닛에 의해 공조되는 공간의 외벽을 통해 전열되는
    1℃ 당의 전열부하의 비를 말함
  ㈏ 'A / T 비'가 비슷한 그룹을 모아 하나의 존으로 형성한다.
② 1차 공기는 실내온도가 설정 온도에 도달했을 때 재열 스케줄(Reheating Schedule)에
  따라 가열이 시작된다.

(2) 수력직경과 수력반경

① 원래 Moody 선도의 Friction Factor는 원형 단면적에 적용되는 선도이다.
② 배관 혹은 유로 단면적이 원형이 아닌 경우에는 별도의 실험에 위해 선도를 따로 작성하
  거나, 수력 직경(Hydraulic Diameter)을 이용해 마찰 손실 수두를 개력적으로 계산이
  가능하다.
③ 수력직경(m) 계산공식

$$수력직경 = D_h = \frac{4 \times A_c}{L_p}$$

  여기서, A_c : 유로 단면적〔Liquid Area(m²)〕
        L_p : 젖은 둘레 길이〔Wetted Perimeter (m)〕

④ 수력반경(m) 계산공식

$$수력반경 = R_h = \frac{D_h}{4} = \frac{A_c}{L_p}$$

⑤ 단면의 형상이 원형에 가까울수록 수력직경 계산에 의한 마찰 손실 수두가 실제값에 가
  깝고, Aspect Ratio (종횡비)가 클수록 오차가 많이 발생하는 것으로 알려져 있다.

• 문제풀이 요령

  A/T 비는 유인유닛 공조방식 (공기—물 방식)에서 Zoning을 위해 사용되는 용어로 1차 공기량과 벽
체 전열량 ($\Delta t = 1$)의 비를 말한다.

PROJECT 63 Nonchange-Over & Change-Over   출제빈도 ★☆☆

Q '유인유닛'에서 Nonchange-Over와 Change-Over를 비교하시오.

(1) 개요

① 유인유닛 공조방식에서 기밀구조의 건물, 전산실, 음식점상가, 초고층빌딩 등 겨울철에 도 냉방부하량이 크고 연중 냉방부하가 큰 건물에는 2차수(水)를 항상 냉수로 보내고, 1 차 공기를 냉풍 혹은 온풍으로 바꾸어 가며 공조를 한다. 즉 부분부하 조절은 1차 공기로 한다(Non Change-Over).

② 우리나라와 같이 여름에는 냉방부하가 많이 걸리고, 겨울에는 난방부하가 많이 걸리는 등 뚜렷한 부분이 있을 경우에는 1차 공기는 항상 냉풍으로 하여 부하조절을 하고, 2차 수(水)를 냉수/온수로 바꾸어가며 공조를 실시한다(Change-Over).

(2) Nonchange-Over

겨울에도 냉방부하가 많이 걸리는 건물에 적용

구 분	여 름	겨 울
1차 공기	냉풍	온풍
2차수(코일 순환수)	냉수	냉수

(3) Change-Over

여름에는 냉방부하가 겨울에는 난방부하가 주로 걸리는 건물에 적용

구 분	여 름	겨 울
1차 공기	냉풍	냉풍
2차수(코일 순환수)	냉수	온수

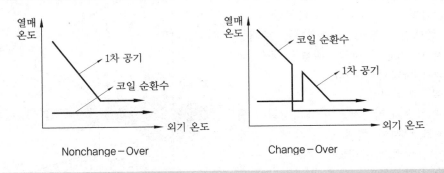

Nonchange-Over   Change-Over

• 문제풀이 요령

유인유닛에서 Nonchange-Over와 Change-Over는 여름철 냉방시와 겨울철 난방시 2차수의 온도가 변하느냐, 변하지 않느냐의 문제이다.

PROJECT 64 Good Ozone & Bad Ozone   출제빈도 ★☆☆

Q Good Ozone과 Bad Ozone에 대해서 설명하시오.

---

(1) Good Ozone

① 오존은 성층권의 오존층에 밀집되어 있고, 태양광 중의 자외선을 거의 95~99 % 차단(흡수)하여 피부암, 안질환, 돌연변이 등을 방지해준다.

② 오존 발생기 : 살균작용(풀장의 살균 등), 정화작용 등의 효과가 있다.

③ 오존 치료 요법 : 인체에 산소를 공급하는 치료 기구에 활용

④ 기타 산림지역, 숲 등의 자연상태에서 자연적으로 발생하는 오존(산림지역에서 발생한 산소가 강한 자외선을 받아 높은 농도의 오존 발생)은 해가 없고, 오히려 인체의 건강에 도움을 주는 것으로 알려져 있다.

(2) Bad Ozone

① 자동차 매연에 의해 발생한 오존 : 오존보다 각종 매연 그 자체가 오히려 더 큰 문제이다 (오존은 살균, 청정 작용 후 바로 산소로 환원되는 경우가 많음).

② 밀폐된 공간에서 오존을 장시간 접촉하거나 직접 호기하면 눈, 호흡기, 폐질환 등을 유발할 수 있다고 알려져 있다.

③ 오존이 기준치 이상으로 농도가 높아질 경우, 농작물의 수확량이 감소될 수 있으며, 식물의 잎이 말라 죽기도 한다.

④ 구체적인 인체에의 영향

   (가) 주의보 발령 기준에서는 눈 및 코 자극, 불안, 두통, 호흡수 증가 등의 현상이 나타남

   (나) 경보 발령 기준에서는 호흡기 자극, 가슴압박, 시력감소 등이 나타남

   (다) 중대경보 발령 기준에서는 폐기능 저하, 기관지 자극, 폐혈증 등의 피해가 나타나게 된다.

⑤ 유실수에의 영향

   (가) 유실수의 착상세포와 표피상면이 침해를 당하여 회색 또는 갈색의 반점이 균일하게 확대되어 주름이 불규칙하게 분포한다.

   (나) 오존의 강력한 산화력으로 인하여 엽록소의 파괴나 효소작용의 저하 같은 문제가 생길 수도 있다.

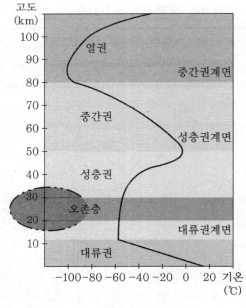

대기권의 구조

PROJECT **65** 양정산출(개방형 냉각탑)   출제빈도 ★★☆

Q   개방형 냉각탑과 냉동기가 수직높이 100 m의 거리를 두고 설치되어 있다. 살수압손실 5m, 냉각수 공급관과 살수관 간의 높이 차 7 m, 배관 마찰손실 10 mm/m일 때 냉각수 순환펌프 양정을 산출하시오. (단, 총 배관 길이는 220m (120 m + 100 m)로 하며, Fitting 손실, 응축기튜브 마찰손실, 안전율은 무시함)

먼저 상기 질문의 내용을 그림으로 나타내 보면,

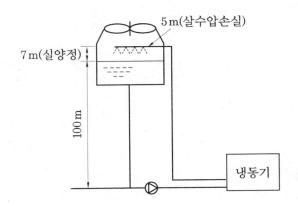

① 실양정(H_1 ; 높이 수두, 정수두) = 냉각수 수면과 살수 노즐 간의 높이 차 = 7 m

② 배관 저항(H_2 ; 배관 마찰손실 수두) = 10 mm / m × 10^{-3} × 220 = 2.2 m

③ 기기 저항은(H_3 ; 냉동기의 응축기 통과 저항 + 살수노즐 저항 등) = 5 m

④ 순환펌프 양정 = 실양정(H_1) + 배관저항(H_2) + 기기저항(H_3)

$$= 7\,m + 2.2\,m + 5\,m = 14.2\,m$$

• **문제풀이 요령**

  냉각탑의 순환펌프 양정 = 실양정(H_1) + 배관 저항(H_2) + 기기 저항(H_3)

  (→ 냉각탑 부문의 계산 문제는 거의 이런 형태로 출제된다.)

> **PROJECT 66 냉각식 제습기의 공기상태 변화량** 출제빈도 ★☆☆
>
> **Q** 아래와 같이 냉각식 제습기 내에 있어서 공기상태 변화를 공기 선도에 작성하고, 단위 풍량(kg/h)당 제습(감습)량, 냉각열량, 가열량을 계산하시오. (단, 절대습도의 기호는 X, 엔탈피는 h, 온도는 t 로 한다. 예를 들어 ⓐ점의 절대 습도는 X ⓐ, 엔탈피는 h ⓐ, 건구온도는 t ⓐ로 가정한다.)

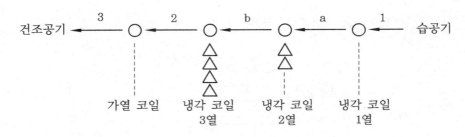

✎ 아래와 같이 작도한다.

(1) Process 설명

① 1→a : 현열 냉각 과정

② a→2 : 냉각 감습 과정

③ 2→3 : 가열 코일에 의한 현열 가열 과정

(2) 열량 계산

① 제습(감습)량 $X = X_1 - X_3$

② 냉각열량 $q_c = h_1 - h_2$

③ 가열량 $q_h = h_3 - h_2$

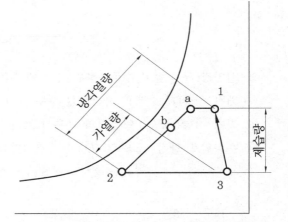

· 문제풀이 요령

단위 풍량(kg/h)당의 제습(감습)량은 절대 습도, 냉각열량은 냉각 엔탈피차, 가열량은 가열 엔탈피차를 이용하여 계산하면 된다.

PROJECT **67** 소음 (NC 곡선, NRN, SIL, PNL, TNI)   출제빈도 ★☆☆

Q 다음의 소음 용어를 간략히 설명하시오.
  (1) NC 곡선   (2) NRN   (3) SIL   (4) PNL   (5) 교통소음지수(TNI)

(1) NC 곡선 (Noise Criterion Curve)

① 공기조화를 하는 실내의 소음도를 평가하는 양으로서 1957년 Beranek이 제안한 이래 미국을 위시한 세계 각국에서 널리 사용되고 있다.

② 실내 소음의 평가 곡선군으로, 소음을 옥타브로 분석하여 어떤 장소에서도 그 곡선을 상회하지 않는 최저 수치의 곡선을 선택하여 NC 값으로 하면 방의 용도에 따라 추천치와 비교할 수 있다.

③ 평가 방법 : 평가 방법은 옥타브대역별 소음 레벨을 측정하여 NC 곡선과 만나는 최대 NC 값이 그 실내의 NC 값이 된다.

④ 응용
  ㈎ 주파수별 소음 대책량이 구해지기 때문에 폭넓게 이용되고 있다.
  ㈏ 청력허용도, 실내의 소음평가에 사용, 즉 SIL을 확대한 곡선

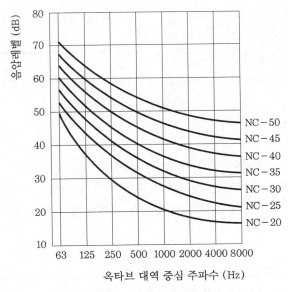

허용소음의 기준치(NC 곡선)

(2) 소음 평가 지수 (NRN : Noise Rating Number) 혹은 NR

① 실내소음 평가의 하나의 척도로서 NC 곡선과 유사한 방법으로 NR (Noise Rating) 곡선에서 NR 값을 구한 후 소음의 원인, 특성 및 조건에 따른 보정을 하여 얻는 값을 말한다.

② 소음을 청력장애, 회화장애, 시끄러움의 3개의 관점에서 평가하는 것이다.

③ 옥타브 밴드로 분석한 음압레벨을 NR-CHART에 표기하여 가장 높은 NR 곡선에 접하는 것을 판독한 NR 값에 보정치를 가감한 것

NR 및 dB(A)의 보정 예

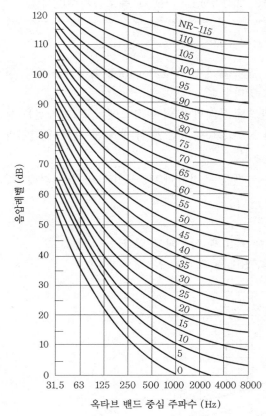

소음의 성질		보정값 dB(A)·NR
피크 팩터	충격성 (예 : 해머의 음)	+5
소음 스펙트럼의 성질	순음성분 (예 : 개의 짖는 소리)	+5
문제가 되는 소음 레벨의 지속 시간의 비율 (%)	100~56	-0
	56~18	-5
	18~6	-10
	6~1.8	-15
	1.8~0.6	-20
	0.6~0.2	-25
	0.2 이하	-30

세로축: 음압레벨 (dB)
가로축: 옥타브 밴드 중심 주파수 (Hz) — 31.5 63 125 250 500 1000 2000 4000 8000

(3) 대화 간섭 레벨 (SIL : Speech Interference Level)

① 소음에 의해 대화가 방해되는 정도를 표기하기 위해 사용

② 대화를 나누는데 있어서 주변 소음의 영향을 고려할 필요가 있으며, SIL은 이러한 평가를 위한 것이다.

③ 평가 방법

　(개) 우선 대화 간섭 레벨(PSIL ; Preferred Speech Interference Level)로써 판단한다.

　(내) 공식 : 우선 대화 간섭 레벨(PSIL) = $(LP_{500} + LP_{1000} + LP_{2000})/3$ [dB]

　(대) 상기 공식에서 $(LP_{500} + LP_{1000} + LP_{2000})$은 각각 500 Hz, 1000 Hz, 2000 Hz의 중심 주파수를 갖는 옥타브 대역에서의 음압레벨을 의미

④ 해당 주파수 대역의 주변 소음(Background Noise)이 클수록 PSIL 값이 커지므로 대화에 많은 간섭을 받게 된다.

(4) 감각 소음 레벨 (PNL : Perceived Noise Level)

① 감각 소음 레벨(Perceived Noise Level)이다.

② 소음의 시끄러운 정도를 나타내는 하나의 방법으로 다음의 과정으로 계산한다(단위는 dB를 PNdB로 표기).

③ 소음을 0.5초 이내의 간격으로 1/1 또는 1/3 옥타브 대역 분석을 하여 각 대역별 음압 레벨을 구한다.

④ 옥타브 대역 분석 데이터를 감각 소음 곡선(Perceived Noisiness Contours)을 이용하여 노이(Noy)값으로 바꾼다.

⑤ 다음 식에 의해 총 노이값을 구한다.

$$N_t = 0.3 \sum N_i + 0.7 N_{max} \,(1/1 \text{ 옥타브})$$
$$N_t = 0.15 \sum N_i + 0.85 N_{max} \,(1/3 \text{ 옥타브})$$

여기서, N_i : 각 대역별 노이값, N_{max} : 각 대역별 노이값 중 최대값

⑥ 다음 식에 의해 PNL을 구한다.

$$\text{PNL} = 33.3 \log N_t + 40 \,(\text{PN dB})$$

(5) 교통소음지수

① 약어로 TNI(Traffic Noise Index)라 부름

② 영국의 BRS(Building Research Station)에서 제안된 자동차 교통소음 평가치, 도로 교통소음에 대한 ISO의 제안이기도 하다(채택됨).

③ 측정방법 : 도로교통 소음을 1시간마다 100초씩 24시간 측정하고, 소음레벨 dB(A)의 L_{10}, L_{90}을 구하고 각각의 24시간의 평균치를 구한다.

④ 계산

$$\text{TNI} = 4(L_{10} - L_{90}) + L_{90} - 30$$

여기서, L_{10} : 측정시간 중에서 적산하여 10%의 시간이 이 값을 넘는 레벨

L_{90} : 90%가 이 값을 넘는 레벨

⑤ 평가

㈎ 상기 계산식의 $4(L_{10} - L_{90})$항 : 소음변동의 크기에 대한 효과

㈏ L_{90} : 배경소음

㈐ −30 : 밸런싱 계수

㈑ TNI 값이 74 이상 : 주민의 50% 이상이 불만을 토로

• **문제풀이 요령**

① NC 곡선은 각 옥타브별 추천치를 제시하는 방법이고, NRN은 청력장애, 시끄러움, 회화 장애의 세 관점에 대한 평가이다.

② SIL은 대화를 간섭하는 정도에 대한 평가이고, PNL은 노이값(Noy)을 이용한, 감각적 소음 레벨이다.

PROJECT 68 유비쿼터스(Ubiquitous)   출제빈도 ★☆☆

 유비쿼터스(Ubiquitous)에 대해서 설명하시오.

---

(1) 유비쿼터스의 정의

① 사용자가 네트워크나 컴퓨터를 의식하지 않고 장소에 상관없이 자유롭게 네트워크에 접속할 수 있는 정보통신 환경

② 물이나 공기처럼 시공을 초월해 '언제, 어디에나 존재한다'는 뜻의 라틴어(語)이다→ "Any Where Any Time !"

③ 인간이 원하는 모든 정보인식, 정보처리, 정보전달 등을 '띡~'하는 간단한 부저음처럼 자동으로 감지 및 한꺼번에 처리하는 첨단 정보통신 분야로 정의 가능

(2) 유래 및 개념

① 사용자가 컴퓨터나 네트워크를 의식하지 않고 장소에 상관 없이 자유롭게 네트워크에 접속할 수 있는 환경을 말하며, 1988년 미국의 사무용 복사기 제조회사인 제록스의 와이저 (Mark Weiser)가 '유비쿼터스 컴퓨팅'이라는 용어를 사용하면서 처음으로 등장하였다.

② 당시 와이저는 유비쿼터스 컴퓨팅을 메인프레임과 퍼스널컴퓨터(PC)에 이어 제3의 정보혁명을 이끌 것이라고 주장하였는데, 단독으로 쓰이지는 않고 유비쿼터스 통신, 유비쿼터스 네트워크 등과 같은 형태로 쓰였다.

③ 컴퓨터에 어떠한 기능을 추가하는 것이 아니라 자동차, 냉장고, 안경, 시계, 스테레오 장비 등과 같이 어떤 기기나 사물에 컴퓨터 칩을 집어넣어 커뮤니케이션이 가능하도록 해주는 정보기술(IT) 환경 또는 정보기술 패러다임을 뜻한다.

(3) 유비쿼터스의 전망

① 유비쿼터스화가 이루어지면 가정, 자동차는 물론, 심지어 산꼭대기에서도 정보기술을 활용할 수 있고, 네트워크에 연결되는 컴퓨터 사용자의 수도 늘어나 정보기술산업의 규모와 범위도 그만큼 커지게 된다.

② 유비쿼터스 네트워크가 이루어지기 위해서는 광대역통신과 컨버전스 기술의 일반화, 정보기술 기기의 저가격화 등 정보기술의 고도화가 전제되어야 한다.

③ 휴대성과 편의성뿐 아니라 시간과 장소에 구애받지 않고도 네트워크에 접속할 수 있는 장점들 때문에 세계적인 개발 경쟁이 일고 있다.

[칼럼] RFID(Radio Frequency Identification)

(1) IC칩과 무선을 통해 식품, 물체, 동물 등의 정보를 실시간 관리할 수 있는 차세대 인식기술임

(2) 현대 RFID 기술은 출입통제 시스템, 전자요금 지불 시스템, 유비쿼터스 등에 광범위하게 활용되어 지고 있다.

• **문제풀이 요령**

유비쿼터스는 한마디로 시공을 초월해 언제, 어디서나 대화가 가능한 커뮤니케이션 환경을 말한다 (주로 RFID 칩, 스마트폰 등의 무선통신 기술을 활용하여 대화 환경 조성).

PROJECT **69** 의료가스와 의료용수   출제빈도 ★☆☆

Q 의료가스 및 의료용수의 종류에 대하여 설명하시오.

(1) 의료가스

① N_2O : 마취용
② O_2 : 마취용, 인공호흡용
③ N_2 : 인공호흡용, 냉각용
④ 압축공기 : 세정용, 진공, 운반용
⑤ 에틸렌 옥사이드 가스 : 소독
⑥ 포르말린 가스 : 소독

(2) 의료용수 (Official Water)

① 상수(Water) : 시수라고도 하며, 강물과 같은 지표수의 일종으로, 정수하여 음용수로 사용
하기에 적합한 물이다.

② 정제수(Purified Water)
  (개) 상수를 증류(Distillation) 이온 교환(Ion-Exchange Treatment) 초여과 또는 이
들의 조합에 의하여 정제한 물
  (내) 무색투명한 액체로 무미, 무취이다. pH는 7이지만, 공기 중에 방치하면 CO_2를 흡수
하여 pH 5.7이 된다.(평형수)

③ 멸균정제수(Sterile Purified Water)
  (개) 정제수를 멸균한 것으로 무색, 투명, 무미, 무취이다.
  (내) 고압 증기 멸균법 : Autoclave에 넣어 115℃에서 30분간 멸균한다.
  (대) Endotoxin 시험을 받지 않았으므로 주사액 제조에는 사용하지 못하나 점안제의 용
제로 적합하며, 시약조제 등에 쓰인다.

④ 주사용수(Water For Injection)
  (개) 상수 또는 정제수를 멸균하거나 정제수를 초여과하여 만들며 주사제를 만들 때 쓰는
것 또는 이것을 적당한 용기에 넣어 무균시험 및 엔도톡신 시험에 적합한 것
  (내) 주사제 조제, 분말주사약의 용해제

• **문제풀이 요령**
  멸균과 소독의 차이 : 멸균은 모든 미생물이 존재하지 않는 완전한 무균상태를 말하며, 소독은 병원성
미생물은 없고 비병원성 미생물은 존재할 수도 있는 상태(단 위생적으로는 문제없음)를 말함.

PROJECT 70 체감온도

출제빈도 ★

Q 체감온도에 대하여 설명하시오.

(1) '체감온도'의 정의 및 개요

① 주로 겨울철에 인체가 느끼는 외기의 추위 정도에 대한 정량적인 평가지표를 말한다.

② 체감온도는 외기의 건구온도에 비례하며 외기풍속에 반비례한다.

③ 겨울에는 같은 온도에서도 바람이 불면 체감온도는 더욱 낮아진다.

(2) 체감온도의 영향 요소

① 체감온도($℃$) $= f$ (외기온도, 풍속)

$$= 13.12 + 0.6215 \times T - 11.37 \times V^{0.16} + 0.3965 \times V^{0.16} \times T$$

여기서, T : 기온($℃$)

V : 풍속(km/h)

② 보통 영하의 기온에서 바람이 초속 1 m 빨라지면 체감온도는 2℃ 가량 떨어진다.

③ 습도가 낮을수록 체감온도가 더 낮아지나 겨울철에는 습도의 변화가 적으므로 일반적으로 습도는 고려하지 않고 여름철 불쾌지수에 고려한다.

④ 기상청에서는 보통 각 지역별 체감온도를 10월 1일부터 4월 30일까지 제공한다.

(3) 평가

① 여름철 같은 온도라고 하더라도, 습도의 정도에 따라 불쾌감의 차이가 크게 차이가 나듯이(불쾌지수), 겨울철에는 같은 온도라고 하더라도, 바람의 풍속에 따라 체감온도의 차이가 많이 발생한다. (인체의 감각측면)

② 즉, 겨울철 바람의 풍속이 클수록 체감온도는 낮아지고, 바람의 풍속이 작을수록 체감온도는 올라간다.

③ 쾌적한 공조공간의 실현을 위해서는 이러한 체감온도에 대해서도 잘 고려되어야 한다.

· **문제풀이 요령**

① 공식 : 체감온도($℃$) $= f$ (외기온도, 풍속)

② 습도는 겨울철 체감온도에는 고려하지 않고, 여름철 불쾌지수에 고려한다.

PROJECT **71** 냉·난방부하 설계 온도   출제빈도 ★☆☆

Q 냉·난방부하 계산 시 사용하는 설계 온도(Design Temperature)를 설명하시오.

(1) TAC 온도

① 설계 외기온도의 기준을 제시하는 것으로, 쾌적공조에서 외기온도 피크 시 장치용량 산정 시 과도한 장치용량으로 비경제적인 초기비용 절감과 에너지 절감을 위해 위험률을 고려한 설계 외기온도이다.

② 냉방 또는 난방기간 중 TAC 위험률에 해당하는 기간 동안은 실제 나타나는 외기온도가 설계 외기온도(TAC 온도)보다 높아지는 것을 허용하는 것을 말한다.

③ 냉방 시 총 냉방 기간 중 위험률(%)에 해당하는 기간 동안 난방시 총 난방 기간 중(위험율)(%)에 해당하는 기간 동안은 장치용량이 부족하게 되는 것을 허용하므로 착의량의 변화나 인간의 인내심에 호소하는 것으로 대응한다.

(2) 설계온도의 적용

① 설계용 외기온도

　㈎ 쾌적공조

　　㉮ 난방 및 냉방설비의 용량 계산을 위한 외기조건은 냉방기 및 난방기를 분리한 온도출현분포를 사용할 경우에는 주로 각 지역별로 TAC 위험률 2.5%를 적용한다.

　　㉯ 연간 총시간에 대한 온도출현 분포를 사용할 경우에는 주로 TAC 위험률을 1.0%로 적용하거나 별도로 정한 '외기온·습도 Table'을 적용한다.

　㈏ 공장공조 및 정밀공조 : 피크 시의 부하를 기준하여 TAC위험률 0%를 적용한다.

② 설계 실내온도

　㈎ 쾌적공조 : 실내환경평가지표의 온열 요소(물리적 요소) 및 개인적 요소(인간측 요소) 등을 고려한 유효온도, 신유효온도 등에 의한다.

　㈏ 공장공조 : 공정상 설계 조건에 주어진 설계 실내온도에 의한다.

· 문제풀이 요령

　설계 온도는 설계 외기온도(쾌적공조 ; TAC 위험률 1~2.5%, 공장공조 ; TAC 위험률 0%)와 설계 실내온도(물리적 요소, 인간측 요소, 공정온도)로 나누어 고려할 필요가 있다.

PROJECT 72 냉각탑 양정산출(계산문제)   출제빈도 ★☆☆

Q 그림과 같은 개방형 냉각탑과 냉동기가 수직높이 20 m의 거리에 설치되어 있다. 살수압손실 0.3 kg/cm², 배관마찰손실 20 mmAq/m일 때 냉각수 순환 펌프의 양정을 계산하시오. (단, 기타 모든 손실은 무시함, 수평거리 = 20 m)

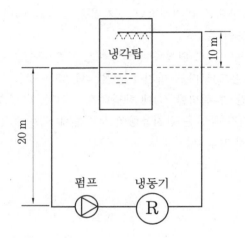

냉각수 순환펌프 양정 계산

순환펌프 양정 = 살수압 손실 + 실양정 + 마찰손실

여기서, 살수압 손실 = 3 m

실양정 = 10 m

마찰손실 = 단위 길이당의 마찰손실×(수평길이+수직길이)×α(국부저항계수)

= 0.02 m/m × [20 m+(20 m × 2 + 10 m)]

※ 주 : 여기서 α(국부저항계수)는 보통 1.2~1.5를 많이 적용하지만, 여기에서는 주어지지 않았으므로 생략한다.

그러므로, 순환펌프 양정=3 + 10 + 0.02 × 70 = 14.4 m

• 문제풀이 요령

'순환펌프 양정=살수압 손실 + 실양정 + 마찰손실' 공식에서 실양정이 30 m가 아니고, 10 m임에 유의할 것

PROJECT **73** 송풍기의 압력관계식   출제빈도 ★★☆

Q 아래 그림은 송풍기의 압력관계를 표시한 것이다. 송풍기 전압 및 송풍기 정압을 각각 식으로 도출하시오.

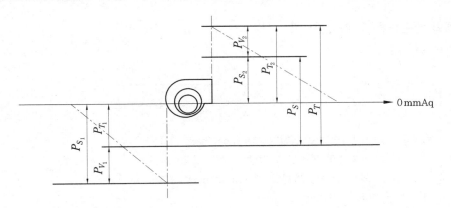

▶ **송풍기 전압 및 송풍기 정압 계산**

상기 그림에서,

① 송풍기 전압 $= P_T = P_{T_2} - P_{T_1} = (P_{S_2} + P_{V_2}) - (P_{S_1} + P_{V_1})$

② 송풍기 정압 $= P_s = P_T - P_{V_2} = P_{S_2} - P_{S_1} - P_{V_1}$

【예제】 다음 주어진 그림과 조건에서 송풍기의 정압(Pa), 공기동력(kW) 및 전동기 출력(kW) 을 각각 구하시오. (단, 정답은 소수 둘째자리에서 반올림한다.)

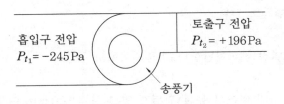

〈조건〉
- 토출 풍속 : 13 m/s
- 공기의 밀도 : 1.2 kg/m³
- 덕트 통과 풍량(Q) : 12,000 m³/h
- 송풍기의 전압효율 : 80 %
- 전달계수 : 1.1
- 기타의 손실 : 무시

◀**풀이**▶ (1) 송풍기의 정압(Pa) 계산

송풍기 전압(ΔPt)=토출구 전압(ΔPt_2)-흡입구 전압(ΔPt_1)=196-(-245)=441 Pa

송풍기 동압$= \frac{1}{2}\rho v^2 = \frac{1}{2}\times 1.2\times 13^2 = 101.4$ Pa

송풍기 정압= 송풍기 전압-송풍기 동압=441-101.4=339.6 Pa

(2) 송풍기의 공기동력(kW) 계산

송풍기의 공기동력$= Q\times \Delta Pt =$(12,000/3600)×441=1,470W=1.5 kW

(3) 송풍기의 전동기 출력(kW) 계산

전동기 출력(kW)=송풍기의 공기동력×전달계수/압력효율=1.47kW×1.1/0.8=2.0 kW

PROJECT 34 열관류율을 줄이는 4가지 방법 출제빈도 ★★☆

Q 벽체의 열관류율(K)에 관한 식을 제시하고 열관류율을 줄일 수 있는 대표적인 방법 4가지를 기술하시오.

(1) 벽체의 열관류율(K)에 관한 식

벽체의 열저항

$$K = \frac{1}{R} = \cfrac{1}{\cfrac{1}{\alpha_i} + \cfrac{d_1}{\lambda_1} + \cfrac{d_2}{\lambda_2} + \cfrac{d_3}{\lambda_3} + \cdots\cdots \cfrac{1}{\alpha_a} + \cfrac{1}{\alpha_o}}$$

여기서, α_i : 내부 면적당 열전달 계수(kcal/h·m²·℃)

α_a : 공기층의 면적당 열전달 계수(kcal/h·m²·℃)

α_o : 외부 면적당 열전달 계수(kcal/h·m²·℃)

K : 열관류율(kcal/h·m²·℃)

R : 열저항(h·m²·℃/kcal)

λ_1 : 구조체 1번의 열전도율(kcal/h·m·℃)

λ_n : 구조체 n번의 열전도율(kcal/h·m·℃)

d_1 : 구조체 1번의 두께(m)

d_n : 구조체 n번의 두께(m)

(2) 열관류율을 줄일 수 있는 대표적 방법

① 고단열자재 사용

㉮ 열전도율이 작은 단열재를 설치한다.

㉯ 단열시공 방법은 가급적 외단열공법으로 한다.

② 벽체의 두께를 두껍게 시공한다.

③ 벽체 내부에 중공층(공기층)을 두어 열전달을 차단한다 (이중외피구조 등).

④ 기밀구조로 시공한다.

⑤ 기타 열교의 차단, 내부 단열재 시공 시의 연속성 유지 (단열재 연결 시에 100 mm 이상의 겹치기 시공), 건축재료의 균일성 등도 중요하다.

• **문제풀이 요령**

벽체의 열관류율(K)을 줄이기 위해서는 고단열 자재를 사용하거나, 벽체를 두껍게 시공하는 등의 수단을 사용해야 하나, 시공비, 건축비 등을 줄이기 위해서 최적의 단열재 및 벽체 두께를 선정해야 한다.

PROJECT *75* **단열재의 경제적 두께 산출**   출제빈도 ★☆☆

Q ① 단열재 사용 두께 결정시 최적의 경제적 두께 결정 방법은?
② 또, KS 단열 기준이 보랭 기준인가, 보온 기준인가?

(1) 개요

냉장고의 경우 벽체로부터 침입열량은 대략 7~8 W/m² 이하로 설계함(이와 같이 전혀 열손실이 없게 할 수는 없음)

(2) 최적의 경제적 단열재를 선정하기 위한 조건

① 최적의 두께 선정 : 초기에 단열 두께를 크게 할수록 초기투자비는 많이 들지만 운전비가 절감(투자비 회수)되므로 초기투자비와 그에 따른 가동비를 사용 연수에 따라 LCC 분석과 같은 방법으로 수행해서 최적 두께를 결정한다.

② 최적의 단열재료 선정 : 어떠한 단열재료를 사용했느냐에 따라서 그 비용과 단열효과가 크게 차이가 나므로, 각 단열재료 마다 위의 최적 두께 선정 작업을 하여 경제성을 검토한다.

(3) LCC 분석법(경제적 보온두께 계산)

① 다음 그림과 같이 보온두께가 늘어날수록 열손실에 상당하는 연료비(a)는 감소하지만, 초기 투자비(b ; 보온 시공비)는 증가한다.

② 이때 총합비용[c(총합비용)=a(비용)+b(비용)]은 d지점에서 최소의 비용을 나타낸다(여기서 d지점의 두께를 경제적 보온두께라고 할 수 있다).

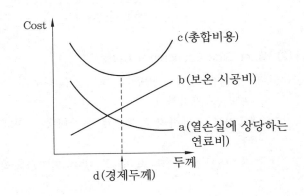

(4) KS 단열기준은 보랭보다는 보온 기준이다

보랭보다는 보온의 경우가 단열재 내·외부의 온도차가 크게 발생하기 때문임

• **문제풀이 요령**

단열재는 사용 두께가 두꺼울수록 열손실이 줄어들어 유리하지만, 단열재의 단가 상승으로 초기 투자비가 증가하므로 LCC 평가 이후 결정하는 것이 좋다.

PROJECT 36 이코노마이저 사이클   출제빈도 ★☆☆

Q 공조 분야의 이코노마이저 사이클에 대해서 설명하시오.

(1) Air Side Economizer Cycle (Economizer Control)

① 중간기나 동절기에 냉방이 필요한 경우 차가운 외기(공기)를 직접 도입 이용한 외기 냉방 시스템을 뜻함

② 例 : 외기 온도(T_o)와 리턴 공기온도 (T_i)를 비교하여 하절기 외기 온도가 $2.8℃(5℉)$ 이상 낮으면 외기 댐퍼를 최대로 열어 외기 냉방을 하며 외기온이 높아지면 외기 댐퍼를 전폐 (Fully Closed)한다.

③ '외기 엔탈피 제어'를 의미하기도 한다 (이 경우 온도차 대신 엔탈피차를 고려해 주어야 한다).

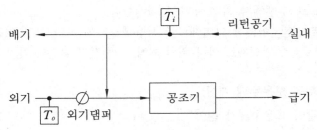

(2) Water Side Economizer cycle

① 외기 냉수 냉방을 말한다. 즉, 쿨링 타워의 냉각수를 펌프로 공조기에 순환시켜 냉방하는 방식을 의미한다.

② 냉동기를 가동하지 않으므로 운전비용이 적게 드는 시스템(에너지 절약적 냉방 시스템)이다.

③ 종류 : 냉각수 직접순환 방식, 냉수 열교환방식. 밀폐식 혹은 개방식 냉각탑을 사용하는 방식 등

④ 대기의 오염이 심한 경우와 전열(현열+잠열)교환이 필요한 경우에는 Air Side Economizer Cycle 대신에 Water Side Economizer Cycle을 사용하는 것이 적합하다.

⑤ 전공기 방식이나, 공기-물 방식의 공조에서는 Air Side Economizer Cycle이 주로 사용되고, 전수방식(혹은 공기-물 방식)에서는 Water Side Economizer Cycle이 유용하다.

• 문제풀이 요령

이코노마이저 사이클에는 Air Side Economizer Cycle(외기 냉방 혹은 외기 엔탈피 제어)과 Water Side Economizer Cycle(외기 냉수 냉방)이 있다.

PROJECT 77 비공조 지역의 온도부하　　　　　출제빈도 ★☆☆

Q 부하계산 시 천장 내의 온도 혹은 비공조 지역의 온도 계산법은?

(1) 개요

① 비공조 지역의 온도 계산은 냉방시와 난방시가 다소 차이가 나므로 별도로 구분해서 고려가 필요하다.

② 여름철에는 일사에 의한 외벽이나 지붕의 축열량이 많아, 비공조실의 온도가 실외온도에 의한 영향을 보다 많이 받는다.

③ 보통 난방시에는 '1/2 온도법'을 사용하고, 냉방시에는 '2/3 온도법'을 사용한다.

(2) 난방 시 비공조 지역 온도 계산법

① 1/2 온도법을 사용한다.

② 비공조실 온도＝실외온도 + (실내온도 – 실외온도) × 1 / 2

(3) 냉방 시 비공조지역 온도 계산법

① 2/3 온도법을 사용한다.

② 여름철은 태양의 고도가 높으므로 일사에 의한 외벽의 축열량이 많아져 평균 온도가 실외온도에 더 가까워진다.

③ 비공조실 온도 = 실내온도 + (실외온도 – 실내온도) × 2 / 3

④ 혹은 상기 난방시와 동일하게 1/2 온도법을 사용하는 경우도 있다.

(4) 기타의 방법

① 북측 벽의 상당외기 온도차(ETD)를 이용하는 방법 : 기상 Data를 바탕으로 북측 벽과 실외 공기의 상당외기 온도차(ETD)를 인접한 비공조실의 칸막이 벽측의 온도차(ΔT)로 부하계산에 적용하는 방법

② 기타 건물의 구조적 상대나 공조환경에 따라 인접한 비공조실의 온도를 실외온도에 더 가깝게 적용하는 경우도 있다.

• **문제풀이 요령**

　여름철 냉방 시에는 겨울철 난방 대비 일사에 의한 영향이 크기 때문에, 비공조실온도 및 천장 내부의 온도가 중심점 온도로부터 실외온도에 더 가까워진다.

PROJECT 78 PCM 출제빈도 ★☆☆

Q PCM(Phase Change Materials)의 정의 및 이용 사례에 대해서 설명하시오.

---

(1) PCM의 정의

① PCM은 Phase Change Materials의 약자이며 상변화 물질을 말한다.

② 잠열을 이용하므로, 일반적으로 고효율 운전이 가능하나 열교환기, 축열조 등 설비의 소요 면적이 다소 커지는 특징을 가진 물질이다.

(2) PCM 이용 사례

① 태양열 상변화형 급탕기

   ⑺ 상변화 물질을 열전달 매체로 하고 열교환기를 사용하여 온수를 가열하는 방식이다.

   ⑴ 상변화 물질은 배관 내에서 부식, 스케일 등을 일으키지 않는 물질이어야 한다.

   ⑶ 원리(무동력 자연형 급탕기) : 일사되는 동안 집열기가 태양열에 의해 가열되어 액체 상태의 상변화 물질은 증기 상태로 변환되고 이것은 비중 차에 의해 상승하여 집열기 상부에 설치된 축열탱크 내의 열교환기를 통과하면서 상변화 물질의 잠열로 물을 데우는 열교환이 일어난다. 이 증기 상태의 상변화 물질은 응축되기 시작하는데 응축된 상변화 물질은 중력에 의해 집열기 하부로 다시 돌아가 순환을 계속한다.

② PCM Ball을 이용한 태양열 온수 시스템 : 다음 그림과 같이 축열조 내에 보다 많은 열을 축열할 수 있게 하기 위해 PCM Ball (열을 받으면 고체에서 액체로 변화하는 PCM을 넣은 Capsule 임)을 추가한 형태

③ Cold – Chain System (저온 유통체계)

   ⑺ 저온 PCM(얼음, 드라이아이스, 기한제 등)을 이용하여 식품의 제조, 유통 등 전단계를 걸쳐 신선도와 맛을 보장해준다.

   ⑴ 냉동차량, 쇼케이스, 소포장용 냉동 Box 등에 적용되어 저온 냉장을 담당한다.

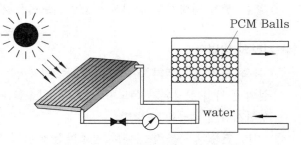

PCM Balls을 이용한 태양열 온수 시스템

· 문제풀이 요령

① PCM은 영어 그대로 '상변화형 물질'을 의미하므로 잠열을 이용할 수 있다는 것이 큰 장점이므로, 열용량이 크고 고효율 운전이 가능하다.

② 상변화 물질은 상변화에 의해 물질의 비중차를 발생시키므로, 대류 효과를 이용한 '무동력 자연형 급탕기' 등에 응용 가능

PROJECT **79** 외주부에 VAV System 채용 시 문제점   출제빈도 ★★☆

Q VAV System을 건물의 외주부에 채용 시 문제점에 대해서 기술하시오.

(1) 풍량

① VAV Unit의 풍량제어 범위는 외주부 30~100 %, 내주부 0~100 % 정도의 범위에서 각 Zone별 특성에 따라 정한다.

② 공조기의 최대 풍량은 담당 Zone의 최대 부하에 동시부하율을 고려하여 풍량을 선정한다(공조기 max.풍량의 70~80 %).

③ 공조기의 최소 풍량은 각 zone의 최소 부하시의 풍량, 최소 환기회수 및 Surging Point 이상이 되는 풍량을 고려한다(공조기의 과열 및 과랭 방지).

(2) VAV System을 외주부에 채용 시 실내 압력은 Positive Pressure로 유지하여 건물의 Stack Effect에 의한 외기 침입을 방지한다.

(3) VAV 방식은 냉방시스템을 중요시한 방식이므로 송풍온도 일정하게 유지(16~17℃)하는 것이 좋다.

(4) 동절기에는 열손실 차단이 중요하며, 겨울철 실내 설정온도(20℃)와 급기온도와의 차가 열손실로 발생되므로 방열기 부하에 가산이 필요하다.

(5) 절대환기량이 요구되는 실은 정풍량 방식으로 절환하고 재열코일을 설치한다(과랭 방지).

(6) 토출구 선정

① 풍량이 변동되어도 기류 흐름이 변하지 않아야 한다.

② 가능하면 토출구 수를 많이 하고 개당 풍량이 적은 것으로 선정한다.

③ 가급적 유인비가 큰 Line 형을 선정(Indution Ratio 큰 것)한다.

④ ADPI(Air Distribution Performance Index, 공기 확산 성능 계수)가 커야 된다.

⑤ 토출구 배치시 일사부하가 많은 외주부의 디퓨저는 신중히 배치한다.

(7) Cold Draft와 결로를 최소화하기 위해 Perimeter Floor Diffuser를 VAV와 같이 사용할 것이 권장되며, 부하가 클 경우 바닥 패널 히팅을 고려한다.

• **문제풀이 요령**

① 건물의 외주부는 굴뚝효과(연돌효과)에 특히 취약하므로 실내를 어느 정도 가압하기 위해 최소 풍량 기준을 다소 높이고 필요 시 재열코일을 설치하는 것이 유리하다.

② 또 외주부는 Cold Draft와 결로에도 취약하므로 바닥취출의 형태를 VAV와 같이 혼용하는 방식이 권장된다(Perimeter Floor Diffuser, 바닥 패널 히팅 등 고려).

PROJECT 80   FFU 편류 출제빈도 ★☆☆

Q FFU (팬 필터 유닛)방식의 수직 층류형 클린 룸에서 편류의 원인과 개선 방안에 대해 설명하시오.

(1) 개요
① 미소 입자의 경우는 기체 분자와의 충돌에 의한 브라운 운동의 효과가 현저하다(특히 0.2μm 이하).
② 클린룸 시스템의 정확한 기류분석은 클린 룸의 형상, 각종 장비의 형상 및 작동조건을 파악해야 하며 정량적인 분석은 매우 어렵다.

(2) 클린 룸 편류의 정의
① 클린 룸의 FFU 등에서 토출된 기류가 수직방향으로부터 벌어진 각도(편향각)로 벗어나 흐르는 기류를 의미한다.
② 미국연방규격 209D : 14°이내(ISO 기준치)

(3) 편류 발생 원인
① 실내에서 수직하향 기류 유동을 교란하여 난류화하는 요인이 존재하게 되면 쉽게 파괴되어 제한적인 오염영역에 입자들의 상대적인 잔존 시간이 길게 되고, 확산에 의해서 그 오염 영역이 확장된다.
② 클린 룸 내부의 정압이 균일치 못하면 편류가 발생/심화될 수 있다.

(4) 편류 개선 방안
① 클린 룸 내부의 정압이 균일해지도록 제어를 정밀하게 해준다.
② 편류를 방지하기 위한 방법으로 '액세스 플로어'의 개구부 분포를 개선한다.
③ 편류 각도(편향각)를 줄여준다(14° 이내).
④ 전산 유체역학(CFD)을 이용하여 편류 발생 방지 설계를 한다.

(5) 클린 룸의 기류 기준
① 일방향 영역 실단면 속도 = 0.25 ~ 0.3 m/s±20 %
② 필터 취출속도 = 0.3 ~ 0.35 m/s±20 %
③ 편류 각도 = 14° 이내 (ISO 기준)

• 문제풀이 요령
클린 룸에서 기류의 교란(난류화), 室內 정압 불균일 등으로 편류가 발생하여 오염이 확산되는 경우가 많으므로 주의해야 한다.

PROJECT *81* 원자력 에너지

Q 원자력 에너지의 장단점 및 국내 현황에 대해서 설명하시오.

(1) 원리

① 우라늄을 충진한 5 m 정도의 핵연료봉 ASSY에 중성자를 통과시켜 핵반응을 일으키고 외부에 있는 물을 끓여 발전 등을 함

② 950℃ 이상의 물을 끓여 수소를 분리하여 연료 전지도 생산 가능

(2) 원자력 에너지의 장점

① 연료가격이 저렴하다.

② 화석연료를 태울 때 나오는 이산화탄소, 아황산가스 등의 오염물질이 발생하지 않는다.

③ 자원의 효용 가치가 크고 무궁무진한 에너지이다.

④ 우주 산업과 연관되어 동시 발전이 가능하다(최첨단 기술이 종합된 기술 집약적 발전방식).

⑤ 핵융합로가 실용화되면 한층 더 효용가치가 커질것으로 예상된다.

(3) 원자력 에너지의 단점

① 발전과정에서 불가피하게 나오는 방사선 및 방사성 폐기물의 안전한 처리기술이 필요하다.

② 초기 투자비(초기건설비용, 각종 안전장치 설치비용 등)가 많이 든다.

③ 방사성 폐기물에 의한 환경오염이 있을 수 있다.

④ 냉각수로 해수를 사용할 경우 해수온도가 상승하여 생태환경에 변화를 가져올 수 있다.

⑤ 기타 핵무기 제조기술로의 전환 우려, 지진 등의 자연재해 시 대형 참사 우려, 발전소 수명 만료 시 해체 기술 난이 등

(4) 국내 현황

① SMART 원자로(해수 담수 원자로) : 소규모 전력을 생산하는 설비로 인도네시아 등에 수출하는 원자로

② 한국 표준형 원자로 : 현재 국내에서 가동 중인 일부 원자로로서, 한국이 표준형 및 수출주도형으로 개발한 원자로임

③ 한국도 원자력 선진국가임(G6)

④ 장차 유가 파동과 석유 고갈 등을 대비하여 원자력에너지 기술을 중요히 개발할 필요 있음

⑤ 최근 원전 건설에 대해 국내·외 환경단체들의 반대가 심하고 원자력 에너지 또한 장점과 단점이 상존하므로, 국가 전체 이익 혹은 인류 전체의 이익 측면에서 득실을 잘 분석 후 추진함이 마땅하다.

PROJECT 82 **지열의 응용 사례**   출제빈도 ★☆☆

Q 지열(地熱)의 응용 사례에 대해서 설명하시오.

(1) 개요

① 땅 속에는 무궁무진한 잠재 에너지가 담겨져 있다.

② 땅 속 깊은 곳에서는 방사성 동위원소들의 붕괴로 끊임없이 열이 생성되고 있고, 땅 속 마그마는 종종 지각이 얇은 곳에서 화산이나 뜨거운 노천온천의 형태로 열을 분출한다. 또한 얕은 땅속은 계절에 따른 온도 변화가 없이 15~20℃ 내외의 일정한 온도를 유지한다.

(2) 지열의 응용 사례

① 땅속의 뜨거운 물 이용 발전(제1세대 발전 ; 주로 화산지대) : 지열을 이용해서 전기를 생산하기에 적합한 곳은 뜨거운 증기나 뜨거운 물이 나오는 곳이다. 증기가 솟아 나오는 곳에서는 이 증기로 직접 터빈을 돌려서 발전을 한다 (미국, 동남아시아, 북동유럽, 아프리카, 일본 등이 주도국임).

② 땅속의 암반 이용 발전(제2~3세대 발전)

㈎ 암석층에 구멍을 뚫고 물을 흘려보내서 가열시킨 다음 끌어올려서 그 열로 끓는점이 낮은 액체를 증기로 만들어 발전기를 돌리고, 이때 식혀진 물은 다시 땅속으로 보내 가열시켰다가 끌어올리기를 반복하는 방법이다.

㈏ 제2세대 발전 (EGS : Enhanced Geothermal System) : 원하는 온도의 심도까지 시추하여 폐회로인 인공 파쇄대를 형성하여 열을 획득하는 시스템이다 (독일, 스위스, 호주, 미국 등이 주도국임).

㈐ 제3세대 발전 (SWGS : Single Well Geothermal System) : 제2세대 발전방식 대비 천공비 및 공기를 많이 줄일 수 있는 방법의 일환으로 개발되었으며, 원하는 온도의 심도까지 시추하여 인공 파쇄대 없이 1공으로 주입 및 생산이 이루어지는 시스템이다(독일, 스위스 등이 주도국임).

※ 주 : 국내의 지열발전은 경상북도 포항, 전라남도 광주, 울릉도 등에서 진행 중(제2세대 발전)

③ 급탕·난방용 열 공급 : 땅속 암석층에 의해서 뜨거워진 물은 전기 생산뿐만 아니라 급탕용 혹은 난방용 열을 공급하는 데 직접 이용될 수도 있다.

④ 직접 냉·난방 : 땅속에 긴 공기 흡입관을 묻고 이 관을 통과한 공기를 건물에 공급해서 난방과 냉방을 하는 지열 이용 방식도 있다. 이 경우 겨울에는 공기가 관을 통과하면서 지열을 받아 데워지고, 여름에는 뜨거운 바깥 공기가 시원한 땅속 관을 통과하면서 식혀진 후 공급된다(난방과 냉방을 위한 에너지가 절약되는 것이다).

⑤ 각종 냉동장치의 응축기에서 발생하는 응축열을 효과적으로 제거해줄 수 있다(냉각탑 대용).

⑥ 지열 히트펌프 방식에서 열원으로 활용되어질 수 있다.

PROJECT 83 복사 관련 용어　　　　　　　　　　출제빈도 ★☆☆

Q 아래 용어에 대하여 설명하시오.

(1) 천공복사　　(2) 복사수지　　(3) 일사열 획득계수(SHGC)　　(4) 가시광선 투과율

---

(1) 천공복사

① 태양으로부터의 복사열은 두 경로로 지상에 도달하는데 직접 태양에서 일사로서 도달하는 것을 태양복사라고 하고, 천공의 티끌(먼지)이나 오존 등에 부딪친 태양광선이 반사하여 지상에 도달하는 것이나, 태양광선이 지표에 도달하는 도중 대기 속에 포함되어 있는 수증기나 연기, 진애 등의 미세 입자에 의해 산란되어 간접적으로 도달하는 복사를 천공복사라 한다.

② 천공복사에 의해 직접 일사가 없는 북측 혹은 차양, 그 외 건물의 음지인 부분의 창에도 복사열이 들어온다.

(2) 복사수지

① 태양복사에너지가 지구의 대기권 밖에 도달할 때 가지는 일정한 에너지는 약 1.95 $cal/cm^2 \cdot min$ (태양상수)이다.

② 그러나, 대기권을 통과하면서 약 절반 정도는 구름, 대기 중의 입자 등에 의해 손실 및 반사되고, 약 48 %만이 지표에 도달한다 (가시광선 : 45 %, 적외선 : 4 5 %, 자외선 : 10 %).

③ 지표에 도달하는 48 %의 태양광은 아래와 같은 수준이다.

　(가) 직사광 (22 %) : 태양으로부터 직접 도달하는 광선

　(나) 운광 (15 %) : 구름을 통과하거나, 구름에 반사되는 광선

　(다) 천공 (산란)광 (11 %) : 천공에서 산란되어 도달

(3) 열사열 획득계수 (SHGC : Solar Heat Gain Coefficient)

① 열사열 획득계수는 창호를 통한 일사 취득의 정도를 나타내는 지표이다.

② 열사열 획득계수 = 직접 투과된 일사량 계수 + 유리에 흡수된 후 실내로 유입되는 일사량 계수(단위는 무차원이다.)

③ 열사열 획득계수(SHGC)가 크면 창호를 통한 일사 취득량 증가로 냉방부하는 증가되고, 난방부하는 저감된다.

(4) 가시광선 투과율 (VT, VLT : Visible Light Transmittance)

① 가시광선 투과율은 태양으로부터의 복사에너지 중 파장 380nm ~ 760nm인 가시광선이 창호의 유리를 투과하는 비율을 말한다 (0~1까지의 수치로 표현되는 무차원임).

② 가시광선 투과율이 클수록 일사획득계수(SHGC)도 높아지므로 냉방부하를 증가시킬 수는 있으나, 자연채광의 증가로 조명으로 인한 실내 발생열은 줄일 수 있다.

PROJECT 84 열취득과 냉방부하

 줄제빈도 ★☆☆

Q 열취득과 냉방부하의 차이점에 대하여 설명하시오.

(1) 개요

① 열은 외부환경에 노출되어 있는 표면, 재실자, 조명 및 기기, 침입공기 등을 통하여 공간으로 유입된다.

② 냉방부하는 실내공기의 온도 및 습도를 일정한 설정치로 유지하기 위하여 제거해야 할 열량을 나타낸다.

③ 열취득은 현열 또는 잠열의 형태로 발생한다.

④ 잠열 열부하는 기본적으로 순간적인 냉방부하가 된다.

⑤ 현열 열부하는 대개 일부는 축열에 기여하고(시간 지연 및 감쇄), 일부는 냉방부하가 된다.

(2) 열취득(Heat Gain)과 냉방부하(Cooling Load)의 차이점

① 냉방부하는 일반적으로 열취득과 차이가 있다. 이는 복사에 의하여 발생하는 현열 열취득의 일부는 표면에 흡수되어, 직접 냉방부하로 나타나지 않고 시간 지연(Time Lag)을 가지고 나타나기 때문이다.

② 복사에너지는 먼저 공간에 포함된 벽, 마루, 가구 및 기타 물질에 의하여 흡수된다. 이러한 표면 및 물질의 온도가 실내공기의 온도보다 높아지면, 저장된 열이 대류에 의하여 실내에 있는 공기로 전달된다.

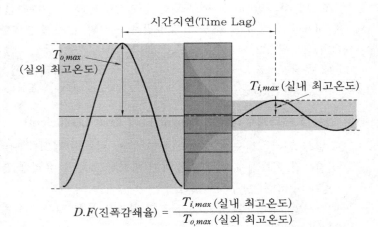

$$D.F(\text{진폭감쇄율}) = \frac{T_{i,max}(\text{실내 최고온도})}{T_{o,max}(\text{실외 최고온도})}$$

③ 따라서 건물구조체의 열용량에 의한 진폭감쇄율(D.F) 및 열전달 특성에 따라 열적 시간 지연 및 열취득과 냉방부하 사이의 관계가 결정된다.

· 문제풀이 요령

여름철 실내 취득열량 중 축열에 의한 시간 지연 및 진폭 감소분을 제외한 부분이 냉방부하가 된다.

PROJECT 85 생체기후도

Q 공조분야에 사용되는 생체기후도에 대해서 설명하시오.

(1) 인체의 생체기후도

① 인체의 쾌적조건을 자연 요소 (그늘, 수분, 통풍, 복사 등)와 함께 Graph화
② 도표의 중앙에 쾌적조건 표시 (보통 가로축에 상대습도 표기)
③ 쾌적조건에 대한 자연적 조절기법을 발견 가능

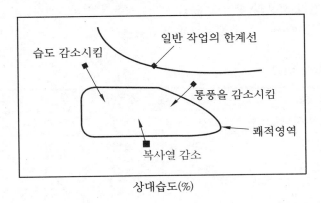

인체의 생체기후도

(2) 건물의 생체기후도

① 쾌적조건에 대한 자연적 조절법 과 설비형 조절법을 동시에 Psy-crometric Chart (습공기 선도) 상에 표시함
② 보통 쾌적범위를 습공기 선도의 중심부분 근처에 표시하고, 그 주 변에 자연통풍 필요 영역, 증발냉 각 필요 영역, 감습 필요 영역 등 자연·설비형 조절 필요 영역을 표시함

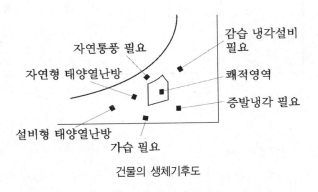

건물의 생체기후도

• **문제풀이 요령**

생체기후도에는 인체의 생체기후도(자연적 조절법 제시)와 건물의 생체기후도(자연적 조절법과 설비형 조절법 제시)가 있다.

PROJECT 86 빙축열, 수축열, 구조체축열 ·· 출제빈도 ★★☆

Q 빙축열, 수축열, 구조체축열을 비교 설명하시오.

---

(1) 필요성

① 빙축열, 수축열, 구조체 축열은 열 사용의 시간차 요구(예열, 예랭 등)에 대응한 공조방식이다.

② 저렴한 야간전기 사용의 장점도 있고, 주간 첨두부하(피크부하) 삭감에도 도움을 준다.

③ 장비 용량을 줄여주어 초기 투자비가 절감된다.

(2) 3종류의 축열방식 비교

No.	비교항목	빙축열	수축열	구조체 축열	비 고
1	단위 체적당 열저장 능력	크다	적다	적다	'열용량'에 따라
2	설치공간	중간	크다	적다	–
3	시스템의 복잡성	복잡	중간	간단	–
4	MODE(냉방, 난방)	냉방 전용	모두 가능	모두 가능	–
5	초기 투자비	크다	중간	적다	경제성
6	유지 관리성 및 비용	어려움	중간	가장 유리	경제성
7	자연에너지(태양열, 지열, 온도차 에너지 등) 이용	어려움	중간	가장 유리	–
8	축열 매체	얼음	물	구조체	–
9	열저장 방식	잠열	현열	현열	현열과 잠열 구분

• **문제풀이 요령**

구조체 축열방식은 그 방식이 매우 간단하고, 초기투자비 / 유지관리비 등 여러 측면에서 장점이 많기 때문에 향후 많은 발전이 있을 것으로 보여진다 (일본에서는 중앙공조뿐만 아니라, 시스템 멀티(EHP)에도 구조체 축열을 적용하여 야간 전력 사용, 쾌적성 향상 등을 시도하고 있다).

PROJECT 87 훈증설비

Q 훈증설비에 대해서 기술하시오.

(1) 훈증의 목적

① 도서관, 박물관 등에서 서적, 미술품, 유물 등을 유해한 해충 등으로부터 보호하기 위한 설비로 주로 사용된다.

② 좀, 해충, 균해 등의 유해한 벌레를 구제하기 위한 설비이다.

(2) 훈증 방법

① 상압훈증

㈎ 일반적으로 대기압 상태에서 행해지므로 '대기압 훈증'이라고도 한다.

㈏ 위험성이 적고, 대규모 건물에 사용이 편리하다.

② 감압훈증

㈎ 훈증고 훈증이라고도 하며, 약 −100 mmHg 정도로 감압 후 훈증한다.

㈏ 큰 유물, 큰 서적 등에는 부적합하다(훈증고 크기 등의 문제).

감압훈증 장치의 일례

(3) 훈증 순서

일반적으로 아래와 같은 순서로 훈증이 행해진다.

현장(대상물) 조사 → 밀폐작업 → 가스 투약 → 배기→ 검증보고서(주로 검사기관에 의뢰)

(4) 주의사항

① 훈증을 위한 가스 투약하여 훈증을 완료한 후에는, 내실자의 안전과 건강을 위해 반드시 환기를 철저히 해야 한다.

② 보통은 간편한 '상압 훈증'을 많이 채택하지만, 정밀하고 확실한 훈증 필요시에는 '감압 훈증'을 실시해야 한다.

• **문제풀이 요령**

좀 벌레 등을 구제하기 위한 훈증에는 대기압 상태에서 행하는 상압훈증과 진공 상태에서 행하는 감압훈증이 있다.

PROJECT **88** 지역난방 방식과 CES

출제빈도 ★☆☆

Q 기존 지역난방 방식과 CES의 특징을 비교하시오.

(1) 개요

① 소규모(구역형) 집단 에너지(CES : Community Energy System)는 소형 열병합 발전소를 이용해 냉방, 난방, 전기 등을 일괄 공급하는 시스템

② 일종의 '소규모 분산 투자'라고 할 수 있다.

(2) 기존 지역난방 방식과 CES의 특징 비교

비교항목	기존 지역난방 사업	CES 사업
서비스	난방 위주, 제한적 전기/냉방	냉방, 난방, 전기, 모두 일괄 공급
주요대상	신도시 택지지구의 대규모 아파트 단지	업무 상업지역, 아파트, 병원 등 에너지 소비 밀집구역
시스템	대형 열병합 발전, 쓰레기 소각시설, 열전용 보일러 사용	소형 열병합 발전(가스엔진, 가스터빈 등), 냉동기
투자형태	대규모 집중 투자	소규모 분산 투자

(3) 결론

① CES는 난방 위주의 기존 지역난방 사업과 달리, 소형 열병합 발전소를 이용해 전기, 냉방, 난방(급탕)을 일괄 처리하므로, 기존 대비 약 11~18 % 정도의 효율이 향상된다고 보고되고 있다.

② Connection Energy System(열의 고온 수요처부터 저온 수요처로 차례로 공급하는 방식)과도 유사 개념이다(전기 발전은 고온 수요처, 냉·난방은 저온 수요처).

• 문제풀이 요령

　지역 단위의 난방 에너지 공급 방식으로부터 점차 사용의 편의성, 효율성 등을 위해 소규모 분산 투자(CES)의 개념이 많이 보급될 전망이다.

PROJECT 89 전산 유체 역학   출제빈도 ★☆☆

Q 전산 유체 역학(CFD)에 대해 간략히 기술하시오.

(1) 개요

① 전산 유체 역학 (CFD ; Computational Fluid Dynamics)은 말 그대로 다양한 유체 역학 문제(대표적으로 유동장 해석)들을 전산(컴퓨터)을 이용해서 접근하는 방법이다.

② 프로그래밍의 문제를 해결하기 위한 여러 상용 프로그램들이 이미 나와 있고 또한 상용화되어 있다.

③ 해석기법 : 유한차분법, 유한요소법, 경계적분법 등이 주로 사용되어진다.

(2) CFD (전산 유체역학)의 정의

편미분 방정식의 형태로 표시할 수 있는 유체의 유동현상을 컴퓨터가 이해할 수 있도록 대수방정식으로 변환하여 컴퓨터를 사용하여 근사해를 구하고, 그 결과를 분석하는 학문이다.

(3) 시뮬레이션 방법

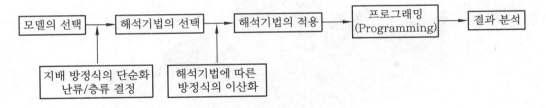

(4) CFD의 특징

① 보통 유체 분야는 열(熱) 분야와 함께 다루어진다. 그래서 열유체라는 표현을 많이 사용함

② 이러한 열유동 분야의 가장 대표적인 Tool로써 Flunet라는 범용해석 Tool이 있다.

③ 적용 범위는 광범위하지만, 대표적인 예로 Fluent 같은 경우는 항공우주, 자동차, 엔진, 인체 Blood 유동 등에 주로 사용되고 있다.

④ 자연계에 존재하는 다양한 여러 유동 현상의 전산 프로그래밍화만 가능하다면 아주 유용하게 해석해낼 수 있는 방법이다.

(5) CFD의 적용 분야

① 층류 및 난류 유동해석

② 열전도 해석

③ 대류 유동해석

④ 복사 열전달 해석

⑤ 사출 성형의 수지흐름 해석

⑥ PCB 열분석

⑦ 엔진의 열분석

⑧ 자동차 및 우주항공 분야

⑨ 의학분야(인체 Blood 유동 등)

(6) CFD의 단점

① 그러나 이러한 해석의 Tool 역시 사람이 인위적인 가정 하에 프로그래밍화 된 것이기 때문에 자연현상을 그대로 표현하기에는 한계가 있다고 할 수 있다.

② 그래서 실질적으로는 많은 실험자료와 함께 비교 활용된다.

③ CFD에 지나치게 의존하여 업무가 진행되면, 실제의 현상과 괴리되어 문제를 야기할 수도 있다(이론과 실험의 접목이 가장 좋은 방법임).

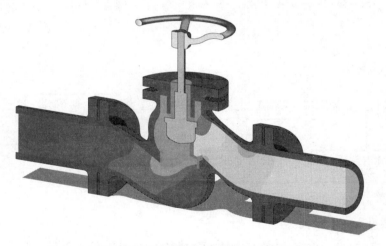

CFD을 이용한 컨트롤 밸브에서의 유동해석
(압력, 유속, 난류 등을 해석 및 color로 가시화)

• 문제풀이 요령

　전산 유체 역학(CFD)은 매우 다양한 유체 역학 문제(대류 / 복사 분석, 실내 기류 분석 등)를 자동화된 프로그래밍을 통해 효과적으로 분석이 가능하므로 보급 및 응용이 계속적으로 증가하고 있다.

PROJECT **90** 클린룸의 설계조건　　　　　　　　출제빈도 ★☆☆

Q 다음은 클린룸의 설계 조건이다.

> [조건] ① 클린룸 크기 8 m×10 m×5 m(H)＝400 m³
> ② 청정도 : class100 (1ft＝0.3048 m)
> ③ 외기량 ┌ a) 배기량 : 실용적의 6회/h
> 　　　　　└ b) 양압유지용 외기량 : 실용적의 2회/h
> ④ 외기먼지량 : $1.8×10^8$개/m³
> ⑤ 작업자로부터 발진 : 50000개/분·인
> ⑥ 작업인원 : 10인
> ⑦ 기기로부터의 분진 : 900000개/분
> ⑧ HEPA 필터효율 : 99.97 %

(1) 실내먼지농도유지를 위한 산술적 송풍량과 환기회수를 구하시오.

(2) 실제 적용에서 와류발생을 방지하기 위하여 0.4 m/s 기류속도의 전면 (全面) Down-Flow형 송풍회로로 할 경우 환기횟수를 구하시오.

(1) 실내 먼지농도 유지를 위한 산술적 송풍량과 환기횟수

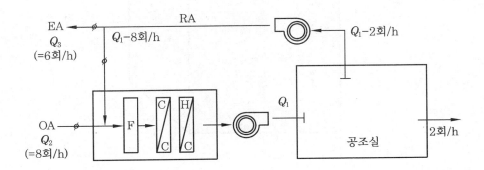

① 분진 발생량 (M)＝작업자로부터의 발진＋기기로부터의 분진

　　　　　　　＝50,000개/분·인×10인×60분＋900,000개/분×60분

　　　　　　　＝$3×10^7$개/h＋$5.4×10^7$개/h＝$8.4×10^7$개/h

② 실내 청정 기준량(N) : class100이란 1ft³에서의 먼지가 100개 라는 뜻이므로

　　　　1 m³에서는 100×35.31467＝3531.467개/m³

③ 외기로부터 도입되는 먼지량(L)＝$1.8×10^8$개/m³

④ 송풍량 (Q_1) 계산

"룸의 분진 방출량 = 룸의 분진 발생량"에서,

$$(Q_1 \times N) = (Q_1 - 8회/h) \times N \times (1-\eta) + 8회/h \times L \times (1-\eta) + M$$

$$N \cdot Q_1 - N \cdot (1-\eta) \cdot Q_1 = -N \cdot (1-\eta) \cdot 8회/h + 8회/h \times L \times (1-\eta) + M$$

$$Q_1 = (8회/h \times L \times (1-\eta) + M - N \cdot (1-\eta) \cdot 8회/h)/(N \times \eta)$$

$$= (3,200 \times 1.8 \times 10^8 \times 0.0003 + 8.4 \times 10^7 - 3531.467 \times 0.0003 \times 3,200)/$$

$$(3531.467 \times 0.9997)$$

$$= 약 \ 72738.5 \ CMH$$

따라서, 환기횟수 = 72738.517 CMH/400 = 약 182 회/h

(2) 환기횟수 계산 (와류발생 방지)

실제 적용에서 와류발생을 방지하기 위하여 0.4m/s 기류속도의 전면(全面) Down-Flow 형 송풍회로로 할 경우

① 송풍량 : 0.4m/s × 3600초/h × 8 m × 10 m = 115,200 CMH

② 환기횟수 : 115,200 CMH/400 = 288회/h

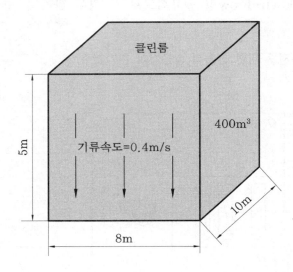

• **문제풀이 요령**

 공조실(목적 공간) 내부의 급배기 풍량의 정산관계를 그림으로 표현을 하여보고 식을 유도하여 실(室) 의 필요풍량 및 환기횟수를 구할 수 있다.

PROJECT **1**   **팽창 탱크**   출제빈도 ★★☆

Q 온수난방에 사용되는 팽창 탱크에 대해서 설명하시오.

---

(1) 개요

① 온수난방 배관계에서 온수의 온도변화로 비등(팽창)하여 플래시 가스가 발생하여 내압상
  승 및 소음 발생할 수 있고, 또 수축시에는 배관 내에 공기침입이 초래되는 등 배관 계통
  의 고장 혹은 전열 저해의 원인이 될 수 있다.

② 팽창 탱크를 설치하여 물의 온도변화에 따른 체적팽창 및 수축을 흡수하고, 배관 내부압
  력을 일정하게 유지할 수 있다.

③ 이와 같이 물의 체적 팽창에 따른 위험을 도피시키기 위한 장치가 반드시 필요하게 되는
  데, 이를 팽창 탱크 혹은 팽창수조라고 한다.

(2) 팽창 탱크의 종류 및 특징

① 개방식 팽창 탱크(보통 저온수 난방, 소규모 건물)

  ㈎ 저온수 난방 배관이나 공기조화의 밀폐식 냉온수 배관계통에서 사용되는 것으로서
    이 수조는 일반적으로 보일러의 보급수 탱크로서의 목적도 겸하고 있다.

  ㈏ 이 수조는 탱크 수면이 대기 중에 개방되며, 가장 높은 곳에 설치된 난방장치보다 적
    어도 1 m 이상 높은 곳에 설치되어야 한다(설치위치의 제한).

  ㈐ 일반적으로 저온수 난방 및 소규모 급탕 설비에 많이 적용된다.

  ㈑ 구조가 간단하고 저렴한 형태임

  ㈒ 산소의 용해로 배관 부식 우려

  ㈓ 설치가 용이하다.

  ㈔ Over Flow 시 배관 열손실 발생 가능성 있음

  ㈕ 압력이 낮은 주철제 보일러에서는 개방식을 많이 사용한다.

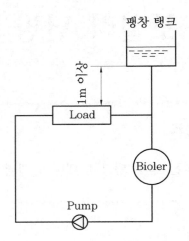

② 밀폐식 팽창 탱크(고온수 난방, 대규모 건물)

  ㈎ 안전밸브를 달아 보일러 내부가 제한압력 이상으로 상승하면 자동적으로 밸브를 열어 과잉수증기를 배출

  ㈏ 밀폐식은 가압용 가스로서 불활성기체(고압질소가스)를 사용하여 이를 밀봉한 뒤, 온수가 팽창했을 때 이 기체의 탄력성에 의해 압력 변동을 흡수하는 것이다.

  ㈐ 이 탱크는 100℃ 이상의 고온수 설비라든가 혹은 가장 높은 곳에 설치된 난방장치보다 낮은 위치에 팽창수조를 설치하는 경우 등에 쓰이는 것으로, 소정의 압력까지 가압해야 할 필요성 때문에 마련되는 것이다(팽창 탱크 위치가 방열기 위치에 무관).

  ㈑ 밀폐식은 개방식에 비하면 용적은 커지지만(물론 대규모 장치에서는 가능한 용적이 적어지도록 설계해야 한다), 보일러실에 직접 설치할 수 있어 편리하다.

  ㈒ 이 탱크는 고온수일 때는 압력용기의 일종이 되므로 압력용기 법규의 규제 대상이 된다.

  ㈓ 강판제 보일러에 주로 사용된다.

  ㈔ 고온수 및 지역난방에 널리 적용된다.

  ㈕ 개방형 대비 복잡하고 가격이 비싸다.

  ㈖ 관내 공기 유입이 되지 않아 배관부식 등의 우려가 적다.

  ㈗ Over Flow가 생길 수 없다.

③ Bradder식 팽창 탱크

  ㈎ 밀폐식 팽창 탱크의 일종으로 '브래더'라고 하는 부틸계의 고무격막을 사용하여 반영구적으로 사용할 수 있음

  ㈏ 고무격막 브래더(공기주머니)는 공기의 차단을 위해 팽창 탱크 내에 설치되어 배관수의 온도에 따라 팽창/수축되는 온수를 흡수/방출하는 기능을 함

  ㈐ 고무의 두께가 균일해야 되고 공기투과율이 없어야 되는 등 공정상의 어려운 점 때문에 독일, 이탈리아 등으로부터 수입에 많이 의존해 왔다.

  ㈑ 최근 일부 업체를 중심으로 국산화가 완료되었다.

(4) 팽창 탱크의 용량 계산

① 팽창량$(\Delta V) = V \cdot \left(\dfrac{1}{\rho_2} - \dfrac{1}{\rho_1} \right)$

② 개방형 팽창 탱크용량$(V_t) = (2 \sim 3) \times \Delta V$

③ 밀폐형 팽창 탱크용량

(가) 유효 용량계수(A.F : Acceptance Factor)를 이용한 계산방법

$$A.F = \frac{P_o + P_a}{P_m + P_a} \qquad\qquad V_t = \frac{\Delta V}{A.F}$$

(나) 유도식에 의한 방식$(V_t) = \dfrac{\Delta V}{P_a \cdot \left(\dfrac{1}{P_o} - \dfrac{1}{P_m} \right)}$

여기서, ΔV : 팽창량(L)

V : 관내 전수량(L)

ρ_1 : 가열전비중

ρ_2 : 가열후비중

P_a : 초기봉입 절대압력(혹은 대기압)

P_o : 가압력(가열 전 탱크의 절대압력, 최소압력)

P_m : 최고사용압력(탱크의 최대 운전 절대압력)

칼럼 상기 (나)의 계산식 유도

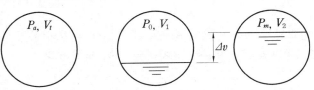

보일의 법칙에서 $P_a \cdot V_t = P_o \cdot V_1 = P_m \cdot V_2$

여기서, $V_1 = \dfrac{P_a \cdot V_t}{p_o}$, $V_2 = \dfrac{P_a \cdot V_t}{p_m}$

$$\Delta V = V_1 - V_2 = P_a V_t \left(\frac{1}{P_o} - \frac{1}{P_m} \right)$$

여기서, 팽창 탱크의 용량 $V_t = \dfrac{\Delta V}{P_a \left(\dfrac{1}{P_o} - \dfrac{1}{P_m} \right)}$

・문제풀이 요령

① 팽창 탱크는 온수난방 배관계에서 압력 상승 및 소음 발생, 충격음 등을 방지하기 위해 설치하는 핵심부품으로 과거에는 개방식 팽창 탱크가 많이 사용되었으나, 요즘에는 설치위치의 제약이 없고, 공기 침입이 없어 부식 우려가 없는 밀폐식 팽창 탱크가 주로 사용된다.

② 팽창 탱크의 종류는 개방식, 밀폐식, Bradder식 등으로 대별된다.

PROJECT 2 **플래시 탱크와 증기 트랩** 　출제빈도 ★★☆

Q 증기난방에 사용되는 플래시 탱크와 증기 트랩에 대해서 설명하시오.

---

(1) 플래시 탱크 (Flash Tank, 증발 탱크)

① 증기난방에서 고압환수관과 저압환
　수관 사이에 설치하는 탱크이다.

② 고압증기의 응축수가 충분히 응축
　되지 않고 저압환수관에 흘러들어
　응축수가 재증발하여 환수능력을
　크게 약화시킬 수 있음

③ 이를 방지하기 위해 플래시 탱크
　(증발 탱크)를 설치하고 재증발한 Gas를 모아 저압증기관으로 보내어 재이용함 (응축수
　는 환수관으로 다시 보냄)

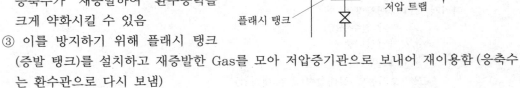

(2) 증기 트랩 (Steam Trap)

① 개요

　㉮ 플래시 탱크(증발 탱크), 방열기 환수부, 증기배관 최말단부 등에서 증기와 응축수를
　　분리해내는 장치

　㉯ 방열기 트랩의 경우 열교환에 의하여 생긴 응축수와 증기에 혼입되어 있는 공기를 자
　　동적으로 배출하여 열교환기의 가열작용을 유지하는 것이 목적이다.

② 종류

　㉮ 기계식 트랩 : 증기와 응축수의 비중차 이용

　　㉮ 버킷 트랩(Bucket Trap)

　　　• 밀도차에 의한 부력을 이용하여 증기와 응축수를 분리함

　　　• 버킷의 부침(浮沈)에 의하여 배수밸브를 자동적으로 개폐하는 형식

　　　• 응축수는 증기압력에 의하여 배출된다.

　　　• 이 트랩은 대체로 감도가 둔한 결점을 갖고 있다.

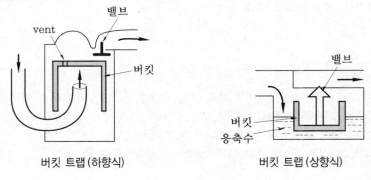

버킷 트랩 (하향식)　　　　　　　　버킷 트랩 (상향식)

- 상향 버킷형과 하향 버킷형으로 세분되며 주로 고압증기의 관말 트랩이나 증기 탕 비기 등으로 많이 사용된다.

㉯ 볼탑 트랩(Ball-Top Trap, Float Trap)

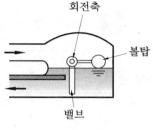

- 응축수위를 Ball-Top이 뜨는 원리를 이용하여 증 기와 응축수를 분리함
- 저압 증기용 기기의 부속 트랩으로 주로 사용된다.
- 트랩 내의 응축수의 수위변동에 따라 부자(Float) 를 상하로 움직이게 하는 방식
- 부자(Float)를 움직임에 따라 배수 밸브를 자동적 으로 개폐하는 형식

볼탑 트랩

(나) 열동식 트랩(Thermostatic Trap, 온도식) : 증기와 응 축수의 온도차 이용

㉮ 벨로스식 트랩(Bellows Type) : 방열기 등에 이용

- 휘발성 액체가 봉입된 금속제의 벨로스를 내장한 트랩
- 소형이고 공기배출이 용이하여 많이 사용되고 있다.
- 트랩 내의 온도변화에 의하여 벨로스를 신축시켜 배수 밸브를 자동적으로 개폐하는 형식이다.

벨로스식 트랩

㉯ 바이메탈식 트랩(Bimetal Type)

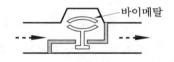

- 설치가 간편하여 요즘 많이 이용
- 과열증기에 사용 불가하고, 개폐 밸브의 온도차가 크다.
- 사용 중에 바이메탈의 특성이 변화될 수 있다.

바이메탈식 트랩

(다) 열역학적 트랩(Thermodynamic Trap, 충격형 트랩)

㉮ 증기와 응축수의 유체 운동에너지차 이용

㉯ 트랩의 입구측과 출구측의 중간에 설치한 변압실 의 압력변화 및 증기와 응축수의 밀도차를 이용하 여 배수 밸브를 자동 개폐하는 형식의 것이다.

㉰ 디스크형(Disc Type)과 오리피스형(Orifice Type) 등의 것이 있다.

열역학적 트랩(디스크형)

③ 사용목적

(개) 성능저하 혹은 에너지 손실 방지 (내) 응축수 자연 회수 가능

(대) 시스템 내 합리적 증기 이용 구성 (래) 배관 내 배압 방지(냉각 레그 이용)

(매) 스팀 해머링(steam hammering) 현상 방지

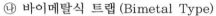

- **문제풀이 요령**

    플래시 탱크는 증기배관계에서 플래시 가스 발생으로 인한 환수능력 약화와 스팀 해머를 방지할 수 있는 핵심부품으로, 주변에 증기 트랩(기계식, 열동식, 열역학적 트랩 등)을 장착하고 있다.

PROJECT 3 증기난방의 분류 및 특징　　　　출제빈도 ★★☆

Q 난방방법 중 증기난방의 분류 및 각 특징에 대해서 설명하시오.

---

(1) 개요

① 증기난방은 증기보일러의 증기를 배관으로 각실 난방기기로 보내 증기잠열로 난방하는 방식이다.

② 응축수는 트랩에서 증기와 분리되어 환수관을 통해 보일러에 환수된다.

(2) 증기난방의 분류 및 특징

① 응축수 순환 (환수)방법에 의한 분류

　(개) 중력환수식 : 공급 증기와 응축수의 밀도 차에 의하여 자연적으로 순환하는 방식이다 (중력 작용으로 환수).

　(내) 기계 환수식 : 펌프를 사용하여 응축수를 환수시키는 방식(응축수 탱크, 펌프 있음)이다.

　(대) 진공 환수식 : 진공펌프를 이용하여 환수하는 방식이다.

② 증기공급압력에 의한 분류

　(개) 저압식 : 약 100 kPa 미만 (건물에서는 통상 35 kPa 이하를 말함)

　(내) 중압식 : 약 100 ~ 850 kPa (건물에서는 통상 100 ~ 400 kPa 정도를 말함)

　(대) 고압식 : 약 850 kPa 이상 (건물에서는 통상 300 ~ 400 kPa 이상 정도를 말함)

③ 공급배관방식 분류

　(개) 상향공급 방식 : 보일러에서 나온 공급관을 건물의 최저부에 배관하고 여기서 상향으로 입관을 분지시켜 각 방열기에 연결하는 방식이다.

　(내) 하향공급 방식

　　㉮ 보일러에서 공급관을 최상층까지 입상시켜 최상층의 천장에 배관하고 여기에서 하향으로 배관하여 각 방열기를 연결하는 방식이다.

　　㉯ 열손실은 증가하지만, 용존 기체가 쉽게 분리된다.

　(대) 상하 혼용공급 방식 : 상기 두 가지 방식을 혼용하여 사용하는 방식임

④ 배관수에 의한 분류

　(개) 단관식 : 공급관과 환수관을 하나의 관으로 하는 방식(잘 사용하지 않음)

　(내) 복관식 : 공급관과 환수관이 별개로 이루어진 방식으로 안정적 온수 조절 가능(일반적으로 이 방식을 사용)

⑤ 환수배관 위치에 의한 분류

　(가) 습식 환수방식 : 보일러의 수면보다 환수 주관이 낮은 위치에 있을 때

　(나) 건식 환수방식 : 보일러의 수면보다 환수 주관이 높은 위치에 있을 때

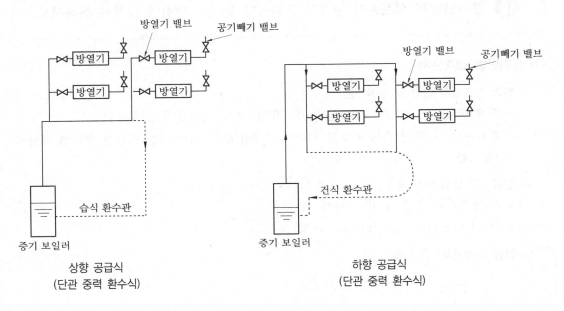

상향 공급식
(단관 중력 환수식)

하향 공급식
(단관 중력 환수식)

• **문제풀이 요령**

　증기난방은 응축수 순환방식에 따라 중력환수식 / 기계환수식 / 진공환수식, 증기 공급압력에 따라 저압식 / 중압식 / 고압식, 공급 배관방식에 따라 상향공급식 / 하향공급식 / 상하 혼용공급 방식, 배관수량에 따라 단관식 / 복관식, 환수 배관 위치에 따라 습식 환수방식 / 건식 환수방식 등으로 나눌 수 있다.

PROJECT 4 증기난방의 설계방법 및 장·단점 출제빈도 ★★☆

Q 증기난방의 설계순서 설계시 유의사항 및 장·단점에 대해서 논하시오.

(1) 증기난방 설계순서

① 필요 설계조건 설정 및 부하계산

(개) 설계 필요조건 : 기후 조건, 실내온도, TAC 초과 위험률 등을 확인함

(내) 부하계산 : 정확한 근거 확보를 위하여 수계산보다는 컴퓨터를 이용한 정확한 계산이 바람직함

② 방열기의 설치 위치 용량

(개) 각 방열기의 용량 및 대수 결정

(내) 각 실 방열기의 설치 lay out 작성

③ 상당 방열면적(m^2) 산출

$$EDR = \frac{전체\ 방열량(난방부하)}{표준\ 방열량}$$

여기서 표준 방열량은, 증기 난방인 경우 : $0.756\ kW/m^2$ ($650\ kcal/m^2 \cdot h$)
온수 난방인 경우 : $0.523\ kW/m^2$ ($450\ kcal/m^2 \cdot h$)

④ 각 배관 결정 : 배관경, 배관경로, 연결방법 등 결정

⑤ 열원기기(보일러) : 용량 산출 및 종류, 설치위치 결정

⑥ 부속기기 : 응축수 펌프 등 부속기기의 용량, 종류, 설치위치 결정

(2) 유의사항

① 응축수가 고이지 않게 하고 우려가 되는 곳은 '방열기 트랩'을 설치한다.

② 신축이음을 실시하여 고온의 증기에 의한 열팽창을 흡수할 수 있게 할 것

③ 보온을 철저히 실시하여 불필요한 에너지 손실을 최소화한다.

④ 저압증기의 경우 관경 선정에 특히 주의를 기울여야 한다(유량 및 성능 감소 방지 차원).

⑤ 배관법 측면

(개) 냉각 레그(Cooling leg, 냉각테) : 트랩전 1.5 m 이상 비보온화 (증기보일러의 말단에 증기트랩의 동작 온도차를 확보하기 위하여 '트랩전'으로부터 약 1.5 m 정도를 보온하지 않음)

(내) 하트포드(Hart Ford) 접속법 : 보일러의 빈불때기 방지법

(다) 리프트 피팅 이음(Lift Fitting, Lift Joint)

㉮ 진공환수식 증기보일러에서 방열기가 환수주관보다 아래에 있는 경우 응축수를 원활히 회수하기 위해 'Lift Fitting' 설치(아래 그림 참조)

㉯ 저압 흡상 시 1.5 m 이내일 것(1.5 m 이상의 단일 입관은 설치 금지)

㉰ 단, 고압 흡상 시 증기관과 환수관의 압력차 1 kg/cm² 당 5 m 정도 흡상 가능

㉱ 수직관은 주관보다 한 치수 작은 관을 사용하여 유속 증가시킴, 역류 방지

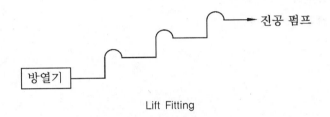

Lift Fitting

(라) 증기 헤더 : 관지름은 그것에 접속하는 관내 단면적 합계의 2배 이상의 단면적으로 한다.

(마) 급수 펌프 : 응축수 펌프, 원심 펌프 등이 주로 사용된다.

(바) 기타 : 용도별 필요시 편심 이경 이음, 신축이음 등 실시할 것

⑥ 배관구배

(가) 증기관과 응축수 환수관을 수평으로 설치시 공기가 잔류되지 않고 증기와 응축수가 원활하게 흐르기 위하여 구배를 둔다.

(나) 역구배의 증기관에서는 응축수가 증기의 흐름에 역으로 흐르기 때문에 응축수를 보다 더 원활하게 배출하기 위해 구배를 크게 하거나 배관경을 크게 하여 증기의 속도 감소를 줄이도록 한다.

㉮ 순구배일 경우 : 1/250 이상

㉯ 역구배일 경우 : 1/50 ~ 1/100 이상

(3) 증기난방의 장·단점

① 장점

(가) 잠열을 이용하므로 열의 운반능력이 크다 (온수난방은 현열 이용).

(나) 예열시간이 온수난방에 비해 짧고 증기 순환이 빠르다 (실내온도의 상승이 빠르다).

(다) 관경은 가늘어도 되고, 방열면적은 온수난방보다 적게 할 수 있다 (온수 대비 열매온도가 높기 때문임).

(라) 설비비와 유지비가 저렴하다.

(마) 배관 내에 거의 물이 없으므로 한랭지에서도 동파 위험이 적다.

② 단점

 ㈎ 화상이 우려되며, 먼지 등의 상승으로 불쾌감을 준다.

 ㈏ 소음이 많이 난다 (스팀 해머에 의한 소음 발생 등).

 ㈐ 부하변동에 대응이 곤란하다 (부하추종성 좋지 못함).

 ㈑ 방열기 표면온도가 높아 상하 온도차가 크다.

 ㈒ 환수관 부식이 심하고, 수명이 짧다.

 ㈓ 난방의 쾌감도가 낮은 편이다.

 ㈔ 보일러의 취급이 어렵다.

• 문제풀이 요령

① 각 용어 자주 출제 : 냉각 레그 말단 (트랩전 1.5 m 이상 비보온화), 하트포드 접속법 (빈불때기 방지법), 리프트 이음 (진공 환수식 증기보일러에서 방열기가 환수주관보다 아래에 있는 경우 단일 입관이 1.5 m 이내일 것) 등.

② 증기난방의 설계는 설계조건 검토 → 부하계산 → 필요 방열면적 산출 → 배관경 산출 → 열원기기 (보일러 등) 선정 → 부속기기 결정 등의 순으로 실시한다.

PROJECT 5 **온수난방의 분류 및 특징** 출제빈도 ★★☆

Q 난방방법 중에서 온수난방의 분류 및 각 특징에 대해서 설명하시오.

---

(1) 개요

① 온수난방은 열매인 온수를 난방기기에 공급하여 실내를 난방하는 방식으로 현열 이용방식
② 열용량이 크고, 소음이 적고, 관부식이 적으므로 일반적으로 호텔객실, 병원병실, 기숙사, 중소규모의 사무실 난방에 널리 적용함

(2) 온수순환방식

① 중력순환식 온수난방(Gravity circulation system)

$$H = h\,(\gamma_2 - \gamma_1)\,[\text{mmAq}]$$

여기서, H : 자연순환수두 (Pa)
h : 보일러의 기준선과 방열기 중심선 사이의 높이 (m)
γ_2 : 보일러 입구 환수온수의 비중량 (N/m^3)
γ_1 : 보일러 출구 공급온수의 비중량 (N/m^3)

② 강제순환식 온수난방(Forced Circulation System) : 순환펌프 사용하여 강제로 온수를 순환시키는 방법
③ '진공 환수식'은 없음
④ 리버스 리턴 방식(Reverse Return ; 역환수 방식) : 각 층의 온도차를 줄이기 위하여 층마다의 순환배관 길이의 합이 같도록 환탕관을 역회전 시켜 배관한 것(즉 유량의 균등분배를 기함)

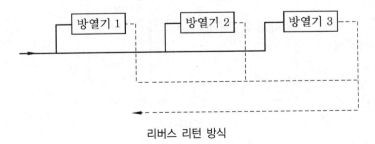

리버스 리턴 방식

(3) 배관방식

배관방식에는 단관식(분기접속법, 직렬접속법)과 복관식이 있다(증기난방과 동일).

(4) 공급방식

상향식 온수난방(이상적), 하향식 온수난방 (중력순환식의 경우 유리), 혼합식 온수난방 (증기난방과 동일)

(5) 온수온도에 따른 분류

① 보통 온도식 : 저온수식에 해당함

   ㈎ 온수온도가 100℃ 이하(80~100℃)로 사용(개방형 팽창 탱크)

   ㈏ 소규모 건물, 주철제 보일러에 주로 적용

② 중온수식 : 100~150℃의 온수 사용(밀폐식 팽창 탱크), 강판제 보일러에 주로 적용

③ 고온수식 : 150℃ 이상의 온수 사용(밀폐식 팽창 탱크), 강판제 보일러에 주로 적용

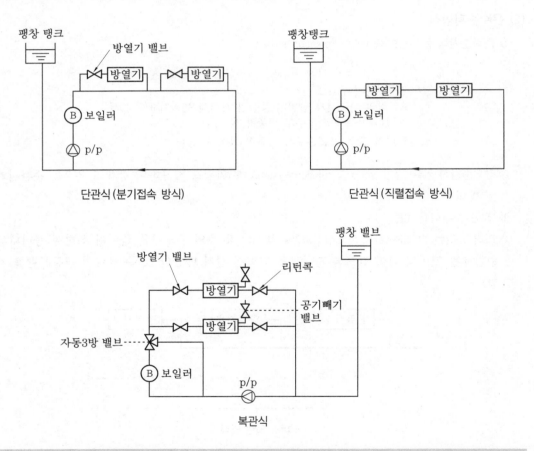

단관식 (분기접속 방식)

단관식 (직렬접속 방식)

복관식

• 문제풀이 요령

온수난방은 온수 순환방식에 따라 중력순환식 / 강제순환식 / 리버스 리턴 방식으로 사용되고, 배관수에 따라 단관식 / 복관식, 공급방식에 따라 상향식 / 하향식 / 혼합식, 온수 온도에 따라 저온수식(보통 온도식) / 중온수식 / 고온수식 등으로 분류된다.

PROJECT **6** 온수 난방의 장단점 및 기기	출제빈도 ★★☆

Q   온수 난방의 장단점 및 기기(보일러, 방열기, 온수 순환 펌프)에 대해서 설명하시오.

(1) 온수난방의 장점

① 부하 추종성 우수 : 부하변동에 따라 비교적 쉽게 온수온도와 수량을 조절할 수 있다.

② 열매(온수)의 열용량이 크다.

③ 방열기 표면 온도가 낮고, 상하온도차가 적어서 증기 난방에 비해 쾌감도가 좋다.

④ 보일러 취급이 용이하고 안전하다.

⑤ 난방을 정지하여도 여열이 오래 간다.

⑥ 관의 부식이 적다.

⑦ 소음이 적다 (스팀해머 등 없음).

⑧ 보일러 취급이 용이하다.

(2) 온수난방의 단점

① 예열시간이 길어 임대사무실 등에 부적합하다.

② 증기난방에 비해 방열면적과 관경이 커야 하므로 설비비가 비싸다.

③ 온수 순환 시간이 느리다.

④ 한랭지에서 난방 정지시 동파 우려가 있다.

⑤ 대규모 빌딩에서는 수압 때문에 주철제 온수 보일러인 경우 수두 50 m로 제한하고 있다.

⑥ 증기난방에 비해 열수송능력이 작다.

(3) 온수 난방용 기기

① 온수 난방용 보일러

 ㈎ 온수 난방용 보일러는 증기 난방용 보일러와 거의 같으며 일반적으로 주철제 보일러가 많이 사용된다.

 ㈏ 단, 고온수 난방에서는 반드시 고압 보일러가 사용되어야 한다.

② 온수난방 방열기

 ㈎ 온수난방용 방열기도 각종 형식의 것이 다양하게 이용될 수 있다.

 ㈏ 표준방열량 : 평균 온수온도 80℃, 실내온도 18.5℃일 때 0.523 kW/m^2 (= 450 kcal/m^2·h)이며, 방열량은 EDR [m^2]로 나타낸다.

③ 온수 순환 펌프

㈎ 온수의 순환을 강제적으로 행하는 경우에는 온수 순환 펌프를 사용한다.

㈏ 펌프는 내식성 및 내열성이 있는 구조가 요구된다.

㈐ 일반적으로 와류형의 케이싱 내에서 임펠러를 회전시켜 물에 회전을 주는 와권 펌프 (Centrifugal Pump)가 사용된다.

㈑ 소규모 건축에서는 배관 도중에 설치하는 라인 펌프(Line Pump)가 많이 사용되고 있다.

㉮ 라인 펌프도 일종의 터보형 펌프이며, 수직관, 수평관 어디에나 설치할 수가 있다.

㉯ 이것은 전동기와 펌프가 일체로 된 소형 펌프로서 흡입양정이 적으므로 이를 설치할 경우에는 특별한 설치기초(base)를 필요로 하지 않는다는 특성도 갖고 있지만, 최소한의 지지대를 갖추는 것이 바람직하다.

• 문제풀이 요령

온수난방은 부하 추종성이 우수하고 열용량이 크며, 쾌감도(온도 적당)가 좋으나 예열시간이 길고, 동파 우려, 수압문제 등의 단점도 있다.

PROJECT 7 온수난방용 부속품   출제빈도 ★☆☆

Q 온수난방용 부속품(방열기 밸브, 리턴콕, 공기빼기 밸브, 안전장치)에 대해서 설명하시오.

(1) 방열기 밸브(Radiator Valve)

① 온수유량을 수동으로 조절하는 밸브이며, 증기용 밸브와 그 구조·형식이 같다.

② 증기용 방열기 밸브는 디스크 밸브를 사용한 스톱형 밸브인데 반해, 온수용 방열기밸브는 유체의 마찰저항을 줄이기 위해 콕(Cock)을 사용하는 방식이다.

③ 보통 방열기 입구에 설치한다.

(2) 리턴 콕(Return Cock)

① 온수의 유량을 조절하기 위하여 사용하는 것으로 주로 온수방열기의 환수 밸브로 사용된다.

② 유량조절은 리턴콕의 캡을 열고 핸들을 부착하여 콕의 개폐도에 의해 조절하게 되어 있다.

(3) 공기빼기 밸브(Air Valve) : 방열기의 유입구 반대측 상부에 설치

① 온수난방장치에서는 배관 내에서 발생한 공기의 대부분을 보통 개방식 팽창 탱크로 인도되도록 하고 있으나 이것이 불가능한 경우 즉, 배관 내에 공기가 모이는 곳에는 모두 자동 또는 수동식의 공기 밸브를 설치한다.

② 밀폐식 팽창 탱크에서는 탱크에서 공기배출을 하지 않으므로 공기배출은 모두 이 공기빼기밸브에서 행해진다.

③ 자동 공기 밸브는 100℃ 이상의 온수에 대해서는 부적당하며, 또한 스케일 등에 의한 누설이 많다.

④ 방열기에는 P-Cock이라 불리는 소형의 수동식 공기 밸브를 그 최고부에 설치한다.

(4) 안전장치

① 팽창관[팽창 수조(탱크)에 이르는 관] : 온수의 체적팽창을 팽창수조로 도출시키기 위한 것이다. 팽창관의 도중에는 밸브를 설치하지 않지만, 만일 설치해야 할 경우에는 3방 밸브 Three-Way Valve)를 설치하거나 혹은 보일러 출구와 밸브 사이에서 팽창관을 입상한다.

② 안전관(도출관) : 온수가 과열해서 증기가 발생되었을 경우에 도출을 위한 것으로 팽창수조 수면으로 도출시킨다.

• **문제풀이 요령**

온수 난방용 부속품으로는 방열기 밸브, 리턴콕(온수량 제어), 공기빼기 밸브(밀폐식 팽창 탱크에서 공기 배출 위함), 팽창 탱크 등이 있다.

PROJECT 8 진공식 온수 Boiler 출제빈도 ★★★

Q 진공식 온수 Boiler의 원리 및 특징에 대해서 설명하시오.

(1) 진공식 온수 보일러의 원리

① 진공식 온수 보일러는 100℃ 이하의 감압증기의 응축열을 이용한 것으로 일종의 Heat Pipe라고 말할 수 있다.

② 난방 및 급탕수는 버너에 의해 직접 가열되는 것이 아니라, 진공으로 감압되어 있는 Boiler 관내에 봉입된 열매수를 버너로 가열하며, 그것에 의해 발생된 감압증기 (100℃ 이하의 증기)에 의하여 난방 및 급탕수를 간접 가열하는 구조로 되어 있다.

③ Boiler 관내에서 발생된 감압증기는 감압증기실에 설치된 열교환기의 표면에 도달하여 여기서 응축열전달에 의해 열교환기의 파이프 속을 흐르는 난방용과 급탕용의 온수에 열을 주고, 물방울로 응축되어 중력에 의해 다시 열매수로 되돌아온다.

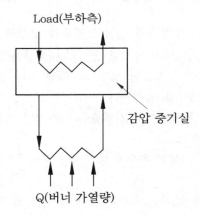

(2) 진공식 온수 보일러의 특징

① 안정성이 높다 : Boiler 관내는 항상 대기압보다 낮은 진공을 유지하고 있어 팽창, 파열, 파손의 위험성이 거의 없다.

② 관내 수량의 변화가 없다 : 감압 증기실 내에서 열매수→감압증기→열교환→응축→열매수의 사이클을 반복하므로 열매수의 감량이 없으며, 따라서 열매수의 추가량도 필요 없다.

③ 검사가 필요 없고, 운전조절이 간단하다 : 법정검사가 없으므로 취급자의 면허가 불필요하며, 관수 관리의 번거로움이 없고 첨단제어 장치를 설치하여 조작이 간편하다.

④ 부식이 없고 수명이 길다 : 진공식이므로 관수 이동이 없고 용존산소에 의한 부식이나 열응력에 의한 고장이 없으며, 연소실내에 결로에 의한 부식도 거의 없다.

⑤ 콤팩트(Compact)화가 가능하다 : 증기의 응축열 전달을 이용한 열교환 방식이므로 전열면적
당 열교환량이 크기 때문에 열교환기를 콤팩트하게 할 수 있다(잠열 이용).

⑥ 에너지 절약 : 진공 온수 Boiler 내부에는 스케일 생성이 없고, 장시간 사용에 의한 효율
저하가 없어 연료비가 절감된다.

(3) 진공 온수 보일러의 활용

① 급탕 : 샤워, 세면용 온수

② 난방 : 바닥 난방, 라디에이터, 팬코일 유닛(Fan coil unit) 등

③ 수영장 : 수영장 물은 멸균을 목적으로 염소가 투입된다. 따라서 보통의 온수 Boiler에서는
열교환기를 거쳐서 이를 가열해야 하지만 진공식을 이용하면 직접 가열할 수 있다.

④ 온천수 가열

㈎ 저온의 온천수 및 냉천을 가열한다. 국내에서는 많은 온천지가 있지만 거의 모두가
추가적인 가열을 필요로 한다.

㈏ 그러나 이 온천의 수질은 유황과 염소를 비롯한 많은 황 물질이 포함되어 있어서 일
반적인 온수 보일러로는 직접 가열을 할 수 없고, 반드시 별도의 열교환기를 거쳐야
한다.

㈐ 그러나 진공식 보일러를 이용하면 직접 가열을 할 수 있다.

(4) 진공 온수 보일러의 단점

① 90℃ 이상의 고온수나 증기(가습용) 생산이 불가함

② 주로 중소 용량 보일러 전용임(대용량 설치 필요시 복수 보일러의 여러 대 구성이 필
요함)

• 문제풀이 요령

　진공식 온수 Boiler는 Boiler 관내에 봉입된 열매수를 버너로 가열하여 감압증기(100℃ 이하의 증
기)를 만들고, 감압증기실에 설치된 열교환기의 표면에서 응축열을 전달시켜 관내를 흐르는 온수에 열을
주며 물방울로 응축되어 중력에 의해 다시 열매수로 되돌아오는 원리이다.

PROJECT 9 **온수난방과 증기난방의 비교** 출제빈도 ★★☆

Q 온수난방과 증기난방의 특징을 비교하고 건물열원방식에 응용하는 방법에 대해 설명하시오.

---

(1) 시스템 구성도

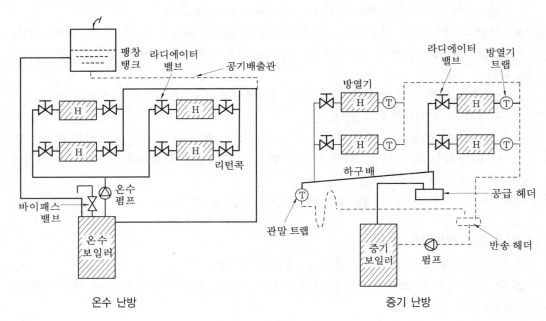

온수 난방   증기 난방

(2) 온수난방과 증기난방의 특징

① 온수난방의 특징

(개) 온수난방은 보일러에서 공급되는 열매의 상태와 보일러로 들어오는 열매의 상태가 같은 온수이다(40~95℃ 정도의 온수).

(내) 난방으로서는 온수난방 쪽이 부드러운 느낌이고, 온화하며 쾌적하고 안정이 있으므로 특히 주택이나 학교 등의 난방에서는 온수난방 쪽을 주로 많이 설치한다.

(대) 필요 부하에 따른 공급 열매의 온도 변화가 쉽다(온수 펌프로 방열기에서 되돌아오는 온도가 낮은 온수와 보일러에서의 온도가 높은 온수를 혼합하는 방법을 주로 사용한다).

(래) 증기난방보다는 따뜻한 상태를 오래 지속할 수가 있으므로 건물의 차가운 쪽이 훨씬 적어진다.

(매) 증기 난방보다 장치의 수명이 훨씬 길다.

② 증기난방의 특징

   (가) 보일러에서 공급되는 쪽은 응축수로 열매의 형태가 변화한다.

   (나) 저압난방에 사용하는 증기의 압력은 보통 $0.35 \, kgf/cm^2$ ($34.3 \, kPa$) 이하로 증기의 온도는 $108℃$ 정도가 되며, $0.9 \, kgf/cm^2$ ($88.3 \, kPa$)의 경우에는 증기의 온도가 $119℃$ 정도가 된다.

   (다) 발열량은 온수에 비하면 훨씬 많아지므로 방열기의 크기도 작은 것으로 충분하다.

   (라) 온도가 높으면 난방으로서는 쾌적하지 않은 느낌을 받을 수 있다(가능한 체온에 가까운 난방 쪽이 쾌적도가 높다).

   (마) 증기난방의 경우 방열기의 표면온도가 $100℃$가 되면 피부에 닿았을 때 화상을 입는 경우도 있다.

   (바) 난방 중 배관 안에는 증기와 응축수가 있지만 난방이 끝나면 증기와 응축수는 보일러 안으로 회수되어 버리고, 배관 중에는 원칙적으로 물이 없으므로 한랭지 등에서는 배관중의 물이 동결되어 관이 파열하는 일이 원칙적으로는 줄어든다.

   (사) 증기의 발생은 빠르지만, 도중의 배관이 전부 차가워져 있으면 방열기에 도달하기까지 증기가 점점 응축되어 워터 해머 현상이 발생하여 배관에 심한 진동이 오면서 꽝꽝 요란한 소리를 내는 경우도 있다.

   (아) 먼 곳에 있는 방열기까지 도달하기에는 상당한 시간을 필요로 하게 된다.

(3) 응용방식(건물의 열원방식)

① 전동 냉동기+보일러 : 가장 보편적 및 전통적 사용, 기술적 안정

② 흡수 냉동기+보일러 : 연료를 통일 가능(가스나 등유 등), 수전설비 절감, 소음 / 진동 적음

③ 직화식 냉온수기 : 한대로 냉/난방을 동시에(급탕 포함)

④ 조합 냉동기+증기 보일러 : 전동 냉동기와 흡수식 냉동기를 직렬 혹은 병렬로 접속하여 유기적으로 사용함 (+증기 보일러)

⑤ 기타 : (빙축열, 히트펌프, GHP, 시스템 멀티)+보일러 등

• **문제풀이 요령**

  건물의 열원방식 : '전동냉동기+보일러' 형태가 가장 전통적으로 적용되는 방식이나 '흡수냉동기+보일러', 직화식 냉온수기, '조합냉동기+보일러' 등 다양한 형태의 열원방식이 골고루 보급되고 있다.

PROJECT **10** 차압 밸브 　　　　　　　　　　출제빈도 ★☆☆

Q 공조 및 냉동분야에 사용되는 차압 밸브에 대해서 설명하시오.

---

(1) 종류별 특성 비교

구 분	정작동(N/C)	역작동(N/O)
용 도	펌프의 안전장치용 Relief 밸브	유량 조절용
설치위치	공급관과 환수관 사이의 Bypass관에 설치	공급관 또는 환수관
작동방식	차압상승시 open	사용범위 내 일정한 압력 유지

(2) 유량별 압력특성 그래프

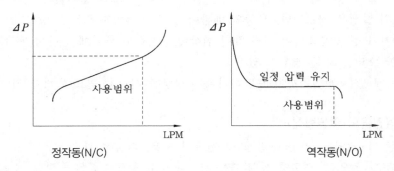

(3) 응용분야

① 정작동 밸브 (N/C)

　㉮ 공급관의 압력과다시 정작동 밸브를 열어 일부의 유량을 환수관측으로 보냄

　㉯ 냉매회로에서 고압과 저압의 비율을 조정하여 압축기의 압축비 초과 방지 필요시 고압과 저압의 Bypass관로 상에 정작동 밸브를 설치한다.

② 역작동 밸브 (N/O)

　㉮ 공급관과 환수관 사이를 흐르는 유량을 일정하게 조절하고 싶을 때 설치

　㉯ 냉매회로에서는 유량의 급격한 변화에 의한 Cycle 신뢰도 우려시 설치

　[칼럼] 정작동과 역작동

　① 정작동(Normal close) : 보통의 상황에서는(평상시에는) 밸브가 닫혀있다가, 신호가 들어오면(필요시에) 밸브가 열리는 방식이다.

　② 역작동(Normal open) : 상기와 반대(평상시에 열려있고, 필요시에 닫히는 방식)

• **문제풀이 요령**

　차압 밸브에는 안전장치용으로 공급관과 환수관을 연결하는 바이패스관상에 설치하는 정작동 밸브 (Normal Closed Valve)와 유량조절 전용의 역작동 밸브 (Normal Open Valve)가 있다.

PROJECT **11** Boiler의 급수장치 출제빈도 ★☆☆

Q Boiler에 사용되는 급수장치 (4가지 이상)에 대해서 설명하시오.

(1) 동력 펌프

① 원심 펌프 : 가장 일반적으로 사용하는 펌프

  (가) 벌류트 펌프 : 20 m 이하의 저양정에 주로 사용 (임펠러와 스파이럴 케이싱 사이에 안내깃이 없는 형태)

  (나) 터빈 펌프 : 20 m 이상의 고양정에 주로 사용 (임펠러와 스파이럴 케이싱 사이에 안내깃이 있는 형태), 단단펌프 혹은 다단펌프 형태로 사용.

② 워싱턴 펌프 : 발생 증기의 힘을 구동력(직동식)으로 회수하는 왕복동 펌프

③ 응축수 펌프 : 펌프와 응축수 탱크가 일체로 되어있는 펌프

④ 웨스코 펌프 : 임펠러의 외륜에 2중 날개를 절삭하여 유체가 케이싱 내의 홈을 따라 회전하면서 높은 에너지를 가지고 토출구로 토출되는 펌프(고양정용)

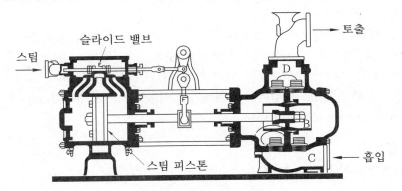

워싱턴 펌프 (증기 구동방식)

(2) 무동력 펌프 (Injector)

① 증기보일러의 급수장치로서 Bernoulli 정리에 의해 보일러 급수가 이루어짐

② 주로 예비용(정전 대비용)으로 적용함

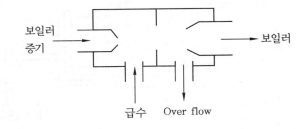

• 문제풀이 요령

보일러의 급수장치로는 주로 동력 펌프 (터빈 펌프, 벌류트 펌프, 워싱턴 펌프, 응축수 펌프 등)와 무동력 펌프 (Injector ; 정전 대비용)가 적용된다.

PROJECT 12 하드포드 접속법(Hartfort Connection) 출제빈도 ★★☆

Q 증기 보일러에 사용되는 하드포드 접속법(Hartfort Connection)에 대해서 설명하시오.

(1) 개요
① 미국의 하트포드 보험사에서 제창한 방식이다.
② 환수파이프나 급수파이프를 균형파이프에 의해 증기파이프에 연결하되, 균형파이프에의 접속점을 보일러의 안전저수면보다 높게 한다.

(2) 하드포드 접속법의 목적
① 증기보일러에서 빈불때기(역류 등) 방지 : 증기 보일러 운전 시 역류나 환수관 누수 시 물이 고갈된 상태로 가열되어 과열 및 화재로 이어질 수 있는 상황을 미연에 방지해 준다.
② 균압(부하변동에 의한 증기압 과상승 방지)
　(개) 아래의 그림과 같이 균압관(Balance Tube)을 설치하여 보일러 토출구 부근의 압력 과상승, 과열 등을 막아준다.
　(내) 증기보일러의 용량 및 부하변동이 심한 장치의 경우에 특히 유효하다.
③ 환수주관 중의 불순물, 침전물이 유입되지 않게 함
　(개) 환수주관을 보일러 바닥면보다 아래에 배치한다.
　(내) 보일러의 환수주관을 보일러에 연결하기 전에 상부측으로 루프(Loop)를 형성하여 불순물이 혼입되는 것을 막아준다.

(3) 접속 방법
① 증기압과 환수압을 밸런스 시킴
② 그림

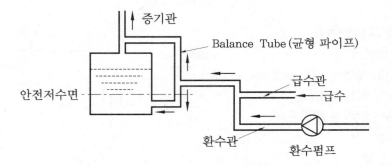

• **문제풀이 요령**
　하드포드 접속법은 증기보일러에서 역류로 인한 빈불때기 방지, 균압, 환수주관으로 불순물이나 침전물 유입 방지 등을 목적으로 한다.

PROJECT 13 펌프의 특성곡선과 비속도   출제빈도 ★★☆

Q 공조용 펌프의 특성곡선과 비속도에 대해서 설명하시오.

---

(1) 개요

① 펌프의 특성 곡선이란 배출량을 가로축으로 하여 양정, 축마력과 효율을 세로축으로 하여 그린 곡선으로서 펌프의 특성을 한눈에 알아 볼 수 있도록 한 것이다.

② 펌프는 최고 효율에서 작동할 때 가장 경제적이고, 펌프의 수명을 길게 할 수 있다.

③ 특히, 펌프의 토출 유량이 지나치게 적을 때 서징(Surging) 현상이나 과열현상을 초래할 수 있으므로 주의를 요한다.

(2) 펌프의 특성곡선

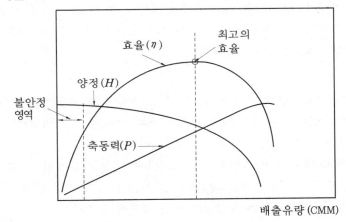

칼럼 **운전범위**

① 토출량 대(大) → 전양정 감소
   (가) 영향 : 배관 내 유량 증가, 과부하 초래, 축동력 증가, 원동기의 과열 초래, 전원 측으로부터 과도한 전류(혹은 전압)가 인입됨.
   (나) 대책 : 유량의 적절한 제어(감소시킴), 배관상 유량제어 밸브를 설치하고 적절히 조절함(유량을 줄임), 인버터의 경우 회전수 제어(회전수 감소), 과도 전압 및 전류에 대한 제어, 펌프의 재선정(비교회전수가 큰 펌프로 선정)

② 토출량 소(小) → 전양정 증가
   (가) 영향 : 배관내 유량 감소, 축동력 감소, 원동기의 과열초래, 서징 등의 불안정 영역 돌입 가능, 전원측으로부터 허용치 이하의 전류(혹은 전압)가 인입됨.
   (나) 대책 : 유량의 적절한 제어(증가시킴), 배관상 유량제어 밸브를 설치하고 적절히 조절함(유량을 늘림), 인버터의 경우 회전수 제어(회전수 증가), 허용 전압 및 전류에 대한 제어, 펌프의 재선정(비교회전수가 적은 펌프로 선정)

③ 토출량 0 (zero) → 유효일 0(열로 낭비, 과열현상 발생)

④ 최고효율점 (설계점) → 운전이 합리적임

(3) 펌프의 비속도 (Specific Speed) : 송풍기에서도 동일 개념임

① 펌프의 특성에 대한 연구나 설계를 할 때에는 펌프의 형식, 구조, 성능(전양정, 배출량 및 회전속도)을 일정한 표준으로 고쳐서 비교 검토해야 한다. 보통 그 표준으로는 비속도 (비교회전수)가 사용된다.

② 회전차의 형태에 따라 펌프의 크기와 무관하게 일정한 특성을 가짐(상사법칙 적용 가능)

③ 비속도라 함은 한 펌프와 기하학적으로 상사인 다른 하나의 펌프가 전양정 $H=1\,\mathrm{m}$, 배출량 $Q=1\,\mathrm{m^3/min}$으로 운전될 때의 회전속도(N_s)를 말하며 다음 식으로 나타낸다.

④ 관계식(비교회전수 ; N_s)

$$N_s = N\,\frac{Q^{1/2}}{H^{3/4}}$$

여기서, Q : 수량(CMM)

H : 양정(m)

⑤ 상기식에서 배출량 Q는 양쪽 흡입일 때에는 $Q/2$ 로 하고, 전양정 H 는 다단펌프일 때에는 1단에 대한 양정을 적용한다. 따라서 비속도 N_s는 펌프의 크기와는 관계가 없으며, 날개차의 모양에 따라 변하는 값이다.

⑥ 기타의 특징

㈎ 펌프가 대유량 및 저양정이면 비속도는 크고, 소유량 및 고양정이면 비속도는 작아진다.

㈏ 터빈 펌프 < 벌류트 펌프 < 사류 펌프 < 축류 펌프 순으로 비교회전수는 증가하지만 양정은 감소된다.

㈐ 비교회전도가 작은 펌프(터빈펌프)는 양수량이 변해도 양정의 변화가 작다.

㈑ 최고 양정의 증가 비율은 비교회전도가 증가함에 따라 크게 된다.

㈒ 비교회전도가 작은 펌프는 유량변화가 큰 용도에 적합하다.

㈓ 비교회전도가 큰 펌프는 양정변화가 큰 용도에 적합하다.

㈔ 반대로 비교회전도가 크게 되면 효율변화의 비율이 크다.

• **문제풀이 요령**

① 펌프의 특성곡선은 유량(배출량)을 가로축으로 하고, 세로축에 양정, 축마력과 효율 등을 표현하여 그린 곡선으로서 펌프의 사용운전범위 해석에서 가장 중요한 곡선이다.

② 펌프의 비속도는 상사법칙을 이용하여 펌프의 성능을 동일한 조건에서 비교하기 위한 기준 회전수이다.

PROJECT **14** 자동 3방 유량조절 밸브   출제빈도 ★☆☆

Q 자동 3방 유량조절 밸브의 종류별 장·단점에 대해 설명하시오.

(1) 개요

① 자동 3방 유량조절 밸브는 크게 분류형(Diverting Type)과 합류형(Mixing Type)으로 대별된다.
② 배관 시스템과 자동제어시스템의 특성에 따라 분류형 혹은 합류형을 선택한다.
③ 일반적으로 정밀한 자동제어에는 분류형이 유리하고, 시스템의 안정화가 필요할 때에는 합류형이 유리하다.

(2) 자동 3방 유량조절 밸브의 종류별 특징

구분	분류형(Diverting Type)	합류형(Mixing Type)
Cycle 도		
밸브 형상도		
장점	1. 부하기기에 걸리는 압력을 줄일 수 있음 2. 조작기의 힘을 줄일 수 있어 '정밀한 제어'에 유리하다.	유체의 흐름이 안정적이다.
단점	유체의 흐름이 다소 불안정적이다.	1. 부하기기에 걸리는 압력이 크다. 2. '정밀한 제어'에 다소 불리하다.

• 문제풀이 요령

  자동 3방 유량조절 밸브는 크게 분류형(부하기기에 걸리는 압력 감소, 정밀한 제어, 유체의 불안정한 흐름)과 합류형(유체의 안정적 흐름, 부하기기에 걸리는 압력 증가)으로 구별되는데 각 특성에 맞게 선정되어야 한다.

PROJECT 15 펌프의 직렬 및 병렬운전 출제빈도 ★★☆

Q 펌프의 직렬 및 병렬운전의 특성에 대해서 설명하시오.

---

(1) 펌프의 직·병렬 운전의 용도 및 특성

① 실양정 및 관로 저항의 변동이 광범위한 System의 경우 2대의 펌프를 조합시켜 병렬, 직렬 변환운전

② 펌프의 직렬운전 : 유량보다 펌프 양정을 늘리고 싶을 때 사용

③ 펌프의 병렬운전 : 양정보다 펌프 유량을 늘리고 싶을 때 사용

④ 동일 특성 운전과 다른 특성 운전 2가지가 있다.

⑤ 동일 특성 펌프의 직렬, 병렬 운전시 양정, 유량이 2배가 되지 못하고 다소 적게 되는 것은 배관저항 등의 상태변화 때문이며, 설계 시 특히 병렬운전의 단독운전 시 과부하가 발생하지 않는 전동기를 사용할 것

⑥ 운전특성 개요도 : 유량 (횡축), 저항 (종축), 저항곡선 (R 선도) 양정 (종축 ; H)

(2) 특성 곡선

① 병렬, 직렬 운전의 선정 조건 → 저항곡선의 양상에 따라 결정

② 병렬, 직렬 운전의 한계점 → 병렬, 직렬 연합특성의 교점 a

③ 병렬 운전이 유리한 경우 → 저항곡선이 R_2 보다 낮은 R_1과 같은 경우

④ 직렬 운전이 유리한 경우 → 저항곡선이 R_2 보다 높은 R_3와 같은 경우

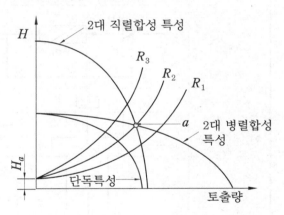

(3) 예제

양정 50 m, 유량 100 LPM의 펌프와 양정 50 m, 유량 200 LPM의 펌프를 직렬로 연결하였을 때 총양정은 얼마인가? (마찰저항의 영향 무시, 동일 유량 기준)

🔟 펌프의 직렬연결에서 전체 양정은 각 펌프의 양정의 합과 같으므로

전체양정 = 양정 50 m + 양정 50 m = 100 m

• **문제풀이 요령**

① 펌프의 연결방법에는 유량보다 펌프 양정을 늘리고 싶을 때 사용하는 직렬운전과 양정보다 펌프유량을 늘리고 싶을 때 사용하는 병렬운전이 있다 (단, 동일 종류의 펌프의 직렬 혹은 병렬 운전시 양정이나 유량이 2배가 되지 못하는 것은 배관저항 등의 상태변화 때문이다).

② 송풍기에서의 직·병렬운전과 기술원리는 거의 동일하다.

PROJECT 16 보일러의 이상현상 출제빈도 ★☆☆

Q 보일러에 있어서 아래 여러가지 이상현상에 대해서 설명하시오.
(1) 프라이밍   (2) 포밍   (3) 캐리오버 현상

(1) 프라이밍 (Priming ; 비수작용)

① 보일러가 과부하로 사용될 때, 압력저하시, 수위가 너무 높을 때, 물에 불순물이 많이 포함되어 있거나 드럼내부에 설치된 부품에 기계적인 결함이 있으면 보일러수가 매우 심하게 비등하여 수면으로부터 증기가 수분(물방울)을 동반하면서 끊임없이 비산하고 증기실에 충만하여 수위가 불안정하게 되는 현상을 말한다.

② 수처리제가 관벽에 고형물 형태로 부착되어 스케일을 형성하고 전열불량 등을 초래한다.

③ 기수분리기(차폐판식, 사이클론식) 등을 설치하여 방지해주는 것이 좋음

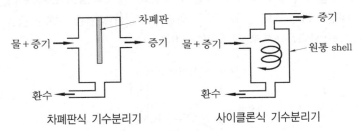

차폐판식 기수분리기   사이클론식 기수분리기

(2) 포밍 (Foaming ; 거품작용)

① 보일러수에 불순물, 유지분 등이 많이 섞인 경우, 또는 알칼리분이 과한 경우에 비등과 더불어 수면 부근에 거품층이 형성되어 수위가 불안정하게 되는 현상이다.

② 포밍의 발생정도는 보일러 관수의 성질과 상태에 의존하는데, 원인물질은 주로 나트륨(Na), 칼륨(K), 마그네슘(Mg) 등의 염류이다.

(3) 캐리오버 현상(Carry over ; 기수 공발 현상)

① 증기가 수분을 동반하면서 증발하는 현상이다. 캐리 오버 현상은 프라이밍이나 포밍 발생시 필연적으로 동반 발생된다.

② 이 때 증기가 수분뿐만 아니라, 보일러 관수 중에 용해 또는 현탁되어 있는 고형물까지 동반하여 같이 증기사용 시스템으로 넘어갈 수도 있다.

③ 증기사용 시스템에 고형물이 부착되어 전열 효율을 감소킨다.

④ 또, 증기관에 물이 고여 과열기에서 증기과열이 불충분하게 된다.

• **문제풀이 요령**

① 프라이밍 현상은 보일러수가 끓어 거품과 함께 수적이 보일러 밖으로 송출되는 현상이고, 포밍은 유지분, 유기물 등에 의해 거품이 다량 발생하여 수면을 덮는 현상을 말한다.

② 캐리오버는 증기가 물과 고형물 등과 함께 보일러 밖으로 송출되는 현상을 말한다.

PROJECT 17 **Pre-insulated Pipe(이중 보온관)** 출제빈도 ★☆☆

Q Pre-insulated Pipe(이중 보온관)의 정의 및 특징에 대해서 설명하시오.

(1) 정의

현장 배관 후 보온작업, 외부 보호 Jacketing작업 등 복잡한 기존 보온방식과는 달리 모든 배관자재를 공장에서 완벽하게 보온하여 제품화함으로써 현장 배관 작업시 공정의 단순화, 공기단축, 비용절감을 기할 수 있는 혁신적인 보온방식이다.

(2) 특징

① 파이프 및 각종 Fitting류가 공장에서 보온화되어 제품이 생산되므로 시공시 기존 보온 방법과는 달리 공사기간과 경비가 절감되고 보다 완벽한 보온공사가 가능

② 그림(구조) : 내관(스틸, 스테인리스 등), 외관(스틸, HDPE관, PE관 등), 보온재(PU재질 등), 누수감지선(선택) 등으로 구성(아래 참조)

누수 감지선
외관
단열재
내관

이중보온관 (사례)

(3) 용도

지역 냉난방 System, 중앙집중식 냉·난방, 상하수도 동파방지, 온도에 민감한 화학물 질, 기름 등의 이송, 초저온 배관, 고온 Steam배관, 온천수 이송 등

• 문제풀이 요령

Pre-insulated Pipe(이중 보온관)는 공장에서 미리 보온 작업 후 제품화하여 출하함으로써 현장 배 관작업을 편리하게 하고, 완벽을 기할 수 있게 해주며, 보통 2중관(내관 및 외관), 보온재, 누수감지선 등으로 구성되어 있다.

PROJECT **18** 온수 급탕(설비) 방식   출제빈도 ★★☆

Q 온수 급탕(설비) 방식의 분류 및 각 특징에 대해서 설명하시오.

(1) 개요

① 증기, 온수, 가스 또는 전기 등을 이용하여 물을 가열하여 요구하는 온도의 온수(급탕)를 만드는 것을 급탕설비라고 한다.

② 온수 급탕은 크게 개별식 급탕과 중앙식 급탕으로 대별된다.

(2) 개별식 급탕법(국소식 급탕법)

① 순간식 탕비기(즉시 탕비기)

㈎ 세면기, 욕조, 싱크 등 각각 독립된 장소에 설치

㈏ 배관 내 잔류수 유출 후 온수 나옴

㈐ 70℃ 이상의 온수는 얻기 곤란함

② 저탕식 탕비기(온수의 생성, 저장)

㈎ 중앙식 급탕기의 축소판임

㈏ 가열된 온수를 저탕조 내에 저축, 열손실은 비교적 많으나 많은 온수를 일시에 필요로 하는 곳

㈐ 서모스탯(자동온도조절기) : 바이메탈 또는 벨로스에 의하여 제어대상의 온도를 검출하여 조절

③ 기수 혼합식 탕비기

㈎ 열효율 100 %에 해당

㈏ 개방형 수조에 증기를 직접 취입하는 방법

㈐ 소음이 커서 증기 취입구에 스팀 사일런스(소음제거장치)를 써야 한다(보통 약 1~4 kg/cm^2).

㈑ 공장, 병원 등의 큰 욕조, 수세장 청소용 등

④ 특징

㈎ 배관설비 거리가 짧고(10~15 m), 배관 관로상의 열손실이 적다.

㈏ 수시로 필요한 높은 온도의 물을 쉽게 얻을 수 있다.

㈐ 시설비가 싸고, 증설이 비교적 쉽다.

㈑ 비교적 소규모에 한정해서 사용하는 방법이다.

(3) 중앙식 급탕법(가열방법에 의한 분류)

① 직접가열식

㈎ 급탕경로 : 온수보일러 → 저탕조 → 급탕주관 → 각 기관 → 사용장소

(내) 열효율면에서는 경제적이나 보일러 내면에 스케일이 생겨 열효율 저하, 보일러 수명 단축

(다) 건물의 높이에 따라 보일러는 높은 압력을 필요로 한다(보일러 압력이 직접 방열기 측에 전달).

(라) 주택 또는 소규모 건물에 주로 사용

② 간접가열식

(가) 저탕조 내에 가열코일을 내장/설치하고 이 코일에 증기 또는 온수를 통해서 저탕조의 물을 간접적으로 가열한다(구조는 다소 복잡하나, 안전성이 우수).

(내) 난방용 보일러의 증기를 사용시 급탕용 보일러가 불필요하다.

(다) 보일러 내면에 스케일이 거의 끼지 않는다.

③ 장 점

(가) 연료비가 적게 든다.

(내) 배관 열손실은 크나 전체적 열효율은 좋다.

(다) 관리상 유리하다.

(라) 대규모 시설에 적합

④ 단점

(가) 처음 설치시 비용(초기투자비)증가

(내) 관리, 보전 등을 위해 전문기술자 필요

(다) 배관 도중 열손실이 크다.

(라) 시공 후 변경공사가 어렵다.

• 문제풀이 요령

① 온수 급탕 방식은 소규모의 개별식 (순간식, 저탕식, 기수 혼합식 등)과 대규모의 중앙식 (직접가열식, 간접가열식)으로 대별된다.

② 고층건물에서의 중앙급탕 방식 : 한 계통으로 하면 하층부의 급탕압력이 너무 높아져서 급수와의 압력 밸런스를 확보할 수 없기 때문에 급수설비의 조닝에 일치시켜 조닝을 해주어야 한다.

PROJECT **19** 급탕 배관방식 및 설계 출제빈도 ★★☆

Q 급탕설비의 배관방식, 주요 설계내용, 에너지 절감대책에 대해서 설명하시오.

(1) 배관수에 의한 구분
① 단관식 급탕 : 보일러에서 탕전까지 15 m 이내, 처음에는 찬물이 나온다(주로 소규모 탕비기에 사용).
② 복관식 급탕 : 급탕관과 환탕관을 모두 설치한다. 수전을 열면 즉시 온수가 나온다. 시설비가 비싸다(중규모 이상).

(2) 공급방식에 의한 구분
① 상향식 급탕
  (가) 가장 바람직한 방법이다.
  (나) 급탕 수평주관은 선상향(앞올림)구배로 하고, 복귀관은 선하향(앞내림)구배로 한다(열손실 감소).
② 하향식 급탕
  (가) 급탕관 및 복귀관 모두 선하향구배로 한다(열손실 증가).
  (나) 용존기체를 쉽게 분리 후 공급함
③ 상·하향식 급탕 : 상향식과 하향식이 복합된 형태
④ 리버스 리턴방식(역환수 방식) : 하향식의 경우 각 층의 온도차를 줄이기 위하여 층마다의 순환배관 길이의 합이 같도록 환탕관을 역회전시켜 배관한 것(즉 유량의 균등분배를 기함)

(3) 순환방식에 의한 구분
① 중력순환식 급탕 : 온수의 온도차에 의해 밀도차가 발생하고, 이 밀도차에 의해 자연 순환되며, 순환속도가 매우 느리다(소규모).
② 강제순환식 급탕 : 펌프를 사용하여 강제적으로 순환하는 방식(중규모 이상), 진공환수식(증기 난방)은 없음

(4) 설계 계산값
① 순환수량

$$G = \frac{q}{(C \cdot \Delta t)}$$

  여기서, G : 순환수량 (kg/s), q : 손실열량(kW)
      Δt : 입·출구 온도차(K), C : 물의 비열(4.1868 kJ/kg·K)

② 관경

$$관경(D) = \sqrt{\left(\frac{4Q}{\pi V}\right)}$$

  여기서, Q : 급탕 순환량 (CMH), V : 관내 유속(약 0.7~1 m/s)
      D : 급탕주관의 관경 (m ; 최소 20 A 이상, 물의 체적 팽창 고려하여 급수관보다 한 치수 높인다.)

③ 펌프동력 (kW)

　(가) 수동력 $= \gamma \cdot Q \cdot H$　　　　(나) 축동력 $= \dfrac{\gamma \cdot Q \cdot H}{\eta}$

　(다) 출력 $= \dfrac{\gamma \cdot Q \cdot H \cdot k}{\eta}$　　(라) 펌프의 소비전력 $= \dfrac{\gamma \cdot Q \cdot H \cdot k}{\eta \cdot \eta_M}$

　　　상기에서, γ : 비중량(물의 경우 $9.8\,kN/m^3$), Q : 수량 (m^3/s), H : 양정(m)
　　　　　η : 펌프의 효율(전효율), k : 전달계수($1.1 \sim 1.15$), η_M : 전동기 효율

④ 펌프의 효율 $(\eta) = \dfrac{수동력}{축동력} \times 100 =$ 보통 약 80~90 %

　[칼럼] 펌프의 전효율(η) = 체적효율(η_v) × 수력효율(η_h) × 기계효율(η_m)
　　① 체적효율 : 펌프의 입구로 들어온 유량에 대한 송출 유량의 비
　　② 수력효율 : 이론수두와 전양정의 비(펌프의 깃수 유한, 불균일 흐름 등에 기인한 효율)
　　③ 기계효율 : 베어링, 패킹, 원판마찰 등에 의한 손실과 관련된 효율

(5) 1차 열원 선정

① 증기 급탕
　(가) 고층건물 적용 또는 순발력 필요한 곳은 증기 사용하는 것이 유리
　(나) 증기는 주로 대규모 건물용으로 많이 사용

② 온수 급탕
　(가) 온수 급탕은 열용량이 크고, 자동제어에 유리
　(나) 초고층건물의 1차 열원으로는 불리
　(다) 온수는 $1000\,m^2$ 이하의 중소건물, 주택, 아파트의 24시간용 등에 이용

③ 기타의 열원
　(가) 지역난방으로부터 스팀 또는 온수 공급
　(나) 히트펌프로부터의 온수 공급
　(다) 태양열, 지열 등의 신재생에너지 활용 등

(6) 에너지 절감형 급탕(대책)

① 보온 실시 및 기기의 성능 개선
② 급탕 공급 온도를 다소 낮게 : 60 → 40℃ (반송 동력 상승 대비 열손실을 줄이는 효과가 더 큼)
③ 폐열 회수형 급탕
④ 중수도 설비 및 우수재 사용
⑤ 지하수 및 하천수 이용
⑥ 심야전력, 태양열 혹은 지열 이용한 급탕 가열
⑦ 냉방기의 응축기 발생열을 열교환기를 거쳐 급탕열량으로 사용

PROJECT **20** 급탕설비 관련 용어   출제빈도 ★☆☆

Q 급탕설비에서 아래를 설명하시오.
  (1) 급탕 온도   (2) 팽창관   (3) 팽창 탱크   (4) 급탕량
  (5) 저탕 용량   (6) 가열기 능력   (7) 순환수량

(1) 급탕 온도

① 일반적으로 60℃ 내외의 온수를 사용한다.

② 요즘은 사용처의 에너지 절감을 위하여 필요 시 약 40~45℃ 정도의 온수를 공급하는 경우도 많이 있다.

③ 중앙식 급탕에서는 특히 단열을 철저히 하여 열손실을 줄여야 한다.

(2) 팽창관

① 온수 순환 배관 도중 이상 압력이 생겼을 때 그 압력을 흡수하는 도피구이다.

② 안전밸브 역할을 하며, 보일러 내의 증기나 공기를 배출시킨다.

③ 팽창관의 도중에는 절대로 밸브를 달아서는 안 된다.

④ 가열기와 고가탱크 사이에 설치하며 급탕수직주관을 연장하여 팽창 탱크에 개방한다.

(3) 팽창 탱크 (개방형, 밀폐형 등)

① 배관에 이상 고압 발생할 경우 압력을 도피시켜야 할 목적으로 설치

② 온수의 비등, 플래시 현상, 이상 소음 등을 방지해 준다.

③ 개방형은 탱크의 저면이 최고층의 급탕전보다 1 m 이상 높은 곳에 설치하며, 탱크 급수는 볼탭 등에 의해 자동으로 조절된다.

(4) 급탕량

① 1일 최대 급탕량(Q_d)

$$Q_d = N \cdot q_d$$

    여기서, N : 인원수
             q_d : 1인 1일 급탕량

② 1시간당 최대 급탕량(Q_h)

  ㈎ 인원수에 의한 방법

$$Q_h = Q_d \cdot q_h$$

    여기서, Q_d : 1일 최대 급탕량
             q_h : Q_d에 대한 1시간당 최대치의 비율(보통, 사무실 : 1 / 5, 주택 및 아파트 : 1 / 7)

(나) 기구수에 의한 방법

$$Q_h = Q_t \cdot \eta$$

여기서, Q_t : 시간당 기구 전체의 급탕량

η : 기구 동시 사용률

(5) 저탕 용량 (L)

$$V = Q_d \times v$$

여기서, Q_d : 1일 최대 급탕량

v : Q_d에 대한 저탕 비율 (사무실, 주택 및 아파트 : 1 / 5)

(6) 가열기 능력 (kcal / h)

$$H = Q_d \cdot \gamma \cdot (t_h - t_c)$$

여기서, Q_d : 1일 최대 급탕량

γ : Q_d 및 수온차에 대한 가열능력 비율 (보통, 사무실 : 1 / 6, 주택 및 아파트 : 1 / 7)

t_h : 급탕온도

t_c : 급수온도

(7) 순환수량 (kg/h)

$$순환수량(G) = \frac{급탕부하 + 배관부하 + 예열부하}{C \times \Delta T}$$

여기서, G : 물의 유량 (kg/s)

C : 물의 비열 (4.1868 kJ/kg · K)

ΔT : 출구온도 – 입구온도 (K)

급탕부하, 배관부하, 예열부하 : kW

• **문제풀이 요령**

급탕설비에서는 급탕온도 (약 40~60℃로 공급), 팽창관 (증기나 공기 도피관), 팽창 탱크 (고·저압 흡수), 시간 최대 급탕량 계산 ($Q_h = Q_d \cdot q_h$), 순환수량 계산 = (전체 급탕부하 / 입·출구 온도차) 등이 주요한 설계인자이다.

PROJECT **21** **일반 배관의 종류별 특징** 출제빈도 ★☆☆

Q 일반 배관 (급배수, 위생설비용)의 종류별 특징, 관이음쇠, 보온재에 대해서 설명하시오.

(1) 관의 종류별 특징

① 주철관

(개) 특징 : 부식성이 작고 강도 및 내구성이 뛰어나다. 단, 충격에 약하다.

(내) 용도 : 상수도용 급수관(75 mm 이상), 가스공급관, 통신용 케이블 매설관, 오수배수관 등

(대) 접합

㉮ 소켓 접합 : Socket 끼우고, 마(Yarn)를 감고, 납을 부어 밀봉

㉯ 플랜지 접합 : 패킹 삽입 후 Flange 조임

㉰ 메커니컬 조인트

• 소켓 접합 + 플랜지 접합

• 이음 부분에 고무링을 박아넣고 압윤으로 눌러서, 플랜지 방식으로 조여 체결함

㉱ 빅토릭 이음(Victaulic Joint) : U자형의 고무링과 주철제의 하우징으로 눌러 접합(파이프 내의 수압이 고무링을 바깥쪽으로 밀어 수밀을 유지함)

㉲ 노허브 이음(NO-HUB Joint) : 스테인리스 커플링과 고무링을 드라이버로 조임

㉳ 타이톤 이음(Tyton Joint) : 소켓 이음의 납과 Yarn 대신 '고무링'만을 사용함

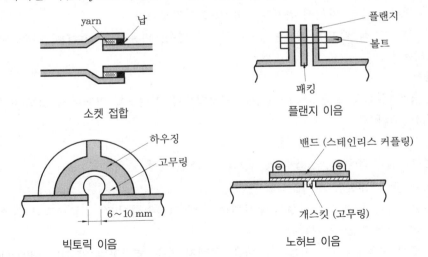

소켓 접합

플랜지 이음

빅토릭 이음

노허브 이음

② 강관

(개) 특징

㉮ 강도가 크며 관의 접합과 시공이 비교적 용이하고 가격도 싼 편이다.

㉯ 내식성이 작아 부식이 잘되며 수명이 짧은 것이 단점이다.

(나) 접합 : 나사 접합, 플랜지 접합, 용접이음 등

③ 동관

(가) 특징 : 가공하기 쉽고 부식성이 적으며 전기 및 열의 전도율이 좋고 산에 강하며 내구성이 크다.

(나) 용도 : 전기재료, 열교환기, 급수관

(다) 단점 : 알칼리에 약해서 변소나 암모니아가 발생하는 곳은 부적당하다.

(라) 접합 : 나사접합, 용접이음 등

④ 스테인리스관

(가) 특징 : 내식성 재질의 대표적인 배관재, 가장 위생적인 고급 재질

(나) 용도 : 급수, 급탕, 난방용 배관 등

(다) 스테인리스 강관의 접합법

㉮ TIG 용접 이음 : 살두께가 얇아 고도의 기술과 품질 관리를 필요로 함.

㉯ 메커니컬 커플링

· 현장에서의 스테인리스 관의 접합에 가장 많이 이용되고 있는 방법

· 각종 방식의 다양한 이음쇠가 개발되어 사용되고 있다.

· 일본의 스테인리스협회 : 「일반배관용 스테인리스 강관의 관이음쇠 성능 기준」

· 구리 피팅(Fitting) : 구리와 스테인리스강이 갈바닉 셀을 형성하여 피팅 부위에서 갈바닉 부식이 발생(스테인리스 강관이 부식됨)→틈새부식으로 이어져 부식 속도가 가속화 됨→누수 사고의 가능성도 높음.

· 스테인리스 조인트(나사방식) : 관과 이음부가 같은 재료이므로 갈바닉 부식이 발생하지 않고 따라서 틈새부식의 발생도 감소한다.

㉰ 원터치방식 쐐기형 배관이음 : 시공기간 단축, 비용절감, 손쉬운 유지보수 가능 등

⑤ 콘크리트관

(가) 종류

㉮ 흄관 (원심력 철근 콘크리트관) : 외부압력에 견디도록 만들어져 철도 하수관 등에 많이 적용됨

㉯ 기타 철근 콘크리트관 등

(나) 접합 : 컬러 조인트, 심플렉스, 모르타르 조인트 등

⑥ 경질비닐관 (PVC관)

(가) 특징 : 가격이 싸고 내식성이 풍부하며 관내 마찰손실이 적으나 충격과 열에 약하다.

(나) 용도 : 급·배수관, 통기관용

(다) PVC 관 이음 : 슬리브 이음, TS 이음, 플랜지 이음, 열간공법 (약 110~130℃에서 접합)

(라) 최근 같은 플라스틱재질 계열의 관으로 PB Pipe, XL Pipe 등이 많이 활성화되어 지고 있다.

⑦ 황동관(놋쇠관) : 철관의 내외면에 주석도금을 실시한 것으로 병원의 극연수의 수송관 등으로 사용된다.

⑧ 도관 : 점토를 주원료로 만든 관으로 농업용, 일반 배수용 도시하수관, 철로 배수관 등

(2) 관 이음쇠 (공통)

① 배관이 휠 때 : 엘보, 벤드

② 분기관을 낼 때 : 티, 크로스, 와이

③ 직관접합 : 유니언 (50 mm 이하), 플랜지 (50 mm 이상), 소켓

④ 구경이 다른 관접합 : 리듀서, 부싱, 이경 소켓

⑤ 배관 말단부 : 플러그, 캡 등

(3) 배관의 보온재 (공통)

① 유기질 보온재 : 펠트 (100℃ 이하), 코르크, 기포성 수지

② 무기질 보온재 : 유리면 (글라스 울), 암면, 규조토 (500℃ 이하) 등

• 문제풀이 요령

① 일반적으로 주철관은 내식성 및 내구성이 뛰어나며(충격에는 약함), 강관은 강도가 크고, 다루기 쉬워서 가장 많이 사용하지만, 내식성이 작아 수명이 짧다.

② 동관이나 연(납)관은 산에 강하고 내구성이 크며 가공이 용이하나, 알칼리에 약하다(암모니아 및 콘크리트 매설시 주의).

PROJECT 22 강관의 부식

출제빈도 ★★☆

Q 강관의 부식의 원인과 대책에 대해서 설명하시오.

---

(1) 개요

① 부식의 원인은 주로 온도, 수분, 산소, 응력, 유속, 압력 및 표면 전류에 기인한다.

② 밀폐계에서는 온도 상승에 따라 부식이 계속 증대되나 개방계의 경우에는 80℃ 이상에서는 부식이 더 이상 진행되지 않는다.

(2) 강관의 부식 원인

① 이종금속(서로 다른 재료)간의 전극 전위차에 의하여 접합부에 발생하는 부식(접촉부식)

② 합금의 특정 입자에 나타나는 부식(선택부식)

③ 누설된 전류(나가는 쪽)에 의한 부식(전식)

④ 전해질 수용액이 재료 틈새에 침투하여 생기는 부식(틈새부식)

⑤ 금속입자의 잔류응력에 의해서 생기는 부식(입계부식)

⑥ 기타의 원인

㉮ 이온화 경향차에 의한 부식

㉯ 유속에 의한 부식

　㉮ 유속 상승에 의한 부식 증가 : 유속이 증대하면 금속표면에 용존산소의 공급량이 증대하기 때문에 부식량이 증대한다.

　㉯ 그러나 방식제 사용시에는 방식제의 공급량이 많아지므로 유속이 어느 정도 있는 것이 좋다.

㉰ 온도

　㉮ 일반적으로 부식속도는 수온이 상승함에 따라 증대한다.

　㉯ 그러나 수온 80℃ 이상의 개방계에서는 수온이 상승하면 용존산소의 감소로 부식속도가 오히려 감소된다.

㉱ 수질 : 경수, pH, 용존산소 등

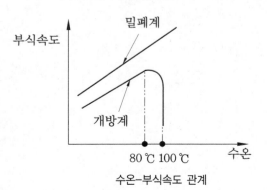

수온-부식속도 관계

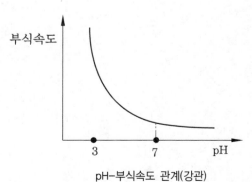

pH-부식속도 관계(강관)

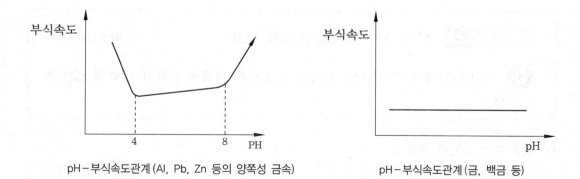

pH−부식속도관계(Al, Pb, Zn 등의 양쪽성 금속)   pH−부식속도관계(금, 백금 등)

(3) 강관의 부식 방지대책

① 내구성, 내식성 및 내열성이 있는 배관재를 선정
② 이종 금속재료 접합을 지양
③ 라이닝재 사용
④ 방식재 투입
⑤ 희생 양극재 사용
⑥ 온수온도의 조절 50℃ 이하로 유지
⑦ 유속의 제한 : 1.5 m/s 이내
⑧ 용존산소의 제거 : 약제 투입, 에어벤트 설치
⑨ 급수처리 : 물리적 처리, 화학적 처리 방법

  칼럼 이온화경향 차에 의한 부식
    ① 금속의 이온화경향 : 금속이 전자를 잃고 (+)이온이 되어 녹아 들어가는 성질의 정도를 말함.
    ② 아래와 같이 이온화 경향이 큰 원소부터 작은 원소의 순으로 나열한 순위

    K > Ca > Na > Mg > Al > Zn > Fe > Ni > Sn > Pb > (H) > Cu > Hg > Ag > Pt > Au
    이온화 경향이 크다   ←   → 이온화 경향이 작다.
    양이온이 되기 쉽다.   음이온이 되기 쉽다.
    산화(부식)되기 쉽다.   산화(부식)되기 어렵다.
    전자를 내어놓기 쉽다.   전자를 내어놓기 어렵다.

・문제풀이 요령

  강관의 부식 원인은 주로 전식, 접촉부식, 선택부식, 입계부식, 틈새부식, 이온화, 유속, 온도, 수질 등에 기인한다.

PROJECT 23 적정 수압 유지와 스케줄 번호 출제빈도 ★☆☆

Q 설비시설에서 적정 수압 유지의 필요성과 스케줄 번호에 대해서 설명하시오.

(1) 적정 수압 유지의 필요성

① 건물의 고층화로 인한 배관 내 고압화로 사용 배관재의 사용등급이 상향조정되어야 하고 적정수압이 유지되도록 계획해야 한다.

② 수압 과대 시 펌프의 소요동력 증가, 토수량 과대 손실, 유수 소음, 수격작용, 파손에 의한 관리비가 증가한다.

③ 수압 부족시에는 토수량 부족, 기구 및 수전의 사용불편 등을 초래할 수 있다.

④ 감압 밸브, 정유량 밸브, 수격방지기 등을 적절히 사용하여 적정수압 유지가 필요하다.

(2) 적정 압력

① 주택, 호텔 등 주거용 급수, 급탕 허용 배관압력 : 보통 0.3~0.4 MPa

② 사무소, 공장, 기타 업무용 급수, 급탕 허용 배관압력 : 보통 0.4~0.5 MPa

(3) 수압과 수두의 관계식

$$P = \gamma H = 0.1 H$$

여기서, P : 압력 (kgf/cm^2 = 0.0981 MPa), H : 수두 (m), γ : 물비중량 (1000 kgf/m^3)

(4) 수격작용에 의한 충격압력 (상승압력)

$$P_r = \rho \cdot a \cdot V$$

여기서, P_r : 상승압력 (Pa)

ρ : 유체의 밀도 (물 1000 kg/m^3)

a : 압력파 전파속도 (물 1200~1500 m/s 평균)

V : 유속 (m/s) : 관내유속은 1~2 m/s 로 제한

(5) 배관재 등급 (SCH ; 스케줄 번호)

압력배관용 탄소강관의 허용강도에 대한 사용압력의 비로 SCH번호가 10에서 160으로 올라갈수록 배관두께가 두꺼워짐

① 계산식

$$\text{Sch No} = \frac{P}{S} \times 10$$

여기서, P : 최고 사용압력, S : 배관재 허용응력

② 종류 : 10 種 (10, 20, 30, 40, 60, 80, 100, 120, 140, 160)

• 문제풀이 요령

설비 배관재 등급 기준으로는 스케줄 번호 (SCH)가 사용되며, 이는 배관의 최고 사용압력을 배관재의 허용응력으로 나누어 계산하고, 10에서 160까지 10종(種)으로 나누어진다.

PROJECT 24 **수격현상**(Water Hammering)   출제빈도 ★★★

Q 수격현상(Water Hammering)의 발생원인 및 방지책에 대해서 설명하시오.

---

(1) 개요

① 관내 유속변화와 압력변화의 급격 발생 현상을 워터해머라 하고 밸브 급폐쇄, 펌프 급정지, 체크밸브 급폐 시 유속의 14배 충격파 발생되어 관파손, 환경에 소음 진동 발생시킴

② Flush밸브나 One touch 수전류 경우 기구주위 Air Chamber를 설치하여 수격현상을 방지하는 것이 좋고, 펌프의 경우에는 체크밸브나 수격방지기 (벨로스형, 에어백형 등)를 설치하여 수격현상의 방지가 필요하다.

(2) 정의

수관로상 밸브류의 급폐쇄, 급시동, 급정지 등 발생시 유체의 유속과 압력이 급변하면서 소음/진동 등을 유발하는 현상

(3) 배관 내 워터해머(Water hammer) 현상이 일어나는 원인

① 유속의 급정지 시에 충격압에 의해 발생

㈎ 밸브의 급개폐   ㈏ 펌프의 급정지

㈐ 수전의 급개폐   ㈑ 체크밸브 급속한 역류차단

〈수격작용에 의한 충격파 압력〉

$$P_r = \rho \cdot a \cdot V$$

여기서, P_r : 상승압력(Pa), ρ : 유체비중량(물 1000 kg/m^3)

a : 압력파 전파속도(물 1200~1500 m/s 평균)

V : 유속(m/s) : 관내유속은 1~2 m/s 이하로 제한

---

② 관경이 작을 때

③ 수압 과대, 유속이 클 때

④ 밸브의 급조작 시

⑤ 플러시 밸브, 콕 사용 시

⑥ 20 m 이상 고양정에서

⑦ 감압밸브 미사용 시

(4) 수격현상 방지책

① 밸브류의 급폐쇄, 급시동, 급정지 등 방지

② 관지름을 크게 하여 유속을 저하시킴

③ 플라이 휠(Fly-Wheel)을 부착하여 유속의 급변 방지 : 관성(fly wheel) 이용

④ 펌프 토출구에 바이패스 밸브(도피 밸브, 버터플라이 밸브)를 달아 적절히 조절한다.

⑤ 기구류 가까이에 공기실(에어 체임버 ; Water Hammer Cusion, Surge Tank) 설치

⑥ 체크 밸브 사용하여 역류 방지 : 역류시 수격작용을 완화하는 체크 밸브를 설치한다.

⑦ 급수배관의 횡주관에 굴곡부가 생기지 않도록 직선배관으로 한다.

⑧ '수격방지기(벨로스형, 에어백형 등)'를 설치하여 수격현상 방지

⑨ 수격방지기 설치 위치

　㈎ 펌프에 설치시에는 토출관 상단에 설치한다.

　㈏ 스프링클러에 설치시에는 배관 관말부에 설치한다.

　㈐ 위생기구에 설치시에는 말단 기구 앞에 설치한다.

⑩ 전자밸브보다는 전동밸브를 설치한다.

⑪ 펌프 송출측을 수평배관을 통해 입상한다(상향공급방식).

⑫ 스모렌스키 체크밸브를 설치하여 역류시 신속한 차단 실시

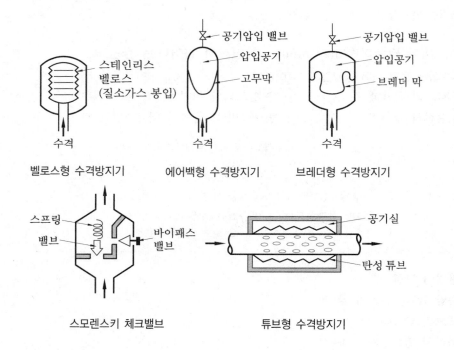

벨로스형 수격방지기　　에어백형 수격방지기　　브레더형 수격방지기

스모렌스키 체크밸브　　　　튜브형 수격방지기

・**문제풀이 요령**

① Water Hammering의 정의, 발생 원인, 방지책 등은 단골 출제문제이므로 잘 숙지해야 한다.

② 수격방지기는 비압축성인 물의 충격파를 흡수하기 위하여 공기 또는 질소 주머니를 내장한 기구이다.

PROJECT 25 급탕배관 설계/시공   출제빈도 ★☆☆

Q 급탕배관 설계/시공상의 주의사항에 대해서 설명하시오.

(1) 관 경
① 급탕관의 최소관경은 20A 이상으로 할 것
② 급수관경 대비 한치수 더 큰 것을 쓴다.
③ 반탕관(최소 20A 이상)은 급탕관보다 작은 치수의 것을 사용한다.

(2) 공기빼기 밸브 (에어벤트 밸브)
① 부득이 굴곡배관을 할 경우 그 장소에 고일 공기를 배제하여 온수의 흐름을 원활하게 한다(굴곡 배관이 되어 공기가 모이게 되는 부분에 설치함).
② 배관 도중에는 슬루스 밸브(게이트 밸브)를 사용한다.

(3) 배관의 신축이음
① 종류
  ㈎ 스위블 조인트 : 배관상에 2개 이상의 엘보를 사용하여 설치하며 주로 저압에 사용된다.
  ㈏ 슬리브형 : 보수가 용이한 곳(벽, 바닥용의 관통배관)
  ㈐ 신축 곡관형(루프형) : 고압에 잘 견딘다, 옥외배관에 적당하다.
  ㈑ 기타 : 벨로스형, 볼 조인트, 콜드 스프링 등이 있다.

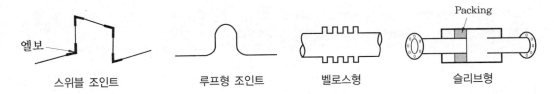

| 스위블 조인트 | 루프형 조인트 | 벨로스형 | 슬리브형 |

② 신축이음 설치간격
  ㈎ 동관 : 20 m 마다
  ㈏ 강관 : 30 m 마다

(4) 보온 피복
① 저탕조 및 배관계통은 열전도율이 적고 내열성인 것으로 보온피복하여 열손실을 최소로 한다.

② 보온재료는 펠트, 규조토, 글라스 울, 마그네시아, 아스베스토스 등

③ 피복 두께 : 약 30~50 mm

(5) 수압시험

배관 완성 후 보온하기 전에 상용압력의 2~3배 이상으로 약 10분간 수압시험을 실시한다.

(6) 배관의 부식

① 배관이 물과 접촉하고 있을 때 금속은 양이온화 되어 용해하려는 성질이 있다.

② 접촉된 다른 두 금속이 이온화 경향의 차이가 크고 관이 접촉할 때, 접촉점 부근에서 부식 발생

③ 전식 : 외부로부터 전류가 관으로 유입될 때(특히 전류가 유출되는 부분에 가장 큰 부식이 발생)

④ 급탕관은 노출배관하는 것이 좋고, 주석도금한 황동관이 유리하다.

(7) 배관의 세정방법

① 물리적 방법 : 스크레버법, 오가법 (회전기), 초음파법 (충격파), 고압수 분사법, 샌드법 (모래)

② 화학적 방법 : 순환법, 일과법 (직접 투입법)

③ 병용방법 : 초음파법 등과 화학적 방법을 병용

• **문제풀이 요령**

급수배관의 세정방법에는 물리적 방법 (스크레버법, 오가법, 초음파법, 샌드법, 고압수 분사법 등), 화학적 방법, 병용방법 (초음파법 + 화학적 방법) 등이 사용된다.

PROJECT 26 난방방식   출제빈도 ★★★

Q 난방방식의 분류 및 각 특징에 대해서 설명하시오.

---

(1) 난방방식의 분류

① 개별난방

㉮ 열 발생원을 사용처에 두고 열의 대류, 복사에 의한 난방

㉯ 개별난방은 화로, 벽난로, 난로, 개별 바닥난방 등으로 분류된다.

② 중앙난방 : 건물의 일정장소에 Power Plant 설치하여 열매체를 배관을 통해 사용처 공급

㉮ 직접난방

㉠ 증기난방 : 발열량은 온수에 비하면 훨씬 많아지므로 방열기의 크기도 줄일 수 있고, 동력발생도 가능하여 공장 등 산업용으로 많이 사용함

㉡ 온수난방 : 증기난방보다 부드러운 느낌이고, 온화하고 쾌적하며 안정감이 있으므로 주택이나 학교 등에 많이 사용

㉢ 복사난방 : 코일 난방으로 쾌감도도 좋고, 방을 개방하여도 난방효과가 우수하다.

㉯ 간접난방

㉠ 온풍난방 : 일정한 장소에서 공기를 가열하여 덕트를 통해 공급

㉡ 가열코일 : AHU 난방 등에서 활용하는 방법

③ 지역난방

㉮ 한 장소에서 다량의 고압증기($1\sim15kg/cm^2$) 또는 중·고온수(100℃ 이상)를 도시의 일정지역에 공급(저압증기, 중온수도 가능)

㉯ 열교환방식에 따라 직결식, Bleed In 방식, 간접난방(열교환기 사용) 등으로 분류 가능하다.

④ 태양열 난방 : 태양열을 집열하여 사용하는 난방

(2) 2차측 접속방식에 의한 분류(중·고온수 난방에서)

① 중·고온수 배관은 넓은 지역에 공급하며, 고온수는 1차측 열매로, 부하 2차측과의 접속점에 중간 기계실(Sub Station)을 설치한다 (공급조건, 사용자의 안정성, 적용성, 공사비 등 고려).

② 2차측 접속방식

㉮ 직결방식 : 120℃ 이하, 내압상 분리 위해 2방, 3방 밸브 설치

㉯ Bleed In 방식 : 2차측 환수, Bypass, 가압, 감압, 유량제어밸브 등 설치

㉢ 열교환기방식 (간접식)

㉮ 1차 고온수로 2차측 온수 또는 증기 발생

㉯ 1차 수온이 150℃ 이상 시 유리

㉰ 2차측 증기 사용 시 1차 환수온도는 발생증기보다 10~20℃ 정도 높은 것이 열교
환기에 경제적임

㉱ 안정적이며 이상적인 방식임

(3) 난방 방식의 비교

① 쾌감도 : 복사난방 > 온수난방 > 증기난방(간헐난방 용이)

② 열용량 : 온수난방과 복사난방이 증기난방에 비해 열용량이 크므로 간헐난방에는 부적합
하다.

③ 부하변동에 대한 대응 : 온수난방은 방열량 조절이 가능하지만 증기난방은 불가능

④ 설비비 : 태양열난방 > 복사난방 > 온수난방 > 증기난방 > 온풍난방

(4) 사용 열매온도 및 사용처

① 증기난방 (100~110℃) : 공장, 대규모시설 등

② 온수난방 (80~90℃) : 병원, 기숙사 등

③ 복사난방 (50~60℃) : 아파트, 주택 등

• **문제풀이 요령**

① 난방설비는 난방방식에 따라 개별난방 (복사열 이용하는 화로, 벽난로, 난로 등), 중앙난방 (직접난방
(증기, 온수, 복사)과 간접난방 (온풍난방과 가열코일)), 그리고 지역난방 (직결식, BLEED-IN방식,
간접식) 등으로 나누어진다.

② 증기난방은 콤팩트화 및 동력발생이 가능하여 공장 등 산업용으로 많이 사용하고, 온수난방은 부드
럽고 온화하여 병원이나 학교 등에 많이 사용되며, 복사난방은 쾌감도가 뛰어나 아파트나 주택 등에
많이 사용된다.

PROJECT **27** 방열기   출제빈도 ★☆☆

Q 보일러용으로 사용되는 방열기에 대해서 설명하시오.

(1) 개요

직접 실내에 설치하여 증기, 온수를 통해 방산열로 실내온도를 높이며, 더워진 실내 공기는 대류작용 혹은 복사열 효과로 실내 순환하여 난방목적을 달성한다.

(2) 방열기의 종류

① 주형 방열기(Column Radiator) : 보통 최대 설치 쪽수는 30쪽 이하로 한다.

② 벽걸이형 방열기 : 주철제로서 15쪽까지 조립하여 사용한다〔수평형(H), 수직형(V)〕.

③ 기타

  (개) 길드 방열기 : 1m 정도의 주철제로 된 파이프 방열기(금속핀이 끼워진 형태)

  (내) 대류방열기(컨벡터) : 대류 촉진, 핀 튜브 캐비닛 속 설치, 외관 미려

  (대) 관방열기 : 관을 통한 복사방열을 행한다.

  (래) Base Board : 낮은 바닥에 설치되는 일종의 저위치형 대류방열기

④ 재료에 의한 분류 : 주철제, 강판제, 특수금속제(Al, 스테인리스) 등

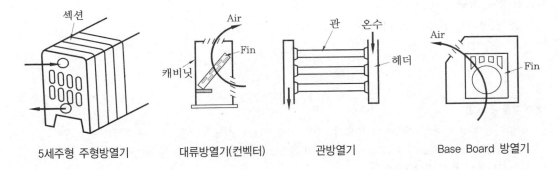

5세주형 주형방열기   대류방열기(컨벡터)   관방열기   Base Board 방열기

(3) 방열기의 방열량과 응축수량

① 표준 방열량 : 표준으로서 증기온도를 102℃(온수온도를 80℃), 실내온도를 18.5℃로 하였을 때

  (개) 증기 난방인 경우 : 0.756 kW/m² (= 650 kcal/m²·h)

  (내) 온수 난방인 경우 : 0.523 kW/m² (= 450 kcal/m²·h)

② 상당 방열면적(EDR, m²)의 계산 : 방열량을 표준방열량에 의한 방열면적으로 환산한 값

$$EDR = \frac{전체방열량\,(난방부하,\ 전발열량)}{표준\ 방열량}$$

③ 방열기 절수(섹션수, 쪽수)의 계산

(가) 증기난방인 경우 : $N_s = \dfrac{q}{증기의\ 표준방열량 \cdot a} \times \alpha$

(나) 온수난방인 경우 : $N_s = \dfrac{q}{온수의\ 표준방열량 \cdot a} \times \alpha$

여기서, N_s : 방열기의 쪽수

q : 발생열량

a : 방열기의 Section 표면적

α : 열손실 보정계수 (약 $\alpha = 1.2$)

(다) 방열기의 섹션수는 1개소 15~20절 정도가 적당하고, 방열기를 벽체 속에 내장하는 경우 방열량의 10~20 %가 감소한다.

(4) 방열기의 설치 위치

① 열손실이 가장 많은 곳에 설치하되 실내장치로서의 미관도 함께 고려하여야 한다.

② 틈새 바람이 많은 창문 아래 설치하여 대류작용을 이용, 실내온도를 균일하게 한다.

③ 벽면과는 5~6 cm 정도 띄우고, 바닥면에서 보통 15 cm 정도 위에 설치한다.

④ 방열기 1개는 $10\ m^2$ 이하 (20~30절 이하)가 되게 한다.

⑤ 방열기의 지관은 매입을 하지 않는다.

(5) 열매의 종류

스팀(증기), 온수, 열매유 등

• 문제풀이 요령

방열기는 주형 방열기, 벽걸이형 방열기, 길드 방열기 (1m 정도의 주철제로 된 파이프 방열기), 대류 방열기 (아래에서 유입 / 가열 후 위로 방출), 베이스보드 히터 (대류방열기 중 특별히 높이가 낮은 것), 유닛히터 (송풍기 설치) 등이 있다.

PROJECT **28** 보일러   출제빈도 ★★★

Q 보일러의 각 종류별 특징에 대해서 설명하시오.

(1) 주철제 보일러 (Cast Iron Sectional Boiler, 조합보일러)

① 증기보일러에는 최고사용압력의 1.5~3배의 눈금을 가진 압력계를, 온수 보일러에는 최고 사용압력의 1.5배의 눈금을 가진 압력계를 사용해야 한다.

② 사용압력 : 보통 저압증기의 경우 100 kPa 이하, 온수의 경우 300 kPa (수두 30 m) 이하로 한다.

③ 특징

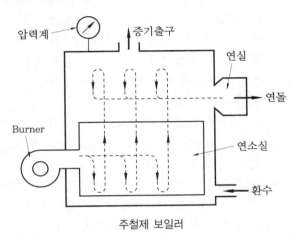
주철제 보일러

(가) 내식성이 우수하고 수명이 길며 경제적이다.

(나) 현장조립이 간단하고 분할반입이 용이하다.

(다) 용량의 증감이 용이하고 가격이 싸다.

(라) 내압, 충격에 약하고 대용량, 고압에 부적당하다.

(마) 구조가 복잡하여 청소, 검사, 수리가 어렵다.

(바) 저압증기용으로 소규모 건축물에 주로 사용된다.

(사) 열에 의한 부동팽창으로 균열이 발생되기 쉽다.

(아) 고압에 대한 우려 때문에 주로 저용량으로 사용된다(수직 드럼 내에 연관 또는 수관 설치).

(2) 강판제 보일러

① 입형 보일러(Vertical Type Boiler, 수직형 보일러)

(가) 소규모의 패키지형으로서 일반 가정용 등으로 사용된다 (수직 드럼 내에 연관 또는 수관 설치).

(나) 증기의 경우 50 kPa, 온수의 경우 300 kPa 이하

② 노통연관식 보일러(Fire Tube Boiler) : Pipe 내로 연소가스를 통과시켜 Pipe 밖의 물을 가열하는 방식

(가) 보유수량이 많아 부하변동에도 안전하고, 급수조절이 용이하며 급수처리가 비교적 간단하다.

(나) 열손실이 적고 설치면적이 적다.

(다) 수관식보다 제작비가 저렴하다.

(라) 설치가 간단하고 전열면적이 크나 수명이 짧고 고가이다.

(마) 대용량에 적합하지 않고(소용량), 스케일 생성이 빠르다.

(바) 압력은 500~700 kPa으로 학교, 사무실, 중대규모 아파트에 사용한다.

(사) 청소가 용이하다.

③ 수관식 보일러(Water Tube Boiler)

(가) 드럼 내 수관을 설치하여 복사열을 전달하며 가동시간이 짧고 효율이 좋으나 비싸다.

(나) 전열면적이 크고 온수, 증기 발생이 쉽고 빠르다.

(다) 고도의 물처리가 필요하다(스케일 방지).

(라) 구조가 복잡하여 청소, 검사 등이 어렵다.

(마) 부하변동에 따라 압력변화가 크다.

(바) 압력은 1 MPa 이상으로 고압, 대용량에 적합하다.

(사) 설치면적 넓고, 가격(초기 투자비)이 비싸다.

④ 관류식 보일러(Through Flow Boiler, 증기 발생기) : 상기 수관 보일러와 유사하나 드럼실(수실)이 없는 것이 특징임

(가) 관내로 순환하는 물이 예열, 증발, 과열하면서 증기를 발생한다.

(나) 보유수량이 적어 시동시간이 짧다 (증발속도가 빠르다).

(다) 급수 수질 처리에 주의 (수처리가 복잡)

(라) 소음이 크다.

(마) 고압 중용량~대용량에 적합한 형태이다.

(바) 설치면적이 작다.

(사) 부하변동에 따른 압력 변화가 크므로 자동제어가 필요하다.

(아) 가격이 고가이다.

(자) 스케일이 생성되므로 정기적인 Blow Down이 필요하다.

⑤ 소형 관류보일러 (Small-Type Multi Once-Through Boiler)

(가) 관류보일러 중에서 최고사용압력이 1.0 MPa 이하, 전열면적 $10 \ m^2$ 이하의 증기보일러를 말한다.

(나) 특징

㉮ 안전성 : 관헤더 사이에 수관으로 구성되고 전열면적당 보유수량이 적으므로 폭발에 대해 안전하다.

㉯ 고효율 : 이코노마이저 채용으로 보일러 효율은 95 % 이상이다.

㉰ 설치면적 : 고성능에서도 콤팩트하므로 설치면적이 작다.

㉱ 용량제어 : 복수대를 설치하여 부하변동에 따라 대수 제어를 함으로 부분부하운전을 고효율로 할 수 있고, 보일러 운전 시 퍼지손실을 줄일 수 있다.

㉲ 경제성 : 공장에서 대량생산으로 가격이 저렴하고 원격제어 등 자동제어의 채택으로 운전관리가 용이하다.

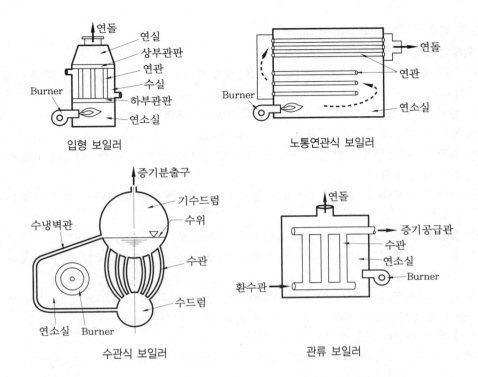

입형 보일러   노통연관식 보일러

수관식 보일러   관류 보일러

(3) 진공식 보일러

① 진공식 보일러의 원리 : 진공 온수보일러는 진공상태 (150~450 mmHg)의 용기에 충전된 열매수를 가열하여 발생된 증기를 이용, 열교환기로 온수 (100℃ 이하)를 발생시키는 일종의 온수보일러이다.

② 진공식 보일러의 특징

(개) 압력(진공)에 대한 문제가 없어 비교적 안전한 편이다.

(내) 보일러 및 압력용기 관계법규에 미접촉

(대) 수질관리 불필요(탈기된 연수 사용으로 부식과 스케일 발생이 적음)

(래) 드레인 회수 불필요

(매) 1대로 다목적(온수, 급탕) 사용

(배) 환수 탱크나 급수 펌프 등이 불필요

(새) 고효율 (85~90 %), 콤팩트, 내구성 우수

③ 진공식 보일러의 단점

(개) 주로 중소 용량대임(대용량 필요시에는 복수로 설치함)

(내) 증기를 직접 필요로 하는 부하나 증기 가습에는 대응하기 곤란

(대) 90℃ 이상 어려움 : 90도 이상의 고온수 및 증기는 생산이 어려워 가습용 보일러로는 사용하기 곤란함

(래) 서비스 및 수리가 다소 어렵다.

(4) 열매 보일러(Thermal Liquid Boiler)

① 열매체 보일러의 특징

(가) 200~350℃ 정도의 액체 열매유 혹은 기체 열매유(온도 분포 균일)를 강제 순환시켜 열교환

(나) 설비 가격(초기 투자비)은 고가이나 유지비가 저렴하다.

(다) 낮은 압력으로 고온을 얻을 수 있다(Size Compact화 가능).

(라) 동파 우려가 적음(∵ 보일러 용수 불요) : 열매체의 빙점이 −15℃ 이하라서 동파의 우려가 거의 없다.

(마) 열매체가 지용성(기름류)이라서 보일러 부식이나 배관에 스케일이 끼일 문제점이 거의 없다.

(바) 산업용으로 주로 많이 보급되어 있으며, 주택용도 일부 보급되어 있다.

(사) 열매체 보일러의 열매체유는 비열이 0.52로서 물보다 훨씬 적으므로, 에너지 절감 효과가 크다.

(아) 대개 폐기열 회수장치(연통으로 도망가는 열을 흡수하는 장치)까지 달려 있으므로, 물을 좀 많이 쓰는 곳은 최대 50 %까지 절약이 되기도 한다.

(자) 열매는 액상과 기상을 사용할 수 있다.

(차) 액상사용은 고온으로 가열시킨 열매유의 현열을 이용하여 가열 또는 냉각하는 방법으로 일정한 온도 분포 미요구시 적용한다.

(카) 기상사용은 열매체유로 증기를 발생시켜 증발잠열을 이용하는 방법으로 일정한 온도 분포 요구시 사용한다.

② 열매체 보일러의 단점

(가) 열전도율(λ)이 적다.

(나) 국부적 가열로 열화가 발생되기 쉽다.

(다) '고온 산화' 방지가 필요하다.

(라) 열매가 대개 인화성 물질이므로 안전에 특히 주의를 요한다.

(마) 가격이 비싸다.

(바) 팽창 탱크가 필요하다.

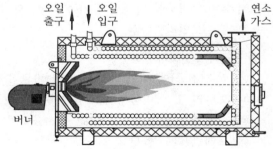

열매 보일러

PROJECT **29** **보일러 관련 용어** (보일러 마력 등) 출제빈도 ★★☆

Q 보일러 관련 다음의 용어에 대해서 설명하시오.
① 보일러 마력 ② 보일러 톤 ③ 기준 증발량
④ 상당 방열면적 ⑤ 출력 ⑥ 용량제어

(1) 보일러의 마력 및 톤

① 보일러 마력 : 1시간에 100℃의 물 15.65kg을 전부 증기로 발생시키는 증발 능력

1보일러 마력＝보일러 1마력의 상당증발량×증발잠열

$$= 15.65 \, kg/h \times 539 \, kcal/kg \fallingdotseq 8435 \, kcal/h \fallingdotseq 9.8 \, kW$$

② 보일러 톤 : 1시간에 100℃의 물 1000 L 를 완전히 증발시킬 수 있는 능력

보일러 톤＝539000 kcal/h≒626.7kW≒64 B.H.P

(2) 기준 증발량

① 실제 증발량 : 단위시간에 발생하는 실제의 증기량

② 상당 증발량(환산 증발량, 기준 증발량 ; Equivalent Evaporator)

㈎ 실제 증발량이 흡수한 전열량을 가지고 100℃의 온수에서 같은 온도의 증기로 할 수 있는 증발량

㈏ 증기 보일러의 상대적인 용량을 나타내기 위해 보일러의 출력 즉 유효가열능력을 100℃의 물을 100℃ 수증기로 증발시의 증발량으로 환산한 것을 말한다.

(3) 기준 증발량 계산식

$$\text{기준 증발량}(G_e) = \frac{q}{2257} = \frac{G_a(h_2 - h_1)}{2257}$$

여기서, G_e : 기준 증발량 (kg/s)

G_a : 실제의(actual) 증발량 (kg/s)

h_2 : 발생증기 엔탈피(kJ/kg)

h_1 : 급수 엔탈피 (kJ/kg)

q : 유효 가열능력 (kW)

2257 : 100℃에서 물의 기화잠열(kJ/kg)

(4) 상당 방열면적(EDR ; equivalent direct radiation)

① 증기의 경우 $EDR = \dfrac{q}{650}$

② 온수의 경우 $EDR = \dfrac{q}{450}$

(5) 보일러 용량(출력) 산정

① 정격출력

$$Q = 난방부하(q_1) + 급탕부하(q_2) + 배관부하(q_3) + 예열부하(q_4)$$

(가) 난방부하$(q_1) = \alpha \cdot A$

여기서, α : 면적당 열손실계수 (kW/m², kcal/m² · h)

A : 난방면적 (m²)

(나) 급탕부하$(q_2) = G \cdot C \cdot \Delta T$

여기서, G : 물의 유량 (kg/s)

C : 물의 비열 (kJ/kg · K)

ΔT : 출구온도 – 입구온도(K)

(다) 배관부하$(q_3) = (q_1 + q_2) \cdot x$

여기서, x : 상수(약 0.15∼0.25, 보통 0.2)

(라) 예열부하$(q_4) = (q_1 + q_2 + q_3) \cdot y$

여기서, y : 상수 (약 0.25)

② 상용출력 : 상기 정격출력에서 예열부하(q_4) 제외

$$상용출력 = 난방부하(q_1) + 급탕부하(q_2) + 배관부하(q_3)$$

③ 정미출력 : 난방부하(q_1) + 급탕부하(q_2)

④ 방열기용량 : 난방부하 + 배관부하

(6) 보일러 용량제어 방법

① 보일러는 부분부하 운전 시 효율 증대와 Back Up 운전, 에너지 절약 등을 위하여 흔히 대수제어 (여러 대로 나누어 운전)를 실시하여 용량을 제어한다.

② 기타의 용량제어 : On-Off 제어, 연소량 제어 등

• **문제풀이 요령**

1보일러 마력은 1시간에 100℃의 물 15.65 kg을 전부 증기로 발생시키는 증발 능력(8434 kcal/h = 9.8kW)을 말하고 1보일러 톤은 1시간에 100℃의 물 1000 L를 완전히 증발시킬 수 있는 능력 (539000 kcal/h = 626.7 kW)이며, 상당 증발량은 유효가열 능력을 100℃의 물을 100℃ 수증기로 증발 시 증발량으로 환산한 증발량을 말한다.

PROJECT **30** **보일러 관련 용어** (보일러 설치기준 등) 출제빈도 ★★☆

Q 보일러 관련 다음 용어에 대해서 설명하시오.
   (1) 보일러 설치기준   (2) 집진장치   (3) 증기보일러의 발생열량
   (4) 증기보일러의 효율   (5) 열교환기   (6) 보급수

---

(1) 보일러 설치기준

① 연도는 짧게, 보온은 잘 되게 할 것 (Gas 누설 혹은 누수 주의)

② 에너지 관리공단의 성능검사 및 설치검사 필할 것

③ 압입 저소음형 송풍기 : 안전에 유의

④ 기타 '건축물의 설비 기준 등에 관한 규칙' 혹은 '가스 관계법령'에 준해서 설치할 것.

(2) 보일러용 집진장치(dust collector)

① 자석식 : 자석의 동극 반발력을 이용하여 완전연소 유도

② 물 주입식 : 물을 소량 주입하여 완전연소를 유도한다.

③ 세정식 : 출구측 세정으로 집진 후 배출함

④ 사이클론식 : 원심력에 의해 분진을 아래로 가라앉게 하는 방식

⑤ 멀티 사이클론식 : '사이클론'을 복수로 여러 대 부착하여 사용

⑥ 전기집진식 : 고전압으로 대전시켜 이온화된 분진을 포집함

(3) 보일러의 발생열량

① 발생열량 $q = G_s \cdot h_s - G_w \cdot h_w$

여기서, G_s : 스팀의 유량 (kg/h)

h_s : 스팀의 엔탈피 (kcal/kg)

G_w : 물의 유량 (kg/h)

h_w : 물의 엔탈피 (kcal/kg)

(4) 보일러의 효율

$$\eta = \frac{q}{(G_f \cdot h_f)}$$

여기서, q : 발생열량($q = G_s \cdot h_s - G_w \cdot h_w$)

G_f : 연료의 유량 (kg/s)

h_f : 연료의 저위발열량(kJ/kg ; 고위 발열량에서 증발열(수분)을 뺀 실제의 발열량을 말함)

칼럼 고위발열량과 저위발열량의 정의

(1) 통상 고위발열량은 수증기의 잠열을 포함한 것이고, 저위발열량은 수증기의 잠열을 포함하지 않는다로 정의된다.

(2) 천연가스의 경우 완전연소할 경우 최종반응물은 이산화탄소와 물이 생성되며, 연소 시 발생되는 열량은 모두 실제적인 열량으로 변환되어야 하나 부산물로 발생되는 물까지 증발시켜야 하는데, 이때 필요한 것이 증발잠열이다.

(3) 이 때 증발잠열의 포함여부에 따라 고위와 저위발열량으로 구분된다.

(4) 저위발열량은 실제적인 열량으로서 진발열량 (Net calorific value)이라고도 한다.

(5) 천연가스의 열량은 통상 고위발열량으로 표시한다.

(5) 보일러용 열교환기

증기-물, 물-물 등의 열교환을 위한 열원기기의 부속기기용 열교환기로는 아래의 형태가 주로 사용된다.

① 원통다관형 (Shell & Tube형) : 대용량에서는 가장 많이 사용됨

② Plate형 (판형) : Rib형 골이 패여 있는 여러 장의 판을 포개어 용접한 형태 (고효율 형태)

③ Spiril형 : 화학공업, 고층건물 등

(6) 보일러의 보급수

① 개요 : 보일러 보급수의 온도가 너무 높으면(약 80℃초과) 펌프의 유효 흡입양정(NPSH)이 낮아져 캐비테이션(Cavitation) 등의 부작용을 초래할 수 있으므로 주의해야 한다.

② 급수조건 : 경도가 낮아야 하며, 경도가 높은 물은 연수화 처리한다.

③ 급수펌프 : 터빈 펌프, 워싱턴 펌프(증기동력), 인젝터 펌프 등

④ 보일러의 보급수 펌프의 캐비테이션(Cavitation) 방지대책

   (가) 보일러의 보급수를 80℃ 이하로 관리할 것

   (나) 흡입관의 저항을 줄일 것

   (다) 흡입관 지름을 크게 할 것

   (라) 단흡입 → 양흡입으로 변경

   (마) 펌프의 회전수를 낮춤

   (바) 펌프의 설치위치를 낮게 배치함

   (사) 흡입수위를 높게 함

   (아) 지나치게 저유량으로 운전되지 않게 할 것

• 문제풀이 요령

보일러의 상당 방열면적(EDR $= q/0.756$ 혹은 $q/0.523$), 보일러 효율($\eta = q/(G_f \cdot h_f)$, 보일러 용량 설정 (Q = 난방부하 + 급탕부하 + 배관부하 + 예열부하) 등을 잘 숙지할 필요가 있다.

PROJECT **31** **보일러의 관리** 출제빈도 ★☆☆

Q 보일러실의 계획 및 관리에 대해서 설명하시오.

(1) 보일러실 계획

① 보일러실 구조 충족조건(옥내설치의 경우)

(개) 구조 : 내화구조일 것.

(내) 천장높이(혹은 상부 구조물 높이) : 보일러의 최상부에서 1.2 m 이상(단, 소형보일러 및 주철제보일러는 0.6 m 이상)

(대) 보일러 외벽 혹은 측부 구조물까지의 거리 : 0.45 m 이상(단, 소형보일러는 0.3 m 이상)

(래) 보일러 및 보일러에 부설된 금속제의 굴뚝 또는 연도의 외측으로부터 0.3 m 이내에 있는 가연성 물체에 대하여는 금속 이외의 불연성 재료로 피복할 것

(매) 연료를 저장할 때에는 보일러 외측으로부터 2 m 이상 거리를 두거나 방화격벽을 설치하여야 한다. 다만, 소형보일러의 경우에는 1 m 이상 거리를 두거나 반격벽으로 할 수 있다.

(바) 보일러에 설치된 계기들을 육안으로 관찰하는데 지장이 없도록 충분한 조명시설이 있어야 한다.

(사) 보일러실은 연소 및 환경을 유지하기에 충분한 급기구 및 환기구가 있어야 하며 급기구는 보일러 배기가스 덕트의 유효단면적 이상이어야 하고 도시가스를 사용하는 경우에는 환기구를 가능한 한 높이 설치하여 가스가 누설되었을 때 체류하지 않는 구조이어야 한다.

② 유의사항

(개) 거실 외의 곳에 설치할 것 : 보일러와 거실 사이의 벽은 출입문 외에는 내화구조로 할 것

(내) '가스 누출 감지기' 설치할 것

(대) 운전소음 처리(방음) 잘 할 것

(래) 동파 방지대책 철저히 할 것

(매) 환기창 설치할 것

(바) 기타 건물외관, 틈새바람 등 주의

(2) 보일러 및 보일러실 관리

① 보일러 가동 전 수면계로써 보일러 내의 보충수를 확인해야 한다.

② 점화할 때에는 미리 댐퍼를 개방한 채로 진행한다.

③ 수면계, 압력계, 안전밸브 등은 매일 점검해야 한다.

④ 보일러 내의 물이 혼탁되었을 때는 전부 배출하고, 새로운 물로 교체해야 한다.

⑤ 증기를 송기할 경우 드레인 밸브를 열어 응축수를 배출한다.

⑥ 소화 후에도 수증기 밸브의 개폐상태를 확인 점검한다.

(3) 보일러 사용 후 휴지 중 보존관리

① 건식 보존법 : 증기난방용 보일러 장기보존법

  (가) 밀폐보존식

  (나) 질소봉입 보존식(질소 건조법, 산화 차단법)

    ㉮ 고압 및 대용량 보존법

    ㉯ 보일러 동체 내부로 질소가스를 60 kPa 정도로 가압하여 밀폐·건조시켜 보관한다.

  (다) 방청도료 도장 보존식 : 페인트 도장법(1년 이상 보존 시)

② 습식보존법(온수 난방용 보일러 장기 보존법) : 보일러 내에 물을 만수시킨 후 탄산소다, 히드라진, 아황산소다 등 첨가(동절기 동파 주의)

  (가) 보통 만수 보존법 : 2~3개월

  (나) 소다 만수 보존법 : 6개월 정도

③ 단기보존법

  (가) 휴지기간이 3주에서 1개월 이내일 때 실시하는 보존법으로 건조법과 습식법(만수법)이 있다.

  (나) 건조법 및 습식법은 상기에 기술한 방법과 유사하나 보일러를 깨끗이 정비하지 않은 상태에서 시행한다.

④ 응급보존법

  (가) 휴지기간이 길지 않고 언제든지 사용할 수 있도록 준비해 놓은 상태로서 보일러 내의 pH를 10.5~11.0정도로 유지시킨다.

  (나) 4~5일마다 보일러를 배수하여 수위를 조절해 오랫동안 일정 수위가 되지 않도록 한다.

(4) 보일러 용수관리

① 급수처리 목적

  (가) 보일러 전열면의 스케일 발생을 방지한다.

  (나) 보일러수의 농축을 방지한다.

  (다) 보일러의 부식을 방지한다.

  (라) 가성취화(고농도의 알칼리성에 의한 응력부식으로 갈라지는 현상)를 방지한다.

  (마) 보일러의 기수공발(캐리오버) 현상을 방지한다.

② 보일러 용수관리

  (가) 보일러 용수는 연수 (90 ppm 이하)를 사용하며 pH는 중성이나 약알칼리성, 중염류나 유기물이 없도록 한다.

  (나) 연화제로는 생석회를 주로 사용한다.

• 문제풀이 요령

① 보일러실은 무엇보다 위험한 가스와 고압 온수/증기를 다루므로 내화구조, 가스 누출 감지기 설치, 환기창 설치, 동파 방지 등이 중요하다.

② 휴지 중 보존관리 방법으로는 건식 보존법 (밀폐식, 질소 봉입식, 방청도료 도장식 ; 증기 난방용)과 습식보존법 (탄산소다 첨가 ; 온수난방용 보일러) 등이 있다.

PROJECT 32 복사난방 출제빈도 ★★☆

Q 복사난방의 장·단점 및 방식에 대해서 설명하시오.

---

(1) 의의

① 천장, 바닥, 벽 등에 온수나 증기를 통하는 관을 매설하여 방열면으로 사용하는 방법임

② 복사열에 의해 실내를 따뜻하게 하는 방식(실내의 쾌감도가 좋다.)

③ 용도 : 주택의 방, 극장, 강당 등에 많이 사용함

(2) 특징

① 장점

㈎ 실내의 온도분포가 균등하여 쾌감도가 높다.

㈏ 방을 개방상태로 하여도 난방의 효과가 있다.

㈐ 방열기가 없으므로 방의 바닥면적의 이용도가 높아진다.

㈑ 실내 공기의 대류가 적기 때문에 바닥면의 먼지가 상승하지 않는다.

㈒ 방의 상·하 온도차가 적어 방 높이에 의한 실온의 변화가 적으며, 고온복사 난방 시 천장이 높은 방의 난방도 가능하다.

㈓ 저온 복사난방 (35~50℃ 온수) 시 비교적 실온(공기의 온도)이 낮아도 난방효과가 있다.

㈔ 실내공기의 평균온도가 낮기 때문에 같은 방열량에 대하여 손실열량이 적다.

② 단점

㈎ 외기 온도 급변에 따른 방열량 조절이 어렵다.

㈏ 증기 난방 방식이나 온수난방 방식에 비해 설비비가 비싸다.

㈐ 구조체를 따뜻하게 하므로 예열시간이 길고 일시적 난방에는 효과가 적다.

㈑ 매입배관이므로 시공이 어려우며, 고장 시 발견이 어렵고 수리가 곤란하다.

㈒ 열손실을 막기 위해 단열층이 필요하다.

(3) 분류 및 방식

① 패널의 종류에 따라

㈎ 바닥 패널 : 시공이 용이, 가열면의 온도는 보통 30℃ 내외로 한다(약 27~35℃ 유지).

㈏ 천장 패널 : 시공이 어려우나 50~100℃ 정도까지 가능하다.

㈐ 벽 패널 : 창틀 부근에 설치하며 열손실이 클 수 있다.

② 열매체에 따라 : 온수식, 증기식, 전기식, 온풍식, 연소 가스식, 특수열매 등

③ 패널의 구조에 따라 : 파이프 매입식, 특수 패널식, 적외선 패널식, 덕트 식 등

④ 기타 : 복사 가열에 필요한 복사용 가열기, 가열 용량의 여분을 위한 보조 전기 가열기, 복사 가열의 에너지원인 램프열원, 고온의 전기 장치, 세라믹 열원, 유리판 가열기 등

(4) 방열 패널의 배관방식

① 강관, 동관, X−L 파이프 등을 주로 사용하되, 내식성으로 볼 때 동관 혹은 X−L 파이프가 우수하다.

② 콘크리트 속에 강관을 매설할 경우 부식에 대한 대책을 배려해야 한다.

③ 코일 배관 방법

㉮ 그리드식 : 온도차가 균일한 반면 유량분배가 균일하지 못하다.

㉯ 밴드식 : 유량이 균일한 반면 온도차가 커진다.

④ 코일 매설 깊이는 코일 직경의 $1.5{\sim}2.0d$이다.

⑤ 코일배관 Pitch : 25 A는 300 mm, 20 A는 250 mm

⑥ 배관길이 : 30~50 m 마다 분기 Head 설치

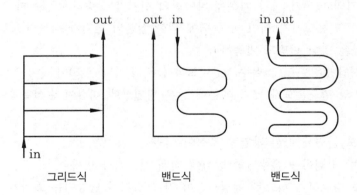

| 그리드식 | 밴드식 | 밴드식 |

(5) 평균 복사 온도(MRT)

① 복사난방에서 실내표면의 평균복사온도를 말한다.

② 실용적으로 주위벽 각부의 표면온도를 평균한 것을 사용한다.

③ 복사열에 대한 쾌감의 척도로 삼으며 일반적으로 17~21℃이다.

(6) 대류난방과의 비교

① 개요 : 중앙난방 방식 중 직접난방으로 실내온도 조절을 위하여 방열기 등을 이용한 대류난방(증기 혹은 온수 사용)과 바닥, 벽, 천장 등에 코일을 매설한 복사난방이 있다.

② 특징

㈎ 대류난방은 방열기 사용하여 방열량의 70~80 %가 대류에 의해 난방이 이루어진다.

㈏ 복사난방은 실내바닥, 벽, 천장을 직접가열하여 방열체로 방열량의 50~70 %가 복사열에 의해 난방(쾌감도가 좋은 난방방식)이 이루어진다.

㈐ 室의 천장고가 낮고 개구부가 많은 학교, 사무소 등 일반건물은 대류난방이 유리하나, 천장이 비교적 높은 극장, 강당, 공회당 및 고급 건축물, 주택, 아파트 등은 복사난방 유리

(7) 유량 밸런싱용 시스템 분배기

① 개요

㈎ 현재 난방 시스템에서는 높은 안정성 및 에너지 소비량의 절감이 주요한 인자이다. 이를 위해 난방 시스템의 모든 작동조건에서 정확한 유량을 공급하여 그 시스템의 완벽한 밸런싱을 이루어야 하는 것이 가장 중요한 해결과제였다.

㈏ 이것을 해결하기 위해 정유량 조절밸브, 가변유량 밸브 등이 개발되어 공급측과 환수측의 다양한 차압변화에 따른 유량을 항상 일정하게 유지시켜 주는 역할을 한다.

② 정의

㈎ 기존 온수 분배기에서의 취약한 유량분배와 유수에 의한 소음으로 인한 민원을 해결하고, 에너지 절감을 이룰 수 있게 하는 것이 근본 목적이다.

㈏ 유량조절 성능을 최대한 발휘할 수 있는 저소음의 미세유량 조절로 설계유량을 적절히 공급할 수 있게 하는 방식이다.

③ 특징

㈎ 정확한 유량분배 기능(세대별 및 실별)

㈏ 실별 온도 조절기능 및 에너지 절약 가능

㈐ 저소음형 자동유량 조절 밸브 부착

㈑ 아파트(지역난방, 개별난방), 오피스텔 및 일반 상업용 공간 등 난방이 필요한 모든 곳에 적용 가능한 방식

㈒ 각 실별로 최적의 난방온도로 제어 가능하다.

㈓ 실별 적정유량 및 열량공급이 가능하여 코일 길이의 제한이 해소된다(보통 최대 난방 길이는 최대 150~200 m 수준임).

㈔ 코일길이 제한 해소로 분배구 및 분배기의 수가 대폭 감소되어 경제적인 시공이 가능하다.

㈕ 에너지 비용절감 : 온수분배상태를 세분화하여 불필요한 열량을 제어시켜 에너지 비용절감효과(35~40 %)를 극대화시킨다.

㈖ 유량조절기 : 보통 소켓별로 유량조절기를 장착하여 각 실(방)별로 수치화된 유량조절이 가능하도록 하고, 환수측 온수분배기측에 열동식 온도조절 밸브를 부착하여 각 실

의 온도를 정밀하게 제어한다.

㉑ 유량의 조절은 슬라이드 방식 혹은 로터리 방식 등으로 전면에서 쉽게 설정할 수 있게 한다.

(8) 건물 외벽 창가에 방열기를 설치하는 이유

① Cold draft 방지 : 체온을 냉기복사로부터 막아 줌

② 외기침입방지 : 에어커튼 효과로 인하여 틈새바람의 침입을 막아 줌

③ 코안다 효과로 실내 대류 원활 : 기류가 벽체 및 천장면을 따라 멀리 도달할 수 있다.

④ 층류화(Stratification) 방지 : 室의 아래쪽에서 공기가 취출되게 하여 공기의 밀도 차에 의한 층류화를 방지한다.

⑤ 연돌효과 완화 : 창측을 가압해 줌으로써 연돌효과를 어느 정도 완화해 준다.

⑥ 취기 및 오염 인입 방지 : 외부로부터의 오염된 공기나 냄새의 침투를 방지한다.

•문제풀이 요령

① 복사난방의 장·단점이 자주 출제됨

② 복사난방은 패널의 종류에 따라 바닥 패널, 천장 패널, 벽 패널 등으로 분류되고, 열매체에 따라 온수식, 증기식, 전기식, 온풍식, 연소 가스식, 특수열매 방식 등으로 분류되며, 패널의 구조에 따라 파이프 매입식, 특수 패널식, 적외선 패널식, 덕트식 등으로 분류된다.

PROJECT **33** 온풍난방 ·······························출제빈도 ★☆☆

Q 온풍난방(온풍기)의 장·단점 및 설계에 대해서 설명하시오.

(1) 온풍난방 (Warm Air Furnace System)의 개요

① 실외에서 가열한 공기를 실내에 공급하는 간접난방으로 극장, 체육관, 병실 등의 넓은 공간에 적합하다.

② 오일버너나 전기히터 등을 이용하여 공기를 가열하여 송풍하는 방식이다.

③ 난방 효과가 빠르고 열효율이 높아 학교용 난방장치로도 많이 응용되고 있다.

(2) 특징

① 장점

㉮ 열효율이 좋아 연료비가 적게 든다.

㉯ 증기, 온수난방에 비해 설비비가 저렴하다.

㉰ 온도와 습도의 조정이 쉽다.

㉱ 예열시간이 짧으며 누수나 동결의 우려가 적다.

㉲ 기계실의 면적이 작아진다.

㉳ 공사의 시공이 간단하고 장치의 조작이 간편하다.

㉴ 실내온도 조절이 쉽고, 확실한 환기가 될 수 있다.

② 단점

㉮ 온도가 높아 실내온도 분포가 나쁘다.

㉯ 소음이 크고 쾌감도가 좋지 않다.

㉰ 동력이 많이 든다(송풍기 동력이 펌프에 비해 큼).

㉱ 온풍로에 공기중의 먼지가 타서 그을음을 생기게 하고 또한 노도 수명이 보일러보다 짧다.

(3) 종류

가열 코일식, 온기로(온풍로)식, 직접 취출식, 덕트식, 열풍식 등

(4) 온풍로 난방의 설계

① 손실열량(H_L)의 계산

$$H_L = 1.2 \, Q \, C_p \, (t - t_o)$$

여기서, H_L : 실내의 손실열량 (kW)

$\quad\quad Q$: 송풍 공기량 (m³/s)

$\quad\quad t$: 송풍 공기온도 (K, ℃)

$\quad\quad t_o$: 실내 공기온도 (K, ℃)

$\quad\quad C_p$: 공기의 정압비열 (1.005kJ/kg · K)

$\quad\quad 1.2$: 표준 온도에서의 송풍공기의 밀도 (kg/m³)

② 열풍로의 풍량(Q) 계산

$$H_L = 1.2 \times 1.005\, Q\,(t - t_o) \fallingdotseq 1.206\, Q\,(t - t_o)$$

$$\therefore\ Q = \frac{H_L}{1.206\,(t - t_o)}$$

· 문제풀이 요령

온풍난방 (온풍기)은 오일버너에 의해 경유나 등유를 직접 이용하여 공기를 가열한 후 공조공간으로 송풍하는 방식으로 설비비가 저렴하고 시공이 간단하여 소규모 상가용, 학교용 등으로 많이 사용되고 있으나 온풍로에 공기 중의 먼지가 타서 그을음을 생기게 하고 노도 수명이 짧은 단점도 있다.

PROJECT 34 **보일러의 블로 다운(Blow Down)** 출제빈도 ★★☆

Q 보일러의 블로 다운(Blow Down)의 필요성 및 방법에 대해서 설명하시오.

(1) 블로 다운의 필요성

① 급수 중의 불순물과 처리제 중의 고형성분은 보일러 내에서 일부가 불용물로 되고, 대부분은 보일러수 중에 농축되기 때문에 보일러의 운전시간이 길어짐에 따라 보일러수의 농도도 높아지고 보일러 밑부분에 침전되는 슬러지 양도 증가하게 된다.

② 보일러수의 농도가 상승하면 캐리오버에 의한 과열기 및 장치의 장해사고가 일어나기 쉽고 슬러지와 함께 내부의 부식, 스케일 생성의 원인도 될 수 있다.

③ 따라서 이러한 장해를 예방하기 위해서는 될 수 있으면 보일러 외처리에서 불순물을 제거하고 내처리제도 필요 이상으로 주입하지 않아야 하지만, 보일러에 유입된 고형물에 의한 보일러수의 농축과 슬러지의 퇴적을 방지하기 위해서는 보일러수를 반드시 블로 다운 시켜야 한다.

④ 블로 다운에 의해서 배출되는 성분은 보일러수 중의 불순물과 슬러지뿐만 아니라 내처리제의 성분도 배출되기 때문에, 내처리제의 주입량은 불순물과 반응해서 소비되는 양과 블로 다운에 의해 배출되는 양도 계산하여야 한다.

(2) 블로 다운 방법

블로 다운은 보일러의 어느 부위에서 물을 배출하느냐에 따라서 표면 블로 다운과 바닥 블로 다운으로 나누어진다.

① 표면 블로 다운(Surface Blow Down)

(가) 보일러수의 표층 부분에서 행하는 블로 다운이며 농축 보일러수, 경질 부유물, 유지 등의 배출을 주목적으로 한다.

(나) 표면 블로 다운은 블로되는 상태에 따라서 연속 블로 다운(Continuous Blow Down)과 간헐 블로 다운(Intermittent Blow Down)으로 나눌 수 있으며, 연속 블로 쪽이 보일러수의 농도를 일정하게 유지시키고, 열을 회수하기 쉽다는 점에서 훨씬 유리하다.

② 바닥 블로 다운(Bottom Blow Down)

(가) 바닥 블로 다운은 간헐 블로의 일종으로 보일러 밑부분으로부터 많은 유량을 단시간에 배출시키는 방법임

(나) 보일러 밑부분에 퇴적되어 있는 슬러지의 배출을 주목적으로 하고 있다.

(3) 블로 다운의 표시 방법

① 블로량은 블로 유량 (t/h) 또는 블로율 (%)로 표시할 수 있다.

② 블로율(급수) $= \dfrac{블로 \ 유량(t/h)}{급수 \ 유량(t/h)} \times 100$

   블로율(증기) $= \dfrac{블로 \ 유량(t/h)}{증기 \ 유량(t/h)} \times 100$

③ 블로 유량을 $B \, [t/h]$, 블로율을 $b \, [t/h]$, 급수유량을 $F \, [t/h]$로 하면 b와 B의 관계는 아래 식으로 표시할 수 있다.

$$b \, [\%] = \frac{B}{F} \times 100$$

$$B \, [t/h] = \frac{bF}{100}$$

(4) 블로의 대상성분

① 보일러수가 농축됨을 방지하기 위해 행하는 블로는 보일러수 중에서 가장 빨리 표준상한 치에 도달하는 성분을 대상으로 함이 원칙이다.

② 일반적으로는 전고형물 농도가 어느 한도를 초과하지 않도록 블로량을 정하는 수가 많지 만, 급수의 수질과 보일러 내처리의 방법에 따라서 전고형물 농도가 그다지 높지 않더라 도 특정성분의 불순물이 표준치 이상으로 되는 수가 있기 때문에 이 특정 성분의 불순물 을 블로의 대상성분으로 하는 수가 많다.

③ 예를 들면 실리카 농도가 높은 원수를 탈염 처리하여 급수하는 경우에는, 보일러수 중의 실리카 농도가 제일 먼저 표준치에 도달하는 경우가 많기 때문에 실리카를 블로의 대상 성분으로 한다.

· 문제풀이 요령

  보일러의 블로 다운 (Blow Down)은 보일러수의 증발로 인한 불순물이 농축되는 것을 방지하기 위해 실시하며, 표면 블로 다운 (연속 블로 다운, 간헐 블로 다운)과 바닥 블로 다운 (간헐 블로 다운의 일종) 의 방법이 있다.

PROJECT **35** 배관의 부식 출제빈도 ★★★

Q 배관의 부식의 종류, 원인 및 방지대책에 대해서 설명하시오.

(1) 개요

① 부식이란 어떤 금속이 주위환경과 반응하여 화합물로 변화(산화반응)되면서 금속 자체가 소모되어 가는 현상을 말한다.

② 관재질, 유체온도, 화학적 성질, 금속 이온화, 이종금속 접촉, 전식, 온수 온도, 용존 산소 등에 의해 주로 일어난다.

(2) 부식의 종류

① 습식과 건식

(개) 습식부식 : 금속 표면이 접하는 환경 중에 습기의 작용에 의한 부식현상

(내) 건식부식 : 습기가 없는 환경 중에서 200℃ 이상 가열된 상태에서 발생하는 부식

② 전면부식과 국부부식

(개) 전면부식 : 동일한 환경 중에서 어떤 금속의 표면이 균일하게 부식이 발생하는 현상으로, 방지책으로는 재료의 부식여유, 두께를 계산하여 설계하는 것 등이 있다.

(내) 국부부식 : 금속의 재료 자체의 조직, 잔류응력의 여부, 접하고 있는 주위 환경중의 부식물질의 농도, 온도와 유체의 성분, 유속 및 용존산소의 농도 등에 의하여 금속 표면에 국부적 부식이 발생하는 현상

㉮ 접촉부식 (이종금속 접촉) : 재료가 각각 전극, 전위차에 의하여 전지를 형성하고 그 양극이 되는 금속이 국부적으로 부식하는 일종의 전식 현상이다.

㉯ 전식 : 외부전원에서 누설된 전류에 의해서 전위차가 발생, 전지를 형성하여 부식되는 현상

㉰ 틈새부식 : 재료 사이의 틈새에서 전해질의 수용액이 침투하여 전위차를 구성하고 틈새에서 급격히 부식이 일어난다.

㉱ 입계부식 : 금속의 결정입자 경계에서 잔류응력에 의해 부식이 발생

㉲ 선택부식 : 재료의 합금성분 중 일부성분은 용해하고 부식이 힘든 성분은 남아서 강도가 약한 다공상의 재질을 형성하는 부식이다.

③ 저온부식

(개) $NO_x(NO, NO_2)$나 HCl (염화수소), SO_x 등의 가스는 순수 상태인 경우는 부식에 거의 영향을 미치지 않는다.

(내) 그러나 저온에서는 대기 중의 수증기가 쉽게 응축되므로 이로 인해 Wet 상태가 되면 국부적으로 강산이 되어 여러 재료에 심각한 부식을 초래하게 된다.

(다) 보일러에서는 연소가스 중 무수 황산, 즉 황산 증기가 응축되는 온도가 산노점(酸露点 ; Dew Point)이며 평균온도가 노점이하로 내려가면 부식이 급격히 증가한다.

(3) 부식의 원인

① 내적 원인

(가) 금속의 조직영향 : 금속을 형성하는 결정상태면에 따라 다르다.

(나) 가공의 영향 : 냉간가공은 금속의 결정구조를 변형시킨다.

(다) 열처리 영향 : 잔류응력을 제거하여 안정시켜 내식성을 향상시킨다.

② 외적 요인

(가) pH의 영향 : pH4 이하에서는 피막이 용해되므로 부식

(나) 용해성분 영향 : 가수분해하여 산성이 되는 염기류에 의하여 부식

(다) 온도의 영향 : 약 80℃까지는 부식의 속도가 증가

③ 기타 원인

(가) 아연에 의한 철부식 : 50~95℃의 온수 중에서 아연은 급격히 용해한다.

(나) 동이온에 의한 부식 : 동이온이 용출하여 이온화 현상에 의하여 부식

(다) 이종금속 접촉부식 : 용존가스, 염소이온이 함유된 온수의 활성화로 국부전지를 형성하여 부식

(라) 용존산소에 의한 부식 : 물 속에 함유된 산소가 분리되어 부식

(마) 탈아연 현상에 의한 부식 : 밸브의 STEM과 DISC의 접촉부분에서 부식

(바) 응력에 의한 부식 : 내부응력에 의하여 갈라짐 현상으로 발생

(사) 온도차에 의한 부식 : 국부적 온도차에 의하여 고온측이 부식

(아) 유속의 영향

(4) 부식의 방지대책

① 재질의 선정 : 배관의 재질을 가능한 한 내식성 재질로 선정, 라이닝재 선정

② pH 조절 : 산성 특히 강산성을 피한다 (pH4~10 권장).

• 일반수질 : pH 5.8~8.6 범위 사용 중

③ 배관재의 선정 : 가급적 동일계의 배관재 선정

④ 라이닝재의 사용 : 열팽창에 의한 재료의 박리에 주의

⑤ 온수의 온도조절 : 50℃ 이상에서 부식이 촉진 (80℃ 부근에서 최대로 부식이 이루어짐)

⑥ 유속의 제어 : 1.5 m/s 이하로 제어

⑦ 용존 산소 제어 : 약제 투입으로 용존산소 제어

⑧ 희생양극제 : 지하 매설의 경우 Mg 등 희생양극제 배관 설치

⑨ 방식제 투입 : 규산인산계 방식제(부식 억제제) 이용

⑩ 급수의 수처리 : 물리적 방법과 화학적 방법 등

(5) 부식 사례
① 난방 입상관 최하단 관내부 부식
② 파이프 덕트 내 배관 연결부 부식
③ 매립용 슬리브관 부식 등

(6) 설계 개선 사항
① 약품 투입 장치의 자동화
② 탈기설비 개선 및 보일러관수 관리 개선
③ 급수본관 여과장치 설치
④ 동관용접 방법개선
⑤ 저탕조 부식방지용 희생양극 설치

(7) 결론
① 배관의 부식은 관의 재질, 흐르는 유체의 온도 및 화학적 성질 등에 따라 다르다.
② 그러나 일반적으로 금속의 이온화, 이종금속의 접촉, 전식, 온수온도 및 용존산소에 의한 부식이 주로 일어나므로 여기에 대한 대책이 집중적으로 강구되어야 한다.

• 문제풀이 요령

배관의 부식은 습식부식과 국부부식을 주로 말한다(접촉부식, 전식, 틈새부식, 입계부식, 선택부식, 저온부식(NO, NO_2, HCl) 등의 원인 및 대책을 잘 정리 해야 함).

PROJECT 36 배관의 Scale   출제빈도 ★★★

Q 배관의 Scale 생성원인과 방지대책에 대해서 설명하시오.

---

(1) 개요

① 물에는 광물질 및 금속의 이온 등이 녹아 있다. 이 이온 등의 화학적 결합물($CaCO_3$)이 침전하여 배관이나 장비의 벽에 부착하는데 이를 Scale이라고 한다.

② Scale의 대부분은 $CaCO_3$이며, Scale 생성 방지를 위해 물속의 Ca^{++}을 제거해야 하며 주로 사용되는 방법은 경수연화법이다.

(2) 스케일 (Scale) 종류

$CaCO_3$ (탄산염계), $CaSO_4$ (황산염계), $CaSiO_4$ (규산염계)

(3) 스케일 생성식

$$2(HCO_3^-) + Ca^{++} \rightarrow CaCO_3 \downarrow + CO_2 + H_2O \text{ (요건 ; 온도, Ca이온, CO}_3\text{이온)}$$

(4) Scale 생성 원인

① 온도

㉮ 온도가 높으면 Scale 촉진

㉯ 급수관보다 급탕관 Scale이 많다.

② Ca 이온 농도

㉮ Ca이온 농도가 높으면 Scale 생성 촉진

㉯ 경수가 Scale 생성이 많다.

③ CO_3 이온 농도가 높으면 Scale 생성 촉진

(5) Scale에 의한 피해

관, 장비류의 벽에 붙어서 단열기능을 한다.

① 열전달률 감소 : 에너지 소비 증가, 열효율 저하

② Boiler 노내 온도 상승

㉮ 과열로 인한 사고

㉯ 가열면 온도 증가 → 고온 부식 초래

③ 냉각 System의 냉각 효율 저하

④ 배관의 단면적 축소로 인한 마찰손실 증가 → 반송동력 증가

⑤ 각종 V/V 및 자동제어기기 작동 불량

    ⑺ Scale 등의 이물질이 기기에 부착

    ⑻ 고장의 원인 제공

(6) Scale 방지대책

① 화학적 Scale방지책

    ⑺ 인산염 이용법 : 인산염은 $CaCO_3$ 침전물 생성을 억제하며 원리는 Ca^{++}을 중화시킨다.

    ⑻ 경수 연화장치

        ⑦ 의의 : Ca^{++}, Mg^{++}을 용해성이 강한 Na^+으로 교환하여 Scale의 생성원인인 Ca이온 자체를 제거(완전 반응 후 Ca, Mg 화합물이 잔류하지 않도록 물로 세척)

        ⑭ 내처리법

        • 일시 경도(탄산 경도) 제거

          − 소량의 물 : 끓임

          − 대량의 물 : 석회수를 공급한다.

        • 영구 경도(비탄산 경도) 제거 : 물 속에 탄산나트륨 공급 → 황산칼슘 반응 → 황산나트륨(무해한 용액) 생성

$$Na_2CO_3 + CaSO_4 \rightarrow Na_2SO_4 + CaCO_3 \downarrow$$

        ⑭ 외처리법〔이온(염기) 교환방법〕

        • 제올라이트 내부로 물을 통과시킴

        • 일시 경도 및 영구 경도 동시 제거 가능(일시 경도 + 영구 경도 = 총 경도)

    ⑸ 순수 장치

        ⑦ 모든 전해질을 제거하는 장치

        ⑭ 부식도 감소

② 물리적 Scale 방지책 : 물리적인 에너지를 공급하여 Scale이 벽면에 부착하지 못하고 흘러나오게 하는 방법

    ⑺ 전류 이용법 : 전기적 작용에 AC (교류) 응용

    ⑻ 라디오파 이용법 : 배관계통에 코일을 두고 라디오파를 형성하여 이온결합에 영향을 준다.

    ⑸ 자장 이용법

        ⑦ 영구자석을 관 외벽에 부착하여 자장 생성

        ⑭ 자장 속에 전하를 띤 이온에 영향을 주어 스케일이 관벽에 부착되지 않고 부유상태로 흐르게 하여 스케일을 방지함

        ⑭ 전기장 이용법 : 전기장의 크기와 방향이 가지는 벡터량에 음이온과 양이온이 서로 반대방향으로 힘을 받게 되어 스케일을 방지함

⑭ 초음파 이용법

㉮ 발생 메커니즘

- 초음파를 액체 중에 방사하면 액체의 수축과 팽창이 교대로 발생하여 미세한 진동이 물속으로 전파되어 진다.
- 액체 분자간의 응집력이 약해져서 일종의 공동현상이 초래된다.
- 공동이 폭발하면서 충격 에너지가 방출되어 관벽의 스케일이 분리되고, 분리된 스케일은 더 작은 입자로 쪼개어진다.

㉯ 보일러에 직접 설치하여, 스케일 억제/제거에 많이 응용되고 있다.

㉰ 발진기(Generator), 변환기(Transducer) 등으로 구성된다.

- 발진기(Generator) : 일반 상용 전원을 고주파의 전기 신호로 변환
- 변환기(Transducer) : 발진기로부터 입력된 고주파 전기신호를 초음파 진동으로 변환하는 장치

(7) 스케일 방지장치의 선정시 고려사항

① 적용하는 곳의 수질을 먼저 분석해야 한다.

② 사용유량을 검토한다.

③ 스케일 방지장치 설치위치 결정

④ 처리강도의 조정

(8) 결론

① Scale의 생성을 방지하기 위하여 주로 물 속의 Ca^{++}을 제거하여야 하며 가장 널리 사용되는 방법은 경수 연화법, 자장 이용법 등이다.

② 스케일은 관벽이나 장치의 열교환기 등에 부착하여 전열을 방해하고, 고장을 발생시키므로, 물을 사용하는 시스템에서 최대의 적이라 할 수 있다. 물 사용 설비에서는 먼저 스케일 방지대책이 필수적으로 검토되어야 한다.

• **문제풀이 요령**

경도가 높거나, 수온이 높거나, Ca 이온 혹은 CO_3 이온의 농도가 높으면 scale 생성이 촉진되며, 스케일 생성 방지책으로는 화학적 방법(인산염 이용법, 경수 연화장치, 순수 장치)과 물리적 방법(전류 이용법, 라디오파 이용법, 자장 이용법, 전기장 이용법, 초음파 이용법) 등이 있다.

PROJECT 37 동관의 부식원인과 방지대책   출제빈도 ★☆☆

Q 공조용 동관의 부식원인과 방지대책에 대해서 설명하시오.

(1) 개요

① 우리 건설분야에서 동관을 사용한 결과는 내구성으로 인한 보수, 유지비의 대폭적인 절감과 재활용 가치 등의 경제적 효과와 더불어, 온열 환경의 개선, 위생성의 향상 등 여러 측면에서 주거문화 향상에 기여한 바가 매우 크다고 하겠다.

② 이러한 장점과 특성을 가진 우수한 재료일지라도 적절하게 사용되지 못하면 (부식발생 등) 불의의 사고를 당할 수도 있고 내구성에 치명타를 가할 수가 있다.

(2) 동관의 부식 관련 특성

① 동관 표면의 산화 피막의 역할

㈎ 금속학적으로 동이 대기와 접촉하면 대기 중의 수분과 반응, 표면에 일산화동 (Cu_2O) 과 염기성탄산동〔$CuCO_3$, $Cu(OH)_2$〕이 주성분인 치밀하고 얇은 산화피막을 형성한다.

㈏ 이 피막은 동의 부식 등 각종 변화가 발생하지 않도록 보호피막의 역할이 된다.

② 산화 피막이 손상되었을 경우 : 동관의 내식성은 표면에 형성되는 피막에 크게 의존하는데 그 피막이 어떤 작용으로 파괴되는 경우나 피막이 형성되기 어려운 경우에 부식에 의한 손상이 문제가 됨

(3) 공식

① 공식의 특징

㈎ 혹 모양으로 쌓여 올려진 녹청색의 부식 생성물의 밑에서 진행됨

㈏ 지하수를 사용하는 급수, 급탕 배관 혹은 중앙집중식 급탕배관에서 많이 발생한다.

② 공식의 원인

㈎ 동관의 자연전위가 상승해서 어떤 임계전위를 넘으면 공식이 발생한다.

㈏ 자연전위가 상승하는 것은 수질에 관계가 있는데 특히 산화제, 특정 음이온, pH 등이 주가 됨

㈐ pH 7 이상이거나 유리탄산이 20 mg/L 이상인 수질, 잔류염소 농도 증가, 가용성 실리카 증가 등이 원인이 될 수 있다.

③ 공식의 대책

㈎ 폭기에 의해서 유리탄산을 비산시키는 것과 pH 조절 등 수처리 필요

㈏ 잔류염소 농도를 낮게 억제하는 것이 좋다.

(4) 궤 식

① 특징 : 흐름이 급변하는 엘보, 티 등의 하류측에서 국부적으로 또는 광범위하게 발생하는데 환탕에서의 사례가 많다.

② 원인

  (가) 관내의 피막이 유체의 전단응력 또는 기포의 충돌에 의해서 계속적으로 파괴되어 노출된 부분의 관표면이 급속하게 용출하기 때문에 발생하는 현상

  (나) pH가 낮고 급탕온도가 높으며 용존가스나 기포가 많을수록 발생하기 쉽다.

③ 대책

  (가) 관내 유속을 1.5 m/s 이하로 억제

  (나) 급탕온도를 낮게함

(5) 개미집 모양 부식

① 특징

  (가) 단면을 관찰할 때 부식공이 3차원의 복잡한 형태를 취하고 있다는 것

  (나) 부식공이 눈으로 발견하기 어려울 정도로 작은 경우가 많다.

② 원인

  (가) 개미산, 초산 등의 카본산이 주된 부식 매체로 생각됨

  (나) 건축재료 등으로부터 발생한 유기산이 동관과 피복재의 틈새로 침입한 물에 용해되어 부식을 일으키는 것으로 추정

③ 대책

  (가) 카본산과 같은 유기산이 발생하기 어려운 건축재료의 사용

  (나) 시공상의 대책으로는 수분의 침입을 가능한 방지할 수 있도록 피복재의 단말을 처리함

(6) 응력부식 균열

① 특징

  (가) 균열의 기점이 된 면은 검게 변색하고 녹청색의 부식생성물을 수반

  (나) 건축 배관에서는 관의 외면이 균열의 기점으로 되는 일이 많다.

② 원인

  (가) 응력부식 균열은 응력, 수분, 부식매체의 3가지 요인이 공존하는 경우에 발생

  (나) 건축배관에서는 보온재로부터 용출된 암모니아나 황화물이 부식매체로 되는 경우가 많음

③ 대책

  (가) 암모니아나 황화물이 발생하기 어려운 보온재를 사용하는 동시에 수분의 침입을 방지하는 것이 효과적이다.

  (나) 부식매체의 제거가 어려운 사용 환경에서는 응력부식균열 감수성이 낮은 저인탈산동관, 무산소 동관, 큐프로닉켈 관을 채용

(7) 청수(동이온의 용출)

① 특징 : 청수란 욕조, 세면기, 타일바닥 등에 파란색의 부착물이 보이거나 수건, 기저기 등이 파랗게 물드는 현상

② 원인

(가) 동관으로부터 용출한 미량의 동이온이 비누나 때에 포함되어 있는 지방산 등과 반응해서 청색의 불용성 동비누를 생성하면 나타날 수 있는 현상 (수도꼭지로부터 파란 물이 나올 정도는 아니다.)

(나) 동관의 부식에 의한 청수 현상 : 동관이 사용 중 부식이 발생되면 청수를 유발할 수 있다.

(다) 동관을 급수관으로 사용할 때 특히 CO_2, O_2를 많이 포함하고 있는 물에서 동이온이 많이 용출된다.

③ 대책

(가) 유리 탄산이 많고 pH가 낮은 물의 경우에는 폭기에 의해서 유리탄산을 비산시키는 것과 pH를 중화시킬 수 있도록 수처리를 하는 것이 효과적이다.

(나) 방청제를 사용하여 부식률을 저하시킨다.

(다) 신규로 설치된 동관에서는 동이온이 미량 방출되어 청수가 나올 수가 있으나, 시간이 지나면 동관 내표면에 피막이 생겨 더 이상 청수가 나오지 않을 수도 있다.

④ 인체 유해성

(가) 독성은 적고, 주로 땀이나 뇨로 배설되기 때문에 인체에 축적이 없고, 만성중독의 위험은 없다.

(나) 세계보건기구(WHO)등의 지표를 따르면, 1일 약 1000~2000 mg 이상 정도를 섭취하는 경우에는 위장장애 등을 일으킬 수 있다.

(다) 청수가 발생된 몇 곳의 물을 채수하여 수질검사 실시 결과 대부분이 먹는 물에서 정한 수질기준(1 mg/L 이하)을 만족한 바가 있다.

(8) 보온재 외면부식

① 특징 : 녹청색, 백색, 흑색 등의 부식생성물을 수반하는 부식이 관의 외면에서 광범위하게 보이는 경우

② 원인

(가) 빗물, 배수 등의 침입이나 결로에 의해 보온재가 젖어서 염소이온, 암모니아, 황화물 등의 부식매체가 용출되어 부식을 일으키는 현상이다.

(나) 내면부식 또는 시공불량에 의한 누수에 의해서 이차적으로 외면 부식이 일어나는 경우도 있다.

③ 대책 : 염소 이온, 암모니아, 황화물 등의 부식매체가 용출되기 어려운 보온재를 사용하는 동시에 수분의 침입을 가능한 방지해야 한다.

(9) 피로균열

① 특징 : 급탕 배관에서는 이음매 부근이나 굴곡이 있는 부분 등 열응력이 집중되기 쉬운 곳이나 시공시에 발생된 우묵한 부분 또는 상처 부위에 발생하는 일이 많다.

② 원인

㉮ 피로 균열이란 피로한계를 넘는 응력이 반복적으로 가해짐으로써 균열이 발생하는 현상

㉯ 급탕배관의 경우에는 물의 온도변화에 따른 배관의 신축작용에 의해 발생하는 열응력이, 냉동공조 기기의 배관에서는 압축기의 진동에 의한 응력이 주원인

③ 대책 : 열응력을 흡수할 수 있도록 배관하는 것이 좋고 급탕배관의 교차부분에서는 완충재를 사용하는 것이 효과적

(10) 배수관 부식

① 특징 : 잡배수관에서 수평배관의 하벽측에서 띠모양의 부식이 발생하는 것

② 원인 : 수평배관의 구배가 불충분하거나 모발 등의 섬유상의 이물질이 존재하면 그 부분에 부식성의 배수가 고여서 부식을 일으킨다.

③ 대책

㉮ 적절한 유수 세척으로 부식성의 배수가 관내에 장시간 체류하지 않도록 배려해야 한다.

㉯ 수평배관 공사에서 배관의 구배가 충분하도록 설계한다.

(11) 결론

① 동관의 최대 장점이 내식성이고 어떠한 재료보다도 실용상 만족할 수 있는 배관재이지만 설명된 바와 같이 사용 조건에 따라서는 부식 손상을 일으키는 경우가 있는데 동관의 특성을 잘 살려서 적절한 사용방법 또는 방식책을 강구한다면 특수하게 나타나는 몇 가지 현상은 충분히 방지될 수 있을 것이다.

② 동관이 아무리 우수한 재료라 해도 사용방법이 적절하지 못하면 품질사고가 발생할 수 있으므로 주의해야 한다.

• 문제풀이 요령

동관의 부식원인으로는 공식 (혹 모양의 부식 생성물 밑에서 진행), 궤식 (유체 흐름 급변 시), 개미집 모양 부식 (부식공이 3차원의 입체적 형태), 응력부식 균열 (응력, 수분, 부식매체의 3가지 요인 공존 시), 청수 (동이온의 용출), 보온재에 의한 외면부식 (염소이온, 암모니아, 황화물 등의 부식매체가 용출되어 발생), 피로균열 (열응력이 집중된 곳), 배수관의 부식 (수평 배관의 하벽측에서 배수의 일부가 고여서 띠모양으로 부식) 등이 있다.

PROJECT 38 수·배관 회로방식과 압력계획 출제빈도 ★☆☆

Q 수·배관 회로방식과 압력계획에 대해서 설명하시오.

(1) 개요

개방회로는 보통 축열방식으로 이용되지만, 밀폐회로, 개방회로 중 어느 것을 선정하느냐는 부하상태, 사용방법, 경제성(설비비, 경상비) 등을 종합적으로 판단해 결정한다.

(2) 개방 수회로

① 수축열 방식에 많이 사용되나 공기 중에 노출되어 산소 때문에 부식되기 쉽다.

② 개방 수회로 방식은 순환수의 오염가능성이 많으므로 수질관리에 주의가 필요하다.

(3) 밀폐 수회로

① 정유량 수회로방식

  ㈎ 단식 펌프 방식 : 가장 기본형(단순형), 최대 저항기준으로 펌프 설계를 해야 하므로 동력비 증가됨

  ㈏ 복식 펌프 방식 : 대수제어 가능

② 변유량 수회로방식

  ㈎ 단식 펌프 방식 : 바이패스, 회전수 제어 가능

  ㈏ 복식 펌프 방식 : 대수, 바이패스, 회전수 제어 가능

(4) 밀폐 배관계의 압력계획

① 압력계획 : 공기흡입, 정체, 순환수 비등, 국부적 플래시 현상, 수격작용, 펌프 Cavitation, 기기 내압문제, 배관 압력분포, 팽창 탱크 설치 등의 문제를 고려하여 계획한다.

② 팽창 탱크와 순환 펌프 위치

  ㈎ 압력저 : H_p(펌프) → 1차열원 (Boiler + 개방형 팽창 탱크) → 방열기 → (순환)〔그림 1, 그림 4 참조(공기의 흡입 / 정체 / 순환수 비 등, 국부적 플래시 현상, 수격작용, 펌프 Cavitation 등 고려하여 계획)〕, 통상 잘 채용하지 않는 방식이며, 압력이 낮아 최고부에서 공기를 흡입하는 경향이 있음(H_3 : 보일러~A.V까지의 압력손실 수두에 에어벤트에 필요한 정압을 가산한 높이 이상으로 할 것)

  ㈏ 압력고 : 1차 열원 (Boiler + 개방형 팽창 탱크) → H_p(펌프) → 방열기 → (순환)〔그림 2, 그림 3 참조 (기기 내압문제, 배관 압력분포, 팽창 탱크 설치 등의 문제를 고려하여 계획)〕, 통상 가장 많이 채용하는 방식이며, 그림 3번 시스템의 경우 펌프가 고온이

되는 결함이 있다(H_2 : 펌프 정지 시 배관의 최고부위에서 공기를 뽑을 수 있도록 약 2 m 정도 높임).

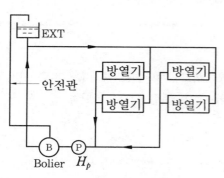

그림 1 H_p가 안전관, EXT보다 상류

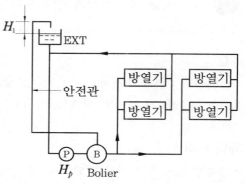

그림 2 EXT가 H_p보다 상류, 안전관이 하류

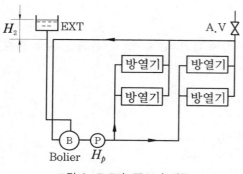

그림 3 EXT가 H_p보다 상류

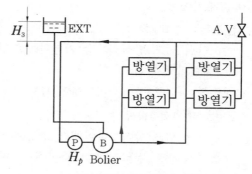

그림 4 EXT가 H_p보다 하류

• 문제풀이 요령

수·배관 회로방식에는 개방회로 (산소 때문에 부식 쉽고, 순환수 오염 가능성), 밀폐회로 (정유량 단식 펌프 방식, 정유량 복식 펌프 방식, 변유량 단식 펌프 방식, 변유량 복식 펌프 방식) 등이 있다.

PROJECT 39 Balancing Valve(밸런싱 밸브)   출제빈도 ★★☆

Q 배관저항을 Balancing하는 방법과 Balancing Valve에 대해서 설명하시오.

(1) 개요
① 건물이 고층화, 대형화되면서 유량의 불균형이 심해질 수 있다.
② 따라서 관경조정, 오리피스 사용법, Balancing Valve 설치 등을 통하여 유량을 자동제어 할 필요가 있다.
③ 배관저항의 Balance가 올바르게 되면 유량, 온도가 균일하고 에너지소비가 최소화되며 관리비용이 절감된다.
④ Balance기구의 적정설계, 정확한 시공, 시운전시 TAB 실시 (열적 평형목적 달성 필요)

(2) 배관저항 Balance 방법
① Reverse return   ② 관경 조정에 의한 방법   ③ Balancing 밸브에 의한 방법
④ Booster Pump에 의한 방법   ⑤ 오리피스에 의한 방법

(3) 밸런싱 밸브(Balancing Valve)
① 정유량식 밸런싱 밸브(Limiting Flow Valve)

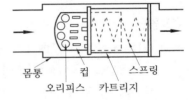

정유량식 밸런싱 밸브

(가) 배관 내의 유체가 두 방향으로 분리되어 흐르거나 또는 주관에서 여러 개로 나뉘어질 경우 각각의 분리된 부분에 흘러야할 일정한 설계 유량이 흐를 수 있도록 유량을 조정하는 작업을 수행함
(나) 오리피스의 단면적이 자동적으로 변경되어 유량 조절하는 방법이 일반적임
(다) 밸브의 몸통과 카트리지로 구성되어 있다.
(라) 압력이 높을 시 오리피스의 통과단면적을 축소시키고, 압력이 낮을 시 통과단면적을 확대시켜 일정유량을 자동으로 공급한다.
(마) 기타 스프링의 탄성력과 복원력을 이용(차압이 커지면 압력판에 의해 오리피스의 통과면적이 축소되고 차압이 낮아지면 스스링의 복원력에 의해 통과면적이 커짐)하는 방법도 있다.

② 가변 유량식 밸런싱 밸브

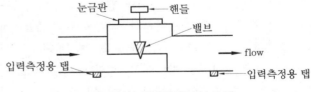

가변 유량식 밸런싱 밸브 (수동식)

(가) 수동식 : 유량을 측정하는 장치를 장착하여 현재의 유량이 설정된 유량과 차이가 있을 경우 밸브를 열거나 닫히게 수동으로 조절한 후 봉인할 수 있다(밸브 개도 표시 눈금 있음).
(나) 자동식 : 배관 내 유량 감지 센서를 장착하여 현재의 유량과 목표 유량을 비교하여 자동적으로 밸브를 열거나 닫아서 항상 일정한 유량이 흐르게 한다.

• 문제풀이 요령
펌프의 밸런싱 밸브에는 정유량식 (밸브의 몸통과 카트리지로 구성되어 있어 오리피스의 단면적이 자동적으로 축소/확대된다)과 가변 유량식 (수동 혹은 자동으로 유량 조절)이 있다.

PROJECT 40 스팀 해머링 출제빈도 ★★★

Q 증기난방 방식에서 스팀 해머링 현상에 대하여 논하시오.

(1) 정의

① 스팀 해머링이란 스팀 배관에서 발생되는 워터 해머링(Water Hammering) 현상이다.

② 스팀 해머링 현상은 스팀 배관 내에 물과 스팀이 혼재되어 흐르면서 발생하는 일종의 파동현상

③ 길이가 길면 매우 불규칙한 운동을 하는데 그 이유는 스팀이 충격파에 의해 내부에서 물과 불규칙한 혼합현상과 함께 스팀의 체적감소현상이 매우 유동적으로 발생하게 됨으로써 때로는 공명현상으로 때로는 파동중첩현상으로 큰 에너지가 충돌하여 스팀관의 취약한 부분이 파손되어 큰 사고가 발생되기도 한다.

④ 극히 드물게는 보일러의 고온수가 스팀헤더까지 넘쳐 유입되어 발생될 수도 있다.

(2) 원인

① 기본적으로 스팀 배관은 메인헤더나 보일러실 헤더에서부터 사용기계의 관말까지 점차적으로 온도와 압력이 떨어지기 때문에 철저한 보온을 하지 않았다면 헤더에서 멀어질수록 공급 스팀의 건도가 떨어지게 되고 관내에 결로현상이 발생되기 시작한다.

② 한번 과습증기로 변한 스팀은 급격한 체적감소와 온도 저하현상을 보이면서 기대하는 것보다 에너지 공급능력이 크게 떨어지게 된다.

(3) 방지법

① 어떠한 경우에도 스팀 배관 내부에 응축수가 전혀 발생되지 않게 하기는 매우 어려우므로 발생된 응축수가 스팀의 건도를 낮추거나 공급스팀을 과습증기로 변환시키는 역할을 하지 못하도록 스팀관 내부에서 신속히 배출해야만 한다.

② 흔히 스팀 배관에 발생된 응축수를 배출하기 위해서 트랩(Trap)에만 의존하고 있는데 그것은 피상적인 방법이며, 보다 크게 효과를 볼 수 있는 것은 스팀이 흐르는 방향으로 하향구배를 주어 발생된 응축수의 배출이 용이하도록 구성해 줘야 한다.

③ 생산기계에 스팀 공급을 하고자 메인 스팀관에서 지선으로 분기되어 상방에서 하방으로 내려와 수평으로 설치되는 곡관 부위를 반드시 연장 배관해 하나의 포트(Port)를 형성해 주는 것이 스케일이나 응축수의 처리에 매우 용이하다는 점과 형성된 포트(Port)에 트랩(Trap)을 설치하면 기계에 공급되는 스팀의 품질도 양호하게 되는 경우가 많다.

④ 보일러의 안정적인 운전과 스팀 헤더에 트랩을 복수로 설치 : 회전하는 롤러, 회전드럼 내에 생기는 응축수의 제거는 연속식 트랩을 사용하고 일반 스팀관이나 난방관의 경우에는 단

속식을 사용한다.

⑤ 스팀배관에 응축수가 생기지 않도록 보온 철저

⑥ 응축수의 신속한 배출을 위한 스팀 배관의 구배

⑦ 신축관(Expander) 설치

⑧ 가급적 증기의 과열도를 높여 공급한다.

(4) 유사 사례

① 고온의 기계를 냉각할 때 발생되는 냉각수 회수관과 응축수 회수관이 병행해 설치되어 있을 때는 스팀해머링 현상이 자주 나타나게 되는데, 그 이유는 100℃ 이상의 고온으로 뜨거운 기계를 냉각하게 되면 초기 비등 현상으로 인해 발생된 수증기와 응축수가 지닌 기포가 회수관을 흐르면서 불규칙한 수축파동을 형성함으로써 발생되는 것이다.

② 지하에 매설된 회수관(냉각수 & 응축수)이 스팀해머링에 의해 터지는 현상

    ㈎ SUS관이라 하더라도 지하에 스며든 약품이나 기계 세척제에 의해 부분부식을 피할 수 없음

    ㈏ 또 땅으로 많은 열량이 손실될 수 밖에 없어 스팀해머링은 지속적으로 발생된다.

    ㈐ 유실되는 응축수와 냉각수에 의한 손실은 배관을 재공사하는 금액보다 훨씬 큰 손실을 가져다 줄 수 있다.

    ㈑ 잦은 스팀해머링에 의한 피해가 최소화되도록 적절한 위치에 트랩이나 에어 체임버(Air Chamber)를 구성해 주어야 한다〔지하 매몰방식의 배관공사는 좋지 못함(지하 배관은 비트, 공동구에 설치하는 것이 바람직함)〕.

• **문제풀이 요령**

    스팀 해머링은 스팀 배관에서 메인 헤더로부터 사용기계의 관말까지 점차적으로 온도와 압력이 떨어지기 때문에 완벽한 보온을 하지 않는한 헤더에서 멀어질수록 공급스팀의 건도가 떨어지게 되고 관내부에 결로현상이 발생→ 급격한 체적감소와 온도 저하현상→에너지 손실 커지고, 충격음 발생 등 초래(순 구배 및 트랩 설치하여 응축수 신속 배출 필요)

PROJECT 41 Expansion Joint와 신축량 출제빈도 ★☆☆

Q 배관의 Expansion Joint와 신축량에 대해서 설명하시오.

(1) Expansion Joint의 정의

① 관내 유체의 온도변화에 따른 배관계의 수축/팽창의 흡수를 위해 배관 도중에 설치되는 이음쇠를 말한다.

② 배관 양단에 고정시켜 배관의 신축량을 흡수하여 배관계의 누수 및 파손을 방지한다.

(2) Expansion Joint의 종류 및 누수 위험

① Swivel 이음, Sleeve 이음, Bellows 이음, Loop 이음, Ball joint 이음 등의 종류가 있다.

② Expansion Joint의 누수 우려 순서

스위블 > 슬리브 > 벨로스 > 루프

(3) Expansion Joint의 설치간격

① 동관 : 수직 10 m, 수평 20 m

② 강관 : 수직 20 m, 수평 30 m

(4) 배관의 신축량(mm) 계산

$$신축량(\Delta l) = \alpha \cdot l \cdot \Delta t$$

여기서, α : 선팽창계수(m/m. K)

l : 배관의 길이

Δt : 배관의 온도 변화량

(5) 주요 재질별 1m당 신축량 (0℃ → 100℃로 온도 변화 시)

① 강관 = 1.17 mm

② 동관 = 1.71 mm

③ 스테인리스 = 1.73 mm

④ 알루미늄 = 2.48 mm

• 문제풀이 요령

배관의 신축이음에는 Swivel 이음, Sleeve 이음, Bellows 이음, Loop 이음 등이 있으며, 선팽창량은 선팽창계수 α 를 이용하여 "$\Delta l = \alpha \cdot l \cdot \Delta t$" 공식으로 구한다.

PROJECT 42 증기난방의 감압 밸브   출제빈도 ★★☆

Q 증기난방의 감압 밸브(Pressure Reducing Valve)에 대하여 설명하시오.

(1) 개요
① 감압 밸브는 증기를 고압으로 사용하는 것이 좋지 않을 때 2차측의 공급압력을 적당히 감압시켜 사용할 경우에 쓰인다.
② 공급되는 유량이 지나친 경우 감압하여 사용할 필요가 있을 때 공급증기의 압력을 줄여 스팀해머 등을 방지해 줌
③ 단, 감압비가 10을 초과할 경우에는 침식, Cavitation 등을 방지하기 위해서 2단 감압을 하여 사용하는 것이 유리함

(2) 감압 밸브의 요구 성능
① 1차측의 압력변동이 있어도 2차측 압력의 변동이 없을 것
② 감압 밸브가 닫혀 있을 때 2차측에 누설이 없을 것
③ 2차 측의 증기소비량의 변화에 대한 응답속도가 빠르고, 압력변동이 작을 것 등이 요구된다.

(3) 감압 밸브 종류
2차측 압력이 크면 밸브가 닫히고, 2차측 압력이 작으면 밸브가 열리어 일정한 감압유지가 가능하다.
① 파일럿 다이어프램식 : 감압범위 크다, 정밀제어 가능
② 파일럿 피스톤식 : 감압범위 적다, 비정밀
③ 직동식 : 스프링제어, 감압범위 크다, 중간 정밀도 제어

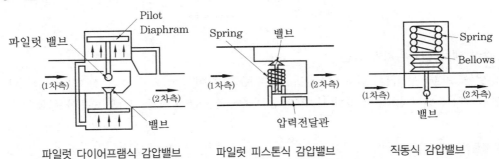

파일럿 다이어프램식 감압밸브   파일럿 피스톤식 감압밸브   직동식 감압밸브

(4) 설치 방법
① 사용처 근접위치에 설치
② 화살표 방향으로 설치

③ 감압밸브 앞에 스트레이너 설치

④ 기수분리기 또는 스팀 트랩에 의한 응축수 제거 기능

⑤ 필요 시 편심 리듀서 설치

⑥ 전후 관경 선정에 주의

⑦ 1, 2차 압력계 사이에는 바이패스관(GV) 설치

⑧ 감압 밸브와 안전 밸브 간격은 3 m 이상

(5) 유체 흐름도(감압 밸브 주변 배관도)

입구 → 1차 압력계 → 바이패스관(분류) → GV → Strainer → 감압 밸브 → GV → 바이패스관(합류) → 안전 밸브 → 2차 압력계 → 출구

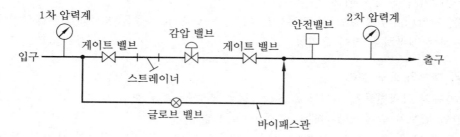

(6) 감압 밸브의 유량 특성도

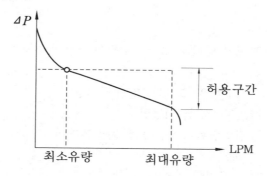

(7) 감압 밸브 설치위치별 장점

① 열원(보일러 등) 근처 설치 시 : 관경, 설비 규모 등이 감소되어 초기 설치비 절감 가능

② 사용처(방열기 등) 근처 설치 시 : 제어성 우수, 열손실 줄어듦. 트랩 작용이 원활함

· 문제풀이 요령

① 감압 밸브를 열원(보일러 등) 근처 설치 시 관경, 설비 규모 등이 감소되어 초기 설치비 절감이 가능하고, 사용처(방열기 등) 근처 설치 시 열손실이 줄어들고, 제어성 및 트랩작용이 원활함

② 감압 밸브에는 파일럿 다이어프램식(감압 범위 큼), 파일럿 피스톤식(감압 범위 적음), 직동식(스프링 제어, 중간 정밀도) 등이 있다.

PROJECT **43** 송풍기 선정 절차   출제빈도 ★☆☆

Q 송풍기의 선정 절차 및 설치 시 고려사항에 대해서 설명하시오.

(1) 개요

공조용, 산업용 및 기타 기체를 수송하는 송풍기의 선정은 송풍기 형식 결정, 송풍기 N_o(#) 결정, 송풍기 외형결정, 전동기 선정 및 Pulley 직경 결정, 가대 형식 결정의 선정절차로 송풍기를 선정 설치한다.

(2) 송풍기 선정 절차

① 송풍기 형식 결정 : 공기조화용 덕트에 의해 송풍량과 정압이 계산되면 송풍기 형식을 선정표에서 선정한다(비교회전수 N_s를 이용한 표).

② 송풍기 N_o(#) 결정 이론

  (개) 원심송풍기 N_o(#) = 회전날개지름(mm)/150(mm)

  (내) 축류송풍기 N_o(#) = 회전날개지름(mm)/100(mm)

③ 송풍기 외형결정

  (개) 회전방향 : 시계 방향, 반시계 방향   (내) 기류방향 : 상, 하, 수평, 수직 선정

④ 전동기 선정 및 Pulley 직경결정

$$전동기\ 출력(P_{kw}) = (Q \cdot \Delta P) \times \alpha$$

  여기서, Q : 풍량(m^3/s), ΔP : 압력손실(kPa), α : 여유율

  • 송풍기와 전동기 Pulley 직경비율 : 8 : 1 이하(미끄럼 방지)

⑤ 가대 형식 결정

  (개) 공통 가대 : 송풍기, 베어링유닛, 전동기 등을 함께 받치는 가대

  (내) 단독 가대 : 송풍기, 베어링유닛, 전동기 등을 각기 받치는 단독 가대

(3) 송풍기 설치 시 고려사항

① 수평잡기, 방진, 가대 등에 주의하여 정숙한 운전이 되게 할 것

② 송풍기 Blade 형상별 회전방향, 토출방향 등을 맞출 것

③ 송풍량 조절을 고려하여 부분부하 시 에너지 절감 유도할 것

④ 기어, 풀리, V벨트 등을 이용하여 감속 고려할 것

⑤ 송풍량 조절을 열원기기 용량 조절과 연계하여 동력을 절감하고 효율을 최적화한다.

⑥ 필요 시 안전측면에서 가열기, 냉동기, 히터, 보일러 등과 연동제어(Inter-Lock)를 실시한다.

• 문제풀이 요령

송풍기 선정 절차 : 덕트 설계에 의해 송풍량과 정압이 계산되면 송풍기 형식 선정(비교회전수 N_s 표 이용) → 송풍기 N_o(#) 결정 → 송풍기 외형 결정(회전방향, 기류방향 등) → 전동기 선정 및 Pulley 직경 결정 → 가대 형식 결정 등의 순이다.

PROJECT 44 **Pump의 설치 및 점검 항목** 출제빈도 ★☆☆

Q Pump 설치 시 고려사항 및 일상 점검 항목에 대해서 설명하시오.

---

(1) 개요

용도에 적합한 펌프를 선정하기 위해 이송 유체 조건(온도, 유량, 유속, 거리, 압력, 비중, 점도)을 펌프의 종류별 형식, 운전조건, 성능 등과 비교하여 가장 적합한 기종을 선정해야 한다.

(2) 펌프의 성능 계산

① 유량 $(Q_2) = \left(\dfrac{N_2}{N_1}\right) \cdot Q_1$

② 양정 $(H_2) = \left(\dfrac{N_2}{N_1}\right)^2 \cdot H_1$

③ 동력 $(P_2) = \left(\dfrac{N_2}{N_1}\right)^3 \cdot P_1$

④ 펌프구경(흡입구 관경)$(D) = \sqrt{\left(\dfrac{4Q}{\pi V}\right)}$

⑤ 표준 양수량 : 송출구에서 $1.5 \sim 3 \ \mathrm{m^3/s}$

상기에서, N_1, N_2 : 변화 전, 후의 회전수 (rpm), Q : 수량 ($\mathrm{m^3/s}$) V : 유체의 속도 (m/s)

(3) 펌프 설치 시 고려사항

① 수평, 방진, Strainer, 곡관부 배제(1m 이내)
② Foot Valve는 바닥에서 관경의 1.5~2배 정도 이격
③ 흡입 횡주관 펌프 1/100~2/100 상향구배
④ 필요 시 편심 리듀서 사용
⑤ 병렬펌프 시 흡입관 별도 배관
⑥ 양정 20 m 이상 시 충격 흡수식 바이패스부 체크 밸브 사용

(4) 펌프의 일상 점검 항목

① 외관 : 마모, 외관 파손, 기울어짐 등이 없을 것
② 진동 : 공진, 이상 진동 등이 없을 것
③ 소리 : 이상 소음이 없을 것
④ 베어링 온도 : 과열되지 않을 것

⑤ 흡입 및 토출압력 : 유량 대비 정상압력일 것

⑥ 윤활유 : 윤활유량과 색상이 정상일 것

⑦ 축봉부 누설 : 마모로 인한 누설이 없을 것

⑧ 절연저항 : 규정치 저항 이상일 것

(5) 예제 (계산문제)

급수배관에서 두 지점의 높이 차이가 10 m로 상온의 물이 정지하고 있을 때, 두 지점의 압력차를 베르누이 방정식을 이용하여 계산하시오. (다만, 물의 비중량은 9800 N/m³)

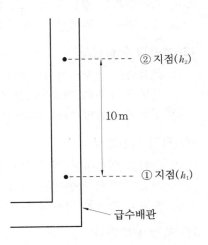

📖 그림의 ① 지점과 ② 지점에서 베르누이 방정식을 적용하면,

$$P_1 + \frac{1}{2}\rho \cdot v_1^2 + \gamma \cdot h_1 = P_2 + \frac{1}{2}\rho \cdot v_2^2 + \gamma \cdot h_2$$

여기서, P : 각 지점의 압력(Pa)

ρ : 물의 밀도 (kg/m³)

γ : 물의 비중량(N/m³)

v : 각 지점의 유속(m/s)

h : 각 지점의 높이(m)

여기서, 유체가 정지하여 있다고 하였으므로, 운동 에너지는 없다.

따라서, 상기 식을 다시 쓰면

$$P_1 + \gamma \cdot h_1 = P_2 + \gamma \cdot h_2$$

$$\therefore 압력차(P_1 - P_2) = \gamma (h_2 - h_1)$$

$$= 9800 \text{ N/m}^3 \times 10 \text{ m}$$

$$= 9800 \text{ N/m}^2$$

$$= 98 \text{ kPa}$$

• **문제풀이 요령**

펌프 선정 절차 : 이송 유체 조건(온도, 유량, 유속 등)에 맞는 펌프의 기종 선정(형식 결정) → 성능 계산(유량, 양정, 동력, 펌프구경 등) 및 사양 결정

PROJECT 45 용접부위 비파괴 검사   출제빈도 ★☆☆

Q 용접부위 비파괴 검사의 종류에 대하여 설명하시오.

(1) 육안검사
① 단순히 검사자의 경험에 의지하여 검사하는 방법 ② 개별로 눈으로 직접 확인하는 방법
③ 경험에만 의존하는 다소 비과학적인 방법이다.

(2) 방사선 투과검사
① 방사선을 직접 투과시켜 흡수율과 투과율을 측정하여 검사
② 검사결과는 필름의 형태로 영구히 보관 가능
③ 검사비용이 많이 들고 방사선 위험 때문에 안전관리의 문제가 있다.

(3) 초음파 탐상검사
① 초음파를 내보내어 검사하는 방법
② 불연속 부위의 이상음파를 이용하여 확인하는 방법(CRT 스크린에 표시/분석)
③ 면상의 결함에 대한 검출능력이 탁월함.

(4) 자기 탐상검사
① 자석을 이용하여 검사하는 방법
② 자장 속에서 누설되는 이상 자속을 확인하는 방법
③ 자화가 가능한 강자성체 검사에만 국한된다.

(5) 액체 침투검사
① 액체의 모세관현상을 이용하여 확인하는 방법
② 시험체 표면에 침투액을 적용시켜 침투제가 표면에 열려있는 균열 등의 불연속 부에 침투할 수 있는 충분한 시간이 경과한 후, 표면에 남아있는 과잉의 침투제를 제거하고 그 위에 현상제를 도포하여 불연속 부에 들어 있는 침투제를 빨아올림으로써, 불연속의 위치, 크기 및 지시모양을 검출하는 검사방법이다.

(6) 형광 침투검사
① 암실에서 자외선을 투사하여 검사하는 방법
② 자외선 투사시 문제가 있으면 틈새 부위로 불빛이 침투되는 현상 이용
③ 암실이라는 장소적 제한이 따르는 것이 단점이다.

• 문제풀이 요령
　용접 후에는 반드시 비파괴 상태에서 용접부위가 용접이 잘 되었는지를 검사하는 절차가 필요하다 (육안, 방사선, 초음파, 자기장, 액체침투, 형광침투 등을 이용).

PROJECT **46** 증기 보일러의 과열   출제빈도 ★☆☆

Q 증기 보일러에서 과열의 목적 및 이점에 대하여 설명하시오.

(1) 과열의 목적

증기보일러에서 과열기 등을 이용하여 과열시키는 목적은,
① 수분을 완전히 증발시키고 액화가 잘 되지 않게 하여 스팀 해머 방지 가능
② 엔탈피를 증가시켜 열효율을 증대시킬 수 있다.

(2) 과열의 이점

① 증기트랩의 용량을 축소 가능하다.
② 열원에서 멀어질수록 공급스팀의 건도가 떨어지게 되어 스팀 해머가 발생되는 현상을 방지한다 (스팀 해머 방지).
③ 부식이 방지되어 관의 수명을 연장시킨다.
④ 액화가 방지되어 마찰손실이 줄어든다.
⑤ 동일 난방부하를 기준하여 유량이 감소되어 관경이 축소된다.
⑥ 마찰손실 등이 줄어들어 열효율이 증대된다.
⑦ 단열공사 불량, 배관시공 부적합 시에도 스팀 해머 현상, 심각한 고장 등의 위험도가 줄어든다.
⑧ 방열기의 방열량에 대한 여유도를 줄이고, 비교적 Compact 설계 가능
⑨ 시스템의 안정도, 신뢰도 및 수명이 증가한다.
⑩ 실(室)의 난방불만에 대한 Claim이 줄어든다.

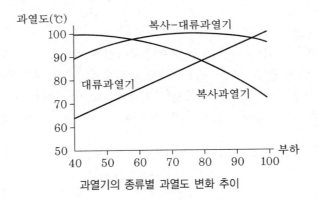

과열기의 종류별 과열도 변화 추이

• **문제풀이 요령**
증기보일러의 과열의 가장 큰 이점은 시스템의 성능 및 효율에 대한 안정도가 높다는 점과 스팀 해머, 고장 등을 방지 할 수 있어 신뢰도 및 수명이 증가한다는 점이다.

PROJECT 47 냉·열원의 열매 온도   예상문제

Q 냉열원 시스템에서 열매 온도별 열원에 대하여 설명하시오.

(1) 개요

① 각종 냉열원의 종류 및 형식에 따라 서로 다른 온도 대역의 열매를 얻을 수 있다.

② 냉방시에 가장 일반적으로 사용되어지는 열매의 온도는 약 5~9℃ 정도이다.

(2) 열매의 온도별 열원 선정

① 15℃의 냉수 : 지하수

② 9℃의 냉수 : 단효용 온수 흡수식 냉동기

③ 7℃의 냉수 : 2중효용 흡수 냉동기 등

④ 5℃의 냉수 : 터보 냉동기

⑤ −10℃ 브라인 : 브라인 저온 냉동기

⑥ 0℃의 냉수 : 빙축열에 의한 냉수

⑦ 5 ~ 10℃의 냉매 : EHP 혹은 GHP

⑧ −10 ~ −35℃의 냉매 : 저온형 압축 시스템

⑨ −35 ~ −70℃의 냉매 : 2단 압축 시스템

⑩ −70 ~ −100℃의 냉매 : 2원 냉동 시스템

⑪ −100 ~ −120℃의 냉매 : 3원 냉동 시스템

⑫ −120℃ 이하의 냉매 : 4원 냉동시스템 혹은 극저온 냉동 시스템

(3) 결론

① 일반 냉방용 열매온도는 0℃ 근처로 낮추어 공급하면 반송동력, 효율 등을 개선할 수 있지만, 이 경우 반송 경로 (배관, 덕트 등)상 결로발생이 우려되고, 실내의 Cold Draft, 제어부하 용량조절 등이 어려워져 특별한 기술적 대응이 필요하다.

② 0℃ 이하에서는 물을 냉매로 사용할 수 없으며, 주로 브라인, 저온형 냉매 등을 열매로 사용한다.

• 문제풀이 요령

빙축열에서 일반적으로 열매온도를 0→7℃로 온도를 높여 사용하는데 이 점이 빙축열의 부가가치 (효율)를 떨어뜨리는 결과를 초래한다 (저온급기방식 도입 검토 필요).

PROJECT 48 **Steam Accumulator**   출제빈도 ★☆☆

> **Q** 증기 보일러 방식에서 사용되는 Steam Accumulator (증기 어큐뮬레이 터, 축열기)에 대하여 설명하시오.

(1) 정의

① 주로 증기 보일러에서 남는 스팀량을 저장해두었다가, 필요시 재사용하기 위한 저장탱크 를 말한다.

② 물을 넣어둔 어떤 큰 원통형 용기의 수중에 남은 증기를 불어넣어서 열수 (熱水)의 꼴로 열을 저장하여 두었다가 증기가 여분으로 필요할 때 밸브를 열고 이것에서 꺼내서 사용 하는 방식이다.

(2) 종류

① 변압식 증기 어큐뮬레이터

㈎ 물 속에 포화수 상태로 응축액화 해두었다가(저장) 필요 시 사용한다.

㈏ 사용 필요시에는 감압하여 증기를 발생시켜 사용하는 방식이다.

㈐ 보일러 출구 증기계통에 배치한다.

② 정압식 증기 어큐뮬레이터

㈎ 현열증기로 급수를 가열 및 저장해두었다가 필요 시 저장해 둔 열수를 보일러에 공급 하여 증기 발생량이 많아지게 한다.

㈏ 급수온도를 높여주면 증기 발생량이 증가한다.

㈐ 보일러 입구의 급수계통에 배치한다.

(3) 용도(사용처)

① 증기의 수요변동이 심한 곳

② 보일러의 소형화가 필요한 경우

③ 증기 사용의 합리화 (동력, 난방, 급탕 등)

• **문제풀이 요령**

① 스팀 어큐뮬레이터는 증기보일러 등의 열원에서 남는 증기를 일시 저장해두는 장치이다.

② 증기보일러 시스템에서 부하변동에 효율적으로 대응하기 위해 고안된 장치이다.

PROJECT 49 온수난방의 중력식 순환방식 　　　　　　출제빈도 ★☆☆

Q 온수난방 및 급탕에서 중력식 순환방식과 순환압력에 대해 설명하시오.

---

(1) 개요

① 온수난방은 온수의 순환방식에 의해 크게 중력식(重力式)과 강제식(强制式)이 있다.

② 중력식은 온수의 온도차에 따른 밀도차에 의해 자연순환시키는 방식이며, 강제식은 온수 순환 펌프를 사용하여 관내 온수를 강제적으로 순환시키는 방법이다(최근에는 소규모 설비에 있어서도 강제순환식으로 하는 것이 통례이다).

(2) 중력식 순환방식

① 물은 4℃에서 가장 무겁고 열을 가하면 가볍게 된다. 중력식은 이 성질을 이용해서 보일러에서 가열한 물을 방열기에 보내 실내에서 방열시켜 온수를 냉각하고 순환시킨다.

② 온수의 순환온도가 보일러 출구에서 80~90℃ 정도이면, 환온수는 70℃ 정도이다. 따라서, 온도차에 의한 밀도차가 충분히 크지 못해, 자연순환 자체의 유량이 한계가 있고, 온수의 순환을 균등하게 하는 것이 어려워 배관경도 크게 할 필요가 있고, 또 온도 상승에 장시간을 요하는 등의 결점이 있다.

③ 중력식 순환방식의 특징

㈎ 주로 소규모 설비로 채용 가능한 방식임

㈏ 동일 필요 유량에서 강제 순환식(펌프 사용) 대비 배관경이 상당히 증가된다.

㈐ 특히, 대규모 건물에 있어서도 순환이 원활하고 신속하며 균일하게 하기 위해서 중력식 대신 펌프를 이용한 강제식을 사용하여야 한다.

(3) 중력식 순환압력 계산식

① 중력식인 경우에 온수의 순환을 일으키는 자연순환압력은 다음 식으로 표현된다.

$$P = h\left(\gamma_2 - \gamma_1\right)$$

여기서, P : 자연순환압력(Pa)

h : 보일러의 기준선의 방열기 중심선 사이의 높이(m)

γ_2 : 보일러 입구 환온수의 비중량 (N/m³)

γ_1 : 보일러 출구 공급온수의 비중량 (N/m³)

• 문제풀이 요령

온수난방은 펌프의 사용유무에 따라 강제순환방식(펌프사용)과 중력순환방식(펌프 미사용, 물의 온도에 따른 밀도차 이용)이 있다.

PROJECT **50** 급탕설비의 에너지 절감 대책 출제빈도 ★☆☆

Q 급탕설비에 적용할 수 있는 에너지 절감 대책에 대하여 설명하시오.

(1) 개요

① 고유가 시대를 맞이하여 급탕설비 뿐만 아니라, 건축설비기계 전반에 걸쳐 에너지 절감 대책을 강구하여야 하고, 종합적으로 관리되어져야 한다.

② 급탕 가열원을 기존의 가스, 전기뿐만 아니라 태양열, 흡수식, 폐열, 심야전력 등으로 다원화할 필요가 있다.

(2) 급탕설비의 에너지 절감대책

① 급탕 공급온도 조정 : 급탕이 공급되는 온도의 지나친 과열을 피하고, 다소 낮은 편의 온도 (40℃~50℃)로 공급하는 것이 에너지 절감에 유리하다.

② 전자식 감응 절수기구 이용 : 세면기, 소변기 등에 전자식 감응 장치 설치하여 절수를 유도할 수 있다.

③ 철저한 보온 : 급탕이 공급되는 파이프 라인상 보온이 부실하면, 많은 열량이 손실될 수 있으므로, 철저한 보온 실시하여 열손실을 최대한 줄인다.

④ 태양열 혹은 심야전력 : 급탕열원으로 태양열이나 심야전기, 폐열 등을 적극 활용하는 것이 고유가 시대를 살아가는 요즘 적극적인 에너지 절감 방안이 된다.

⑤ 절수 오리피스 사용 : 수전과 배관 중간에 설치하여 항상 일정한 유량을 흐르게 하는 일종의 정유량 장치이다(특수한 형태의 작은 구멍을 낸 판상 형태)

⑥ 급탕의 열원설비(보일러)

　(가) 보일러를 몇대 병렬로 설치하여 부하변동 시 대수제어를 실시한다.

　(나) 수질관리를 철저히 실시한다 (부식 방지제, 슬라임 조정제 등).

　(다) Blow-Down을 자주 실시한다.

　(라) 세관작업을 실시하여 스케일을 방지한다.

• **문제풀이 요령**

　급탕설비의 열원 (보일러)의 현실적인 에너지 절약 방안의 가장 대표적인 수단은 대수분할운전과 수질관리(Blow Down, 세관 등)이다.

PROJECT **51** Soldering과 Brazing 예상문제

Q 동관의 용접방법 중 Soldering과 Brazing에 대하여 설명하시오.

(1) 개요

동관의 대표적 용접방법으로 철용접과 달리 용접재만 용융되어 모재 사이를 충전하고, 모재와 일체가 되므로 적정강도가 유지되는 방법으로 용융 용접재가 모재 틈으로 모세관 현상으로 침투 접합됨

(2) 솔더링

① 450℃(약 840℉) 이하의 용융 용접재를 사용하여 적당한 온도로 가열시켜 접합하는 방법
② 용접재는 용융되어 접하면에 고르게 퍼진다(모세관 현상).
③ 이음 부위의 암수부분이 빠듯하게 겹쳐야 하므로 접촉면을 닦고 플럭스를 칠한 다음, 조립하여 가열하면서 용접재를 녹여준다.
④ 잔량의 플럭스는 가열부분이 냉각되기 전에 닦아내어야 한다.
⑤ 가열방식에 따른 분류 : 토치솔더링, 로솔더링, 유도가열 솔더링, 저항 솔더링, 침액 솔더링, 적외선 솔더링, 인두 솔더링, 초음파 솔더링 등
⑥ 솔더링에 사용하는 용접봉을 '솔더메탈'이라고 한다 (Sn50, Sb5, Ag5.5 등).

(3) 브레이징

① 450℃ (약 840℉) 이상의 용융 용접재를 사용하여 모재의 고상선 온도 이하 적당한 온도로 가열하여 접합하는 방법
② 접합면의 적절한 틈새에 의한 모세관현상 이용
③ 가열방식에 따른 분류 : 토치 브레이징, 로 브레이징, 유도가열 브레이징, 저항 브레이징, 침액 브레이징, 적외선 브레이징, 확산 브레이징 등
④ 상기 가열장비의 가격은 솔더링용과 유사하다.
⑤ 브레이징에 사용하는 용접봉을 브레이징 필러 메탈(Brazing Filler Metal)이라고 한다 (BCuP그룹, BAg그룹 등).
⑥ 접합부의 강도 측면에서는 솔더링보다 유리하다.

(4) Flux (플럭스)

① 금속을 Solder(땜납)와 잘 접속시키기 위하여 화학적으로 활성화시키는 물질이다.
② 액체, 분말, Paste 등이 많이 사용되며 Paste가 가장 많이 사용된다.

> • **문제풀이 요령**
> 동관의 용접방법에는 솔더링과 브레이징이 가장 대표적이며, 둘다 용접재의 모세관 현상을 이용하여 접합한다는 점이 특징적이다.

PROJECT 52 보일러의 에너지 절약 방안   출제빈도 ★☆☆

Q 보일러에 적용되어지는 에너지 절약 방안에 대하여 설명하시오.

(1) 설계상 에너지 절약

① 고효율 기기 선정(부분부하 효율도 고려)
② 대수분할운전 : 큰 보일러 한대를 설치하는 것보다 여러 대의 보일러로 분할 운전하여 저
부하시의 에너지 소모를 줄인다.
③ 부분부하 운전의 비율이 매우 많을 경우 인버터 펌프 제어를 도입하여 연간 에너지 효율
(SEER) 향상 가능

(2) 사용상 에너지 절약

① 과열을 방지하기 위해 정기적으로 보일러의 세관 실시 (스케일 방지)
② 정기적 수질관리 및 보전관리
③ 최적 기동/정지 제어 등 활용 (간헐 난방)

(3) 배열회수

① 보일러에서 배출되는 배기의 열을 회수하여 여러 용도로 재활용하는 방법이 있으며, 이
때 연소가스로 인한 금속의 부식 등을 주의해야 한다.
② 배열을 절탄기(Economizer)에 이용하거나, 절탄기를 통과한 연소가스의 남은 열을 이
용하여 연소공기를 예열하는 방법 등이 있다.

(4) 기타

① 드레인(Drain)과 블로 다운(Blow Down) 밸브(Valve)를 불필요하게 열지 말 것
② 불량한 증기 트랩(Steam Trap)을 적기 정비하여, 증기 배출을 방지할 것
③ 보조증기를 낭비하지 말 것
④ 증기와 물의 누설을 방지할 것
⑤ 연소공기와 연소가스의 누설을 방지할 것
⑥ 적정 과열 공기를 공급할 것
⑦ 스팀 어큐뮬레이터 등을 활용하여 부하변동에 대응하고, 보일러의 용량을 지나치게 과잉
설계하지 말 것
⑧ 적정 공기비를 유지할 것

• 문제풀이 요령
보일러의 에너지 절약방안은 설계측면, 사용측면, 폐열회수장치, 사후관리측면 등 종합적으로 고려되어
져야 한다.

> **PROJECT 53** 밀폐 온수 배관계에서 순환압력 　　　　출제빈도 ★☆☆
>
> **Q** 밀폐 온수 배관계에서의 순환압력 관리상 및 사용상 주의사항에 대하여 설명하시오.

(1) 순환압력 관리상 문제점

① 순환압력이 대기압 이하 시 : 특히 접속부 공기 혼입되어 순환불량, 부식 등의 심각한 문제를 야기할 수 있다.

② 순환온수의 상당압력 이하 시 : 비등 Flash현상 등 초래 (가압대책 필요)

③ 배관의 일반 내압 이상 시 : 관 파열, 내구성 등 주의 요함

(2) 사용상 문제점

수압이 너무 낮을 경우	수압이 너무 높을 경우
• 물과 온수가 잘 나오지 않아 각 기구의 사용이 불편하다. • 샤워기를 사용할 수 없다. • 가스 온수기가 착화되지 않는다. • 세척 밸브식 변기에서 오물이 잘 내려가지 않는다.	• 물이 너무 강하게 토수되어서 사용이 불편하다. • 필요 이상의 냉수 혹은 온수가 토출되어 물 소비가 심해진다. • 워터해머 혹은 스팀 해머에 의해 배관상 소음이 유발된다. • 기구가 파손되는 경우가 있다.

(3) 순환압력 관리방안

① 밀폐식 팽창 탱크 : 증기실의 압력 이용(압력 부족 시 히터로 가열)

② 기타의 방법

　(가) 펌프 가압방식(보조 펌프 이용)

　(나) 질소 가압 방식 등

　(다) 보일러 내부의 증기실의 압력 이용 등

• **문제풀이 요령**

　배관계의 압력이 대기압 이하에서는 공기침투로 인한 문제점 발생이 쉽고, 상당 포화압력 이하시에는 플래시현상이 가장 우려된다.

PROJECT **54** 공조배관 설치   출제빈도 ★☆☆

Q 공조배관 설치 시 고려사항에 대하여 설명하시오.

---

(1) 위치 결정

타 배관과의 이격거리, 기울기, 서비스 공간 확보 등 고려

(2) 슬리브, 거푸집 등

콘크리트 타설 전, 필요한 소정의 위치에 미리 비치

(3) 배관지지 철물 : 필요한 위치에 고정시킴

① 수평 배관지지

  (가) Hanger(행어)를 일정한 간격으로 설치하여 처짐을 방지해준다.

  (나) 필요한 부위에 신축이음을 실시한다(동관의 선팽창계수는 $\alpha = 1.71 \times 10^{-5}$이며, 강관의 선팽창 계수는 $\alpha = 1.17 \times 10^{-5}$이다).

② 입상관 지지

  (가) U볼트(U-Bolt)를 일정한 간격으로 설치하여 하중에 의한 처짐 및 좌굴을 방지한다.

  (나) U볼트에 의한 고정으로 배관의 흘러내림 등이 우려시에는 다운스토퍼(Down-Stopper) 등의 특수한 고정구조를 설치한다.

  (다) 필요 부위에 신축이음을 실시한다.

(4) 성능 관련 고려사항

① 최단거리 설치 : 열원기기와 말단유닛과의 거리가 멀어질수록 압력손실에 의한 성능저하 초래되므로 가능한 최단거리가 될 수 있게 설치한다.

② 필요 시 부식과 스케일 방지를 위한 기기를 배관상 부착한다.

③ Cross Connection이 되지 않게 설치 시 고려한다.

④ 단열작업을 철저히 시공하여 관로상의 열손실을 최대한 방지한다(결로방지도 고려).

(5) 서비스성 고려

① 각 배관의 용도 등의 표식을 달아주어 서비스 시 편의성을 도모한다.

② 향후 성능시험을 할 수 있게 계측기, 압력계 등의 부착위치를 미리 고려하고, 필요시 배관상에 부착해 둔다.

• **문제풀이 요령**
① 공조배관은 열원기기의 냉열을 말단유닛으로 전달하거나, 급배수를 위한 통로의 개념으로 설치된다.
② 공조배관은 단열(열손실 방지, 결로방지), 처짐 및 좌굴방지, 압력손실방지 등이 핵심 검토 사항이다.

PROJECT 55 온수난방의 공기 침입 출제빈도 ★☆☆

Q 온수난방에서 공기의 침입 원인, 현상과 대책에 대하여 설명하시오.

(1) 공기의 침입 원인

① 배관계통 진공 발생

② 물의 증발 시 가스 동시 발생

③ 물속의 용존가스 발생

④ 개방식 팽창탱크에서의 공기 접촉

(2) 공기침입 현상(결과)

① 부식초래 : 침입공기에 의해 관벽의 부식을 초래한다.

② 캐비테이션(Cavitation)을 초래할 수 있다 (순환 펌프 부위).

③ 온수의 순환 불량 : 온수 혹은 증기보일러의 응축수에 혼합되어 보일러의 환수능력을 떨어뜨린다.

④ 소음 발생 : 공기와 물이 혼합되어 특히 유속이 빨라지는 부위에서 유수 소음을 발생시킨다.

(3) 공기의 침입의 해결책

① 공기의 침입 금지 : 팽창 탱크의 높이를 높이거나, '밀폐식 팽창 탱크' 사용

② 공기의 제거 : 공기 빼기(방열기 혹은 배관 상부) 실시

③ 포화증기압 이상 유지 : 정수두 가압방식(최상위 방열기보다 1 m 이상 높은 위치에 개방형 팽창탱크 설치), 증기압 가압방식(증기압＋펌프 흡입측 밀폐식 팽창탱크 설치), 질소 가압방식(질소압＋고압탱크), 펌프 가압방식(가압 펌프 가압＋개방형 팽창 탱크) 등의 방법 사용

• **문제풀이 요령**

　온수난방에서 공기의 침입을 방지하기 위해 밀폐식 팽창탱크를 사용하는 것이 가장 일반적이며, 관리 차원에서는 공기빼기를 수시로 실시해주는 것이 좋다.

PROJECT **56**	냉각 **LEG** (Cooling Leg)	출제빈도 ★☆☆

> **Q** 증기난방에서 냉각 LEG (Cooling Leg) 및 관말트랩에 대해 설명하시오.

(1) 냉각 Leg의 정의

① 증기보일러에서 증기 공급 말단부에 응축수 배출을 위한 관말 Trap의 작동 온도차를 확보하기 위해 설치

② 증기나 응축수의 냉각면적을 넓혀 완전한 응축수로 냉각시키기 위해 Trap전으로부터 약 1.5m 이상 보온피복 하지 않고 노출하는 배관을 말한다.

(2) 냉각 Leg의 설치 개략도

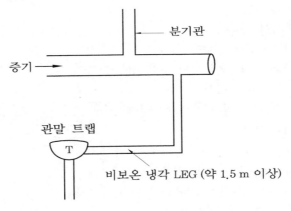

(3) 관말 트랩

① 증기주관의 관 끝에서 주관안의 응축수를 건식 환수관에 배출하기 위해 관의 말단에 설치하는 트랩을 '관말 트랩'이라고 한다.

② 관말 트랩의 종류

㉮ 버켓 트랩 : 고압증기용

㉯ 플로트 트랩 : 증기주관이 상당히 길어 다량의 응축수가 흐를 경우

③ 트랩 입구측에는 유지관리 및 서비스를 위하여 스트레이너와 바이패스관(Bypass Tube)을 설치하는 것이 좋다.

• **문제풀이 요령**

증기관의 보온은 유리솜이나 암면 등의 보온재로 성형된 제품을 주로 사용하며, 냉각 레그(관말 증기 트랩주 변 1.5 m 이상), 방열기 주위 배관, 실내 노출 배관, 환수관 전부 등은 보온하지 않는다.

PROJECT 57 Cold Start & Hot Start, 린번 엔진   출제빈도 ★☆☆

> **Q** (1) 보일러의 Cold Start와 Hot Start 및 증기온도 조절방법에 대하여 설명하시오.
> (2) 린번 엔진에 대해서 간략히 기술하시오.

(1) Cold Start와 Hot Start

① 보일러의 Cold Start : 2~3일 이상 정지 후 가동시에는, 운전 초기 약 1~2시간 동안 저연소 상태로 가열 후 서서히 온도 올림(고장이나 파괴 방지)

② 보일러의 Hot Start : 시동시부터 정상운전을 바로 시작하는 일반 기동방법을 말한다.

(2) 증기온도 조절 방법

① 증기온도가 떨어지는 요인

(가) 과잉공기가 부족한 경우

(나) 급수온도가 기준온도보다 낮은 경우

(다) 재열기 입구온도가 기준온도보다 낮은 경우

(라) 과열저감기가 누설되는 경우

(마) 석탄회가 과열기 및 재열기 표면에 부착된 경우

② 증기온도가 올라가는 요인

(가) 과잉공기가 많은 경우

(나) 급수온도가 기준온도보다 높은 경우

(다) 재열기 입구온도가 기준온도보다 높은 경우

(라) 석탄회가 수관 표면에 부착된 경우

(마) 연소시간이 길어지는 경우

③ 증기온도 조절방법

(가) 과열저감기(Desuperheater or Spray Attemperator)의 분사량 조절

㉠ 과열저감기는 과열증기 통로에 설치되어 분사 노즐(Spray Nozzle)에서 물을 분사시켜 증기온도를 내린다.

㉡ 이 방법은 증기온도를 내리는 방법 중 가장 보편화된 방법이며 증기온도의 조절범위가 넓고, 시간이 빠르다.

㉢ 분사수가 증기와 직접 혼합되므로 과열기 및 터빈에 부착되는 물때(scale)를 방지하기 위해서 분사수의 순도가 좋아야 한다.

(나) 화염위치 변경

㉠ 미국 C.E社 (Combustion. Engineering)의 경사각 조절 버너(Tilting Burner)는 노의 네모퉁이에 설치되어 상하 30의 각도로 조절할 수 있게 되어 있다.

㉡ 버너 분사각이 상방향(+30도)이면 증기온도가 올라가고 하방향 (−30도)이면 증기

온도가 떨어진다.

ⓒ 버너의 분사각은 증기온도에 따라 자동적으로 조절된다.

(다) 가스 재순환(Gas Recirculation)량 조절

㉮ 가스 재순환 설비는 보일러 부하가 낮은 경우 과열증기 특히 재열 증기 온도를 상 승시킨다.

㉯ 가스 재순환 송풍기가 절탄기를 통과한 연소가스의 일부를 노 하부로 공급하여 전 열면 (절탄기, 수랭벽, 과열기, 재열기)에서 흡수열 량을 변화시킨다.

㉰ 재순환 가스량이 증가하면 증기온도가 올라가고 감소하면 증기온도가 떨어진다.

㉱ 연소가스가 재순환되면 연소상태가 불량하여 소화 (消火)의 위험이 있다.

(3) 린번 엔진

① 개요

㉮ 엔진의 실린더측으로 들어가는 혼합기에서 공기가 차지하는 비율을 높이고, 연료가 차지하는 비율은 낮추어 연비성능을 향상시키는 엔진

㉯ 연비율을 낮추는 것이 주목적이지만 그에 따른 부작용을 기술적으로 잘 극복해야 한다.

② 기술원리

㉮ 보통 가솔린 엔진의 최적의 공기와 연료의 질량비는 14.7 : 1이다.

㉯ 린번 엔진은 이보다 훨씬 희박한 약 22~23 : 1 정도로 혼합기를 급기한다.

㉰ 이 기술을 더 진보시켜 연료를 연소실에 직접 분사해주는 GDI기술(연료절감, 폭발력 증가)이 개발되어 있다(고급 승용차에 적용).

③ 린번 엔진의 장점

㉮ 공기와 연료의 질량비를 희박하게 만들어 연비 절감

㉯ 시스템이 복잡하지 않아 설치비가 적게 든다.

㉰ 점화플러그 주변에는 고농도 혼합기를 공급하고, 그 외의 부분에는 희박 혼합기를 공 급하는 등 린번 엔진의 단점을 보완중이다.

④ 린번 엔진의 단점

㉮ 희박 혼합기 상태에서 착화율이 떨어져 연소상태가 불안정하기 쉽다.

㉯ 연소실과 흡기부분을 개선하여 공기와 연료가 잘 섞이도록 해야 한다.

㉰ 이상적인 완전연소가 이루어지지 못하므로 배기가스의 정화에도 특별한 기술이 필요하다.

[칼럼] 공연비와 연공비

(1) 공연비(Air-Fuel Ratio ; A/F) : 혼합기 중의 단위 질량의 연료에 대한 공급공기의 질량

(2) 연공비(Fuel-Air Ratio ; F/A) : 혼합기 중의 단위 질량의 공기에 대한 공급연료의 질량

(3) 관계식 : 역수관계이다.

· 문제풀이 요령

Cold Start는 보일러가 장기휴지 후 갑작스런 가동에 의해 순간적인 열팽창 현상이나 예기치 못한 고장방지를 위해 저연소 상태에서 고연소단계까지 점차적으로 가열량을 증가시켜 나가는 방법이다.

PROJECT 58 개별 분산 펌프 시스템 예상문제

Q 냉 · 온수 시스템과 관련하여 다음 용어에 대하여 설명하시오.
   (1) 개별 분산 펌프 시스템   (2) 보일러의 공기예열기

(1) 개별 분산 펌프 시스템

① 냉 · 온수는 통상 펌프에 의해 유량을 조절하지만 이 저항에 의한 반송 에너지의 손실을 삭감하기 위해, 분산 배치된 펌프의 출력을 이용하는 시스템을 말한다.
② 통상 인버터로 펌프의 출력을 제어하여 부하변동에 신속히 대응한다.
③ 펌프의 대수제어와 인버터용량제어를 연동하여 동력절감을 극대화한다.

(2) 보일러의 공기 예열기(Air Preheater)

① 공기 예열기의 정의 : 절탄기(Economizer)를 통과한 연소가스의 남은 열을 이용하여 연소공기를 예열하는 장치
② 공기 예열기의 사용효과
   ㈎ 보일러에서 열손실이 가장 큰 배기가스 손실을 감소시키므로 보일러 효율이 상승된다.
   ㈏ 연소공기 온도상승으로 연소효율이 증가되어 과잉공기량이 감소된다.
   ㈐ 석탄연소 보일러에서 발열량이 낮은 저질탄을 연소시킬 수 있으며, 석탄 건조용 공기를 가열함으로써 미분기의 분쇄능력이 향상된다.
③ 공기 예열기의 종류
   ㈎ 발전용 보일러의 공기예열기는 전부 재생식이며, 이 형식은 원통형 틀 속에 얇은 강판의 가열소자를 다발로 묶어 장착한다. 공기가 연소가스에 의해서 가열된 가열 소자를 통과하므로 공기온도가 올라간다.
   ㈏ 재생식 공기 예열기는 가열소자(Heating Element)가 회전하는 회전 재생식과 공기통로(Air Hood)가 회전하는 고정 재생식으로 분류된다.
      ㉮ 회전 재생식 공기 예열기(Ljungstrom Air Preheater) : 가열소자가 13 rpm으로 연소 가스 통로와 연소공기 통로로 회전한다.
      ㉯ 고정 재생식 공기 예열기(Rothemuhle Air Preheater) : 가열소자가 장착된 원통형 틀은 고정되고 가스통로(Gas Duct) 내부에 있는 공기통로(Air Hood)가 약 0.8 rpm 으로 회전하면서 배기가스의 남은 열이 연소공기를 가열한다.
      ㉰ 사례 : 울산화력 # 4.5.6 호기와 서울화력 #4호기는 고정 재생식 공기 예열기이며, 나머지 발전소는 대부분 회전 재생식 공기 예열기를 사용한다.

· 문제풀이 요령
① 개별 분산 펌프 시스템은 펌프의 반송동력을 절감하기 위해 펌프를 필요한 곳에 분산 배치하는 시스템이다.
② 공기 예열기는 보일러의 여열을 충분히 흡수하여 열효율을 높이기 위해 절탄기(급수 예열장치)를 통과한 열을 연소공기의 예열에 한 번 더 사용하는 방식이다.

PROJECT 59 보일러 가동 중 이상현상   출제빈도 ★☆☆

Q 보일러 가동 시의 이상현상 중 아래의 현상에 대해서 설명하시오.

① 가마울림   ② 캐리오버   ③ 포밍   ④ 프라이밍
⑤ 압궤   ⑥ 팽출   ⑦ 균열   ⑧ 파열

▶ **용어 해설**

① 가마울림(공명) : 보일러 연소 중 연소실이나 연도 내의 지속적인 울림현상 → 증기 발생 시 압력변동에 의해 발생

② 캐리오버(기수공발) : 송기되는 증기에 비수 등이 배관내부에 고여 워터 해머링의 원인이 되는 현상

③ 포밍 : 보일러수 비등 시 함유된 유지분이나 부유물에 의해 거품이 생기는 현상

④ 프라이밍 : 관수가 갑자기 끓을 때 물거품이 수면에서 벗어나 증기 속으로 비산

⑤ 압궤 : 전열면 과열과 외압에 의해 안쪽으로 오목하게 찌그러지는 현상으로 외압력을 받는 부분이나, 내부가 진공인 동체에서 잘 발생한다.

⑥ 팽출
   ㈎ 수관 · 횡관 · 보일러 통이 과열로 밖으로 부풀어오르는 현상
   ㈏ 팽출이 발생하면 보일러의 균열에 의해 파손으로 이어질 수 있다.

⑦ 균열
   ㈎ 고압부위나 연결부위를 중심으로 균열이 발생하기 쉽다.
   ㈏ 특히 균열이 발생하기 쉬운 곳은 아래와 같다.
      ㉮ 용접부위 및 그 근처
      ㉯ 절취부위
      ㉰ 노즐 부착부 등으로 응력이 집중되는 부분
      ㉱ 볼트 체결부 등의 연결부

⑧ 파열
   ㈎ 이음부 등에 결함이 있어 그곳으로 증기나 포화액이 대량으로 분출되면 순간적으로 압력이 급강하한다.
   ㈏ 그 결과 용적팽창이 급격하게 이루어져 파괴에까지 이르게 할 수 있다.
   ㈐ 뚜껑 판이 체결되어 있는 용기는 사용 중 돌연 뚜껑 판이 벗겨져 날아가고 내용물이 비산하여 주변으로 날아 갈 수 있으므로 주의를 요한다.

• **문제풀이 요령**
   보일러와 같은 압력용기 제품은 가동 중 이상현상이 자칫 안전사고로 이어질 수 있으므로 이상현상과 보일러의 성능에 대한 지속적인 점검과 예방이 중요하다.

PROJECT 60 레인저빌리티(Rangeability)   출제빈도 ★☆☆

Q 공조용 밸브류에 사용되는 레인저빌리티(Rangeability)에 대해서 설명
하시오.

(1) 정의(定義)

유체의 종류, 온도, 압력, 압력차 등 유량과 관계되는 조건들이 일정한 경우, 조절 밸브
의 조절 가능한 범위 내에서의 최대유량과 최소유량의 비율

(2) 레인저빌리티의 사용방법

① 레인저빌리티(RF : Rangeability Factor)의 값은 보통의 조절 밸브에서는 30 : 1~50 :
1이며, 나비형 밸브의 경우는 보통 15 : 1 정도이다.

② 실제로는 조절밸브를 유체관 속에 꽂았을 경우, 조절 가능한 최대유량 및 최소유량의 비
는 밸브의 종류에 따라 다르다. 또 압차는 밸브를 조일수록 커지기 때문에 대개의 경우
기준치 보다 작은 값이 된다.

(3) 레인저빌리티의 특성

① 계산식 : 효과적으로 조절가능한 범위내에서,

$$\text{레인저빌리티(Rangeability Factor)} = \frac{\text{최대유량(Maximum Flow)}}{\text{최소유량(Minimum Flow)}}$$

② 이 값이 클수록 정확한 유량조절이 가능해진다.

③ 특히 컨트롤 밸브에서는 레인저빌리티(Rangeability Factor)의 범위 내에서는 안정적
으로 유량이 제어될 수 있어야 한다.

④ 밸브류의 선정 시, 반드시 유량계수(C_v 혹은 K_v)값과 레인저빌리티 값을 같이 확인한
후 적절한 방식과 종류를 선정해야 한다.

⑤ 밸브를 단품이 아닌 배관 시스템 등에 설치 후 측정한 레인저빌리티 값은 특히 턴다운비
(TR : Turndown Ratio)라고 부른다.

[칼럼] 밸브 영향도(Authority)

① 레인저빌리티(Rangeability)와 유사한 용어로 사용되는 밸브 영향도(Authority)는 컨트롤
밸브가 완전히 열린 상태(fully open)로 설계유량을 흘렸을 때의 압력손실(압차 ; ΔP_1)과 완
전히 닫힌 상태(fully closed)로 운전 시의 압력손실(압차 ; ΔP_2)의 비를 말한다. 즉,

$$\text{밸브 영향도(Authority)} = \frac{\Delta P_1}{\Delta P_2}$$

② 밸브 영향도(Authority)는 컨트롤 밸브의 경우 보통 0.4 ~ 0.5 정도가 적당하며, 최소 0.25
이상으로 설계되어야 실용상 적절하게 유량제어가 가능하다.

③ 시스템의 부분부하 등으로 유량 변화가 현저할 경우에는 인버터 펌프를 적용하고 별도의 컨
트롤러를 설치하여 밸브 개도값을 보상해주면 제어특성을 더 우수하게 할 수 있다.

PROJECT **61** 밸브의 유량계수   출제빈도 ★☆☆

Q 물(Water)용 밸브의 유량계수(Capacity Index)에 대해서 설명하시오.

(1) 개요

① 밸브의 치수를 결정하는 지표로 사용되어짐

② 정격개도(100 % Open된 개도)에서 규격을 표시함

(2) 유량계수의 종류

① K_v

(가) 밸브의 상태 : 100 % Open된 개도

(나) 압력 : 밸브의 전후단에 98 kPa(1 kgf/cm^2)의 차압 발생 시

(다) 온도 : 상기 조건에서의 5~30℃ 물의 유량 기준임

(라) 단위 : m^3/h

(마) 계산식

$$K_v = Q \cdot \sqrt{\left(\frac{s}{\Delta P}\right)}$$

여기서, Q : 유량, s : 유체의 비중, ΔP : 밸브 전후의 압력차

② C_v

(가) 밸브의 상태 : 100 % Open된 개도

(나) 압력 : 밸브의 전·후단에 1 PSI(0.07 kgf/cm^2)의 차압 발생 시

(다) 온도 : 상기 조건에서의 60℉(15.6℃) 물의 유량 기준임

(라) 단위 : USgal/min(1 USgal/min=3.785 LPM)

(마) 관계식

$$C_v = 1.167\, K_v$$

・**문제풀이 요령**

① 유량계수는 밸브의 크기 선정을 결정하는 지표로 사용이며, K_v(m^3/h) 혹은 C_v(USgal/min)의 두 가지가 있다.

② '유량계수는 동일 압차에서 얼마나 많은 유량을 흘려 보낼 수 있는가'를 나타내는 지표라 할 수 있다.

PROJECT 62 **냉수분배 시스템의 방식** 출제빈도 ★☆☆

Q 냉수 배관에서 Primary Pump와 Secondary Pump 등을 이용하는 냉수 분배 시스템에 대해 설명하시오.

(1) 1차 펌프 시스템 (Primary Pumping System)

① 1차 펌프 (냉동기에서 냉수 분배 지점까지를 순환하는 펌프)를 이용하여 각 건물에 냉수를 공급하는 방식으로 부하가 적게 걸리는 경우에도 펌프동력이 많이 소모되므로 에너지의 소비가 많고, 부하량의 변동 또는 배관경로변경과 같은 변화에 대해 적절하게 대응하지 못 할 수 있다.

② 소규모 건물에 주로 적용되고 중대규모 이상에서는 거의 적용되지 않는 방식이다.

(2) 1-2차 펌프 시스템 (Primary-Secondary Pumping System)

① 1-2차 펌프 방식은 동력동에 1차 펌프를 설치하고 2차 분배 존(Distribution Zone)에는 2차 펌프를 설치하여 냉동기와 분배 존을 분리하는 방식이다.

② 제어밸브를 통한 압력손실을 줄일 수 있기 때문에 가장 일반적으로 사용되고 있는 방식이다.

③ 2 sets의 펌프가 필요하여 초기투자비용이 증가하고 바이패스되는 유량에 의해 에너지 소비가 발생하고, 동력동에서 가까운 건물의 압력이 증가하는 문제가 있다.

(3) 1-2-3차 펌프 시스템 (Primary-Secondary-Tertiary Pumping System)

① 시스템 전체에 대한 펌프의 압력을 줄이기 위해 주로 이용되며 건물 내부의 부하는 3차 펌프가 담당한다.

② 시스템의 효율은 1, 2차 펌프 방식에 비해 낮은 단점이 있으나 3차 펌프를 변유량 펌프로 할 경우에는 성능을 향상시킬 수도 있다.

(4) 존 펌프 방식, 분배 펌프 방식 (Zone Pumping, Distributed-Pumping System)

① 중앙 동력동 주변에 몇몇 건물이 위치하고 멀리 떨어진 곳에도 건물이 산재해 있는 경우 냉동기의 냉수 펌프로부터 공급된 냉수를 각 건물 또는 존별로 설치된 펌프까지 공급 후 각 소요처 별로 설치된 2차 펌프로 냉수를 공급하는 방식이다.

② 건물간 부하량의 차이가 크고, 거리가 먼 경우 유리한 방식이다.

③ 타 방식에서는 주에너지 소비원이었던 3방향 제어 밸브(Three Way Control Valve), 환수온도 제어 밸브(Return Temperature-Control Valve)등을 사용하지 않으므로 펌

프의 동력 및 에너지를 절약할 수 있어 초기투자비용 및 에너지 절약 적인 측면에서 볼 때 매우 유리한 방식이다.

④ 존 펌프 시스템의 가장 큰 특징은 앞의 두 시스템과 달리 동력동으로부터 2차 분배 루프가 시작되는 지점에 2차 펌프가 없다는 점이다.

⑤ 건물별 냉수 배관이 시작되는 지점에 2차 펌프가 있어, 각 건물이 필요로 하는 냉수만을 공급하게 되므로 2차 분배 루프와 건물의 냉수배관에는 과도한 압력이 걸리지 않는다.

(5) 시스템 개략도

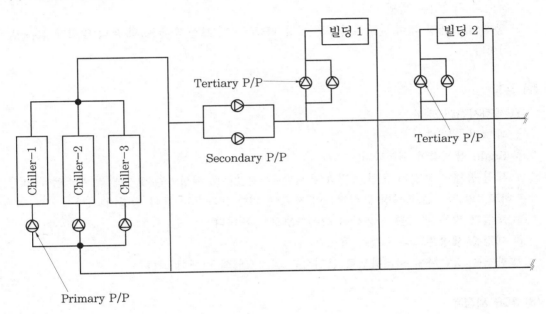

· **문제풀이 요령**

  냉수 분배 시스템은 사용 펌프의 배치에 따라 1차 펌프 시스템, 1-2차 펌프 시스템, 1-2-3차 펌프 시스템, 존 펌프 시스템 등으로 대별된다.

PROJECT 63 ACR 세정

출제빈도 ★☆☆

Q 보일러 세정 방법 중에서 ACR 세정에 대하여 설명하시오.

(1) 정의

① Alcaline Copper Removal 의 약자로서, 보일러에서 스케일제거와 방청 공정을 연속적으로 처리하는 방법이다.

② 종래의 산세정 대비 알칼리액으로 세정하므로 모재(보일러 튜브)의 부식 염려가 적은 방식이다.

(2) 특징

① 세정시간이 짧다.

② 폐액의 발생량이 적다.

③ Scale 용해력이 뛰어나다.

④ 세정 용액이 보일러 운전 조건과 유사한 약 알칼리로 세정인원 및 보일러 시스템에 안전하고, 일반 산(酸) 세정에 비교하여 세정에 의한 모재 부식률이 상당히 적다.

⑤ 보일러 자체 버너를 사용하여 승온하므로 간편하다.

⑥ 세정중 세정온도의 조절이 용이하다.

⑦ 폐액을 소각하여 처리하므로 간편하고 환경오염의 발생이 적다.

(3) ACR 세정제

① 가동 중인 보일러 내부의 스케일 제거 가능

② 약알칼리성 (pH 9~9.5)세정제이다.

③ 각종 스케일, 산화철, 산화동, 금속산화물 등을 동시에 제거 가능함

④ 방청처리까지 동일 용액으로 일괄처리 가능

⑤ 환경오염이 적은 친환경적인 세정제이다.

⑥ 부식 억제제인 AX-704-CI와 함께 사용하여 피세정체를 원형에 가까운 상태로 유지관리 가능하다.

⑦ 표준 작업온도는 약 140~160℃ 정도이다.

• **문제풀이 요령**

　ACR 세정은 보일러에서 동일한 약품으로 단일 공정에 스케일 제거+방청을 일괄 처리한다는 장점이 가장 중요하다 (보일러 자체 버너 사용하여 승온).

PROJECT 64 용접이음과 나사이음 출제빈도 ★☆☆

Q 배관공사에서 용접이음과 나사이음을 비교하시오.

(1) 개요

① 용접이음이란 접합하고자 하는 2개의 금속을 어떠한 열원으로 가열하여 용융, 반용융된 부분에 용가재를 첨가하여 금속의 원자간의 거리를 충분히 접근시켜 인력으로 접합시키는 것을 말하며, 대구경의 관 등을 접합시 주로 사용되어진다.

② 나사이음은 암나사, 수나사, 볼트, 너트, 스터드, 세트 스크루 등과 같은 나사가 부착된 요소를 이용하여 부품을 고정하는 방법으로 소규모 공사에 주로 사용되어지는 방법이다.

(2) 용접이음과 나사이음의 비교 Table

비교 항목	용접이음	나사이음
사용처	관의 직경이 65 mm 이상	관의 직경이 50 mm 이하
이음 공사의 난이도	높음(반드시 숙련공 필요)	낮음(미숙련공도 시공이 가능)
누수 우려	적음	많음
모재의 손상	모재가 열화되어 손상 가능	모재의 손상 없음
안전성	위험 존재(화재, 화상 등)	안전한 편임
신축이음	Swivel Joint 등의 신축이음으로 팽창을 흡수할 수 없다.	Swivel Joint 등의 신축이음으로 팽창을 흡수할 수 있다.
응력	용접부 주면의 응력 감소	연결부 단면적 감소로 응력 감소
용도	해체할 가능성이 없는 곳, 플랜지 설치공간이 없는 곳, 대형배관	향후 분해 필요한곳, 부식 등 발생 많은 곳, 소형 배관

• **문제풀이 요령**
대규모 공사(관 직경 65 mm 이상)에는 누수 우려가 원천적으로 방지되는 용접이음을 사용하고, 소규모 공사에서는 설치가 용이한 나사이음을 많이 사용한다.

PROJECT **65** 라이닝 공법

출제빈도 ★☆☆

Q 라이닝 공법에 의한 급수설비 배관의 내구성 향상에 대해서 설명하시오.

(1) 정의

배관 내면에 부착된 녹과 스케일을 고속기류와 연마재로 제거하는 표면처리 후 방청피막을 형성시키는 공법이다.

(2) 종류

① 샌드 클리닝 라이닝 공법

㉮ 스케일이 부착된 파이프 속으로 고속의 공기와 연마재(모래)를 압송시킨다.

㉯ 공기와 모래에 의해 파이프내의 부착물을 제거하고, 애폭시로 내부 도장함.

㉰ 일본에서 주로 많이 사용하는 방법이다.

② 제트 클리닝 공법

㉮ 각종 오물, 진흙, 이물질 등을 노즐 구멍을 통해 분사되는 초고압수를 이용해 완전히 제거시켜주는 방법이다.

㉯ 주로 미국에서 많이 사용된다.

③ W.J 펌프 이용 공법

㉮ W.J 초고압 펌프를 이용하여 특수 노즐로 분사시켜 물의 충격 에너지와, 원심력에 의해 세척하는 방법이다.

㉯ 이후 열풍건조기를 이용하여 건조시키고, 에폭시 도장을 행하는 방법이다.

㉰ 역시 미국에서 많이 사용되는 방법이다.

(3) 기타 고려사항

① 관 갱생공법과 신관 교체공사 비교하여 선정 필요

② 최대 부식속도 (mm/year)

㉮ 급수관 : 0.03~0.12

㉯ 급탕관 : 0.07~0.18

㉰ 냉·온수관 : 0.02~0.08

• 문제풀이 요령

라이닝 공법은 샌드 클리닝 라이닝 공법, 제트 클리닝 공법, W.J. 펌프 이용 공법 등의 방법으로 녹, 스케일을 제거하고 난 후 방청처리 하는 것을 말한다.

PROJECT 66 콘덴싱 보일러

Q 난방용 열원기기로 많이 사용되고 있는 콘덴싱 보일러(Condensing Boiler)의 원리를 설명하고, 효율이 100%가 넘을 수 있는 가능성에 대해 설명하시오.

(1) 개요

① 콘덴싱 보일러(Condensing Boiler)는 에너지효율이 우수하여 연료가 절약되는 특징 측면에서 타 방식의 보일러 대비 우수한 편이다.

② 콘덴싱 보일러(Condensing Boiler)는 보일러에서 버려지는 고온의 폐열은 재회수하여 급수를 가열하는 방식으로 낭비에너지 절약 및 고효율 기기 보급 측면에서 국내에 많이 보급되고 있는 추세이다.

(2) 콘덴싱 보일러(Condensing Boiler)의 원리

① 보일러의 배기가스 중에 포함된 수증기의 응축잠열을 회수하여 열효율을 높인 보일러이다.

② 연료용 가스는 연소 시 배기가스가 발생하는데 배기가스 중에는 이산화탄소(CO_2), 일산화탄소(CO) 및 수증기(H_2O) 등이 생성된다.

③ 메탄(CH_4)이 주성분인 도시가스(LNG)가 완전연소되면 다음과 같이 반응한다.

$$CH_4 + 2O_2 \rightarrow CO_2 + 2H_2O$$

④ 이렇게 생성된 수증기(H_2O)는 보일러 열교환기나 배기통의 찬 부분과 닿아 응축, 즉 물이 되는데 이때 열을 방출하게 된다. 이 열을 응축열(또는 응축잠열)이라고 하며, 열량은 약 2257 kJ/kg (539 kcal/kg)이다. 따라서 콘덴싱 보일러는 일반 보일러와는 다르게 이 응축잠열을 효과적으로 회수 및 활용하는 구조의 보일러라고 볼 수 있다

⑤ 콘덴싱은 물리학적으로 기체가 액체로 응축되는 과정을 의미한다. 가스가 연소하는 과정에서 발생하는 수증기는 저온의 물체나 공기에 접할 때, 물로 변하는 과정에서 열에너지를 발생하게 된다.

⑥ '콘덴싱'은 배기가스의 뜨거운 기체가 차가운 물을 데운 뒤 액체로 응축되기 때문에 붙여진 이름이다.

⑦ 일반형 보일러의 배기통은 실외쪽으로 하향 경사지게 설치해 혹시 발생할지 모르는 응축수를 밖으로 떨어지도록 보일러를 설치해야 한다. 반면 콘덴싱 보일러는 응축수가 많이 발생하므로 배기통을 보일러 쪽으로 하향 경사지게 설치해 응축수가 보일러 배출구로 배수되도록 설계된다.

⑧ 응축수를 회수하기 때문에 배기통 끝부분이 2~3° 상향으로 설치되는 것이 보통이다.

(3) 콘덴싱 보일러(Condensing Boiler)의 효율이 100%가 넘을 수 있는 가능성

① 상기에서 논술한 바와 같이 콘덴싱 보일러는 연도로 버려지는 폐열을 회수하여 급수의 가열에 활용하므로 에너지 효율이 상당히 높은 편이다.

② 이를 저위발열량 기준으로 평가하면 연소과정에서 나오는 잠열에 의한 손실이 거의 100% 보정되므로 연료의 종류에 따라서는 100% 이상의 효율이 구현될 수 있다.

③ 국내 콘덴싱 보일러(Condensing Boiler)의 시험 및 평가에 따르면, 콘덴싱 보일러는 보통 저위 발열량 기준으로 100% 이상, 고위 발열량 기준으로 90% 이상의 열효율이 나오는 것으로 알려져 있다.

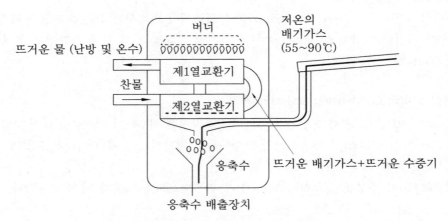

콘덴싱 보일러(Condensing Boiler) 원리도

PROJECT 67 온수난방의 설계순서 및 고려사항   출제빈도 ★☆☆

Q 온수난방 시스템의 설계순서 및 설계 시 고려사항에 대해 설명하시오.

(1) 온수난방 설계순서

① 각 실의 손실열량을 계산한다.

② 순환방식을 강제식 또는 중력식 중에서 결정한다.

③ 방열기의 입구 및 출구의 온수온도를 결정하고, 방열량 및 온수순환량을 구한다.

④ 각 실의 손실열량을 방열량으로 나누어 각 실마다 소요방열면적을 구하고 방열기를 실내에 적당히 배치하여 각각 방열면적을 할당한다.

⑤ 방열기, 콘벡터, 베이스보드 등의 사용형식을 결정한다.

⑥ 방열기와 보일러를 연결하는 합리적인 배관을 계획한다.

⑦ 순환수두를 구한다.

⑧ 보일러에서 최원단의 방열기까지 경로에 따라 측정한 왕복길이 및 배관저항을 구한다.

⑨ 관경을 정하는 부분의 온수순환량을 구한 다음 압력강하를 사용하여 온수에 대한 배관재의 저항표에서 관경을 결정한다. 또 주경로 이외의 분지관도 배관 저항(압력강하)을 사용하여 관경을 정한다.

⑩ 밸런스를 위하여 오리피스(Orifice)를 삽입하거나 또는 방열기출구에 리턴 콕을 설치하여 저항을 가감한다.

⑪ 개방식 팽창수조는 옥상, 지붕밑, 또는 계단상부에 설치하여 동결하지 않도록 보온한다.

⑫ 보일러의 용량을 결정하고 보일러의 종류 및 이에 부속하는 연소기, 순환 펌프 등 기타 부속기기를 결정한다.

(2) 온수난방 설계 시 고려사항

① 부하가 되는 각 기기에 공급하는 온수온도와 온수량을 적절하게 선정한다(유량 밸런스 확보에 주의).

② 각 기기에 온수량을 신속하고 균일하게 순환시키도록 한다.

③ 순환에 있어 유수음 등 소음이 발생하지 않도록 한다.

④ 체적팽창에 의해 장치 내에 이상 내압이 생기거나 오버플로에 의해 열손실이 발생하지 않도록 한다.

⑤ 공기주입에 의한 관내부식이 진행되지 않도록 한다.

⑥ 관의 신축에 의한 각종 장해가 일어나지 않도록 한다.

(3) 주택의 온수난방

① 방열기의 위치 : 주로 창측에 배치(외기 침투 및 Cold Draft 방지)

② 주로 방의 하부에 배치하여 자연대류가 효과적으로 발생하게 함

③ '방열기＋덕트' 방식으로 보다 효과적으로 Cold Draft 방지 가능

④ 소음 주의 : 주택은 소음에 민감하므로 수격방지기 설치, 유량(밸런스) 조절 등에 보다 더 신경 써야 함

⑤ 온도 조절기 위치 : 거주자 취향에 따라 온도제어가 용이한 위치에 온도 조절기 부착 (주로 호흡선 위치에 설치)

⑥ 개별제어 : 개별제어를 용이하게 하여 에너지 절감(필요한 방열기만 가동)

⑦ 부하변동 : 기온변동, 부하변동 등에 자동적으로 추종하게 할 것

⑧ 열원 : 개별 보일러, 중앙난방, 지역난방 등

• 문제풀이 요령

온수난방의 설계는 크게 부하계산 → 순환 방식 결정 → 방열면적 및 유량계산 → 순환수두 계산 → 관경 결정 → 보일러, 순환 펌프 등의 부속기기 결정 등의 순으로 진행된다.

PROJECT 68 **용어해설**(증기난방)   출제빈도 ★☆☆

Q 증기난방의 방열기 밸브, 공기빼기 밸브에 대해서 설명하시오.

(1) 방열기 밸브 (Radiator Valve)

① 방열기 입구에 설치하여 증기유량을 수동으로 조절하는 밸브이다.
② 디스크밸브를 사용한 스톱 밸브(Stop Valve)형이 주로 쓰인다.
③ 유체의 흐름 방향에 따라 앵글형, 스트레이트형 등이 있다.
④ 이중 서비스 밸브 : 방열기 밸브와 열동 트랩을 조합한 밸브

(2) 방열기의 공기빼기 밸브(Air Vent)

① 증기난방 혹은 온수난방 장치에서 배관 내에서 발생한 공기의 대부분은 개방식 팽창 탱 크로 인도되도록 하고 있으나, 이것이 원활하지 않을 것으로 예상되는 곳에는 공기빼기 밸브를 설치해 주어야 한다.
② 밀폐식 팽창탱크의 경우, 탱크에서 공기빼기가 이루어질 수 없으므로, 반드시 공기빼기 밸브를 설치해 주어야 한다.
③ 수동식과 자동식이 있으며, 자동식으로는 열동식과 부자식 외에 병용식이 있다. 특히 자 동식의 경우 스케일 등에 의한 누설 방지에 주의가 필요하다.
④ 진공 역지 밸브가 부착된 것과 벨로스(Bellows)나 다이어프램 밸브에 의해 밸브 속이 진공상태가 되면 공기의 역류를 방지하는 것도 있다.
⑤ 부착위치에 따라서는 방열기용과 배관용이 있으며, 주로 중력환수식 증기난방 배관의 방 열기배관 등에 많이 사용된다.
⑥ 방열기에 설치할 경우 공기는 증기보다 무거우므로 증기 유입구의 반대측 하부에 부착하 는 것이 좋다.
⑦ 방열기에 부착시 응축수가 밸브에 유입할 우려가 있는 경우에는 방열기 높이의 약 2/3 정도 위치에 부착하는 것이 좋다.

• **문제풀이 요령**
  방열기 밸브는 방열기 입구에 설치하여 증기유량을 수동으로 조절하는 밸브이며, 공기빼기밸브는 수동 식과 자동식(열동식, 부자식, 병용식) 등이 있으며, 방열기 혹은 배관상에 부착한다.

PROJECT 69 자기수처리기

Q 기계설비 물배관계통 사용되는 용수처리기(자기수처리기)에 대해서 설명하시오.

(1) 개요

자기력이 미치는 공간인 자기장 속에 전하를 띤 이온이 움직이게 되면 자장에 의해 힘을 받게된다. 이러한 원리를 이용한 것이 자기수처리기이다.

(2) 자기수처리기의 원리

① 물 속의 스케일 주성분인 반자성체 탄산칼슘, 탄산마그네슘, 유산칼슘을 강력 자성대에 통과시켜 유도극성을 일으키고, 유도 극성화 상태는 자성대를 벗어나도 상당 시간 계속된다.

② 따라서 부유상태로 스케일 생성 없이 흘러가며, 기존 스케일도 서서히 물분자의 영향 받아 제거된다.

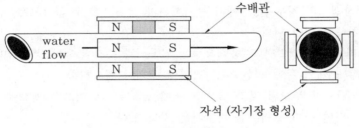

자기수처리기

(3) 자기수처리기의 종류

전기방식, 전자장 수처리기, 순환여과식 수질 자성수 생성장치, 자기 유체역학 용수 처리장치 등

(4) 자기수처리기의 구비조건

① 스케일 제거 및 억제기능 우수할 것

② 350~-60℃에서 자력 손실 없을 것

③ 자석은 유체흐름 직각방향 및 유체흐름 방향 장애 없을 것

④ 별도 전원 없이 작동 가능할 것

⑤ 특수 영구자석으로 잔류자속 밀도가 17000 Gauss 이상

⑥ 재질 : 외관 케이스의 재질로는 STS 재질을 많이 사용

⑦ 설치 및 유지관리가 용이할 것 등

제2편

공조냉동기계기술사

& Professional Engineer Air-conditioning Refrigerating Machinery
Professional Engineer Building Mechanical Facilities

PROJECT 1 냉동방법(冷凍方法)   출제빈도 ★★★

Q 냉동방법(冷凍方法)에 대해 설명하시오 (자연적, 기계적 냉동방법).

(1) 자연적 냉동방법

① 융해잠열 이용법 : 얼음 → 액체로 변할시 흡수열 이용 (334 kJ/kg ≒ 79.68 kcal/kg)

② 승화잠열 이용법 : 드라이아이스 → 기체 CO_2로 변할시 흡수열 이용(약 573.5 kJ/kg≒137 kcal/kg, 기화온도(대기압 기준)는 −78.5 ℃)

③ 기화잠열 이용법

㈎ 물의 기화열 이용 : 물 → 기체로 증발 시 흡수열 이용 (0℃에서 2501.6 kJ/kg ≒ 597.5kcal/kg)

㈏ 액화질소 : 액체 → 기체질소로 변할 때(대기압 기준) −196℃에서 열흡수

㈐ LNG : 기화시(대기압 기준) −162℃에서 열흡수

㈑ 액화탄산가스 : 기화시(대기압 기준) −78.5℃에서 열흡수

㈒ 액체산소 : 기화시(대기압 기준) −183℃에서 열흡수

④ 기한제(Freezing Mixture)

㈎ 서로 다른 두 종류의 물질을 혼합하여 한 종류만을 사용할 때 보다 더 낮은 온도를 얻을 수 있는 물질을 말한다.

ex) 물에 소금(NaCl) 등을 첨가해 물의 어는점을 낮춤

㈏ 기한제의 종류

㉮ 눈/얼음 + 식염

㉯ 염화칼슘 수용액, 염화나트륨 수용액, 탄산칼륨 수용액 등

⑤ 실례 : 공기가 통하는 토기에 물을 담아 바람이 많이 부는 곳에 두면 물이 토기를 통해 조금씩 증발하면서 열을 빼앗기 때문에 토기 내부의 물이 시원해진다(→ 물의 기화열 이용).

(2) 기계적 냉동방법

① 증기압축식 냉동

㈎ 증발 → 압축 → 응축 → 팽창 → 증발식으로 연속적으로 Cycle을 구성하여 냉동하는

방법이다.

(나) 냉매로는 프레온계 냉매, 암모니아(NH_3), 이산화탄소 등이 사용된다.

　㉮ 프레온계 : 가정용, 산업용 등으로 가장 많이 사용된다(독성 등은 없으나 오존층 파괴, 지구 온난화 등의 환경문제로 계속 새로운 혼합냉매를 개발 중).

　㉯ NH_3 : 성능은 우수하나, 독성, 가연성, 폭발성 등의 이유로 공장용 등에 제한적으로 사용됨

　㉰ CO_2(이산화탄소) : 기존의 프레온계(CFC, HCFC 등) 냉매를 대신하는 자연 냉매중 하나이며, ODP가 0으로 GWP가 미미하여 가능성이 많은 차세대 자연냉매이다.

(다) 개략도 (가장 단순한 Cycle의 예)

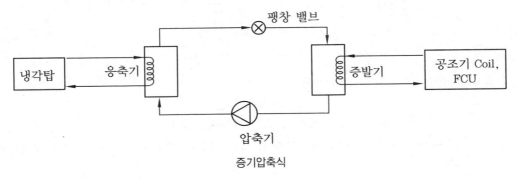

증기압축식

② 흡수식 냉동(Absorption Refrigeration)

(가) 단효용(1중 효용) 흡수식 냉동기

　㉮ 냉매와 흡수제 상호간의 용해 및 유리작용의 반복을 이용한다.

　㉯ 증발 → 흡수 → 재생 → 응축 → 증발 식으로 연속적으로 Cycle을 구성하여 냉동하는 방법이다.

　㉰ '1중 효용 흡수식 냉동기'는 재생기(발생기)가 1개뿐이다.

　㉱ Body의 수량에 따라 단동형, 쌍동형(증발 + 흡수, 재생 + 응축) 등으로 나뉜다.

(나) 2중 효용 흡수식 냉동기

　㉮ 상기 '1중 효용 흡수식 냉동기'대비 재생기가 1개 더 있어(고온 재생기, 저온 재생기) 응축기에서 버려지는 열을 재활용함으로써 (저온 재생기의 가열에 사용) 훨씬 효율적으로 사용할 수 있다.

③ 증기 분사식 냉동

(가) 특징

　㉮ 고압 스팀이 다량 소모된다.

　㉯ 일부 선박용 냉동 등에서 한정적으로 사용된다.

(나) 작동원리

　㉮ 보일러에 의해 생산된 고압 수증기가 노즐을 통해 고속으로 분사됨

　㉯ 이때 증발기 내에 흡인력이 생겨, 증발기를 저압으로 유지시킴

ⓓ 증발기 내의 물이 증발하여 냉수(Brine)를 냉각시킴

ⓔ 증발을 마친 냉매는 복수기로 다시 회수됨

ⓜ 개략도

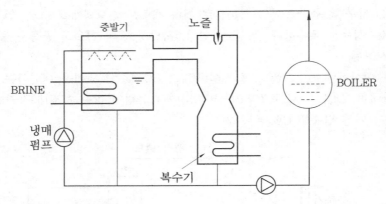

④ 흡착식 냉동(Adsorption Refrigeration)

　㈎ 특징

　　㉮ 과거 CFC계 냉매에 밀려 사용이 극히 제한적이었다.

　　㉯ 최근에는 CFC계 냉매의 환경문제 등으로 새로이 연구개발이 활발해지고 있는 추세이다.

　㈏ 작동원리

　　㉮ 다공식 흡착제(활성탄, 실리카겔, 제올라이트 등)의 가열시에 냉매가 토출되고, 냉각시에 냉매가 흡입되는 원리를 이용함

　　㉯ 냉매로는 물, NH_3, 메탄올 등이 사용된다.

　　㉰ 냉매 흡착시에는 성능이 저하되므로 보통 2대 이상을 교번운전 한다.

　　㉱ 2개의 흡착기가 약 6~7분 간격으로 STEP 운전(흡착↔탈착의 교번운전)을 한다.

⑤ 공기 압축식 냉동

　㈎ 특징 : 항공기 냉방에 주로 사용되며, Joule-Thomson 효과를 이용하여 단열팽창과 동시에 온도강하(냉방)가 이루어 질 수 있게 고안됨

　㈏ 작동원리

　　㉮ 모터에 의해 압축기가 운전(공기 압축)되면 응축기는 고온고압이 되어 열을 방출함

　　㉯ 이때 반대편이 단열팽창 되어 증발기를 저압으로 유지해준다.

　　㉰ 상기 과정이 연속적인 Cycle을 이루어 냉방이 이루어진다.

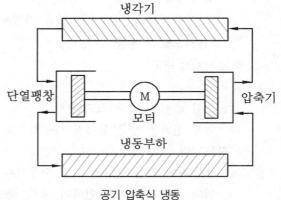

공기 압축식 냉동

⑥ 진공식 냉동(Vacuum Cooling)

　㉮ 원리

　　㉮ 밀폐된 용기 내를 진공 펌프를 이용하
　　　여 고진공으로 만든다.

　　㉯ 고진공 상태에서 수분을 증발시켜 냉
　　　각함

　㉯ 특징

　　㉮ 대용량의 진공 펌프를 사용해야 하므
　　　로 다소 비경제적이다.

　　㉯ 고급 식품의 '진공 동결 건조장치'로 많이 사용되어진다.

진공식 냉동 (개략도)

⑦ 전자식 냉동(Electronic Refrigeration ; 열전기식 냉동법)

　㉮ 원리

　　㉮ 펠티어(Peltier) 효과 이용 : 종류가 다른 이종금속 간의 접합시 전류의 흐름에 따라
　　　흡열부 및 방열부 생김

　　㉯ 고온 접합부에서는 방열하고, 저온 접합부에서는 흡열하여 Cycle 이룸

　　㉰ 전류의 방향을 반대로 바꾸어 흡열부 및 방열부를 서로 교체할 수 있으므로 역
　　　Cycle 운전도 가능함.

　㉯ 장점 : 압축기, 응축기, 증발기, 팽창 밸브 및 냉매가 필요 없으며, 고속으로 구동하
　　는 부품이 없어 소음이 없고, 소형이
　　며, 수리가 간단하고, 수명은 반영구
　　적임

　㉰ 단점 : 단위 냉동용량당 가격이 높
　　고, 효율이 높지 못함

　㉱ 응용 : 휴대용 냉장고와 가정용 특수
　　냉장고, 물 냉각기, 컴퓨터 및 우주선
　　등의 특수 전자 장비의 특정 부분을
　　냉각시키는데 사용됨

전자식 냉동 (개략도)

⑧ 물 에어컨

　㉮ 제습원리

　　㉮ 보통 흡착제를 침투시킨 제습(습기 제거)장치를 바퀴 모양으로 만들어서 실외에서
　　　열이나 따뜻한 공기를 공급해 바퀴의 반쪽을 말리는 동안 다른 반쪽은 습한 공기를
　　　건조시키도록 한 방식을 주로 사용한다.

　　㉯ 습기제거장치를 말리는데 사용된 열이나 외부공기는 다시 실외로 배출되는데, 공
　　　장, 산업현장 등에서는 폐열을 사용하면 효율을 더 증가시킬 수 있다.

(나) 냉방원리

㉮ 물 에어컨의 냉방 성능을 높이기 위해 열교환기(금속망 등의 구조)의 효율을 높여야 한다.

㉯ 열교환기를 이루고 있는 알루미늄 판, 금속망 등에 물을 많이 뿌릴수록 증발하면서 많은 열을 빼앗을 수 있다.

⑨ 자기냉동기

㉮ 희석 냉동기(헬륨 등을 이용한 강제 증발 방식의 냉동기)를 이용하면 약 10~6K까지 온도를 낮출 수 있는데, 이보다 더 낮은 온도를 얻기 위해서는 자기냉동이 이용된다.

㉯ 상자성체인 상자성염(Paramagnetic Salt)에 단열소자(Adiabatic Demagnetization) 방법을 적용하여 저온을 얻는다.

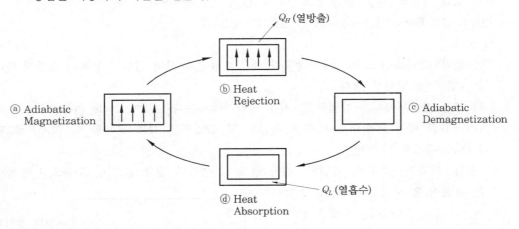

(다) 냉동기 회로(Refrigerator circuit)

㉮ ⓐ 단계 : 상자성염에 외부에서 자장을 걸어주면 무질서하게 있던 상자성염의 원자들이 정렬하게 되고, 자화하여 상자성염은 자석이 되고, 온도가 상승한다 (타 냉동기의 압축과정과 유사).

㉯ ⓑ 단계 : 액체 헬륨 냉각 시스템을 이용하여 열을 제거한다 (타냉동기의 응축과정과 유사).

㉰ ⓒ 단계 : 외부 자장을 단열적으로 제거하면 상자성염이 소자(Demagnetization)되고 온도는 강하됨(타 냉동기의 팽창 과정과 유사).

㉱ ⓓ 단계 : 차가워진 자기냉매(상자성염)는 외부로부터 열을 흡수한다.

(라) 한마디로, 상자성염에 자장을 걸면 방열되고, 자장을 없애면 흡열하는 성질을 이용한 냉동방식이다.

• **문제풀이 요령**

  냉동방법에는 자연적 냉동법(주로 잠열과 기한제 이용)과 기계적 냉동법이 있는데, 기계식 냉동법이 중요하다 (증기 압축식, 흡수식, 공기 압축식, 흡착식, 증기 분무식, 진공식, 전자식 등 각각의 냉동법에 대해서 원리 및 특징을 잘 정리할 필요가 있음).

PROJECT **2** 2중 효용 흡수식 냉동기   출제빈도 ★★★

Q 2중 효용 흡수식 냉동기에 대해 설명하시오.

(1) 특징

① 단효용 흡수식 냉동기 대비 재생기가 1개 더 있어(고온 재생기, 저온 재생기) 응축기에서 버려지는 열을 재활용한다 (→ 버려지는 열을 저온 재생기의 가열에 다시 한번 사용한다).

② 폐열을 재활용함으로써 에너지 절약 및 냉각탑 용량 저감 가능

③ 열원방식 : 중압증기(7~8 atg), 고온수 (180~200℃) 등 이용
　※ 단효용(1중 효용)의 경우 주로 1~1.5 atg의 증기, 80~140℃의 온수 이용

④ 성적계수는 약 1.1 정도로 단효용 (0.5~0.7) 대비 많이 향상됨

⑤ 효율 향상대책 : 각 열교환기의 효율 향상, 흡수액 순환량 조절, 냉수·냉각수의 용량 조절 등

⑥ 2중 효용형의 경우 흡수 용액의 흐름 방식에 따라 직렬흐름, 병렬흐름, 직·병렬 병용 흐름 방식 등으로 구분된다.

⑦ 상세 사항은 다음 '개략도' 참조

(2) 직렬식 2중 효용 냉동기

① 개략도

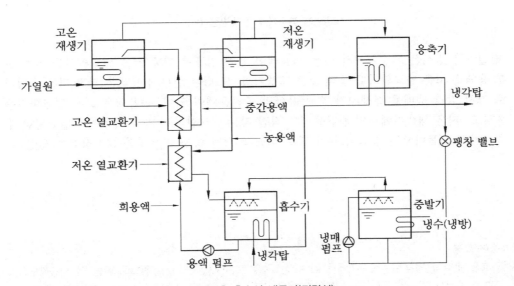

2중효용 흡수식 냉동기(직렬식)

② 직렬흐름 방식은 흡수기에서 나온 희용액이 용액펌프에 의해 저온 열교환기와 고온 열교
환기를 거쳐 고온 재생기로 들어가고 여기서 냉매를 발생시킨 후 농도가 중간농도 정도
가 되어, 고온 열교환기에서 저온의 희용액과 열교환 된 후 저온 재생기에서 다시 냉매를
발생시킨 후 농용액 상태가 되어 저온 열교환기를 거쳐 흡수기로 되돌아오는 방식이다.
이 경우 용액의 흐름이 단순하여 용액의 유량제어가 비교적 쉽다.

(3) 병렬식 2중 효용 냉동기

① 개략도

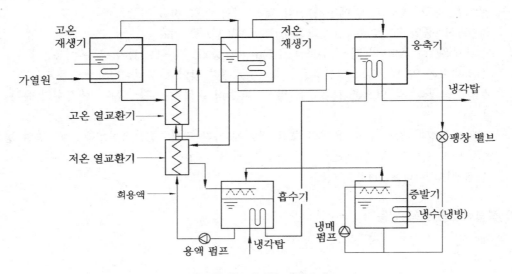

2중효용 흡수식 냉동기(병렬식)

② 병렬흐름 방식은 흡수기에서 나온 희용액이 용액 펌프에 의해 저온 열교환기를 거쳐 일
부 용액은 고온 열교환기를 통해 고온 재생기로, 또 다른 일부의 용액은 직접 저온 재생기
로 가서 각각 냉매를 발생시킨 후 농용액과 중간용액이 되어, 농용액은 고온 열교환기를
통하고, 저온 재생기에서의 중간용액은 직접 저온 열교환기로 와서 희용액과 열교환한 후
흡수기로 되돌아오는 방식이다(이 경우 비교적 결정 방지에 유리하다는 장점이 있음).

• **문제풀이 요령**
  2중 효용 흡수식 냉동기는 응축기에서 버려지는 열을 저온 재생기의 가열원으로 한번 더 사용함으로
써 그만큼 에너지 효율을 높일 수 있다는 점에서 고안된 방식이다 (흡수액의 Cycle 회로방식에 따라
직렬식과 병렬식으로 나눌 수 있음).

PROJECT 3 직화식 냉·온수기   출제빈도 ★★☆

Q 직화식 냉·온수기에 대해 설명하시오.

(1) 특징

① '2중 효용 흡수식 냉동기'의 고온 재생기 내부에 버너를 설치하여 직접 가열하고, 주로 별도의 '온수 열교환기'를 설치하여 온수 생산이 가능하게 함

② 난방 사이클 흐름도 : 고온 발생기(버너에 의한 연료 가열로 물과 LiBr 농용액을 가열시키면, 분리된 냉매 수증기 발생) → 수증기는 난방 전용(온수) 열교환기 통과 → 난방용 온수가열 후 물로 응축되어 고온 발생기로 돌아온다 → 순환

③ 온수 / 냉수 동시 제조 가능(냉방 + 난방 + 급탕 동시 해결)

④ 따라서 냉동기 및 보일러 2대의 기능을 1대로 대체할 수 있어 각광 받음

⑤ 효율 향상대책 : 고온 재생기의 '연소효율' 향상, 배기가스의 열회수 가능 등

(2) 직화식 냉·온수기로 난방 이용방법

① 전용 '온수 열교환기' 사용 : 상기의 '개략도'에서 희용액, 중간액, 저온 재생기 측 단속 밸브를 모두 닫고, 온수 열교환기를 가열하면 난방용 혹은 급탕용 온수 생산이 가능

② 증발기 이용 방법

　㈎ 고온 재생기의 증기와 흡수액을 증발기로 되돌려 보냄

　㈏ 냉·온수를 동일 장소에서 얻을 수 있다는 장점이 있다.

　㈐ 에너지 낭비가 심한 편이다.

③ 흡수기, 응축기 이용 방법

　㈎ 1종 흡수식 히트펌프를 의미한다.

　㈏ 이용 온도는 전용 온수 열교환기 방식 대비 낮으나, 이용 열량(효율) 증가

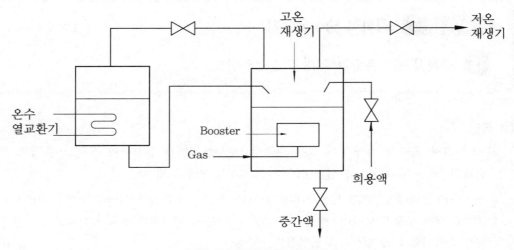

전용 온수 열교환기 이용 방법

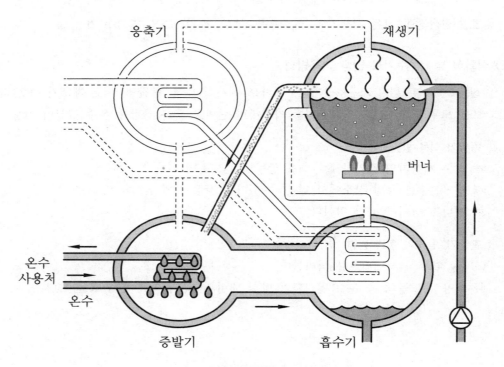

증발기 이용 방법

PROJECT **4** **3중 효용 흡수식 냉·온수기** 출제빈도 ★★☆

Q 3중 효용 흡수식 냉·온수기에 대해 설명하시오.

(1) 특징

① 재생기가 '2중 효용 흡수식 냉동기' 대비 1개 더 있어 (고온 재생기, 중간 재생기, 저온 재생기) 응축기에서 버려지는 열을 2회 재활용함 (중간재생기 및 저온 재생기의 가열에 사용)

② 다중 효과가 증가될수록 (2중 < 3중 < 4중 …) 효율은 향상되겠지만, 기기의 제작비용 등을 감안할 때 현실적으로 3중 효용이 최고 좋을 것으로 평가됨

③ 성적계수는 약 1.4~1.6 정도로 장시간 냉방운전이 필요한 병원, 슈퍼, 공장 등에서 에너지 절감이 획기적으로 이루어질 수 있음

④ 흡수식 냉동기 COP 비교

(가) 1중 효용 : 약 0.5~0.7 (나) 2중 효용 : 약 1.1~1.3
(다) 3중 효용 : 약 1.4~1.6

(2) 종류

열교환기에서 희용액 (흡수기 → 재생기)과 농용액 (재생기 → 흡수기) 간의 열교환 방식 (회로 구성)에 따라 직렬식과 병렬식이 사용된다 (직렬식이 더 일반적임).

① 직렬식 3중 효용 냉동기 : 다음 그림처럼 희용액 (흡수기 → 재생기)과 농용액 (재생기 → 흡수기) 간의 열교환이 직렬로 순서대로 이루어진다.

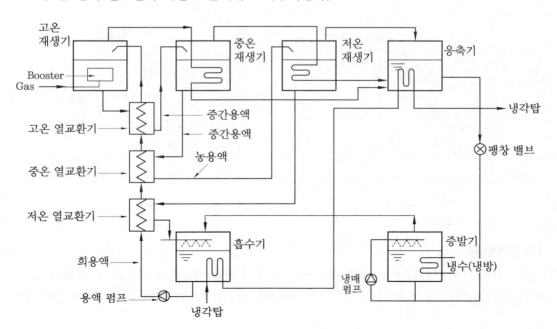

② 병렬식 3중 효용 냉동기 : 다음 그림처럼 희용액 (흡수기 → 재생기)과 농용액(재생기 → 흡
수기) 간의 열교환이 병렬로 3개의 재생기에서 동시에 이루어진다.

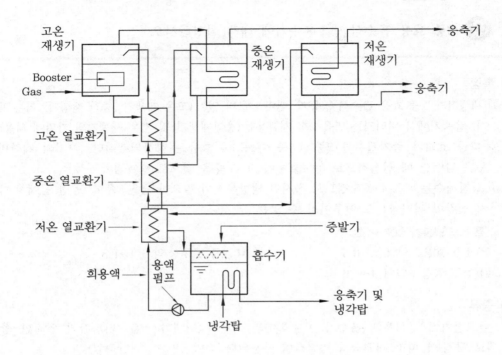

③ 듀링 선도(Duhring) : 직렬식 및 병렬식

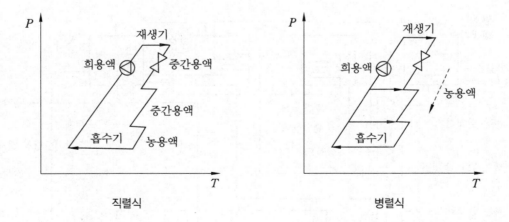

(3) 응용현황

① 일본의 '천중냉열공업', '일본 가스협회' 등에서 기술 개발하여 실용화 보급 중에 있음
② 3중 효용은 2중 효용 대비 고온재생기에서의 압력과 온도가 훨씬 높기 때문에 압력 용기

의 선택이 곤란하고, 부식이 우려되는 등의 문제가 있기 때문에 국내에서도 이 분야 관련 연구가 집중되고 있다.

(4) 3중 효용 흡수식 냉동기의 예상 문제점

① 재생기를 3개(고온 재생기, 중간 재생기, 저온 재생기) 배치하여야 하고, 흡수액 열교환기도 3개(고온 열교환기, 중온 열교환기, 저온 열교환기) 배치하여야 하는 등 설계가 지나치게 복잡하고, 난이도가 높다.

② 난이도와 복잡한 기기구조로 인한 제조원가 상승 등을 고려할 때 현시점에서는 오히려 2중 효용형이 적절할 수도 있다.

③ 향후 에너지 절약을 위한 3중 효용의 개발과 아울러 장비의 공급 원가절감 노력이 이루어져야 한다.

④ 응축온도가 많이 하락되어 흡수액 열교환기에 결정이 석출되기 쉽고 막히기 쉽다(최저 온도 컨트롤이 중요).

⑤ 자칫 부품수가 많고 복잡하여 고장률이 증가할 수 있다.

• **문제풀이 요령**

　3중 효용 흡수식 냉동기는 응축기에서 버려지는 열을 중간재생기 및 저온 재생기의 가열원으로 두 번 더 사용함으로써, 2중 효용보다 더 에너지 효율을 높일 수 있다는 점에서 고안된 방식이다(흡수액의 Cycle 회로방식에 따라 직렬식과 병렬식으로 구별).

PROJECT 5 **흡수식 열펌프** 출제빈도 ★★☆

Q 흡수식 열펌프(Heat Pump)에 대해 논하시오.

---

(1) 개요

① 열펌프의 작동원리는 장치에 에너지를 투입하여 온도가 낮은 저열원으로부터 열을 흡수하여 온도가 높은 고열원에 열을 방출하는 것이다.

② 증발기를 통하여 저열원으로부터 열을 흡수함으로써 저열원의 온도를 낮은 상태로 유지하는 것을 목적으로 할 때를 냉동기라 부르고, 흡수기나 응축기를 통하여 고열원의 온도를 높게 하는 것을 목적으로 할 때를 열펌프라 부른다.

③ 단 넓은 의미에서는 냉동기까지를 열펌프라고 부르기도 한다.

④ 구동열원의 조건과 작동방법에 따라 제1종과 제2종으로 나눌 수 있다.

⑤ 흡수식 열펌프 사이클은 산업용으로 응용되어 폐열회수에 의한 온수 또는 증기의 제조 등에 많이 사용되고 있다.

(2) 종류 및 특징

① 제1종 흡수식 열펌프

㈎ 개념(원리)

㉮ 증기, 고온수, 가스 등 고온의 구동열원을 이용하여, 응축기와 흡수기를 통해 열을 얻거나, 증발기에서 열을 빼앗아 가는 것을 목적으로 하는 것이다.

㉯ 그러므로 단효용, 2중 효용 흡수식 냉동기 및 직화식 냉온수기 모두 작동원리상 넓은 의미의 제1종 흡수식 열펌프의 범주에 속한다.

㉰ 제1종 흡수식 열펌프에서는, 온도가 가장 높은 고열원(증기, 고온수, 가스 등)의 열에 의해 온도가 낮은 저열원(주위 온도)의 열에너지가 증발기에 흡수되고, 비교적 높은 온도인 고열원의 응축기와 흡수기를 통하여 열에너지가 방출된다.

㉱ 1종 흡수식 열펌프는 흡수식 냉동 사이클을 이용한 것이며, 흡수 냉동기와 상이한 점은 재생기의 압력이 높고 일반적으로 응축기의 응축온도는 60℃이며, 응축기 내부압력은 150 mmHg 이상이다.

㈏ 특징

㉮ 공급된 구동 열원의 열량에 비해 얻어지는 온수의 열량은 크지만, 온수의 승온 폭이 작아 온수의 온도가 낮다(즉, 고효율의 운전이 가능하나, 열매의 온도 상승에 한

계가 있음).

    ㉯ 이 열펌프는 건물이나 공장의 공정 중에 배출되는 폐온수의 열을 회수하여 난방, 급탕 또는 공정 중의 온수를 공급하는데 사용할 수 있다.

    ㉰ 온수 발생 : 흡수기 방열(Q_a)+응축기의 방열(Q_c)

    ㉱ 외부에 폐열원이 없는 경우에도 많이 사용된다.

  (다) 성적계수(COP)

    제1종 $COP = (Q_a + Q_c) / Q_g = (Q_g + Q_e) / Q_g = 1 + (Q_e / Q_g) > 1$

② 제2종 흡수식 열 펌프

  (가) 개념(원리)

    ㉮ 중간 온도의 열이 시스템에 공급되어 공급열의 일부는 고온의 열로 변환되며, 다른 일부의 열은 저온의 열로 변환되어 주위로 방출된다.

    ㉯ 제2종 흡수식 열펌프는 저급의 열을 구동 에너지로 하여 고급의 열(고온의 열)로 변환시키는 것이다.

    ㉰ 산업현장에서 버려지는 폐열의 온도를 제2종 열펌프를 통하여 사용 가능한 높은 온도까지 승온시킬 수 있어 에너지를 절약할 수 있다.

    ㉱ 2종 흡수식 열펌프는 흡수냉동 사이클을 역으로 이용한 방식이고, 일명 Heat Transformer라고도 한다.

    ㉲ 압력이 낮은 부분에 재생기와 응축기가 있고 높은 부분에 흡수기와 증발기가 있으며, 듀링 다이어그램에서는 순환계통이 시계 반대 방향으로 흐른다.

    ㉳ 폐열회수가 용이한 시스템이다.

  (나) 냉매의 흐름 경로

    ㉮ 재생기에 있는 용액이 중간온도의 폐온수의 일부에 의해 가열되어 냉매 증기를 발생시킨다.

    ㉯ 발생된 냉매증기는 응축기로 흐르며, 응축기에서 냉각수에 의해 응축되고, 응축된 냉매액은 냉매 펌프에 의해 증발기로 압송된다.

    ㉰ 증발기에서 폐온수의 일부에 의해 냉매가 증발한다.

    ㉱ 냉매증기는 흡수기에서 흡수제에 흡수되며, 이 흡수과정 동안에 흡수열이 발생하여 흡수기를 지나는 폐온수가 고온으로 가열되어 고급의 사용 가능한 열로 변환된다.

  (다) 흡수제 용액의 흐름 경로

    ㉮ 흡수기에서 냉매증기를 흡수하여 희농도가 된 용액은 열교환기를 거쳐 재생기로 흐른다.

    ㉯ 재생기에서 고농도가 된 용액은 용액 펌프에 의해 흡수기로 압송된다.

(라) 폐온수의 흐름 경로

　(가) 일부의 폐온수는 재생기에서 냉매를 발생하는데 사용된 후 온도가 낮아진 상태로 외부에 버려진다.

　(나) 나머지 폐온수는 다시 둘로 나뉘어 일부는 증발기로 통과한 후 역시 온도가 낮아진 채 외부로 버려진다.

　(다) 흡수기를 통과하는 폐온수의 경우는 온도가 높아져 고급의 열로 변환되어 산업현장의 목적에 따라 사용된다.

(마) 특징

　(가) 흡수기 방열(Q_a)만 사용 : 흡수기에서 폐열보다 높은 온수 및 증기 발생 가능

　(나) 하도(下圖)의 Q_c는 입력(Q_e ; 폐열)보다 낮은 출력 때문에 사용 안함

　(다) 외부에 폐열원이 있는 경우에 주로 사용된다.

　(라) 효율은 낮지만 고온의 증기, 고온수 발생 가능

(바) 성적계수(COP)

$$제2종 COP = Q_a / (Q_g + Q_e) = (Q_g + Q_e - Q_c)/(Q_g + Q_e)$$
$$= 1 - (Q_c/(Q_g + Q_e)) < 1$$

(3) 개략도

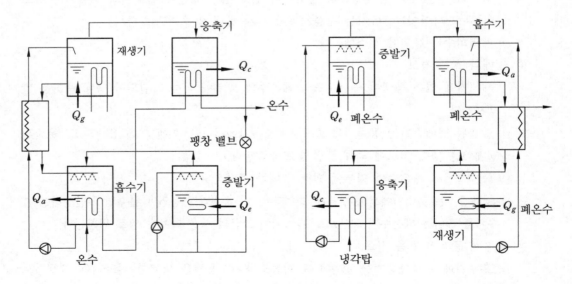

제 1 종　　　　　　　　　　　　제 2 종

(4) 듀링 (Duhring) 선도 작도(단효용 열펌프)

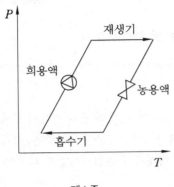

제1종

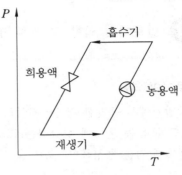

제2종

(5) 듀링 (Duhring) 선도 작도(2중 효용 열펌프)

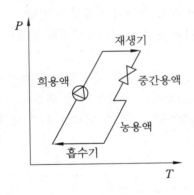

제1종

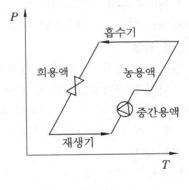

제2종

·문제풀이 요령

　제1종 흡수식 히트펌프는 고온의 구동열원을 이용하여, 응축기와 흡수기를 통해 난방용 혹은 급탕용 열을 얻거나, 증발기에서 냉방하는 것을 목적으로 하며, 제2종 흡수식 히트펌프는 공장 등에서 나오는 저급의 폐열을 구동 에너지로 하여 고급의 열(상당히 높은 온도의 열)로 변환시키는 것이다 (단, 2종은 효율이 1보다 적은 것이 결점이다).

PROJECT **6** **압축기**   출제빈도 ★★☆

Q 압축기의 역할 및 분류 및 특징에 대해 기술하시오.

---

(1) 압축기의 역할

① 증발기에서 증발한 저온·저압의 기체냉매를 흡입하여 다음의 응축기에서 응축액화하기
쉽도록 응축 온도에 상당하는 포화압력까지 압력과 온도를 증대시켜주는 기기

② 냉매에 압을 형성하여 순환력을 주어 밀폐회로를 냉매가 순환할 수 있게 해주는 기기

(2) 압축기의 분류

① 구조에 의한 분류

㉮ 개방형 압축기 : 압축기와 전동기(Motor)가 분리되어 있는 구조

㉠ 직결구동식 : 압축기의 축과 전동기의 축이 직접 연결되어 동력을 전달

㉡ 벨트 구동식 : 압축기의 플라이 휠과 전동기의 풀리 사이를 V벨트로 연결하여 동력
을 전달

㉯ 밀폐형 압축기 : 압축기와 전동기가 하나의 용기 내에 내장되어 있는 구조

㉠ 완전 밀폐형 : 밀폐된 용기 내에 압축기와 전동기가 동일한 축에 연결

㉡ 반밀폐형 : 볼트로 조립되어 분해조립이 가능하며, 서비스 밸브가 흡입 및 토출 측
에 부착되어 분해/조립이 용이하게 되
어 있다.

② 압축 방식에 의한 분류

㉮ 왕복동식(Reciprocating Type) : 소용
량, 일반형(용적식)

㉠ 실린더 내에서 피스톤의 상하 또는 좌우
의 왕복운동으로 가스를 압축하는 방식

㉡ 왕복동 압축기의 종류 : 입형(수직형),
횡형(수평형), 고속다기통형

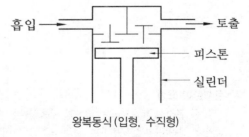

왕복동식 (입형. 수직형)

㉯ 회전식 압축기(Rotary Type Compressor) : 소용량, 고효율, 저소음형(용적식)

㉠ 왕복운동 대신에 실린더 내에서 회전자 (로터)가 회전하면서 가스를 압축하는 방식
이다.

㉡ 종류

• 회전익형 (Rotary Blade Type Compressor) : 소형 에어컨, 쇼케이스용에 사용되
며, 회전 피스톤과 함께 블레이드가 실린더 내면에 접촉하면서 회전하여 냉매를 압축
시킨다.

• 고정익형(Stationary Blade Type Compressor) : 회전 피스톤과 1개의 고정된 블레이드 및 실린더 내면과의 접촉에 의해 압축작용을 한다.

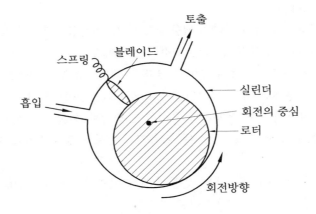

회전식 (Stationary Blade Type)

• 특징
  - 왕복동 압축기에 비하여 부품수가 적고, 구조가 간단하다.
  - 운동부분의 동작이 단순하므로 대용량의 것도 제작하기가 쉽고, 진동도 적은 편이다.
  - 마찰부의 가공에 정밀도와 내마모성이 요구되나 신뢰도만 확보되면 고압축비를 얻을 수 있다.
  - 흡입 밸브가 없고, 토출 밸브는 역지 밸브 형식이며, 크랭크케이스 내는 고압 혹은 저압이다.
  - 압축이 연속적이고 고진공을 얻을 수 있어 진공 펌프로도 널리 사용된다.
  - 기동시 무부하 기동이 가능하며, 전력소비가 적다.

(다) 터보식 압축기(Turbo Type Comp.)
  ㉮ 대용량, 저압축비형(비 용적식)
    • 원심식 압축기(Centrifugal Compressor)라고도 하며 고속회전(4000~10000 rpm 정도)하는 임펠러의 원심력에 의해 속도에너지를 압력 에너지로 변환시켜 압축시킨다.
  ㉯ 냉동용량에 의한 분류
    • 소형 : 약 30 ~ 100 RT
    • 중형 : 약 100 ~ 1000 RT
    • 대형 : 약 1000 ~ 3500 RT
  ㉰ 특징
    • 왕복운동 부분이 없고 회전운동뿐이므로 동적 밸런스가 용이하고, 진동이 적다.

- 흡입 밸브, 토출 밸브, 피스톤, 실린더, 크랭크축 등의 마찰부분이 없으므로 고장이 적고, 마모에 의한 손상이나 성능의 저하가 적다. 따라서 보수가 용이하며 기계적 수명이 길다.
- 중용량 이상에 있어서는 단위 냉동 톤당의 중량과 설치면적이 적어도 된다. 또한 대형화될수록 단위 냉동 톤당의 가격이 저렴하다.
- 저압 냉매가 사용되므로 취급이 간편하고, 고압가스 안전관리법 적용에서 제외되므로 법규상 정해진 냉동기계 기능사가 없어도 운전할 수 있다.
- 냉동 용량제어가 용이(부분부하 특성이 매우 우수)하고, 그 제어범위도 넓으며 비례 제어가 가능하다. 따라서 왕복동 압축기의 언로드 장치에 비해 미소한 제어가 가능하다.
- 소용량의 냉동기에 사용하는 것은 한계가 있으며, Cost(제작비)가 높아진다.
- 저온장치에 있어서 압축단수가 증가된다.
- 냉매의 밀도가 작아 원거리(장배관) 이송에 불리하다.

㈑ 스크루식 압축기(Screw Type Comp.) : 중 / 대용량, 고압축비형 (용적식)

㉮ 암기어(Female)와 숫기어(Male)의 치형을 갖는 두 개의 로터에 의해 서로 맞물려 고속으로 역회전하면서 축방향으로 가스를 흡입 → 압축 → 토출시키며, 나사 압축기 라고도 한다 (Twin Rotor Type과 Single Rotor Type이 있다).

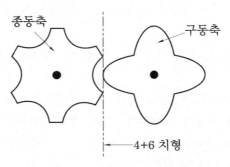

Twin Rotor Type의 예

㉯ 특징
- 용적형으로 무급유식(회전수 15000 rpm)으로 개발되었으나 현재는 급유식(회전수 3500 rpm)이 많이 사용되고 있다.
- 두 로터의 회전운동에 의해 압축되므로 진동이나 맥동이 없고, 연속 송출된다.
- 왕복동식에 비해 가볍고 설치면적이 적으며, 고속형으로 중용량 및 대용량에 적합하다.
- 흡입 및 토출 밸브, 피스톤, 크랭크축, 커넥팅로드 등의 마모부분이 없어 고장률이 적다.

- 무단계 용량제어가 용이하다.
- 토출온도가 낮아 냉동유의 탄화, 열화가 적다.

ⓒ 단점

- 소음이 다소 높고, 저부하시 소요동력이 높은 편이다.
- 오일 펌프, 유분리기, 오일 냉각기 등이 필요하다.
- 운전 및 정지 중에 고압가스가 저압측으로 역류되는 것을 방지하기 위해 흡입 및 토출측에 역지 밸브를 설치해야 한다.

ⓓ Screw 압축기의 작동원리

- 흡입행정 : 축 방향으로 열려 있는 흡입구로부터 냉매가 흡입된다. 로터가 회전함에 따라 로터의 위쪽에서는 치형이 벌어지면서 치형 공간이 넓어져 완전히 흡입된다.
- 압축행정
  - 흡입측으로부터 치형이 서로 맞물리기 시작하면서 밀폐된 치형 공간(Seal Line)은 토출측으로 이동해 간다. 치형 공간이 작아지면서 압축이 진행된다.
  - 압축행정이 지속되는 동안 치형 공간에는 연속적으로 윤활유가 주입된다. 윤활유는 로터간의 간격을 밀폐시키면서 윤활 작용도 함께 한다. 압축은 숫로터와 암로터가 회전하면서 냉매를 토출구 측으로 밀어줌에 따라 압력이 상승한다.
- 토출행정 : 치형 공간이 토출구와 연결되면 토출행정이 시작된다. 이 행정은 밀폐된 치형 공간(Seal Line)이 토출부에 도달하여 치형 공간의 냉매가 완전히 배출될 때까지 계속된다.

- **문제풀이 요령**

  압축기는 주로 압축방식에 의해 분류되며, 왕복동식, 회전식 (회전익형, 고정익형), 스크루식 (Twin Rotor Type과 Single Rotor Type), 원심식 등이 있다.

PROJECT 7 냉·난방기 운전소음 출제빈도 ★☆☆

Q 냉·난방기 운전소음에 대해 기술하시오.

(1) 개요

① 압축기가 없는 흡수식 냉동기, 흡착식 냉동기 등을 제외한 대부분의 냉·난방 장치에는 압축기(Compressor)가 있는데, 이 압축기가 열을 낮은 곳에서 높은 곳으로 퍼올리는 펌프 역할을 하면서 내는 소음이 가장 큰 골칫거리 중 하나이다.

② 대부분의 냉·난방 시스템에 필수적으로 장착되어 있는 송풍기(Fan)도 압축기에 버금가는 소음을 발생시킬 수 있다.

(2) 운전 소음의 발원지별 분류 및 대책

① 소음원 자체의 운전 소음

  ㈎ 일반적으로 압축기가 클수록 소음이 크다. 조그만 냉장고(몇 분의 1마력)의 소음은 귀뚜라미 울음 정도로 작아 전혀 귀에 거슬리지 않지만, 1000 마력의 스크루 냉동기 소음은 가까이서 들으면 제트기 엔진 소리 만큼이나 크다.

  ㈏ 같은 크기의 압축기라도 압축기 구조나 형식에 따라 소음치가 달라지기도 한다.

    ㉮ 일반적으로는 왕복동식 압축기보다 스크롤식 압축기가 소음이 적은 편이다.

    ㉯ 압축기 메이커는 소음을 줄이려고 꾸준히 노력하고 있으므로, 언젠가는 저소음 압축기가 많이 개발되겠지만 근본적으로 소음이 없는 압축기 제작은 어렵다.

  ㈐ 압축기 외의 소음원으로는 냉각팬, 송풍팬, 펌프류 등을 들 수 있으며, 이를 소음원 자체를 방진장치를 이용하여 고립시킬 필요가 있다.

② 소음원의 연결 소음과 둘러 싼 캐비닛의 공명 소음

  ㈎ 압축기는 토출관과 흡입관으로 연결되어 있고, 냉매 가스가 파이프 속에서 빠른 속도로 흐르기 때문에 연결 배관의 구조가 잘못되어 있을 때는 꽤 요란한 소음이 발생한다.

  ㈏ 압축기를 둘러싼 캐비닛의 설계나 제작이 잘못되어 있을 때는, 이 캐비닛이 공명하여 소음을 증폭시킨다.

  ㈐ 바이올린은 공명통 때문에 크고 아름다운 소리가 나지만, 냉·난방기의 공명통이라고 할 수 있는 캐비닛은 귀에 거슬리는 큰 소음을 낼 수 있다.

  ㈑ 압축기, 팬 등의 소음원을 차단하기 위하여, 소음원을 두꺼운 스펀지, 펠트, 철판 등으로 둘러싸기도 한다.

③ 실외기 소음

  ㈎ 아파트의 경우, 붙박이 냉·난방기의 실외기는 골방 끝부분에 밖이 트이고, 공명이

되지 않는 공간을 만들어 앉히는 것이 좋다.

(내) 단독 주택의 경우, 실외기를 마당에서 건물과 좀 떨어뜨려 설치하면 소음 때문에 고생하는 일은 적다.

(대) 소음 성능이 우수한 냉·난방기라도 잘못 설치하면 설계치보다 소음이 가중될 수 있으므로 주의해야 한다.

(래) 아파트에 에어컨을 설치할 경우, 가능한 소용량의 에어컨을 선택하는 것이 유리하다. (대개 에어컨의 용량이 커질수록 소음치도 증가한다.)

(매) 실외기를 설치 시, 방진가대를 잘 활용한다.

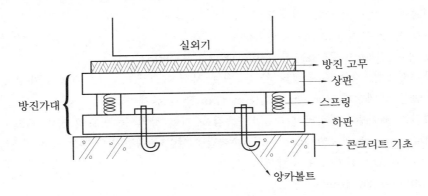

④ 실내기 소음

(개) 실내기에서 발생하는 소음의 대부분은 송풍용 모터 및 Fan에서 발생한다.

(내) 냉·난방기의 성능(난방 성능 및 냉방 성능) 및 효율(COP)을 좋게 하려면 대개 송풍량을 크게 하는 것이 유리하나, 이때 주로 팬 혹은 모터에서 소음이 크게 발생하므로 특히 주의하여야 한다.

(대) 기타 열교환기에서 냉매 및 바람이 유동하는 소음, 난방시 캐비닛 등의 열팽창 소음, 팽창 밸브 발생소음, 공기의 취출구에서 발생할 수 있는 횟바람 소리 등을 주의하여야 한다.

> **·문제풀이 요령**
> 냉·난방기 운전 시 발생하는 소음은 크게 압축기 자체의 운전 소음(압축기 형식별, 용량별), 압축기의 Pipe 연결음과 캐비닛의 공명 소음, 냉·난방기의 실외기가 설치된 건축물의 공명 소음(기계실이나 실외기 설치 위치 선정에 주의), 실내기 소음 등으로 분류할 수 있다.

PROJECT **8** 냉동기(冷凍機) 출제빈도 ★★☆

Q 냉동기(冷凍機)의 분류와 특징에 대해 기술하시오.

(1) 왕복동 냉동기

① 특징

㈎ 소형~200 RT 이하의 소용량의 압축용으로 가장 널리 사용된다.

㈏ 기종이 다양하고 Compact함

㈐ 진동 및 소음이 다소 높은 편이다.

② 용량 제어법(냉동기 운전효율 및 신뢰성 향상과 운전에너지 절감)

㈎ 바이패스법 : 피스톤 행정의 약 1/2되는 지점에 크랭크케이스 쪽으로의 Bypass 통로를 만들어 냉매를 Bypass 시킴(Hot Gas Bypass제어)

㈏ 회전수 제어법 : 인버터 드라이버, 증감속 기어 장치 등 별도의 장치 필요

㈐ Clearance Pocket법(Clearance 증대법) : 실린더 행정의 약 1/3 되는 지점에 Clearance Pocket 설치하여 용량제어

㈑ Unloader System

　㉮ 유압식과 고압식이 있다.

　㉯ 전자 밸브가 열리면(On) 무부하 상태로 되고, 전자 밸브가 닫히면(Off) 부하상태가 됨

　㉰ 소형압축기에서는 회전축의 역·정회전에 의해 일부 실린더를 놀리는 법을 사용하기도 함

㈒ Timed Valve(밸브가 열리는 시차를 조절하는 방법)

㈓ 흡입 밸브의 개폐량을 조절하는 방법

㈔ 냉동기 On-Off 제어 등

(2) 스크루 냉동기

① 특징

㈎ 중 / 대용량, 고압축비

㈏ 행정 : 흡입, 압축, 토출이 동시 연속적 진행

㈐ 원래 무급유 압축기로 개발이 되었으나, 냉동용은 급유기구를 조합하여 사용됨

② 종류

㈎ Twin Rotor Type : 2개의 로터(암나사, 수나사)

㈏ Single Rotor Type : 1개의 스크루 로터, 2개의 Gate 로터

③ 용량 제어법 : 냉동기 운전효율 및 신뢰성 향상과 운전에너지 절감

㈎ 바이패스법 : 동력 절감 안됨, 토출가스의 과열 초래할 가능성 있음

(나) 회전수 제어법 : 인버터 드라이버 등 고가, 동력절감 용이

(다) 흡입측 교축 : 동력 절감 적음, 토출가스의 과열 초래할 가능성 있음

(라) Slide Valve에 의한 방법 : Unload Piston에 의해 Slide Valve가 작동하여 10 ~ 100 %까지 무단계 용량제어 가능 (단, 낮은 용량으로 운전시 성적계수 하락)

④ 왕복동식과의 비교표

구분(비교항목)	스크루 냉동기	왕복동 냉동기
형태	고속 회전식	저속 왕복동식
냉동능력	소용량 ~ 대용량	소용량 ~ 중용량
압축방식	회전 용적식	왕복 용적식
압축비 및 운전방식	저압축비 ~ 고압축비 (압축비에 의한 체적효율의 변화가 적다)	중압축비 (압축비에 의한 체적효율의 변화가 크다)
토출가스 온도	낮음(70 ~ 90℃)	높음(120 ~ 180℃) → 거의 2배
윤활유 변화	거의 없음	토출온도에 의한 변화가 큼
용량제어	무단계(10 ~ 100 %)	단계제어 (0, 25, 50, 75, 100 % 혹은 0, 33, 66, 100 %)
압력변화에 따른 운전안전성	안정적임	비교적 안정적임
기계적 습동부	마모되는 부분이 거의 없음	실린더, 피스톤 등 구동부분의 마모가 큼
진동	거의 없음	불규칙적 진동 있음(진폭 상당히 큰 편임)
소음	보통 66 ~ 69 Phone	보통 72 ~ 77 Phone
액압축	문제 없음	밸브 및 피스톤 파손 가능성
기초 및 설치면적	비교적 간단	튼튼한 기초 필요
내구성 및 보수관리	마모 거의 없음	마모 관리, 연 1회 오버홀, 오일 쿨러 필요
부품수 비교 (40R / T기준)	약 25개	약 268개
기타 특징	현재 기술개발이 활발히 이루어지고 있는 분야이다.	기술개발 측면에서 안정도가 높아 신뢰도가 높은 냉동기이다.

(3) 원심식 냉동기

① 특징

(가) 대용량형이며, 고압축비에는 부적당

(나) 부분부하 특성이 매우 우수함

② 용량제어법(냉동기 운전효율 및 신뢰성 향상과 운전 에너지 절감)

(가) 바이패스 제어법 : 동력 절감 안됨, 가스가 과열 초래될 가능성 있음

(나) 회전수(속도) 제어법 : 인버터 드라이버 등 고가, 동력절감 용이

(다) 압축기 흡입 댐퍼 제어법 : 흡입측 댐퍼를 조절하는 방법

(라) 압축기 흡입 베인 제어법 : 안내깃의 각도 조절법, 가장 널리 사용됨

(마) 냉각수량 조절법 : 응축압력을 조절하는 방법으로 많이 사용되지는 않는다.

(4) 흡수식 냉동기

① 장점

㉮ 전력 소요가 적고, 피크부하가 줄어든다.

㉯ 운전경비가 절감되고, 폐열회수가 용이하다.

㉰ 건물의 열원으로 '흡수식 냉동기+보일러' 채택 시 사용 연료의 단일화가 가능하다.

㉱ 기계의 소음 및 진동이 적다(압축기가 없음).

② 단점

㉮ 초기 설치비가 비싼 편이다.

㉯ 냉각탑 용량, 가스설비, 부속설비 등이 커짐

㉰ 열효율이 낮은 편이다.

㉱ 운전 정지 후에도 용액펌프를 일정시간 운전해야 한다(결정사고 방지) : 흡수기 內 30 ℃ 이상 유지(냉각수 온도는 20℃ 이상으로 유지할 것).

③ 용량 제어법(냉동기 운전효율 및 신뢰성 향상과 운전 에너지 절감)

㉮ 가열용량 제어 : 가열원에 대한 제어(구동열원 입구제어 혹은 가열용 증기, 온수 유량 제어)

㉯ Bypass 제어 : 재생기로 공급되는 흡수 용액량 제어방식 (희용액~농용액 Bypass 제어)

㉰ 가열량 제어 + 용액량 제어(Bypass 제어)

㉱ 응축기의 냉각수량 제어 (잘 사용하지 않는 제어)

㉲ 직화식 냉동기의 경우

㉠ 버너 연소량 제어 : 직화식에서 버너의 연소량 제어

㉡ 버너 On-Off 제어 혹은 High-Low-Off 제어

(5) 기타

① 직화식 냉온수기 (직연소식 냉온수기)

② 흡착식 냉동기 등

• 문제풀이 요령

① 냉동기는 왕복동식 냉동기(소용량으로 과거 가장 널리 사용), 스크루 냉동기(내구성이 좋고, 소용량 ~ 대용량 무단계 용량제어 가능), 원심식 냉동기(대용량에 많이 사용되나, 유체의 밀도가 낮아 원거리 용이나, 고압축비로 사용 곤란), 흡수식 냉동기(폐열회수가 용이하고, 소음 및 진동이 적음), 흡착식 냉동기 등이 대표적이다.

② 냉동방식의 구분, 냉동기 분류, 압축기 분류 등에 혼돈 없을 것 (예 냉동기에는 압축기가 사용되지 않는 방식도 있다.)

PROJECT **9** **열효율**

Q 열기관과 히트펌프의 열효율(냉동효율)에 대해 설명하시오.

(1) 열기관의 열효율

① 개요 : 고열원에서 저열원으로 열을 전달할 때 그 차이만큼 일을 한다.

② $P-V$ 선도(좌), $T-S$ 선도(우)

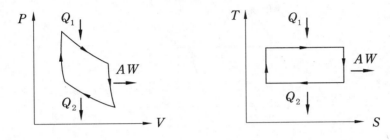

③ 계산식

$$효율(\eta_H) = \frac{AW}{Q_1} = \frac{Q_1 - Q_2}{Q_1} = 1 - \frac{Q_2}{Q_1} = 1 - \frac{T_2}{T_1}$$

여기서, Q_1 : 고열원에서 얻은 열, Q_2 : 저열원에 버린 열, AW : 외부로 한 일

(2) 히트펌프의 열효율

① 개요 : 저열원에서 고열원으로 열을 전달할 때 그 차이만큼 일을 가해주어야 한다.

② $P-V$ 선도(좌), $T-S$ 선도(우)

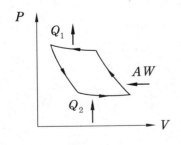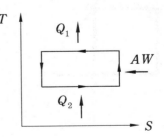

③ 성적계수(이론식)

$$냉방효율(COP_c) = \frac{Q_2}{AW} = \frac{Q_2}{Q_1 - Q_2} = \frac{T_2}{T_1 - T_2}$$

$$난방효율(COP_h) = \frac{Q_1}{AW} = \frac{Q_1}{Q_1 - Q_2} = \frac{T_1}{T_1 - T_2} = 1 + COP_c$$

여기서, Q_1 : 고열원에서 버린 열, Q_2 : 저열원에 얻은 열, AW : 계에 한 일

④ 성적계수 (실제식)

$$난방효율(COP_h) = \frac{Q_c}{860 \cdot N}$$

$$냉방효율(COP_c) = \frac{Q_e}{860 \cdot N}$$

여기서, Q_c : 응축기에서의 방열량, Q_e : 증발기에서의 냉각열량, N : 축동력

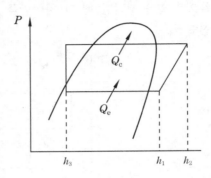

칼럼 '냉동효율'이란?

(1) 실제의 사이클이나 시스템이 이상적인 가역 냉동 사이클에서 얼마나 접근하는지를 표현함

(2) 냉동효율(η_R)의 계산

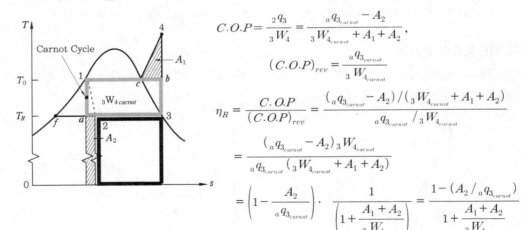

$$C.O.P = \frac{_2q_3}{_3W_4} = \frac{_aq_{3_{carnot}} - A_2}{_3W_{4_{carnot}} + A_1 + A_2},$$

$$(C.O.P)_{rev} = \frac{_aq_{3_{carnot}}}{_3W_{4_{carnot}}}$$

$$\eta_R = \frac{C.O.P}{(C.O.P)_{rev}} = \frac{(_aq_{3_{carnot}} - A_2)/(_3W_{4_{carnot}} + A_1 + A_2)}{_aq_{3_{carnot}} / _3W_{4_{carnot}}}$$

$$= \frac{(_aq_{3_{carnot}} - A_2) _3W_{4_{carnot}}}{_aq_{3_{carnot}} (_3W_{4_{carnot}} + A_1 + A_2)}$$

$$= \left(1 - \frac{A_2}{_aq_{3_{carnot}}}\right) \cdot \frac{1}{\left(1 + \frac{A_1 + A_2}{_3W_{4_{carnot}}}\right)} = \frac{1 - (A_2 / _aq_{3_{carnot}})}{1 + \frac{A_1 + A_2}{_3W_{4_{carnot}}}}$$

· 문제풀이 요령

① 열효율 계산과 관련하여 자주 출제되므로 잘 정리해 둘 필요가 있다.

② 열기관은 고열원에서 저열원으로 열을 전달할 때 그 차이만큼 일을 얻는 방식이고, 반대로 히트펌프는 저열원에서 고열원으로 열을 전달할 때 그 차이만큼 일을 가해주는 방식이다.

PROJECT **10** 흡입냉매 상태 변화와 $P-h$ 선도   출제빈도 ★☆☆

Q 흡입냉매 상태에 따른 $P-h$ 선도의 변화와 실제의 응축온도 상승시와 증발온도 저하시의 $P-h$ 선도의 변화에 대해 설명하시오.

(1) 흡입가스 (과열도)

① $a-b$: 표준 냉동 Cycle

② $a'-b'$: 습압축(습한 상태인 압축과정) ; 토출가스 온도 하락, 액압축 우려

③ $a''-b''$: 건압축(과열압축) ; 지나친 과열압축은 토출가스 온도의 과열 및 성능 급속 하락 초래

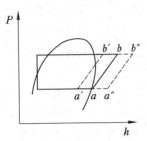

(2) 응축온도 상승 시

① $P-h$ 선도(과열도 동일 가정) 및 결과 : 플래시 가스 증가, 축력 증가, 성적계수 감소, 냉동능력 감소 등, 냉매 유량 증가로 압축기 과부하 초래 등

② 사례

　(개) 냉매 과충전시 응축기 내 액냉매 증가로 인한 기체 냉매의 응축 유효면적 감소로 인하여 응축온도는 상승되고, 냉동능력 감소된다.

　(내) 응축기측 냉각팬의 풍량저하시 응축불량으로 인한 응축온도 상승

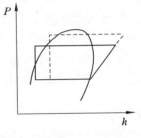

(3) 증발온도 저하 시 (증발압력 저하 시)

① $P-h$ 선도 (과열도 동일 가정) 및 결과
플래시 가스 증가, 축동력 증가($a < b$), 성적계수 감소, 냉동능력 감소, 냉매유량 감소로 인한 압축기 과열 초래 등

② 사례

　(개) 증발기측 송풍팬의 풍량 저하로 인한 증발온도 저하

　(내) 액관측 혹은 팽창밸브의 일부가 막힘으로 인해 유량감소에 의한 증발온도 저하

　(대) 실내외 온도 및 습도 저하에 의해 증발압력 감소에 의한 증발온도 저하

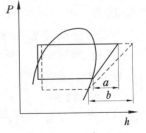

• **문제풀이 요령**

① 흡입가스 상태에 따라 표준압축, 습압축(습한 상태인 압축과정), 건압축(과열압축) 등으로 나눌 수 있다.

② 응축온도 상승 시 축동력 증가로 인해 성적계수 급격히 하락되고, 증발온도 저하시에도 축동력 증가하고, 압축기 과열로 플래시 가스가 증가하여 냉동능력이 감소된다.

PROJECT 11 실제의 $P-h$ 선도   출제빈도 ★★☆

 실제의 $P-h$ 선도에 대해 설명하시오.

(1) $P-h$ 선도에 대한 해석

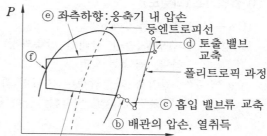

① ⓐ : 증발기 내부에서 직관부, 곡관부
에서의 유체의 흐름에 의한 압력손실
(증발기 내부 관의 내경, Path 수 등과
관련됨)

② ⓑ : 증발기와 압축기 사이의 저압배
관에서의 압력손실(유속, 밀도, 마찰
계수 등)과 열취득에 기인함

③ ⓒ, ⓓ : 압축기 내부의 흡입 밸브 및
토출 밸브류의 교축에 의한 압력손실

④ ⓔ : 응축기 내부의 직관부, 곡관부에서의 유체의 흐름에 의한 압력손실을 말함(응축기
내부 관의 내경, Path 수 등과 관련됨)

⑤ ⓕ : 팽창밸브에서의 비가역 등엔탈피 과정

(2) 기타

① 압축 과정에서는 압축이 등엔트로피 과정이 아니며, 마찰과 다른 손실로 인해 비효율적
(폴리트로픽 과정)이다. 따라서 엔트로피는 증가된다.

② 팽창 과정 : 비가역 등엔탈피 과정으로 간주된다. (엔트로피 증가)

③ 열교환 과정 : 증발기에서는 열의 흡수가, 응축기에서는 열의 방출이 이루어진다. (이 과정
역시 냉매와 주변 유체를 포함한 계에서 살펴보면, 유체의 열전달과정은 엔트로피가 증
가되는 방향으로 진행된다.)

④ 응축기와 증발기에서 압력강하 외에도, 증발기 출구에서의 과열과 응축기 출구에서의 과
랭이 발생한다.

⑤ 실제의 열교환 과정은 등온 과정이 되기 어렵고, 등압 과정도 힘들다 (∵ 작동유체가 포
화상태인 동안은 등온과정이 자연스럽게 구현되나 필연적으로 존재하는 과열 / 과랭 영역
에서 등온 과정을 겪는 것은 불가능).

⑥ 카르노 사이클의 효율은 이상상태에 대해서 유도된 것이다.

• **문제풀이 요령**
  실제의 $P-h$ 선도는 각 부품 및 배관상의 압력손실을 고려하여, $P-h$ 선도를 실제에 가깝게 표현한다
는 의미이다.

PROJECT 12 냉매의 구비조건   출제빈도 ★★☆

Q 냉매의 구비조건에 대해 기술하시오.

(1) 물리적 조건

① 임계온도가 높고 상온에서 반드시 액화할 것 : 임계온도가 낮은 증기는 임계온도 이상에서 압력을 아무리 높여도 응축되지 않으므로 냉매로 사용하기가 어렵다.

② 凝固온도가 낮을 것(낮은 증발온도에서도 응고되지 않을 것)

③ 응축압력이 비교적 낮을 것 (안전성 및 효율적 운전 고려) : 자연계의 공기나 물로서 냉각할 때 대기압 이상의 적당한 압력에서 응축되는 것이 좋다. 압력이 너무 낮으면 장치 내로의 불응축가스 유입, 너무 높으면 효율저하 및 장치의 파열이 일어날 수 있다.

④ 증발잠열이 클 것 : 증발잠열이 크게 되면 적은 양의 냉매를 증발시켜도 냉동작용이 크게 된다. 암모니아는 비교적 증발잠열이 크므로, 냉매유량이 적어도 냉동능력은 크게 되어 대형 냉장고나 제빙장치에 적합하다.

⑤ 비점이 적당히 낮을 것 : 일반적으로 비점이 너무 높은 냉매를 저온용으로 사용하면 압축기의 흡입압력이 극도의 진공이 되어 효율이 나빠진다. 그리고 주위와의 압력차가 너무 커져 불응축 가스가 혼입하거나 냉매가 누설되기 쉽다.

⑥ 증기의 비체적이 적을 것 : 압축기 흡입증기의 비체적이 적을수록 피스톤 토출량은 적어도 되므로 장치를 소형화할 수 있다.

⑦ 압축기 토출가스의 온도가 낮을 것 : 압축기 토출가스 온도가 높으면 체적효율이 저하될 뿐만 아니라, 기통 내에서 윤활유의 탄화나 열화 혹은 분해가 일어나기 쉽고, 윤활작용의 저해도 일어날 수 있기 때문에 낮을수록 좋다.

⑧ 기타 물리적 조건
  (가) 저온에서도 증발 포화압력이 대기압 이상일 것
  (나) 액체비열이 작을 것(플래시 가스 방지)
  (다) 상온에서도 응축액화가 용이할 것
  (라) Oil과 반응하여 악영향이 없을 것
  (마) 비열비가 작을 것(압축기 과열 방지)
  (바) 점도, 표면장력 등이 낮을 것(일반적으로 점도가 높으면 비점이 높아진다.)
  (사) 패킹재 침식 방지

(2) 화학적 조건

① 금속을 부식시키지 않을 것 (불활성일 것)
  (가) 비록 냉매에 기름, 공기, 수분 등이 혼입되었을 때라도 냉동장치에 사용되는 재료에

대한 부식이 아주 적거나 없어야 한다.

   (내) 암모니아는 동·동합금을 침식(부식)시키기 때문에 동관을 사용하는 전동기를 내장한 밀폐형 압축기의 냉매로서는 사용할 수가 없다.

② 화학적 결합이 안정되어 있을 것(변질되지 않을 것) : 냉동장치의 각 온도에서 그 자신이 분해되어 불응축가스를 생성한다거나 그 자신의 성질이 변하지 않아야 한다.

③ 전기 절연성이 좋을 것 : 전기 절연재료를 침식하지 않고 유전율이 적으며 전기 저항값이 커야 한다.

④ 인화성 및 폭발성이 없을 것

⑤ 윤활유에 해가 없을 것

(3) 생물학적 조건

① 인체에 무해할 것

② 악취가 나지 않을 것

③ 식품을 변질시키지 않을 것

(4) 경제적 조건

① 가격이 저렴하고, 구입이 용이할 것

② 동일 냉동능력당 소요동력이 적게들 것(고효율)

(5) 기타

① 누설검지가 쉬울 것 : 물리적 방법이나 화학적 방법으로 쉽고 확실하게 검지할 수 있어야 한다.

② 누설되어도 냉동·냉장품 및 자연환경에 손상을 주지 않을 것(공해방지)

③ 독성 및 자극이 없을 것

④ 가급적 누설되지 말 것 등

• 문제풀이 요령

  냉매는 물리적 조건(임계온도가 높고, 응고온도가 낮고, 증발잠열이 클 것 등), 화학적 조건(화학적 결합이 안정되어 있고, 금속을 부식시키지 않을 것 등), 생물학적 조건(인체 및 식품에 무해 등), 경제적 조건(가격 저렴 등) 등을 충족해야 한다.

PROJECT **13** 냉매유량 조절기구　　　　　　출제빈도 ★★☆

Q 냉매유량 조절기구에 대해 설명하시오.

(1) 개요(역할)

① 냉매가 등엔탈피 팽창을 이루게 하여 증발이 용이하게 해준다.

② 냉매유량을 조절해 준다.

③ Super Heat(과열도)를 조절해 준다.

④ 정치측 증발기의 냉매를 단속해 준다.

(2) 종류와 특징

① 수동식(MEV)

　㈎ 프레온용과 NH₃용이 있다.

　㈏ 전문가 등 유량조절에 숙달된 사람만 조절 가능함.

② 정압식(AEV)

　㈎ 스프링의 탄성을 이용하여 증발압력을 일정하게 유지

　㈏ 압력이 낮으면 열어주고, 높으면 닫아준다.

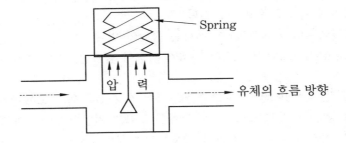

③ 온도식(TEV)

　㈎ 방식 : 감온통을 이용하여 냉매유량을 증감하여 과열도를 유지해 준다.

　㈏ 균압방식 : 내부균압형과 외부균압형이 있다.

　　㉮ 내부균압형 : 증발기 내부의 압력강하가 적은 경우

　　㉯ 외부균압형 : 증발기 내부의 압력강하가 큰 경우

　㈐ 감온통 방식

　　㉮ 액체봉입 방식 : 감온통의 내용적이 큰 형태

　　㉯ 기체봉입 방식 : 감온통의 내용적이 작은 형태

　　㉰ 크로스 봉입방식 : 저온시의 과열도 상승(압축기 과열)을 방지하기 위해 Cross Charge
　　　형(시스템 작동냉매와 특성이 다른 냉매를 봉입)을 쓰기도 한다.

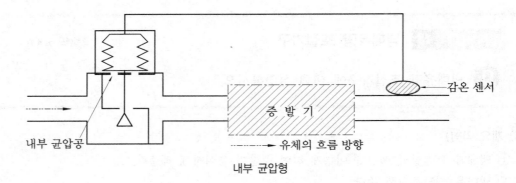

내부 균압형

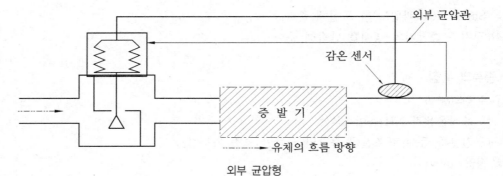

외부 균압형

④ 캐필러리 방식(Capillary Tube ; 모세관 방식)

㈎ 0.8~2.0 정도의 내경을 가진 동 Pipe를 이용하여 제작

㈏ 유량조절이 안되므로 소용량에 적합

㈐ 장점 : 가격이 저렴하고, 고장이 적다는 장점이 있다.

㈑ 단점 : Liquid Back이 우려되어 수액기 사용이 불가함, 수분 및 이물질에 취약함(폐색 우려)

㈒ PAC 에어컨, 룸 에어컨 등은 모세관을 많이 사용한다 (이는 모세관이 교축의 정도(밸브 개도에 상당)가 일정하므로, 냉동장치의 고압과 저압의 압력차가 별로 변화하지 않는 경우에, 원가 절감을 위해 많이 사용하기 때문임).

㈓ 일반적으로 자동차용 에어컨, 시스템 멀티에어컨 등에는 Capillary Tube를 사용할 수 없다 (이는 부하조건이 외기에 많이 좌우되고, 밤·낮의 운전상태 등으로 인하여 고저압의 변동이 심하므로 모세관을 이용하여 부하 추종(고·저압 유지)이 곤란하기 때문임).

㈔ Capillary Tube 관계식(압력 손실량)

$$\Delta P = \frac{f}{2}\rho v^2 \frac{L}{D} \qquad\qquad \Delta P = \frac{8f}{\rho \pi^2} \cdot \frac{L}{D^5} m^2$$

여기서, ΔP : 캐필러리를 통한 압력손실
f : 마찰계수
ρ : 유체의 밀도
v : 유체의 속도

D : 캐필러리 배관의 내부 직경

L : 캐필러리 배관의 길이

m : 유체의 질량유량

⑤ 저압식 Float Valve

(가) 증발기 밸브 전에 Float 밸브를 설치하며, 냉동기 정지시 차단한다.

(나) 증발기 액면을 일정하게 유지하는 만액식 증발기용이다.

(다) 대용량의 만액식 증발기용으로는 Pilot Float Valve(형식은 저압식과 유사하나 별도의 Pilot Valve가 있음)를 사용한다.

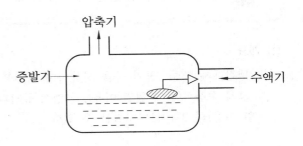

⑥ 고압식 Float Valve

(가) 보통 수액기 밸브 전에 Float 밸브를 설치하는 방식이다.

(나) 고압측의 액면을 일정하게 유지해준다.

(다) 터보식 냉동기 등에 적용된다.

⑦ 전기식 팽창 밸브 : Float Valve 대신 Float Switch(검지부)와 전자 밸브 등을 사용하여 전기적으로 작동하는 방식임

⑧ 전자식 팽창 밸브 : MICOM의 프로그램에 의해 미리 입력된 과열도를 자동으로 맞춰주는 역할을 함

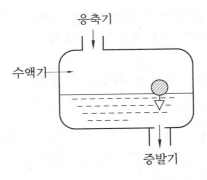

• 문제풀이 요령

① 냉매유량 조절기구 (팽창 밸브)로는 수동식 (MEV), 정압식 (AEV), 온도식 (TEV), Capillary Tube, 저압식 Float Valve, 고압식 Float Valve, 전기식, 전자식 등이 있다.

② 캐필러리 팽창 방식 (Capillary Tube)은 베르누이 정리에 의해 유속 증가시 압력이 Drop되면서 유체가 팽창되는 원리를 이용한 가장 간단하면서 가격이 저렴한 감압장치이므로, 소형 냉방기 및 소형 냉장고 등에는 많이 적용될 수 있지만, 냉각부위의 부하가 복잡하게 변하는 경우에는 사용할 수 없다 (이 경우에는 캐필러리 대신 온도식 팽창 밸브, 전자식 팽창 밸브 등을 적용해야 한다).

PROJECT 14　응축기(凝縮器)　　　　출제빈도 ★★★

Q 응축기의 각 종류별 특징에 대해 설명하시오.

---

(1) 개요

① 냉각매체로 물, 공기 등을 사용하여 냉매를 냉각(응축)하는 역할을 함

② 크게 수랭식(물의 현열 이용), 공랭식(공기의 현열 이용), 증발식(물의 잠열과 공기의 현열 이용)의 3가지로 대별할 수 있다.

(2) 응축기(凝縮器)의 종류와 특징

① 수랭식 응축기

㉮ 특징

　㉠ 냉각매체인 물의 현열을 이용함

　㉡ 소형~대형 냉동기에 사용함

㉯ 종류

　㉠ Shell & Tube형(횡형 및 입형)

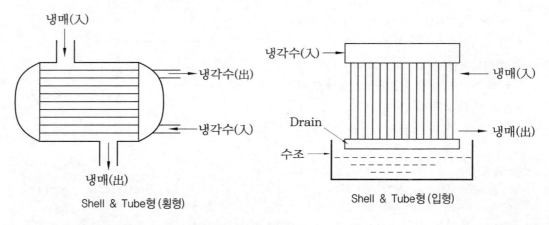

Shell & Tube형 (횡형)　　　　Shell & Tube형 (입형)

- 가장 널리 사용하는 방식이다.
- 관내유속 1.2 m 이하, 관경 25 A 이하, 열통과율 $K = 500 \sim 900 \ \text{kcal/m}^2 \cdot \text{h} \cdot \text{℃}$
- 대유량 시 Pass수를 늘려야 한다.
- 응축기, 급탕 가열, 난방온수 가열용 등으로 많이 사용한다.
- 대향류로 흘러 과냉각도(SC)가 큰 횡형이 더 많이 사용됨
- 입형 : 설치면적이 작고, 청소가 용이하나, 냉각수량을 비교적 많이 필요로 한다.

　㉡ 7통로식 응축기 : 일종의 횡형 Shell & Tube Type으로 내부에 7개의 냉각수 통로가 있는 형태이다.

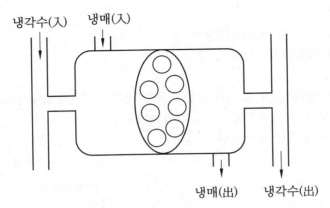

7통로식 응축기

ⓓ 판형 열교환기(Plate Type)
- 동일 용량의 타 열교환기와 비교할 때 크기가 작고, 대량생산에 의한 가격 경쟁력이 있어 근래에 가장 널리 사용됨
- $K = 2000 \sim 3000 \ \text{kcal/m}^2 \cdot \text{h} \cdot ℃$
- 내온 : 약 140℃
- 냉각효율이 우수하다.
- 응축기, 태양열 이용 열교환장치, 초고층 건물 물대물 열교환기 등으로 사용된다.

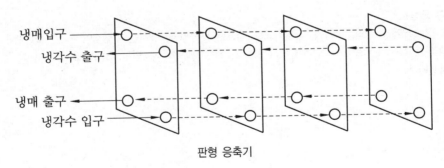

판형 응축기

ⓔ Spirl형 응축기
- 이중 나선형, 소형, 관리·청소 어려움, 무겁다.
- $K = 1000 \sim 2000 \ \text{kcal/h} \cdot \text{m}^2 \cdot ℃$
- 내온 : 약 400 ℃
- 응축기, 공조용 열교환기, 화학공업용, 고층건물용 등으로 많이 사용된다.

ⓕ 2중관식 응축기
- 내경이 비교적 큰 관(管)의 내부에 상대적으로 지름이 작은 관을 삽입한 형태의 열교환기
- 열교환 형태 : 대부분 대향류 형태로 열교환시킨다.

② 공랭식 응축기

   ㈎ 냉각매체인 공기의 현열을 이용함

   ㈏ 소형~중형 냉동기에 사용함

③ 증발식 응축기

   ㈎ 냉각매체로 물(잠열)과 공기(현열)를 이용함(따라서 외기의 습구온도의 영향이 크다.)

   ㈏ 관리가 어렵다(주기적으로 Scale 제거 필요).

   ㈐ 수랭식 대비 효율이 떨어진다.

   ㈑ 장치도

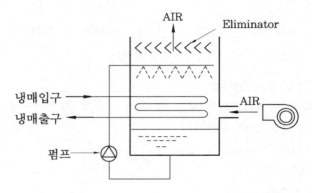

·문제풀이 요령

  ① 응축기는 크게 수랭식, 공랭식, 증발식으로 대별된다(중앙공조에서는 수랭식이 가장 대표적임).

  ② 수랭식 응축기로는 Shell & Tube형(횡형 및 입형), 7통로식, 판형, Spirl형, 2중 관식 등이 주로 사용된다.

PROJECT 15 증발기(蒸發器) 출제빈도 ★☆☆

Q 증발기(蒸發器)를 각 종류별로 분류하고, 그 특징에 대해서 설명하시오.

(1) 개 요

① 직접적으로 냉동 혹은 냉방을 실현(냉수 혹은 냉풍을 생산)하는 냉동부품으로, 팽창 밸브에 의해 저압으로 유지되게 하여 냉매가 증발하기 좋은 환경을 만든다.

② 액체 냉각용 증발기가 주류를 이루며, 이것은 액공급 방식에 따라 건식, 습식, 만액식, 액펌프식(액순환식) 등으로 나눌 수 있다.

(2) 액체 냉각용 증발기

① 건식 증발기 (Dry Expansion Evaporator)

(개) 관 내측이 냉매이고 외측은 피냉각물이며, 팽창 밸브에서 나온 냉매를 증발기로 보내 출구까지 액과 증기의 분리 없이 증발기 끝단에서 증발이 종료하는 방식이다.

(내) 냉방용 혹은 냉장식에 주로 사용된다.

(대) 암모니아용은 아래로부터 공급되지만, 프레온에서는 오일의 정체를 피하기 위해 위에서 아래 방향으로 공급된다.

(래) 증발기 내 가스 비율이 높아 전열불량

(매) 유분리기 및 액분리기 불필요

(배) 증발기 내 액냉매가 약 25 % 정도 채워짐

② 습식 증발기 (반만액식 ; Semi-Flooded Evaporator)

(개) 증발기의 아래에서 위로 액이 공급된다.

(내) 건식대비 냉매량 많고 전열이 양호하다.

(대) 오일 체류 가능성 있다.

(래) 증발기 내 액냉매 및 기체냉매가 절반 정도의 비율로 채워진다.

③ 만액식 증발기 (Flooded Evaporator)

(개) 액냉매에 냉각관이 잠겨있다(관 내측이 피냉각물, 관 외측이 냉매인 구조이다).

(내) 전열이 우수하다.

(대) 증발기 출구까지도 실제 액냉매 존재함(효율 우수)

(래) 유분리기 및 액분리기 반드시 필요

(매) 증발기 내 액냉매가 약 75 % 정도 채워짐

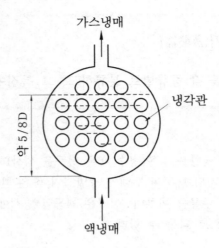

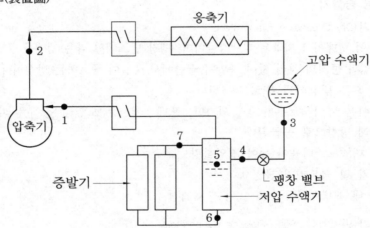

㈐ 장치도(裝置圖)

㈑ $P-h$ 선도

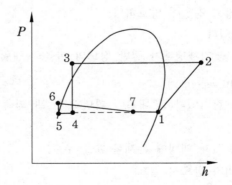

④ 액펌프식 (냉매 강제 순환식)

㈎ 보통 관 내측이 냉매, 관 외측이 피냉각물이다.

㈏ 상기 만액식과 유사하나, 냉매액 펌프, 2차 감압 밸브 등이 추가 구성됨

(다) 증발기 내 액냉매가 약 80 % 이상 채워짐

(라) 장치도

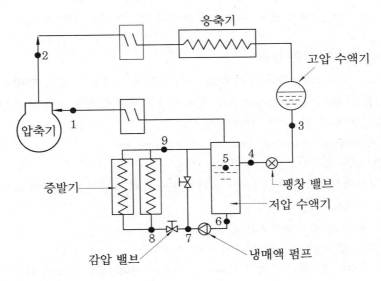

(마) $P - h$ 선도

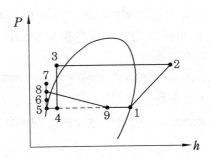

(바) 계산식

㉮ 건도 $X_9 = (h_9 - h_5) / (h_1 - h_5)$

㉯ 냉동능력 $Q_e = G(h_1 - h_5)\{1 - (h_4 - h_5)/(h_1 - h_5)\} = G(h_1 - h_4)$

여기서, G : 전체 질량유량

(3) 공기 냉각용 증발기(주로 건식임)

① 관코일식(Pipe Coil Evaporator)

(가) 관속으로 냉매가 흘러 외부의 공기와 열교환하는 형식이다.

(나) 냉장고, 소형 냉각기 등에서 많이 사용하는 방식이다.

② 핀코일식(Fin Coil Evaporator)

(가) 관코일 외부에 핀(주로 알미늄 핀)을 부착하여 열교환한다.

(나) 에어컨, 공조기용 열교환기 등에서 많이 사용한다.

(4) 냉각방식에 따른 증발기의 분류

① 직접 팽창식 : 냉매의 기화에 의한 흡열로 직접 냉각하는 방식

② 간접 팽창식 : 브라인이나 물과 같은 2차 냉매를 이용하여 냉각하는 방식

(5) 기타 증발기 구조에 따른 분류

① 판상형(Plate Evaporator) : 판을 양쪽으로 붙여 중간에 틈새를 형성한 형태의 증발기이다.

② 헤링본 증발기(Herring Bone Evaporator) : 암모니아를 냉매로 하는 만액식 증발기, 제빙용으로 상·하에 헤더를 설치하여 브라인 냉각함

③ 멀티피드 멀티섹션형(Multi-Feed Multi-Sectional Evaporator)

   (개) 냉장실 혹은 냉동실의 냉각선반으로 사용

   (내) 헤더 상부에서 액유입(암모니아)→하류관을 통해 증발관을 거쳐서 다시 헤더로 복귀
     →압축기 흡입

④ 캐스케이드형(Cascade Evaporator)

   (개) 냉동선반, 공기냉각기, 제빙 코일 등에 사용

   (내) 멀티피드 멀티섹션형과 증발기 부분은 유사하나 헤더부분의 구조만 다소 다르다.

⑤ 보데로 증발기(Baudelot Evaporator)

   (개) 여러 개의 관을 수직으로 일렬로 배열하고, 냉각관의 상부에서 살수관을 설치하여 우유, 물 등의 피냉각물을 아래로 흘림→표면을 막상으로 흐름

   (내) 이때 냉매는 냉각관 내부를 흐른다.

⑥ 원통형(Shell & Tube Evaporator) : 원통형의 통안에 냉매가 위에서 아래로 흐르고, 피냉각물이 내부의 파이프 속으로 흐른다.

⑦ 이중관식(Double Pipe Evaporator) : 이중관의 형식으로 냉매와 피냉각물이 대향류 방향으로 열교환을 이룬다.

• 문제풀이 요령

  증발기는 액체 냉각용 (건식, 습식, 만액식, 액펌프식 등), 공기 냉각용 (관코일 Type, 핀코일 Type)으로 대별된다.

PROJECT **16** 2단 압축 Cycle   출제빈도 ★★★

Q 2단 압축 Cycle (2단 압축 1단 팽창)에 대해 설명하시오.

(1) 적용방법

① 압축기로 −35℃ 이하의 저온을 얻으려면 증발압력이 낮아져 압축비가 상승하고 압축기의 토출온도 상승, 윤활유의 열화, 냉매의 열분해, 체적효율 및 성적계수 하락 등 여러 부작용을 야기할 수 있다.

② 따라서 이렇게 증발온도가 과도하게 낮을 경우 '2단 압축 시스템'이 적극 고려되어야 한다.

③ 이 때 저단 측의 압축 Cycle을 '부스터 Cycle'이라 한다.

④ 단단(1단)압축 대비 장점 : 저단압축기 및 고단압축기가 각각 최적의 압축비 설계영역에서 운전 가능(고효율화), 압축기의 열화방지(수명연장 가능), 압축기 토출온도 과열방지, 압축기의 핑음 발생 방지, 기타 안정적 저온 냉매 사이클 구현 가능

⑤ 단단(1단)압축 대비 단점 : 장치의 복잡성, 냉동장치의 제작비 상승, 팽창장치의 최적 유량제어의 어려움 등

(2) 용 도

① 압축비가 7 이상인 경우에 많이 적용한다.

② 대개 증발온도가 −35℃ 이하(암모니아 냉매), −50℃ 이하(프레온 냉매)

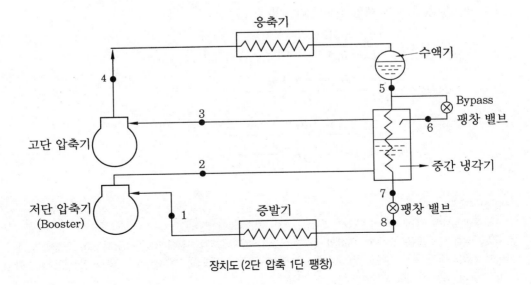

장치도 (2단 압축 1단 팽창)

(3) $P-h$ 선도

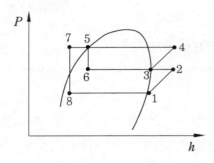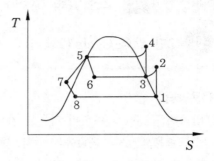

(4) 계산식

① 저단측 소비전력 $(AW_L) = G_L(h_2 - h_1)$

② 고단측 소비전력 $(AW_H) = G_H(h_4 - h_3)$

　　　　여기서, G_L : 저단측 냉매유량, G_H : 고단측 냉매유량

③ 에너지 효율 계산

$$COP = \frac{G_L(h_1 - h_7)}{AW_L + AW_H} = \frac{G_L(h_1 - h_7)}{G_L(h_2 - h_1) + G_H(h_4 - h_3)}$$

$$G_H = G_L + G_M + G_D \quad \cdots\cdots\cdots\cdots\cdots\cdots\cdots\cdots ①$$

　　　　여기서, $G_M = G_H \cdot \dfrac{h_6 - h_7}{h_3 - h_7}$: 액측 Flash gas 발생량

　　　　　　　$G_D = G_L \cdot \dfrac{(h_2 - h_3)}{(h_3 - h_7)}$: 압축기 토출가스에 의한 재증발량

　　G_M 및 G_D를 ①식에 대입하여 정리하면

$$G_H = G_L \cdot \frac{(h_2 - h_7)}{(h_3 - h_6)}$$

$$COP = \frac{G_L(h_1 - h_7)}{G_L(h_2 - h_1) + G_H(h_4 - h_3)}$$

$$= \frac{(h_1 - h_7)}{(h_2 - h_1) + (h_4 - h_3)\dfrac{(h_2 - h_7)}{(h_3 - h_6)}}$$

・**문제풀이 요령**

① 이 부분에서는 COP 계산방법, $P-h$ 선도 등이 가장 많이 출제됨

② 2단 압축 Cycle은 -35℃ 이하의 증발온도를 용이하게 얻기 위해 고안된 장치이며, 단단압축 방식에서 압축비가 일정 수준 이상 (약 7~8 이상) 되면, 다단으로 바꾸어 효율 증가 및 냉동기 열화방지 등의 성능 개선을 꾀하는 것이 목적이다.

PROJECT 17 **2단 압축 2단 팽창** 출제빈도 ★★★

Q 2단 압축 2단 팽창에 대해 설명하시오.

(1) 적용방법 및 용도

'2단 압축 1단 팽창'과 동일

(2) 장치도(裝置圖)

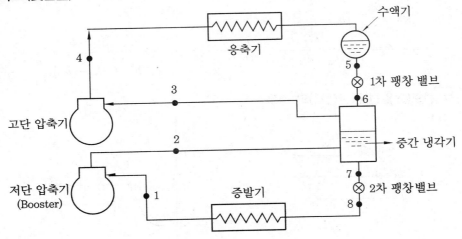

(3) $P-h$ 선도(완전 중간냉각)의 경우

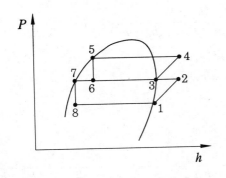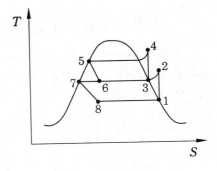

(4) 계산식('2단 압축 1단 팽창'과 동일)

① 저단측 소비전력 $(AW_L) = G_L(h_2 - h_1)$

② 고단측 소비전력 $(AW_H) = G_H(h_4 - h_3)$

여기서, G_L : 저단측 냉매유량, G_H : 고단측 냉매유량

$$AW_L = G_L(h_2 - h_1), \quad AW_H = G_H(h_4 - h_3)$$

$$COP = \frac{G_L(h_1 - h_7)}{AW_L + AW_H} = \frac{G_L(h_1 - h_7)}{G_L(h_2 - h_1) + G_H(h_4 - h_3)}$$

$$G_H = G_L + G_M + G_D \quad \cdots\cdots\cdots\cdots\cdots\cdots\cdots\cdots\cdots \text{①}$$

여기서, $G_M = G_H \cdot \dfrac{(h_6 - h_7)}{(h_3 - h_7)}$: 액측 Flash gas 발생량

$\qquad G_D = G_L \cdot \dfrac{h_2 - h_3}{h_3 - h_7}$: 압축기 토출가스에 의한 재증발량

G_M 및 G_D를 ①식에 대입하여 정리하면

$$G_H = G_L \cdot \frac{(h_2 - h_7)}{(h_3 - h_6)}$$

$$COP = \frac{G_L(h_1 - h_7)}{G_L(h_2 - h_1) + G_H(h_4 - h_3)} = \frac{(h_1 - h_7)}{(h_2 - h_1) + (h_4 - h_3)\dfrac{(h_2 - h_7)}{(h_3 - h_6)}}$$

(5) $P-h$ **선도(불완전 중간냉각)의 경우**

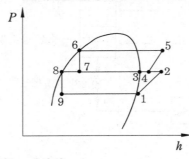 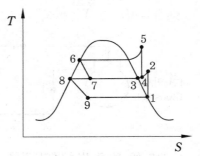

☞ 성능 계산식

$$COP = \frac{G_L(h_1 - h_8)}{AW_L + AW_H} = \frac{G_L(h_1 - h_8)}{G_L(h_2 - h_1) + G_H(h_5 - h_4)}$$

여기서, $G_H = GL + G', \quad G' = G_H \cdot (h_7 - h_8) / (h_3 - h_8)$

그러므로 $G_H = G_L + G' = G_L + G_H(h_7 - h_8) / (h_3 - h_8)$

G_H에 대해 정리하면,

$$G_H = G_L \frac{(h_3 - h_8)}{(h_3 - h_7)}$$

최종 $COP = \dfrac{G_L(h_1 - h_8)}{G_L(h_2 - h_1) + G_H(h_5 - h_4)} = \dfrac{(h_1 - h_8)}{(h_2 - h_1) + (h_5 - h_4)\dfrac{(h_3 - h_8)}{(h_3 - h_7)}}$

・**문제풀이 요령**

① 이 부분에서는 COP 계산방법, $P-h$ 선도 등이 가장 많이 출제됨

② 2단 압축에서 1단 팽창과 2단 팽창의 차이점은 Main 팽창 밸브를 1개 사용하는가, 2개 사용하는가의 차이뿐이다 (기타 모든 사항 동일).

PROJECT 18 **이원 냉동**(Two Stage Cascade Refrigeration) 출제빈도 ★★☆

Q 이원 냉동(Two Stage Cascade Refrigeration)에 대해 설명하시오.

(1) 개 요

① 다원 냉동(多元冷凍)을 일반적으로 2원 냉동, 3원 냉동, 4원 냉동 등으로 나눌 수 있다.

   (가) 2원 냉동 : −70 ~ −100℃ 정도의 저온을 얻을 때 사용

   (나) 3원 냉동 : −100 ~ −120℃ 정도의 저온을 얻을 때 사용

   (다) 4원 냉동 : −120℃이하 ~ 정도의 극저온을 얻을 때 사용

② 2원 냉동이나 3원 냉동 등은 증발압력이 극도로 낮아져 압축비가 상승하고, 압축기의 토출 온도 상승, 윤활유의 열화, 냉매의 열분해, 체적효율 및 성적계수 하락 등 여러 가지 부작용을 방지하기 위해 사용한다.

③ 2단 압축 시스템보다 증발온도가 과도하게 낮을 경우 2원 냉동 혹은 3원 냉동 등이 적극 고려되어야 한다.

(2) Cycle 구성도

•팽창 탱크 : 저온측 냉동기가 정지시, 초저온 냉매가 전체적으로 증발이 일어나고 증발기 내의 압력이 과상승하게 된다. 이때 증발기나 주변 배관이 파괴되지 않게 일정량의 가스를 저장하는 역할을 하는 장치이다.

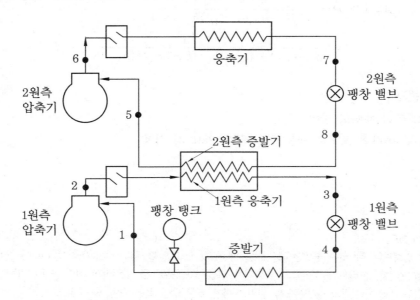

(3) 적용 방법

① 1원측(저온측) 냉매는 비등점이 낮은 냉매(R13, R14, 에틸렌, 메탄, 프로판 등)를 사용한다.

② 예를 들어, R13은 −100℃에서 증발포화압력이 약 0.339 kg/cm²abs이다. 따라서, 극도의 진공은 피할 수 있다.

③ 2원측(고온측) 냉매로 비등점이 상대적으로 높은 R22, NH₃ 등을 사용하면 좋다.

④ 1원측의 응축기와 2원측의 증발기를 열교환시켜 2원측의 증발기를 승온시켜 주는 Cycle을 구성해 준다.

(4) $P-h$ 선도 및 에너지 효율(COP) 계산

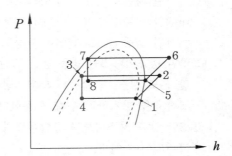

$$저온측 \; COP = \frac{q_L}{AW_L} = \frac{h_1 - h_3}{h_2 - h_1}$$

$$고온측 \; COP = \frac{q_H}{AW_H} = \frac{h_5 - h_7}{h_6 - h_5}$$

$$COP = \frac{G_L(h_1 - h_3)}{G_L(h_2 - h_1) + G_H(h_6 - h_5)}$$

여기서, Cascade Condenser에서의 열평형식을 고려한다. 즉, 저단측 응축기에서의 방열량은 고단측 증발기에서의 취득열량과 동일하다.

$$G_L(h_2 - h_3) = G_H(h_5 - h_8), \quad G_H = \frac{G_L(h_2 - h_3)}{(h_5 - h_8)}$$

$$최종 \; COP = \frac{G_L(h_1 - h_3)}{G_L(h_2 - h_1) + G_H(h_6 - h_5)}$$

$$= \frac{(h_1 - h_3)}{(h_2 - h_1) + (h_6 - h_5)\cdot(h_2 - h_3)/(h_5 - h_8)}$$

(5) 적용 (응용)

① LPG 등의 재액화 장치

② −70℃ 이하의 초저온 냉동 설비 구성 필요 시 사용

• 문제풀이 요령

① 2단 압축보다 더 낮은 증발온도를 원할 때(−70 ~ −100℃ 정도)에는 2단 Cycle 중 저단측과 고단측을 완전히 분리시켜 저단측의 응축기가 고단측의 증발기를 가열하게 하여 승온시키는 방식이 유효하다(−100℃ 이하의 증발온도를 원할 시에는 3원 냉동 혹은 4원 냉동 필요).

② 역시 COP 계산방법, $P-h$ 선도 등을 잘 숙지할 필요가 있다.

PROJECT **19** **다효압축**(Multi Effect Refrigeration) 출제빈도 ★★★

Q 다효압축(Multi Effect Refrigeration)에 대해 설명하시오.

---

(1) 개 요

① Voorhees Cycle 이라고도 한다.

② 증발온도가 서로 다른 2대의 증발기를 1대의 압축기로 압축하여 효과(증발효과)를 다각화 할 수 있다.

③ 보통의 단단압축 대비 냉동효율의 증가가 가능하다(동력절감).

(2) 다효 압축의 종류 (Cycle 구성도)

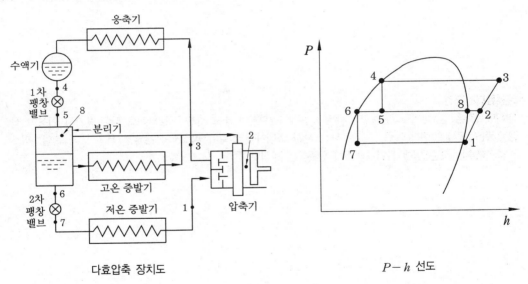

다효압축 장치도 $P-h$ 선도

(3) 적용 방법

① 원하는 증발압력이 서로 다른 증발기의 압력(저압)을 압축기의 2곳으로 흡입

② 피스톤의 상부는 저온 증발기의 저압증기를 흡입

③ 피스톤의 하부는 고온 증발기의 저압증기를 흡입

(4) 에너지 효율(COP) 계산

① 응축기 발열량 $(q_c) = h_3 - h_4$

② 증발기 흡열량 (q_e) 계산

$$x_5 = \frac{h_4 - h_6}{h_8 - h_6}$$ (여기서, x_5 : 상기 $P-h$ 선도의 5지점에서의 건도)

$$1 - x_5 = \frac{h_8 - h_4}{h_8 - h_6} \text{이므로,}$$

$$q_e = (1 - x_5)(h_1 - h_6) = \frac{(h_8 - h_4)(h_1 - h_6)}{h_8 - h_6}$$

③ 압축기의 압축열량 (AW) 계산

열역학 제1법칙에서 $q_e + AW = q_c$

따라서, $AW = q_c - q_e = \dfrac{(h_8 - h_6)(h_3 - h_4) - (h_8 - h_4)(h_1 - h_6)}{h_8 - h_6}$

④ 성적계수 (COP) 계산

$$COP = \frac{q_e}{AW} = \frac{(h_8 - h_4)(h_1 - h_6)}{(h_8 - h_6)(h_3 - h_4) - (h_8 - h_4)(h_1 - h_6)}$$

· **문제풀이 요령**

　다효압축은 증발기를 고온측 및 저온측으로 이원화하여 소요 증발온도가 서로 다른 2가지 이상의 식품 등을 동시에 냉장·냉동을 가능하게 한 시스템이다 (압축기 피스톤의 상부는 저온 냉매 흡입, 피스톤의 하부는 고온 냉매 흡입 후 동시 압축하는 방식).

PROJECT **20** 비등 열전달(沸騰 熱傳達)   출제빈도 ★★☆

Q 비등 열전달(沸騰 熱傳達)에 대해 설명하시오.

(1) 핵비등 (Nucleate Boiling)

포화온도보다 약간 높은 온도에서 기포가 독립적으로 발생한다.

핵비등 ←

전열면 ←

(2) 막비등 (Film Boiling)

① 면 모양의 증기거품으로 발생한다.

② 전열면의 과열도가 클 때 발생한다.

막 형상의 비등 ←

전열면 ←

(3) 천이비등

핵비등과 막비등 사이에 존재하는 것으로 불안정 상태의 비등이다.

(4) 비등 열전달의 개선방법

① 비등 열전달에서는 기포 발생점이 액체에 완전히 묻히면 증발이 잘 이루어지지 않을 수 있으므로 주의를 요한다.

② Grooved Tube 등을 적용하여 액을 교란시켜 증발 능력을 개선시킬 수 있다.

• **문제풀이 요령**

비등 열전달은 과열도에 따라 핵비등, 천이비등, 막비등 등으로 나누어지며, 기포 발생점이 액체에 묻지 않게 하고, Grooved Tube 사용하여 액 교란 시켜 열전달 개선이 필요하다.

PROJECT 21 팽창기   출제빈도 ★☆☆

Q 증기압축식 냉동기에서 팽창 밸브나 모세관 대신에 냉매가 팽창하면서 동력을 얻을 수 있는 팽창기(Expander)를 사용하는 방식이 최근에 논의 되고 있다. 팽창기를 사용하는 경우에 얻을 수 있는 효과를 압력-엔탈피 선도(Pressurenthalpy Diagram)를 이용하여 설명하시오.

---

(1) 팽창기(Expander)를 이용한 냉동기의 특징

① 등엔트로피 과정으로 진행되는 단열 팽창 과정은 열역학적 원리상 가장 이상적인 저온 생성 방법이다.

② 열역학적으로 볼 때 등엔트로피 과정은 가역과정이지만 등엔탈피 과정은 비가역 과정으로 비가역성에 의한 손실이 많다.

③ 고압의 압축성 기체를 팽창기를 통하여 외부에 일을 추출하면서 단열 팽창시킬 때 기체의 온도는 급격히 낮아지게 된다.

④ 주로 공기사이클 냉동기 또는 증기나 기체(CO_2 등) 냉동기에 적용된다.

⑤ 실제의 팽창 과정은 완전한 등엔트로피 과정이 되지 못하고 어느 정도 비가역적으로 진행된다.

⑥ 단열 팽창에 의한 효과는 J-T (Joule-Thomson) 효과에 의한 온도 강하보다 크며 단열 팽창이 일어나는 경우에는 아래와 같다.

$$\mu = \Delta T / \Delta P \,(\text{℃} \cdot \text{cm}^2/\text{kgf}) > 0$$

(2) 팽창기(Expander)를 이용한 냉동기의 동작원리

① 다음 그림과 같이 팽창기, 고온냉각기, 압축기 및 증발기가 사이클 선도를 이루어 작동된다.

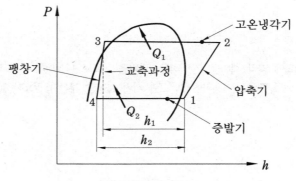

팽창기의 동작원리

② 대기온도보다 낮은 상태 1의 냉매가 압축기에서 상태 2까지 단열압축되고, 고온냉각기 통과하며 대기로 열을 방출하고 상태 3으로 된다. 이 공기가 팽창기에서 상태 4의 저온까지 팽창한 다음 주위에서 열을 흡수하며 공기는 상태 1로 가열된다.

③ 일반 증기압축식 냉동 사이클과 비교할 때 팽창시 교축작용이 단열팽창작용으로 바뀐 것이 특징이다.

(3) 응용

① 극저온을 얻기 위한 냉동기에서는 팽창기를 단독으로 사용하지 않고 대부분 J-T 밸브와 같이 사용해야 한다 (팽창기의 내구성 문제).

② 이산화탄소의 경우 높은 압력 차이로 인해, 팽창과정 중에서의 비가역성이 가장 높다. 따라서 팽창과정 중의 비가역성을 줄여주기 위해 팽창기의 사용이 제안되었고 이는 기존의 등엔탈피 팽창과정을 등엔트로피 팽창과정으로 변화시킨다. 따라서 증발기에 공급되는 냉매의 엔탈피를 낮출 수 있어 성능 향상이 가능하고 또한 팽창기에서 회수된 에너지는 기계적 에너지로 압축기에 직접 공급되거나 전기적 에너지로 변환되어 사용될 수도 있다.

③ 이렇게 이산화탄소 냉동 사이클은 팽창기의 사용으로 약 15~30 % 정도의 성능향상이 가능하다고 보고되고 있다 ($h_2 > h_1$).

• **문제풀이 요령**

팽창기(Expander)를 이용한 냉동시스템은 보통의 증기압축식 혹은 공기압축식 냉동 사이클에서 팽창과정 중 버려지는 비가역성이 높은 에너지를 회수(회수된 에너지는 기계적 에너지로 압축기에 직접 공급되거나 전기적 에너지로 변환)하기 위해서, 기존의 등엔탈피 팽창과정을 등엔트로피 팽창과정으로 변화시키는 방식이며, 이산화탄소 사이클 등의 산업분야에 관련 기술의 파급효과가 매우 커지고 있다.

PROJECT **22** **액-가스 열교환기와 중간 냉각기** 출제빈도 ★☆☆

Q 액-가스 열교환기와 중간 냉각기에 대해 설명하시오.

---

(1) 액-가스 열교환기

① 역할

(개) 압축기로 흡입되는 기체 냉매와 응축기에서 나오는 액체냉매 간의 열교환을 통하여 과열도와 과냉각도를 동시에 적절히 유지되게 해준다.

(내) 과열도를 적절히 높여주어 압축기 보호역할(액압축 방지)을 해준다.

(대) 과냉각도를 높여주어 Flash Gas 발생 방지, 냉동능력 저하방지 등을 해준다.

② 구조

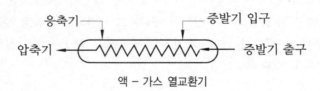

액 - 가스 열교환기

(2) 중간 냉각기

① 개요

(개) 저단압축기(Booster)의 토출가스 가 과열되지 않게 냉각시켜 준다.

(내) 증발온도가 과도하게 낮아서 '2 단압축 시스템'을 사용시 적극 고 려되어야 한다.

② 용도 및 구조

(개) 압축기 토출가스 과열 방지 역할

(내) 고압 액냉매를 과냉각시켜 냉동 효과 증대시킴

(대) 고압측 압축기를 위해 '기액 분리' 역할

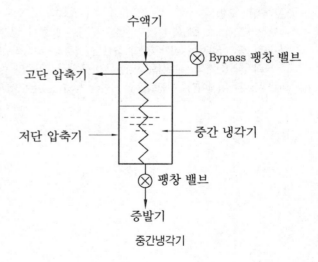

중간냉각기

•**문제풀이 요령**

액-가스 열교환기는 압축기로 흡입되는 기체 냉매(과열도 필요)와 응축기에서 나오는 액체 냉매 (과냉 각도 필요) 간의 열교환을 통하여 양측 냉매에 모두 이득을 보고자 고안된 장치이다.

PROJECT 23 **1종 흡수식 히트펌프(계산문제)** 출제빈도 ★☆☆

Q 외부에서 폐열에너지 공급 없는 장소에 흡수식 히트펌프 설치 시 (아래 조건 참조) 증발기 열량(Q_E), 재생기 열량(Q_G), 효율 (COP)을 구하시오.
- 온수 사용량 : 6000 m³/day
- 온수 가열조건 : 24℃ → 40℃
- 폐온수 배출 : 6000 m³/day
- 폐온수 온도 변화 : 31.8℃ → 23℃

(1) 각 열량 계산

외부에서 폐열 에너지의 공급이 없는 장소이므로 '1종 흡수식 히트펌프'를 채택해야 한다. 일단, 계산을 위해 아래와 같이 기호를 표기한다.

Q_c : 응축기 회수열량	Q_a : 흡수기 회수열량
Q_E : 증발기 투입열량	Q_G : 발생기 투입열량
물 1 m³ = 10^3 kg	1day = 하루 24시간
G : 물의 질량유량	C : 물의 비열
ΔT : 입·출구 온도차	

여기서, 일반적으로 열량 $Q = G \cdot C \cdot \Delta T$의 관계식을 이용하여,

① $Q_c + Q_a = 6000 \times 10^3 / 24 \times 1 \times (40 - 24) = 4000000 \, \text{kcal} / \text{h}$

② $Q_E = 6000 \times 10^3 / 24 \times 1 \times (31.8 - 23) = 2200000 \, \text{kcal} / \text{h}$

③ $Q_c + Q_a = Q_G + Q_E$에서,

$Q_G = (Q_c + Q_a) - Q_E = 4000000 \, \text{kcal} / \text{h} - 2200000 \, \text{kcal} / \text{h} = 1800000 \, \text{kcal} / \text{h}$

(2) 에너지효율 계산

$$COP = (Q_c + Q_a) / Q_G = 4000000 \, \text{kcal} / \text{h} / 1800000 \, \text{kcal} / \text{h} = 2.2$$

· 문제풀이 요령
외부에서 폐열 에너지 공급이 없는 장소에 흡수식 히트펌프 설치시에는 '제1종 흡수식 히트펌프'를 채택해야 하고, 폐열 에너지 공급이 있는 장소에는 '제2종 흡수식 히트펌프'를 주로 채택한다.

PROJECT **24** Rankine Cycle   출제빈도 ★☆☆

Q Rankine Cycle에 대해 설명하시오.

---

(1) 개요

① Rankine Cycle은 화력발전소 등에서 증기 터빈을 구동시키는 '증기 원동소 사이클'이다.
② 고열원에서 열을 받아 터빈의 구동력을 회수한 후 저열원에 남은 열량을 버리는 형태의 Cycle로 구성된다.

(2) 랭킨 사이클의 장치도

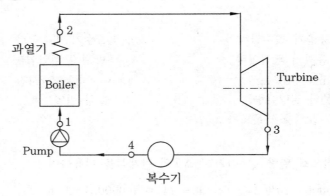

(3) $h-s$ 선도 및 $T-S$ 선도

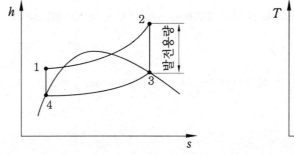
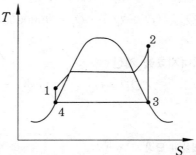

(4) 동작원리(동작원리)

① 1단계 (1~2 point) : 보일러와 과열기에서 연속적으로 증기를 가열시키는 단계이다.
② 2단계 (2~3 point) : 증기의 팽창력에 의해 터빈의 날개를 돌려 동력을 발생 (전기 생산) 시키는 과정이다.

③ 3단계 (3~4 point) : 복수기에 의해 증기가 식어 포화액이 된다.

④ 4단계 (4~1 point) : 펌프에 의해 가압 및 순환 (회수)되는 과정이다.

(5) 열효율 증대방안

① 터빈 입구의 압력을 높여주고, 출구의 배압은 낮춰준다 (진공도 증가).

② '재열 Cycle'을 구성한다.

㉮ 재열 Cycle의 장치 구성도

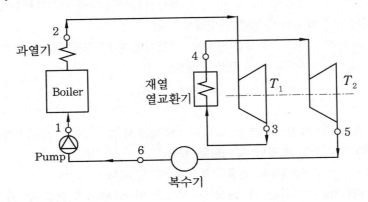

㉯ 재열 Cycle의 $h-s$ 선도

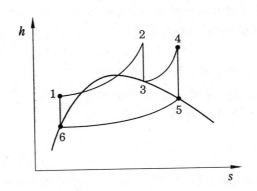

㉰ 재열 Cycle의 원리 : 기본 원리는 상기 기본 '증기원동소 사이클'과 동일하나, 재열기를 하나 더 구성하여 증기 터빈을 2중(그림의 T_1, T_2)으로 가동할 수 있다.

· **문제풀이 요령**

랭킨 cycle의 열효율 증대 방안은 터빈 입구의 압력을 높여주고, 출구의 배압을 낮춰 압력차를 크게 해주는 방식과 '재열 cycle'을 이용하는 방식 등이 있다.

PROJECT 25 이산화탄소 Cycle   출제빈도 ★★★

Q 이산화탄소 Cycle에 대해 설명하시오.

(1) 개요

① CO_2 (R744)는 기존의 CFC 및 HCFC 계를 대신하는 자연냉매 중 하나이며, ODP가 0이며 GWP가 미미하여 가능성이 많은 자연냉매이다.

② CO_2는 체적용량이 크고, 작동압력이 높다(임계영역에서 응축됨).

③ 냉동기유 및 타 기기재료와 호환성이 좋다.

(2) 특징

① C.P(임계점 ; Critical Point)가 약 31℃(7.4 MPa)로서 K.S 규격의 냉방설계 외기온도 조건 인 35℃보다 낮다(즉, 초월임계Cycle을 이룸).

② 증발압력＝약 3.5~5.0 MPa, 응축압력＝약 12~15 MPa

③ 안전도(설계압 기준) : 저압은 약 22 MPa, 고압은 약 32 MPa에 견딜 수 있게 할 것

④ 압축비 : 일반 냉동기 대비 절반 정도의 수준임(압축비＝약 2.5~3.5)

⑤ 압력 손실 : 고압 및 저압이 상당히 높아(HCFC22 대비 약 7~10배 상승) 압력손실이 줄어 들어 압력손실에 의한 능력 하락은 적음

⑥ 용량 제어법

㈎ 인버터, 인버터 드라이버 이용한 전자제어

㈏ 전자팽창 밸브의 개도 조절을 통한 유량 조절

㈐ Bypass Valve 이용한 제어 등

(3) 성능 향상 방법

① 흡입관 열교환기(Suction Line H/EX, Internal H/EX) 설치하여 과냉각 강화(단, 압축기 흡입 Gas 과열 주의) ☞ 약 15~20 % 성적계수 향상이 가능하다고 보고됨

② 2단 Cycle 구성 : 20~30 % 성적계수 향상 가능 보고

③ Oil Seperator 설치하여 오일의 열교환기 내에서의 열교환 방해를 방지함

④ Micro Channel 열교환기(Gas Cooler) 효율 증대로 열교환 개선

⑤ 높은 압력차로 인한 비가역성을 줄여줄 수 있게 팽창기(Expansion Device)를 사용하면, 부수적으로 기계적 에너지도 회수할 수 있다.

⑥ 팽창기에서 회수된 기계적 에너지를 압축기에 재공급하여 사용 혹은 전기 에너지로 변환 하여 사용 가능(단 팽창기의 경제성, 시스템의 크기 증대 등 고려 필요)

☞ 약 15~28 % 성적계수 향상 가능 보고

(4) 개발 동향

현재 급탕기, 냉온수기, 차량용 에어컨, 일반에어컨 등 다양한 분야를 대상으로 기술개발중이다(현재의 시제품 중 일부는 COP 3.0 이상 나오고 있다).

(5) 이산화탄소 Cycle 개략도

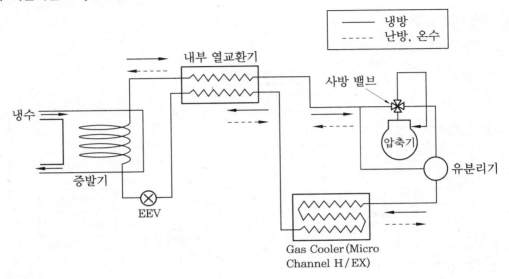

(6) Cycle 선도

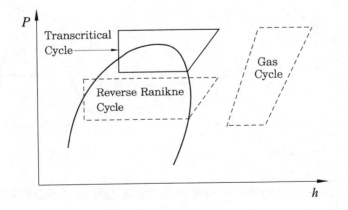

PROJECT **26** CO₂ 사이클

출제빈도 ★★☆

Q 단단 & 다단 CO_2 사이클에 대해 설명하시오.

(1) 단단 CO_2 cycle

① 장치 개략도

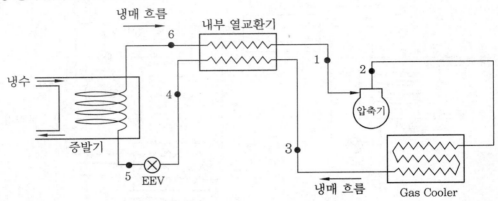

② 단단 Cycle의 $P-h$ 선도 및 $T-S$ 선도

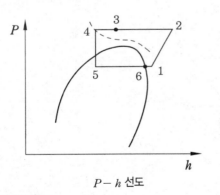

$P-h$ 선도

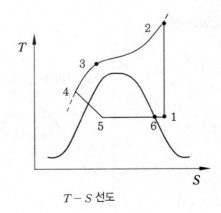

$T-S$ 선도

③ 동작원리

㈎ 1단계(1 ~ 2 point) : 압축기에 의해 저온저압의 냉매가 고온고압의 가스냉매 상태로 토출된다.

㈏ 2단계(2 ~ 3 Point) : 압축기에 의해 토출된 고온고압의 가스냉매는 Gas Cooler로 들어가서 비교적 낮은 온도의 가스냉매로 나온다.

㈐ 3단계(3 ~ 4 Point) : Gas Cooler에서 식혀진 냉매는 아직도 많은 열을 가지고 있으므로 내부열교환기에 의해 한번 더 식혀진다(보완 작용).

㈑ 4단계(4 ~ 5 Point) : 팽창장치(EEV)에 의해 감압되어 일정한 건도를 가진 혼합냉매 상태로 증발기로 들어간다.

㈔ 5단계(5 ~ 6 Point) : 저온저압의 냉매는 증발기에서 증발하여 냉수를 차갑게 해(냉매의 잠열에 의해 증발능력 발휘) → 계속적으로 Cycle 형성됨

㈖ 6단계(6 ~ 1 Point) : 증발기로부터 나온 냉매에 적절한 과열도를 형성하여 주어 압축기의 액압축을 방지해준다.

(2) 다단 CO_2 Cycle

① 장치 개략도

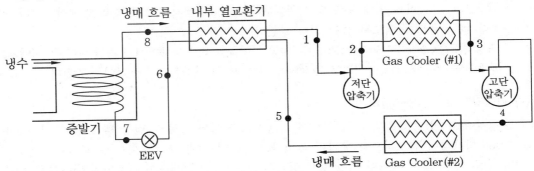

② 다단 Cycle의 $P-h$ 선도 및 $T-S$ 선도

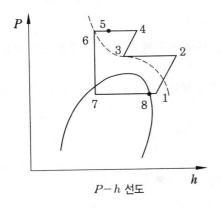

$P-h$ 선도

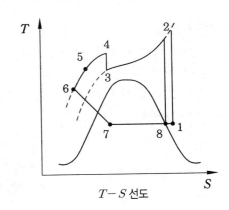

$T-S$ 선도

③ 동작원리(동작원리)

㈎ 기본 원리는 상기 '단단 Cycle'의 원리와 동일하다(단, 2단 압축을 통하여 약 20~30 % 정도의 성적계수 향상을 도모하고 있다).

㈏ 상기 장치 개략도에서 알 수 있듯이 압축부와 Gas Cooler가 직렬로 2중으로 구성되어 있어 냉각을 보다 효과적으로 실시하고 냉동능력 및 효율을 향상시킬 목적이다.

• **문제풀이 요령**

 CO_2 Cycle에서 가장 대표적인 성능 향상 방법은 흡입관 열교환기(내부 열교환기)를 설치하는 것과 2단 Cycle을 구성하는 방법 등이다.

PROJECT 27 과냉각(Sub-Cooling) 출제빈도 ★☆☆

Q 냉동 Cycle에서 과냉각(Sub-Cooling)에 대해 설명하시오.

(1) 정의

① 냉동기의 응축기에 의해 응축 및 액화된 냉매를 다시 냉각해서 그 압력에 대한 포화온도 보다 낮은 온도가 되도록 하는 것을 말한다.

② 과냉각도(Degree Of Sub-Cooling)는 냉동 사이클의 응축기 내에서 응축된 냉매액이 응축압력에 상당하는 포화온도 이하로 냉각되어 있을 때 이 포화온도와의 차이를 말한다.

(2) 과냉각(Sub-Cooling)의 목적

① 응축온도 및 증발온도가 일정할 때 과냉각도가 크면 클수록 팽창 밸브 통과 시 Flash Gas 발생량이 감소하므로 유량이 늘어나고, 냉동능력과 성적계수가 증가한다.

② 과냉각도가 크면 냉매가 팽창 밸브 통과시 Flash Gas 발생량이 감소하여 냉매유음(냉매의 흐름에 의한 소음)도 줄일 수 있다.

(3) $P-h$ 선도

① 다음에 나타낸 $P-h$ 선도는 과냉각도가 성능(냉동능력)에 미치는 영향을 설명하는 그래프이다.

② $P-h$ 선도상 과냉각도가 $a \to b$로 증가함에 따라 냉동능력도 $(h_1 - h_4) \to (h_1 - h_6)$로 현격히 증가한다.

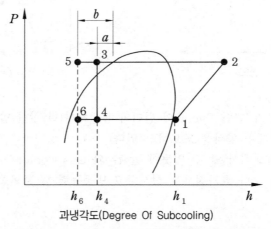

과냉각도(Degree Of Subcooling)

• **문제풀이 요령**

　과냉각은 Flash Gas 발생량을 줄이고, 냉동능력과 성적계수를 향상시키고, 냉매 유음을 줄이는 것이 주요 목적이다(단, 응축기 Size를 증가시키거나, 과냉각장치의 추가가 필요하다).

PROJECT 28 **압축기 토출관경**   출제빈도 ★☆☆

> **Q** 증기압축식 냉동기의 압축기 토출관 관경 결정과 시공상 유의할 점에 대
> 해 기술하시오.

(1) 개요

① 압축기 토출 냉매배관 결정시 압축기의 압력손실이 지나치지 않도록 특히 주의를 기울여
야 한다.

② 압력강하를 줄이려면 일반적으로 배관경을 크게 하여야 하지만, 지나치게 크게 하면, 시
공상 비용이 증가한다. 따라서 적정 배관경선정이 중요하다.

(2) 압축기 토출측 배관경 결정시 유의사항

① 배관경이 너무 작을 때 : 공사비가 경제적임, 냉동부하 부족할 수 있고, 소비전력 증가한다.

② 배관경이 너무 클 때 : 공사비가 증가하고, 냉동부하는 설계치 만큼 충분히 나올 것임

③ 설계 압력강하 : 배관에서 냉매가 흐를 때 배관 표면의 마찰 및 접속 이음새 등에 의해 압
력강하가 발생하는데 그 양은 다음과 같다.

$$\Delta P = \frac{f}{2}\rho v^2 \frac{L}{D} \qquad \Delta P = \frac{8f}{\rho \pi^2} \cdot \frac{L}{D^5} \mathrm{m}^2$$

여기서, ΔP : 배관을 통한 압력손실, f : 마찰계수, ρ : 유체의 밀도, v : 유체의 속도
D : 배관의 직경, L : 배관의 길이, m : 유체의 질량유량

④ 일반적으로, 압력 강하는 배관(L)이 길수록 커지고, 관경(D)이 작을수록 커지고, 속도
(V) 가 클수록, 유량(m) 이 클수록 커진다.

⑤ 압축기 토출측 배관경이 작아지면 압축기 토출구측에 교축이 생길 수 있다. 이때 압축비
가 증가하여 소비전력이 상승하고 효율이 저하한다는 것이 가장 큰 문제점이 된다.

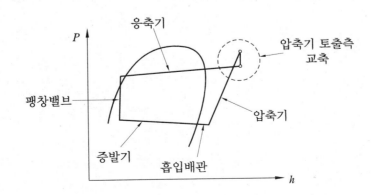

⑥ 압력 강하로 인한 압축기 능력 손실 : 압력 강하가 발생이 되면 더 높은 비율의 압축을 해야 하고, 그럼으로써 압축기 용량의 손실을 초래한다. 자료에 의하면, R-22인 경우 공조 적용에서 압축기 능력 손실은 다음과 같다.

배관 종류	압력강하 1℃	압력강하 2℃
흡입관	4.3%	7.8%
토출관	1.6%	3.2%
액관	지나치게 작지만 않으면, 냉동 능력에는 별로 관계없음.	

⑦ 압축기 토출측 설계 압력강하 선정 : 토출관 및 액관은 배관경이 상대적으로 작으므로 압력 강하 1℃ 이하로 하는 것이 경제적인 선정으로 사료된다(추천 설계 압력강하는 흡입관 ; 2℃ 이하, 토출관, 액관 ; 1℃ 이하).

⑧ 상기 추천치는 설계자의 의도에 의해 결정될 수 있는 사항이므로 변경이 충분히 가능하다.

⑨ 상당 거리 계산 : 배관에서의 압력 강하도 중요 하지만, 또한 고려할 사항은 배관을 접속하고 있는 이음 재료 및 밸브 등에 의해 냉매의 흐름을 방해함으로써 압력 강하가 발생이 되는데 이러한 부품들을 직배관인 경우의 길이로 표현한다. 이것을 관 이음새의 상당거리라고 한다. 또 상세한 시험자료는 참고 자료로 활용할 수 있게 각종 책자에서 Table로 제시하고 있다

⑩ 보통 압축기 토출측에 역류를 방지하기 위해 Check Valve가 장착이 되는 경우가 많은데, 이 경우에는 토출측 교축을 최소화하기 위하여 너무 작은 치수의 밸브가 선정되지 않도록 하는 것이 중요하다.

• 문제풀이 요령

증기압축식 압축기의 토출관경은 냉매 사이클의 압력강하와 관련되므로, 경제적인 부담이 적다면, 다소 여유 있게 설계하여 압력강하를 최대한 줄여주는 것이 시스템의 효율측면에서 유리하다.

PROJECT 29 메커니컬 실(Mechanical Seal)　　　　출제빈도 ★☆☆

Q 메커니컬 실 (Mechanical Seal)에 대해 설명하시오.

(1) 개요

① 유체 기계에서는 그 회전축이나 왕복동축 등이 Casing을 관통하는 부분이 있어서 축의 주위에 Stuffing Box 혹은, Seal Box라고 부르는 원통형의 부분을 설치하고, 원통형의 부분에 Seal의 요소를 넣어서 Casing 내의 유체가 외부로 새거나 혹은 Casing 내에 들어가는 것을 방지해준다.

② 이러한 장치, 즉 기계의 Casing과 상대운동을 하는 축의 주위에 있어서 유체의 유동량을 제한하는 장치를 축봉장치라 한다.

③ 축봉에서 새는 양을 적게 하는 방법과 새는 양을 0으로 하는 방법이 있다.

(2) 축봉장치의 선정방법(종류)

① 새는 양의 제한 방법에는 Gland Packing, Segmental Seal, Oil Seal, O-Ring Seal, Mechanical Seal, 동결 Seal, 유체의 원심력이나 점성을 이용하는 장치 등이 있다〔보통 배압이 높을 경우에는 메커니컬 실(Mechanical Seal)을 많이 사용함〕.

② 전혀 새지 않는 방식으로는 액체 봉함, Gas 봉함 외에 자성 유체를 쓰는 것 등이 있으며, 기타 여러 가지 Sealess 방식이 있다.

③ 특히 이런 축봉장치들은 단독으로 사용하는 외에 조립하여 사용하는 경우도 많다.

④ Mechanical Seal에서는 사용 온도, 유체의 성질 그리고 압력에 의한 선정을 필요로 한다.

⑤ Mechanical Seal은 Slip Ring(고정측, 회전측), 스프링, Spring Shoe 등으로 구성된다.

(3) Mechanical Seal의 발달

① Mechanical Seal은 1885년 영국에서 암모니아 냉동 장치의 특허 출원으로 시작되었다고 알려져 있다 (그 당시의 완충 기구와 밀봉 단면의 사상 문제가 불충분하여 보급하는데는 이르지 않았다).

② 그 후 세계 1차 대전 후부터 냉동기용에 널리 사용되었다 (미국에서 화학용 Pump 및 해·공군용 설비 등에 많이 사용).

③ 국내의 Mechanical Seal의 사용은 한국전쟁 이후 미군 물자의 사용에 따른 약간의 사용이 되고 있었으나, 1970년 이후 국내의 중공업 발전과 함께 인식을 갖게 되었다.

④ Mechanical Seal의 국내 제작은 1979년부터 본격적으로 시작되었다.

(4) 메커니컬 실의 정의

① 회전기기의 밀봉장치로 회전부와 고정부가 접촉하여 유체의 누설을 최소한으로 제한하는 장치

② Gland의 압력으로 축을 조여주는 방식인 그랜드 패킹 대비 축과 일체로 회전하기 때문에 동력 소모가 적고, 접촉부의 마모가 적은 고급의 방식이다.

(5) 메커니컬 실의 특징

① 면 사이에 형성된 1 μm의 얇은 유체막이 Key이다.

② 마찰계수를 줄여주고, 발생열량을 작게 하는 필름의 두께는 조도에 비례한다.

③ 따라서 미끄럼 발생면들은 조도가 매우 좋도록 래핑(Lapping) 가공한다.

④ 피스톤처럼 보일 수 있으며 '힘의 평형의 원리'로 움직인다.

⑤ 구조가 다소 복잡하고 설치가 까다롭다.

⑥ 가격이 싼 편이며, 서비스가 어려운 단점도 있다.

(6) 구조도

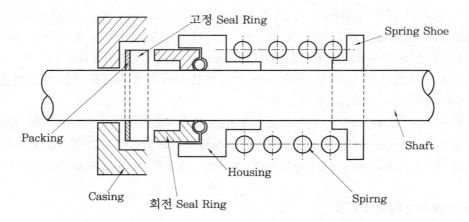

• **문제풀이 요령**

　메커니컬 실은 반폐형 압축기 등에서 축봉장치로 사용하는 장치로 냉매가 새는 양을 최소화해주는 역할을 하며, 반드시 사용온도, 압력, 유체의 성질 등에 따라 달리 선정할 필요가 있고, Slip Ring(고정측, 회전측), 스프링, Seal Nose 등으로 구성되어 있다.

PROJECT 30 수액기   출제빈도 ★☆☆

> **Q** 용량이 큰 냉동장치에서 수액기의 ① 개요(개념) ② 종류 ③ 용도 ④ 수용량 ⑤ 용적의 결정에 관한 사항을 기술하시오.

(1) 개요

① 수액기(리시버)는 흔히 Receiver Tank 혹은 Liquefied Receiver라고도 부른다.

② 응축기 출구에 위치하여 응축기에서 빠져나온 냉매를 기체와 액체로 분리해내고 보통 순수한 액체냉매만 팽창 밸브를 통하여 증발기 측으로 공급한다.

③ 일반적으로 냉매 저장용 고압용기로 분류되어 고압가스 안전관리법의 규제를 받는 부품이다.

④ Cycle 내에 봉입된 냉매를 수용하기에 충분한 용량이어야 한다.

⑤ 대부분의 수액기는 서비스 밸브가 붙어있으며, 내부에는 가느다란 구리 그물눈(여과망)이 있어서 이물질이 냉매 조절 밸브에 들어가는 것을 막아 준다.

⑥ 수액기에는 액체 냉매가 들어 있으므로 직사광선을 쪼인다거나 화기에 가까이 있으면 좋지 않다.

⑦ 안전밸브를 설치하는 것은 말 그대로 안전사고의 예방을 위한 것이다. 중대형 용량에서는 안전밸브 대신 "가용전"을 사용하기도 하는데 가용전은 주석＋카드뮴＋비스무트 (창연)의 성분(또는 창연＋납＋안티몬)으로, 약 80℃ 이하에서 용융되도록 설계하여, 압축기 토출가스의 영향을 받지 않는 곳에 설치한다. 법규상 일정 용량 이상의 냉동기는 가용전의 부착이 의무화되어 있다.

(2) 종류

① 외형에 따른 분류

㈎ 옆으로 눕혀진 형상의 횡형수액기와 세로로 세워진 형상의 입형수액기가 있다.

㈏ 대체적으로 소용량 쪽은 입형(수직형)이, 대용량 쪽은 횡형(수평형)이 쓰이고, 대용량 쪽으로 갈수록 각종 안전장치가 부착된다.

② 기능에 따른 분류

㈎ 냉방전용 수액기

㉮ 수액기의 입·출구가 한 방향으로 정해져 있고, 운전도중 더 이상의 변경이 없는 형태

㉯ 입구 Pipe는 수액기의 상부로 배치하고, 출구 Pipe는 수액기의 하부에 배치하여 항상 액냉매만 실내기 측으로 공급할 수 있게 한다.

(나) 냉·난방 겸용 수액기(히트펌프용)

   ㉮ 수액기의 입·출구가 한 방향으로 정해져 있지 않고, 운전도중 냉·난방 절환 시 입·출구가 서로 바뀌는 시스템에 적용된다.

   ㉯ 시스템의 냉·난방 절환 시 입·출구가 서로 바뀌는 경우에도 항상 액냉매를 팽창 밸브 측으로 공급할 수 있게 입구 Pipe와 출구 Pipe 모두를 수액기의 하부까지 깊숙히 배치한다.

(3) 용도

① Pump Down

   ㉮ 냉동장치에 있어서는 충전량 전부를 회수할 수 있는 정도의 충분한 크기로 제작하여 냉동 시스템의 펌프 다운(Pump Down) 시 냉매를 전부 회수하기 원활하게 한다.

   ㉯ 수액기는 대부분의 저압측 부자형이나 팽창밸브형 냉매 조절장치가 있는 냉동 장치에 사용된다. 소형 마력의 유닛 중 모세관을 사용하는 유닛에서는 거의 사용되어지지 않는다.

② 냉동능력 및 효율 향상 : 냉매 유량의 변동을 줄임

③ 냉매음 방지 : Flash Gas(플래시 가스) 제거

④ 시스템의 안정성 : 응축기에서 응축한 액을 일시 저장하면서, 증발기 내에서 소요되는 만큼의 냉매만을 팽창 밸브로 보내주게 된다. 따라서 일종의 안전장치 역할을 수행하므로 수액기의 사용은 냉동 사이클의 위험도를 줄여준다.

⑤ 수액기(Receiver)는 사이클 내의 불순물이나 수분 등을 제거하는 역할을 할 수 있게 설계된 것도 있다. 이런 종류의 수액기는 몸체, 건조기, 여과기, 점검 창, 건조재 등으로 구성되어 있다.

(4) 수용량

① 수액기의 보편적인 크기는 NH_3 냉동장치에 있어서는 충전냉매량의 1/2을 회수할 수 있는 크기 이상으로 한다.

② 프레온 냉동장치에 있어서는 보통 충전량 전부를 회수할 수 있는 정도의 충분한 크기로 제작한다.

(5) 용적 결정

① 수액기의 액레벨은 만액시켜서는 안되며 직경의 3/4 (75 %) 정도가 이상적이다 (최소 레벨은 20 % 이상으로 하는 것이 좋다).

② 응축기 하부에 설치하며 수액기 상부와 응축기 상부 사이에는 적당한 굵기의 균압관을 설치하여 주는 것이 좋다.

③ 직경이 서로 다른 두 대의 수액기를 병렬로 설치할 경우 수액기 상단을 일치시킨다.

④ 액면계는 파손을 방지하기 위하여 금속제 보호 커버를 씌우게 되어 있으며 파손 시 냉매
   의 분출을 막기 위하여 수동 및 자동 밸브(Ball Valve)를 설치해 준다.

⑤ 불의의 사고시 위험을 방지하기 위해 수액기 상부에 안전밸브를 설치해 준다.

⑥ 균압관 : 응축기 내부압력과 수액기 내부압력은 이론상 같으나 실제로는 응축기의 냉각수
   온이 낮고 수액기가 설치된 실온이 높으면 수액기의 압력이 응축압력보다 높아져 응축된
   냉매가 수액기로 자유롭게 낙하되지 못하므로 이를 방지하기 위하여 균압관을 설치한다.

⑦ 액 높이를 점검하기 위하여 평형 반사식 액면계 등을 설치한다.

⑧ 액면계 상하에 볼형 체크 밸브를 설치한다.

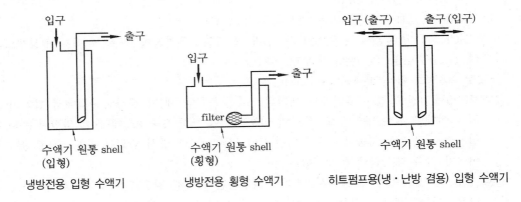

냉방전용 입형 수액기   냉방전용 횡형 수액기   히트펌프용(냉·난방 겸용) 입형 수액기

• 문제풀이 요령

　수액기의 가장 큰 목적은 응축기에서 응축한 액을 일시 저장하면서, 증발기 내에서 소요되는 만큼의
냉매만을 팽창 밸브로 보내주게 된다. 따라서 일종의 안전장치 역할을 수행하므로 수액기의 사용은 냉
동 사이클의 급격한 압력변동의 위험도를 줄여준다. 또 서비스 시에 펌프 다운을 원활히 수행될 수 있
도록 도와준다.

PROJECT **31** 대체냉매   출제빈도 ★★★

Q 대체냉매 (프레온계, 비프레온계)에 대해 설명하시오.

(1) 세계 각국 협약 History

① 몬트리올 의정서 : 1987년 몬트리올에서 개최된 오존층 파괴를 막기 위한 CFC계 및 HCFC 계의 냉매 사용 금지 관련 협의

  (개) CFC계 냉매금지 : 1996년

  (내) HCFC계 냉매금지 : 2020년(개도국은 2045년)

  (대) HCFC계 냉매금지 관련 EU의 실제 움직임 : 무역장벽 등을 이용하여 실제로는 (Action Plan) 2000년대 초부터 금지함

② 교토 기후변화 협약(The Kyoto Protocol)

  (개) 1995년 3월 독일 베를린에서 개최된 기후변화협약 제1차 당사국총회에서 협약의 구체적 이행을 위한 방안으로 2000년 이후의 온실가스 감축목표에 관한 의정서 논의(온실가스 감축관련 처음으로 논의되던 1992년~1995년 당시 한국은 개도국으로 분류되어 1차 감축 대상국에서 제외됨)

  (내) 1997년 12월 일본 교토에서 개최된 지구온난화 물질 감축관련 3차 총회 (지구 온난화를 인류의 생존을 위협하는 중요한 문제로 인식)→ 2005년 2월 16일부터 발효됨

  (대) 대상가스는 이산화탄소 (CO_2), 메탄 (CH_4), 아산화질소 (N_2O), 불화탄소 (PFC), 수소화불화탄소 (HFC), 불화유황 (SF_6) 등이다.

  (래) 선진국가들에게 구속력 있는 온실가스 배출의 감축 목표(Quantified Emission Limitation & Reduction Objects : QELROs)를 설정하고, 5년 단위의 공약기간을 정해 2008 ~ 2012년까지 38개국 선진국 전체의 배출량을 1990년 대비 5.2 %까지 감축할 것을 규정하고 있다 (1차 의무 감축 대상국).

  (매) 그 밖의 국가들 중 2차 의무 감축 대상국은 2013~2017년까지 온실가스의 배출을 감축하도록 할 예정이다.

  (배) 각국 동향

    ㉮ 2001년 미국은 중국, 인도 등 이산화탄소 최대배출국들의 불참석 등을 이유로 탈퇴 (자국 산업 보호 등을 도모함)

      ☞ 2006년까지 유럽 여러 나라에서 가입 요청을 했으나 아직까지 미국은 미온적인 반응임

    ㉯ 2004년 온실가스 배출 약 17 %를 차지하는 러시아 하원 비준 완료

  (사) 향후 전망

    ㉮ 온실가스와 지구온난화 간의 직접적인 연관성에 의문점을 가진 나라(미국 등)가 많음→ 온실가스 관련 과학적인 근거 및 Data 추가 연구 필요

    ㉯ 무역장벽은 이미 시작됨 (CO_2 배출권 거래, 자동차 배기가스 규제 등)

    ㉰ 미국은 한국, 중국 등과 연대하여 새로운 '온실가스 감축협약' 체결의 움직임을 보이고 있다 (서로 자국에 유리하게 협약 체결 노력).

    ㉱ 일본은 온실가스 거래 시장의 큰손으로 부상 (자국 감축여유 충족, 배출권 매매를 통한 이윤 창출을 위해 적극 투자)

(2) 프레온계 대체냉매

  ① 낮은 증기압의 냉매 (HCFC123, HFC134A)

    ㉮ 원심식 칠러 등 : CFC11 → HCFC123 (듀폰사)

    ㉯ 왕복동식 칠러, 냉장고, 자동차 등 : CFC12 → HFC134A (듀폰사)

    ㉰ 특징 : 순수 냉매이면서 기존 냉매와 Cycle온도 및 압력 유사하여 비교적 간편하게 대체 가능함

  ② 높은 증기압의 냉매

    ㉮ 가정용, 일반 냉동용(R404A, R407C, R410A, R410B)

      ㉮ HCFC22 → R404A, R407C, R410A, R410B로 대체

      ㉯ 비공비 혼합냉매(비등점이 다른 냉매끼리의 혼합)

        • R404A : HFC-125 / 134A / 143A가 44 / 4 / 52 wt%로 혼합

        • R407C : HFC-32 / 125 / 134A가 23 / 25 / 52 wt%로 혼합

        • R410A : HFC-32 / 125가 50 / 50 wt% 혼합 (유사 공비 혼합냉매)

        • R410B : HFC-32 / 125가 45 / 55 wt% 혼합 (유사 공비 혼합냉매)

      ㉰ 아직은 거의 전량 수입에 의존

      ㉱ 기존대비 성적계수가 낮고, GWP가 높은 점 등이 다소 문제

      ㉲ 압력이 다소 높다 (R407C/404A는 HCFC22 대비 약 7~10% 상승되며, R410A는 HCFC22 대비 약 60% 상승됨).

      ㉳ 서비스성이 다소 나쁨 (냉매의 누설시에는 주로 끓는점이 높은 HFC-32가 많이 빠져 혼합비가 변해버리기 때문에 원칙적으로는 냉매 계통을 재진공 후 재차징을 해야 함)

    ㉯ 일반 냉동용 (R507A)

      ㉮ CFC502(R115 / R22가 51.2 / 48.8 wt%로 혼합) → R507A로 대체

      ㉯ R507A는 유사공비 혼합냉매(엄격히는 비공비 혼합냉매)로 HFC-125와 HFC-143A가 50/50 wt%로 혼합됨

      ㉰ 저온, 중온, 상업용 냉장/냉동 시스템에 사용

      ㉱ R22의 특성 개선 (토출온도 감소, 능력 개선)

      ㉲ 아직은 거의 전량 수입에 의존

(3) 차세대 냉매 (천연 자연냉매)

  인공 화합물이 아니고 자연상태로 존재하여 추가적인 악영향이 없음

  ① CO_2 : 체적용량 크고, 보통 2 mm 이하의 세관 사용, NO Drop-in

② 부탄 (LPG), 이소부탄, C_3H_8 (R290 ; 프로판) : 냉장고 등에서 이미 상용화됨

  예 이탈리아 : 1995년 De'Loughi사는 프로판을 사용한 휴대용 에어컨 (Pinguino ECO)을 개발 제작 라인을 가동 중

③ 하이드로 카본 (HCS) : Discharge Temperature 약 20℃ 하락, Drop-in 가능, 일부 특정 조건에서만 가연성 가짐(안전장치 구비하면 큰 문제는 안될 것으로 예상됨)

  예 영국 : Calor Gas사는 CFC 또는 HCFC를 Drop-in 대체할 수 있는 Hydrocarbon 대체냉매를 판매하고 있음

④ H_2O (물)

  (가) 현재 흡수식 냉동기, 물에어컨, 증발식 냉방(Air Washer), 흡착식 냉동기 등에 활용하고 있으며, 물의 높은 잠열과 친환경성으로 인한 가치 때문에 계속 그 활용도가 늘어날 전망이다.

  (나) 물에어컨, 증발식 냉방 등에서는 물의 증발에 의해 냉각효과는 탁월할 수가 있지만, 제습기능이 불가능한 것이 단점이다. (이러한 제습문제를 해결하기 위해 흡착제(실리카겔, 제올라이트, 활성탄 등)와 같이 사용하는 경우가 많다.)

⑤ NH_3 (암모니아)

  (가) 프레온 냉매에 밀려 한동안 거의 사용하지 않고 있으나, 프레온 냉매가 지구온난화 물질(GWP가 상당히 크다)이라는 한계 때문에 NH_3에 대한 연구가 다시 많이 이루어지고 있는 상황이다.

  (나) NH_3의 독성/가연성/폭발성 등을 기술적으로 어떻게 커버할 것인가 하는 문제가 NH_3의 사용에 대한 열쇠라고 할 수 있다.

⑥ AIR(공기)

  (가) 항공기에 사용되는 공기 압축식 냉방이 바로 공기를 냉매로 사용하는 사례이다.

  (나) 공기가 단열 팽창 시 온도가 강하하는 Joule-Thomson 효과를 이용하는 방법이다.

⑦ Low - GWP 냉매

  (가) EU는 프레온 가스 규정(F-gas Regulation)을 통하여 GWP 2500 이상의 HFC 냉매 및 적용 시스템을 2020년부터 판매 금지하기로 하였고, 2022년 이후에는 GWP 150 이상의 HFC 사용 시스템을 판매 금지하기로 하였다.

  (나) 이런 이유로 현재 세계적으로 온실가스 발생이 아주 적은 Low-GWP 냉매의 개발 및 적용이 한창 진행 중이며, 그 대표적인 냉매는 아래와 같은 HFO(hydrofluoro-olefin) 계열의 냉매(수소, 불소, 탄소 원자로 구성되어 있지만 탄소 원자들 사이에 최소 1개의 이중결합이 있음)이다.

비교 항목	R1234yf	R1234ze	R1233zd	R1336mzz
ODP	0	0	0.00034	0
GWP	3	6	7	9
안전등급 (ASHRAE)	A2L	A2L	A1	A1
가연성 여부	비가연성(Non Flammable)	비가연성(Non Flammable)	비가연성(Non Flammable)	비가연성(Non Flammable)

PROJECT **32** **2차 냉매** 출제빈도 ★★☆

Q 2차 냉매관련 다음의 용어에 대해 설명하시오.
① 2차 냉매   ② 공정점   ③ 동결점

(1) 개요

① 브라인(Brine), 물 등이 대표적이며, 혼합액체의 농도에 따라 어는점을 낮출 수 있는 점을 이용한다.

② 1차 냉매는 냉동 Cycle 内를 순환하며, 주로 잠열의 형태로 열을 운반하는데 반해, 2차 냉매는 냉동 Cycle 外를 순환하며, 주로 현열의 형태로 열을 운반하는 작동유체이다.

③ 1차 냉매로서는 주로 프레온계 냉매, 암모니아 등을 사용한다(물은 얼기 쉽고 금속재질의 냉동부품들을 부식시키기 쉬우므로 1차 냉매로 거의 사용되어지지 않는다).

④ 1차 냉매로 직접 피냉각물을 냉각시키지 않고, 일단 브라인 등의 2차 냉매를 냉각하여 이것으로 하여금 목적물을 냉각하는 경우가 많다.

⑤ 일반적으로 브라인에는 무기질 브라인과 유기질 브라인이 있다.

⑥ 2차 냉매로는 브라인 외에 물, R11 등도 사용될 수 있다.

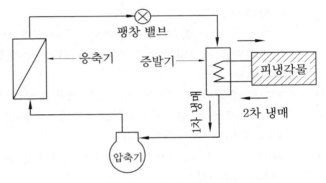

1차 냉매 및 2차 냉매의 흐름도

(2) 특성선도 (염화칼슘 수용액)

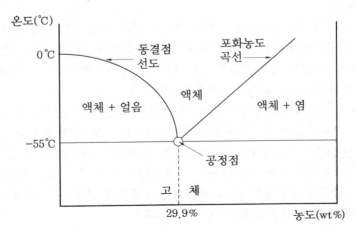

(3) 종류

① 무기질 브라인 : 부식성이 크다 (방식제 첨가 필요).

　㉮ 염화칼슘 (CaCl$_2$) 수용액 : 대표적 무기질 브라인

　　㉠ 부식성이 크며 (방식제 첨가), 공점점은 −55 ℃, 29.9 %이다.

　　㉡ 주위에 있는 물을 흡수해 버리는 '조해성'이라는 성질이 있어 눈이나 얼음 위에 뿌려두면 대기 중의 수증기나 약간의 물이라도 있으면 흡수하면서 분해되는데, 이러한 과정을 거치면서 열이 발생하게 되고 다시 눈이나 얼음이 녹으면서 또 이러한 과정을 반복하면서 눈을 녹이게 되는 것이다.

　㉯ 염화나트륨 (NaCl) 수용액

　　㉠ 용해 : 0.9 % 농도의 소금물이라고 보면 된다.

　　　[칼럼] 소금의 녹는점은 800.4℃, 철의 녹는점은 약 1535℃

　　㉡ 증류수에 소금을 녹여서 만든 것으로 물보다 어는점이 낮아서 브라인으로 사용한다.

　　㉢ 식품에 무해(안정성을 요하는 침지 동결방식에 많이 사용), 동결온도가 염화칼슘 대비 높다.

　㉰ 염화마그네슘 (MgCl$_2$) 수용액

　　㉠ 두부 만들 때 간수로 사용하는데, 포카리의 삼투압 조정을 목적으로 많이 사용한다.

　　㉡ 바닷물 성분의 하나로 염화마그네슘은 쓴맛을 낸다.

② 유기질 브라인

　㉮ 에틸렌글리콜, 프로필렌글리콜, 에틸 알코올 등을 물과 적정 비율로 혼합하여 사용

　㉯ 방식제 (부식 방지제) 약간만 첨가하여 대부분의 금속에 사용 가능

　㉰ 식품에 독성도 아주 적다.

　㉱ 빙축열 (저온공조)에서는 부식문제 때문에 주로 유기질 브라인 (에틸렌글리콜 등)을 많이 사용한다.

③ 기타 : 물, R11 등도 2차 냉매로 사용 가능

(4) 공정점 (共晶點)

① 어떤 일정한 용액조성비하에서 용액이 냉각될 경우, 부분적인 결정석출(동결) 과정을 거치지 않고 단일물질처럼 한 점에서 액체−고체의 상변화 과정을 거친다면, 즉 동결개시부터 완료까지 농도변화 없이 순수물질과 마찬가지로 일정한 온도에서 상변화한다면 이 용액을 공융용액(Eutectic Solution)이라 한다.

② 또한 이때의 상변화점을 공융점(Eutectic Point) 또는 공정점이라 한다.

③ 2가지 이상의 혼합 또는 화합물로 이루어진 공융염의 경우, 공융점의 농도를 갖추고 있어야만 단일물질에서와 같이 일정한 상변화온도와 그 온도에서의 잠열량이 보장될 수 있다.

④ 공정점, 공융용액에 대한 정의를 올바르게 인지하지 못하고 목표 온도에서 부분적으로 상변화하는 물질을 공융용액이라고 인지하는 잘못으로 인해 실제 적용시 잠열량 미달 또는 적정온도 유지의 실패 요인이 될 수도 있다.

(6) 동결점(凍結點)

① 동결이 시작되는 지점(염화칼슘 수용액에서는 상기 '특성선도' 참조)

② 식품, 생선 등에서는 빙결정이 생성되기 시작되는 지점〔어는점(보통 −1~−5 ℃의 경우가 많음)〕

③ 표면동결은 급속동결(−1~−5 ℃의 빙생성대를 30분 내로 급속히 통과)로 진행되나, 열저항이 중심점으로 갈수록 급속히 증가하여 내부로 갈수록 점점 동결속도가 느려진다.

④ 동결점 이하의 온도에서는 잠열을 흡수하므로 동결속도가 느려지기 시작함

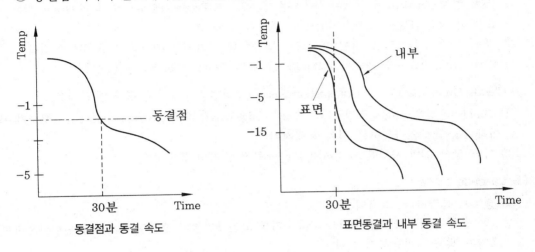

동결점과 동결 속도   표면동결과 내부 동결 속도

• 문제풀이 요령

① 2차 냉매는 1차 냉매의 냉동능력을 피냉각물로 전달해주는 중간 매체의 역할을 해주며, 크게 무기질 브라인(염화칼슘, 염화나트륨, 염화마그네슘), 유기질 브라인(에틸렌 글리콜, 프로필렌 글리콜, 에틸알코올 등)으로 나눌 수 있다.

② 공정점은 동결개시부터 완료까지 농도와 온도의 변화 없이 순수물질처럼 상변화 하는 상태점을 말한다.

PROJECT 33 공기압축 Cycle

출제빈도 ★★☆

Q 공기압축 Cycle의 4종류에 대해 설명하시오.

(1) Linde Cycle(Linde Air Liquefaction System) : Joule-Tohmson 효과 이용

① 공기로부터 분리해낸 질소, 산소, 아르곤 등을 상업용으로 액화시켜 사용할 때 많이 사용함

② 조름 팽창(Throttling Valve)에만 의존하는 Linde Process에서 압축 후의 Gas는 상온으로 미리 냉각 또는 냉동에 의하여 더 냉각할 수도 있다.

③ 조름 밸브로 들어가는 기체의 온도가 낮을수록 액화되는 기체의 분율이 많아진다.

④ Throttling Valve를 통해서 Temp.가 Drop ⇒ Joule-Thomson Effect.

(2) Claude Cycle(Claude Air Liquefaction System) : 산업용의 대부분(팽창 엔진 사용)

① Claude 공정은 Linde 공정에서의 Throttling Valve 대신 Expansion Engine(팽창기관)이나 Turbine을 사용하는 점이 특징적이다.

② 기타 상기 ①번 사항을 제외하면 Linde 공정과 거의 동일하다.

(3) Cascade Cycle

① 장치는 복잡하나, 효율이 좋음

② 2원 냉동 개념으로 저온사이클의 응축기를 고온사이클의 증발기를 가열하는데 사용하여 초저온 냉동이 가능하게 한다.

(4) Stirling 냉동기 Cycle

① 냉각 원리 : 스터링(극저온) 냉동기는 피스톤을 구동하는 압축기와 냉동을 발생하는 팽창기 등으로 구성되어 있고, 압축기는 구동 방식에 따라 크랭크 구동 방식, 선형 모터(linear motor) 구동 방식으로 나누어지며, 팽창기는 축랭 역할을 하는 재생기를 포함한 왕복기(displacer)와 실린더로 구성되어 있다.

② 스터링 냉동기는 스터링 열기관을 역으로 작동시킨 것으로 헬륨 가스로 작동되며 가장 기본적인 극저온 냉동기 중의 하나이다. 열역학적 효율이 높고 제작이 비교적 용이하며 소용량에서 대용량에 걸쳐 널리 사용되고 있다.

③ 작동 원리 : 두 개의 등온과정과 두 개의 정적과정으로 구성되는 사이클로 설명되며, 기본적으로 외부에서 일을 투입하여 온도가 높은 상태에서 등온 압축하고, 온도가 낮은 상태에서 외부에 일을 하면서 등온 팽창하여 냉매 가스가 저온부로부터 열을 흡수하도록 되어 있다.

　㉮ 1-2 과정(등온압축 및 방열) : 고온가스가 등온압축을 하면서 외부로 열을 방출한다. 이 과정 동안 외부로 열을 방출하며 압축에 따른 냉매가스의 온도상승은 없다.

　㉯ 2-3 과정 : 가스가 재생기를 지나면서 냉각되어 팽창기 쪽으로 등적이동하며, 이 과정 동안 가스는 냉각되면서 재생기에 축열을 하게 된다.

　㉰ 3-4 과정(등온팽창 및 흡열) : 저온가스는 등온팽창하면서 저온부로부터 열을 흡수한

다. 이 과정 동안 저온부로부터 열을 흡수하여 팽창에 따른 가스의 온도 강하는 없다.

(라) 4-1 과정 : 팽창기에 있는 저온가스가 재생기를 통과하면서 가열되어 압축기 쪽으로 등적 이동한다. 이 과정에서 재생기에 저장된 열이 가스 쪽으로 방열되는 데 방열되는 양은 2-3 과정에서 축열되는 양과 같다.

(마) 상기 (가)의 과정으로 되돌아간다.

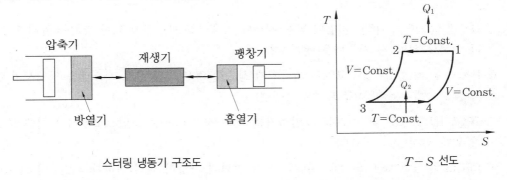

스터링 냉동기 구조도 $T-S$ 선도

④ 사이클이 반복됨에 따라 후속 사이클은 선행 사이클에 비하여 냉각부의 온도가 더 낮아지고, 냉동기의 최저 온도는 냉동 부하와 냉동 용량이 균형을 이루는 상태에서의 온도가 된다.

⑤ 용도 : 적외선 센서, 초전도 필터, 저온 센서 냉각용, 기타 초저온 취득

【참조】 Stiring Cycle : 초소형 모터(엔진) 사용 방법

① 스터링 엔진은 실린더 안에 봉입한 가스를 가열하고 냉각시켜서 그 가스가 팽창하고 수축하는 힘으로 기계적 에너지를 얻는 기술이다.

② 이것은 엔진으로서 열역학적 이론상 가장 높은 효율을 가지며, 또 연소할 때 폭발행정이 없기 때문에 엔진의 진동, 소음이 낮다.

③ 외연기관이기 때문에 석유, 천연가스를 비롯하여 목질계 연료, 공장폐열, 태양열 등 여러 가지 열원을 이용할 수 있는 특징이 있는데 앞으로 냉난방용 구동원, 소형동력원으로의 실용화 가능성이 기대되고 있다.

④ 스터링 엔진을 역으로 작동시키면 '스터링 냉동기' 가 된다(헬륨가스로 작동시켜 극저온 실현 가능).

⑤ Stiring 엔진 작동방식

(가) Phase 1 : 작동가스가 Displacer Piston과 Power Piston 사이의 저온부에 위치(Dis- placer Piston은 최상부에, Power Piston은 최하부에 위치)

(나) Phase 2 : Displacer Piston은 최상부에 고정, Power Piston이 상향 이동하여 저온부의 작동가스 압축한다.

(다) Phase 3 : Power Piston이 최상부에 고정되고 Displacer Piston이 하향 이동하면서 저온부의 압축가스가 Regenerator를 통하여 고온부로 이동

(라) Phase 4 : 고온부의 고온 작동가스는 주위 벽면의 추가적인 열에 의해 더욱 가열되어 급속히 팽창한다.

(마) 1~4 과정이 연속적으로 행해져 동력을 발생시킨다.

(바) 고온부의 작동가스 가열은 경유, 태양열, 레이저 빔 등을 이용한다.

PROJECT **34** 압축기의 압력제어 방법 　　　　　出제빈도 ★★☆

Q 압축기의 압력제어 방법에 대해 설명하시오.

---

① LPC (저압 차단 스위치) : 저압이 낮을 경우에 압축기를 보호하기 위한 장치(저압이 일정 압력 이하로 하락 시 시스템을 정지시킴)

② HPC (고압 차단 스위치) : 고압이 지나치게 상승할 경우, 자동으로 시스템을 정지시켜 압축기를 보호해주는 장치(주로 수동복귀형)

③ DPC (저압 및 고압 차단 스위치) : 압축기를 낮은 저압과 높은 고압으로부터 동시에 보호하기 위한 장치 (LPC + HPC)

④ OPC (오일 압력 차단 스위치) : 저압과 오일 압력의 차압이 일정 이하가 되면 약 60~90초 정지함(주로 수동 복귀형)

⑤ LPS (저압 스위치) : 부하 증감에 따라 압축기의 Unloader장치나 운전대수를 조정해주는 장치(압축기의 용량제어 장치)

⑥ Low Pressure Sensor (저압 센서) : DDC 제어에 있어서, 주로 저압을 검지하여 MICOM으로 신호를 전달하여 자동제어(PID 제어)를 하기 위한 센서(냉방시 압축기의 용량 제어용으로 많이 사용)

⑦ High Pressure Sensor (고압 센서) : DDC 제어에 있어서, 주로 고압을 검지하여 MICOM으로 신호를 전달하여 자동제어(PID 제어)를 하기 위한 센서(난방시 압축기의 용량 제어용으로 많이 사용)

칼럼 기타의 압축기 보호장치

　(1) OLP(Over Load Protector) : 압축기 자체의 과전류 및 과열을 감지하여 압축기 정지(압축기 정지 후 일정온도 이하로 냉각되면 다시 기동 가능)

　(2) 가용전(Fusible Plug) : 응축온도 혹은 과냉각 후의 온도가 일정온도(72℃, 80℃ 등) 이상이 되면 자동으로 냉매 밀폐 사이클 계통을 파열시킴

　(3) 온도센서 이용한 자동제어 : 압축기 토출온도, 흡입온도 등을 감지하여 일정 기준치의 온도 이상이나 이하가 되면 압축기 정지시킴

• **문제풀이 요령**

　압축기의 압력제어 방법에는 고전적으로 LPC, HPC, DPC, OPC, LPS 등이 많이 사용되었으나, 냉동설비에 DDC제어가 많이 접목되면서부터 중앙 컨트롤러에서 신호를 받기 위해 저압 센서, 고압 센서 등도 채용이 증가되고 있다.

PROJECT 35 판형 열교환기 외   출제빈도 ★☆☆

Q (1) 판형 열교환기에 대해 설명하시오.
(2) 냉동기의 펌프다운, 펌프 아웃, 에어퍼지 등에 관해 설명하시오.

(1) 판형 열교환기

① 개요

(가) 판형 열교환기는 타형식에 비하여 열전달계수가 높아 전열면적이 적고, 고온, 고압, 유지관리성에 뛰어나며, 부식 및 오염도가 낮아 고효율운전이 가능하여 앞으로 공조용 이외 타 분야에까지 널리 적용 추세이다.

(나) 판형 열교환기는 Herringbone Pattern 개념 도입으로 Herringbone 무늬의 방향을 위, 아래로 엇갈리게 교대 배치하여 열전달 효율 향상, 내압강도 증가로 종래 Shell & Tube 열교환기보다 높은 효율로 최근 공조용, 산업용 열교환기로 널리 사용된다.

② 특징

(가) 소형, 경량, 유지·보수 간편

(나) 판형 열교환기의 내용적이 적어 시스템의 냉매 충진량이 절감된다.

(다) 제조과정의 자동화가 가능하여 가격이 저렴하다.

③ 조립 부품

(가) 배관연결구 : 나사, 플랜지, 스터드 볼트 등

(나) 기타 개스킷(밀봉), 열판(S 형, L 형, R 형 Plate) 등으로 구성된다.

④ 판형 열교환기의 구조도

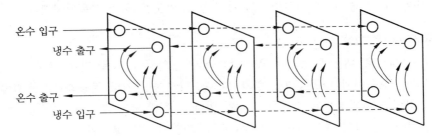

⑤ 고려사항 : Plate 재질(스테인리스, 니켈 외), 개스킷 재질, 유량, 압력과 온도의 사용한계, 압력 손실, 부식, 오염에 대한 고려, 유지·관리 및 용량증설 등

⑥ Shell & Tube 형과의 비교

구 분	열교환 성능	설치공간	오염도	누수	사용압력	용량	경제성
판형 열교환기	우수	유리	불리(난류)	불리	불리	소용량	유리
Shell & Tube형	보통	불리	유리	적음	균일	대용량	불리

(2) 펌프 다운 (Pump Down)

① 목적 : 저압측을 수리하기 위해 저압측의 냉매를 고압측의 응축기, 고압수액기 등으로 옮기는 작업

② 실행방법 : 고압수액기(g)의 출구측에 있는 고압밸브(f)를 잠근채로 한동안(30초~1분 정도) 압축기(b)를 운전하여 저압이 대기압 이하로 떨어진 후 저압밸브(e)를 잠그고, 즉시 압축기를 정지시킨다.

(3) 펌프 아웃(Pump Out)

① 목적 : 상기 Pump Down 과 반대의 개념으로, 고압측을 수리하기 위해 고압측의 냉매를 저압측의 증발기, 저압 수액기, 별도의 수수용기 등으로 옮기는 작업

② 실행방법 : 그림에서 냉매회로를 부분적으로 역전시켜〔토출밸브(h)를 닫고 Bypass밸브(i)를 연다〕수수용기 밸브

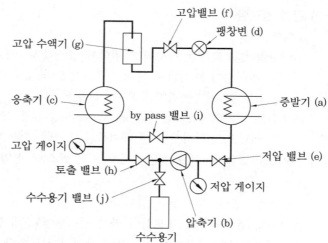

(j)를 연 채로 한동안 압축기(b)를 운전시켜 고압게이지상의 압력이 충분히 떨어진 후 저압밸브(e)와 수수용기 밸브(j)를 잠그고, 즉시 압축기를 정지시킨다(냉매회로를 완전히 역전시키기 위해 Bypass밸브 대신 사방밸브를 사용하기도 한다).

③ 펌프 아웃 유닛(Pump Out Unit) : 냉매를 냉동기 외부의 별도의 저류탱크(수수용기)로 모으는 기계장치로 중·대형 이상의 냉동기의 펌프 아웃을 위해 사용되어진다.

(4) 에어퍼지(Air Purge)

① 목적 : 냉매회로 내부에 공기나 불응축가스가 혼입되어 있을 경우 응축기 내부에서의 기체분압을 상승시켜 냉동능력을 하락시킨다. 따라서 공기나 불응축가스를 방출하는 에어퍼지 작업을 주기적으로 수행할 필요가 있다.

② 점검요령 : 응축기의 응축온도에 대응하는 포화압력보다 고압이 상승할 경우 에어퍼지를 실시한다.

③ 실행방법 : 고압이 포화압력 이상으로 상승 시 응축기나 수액기 상부에서 공기나 불응축가스를 방출한다(수동 혹은 자동으로 방출할 수 있는 시스템을 꾸민다).

• 문제풀이 요령

판형 열교환기는 소형 및 경량화, 원가 저렴 및 유지보수 간편 등의 많은 장점을 가지고 있어 기존의 Shell & Tube형 등의 열교환기를 빠르게 대체해 나가고 있다.

PROJECT *36* 냉동창고 성능 평가

출제빈도 ★☆☆

Q 냉동창고의 단열방식 및 성능 평가방법에 대해 설명하시오.

(1) 냉동창고의 단열 방식(방열 방식)

① 고내 온도가 상당히 저온이기 때문에 열취득 및 투습량이 증가하여 냉동부하를 증가시킴
② 방습층을 외기측에 설치하는 것이 유리 → 내부결로 방지
③ 벽 / 천장은 보통 경량구조로 한다.
④ 바닥은 중량구조 (적재된 피냉동물의 무게와 지게차의 무게 등을 견뎌야 함)
⑤ 내단열보다는 외단열이 유리함 (불연속 부위 없앰)
⑥ 경제성 고려 : 두껍고 물성이 우수한 자재 선택 필요 (초기 투자비는 증가하나 향후 유지관리비 절감으로, 초기 투자비 증가분을 충분히 회수 가능함)
⑦ 동상(凍上)현상의 방지를 위해 바닥배수 및 바닥단열 철저히 시공

(2) 냉동창고의 성능평가 방법

① 단열 성능
  ㈎ K값 직접 측정 방법
  ㈏ 냉동기를 운전하여 열적 평형상태를 이루고, 실온상승속도를 측정함
  ㈐ 열전대, 열유계로 온도 분포 및 열유량을 측정
② 방습 성능 : 고내온도 평형 후(설정 온도별) 방열층 표면결로 여부
③ 배관 계통 : 누설시험 및 용접부의 검사
④ 열교환기 계통 : 기밀시험〔압력시험 ; 고압가스 안전관리법에 의거 냉매배관 계통에 관한 누설검사와 가압시험 (질소로 소정압력을 가한 후 시험)을 실시한다.〕

• 문제풀이 요령
 ① 냉동창고는 고내 온도가 상당히 저온이라는 특성 때문에 열교가 없도록 외단열 및 외방습이 유리하고, 동상(凍上)현상의 우려가 크므로 시공 시 각별히 주의해야 한다.
 ② 냉동창고의 성능 평가에는 단열성능 평가(K값 측정, 열적 평형상태를 이룬 후 실온상승속도 측정, 열전대 / 열유계로 온도분포 및 열유량 측정)와 방습성능평가 (고내온도 평형 후 방열층 표면결로 여부 검사), 기밀시험 등이 있다.

PROJECT 37 강물의 온도상승치(계산문제)   출제빈도 ★☆☆

Q 한강변에 위치한 화력발전소에서 (아래 조건 참조) 강물의 온도 상승치를 계산하시오.

[조건] • 보일러 과열증기 = 550 ℃   • 복수기의 응축온도 = 45.8 ℃
　　　 • 발전용량 = 387.5 MW   • 물의 비열 C_w = 4.184 kJ/kg·K
　　　 • 강물의 폭 = 400 m   • 강물의 수심 = 2 m
　　　 • 강물의 속도 = 0.2 m/s

① 복수기에서의 냉매의 방열량은 냉각수의 취득열과 동일하므로, 아래와 같은 기본식이 성립한다.

$$q_c = G(h_3 - h_4) = G_c \cdot C_w \cdot \Delta t \quad \cdots\cdots\cdots (1)$$

여기서, G : 냉매유량 (kg/s)
　　　　 G_c : 냉각수유량(kg/s)
　　　　 C_w : 물의 비열(kcal/kg · ℃)
　　　　 Δt : 강물(냉각수)의 입출구 온도차(℃)

$$G_c = \rho A V = 1000 \times 400 \times 2 \times 0.2$$
$$= 160000 \, kg/s$$

여기서, ρ : 밀도(kg/m³), A : 강물의 흐름 단면
　　　　 적(m²), V : 강물의 속도(m/s)

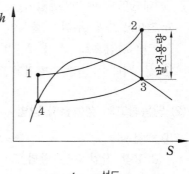

$h - s$ 선도

② 엔탈피 계산

$$h_2 = \{100 + 539 + 0.441(550 - 100)\} \times 4.186 = 3505.6 \, kJ/kg$$
$$h_3 = (597 + 0.441 \times 45.8) \times 4.186 = 2583.6 \, kJ/kg$$
$$h_4 = 45.8 \times 4.186 = 191.7 \, kJ/kg$$

③ 발전기 용량 계산

$$387.5 \times 10^3 \times 860 \times 4.186 \, kJ = G(3505.6 - 2583.6) \cdots\cdots\cdots\cdots\cdots\cdots (2)$$

에서 $G = 1,513,080 \, kg/h = 420.3 \, kg/s$. 상기 ②와 ③에서 나온 값을 (1) 식에 대입하면,

$$q_c = 420.3(2583.6 - 191.7) = 160,000 \times 4.184 \times \Delta t$$
$$\therefore \Delta t = 1.5 \, ℃$$

즉, 강물의 온도는 1.5℃ 상승된다.

• 문제풀이 요령
　화력발전소의 증기 터빈에서 '복수기의 냉매 발열량은 냉각수의 취득열량과 동일하다'는 명제를 이용하여 강물의 온도상승치를 계산할 수 있다.

PROJECT 38 흡수식 냉동기의 주요 장치 출제빈도 ★☆☆

Q 흡수식 냉동기에서 아래 4대 주요 장치에 대해 설명하시오.
① 흡수기 ② 흡수식 증발기 ③ 흡수식 응축기 ④ 재생기

(1) 흡수기

① 증발기에서 냉매가 증발하게 되면 증발기 내부의 압력이 높아지고, 그 압력에 상당하는 만큼 증발온도도 상승하여 필요로 하는 냉수 온도를 얻지 못하게 된다. 따라서 필요로 하는 낮은 냉수온도를 얻기 위해서는 증발기 내부의 압력을 요구 냉수 온도보다 낮은 증발온도의 포화압력 이하로 유지시키기는 역할을 하는 것이 흡수기이다 (보통 6 mmHg, 45℃ 정도 유지되게 함).

② 결정 발생을 방지하기 위해 냉각수 온도를 20 ℃ 이상, 흡수액 온도를 최소 30 ℃ 이상 유지하게 해준다.

③ 흡수기에서는 전열관 위에 흡수 용액을 산포하여 전열관 외표면에서 얇은 막을 형성하여 이 용액에 의해 수증기를 흡수하게 된다. 용액이 수증기를 흡수하면 열이 발생하는데 이 열은 냉각탑으로부터 전열관 내부로 흐르는 냉각수에 의해 제거된다.

④ 전열관에 용액을 분사하는 방식은 스프레이 노즐에 의한 분무 방식이나 트레이에 의한 적하 방식이 사용된다.

⑤ 흡수기가 여러 개의 셀로 이루어진 다단구조 혹은 증기와 흡수액이 직접 접촉하는 직접 접촉식 등의 방식이 있다.

⑥ 일반적으로 흡수기와 증발기는 동일한 동체 내에 있으며 그 경계선에 냉매액이 냉매증기와 함께 흡수기로 넘어가 냉동기의 능력이 저하되는 것을 방지하기 위하여 강판 또는 스테인레스 강판을 절곡한 엘리미네이터를 설치하고 있다.

⑦ 용액 이송장치 : 저압의 흡수기로부터 상대적으로 고압인 재생기로 용액을 보내기 위해서는 흡수액 펌프가 필요하다.

⑧ 흡수액 관리
• LiBr은 금속을 부식시키는 성질이 있으므로, '부식 방지제'를 혼입해 주어야 하고, 산화반응이 일어나지 않게 진공도 등을 관리해주어야 한다.
• 만일 흡수액 오염시에는 효율저하, 노즐 막힘, 마모촉진 등이 발생하므로 관리에 특별히 신경을 써야 한다.

(2) 흡수식의 증발기

① H_2O/LiBr 방식의 경우 증발기에서 냉매인 물이 5℃에서 증발하기 위해서는 6.5 mmHg의 낮은 압력이 유지되어야 한다 (냉각관의 냉수는 입구 12 ℃, 출구 7 ℃로 냉각). 따라서, 흡수식 냉동기의 증발기는 냉매를 전열관 외표면에 분사하여 주는 관수형을 사용하는데 이는 만액식 증발기의 경우 냉매의 높이에 따른 압력이 작용, 증발온도가 높아지기 때문이다.

② 흡수기와 마찬가지로 전열관 외표면에 냉매를 고르게 산포하기 위해서는 스프레이 노즐에 의한 분무 방법과 트레이에 의한 적하 방법이 사용된다.

③ 이 요소의 주요 부품으로는 전열관, 용액분배장치 등이 있으며, 증발기가 여러 개의 셀로 이루어진 다단구조 등도 사용되어진다.

(3) 흡수식의 응축기

① 저온 재생기에서 증발한 냉매는 엘리미네이터를 거쳐 응축기로 들어와서 응축기 전열관 내부에 흐르는 냉각수에 의하여 응축되고, 저온 재생기에 응축된 고온의 냉매액은 냉각수에 의해 냉각되어 서로 합쳐져 응축기 하부로 모여 증발기로 보내져 증발작용을 되풀이하게 된다.

② 주요 구조로는 열교환기(응축기)와 증발장치로 통하는 팽창장치 등으로 나눌 수 있다.

③ 응축액이 응축기 하부에서 증발기로 복귀하는 방식에는 다음의 두 가지 방식이 있다.
- 오리피스에 의한 교축 방식으로 응축기 하부와 증발기를 가느다란 배관과 오리피스로 연결하는 방식이다.
- 둘째는 U 자 관에 의한 방식으로 응축기 하부와 증발기를 U 자 관으로 연결한 방식이다.

(4) 흡수식의 재생기

① 재생기는 흡수기에서 묽어진 흡수액을 열로 가열하여 냉매와 고농도의 흡수액으로 분리하는 기기이다.

② 일반적으로 많이 사용되는 2중 효용 흡수식 냉동기의 경우, 열원에 의해 가열되는 고온 재생기와 고온 재생기에서 발생한 냉매의 응축열에 의해 가열되는 저온 재생기의 두 가지로 나눌 수 있다.

③ 고온재생기는 보일러에서 발생하는 중압증기를 사용하는 경우와 고온 재생기 내부에서 직접 연료를 연소하는 직화식 등으로 나눌 수 있다.

④ 직화식의 경우 아래와 같이 나눌 수 있다
- 연소로의 형상 및 배기가스 유로에 따라 노통 연관식, 수관식, 반전 연소식, 온수 열교환기 부착식 등으로 나눌 수 있다.
- 직화식의 재생방법에 따라 용액 산포식, 만액식, 기포 펌프방식, 기타 구조 등으로 나눌 수 있다.

⑤ 저온 재생기의 구조는 셀-튜브형의 열교환기이며, 용액을 스프레이 노즐에 의해 전열관 표면에 분무하여 주는 관수식 또는 용액 속에 전열관이 담겨져 있는 만액식이 사용되고 있다.

⑥ 흡수식 시스템에서 각 요소별 흡수용액의 정확한 농도 측정은 매우 중요한 일이다. 이를 위해 기존의 농도 측정 방식인 비중량 측정 방식과 그 밖의 여러 계측장치가 사용되어진다.

- **문제풀이 요령**

흡수식 냉동기의 주요 장치로는 ① 흡수기 (흡수제가 냉매증기를 흡수하여 증발기를 저압으로 유지해 줌), ② 증발기 (물이 5℃에서 증발하기 위해서 6.5 mmHg 이하의 낮은 압력 유지 ; 냉각관의 입구냉수는 12℃, 출구 냉수는 7℃ 정도), ③ 응축기 (흡수기에서 탈착을 위해 냉매에 가해준 열량을 제거해줌), ④ 재생기 (희용액을 냉매와 고농도의 흡수액으로 분리) 등이 있다.

PROJECT **39** 흡수식 냉동기의 작동유체 및 제어장치   출제빈도 ★☆☆

Q 흡수식 냉동기의 작동유체 및 제어장치에 대해 기술하시오.

(1) 흡수식 작동유체

① 흡수식 냉동기용 냉매 / 흡수제 중에서 현재 실용화된 것은 H_2O / LiBr 방식과 NH_3 / H_2O 방식의 2종류가 보편적이다.

　㈎ H_2O / LiBr 방식

　　㉮ 일반화 되어 있어 기술의 안전성이 높다.

　　㉯ 결정화 문제로 인해 공랭화가 어렵고 증발온도가 0℃ 이하로는 불가능

　　㉰ 부식성이 강하기 때문에 용액관리가 어렵다.

　　㉱ H_2O / LiBr 방식의 결정화 문제를 해결하기 위한 방법으로 3성분 혼합액과 4성분 혼합액에 대한 실용화 연구가 진행되고 있다.

　㈏ NH_3 / H_2O 방식

　　㉮ 냉매인 암모니아가 유독성, 가연성 및 폭발성 등의 치명적 결점을 지니고 있으나 환경친화적 자연냉매이다.

　　㉯ 결정화 문제가 없어 공랭화가 가능해 소형으로 만들 수 있다.

　　㉰ 최대 −70℃까지 증발온도를 얻을 수 있어 저온획득이 용이하다.

② 작동유체의 개발은 냉매와 흡수제의 조합에 관한 기술보다는 열전달 효율의 향상 혹은 부식방지를 도모할 수 있는 첨가제에 관련된 기술개발이 주류를 이루고 있다.

(2) 흡수식 제어장치

① 흡수식 냉동기를 효율적으로 운전하기 위해서는 요소기기의 적절한 설계 및 배치와 함께 제어장치가 필수적이다.

② 제어장치의 종류

　㈎ 운전방식에 대한 것 : 냉방에서 난방으로 전환하거나 난방에서 냉방으로 전환하는 경우와 냉·온수를 동시에 제조하는 경우 그리고 난방 운전시에 냉매와 흡수액의 순환방법을 달리하는 경우에 대한 제어장치 등이다.

　㈏ 부하에 따른 용량제어 방법 : 냉동기가 여러 대 일 경우 가동되는 냉동기의 수를 제어하는 대수제어, 한 대의 냉동기가 부하조건에 따라 연료의 연소량 및 각종 순환장

치의 유량을 줄여서 운전하는 부분부하 운전 등이 있으며, 부분부하 운전의 방법으로
는 용액 순환량 제어, 냉매순환량 제어, 연소량 제어, 냉수 및 냉각수 순환량 제어 등
이 있다.

㈐ 기동제어 : 흡수식 냉동기의 기동 초기 기동시간을 단축할 수 있게 하기 위한 제
어이다.

㈑ 자동제어 : 위의 모든 제어를 위해 관련 정보를 판단하고 제어를 실행할 수 있는 제어
로직이 필요하며, 여기에는 용량제어를 위한 비례적분 미분제어(PID제어) 및 Fuzzy
제어 등의 방법이 있다.

㈒ 자기진단 : 냉동기에 부착된 각종 계측장치로부터 온 정보들을 중심으로 정상가동 여
부를 판단하고, 이상 발생 시에 냉동기의 가동을 중단하거나 경보를 보내는 이상진단
방법도 필요하다.

• **문제풀이 요령**

  흡수식 냉동기의 작동유체로는 H_2O / LiBr 방식과 NH_3 / H_2O 방식(최대 -70℃까지의 증발온도 획
득 가능)이 가장 많이 사용된다.

PROJECT **40** 통극체적

> **Q** 통극체적 (Clearance Volume)의 비율에 대해 설명하시오.

(1) 개요

① 왕복동식 압축기 혹은 엔진에서 피스톤의 행정이 끝나는 윗지점부터 상부 헤더까지의 공간은 압축이 이루어지지 못하므로 손실을 발생하는 공간이다 (이 공간의 체적을 통극체적이라고 한다).

② 통극체적(Clearance Volume)은 극간체적 혹은 연소실체적이라고 불린다.

(2) 계산식

$$\text{통극체적 비율}\,(\lambda) = \frac{\text{통극체적}}{\text{행정체적}} = \frac{V_C}{V_D}$$

$$V_D(\text{행정체적}) = \pi D^2 \times S/4$$

여기서, S : 행정길이, D : 실린더 내경

(3) 그림

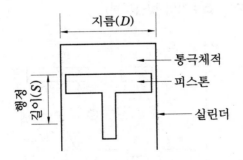

(4) 응용

① 실제 이 통극체적 때문에 왕복동식 압축기의 경우 히트펌프의 저온 난방시 성능이 많이 하락한다.

② 그 이유는 저온난방시 실외온도가 낮고, 냉매가 완전한 과열이 이루어지지 않아서 극간체적에 남는 냉매의 양(무게)이 많아지기 때문이다.

• **문제풀이 요령**
　통극체적(Clearance Volume ; 극간체적 or 연소실체적)은 왕복동식 압축기 혹은 엔진에서 압축이 이루어지지 못하는 상부의 공간을 말하며, 에너지 손실을 유발할 수 있는 공간이다.

PROJECT **41** GAX 사이클 시스템   출제빈도 ★☆☆

Q GAX(Generator Absorber Exchange) 사이클 시스템에 대해 논하시오.

---

(1) 개요

① NH_3 / H_2O(암모니아 / 물) 사이클에서 가능한 시스템으로 암모니아 증기가 물에 흡수될 때 발생하는 반응열을 이용한 사이클

② 흡수기의 배열의 일부분을 재생기의 가열에 사용함으로써 재생기의 가열량을 감소시키는 사이클이 Generator Absorber Heat Exchange Cycle이다.

③ 단효용 흡수식과 같이 한 쌍의 재생기-흡수기 용액 루프를 가지며, 적은 용적과 함께 공랭화가 가능하다.

(2) 원리

① 흡수기에서 암모니아가 물에 흡수될 때 발생하는 흡수반응열에 의해 흡수기와 발생기간에는 온도 중첩구간이 생기게 된다.

② 이때 흡수기 고온부분의 열을 발생기의 저온부분으로 공급해 내부열 회수 효과를 얻는다.

(3) 온도중첩 구간(재생기와 흡수기의 빗금부분)

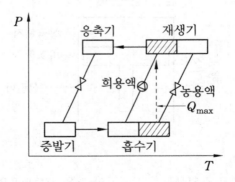

(4) 특징

① 1중 효용 사이클로 한 쌍의 발생기-흡수기 루프를 가지면서, 성능 효과 향상은 2중 효용 사이클 이상이다.

② 재생기로 유입되어 재생이 시작되는 흡수용액의 온도보다 흡수기에서 유입되는 GAX용액의 온도가 높으므로 흡수열의 이용 비율이 증가하여 성적계수가 향상된다.

(5) 특수한 목적을 위하여 개발된 차세대 GAX 사이클

① WGAX : 폐열을 열원으로 하는 폐열구동 사이클

② LGAX : -50℃ 이하까지 증발온도를 얻을 수 있는 저온용 사이클
③ HGAX : 흡수식 사이클에 압축기를 추가하여 성능 향상 및 고온 및 저온을 획득할 수 있는 사이클 등이 있다.

(6) GAX 사이클의 미해결 기술

① 고온 고압에 견디고 압력 변화의 폭에 견디는 내구력이 강한 용액 펌프가 필요하다.
② 흡수기에서 각 온도레벨의 발생열이 재생기에서 가열되는 만큼 충분한 온도 레벨로 가열되지 못한다.
③ 복잡한 용액 흐름에 대한 설계와 제어방법이 요구된다.
④ 부수적인 열교환기 설계가 필요하다.
⑤ 실내에서 사용시 냉매가 암모니아이므로 이에 대한 안전대책이 필요하다.
⑥ 고온 작동시 부식억제제의 불안전성이 해결되어야 한다.

(7) 국외 현황

① 현재 GAX 사이클의 작동압력과 온도 범위 조절, 유닛의 추가 등의 변화를 주어 여러 모델이 제안된 상태이고 앞으로 그 응용범위는 더욱 늘어날 전망이다.
② 미국의 경우 에너지성(Department Of Energy)의 Advanced Cycle Program을 통하여 암모니아를 이용하는 GAX 열펌프의 시제품을 1985년에 시범 제작함으로써 실용화 개발에 착수하였음 (현재 2단계 진행 중이며, 개발 목표는 GAX 사이클을 적용하여 냉방성적계수 1.0, 난방성적계수 1.9를 목표로 하고 있다.)
③ 일본에서도 통산성이 중심이 되어 1992년부터 GAX 열펌프를 가정용 및 산업용으로 개발하기 위한 JGA(Japan Gas Association) Project를 만들어 활발한 연구를 진행 중이다.

(8) 국내 현황

① 선진 외국의 기술과 경쟁하기 위해서 산학연 협동(KITECH, KIST, 각 대학, LG전자, 삼성전자, 센츄리, 린나이코리아) 컨소시엄을 구성, 개발 업무를 분장하여 연구를 수행한 바 있다 (1995.5~1998.9).
② 향후 상용화 연구를 위한 각 구성기기의 설계기술 및 시스템 구축 기술 등의 기반 기술의 축적이 지속적으로 이루어질 전망이다.

· 문제풀이 요령
GAX사이클은 NH₃ / H₂O(암모니아 / 물) 사이클에서 흡수기의 배열의 일부분을 재생기의 가열에 사용함으로써 재생기의 가열량을 감소시켜 효율을 증가시키는 시스템이며, WGAX(폐열 회수형), LGAX(저온형), HGAX(압축기를 추가하여 고온 및 저온을 동시에 획득) 등이 있다.

PROJECT 42 2원 냉동 시스템의 특징 출제빈도 ★☆☆

Q 2원 냉동 시스템의 특징 및 적용분야에 대해 설명하시오.

(1) 개요

① 냉동 시스템에서 초저온을 얻기 위해서는 기존 R-22를 사용한 방법으로 2단 압축방식을 사용하여 -65℃까지 사용할 수 있으나 압축비가 지나치게 증가하여 불합리하다.

② 초저온도대(-65℃ 이하)에서는 R-22의 압력이 급격히 고진공으로 되고, 이에 따른 냉매 증기의 비체적이 매우 커지게 됨에 따라 압축기가 대형으로 이어지게 되고, 설비비의 증가와 부가적 설비금액이 발생한다.

③ 작동압력이 고진공이 되면 저압부에는 공기 및 수분의 침입에 의한 악영향이 발생한다.

(2) 특징

① 저원측의 응축기와 고원측의 증발기가 서로 조합된 상태이므로 이를 두고 복합응축기 (Cascade Condenser)라고도 부른다.

② 저원측 냉매가 고압냉매이므로 운전 휴지시 시스템 내 압력을 적정압력으로 유지하기 위한 팽창 탱크를 설치해야 한다.

③ 저원측 냉매로는 R-13, R-14와 특수 용도의 초저온 냉매를 사용하기도 한다.

④ 저원측 냉매가 고압냉매이므로 초저온에서도 압축비 증가가 미미하여 고효율 운전이 가능하다.

(3) 2원 냉동 적용분야

① 냉장고 내 온도가 -70℃ 이하인 경우

② Tunnel Freezer에서 식품의 동결시간을 단축해야 하는 경우

③ Box포장 동결시 중심 온도가 -30℃ 이하로 요구되는 식품동결인 경우

④ 진공동결건조장치의 냉동 시스템

⑤ 동결 처리량이 증대되는 경우

⑥ 육제품의 IQF(개체동결)의 신설, 변경하는 경우

⑦ 폐타이어 재활용을 위해 폐타이어 파쇄를 위한 급속 냉동장치 필요 시

⑧ 초저온 시스템에서 성에너지화 실현 필요 시〔초저온영역(-60℃ 이하)에서는 2단 압축이라 해도 매우 큰 압축비를 가지므로 압축기의 압축 효율의 감소가 매우 커져 2원 냉동 시스템을 채택하는 것이 성에너지에 유리〕

• 문제풀이 요령

이원 냉동 시스템은 주로 냉동고 내 온도가 -70℃ 이하인 경우 사용하는데, 저원측 응축기가 고원측 증발기를 가열, 승온형 고효율 운전이 가능하며, 초저온 시스템에서 많이 활용되는 기술이다.

PROJECT 43 급속동결 출제빈도 ★★☆

Q 급속동결에 대해 설명하시오.

(1) 급속동결의 정의

① 최대 빙(氷)결정 생성대(약 −1~−5℃)를 가능한 한 빨리 통과시키는 것이 동결에 따른 품질 저하를 최소로 할 수 있는데, 일반적으로 이것이 약 30분 이내인 경우를 급속 동결이라고 하고 그 이상인 경우를 완만 동결이라고 한다.

② 과실의 경우에는 동결층이 과육의 표면부에서 중심부로 진행하는 속도가 3 cm/h 이상이면 급속 동결, 그 이하이면 완만 동결이라고 한다.

③ 일반의 식품인 경우에 생성되는 빙결정의 크기가 70 μm 이상이면 완만 동결, 그 이하가 급속 동결이라고 하기도 한다.

④ 심온동결(Deep Freezing) : 식품의 평균 품온이 −18℃ 이하로 유지하는 방식이다(급속 동결과는 다른 개념).

(2) 동결 시간

① 동결 시간(Freezing Time) : 동결점의 초온부터 동결 종온에 도달하기까지 경과하는 시간을 말한다.

② 공칭 동결 시간(Nominal Freezing Time) : 초온이 0℃로 균일한 식품이 온도 중심점의 최종온도가 동결점보다 10℃ 낮아질 때까지의 걸리는 시간을 말한다.

③ 유효 동결시간(Effective Freezing Time)

(개) 초온(품온)이 α ℃로 균일한 식품이 β ℃까지 내려가는데 걸리는 시간을 말한다.

(내) 일반적으로 동결 시간이란 '유효 동결 시간'을 말한다.

④ 동결하기 위하여 걸리는 시간은 여러 가지 인자에 의하여 좌우되는데, 그 중의 어떤 것은 동결되는 식품 자체에 관계하는 것이지만, 그 외에는 이용하는 동결 장치에 관계하는 것으로, 가장 중요한 것은 다음과 같다.

(개) 식품의 대소와 형상, 특히 두께

(내) 식품의 초온(동결 전)과 종온(동결 후)

(대) 동결 매체의 온도

(래) 식품의 표면 열전달률

(매) 식품의 열전도율

㈂ 엔탈피(Enthalpy)의 변화 등이다.

⑤ 식품의 동결 시간은 식품의 품온을 측정함으로써 실제적으로 측정 가능하나, 동결 시간을 계
산하여 구하는 것은 다수의 파라미터(Parameter)가 관련해 있으므로 대단히 힘들다.

(3) 동결 속도

① 단위 시간당의 빙결 전선(Ice Front)의 진행(cm/h)을 동결 속도(Freezing Rate)라고
한다.

② 공칭 동결속도(Nominal Freezing Rate) : 식품의 온도 중심점을 통과하는 절단면에서 그것을
2등분한 때의 최소 두께(원에서의 반지름, 최단 거리)를 공칭 동결 시간으로 나눈 값을
말한다.

③ 유효 동결속도(Effective Freezing Rate) : 식품의 온도중심점을 통과하는 절단면에서 그것을
2등분한 때의 최소 두께를 유효 동결 시간으로 나눈 값이다.

• 문제풀이 요령

① '급속동결'은 최대 빙결정 생성대(약 -1~-5℃)를 30분 이내에 통과하는 경우를 말하며, 그보다
느린 동결은 '완만동결'이라고 부른다.

② 공칭 동결 시간이란 초온이 0℃로 균일한 식품이 온도 중심점의 최종온도가 동결점보다 10℃ 낮
아질 때까지의 걸리는 시간을 말한다.

PROJECT 44 막상 응축과 적상 응축　　　출제빈도 ★★☆

Q 막상 응축과 적상 응축에 대해 설명하시오.

(1) 막상 응축 (Film Condensation)

① 막상 응축이란 응축성 증기와 접하고 있는 수직 평판의 온도가 증기의 포화 온도보다 낮으면 표면에서 증기의 응축이 일어나고, 응축된 액체는 중력 작용에 의해 평판상을 흘러 떨어지게 된다.

② 이때 액체가 평판 표면을 적시게 되는 경우, 응축된 액체는 매끈한 액막을 형성하며 평판을 따라 흘러내리게 된다. 이것을 막상 응축이라 한다.

③ 액막 두께가 평판 밑으로 내려갈수록 증가하는데, 이 액막 내에는 온도 구배가 존재하고, 따라서 그 액막은 전열 저항이 된다.

(2) 적상 응축 (Drop-wise Condensation ; 액적 응축)

① 적상 응축이란 만일 액체가 평판 표면을 적시기 어려운 경우에 응축된 액체는 평판 표면에 액적 형태로 부착되며, 각각의 액적은 불규칙하게 떨어진다(액적이 굴러 떨어지면 또 다른 냉각면이 생김) 이것을 '적상응축'이라고 한다.

② 액적응축의 경우에는 평판상이 대부분 증기와 접하고 있으며, 증기에서 평판으로의 전열에 대한 액막의 열저항은 존재하지 않으므로 높은 전열량을 얻을 수 있는데, 실제의 경우에는 전열량이 막상 응축에 비해 약 7배 정도이다.

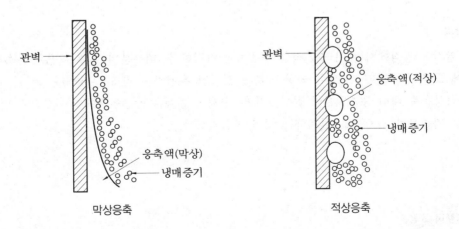

막상응축　　　　　　　　　　　　적상응축

(3) 응축 열전달의 개선방법

① 적상 응축을 장시간 유지하기 위하여 고체 표면에 코팅 처리를 하거나 증기에 대한 첨가

제(첨가제)를 사용하는 방법이 있다(실제 적절한 효과가 발휘되지 않는 경우가 많으니 주의 필요).

② 응축(열전달)이 불량한 쪽에 Fin 부착한다.

③ 핀을 가늘고 뾰족하게 만들어 열전달을 촉진시킨다.

④ 주변 유체의 유속의 영향을 받으며, 저유속에서 적상응축이 발생하기 쉽다.

⑤ 기타 연마된 면, 테프론, 크롬도금면 등의 표면이 적상응축에 유리하다.

(4) 기술 동향

① 플라스마 코팅

  ㈎ 열교환기의 알루미늄 Fin 표면에 플라스마 코팅을 하여, 응축된 물 입자들이 적상으로 얇게 펴지게 하고, 쉽게 아래로 굴러 떨어지게 하여, 열교환기의 효율을 대폭 향상시키는 방법이다.

  ㈏ 플라스마를 통해 원천적으로 금속표면 자체를 개질시키면, 친수성 외에도 내식성, 내마모성 등이 많이 향상된다.

② 친수성 코팅

  ㈎ 열교환기 재료의 표면에 별도로 친수성(물체 표면이 물과 친해지려는 성질) 코팅을 하면 적상응축이 유도되어 열교환기 효율이 좋아진다.

  ㈏ 열교환기 표면의 젖음상태가 방지되어 적상상태가 유발되기 쉽다.

  ㈐ 오일성분의 오염물질과는 표면 접착력은 약한 반면, 물과의 표면 친화력이 증가하여 오염방지에 유리하다.

(5) 결론

① 열전달 관점에서는 이러한 적상 응축이 바람직하나, 대부분의 고체 표면은 응축성 증기에 노출되면 젖기 쉬우며, 액상 응축을 장시간 유지하는 것도 곤란하다.

② 적상응축 대비 응축효율이 떨어지지만, 실제의 응축은 막상응축에 가까우므로 막상응축을 기준으로 시스템을 설계하는 것이 바람직하다.

• 문제풀이 요령

  막상응축은 열교환기에서 응축된 액체가 매끈한 액막을 형성하여 평판을 따라 흘러내리는 현상을 말하며(평판 밑으로 내려갈수록 두께 증가), 적상 응축이란 액적이 굴러 떨어지듯이 아래로 흐르는 현상을 말한다(열교환 측면에서 적상응축이 더 우수).

PROJECT 저온 식품저장   출제빈도 ★★☆

> **Q** 저온 식품저장 관련 아래 용어를 설명하시오.
> (1) 식품의 TTT   (2) 빙온냉장   (3) 반동결저장   (4) 냉동   (5) 저온유통체계
> (6) 드립   (7) CA저장법   (8) 식품의 보장장해   (9) 해동장치

(1) 식품의 TTT (Time, Temperature, Tolerance)

① 미국 등에서 가장 많이 연구되어 왔음

② '시간 (Time) – 온도 (Temperature) – 품질내성 (Tolerance)'간의 관계를 표시한 선도이다.

③ 경과시간 (유효기간)과 식품온도는 반비례 관계이다.

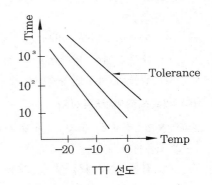

TTT 선도

(2) 빙온냉장 (Super Chilled Storage)

① 0℃ 근처 ~ 그 식품의 동결점까지의 냉장

② 일종의 잠시 동안의 임시저장 방법임

(3) 반동결 저장 (Partial Freezing Storage)

① –3℃ 부근의 냉장(중기 저장법)

② 저장기간의 연장

③ 해동의 번잡성 피함

(4) 냉동 (동결 저장)

① 식품의 품온을 동결점 이하로 만들어 저장하는 방법이다.

② 냉각(동결점 이상에서 저장) 대비 장기저장이 주목적이다.

(5) 저온유통체계 (Cold Chain System)

① 처음 단계인 생산자로부터 마지막 단계인 소비자까지의 저온 취급 연결고리

② 보관창고, 냉장차, 수송, 판매 등 전 단계에 걸쳐 저온유지가 되게 관리하는 기법(TTT 선도 등을 고려하여 과학적으로 관리되어야 함)이다.

(6) 드립 (Drip)

① 해동식품의 해동 시 나오는 체액으로 품질의 척도임

② 종류

  (가) 유출 드립(Free Drip) : 자연적으로 분리되는 유즙

  (나) 압출 드립(Expressive Drip) : $1 \sim 2 \, kg/cm^2$의 압력을 가할시 분리되는 유즙

(7) CA 저장법

① 인공적으로 저장고 내의 CO_2량을 증가시키고, O_2량을 줄여 식품을 질식 상태로 만듦
② 습도는 약 85~95 % 유지함
③ 호흡이 왕성한 채소류나 과일류 등의 저장법
④ 보통 일반 냉장법과 병용함이 좋음(→ '복합냉장'이라 함)

(8) 식품의 보장장해 (Storing Injury Of Foods)

① 정의 : 식품의 보장을 잘못해서 생기는 각종 손상
② 증상
　(개) 외표면 : 건조, 변색 등
　(내) 내부 : 내부 빙결정으로 체적 약 10 % 증가하여 조직파괴 초래
　(대) 생물의 사후변화 : 미생물, 세균 등에 의한 것

(9) 냉동식품의 해동장치

① 정의 : 신속히 동결 이전의 상태로 복원시키는 장치
② 해동원칙
　(개) 저온 상태에서 실시 : 보통 10℃ 이하에서
　(내) 급속히 실시 : 1~2 시간 내
③ 해동방법
　(개) 공기 해동장치 : Air Blast형, 가압형, 공기정지형(하룻밤 정도 방치해 둠)
　(내) 물 해동장치 : 20℃ 정도의 물을 사용
　(대) 전기 해동장치(가장 신속) : 전기 저항형, 유전 가열형
　(래) 접촉 해동장치
　　㉮ 온수를 흘린 해동판 사이에 원료를 끼워 넣어 균일하고 **빠른 해동 가능**
　　㉯ 단점 : 접촉판(압착판, 해동판)장치, 온수시설 등 특별한 장치 필요
　(매) 수증기 해동장치
　　㉮ 일정한 감압(약 10~15 mmAq)하에 수증기(약 15℃) 사용
　　㉯ 접촉 해동처럼 해동 속도 **빠르고**, 균일한 해동 가능
　　㉰ 단점 : 장치 고가

• 문제풀이 요령

① 이 문제에서 식품의 TTT, 저온유통체계, 해동장치 등은 자주 출제된다.
② 식품의 TTT는 Time, Temperature, Tolerance의 상관관계를 말하며, 식품의 유통기간 해석에 좋은 방법이 된다.
③ 저온 유통 체계는 식품유통의 처음 단계인 생산자로부터 마지막 단계인 소비자까지의 저온 취급의 연결고리를 말한다.
④ 냉동식품의 해동장치에는 공기 해동장치(Air Blast형, 가압형, 공기정지형), 물 해동장치(약 20℃ 정도의 물 사용), 전기 해동장치(전기 저항형, 유전 가열형), 접촉 해동창치, 증기 해동장치 등이 있다.

PROJECT 46 액봉 현상
출제빈도 ★☆☆

Q 액봉 현상에 대해 설명하시오.

(1) 정 의

밀폐된 냉매배관 계통 내부에 갇힌 액체 냉매가 주위 온도가 상승함에 따라, 냉매액이 체적 팽창하여 이상 고압의 발생 혹은 파열되는 현상

(2) 발생원인

① 냉동장치를 수리할 때, 압력용기 등으로 펌프다운을 하지 않고 하는 경우
② 응축기나 수액기를 수리하기 때문에 펌프다운을 할 수 없는 경우
③ 운전 휴지 중 스톱 밸브를 모두 닫아 놓은 경우
④ 기타 밸브 조작의 잘못으로 냉매액이 충만하고 있는 부분이 밀봉되어 냉매액이 빠져나가지 못할 경우

(3) 현상

① 액봉쇄 발생 부분이 상당한 고압이 되므로 밸브 배관 등의 파괴 발생 가능
② 보통은 냉매배관계통 중 약한 부위(용접부위, 밸브 연결부위 등)가 잘 파열된다.

(4) 발생 방지 방법

① 냉동장치의 운전을 정지할 때는 수액기와 가까운 부분의 스톱 밸브를 닫고 난 다음 액헤더 이후의 스톱 밸브를 닫아서, 액헤더에 액이 충만하지 않는 공간을 만들어 준다.
② 액봉쇄 발생이 예상되는 부분에 안전밸브 등 이상고압 발생 시 압력을 도피시킬 수 있는 방지장치를 설치한다(예 액봉의 우려 부위에 전자 밸브를 설치하여 주기적으로 개방함).
③ 직렬로 연이어 설치된 2개 이상의 밸브를 동시에 닫지 않게 할 것(Pump Down Cycle 운전 등에서)
④ 냉매배관계통의 주위 온도가 과열되지 않게 할 것 등

• **문제풀이 요령**
액봉 현상은 밀폐된 액체가 주위 온도가 상승함에 따라 체적 팽창하여 이상고압을 형성하여 파열사고 등을 초래하는 현상을 말하며, 시스템 Cycle 설계 시 미리 고려해야 한다.

PROJECT 47 예랭장치

Q 예랭장치에 대해 설명하시오.

(1) 정의

예랭장치는 과일, 야채 등 수확 후 단시간에 온도를 낮추어(호흡량을 감소시킴) 선도를 유지하는 설비로서 이어지는 저온수송, 혹은 냉장보관 단계에 좋은 영향을 주기 위한 설비이다.

(2) 종류와 특징

① 통풍 예랭법(통풍 냉각법)

⑺ 실내 냉각법(Room Cooling)

　㉮ 주변(실내)공기 전체를 낮춤으로써 냉각하는 방법

　㉯ 소규모 생산 농가형으로 사용됨

　㉰ 예랭시간이 길다.

　㉱ 냉각이 불균일하기 쉬움

⑻ 급속 냉각법(Fast Method Of Air Cooling)

　㉮ 강제 통풍식

　　• 하물 사이에 강제적으로 냉풍을 통과시키는 방법

　　• 냉풍의 불균일이 심하다.

　　• Bypass되는 풍량이 증가된다.

　㉯ 차압 통풍식

　　• 강제 통풍식의 결점을 보완하기 위한 방법

　　• 오른쪽 그림처럼 냉각기 입출구의 풍압 차에 의한 통풍법

　㉰ 컨테이너 냉각법

　　• 미국 등에서 많이 사용하는 방법

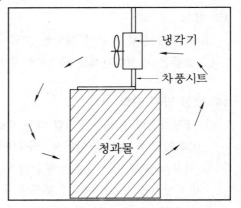

차압통풍식

　　• 아래 그림과 같이 청과물 박스 측면에 통풍구멍을 만들고, 연돌식으로 청과물 박스를 쌓아 만들어진 풍도에 통풍시켜 냉각을 함

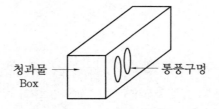

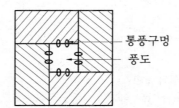

컨테이너 냉각법

    (라) 터널식(Tunnel Cooling) : 고속으로 냉풍이 순환하는 터널 속에 컨베어로 컨테이너
    를 넣어 냉각하는 방식이다.
② 수냉각법(Hydro Cooling)
 (가) 수냉각기(Hydro Cooler)를 이용한 방법
 (나) '통풍 예랭법' 대비 냉각속도 빠름
 (다) 종류
  (가) 살수식 예랭 : 상부 팬에서 살수하여 냉각시킴
  (나) 분무식 예랭(스프레이식) : 가압 분무식 방식
  (다) 침지식 예랭 : 냉수 탱크 속에 담금
  (라) 벌크식 예랭(침지 + 살수) : 전반부에는 침지, 후반부에는 살수 실시
 (라) 열교환량

$$q = \alpha A \left(t_s - t_w \right)$$

  여기서, α : 농산물과 물의 열전달률
    A : 농산물의 전체 표면적
    t_s : 농산물의 온도
    t_w : 물의 온도
 (마) 병균 오염 방지대책 : 염소 등의 약한 '살균제' 첨가
③ 진공 예랭법(Vacuum Precooling)
 (가) 진공 냉각장치(Vacuum Precooling Equipment)를 이용한 방법
 (나) 냉각속도가 아주 빠르다.
 (다) 진공상태로 만들어 수분을 급격히 증발시켜 그 증발열을 빼앗아 냉각시킴
 (라) 엽채와 같이 표면적이 크고, 자유수분이 많아서 증발하기 쉬운 것에 사용함
④ 수랭 진공 예랭법
 (가) 과일, 근채류 등 표면적이 적어 진공 냉각이 어려운 경우
 (나) 물을 노즐로 분무시켜 증발수분을 보충시킴
 (다) 물의 분무 시간은 보통 약 4~6분 정도 소요됨

• 문제풀이 요령
 예랭은 저온수송 혹은 냉장 보관 이전의 단계로서 실내 냉각법, 급속 냉각법(강제 통풍식, 차압 통풍식, 컨테이너 냉각법, 터널식), 수냉각법(살수식, 분무식, 침지식, 벌크식), 진공 예랭법, 수랭–진공 예랭방법 등이 있다.

PROJECT **48** 제빙장치   출제빈도 ★☆☆

Q 제빙장치에 대해 설명하시오.

(1) 각빙 제조장치

① 각빙은 주로 135 kg의 괴빙으로 생산되어 수산용, 어선용 등으로 사용된다.

② 사용냉매 : 기존에 주로 NH_3를 많이 사용했으나 R22 사용량이 점점 증가하고 있다.

③ 제빙방법

   (가) 제빙조 내에서 염화칼슘 수용액(브라인)을 $-9 \sim -10℃$까지 냉각함

   (나) 주수하여 결빙관을 결빙시킴

   (다) 완전히 결빙되면 결빙관이 떠오름

   (라) 탈빙시킴

④ 동향 : 최근에는 주수부터 탈빙까지 전공정을 자동화하고 있는 추세이다.

(2) 자동 제빙장치

① Plate Ice 제빙장치

   (가) 결빙판을 몇 개 수직으로 설치하고, 상부에서 물을 흘러내리고 다시 퍼올리는 순환식 방식

   (나) 소정의 두께로 결빙되면 Hot Gas 혹은 온수로 결빙판 가열

   (다) 탈빙된 얼음은 자체 중량에 의해 낙하됨

   (라) 쇄빙기(결빙된 얼음을 잘게 부수는 기계)에서 20~50 mm 정도의 부정형 얼음으로 배출됨

② Flake Ice 제빙장치

   (가) 두께가 1~3 mm 정도이고, 길이가 40 mm 정도의 부정형 비늘조각 형태의 반투명 얼음으로 제조

   (나) 입형의 드럼형 결빙판 표면에 살수하여 결빙시킴

   (다) 탈빙 위해 제상기구 대신 얼음 채취기로 긁어내는 방식을 채택함

③ Tube Ice 제빙장치

   (가) 지름 50 mm, 두께 10~15 mm, 길이 50~80 mm 정도의 속이 빈 원통 모양의 얼음을 제조하는 장치

   (나) 수직원통 내 안지름 50 mm 정도의 결빙용 냉각관 설치

   (다) 관 외부의 냉매의 증발에 의해 관 내부가 결빙됨

   (라) 소정의 두께가 되면 Hot Gas를 보내어 결빙판을 가열 / 용해 함

㈒ 자체의 무게에 의해 낙하함

㈔ 회전절단기에 의해 소정의 길이로 절단되어 외부로 배출됨

④ Shell Ice 제빙장치

㈎ 상기 'Tube Ice 제빙장치'와 반대로 관외부를 결빙시킴

㈏ 결빙관은 외경 101.6 mm의 스테인리스 강관으로 만듦

㈐ 결빙관 내부에 Hot Gas를 통과시켜 탈빙

㈑ 중력으로 아래로 내려가서 쇄빙기에서 50~50 mm 정도로 쇄빙

㈒ 이렇게 하여 조개껍질 모양의 빙(氷) 제조

⑤ Rapid Ice 제빙장치(Block Ice)

㈎ 스위스의 Rapid Ice Freezing(社) 제작

㈏ 각빙 25~150 kg 정도의 관형으로 제작

㈐ 제빙관이 이중 구조(관내의 물을 내외에서 결빙시킴)로 되어 있어 속도가 매우 빠르다.

㈑ Hot Gas를 보내어 탈빙시킴, 쇄빙기 없음

• 문제풀이 요령

① 각빙 제조장치는 제빙조 내에서 135 kg의 괴빙을 생산하는 방법이다.

② 자동 제빙장치에는 Plate Ice 제빙장치 (수직 결빙판 순환방식), Flake Ice 제빙장치 (결빙판 표면 살수 / 결빙후 긁어내는 방식), Tube Ice 제빙장치(관 내부 결빙방식), Shell Ice 제빙장치 (관 외부 결빙방식), Rapid Ice 제빙장치 (관 내 / 외부 결빙방식) 등이 있다.

PROJECT **49** 쇼케이스 (Show Case)   출제빈도 ★☆☆

Q 쇼케이스 (Show Case)에 대해 설명하시오.

(1) 분류 및 특징

① 평형 Open Type

(가) 완전히 개방된 형태이므로 복사열, 침입공기 등에 주의해야 한다.

(나) 타 공조장치의 급·배기의 영향을 쉽게 받을 수 있으므로 주의 필요함

② 다단형 Open Type

(가) 대량 판매 가능형으로 제작된다.

(나) '평형 Open Type' 대비 냉동기가 커지며 보통은 에어 커튼을 보유한다.

③ 평형 Closed Type

(가) 쇼케이스 상부에 다중 유리제 뚜껑을 부착한 형태이다.

(나) 유리제 뚜껑으로 인하여 복사열, 침입공기 등의 영향을 적게 받는다.

④ 다단형 Closed Type : 보랭 성능이 우수하여 전기세가 절감이 되고, 식품 저장량이 많아 점차 증가 추세에 있다.

(2) 전력 절감 대책

① 열회수(Heat Reclaim) 시스템 : 주변으로 새어나가는 냉기를 덕트 등으로 회수하여 냉동기의 응축기 냉각 등에 재사용이 가능하다.

② Duty Control

(가) 일정하게 정해진 시간별 강제적으로 정지 및 재운전 반복 실시

(나) 단, 일정 온도 이상시에는 식품의 안전한 보존을 위해 기능 해제가 필요하다.

③ Demand Control (수요제어) : 계약전력에 따른 설정치를 미리 설정하여, 필요시 정해진 우선 순위별로 쇼케이스를 Off한다.

④ 야간 전용치 설정 : Duty Control Time 등을 야간에는 별도로 설정하여 에너지 절감

(3) 기타

① 야간 덮개 (Night Cover) : 결로 방지 처리된 것 사용 필요

② 쇼케이스의 제상 방식 : 주로 '전기 제상 방식'을 많이 사용함

• **문제풀이 요령**

　쇼케이스에는 평형 Open Type, 다단형 Open Type (대량 판매 가능형), 평형 Closed Type, 다단형 Closed Type (저장량이 많고 보냉 성능 우수) 등이 있다.

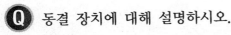

PROJECT 50 동결 장치 출제빈도 ★★★

Q 동결 장치에 대해 설명하시오.

(1) 개요

① 동결의 대상품은 대부분 식품원료이거나 가공식품 종류임

② 동결 장치는 크게 Batch식 동결장치와 연속식 동결장치로 나누어 고려해 볼 수 있다.

③ 공칭동결 시간 : 균일온도 0℃인 식품이 동결점보다 10℃ 정도 낮은 온도에 도달할 때까지 걸린 시간

④ 공칭동결 속도＝(표면에서 온도 중심점까지의 최단거리)÷(표면온도 0℃로부터 온도 중심점온도가 동결점보다 10℃ 정도 낮은 온도에 도달할 때까지 걸린 시간)

(2) 종류 및 특징

① Batch식 동결 장치

㈎ 정지공기 동결 장치(Sharp Freezer) : 선반 위나 천장에 냉각 코일을 설치하여 자연 대류를 이용한 동결장치, 구조 및 취급 간단하나 완만동결로 품질 저하 우려됨

㈏ Semi Air Blast 동결장치 : 상기 정지공기 동결장치에 송풍장치를 추가한 형태이나, 실내 풍속 불균일 우려됨

㈐ Palett식 Air Blast 동결장치 : Palett를 다단으로 쌓고, 지게차로 동결고 내로 운반하여 냉풍을 접촉시킴

㈑ Flat Tank식 동결장치 혹은 접촉식 동결장치(Contact Freezer) : 알루미늄 냉동판 사이에 식품을 두고 냉동판을 밀어붙여 동결함

㈒ 브라인 살포식 동결 장치 : 브라인을 노즐로 분사하는 방법, 동결품이 굳어져 Block 되는 경우가 없어 완성품도 산뜻한 편임, 브라인 침투 방지책(피복 처리 등) 필요

㈓ 브라인 침적 동결 장치 : 브라인 탱크 내에 침지 동결하는 방식, 동결시간이 단축되나 브라인 침투 방지책(피복처리 등) 필요

② 연속식 동결장치

㈎ Tunnel식 Air Blast 동결 장치

• Conveyer를 설치하여 이송하면서 Air Blast의 빠른 풍속을 이용하여 동결(급속동결)시킴

• 빠른 풍속에 의한 표면퇴색, 건조에 의한 중량감소 등 주의 필요

• 제품의 이송 형태에 따라 다단형 및 스파이럴형이 있음

(나) 브라인 침지 동결장치

- Conveyer로 식품을 매달아서 탱크 속에서 침지하면서 이동함

(다) 액화가스 동결장치

- Conveyer상의 식품에 액화질소가스(대기압 기준 −196℃) 혹은 액화 탄산가스(대기압 기준 −78.5℃)를 통과시킴
- 처리비용이 고가(액화가스는 사용 후 버려짐)이므로 주로 고가제품에 적용함

(라) Steel Belt식 동결장치(Air Blast)

- 스테인리스 강제 Conveyer Belt 밑면에 Air Blast 통과, 브라인 살포 혹은 냉동판 접촉(얇은 식품) 등을 통하여 동결시킴

(마) 유동층 동결장치(Air Blast)

- 가늘고 긴 박스 모양의 Tray 밑면에 다수의 구멍을 만들고, 고속 냉풍(Air Blast)으로 불어서 유동층을 만들어 동결시킴

- **문제풀이 요령**

① Batch식 동결 장치에는 정지공기 동결장치(선반 위에 냉각코일만 설치), Semi Air Blast 동결장치(정지공기 동결 장치 + 송풍장치 추가), Palett식 Air Blast 동결장치(Palett를 다단으로 쌓고 냉공기 통과), Flat Tank(냉동판 접촉), 브라인 살포식(노즐로 분사), 브라인 침적 동결장치 등이 있다.

② 연속식 동결 장치에는 Tunnel식 Air Blast 동결 장치(Conveyer로 이송하면서 Air Blast의 빠른 풍속 통과), 브라인 침지 동결장치(탱크 속 침지하면서 이동), 액화가스 동결 장치(Conveyer 상의 식품에 액화질소 등 통과), Steel Belt식 동결 장치(Conveyer Belt 밑면에 Air Blast 통과, 브라인 살포 등), 유동층 동결 장치(유동층 형성 동결 방식) 등이 있다.

PROJECT 51 식품냉동과 냉장실 등급 출제빈도 ★★☆

Q 식품냉동과 냉장실 등급에 대해 설명하시오.

(1) 식품냉동의 개요
① 식품에 대한 예랭(냉각) 및 동결의 총체적 의미임
② 수산, 축산, 농산 등의 생물을 저온상태에서 보존하여 변질을 늦추고, 품질 유지기간을 연장시키기 위하여 시행함
③ 냉장실 등급은 동결온도에 따라 크게 5단계로 분류된다.

(2) 이용 가능 온도 범위
① 동결 이용가능 온도 범위는 약 −60~15℃까지임 (식품의 종류와 목적에 따라 상당히 차이가 남)
② 동결점을 기준하여 '냉각식품'과 '동결식품'으로 나뉜다.

(3) 저온 축열재(PCM ; Phase Change Material)
① 저온 PCM을 이용한 축열 시스템이 적용될 수 있는 대표적인 산업으로는 Cold-Chain System이 가장 유력하리라 생각된다.
② Cold-Chain의 범위는 생산과정부터 제품이 최종 소비자에 이르기까지의 저장, 유통의 전 범위를 포함한다.
③ 인스턴트 식품(Fast Food)류, 육류, 냉동 생선류 및 채소류 등의 저온유통이 날로 증가되고 있으며, 이에 따라 식품의 장단거리 운반수단으로 사용되는 냉동차량 및 저온저장창고, 쇼케이스, 소포장용 냉동 Box 등에 관련된 산업에 PCM이 접목되고 있다.
④ 사용하고자 하는 저온 PCM의 선정은 적용온도에 가장 큰 관계가 있으며, 특히 냉동냉장을 위한 PCM의 적정 상변화 온도는 축열 시스템의 방법에 따라 사용온도(고내 온도)보다 5~10℃정도 낮게 선정되어야 한다 (아래 Table 참조).

(4) 냉장실 등급 5단계

냉장실 등급	보관온도	PCM 상변화 온도	냉장실 등급	보관온도	PCM 상변화 온도
C3급	10 ~ -2℃	0℃, -5℃	F급	-20 ~ -40℃	-25℃, -45℃
C2급	-2 ~ -10℃	-10℃, -15℃	SF급	-40℃ 이하	-45℃ 이하
C1급	-10 ~ -20℃	-15℃, -25℃			

• 문제풀이 요령
식품냉동은 크게 5단계로 분류된다(C3급 : 10 ~ -2℃, C2급 : -2 ~ -10℃, C1급 : -10 ~ -20℃, F급 : -20 ~ -40℃, SF급 : -40℃ 이하).

PROJECT 52 복합냉장　　　　　　　　　　　　　　　　출제빈도 ★★★

Q 복합냉장에 대해 설명하시오.

---

(1) 정의

① 저온저장을 기본으로해서 식품의 '호흡작용'을 억제하여 변질을 막는 방법

② 복합냉장의 기본은 '저온보관 + 저산소환경'이다.

(2) 종류와 특징

① CA저장 (Controlled Atmosphere Storage)

(개) O_2의 농도를 낮추고, CO_2의 농도를 적정수준 올림

(내) 그러나 CO_2의 농도가 한계를 넘으면 오히려 열화

② 옥시토롤 저장 (Oxytorol Storage)

(개) CO_2의 농도를 조절대상으로 하지 않음

(내) 냉장고 내 질소 가스를 보내어 산소량 감소 (즉, N_2, O_2의 비율 조절)

(대) 표고버섯 등의 단기 출하용으로 많이 사용

③ 필름 포장저장

(개) 저밀도 PE, PVC (폴리 염화비닐) 등의 필름을 이용하여 포장하여 저장함

(내) 포장 내 '저O_2, 고CO_2'가 형성되어 CA 효과가 있음

(대) 더불어 필름 포장으로 인하여 증발을 억제하여 '증산방지 효과'가 있다.

④ 감압저장 (Hypobaric Storage)

(개) 밀봉 용기 내 야채 등을 넣고 진공 펌프로 감압(약 0.1기압)시킴

(내) 진공으로 인한 '저온상태+저산소 상태'에서 가습공기를 서서히 넣음

⑤ 방사선 조사 (Radiation)

(개) 방사선의 조사에 의하여 살균, 살충, 발아 억제 등의 효과를 기대함

(내) 일본에서는 '감자의 발아 억제용'으로 이 방법이 허가되어 있음

• 문제풀이 요령

① CA저장과 옥시토롤 저장의 차이점 등이 많이 출제됨 (1차 및 2차 시험).

② 복합냉장에는 CA저장 (O_2의 농도를 낮추고, CO_2의 농도를 올림), 옥시토롤 저장 (CO_2와는 무관하며, N_2와 O_2의 비율 조절), 필름 포장저장 (PE, PVC 등), 감압저장 (진공 펌프로 감압), 방사선 조사 등이 있다.

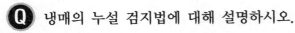

Q 냉매의 누설 검지법에 대해 설명하시오.

(1) 암모니아 누설검지

① 냄새로서 판별 : 암모니아는 심한 자극성의 냄새가 있기 때문에, 냄새로서 누설 여부를 판단할 수 있다.

② 유황으로 판별 : 유황을 묻힌 심지에 불을 붙여 누설 부위에 가까이 가면, 백색 연기가 발생한다.

③ 적색 리트머스 시험지로 판별 : 리트머스 시험지에 물을 적셔 누설 부위에 가까이 하면, 청색으로 변한다.

④ 백색 페놀프탈레인 시험지로 판별 : 페놀프탈레인 용지에 물을 적셔 누설 부위에 가까이 하면, 적색으로 변한다.

⑤ 네슬러 용액으로 판별 : 주로 브라인 등에 잠겨 있는 배관에서의 누설을 검사할 때 사용하는 방법으로, 약간의 브라인을 떠서 그 속에 적당량의 네슬러 용액을 떨어뜨리면, 소량 누출시에는 황색으로, 다량 누설시에는 자색(갈색)으로 변한다.

(2) CFC계 냉매 누설검지

① 비눗물로 판별 : 가스 누설의 의심이 있는 배관의 접합부 등에 비눗물을 바르면, 누설 부위에서는 거품이 발생한다.

② 헤라이드 토치(Halide Touch)로 판별 : 폭발의 위험이 없을 때 사용, 헤라이드 토치는 아세틸렌이나 알코올, 프로판 등을 사용하는 램프로서, 그 심지에 불을 붙이면 정상시에는 청색인 불꽃이, 냉매가 소량 누설시에는 녹색 불꽃으로, 다량 누설시에는 자색 불꽃으로 변하다가, 더욱 다량 누설시에는 꺼지게 된다.

③ 할로겐 누설 탐지기로 판별 : 미량의 누설 검지 필요시 사용한다, 누설 부위에 대면 점등과 경보음이 울린다.

• **문제풀이 요령**
① 암모니아 누설 검지법에는 냄새 판별법, 유황 판별법, 적색 리트머스 시험지 판별법, 페놀프탈레인 시험지 판별법, 네슬러 용액 판별법 등이 있다.
② CFC계(할로겐화 탄화수소계) 냉매 누설 판별법에는 비눗물 판별법, 헤라이드 토치 판별법, 할로겐 누설탐지기 판별법(점등, 경보음) 등이 있다.

PROJECT 54 **압축효율과 체적효율**   출제빈도 ★★☆

Q 압축효율과 체적효율에 대해 설명하시오,

(1) 압축효율 (壓縮效率, Compression Efficiency)

① 정의 : 압축효율이란 압축기를 구동하는데 필요한 실제동력과 이론적인 소요동력의 비를 말하며, 등엔트로피 효율(Isoentropic Efficiency)이라고도 함

$$\eta_c = \frac{이론적으로~가스를~압축하는데~소요되는~동력(이론동력)}{실제로~가스를~압축하는데~소요되는동력(실제~지시동력)}$$

② 개념

- 압축기의 실린더로 흡입된 냉매는 가열 단열압축되는 것이 아니며, 실린더 벽과의 열 교환으로 인하여 엔트로피가 변화한다. 그리고 밸브나 배관에서의 저항으로 인해 흡입 압력은 증발압력보다 낮아지고 배출압력은 응축압력보다 높아져 압축기의 실제 소요동 력은 이론적인 소요동력보다 커진다.
- 압축효율은 압축기의 종류, 회전속도, 냉매의 종류 및 온도 등의 영향을 받으며, 그 대략치는 약 0.6~0.85 정도이다.

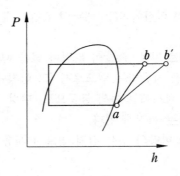

$P-h$ 선도

③ $P-h$ 선도상 해석

- $a \sim b$ 과정 : 단열 과정 (이론적 과정)
- $a \sim b'$ 과정 : 폴리트로픽 과정 (실제의 과정)
- 압축효율 계산

$$압축효율~(\eta_c) = \frac{(h_b - h_a)}{(h_{b'} - h_a)}$$

(2) 체적효율 (Volumetric Efficiency)

① 정의 : 왕복 펌프나 왕복 압축기 등의 성능을 나타내는 것으로서, 유체의 실제 배출량과 이론상의 배출량의 비율을 말하며, 온도의 변화나 밸브 및 피스톤에서의 누설, 극간체적 등의 크기에 영향을 받는다.

② 체적 효율의 결정 요소

　(가) 극간 체적 효율 : Clearance에 의한 잔류가스의 재팽창에 의한 효율 감소

　(나) 열 체적 효율 : 고온의 실린더 벽에 의한 흡입가스의 체적팽창과 실린더 흡입시 흡입 밸브를 통과할 때의 교축작용에 의한 효율 감소

　(다) 누설 체적 효율 : 흡입 밸브, 토출 밸브, 피스톤링 등의 누설에 의한 효율 감소

③ 체적효율 감소 원인

　(가) Clearance가 클 때

　(나) 압축비가 클 때

　(다) 실린더 체적이 작을 때

　(라) 회전수가 클 때

④ 계산식

$$\eta_v = \frac{\text{유체의 실제 배출량}}{\text{이론상의 배출량}}$$

• **문제풀이 요령**

　압축효율이란 압축기를 구동하는데 소요되는 이론적 동력을 실제의 동력으로 나누어 계산한 효율을 말하며, 체적효율이란 유체의 실제 배출량을 이론상의 배출량으로 나누어 계산한 효율을 말한다.

PROJECT 55 **착상이 냉동장치에 미치는 영향**   출제빈도 ★★☆

Q 다음에 대해 설명하시오.
① 착상이 냉동장치에 미치는 영향 및 제상방법
② 증발기코일에 서리가 부착되는 양에 영향을 미치는 주요 인자
③ 관내의 브라인이나 냉매 등과 외부공간과의 열교환량에 영향을 주는 인자

---

(1) 착상이 냉동장치에 미치는 영향

① 적상에 의한 냉각능력 저하에 따른 고내(냉장실 내) 온도 상승
② 증발온도 및 증발압력의 저하
③ 증발량의 감소로 증발기 출구 과열도가 감소하여 압축기 내 액압축(Liquid Back)이 우려된다.
④ 고·저압 저하로 냉매순환량 감소되어 냉매의 순환이 잘 이루어지지 않는다.
⑤ 압축비의 증가(압축일량의 증가)로 성적계수의 저하
⑥ 체적효율의 감소 및 냉동능력의 감소
⑦ 토출가스의 온도상승, 윤활유의 열화
⑧ 냉동능력당 소요동력의 증대

(2) 제상방법 (Defrosting)의 종류

① 고온가스에 의한 제상방법 (Hot Gas Defrosting)
  ㈎ 고압측의 냉매가스를 열매체로 하는 것이 특징이다.
  ㈏ 압축기로부터 나오는 고온고압의 가스의 일부를 직접 증발기에 넣어서 증발기의 코일을 가열하는 방법
  ㈐ 고온고압가스를 증발기에 보내어 현열 또는 응축잠열을 이용하여 제상하는 방법으로서, 건식증발기에 주로 사용하며, 제상 중 응축된 냉매액으로 인해 압축기에 액압축이 발생되지 않도록 처리해야 한다.
② 물에 의한 제상(살수식 ; Water Spray Defrosting)
  ㈎ 물을 증발기 위에 뿌려 제상하는 방법
  ㈏ 제상 시 냉동기를 정지하고 증발기 표면에 온수(10~25℃)를 살포하여 제상하며, 보통 고압가스 제상방법과 병행을 많이 하고 있다.
③ 전열에 의한 제상방법 (Electric Defrosting)
  ㈎ 유닛형 냉각기나 가정용 냉동장치에 주로 사용된다.
  ㈏ 제상 시 압축기 및 증발기 팬을 정지하고 증발관에 설치한 전열 Heater로 제상하며, 간단하게 제어가 되나 히터의 단선, 제상의 불균형의 우려가 있다.

㈐ 용량이 큰 냉각기에는 대용량의 가열기가 필요할 뿐만 아니라 가열기 제작상의 문제나 가열기가 고장났을 때의 수리 등이 문제가 되기 때문에 별로 사용되지 않고, 자동 제상을 하는 소형장치에 한해서 사용된다.

④ 부동액 분무에 의한 제상방법 (Brine Spray Defrosting)

㈎ 냉각관에 끊임없이 부동액을 분무하여 서리가 생기지 않도록 하는 방식이다.

㈏ 착상에 의한 냉각관의 전열저항이 없으므로 열통과율이 좋다.

⑤ 압축기의 운전정지에 의한 제상방법 : 압축기를 정지한 후, 증발기의 송풍기를 가동시킨 상태에서 제상을 하는 방식이다.

⑥ 기타 : 냉장고의 경우 냉장품이 없을 때와 같이 특별한 경우에는 냉장실의 문을 열어서 자연 환기에 의한 외기의 온도로 제상하면 에너지를 절약할 수 있다.

(3) 증발기코일에 서리가 부착되는 양에 영향을 미치는 주요 인자

① 증발기 외부 유체 (공기, 물, 브라인 등)의 온도 : 유체의 온도가 낮을수록 착상 증가

② 증발기 외부 공기의 습도 : 습도가 높을수록 착상 증가

③ 냉매의 저압 : 저압이 낮을수록 착상 증가

④ 압축비 : 압축비가 클수록 착상 증가

⑤ 증발기 외부 공기의 풍속 : 풍속이 느릴수록 착상 증가

(4) 관내의 브라인이나 냉매 등과 외부공간과의 열교환량에 영향을 주는 인자

① 증발온도, 응축온도 혹은 LMTD : 온도차가 클수록 열교환량 증가

② 열전달계수 : 클수록 열교환량 증가

③ 전열면적 : 클수록 열교환량 증가

④ 풍속 (유속) : 빠를수록 열교환량 증가

⑤ 습도 : 외부공기의 습도가 높을수록 열교환량 증가 (잠열 교환량 증가에 기인함)

• 문제풀이 요령

  착상은 열교환기 (증발기)에서 생긴 응축수가 얼어붙어 열교환 능력을 급격히 떨어뜨리는 역할 (이에 따라 Cycle상 여러 가지 장애 초래)을 하며, 각 냉동 시스템의 Cycle 특성에 따라 착상을 적절히 제거해주는 방법 (제상)이 모색되어야 한다.

PROJECT 56 열파이프
출제빈도 ★★☆

Q 열파이프 (Heat Pipe)의 작동원리, 장·단점 및 응용전망에 대해 설명하시오.

(1) 개요
① 에너지 절약의 관점에서 종래의 열회수 장치의 결점을 보완하는 목적으로 미국에서 처음으로 개발되었다.

② 1942년 미국의 제너럴 모터사(社)에서 우주선의 방열용으로 제작된 바 있다.

③ 1944년 미국의 R.S.Gaugler에 의해 처음 출원되기는 하였으나, 이 당시에는 상용화되지 못하였고, 1962년에 미국 Los Alamos 연구소의 G.M.Grover에 의해서 히트파이프(Heat pipe)라고 불리어지면서부터 본격적인 연구가 시작되었다.

④ 밀폐된 관내에 작동유체라 불리는 기상과 액상으로 상호 변화하기 쉬운 매체를 봉입하고 그 매체의 상변화 시의 잠열을 이용하고, 유동에 의해 열을 수송하는 장치이다.

⑤ 작동유체로는 물이나 암모니아, 냉매(프레온) 등의 증발성 액체를 사용하는데, 관의 양단에 온도차가 있으면 그 액이 고온부에서 증발하고 저온부로 흘러 여기에서 방열해서 액화되고, 모세관 현상으로 다시 고온부로 순환하는 장치로 적은 온도차라도 대량의 열을 이송할 수 있다.

⑥ 열을 효율적으로 전달하는 장치라고 하여 '전열관'이라고도 한다.

(2) 구조
밀봉용기와 Wick 구조체 및 작동유체의 증기공간으로 구성되며, 길이 방향으로 증발, 단열, 응축부로 구분할 수 있다.

① 증발부 : 열에너지를 용기 안 작동유체에 전달, 작동유체의 증발부분

② 단열부 : 작동유체의 증기통로로 열교환이 없는 부분

③ 응축부 : 열에너지를 용기 밖 외부로 방출, 작동유체인 증기의 응축부분

(3) 구조 개요도
① 밀봉용기의 외부 : 증발, 단열, 응축

② Wick : 액체 환류부

③ 내부 코어 (증기) : 작동유체

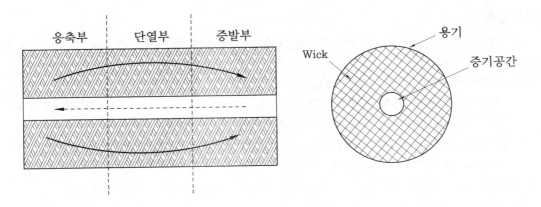

(4) 작용온도에 따른 작동유체

작용 온도(℃)	주요 작동유체
-270 ~ -70 (극저온)	헬륨, 아르곤, 크립톤, 질소, 메탄
-70 ~ 200 (저온)	물, 프레온 냉매, 암모니아, 아세톤, 메탄올, 에탄올 등(가장 널리 사용되어짐)
200 ~ 500 (중온)	나프탈렌, 유황, 수은
500 ~ 1,000 (고온)	세슘, 칼륨, 나트륨
1,000 이상 (초고온)	리튬, 납, 은

(5) 작용원리

① 외부열원으로 증발부가 가열하면 용기 내 위크 속 액온도 상승

② 작동유체는 포화압까지 증발촉진

③ 증발부에서 증발한 냉매는 증기공간(코어부)을 타고 낮은 온도인 응축부로 이동한다(고압 → 저압).

④ 증기는 응축부에서 응축되고 잠열발생

⑤ 방출열의 관표면 용기를 통해 흡열원에 방출

⑥ 응축부에서 응축한 냉매는 다공성 Wick의 모세관 현상에 의해 다시 증발부로 이동하여 Cycle을 이룸(구동력 ; 액체의 모세관력)

(6) 장·단점

① 장점

㉮ 무동력, 무공해, 경량, 반영구적

㉯ 소용량 ~ 대용량으로 다양하게 응용이 가능하다.

② 단점

㉮ 길이 규제 : 길이가 길면 열교환 성능이 많이 하락됨

㉯ 2차 유체가 현열교환만 가능하므로 열용량이 작다.

(7) 응용

① 액체 금속 히트파이프 : 방사성 동위원소 냉각, 가스 화학공장 열회수

② 상온형 히트파이프

    (개) 공조용 : 쾌적 공조기용 열교환기

    (내) 공업용 : 전기, 기계, 공업로, 보일러, 건조기, 간이 오일 쿨러, 대용량 모터의 냉각 등

    (대) 복사난방 : 복사난방의 패널 코일, 조리용 등

    (래) 자연 에너지 : 태양열, 지열 등과 같은 클린 에너지의 열수송 매체

    (매) 과학 : 측정기기의 온도조절, 우주과학 등

③ 극저온 히트파이프 : 레이저 냉각용, 의료기구(냉동수술), 기타의 극저온장치

(8) 유사 응용 장치

① Compact 열교환기

    (개) 종래 방식을 탈피한 공기 흐름의 길이를 절반 정도로 줄인 통풍저항이 적은 저 통풍 저항형 열교환기이다.

    (내) 먼지, 기름 등의 장애 가능성 있음

    (대) 이슬맺힘, 착상에 의한 유동 손실 증대로 풍량손실 가능성 있음

② 히트 사이펀 (Heat Syphon)

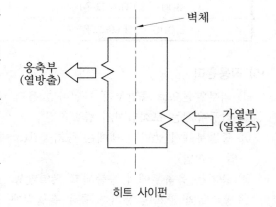

히트 사이펀

    (개) 구동력 : 중력 이용 (Heat Pipe의 구 동력 ; 모세관력)

    (내) 열사이펀(Thermo−syphon)이라고도 한다.

    (대) 자연력 (중력), 즉 대류현상을 이용하 므로 소용량은 효율 측면에서 곤란함

    (래) 개략도 : 우측 그림 참조

    (매) Two Phase Flow : 보통 중력이 작용 하는 곳에서 2상변화(보통 액체↔기 체)로 작동한다.

    (배) 응축부에서 응축된 작동유체가 중력의 힘으로 가열부로 귀환하는 원리이므로 반드시 가열부가 응축부 밑에 위치하여야 한다.

• 문제풀이 요령

  ① 히트파이프는 다공성 Wick의 모세관력을 구동력으로 하여 냉각, 폐열회수 등을 가능하게 하는 장치 이나, 길이가 길면 열교환 성능이 많이 하락되고, 열교환을 현열교환에만 의존하므로 열용량이 작은 단점도 있다.

  ② Compact 열교환기는 동일 냉동능력 기준 공기의 흐름 길이를 절반 정도로 줄인 열교환기를 말하 며, 히트 사이펀은 중력 (대류)을 이용한 열교환 장치이다.

PROJECT 57 압축기의 흡입 · 토출압력 출제빈도 ★☆☆

Q 압축기의 흡입 · 토출압력이 너무 높거나 낮게 되는 원인에 대해 기술하시오.

(1) 압축기의 흡입압력 관련

① 흡입압력이 너무 높은 이유
  ㈎ 냉동부하가 지나치게 증대되는 경우
  ㈏ 팽창 밸브가 너무 열린 경우 (제어부 고장이나 Setting 불량)
  ㈐ 흡입 밸브, 밸브 시트, 피스톤링 등이 파손이나 언로더 기구의 고장
  ㈑ 유분리기의 반유장치의 누설 발생
  ㈒ 언로더 제어 장치의 설정치가 너무 높을 경우
  ㈓ Bypass Valve가 열려서 압축기 토출가스의 일부가 바이패스 된다.
  ㈔ 증발기측의 온도나 습도가 지나치게 높은 경우
  ㈕ 증발기측의 풍량이 냉동능력에 대비하여 지나치게 높을 경우

② 흡입압력이 너무 낮은 이유
  ㈎ 냉동부하의 지나친 감소
  ㈏ 흡입 스트레이너나 서비스용 밸브의 막힘
  ㈐ 냉매액 통과량이 제한되어 있다.
  ㈑ 냉매 충전량의 부족이나 냉매 누설 발생
  ㈒ 언로더, 제어장치의 설정치가 너무 낮을 경우
  ㈓ 팽창 밸브를 너무 잠금, 팽창 밸브에 수분이 동결
  ㈔ 증발기측의 온도나 습도가 지나치게 낮은 경우
  ㈕ 증발기측의 풍량이 냉동능력 대비 지나치게 낮을 경우
  ㈖ 콘덴싱 유닛의 경우 유닛 쿨러와의 거리가 지나치게 멀어지거나 고낙차 설치로 인하
     여 냉매의 압력 저하가 심하게 발생하여 유량 저하시

(2) 압축기의 토출압력 관련

① 토출압력이 너무 높은 이유
  ㈎ 공기, 염소가스 등 불응축성 가스가 냉매계통에 흡입될 경우
  ㈏ 냉각수 온도가 높거나, 냉각수 양이 부족할 경우
  ㈐ 응축기 냉매관에 물때가 많이 끼었거나, 수로 뚜껑의 칸막이 판이 부식
  ㈑ 냉매의 과충전으로 응축기의 냉각관이 냉매액에 잠기게 되어 유효 전열면적이 감소
     될 경우
  ㈒ 토출배관 중의 밸브가 약간 잠겨져 있어 저항 증가
  ㈓ 공랭식 응축기의 경우 실외 열교환기가 심하게 오염되거나, 풍량이 어떤 방해물에 의

해 차단될 경우

(사) 냉동창치로 인입되는 전압이 지나치게 과전압이 혹은 저전압이 되어 압축비가 과상승 하거나, Cycle의 균형이 깨질 경우

(아) 냉각탑 주변의 온도나 습도가 지나치게 상승될 경우

② 토출압력이 너무 낮은 이유

(가) 냉각 수량이 너무 많든가, 수온이 너무 낮을 경우

(나) 냉매액이 넘어오고 있어 압축기 출구측이 과열이 이루어지지 않을 경우

(다) 냉매 충전량이 지나치게 부족할 경우

(라) 토출 밸브에서의 누설이 발생할 경우

(마) 냉각탑 주변의 온도나 습도가 지나치게 낮을 경우

(바) 공랭식 응축기의 경우 실외 열교환기 주변에 자연풍량이 증가하여 응축이 과다하게 될 경우

(사) 유분리기 측으로 Bypass되는 냉매량 증가 시

(아) 콘덴싱 유닛의 경우 유닛 쿨러와의 거리가 지나치게 멀어지거나 고낙차 설치로 인하여 냉매의 압력 저하가 심하게 발생하여 유량 저하 시

(자) 팽창 밸브를 너무 잠궈 유량 감소 시

(차) 냉매 Cycle상 막힘 현상 발생으로 유량 저하 시

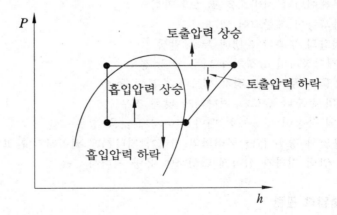

• **문제풀이 요령**

① 압축기의 흡입압력이 너무 낮으면 압축기가 처리해야 할 냉동부하 감소, 너무 높으면 냉동부하 증가를 의미한다.

② 압축기의 토출압력이 너무 높으면 응축이 원활하지 못함을, 너무 낮으면 응축이 지나치게 이루어짐을 의미한다.

PROJECT **58** 흡수식 냉동기   출제빈도 ★★★

> **Q** 흡수식 냉동기에 대해 설명하시오.

(1) 단효용 흡수식 냉동기(Absorption Refrigeration)

① 냉매와 흡수제의 용해 및 유리작용을 이용함

② 증발 → 흡수 → 재생 → 응축 → 증발 식으로 연속적으로 Cycle을 구성하여 냉동하는 방법이다.

③ '1중 효용 흡수식 냉동기'는 재생기(발생기)가 1개뿐이다.

④ Body의 수량에 따라 단동형, 쌍동형(증발 + 흡수, 재생 + 응축) 등으로 나뉜다.

⑤ 성적계수는 약 0.5~0.7 이하 정도의 수준으로 매우 낮은 편이다.

⑥ 개략도

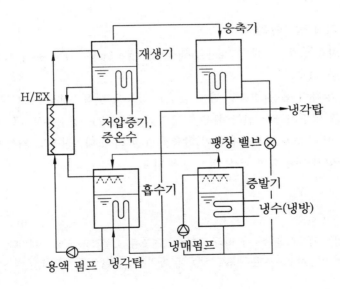

(2) 2중 효용 흡수식 냉동기

① 상기 '1중 효용 흡수식 냉동기' 대비 재생기가 1개 더 있어 (고온 재생기, 저온 재생기) 응축기에서 버려지는 열을 재활용함으로써 (저온 재생기의 가열에 사용) 훨씬 효율적으로 사용할 수 있다.

② 성적계수(COP)는 약 1.1~1.3 정도이다.

③ 열원으로는 중압증기, 고온수 등이 주로 이용된다.

(3) 3중 효용 흡수식 냉동기

① 재생기가 '2중 효용 흡수식 냉동기'대비 1개 더 있어(고온 재생기, 중간 재생기, 저온 재생기) 응축기에서 버려지는 열을 2회 재활용함(중간 재생기 및 저온 재생기의 가열에 사용하여 효율을 획기적으로 향상시킴)

② 성적계수(COP)는 약 1.4 ~ 1.6 정도이다.

③ 고효율을 필요로 하는 장소에 적용 가능성이 높아서 기술 개발이 주목된다.

(4) 기타의 흡수식 냉온수기(주로 재생기의 가열원 기준으로 분류)

① 저온수 흡수식 냉동기 : 태양열 이용 혹은 열병합 발전소의 발전기 냉각수 이용

② 배기가스 냉·온수기 : 직화식 냉온수기의 고온재생기 내 연소실 대신 연관(전열면적 크게) 설치, 배기가스에 의한 부식 주의

③ 소형 냉·온수기 : 냉매액과 흡수액의 순환방식으로 기내의 저진공부와 고진공부의 압력차와 더불어 가열에 의해 발생하는 기포를 이용하는 방식

(5) 흡수식 냉동기의 장·단점

① 장점 : 폐열회수 용이, 여름철 Peak부하 감소, 냉·난방＋급탕 동시 가능, 운전경비 낮은 편, 소음진동 없음

② 단점 : 초기 투자비 높음(빙축열 대비 낮음), 열효율 낮음, 결정 사고 우려(운전정지 후에도 용액 펌프 일정시간 운전하여 용액 균일화 등 필요), 냉수온도 7℃ 이상(이하 시에는 동결 우려), 냉각탑과 냉각수용량이 압축식에 비해 크다, 진공도 저하시 용량감소, 수명이 짧은 편임(가스에 의한 부식 등), 굴뚝필요 등

• 문제풀이 요령

① 흡수식 냉동기는 재생기의 수량에 따라 단효용, 2중효용, 3중효용 등으로 나뉜다.

② 기타의 흡수식 냉동기에는 저온수 흡수 냉동기, 배기가스 냉온수기, 소형 냉온수기 등이 있다.

PROJECT 59 흡착식 냉동기   출제빈도 ★☆☆

Q 흡착식 냉동기에 대해 설명하시오.

(1) 개요

① Faraday에 의해 처음 고안되었으나 그동안 CFC계에 밀려 사용이 적었음.
② 최근에는 CFC계 냉매의 환경문제 등으로 다시 연구개발이 활발하다.
③ 압축기가 불필요하여 소음 및 진동측면에서 유리한 냉동법이다.

(2) 작동원리

① 다공석 흡착제(활성탄, 실리카겔, 제올라이트 등)의 가열 시 냉매 토출, 냉각 시 냉매 흡입되는 원리를 이용함.
② 냉매로는 물, NH_3, 메탄올 등이 사용된다.
③ 냉매 흡착시에는 성능이 저하되므로 보통 2대 이상 교번운전을 한다.
④ 2개의 흡착기가 약 6~7분 간격으로 Step운전(흡착↔탈착의 교번운전)을 한다.

(3) 개략도

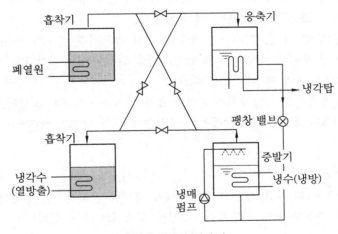

흡착식 냉동기(장치도)

(4) 특징

① 폐열(65~100℃)을 이용하기 쉽고, 에너지 사용 비율이 일반 흡수식 대비 약 10배 절약될 수 있다.
② 흡수식 대비 사용 열원온도가 다소 낮아도 되고, 유량의 변동에도 안정적이다.
③ 초기 투자비가 비싸다. (초기 설비비가 비싸고 설치공간이 크다.)
④ 압축기, 송풍장치 등이 없는 구조이기 때문에 저진동/저소음 시스템이다.
⑤ 고장이 날 수 있는 동작부위가 거의 없이 때문에 거의 반영구적 사용이 가능하고, 유지

관리가 아주 용이하다.

⑥ 수소가스나 불응축가스의 발생우려가 거의 없으므로, 추가적인 진공이 거의 필요없는 시
스템이다.

⑦ 주기적인 열팽창/수축이 반복되므로 누설발생 가능성에 주의하여야 한다.

(5) 에너지 효율 개선방향

① 고효율 흡착제 개발 ② 흡착기의 열전달 속도 개선 ③ 고효율 열교환기 개발 등

(6) 선도 및 해설

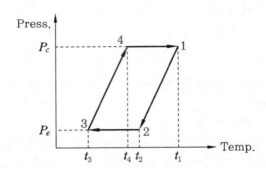

※ Process

ⓐ 1~2 과정(감압과정) : 팽창밸브에 의해 압력이 떨어지고, 증발기의 낮은 압력에 의해
온도가 떨어지면서 증발압력(P_e)에 도달한다.

ⓑ 2~3 과정(증발 및 흡착과정) : 냉수에 의해 흡착기의 온도가 떨어지면서 증발기의
냉매증기를 흡착하여 증발기 내의 압력(P_e)을 일정하게 유지한다 (이때 증발기 내부에
서는 열교환을 통해 냉수를 생산한다).

ⓒ 3~4 과정(탈착과정) : 탈착기가 폐열원 등에 의해 가열되면서 온도와 압력이 상승한다.

ⓓ 4~1 과정(응축과정) : 응축기에서는 냉각수에 의해 냉매의 상(Phase)이 기체 → 액체
로 바뀐다.

(7) 흡착식 히트펌프

상기 그림(장치도)의 우측 상부의 응축기에서 냉각탑에 버려지는 열을 회수하여 난방 혹
은 급탕에 활용 가능하다(이 경우에는 '흡착식 히트펌프'라고 한다).

(8) 향후의 전망

① 지구온난화 및 오존층 파괴가 거의 없는 친환경 냉매(물, 메탄올, 암모니아 등)를 사용하
므로 앞으로의 기술발달 가능성이 매우 많다.

② 독성, 가연성 등이 없어 산업용 냉동기 외에도 상업용, 가정용 등 다양한 분야에 적용이
가능하다.

③ 온도가 낮은 폐열을 사용할 수 있고, 구조적으로 높은 신뢰성이 보장된다.

④ 앞으로의 흡착식 냉동기의 발달은 낮은 COP에 대한 극복, 고효율 흡착제의 개발, 소형
화, 초기투자비 절감 등에 달려있다고 하겠다.

PROJECT 60 응축기(계산문제)　　　　　　　　　　　　　　　출제빈도 ★★☆

Q 증발온도가 5℃, 응축온도가 45℃인 경우에 냉동능력이 70RT (CGS RT)이고, 축동력이 40 kW인 프레온 12(R-12)로 구동되는 압축기에서 이와 조합되는 아래 표기의 응축기를 선정할 때, 상기의 냉동능력이 가능한지 다음 사항에 대해 계산식으로 표기하여 기재하시오. (단, 응축기에서 온도차는 산술평균온도차로 하고, 답은 소수 둘째 자리에서 반올림 할 것)

① 응축기에서 열통과율(K)　　　　　　② 응축능력 (Q_{C_1}, Q_{C_2})
③ 응축기 사용 가능 여부

응축기 해당 사항	
1. 표면 열전달률 (냉각수측)	$w = 1800 \ \mathrm{W/(m^2 \cdot ℃)}$
2. 표면 열전달률 (냉매측)	$r = 1600 \ \mathrm{W/(m^2 \cdot ℃)}$
3. ① 물때 부착 두께	$w = 0.3 \ \mathrm{mm}$
② 물때 열전도율	$w = 0.8 \ \mathrm{W/(m \cdot ℃)}$
4. ① 냉각관 두께	$t = 0.3 \ \mathrm{mm}$
② 냉각관 열전도율	$t = 280 \ \mathrm{W/(m \cdot ℃)}$
5. ① 유막 부착 두께	$o = 0.02 \ \mathrm{mm}$
② 유막 열전도율	$o = 0.12 \ \mathrm{W/(m \cdot ℃)}$
6. 냉각 표면적	$A = 50 \ \mathrm{m^2}$
7. ① 냉각수 입구온도	$t w_1 = 32℃$
② 냉각수 출구온도	$t w_2 = 37℃$

(1) 응축기에서 열통과율 (K)의 일반 계산식

$$K = \frac{1}{R} = \cfrac{1}{\cfrac{1}{\alpha_i} + \cfrac{d_1}{\lambda_1} + \cfrac{d_2}{\lambda_2} + \cfrac{d_3}{\lambda_3} + \cfrac{1}{\alpha_o}}$$

여기서, K : 열관류율 (W/m²·℃)
　　　　R : 열저항 (m²·℃/W)
　　　　α_o : 외부 면적당 열전달계수 (W/m²·℃)
　　　　α_i : 내부 면적당 열전달계수 (W/m²·℃)
　　　　λ_1 : 구조체 1번의 열전도율 (W/m·℃)
　　　　λ_n : 구조체 n번의 열전도율 (W/m·℃)
　　　　d_1 : 구조체 1번의 두께 (m)
　　　　d_n : 구조체 n번의 두께 (m)

따라서, $K = 1 / (1 / 1800 + 0.0003 / 0.8 + 0.0003 / 280 + 0.00002 / 0.12 + 1 / 1600)$

$\qquad = 580.28 \, \text{W/m}^2 \cdot \text{℃}$

(2) 응축능력 계산

$$Q_{C_1} = KA\,(t_o - t_i)$$

여기서, K : 열관류율($\text{W/m}^2 \cdot \text{℃}$)

$\qquad A$: 열통과 면적(m^2)

$\qquad t_o$: 외부 공기 온도(℃)

$\qquad t_i$: 내부 유체의 온도(℃)

따라서, $Q_{C_1} = KA\,(t_o - t_i) = 580.28 \ \text{W/m}^2 \cdot \text{℃} \times 50 \ \text{m}^2 \times (45\text{℃} - (32\text{℃} + 37\text{℃}\,)/2)$

$\qquad = 304649 \, \text{W}$

$\qquad Q_{C_2} =$ 냉동능력 + 압축기 축동력 $= 70 \, \text{RT} \times 3860 + 40000 \, \text{W}$

$\qquad = 310200 \, \text{W}$

(3) 응축기 사용 가능 여부

$$Q_{C_1}(\text{응축 열전달량}) \ < \ Q_{C_2}(\text{필요 응축 능력})$$

따라서, '사용불가능'으로 판정됨

• **문제풀이 요령**

　유막층, 물때층, 응축기 관의 두께 등의 열전달률을 기준으로 계산한 '응축 열전달량'이 필요 응축 능력(=냉동 능력+압축기 축동력) 이상이어야 해당 응축기 사용이 가능하다.

흡수식 냉동기의 부속장치   출제빈도 ★☆☆

Q 흡수식 냉동기에서 아래 주요 부속장치에 대해서 설명하시오.
   (1) 흡수식 열교환기   (2) 결정방지장치   (3) 정류기
   (4) 추기장치   (5) 흡수식 엘리미네이터

(1) 흡수식의 열교환기

① 저온의 묽은 용액과 고온의 진한 용액을 열교환하여 재생기로 가는 묽은 용액을 가열하여 재생기에서 용액의 가열에 필요한 가열량을 줄여주고, 흡수기로 들어가는 진한 용액의 온도를 낮게 하여 흡수기에서의 냉각열량을 줄여줌으로써 연료소비량을 절감하고, 열효율을 향상할 목적으로 사용되는 것이 용액 열교환기이다.

② 2중 효용의 경우 재생기가 고온 재생기와 저온 재생기로 구분되어 있으므로 용액 열교환기도 두 개로 되어 있다.

   ㈎ 고온 재생기로 가는 묽은 용액과 고온 재생기에서 나오는 중간 용액이 열교환되는 것을 고온 열교환기라 한다.

   ㈏ 저온 재생기로 가는 중간 용액과 저온 재생기에서 나오는 진한 용액이 열교환되는 것을 저온 열교환기라 한다.

   ㈐ 이 두 개의 열교환기가 하나의 열교환기로 제작되어 있는 일체형의 것이 대부분이지만, 이 역시 내부에서는 고온 열교환기와 저온 열교환기로 완전히 구분되어 있다.

③ 용액 열교환기의 종류는 셸-튜브 열교환기, 판형 열교환기 및 기타 열교환기 등이 있다.

④ 기타 열교환기

   ㈎ 급탕용 온수 열교환기 : 급탕 제조용 별도 열교환기

   ㈏ 배기가스 열교환기 : 배기가스와 재생기 유입 용액 혹은 버너공급 공기온도를 가열하는 열교환기

   ㈐ 예랭기 : 흡수기 입구로 들어가는 흡수용액의 온도를 낮추어 유입포화온도와 흡수기의 포화온도와의 차이를 줄여서 프레싱 현상을 줄이기 위한 열교환기 등이 있다.

(2) 결정방지장치

① H_2O / LiBr 흡수식 시스템은 운전 중 혹은 정전 시 시스템 내에 저온 고농도 부분에 결정이 발생될 수 있다.

② 결정방지장치의 종류

   ㈎ 응축냉매를 결정부분에 넣어주는 희석방식

   ㈏ 결정부를 가열하는 가열식 등이 있다.

   ㈐ 결정방지 제어방법 : 운전정지 후에도 용액 펌프를 일정시간 운전하여 용액을 균일화하는 방법

(3) 흡수식의 정류기(분류기)

① NH₃ / H₂O 방식의 경우 냉매와 흡수제의 비등점 차이가 크지 않기 때문에, 재생 과정에서 일부분의 흡수제가 증발하여 순환될 수 있어서 (이것이 전체 시스템에 나쁜 영향을 미칠 수 있음) 재생기 후에 고온고압의 암모니아 증기에 포함된 수분을 제거하여 순도를 높이기 위한 열 및 물질 전달장치이다.

② 종류 : 전열관 형상, 충진재 형상, 냉각방식 및 구조에 따라 다양하다.

(4) 추기장치 (抽氣裝置)

① H₂O / LiBr 방식은 불응축 가스의 누입 및 관내 부식 등으로 인해 발생된 수소가스가 시스템 내에 축적되면 시스템 성능 및 결정화에 크게 영향을 주므로, 이들을 외부로 방출하여 진공을 계속 유지하게 하는 추기장치가 필요하다.

② 종류

⑦ 추기 펌프에 의한 방법

- 추기 펌프를 이용하여 흡수기에서 불응축성 가스 흡입(수증기와 흡수액도 포함)하여 배출함
- 압력 약 50~80 mmHg 이상이 되면 추기 펌프가 자동으로 가동되게 한다.

④ 흡수액 펌프의 토출압에 의한 방법 : 흡수액 펌프에 의해 불응축 가스와 흡수액을 분리시키고, 불응축성 가스를 방출함

(5) 흡수식의 엘리미네이터

① H₂O / LiBr 방식 혹은 NH₃ / H₂O 방식의 경우 응축 냉매 중에 흡수 용액이 누입되어 냉매의 순도가 떨어지면 시스템 성능에 악영향을 미치는데 이를 막고자 엘리미네이터를 흡수기와 증발기 사이, 저온 재생기와 응축기 사이, 고온 재생기 증기부 상단 등에 설치한다.

② 엘리미네이터는 단순히 용액을 차단하고, 증기는 통과시키는 역할을 하지만 형상과 관련한 증기차압도 중요한 변수 중 하나로 고려해야 한다.

· 문제풀이 요령

흡수식 냉동기의 주요 장치로는 흡수기, 증발기, 응축기, 재생기외 열교환기 (저온의 묽은 용액과 고온의 농용액을 열교환), 결정방지장치 (저온 고농도 부분의 막힘방지), 정류기 (NH₃ / H₂O 방식에서 흡수제 재회수), 추기장치 (불응축성가스 배출), 엘리미네이터 (흡수제 방출 막음) 등이 있다.

PROJECT 62 Liquid Back 방지설계   출제빈도 ★☆☆

> **Q** 냉매 사이클에서 아래 흡입배관 설계 시 Liquid Back(액냉매 역류)방
> 지를 위한 배관(증발기 ↔ 압축기)을 그림 a, b, c, d, e, f 에 각각 단선으
> 로 도시하시오. (단, 밸브 등 부속품은 생략하고 배관경로만 도시할 것).

(1) 증발기가 상하로 겹쳐 있고, 압축기가 밑에 있을 때 (그림 a)

증발기가 상·하부에 겹쳐있으므로 두개의 증발기 출구 배관을 메인 배관에 T자 형태로 바
로 연결하고, 상부로 루프를 형성하여 냉동기 정지 및 운전시 압축기로 액냉매 유입을 막아
주거나 완화시켜 준다(정지시 펌프다운을 하는 장치에서는 상부 루프의 생략이 가능).

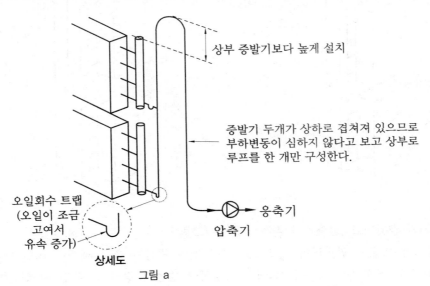

그림 a

(2) 증발기가 상·하로 떨어져 있고, 압축기가 밑에 있을 때 (그림 b)

증발기가 상·하부로 떨어져 있으므로 두
개의 증발기 출구 배관을 트랩과 상부 루프를
통하여 별도로 메인 배관에 연결한 후 압축기
측으로 연결한다. 단, 이때에는 주로 증발기
각각을 상부로 트랩을 형성하여 냉동기 정지
및 운전 시 압축기로 액냉매 유입을 막아주거
나 완화시켜 준다(정지 시 펌프다운을 하는 장
치에서는 상부 루프의 생략이 가능).

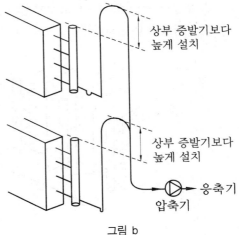

그림 b

(3) 증발기가 상·하로 겹쳐 있고, 압축기가 위에 있을 때(그림 c)

증발기가 상·하부에 겹쳐 있으므로 두 개의 증발기 출구 배관을 메인 배관에 T자 형태로 바로 연결한다. 이때 압축기가 증발기보다 위에 있으므로 상부로 루프 없이 바로 연결하여도 압축기로의 액냉매 유입이 방지된다(부하변동이 적다고 보고 한 개의 루프로 구성).

(4) 증발기가 상·하로 떨어져 있고, 압축기가 위에 있을 때(그림 d)

증발기가 상·하부로 떨어져 있으므로 두 개의 증발기 출구 배관을 두 개의 루프 등을 이용하여 별도로 메인 배관에 위쪽으로부터 연결한 후 압축기측으로 연결한다. 이때 역시 압축기가 증발기보다 위에 있으므로 별도의 루프가 없어도 압축기로의 액냉매 유입이 방지된다.

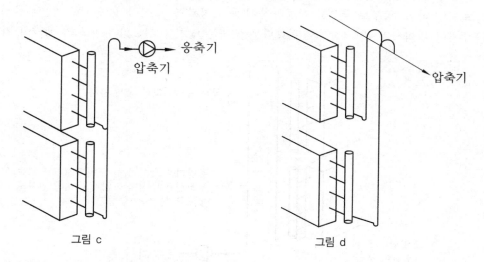

그림 c   그림 d

(5) 증발기가 병렬이고, 압축기가 밑에 있을 때(그림 e)

증발기가 병렬로 연결되어 있으므로 여러 개의 증발기 출구 배관을 메인 배관에 T자 형태로 바로 연결하고, 상부로 트랩을 형성하여 냉동기 정지 및 운전 시 압축기로 액냉매 유입을 막아주거나 완화시켜준다(정지 시 펌프다운을 적용하는 시스템에서는 상부 루프의 생략이 가능하다).

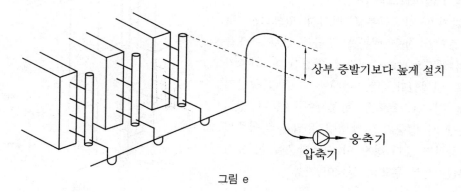

그림 e

(6) 증발기가 병렬이고, 압축기가 위에 있을 때(그림 f)

증발기가 병렬로 연결되어 있으므로 여러 개의 증발기 출구 배관을 메인 배관에 T자 형태로 바로 연결한다. 이때 압축기가 증발기보다 위에 있으므로 상부로 별도의 루프 형성 없이도 압축기로의 액냉매 유입이 방지된다.

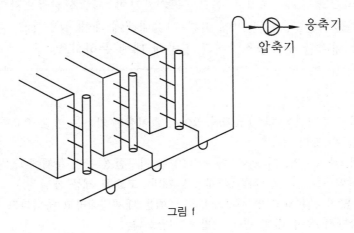

그림 f

• **문제풀이 요령**

압축기 하부형 냉동 시스템에서는 상부 방향으로 트랩을 형성하여 냉동기 정지 및 운전 시 압축기로 액냉매가 유입되는 것을 막아주는 것이 좋다(액압축에 의한 압축기 파손 방지 차원).

PROJECT 63 **공조냉동의 국내외 기술 전망** 출제빈도 ★★☆

> **Q** 공조냉동 전문분야(설계, 시공, 제작, 기타분야)에 대해 국내외 기술수준을 비교하시오. 그리고 공조냉동기계분야 기술선진국으로의 발돋움을 위한 기술개발 과제 및 이에 따른 개발대책에 대해 설명하고, 향후 고유가 시대에 대비한 냉동공조업계의 전망에 대해 논하시오.

(1) 개 요

① 공조냉동업은 주거문화 및 산업계에 있어서 없어서는 안되는 가장 중요한 산업분야 중의 하나라고 할 수 있다.

② 오존층파괴, 대기오염, 지구온난화 등 다양한 지구환경 관련 문제에 대응하기 위해서 냉동공조 분야의 약진이 필요하다(대체냉매 개발, 고효율 제품 개발 등).

③ 현재 가장 많이 사용하고 있는 프레온계 냉매는 대체냉매라고 하더라도 지구온난화지수 (GWP)가 상당히 높아 대체 냉매 개발이 시급하다.

④ 공조냉동 시스템의 에너지 효율을 향상시키면, 동일 냉방능력을 얻기 위해 소비되어야 하는 에너지량이 적어지므로 그만큼 CO_2 배출량을 줄일 수 있다.

(2) 각 분야 국내·외 기술 비교

① 대체 냉매 개발 분야

㉮ 미국, 유럽 등이 많이 앞서 나간다(미국의 DuPont, 영국 ICI 등은 세계적인 화학업체로 프레온가스 대체 물질 개발에 앞장).

㉯ 대부분의 차량용 에어컨 시스템은 R134a로 가동되는데 앞으로 대체냉매를 개발하거나 새로운 에어컨 시스템이 나타날 것으로 예상된다(유럽 Freon-Gas 법률에서 지구온난화 문제로 수송용 에어컨 시스템 분야에서 사용되는 R134a의 조기 철폐를 승인).

㉰ 과거 사용하다가 프레온 냉매에 밀려난 자연냉매(CO_2, 흡수제, 이소부탄, 프로판 등)가 환경문제로 인하여 다시 각광을 받고 있으며, 향후 많은 발전이 기대된다.

㉱ 우리나라도 CO_2, 이소부탄 등 천연 자연냉매를 적용한 냉동장치 및 고효율 압축기 등의 개발에 박차를 가하고 있고, 그 성과도 많이 발표되고 있으나 아직 선진국 수준에는 많이 못 미치고 있다.

② 에너지 효율 문제

㉮ 2005년 12월 캐나다 몬트리올에서 열린 UN 기후변화 컨퍼런스에서 국제냉동기구 (IIR)는 2020년까지 공기조화 플랜트는 2005년 대비 약 30~50%도 안 되는 에너지로도 가동할 수 있을 것이라 전망했다.

㉯ 일본은 인버터 압축기를 활용한 다양한 냉동기, 에어컨 등을 내어놓는 등 인버터 관련 기술분야에서 가장 선두주자이다.

㈐ 미국은 VAV 시스템, 대수 제어, 고효율 유니터리 제품을 이용한 분산공조, 고효율 흡수식 개발 등의 다양한 방법으로 고효율에 기술적 접근을 하고 있다.

㈑ 유럽은 에너지 효율이 높은 제품 구입 시 세금환급을 해주고, 반면 에너지 효율이 기준미달인 제품은 아예 판매를 불허하고 있다.

㈒ 우리나라도 에너지 효율 관련 규격(에너지 효율 등급표시제도 등) 강화 및 기술개발이 지속적으로 이루어지고 있다.

③ 환경분야

㈎ 유럽(EU)은 대체냉매의 조기 보급화, 환경관련 정책 추진, 무역장벽 연계 등 환경문제 해결 측면에서 가장 선두주자이다.

㈏ 일본은 환경 선진국 : CO_2 배출량 거래의 선두주자로 자처, 환기법규제도 발달 등 이 분야에서 상당히 앞서있다.

㈐ 미국은 자국의 에너지 문제 등을 이유로 한 때 교토 의정서를 탈퇴하는 등 환경분야에서는 다소 뒤로 밀려난 느낌이었으나, 최근에는 환경 문제, 고효율 문제, 자연에너지 활용 등에 상당히 적극적으로 대응해 나가고 있다.

㈑ 앞으로 환경문제는 인류의 생존 문제로 다루어질 것이므로 우리나라도 지금까지보다 더 적극적으로 환경문제를 다룰 필요가 있다.

(3) 기술 개발 과제 및 대책

① 고효율 EHP

㈎ 고효율 압축기(BLDC 인버터, PWM 압축기 등), Vapor Injection 등을 채용한 고효율 EHP시스템이 매년 많이 개발되고 있다.

㈏ EHP는 전기 사용량이 많으므로, 시스템의 효율향상, 대체에너지와의 접목 등이 가장 중요하다.

② GHP

㈎ 여름철 피크전력을 줄이기 위해 도시가스 연료를 사용하는 GHP 시스템이 학교(교단 선진화), 혹한지 등에 많이 보급되고 있다(국내 정부보조금 있음).

㈏ GHP + 공조기 형태로 변형된 형태의 냉동 시스템도 선보이고 있다.

㈐ 가스 연료를 사용하는 다양한 형태의 시스템 발굴에 초점을 맞출 필요가 있다.

③ 소형 흡수식

㈎ 역시 여름철 피크전력을 줄이기 위한 '소형 흡수식 냉동기'도 많은 연구와 기술 개발이 이루어지고 있다.

㈏ 소형 흡수식 시스템은 EHP와 경쟁이 치열해질 수 있으므로 경제성 제고가 필요하다.

④ HR (Heat Recovery 히트펌프)

㈎ 여름철에는 실외에 버려지는 응축열을 회수하고, 겨울철에는 실외에 버려지는 증발열을 회수하는 Heat Recovery형 히트펌프 제품이 많이 출시되고 있다.

(나) 일본이 이 분야에서 가장 활발하며, 우리나라도 학계, 대기업 등을 중심으로 많은 진전을 보이고 있다.

⑤ 전열교환기

(가) HRV〔Heat Recovery (Reclaim) Ventilator〕 혹은 Erv〔Energy Recovery (Reclaim) Ventilator〕라고도 불린다.

(나) 전열교환기는 배기되는 공기와 도입 외기 사이에 열교환을 통하여 배기가 지닌 열량을 회수하거나, 도입 외기가 지닌 열량을 제거하여 도입 외기부하를 줄이는 장치이다 (버려지는 에너지 회수에 상당한 도움이 됨).

(다) 앞으로 열교환소자 개발이 관건이다(현재는 대부분 수입에 의존).

⑥ 마그네틱 냉동기 : 냉동 매개체로 고가의 희귀 금속 대신 일반 금속합금을 사용하는 냉동 시스템 개발 완료(증기압축 에어컨 시스템이나 히트펌프제품의 부품들과 가격이 비슷한 단계에 이름, 최근 상업화 적극 추진 중임.)

(4) 업계 전망

① 에너지 효율 : 전기 사용량을 절감할 수 있는 공조냉동기가 점점 각광 받을 것이다.

② 환경문제 : 지구온난화 방지, 오존층 보존, 위해물질 방출 금지 등에 초점이 맞추어진다.

③ 대체 냉매 : 지구온난화가 방지되면서도 고효율을 구현할 수 있는 대체냉매 개발이 시급하다.

④ 신재생에너지 개발 : 태양 에너지, 지열, 온도차에너지 등을 이용하는 시스템을 실용화하는 기술 개발에 가속화가 필요하다.

⑤ 고유가시대 대비 : 공조냉동 시스템의 사용 연료의 다각화(전기, 가스, 폐열회수 등), 대체 에너지 실용화 등이 관건이다.

⑥ 스마트 (지능형) 기기의 개발 : 정보통신기술 (ICT)과 융합된 첨단 제품으로 발전되는 경향이 두드러진다.

· 문제풀이 요령

① 최근 들어 어떤 유형의 기술전망, 업계전망 등을 묻는 다소 추상적인 문제도 자주 출제되니 잘 정리해 둘 필요가 있음(자신의 전문분야에 따라 답이 다를 것임)

② 고유가 시대를 대비한 공조냉동 분야의 노력은 기존 시스템에 대한 효율향상, 폐열회수 기능 강화, 피크 전력 제한, 대체 시스템 개발 등으로 나눌 수 있다.

건축기계설비기술사

PROJECT 1 **건축설비 계획법**　　　　　출제빈도 ★☆☆

Q 건축설비의 계획법에 대해서 논하시오.

---

(1) 개요

설비의 계획법은 업무 흐름에 따라 기본 구상→기본 계획 설계→실시 설계의 단계로 진행되며, 건물의 구조 및 용도에 따라 기본 계획이 기본 설계에 포함되기도 한다.

(2) 기본 구상

건축 규모, 용도, 공기, 예산, 공조, 난방, 열원, 수준, 계획, 에너지 등 검토

(3) 기본 계획 및 설계

① 기본 계획 : 기본 계획서, 공사비 계산서, 공조 방식, 실내환경, 공사비 산출, 자료 수집, 법령, 사례, 현지조사 등 검토

② 기본 설계 : 열원, 공조, 부하, 기기의 계획 작성(1안, 2안 …… 등으로 구분하여 작성)

(4) 실시 설계

설계도, 시방서, 공사비 내역서, 조건, 열부하, 풍량, 용량, 방식, 사양, 계산서 등에 대한 상세 설계

(5) 설비 계획 (공조계획 포함) 상 고려사항

① 사전 건축과의 협의

　㈎ 건물의 방위, 단열, 창 등

　㈏ 기계실의 위치, 크기 등

  ㈐ 천장 내 Space, 층고, 천장고 등

  ㈑ 슬래브, 구조벽 등의 Opening

  ㈒ 기타 에너지, 극간풍, 연돌효과 등 협의

  ㈓ 샤프트, 덕트 Pipe 등의 사이즈 및 위치 설정

② 설비 사전조사

  ㉮ 유사건물에 대한 Bench Marking

  ㉯ 건축주와의 협의(요구조건 파악)

  ㉰ 현장 환경조건

  ㉱ 건축물의 공조 요구조건

  ㉲ 에너지, 오·배수, 소음, 진동 등 조사

  ㉳ 기존건물의 성공사례 및 실패사례 조사

  ㉴ 소방, 설비 등의 법규상 규제 사항

• 문제풀이 요령

 건축설비의 계획법은 기본적으로 기본 구상(아이디어 검토단계) → 기본 계획 및 설계(계획 설계 ; 계획서, 계산서 등 작성) → 실시 설계(설계도, 시방서 등 작성)의 순으로 진행된다.

PROJECT **2** 온수집열 태양열 난방   출제빈도 ★☆☆

Q 온수집열 태양열 난방의 종류 및 특징에 대해 설명하시오.

---

(1) 개요

① 태양열 난방은 장시간 흐린 날씨, 장마철 등의 태양열의 강도상 불균일에 따라 보조열원
   이 대부분 필요하다.

② 온수집열 태양열 난방은 태양열 축열조와 보조열원(보일러)의 사용 위치에 따라 직접 난
   방, 분리 난방, 예열 난방, 혼합 난방 등으로 구분된다.

(2) 직접 난방

① 항상 일정한 온도의 열매를 확보할 수 있게 보일러를 보조가열기 개념으로 사용함

② 개략도

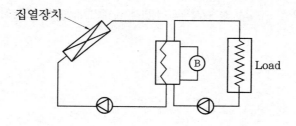

(3) 분리 난방

① 맑은 날은 100% 태양열을 사용하고, 흐린 날은 100% 보일러에 의존하여 난방운전
   을 실시함

② 개략도

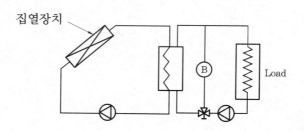

(4) 예열 난방

① 태양열 측 열교환기와 보일러를 직렬로 연결하여 태양열을 항시 사용할 수 있게 함

② 개략도

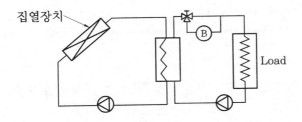

(5) 혼합 난방

① 태양열 측 열교환기와 보일러를 직·병렬로(혼합 방식) 동시에 연결하여 열원에 대한 선택의 폭이 넓게 해줌 (분리식 + 예열방식)

② 개략도

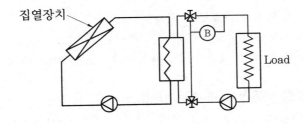

• **문제풀이 요령**

온수집열 태양열 난방에는 보조열원의 위치에 따라 직접 난방(일정 온도의 열매 확보), 분리 난방(맑은 날 태양열 사용, 흐린 날 보일러 사용), 예열 난방(태양열을 항시 사용), 혼합 난방(직·병렬 혼합 방식) 등으로 구분된다.

PROJECT **3** 태양열 급탕기(給湯機) 　　출제빈도 ★☆☆

Q 태양열 급탕기(給湯機) 혹은 태양열 온수기(溫水機)를 분류하고 각 종류별 특징에 대해 설명하시오.

(1) 개요

태양열 급탕 및 태양열 난방 방식은 초기투자비는 높지만 장기적으로는 경제적이다.

(2) 특징 및 구성

① 무한성, 무공해성, 저밀도성, 간헐성(날씨) 등의 특징을 가지고 있다.
② 구성 : 집열부, 축열부, 이용부, 보조열원부, 제어부 등
③ 보조열원부 : 보일러, 히터 등 태양열 부족 시 사용할 수 있는 열원기기를 말한다.

(3) 무동력 급탕기(자연형)

① 저유식(Batch식) : 집열부와 축열부가 일체식
② 자연대류식 : 집열부보다 윗쪽에 저탕조(축열부) 설치
③ 상변화식 : 상변화가 잘 되는 물질(PCM ; Phase Change Materials)을 열매체로 사용한다.

(4) 동력 급탕기(펌프를 이용한 강제 순환 방식)

① 밀폐식 : 부동액(50 %)＋물(50 %)로 얼지 않게 한다.
② 개폐식 : 집열기 하부의 '온도 감지장치'에 의하여 동결온도에 도달하면 자동 배수시킨다.
③ 배수식 : 순환펌프 정지시 배수를 별도의 저장조에 저장한다.
④ 내동결 금속 사용 : 집열판을 스테인리스 심용접판으로 만들어 동결량을 탄성 변형량으로 흡수한다.

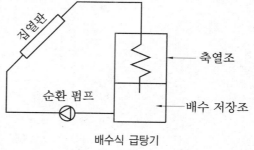

배수식 급탕기

• 문제풀이 요령
① 태양열 급탕기(온수기) : 태양열을 축열 후 이용하여 급탕 및 난방을 할 수 있는 장치이다(태양열을 사용하므로 초기 투자비는 높지만 장기적으로는 경제적이다).
② 태양열 급탕기의 종류 : 크게 무동력(자연형) 급탕기와 동력 급탕기(펌프를 이용한 강제 순환방식)로 나누어지며, 무동력으로는 저유식(batch식), 자연대류식, 상변화식(PCM 등 사용) 등이 있으며, 동력형으로는 밀폐식, 개폐식, 배수식, 내동결 금속 사용방식 등이 있다.

PROJECT **4** 공기청정기 성능 시험방법 출제빈도 ★☆☆

Q 실내에 사용되는 공기청정기 인증을 위한 성능 시험방법에 대해 설명하시오.

(1) 개요

공기청정기는 고체 입자상의 분진(Dust), 냄새 및 유해가스 등을 포함하는 가스상 또는 미생물의 오염입자들을 제거하는 기기이다.

(2) 입자상 물질 포집효율 (집진효율) 성능시험법

① 한국산업규격(KS)과 한국 공기청정 협회 규격에서 규정하는 비색법, 계수법 등이 있다 (계수법이 더 많이 사용됨).

② 측정법

$$\text{포집효율 } v(\%) = \left(\frac{c_1 - c_2}{c_1} \right) \times 100$$

여기서, c_1 : 상류측 분진 농도 상당치, c_2 : 하류측 분진 농도 상당치

(3) 탈취효율 성능 시험법

탈취효율의 시험용 가스는 암모니아, 아세트알데히드, 초산 등이 사용된다.

① 오염 가스 제거율

$$\eta_i = \left(\frac{C_{i \cdot 0} - C_{i \cdot 30}}{C_{i \cdot 0}} \right) \times 100$$

여기서, η_i : 제거율, $C_{i \cdot 30}$: 운전 30분 후 i 가스 농도(ppm), $C_{i \cdot 0}$: 운전 전 초기 i 가스 농도(ppm)

② 탈취효율

$$\eta_T = \frac{(\eta_1 + 2\eta_2 + \eta_3)}{4}$$

여기서, η_T : 탈취효율(%), η_1 : 암모니아 제거율(%)
η_2 : 아세트알데히드 제거율(%), η_3 : 초산 제거율(%)

(4) 오존발생량 시험법

① 시험기기의 위치는 측면 1 m, 바닥 1 m 이격 후 24시간 작동하여 50 ppb 초과하지 않아야 한다 (UL 규격).

② 정전, 플라스마, UV 광촉매, 클러스터 등의 반응시의 인체에 유해한 오존 발생에 대한 시험법이다.

• 문제풀이 요령
일반적인 공기청정기 시험순서는 오존 발생량 시험 → 집진시험(포집효율 시험) → 탈취시험 순이다.

PROJECT 5 초에너지 절약형 건물 출제빈도 ★★☆

Q 초에너지 절약형 건물에서의 에너지 절약 사례에 대해서 기술하시오.

(1) 개요

① 건축물의 에너지 절약은 건축부문 에너지 절약과 기계부문 에너지 절약 부분을 동시에 고려해야 한다.

② 건축부문의 에너지절약은 대부분은 외부부하 억제(단열, 차양, 다중창 등)의 방법이며, 내부부하 억제 및 Zoning의 합리화 등의 방법도 있다.

③ 설비부분의 에너지 절약은 자연에너지 이용, 합리적 설비운용, 폐열회수 등이 주축을 이룬다.

(2) 건축분야

① Double Skin : 빌딩 외벽을 2중벽으로 만들어 자연환기를 쉽게 하고, 일사를 차단하여 에너지를 절감할 수 있는 건물

② 건물 외벽 단열 강화 : 건물 외벽의 단열을 강화함(내단열, 외단열, 중단열 등)

③ 지중 공간 활용 : 지중공간은 연간 온도가 비교적 일정하므로, 에너지 소모가 적음

④ 저층화 및 층고 감소 : 실의 내체적을 감소시켜 에너지 소모를 줄이고, 저층화로 각종 동력을 절감한다.

⑤ 방풍실 출입구 : 출입구에 방풍실을 만들고 가압하여 연돌효과 방지

⑥ 색채 혹은 식목 : 건물 외벽에 색채 혹은 식목으로 에너지 절감

⑦ 기타 : 선진 창문틀(기밀성 유지), 창면적 감소, 건물 방위 최적화, 옥상면 일사차폐, 특수 복층유리, Louver에 의한 일사 차폐 등

⑧ 내부부하 억제 : 조명열 제거, 국소배기 시스템 등

⑨ 합리적인 Zoning : 실내 온·습도 조건, 실(室)의 방위, 실사용 시간대, 실부하 구성, 실(室)로의 열운송 경로 등

(3) 기계설비 분야

① 신재생에너지 이용 : 지열, 풍력, 태양열 에너지를 냉난방 및 급탕용으로 이용한다.

② 조명 에너지 절약 방식 : 자연채광, 조명 자동제어 시스템을 이용한 조명 에너지 절감

③ 중간기 : 외기냉방 및 외기 냉수냉방 시스템

④ 외기량 : CO_2 센서를 이용한 최소 외기량 도입

⑤ VAV 방식 : 부분부하시의 송풍동력 감소

⑥ 배관계 : 배관경, 길이, 낙차 등 조정하여 배관계 저항 감소시킨다.

⑦ 온도차 에너지 이용 : 배열, 배수 등의 에너지 회수

⑧ 절수 : 전자식 절수기구 사용

⑨ 기타 : 국소환기, 펌프 대수제어, 회전수 제어, 축열방식, 급수압 저감, Cool Tube system 등

(4) 전기설비 분야

① 저손실형 변압기 채용 및 역률 개선 : 변압기는 상시 운전되는 특징을 가지고 있고, 전기기기 중 손실이 가장 큰 기기에 속하므로 고효율형 변압기 선택이 중요하다. 또 역률을 개선하기 위해서는 진상콘덴서를 설치할 필요가 있다.

② 변압기 설계 : 변압기 용량의 적정 설계, 용도에 따른 대수제어, 중앙감시 제어 등

③ 동력설비 : 고효율의 전동기 혹은 용량가변형 전동기 채택, 대수제어, 심야전력 최대한 이용, 태양열 이용 등

④ 조명 설비 : 고효율의 형광 램프 및 안정기 채용, 고조도 반사갓(반사율 90% 이상) 채용, 타이머 장치와 조명 레벨제어, 센서제어, 마이크로 칩이 내장된 자동조명 장치의 채용 등

⑤ 기타

㈎ 태양광 가로등 설비 : 태양전지를 이용한 가로등 점등

㈏ 모니터 절전기 : 모니터 작동 중에 인체를 감지하여 사용하지 않을 경우 모니터 전원 차단

㈐ 대기전력 차단제어 : 각종 기기의 비사용시의 대기전력을 차단함

㈑ 옥외등 자동 점멸장치 : 광센서에 의해 옥외등을 자동으로 점멸함

• **문제풀이 요령**

초에너지 절약형 건물에서의 에너지절약은 건축부문에서는 Double skin, 외벽 단열, 지하공간 활용, 층고감소, 저층화 등의 방법이 주로 사용되며, 기계설비 부문에서는 대체 에너지 이용(태양열, 지열, 온도차 에너지 등), 공조 에너지 절약(외기냉방, VAV 등), 환기 절감, 폐열 에너지 회수, 에너지 사용절약(조명 에너지, 절수 등) 등이 주로 적용된다.

PROJECT **6** **건축기계설비의 소음** 출제빈도 ★★☆

Q 건축기계설비의 소음발생 원인과 대책에 대해서 설명하시오.

---

(1) 개요

건물과 설비 대형화로 열원기기, 반송장치 등 장비용량이 커져 소음 발생이 높으며 건축대책도 함께 요구된다.

(2) 소음 발생원

① 열원장치 : 보일러, 냉동기, 냉각탑 등
② 열원 수송장치 : 펌프, 수배관, 증기배관 등
③ 공기 반송장치 : 송풍기, 덕트, 흡입·취출구 등

(3) 방음 대책

① 열원장치

㉮ 보일러 : 저소음형 버너 및 송풍기 채택, 소음기 설치 등
㉯ 냉동기, 냉각탑 : PAD, 방진가대 설치 등

② 열원 수송장치

㉮ 펌프 : 콘크리트 가대, 플렉시블, 방진 행어, Cavitation방지 등
㉯ 수배관 : 적정유속, Air 처리, 신축이음, 앵카, 수격 방지기 등
㉰ 증기배관 : 스팀 헤머 방지, 주관 30 m 마다 증기 트랩 설치 등

③ 공기 반송장치

㉮ 송풍기 : 방진고무, 스프링, 사운드 트랩, 흡음 체임버, 차음, 저소음 송풍기, 서징방지 등
㉯ 덕트 : 차음 엘보, 와류 방지, 흡음 체임버, 방진행어, 소음기 등
㉰ 흡입구 / 취출구 : 흡음 취출구, VAV기구 등

④ 건축대책

㉮ 기계실 : 기계실 이격, 기계실 내벽의 중량벽 구조, 흡음재(Glass Wool+석고보드) 설치
㉯ 거실 인접서 이중벽 구조, 바닥 Floating Slab 구조 처리 등

• **문제풀이 요령**

건축기계설비의 소음 발생원은 열원(보일러, 냉동기 등)과 반송설비(펌프, 송풍기 등) 등으로 나누어질 수 있다.

PROJECT 7 건축설비의 낭비운전 및 과잉운전   출제빈도 ★☆☆

Q 건축설비의 낭비운전 및 과잉운전 대처방법(에너지 절약적 차원)에 대해 서 설명하시오.

(1) 전력관리 방법

① 효과적인 전력관리를 하기 위해서는 우선 부하(기기)의 종류와 그들 기기가 어떻게 사용 되고 있는가를 함께 검토하여야 한다.

② 전기기기의 효율 향상, 역률의 개선, 전력의 낭비 방지 등이 고려되어져야 한다.

③ 변압기의 효율저하의 개선이나 무부하 시의 손실저감, 전동기의 공회전에 의한 전력소비 의 방지, 불필요한 시간대 및 부서의 조명의 소등 등

④ 전력관리를 진척시키기 위해서는 부하 상태의 감시 및 파악이 필요하다 (즉 부하설비의 종류와 용량, 부하설비의 가동상황은 어떠한 상태인가 등의 실시간 파악이 중요하다).

(2) 첨두부하 제어 방법

① 첨두부하 억제 : 어떤 시간대에 집중된 부하가동을 다른 시간대로 이동하기가 곤란한 경우, 사용전력 이 목표전력을 초과하지 않도록 일부 부하의 차단을 하는 것으로, 실질적으로 생 산량은 감소된다.

② 첨두부하 이동 : 어떤 시간대에 첨두부하가 집중하는 것을 막기 위하여 그 시간대의 부하 가동의 공정을 고쳐보아서 일부의 부하기기를 다른 시간대로 이동시키더라도 생산 라인에 영향을 미치지 않은가를 확인하여 부하이동을 시행한다(대규모인 전력부하 이행 실시의 한 예로, 빌딩의 공조용 냉동기의 축열운전이 있다).

③ 자가용 발전설비의 가동 : 전력회사로부터의 전력으로 생산을 하기에는 부족하거나, 부하의 최대전력 부하의 억제나, 최대 전력부하의 이동이 어렵고, 또한 목표전력의 증가는 경비 나 설비면에서, 고부담으로 실시하기가 곤란한 경우에 설치되고 있다.

(3) 기타의 방법

① 환기량 제어 : 환기량에 대한 기준완화 등

② Task/Ambient, 개별공조, 바닥취출공조 : 비거주역에 대한 낭비를 줄임

③ 외기냉방 (엔탈피 제어) : 중간기 엔탈피 제어 등으로 낭비를 줄임

④ 각종 폐열회수 : 배열회수, 조명열회수, 배수 회수 등

⑤ 승온 이용 : 응축기 재열, 이중응축기 등

⑥ 단열 : 공기순환형창, Double Skin, 기밀유지, 연돌효과 방지 등

• **문제풀이 요령**
첨두부하 제어방법이 중요하며 첨두부하 억제 (일부 부하의 차단), 첨두부하 이동 (부하의 다른 시간대 로의 이동 혹은 축열), 자가용 발전설비 (계약 전력의 증가가 어려울 시) 등이 있다.

PROJECT **8** 설비의 유지관리   출제빈도 ★☆☆

Q 건축 설비의 유지관리 방법에 대해서 설명하시오.

---

(1) 개요

① 모든 기계, 장치, 설비는 사용기간이 경과함에 따라 마모, 훼손, 부식, 고장, 성능 저하에 의해 본래 가지고 있던 기능을 차차로 잃어가게 된다.

② 유지관리란 그대로 두면 저하하는 설비의 성능을 보완하여 가능한 한 설비기기의 성능을 처음의 수준으로 유지하면서 사용 수명을 연장하고 사용 목적과 주변여건에 맞도록 개량하고 바꾸어서 진부화를 방지하고 설비의 효용성이 최대가 되도록 유지하는 일련의 활동을 말한다.

③ 공기조화 설비기기에서는 보일러, 냉동기, 냉각탑, 열교환기 등의 열원기기 외에 공기조화기, 전열교환기, 패키지에어컨, 팬코일 유닛 등과 같은 공조기기와 송풍기, 덕트, 댐퍼, 디퓨저, VAV 또는 CAV 터미널 등으로 구성되는 덕트 계통기기, 펌프, 밸브, 배관 등으로 구성되는 배관계통기기, 기타 공기청정기, 가습기, 제습기, 공기 열교환기 등이 유지관리의 대상이 된다.

④ 이러한 설비의 기능을 계획시에 설정한 바와 같이 경제적으로 안전하게 운영 유지하기 위해서는 정기적으로 점검·기록하고 필요에 따라 교체, 수선, 정비하는 유지관리 업무를 철저히 시행하여야만 한다.

(2) 유지관리 업무의 목적

① 내용년한의 저하를 방지하고 수명을 연장시킨다.

② 고장 발생을 미연에 방지하고 고장률을 저하시킨다.

③ 에너지비용 등 각종 비용을 경제적으로 운용한다.

④ 성능을 처음과 최대한 유사하게 유지한다.

⑤ 진부화를 방지하고 효율을 높인다.

⑥ 관리요원의 자질을 향상하고 업무를 합리화 시킨다.

(3) 유지관리 업무를 추진하는 데 필요한 세 가지 원칙

① 효용 확보의 원칙

② 효율적인 유지관리 원칙

③ 종합적 내용의 최소 부담 원칙

(4) 예방적 유지 관리

① 과거에는 고장이나 결함이 생기고 나서 사고가 발생한 부분에 한해 설비의 수명연장을 목표로 수리를 행하는 사후유지관리(Breakdown Maintenance)가 일반적이었다.

② 그러나 오늘날의 설비 시스템은 매우 복잡한 기능을 갖게 되었으며 고도의 장치화, 시스템화한 설비가 되면서 유지관리 단계에 있어서 보다 합리성, 경제성이 추구되어야 한다. 이러한 점에서 최근에는 예방적 유지관리(Preventive Maintenance) 방법이 도입되고 있다.

③ 고장의 발생을 예방하는 소극적인 것뿐만 아니라 설비의 성능저하, 사고 발생시 경제적 손실을 최소화하기 위한 것을 목표로 하고 있다. 그러므로 설비의 기능이나 가치에 대하여 평가하는 기준이 크게 변화되고 있다.

④ 예방적 유지 관리에 의한 주된 효과

   (개) 고장에 의한 설비의 정지에 따른 손실이 감소한다.

   (내) 예비설비를 필요로 하는 부분이 감소한다.

   (대) 돌발적인 고장건수가 감소하여 스케줄 변경이 적어진다.

   (래) 예비품 관리가 양호하게 되고 재고량을 최소한으로 억제할 수 있다.

   (매) 내구수명이 연장되어 수리비가 감소한다.

   (배) 단위면적당의 유지관리 원가가 낮아진다.

   (새) 실내환경을 양호한 상태로 유지시킬 수 있다.

   (애) 재해 등을 미연에 방지할 수 있어서 재산가치의 보존이 가능하다.

   (재) 관리요원의 최소화와 사용에너지의 유효 이용율이 높아진다.

   (채) 라이프 사이클 코스트의 절감을 도모할 수 있다.

• 문제풀이 요령

  설비의 유지관리 세 가지 원칙은 ① 효용 확보의 원칙, ② 효율적인 유지관리 원칙, ③ 종합적 내용의 최소 부담 원칙 등의 세 가지이다.

PROJECT **9** 오존층 파괴현상   출제빈도 ★☆☆

Q 오존층 파괴현상에 대해서 설명하시오.

(1) CFC의 오존층 파괴 메커니즘

① CFC 12의 경우

  (가) 자외선에 의해 염소 분해 : $CCl_2F_2 \rightarrow CClF_2 + Cl$ (불안정)

  (나) 오존과 결합 : $Cl + O_3 \rightarrow ClO + O_2$ (오존층 파괴)

  (다) 염소의 재분리 : $ClO + O_3 \rightarrow Cl + 2O_2$ (ClO가 불안정하기 때문임)

  (라) Cl의 Recycling : 다시 O_3와 결합 (오존층 파괴)

② CFC 11의 경우

  (가) 자외선에 의해 염소 분해 : $CCl_3F \rightarrow CCl_2F + Cl$ (불안정)

  (나) 오존과 결합 : $Cl + O_3 \rightarrow ClO + O_2$ (오존층 파괴)

  (다) 염소의 재분리 : $ClO + O_3 \rightarrow Cl + 2O_2$ (ClO가 불안정하기 때문임)

  (라) Cl의 Recycling : 다시 O_3와 결합 (오존층 파괴)

(2) 오존층 피괴의 영향

① 인체 : 피부암, 안질환, 돌연변이 등 야기

② 해양생물 : 식물성 플랑크톤, 해조류 등 광합성 불가능

③ 육상생물 : 식량감소, 개화감소, 식물의 잎과 길이 축소 등

④ 산업 : 플라스틱 제품의 노쇠 촉진

⑤ 환경 : 대기 냉각, 기후 변동 등 예상

(3) 대책

대체냉매 개발, 대체 신사이클 개발(흡수식, 흡착식 등), 자연냉매의 적극적 활용 등

(4) 자외선

① UV-A : 오존층에 관계 없이 지표면에 도달하나 생물에 영향은 다소 적은 편이다.

② UV-C : 생물에 유해하나 대기 중에 흡수되어 지표면에 도달하는 양은 거의 없다.

③ UV-B

  (가) 성층권의 오존층에 90% 이상 흡수됨

  (나) 프레온가스(Cl, Br) 등에 의해 오존층이 파괴되면 지표면에 도달하는 양이 증가하여 생물에 위해

• **문제풀이 요령**

① 오존층 파괴 : 자외선에 의해 프레온계 냉매로부터 염소가 분해된 후, 오존과 결합 및 분해를 반복하는 Recycling에 의해 오존층 파괴가 연속적으로 이루어진다.

② 오존층 파괴의 영향은 피부암, 안질환, 돌연변이, 식량감소 등이 대표적이다.

PROJECT **10** 투습   출제빈도 ★☆☆

Q 투습량 및 투습에 의한 잠열의 계산 방법에 대해 설명하시오.

(1) 투습 저항(N)
투습을 방해하는 정도(면적 기준)를 나타냄($\mathrm{m^2 \cdot s \cdot Pa/ng}$, $\mathrm{m^2 \cdot h \cdot mmHg/g}$)

(2) 투습 비저항(n)
투습을 방해하는 정도(길이 기준)를 나타냄($\mathrm{m \cdot s \cdot Pa/ng}$, $\mathrm{m \cdot h \cdot mmHg/g}$)

(3) 투습계수(k_W)
투습의 정도를 나타냄($\mathrm{ng/m^2 \cdot s \cdot Pa}$, $\mathrm{g/m^2 \cdot h \cdot mmHg}$)

$$k_W = \frac{1}{N_i + \sum l \cdot n + N_o}$$

여기서, N_i : 구조체 내측 투습저항

$\sum l \cdot n$: (각 벽체의 두께 × 투습비저항)의 합산

N_o : 구조체 외측 투습저항

(4) 투습량 (ng/s, g/h)
$$W_t = k_W \cdot A \cdot \Delta P_w$$

여기서, k_W : 투습계수 ($\mathrm{ng/m^2 \cdot s \cdot Pa}$, $\mathrm{g/m^2 \cdot h \cdot mmHg}$)

A : 구조체의 투습면적($\mathrm{m^2}$)

ΔP_w : 구조체 내/외 분압차 (Pa, mmHg)

(5) 투습에 의한 잠열(W)
$$q_L = 2.5016 \times 10^{-6} \, W_t = 2.5016 \times 10^{-6} k_W \cdot A \cdot \Delta P_w$$

여기서, W_t : 투습량(ng/s)

A : 구조체의 투습면적 ($\mathrm{m^2}$)

ΔP_w : 구조체 내 · 외 분압차 (Pa)

· 문제풀이 요령

① 투습 저항과 투습 비저항에 의해 투습계수를 계산하고, 계산한 투습계수에 의해 다시 투습량을 계산 가능하다 ($W_t = k_W \cdot A \cdot \Delta Pw$).

② 투습에 의한 잠열은 $q_L = 2.5016 \times 10^{-6} \, W_t = 2.5016 \times 10^{-6} k_W \cdot A \cdot \Delta P_w$ 공식에 의해 계산할 수 있다.

Q 축열 운용방식의 종류와 특징에 대해 설명하시오.

---

(1) 연장 운전형

① 축열 운용 방식

㈎ 열원을 연장 운전(장시간)하여 열원용량을 줄일 수 있다.

㈏ 적은 열원을 선정하는 대신 가동시간을 길게 가져간다.

② 그림

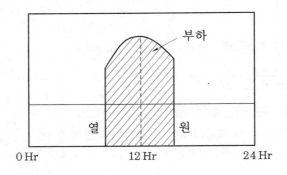

(2) 단축 운전형

① 축열 운용 방식

㈎ 열원의 운전시간을 일정하게 정해두고 운전함

㈏ 주간, 야간 구분 없이 일정 시간을 정해서 집중적으로 축열한 후 사용한다.

② 그림

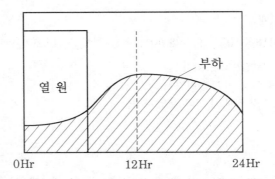

(3) 분리 운전형

① 축열 운용 방식

㈎ 열원을 야간에만 운전함으로써 운전비용을 절감할 수 있다(심야 전력 사용)

㈜ 주간과 야간(심야전력 사용 가능)을 명확히 구분하여, 야간에 축열한 에너지를 주간
에 사용하는 방법이다.

② 그림

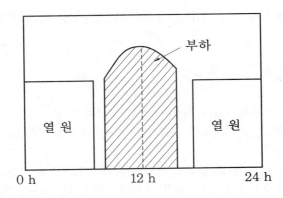

 부하

0 h   12 h   24 h

[칼럼] 수축열 방식, 빙축열 방식

(1) 수축열 방식 : 값싼 심야전력을 이용하여 4~5℃ 정도의 냉수를 생산(물의 현열을 이용)

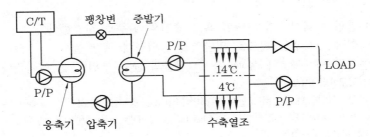

(2) 빙축열 방식 : 값싼 심야전력을 이용하여 빙축열조 내부의 물을 얼음으로 만들어 저장 후 사용(물
의 잠열과 현열을 이용)

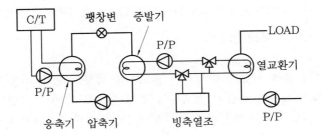

• **문제풀이 요령**
 수축열 운용방식은 크게 ① 연장 운전형 (열원용량 감소), ② 단축 운전형 (축열시간 단축), ③ 분리
운전형 (야간에만 운전)의 세 가지로 나누어진다.

PROJECT 12 열교와 Pattern Staining 출제빈도 ★★☆

Q 열교와 Pattern Staining(얼룩무늬 현상)에 대해 설명하시오.

(1) 열교 (Thermal Bridge, Heat Bridge)

① 정의

  (개) 열손실적인 측면에서 'Cold Bridge'라고 부르기도 함

  (내) 단열 불연속부위, 단열 취약부위 등에 열이 통과되어 결로, 열손실 등을 초래하는 현상이다.

② 발생 부위

  (개) 단열 불연속 부위 : 내단열 등으로 단열이 불연속한 부위로 열통과가 쉽게 이루어진다.

  (내) 연결철물 : 건축구조상 실의 내·외를 연결하는 철물 등에 의해 열통과가 이루어지는 현상

  (대) 각 접합부위 : 접합부위는 미세 틈새, 재질 불연속 등으로 취약해지기 쉽다

  (래) 창틀 : 창틀 부위는 틈새, 접합재, 재질 불연속 등으로 열통과가 쉽게 이루어진다.

③ 해결책

  (개) 단열이 불연속 되지않게 외단열 혹은 중단열 위주로 시공한다.

  (내) 단열이 취약한 부위는 별도로 외단열을 실시하여 보강 실시

  (대) 기타 연결철물의 구조체 통과, 틈새, 건물의 균열 부위 등을 없애준다.

[칼럼] 커튼월 열교 방지기술

(1) 열교 방지형 멀리언(Mullion) : 단일 멀리언(Mullion)을 사용할 경우 단열층이 분절되어 결로가 발생하므로 바의 디자인을 조정하거나 EPDM Gasket 또는 코킹 등을 처리한다.

(2) 단열 스페이서(간봉) 적용

  ① 열전도성이 있는 알루미늄 간봉은 결로를 발생시키는 등 단열성능에 취약하기 때문에 최근에는 플라스틱, 우레탄 등의 열전도성이 낮은 재질을 이용하여 단열 스페이서(간봉)를 만들어 선형 열관류율을 낮춘다.

  ② 종류로는 슈퍼 스페이서, TGI WARM-EDGE SPACER, 웝라이트 단열간봉 등이 있다.

(2) Pattern Staining (얼룩무늬 현상)

① 정의

  (개) 천장, 상부벽 등에 열교가 발생하면 온도차에 의하여 열의 이동이 발생하고, 대류현상으로 인하여 공기의 흐름이 발생하여 먼지 등으로 표면이 더럽혀지는 현상을 말함

  (내) 연결 철물, 접합부 등의 불연속 부위 주변에 1℃ 이상의 온도차가 나면 발생 가능성 있음

② 실례

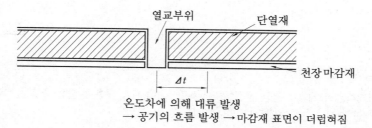

온도차에 의해 대류 발생
→ 공기의 흐름 발생 → 마감재 표면이 더럽혀짐

PROJECT *13* 태양광 발전·설비형 채광 시스템 출제빈도 ★★☆

Q 아래에 대해 각각 설명하시오.
  1. 태양광 발전설비와 일사량   2. 설비형 태양광 (자연) 채광 시스템

1. 태양광 발전설비와 일사량

(1) 태양광 발전 (태양전지)

① 개요
  ㈎ 소규모로는 전자계산기, 손목시계와 같은 일용품과 인공위성에 적용되고 있으며, 이를 대규모의 발전용으로 이용할 수 있다.
  ㈏ 태양전지를 이용하여 발전하며 IC같은 반도체나 트랜지스터로 제작, 광에너지를 전기에너지로 변환하여 발전함(반도체의 광전효과를 이용)
  ㈐ 전기 축적능력 없고, 태양전지에 광입사시 전기발생
  ㈑ 국내 1994년부터 4년간 계획 수행하여 기본설계 완료되어있는 상태

② 태양전지의 원리 : 태양일사 → [집진기의 (−)전극 → 반사방지막 → (−) n형 반도체 → (+) P형 반도체 → 집진기의 (+)전극] → [전지의 (+)부하 → (전류) → 전지의 (−)부하] → [집진기의 (−)전극으로 전류전달] → (순환)

③ 태양광 발전설비의 설치 형태
  ㈎ 수직 벽체 혹은 수직벽 이용 톱니형 설치
  ㈏ 경사진 건물의 외벽 설치
  ㈐ 지붕위 설치 등
  ㈑ BIPV (건물 일체형 태양광 시스템)
  ㈒ 일반 부지 설치형
  ㈓ 기타 수상 태양광 시스템 등

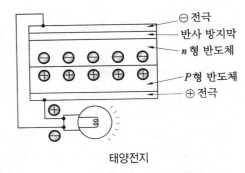

태양전지

④ 태양광 발전의 특징
  ㈎ 태양 전지를 이용한 태양광 발전은 태양 에너지를 직접 전기로 변환하기 때문에 가동부분이 없고 보수도 비교적 용이하다.
  ㈏ 규모에 관계없이 일정한 발전효율을 얻을 수 있기 때문에 설치개소에 따라 모듈화된 배치가 가능하다.
  ㈐ 응용 : 주택에 대한 적용은 주택의 지붕 등에 설치한 태양전지를 주호 및 주동 내의 일반 조명이나 동력용으로 이용하는 방법과 개개 기기에 태양전지를 전원으로 세팅하여 이용하는 방법으로 크게 나눌 수 있다.

(2) 일사량 (kWh/m²)

① 지표에 도달한 태양광 에너지는 $1\,m^2$ 당 $1\,kW$이다(청천시의 정오 기준). 따라서, 태양광 이 1시간 동안 보내는 에너지는 $1\,kW \cdot h$가 된다.

② 경사각(tilt angle) : 태양 전지 모듈을 설치할 때 수평면을 이루는 각도

③ 경사면 방사 조도(경사면 햇빛 강도 ; total(solar) irradiance)=경사면에 직접 전달된 방사 조도+경사면 산란 방사 조도+지상과 지물로부터의 반사광에 따른 방사 조도

④ 측정에는 경사면에 평행으로 설치한 전천 햇빛계를 사용한다.

  ▶ 연간 최적 경사각에 의한 개략 일사량

  • 1일당 일사량 ≒ $3.4 \sim 4.4(kW \cdot h/m^2 \cdot day)$

  • 1년당 일사량 ≒ $1200 \sim 1600(kW \cdot h/m^2 \cdot year)$

⑤ 태양 에너지와 태양광 발전

  ㈎ 태양에너지를 태양광발전 시스템을 사용하여 전기로 바꾸는 경우 시스템의 종합 변환효율을 10%로 하면, $1\,m^2$ 당 $0.1\,kW$ (100 W)의 정격출력이 되고, $1\,m^2$에서 1시간 당 $0.1\,kW \cdot h$의 발전을 하는 것이 된다. 따라서, $10\,m^2$의 태양전지로 $1\,kW$의 정격출력 이라고 할 수 있다.

  ㈏ 태양전지필요면적(m^2)=필요출력(kW)÷시스템 종합 변환효율

  ㈐ 태양전지 정격출력(kW)=태양전지면적(m^2) ×시스템 종합 변환효율

2. 설비형 태양광 (자연) 채광 시스템

(1) 광덕트(채광 덕트) 방식

① 채광 덕트는 외부의 주광을 덕트를 통해 실내로 유입하는 장치이고 태양광을 직접 도 입하기보다는 천공산란광 즉, 낮기간 중 외부조도를 유리면과 같이 반사율이 매우 높 은 덕트 내면으로 도입시켜 덕트 내의 반사를 반복시켜가면서 실내에 채광을 도입하는 방법이다.

② 채광 덕트의 구성은 채광부, 전송부, 발광부로 구성되어 있고 설치방법에 따라 수평 채 광 덕트와 수직 채광 덕트로 구분한다.

③ 빛이 조사되는 출구는 보통 조명기구와 같이 판넬 및 루버로 되어 있으며 도입된 낮 기 간의 빛이 이곳으로부터 실내에 도입되어진다.

④ 야간에는 반사경의 각도를 조정시켜 인공조명을 점등하여 보통 조명기구의 역할을 하게 한다.

(2) 천장 채광 조명 방식

① 지하 통로 연결부분에 천장의 개구부를 활용하여 천창 구조식으로 설계하여 자연 채광이 가능하도록 함으로써 자연 채광 조명과 인공 조명을 병용함

② 특히 정전시에도 자연 채광에 의하여 최소한의 피난에 필요한 조명을 확보할 수 있도록

하고 있다.

(3) 고정 반사경 반사장치

① 건물의 옥상에 반사경을 고정하고 태양광을 반사시켜 일조를 충분히 이용하고자 하는 장치이다.
② 계절에 따라 반사경의 각도를 조절할 수 있게 하여 반사광의 입사 위치를 태양광의 이동에 따라 항상 적응할 수 있게 한다.

(4) 태양광 추미식 반사장치

① 태양광 추미식 반사장치는 태양의 괘도를 자동 추적하는 반사경에 의하여 태양광을 실내로 유입하는 것이다.
② 건물 옥상에 큐폴라 장치라 하는 태양광 추적 시스템을 설치하고, 자연채광이 가능하도록 하고 있다.
③ 반사경은 태양의 위치를 광센서로 파악하여 구동 모니터에 의해 자동적으로 태양을 향하도록 만들어졌으며, 모아진 빛은 실내공간으로 이동하여 발광부를 통해 흩어지게 되어있다.

(5) 태양광 추미 덕트 조광장치

① 태양광 추미식 반사장치와 같이 반사경을 작동시키면서 태양광을 일정한 장소를 향하게 하여 렌즈로 집광시켜 평행광선으로 만들어 좁은 덕트 내를 통하여 실내에 빛을 도입시키는 방법이다.
② 자연채광의 이용은 물론 조명 전력량의 절감을 가져다 줄 수 있는 시스템이다.

(6) 광파이버 집광장치

① 이 장치는 태양광을 콜렉터라 불리는 렌즈로서 집광하여 묶어놓은 광파이버 한쪽에 빛을 통과시켜 다른 한쪽에 빛을 보내 조명하고자 하는 부분에 빛을 비추도록 하는 장치이다.
② 실용화 시 복수의 콜렉터를 태양의 방향으로 향하게 하여 태양을 따라 가도록 한다.
③ 현재 일본에서 시판되어 건물에 설치한 예들이 있으며 국내에서도 개발되어 건축물에 설치를 시도하고 있다.

(7) 프리즘 윈도

① 비교적 위도가 높은 지방에서 사용되며 자연채광을 적극적으로 실 안쪽 깊숙이 까지 도입시키기 위해서 개발된 장치이다.
② 프리즘 패널을 창의 외부에 설치하여 태양으로부터의 직사광이 프리즘 안에서 굴절되어 실(室)을 밝히게 하는 것이다.

(8) 광파이프 방식

① Pipe 안에 물이나 기름 대신 빛을 흐르게 한다는 개념이다.
② 이것은 기존의 거울을 튜브의 벽면에 설치하여 빛을 이동시키고자 하는 것이었다(하지

만, 이 시도는 평균적으로 95 %에 불과한 거울의 반사율 때문에 실용화되지는 못했다).
③ OLF (Optical Lighting Film)의 반사율은 평균적으로 99 %에 달하는 것으로 볼 수 있
다(OLF는 투명한 플라스틱으로 만들어진 얇고, 유연한 필름으로서, 미세 프리즘 공정에
의해 한면에는 매우 정교한 프리즘을 형성하고 있고, 다른 면은 매끈한 형태로 되어 있
다. 이러한 프리즘 구조가 독특한 광학 특성을 만들어 낸다).
④ 점광원으로부터 나온 빛을 눈부심이 없는 밝고 균일한 광역조명으로 이용할 수 있도록
빛을 이동시킨다.
⑤ 장점
　㉮ 높은 효율로 인한 에너지 소모비 절감　　㉯ 깨질 염려가 없음
　㉰ 작업조건 개선　　　　　　　　　　　　　㉱ 자연광에 가까움
　㉲ UV 방출이 거의 없음　　　　　　　　　　㉳ 열이 발생하지 않음
　㉴ 환경 개선(수은 및 기타 오염물질 전혀 없음)

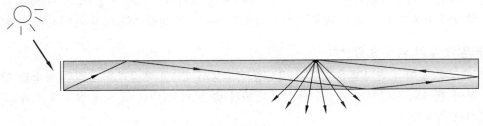

광파이프 방식

(9) 광선반 방식

① 실내 깊숙한 곳까지 직사광을 삽입시킬 목적으로 개발되었으며, 천공광에 의한 채광창의
글레어를 방지할 수도 있는 시스템이다.
② 창의 방향, 실(室)의 형상, 위도, 계절 등을 고려하여야 하며, 충분한 직사일광이 가능한
창에 적합하다.
③ 동향이나 서향의 창 및 담천공이 우세한 지역에는 적합하지 않다.

(10) 반사거울 방식

① 빛의 직진성과 반사원리에 의해 빛을 전달하므로 장거리
조사도 가능하다.
② 주광조명을 하고자 하는 대상물 이외의 장소에 빛이 전달
되지 않도록 면밀한 주의가 필요하다.

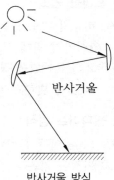

반사거울

반사거울 방식

PROJECT 14 2중 외피(Double Skin)방식　　　　출제빈도 ★★★

Q 건축물의 2중 외피(Double Skin)방식에 대해서 논하시오.

(1) 개요

① 초고층 주거건물에서의 자연환기와 풍압의 문제는 현재의 일반적인 창호 시스템으로는 해결이 어렵다(초고층의 고풍속으로 창문 등의 개폐가 간단치 않을 뿐 아니라 유입풍속이 강해 환기의 쾌적성 또한 떨어지게 된다).

② 초고층건물에서도 자연환기가 가능한 창호시스템을 고안할 때 우선적으로 고려되는 방법이 '2중 외피(Double Skin)' 방식이다.

③ 2중 외피 방식은 70년대 후반 에너지파동과 맞물려 유럽을 중심으로 시작된 자연보호운동, 그리고 건물 재실자(특히 사무실 근무자)들의 강제환기에 대한 거부감 증대 등을 배경으로 자연환기의 중요성이 부각되면서 90년대 중반부터 초고층사무소건물에 설치되어 학술적인 검증이 많이 이루어지고 있는 시스템이다.

(2) 2중 외피 (Double Skin)의 원리

2중 외피는 중공층(공기층)을 사이에 두고 그 양쪽에 구조체(벽체, 유리 등)가 설치된 구조로 고단열성과 고기밀성, 축열, 일사차폐 등으로 냉난방부하를 절감하여 에너지를 절약할 수 있는 구조체방식이다.

(3) 2중 외피 (Double Skin) 시스템의 설치방법

① 기존의 건물외피 앞에 어느 정도의 간격을 두고 또 다른 외피를 덧붙인 개념이다.

② 바깥쪽 외피는 (초고층)건물 외부의 풍우를 막아주는 역할을 하게된다.

③ 실내와 접한 첫 번째 외피는 유리만으로 하거나 또는 기타 불투명 건자재를 같이 사용하여 만들고, 대개 창문의 개폐기능이 가능하게 되어 있다.

④ 바깥쪽 외피는 전체면을 유리로 마감함으로써 고정된 상태로, 유리의 투명성을 건물의 외관디자인으로 이용할 뿐만 아니라 가능한 많은 일사 획득을 통한 건물의 자연 에너지 이용 추구가 하나의 주된 흐름을 이루고 있다.

⑤ 두 외피사이의 간격은 20~140 cm 정도가 일반적이며 이 공간에 차양장치 및 흡기구와 배기구가 장착이 되고(층별) 공간에서 일어나는 일사에 의한 온실효과 또는 외기의 압력 차이에 의하여 자연적인 실내 환기가 이루어지게 된다.

⑥ 설치되는 외피의 방향이 일사를 가능한 많이 받을 수 있는 남향일 경우 가장 효과가 뛰어나게 된다.

(4) 2중 외피(Double Skin)시스템의 장점

① 자연환기 가능(최소한 봄, 가을)

② 재실자의 요구에 의해 창문 개폐가능(심리적 안정감)

③ 기계공조를 함께 할 경우에도 설비규모의 최소화

④ 실외 차양장치의 설치효과로 냉방에너지 절약

⑤ 겨울의 온실효과로 난방에너지 절약(두 외피 사이 공간의 완충기능)

⑥ 고속기류의 직접적 영향(맞바람) 감소

⑦ 소음 차단효과 향상 (고층건물 외에 고속도로변이거나 공항 근처와 같이 소음이 심한 상황에 접해있는 중·저층 건물도 포함)

(5) 2중 외피 구조 시스템의 종류별 특징

① 상자형 유리창 시스템

    (가) 이 시스템의 특징은 창문 부분만 2중 외피형식으로 되어 있고, 그 이외의 부분은 일반건물의 경우와 마찬가지의 외벽체이며 창문 바깥쪽에 블라인드 형식의 차양장치로 구성되어 있다.

    (나) 건물의 층별, 또는 실별로 설치될 수 있어 편리하다.

    (다) 초고층 주거건물에서는 외부창을 포함한 두 개의 창문을 모두 열 수는 없으므로 조금 더 응용된 형식으로 적용가능성을 찾을 수 있다 (즉, 외벽 한 부분에 굴뚝효과를 나타낼 수 있는 수직 덕트를 만들고 창과 창사이의 공간을 연결시킨다. 굴뚝 내에는 높이와 온도차에 따른 부양현상으로 바깥 창의 고정에 의해 배기 되지 못하는 열기나 오염된 공기를 외부로 빨아 올리게 되어 환기를 유도하게 된다).

② 커튼 월 2중 외피 시스템

    (가) 커튼 월 형식으로 창문이 있는 건물의 전면에 유리로 된 두 번째 외피를 장착한 2중 외피 시스템을 말하는 것으로, 두 외피 사이의 공기 흐름을 위하여 흡기구는 건물의 1층 아랫부분에, 배기구는 건물의 최상층부에 설치된다.

    (나) 이 시스템의 경우 두 외피 사이의 공간 전체가 하나의 굴뚝 덕트로 작용하여 환기를 위해 필요한 공기의 상승효과를 이끌어 낸다.

    (다) 이 시스템의 단점은 상층부로 갈수록 하층부에서 상승한 오염공기의 정체현상으로 환기효과가 떨어지고, 층과 층 사이가 차단되어 있지 않으므로 각 층에서 일어나는 소음, 냄새 등이 다른 층으로 쉽게 전파될 뿐 아니라 화재발생 시에도 위층으로 화재가 확산될 위험이 큰 것이 단점이다.

    (라) 이 시스템은 환기를 위한 장점보다는 외부소음이 심한 곳에서 소음 차단에 더 효과적이라 할 수 있다.

③ 층별 2중 외피 시스템

    (가) 각 층 사이를 차단시켜 '커튼 월 2중 외피 시스템'에서 단점을 보완한 시스템이다.

    (나) 이 시스템의 가장 큰 특징은 각 층의 상부와 하부에 수평 방향으로 흡기구와 배기구

를 두고, 각 室(아파트 또는 사무실)별로 흡기와 배기가 가능하도록 한 점이다.

㈐ 상자형 유리창 형태나 커튼 월 2중 외피 형태에서 보다 좀더 세분화시켜 환기를 조절할 수 있기 때문에 환기의 효과가 가장 우수한 시스템이다.

㈑ 층과 층 사이에 흡기구와 배기구가 상하로 아주 가까이 배치되어 질 경우 아래층의 배기구에서 배기된 오염공기가 다시 바로 위층의 흡기구로 흘러 들어가게 되어 해당 층의 흡입공기의 신선도가 현저히 떨어질 수 있으므로 개구부의 배치계획에 세심한 주의가 필요하다.

㈒ 개구부의 크기는 외피 사이의 공간체적에 따라 결정되며, 형태는 필요에 따라 각 개구부를 한 장의 유리로, 또는 유리루버 방식으로 개폐가 가능하도록 설치하게 된다.

(6) 구획방법별 이중외피의 구분

① Shaft Type : 높은 배기효율, 상하 소음 전달 용이
② Box Type : Privacy 양호, 소음 차단, 재실자의 창문조절 용이
③ Shaft-Box Type : Shaft Type+Box Type
④ Corridor Type : 중공층 사용 가능, Privacy 불리, 소음 전달 용이
⑤ Whole Type : 외부소음 차단에 유익, 초기투자비 감소, 소음 전달 용이

(7) 계절에 따른 2중 외피의 특성

① 냉방 시

㈎ 중공층의 축열에 의한 냉방부하의 증가를 방지하기 위해 중공층(공기층)을 환기시킨다(상부와 하부의 개구부를 댐퍼 등으로 조절).

㈏ 구조체의 일사축열과 실내 일사유입을 차단하기 위해 중공층 내에 블라인드를 설치하여 일사를 차폐한다(전동블라인드 권장).

㈐ Night Purge 및 외기냉방, 환기가 될 수 있는 공조방식과 환기방식을 선정한다.

㈑ 야간에 냉방운전이 필요 시 구조체 축열이 제거되게 되면 중공층을 밀폐하여 고기밀, 고단열 구조로 이용한다.

② 난방 시

㈎ 실내가 난방부하 상태에서는 일사를 적극 도입하고 중공층을 보통 밀폐시킨다(상하부개구부 폐쇄).

㈏ 실내가 부분적으로 냉방부하 상태시에는 (남, 서측 외주존에서 발생가능) 일사차폐(전동 블라인드를 닫음)와 중공층 공기를 환기시킨다(상하부 개구부 개방).

㈐ 중공층의 공기를 열펌프의 열원으로 활용한다.

㈑ 야간에는 고기밀 고단열구조로 하기 위해 중공층을 밀폐한다(상하부 개구부 폐쇄).

• 문제풀이 요령

2중 외피구조는 초고층 건물에서 자연환기 유도, 냉·난방 에너지 절감, 소음 저감 등을 목적으로 많이 응용되며, 상자형 유리창 방식, 커튼 월 방식, 층별 방식(가장 우수) 등이 있다.

PROJECT 15 기온 역전층 출제빈도 ★★☆

Q 대기의 기온 역전층의 정의와 종류에 대해 설명하시오.

(1) 정의

① 기온 역전층이란 기온이 고도에 따라 낮아지지 않고 오히려 높아지는 경우를 의미함

② 절대 안정층이라고도 하며, 공기의 수직운동을 막아 대기오염이 심해짐

③ 대류가 원활하지 않아 생기는 대기층으로 기온 역전층 위에는 층운형 구름이나 안개가 주로 나타남

(2) 원인 : 온난전선의 침투, 복사냉각 등

(3) 현상

① 대기오염의 피해가 가중된다.

② 매연, 연기 등이 침체되어 스모그 현상 등이 발생한다.

(4) 종류 (역전층의 발생 위치에 따라)

① 접지 역전층 : 지표면에 나타나는 역전층

② 공중 역전층 : 공중(상공)에 나타나는 역전층

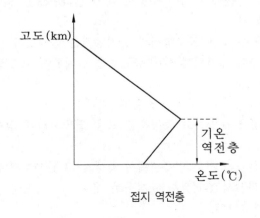

접지 역전층

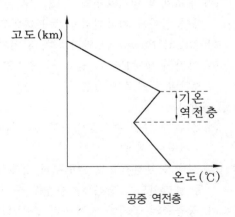

공중 역전층

· 문제풀이 요령

기온 역전층은 대기의 원활한 순환을 막아 오염을 가중시킬 수 있다는 점이 중요하며, 발생 원인은 온난전선 침투, 복사냉각 등이다 (종류 ; 접지 역전층, 공중 역전층).

PROJECT 16 생태건축   출제빈도 ★★☆

Q 생태건축(친환경적 건축)의 정의와 설계기법에 대해서 설명하시오.

(1) 배경

① 경제성장과 과학기술에 대한 신뢰가 붕괴되면서 생태학이 시작됨

② 뉴턴식 사고방식을 전환시킨 현대 물리학과 생물학은 생태학의 근원적 사고 체계를 이루었으며, 이러한 생태학을 근거로 '생태건축'이 발전하게 되었다.

③ 생태건축은 생체공학의 원리를 의식적으로 모방하여 건축에 이용하는 것으로서 재생 에너지의 사용과 친환경적인 재료의 사용, 자연을 건축에 직접 도입 등 일체의 친환경적 건축행위를 말한다.

(2) 정의

① 자연에 주어져 있는 생체공학의 원리를 의식적으로 모방하여 건축에 이용하는 것으로서 자연의 형태 혹은 유기체의 조직을 건축에 도입시켜 자연과 인간을 결합시키려는 사고로 이해되어질 수 있다.

② 재생 에너지의 사용과 친환경적인 재료의 사용, 자연을 건축에 직접 도입함으로써 건축이 갖는 인위성을 최소한으로 갖도록 고려한다.

③ 지구온난화, 오존층 파괴, 자원고갈 등으로부터 지구환경을 보존시키고, 실내 공기의 질, 생태보존, 에너지 절약, 폐기물 발생 억제, 자원의 재활용 등을 위한 일체의 건축행위를 말함

(3) 설계기법

① 구조적 측면

㈎ 친환경 재료의 사용

㈏ 장기 수명 추구(건축의 수명이 최소 100년 이상 되게할 것)

㈐ 재활용 자재의 적극적인 사용

㈑ 태양열 에너지, 지열 등 자연 에너지 적극 활용 유도

㈒ 아트리움 등 열적 완충공간을 적극 활용한다.

㈓ 고단열, 고기밀, 고축열 등 추구

㈔ 예술과 문화를 반영한 최고의 건물 추구

② 유지관리적 측면

㈎ 유지관리 비용을 최소화 할 수 있게 설계

(나) 에너지 측면 고효율 설계

(다) 대기, 수질, 토양 오염을 줄인다.

(라) LCA 평가 실시

(마) 녹화 : 벽면 녹화, 옥상 녹화, 가로 녹화 등(에너지 절감)

(바) DDC 제어 등으로 에너지 절감, 쾌적감 등 최적제어 실시

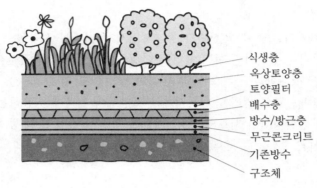

식생층
옥상토양층
토양필터
배수층
방수/방근층
무근콘크리트
기존방수
구조체

옥상 녹화의 사례

(4) 생태건축의 동향

① 우리나라의 경우 경제발전으로 인한 환경의식이 높아졌음에도 불구하고 생태건축에 대한 본질적인 접근을 하지 못한 채, 단편적인 적용만을 하고 있는 실정이다.

② 세계 선진국들이 21세기 밀레니엄 시대를 환경의 시대로 파악하고 이에 대한 적극적인 대책을 세우고 있다.

③ 생태건축은 인류의 생존을 위해 앞으로 필연적으로 지향되어야 할 건축이라고 할 수 있다.

[칼럼] 지속 가능한 건축 (개발)

(1) 좁은 의미로는 친환경 건축(개발)을 지속 가능한 건축(개발)이라고 한다.

(2) 넓은 의미로는 현재와 미래의 자연환경을 해치지 않고, 생활수준의 하락 없이 모든 사람이 필요를 충족시키면서 복지를 향상시킬 수 있는 건축(개발)이라고 할 수 있다.

(3) 후대에게 생태, 문화, 경제 등 모든 분야에서 짐을 지우지 않는 것이 지속 가능한 건축(개발)의 핵심요소이다.

(4) 요즘 대규모 건축물, 초고층 빌딩, 대규모 신도시 등의 개발이 무척 많아졌기 때문에, 지속가능한 건축물, 지속가능한 도시 개발 등의 도입의 중요성이 과거 대비 훨씬 커졌다고 하겠다.

・문제풀이 요령

　생태건축은 생체공학의 원리를 의식적으로 모방하여 건축에 이용하는 것으로서 재생 에너지의 사용과 친환경적인 재료의 사용, 자연을 건축에 직접 도입 등 일체의 친환경적 건축행위를 말한다.

PROJECT 17 생태연못　　　　　　출제빈도 ★☆☆

Q 생태연못에 대해서 사례(事例)를 들어 설명하시오.

(1) 개념

① 습지란 일반적으로 개방수면의 서식처와 호수, 강, 강어귀, 담초지(Fresh Water Marshes)와 같이 절기상 혹은 영구적으로 침수된 지역을 말한다.

② 생태 연못은 습지의 한 유형으로, 도시화와 산업화 등으로 훼손되거나 사라진 자연적인 습지를 대신하여 다양한 종들이 서식할 수 있도록 조성한 공간이다.

(2) 생태연못 조성의 필요성

① 소실된 서식처의 복원
② 도시내 생물의 다양성 증진
③ 환경교육의 장 제공

(3) 생태연못의 구성 요소

물, 토양, 미생물, 식생, 동물(곤충류, 어류, 양서류, 조류, 포유류) 등

여의도 샛강 여의못 생태연못

(4) 사례

① 서울공고 내 생태연못
　㉮ 물 공급 방식 : 상수 이용
　㉯ 방수처리 방식 : 소일 벤토나이트 방수
　㉰ 호안처리 : 통나무 처리 및 자연석 처리

② 경동빌딩 옥상 습지 : 건축물의 옥상이라는 제한된 인공적인 지반에 조성한 사례로서 생물 다양성 증진을 목적으로 국내에서는 처음으로 조성된 곳

③ 삼성 에버랜드 사옥 우수활용 습지(경기도 용인) : 우수관리 시스템에서의 우수 흐름 : 강우→ 집수→정화 (전처리)→저류(저류 연못)→침투(연못 침투)→2차 저류(저류 연못으로 피드백 및 관수용으로 재활용)→배수

④ 길동 생태공원 : 서울시가 '공원녹지확충 5개년 계획'의 일환으로 조성한 친환경 생태공원, 습지지구에서는 수생식물과 수서곤충 등을 관찰할 수 있고, 초지지구에서는 초가, 움집, 돌담, 텃밭 등의 농촌 풍경과 지렁이, 거미 등을 관찰할 수 있다.

⑤ 시화호 갈대습지공원 : 갈대와 수생식물을 볼 수 있는 대규모 인공 습지 등

⑥ 여의도공원 생태연못 : 다람쥐 등의 야생동물 방사, 주변 생태공원과 잘 어우러지게 구성

⑦ 여의도 샛강 여의못 생태연못 : 참붕어, 자라, 잉어 등 수생어종과 두루미, 황조롱이 등 조류 서식처, 수생식물과 수생곤충의 자연적인 변이과정을 관찰 가능

PROJECT 18 **VE(Value Engineering)** 출제빈도 ★☆☆

Q VE(Value Engineering)에 대해서 설명하시오.

---

(1) 배경

① 전통적으로 VE는 생산과정이 정형화되지 않은 건설조달 분야에서 활발히 시행되어 왔다.

② 하나의 최종 생산물을 생산하고 현장 상황에 따라 생산비의 가변성이 큰 건설산업의 특징상, 건설과정에 창의력을 발휘하여 새로운 대안을 마련할 때 비용절감의 가능성이 크기 때문이다.

(2) 정의

① 최소의 생애주기 비용(Life Cycle Cost)으로 필요한 기능을 달성하기 위해 시스템의 기능분석 및 기능설계에 쏟는 조직적인 노력을 의미한다.

② 좁은 의미에서의 VE는 소정의 품질을 확보하면서, 최소의 비용으로 필요한 기능을 확보하는 것을 목적으로 하는 체계적인 노력을 지칭하는 의미로 사용된다.

(3) 계산식

$$VE = \frac{F}{C} \qquad F : 발주자 요구 기능(Function), \ C : 소요 비용(Cost)$$

(4) VE의 추진원칙

① 고정관념의 제거

② 사용자 중심의 사고

③ 기능 중심의 사고

④ 조직적인 노력

(5) VE의 종류

① 전문가 토론회 (Charette)

   (개) 발주자가 프로젝트의 개요를 소개하면서 VE팀, 설계팀과 발주청 관계자들이 함께 모여서 하는 토론회이다.

   (내) 이 토론회는 가치공학자(Value Engineer)의 주관 하에 주로 발주자의 가치를 설계팀이 이해하고 이를 설계에 잘 반영할 수 있도록 하는 것을 주목적으로 한다.

   (대) 이 토론회의 주안점은 발주자의 의도가 프로젝트를 구성하는 주요 요소의 기능과 공간적인 배치에 잘 반영되어 있는가를 검토하는 것이다.

② 40시간 VE

   (개) 기본설계(Sketch Design)가 완료된 시점에 전문가로 구성된 제2의 설계팀(VE팀)이 설계내용을 검토하기 위한 회의로서 가장 널리 사용되는 VE 유형으로서 한국의 설계

VE의 원형으로 볼 수 있는 형태이다.

(나) 40시간 VE는 보통 가치공학자의 주관 하에 이루어진다.

(다) VE 수행자를 선정하기 위한 입찰단계에서 발주청은 원 설계팀에게 VE 입찰사실을 사전에 통보하여 원 설계팀이 VE 수행에 필요한 지원작업을 사전에 준비할 수 있도록 한다.

③ VE 감사(VE audit)

(가) VE 감사란 프로젝트에 자금을 투자할 의향이 있는 모회사(母會社)가 프로젝트에 대해 자회사(子會社)에 대한 투자 여부를 결정하거나 중앙정부가 지방정부의 재원 지원 요구의 타당성을 평가하기 위해 VE 전문가에게 의뢰하여 수행하는 평가이다.

(나) VE팀은 모회사나 중앙정부를 대신하여 투자의 수익성 및 지방정부에 대한 재정지원의 타당성을 평가한다.

(다) VE 전문가는 자회사나 지방정부를 방문하여 프로젝트가 의도한 주요 기능이 제대로 충족될 수 있는지를 평가한다.

④ 시공 VE(The Contractor's VE Change Proposa : VECP)

(가) 시공 VE는 시공자가 시공 과정에서 건설비를 절감할 수 있는 대안을 마련하여 설계안의 변경을 제안하는 형태의 VE이다.

(나) 시공 VE는 현장지식을 활용하여 공사단계에서 비용절감을 유도할 수 있다는 장점이 있다.

⑤ 기타 VE 유형

(가) 오리엔테이션 모임(Orientation Meeting) : 사업개요서(Brief) 또는 개략설계안(Brief Schematic)이 완성되었을 때 전문가토론회(Charette)와 유사하게 행해지는 모임으로서 VE의 한 종류로 분류할 수 있다. 오리엔테이션 모임은 발주청 대표와 설계팀 그리고 제3의 평가자가 만나 프로젝트의 쟁점사항을 서로 이해하고, 관련 정보를 주고받는다.

(나) 약식 검토(Shortened Study) : 프로젝트의 규모가 작아서 40시간 VE 비용을 들이는 것이 효과적이지 않을 경우 인원과 기간을 단축하여 시행하는 VE이다.

(다) 동시 검토(Concurrent Study) : 동시 검토는 VE 전문가가 VE팀 조정자로서 팀을 이끌되, 원 설계팀 구성원들이 VE팀원으로 참여하여 VE를 수행하는 작업이다. 이 유형은 원 설계팀과 VE팀 간의 갈등을 최소화하는 등 40시간 VE의 문제점에 대한 비판을 완화시킬 수 있는 장점이 있다.

(6) VE의 가치

① VE에서 중요시하는 것은 경제적 가치인데, 이를 구체적으로 살펴보면 다음과 같은 4가지의 개념으로 나눌 수 있다.

(가) 희소가치(Scarcity Value) : 보석이나 골동품과 같이 그 물건이 귀하다는 점에서 생긴 가치 개념이다.

(나) 교환가치(Exchange Value) : 그 물품을 다른 것과 교환할 수 있도록 하는 특성이나

품질에 따른 가치 개념이다.

(대) 원가가치(Cost Value) : 그 물품의 생산을 위해서 투입한 원가에 대한 가치 개념으로서 일반적으로 금액으로 표현한다.

(라) 사용가치(Use Value) : 그 물품이 지니고 있는 효용, 작용, 특성, 서비스 등에 따른 가치개념으로서 흔히 품질이나 기능으로 표시된다. 이것은 그 제품 내지 서비스를 사용하는 고객이 주관적으로 느끼는 만족성, 즉 효용으로 평가하기 때문에 주관적 가치라고도 한다.

② 제품이나 서비스에 대한 종합적인 참된 가치를 평가하기 위해서는 이와 같은 4가지 개념을 모두 포함해서 평가되어야 하겠지만, VE에서는 주로 원가가치와 사용가치에 중점을 두고 평가한다. 특히 추구되는 가치개념은 '사용가치'이다.

③ 여기에서 사용가치를 마일즈는 실용가치(Practical Use Value)와 귀중가치(Esteem Value)로 구분하였다.

(가) 실용가치 : 한마디로 기본기능의 가치를 말하는 것이다. 예를 들면 라이터의 기능은 '불의 제공'에 있으며, 혁대의 기능은 '바지가 흘러내리지 않도록 하는 것'에 있다. 또한 자동차의 기능은 '운반 대상물을 목적지까지 운반하는 것'이라고 할 수 있다.

(나) 귀중가치 : 매력가치라고도 하는 귀중가치는 제품 내지 서비스의 특성, 특징 및 매력에 따른 가치개념인데, 제품의 외형과 디자인을 아름답게 하여 심리적 유용성을 높이고 경쟁적 이점을 갖게 하는 요소를 말한다.

(7) 응용

① 제품이나 서비스의 향상과 코스트(Cost)의 인하를 실현하려는 경영관리 수단으로 사용되어 VA(가치분석) 혹은 PE(구매공학)로 불리기도 한다.

② VE의 사상을 기업의 간접부분에 적용하여 간접업무의 효율화를 도모하기도 한다. 이 경우 VE를 OVA(Overhead Value Analysis)라고 부른다.

③ VE에서의 LCC는 원안과 대안을 경제적 측면에서 비교할 수 있는 중요한 Tool이다.

PROJECT 19 바이오매스 출제빈도 ★★☆

Q 생물자원 바이오매스(Biomass)의 응용사례와 개발 동향에 대해 설명하시오.

(1) 개요

① 식물은 광합성을 통해 태양 에너지를 몸속에 축적한다.

② 지구온난화가 세계적인 걱정거리가 된 지금, 생물체와 땅 속에 들어 있는 에너지는 온난화를 막을 수 있는 유용한 재생가능 에너지원으로 여겨지고 있다.

③ 생물자원은 흔히 바이오매스라고 부르는데, 19세기까지도 인류는 대부분의 에너지를 생물자원으로부터 얻었다.

④ 생물자원은 나무, 곡물, 풀, 농작물 찌꺼기, 축산분뇨, 음식 쓰레기 등 생물로부터 나온 유기물을 말하는데, 이것들은 모두 직접 또는 가공을 거쳐서 에너지원으로 이용될 수 있다.

⑤ 지구 온난화 관련 : 생물자원은 공기 중의 이산화탄소가 생물이 성장하는 가운데 그 속에 축적되어서 만들어진 것이다. 그러므로 에너지로 사용되는 동안 이산화탄소를 방출한다 해도 성장기부터 흡수한 이산화탄소를 고려하면 이산화탄소 방출이 없다고도 할 수 있다.

(2) 생물자원의 응용 사례

생물자원 중에서 나무 부스러기나 짚은 대부분 직접 태워서 이용하지만, 곡물이나 식물은 액체나 기체로 가공해서 만든다.

① 최근 유채 기름, 콩기름, 폐기된 식물성 기름 등을 디젤유와 비슷한 형태로 가공해서 디젤 자동차의 연료나 난방용 연료로 이용하는 방법이 개발되어 보급되고 있다.

② 생물자원을 미생물을 이용해서 분해하거나 발효시키면 메탄이 절반 이상 함유된 가스가 얻어진다. 이것을 정제하면 LNG와 같은 성분을 갖게 되어, 열이나 전기를 생산하는 연료로 이용할 수 있다.

③ 현재 대규모 축사로부터 나온 가축 분뇨가 강과 토양을 크게 오염시키고, 음식 찌꺼기는 악취로 인해 도시와 쓰레기 매립지 주변의 주거환경을 해치고 있는데, 이것들을 분해하면 에너지와 질 좋은 퇴비를 얻는 일석이조의 효과를 거둘 수 있다.

(3) 각국 현황

① 지금도 가난한 나라에서는 에너지의 많은 부분을 생물자원으로 충당한다.

② 선진국 중에도 생물자원을 개발해서 상당한 양의 에너지를 얻는 나라가 있는데, 대표적인 나라는 덴마크, 오스트리아, 스웨덴 등이다.

③ 덴마크에서는 짚과 나무 부스러기에서 전체 에너지의 5 %를 얻고 있고, 오스트리아와 스웨덴은 주로 나무 부스러기를 에너지원으로 이용해서 전체 에너지의 10 % 이상을 얻고 있다.

④ 브라질 등에서 석유 대신 자동차 연료로 이용하는 '알코올'은 사탕수수를 발효시켜서 만든다.

(4) 향후 동향

우리나라에서도 생물자원의 이용 가능성은 상당히 큰 편이다.

① 에너지원을 얻기 위해서 생물자원을 따로 재배하지 않더라도 음식 쓰레기, 축산 분뇨, 식품산업의 부산물, 농촌의 짚, 삼림과 목재가공으로부터 발생여하는 부산물 등만 잘 이용해도 상당한 양의 에너지를 얻을 수 있다.

② 서울 같은 대도시에서는 음식물 쓰레기를 처리할 방도를 찾지 못해 야단인데, 이것을 파묻거나 태우려 하지 말고 에너지 자원으로 이용하면 에너지도 얻고 처치 곤란한 쓰레기도 깨끗하게 처리할 수 있을 것이다.

③ 유럽 등지에는 음식 쓰레기나 축산 분뇨를 이용해서 전기와 열을 생산하는 시설이 많이 보급되고 있는 상황이다.

④ 생물자원은 대부분 가스 생산을 위한 원료로 이용될 수 있지만, 환경을 생각할 때 가스를 얻는 데 가장 시급하게 이용되어야 할 생물자원은 가축 분뇨와 음식 찌꺼기이며 이에 대한 연구가 좀 더 적극적으로 이루어져야 될 것으로 사료된다.

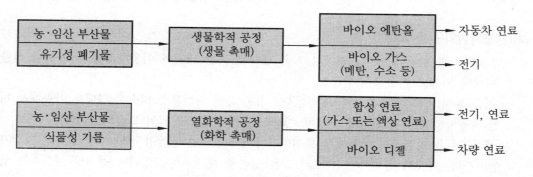

바이오 에너지의 사용 절차 (사례)

· 문제풀이 요령

생물자원 (Biomass)은 생물로부터 나온 유기물을 말하는데, 이것들은 모두 직접 또는 가공을 거쳐서 에너지원으로 이용될 수 있다 (지구 온난화의 대안이기도 함).

PROJECT 20 고온 초전도체

Q 고온 초전도체의 발전 현황과 그 응용에 대해서 설명하시오.

(1) 개요

① 고온 초전도체는 그 응용 분야가 무궁무진하여 잘 활용만 한다면 새로운 산업혁명을 일으킬 수 있을 정도로 중요한 기술이다.

② 초전도체는 의학(자기 공명 장치), 산업(자기 부상 열차, 전기소자 등) 등 그 응용성이 실로 대단하다.

(2) 고온 초전도체의 발전현황

① 1911년 최초로 초전도체를 발견한 사람은 네덜란드의 물리학자 온네스(Onnes)였다.

② 그는 액체 헬륨의 기화온도인 4.2K 근처에서 수은의 저항이 급격히 사라지는 것을 발견하였다. 이렇게 저항이 사라지는 물질을 사람들은 초전도체라 부르게 되었다.

③ 초전도 현상의 또 다른 역사적 발견은 1933년 독일의 마이스너(Meissner)와 오센펠트(Oschenfeld)에 의해 이루어졌다. 그들은 초전도체가 단순히 저항이 없어지는 것뿐만 아니라 초전도체 내부의 자기장을 밖으로 내보내는 현상(자기 반발 효과)이 있음을 알아냈다〔마이스너 효과(Meissner effect)〕.

④ 이러한 이유는 초전도 현상이 매우 낮은 온도에서만 일어나므로 값비싼 액체 헬륨을 써서 냉각시켜야 하기 때문이며, 따라서 그 냉각비용이 엄청나서 고도의 정밀기계 이외에는 이용되지 못하였다(특히 기체 헬륨은 가벼워서 대기 중에 날아가 버리므로 구하기도 어려움).

⑤ 고온 초전도체의 발견

㈎ 1911년 초전도 현상이 처음 발견된 후 거의 모든 사람들이 비교적 값싼 냉매인 액체 질소로 냉각 가능한 온도, 즉 −200℃ 정도 이상에서 초전도 현상을 보이는 물질을 찾아내는 것이 숙원이었다.

㈏ 이러한 연구 노력의 결실로, 1987년 대만계 미국 과학자 폴 추 박사에 의해 77K 이상에서 초전도 현상을 보이는 물질이 개발되었다.

㈐ 현재 고온 초전도체로 주목받고 있는 것은 희토류 산화물인 란타늄계(임계 온도 30K)와 이트륨계(임계온도 90K), 비스무스 산화물계 및 수은계(임계온도 134K) 등이 있다.

㈑ 장래에는 냉각할 필요가 없는 상온 초전도 재료의 개발도 기대되고 있어 혁신적인 경제성의 향상과 이용확대가 기대된다.

(3) 초전도체의 응용

① 자기공명 장치(Magnetic Resonance Imaging ; MRI)

㈎ 자기공명 장치를 이용하여 뇌의 내부구조를 알아내는데 초전도자석이 쓰여진다.

㈏ MRI 방법은 뇌의 내부를 직접 관찰하거나 X−선을 사용하지 않으므로 뇌의 내부에 상처를 입히지 않고 방사능 노출의 위험도 없다.

㈐ 이때 강력한 자석이 필요한데, 이를 위해 초전도 전선 내부에 강력한 전류를 흘려 사용한다 (인체 내부의 물분자의 작은 자기장을 측정해 영상으로 표현).

㈑ 뇌뿐 아니라 신체의 다른 부위까지도 X-선 장비가 MRI로 대치되는 파급효과를 얻을 수 있다.

② 초전도 자기 에너지 저장소(Superconduction Magnetic Energy Storage : SMES)

㈎ 초전도 코일에 매우 큰 전류가 흐를 때 형성되는 자기장 형태로 에너지를 저장할 수 있는 기술이다.

㈏ 핵융합 반응을 이용한 미래의 에너지원의 제조시에도 초전도체를 이용한다.

③ 대중교통 분야

㈎ 서울과 부산을 40분만에 주파하는 자기부상열차(리니아 모터카)를 만들 수 있다.

㈏ 선박 분야 에서도 초전도체를 이용해 매우 빠른 속도로 운항할 수 있게 된다.

④ 전기/전자 분야 : 박막 선재나 조셉슨 소자를 이용한 고속소자, 자기장 및 전압 변화를 정밀하게 측정하는 센서, 열 발생 없고 엄청나게 빠른 속도의 컴퓨터나 반도체의 배선, 고온 초전도 케이블 (HTS : High Temperature Superconductor) 등에 응용할 수 있다.

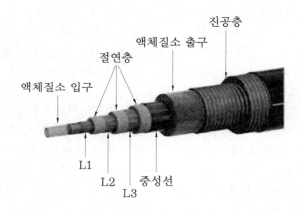

고온 초전도 케이블 (HTS)의 실례

(4) 국내 연구동향

① 선진국에서 앞다투어 초전도체 연구에 많은 투자를 하고 있는데, 국내에서는 많이 늦게 연구가 시작되었다.

② 국내 전문가들로 구성된 '고온 초전도 연구협의회'를 구성하면서부터 본격적으로 국내에서 도 초전도체에 관한 연구가 시작되었다.

③ 최근 국내 제주도의 일부 송전설비에 고온 초전도 케이블 (HTS)이 적용되면서 국내 초전도 기술을 세계적 수준으로 끌어올리고 있다.

• 문제풀이 요령

　고온초전도체는 비교적 높은 온도 (약 77K 이상)에서도 초전도 현상 (저항이 극히 적어지고 자기 반발 효과 발생)을 보이는 물질을 말한다.

> **PROJECT 27** 고층 아파트의 배수설비 소음 감소방안   출제빈도 ★★☆
>
> **Q** 고층 아파트 배수설비에 의해 발생되는 소음 감소방안에 대하여 기술하시오.

(1) 개요

① 아파트 건물의 배수설비 주요 소음원은 화장실 배수소음(샤워기, 세면기, 양변기 등) 이다.

② 소음전달 경로(틈새)를 밀실 코킹 처리, 건축은 화장실 천장을 흡음재질 시공, 양변기구조의 자체소음 감소 방안 등 고려해야 한다.

③ 배수 초기 발생음은 주로 저주파에 해당되고, 배수 후기에 발생하는 소음은 고주파의 특성(낙하수 유수소음 등)을 갖는다.

(2) 고층 아파트 배수소음의 원인 및 대책

① 양변기(로탱크 급수소음, 배수관 소음) : 슬리브 코킹, 흡음재, 입상 연결부 Sextia시공 등

② 세면기(단관통기로 배수 시 사이펀 작용 봉수유입 소음) : 각개통기, P트랩과 입상관 이격 등

③ 수격현상 방지

  (가) 배수의 유속을 가능한 감소시킨다 (약 0.6~1.2 m/s 수준으로 감소).

  (나) 굴곡 개소를 가능한 줄인다.

  (다) 수격방지기(Air Chamber 등)를 설치해준다.

  (라) 급수배관보다는 발생 가능성이 적다.

④ 배관상 흐름

  (가) 이중 엘보, 삼중 엘보를 적극 사용 권장한다(이중 엘보는 고주파 영역에 특히 효과, 결로 방지 효과).

  (나) 배수배관으로 스핀 이중관을 설치하는 것도 효과적이다 (결로 방지 효과).

  (다) 가능한 굴곡부를 줄여 배수의 충격파를 줄인다.

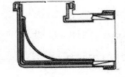 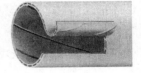

삼중 엘보   스핀 이중관

(3) 최근의 신기술 동향

① 고층 아파트의 배수 소음을 근본적으로 방지하기 위해 최근 바닥위(노출) 배관 시공법, 벽체 매입 배관 시공법 등이 개발되었다.

② '바닥위(노출) 배관 시공법' 은 거주층의 배수 소음을 아래층으로 전달되지 않게 하여 민원 발생 방지 등에 도움을 줄 수 있다.

③ '벽체 매입 배관 시공법' 역시 화장실의 설비용 배관에 대한 처리를 아래층 천장에서 하는 것이 아니라, 해당층의 벽체 내부 혹은 벽체에 바로 붙여 설치하므로 아래층으로의 배수 소음 전파를 근본적으로 차단해 줄 수 있다.

> **Q** 중앙집중식 진공청소 설비에 대하여 설명하시오.

(1) 개요

① 목적 : 근무환경 개선, 건물 관리, 청소 효율 증가, 작업자 처우 개선, 정비 시간 단축

② 적용처 : 병원, 호텔, 고급 사무소, 산업 설비, 공연, 극장, 교회, 전시 박물관, 주택 등

③ 설비 : 진공 펌프, 집진기, 제어반, 흡입 밸브, 청소도구, 청소용배관

④ 검토 : 동시 사용수, 흡입 밸브 배치, 수량 검토

⑤ 동시 사용수

$$N = \frac{A}{\alpha \cdot H \cdot P}$$

여기서, N : 흡입 밸브 동시 사용수 (인·개)
　　　　A : 건물유효청소면적(m^2)
　　　　α : 단위 청소능력(m^2/hr·인)
　　　　H : 개당 하루청소시간(4~6 hr)
　　　　P : 청소주기(일)

다양한 흡입구(흡입밸브)의 모습

(2) 필터 시스템

① Cloth Filter Bag 방식

② Paper Filter Bag 방식

③ Inverted Bags or Foam Filters 방식

④ 원심분리(Cyclonic Separation) 방식 등

(3) 설치방법

① 파워 유닛(집진기+진공 펌프)의 위치 : 차고, 지하실, 다용도실, 건물의 외벽 등 모터 소음의 영향이 적고, 건조하며, 통풍이 잘되는 곳(과부하 방지)에 설치한다.

② 흡입구의 위치 : 접근성과 편리성 고려(복도나 문간, 계단실 바닥 등)

③ 배관(주관과 지관)설치 : 굴곡부가 적게하고, 90° 엘보 사용을 가능한 줄인다.

• **문제풀이 요령**

　중앙집중식 진공청소 설비는 전용 기계실에 진공 펌프 및 여과 장치 등을 설치하고 청소가 필요한 건물내 각각의 위치에 흡입구(Inlet Valve)를 설치하여, 분진을 배관망을 통해 기계실로 수송하여 집진시킨다.

PROJECT 23 급탕설비의 출구수온 유지 출제빈도 ★☆☆

Q Hotel 건축의 급탕설비에서 Shower 출구 수온을 일정하게 유지하기 위해서는 어떤 방법들이 있는지 기술하시오.

(1) 개요

① 호텔은 비교적 고층건물이므로, 하층부의 압력이 너무 크지 않게 수압 밸런스에 유의해 한다.

② 호텔 건축은 숙박 손님의 편의를 위해 샤워를 처음 틀었을 때 찬물이 한동안 나오면 안된다.

③ 객실 손님의 사용온도의 다양성 때문에 사용자의 수온 조절이 쉬워야 한다.

(2) 샤워 출구 수온을 일정하게 하는 방법

① 급탕 압력 조절 문제

㈎ 급탕을 한 계통으로 하면 하층부의 급탕 압력이 너무 높아져서 급수와의 압력 밸런스를 확보할 수 없기 때문에 급수설비의 조닝에 일치시켜 조닝을 해주어야 한다.

㈏ 감압 밸브를 사용하여 하층부의 급수압을 조절하여 준다.

㈐ 정유량 밸브를 설치하여 각 기구당 유량 밸런스를 일정하게 조절해 준다.

② 온수 순환 문제

㈎ 중앙 급탕식 설비에서는 가열장치에서 급탕전까지의 거리가 멀기 때문에 온수 사용이 적을 때에는 급탕전 내의 온수가 식어버려 급탕전을 처음 틀었을 때 바로 뜨거운 온수가 나오지 않을 수 있다.

㈏ 이것을 피하기 위해서 급탕관의 말단에서 배관을 연장하여 가열장치에 접속하고 급탕 순환펌프에 의해 배관내의 온수를 항상 순환시킨다.

㈐ 즉 단관식보다 복관식(공급관 + 환수관)의 형태로 배관을 구성하여 일정량 이상의 온수가 항상 순환할 수 있게 한다.

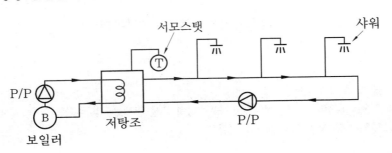

㈑ 이 때 필요한 순환유량은 급탕 온도가 방열에 의해 어느 정도까지 낮아질 수 있는가
에 의해 결정된다.

㈒ 가능한 급탕용 배관의 단열을 철저히 시공해 주어 열손실을 방지하고, 급탕 수온의
안정화를 이룬다.

③ 수온(水溫) 조절 방법

㈎ 온수량과 냉수량을 별도의 호스로 각 급수전에 공급하여 샤워기 등의 급수기구에서
혼합하여 온수를 조절한다.

㈏ 온수를 원하는 온도로 쉽게 조절하고 절수 기능이 추가된 여러 형태의 샤워기가 개발
되고 있다.

④ 서모스탯식 수전 사용

㈎ 자동 온도 조절 기능을 구비한 수전

㈏ 수압과 급탕온도에 의해 혼합된 탕온(湯溫)이 변하면 이것을 즉각 감지하여 항상 일
정한 온도로 자동으로 온도를 맞추어 주어 (냉·온수의 혼합비율 재조정), 언제 수전을
사용하여도 설정한 수온이 토수되도록 해준다.

㈐ 따라서 사용 중에 온도 변화가 없어야할 샤워용으로 많이 보급되고 있다.

㈑ 온도 조절 핸들에는 온도 눈금이 있어 희망 온도를 눈금에 맞추면 원하는 온도의 온
수로 토수되도록 하는 방식이다.

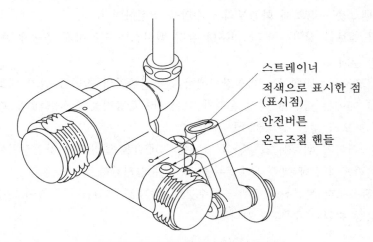

스트레이너
적색으로 표시한 점
(표시점)
안전버튼
온도조절 핸들

서모스탯식 (자동 온도조절식) 수전의 사례

• 문제풀이 요령

샤워 출구 수온을 일정하게 하는 방법에는 급탕 압력 조절 문제, 온수 순환량 문제, 수온(水溫) 조절
방법, 서모스탯식 수전 사용 여부 등으로 귀결된다.

PROJECT 24 환기효율 측정법 출제빈도 ★☆☆

Q 환기효율 측정법 (농도변화 측정)에 대해서 설명하시오.

(1) 개요

① 실평균 연령이나 실평균 잔여 체류 시간을 산정하기 위해서는 추적 가스를 이용하여 농도 변화를 측정하는 과정이 필요하게 된다.

② 농도변화를 측정하는 주된 방법으로는 펄스법, 체강법, 체승법 등이 사용되어진다.

(2) 펄스법 (Pulse Method)

① 추적 가스 (트레이서 가스)를 짧은 시간에 급기공기에 주입하여 실내의 임의의 위치에서의 농도변화를 측정하는 방법

② 초기 주입시 농도가 상승하며, 이후 최대치에 이르고, 다시 감소하여 초기상태로 되돌아옴

③ 비용이 적게 들지만 평균연령 계산 시 오차 발생이 클 수 있다.

> [칼럼] 트레이서 가스
> • 이산화탄소, 에틸렌, 육불화 유황 등의 가스를 사용한다.
> • 실내 공간에 방출하여 농도나 변화 상태를 측정하는 실험법에 사용한다.
> • 가스의 상태 분석에는 주로 '멀티 가스 모니터'를 이용한다.

(3) 체강법(Step Down Method)

① 초기에 추적가스 주입 후 실내농도가 균일한 상태에서, 더 이상의 추적가스 주입 없이 실내 어느 위치에서의 농도변화를 측정함

② 이후 신선 급기의 연속 공급을 통하여 농도를 감쇠시킨 후 정상상태에 도달하는 시간과 농도를 기준으로 연령과 체류시간을 산정한다.

③ 침기에 의한 영향을 받지 않으므로 매우 안정적이다.

④ 시험초기 실내공기를 환전히 혼합시킨 상태에서 시험을 해야 한다.

(4) 체승법(Step Up Method)

① 추적 가스를 일정한 비율로 연속적으로 급기공기에 주입하면서, 실내 임의의 위치에서의 농도변화 측정

② 이후 정상 상태에 도달하는 시간과 농도를 기준으로 연령과 잔여 체류 시간을 산정한다.

③ 다량의 추적 가스가 필요하다.

• 문제풀이 요령

환기효율 계산을 위해 실평균 연령이나 실평균 잔여 체류시간을 산정하기 위해서는 추적 가스 (트레이서 가스)를 이용하여 농도변화를 측정하는 펄스법, 체강법, 체승법 등이 사용된다.

PROJECT 25 **PE 파이프**(X-L 파이프)　　　　　　출제빈도 ★☆☆

Q 초고층 아파트에서 바닥 난방재료로 PE 파이프(X-L 파이프) 사용 시 특징 및 시공에 대해 설명하시오.

(1) 개요

① 난방 재료로서의 PE 파이프는 고밀도 폴리에틸렌을 특수반응 성형장치에 의해 분자구조를 선상고분자 구조에서 3차원의 망상 가교분자물로 변화시킨 가교화 고밀도 폴리에틸렌관(엑셀 파이프)을 말한다.

② X-L PIPE는 고온에서도 내열성, 내구성, 유연성, 내압성이 뛰어난 제품으로 온수난방용 파이프가 갖추어야할 대부분의 요구사항을 구비한 우수한 배관 재료이다.

(2) 용도

① 온수·온돌용 배관뿐만 아니라 음용수 및 냉·온수용 급수 파이프, 공업용 파이프 등으로도 많이 사용된다.

② 농·축산 온수용 파이프, 관계 용수용 파이프 등으로도 사용된다.

(3) 특징

① 반영구적인 수명 : 급수 및 온수, 배관에서 가장 문제가 되는 산·알칼리에 의한 녹, 부식은 물론 스케일이 생기지 않으며 특수 가교 결합된 고분자 구조의 재질로 내 Stress Cracking성이 매우 우수하며 수명이 반영구적이다.

② 우수한 난방효과 : 관 내면이 미끄러워 온수 순환이 양호하며 장기간 사용하여 열효율이 저하되지 않기 때문에 쾌적한 실내온도를 유지할 수 있다.

③ 뛰어난 내열성 및 내한성 : 특수가교 처리한 내열성 파이프로서 고온(120℃)에서 저온(-10℃)까지의 온도 범위에서 안전하게 사용할 수 있다.

④ 스팀 배관에는 사용을 금해야 하므로 주의를 요한다.

⑤ 간편한 시공 : 가볍고 우수한 유연성을 갖고 있어 100 m 단위 또는 시공자의 주문에 의한 규격이 다양하며, 이음매 없이 시공할 수 있어 숙련공이 필요 없고, 조임공구 하나로 간단하게 시공이 가능하며 부품간의 견고한 기계적 결합으로 수밀성이 양호하다.

⑥ 저렴한 시설비용 : 일반 온수온돌 배관재에 비해 가격이 매우 저렴하고 수송비, 시공비, 보수 유지 관리비가 적게 들어 경제적이고 실용적이다.

(4) X-L 파이프의 단점

① 동관, 강관 등에 비해 열전도율이 떨어진다.

② 배관구배나 배관간격을 정확하게 유지하기가 어렵다.

③ 강도가 다소 약한 편이다(미세한 누설의 발생 가능성이 있다).

④ 일부의 파손 및 Crack 발생시 재생이 어렵다.

(5) 시공방법(온돌 시공 시)

① X-L 파이프용 Saddle은 어떤 종류를 사용해도 무방하지만, KS 규격품을 사용하여야 하며, 콘크리트 바닥에 못질을 하여 고정한다.

② Saddle의 간격은 파이프 구경에 따라 다르나, 보통 1 m 간격으로 시공하는 것이 이상적이다.

③ 굽힘부는 특히 파이프 고정에 유의하여야 하며, 파이프와 콘크리트 바닥과의 조화를 이루어야 열전도율 및 열관류율이 더 높아진다.

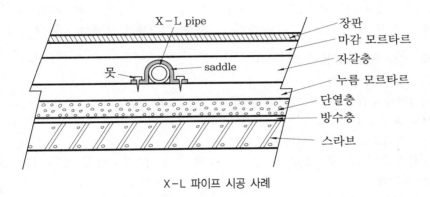

X-L 파이프 시공 사례

• **문제풀이 요령**

　PE 파이프(X-L PIPE)는 반영구적인 수명, 우수한 난방효과, 뛰어난 내열성 및 내한성, 간편한 시공과 저렴한 비용 등의 장점이 많은 재료이지만, 스팀 배관에는 시공을 금해야 하는 등 일부 주의를 요하는 사항도 있다.

PROJECT **26** 펌프의 성능 측정 출제빈도 ★☆☆

Q 펌프의 성능 측정 절차와 검사기준에 대해서 설명하시오.

(1) 개요

① 펌프 측정작업을 수행하기 전에 펌프의 사양, 명판, 밸브 및 배관사양 등을 검토해야 한다.

② 사전 성능 측정을 위한 계측기 선정, 보고서 양식 등을 준비해야 한다.

③ 소정의 절차에 따라 펌프의 성능 측정을 진행후 보고서 작성을 한다.

(2) 성능 측정의 사전작업

① 펌프의 성능 곡선 및 기술사양서 검토 ② 모터, 회전차 등 부품의 명판 사양 확인

③ 펌프의 전기사양과 제어 밸브 등 확인 ④ 배관 및 시스템 압력, 온도 등 확인

⑤ 필요한 측정 계측기, 보고서 등 준비 ⑥ 물 시스템과 보충수 계통에 대한 공기제거

(3) 펌프의 성능 측정 절차(KS B 6301)

① 시험조건을 확인한다.

㉮ 시험액체 : 0~40℃의 깨끗한 물(비체적 : $1,000\,\mathrm{kg/m^3}$)

㉯ 시험 회전속도

㉠ 원칙적으로 규정 회전속도로 한다.

㉡ 규정 회전속도를 얻을 수 없을 경우에는 '규정속도±20%'에서 시험하고 나중에 보정한다.

② 펌프를 시험 회전속도로 운전하고, 펌프의 토출 쪽 밸브를 조정하면서 전양정 및 토출량을 변화시켜 시험한다.

③ 측정점은 아래와 같다.

㉮ 원심펌프의 경우 닫힘 상태에서 가능한 한 최대유량까지의 5개 측정지점 이상의 다른 토출량에 대하여 측정하고, 적어도 1지점은 규정 양정보다 낮은 양정에서 측정한다.

㉯ 사류펌프의 경우 규정 양정 상하에서 5개 측정 지점 이상의 다른 토출량에 대하여 가능한 한 최소 유량과 최대 유량까지 측정한다.

㉰ 축류펌프의 경우 개방 상태에서 가능한 한 최소 유량까지 5개 측정 지점 이상의 다른 토출량에 대하여 측정하고, 적어도 1지점은 규정 양정보다 높은 양정에서 측정한다.

④ 각 지점에서의 전양정, 토출량, 회전속도, 운전상태(진동 및 소음, 베어링 온도), 차단 양정, 흡입상태, 내수압, 기타 필요한 추가항목 등을 읽는다.

⑤ 축동력, 펌프효율 등을 계산한다.

(4) 펌프의 성능 검사기준 (KS B 6301)

① 전양정 및 토출량 : 성능 곡선도에서 규정점(규정 전양정, 규정 토출량)에서 다음의 판정에 따른다.

    ㉮ 판정기준 1 : 일반적인 펌프의 경우 규정 전양정에서의 토출량은 규정 토출량이거나 그것 이상이어야 한다.

    ㉯ 판정기준 2 : 전양정 또는 토출량의 허용 범위가 특별히 제한된 경우에는 성능 곡선 상의 전양정, 토출량 곡선이 다음을 만족할 것, 다만, 이들은 규정점에 대한 허용점 이외의 다른 점에 대하여 제한하지 않는다.

        ㉮ 규정 전양정에서의 토출량이 규정 토출량 규정의 95~110% 사이에 있어야 한다.

        ㉯ 규정 토출량에서의 양정이 규정 전양정의 97~107% 사이에 있어야 한다.

② 축동력

    ㉮ 규정 토출량에서 규정 동력을 넘지 않아야 한다.

    ㉯ 사용 운전범위가 규정되어 있는 경우에는 그 운전범위에서 규정동력을 넘어서는 안 된다.

    ㉰ 장치의 저항곡선이 명시된 경우에는 저항곡선과 펌프의 양정곡선의 교점에서 규정동력을 넘어서는 안 된다.

③ 펌프의 효율 : 펌프의 보증효율(η_c%)보다 적을 때에는 그 허용값은 $(6-0.05\eta_c)$%로 한다.

④ 운전 상태

    ㉮ 진동 및 소음 : 운전이 원활하고, 각 부에 이상 진동, 이상음이 없어야 한다 (이상 진동기준값 이상일 것).

    ㉯ 베어링 온도 : 베어링의 허용 최고온도 및 허용 온도상승은 별도로 정한 기준치로 한다.

⑤ 차단양정

    ㉮ 차단양정은 장치의 실제의 높이보다 높아야 한다.

    ㉯ 실제의 높이가 불분명한 경우 또는 2대 이상 병렬운전하는 경우에는 차단양정이 규정 전양정보다 높아야 한다.

⑥ 최고 전양정에서의 토출량 : 규정 토출량보다 적어야 한다.

⑦ 흡입 상태 : 캐비테이션에 의한 양정 저하 및 이상음이 없어야 한다.

⑧ 내수압 : 원칙적으로 최고 토출압력의 1.5배 압력에서 3분 이상 시험하고, 물 누설 등의 이상이 없어야 한다. 다만 시험압력은 0.15MPa을 최저로 한다.

※ **주** : 최고 토출압력＝운전 범위 내에서의 최고 전양정에 상당하는 압력＋최고 흡입압력

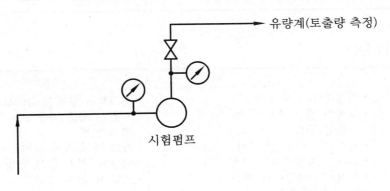

PROJECT 27   배관의 진동 및 방진대책   출제빈도 ★★☆

Q 배관의 진동에 대한 원인과 방진대책을 설명하시오.

(1) 개요

① 배관의 진동은 크게 수력적인 원인과 기계적인 원인으로 대별될 수 있다.

② 이들 원인들은 설계와 제작시점에서 대책이 세워지며, 펌프 등 원동기가 설계점 부근에서 운전시에는 발생 빈도가 낮지만, 설계점에서 멀어질수록 진동 발생의 가능성이 높아진다.

(2) 수력적인 원인

항 목	원 인	대 책
캐비테이션	• NPSH 과소 혹은 흡입수위 과대 • 회전속도 과대 • 펌프 흡입구 편류 • 과소 토출량에서의 사용 • 흡입 스트레이너의 막힘	• 유효 NPSH를 크게 한다. • 계획단계에서 좌측의 원인 해소 • 유량을 조절/제어 한다. • 관로상 막힌 찌꺼기를 제거한다.
서 징	• 토출량이 극히 적은 경우 • 펌프의 양정곡선이 우상향의 기울기를 가질 때 • 배관 중에 공기조, 혹은 공기가 모이는 곳이 있을 때 • 토출량 조정밸브가 공기조 뒤에 있을 때	• 펌프 성능의 개량(계획단계) • 배관 내 공기가 모이는 곳을 없앤다. • 펌프 직후의 밸브로 토출량은 조절한다. • 유량을 변경하여 서징 영역을 피한다.
수충격	• 과도현상의 일종으로 밸브의 급폐쇄 등의 경우 발생 • 펌프의 기동/정지 및 정전 등에 의한 동력 차단시 등	• 계획단계에서 미리 검토하여 해결 • 기동/정지의 Sequence 제어

(3) 기계적인 원인

항 목	원 인	대 책
회전체의 불평형	• 회전체의 평형 불량 • 로터의 열적 굽힘 발생 • 이물질 부착 • 회전체의 마모 및 부식 • 과대 토출량에서의 사용 • 회전체의 변형이나 파손 • 각 부의 헐거움	• 회전체의 평형 수정(Balancing) • 고온 유체를 사용하는 기기는 회전체 별도 설계 • 마모 및 부식의 수리 • 이물질 제거 및 부착 방지 • 조임 및 부품 교환

항 목	원 인	대 책
센터링 불량	• 센터링 혹은 면센터링 불량 • 열적 Alignment의 변화 • 원동기 기초 침하	• 센터링 수정 • 열센터링에 대해서도 수정한다.
커플링의 불량	• 커플링의 정도 불량 • 체결 볼트의 조임 불량 • 기어 커플링의 기어이의 접촉 불량	• 커플링 교환 • 볼트 및 고무 슬리브 교체 • 기어의 이빨 접촉 수정
회전축의 위험속도	• 위험속도로 운전 • 축의 회전수와 일치하거나 2배의 진동수	• 계획설계 시 미리 검토 • 상용운전 속도는 위험속도로부터 25% 정도 낮게 하는 것이 바람직함
Oil Whip 혹은 Oil Wheel	• 미끄럼 베어링을 사용하는 고속회전기계에서 많이 발생하며, 축수의 유막에 의한 자력운동이다.	• 계획설계 시 미리 검토 • 축수의 중앙에 홈을 파서 축수의 면압을 증가
기초의 불량	• 설치 레벨 불량 • 기초 볼트 체결 불량 • 기초의 강성 부족	• 라이너를 이용하여 바로잡는다. • 기초를 보강하거나, 체결을 강하게 한다.
공진 (배관계 공진, 연결에 대한 공진)	• 축의 회전진동수와 같다.	• 설계 시 공진주파수 영역을 피한다.

• 문제풀이 요령

배관의 진동은 크게 수력적인 원인과 기계적인 원인으로 대별될 수 있는데, 수력적인 원인은 캐비테이션, 서징, 수격작용 등을 말하는 것이고, 기계적인 원인은 회전체의 센터링 불량, 불균형, 커플링 문제 등을 주로 말한다.

PROJECT 28 환기효율

출제빈도 ★★☆

Q 환기효율의 정의를 공기 연령(Age Of Air) 개념을 이용하여 설명하시오.

(1) 개요

① 실내 공간에서 발생된 오염공기는 신선 급기의 유동과 확산에 의해 희석되며, 이 혼합공기는 환기설비에 의해서 배출 제거됨으로써 이용자들에게 보다 적합한 환경을 제공하게 된다.

② 실내환기에 대한 효과는 공기 교환율뿐만 아니라 실내기류 분포에 의한 환기효율에 의하여 결정된다.

③ 환기 대상 공간에서는 급·배기구의 위치, 환기형태, 풍속 등에 따라 실내의 기류 분포가 달라진다. 이로 인하여 실내환경에 많은 영향을 미친다.

④ 환기효율은 농도비, 농도감소율, 공기연령 등에 의해 정의할 수 있다.

(2) 환기효율의 정의

① 농도비에 의한 정의
- (가) 주로 실내의 오염의 정도를 나타내는 용어이다.
- (나) 배기구에서의 오염농도에 대한 실내 오염농도의 비율을 말한다.
- (다) 실내의 기류상태나 오염원의 위치에 따라 다른 단점이 있다.

② 농도 감소율에 따른 정의
- (가) 환기횟수를 표시하는데 적합한 용어이다.
- (나) 완전 혼합시의 농도 감소율에 대한 실내 오염농도의 감소율의 비율
- (다) 농도 감소 초기에는 감소율이 시간에 따라 변화한다(비정상 상태에서의 농도 측정 필요).
- (라) 일정시간 경과 후에는 농도감소율이 위치에 관계없이 거의 일정해진다.

③ 공기 연령에 의한 정의
- (가) 명목시간상수에 대한 공기연령의 비율
- (나) 이 방법 역시 비정상상태에서의 농도측정이 필요하다.
- (다) 계산절차가 다소 복잡하다.
- (라) 오염원의 위치에 무관하게 실내의 기류상태에 의해 환기효율을 결정할 수 있다.
- (마) ASHRAE 및 AIVC 등 국내·외에 걸쳐 사용되고 있다.
- (바) 주로 실내로 급기되는 신선외기의 실내 분배능력(급기효율)을 나타내며, 실내 발생 오염물질의 제거능력을 표기하는 용어로서는 적합하지 못하다.

④ 바람직한 환기효율의 정의 : 급기효율의 개념과 배기효율의 개념 접목이 필요하다. 즉, 상기의 공기연령에 의한 정의(급기효율)와 더불어 실내에서 발생하는 오염물질을 제거하는 능

력(배기효율)로서 정의되어야 한다.

(3) 공기연령, 잔여체류시간, 환기횟수, 명목 시간상수

① 공기연령
- (가) 유입된 공기가 실내의 어떤 한지점에 도달할 때까지의 소요된 시간 (그림1)
- (나) 각 공기입자의 평균 연령값을 국소 평균연령(LMA ; Local Mean Age)이라 한다.
- (다) 각 국소 평균연령을 실(室) 전체 평균한 값을 실평균연령(RMA ; Room Mean Age)이라 한다.
- (라) 실내로 급기되는 신선외기의 실내 분배능력을 정량화하는데 사용

② 잔여체류시간
- (가) 실내의 어떤 한 지점에서 배기구로 빠져나갈 때까지 소요된 시간 (그림1)
- (나) 각 공기입자의 평균 잔여 체류 시간을 국소평균 잔여체류시간(LMR : Local Mean Residual Life Time)이라 한다.
- (다) 각 국소평균 잔여체류시간을 실(室) 전체 평균한 값을 실평균 잔여체류시간(RMR : Room Mean Residual Life Time)이라 한다.
- (라) 오염물질을 배기하는 능력을 정량화하는데 사용

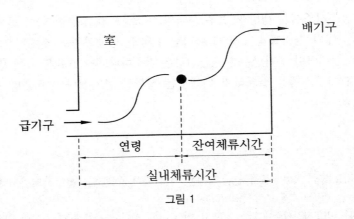

그림 1

③ 환기횟수
- (가) 1시간 동안의 그 실의 용적만큼의 공기가 교환되는 것을 환기횟수 1회라고 정의한다.
- (나) 일반적인 생활공간의 환기횟수는 약 1회 정도이며, 환기연령은 1시간이 된다 (화장실이나 주방은 환기횟수가 10회 정도가 바람직함).

④ 공칭(명목) 시간상수 (Nominal Time Constant)
- (가) 공칭 시간상수는 시간당 환기횟수에 반비례한다(환기횟수의 역수로서 시간의 차원을 가진다).
- (나) 명목 시간상수 계산식

$$\tau = V / Q$$

여기서, τ : 명목 시간상수, V : 실의 체적, Q : 풍량(환기량)

(4) 국소 급기효율과 국소 배기효율

① 국소 급기효율(국소 급기지수) : 명목 시간상수에 대한 국소평균 연령의 비율(100 % 이상~ 가능)

$$국소\ 급기효율 = \tau / LMA$$

② 국소 배기효율(국소 배기지수) : 명목 시간상수에 대한 국소평균 잔여 체류 시간의 비율(100 % 이상~ 가능)

$$국소\ 배기효율 = \tau / LMR$$

(5) 환기효율(공기 연령에 의한 급기효율 및 배기효율에 의한 정의)

① 실평균 급기효율 : 상기 국소급기효율을 실 전체 공간에 대하여 평균한 값
② 실평균 배기효율 : 상기 국소배기효율을 실 전체 공간에 대하여 평균한 값
③ 실평균 급기효율은 실평균 배기효율과 동일하므로 합쳐서 실평균 환기효율 혹은 환기효율 이라고 부른다.

즉, 환기효율＝실평균 급기효율＝실평균 배기효율

(6) 환기효율 및 공기 연령의 응용

① 바닥분출 공조시스템은 냉방인 경우 실내의 온도분포가 성층화 되어 변위 환기가 이루어 지므로 실 전체의 환기효율이 좋게 나타난다(국소 평균연령도 전체적으로 감소된다).
② 일반적으로 환기량이 증가할수록 평균연령은 감소하나 환기효율은 크게 변화하지 않았다.
③ 효과적인 환기시스템을 설계하기 위해서는 정확한 환기설비의 효율평가에 의한 채택이 요구된다.

• 문제풀이 요령
① 바람직한 환기효율의 정의는 공기 연령에 의한 정의(급기 효율)와 더불어 실내에서 발생하는 오염물질을 제거하는 능력(배기효율)로서 정의 되어야 한다.
② 환기효율 계산 : 명목시간상수에 대한 실평균 연령 혹은 실평균 잔여 체류 시간의 비율로 계산한다.

PROJECT 29 위생적 가습장치 출제빈도 ★☆☆

Q 위생적 가습장치와 유지관리에 대해서 설명하시오.

(1) 개요

① 일반적으로 가습방식을 위생적 관점으로 분류하면 초음파식, 가열식, 복합식 등 세 가지로 많이 분류되어 진다.

② 초음파식은 물을 넣은 용기의 밑부분에서 초음파를 발생시켜 물을 작은 입자로 쪼개서 내뿜는 방식으로 전기료가 적게 들고 분무량이 많은 반면, 가습기 안의 물에서 미생물이 번식하여 그대로 분무될 수 있다(중금속 포함)는 단점이 있다.

③ 가열식 및 복합식 가습장치는 물을 끓여 분무하기 때문에 위생적인 측면에서 초음파 가습장치 보다 훨씬 유리하다.

(2) 가열식 가습장치

① 원리

㈎ 가습장치 안의 물을 끓여 수증기로 뿜어주는 방식이다.

㈏ 따라서 가습장치에서 외부로 뿜어져 나오는 증기는 뜨거운 증기이다.

② 가열식 가습장치의 장점

㈎ 물을 끓여 분무하기 때문에 위생적으로 우수하다.

㈏ 따뜻한 수증기로 실내온도 유지에 도움이 된다.

㈐ 따뜻한 수증기가 나오기 때문에 호흡기에 부담이 적다.

③ 가열식 가습장치의 단점

㈎ 전기료가 많이 나오면서, 분무량은 적은 편이다.

㈏ 가습장치를 작동하고 나서 가습 효과가 느리며, 특유의 소음이 있다.

㈐ 유지관리시 부주의하면 화상을 입을 수 있으므로 주의를 요한다.

(3) 복합식 가습장치

① 초음파식과 가열식의 방법을 복합적으로 적용하여 서로의 장점을 살린 방식이다.

② 먼저 가열관에서 물 온도를 60~85℃로 올려 살균시킨 뒤 초음파를 이용해서 뿜어주는 방식이다.

③ 보통 '따뜻한 수증기'와 '차가운 수증기'를 선택할 수 있다.

④ 전기료는 많이 들지 않으면서 초음파 방식보다 많은 분무량을 낼 수 있고, 살균능력이 뛰어나다.

(4) 가습방식(가습기) 선택 시 주의사항

① 室의 가습을 고려시 보통 가습방식을 우선적으로 선택할 필요가 있다.

② 각 가습 방식에 따른 장단점이 분명하기 때문에 무엇이 좋다고는 말할 수 없다.

③ 초음파식 가습은 보통 비용이 저렴하고, 전기료도 적게 나오므로 많이 사용되지만, 건강 상태에 예민한 환자가 많은 병원 등에서는 초음파식의 가습이 맞지 않을 수 있다.

④ 초음파 가습방식은 수증기가 나오는 것이 아니라 미세(微細)한 물분자를 내뿜는 것이므로 먼지 등에 흡착하여 같이 들이마실 수 있고, 차가운 수증기가 실내의 온도를 낮출 수 있기 때문에 병원용 가습으로는 좋지 않다.

⑤ 가열식 가습의 경우 가장 큰 문제점은 화상을 입을 수 있고, 전기세 또한 초음파 가습기에 비해 약 6~8배 정도 더 나온다. 그럼에도 불구하고 위생적으로 살균된 수증기와 따뜻한 수증기가 호흡계에 부담이 적다는 이유 때문에 환자가 많은 병원용 가습으로는 아주 효과적이다.

⑥ 가열식 가습방식의 전기세 측면이 부담이 될 경우 복합식이 선택될 수 있다. 비용은 다소 비싸지만 '뜨거운 가습'과 '찬 가습'이 둘 다 가능하기 때문에 장점이 많다. 또한 전기세도 초음파식 대비 약 2배 정도에 지나지 않는다.

⑦ 가습량 자동 조절 방식은 사용하기가 편리한 전자식과, 값싼 수동식으로 대별된다. 수동식 가습장치를 선택할 경우에는 습도 조절을 위해 습도계와 같이 사용하는 것이 좋다.

⑧ 청소를 자주 하기 위해서는 청소하기 쉽고 간단한 구조로 제작하는 것이 좋다.

(5) 가습장치 유지관리 시 주의사항

① 제대로 가습장치가 사용되어진다면 약해진 기관지나 건강에 도움이 되는 것은 확실하다.

② 그러나 가습기를 잘못 사용할 경우 세균에 의한 감염 등 오히려 사용하지 않는 만 못할 수도 있다.

③ 가습장치는 공조설비 중 가장 위생적으로 관리해야 하는 부분이다.

④ 가습장치에서 분무되는 물은 바로 호흡하여 들여 마시기 때문에 물 속에 중금속, 세균 등 유해한 물질이 있다면 그것을 그대로 마시게 되는 셈이다.

⑤ 따라서 가습장치에 필터나 항균 물통 등의 항균, 정화 기능을 장착하는 것이 효과적이다.

⑥ 청소를 자주하여 청결을 유지하는 것이 중요하고, 깨끗이 정화된 물을 사용해야 한다.

⑦ 가습 공기가 실(室) 전체로 잘 퍼지게 하기 위해서 취출구의 위치, 개수 등이 고려되어야 한다. 또 가습장치의 수증기가 벽이나 가구, 가전제품 등의 표면에 달라붙으면 형태와 색깔이 변할 수 있으므로 주의를 요한다.

• **문제풀이 요령**

초음파식은 초음파를 이용하는 방식으로, 가열하지 않는 방식이므로 물 속의 미생물 등에 대한 살균이 안된다 (반면 가열식 및 복합식 가습장치는 물을 끓여 분무하기 때문에 살균에 의한 위생적인 가습이 가능해진다).

PROJECT 30 Ceiling Plenum Return 방식

출제빈도 ★★☆

Q 천장 속 공간을 이용하는 Ceiling Plenum Return 방식의 장단점을 설명하시오.

(1) 개요

① 공기조화에서 'Ceiling Plenum Return 방식'을 그냥 '실링 덕트 방식'이라고 하는데, 일반적으로 그 기능과 목적에 대해 잘못 오해하는 경우가 많다.

② 즉, 그 공사의 간단함과 편리성 때문에 오히려 대부분의 공사비를 줄이고 부실공사로 생각하는 일부의 사람도 있다.

③ 그러나 Ceiling Plenum Return 방식의 목적은 완전히 다르다. 그것은 에너지 절약에 주안점을 둔다는 것이 가장 크다.

(2) Ceiling Plenum Return 방식의 원리

① 리턴 덕트를 연결하지 않고 리턴측에는 공 디퓨저로 천장 공조를 한다.

② 설치방법은 공급덕트만 있고, 리턴덕트는 없이 리턴공기를 입상덕트로 이동할 수 있는 구조이다.

③ 우선 천장에 있는 형광등의 조명 열량을 제거하기 위한 것으로, 노출형은 아니고 매입형 조명에 대하여 실링 위로 열을 유도하여, 조명열을 실내 부하로 처리하지 않고 개선하여 조명열을 절감하는 것이다. 결국 조명열은 천장위로 해서 입상 덕트로 들어간다.

④ 또 공조기의 리턴 덕트가 없어 기외정압이 적게 걸리므로, 송풍 모터 소비전력을 줄일 수 있어 경제적이다.

(3) Ceiling Plenum Return방식의 장점

① 조명부하가 실내로 전파되지 않으므로 냉방부하 절감이 가능하다.

② 덕트 내 기외정압이 적게 걸리므로 저정압 모터를 채용하여 소음을 대폭적으로 줄일 수 있다.

③ 덕트용 함석등 재료비 및 인건비가 감소한다.

④ 층고를 낮출 수 있다.

⑤ 팬 모터의 동력을 감소시킬 수 있어 에너지 절감에 효과적이다.

(4) Ceiling Plenum Return 방식의 적용시 주의점

① 매입형 조명이 50 % 이상 천장 내에 매립되어야 효과가 있다.

② 리턴 덕트와 같이 천장에도 오물 등이 없게 청결해야 한다 (공조기에서 재순환이 되므로).

(5) Ceiling Return에 대한 검토

① 취기가 발생하는 부분 및 최상층 등 외기에 면해 있는 부분의 적용 제외

② 취기가 발생하는 부분은 천장 내에서 구획

③ 천장재단열재마감재의 발진이 최소가 될 수 있도록 재료 선택 (건축과 협의)

④ 간벽에 의해 환기가 편중되지 않도록 덕트 배치

⑤ 천장 내 충분한 공기통로가 확보될 수 있도록 보 밑 등에 Space 확보 (200 mm 이상)

⑥ 충분한 환기구의 확보 (급기의 1.5배, 통과풍속은 1 m/s 이하가 바람직)

⑦ 외주부의 Cold Draft 방지 (FCU와 SA의 중복)

⑧ 평면에서 Duct가 길지 않도록 계획 (평면상 50 m 이하)

(6) 응용

① 유사 시스템으로 천장 다공판 취출 시스템(Ceiling Plenum Chamber System, CPCS)을 이용하여 실내의 공기 교란을 최소로 유지하면서 급기할 수 있는 시스템도 있다.

② 항온항습 시스템, 클린 룸 등과 같이 하루 24시간 일년 내내 운전해야 하는 특성상 운전 비용 절감 특히 에너지 비용을 특별히 고려해야 하는 경우 효과가 크다 (소비전력이 적은 모터의 채용가능).

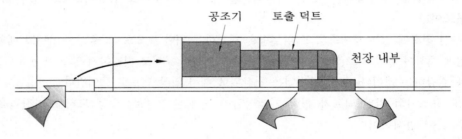

Ceiling plenum return 방식

• **문제풀이 요령**

　Ceiling Plenum Return 방식은 공조기의 리턴 덕트가 없어 기외정압이 적게 걸리므로, 송풍 모터 소비 전력을 줄이고, 조명부하가 실내에 적용되지 않으므로 공조부하를 절감할 수 있어 경제적이다(실내 소음도 저감 가능). 단, 천장 내 분진, 오물 등이 있으면 실내를 오염시킬 수 있으므로 특히 주의를 요한다.

PROJECT **31** 책임 감리제도와 PQ 제도   출제빈도 ★☆☆

Q 책임 감리제도와 PQ 제도에 대해서 설명하시오.

(1) 책임 감리제도 (건설기술관리법 시행령)

① 전문성 필요에 의한 공사품질 향상, 내구성 향상 등을 위해 제반공사의 시공, 검수, 시험 등에 대해 설계도서, 시방서, 관계법규 규정 준수 여부를 확인감독 (시공 감리 대비 권한 과 책임을 대폭 강화)

② 구분 : 전면책임감리(공사 전체), 부분책임감리(공사 일부)

  ㈎ 전면책임감리

    ㉮ 총공사비가 200억원 이상으로서 22개 공종에 해당하는 건설공사 및 발주청이 필 요하다고 인정하는 공사

    ㉯ 22개 공종 : 길이 100 m 이상의 교량이 포함된 공사, 공항, 댐 축조, 에너지 저장시설, 고속도로, 간척, 항만, 철도, 지하철, 터널공사가 포함된 공사, 발전소, 폐기물처리시 설, 폐수종말처리시설, 하수종말처리시설, 상수도, 하수관거, 관람집회시설, 전시시 설, 연면적 5,000 m^2 이상인 공용 청사, 송전, 변전, 300세대 이상의 공동 주택

  ㈏ 부분 책임감리 : 교량, 터널, 배수문 등 주요 구조물 건설공사중 발주청의 '부분책임 감리'가 필요하다고 인정하는 공사

③ 권한 : 공사 중지 명령권, 재시공 명령권, 기성 및 준공 검사권 등

④ 현행 감리제도의 문제점 : 감리제도에 대한 인식부족, 업무영역의 혼란, 수주 우선 풍토, 교 육과 제도의 부족, 평가시스템 부족 등

(2) PQ 제도 (입찰참가 자격 사전 심사제도)

① PQ제도의 정의 : PQ 제도란 공사 입찰 시 참가자의 기술능력관리 및 경영상태 등을 종합적 으로 평가하여 공사 특성에 따라 입찰 참가자격을 사전심사하는 제도이다.

② 입찰 순서 : 프로젝트→공고→Long list→PQ심사→Short list→초청→입찰, 낙찰, 계약

③ 필요성 : 건설수주패턴 변화(턴키, Package화), 공사대형, 고급화, 건설업 개방에 따른 국 제 경쟁력 강화, 부실공사 방지 대비 경영, 공사, 기술, 신용도 개선, 재해율 감소 등

④ 문제 : 도급 한도액에 의한 실적위주, 시공위주 참가제한, 가격입찰방식, PQ기준 정립, 일 관된 정책 부재 등

☞. 법규 관련 사항은 국가정책상 필요 시 항상 변경 가능성이 있으므로, 필요 시 재확인 바랍니다.

• **문제풀이 요령**

  책임 감리제도는 크게 계약 단계별 공사 전체에 대하여 책임 감리하는 전면책임감리와 공사 일부에 대해서 책임 감리하는 부분책임감리로 나누어진다.

PROJECT 32 아파트 현장 신기술　　　　　　　출제빈도 ★☆☆

Q 건축설비 관련 아파트 현장에서 접목하고 있는 설비관련 신기술에는 어떤 것이 있습니까?

아파트 신기술 분야는 아래와 같이 환기 분야, 에너지 절감, 소음방지 및 환경 분야 등으로 대별할 수 있다.

(1) 환기 분야
① 주방 레인지후드 작동 방법을 감지기에 의한 자동 운전
② 지하주차장 배기를 무덕트 시스템으로 시공
③ 주방 및 화장실 악취 확산 방지를 위해 입상피트에 스파이럴 덕트 시공
④ Run Around(런어라운드), 전열교환기 등 설치
⑤ 하이브리드 환기 ⑥ 바닥열을 이용한 환기장치 ⑦ 고성능 외기청정필터 ⑧ 자연환기설비 등

(2) 에너지 절감 분야
① 전열교환기 설치 : 배기시 버려지는 폐열 회수
② 급수방식은 부스터 펌프 방식 도입 : 대수제어, 회전수 제어 등
③ 각 실(室) 온도 제어 : Duty 제어, Demand 제어 등
④ 각 세대 감압밸브 설치 및 정유량 밸브 설치 : 유량의 균등화로 에너지 낭비 감소
⑤ 절수 위생기기 설치(양변기, 소변기, 샤워) : 전자감응식 기구 도입
⑥ 선진 창틀 및 전동형 차양 적용
⑦ 시스템 온수 분배기 ⑧ BEMS ⑨ BA(S) ⑩ 신재생에너지 활용 ⑪ 폐열회수 등

(3) 소음방지 분야
① 배수배관을 스핀 이중관으로 설치
② 수격방지를 위한 Waterhammer Arrester 설치
③ 층간 소음 방지를 위한 고성능 차음재 시공
④ 2중 엘보, 3중 엘보 등을 적용(배수 배관)

(4) 환경 분야
① 상수도 수질 개선을 위한 중앙 정수처리 장치 설치 : 정수 품질 및 효율 개선
② 싱크대에 음식물 탈수기 설치
③ 이동식 청소기의 비산먼지 발생 방지를 위한 중앙 진공청소 장치 설치
④ 쓰레기 관로 수송 시스템 등

• **문제풀이 요령**
　아파트 현장에서는 에너지 분야(전열교환기, 부스터펌프, 제어 등), 소음, 환기, 환경분야가 가장 대표적인 신기술 접목 분야이다.

PROJECT 33 행어 공사   출제빈도 ★☆☆

Q 건축 설비에서 행어 공사에 대해서 설명하시오.

(1) 행어의 규격 선정법

① 층간 변위 및 수평 방향의 가속도에 대한 응력을 검토

② 필요 시 좌굴응력에 대해서도 검토

③ 지지구간 내에서 관의 중간이 처지거나 진동이 발생하지 않도록 하기 위해서 행어 또는 지지철물을 사용하여 적절한 간격으로 지지 고정한다 (행어간 간격이 너무 크지 않도록 관리).

④ 일반 행어, 절연 행어, 롤러 행어 등의 다양한 종류가 사용되어지고 있다.

(2) 행어의 시공 시 주의사항

① 지지물이 동관 및 스테인리스 강관인 경우 철과의 접촉 시 전이 부식을 방지하기 위하여 적절한 절연재로 시공해야 한다 (절연 처리된 파이프 행어 사용도 가능함).

② 수직관의 경우에는 관의 총 중량에 의해 하단부 곡관의 처짐 또는 곡관의 자중에 의해 수직관의 하단이 이완되어 밑으로 내려가지 않도록 지지철물 및 콘크리트 받침대 등으로 고정해야 한다.

③ 행어는 천장 콘크리트면 등에 충분히 견고하게 고정시켜 안전성, 내구성 등을 확보할 수 있게 한다.

④ 소방용 배관의 행어 공사 (스프링클러 설비)

(가) 가지관 : 헤드 사이마다 1개 이상 (단, 헤드간 거리 3.5 m 초과 시 3.5 m 이내마다)

(나) 교차 배관 : 가지배관 사이마다 (가지배관거리 4.5 m 초과 시 4.5 m 이내마다)

(다) 수평 주행 배관 : 4~5 m 마다 1개 이상 설치

(라) 상향식 헤드의 경우, 그 헤드와 행어 사이에 8 cm 이상의 간격을 둘 것

• **문제풀이 요령**

행어 공사시에는 지지구간 내 응력과 좌굴응력, 이종금속간의 전이부식 등을 가장 주의하여 검토해야 한다.

PROJECT *34* 기계설비공사의 종류 등

출제빈도 ★☆☆

Q 아래의 용어에 대하여 설명하시오.
① 기계설비공사의 종류 　　　　② 기계설비인의 윤리강령

(1) 기계설비공사의 종류

① 열원기계 : 열원장비 설치공사, 냉각탑 설치공사 등
② 덕트설비 공사 : 공조덕트 공사, 환기덕트 공사 등
③ 배관설비 : 기계실 배관공사, 냉온수 배관공사, 증기 배관공사, 급수·급탕 배관공사, 오배수 통기관 배관공사, 소화 배관공사, 가스 배관공사 등
④ 제어공사 : 제어반 공사, 자동제어 공사 등
⑤ 기타공사 : 오수정화 시설공사 등

(2) 기계설비인의 윤리강령(기계설비협의회)

① 내용 : 기계설비산업은 주거공간의 편의와 쾌적함을 제공하고 생산현장의 환경을 조성해주는 산업분야이다. 이에 우리 기계설비인은 인간의 삶의 질 향상과 산업발전의 기초를 만들어주는 주체로서 사명감을 지닌다.
 1. 우리 기계설비인은 각자의 기술능력을 최대로 발휘하여 사회에 기여한다.
 2. 우리 기계설비인은 기술혁신을 추구하여 설비산업의 지속적인 발전에 기여한다.
 3. 우리 기계설비인은 연구, 설계, 제조, 시공, 관리의 각 분야에서 사회적 책임을 다한다.
 4. 우리 기계설비인은 환경친화적 에너지절약 기술개발과 보급에 이바지한다.
 5. 우리 기계설비인은 설비분야를 발전시킬 미래세대의 육성을 위해 노력한다.
 6. 우리 기계설비인은 윤리확립을 통해 기술인의 긍지와 명예를 지킨다.

 ㊜ '기계설비협의회'는 대한설비공학회, 대한설비건설협회, 한국냉동공조협회, 한국설비기술 협회, 설비엔지니어링협의회 등 5개 단체장과 원로 설비인으로 구성

② 이 '헌장'은 1997년 7월 18일 제정 및 선포된 '기계설비인의 윤리선언'을 개정하여 2006년 1월 5일 선포한 것이다.

PROJECT 35 **BIPV**   출제빈도 ★☆☆

Q BIPV(Building Integrated Photovoltaics)에 대해서 설명하시오.

(1) BIPV의 특징

① BIPV는 '건물 일체형 태양광발전 시스템'이라고 하며, PV 모듈을 건물 외부 마감재로 대체하여 건축물 외피와 태양열 설비를 통합한 방식이다.

② 따라서 통합에 따른 설치비가 절감되고 태양열 설비를 위한 별도의 부지 확보가 불필요하다.

③ 커튼월, 지붕, 차양, 타일, 창호, 창유리 등 다양하게 사용 가능하다.

(2) 기술적 해결 과제

① 안전성, 방수, 방화, 내구성, 법규 등 아직 해결 필요한 과제 무수히 많음

② 태양광 발전 비용이 일반 발전비용 대비 5배 이상 소요된다.

(3) 설계 및 설치 시 주의사항

① PV 모듈에 음영이 안 생기게 할 것

② PV 모듈 후면 환기 실시 : 온도 상승 방지

③ 서비스성 용이 구조로 할 것.

④ 청결 유지될 수 있는 구조로 할 것.

⑤ 전기적 결선(Wiring)이 용이한 구조로 할 것.

⑥ 배선 보호 : 일사(자외선), 습기 등으로부터의 보호가 필요하다.

(4) 설치 시 고려사항

① 방위 및 경사가 적절할 것(정남향이 유리, 경사각은 설치장소의 위도에 따라 달라짐)

② 인접 건물과의 거리가 충분할 것(고층 아파트의 경우 인동간격이 클 것)

③ 건축과의 조화를 이룰 것

④ 형상과 색상이 기능성 및 건물과 조화를 이룰 것

⑤ 건축물과의 통합 수준을 향상시킬 것

⑥ 식생 : 식물의 성장속도를 고려해야 하며, 가급적 북측에 식생하고 2층 이상 성장하지 않아야 한다.

(5) 기술 개발 동향

① 1990년부터 독일이 주관하여 '13개국 공동 연구회'를 만들어 관련 연구를 진행해왔으며, 2000년대에 접어들어 '태양열 복합 BIPV' 개발이 본격화되고 있다.

② 국내에는 2000년 이후 도입되어 지붕 일체형 BIPV, 차양 일체형 BIPV 등이 개발되어지고 있다.

③ 이 분야의 미래 에너지 기술을 선점하기 위해 미국, 서구, 일본 등 선진국들을 중심으로 막대한 투자를 하고 있는 상황이다.

(6) 향후 동향

① 유가의 불안정, 하절기 전력 Peak 문제, 환경문제 등의 효과적 해결책에 부합되므로 급속한 발전 가능성이 대단히 높다.

② 잠재성이 무궁무진한 분야이며, 친환경성 등의 상징적 효과도 있다.

③ 거대 프로젝트로 되기 쉬우므로 국제적 공조체계로 기술개발하는 것이 효과적으로 예상된다.

(7) BIPV의 다양한 적용 사례

BIPV 건물 적용 사례

• **문제풀이 요령**

① 태양광에 의한 에너지 생산 기술을 건축물 설계 및 건축 재료에 통합하는 과정이 BIPV이며, BIPV 기술을 사용함으로써 태양에너지 부품은 건물의 통합 요소 중의 하나가 되며, 대부분의 경우 지붕, 창유리 등의 외장재로 사용되어진다.

② 염료감응형 등의 고효율 연료전지 기술이 최근 급속히 발달하면서 BIPV의 단점인 초기투자비 증가 문제와 낮은 에너지변환효율의 문제를 해결해나가고 있어 앞으로의 BIPV의 전망은 아주 밝다고 할 수 있다.

PROJECT **36** 인동 간격 　　　　　　　　　　　　　　　　출제빈도 ★☆☆

Q 건축물의 '인동 간격'에 대한 법적 규정 및 '인동 간격비' 계산방법에 대하여 설명하시오.

---

(1) 인동간격에 대한 법적 규정 (건축법 시행령 제86조)

① 전용주거지역이나 일반주거지역에서 건축물을 건축하는 경우에는 건축물의 각 부분을 정북(正北) 방향으로의 인접 대지경계선으로부터 다음 각 호의 범위에서 건축조례로 정하는 거리 이상을 띄어 건축하여야 한다.

1. 높이 9미터 이하인 부분 : 인접 대지경계선으로부터 1.5미터 이상
2. 높이 9미터를 초과하는 부분 : 인접 대지경계선으로부터 해당 건축물 각 부분 높이의 2분의 1 이상

② 다음 각 호의 어느 하나에 해당하는 경우에는 제1항을 적용하지 아니한다.

1. 다음 각 목의 어느 하나에 해당하는 구역 안의 대지 상호간에 건축하는 건축물로서 해당 대지가 너비 20미터 이상의 도로(자동차·보행자·자전거 전용도로를 포함하며, 도로에 공공공지, 녹지, 광장, 그 밖에 건축미관에 지장이 없는 도시·군계획시설이 접한 경우 해당 시설을 포함한다)에 접한 경우

   가. 「국토의 계획 및 이용에 관한 법률」 제51조에 따른 지구단위계획구역, 같은 법 제37조 제1항 제1호에 따른 경관지구

   나. 「경관법」 제9조 제1항 제4호에 따른 중점경관관리구역

   다. 법 제77조의2 제1항에 따른 특별가로구역

   라. 도시미관 향상을 위하여 허가권자가 지정·공고하는 구역

2. 건축협정구역 안에서 대지 상호간에 건축하는 건축물(법 제77조의4 제1항에 따른 건축협정에 일정 거리 이상을 띄어 건축하는 내용이 포함된 경우만 해당한다)의 경우

3. 건축물의 정북 방향의 인접 대지가 전용주거지역이나 일반주거지역이 아닌 용도지역에 해당하는 경우

③ 공동주택은 다음 각 호의 기준에 적합하여야 한다. 단, 채광을 위한 창문 등이 있는 벽면에서 직각 방향으로 인접 대지경계선까지의 수평거리가 1미터 이상으로서 건축조례로 정하는 거리 이상인 다세대주택은 아래 제1호를 적용하지 아니한다.

1. 건축물(기숙사는 제외한다.)의 각 부분의 높이는 그 부분으로부터 채광을 위한 창문 등이 있는 벽면에서 직각 방향으로 인접 대지경계선까지의 수평거리의 2배 (근린상업지역 또는 준주거지역의 건축물은 4배) 이하로 할 것

2. 같은 대지에서 두 동(棟) 이상의 건축물이 서로 마주보고 있는 경우(한 동의 건축물

각 부분이 서로 마주보고 있는 경우를 포함한다.)에 건축물 각 부분 사이의 거리는 다음 각 목의 거리 이상을 띄어 건축할 것. 다만, 그 대지의 모든 세대가 동지(冬至)를 기준으로 9시에서 15시 사이에 2시간 이상을 계속하여 일조(日照)를 확보할 수 있는 거리 이상으로 할 수 있다.

가. 채광을 위한 창문 등이 있는 벽면으로부터 직각방향으로 건축물 각 부분 높이의 0.5배(도시형 생활주택의 경우에는 0.25배) 이상의 범위에서 건축조례로 정하는 거리 이상

나. 가목에도 불구하고 서로 마주보는 건축물 중 남쪽 방향(마주보는 두 동의 축이 남동에서 남서 방향인 경우만 해당한다.)의 건축물 높이가 낮고, 주된 개구부(거실과 주된 침실이 있는 부분의 개구부를 말한다.)의 방향이 남쪽을 향하는 경우에는 높은 건축물 각 부분의 높이의 0.4배(도시형 생활주택의 경우에는 0.2배) 이상의 범위에서 건축조례로 정하는 거리 이상이고 낮은 건축물 각 부분의 높이의 0.5배(도시형 생활주택의 경우에는 0.25배) 이상의 범위에서 건축조례로 정하는 거리 이상

다. 가목에도 불구하고 건축물과 부대시설 또는 복리시설이 서로 마주보고 있는 경우에는 부대시설 또는 복리시설 각 부분 높이의 1배 이상

라. 채광창(창넓이가 0.5제곱미터 이상인 창을 말한다.)이 없는 벽면과 측벽이 마주보는 경우에는 8미터 이상

마. 측벽과 측벽이 마주보는 경우 [마주보는 측벽 중 하나의 측벽에 채광을 위한 창문 등이 설치되어 있지 아니한 바닥면적 3제곱미터 이하의 발코니(출입을 위한 개구부를 포함한다.)를 설치하는 경우를 포함한다]에는 4미터 이상

3. 주택단지에 두 동 이상의 건축물이 도로를 사이에 두고 서로 마주보고 있는 경우에는 상기 제2호 가목부터 다목까지의 규정을 적용하지 아니하되, 해당 도로의 중심선을 인접 대지경계선으로 보아 제1호를 적용한다.

(2) 인동간격비 계산방법

인동간격비＝(전면부에 위치한 대향동과의 이격거리) / (대향동의 높이)

㈜ 1. 대향동의 높이는 옥상 난간(경사지붕인 경우에는 경사지붕의 최고 높이)을 기준으로 하며, 난간 또는 지붕의 높이가 다를 경우에는 평균값을 적용한다.
   2. 대지 내에 전면부에 위치한 대향동이 없는 경우

인동간격비＝(인접대지경계선과의 이격거리×2) / (해당동의 높이)

☞. 법규 관련 사항은 국가정책상 필요 시 항상 변경 가능성이 있으므로, 필요 시 재확인 바랍니다.

PROJECT **37** 일사계 출제빈도 ★☆☆

Q 태양광의 세기를 측정하기 위한 '일사계'의 종류별 특징에 대하여 설명하시오.

(1) 개요

(1) 일사계(日射計)란 빛의 세기 혹은 일사량을 측정하기 위해 사용되어지는 계측기이다.

(2) 일사계(日射計)에는 태양을 비롯한 전천(全天)으로부터 수평면에 도달하는 일사량을 측정하는 전천일사계와 직접 태양으로부터만 도달하는 일사량을 측정하는 직달일사계(直達日射計), 태양의 산란광만을 측정하기 위한 산란일사계 등이 있다.

(2) 일사계의 종류별 특징

① 전천일사계

  ㈎ 가장 널리 사용되는 것은 전천일사계이며, 보통 1시간이나 1일 동안의 적산값(積算值 ; kWh/m^2, $cal/min \cdot cm^2$)을 측정한다.

  ㈏ 흔히 쓰이고 있는 전천일사계는 열전쌍(熱電雙)을 이용한 에플리일사계(태양고도의 영향이 적고 추종성이 좋음)와 바이메탈을 이용한 로비치일사계 등이 있다.

  ㈐ 원리는 일정한 넓이에서 일사를 받아 이것을 완전히 흡수시켜 그 올라가는 온도를 측정하여 단위 시간에 단위 면적에 있어서의 열량을 계산하는 일종의 열량계이다.

② 직달일사계

  ㈎ 직달일사계는 긴 원통 내부의 한 끝에 붙은 수감부 쪽으로 태양광선이 직접 들어오도록 조절하여 태양복사를 측정한다.

  ㈏ 측정값은 보통 1분 동안에 단위면적(cm^2)에서 받는 cal로 표시하거나 또는 m^2당 kWh로 나타내기도 한다(kWh/m^2, $cal/min \cdot cm^2$).

③ 산란일사계 : 차폐판에 의하여 태양 직달광을 차단시켜 대기 중의 산란광만 측정하기 위한 장비로써 보통 센서의 구조는 전천일사계와 동일하다.

전천일사계

직달일사계

산란일사계

PROJECT 38 Shop Drawing

> **Q** 일반건축물 설비 시공 시 Shop Drawing이 필요한 곳을 열거하고, 설명 하시오.

(1) Shop Drawing(시공도 혹은 시공 상세도)의 정의

① 시공도는 작업자나 기능공이 설계를 기준으로 실제로 시공할 수 있도록 도급업자나 하도급업자에 의하여 작성된 상세하고 기본이 되는 도면

② 현장의 설계변경을 최소화하고, 공사비를 절감하기 위해 그리는 상세하고 정확한 도면을 말한다.

③ 실제로 공사를 하기 위해서 현장에서 쓰는 설계도이므로, 일반 설계도보다 더 자세하고 공종별로 세분화해서 그린 도면이다.

(2) Shop Drawing 작성 요령

① 공사 수급자, 하도급업자, 제조업자, 공급업자 등이 관련공사 부분을 설명하기 위해 자세히 작성(도면, 도표, 계획공정, Data 등 포함)

② 시공상세도는 거푸집, 동바리 등의 가설구조 상세도 혹은 기계설비 상세도 등으로 많이 응용되며, 이의 구조계산 및 사용자재의 적정성 여부를 검토할 수 있다.

③ 가설구조의 안전시설이 산업안전보건법 등의 규정범위 내에 있는지 여부를 검토한다.

(3) Shop Drawing의 종류(필요한 곳)

① 비계, 동바리, 거푸집 및 가교, 가도 등의 설치상세도 및 구조계산서

② 구조물의 모따기 상세도, 옹벽, 측구 등 구조물의 연장 끝부분 처리도

③ 배수관, 암거, 교량용 날개벽 등의 설치위치 및 연장도

④ 시공이음, 신·수축 이음부의 위치, 간격, 설치방법 및 사용재료 등의 상세도면과 시공법

⑤ 철근 겹이음 길이 및 위치, 이중 외피구조 등

⑥ 기계설비 관련 시공도

　㉮ 기계실 및 공조실

　　㉮ 장비 배치도

　　㉯ 기계 기초도

　　㉰ 배관 평면도 및 입면도

　　㉱ 지지 가대류 상세도

　㉯ 천장 평면도

　　㉮ 위생, 소방, 공조 등의 상세도

       ④ 덕트, 전등기구, 스피커, 점검구 등의 평면도

   (다) PIT 상세도

      ⑦ 배관 PIT 상세도

      ④ 덕트 PIT 상세도

   (라) 기타

      ⑦ 공동구 배관 단면도

      ④ 화장실 확대 평면도 및 단면도

      ⑤ 정화조 설치 상세도

      ⑥ 각종 드레인, 국기 게양대 등

(4) 기타 주의사항

① 공사 수급자는 계약서류에 따라 도급업자들이 일을 수행할 때 지장을 초래하지 않도록 모든 Shop Drawings을 신속하게 검토, 승인한 후 건축주에게 제출하여야 한다.

② 공사 수급자는 Shop Drawings을 승인하고 제출할 때에 모든 재료에 대하여 확인하고 결정하며 현장치수 확인, 관련되는 부분에 대한 현장판단 및 계약서에 의한 사항에 대해 검토하고 조정하여야 한다.

③ 계약서에 맞지 않게 Shop Drawings을 승인하였다 하더라도 특기하여 서면으로 알려주지 않았거나 또는 알려주었더라도 그에 대해 서면으로 승인하지 않았다면 공사자는 이에 대한 책임을 면할 수 없다. 설혹 잘못 승인하였다 하더라도 공사시공자는 책임을 면할 수 없다(미국기준).

④ 시공 상세도면(Shop Drawing)에 작성되어 있는 모든 사항을 공사비 내역에 반영시키는 것이 원칙이다.

⑤ 건설기술관리법 제23조의 2 및 동규칙 제14조의 3의 규정에 의한 공사중 시공자가 작성해야 될 시공 상세도면(Shop Drawing)을 작성하는데 필요한 인건비, 소모품비 등의 물량을 산출하고, 공사비 내역에 반영시켜야 한다.

• 문제풀이 요령

 Shop Drawing은 현장에서 작업을 수행하는 기능공이나 작업자들이 직접 사용해야 하는 상세도면이므로 일반 설계도보다 훨씬 자세하고 구체적으로 작성되어야 한다.

PROJECT **39** 한국과 서구의 주거생활 및 난방 방식   출제빈도 ★☆☆

Q 한국과 서구의 주거생활 방식의 차이점과 그에 따른 난방 방식의 다른
점을 기술하시오.

(1) 개요

① 우리 전통의 온돌난방 방식의 우수성이 널리 알려지면서 해외시장 진출의 좋은 기회가
되고 있다.

② 한국의 온돌을 배우려는 각국 관계자들의 움직임도 많아지고 있으며, 특히 중국, 미국
등의 난방 관계자들이 우리의 '구들'에 대해 같이 연구하고 협정을 맺는 사례가 늘어나고
있다.

③ 우리 한민족은 예로부터 불을 잘 다루어 과학적인 온돌문화를 발달시켜 왔으며, 이는 일
종의 '구조체 축열방식'이라고 할 수 있다.

(2) 한국의 구들(온돌)의 특징

① 한국의 구들은 밥을 짓는 불의 열기를 방바닥에 내류시켜 난방하는 방식이다.

② 구들은 바닥 밑에 돌과 진흙으로 구들장을 괴어 고래를 만들고 구들장 위에 진흙으로 방
바닥을 만들어 열원을 공급하는 아궁이와 연기를 배출하는 굴뚝을 만든 후 아궁이에 열을
공급해 구들장과 방바닥에 축열시킨 다음 연기를 굴뚝으로 배출하는 구조를 갖고 있다.

③ 난방은 구들장과 진흙 방바닥에 축열된 열을 방열해 사용하게 된다.

④ 습도 조절

㉮ 장마철의 습기는 진흙이 흡수했다가 건조하면 방출해 방의 습도를 조절해 준다.

㉯ 땅에서 올라오는 습기는 구들고래가 막아주고 겨울에는 지열을 고래가 저장해 주는
것이다.

⑤ Connection Energy System : 우리의 전통구들은 아침·저녁밥을 짓는 불을 이용해 열기를 고
래로 내류시킴으로 단계적으로 열에너지를 이용한다.

⑥ 구조체 축열식

㉮ 구들장을 가열·축열해 불을 지피지 않는 시간에도 축열된 열을 방바닥에서 방열시
켜 난방하는 방법으로 고체축열식(古體畜熱式)의 일종이다.

㉯ 열에너지를 집 안에서 머물게 해 에너지를 절약하도록 되어 있다.

(3) 서구의 벽난로

① 유럽 사람들은 예로부터 주로 집 한 가운데에 '불자리'를 두고 모닥불을 피웠기 때문에 연기문제로 고생을 하였다(취사용 겸용).

② 1475년에 주물로 만든 난로, 즉 철제 벽난로가 등장하면서 드디어 연기의 고통으로부터 해방되었다(불을 벽 사이에 두고 부엌 또는 복도와 분리).

③ 연통을 가능한 많이 만들어 구불구불하게 꺾어 길게 엮으면(주름관 형태) 열을 좀 더 많이 취할 수 있었다.

(4) 미국의 온수 라디에이터

① 지금의 온수 라디에이터 난방방법은 세계 어느 곳에서나 볼 수 있는 보편적인 난방방식이며, 17~18세기에 등장했다.

② 온수 라디에이터를 기존의 집에 설치하기에 너무 번거로웠으며, 온수 라디에이터가 넓게 퍼지게 된 계기는 2차 대전이었다. 전쟁으로 거의 대부분의 가옥이 파괴되고 전후 새로 집을 지어야 했는데 이때 라디에이터 난방방식을 도입하게 된 것이다.

③ 이때 전 시대에 썼던 철제난로 방식을 활용했다. 즉 철제 난로의 구불구불한 연통이 난방에 유리하다는 것을 깨닫고 주름을 넣은 라디에이터가 나온 것이다.

(5) 한국의 온돌 문화와 서구 벽난로 문화의 비교

① 한국은 전통적으로 구들을 이용한 축열식 난방방법을 이용하여 난방효과 극대화 함

② 과거 원시시절부터 지붕이 낮은 좌식 생활을 했기에 우리 민족은 필수요소로 바닥 난방을 발전시키고 또 구들을 만들어 냈던 것이다.

③ 우리의 구들난방방식은 축열성이라는 것이 다른 방식의 난방과 비교했을 때 가장 개성적이고 뛰어나다.

④ 의학적으로 사람의 머리로 시작해 다리로 가면 따뜻해야 하는 두한족열(頭寒足熱)의 원리를 그대로 따랐다.

⑤ 서구에서 가장 많이 사용하는 벽난로나 라디에이터 방식은 바닥은 차고 위는 뜨거운 방식이라서 두통을 유발하기 좋은 방식이다(이는 사람 몸의 특성을 거스르는 방식으로 건강까지 해칠 수 있다).

⑥ 한국의 온돌문화는 실내 환기의 측면에서 좀 더 보완이 필요하다.

(6) 향후 과제

① 집의 구조상 가장 소중히 여겼던 것이 아랫목과 구들이었지만 지금은 이러한 기능이 거의 사라질 위기이다.

② 우리의 구들이 천대를 받은 건 연탄가스 중독으로 인해 하루에도 셀 수 없이 많은 사상자를 냈던 70년대 80년대의 영향이 컸다(사실 구들이 문제가 아니라 구들을 데우는 연료의 문제임).

③ 그 구들이 미국이나 다른 선진국으로 전이되어 지금 가장 활발하게 연구가 진행되고 있다(구들에 의한 온수난방이 성공해 각광을 받고 있음).

④ 하지만 이는 구들의 가장 큰 특징인 축열식이 아니고, 주로 온수가 바닥에 돌 때만 난방이 되는 방식이라서 우리의 구들과는 차이가 있다.

⑤ 현대적 보일러에 고래를 적용한다면 열효율을 획기적으로 올릴 수 있을 것이다(지금의 온돌에 고래를 넣을 수 있고 고래를 덥혀 온돌의 온도를 높인다면 보일러를 꺼도 축열식의 원리에 의해 하루 종일 난방을 할 수 있을 것이다).

⑥ 이를 실현하려면 당장 이를 위한 구들의 표준화 작업을 해야 할 것이다(보일러를 꺼도 하루 종일 난방을 할 수 있다면 이보다 더 좋은 난방방식은 없을 것이다).

⑦ 우리나라 모 업체에서 개량화된 온돌방식에 고래를 넣어 겹구들을 선보인 적이 있다. 그러나 공사하는 방식이 복잡해 비용이 많이 들고, 축열량을 자동으로 측정해 자동으로 가스가 공급되게 해야 하는 등의 과제가 더 있다 하겠다.

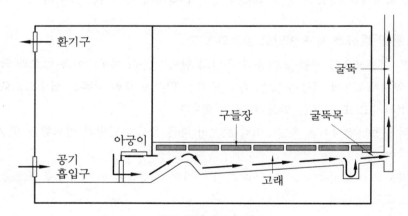

구들 설치 대표 도면

• **문제풀이 요령**

① 한국의 난방 방식은 구들 혹은 온돌로 대표되며, 이는 바닥복사의 방식이므로 대류와 건강에 유리하다.

② 서구의 난방 방식은 벽난로와 라디에이터로 대표되며, 바닥 난방이 어려워 대류와 건강 및 쾌적성에 한계가 있다 하겠다.

PROJECT 40 RoHS

Q EU의 환경규제 중 RoHS에 대해서 기술하시오.

(1) RoHS의 정의

① RoHS는 'Restriction of the use of Hazardous Substances in Electrical and Electronic Equipment'의 약자로 납, 카드뮴, 수은, 6가 크로뮴, 브롬계 난연재(PBB, PBDE)가 함유된 전기나 전자제품을 유럽시장에서 판매 금지하는 EU의 강력한 환경규제 조치의 하나다.

② 국내 기업의 친환경 제품을 처음으로 국제사회 시험대에 올려놓은 것이 유럽 연합(EU)의 '특정 유해물질 사용제한 지침(RoHS)'이다.

③ RoHS는 친환경 산업시대의 개막을 알리는 신호탄인 동시에 세계 전자산업계에 새로운 변화를 불러올 촉매제라고 할 수 있다.

(2) 규제 대상 물질과 허용농도

① 규제대상 : 카드뮴, 납, 수은, 6가 크롬, PBB, PBDE (☞ PBB와 PBDE는 국내 자동차 분야의 규제 대상에서 제외)

   칼럼 Deca-BDE : Decabrominated Diphenyl Ether의 약자로 PBDE 내 난연제 물질의 종류임 (HIPS, PP 등 전자제품용 사출재료에 많이 사용)

② 허용농도 : 카드뮴 : 0.01%, 기타 : 0.1%

(3) 규제일자

   2006.7.01부터 발효

   칼럼 보통 자국 생산 제품은 생산일자 기준 적용하고, 수입품은 수입 허가일을 기준한다.

(4) 대상제품

   에어컨, 세탁기, 냉장고, TV, PC 외

(5) 규제방법

① 제품/포장 BOX 내 라벨링 의무화(Mark 부착) : 함유물질 및 함유량 표시(대상물질의 함유율이 기준치 이상인 경우 사용)

② 기기본체 및 포장박스 : Mark(함유 Mark 또는 Green Mark) 만 표시

③ 인쇄물(카탈로그, 취급설명서 등)

   ㈎ 대상물질의 함유율이 기준치 이상인 경우 : 함유 Mark와 화학물질 기호병기해서 표시하고, Unit(Cabinet, 실장기판 등)별 대분류로 함유 상황 기재

(ㄴ) 대상물질의 함유율이 기준치 이하인 경우 : Green Mark만 표시

(ㄷ) 함유 표시에 관한 정보가 기재되어 있는 Web Site의 URL(Uniform Resource Locator) 기재

(6) RoHS 관련 국내 업계동향

① 한국은 대기업을 중심으로 철저히 대비하여 큰 문제는 없음

② 단지, 중소기업의 경우 중금속이 없는 대체소재를 사용할 경우 파생되는 원가부담, 전문 인력 부족 등의 어려움이 아직 있음

(7) 해외 각 국가별 동향

① 일본 : J-Moss(일본 RoHS) 규제를 EU와 거의 동일하게 적용

　칼럼 J-Moss : The marking for presence of specific chemical substances for electrical and electronic equipment(전기전자 기기의 특정 화학물질 함유표시)

② 미국의 각 주별 금지 제안 : 하와이, 일리노이, 메릴랜드, 메인 등 각 주단위로 환경물질 전폐 제안

③ NGO 환경단체(그린피스, WWF) : 업계의 자발적인 대체물질을 촉구하며, 진행일정 요구

(8) 향후전망

① EU는 RoHS 이외에도 환경규제조치로 친환경설계 의무화 지침(EUP)과 폐전자제품 처리지침(WEEE) 등이 있다(EU가 시행하는 이들 3개의 지침을 '유럽의 3대 환경규제'라고 한다).

② RoHS는 국가별 그 기준이 다소 상이하여 국제적 사용에 다소 혼선이 있으며, 앞으로 국제 표준화 기준으로 통합되어질 전망이다.

③ 한국에서는 '전기·전자제품 및 자동차의 자원순환에 관한 법률' 내에 RoHS에 해당되는 내용을 규정하고 있다.

(9) 결 론

① 이제 환경규제는 무역장벽과 꼭 같이 작용하므로 RoHS 대응이나 무연화뿐만 아니라 대기전력감소, 제품크기의 축소, 유통합리화 등 다각적인 환경 부하 저감 관련 노력이 필요하다.

② 친환경 제품개발 없이는 국제시장에 아예 발을 내디딜 생각을 말아야 하는 실정이다.

③ 이제 본격적으로 친환경이 국제경쟁력으로 되는 시대로 접어든 것이다.

• 문제풀이 요령
　RoHS는 유럽에서 판매되는 7개의 가전제품에 대하여 카드뮴, 납, 수은 등의 환경오염 물질의 함유량을 규제하는 강력한 환경규제의 일종이다.

PROJECT 41 태양광 발전설비 출제빈도 ★☆☆

Q 태양전지의 종류, I-V 특성곡선 및 모듈의 최적 직렬수 계산방법에 대해서 설명하시오.

(1) 개요

① 태양전지는 반도체의 일종으로, 빛에너지를 직접 전기에너지로 바꾸어 주는 장치이다.

② 이 기술은 1954년 미국에서 발명되어 반도체가 빛을 받으면 내부의 전자에 에너지가 주어져 전압이 발생하는 성질을 이용한 것이다.

(2) 태양전지의 종류

① 실리콘계 태양전지

  (가) 결정계(단결정, 다결정)

    ㉮ 변환효율이 높으며(약 12~20% 정도), 품질이 안정적이다.

    ㉯ 현재 태양광 발전시스템에 일반적으로 사용되는 방식이다.

    ㉰ 변환효율은 단결정이 유리하고, 가격은 다결정이 유리하다.

    ㉱ 방사조도의 변화에 따라 전류가 매우 급격히 변화하고, 모듈 표면온도 증감에 대해서 전압의 변동이 크다.

    ㉲ 결정계는 온도가 상승함에 따라 출력이 약 0.45%/℃ 감소한다.

    ㉳ 실리콘계 태양전지의 발전을 위한 태양광 파장영역은 약 300~1,200nm이다.

  (나) 아모포스계 (비결정계 ; Amorphous)

    ㉮ 구부러지는(외곡되는) 것이며, 변환효율은 약 6~10% 정도이다.

    ㉯ 생산단가가 낮은 편이며, 소형시계, 계산기 등 전자제품에도 많이 적용된다.

    ㉰ 결정계 대비하여 고전압 및 저전류의 특성을 지니고 있다.

    ㉱ 온도가 상승함에 따라 출력이 약 0.25%/℃ 감소한다(온도가 높은 지역이나 사막지역 등에 적용하기에는 결정계보다 유리하다).

    ㉲ 결정계 대비 초기 열화에 의한 변환효율 저하가 심한 편이다.

  (다) 박막형 태양전지(2세대 태양전지 ; 단가를 낮추는 기술에 초점)

    ㉮ 실리콘을 얇게 만들어 태양전지 생산단가를 절약할 수 있도록 하는 기술이다.

    ㉯ 결정계 대비 효율이 낮은 단점이 있으나, 탠덤 배치구조 등으로 많은 극복을 위한 노력이 전개되어지고 있다.

② 화합물 태양전지

  (가) Ⅱ-Ⅵ족

    ㉮ CdTe : 대표적 박막 화합물 태양전지(두께 약 $2\mu m$), 우수한 광흡수율(직접 천이형), 밴드갭 에너지는 1.45eV, 단일 물질로 pn반도체 동종 성질을 나타냄, 후면 전극은 금/은/니켈 등 사용, 고온환경의 박막태양전지로 많이 응용된다.

ⓘ ClGS : CuInGaSSe와 같이 In의 일부를 Ga로, Se의 일부를 S으로 대체한 한 오원 화합물을 일컬음(ClS 혹은 ClGS로도 표기), 우수한 광흡수율(직접 천이형), 밴드갭 에너지는 2.42eV, ZnO 위에 Al/Ni 재질의 금속전극 사용, 우수한 내방사선 특성(장기간 사용해도 효율의 변화 적음), 변환효율 약 19% 이상으로 평가되고 있음.

(나) Ⅲ-Ⅴ족

㉮ GaAs(갈륨비소) : 에너지 밴드갭이 1.4eV(전자볼트)로서 단일 전지로는 최대효율, 우수한 광흡수율(직접 천이형), 주로 우주용 및 군사용으로 사용, 높은 에너지 밴드 갭을 가지는 물질부터 낮은 에너지 밴드갭을 가지는 물질까지 차례로 적층하여 (Tandem 직렬 적층형) 고효율 구현이 가능하다.

㉯ InP : 밴드갭 에너지는 1.35eV, GaAs(갈륨비소)에 버금가는 특성, 단결정판의 가격이 실리콘 대비 비싸고 표면 재결합 속도가 크기 때문에 아직 고효율 생산에 어렵다 (이론적 효율은 우수).

(다) Ⅰ-Ⅲ-Ⅵ족

㉮ CuInSe2 : 밴드갭 에너지는 1.04eV, 우수한 광흡수율(직접 천이형), 두께 약 1~2 μm의 박막으로도 고효율 태양전지 제작이 가능

㉯ Cu(In,Ga)Se2 : 상기 CuInSe2와 특성 유사, 같은 족의 물질 상호간에 치환이 가능하여 밴드갭 에너지를 증가시켜 광이용 효율을 증가 가능

③ 차세대 태양전지 (3세대 태양전지 ; 단가를 낮추면서도 효율을 올리는 기술)

(가) 염료 감응형 태양전지(DSSC, DSC or DYSC ; Dye Sensitized Solar Cell)

㉮ 산화티타늄(TiO2) 표면에 특수한 염료(루테늄 염료, 유기염료 등) 흡착→광전기화학적 반응→전기 생산.

㉯ 변환효율은 실리콘계(단결정)와 유사하나, 단가는 상당히 낮은 편이다.

㉰ 흐려도 발전 가능하고, 빛의 조사각도가 10도만 되어도 발전 가능한 특징이 있다.

㉱ 투명기판, 투명전극 등의 재료를 활용한 (반)투명성을 지니고 있으며, 사용 염료에 따라 다양한 색상이 가능하여, 창문이나 건물 외벽에 부착 시 우수한 미적인 특성을 나타낼 수 있다.

(나) 유기물 박막 태양전지(OPV ; Organic Photovoltaics)

㉮ 플라스틱 필름 형태의 얇은 태양전지

㉯ 아직 효율이 낮은 것이 단점이지만, 가볍고 성형성이 좋다.

(3) $I-V$ 특성곡선

① '표준시험조건 (STC)' 에서 시험한 태양전지 모듈의 '$I-V$ 특성곡선' 은 다음과 같다.

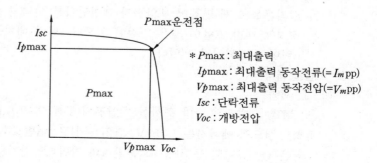

* Pmax : 최대출력
$I_p$max : 최대출력 동작전류(= $I_m$pp)
$V_p$max : 최대출력 동작전압(= $V_m$pp)
I_{sc} : 단락전류
V_{oc} : 개방전압

② 표준온도(25℃)가 아닌 경우의 최대출력($P'_{\max}$)

$$P'_{\max} = P_{\max} \times (1 + \gamma \cdot \theta)$$

여기서, γ : $P_{\max}$ 온도계수, θ : STC 조건 온도편차 (셀의 온도 -25℃)

[칼럼] **1. 표준시험조건(STC : Standard Test Conditions)**

① 태양광 발전소자 접합온도 = 25±2℃

② AM 1.5

　여기서, AM(Air Mass) 1.5 : '대기질량'이라고 부르며, 직달 태양광이 지구 대기를 48.2° 경사로 통과할 때의 일사강도를 말한다(일사강도 = 1 kW/m²).

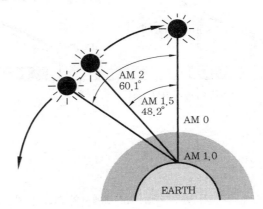

③ 광 조사 강도 = 1 kW/m²

④ 최대출력 결정 시험에서 시료는 9매를 기준으로 한다.

⑤ 모듈의 시리즈 인증 : 기본 모델 정격출력의 10% 이내의 모델에 대해서 적용한다.

⑥ 충진율(Fill Factor) : 개방전압과 단락전류의 곱에 대한 최대출력의 비율을 말하며 $I-V$ 특성 곡선의 질을 나타내는 지표이다(내부의 직·병렬저항과 다이오드 성능지수에 따라 달라진다).

2. 표준운전조건(SOC : Standard Operating Conditions) : 일조 강도 1000 W/m², 대기 질량 1.5, 어레이 대표 온도가 공칭 태양전지 동작온도(nominal operating cell temperature, NOCT)인 동작 조건을 말한다.

3. 공칭 태양광 발전전지 동작온도(NOCT : Nominal Operating photovoltaic Cell Temperature) : 아래 조건에서의 모듈을 개방회로로 하였을 때 모듈을 이루는 태양전지의 동작 온도, 즉 모듈이 표준 기준 환경(Standard Reference Environment, SRE)에 있는 조건에서 전기적으로 회로 개방 상태이고 햇빛이 연직으로 입사되는 개방형 선반식 가대(open rack)에 설치되어 있는 모듈 내부 태양전지의 평균 평형온도(접합부의 온도)를 말한다. (단위 : ℃)

① 표면의 일조강도 = 800 W/m²

② 공기의 온도(T_{air}) : 20℃

③ 풍속(V) : 1 m/s

④ 모듈 지지상태 : 후면 개방(open back side)

4. 셀 온도 보정 산식

$$T_{cell} = T_{air} + \frac{\text{NOCT} - 20}{800} \times S$$

여기서, S : 기준 일사강도 = $1,000\,\text{W/m}^2$

5. 어레이 이격거리

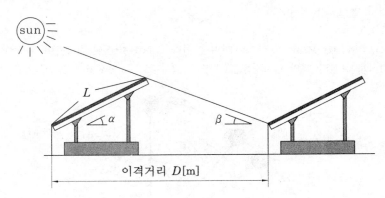

이격거리 $D[\text{m}]$

① 이격거리 계산공식

$$\text{이격거리 } D = \frac{\sin(180° - \alpha - \beta)}{\sin \beta} \times L$$

② 이격거리 계산 기준 : 동지 시 발전 가능 시간대에서의 고도를 기준으로 고려한다.

(4) 모듈의 최적 직렬수 계산방법

① 최대 직렬수 $= \dfrac{\text{PCS 입력전압 변동범위의 최고값(최대입력전압)}}{\text{모듈 온도가 최저인 상태의 개방전압} \times (1 - \text{전압강하율})}$

② 최소 직렬수 $= \dfrac{\text{PCS 입력전압 변동범위의 최저값}}{\text{모듈 온도가 최고인 상태의 최대출력 동작전압} \times (1 - \text{전압강하율})}$

단, a. 모듈 온도가 최저인 상태의 개방전압($V_{oc}{}'$)

　 = 표준 상태(25℃)에서의 $V_{oc} \times (1 + \text{개방전압 온도계수} \times \text{표면 온도차})$

　b. 모듈 온도가 최고인 상태의 최대출력 동작전압($V_{mpp}{}'$)

　 = 표준 상태(25℃)에서의 $V_{mpp} \times \left(1 + \dfrac{V_{mpp}}{V_{oc}} \times \text{개방전압 온도계수} \times \text{표면 온도차}\right)$

③ 최적 직렬수 계산 결정 : '최저 직렬수 < 최적 직렬수 < 최대 직렬수' 관계가 성립하므로, 상기에서 계산한 '최대 직렬수 ~ 최소 직렬수' 사이에서 가장 발전량이 큰 직렬수로 결정한다.

PROJECT 42 배관의 지지

Q 배관 지지에 필요한 조건과 지지장치의 종류 및 종류별 용도를 기술하시오.

(1) 개요

① '배관 지지물 설치 및 유지에 관한 기술기준'이 1997년 4월 공표되어 산업현장에 적용되어지고 있다.

② 배관 지지물이란 배관계의 안전성을 유지시켜 주기 위하여 배관계에서 발생되는 배관의 자중, 열팽창에 의한 변형, 유체의 진동, 지진 및 기타 외부 충격 등으로부터 배관계를 지지 및 보호하기 위하여 설치하는 장치를 의미한다.

(2) 배관 지지물의 종류

① 행어 또는 서포트(Hanger & Support)

㈎ 배관의 자체중량을 지지하는 것을 목적으로 설치하는 장치이며 행어는 배관을 위에서 매어다는 장치이고 서포트는 배관을 아래에서 받치는 장치를 말한다.

㈏ 고정식 행어 : 수평변위는 다소 발생하여도 수직변위는 거의 발생하지 않는 위치에 설치하며 주로 로드를 사용하고 수평변위가 큰 방향으로 회전이 가능하도록 로드 상단을 핀 조인트로 한다.

㈐ 고정식 서포트 : 배관이 열팽창에 의하여 윗방향으로 이동되지 않는 위치에 설치하며 배관자중을 지지하기 위한 서포트를 말한다.

㈑ 스프링식 행어/서포트 : 배관의 자중을 지지함과 동시에 열팽창에 의한 배관의 수직변위를 허용하게 하 는 것을 목적으로 하는 배관 지지물이며 하중 **변동률에 따라 불변 스프링식 행어/서포트**(Constant Spring Hanger & Support)와 가변 스프링식 행어/서포트(Variable Spring Hanger & Support)로 나눌 수 있다.

㉮ 가변 스프링식 행어/서포트 : 정지시와 운전시의 하중 변동률이 25 % 이내의 범위에서 사용되는 스프링식 행어/서포트를 말한다.

㉯ 불변 스프링식 행어/서포트 : 배관의 수직변위가 커지면 하중 변동률이 25 % 초과하여 가변 스프링식 행어/서포트를 사용할 수 없게 된다. 이때 지지점의 상하 수직변위에 관계없이 항상 일정한 하중으로 배관을 지지할 때 사용되는 스프링식 행어/서포트를 말한다.

② 레스트레인트(Restraint)

㈎ 열팽창에 의한 배관의 이동을 구속 또는 제한하기 위한 장치로서 구속하는 방법에 따라 앵커(Anchor), 스토퍼(Stopper), 가이드(Guide)로 나눈다.

㈏ 앵커 : 배관 지지점의 이동 및 회전을 허용하지 않고 일정위치에 완전히 고정하는 장

치를 말하며, 배관계의 요동 및 진동 억제효과가 있으나 이로 인하여 과대한 열응력이
생기기 쉽다.

(대) 스토퍼 : 한 방향 앵커라고도 하며 배관 지지점의 일정방향으로의 변위를 제한하는
장치이며, 기기 노즐부의 열팽창으로부터의 보호, 안전변의 토출압력을 받는 곳 등에
자주 사용된다.

(래) 가이드 : 지지점에서 축방향으로 안내면을 설치하여 배관의 회전 또는 축에 대하여
직각 방향으로 이동하는 것을 구속하는 장치이다.

③ 완충기 : 배관계에 작용하는 동 하중(바람, 지진, 진동 등)에 대하여 움직임을 조절하여 배
관을 보호하기 위한 보호장치이다.

④ 방진기 : 배관 자중 및 열팽창 하중 이외의 다른 하중에 의해 발생한 변위 또는 진동을
억제시키는 장치이다.

(3) 배관 지지에 필요조건

① 응력해석을 수행하여 배관 지지점에서의 허용응력을 검토하여 최종 배관지지점을 확정
한다 (배관 응력해석 절차 및 평가기준은 '배관응력 해석에 관한 기술기준'을 참조).

② 응력해석 결과 배관 지지물 하중 집계표를 작성하며 배관 지지물을 선정한다.('배관 지지
물 하중 집계표' 참조)

③ 배관지지물 선정후 배관도, 기기배치도, 철구조물 도면 및 3차원 도면을 참고하여 배관
지지물 도면을 작성하며 아래와 같은 사항이 포함되어야 한다.

(가) 가장 가까운 철구조물에 대한 배관 지지물의 위치

(나) 배관 지지물과 보조 철구조물의 배치 및 상세도

(다) 배관 지지물 자재목록표

(라) 3차원 도면 및 관련 배관도면 번호

(마) 설계하중치

(바) 지지점에서의 배관이동량

배관의 계통명, 크기, 재질, 보온재 두께 등

④ 배관 지지물 설치 후 정기적인 점검과 검사를 실시하여 항상 제기능을 유지하여야 한다.

⑤ 배관 지지물은 배관계에서 계산된 이동량을 만족하여야 하며 모든 부재는 배관의 이동에
의해 이탈되지 않도록 설치되어야 한다.

⑥ 자동 밸브 주위에서의 배관 지지물 설치는 자동밸브 상류측 또는 하류측에 가능한 앵커
또는 가이드를 설치하여야 한다.

⑦ 고정식 행어 설치 시 수평이동이 발생하는 위치에서 로드는 수직선상에서 4° 이하가 되
도록 한다.

⑧ 고정식 행어 설치 시 행어 설치후 로드의 조정을 위해 최소 50 mm 이상의 조절 길이를

확보하여야 한다.

⑨ 열팽창 신축이음의 양단에 설치되는 앵커는 내압에 의한 추력과 스프링에 의한 힘의 반력을 충분히 견딜 수 있어야 한다.

⑩ 가변 및 불변 스프링식 행어/서포트는 반드시 운전시와 정지시의 설계하중을 표시하여야 하며 최종 설치 후 각 스프링은 스프링의 정지시 하중상태로 미리 조절하여 고정시켜야 한다.

⑪ 보온 보랭된 배관의 배관 받침대는 배관 받침대의 중심을 지지보의 중심에 일치시켜야 하며 이때 운전 중 배관의 열팽창으로 인해 배관 받침대가 지지보로부터 이탈되지 않게 충분한 길이를 확보하여 설치하여야 한다(보온두께에 따른 배관받침대의 높이 결정 필요)

⑫ 진동이 있는 배관에 대해서는 어떠한 경우에도 주위 다른 배관과 함께 지지를 해서는 안된다.

⑬ 아래와 같은 곳에 배관 지지물을 설치하여서는 안된다.

　㈎ 층 바닥 통과부위의 배관용 슬리브

　㈏ 콘크리트 블록으로 쌓은 벽

　㈐ 기기 지지용 강재

⑭ 배관 지지대 상에서의 배관 지지물 설치시 다음 사항을 확인하여야 한다.

　㈎ 배관과 배관사이 또는 배관과 강재 사이가 배관의 열팽창에 의하여 접촉되지 않는가 확인한다.

　㈏ 가이드는 코너로부터 6 m 이상의 거리에 설치한다.

　㈐ 직관부의 가이드는 6~15 m 간격으로 설치한다.

　㈑ 앵커 및 가이드는 열응력 해석결과에 따라 설치한다.

⑮ 강재를 이용한 박스 형태의 지지물을 설치할 경우 배관의 열팽창을 고려하여 배관과 강재 사이에 간극을 주어 설치하여야 한다.

• 문제풀이 요령

배관의 지지물로는 행어, 서포트, 레스트레인트, 완충기, 방진기 등이 주로 사용되어지며, 이는 화학약품, 가스, 냉매 등 각종 공업용 유체로 인한 재해로부터 산업현장의 안전을 담보해 줄 수 있는 중요한 역할을 담당한다.

PROJECT **43** **폴리뷰틸렌 파이프(PB Pipe)** 출제빈도 ★☆☆

Q 폴리뷰틸렌 파이프(PB Pipe)에 대해서 설명하시오.

---

(1) 개요

① 폴리뷰틸렌 파이프(PB Pipe)의 재질인 폴리뷰틸렌(PB)은 PE(폴리에틸렌) 및 PP(폴리프로필렌)와 동일한 폴리오리핀계의 수지이지만 분자량이 상당히 큰 첨단 소재의 일종이다.

② PB관은 PB수지를 폴리에틸렌관이나 염화비닐관 처럼 압출성형하여 제조한다(연결구는 별도 2차가공이나, 사출성형하여 제작함).

③ 분자량이 크고, 특수한 고강도 분자구조로 되어있기 때문에 다른 수지보다 내열, 내크리프성, 내크랙성이 뛰어나다.

(2) 폴리뷰틸렌 파이프(PB Pipe)의 특징

① 고온시에도 뛰어난 강도를 유지한다(고온에서도 내구성 및 수명이 길어 고온상태에서도 오래 사용할 수 있다).

② 위생적이다(유해물질의 용출이나, 적록 혹은 청록에 의한 수질오염이 없어 위생적이다)

③ 내면이 매끄러워 유체 흐름에 저항을 적게 준다(금속관과 비교해 마찰저항 계수가 적고 스케일 발생이 적어 유체흐름이 장기간 양호하다).

④ 시공성이 우수하다(경량이며, 절단 및 시공 등의 작업이 간단하고, ROLL관을 사용하므로 소켓, 엘보, 등의 연결구의 사용이 아주 적어 시공성이 좋다).

⑤ 신뢰성이 우수하다(Push-Lock 연결구를 사용함에 따라 용이하고 신뢰성이 높은 연결이 가능하다).

⑥ 보온, 보랭 효과가 탁월하다.

⑦ PB관은 유연성이 아주 뛰어나기 때문에 시공이 용이하고, 연결 부속 사용개수가 적어지므로 이중관공법 등에 많이 활용된다(이중관공법으로 사용시에는 보온작업 불요, 공기단축 및 인건비 절감).

⑧ 이중관공법으로 사용시에는 철근과 철근 사이에 매립시키기 때문에 별도의 배관 공간이 필요없고, 보수가 용이하며, 수충격(水衝擊)에 유리하다(구속이 안되어 있으며, PB관 자체가 충격흡수력이 뛰어난 것이 원인).

(3) 폴리뷰틸렌 파이프(PB Pipe)의 단점

① 내열성에 한계가 있다(스팀배관 등으로는 사용 불가).

② 내한성에 한계가 있다(한랭지에 적용시 동파에 주의하여야 한다).

③ PUSH-LOCK 연결구 체결부분 : 자칫 품질상/시공상의 문제로 누수의 우려가 있다.

④ 강도가 다소 약한 편이다(충격강도, 인장강도 등이 금속배관에 비해 다소 약한 편이다).

PROJECT 44 **주택에서의 물절약 방법**   출제빈도 ★☆☆

> **Q** 주택에서의 물 절약 방법에 대해 물사용 습관 변화 및 위생기구 부착류
> 나 기기를 이용하는 것을 중점으로 하여 설명하시오.

(1) 개요

① 물은 우리의 생명활동과 관계되는 인간에게 필수적인 아주 소중한 자원이지만, 수질 오염과 인구의 증가 등으로 인하여 수자원 부족이 점점 심각해지고 있다.

② 물을 절약하는 방법은 물 사용자에 대해 변기통 안에 벽돌을 넣어라, 누수를 막고 사용량을 줄여라 등의 홍보를 강화할 수도 있겠지만, 여러 종류의 물 절약형 수도꼭지와 샤워헤드, 절수형 2단 양변기 등을 설치하여 보다 근본적으로 물을 절약을 할 필요가 있다.

③ 우리나라도 물부족 국가이므로, 정부나 단체, 혹은 개인적으로 물절약의 필요성을 인식하고, 적극적인 노력이 이루어져야 가뭄 등의 비상시에 물난리 피해를 어느 정도 줄여나갈 수 있다.

(2) 생활상 물 절약 방법

① 화장실

㈎ 변기의 물탱크 내에 벽돌, 물을 채운 병 혹은 모래나 자갈을 채운 플라스틱 물병 등을 넣어둔다.

㈏ 절수기를 설치한다.

㈐ 변기의 누수 여부를 점검한다.

㈑ 용변 중에 변기의 물을 내리지 않는다.

㈒ 변기에 **담배꽁초나 이물질을 넣지** 말아야 한다.

② 부엌

㈎ 설거지를 할 때 물을 틀어놓고 하지말고 받아서 한다.

㈏ 식기에 묻은 음식 찌꺼기는 휴지로 닦고 세척한다.

㈐ 쌀 씻은 물은 화분에 물을 주거나 설거지에 재이용한다.

㈑ 자동 식기세척기 사용 시 식기를 모아서 한꺼번에 한다.

㈒ 채소나 과일 씻을 때도 물을 틀어 놓지 말고 받아서 한다.

㈓ 음식물 쓰레기를 줄이고 하수구에 그대로 버리지 않는다.

③ 세탁

㈎ 빨랫감은 한꺼번에 모아 세탁기에 넣는다.

㈏ 빨랫감이 적을 때는 손빨래를 한다.

㈐ 설정된 헹굼 횟수보다 많이 헹구지 않는다.

㈑ 세탁기의 마지막 헹굼물은 받아두었다가 재이용한다.

㈒ 세탁할 때 합성세제 사용량을 줄인다.

④ 욕실

㈎ 양치질할 때는 물을 튼 채로 하지말고, 컵에 받아 사용한다.

㈏ 면도 후에는 세면기 물을 약간만 받아 놓고 면도기를 씻는다.

㈐ 목욕물 재사용을 위해 욕실 내에 물통을 준비한다.

㈑ 목욕 시 욕조물을 틀지 말고, 샤워기로 적당량만 사용한다.

㈒ 수도꼭지 사용 후에는 레버를 완전히 닫는다.

㈓ 수도꼭지나 수배관 관로 상의 누수 여부를 자주 점검한다.

㈔ 세수할 때는 세면대에 70 % 정도 물을 받아서 사용한다.

⑤ 샤워

㈎ 절약형 샤워꼭지나 유량조절기가 부착된 것을 설치한다.

㈏ 샤워시간을 줄이면 약 18~25 L 정도의 물을 절약할 수 있다.

㈐ 샤워할 때 비누칠하는 동안은 수도꼭지를 잠근다.

㈑ 샤워하고 난 물을 받아서 애벌빨래 또는 청소용으로 사용한다.

⑥ 정원

㈎ 잔디의 물은 정확한 시기를 맞춰서 필요할 때만 준다.

㈏ 정원이나 꽃밭에는 한번 사용한 허드렛물을 재활용한다.

㈐ 정원은 증발이 잘되는 한낮보다 아침·저녁에 물을 주는 것이 증발로 인한 물 손실 방지 및 곰팡이균 등의 번식도 방지 가능하다.

㈑ 아이들이 호스나 스프링클러 등으로 장난치지 못하게 한다.

⑦ 일상생활

㈎ 물을 아껴 쓰자는 말을 자주 한다.

㈏ 자녀에게 물 절약의 중요성을 환기시킨다.

㈐ 공공장소에서 함부로 물을 낭비하지 않는다.

㈑ 마당 청소, 베란다 청소, 보도 청소, 세차시 가능한 호스를 이용하지 않는다.

㈒ 수도 계량기는 주기적으로 확인하고, 물 사용량과 누수여부 점검한다(만약 집안에서 물을 전혀 쓰지 않은 상태에서 계량기의 빨간색 별표가 돌고 있다면 누수로 의심).

(3) 각종 절수용 기구의 사용

① 절수형 수도꼭지 부속(절수형 디스크) : 주방용, 세면기용, 샤워기용 수도꼭지 내 특수 제작된 디스크를 삽입하여 수압 변화 없이 토출량을 줄임

② 절수형 분무기 : 주방 수도꼭지에 부착 사용가능, 물을 분사하므로 그릇 세척시 물과 접하는 표면적이 넓어지므로 효과적인 세척이 가능하여 약 10~20 % 절수 가능

③ 전자감지식 수도꼭지 : 전자눈의 일정거리(약 15 cm) 내에 물체가 접근하면 물이 나오고 멀어지면 그친다.

④ 절수형 샤워 헤드 : 누름장치를 누르고 있는 동안만 물이 나옴, 샤워기를 바닥에 놓으면 그친다.

⑤ 자폐식 샤워기 : 한번 누를 때마다 약 20~30초 동안 물이 나옴

⑥ 자폐식 수도꼭지 : 누름장치를 누르고 있는 동안만 물이 나옴

⑦ 절수형 양변기 부품 : 양변기 물탱크 내 고무 덮개를 부력 및 무게를 이용 빨리 닫히게 함

⑧ 싱글 레버식 온·냉수 혼합꼭지 : 레버 1개로서 유량, 온도 조절

⑨ 전자감지식 소변기 : 노약자, 신체장애자 등 사용편리, 위생적 사용이 요구되는 병원 등에 사용할 때 효과적임(전자 감지 센서에 의해 동작)

⑩ 대변기 세척 밸브 : 기존 세척기에 별도의 버튼 부착으로 대·소변 분리 세척, 특히 학교 등 대형건물 설치시 효과 탁월

⑪ 절수형 2단 양변기 부품 : 대·소변을 구분하여 2단 레버로 배출량 조정, 기존 용구 부품만 교체로 가능

• 문제풀이 요령

 물 절약 방법에는 홍보 및 교육, 생활습관의 변화, 절수용 기구의 사용 등 여러 가지 방법이 있으나, 가장 확실하고 근본적인 해결을 위해서는 각종 절수용 기구의 보급 및 적극적인 활용이 가장 중요하다 하겠다.

> **PROJECT 45** 배수 트랩(Trap)　　　　　　　　　　　　출제빈도 ★★★
>
> **Q** 배수관로 상에 설치되는 배수 트랩(Trap)에 대해서 설명하시오.

(1) 개요

① 배수구상 폐가스, 악취, 벌레 등의 침입을 저지하기 위해 배수트랩을 설치함

② 봉수깊이는 50~100 mm 정도가 적당하다.

③ 트랩의 자정작용 : 트랩 자체의 기능(자기 사이펀 기능)으로 조형물, 머리카락 등을 배출할 수 있다.

(2) 배수 트랩의 종류

① 사이펀식 트랩(파이프형)

㉮ 유인작용으로 배수/고형물 등을 통과시키고 폐가스, 악취, 벌레 등의 침입을 저지함

㉯ S-Trap : 세면기, 대변기, 소변기 등 사이펀 작용 발생이 쉽다.

㉰ P-Trap : 세면기 등의 위생기구에서 가장 많이 사용

㉱ U-Trap (가옥 트랩; 메인 트랩) : 배수 횡주관 도중에 설치하여 하수 가스 역류 방지용

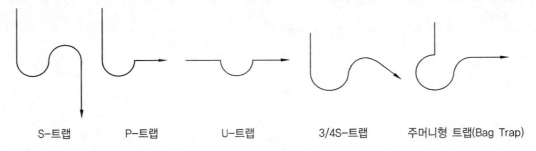

| S-트랩 | P-트랩 | U-트랩 | 3/4S-트랩 | 주머니형 트랩(Bag Trap) |

② 비사이펀식 트랩(용적형)

㉮ 용도 : 유인작용이 아닌 방법으로 폐가스, 악취, 벌레 등의 침입을 저지함

㉯ 드럼 Trap

　㉮ 주방 싱크 및 시험실의 배수용

　㉯ 봉수가 가장 안전하고 청소가 용이하다.

㉰ 벨 Trap

　㉮ 주방 싱크, 욕실바닥 배수 등

　㉯ 미국에서는 금지(청소 후 벨을 원래의 위치에 놓지 않으면 트랩기능이 없어지기 때문임)

㉱ 보틀 Trap : 싱크나 세면기 배수(유럽에서 많이 사용)

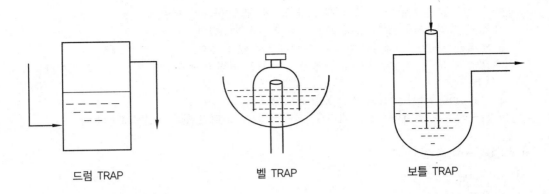

| 드럼 TRAP | 벨 TRAP | 보틀 TRAP |

③ 저집기(조집기 ; Intercepter)형 트랩 : 배수 계통에 오일류, 모래, 기타 이물질 등이 혼입되어 오염이나 폭발위험 등이 발생할 수 있는데, 이를 제거하기 위해 설치되는 것이 저집기이다.

  ㉮ 그리스 트랩 : 호텔 주방, 음식점 주방(기름 많이 사용)

  ㉯ 가솔린 트랩 : 차고, 주유소, 세차장(차와 관련된 곳)

  ㉰ 샌드 트랩 : 벽돌, 콘크리트공장

  ㉱ 헤어 트랩 : 이발소, 미용실

  ㉲ 플라스터 트랩 : 치과 기공실, 외과 깁스실

  ㉳ 라운드리 트랩 : 세탁소

  ㉴ 차고 트랩 : 차고 내의 바닥 배수용 트랩

  ㉵ 오일 트랩(Oil Interceptor) : 자동차의 수리 공장, 급유소, 세차장, 차고 등으로부터 배출되는 오일 제거

(3) 최소 봉수깊이 (공조기의 송풍기 및 드레인 팬 구조물에 연결 시)

최소 봉수깊이를 구하는 계산식은 다음과 같다.

$$봉수깊이 \ L \geq \frac{h}{2} \times 1.25 \, (여유율 \ 25\% \ 고려)$$

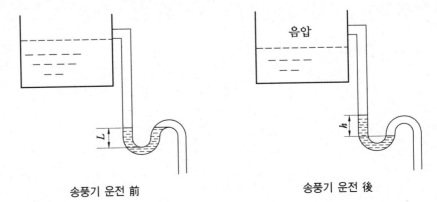

| 송풍기 운전 前 | 송풍기 운전 後 |

칼럼 공조기 급기팬측에서의 결로수(응축수)가 고이지 않게 관리하는 방법
① 상기 그림에서와 같이 봉수의 깊이를 충분히 확보한다.
② 풍속을 낮추어 드레인팬의 물이 튀어나오지 않게 한다.
③ 공조기 내부 코일의 친수성을 증가시켜 코일 표면의 응축수가 기류측으로 튀어나오지 않게 한다.
④ Return Air Bypass 시스템을 도입한다.
⑤ 냉수코일의 전열면적을 늘리거나, 냉수코일 및 드레인 팬을 2단으로 나눈다.

(4) 트랩의 구비조건

① 구조간단
② 자정작용 및 평활
③ 봉수가 파괴되지 않을 것
④ 내구성 및 내식성
⑤ 청소 용이한 구조
⑥ 청소구 구비

(5) 배수의 Short Circuiting 현상

① 여러 개의 드레인 포인트가 한 개의 트랩에 연결되면 압력계에는 나타나지 않지만 높은 압력 유닛으로부터 오는 흐름이 낮은 압력 유닛으로부터 오는 공기와 응축수의 흐름을 방해하여 공기와 응축수 배출이 어렵게 되는 현상
② Short Circuiting 현상을 방지하고 시스템의 효율을 높이기 위해 각각의 유닛마다 트랩을 별도로 설치하는 것이 바람직하다.

• 문제풀이 요령

배수 트랩(Trap)은 배구수상의 폐가스, 악취, 벌레 등의 침입을 막기 위해 설치하는 것으로, 크게 사이펀식(S-Trap, P-Trap, U-Trap)과 비사이펀식(드럼 Trap, 벨 Trap), 저집기형 트랩 등으로 나눌 수 있다.

PROJECT 46 간접 배수 출제빈도 ★☆☆

Q 배수의 처리방법 중에서 간접 배수에 대해서 설명하시오.

(1) 개요

① 식료품, 물, 소독물 등을 저장 또는 취급하는 기기에서의 배수관은 일반의 배수관에 직접 연결해서는 안 된다.

② 일단 대기중에서 연결을 끊고, 적절한 배수구 공간을 잡아 수수용기로 받아서 일반 배수관에 접속해야 한다.

(2) 간접 배수의 정의

기기 배수관을 일반의 배수관에 직접 접속하면 오수가 역류할 경우나 트랩의 봉수가 파괴되는 경우에 식료품, 물, 소독물 등이 배수 또는 하수가스에 의해서 오염되어 위생상 위험한 상태가 될 수 있으므로 이것들의 배수는 간접 배수(Indirect Drain)로 하여 위험을 방지해주어야 한다(1차 배수를 수수용기로 받은 후 일반 배수관에 접속).

(3) 간접 배수의 적용처

① 서비스용 기구
 ㈎ 냉장관계 : 냉장고, 냉동고, 쇼케이스(Show-Case) 등의 식품 냉장, 식품 냉동기기 등
 ㈏ 주방관계 : 제빙기, 식기 세정기, 소독기, 식품세척용 싱크, 헹굼용 싱크 등의 주방용 기기 등
 ㈐ 세탁관계 : 세탁기, 탈수기 등의 세탁용 기기
 ㈑ 수음기 : 수음기, 음료용 냉수기, 급차기 등

② 의료, 연구용 기구 : 증류수 장치, 멸균수 장치, 멸균기, 멸균장치, 소독기, 세정기, 세정장치 등의 의료, 연구용 기기

③ 수영용 풀 : 풀 자체의 배수, 주변에 설치된 오버플로 구(Overflow Hole)에서의 배수, 주변보도의 바닥배수 및 여과장치에서의 역세수

④ 분수 : 분수지 자체의 배수 및 오버플로 병렬 여과장치에서 역세수

⑤ 배관, 장치의 배수
 ㈎ 각종 저수 탱크, 팽창 탱크 등의 오버플로 및 배수
 ㈏ 상수, 급탕 및 음료용 냉수 펌프의 배수
 ㈐ 배수구를 갖춘 노수반, 절수(切水) 등의 배수
 ㈑ 상수, 급탕 및 음료용 냉수 계통의 물 빼기

　　㉮ 소화전, 스프링클러 계통 등의 물 빼기

　　㉯ 도피 밸브의 배수

　　㉰ 압축기 등의 물 재킷의 배수

　　㉱ 냉동기, 냉각탑 및 냉매, 열매로서 물을 사용하는 장치의 배수

　　㉲ 공기조화용 기기의 배수

　　㉳ 상수용의 수처리장치의 배수

　⑥ 증기계통, 온수계통의 배수 : 보일러 열교환기 및 급탕용 탱크에서의 배수, 증기관의 배수는
　　간접배수로 하고 또한 원칙적으로 40℃ 이하로 냉각한 후 배수해야 한다.

(4) 간접배수 설계 기준

　① 간접배수 시스템의 설계기준은 다음 그림과 같다.

　② 1차 배수관과 물받이(용기)와의 이격거리(h)는 1차측 배수관의 2배 이상으로 한다.

　③ 2차측 배수관의 지름은 보통 1차측 배수관의 지름보다 크게 한다.

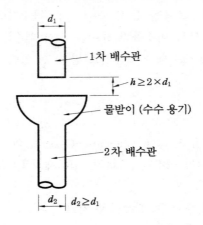

· 문제풀이 요령

　위생적으로 중요한 식품 등을 저장 또는 취급하는 기기에서의 배수관은 일반의 배수관에 직접 연결하
지 않고, 수수용기로 받아서 일반 배수관에 접속하여 봉수 파괴 시 있을 수 있는 위험을 줄여야 한다.

PROJECT 47 **조집기**(Intercepter, 포집기)   출제빈도 ★☆☆

Q 배수관에 사용되는 조집기(Intercepter, 포집기)의 종류별 특징 및 설치 방법에 대해서 설명하시오.

(1) 개요

① 저집기, 포집기 혹은 '저집기형 트랩'이라고도 한다.

② 배수 중에 포함되어 있는 유해물질, 위험물질들을 모아서 버려야 할 물질 또는 재이용할 수 있는 물질을 유효하게 저지, 분리 수집할 수 있는 형상과 구조로 되어 있다(주로 트랩 기능을 겸용하는 구조임).

③ 재료는 불침투성이고 내식성이 있는 것으로 주철제, 철근 콘크리트제, 스테인리스 강판 제, F.R.P제 등으로 한다.

④ 뚜껑이 달려 있는 것은 뚜껑을 열었을 때 배수관의 하류측에서 하수가스가 실내에 침투 하지 않는 구조로 하며 트랩 형성을 하지 못한 것은 그 하류측에 트랩을 설치한다.

⑤ 봉수깊이는 50 이상으로 한다.

⑥ 밀폐 뚜껑이 달려 있는 것은 적절한 통기가 유지되는 구조로 한다.

(2) 그리스 조집기

① 일반적으로 설치하는 대부분의 조집기는 그리스 조집기이다.

② 식당, 주방에 주로 설치하여 배수에 의한 막힘을 방지한다.

③ 조집기 내부에는 음식물 찌꺼기를 받는 바구니, 그리스가 뜰 수 있도록 칸막이판 2장 이 상 등을 설치한다.

④ 종류

  ㈎ 현장 제작형 : 콘크리트제 등

  ㈏ 공장 제작형 : 스테인리스 강재, FRP제 등

⑤ 음식물 찌꺼기는 매일 청소하는 것이 원칙이며, 그리스 막 등의 청소는 7~10일 정도 이 내 한번씩 청소해 주어야 한다(청소가 소홀하면 악취, 유해가스 등 발생).

(3) 가솔린(오일) 조집기

① 오일을 잘 분리할 수 있는 구조로 유입관 밑으로부터 600 이상의 깊이를 유지하고 휘발 면적을 될 수 있는 한 크게 한 것으로 하고 통기관의 취출 구멍이 있는 것으로 한다.

② 또한 토사가 유입할 우려가 있는 경우에는 150 이상의 토사받이를 설치한다.

(4) 세탁 찌꺼기 조집기

찌꺼기, 걸레조각, 단추 등을 유효하게 분리할 수 있는 구조로 하고 또한 배수 관내에 이 물이 유입하는 것을 방지하기 위하여 용이하게 분리할 수 있는 버킷을 설치한다.

(5) 플라스터(석고) 조집기

① 석고, 귀금속 등 불용성 물질을 유효하게 분리할 수 있는 구조로 한다.

② 치과, 외과 등의 병원에 많이 사용한다.

(6) 모발 조집기

머리카락, 미안용 점토, 헝겊조각 등을 유효하게 분리할 수 있는 구조로 하고 청소 및 분리가 용이한 스트레이너를 갖추는 구조로 한다.

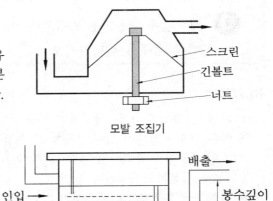

모발 조집기

모래(sand) 조집기

(7) 모래(sand) 조집기

① 업종에 따라 배수 중에 진흙과 모래 등을 다량 포함할 때가 있다.

② 모래조집기를 설치하여 깊게 가라앉혀 포집할 필요가 있다.

③ 모래조집기 아랫부분의 진흙을 모아 두는 곳 및 봉수깊이는 모두 150 mm 이상을 필요로 한다.

(8) 포집기(조집기) 설치 방법

① 포집기는 용이하게 보수관리 할 수 있는 위치에 설치한다.

② 금속제 및 기타 조집기

㉮ 바닥 위에 설치하는 포집기는 수평으로 설치한다.

㉯ 매입형의 포집기는 그 윗면이 바닥 등의 마무리면에 수평이 유지되도록 설치하고 본체와 콘크리트의 빈틈을 모르타르로 꼼꼼하게 구멍을 메우고 견고하게 설치한다.

㉰ 방수가 되지 않는 장소에 설치하는 경우에는 포집기와 콘크리트의 틈새에서 누수가 되지 않도록 방수공사를 완전하게 시공한다.

③ 철근 콘크리트제 조집기

㉮ 포집기는 철근으로 보강하고 충분한 강도가 얻어질 수 있도록 축조하며 상부에는 청소용 맨홀 뚜껑을 설치한다.

㉯ 포집기의 밑부분은 충분한 지지력이 있는 바닥과 지반에 설치한다. 또 바닥에서 매달아 올려서 설치하는 장소는 포집기의 크기와 중량을 고려하고 바닥에 충분한 지지력을 유지하게 한다.

㉰ 포집기의 내면은 방수공사를 완전하게 시공하고 배수관이 포집기를 관통하는 개소에는 날개붙이 슬리브관을 설치하며 배수관과 슬리브와의 빈틈을 코킹하여 포집기에서 누수가 되지 않도록 한다.

④ 오일 포집기에는 통기관을 설치하고 그 통기관은 단독으로 대기 중에 방출한다.

• 문제풀이 요령

포집기(조집기)는 배수 중 모아서 버려야 할 물질 등을 유효하게 분리할 수 있는 구조로 되어 있으며, 주로 트랩 기능을 겸용하는 구조를 지칭한다.

PROJECT 48 종국유속과 종국길이 및 도수현상 출제빈도 ★★★

Q 배수입관에서 종국유속과 종국길이 및 도수현상에 대해서 설명하시오.

(1) 종국유속

① 수직관에서 유속이 증가되어 아래쪽의 주관 및 횡지관에 영향을 주지 않게 설계 필요

② 배수수직관으로 들어온 배수는 가속도를 받아 수직관내를 낙하하는 동안에 속도가 증가하나 계속 증가하지 않고, 관내압 및 공기와의 마찰저항(항력)과 평형되는 유속(이것을 종국유속이라 한다)으로 된다. 따라서, 수직관이 아무리 높아도 그 아랫부분에서 높이에 비례한 낙하충격압을 받지는 않는다(고층건물이라고 해서 종국유속이 특별히 증가하지는 않는다).

③ 관계식 : 유량과 관경의 함수

$$V_t = 0.635 \left(\frac{Q}{D}\right)^{2/5} \text{(m/s)}$$

여기서, Q : 입관 내 유량(LPS ; kg/s)
D : 수직관 관경(m)

④ 100 mm 주철관내 10 L/s 경우 유속은 4 m/s 정도

⑤ 관경이 너무 작게 선정될시 만수, 봉수파괴, 종국유속 증가 우려

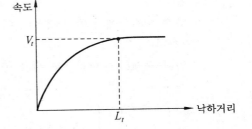

(2) 종국길이

① 배수가 배수 수직관에 들어온 다음 종국유속에 이르기까지의 흐르는 길이(수직 낙하길이)를 종국장(종국길이)이라 한다.

② 종국길이는 대략 아파트나 빌딩의 1층 분이고 2층까지는 미치지 못한다.

③ 초고층 건축에서도 배수 수직관을 구부려 오프셋(Offset)을 만들어 낙하속도를 완화시키는 조치가 필요 없는 경우가 많다.

④ 관계식

㈎ 종국길이(L_t)는 대개 2~3 m 정도로,

$$L_t = 0.14441 \times V_t^2 \text{ (m)}$$

㈏ 종국장이 각 층의 지관과의 거리보다 작아야 좋음(배수의 안정적 흐름 및 소음감소 때문임)

(3) 배수배관 내 배수의 유속 및 기울기

① 최소 0.6 m/s, 권장 1.2 m/s, 최대 1.5 m/s(기름기 있는 배수)

② 권장수심은 관경의 약 1/2 ~ 2/3 정도로 배관세정을 위해 기울기는 옥내수평 주관은 1/50 ~ 1/100, 옥외수평 주관은 1/100 ~ 1/200 이다.

③ 수직관에서 수평주관으로 방향 전환시 곡관의 원심력으로 불안정 조수상태가 되며 일반적으로 100 A관은 36 m, 75 A관은 25 m 하류에서 정상류된다.

(4) 도수 (跳水) 현상

① 배수 수직관에서의 배수의 유속은 보통 3~6 m/s이나(종국 유속), 배수 수평 주관에서는 0.6~1.5 m/s로 느리게 설계된다.

② 따라서 배수 수직관에서 가속된 빠른 유속이 배수 수평주관에서 순간적으로 감속되어 배수의 흐름이 흐트러지고, 큰 물결이 일어나는 현상

③ 주의사항

㈎ 배수 수직관에서 약 1~1.5 m 이내에서는 부분적으로 배수가 관을 막는 현상 발생이 가능하다.

㈏ 이 부분에서는 다른 배수관과 통기관 등의 접속을 피해야 한다.

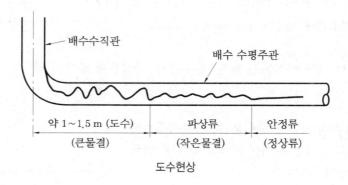

도수현상

• 문제풀이 요령

배수 수직관으로 들어온 배수는 가속도를 받아 수직관 내를 낙하하는 동안에 계속 속도가 증가할 것으로 생각하기 쉬우나 실제로는 관내압과 공기 마찰저항 때문에 일정 속도 이상은 증가하지 않는데, 이러한 최종 속도를 '종국유속'이라 하고, 이때까지의 낙하 높이(길이)를 '종국길이'라고 한다.

> **PROJECT 49** C.O(Clean Out ; 청소구 혹은 소제구) 출제빈도 ★★☆
>
> **Q** 배수관로에 설치되는 C.O(Clean Out ; 청소구 혹은 소제구)의 설치위치 및 설치방법에 대해 설명하시오.

(1) 정의

① 배수중의 모발, 고형물, 치적물 등을 제거하기 위해 설치함(청소의 용이성)

② 배수 배관의 관이 막혔을 때 이것을 점검, 수리하기 위해 굴곡부나 분기점 등에 반드시 청소구를 설치하여야 한다(서비스성).

(2) 청소구의 설치 위치(필요 장소)

① 배수 횡지관 및 배수 횡주관의 기점

② 배수 수직관(입상관)의 최하단부

③ 수평지관의(횡주관) 최상단부

④ 배수 수평 주관과 배수 수평 분기관의 분기점

⑤ 길이가 긴 수평 배수관 중간 : 관경이 100 A 이하일 때는 15 m 마다(이내), 100 A 이상일 때는 30 m 마다(이내) 설치

⑥ 배수관이 45° 이상의 각도로 방향을 전환하는 곳

⑦ 청소구는 배수 흐름에 반대 직각방향으로 설치

⑧ 청소구의 크기는 배수 관경이 100 A 이하일 경우는 배수 관경과 동일하며, 100 A 이상일 때에는 100 A보다 크게 한다(바닥 위 청소구).

⑨ 땅속 매설관을 설치할 경우 청소할 수 있는 배수 피트를 시설하며, 단 배수관경이 200 A 이하일 때에는 청소구로 대치한다(바닥 위 청소구).

⑩ 상기 이외의 필요하다고 판단되는 개소

(3) 청소구의 설치 방법

① 청소구는 청소가 용이한 위치에 설치하고 그 주위에 있는 벽, 바닥 및 대들보 등이 청소에 지장을 주는 장소에서는 원칙적으로 구경 65 mm 이하의 관에 대해서는 300 mm 이상, 구경 75 mm 이상의 관에 대해서는 450 mm 이상의 공간을 청소구의 주위에 둔다.

② 은폐배관에 손상을 주지 않고 용이하게 떼어놓을 수 있는 기구트랩과 내부설치형 트랩에 내장된 기구청소를 해야 하는 기구 배수관에 90° 구부러진 곳이 1개뿐인 경우에 한해서 그 청소구들에 상당하는 것으로 인정해도 괜찮다.

③ 지중매설관에 설치하는 경우에는 그 배관의 일부를 바닥 마감면 또는 지반면 또는 그 이상까지 연장해서 설치한다.

④ 은폐배관의 청소구는 벽 또는 바닥 마감면과 동일면까지 연장하여 설치한다. 또한 청소구 위를 모르타르, 석고, 반죽석회, 그 밖의 재료로 덮어서는 안 된다.

⑤ 부득이 청소구를 은폐하는 경우에는 그 청소구 전면 또는 상부에 뚜껑을 설치하거나 그 청소구에 용이하게 접근할 수 있는 위치에 점검구를 설치한다.

⑥ 배수입상관의 최하부에 충분한 공간이 없는 경우 또는 배수입상관의 최하부 근처에 설치할 수 없는 경우에는 그 배관의 일부를 바닥마감면 또는 근처의 벽면의 외부까지 연장 설치한다.

⑦ 모든 청소구는 배수의 흐름과 반대 또는 직각으로 열 수 있도록 설치한다.

⑧ 청소구의 뚜껑은 누수되지 않도록 조인다.

⑨ 청소구의 뚜껑은 공사 시공 중 손상을 받지 않게 하고 관내에 이물질이 들어가지 않도록 보호한다.

⑩ 방수가 있는 경우,

   ㈎ 콘크리트 타설 후 청소구 본체의 방수층 받이테가 콘크리트 마감이하에 있도록 수평으로 설치하고 본체와 콘크리트의 틈새는 모르타르로 꼼꼼하게 구멍을 메우고 견고하게 고정한다.

   ㈏ 방수공사 완료 후 방수층 받이테의 물빼기용 작은 구멍이 막히지 않도록 확인한다.

   ㈐ 경량 콘크리트 타설 후 청소구 바닥 마감면과 수평이 되도록 조정한다.

⑪ 방수가 없는 경우, 콘크리트 타설 후 청소구 윗면이 마감면과 수평이 되게 본체를 설치한 후 본체와 콘크리트의 틈새는 모르타르로 꼼꼼하게 구멍을 메우고 견고하게 고정한다.

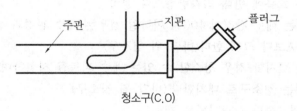

청소구(C.O)

PROJECT **50** 급수오염 방지법   출제빈도 ★★☆

Q 급수의 오염 방지방법에 대해서 설명하시오.

(1) 개요

① 급수설비 오염원인으로는 Cross Connection(급수설비와 중수도, 공업용수 등을 잘못 연결), Tank 등의 내면물질 용해, 기타 오염물질 유입, 위생기구의 Back Flow, 배관오염 등을 들 수 있다.

② 각 수질오염의 원인에 대한 방지책을 세워 정수수원의 효율적이고 위생적인 활용을 할 수 있어야 한다.

(2) 역류방지(Back Flow)

① 수전의 말단으로 부터의 역류 방지책 : 수면과 토출구 말단 사이에 Air Gap (토수구 공간)을 둔다.

② 부압이 수전에 도달하기 전 배관 도중에서 완전 소멸하는 방법 : 진공 방지기(Vacuum Breaker) 혹은 역지 밸브, Back Siphon Breaker(대변기) 등을 설치한다.

[칼럼] 진공 방지기(Vacuum Breaker)

① 대기압식 : 수압이 안걸리는 호스, 핸드샤워, 대변기 등의 출구에 설치

② 압력식 : 항상 압력이 걸려있는 수전에 설치(가압 배관용)

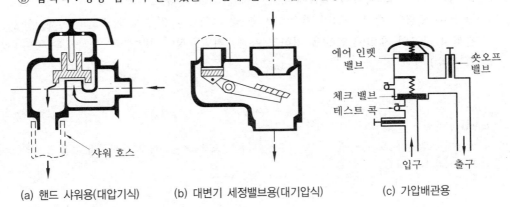

(a) 핸드 샤워용(대압기식)   (b) 대변기 세정밸브용(대기압식)   (c) 가압배관용

(3) 크로스 커넥션(Cross Connection, 교차연결) 금지

① 배수관과 급수관의 잘못된 연결로 인하여 배수의 급수측으로의 역류에 의해 오염 가능 (공사시 line marking 필요)

② 광의(廣義)로 급수를 오염시키는 모든 잘못된 연결을 말하기도 한다.

③ 배관 오염순으로 설치 높이 고려

(4) 저수조 오염

① 유해물질(벌레, 먼지, 이물질 등) 침입 방지망(OF철망) 설치 혹은 밀폐

② 전용수 용도로 사용 및 적정량 저수

③ 기타 내부 마감 등

(5) 투광 방지

① 투광(탱크 내 조류 번식 가능)되는 수조 개선(FRP탱크는 가급적 피한다.)

② 기타 직사광선의 영향이 적은 곳에 설치, 차광막 설치 등의 검토가 필요하다.

(6) 수조 내 정체수 방지(물이 정체된 경우 미생물 번식 가능)

① 입구 및 출구 배관의 인접 금지

② 배플(칸막이)을 설치하여 정체수 방지 등

(7) 배관

① 부식 및 스케일 방지

② 기타 슬러지, 이물질의 부착이 없도록 관리 필요

(8) 결론

① 안전한 음용, 수자원 부족현상을 감안하고, 정수 비용, 정수 수원의 효율적 활용 방안 등을 종합적으로 고려하여 오염대책을 세워 나가야 한다.

② 음용수 오염의 주된 원인이 저수조 오염 및 오염물질 침투에 있으므로 설계, 시공, 유지 관리시 구조와 재질에 안전을 기하고 유해, 위험물질이 침투하지 못하도록 한다(설치지 침 준수).

• **문제풀이 요령**

급수설비 오염원인으로는 역류, 크로스커넥션, 저수조 오염, 투광, 정체수, 배관내 부식 및 스케일 등이 대표적이다.

PROJECT **51** 고가수조 급수설비 공종별 항목

출제빈도 ★☆☆

Q 고가수조 급수설비 공사에서 공종별 항목 및 시공방법에 대해서 설명하시오.

① 펌프의 견고한 고정
   ㈎ 견고한 장소에 신축이음 등을 적용하여 구조물을 통한 진동 전달이 없게 견고하게 고정한다.
   ㈏ 방진스프링이나 방진고무를 사용하여 방진가대를 제작 후 펌프의 하부에 위치시키면 건물 측으로의 진동 전달을 막는 데 효과적이다.

② 탱크류의 고정
   ㈎ 청소 및 소독이 용이한 장소에 설치
   ㈏ 옥상 물탱크는 주기적으로 청소를 실시하고, 소독을 해주는 등 자주 관리되어야 하므로 관리의 용이성, 서비스 공간확보, 위생 담보 방법 등이 무엇보다 중요하다.

③ 기타 부속기기의 고정 : 감압 밸브, 밸브류 등을 서비스가 쉬운 장소에 설치

④ 스위치 부착 : 플로트 스위치 혹은 전극봉 스위치 등 부착(오감지 방지를 위해 전극봉 스위치가 더 유리함)

⑤ 배관시공
   ㈎ 배관경 선정 및 계통분리를 잘 실시하여 배관을 설치함
   ㈏ 입상배관의 좌굴, 구조물간섭, 수격 현상 등이 없도록 면밀히 검토 후 설치한다.

⑥ 시험 및 검사 실시
   ㈎ 수압시험 : 약 1MPa 이상으로 가압하여 누설 체크 시험
   ㈏ 만수시험 : 탱크에 물을 가득 채우고 24시간 누설 체크 시험
   ㈐ 통수시험 : 각 기구 설치 후 최종적으로 수량 확보 여부 등 확인

·문제풀이 요령

고가수조 시공 순서 : 펌프 / 탱크류 / 부속기기의 고정(서비스성 고려) → 수위 감지 스위치 부착 → 배관경 시공 → 시험 및 검사(수압, 만수, 통수) 순으로 실시한다.

> **PROJECT 52 트랩의 봉수파괴**   출제빈도 ★★★
>
> **Q** 트랩의 봉수파괴의 원인 및 대책에 대해서 설명하시오.

(1) 종류별 원인 및 대책

봉수 파괴의 종류	원 인	대 책
자기 사이펀식 작용(S트랩)	빠른 유속에 의해 봉수가 **빠져나감**	통기관 설치
흡출(흡인)작용(고층부)	주관의 압이 순간적으로 낮아져(진공) 봉수를 빨아들임	통기관 설치
분출(역압)작용(저층부)	주관의 압이 순간적으로 너무 높아져 봉수를 밀어냄	통기관 설치
모세관 현상	봉수의 물이 머리카락, 긴 이물질 등을 타고 올라감	청소(머리카락, 이물질)
증발현상	봉수의 물이 자체적으로 증발하는 현상	기름막 형성
관성작용(최상층)	자기 운동량에 의한 관성작용에 의해 **빠져나감**	격자 석쇠 설치

(2) 그림

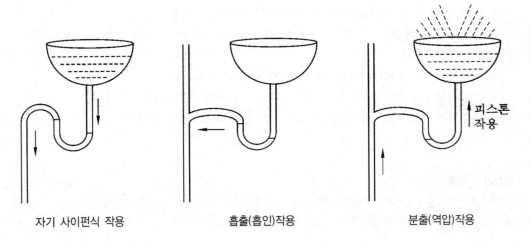

자기 사이펀식 작용   흡출(흡인)작용   분출(역압)작용

• **문제풀이 요령**

① 트랩의 봉수파괴 원인은 단골 출제 문제이다.

② 트랩의 봉수파괴 대책으로는 통기관 설치(자기 사이펀식 작용, 흡인 작용, 분출 작용 발생 시), 청소(모세관 현상 발생 시), 기름막(증발 발생 시), 격자 석쇠(관성 발생 시) 등이다.

PROJECT **53** 통기설비(통기관)   출제빈도 ★★☆

Q 통기설비(통기관)의 종류별 특징 및 시공상 주의사항에 대해서 설명하시오.

(1) 개요

① 통기관을 배수배관에 연결하여 대기 중으로 개방하여 배수관 내의 공기를 유통시킨다.
② 통기관은 통기방식에 따라 각개통기, 루프통기, 신정통기, 도피통기, 결합통기, 특수통기 등으로 나누어진다.

(2) 통기관 설치 목적

① 트랩 봉수가 파괴되지 않게 보호한다.
② 배수의 흐름을 원활히 한다.
③ 균의 번식을 방지한다(환기 및 청결 유지).

(3) 통기관의 종류

① 각개 통기관(Individual)
  (개) 가장 좋은 방법, 위생기구 1개마다 통기관 1개 설치(1 : 1), 관경 보통, 32A
  (내) 고층건물에 많이 사용하나 초기 비용이 많이 든다.

② 루프 통기관(환상, 회로 ; Loop)
  (개) 배수 횡주관에 일련으로 접속
  (내) 위생기구 2~8개 이하의 트랩 봉수 보호
  (대) 총길이 7.5 m 이하, 관경 40A 이상

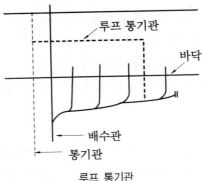

루프 통기관

칼럼 루프 통기관 설치방법 : 루프통기관은 최상류 기구로부터의 기구배수관이 배수 수평지관에 연결된 직후의 하류측에서 통기관 측으로 입관시킨다. 만약 상류측에서 통기관 측으로 입관시킨다면 최상류 배수관을 통한 배수 시에 부분적인 통기관의 막힘 현상이 우려된다.

③ 도피 통기관(Relief)

㉮ 최상층 제외층의 8개 이상의 기구(혹은 3개 이상의 양변기)의 봉수보호

㉯ 총길이 7.5 m 초과 시 사용

㉰ 배수 수직관과 가장 가까운 통기관의 접속점 사이에 설치

㉱ 루프 통기관의 기능을 보완하기 위해 많이 설치한다.

④ 습식 통기관(습윤 통기관 ; Wet-)

㉮ 배수관, 통기관 역할을 하나의 배관으로 함(최상류 기구에 설치)

㉯ 회로 통기관에 연결된 통기관겸 배수관으로써, 배수 횡지관에 연결 시에 관위에서 하지 않고, 측면에서 Y자형으로 접속한다.

⑤ 신정 통기관(Stack) : 배수수직관 최상단에 설치하여 대기중에 개방한다.

⑥ 결합 통기관(Yoke)

㉮ 고층건물에서 압력 변화 완화 위해 통기 수직관과 배수 입관(배수 수직관)을 연결함

㉯ 5개 층 ~ 10개 층마다 층에서 1 m 이상 올려 통기 수직관 연결 설치, 관경 50A 이상

㉰ 압력변화 완화를 위한 일종의 '도피 통기관'

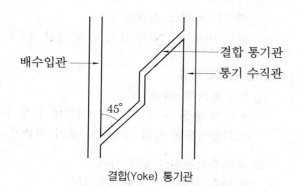

결합(Yoke) 통기관

⑦ 특수 통기설비 방식

㉮ 소벤트 방식 통기관

㉮ 배수 수직관에 각층마다 기포주입 장치를 설치하여 배수에 공기를 주입

㉯ 스위스에서 개발, 배수 수직관과 각층 배수 수평지관이 접속하는 부분에 공기혼합 이음(Aerator fitting)을 설치하고, 배수 수직관이 수평주관과 접속되는 부분에 공기분리이음(Deaerator fitting)을 설치한다.

㉰ 또한 공기혼합이음을 사용하지 않는 층에서는 S자형의 오프셋을 설치하여 배수의 흐름을 저하시킬 수 있다.

㉯ 섹스티아 방식 통기관

㉮ 섹스티아 이음쇠를 통하여 선회류를 두어 통기 및 배수역할도 하도록 함

㉯ 프랑스 개발, 각층 배수 수평지관과 배수 수직관을 연결하는 지점에 설치하는 이음으로 접속 곡관부에 중심통기를 고려한 특수 편향기능의 장치를 설치한다.

㉰ 본체와 커버 플레이트로 구성되며, 배수 수직관과 수평지관의 접속부분에는 섹스티아 밴드(이음쇠)를 설치한다.

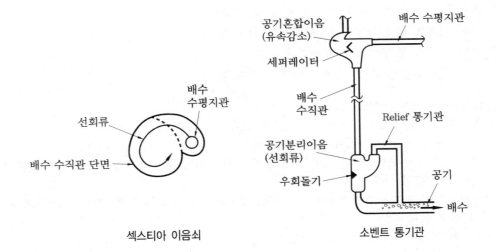

섹스티아 이음쇠

소벤트 통기관

(4) 통기배관 시공법(주의사항)

① 통기관은 오버 플로선 이상으로 입상시킨 다음 통기 수직관에 연결한다.

② 바닥 아래에서 빼내는 각 통기관에는 횡주부를 형성시키지 말 것

③ 루프 통기관은 최상류 기구로부터의 기구배수관이 배수 수평지관에 연결된 직후의 하류 측에서 입상하여야 한다.

④ 통기 수직관은 최하위의 배수 수평지관(기구)보다도 더욱 낮은 점에서 배수관과 45° Y 조인트로 연결하여야 한다.

⑤ 가솔린 트랩의 통기관은 단독으로 옥상까지 입상하여 대기 중에 개구하여야 한다.

⑥ 간접(특수)배수 수직관의 신정 통기는 다른 일반 배수 수직관의 신정 통기 또는 통기주 관에 연결하지 않고 단독으로 지붕 위까지 올려 세워 대기 중에 개구하여야 한다.

⑦ 통기 수직관의 꼭지부는 그대로 지붕 위까지 올려 세우든지, 또는 최고층 기구의 최고기 구 수면보다도 더욱 높은 점에서 배수 수직관의 신정 통기관에 연결하여야 한다.

⑧ 동결강설에 의하여 통기구부가 폐쇄될 우려가 있는 지방에서는 외부 노출 관경은 내부 관경보다 1구경 큰 관경으로 하고, 그 관경을 변경하는 위치는 지붕 아랫면에서 0.3 m 떨어진 하부일 것

⑨ 배수 수평지관에서 통기관을 빼내는 경우 관의 맨 위에서 수직으로 입상시키거나 수직기 준 45°보다 작게 할 것

⑩ 통기관구경 : 연결배수 관경의 1/2 이상, 통기관 종류별 최소구경 이상(각개 32 A, 환상 40 A, 도피 32 A, 결합통기 50 A 이상) 즉, 최소 관경은 적어도 32 A 이상, 접속 관경은 1/2 이상

⑪ 통기관경 계산 : 배수기구 부하단위법, 정상유량계산법

⑫ 최상단 기구 넘침관보다 150 mm 이상 높이에 신정통기관과 수직주관 연결

⑬ 배수관은 내림구배, 통기관은 올림구배로 할 것

⑭ 오수정화조 통기관과 일반배수용 통기관은 별도 배관 할 것

⑮ 통기구는 옥상 바닥보다 2~3 m 높게 설치(냄새 배제)

⑯ 실내 환기용 덕트, 빗물 배수관에 연결하지 말 것

⑰ 바닥 아래의 통기 배관은 피한다.

⑱ 통기관의 말단은 동결, 적설로 막히지 않게 할 것

[칼럼] 통기관련 배수관 계통의 주의사항

• 배수관 평균유속은 보통 1.2 m/s 정도로 한다.

• 최소유속=0.6 m/s, 최대유속=1.5 m/s

• 수직 배수관은 특히 신정통기방식 채택 시 공기의 힘에 의한 하류압력상승 배제 위해 여유 있는 배수관경 선정 필요

• 수평 배수주관의 도수현상(물의 튀어오름) 발생을 고려하여 수직 배수관보다 한 단계 큰 관경 선정 필요

• 배수관 기울기 : 주로 약 1/50 ~ 1/100

　　－32 ~ 75 A : 1/50

　　－100 ~ 125 A : 1/75 ~ 1/100

　　－150 ~ 200 A : 1/100 ~ 1/500

• 문제풀이 요령

　통기관은 봉수 파괴를 방지하고, 균의 번식을 막는 것으로 각개통기관(가장 우수), 루프통기관(배수 횡주관에 일련으로 접속), 신정통기관(배수수직관 최상단 연장), 도피통기관(배수 수직관과 통기관의 접속점 사이에 설치), 결합통기(통기 수직관과 배수 수직관 연결), 스위스식 소벤트 방식(공기혼합이음과 공기분리이음 이용), 프랑스식 섹스티아 방식(섹스티아 이음쇠를 통한 선회류 이용) 등이 사용된다.

PROJECT **54** 배수배관 및 통기배관 시험방법   출제빈도 ★☆☆

Q 급·배수 공사에서 배수배관 및 통기배관 시험방법에 대해서 설명하시오.

(1) 배관공사의 일부 또는 전부 완료 시

① 만수시험(수압시험)

㉮ 말단 부위를 모두 밀봉하고, 최고 부분에 물을 넣어 누수 유무 확인

㉯ 3 mAq 이상의 압력에 30분 이상 견디어야 한다.

② 기압시험

㉮ 만수시험 불가능 시 공기압축기로 가압하여 시험한다.

㉯ 3.5 mAq 이상의 압력에 15분 이상 견디어야 한다.

(2) 위생기구 설치 완료 시

① 연기시험

㉮ 트랩에 물을 채운 후 연기를 주입하고, 수직관 꼭대기에서 연기가 나오는 것을 확인 후 모든 통기구 밀폐 후 가압, 누설 확인

㉯ 수두압 25 mm 이상의 압력에 15분 이상 유지하고 누설여부를 관찰한다.

② 박하시험

㉮ 연기 대신 '박하유 용액'으로 시험(수직관 7.5 m당 박하유 50 g + 4 L 이상의 온수)

㉯ 박하유 특유의 냄새로 누설부위 확인 가능

㉰ 수두압 25 mm 이상의 압력에 15분 이상 유지하면서 시험한다.

(3) 최종시험(통수시험)

① 정상 사용 상태에서 봉수의 파괴, 누설, 소음 등 종합적으로 확인한다(통상 최대부하유 량으로 시험).

② 실제 사용하는 조건에서의 최종적인 시험이므로 누설, 봉수파괴, 유수의 소음, 기타 사용상 불편한 점을 종합적으로 판단해야 한다.

• 문제풀이 요령

일반적으로 배관공사 완료시에는 만수시험 혹은 기압시험을 실시하고, 위생기구까지 설치 완료시에는 연기시험 혹은 박하시험을 실시하여 누설, 봉수파괴 등을 확인하여야 하며, 최종적으로는 통수시험을 실 상황에 맞게 실시하여야 한다 (유수 소음도 점검).

PROJECT 55 수원과 수질 예상문제

Q 수원의 종류와 경도에 따른 수질에 대해서 설명하시오.

(1) 수원 (급수원)

① 상수 (지표수) : 취수 → 송수 → 정수 → 배수 → 급수

② 정수 (지하수) : 채수 → 침전 → 폭기 → 여과 → 살균 → 급수

  (가) 천정 : 깊이 7 m 이내 우물

  (나) 심정 : 깊이 7~30 m 이내 우물

  (다) 관정(착정) : 깊이 30 m 이상의 우물

  [칼럼] 지하수 연중 공급온도 : 16~17℃ 정도

③ 중수

  (가) 한 번 사용한 물을 정수하여 재사용하는 물(재생수라고도 한다.)

  (나) 중수처리방법 : 생물학적 처리방법, 물리화학적 처리법, 한외 여과막법 등이 있다.

(2) 경도에 따른 수질

① 경도 : 물 속에 녹아있는 2가 양이온 금속(Mg^{2+}, Ca^{2+}, Fe^{2+}, Mn^{2+} 등)의 양을 이것에 대응하는 탄산칼슘의 100만분율 (ppm)로 환산한 수치이다(이 중 Mg^{2+}와 Ca^{2+}가 대표적임)

  (가) 극연수 : 0~10 ppm - 증류수, 멸균수 연관, 놋쇠관 및 황동관을 침식, 안팎을 모두 도금

  (나) 연수 : 90 ppm 이하 - 세탁, 염색, 보일러

  (다) 적수 : 90~110 ppm - 음료수

  (라) 경수 : 110 ppm 이상 - 세탁, 염색, 보일러에 부적합

② 경도는 300 ppm(mg/L)를 넘지 아니할 것(음용수 기준)

③ 경수 연화장치

  (가) 내처리법 : 일시경도 제거법, 영구경도 제거법

  (나) 외처리법 : 제올라이트 내부로 물을 통과시키는 방법

④ 순수장치 : 모든 전해질을 제거하는 방법 (전기 비저항이 0.2 MΩ/cm 이상일 것)

• 문제풀이 요령

  급수원은 상수, 정수, 중수의 3종(種)으로 나누어지며, 수질은 경도에 따라 극연수, 연수, 적수, 경수로 나누어진다.

PROJECT 56 정수법(정수 처리방식)   출제빈도 ★☆☆

Q 정수법(정수 처리방식)과 그 처리절차에 대해서 설명하시오.

(1) 정수 처리절차

원수 → 침사지 → 침전지 → 폭기 → 여과기 → 소독 → 급수

(2) 침전법

① 중력침전법 : 중력에 의해 자연적으로 침전시키는 방법
② 약품침전법(응집제 투여법) : 황산알루미늄(황산반토), 명반류 등을 사용하여 슬러지 형태로 배출함

(3) 폭기법

① Fe, Mn, CO_2 등을 제거하는 방법
② 살수나 Blower 등으로 물속에 공기를 투여하여 수산화철을 만들어 제거

(4) 여과법 (모래여과)

① 완속여과법 (침전지에서 월류한 물)
   (가) 4~5 m/d로 모래층 (700~900 mm)과 자갈층 (400~600 mm)으로 통과시켜 여과함
   (나) 표면여과 : 여재표면에 축적되는 부유물의 막이 여과막의 역할을 함
② 급속여과법(침전수)
   (가) 100~150 m/d의 속도로 모래층 (600~700 mm)과 자갈층 (300~500 mm)으로 통과시켜 여과함
   (나) 초기 단계 : 미립자가 여재층 내부에 침투하여 포착된다.
   (다) 이후 단계 : 여재표면에 축적되는 부유물의 막이 여과막의 역할을 함(완속여과와 동일 ; 표면여과의 원리)
③ 압력 여과법 : 밀폐용기를 필요로 하므로 소규모의 상수도나 빌딩 등에 사용되어진다.

(5) 소독법 (멸균법)

① 염소 : 일반적으로 사용되는 방법이다 (바이러스균에 대한 멸균 곤란).
② 오존 : 가격이 비싸고, 오존량의 증가로 인한 인체의 위해를 주의해야 한다.
③ 자외선 : 파장 260~340 nm 정도의 강력한 자외선으로 멸균처리한다(高價).

• **문제풀이 요령**
  정수처리 절차에서는 침전법 (중력 침전법 및 응집제 투여법), 폭기법 (공기 투여로 수산화철 생성), 여과법 (완속여과법, 급속여과법), 염소 소독법 등이 중요하다.

PROJECT **57** 급수 시스템

출제빈도 ★★☆

Q 급수 시스템의 방식별 특징과 배관경 선정방법에 대해서 논하시오.

(1) 개요

① 최근의 급수방식과 설비는 탱크리스 부스터 펌프방식이 에너지 절약 및 수질오염방지를 위해 사용이 늘고 있다.

② 급수관 선정은 유량과 저항선도에 의해 주로 구해지며 고층건물의 배관은 압력 조정 펌프식으로 건물의 중량을 줄이는 방향으로 시공되고 있다.

(2) 수도 직결식

수도 본관에서 건물 내의 필요 개소에 직접 급수하는 방식

① 기구별 최저 필요압력

(가) 보통 밸브 : 0.03 MPa

(나) 세정 밸브, 자동밸브, 샤워 : 0.07 MPa

(다) 급수관 최고압력 : 0.5 MPa

(라) 살수전 최저압력 : 0.2 MPa

② 수도직결방식의 장점

(가) 수질오염이 거의 없다

(나) 펌프, 저수조, 고가수조 등의 설비장비가 없으므로 유지관리가 용이하며, 초기 투자비가 적다.

(다) 건축의 유효공간을 최대로 활용할 수 있다.

(라) 동력이 필요 없으므로 정전 시 단수되지 않는다.

③ 수도직결방식의 단점

(가) 급수 높이에 제한을 받는다 (고층건물은 불가).

(나) 수압은 수도 본관에 좌우되므로 급수압이 불안정하다.

(다) 순간 최대수요에 알맞은 급수관경이 필요하다.

(라) 단수시에 급수할 수 없다.

④ 적용 : 일반주택, 소규모 2~3층 건물, 지하상가 등

⑤ 필요압력 계산식(수도직결식)

$$P \geq P_1 + P_2 + P_3 \text{ (MPa)}$$

여기서, P : 수도본관 최저 필요압력 (MPa)
P_1 : 최상단 수전 수두압력 (MPa)

P_2 : 배관손실 수두압력 (MPa)

P_3 : 기구의 소요압력 (MPa)

(3) 고가 탱크식 (고가수조 방식)

저수조에서 양수펌프로 고가수조까지 양수시켜 자연압에 의해 급수하는 방식, 건물이 초고층일 경우 중간수조를 설치하기도 한다.

① 고가수조 방식의 장점

(가) 정전 시 고가수조 내에 저장된 물을 사용할 수 있다.

(나) 양수펌프의 자동운전이 용이함

(다) 적정수압을 일정하게 유지할 수 있다.

(라) 취급이 용이하고 고장이 적다.

② 고가수조 방식의 단점

(가) 건물 등의 높은 곳에 중량물을 설치하므로 구조적, 미관상의 문제를 수반하고 설비비가 높다.

(나) 수질오염이 심해질 수 있다.

(다) 건축면적이 크게 소요되며 건축공사비가 증가한다.

③ 적용

(가) 일반 건축물

(나) 대규모 급수설비

(다) 단수가 잦은 지역

④ 고가 (옥상) 탱크식의 설치기준

(가) 넘침관(일수관 ; 오버플로어 파이프) : 양수관 굵기의 2배의 크기로 하고 철망 등을 씌워 벌레 등의 유입을 방지

(나) 옥상 탱크의 크기 : V =1시간당 사용수량×1~3시간 (m^3)

(다) 피크아워 : 일반건물의 경우 아침 출근시의 1시간

(라) 피크로드 : 피크아워의 사용수량(1일 사용수량의 10~15 %)

(마) 양수 펌프의 양수량 : 옥상 탱크의 용량을 30분에 양수할 수 있는 용량이어야 한다.

(바) 펌프의 흡입높이 : 실제 6~7 m 정도

⑤ 계산식(고가수조방식)

$$H \geq H_1 + H_2 + h\,(\text{m}), \quad H - h \geq H_1 + H_2$$

여기서, H : 지상에서 옥상탱크를 설치한 곳까지 필요 높이(m)

H_1 : 최고층의 급수전 또는 기구에서의 소요압력에 해당하는 높이(m)

H_2 : 고가탱크에서 최고층급수전 또는 기구에 이르는 사이 마찰손실수두 높이(m)

h : 지상에서 최고층 급수전 또는 기구까지 높이(m)

$H-h$: 순수양정

(4) 압력 탱크식

밀폐된 압력탱크를 설치하여 가압 펌프로 물을 채우고 수조의 압력으로 상향 공급하는 방식, 국부적 고압 필요시

① 압력수조 방식의 장점

㉮ 구조상 유리하여 소규모일 경우 적합하다.

㉯ 고가수조의 미설치로 미관상 양호하며 건축비가 절감된다.

② 압력수조 방식의 단점

㉮ 압력수조 내에 적정압력을 유지시켜야 하므로 조작이 복잡하고 항상 보수관리가 필요하다.

㉯ 급수 압력관리가 필요하다.

㉰ 기계실 면적이 많이 소요된다.

㉱ 유지관리비가 비싸다.

③ 적용 : 공업용, 지하상가, 기타 높은 압력이 필요한 경우 등

④ 필요압력 계산식(압력탱크 방식)

$$P_{\min} = P_1 + P_2 + P_3 \text{(MPa)}$$

$$P_{\max} = P_{\min} + (0.7 \sim 1.4)\text{(MPa)}$$

$$H = (\text{흡입양정} + 10 P_{\max}) \times 1.2 \text{(m)}$$

여기서, $P_{\min}$: 필요 최저압 (MPa)

$P_{\max}$: 필요 최고압 (MPa)

P_1 : 압력 탱크의 최고층 수전 높이 해당수압 (MPa)

P_2 : 관내 마찰손실압 (MPa)

P_3 : 기구별 최저 필요압 (MPa)

H : 펌프 양정 (m)

(5) (Tankless) Booster Pump 방식

저수조에서 부스터 펌프에 의해 각 수전 또는 위생기구까지 가압하여 급수하는 방식

① 부스터 펌프 방식(펌프 직송 방식)의 장점

㉮ 기계 장치류가 복잡하지만 자동운전이 용이하다.

㉯ 수질오염이 적고 유지 관리가 용이하다.

㉰ 고가수조 미설치로 구조, 스페이스, 미관상 양호하며, 건축공사비가 절감된다.

㉱ 에너지절감 차원에서 최근 많이 사용함

② 부스터 펌프 방식(펌프 직송 방식)의 단점

㉮ 일반 펌프 대비 제작 기술이 까다로운 편이다.

㉯ 초기투자비(시설비)가 많이 소요됨

(다) 다수의 펌프를 병렬 운전하여야 하므로 자동제어가 필요하고, 제어 복잡함

(라) 대수제어방식보다 회전수제어에 의한 방식이 유리하나 전자파현상에 주의

(6) 급수배관경 선정

① 관경균등표에 의한 방법 : 상당 기구수 및 동시 사용률 기준

② 유량과 저항선도에 의한 방법 : 부하유량 계산 및 허용 마찰손실수두 계산하여 관경 결정함

③ 유속 : 수배관의 유속은 관경, 사용기구, 관의 종류 및 관의 재질에 따라 상이하나 일반적으로 2 m/s 이하로 하고 있으며, 그 이유는 공동현상과 수격현상을 방지하기 위해서이다.

④ 고가수조의 허용마찰손실수두 $(R) = \dfrac{1000\,H}{l\,(1+K)}$

여기서, R : 허용마찰손실수두 (mmAq/m)
H : 고가탱크로부터의 순수양정(m)−각 기구의 최저 필요수두(m)
l : 직관길이(m)
K : 국부저항상당장(약 0.3~0.4)

• **문제풀이 요령**

급수방식은 수도 직결식(동력이 없어 정전 시 단수 없음), 고가 탱크식(정전 시, 단수 시 고가수조에 저장된 물 사용 가능), 압력 탱크식(국부적 고압 필요 시), 부스터 펌프식(에너지 절감 차원에서 최근 많이 사용) 등으로 분류된다.

PROJECT **58** **고층건물의 급수 배관 시스템** 출제빈도 ★★☆

Q 고층건물의 급수 배관 시스템과 감압밸브 시공 시 주의사항에 대해서 논하시오.

(1) 개요
① 수압, 진동, 누수, 소음, 손상문제로 급수계통을 몇 개 존으로 나누어 급수하며 급수압을 약 100~500 kPa로 억제 필요
② 중간탱크나 감압 밸브를 이용해 급수압력을 조절해주어 저층의 액해머를 방지해주어야 함

(2) 급수 조닝 방식에 의한 분류 : 적절한 수압을 유지하기 위해
① 층별식(병렬 양수방식) : 각 존마다 고가수조, 펌프를 설치하여 물 양수
② 중계식(단계 양수방식) : 각 존마다 고가수조와 양수펌프를 설치하여 차례로 윗 존에 중계함
③ 압력조정(調整) 펌프식 : 고층 건물에서 주로 사용하는 방식으로 건물의 존을 구분하여 존수만큼 최하층에 펌프를 설치하여 사용수량의 부하변동에 따라 자동적으로 공급

(3) 급수관 구분방식에 의한 분류 (중간수조에 의한 방법)
① 세퍼레이트 방식 : 급수 라인(급수 펌프와 급수 탱크)을 병렬로 설치
② Booster 방식 : 급수 라인(급수 펌프와 급수 탱크)을 직렬로 설치
③ Spill-back 방식 : 상부 탱크까지 급수 후 일부는 중간 탱크로 재분배함

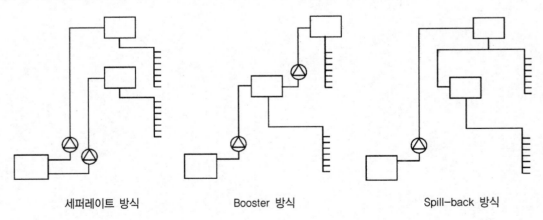

세퍼레이트 방식   Booster 방식   Spill-back 방식

(4) 감압 밸브식 : 최상층 고가수조로부터 하향급수하며 감압 밸브로 존 구분
① 주관 감압 방식 : 주관을 몇 등분하여 감압하는 방식
② 그룹 감압 방식 : 감압이 필요한 Zone에 그룹별로 감압하는 방식
③ 각층 감압 방식 : 각 층별 감압하는 방식

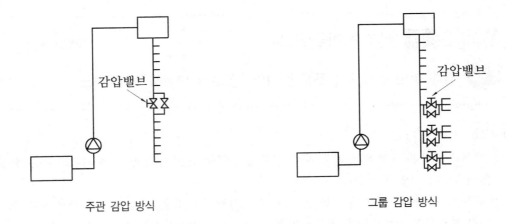

주관 감압 방식　　　　　　　　그룹 감압 방식

(5) 급수 배관의 감압 밸브 (PRV ; Pressure Reducing Valve) 시공시 주의사항

① 본체에 표시된 화살표 방향으로 설치할 것

② Bypass관의 사이즈는 1차측 관경보다 한 치수 작을 것

③ 초기 시운전시에 Bypass관을 열고 찌꺼기, 이물질 등을 제거할 것

④ 반드시 유지보수 공간을 확보할 것

⑤ 감압 밸브의 2차측 압력 : 대개 300~350 kPa 정도를 많이 사용함

⑥ 기타 저층부의 수격현상을 방지하기 위한 조치를 해준다.

• 문제풀이 요령

① 고층건물의 급수 방식은 급수 조닝방식에 의해 층별식 (병렬 양수방식), 중계식 (단계양수방식), 압력 조정 펌프식 (존수만큼 최하층에 펌프 설치)으로 나누어지고, 감압밸브 방식에 따라 주관 감압방식, 그룹 감압방식, 각층 감압방식으로 나누어진다.

② 또 급수관 구분방식에 의해서는 세퍼레이트 방식, Booster 방식, Spill-Back 방식으로 나눌 수 있다.

PROJECT 59 **무부속 이중관공법**   출제빈도 ★☆☆

Q 건축 설비 공사에서 무부속 이중관공법에 대해서 설명하시오.

---

(1) 개요

① 무부속 이중관 공법은 아파트 세대 내부 급수급탕, 난방공급 및 환수배관의 누수하자를 원천적으로 예방 가능함

② 하자 보수시에도 기존 구조물 및 고급 마감자재에 손상을 주지 않으며 배관 노후 시 교체가 용이하고 설비수명을 연장함은 물론 내구성을 향상시킴으로써 주거환경을 쾌적하게 유지하게 된다.

(2) 배관방식(무부속 이중관 공법)의 특징

① 누수하자 예방 : 기존 방식과 비교하여 연결 부위가 없으므로 누수하자 원인을 원천적으로 제거하며, 슬래브에 매립함으로써 장기간 노출에 의한 파손을 사전에 예방할 수 있다.

② 배관의 보수점검 및 교체가 용이 : 누수 부위 확인이 용이하고 배관을 교체할 경우 마감자재 및 구조물의 손상 없이 단기간 내에 작업을 완료함으로써 입주자에게 불편을 주지 않는다.

③ 유량 변화 및 워터해머 현상 감소 : 물의 공급은 Header 방식으로 분배함으로써 기존의 배관 분기방식보다는 마찰저항이 적어 유량을 원활하게 공급하며 또한 이중배관 특성에 따라 배관의 수격 현상이 감소하게 된다.

④ 손쉬운 작업성으로 누구나 할 수 있고 작업시간의 단축으로 생산성이 향상된다.

⑤ 골조 공사 후 집중 투입되는 기존의 설비공정이 골고루 분산되어 공사의 품질이 향상된다.

(3) 이중관 공법 시공시 기대효과

① 근본적인 누수원인을 제거하여 설비 배관의 신뢰도를 향상할 수 있다.

② 하자 발생시 피해를 최소화하여 입주민의 불만을 줄임으로써 잠재적인 민원을 사전에 예방할 수 있다.

③ 설비공사의 공정혁신과 손쉬운 작업성으로 인해 시공품질 및 생산성을 향상시키는 요인이 된다.

④ 누수원인을 근본적으로 제거함으로써 하자보수비용과 보수공사비용을 절감할 수 있다.

⑤ 점차 강화되고있는 'PL법'에 용이하게 대응할 수 있다.

⑥ 누수 하자로 인한 기업이미지 실추 및 물질적, 정신적 피해 등을 미연에 방지 가능

(4) 이중관 공법의 시공방법

① 배관자재 선정 및 시공방법 결정

   ㈎ 이중관 공법의 적용시 건축물의 구조안전성을 검토하여 건축구조 안전에 영향을 미치지 않는 배관재료 및 시공방법을 결정한다.

   ㈏ 이중관 공법에 적합한 PB관 및 HI LEX CD관 선정 후 구조안전 진단을 실시하여 시방서 및 시공방법 결정

② 도면 및 시공 상세 검토

   ㈎ 도면 및 시공상세도를 통해 급수급탕 분배기 위치, 배관경로, Joint Box 위치, 수전위치 등을 확인하고, 타 공정과의 상호 간섭여부를 확인한다.

   ㈏ 설비협력업체의 작업이 원활히 진행될 수 있도록 최초 이중관 공법 시공시 타공정과의 업무협조에 따른 사전작업조율 및 시공시간 확인등 정확한 준비가 필요하다.

③ Marking : 건축 슬래브 거푸집공사 완료 후 분배기 및 각종 위생기구, Joint Box의 위치를 Marking 한다.

④ 외부 배관 : 슬래브 철근 배근 작업 완료 후 외부 보호관 설치 및 내부관을 삽입하고 관 말단부를 관말캡 또는 Tape로 보양한다.

⑤ 훼손 여부 확인 : 콘크리트 타설 시 설비 관계자도 참석하여 이중관 배열용 JIG 및 내외부 관의 훼손 여부를 확인한다.

⑥ Joint Box 설치 : 콘크리트 타설 전 벽체 배관 및 Joint Box를 설치하고 보양한다.

⑦ 건축벽체 배관 작업

   ㈎ 건축벽체 철근 작업 후 벽체에 설치되는 배관작업을 한다.

   ㈏ 이중관의 말단부에 수전엘보 시공 및 Bracket 연결 작업을 실시한다.

   ㈐ 욕실 벽체 배관은 Joint Box를 통한 부속배관 방식으로 배관 및 보온작업까지 완료한 후 벽체 매립한다.

⑧ 마무리 공정 : 이후 건축공정에 따라 분배기 설치, 각종 기구류 설치 및 수압시험을 실시한다.

(5) 시공사례

① 부산 LG 메트로시티

② 만덕 쌍용아파트 신축현장

③ LG수지 빌리지 등

④ 기타 현재 많은 건축 현장에서 광범위하게 적용되고 있다.

• 문제풀이 요령

무부속 이중관공법의 주목적은 누수하자를 근원적으로 예방(품질 개선)하고, 서비스를 아주 간편하게 하자는 것이다.

PROJECT 60 중수도 설비

Q 중수도 설비 시스템에 대해서 논하시오.

(1) 중수도 설비의 개요

① 경제 발전에 의한 인구의 도시 집중 및 생활 수준의 향상으로 인한 생활용수의 부족 현상과 일부 산업지역에서의 공업용수 부족 현상이 나타나고 있다.

② 이는 우리나라의 강우 특성이 계절별로 편중되어 있고 지형적 특성상, 유출량이 많은 데에 기인하는 것으로 용수의 안정적 공급을 위한 치수 관리는 물론 수자원의 유효 이용이 절실히 요구되고 있다.

③ 이와 같은 배경으로 수자원 개발의 일환으로 배수의 재이용이 등장하게 되었고, 법적으로도 일정 기준 이상의 건물에서는 배수 재이용(중수도)을 권장하고 필요시에는 의무화하도록 하게 되었다.

④ 배수 이용의 목적은 급수뿐만 아니라 배수측면에서도 절수하는 데 있다.

⑤ 배수 재이용의 대상은 공업용수를 사용하는 산업계와 수세 변소의 세척용수 등의 일반 잡용수로 사용하는 생활계가 있다.

⑥ 수자원의 절약을 위해 한번 사용한 상수를 처리하여 상수도보다 질이 낮은 저질수로써 사용 가능한 생활용수에 사용하는 데 의의가 있다.

⑦ 일반사무소보다 주거용 건물, APT, 호텔 등이 유리

(2) 설치 대상 (물의 재이용 촉진 및 지원에 관한 법률)

① 연면적 $60000 \, \text{m}^2$ 이상의 숙박시설, 목욕장

② 폐수배출량 $1500 \, \text{m}^3/\text{day}$ 이상의 공장 및 발전시설

③ 기타 공공기관의 관광단지 개발 사업·도시 개발 사업 등

⇨ 설치 대상 시설물을 신축, 증축, 개축 혹은 재축하는 경우에는 사용수량의 10 % 이상을 재이용할 수 있는 중수도를 설치·운영하여야 한다 (단, 물 사용량의 10 % 이상을 하·폐수처리수, 재처리수로 공급받는 경우나, 빗물을 이용하는 자는 그러하지 아니한다).

(3) 용도 및 효과

① 수세식 변소용수, 살수용수, 조경용수 등의 용도로 주로 사용한다.

② 비용, 자원회수, 하절기 용수 부족문제 해결, 환경보전법상 총량규제에 따른 오염부하 감소효과 등

③ 중수 용도별 등급 : 살수 용수 (고급) > 조경 용수 > 수세식 변소 용수(저질수)

④ 중수도 수질기준 : 대장균수 (개/mL), 잔류염소 (mg/L), 외관, 탁도(도), BOD (mg/L), 냄새, pH, 색도, COD 등의 9개 항목에 대하여 용도별 수질기준 이내로 억제

(4) 개방 순환방식

처리수를 하천 등의 자연수계에 환원한 후 재차 수자원으로 이용하는 방식이다.

① 자연 하류방식 : 하천 상류에 방류한 처리수가 하천수와 혼합되어 하류부에서 취수하는 방식이다.

② 유량 조정방식 : 처리수의 반복 이용을 목적으로 갈수시에 처리수를 상류까지 양수 환원한 후에 농업용수나 생활용수로써 재이용하는 방식이다.

(5) 폐쇄 순환방식

처리수를 자연계에 환원하지 않고, 폐쇄계 중에 인위적으로 처리수를 수자원화하여 직접 이용하는 방식이며 생활 배수계의 재이용 방식에 적용되고 있다(이 방식은 개별 순환, 지구 순환, 광역 순환의 3방식으로 분류된다).

① 개별 순환방식

㈎ 개별 건물이나 공장등에서 배수를 자체 처리하여 수세 변소용수, 냉각용수, 세척용수 등의 잡용수계 용수로 순환 이용하는 것을 말한다.

㈏ 이 방식의 특징

㉮ 배수지점과 급수지점이 근접하여 있으므로 배관 설비가 간단하다.

㉯ 배수량과 급수량이 거의 비례하므로 배수의 이용효율이 높아진다.

㉰ 오수나 주방배수를 포함하지 않은 배수는 재이용하여 수세변소 세척수 등에 이용하고 방류하므로 처리설비가 간단하다.

㉱ 한정된 범위에 시설되므로 관리가 용이하고, 비교적 BOD, COD 등이 높은 재이용수를 사용할 수 있다.

㉲ 규모가 작으므로 건설비, 보수 관리비 등이 높고, 그에 따른 비용이 높아진다.

㉳ 처리 과정에서 통상 오니가 발생된다(폐기물 처리문제 발생).

② 지구 순환방식

㈎ 대규모 집합 주택단지나 시가지 재개발 지구등에서 관련공사, 사업자 및 건축물의 소유자가 그 지구에 발생하는 배수를 처리하여 건축물이나 시설 등에 잡용수로써 재이용하는 방식이다.

㈏ 이 방식의 수원으로는 구역 내에서 발생한 하수처리수 외에 추가하여 하천수, 우수 조정지의 우수 등이 고려되고 있다.

㈐ 이 방식의 특징

㉮ 지구내의 발생 하수를 수원으로 하면 공공하수도(공공수역)에의 방류량을 감소시킬 수 있어 공급수의 대상이 정해진 지구 내에 한정되므로 급수설비의 건설비가 광역 순환방식보다 저렴하게 된다.

㉯ 유지관리가 용이하다.

㉰ 광역 순환방식에 비교하여 처리장치의 규모는 작아지나 처리비용이 높아진다.

㉱ 시가지 재개발 지구에서는 처리장치로부터 발생한 오니 등의 폐기물 처리가 문제된다.

③ 광역 순환방식

㈎ 도시 단위의 넓은 지역에 재이용수를 대규모로 공급하는 방식이다.

㈏ 이 방식의 수원으로는 하수 처리장의 처리수, 하천수, 우수조정지의 우수, 공장배수

등이 대상이 된다.

 ㈐ 특징

  ㉮ 재이용수가 공급되므로 수요가는 인입관이 상수와 재이용수의 2계통이므로 유지관리가 용이하다.

  ㉯ 규모가 크므로 처리비용이 저렴해진다.

  ㉰ 배수 재이용 처리장치로부터 각 수요가까지의 배수관 등 제반설비의 건설비가 상승한다.

  ㉱ 일반 가정 등에 공급할 경우에, 오접합에 의한 오음, 오사용의 위험성이 높다.

  ㉲ 상수 사용량의 절감은 되지만 하수량은 삭감되지 않는다.

  ㉳ 광역 순환이용으로는 하수도 종말 처리장으로부터 처리수의 재이용 형태로 이루어지고 있다.

  ㉴ 이 방식의 수요는 공업용수 등에 한정되어 있으며 시가지의 일반 수요가를 대상으로 하는 것은 적다.

(6) 중수 처리방법

 ① 생물학적 처리법 (생물법)

  ㉮ 스크린 파쇄기 → (장기폭기, 회전원판, 접촉산화식) → 소독 → 재이용

  ㉯ 생물법은 비교적 저가(低價)에 속한다.

 ② 물리화학적 처리법 (화학법)

  ㉮ 스크린 파쇄기 → (침전, 급속여과, 활성탄) → 소독 → 재이용

  ㉯ 사용예가 비교적 적은 편이다.

 ③ (한외) 여과막법

  ㉮ 원수 → 스크린(진동형, 드럼형) → 유량 조정조 → 여과막 (UF법, RO법) → 활성탄여과기 → 소독 → 재사용

  ㉯ 건물 내 공간문제로 여과막법이 증가 추세이다.

  ㉰ 양이 적고, 막이 고가이다.

  ㉱ 회수율 70~80 %이고 반투막이며 미생물 및 콜로이드 제거가 가능하다.

  ㉲ 침전조가 필요 없고 수명이 길다.

· 문제풀이 요령

① 중수와 재생수 : 배수를 재이용하기 위하여 처리한 물을 상수와 하수의 중간이라 하여 중수라고 흔히 부르지만 정확한 어휘는 재생수이다.

② 중수도 설비는 수자원의 절약 (재활용)을 위해 한번 사용한 상수를 처리하여 상수도보다 질이 낮은 저질수로써 생활용수 혹은 산업용수로 재사용하는 설비이며, 개방 순환방식(자연 하류방식, 유량 조정방식)과 폐쇄 순환방식 (개별 순환, 지구 순환, 광역 순환방식)으로 나누어진다.

③ 중수 처리방법은 생물학적 처리법 (장기폭기, 회전원판, 접촉산화식 등), 물리화학적 처리법 (스크린 파쇄기 이용 등), 한외 여과막법 (VIB스크린 → 조정조 → 여과막 → 활성탄 여과기 → 소독 → 처리소독 → 재사용) 등이 있다.

PROJECT **61** 빗물의 이용

출제빈도 ★☆☆

Q 빗물(雨水) 이용 시스템에 대해서 설명하시오.

(1) 개요

① 빗물을 지하의 저장층에 모아 두고 화장실 등의 상수도를 필요로 하지 않는 부분에 사용하는 방법이다.

② 건축물의 위생설비 및 음료용 수원으로서 우수 이용은 세균학적 문제와 초기 우수 0.5 mm 정도의 오염된 비를 제외하면 지장이 없다는 (알칼리성, 염소이온치, pH, 총경도 등) 보고도 있으며 잡용수로써 이용에는 특별한 문제가 전혀 없다.

③ 간단한 시스템으로 초기투자비 적게 계획, 우수 저수조 크기는 가능한 크게 한다(사용량이 1~2개월분, 정수와 겸용조 가능).

(2) 장치 구조

① 빗물 이용 장치 : 집우설비, 우수 인입관 설비, 우수 저수조 등으로 구성

② 빗물탱크 (우수조) 구조

(가) 사수 방지구조로 방향성 계획, 청소 용이한 우수조 계획, 염소 주입장치 등

(나) 넘침관은 자연방류로 하수관 연결, 장마 및 태풍에 대비하여 통기관 및 배관은 크게 한다.

(다) 빗물과 음료수 계통은 분리한다.

(3) 빗물 이용 문제점

① 산성우 대책수립 (콘크리트 중화, 초기우수 0.5 mm 배제 등)

② 흙, 먼지, 낙엽, 새 분뇨 등의 혼입방지 대책 수립

③ 집중호우 및 정전 시 대책 수립

(4) 법규 현황

① 서울시의 특별조례 등 각 자치단체별로 우수관련 법규를 제정하여 시행중임

② 수해예방, 물부족 해소, 산불화재시 우수 이용 등의 다각적인 차원에서 우수 이용에 대한 노력 필요함

③ 유럽, 미국, 일본 등은 우수 이용에 상당히 적극적임, 특히 독일은 우수 이용의 의무화, 우수관련 표준규격 제정 등을 실시하고 있다.

④ 물의 재이용 촉진 및 지원에 관한 법률 (제8조)

(가) 대통령령으로 정하는 종합운동장, 실내체육관, 공공청사, 공동주택, 학교, 골프장 및 「유통산업발전법」에 따른 대규모 점포를 신축 (대통령령으로 정하는 규모 이상으로 증축·개축 또는 재축하는 경우를 포함)하려는 자는 빗물 이용시설을 설치·운영하여야 하며, 환경부령으로 정하는 바에 따라 설치 결과를 특별자치시장·특별자치도지

사·시장·군수·구청장에게 신고하여야 한다.

㈏ 빗물 이용시설의 시설·관리기준 및 그 밖에 필요한 사항은 환경부령으로 정한다.

㈐ 빗물 이용시설의 소유자 또는 관리자는 시설·관리기준 등을 준수하여야 한다.

(5) 법규적 문제(독일의 경우)

① 독일에서는 우수를 음용하게 되면 큰 문제가 발생할 위험이 있기 때문에 일반 음용수 공급상태를 규정한 법규에 일부의 정원수를 제외하고는 모든 빗물 시설물과 음용수 시설물을 철저히 구분하고 있다. 1989년 제정된 독일표준규격(DIN)에 자세한 규정이 제시되어 있다.

② 예를 들면 음용수의 공급라인, 빗물용 급수관망과 그 배출구에 각각 라벨을 붙여 구별하는 것 등이다.

③ 세부적인 규정으로는 '빗물 시스템과 음용수 시스템 상호간에는 절대로 연결해서는 안된다'는 것이 있으며, 이것은 DIN에 따라 공공 음용수 공급장치와는 뚜렷한 간격을 두고 우수 공급시스템을 설치해야 한다고 규정되어 있다.

④ 관망의 표면에 구별을 확실히 하기 위하여 일정 구간마다 '음용수가 아님' 또는 '빗물'이라고 글귀를 적은 색상 테이프를 붙인다.

⑤ DIN 1989에서는 빗물이용시설에 붙어 있는 배출구에 대하여 일년에 한 번 이상 정기점검을 하도록 규정되어 있다.

⑥ 산성비의 우려가 높은 초기 강우의 분리는 슈트르가르트 도시지역에서 수행된 조사 보고서에 의하면 불필요하다고 기록되어 있다. 독일의 환경부에서 발행되는 안내용 소책자에 의하면 헤센 지역은 초기 강우가 가정 내에서 유지관리 용수로만 사용되기 때문에 일부러 배제하여 버릴 필요가 없다고 기술하고 있다.

(6) 빗물 처리공정

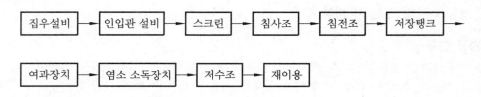

㈜ 상기 공정 중 빗물 사용의 목적에 따라 몇 개의 공정이 생략될 수 있다.

• 문제풀이 요령

빗물을 저장조에 일단 모은 후 상수가 아닌 잡용수로써 유용하게 이용하는 방법이나 산성우 및 이물질(흙, 먼지, 낙엽 등)에 대한 대책 수립 필요함

PROJECT **62** 저수조(貯水槽)

Q 비상급수시설로서의 저수조(貯水槽)의 용량, 위생상 문제점, 설치지침 및 위생점검기준에 대해서 설명하시오.

(1) 저수조의 용량(주택건설기준 등에 관한 규정)

① 지하 양수시설

㉮ 1일에 당해 주택단지의 매 세대당 0.2톤(시·군지역은 0.1톤) 이상의 수량을 양수할 수 있을 것

㉯ 양수에 필요한 비상전원과 이에 의하여 가동될 수 있는 펌프를 설치할 것

㉰ 당해 양수시설에는 매 세대당 0.3톤 이상을 저수할 수 있는 지하 저수조(제43조 제6항의 규정에 의한 기준에 적합하여야 한다.)를 함께 설치할 것

② 지하 저수조

㉮ 고가수조 저수량(매 세대당 0.25톤까지 산입한다.)을 포함하여 매 세대당 0.5톤(독신자용 주택은 0.25톤) 이상의 수량을 저수할 수 있을 것. 다만, 지역별 상수도 시설용량 및 세대당 수돗물 사용량 등을 고려하여 설치기준의 2분의 1의 범위에서 특별시·광역시·특별자치시·특별자치도·시 또는 군의 조례로 완화 또는 강화하여 정할 수 있다.

㉯ 50세대(독신자용 주택은 100세대)당 1대 이상의 수동식 펌프를 설치하거나 양수에 필요한 비상전원과 이에 의하여 가동될 수 있는 펌프를 설치할 것

㉰ 제43조 제6항의 규정에 의한 기준에 적합하게 설치할 것

㉱ 먹는물을 당해 저수조를 거쳐 각 세대에 공급할 수 있도록 설치할 것

(2) 저수조의 위생상 문제점

① 정체수(死水, Dead Water)

㉮ 입구와 출구가 근접하여 설치시 Short Circuit이 발생하여 미생물 증식 등의 문제가 발생함

㉯ 대책 : 입·출구를 가능한 멀리하고, 주기적으로 물탱크를 청소해 준다.

② 곤충의 침입

㉮ 맨홀, 오버 플로관 등으로 곤충, 벌레 등이 침입 가능함

㉯ 대책 : 맨홀 밀폐, 오버 플로관에는 '곤충 침입 방지망' 설치

③ 투광(投光, FRP탱크)

㉮ FRP 탱크 등의 저수조 설치시 빛의 투과로 인하여 조류 증식 가능

㉯ 대책 : 차광 혹은 탱크의 재질을 변경

(3) 저수조(음료수 탱크, 급수 탱크)의 설치지침(수도법 시행규칙)

① 보수점검 및 유지관리가 용이하게 설치할 것(외벽 등의 구조체는 타 건축물과 이격할 것)

② 충분한 내구성과 강도를 가질 것

③ 오염 방지 : 정체수, 곤충의 침입, 투광 등 주의

④ 저수조설치지침 개요도

   (개) 급수조 재질 : SMC, FRP, 스테인리스 등

   (내) 용량 : 1일사용량, 간접배수

   (대) 이격거리(건물 내에 설치 시)

      ㉮ 상부 : 탱크상부에서 천장 이격거리＝100 cm

      ㉯ 타 구조물과의 이격거리＝60 cm

      ㉰ 유해시설 이격거리＝5 m

   (래) 수조바닥구배＝1/100 이상

   (매) 맨홀 : 각 변 90 cm 이상의 사각 혹은 지름 90 cm 이상의 원형으로 제작할 것(단, 5 m^3 이하의 소규모 저수조의 맨홀은 각 변 또는 지름을 60 cm 이상)

(4) 저수조의 위생점검 기준

	조사 사항	점검 기준
1	저수조 주위의 상태	청결하며 쓰레기·오물 등이 놓여 있지 아니할 것
		저수조 주위에 고인 물, 용수 등이 없을 것
2	저수조 본체의 상태	균열 또는 누수되는 부분이 없을 것
		출입구나 접합부의 틈으로 빗물 등이 들어가지 아니할 것
		유출관·배수관 등의 접합부분은 고정되고 방수·밀폐되어 있을 것
3	저수조 윗부분의 상태	저수조의 윗부분에는 물을 오염시킬 우려가 있는 설비나 기기 등이 놓여 있지 아니할 것
		저수조의 상부는 물이 고이지 아니하여야 하고 먼지 등 위생에 해로운 것이 쌓이지 아니할 것
4	저수조 안의 상태	오물, 붉은 녹 등의 침식물, 저수조 내벽 및 내부구조물의 오염 또는 도장의 떨어짐 등이 없을 것
		수중 및 수면에 부유물질(浮遊物質)이 없을 것
		외벽도장이 벗겨져 빛이 투과하는 상태로 되어 있지 아니할 것
5	맨홀의 상태	뚜껑을 통하여 먼지나 그 밖에 위생에 해로운 부유물질이 들어갈 수 없는 구조일 것
		점검을 하는 자 외의 자가 쉽게 열고 닫을 수 없도록 잠금장치가 안전할 것
6	월류관· 통기관의 상태	관의 끝부분으로부터 먼지나 그 밖에 위생에 해로운 물질이 들어갈 수 없을 것
		관 끝부분의 방충망은 훼손되지 아니하고 망눈의 크기는 작은 동물 등의 침입을 막을 수 있을 것
7	냄새	물에 불쾌한 냄새가 나지 아니할 것
8	맛	물이 이상한 맛이 나지 아니할 것
9	색도	물에 이상한 색이 나타나지 아니할 것
10	탁도	물이 이상한 탁함이 나타나지 아니할 것

☞. 법규 관련 사항은 국가정책상 필요 시 항상 변경 가능성이 있으므로, 필요 시 재확인 바랍니다.

PROJECT 63 급·배수설비 시스템의 소음측정   출제빈도 ★☆☆

Q 급·배수설비 시스템의 소음측정 방법 및 평가기준에 대하여 설명하시오.

(1) 개요

① 급수전에서 발생하는 소음에 관하여 구미에서는 실험실 측정방법인 "ISO 3822/1"을 제정하여 판매되는 급수전 등에 발생소음의 등급기준까지 제시하여 사용하고 있다.

② 일본에서는 1983년 "ISO 3822/1"을 참조하여 급수기구 발생소음의 실험실 측정방법인 "JIS A 1424"를 제정하여 각 급수기구 제품의 소음비교 및 현장 설치시 급·배수설비 소음의 예측에 활용하고 있다.

③ 한편, 건축물의 현장에서의 급·배수설비 소음 측정방법으로서는 일본 건축학회에서 제안하고 있는 "건축물의 현장에서 실내소음의 측정방법"을 들 수 있다. 그러나 우리나라에서는 현재까지 급·배수설비 소음의 측정방법에 대한 규정이 설정되어 있지 않으며, 급수기구의 발생소음에 대한 실험방법도 규정되어 있지 않은 실정이다.

(2) 건축물의 현장에서 실내소음의 측정방법 (일본 건축학회)

① 측정장치 및 측정량 : 소음계, 옥타브 분석기 등을 이용하여, 1/1옥타브밴드 음압 레벨 (63~4000 Hz) 및 A특성에 의한 소음레벨(동특성)을 측정한다.

② 측정조건

㈎ 측정하는 실(室)의 상태는 통상의 사용 가능한 상태에서 측정하는 것을 원칙으로 한다.

㈏ 각종 수전의 사용시 발생하는 소음의 측정은 아래 표의 토수량 조건에서 하고, 이 토수량이 얻어지지 않는 경우에는 핸들을 완전히 개방하여 측정하는 것으로 한다.

㉮ 세면기용 및 싱크용 급수전 : 10 LPM

㉯ 욕실용 및 세탁용 급수전 : 20 LPM

㈐ 수세식 변기의 사용에 의해 발생되는 소음은 통상의 사용 상태에서 물만을 흐르게 하여 측정한다. 수량을 조절할 수 있는 경우에는 수량을 많게 하여 측정한다.

③ 측정방법

㈎ 측정대상실의 선정 : 급·배수설비 소음의 측정은 각종 수전, 수세식 변기 등의 사용에 의해 발생하는 인접실의 소음이 가장 크게 되는 층(수압이 가장 큰 층인 경우가 많다.)에서 음원실을 선정하고, 소음이 문제시되는 인접실을 수음실로 하여 실시한다.

㈏ 측정점의 위치 : 측정점은 수음실내 벽면으로부터 0.5 m 이상 떨어지고, 실내에 설비기기류가 설치되어 있는 경우에는 그것으로부터 0.5 m 이상 떨어진 영역 내에서,

3~5점을 고르게 분포시켜 선정한다. 마이크로폰의 높이는 1.2~1.5 m로 하고, 방향은 상방향을 원칙으로 한다.

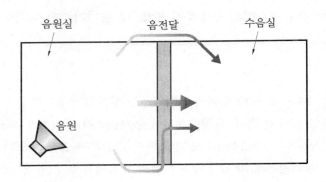

(3) 급·배수 소음 평가기준

① 실내소음을 평가하는 기준으로는 구미에서는 NC 값과 국제표준화기구인 ISO에서 제안하는 NR 값을 사용하고 있다.

② 일본의 경우에는 일본 건축학회의 권장기준인 N곡선과 dB(A)에 의해 평가되고 있다.

(4) 국내 KS규격

급수음에 대해서는 KS F 2870 (공동주택 욕실 급수음의 현장 측정방법)을 기준으로 하고, 배수음에 대해서는 KS F 2871 (공동주택 욕실 배수음의 현장 측정법)을 기준으로 한다.

① 측정 방법은 상기 (2)번과 거의 동일하다.

② 단, 토수량 기준은 수전의 'Full Open' 상태이다.

·문제풀이 요령

① 급·배수 소음 측정은 구미에서는 "ISO 3822/1"을 제정하여 시행하며, 일본에서는 1983년 "ISO 3822/1"을 참조하여 "JIS A 1424"를 제정하여 사용하고 있다.

② 급·배수 소음을 평가하는 기준으로는 구미에서는 NC값과 NR값을 사용하고 있고, 일본의 경우에는 일본 건축학회의 권장기준인 N곡선과 dB(A)에 의해 평가되고 있다.

PROJECT **64** 부스터 펌프 방식   출제빈도 ★★☆

Q 급수방식 중 부스터 펌프 방식에 대해서 설명하시오.

(1) (Tankless) Booster Pump 방식

저수조에서 부스터 펌프에 의해 각 수전 또는 위생기구까지 가압하여 급수하는 방식

① 부스터 펌프 방식(펌프 직송방식)의 장점

(가) 기계 장치류가 복잡하지만 자동운전이 용이하다.

(나) 수질오염이 적고 유지 관리가 용이하다.

(다) 고가수조 미설치로 구조, 스페이스, 미관상 양호하며, 건축공사비가 절감된다.

(라) 에너지 절감 차원에서 최근 많이 사용함

② 부스터 펌프 방식(펌프 직송방식)의 단점

(가) 국내제작이 어려워 수입에 많이 의존한다 (최근에는 국산화한 회사도 있음).

(나) 초기투자비(시설비)가 많이 소요됨

(다) 다수의 펌프를 병렬 운전하여야 하므로 자동제어가 필요하고, 제어 복잡함

(라) 대수제어방식보다 회전수제어에 의한 방식이 유리하나 전자파현상에 주의

③ 적용 장소

(가) 중력식(고가수조방식)이 용이하지 않는 고층건물

(나) 평균적인 사용량이 다른 경우(부하변동이 많은 경우)

(다) 저층으로 부지가 큰 경우

④ 급수부하 검지방법

(가) 압력 검지방법

㉮ 인버터 제어시(토출압 일정제어, 말단압 일정제어)

㉯ 우리나라의 경우는 토출압 제어

(나) 유량 검지방법 : 대수 제어 시

(다) 수위 검지방법 : On/Off 제어 시

⑤ 펌프 제어방식

(가) 정속방식 : 대수 제어, on/off 제어

(나) 변속방식 : 인버터 제어(VVVF ; 회전수 제어) 이용

(다) 주로 '주펌프(변속방식)+보조 펌프(정속방식)'로 조합하여 많이 사용한다.

⑥ 회전수제어원리

(가) VVVF에 의한 회전수제어 : 동기회전수 $N = \dfrac{120F}{P}$

여기서, N : 회전수 (rpm)

F : 주파수(Hz)

P : 전동기극수

(나) 회전수 변화에 따른 유량, 양정, 동력변화

㉮ $Q' = \left(\dfrac{N'}{N}\right) \cdot Q$

㉯ $H' = \left(\dfrac{N'}{N}\right)^2 \cdot H$

㉰ $P' = \left(\dfrac{N'}{N}\right)^3 \cdot P$

여기서, N, N' : 변화 전, 후의 회전수(rpm)

Q, Q' : 유량(l pm)

H, H' : 양정(m)

P, P' : 동력(kW, HP)

(2) 설치 시 고려사항

① 변속식 경우 2대의 펌프 중 1대만 변속운전으로 병렬운전 할 수 있다.

② 소요 수량이 적은 경우에는 소용량 가변속 펌프, 압력 탱크 방식, 고가수조 병용식 등이 좋다.

・문제풀이 요령

부스터 펌프의 급수부하 검지방법에는 압력 검지방법(인버터 제어 시), 유량 검지방법(대수 제어 시), 수위 검지방법(On/Off 제어 시) 등이 사용된다.

PROJECT 65 급수량과 배수량 출제빈도 ★★☆

Q (1) 급수량 및 급수관경 설계 방법에 대해서 기술하시오.

(2) 배수량 설계관련에 대해 전반적으로 설명하시오.

(1) 급수량 및 급수관경 설계

① 급수량 산정

㈎ 1일당 급수량 (Q_d)

$$Q_d = N \cdot q_d$$

여기서, N : 인원수, q_d : 1인 1일 급수량

㈏ 1시간당 평균 예상 급수량 (Q_h)

$$Q_h = \frac{Q_d}{T}$$

여기서, Q_d : 1일당 급수량, T : 건물 평균 사용시간

㈐ 시간 최대 예상 급수량 (Q_m)

$$Q_m = (1.5 \sim 2.0) Q_h$$

여기서, Q_h : 1시간당 평균 예상 급수량

㈑ 순간 최대 예상 급수량 (Q_p)

$$Q_p = (3 \sim 4) \times \frac{Q_h}{60}$$

여기서, Q_p : 순간 최대 예상 급수량 (LPM)

② 급수방식 선정 : 수도직결식, 고가수조식, 압력 탱크식, 부스터 방식, 조합방식 등

③ 조닝

㈎ 호텔, 아파트 : 약 $0.3 \sim 0.4$ MPa ㈏ 사무실 등 : 약 $0.4 \sim 0.5$ MPa

④ 관로결정 : 건물의 Zone별 용도에 따라 급수관의 경로를 설계한다.

⑤ 급수관경 결정

㈎ 균등표

㉮ 소규모 건물 적용

㉯ 실제보다 다소 크게 나옴

㉰ 균등표 보는 방법

• 가로축의 관지름의 수량에 해당되는 균등표상의 수치에 해당하는 세로축상의 해당 관지름을 읽음

• 이 때 기구의 '동시사용률'도 고려해서 계산할 경우에는, 가로축의 관지름의 수량에 해당되는 균등표상의 수치×동시사용률을 계산하여 그

수치에 해당하는 세로축상의 관지름을 읽음

(나) 마찰손실수두 선도(유량선도)

㉮ 아래와 같이 '마찰손실수두 선도'를 이용하여 필요한 관경을 구한다.

㉯ 필요유량, 마찰손실수두, 유속 중 2가지를 알면 선도상에서 필요 관경을 구할 수 있다.

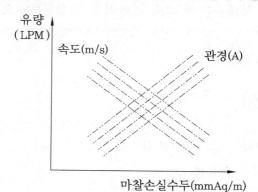

⑥ 기구의 동시사용률 (%)

기구수 (FU)	1	2	4	8	16	32	50	70	100	101~200	201~500
일반기구	100	100	70	55	45	40	38	35	33	30~20	20
대변기 (세정밸브)	100	50	50	40	27	19	15	12	10		

예 FU=100일 때 동시사용률=33 % (일반기구), 10 % (대변기)

⑦ 기타의 계산값

(가) 수수조(양수펌프 직전의 임시 저장탱크)의 용량(VR)

$$VR = Q_d / 2$$

여기서, Q_d : 일일 평균 급수량

(나) 옥상 탱크의 크기 : 시간 평균 급수량의 1~3시간 분으로 한다.

$$VE = (1 \sim 3) Q_h$$

여기서, VE : 옥상 탱크의 크기, Q_h : 시간 평균 급수량

(다) 펌프 유량(Q_o) : 옥상 탱크를 30분 이내에 채울 수 있는 유량이어야 함

$$Q_o = VE / 30$$

(라) 펌프 양정(H) : 펌프의 양정은 실양정의 120%로 한다.

$$H = H_a \times 1.2$$

⑧ 예제

300세대 공동주택 급수계획에서 수도 인입관에서 평균 300 L/min 수량이 연중 24시간 확보 가능한 경우 수수조의 용량을 수식을 나열하면서 구하시오. (단, 1세대당 4인 거주, 1인1일 평균 사용수량은 250 L, 1일 평균 사용시간은 10시간)

답 일일 평균 급수량 $Q_d = N \cdot q_d = $ (300 세대 × 4인)×250 L = 300000 L

따라서, 수수조의 용량(VR) : $VR = Q_d / 2 = 150000$ L

(2) 배수량 설계

① 가구배수 부하단위(fuD)에 의한 관경 결정

(개) 각 기구의 최대배수 유량을 표준기구(세면기)의 최대배수유량으로 나누고, 다시 동시 사용률을 감안하여 '기구배수부하단위'를 결정한다.

(내) 각 배수관의 종류별 fuD의 합계를 이용하여 표에서 관경을 결정하다.

② 정상유량법에 의한 관경 결정

(개) 기구 평균 배수유량(=0.6×1회당 기구 배수량/t), 기구배수량(기구의 1회당 전배수량), 기구평균 배수간격(기구의 사용빈도)으로부터 정상유량 산출(여기서 t는 기구의 배수시험에서 20 % 배출 후 나머지 80 %가 배출되는데 소요되는 시간을 말함)−Table값 이용

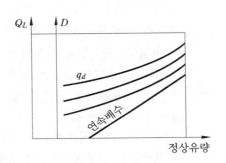

(내) 기구평균배수유량(q_d)과 상류측의 총 정상유량으로부터 Graph(그림 참조)를 이용하여 부하유량(Q_L) 및 관경(D)을 구한다.

③ 배수조의 용량 및 배수펌프의 용량

배수 상태	배수조의 용량	배수펌프의 용량
시간 최대유입량의 산정이 가능한 경우	최대 유입량의 15~60분	시간 최대 유입량의 1.2배
유입량이 소량인 경우	배수량의 5~10분	최소용량은 펌프의 구경에 따름
일정량이 연속적으로 유입하는 경우	배수량의 10~20분	시간평균 유입량의 1.2~1.5배

④ 양정 유량곡선 이용

(개) 우측 그림에서 효율이 좋은 'A'구간에서 운전되게 펌프를 선정한다.

(내) 화재발생시를 대비하여 소화 펌프의 용량과 동등 이상으로 설계할 필요도 있다.

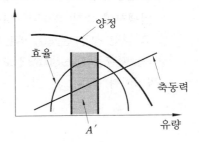

• **문제풀이 요령**

  급수 관경 설계 : 1일당 급수량 계산 → 1시간당 평균 예상 급수량 계산 → 시간 최대 예상 급수량 계산 → 순간 최대 예상 급수량 → 급수방식, 조닝, 관로, 관경(균등표, 마찰손실수두 선도 이용)결정 순으로 진행된다.

> **PROJECT 66 직매(直埋) 배관 방식** 출제빈도 ★☆☆
>
> **Q** 열수송관의 직매(直埋) 배관 방식에 대하여 설명하시오.

(1) 개요

① 열수송관의 직접매설방식이란 공장보온 배관방식(Pre-insulated Pipe)에서 열응력의 처리문제에 따라 구분된 방식이다.

② 공장보온배관은 내관을 강관으로 하고 외관(Casing)을 고밀도 폴리에틸렌으로 하여 그 사이에 직접 폴리우레탄 폼 단열재를 발포하여 제조한 지역난방용 단열관으로 구미 각국 및 국내에 가장 널리 사용되고 있다.

③ 공장 보온 배관의 장점은 배관자재를 공장에서 보온시킨 상태로 제품화함으로써 공정의 단순화, 비용절감을 꾀할 수 있으며 단열성능 및 외관의 내부식성이 강하여 지하 직접 매설이 가능하다는 것임

④ 열응력을 미리 처리해주는 방법을 '보상방법'이라고 하고, 허용탄성한계 이내로 해석하여 생략하는 방법을 '무보상 방법'이라고 한다.

(2) 보상방법 (Compensated Method, Prestressed)

① 열팽창을 미리 보상하는 방식

② 보통 직매 배관 사이에 열팽창 흡수장치(Expansion Joint, Ball Joint 등)를 설치하여 야 함

(3) 무보상방법 (Non-Compensated Method)

① 열팽창에 의한 응력이 강관의 허용탄성한계 이내 이라면 보상을 하지 않아도 된다.

② 그 대신 적정 온도로 배관을 예열 후 매설한다.

③ 즉, 배관을 75~80℃ 정도로 미리 예열(Preheating)하여, 팽창시킨 후 지하 매설하는 방식이다.

• 문제풀이 요령

Pre-insulated Pipe, Compensated Method, Non-compensated Method 등의 용어를 잘 정리하여 알고 있어야 한다.

PROJECT 67 **Riser Unit**(라이저 유닛) 출제빈도 ★☆☆

Q 입상배관의 Riser Unit에 대하여 설명하시오.

(1) 정의
① 고층건물의 Pipe Shaft를 통한 입상배관 공사를 개개별로 따로 하지 않고, 신공법으로써 '단위화 시공'을 하는 방식이다.
② PS(Pipe Shaft) 통한 수직입상배관공사를 개별배관 시공법에서 단위화 시공법으로 개선

(2) Riser Unit의 시공방법
① 단위화시공을 실시한다.
② 10~15 Line의 배관을 한 단위(Unit)로 묶어 Tower Crane을 이용하여 설치함
③ 대형 신축건물 Top Crane 공법에 Riser Unit 공법 적합

(3) 운반설치 위한 도로교통법 규제
① 길이 17 m 이내, 폭 3 m, 높이 4 m, 총중량 40 ton 미만
② 적정개소에 Guide shoe 부착

(4) 장점
① 작업인원 및 공기단축
② 상·하 Riser Unit간의 배관 연결이 용이하다.
③ 10~15 Line의 배관을 미리 한 단위로 조립하여 단위화 시공하므로 시공상 신뢰도 및 정밀도가 높아진다.
④ 하자 발생시에도 각각의 단위(Unit)별로 분해·조립이 쉬우므로 대응이 원활하다.
⑤ 입상관의 처짐, 좌굴 등의 품질문제를 원천적으로 방지할 수 있다.
⑥ 무거운 배관 시공에 대한 작업 인원의 부담을 줄이고, 안전한 시공이 가능해진다(Tower Crane 이용).
⑦ 단위화된 견고한 시공으로 하자발생으로 인한 Claim 소지가 적다.

· 문제풀이 요령
① Riser Unit이란 고층건물에서 입상배관을 단위화 시공하여 작업인원 및 공기단축 하기 위한 시공법이다.
② PS(파이프 샤프트)는 건물 내부에 세로로 관통하는 배관을 설치하기 위한 공간으로, 보통 층마다 점검구를 두어 배관류의 점검이 가능하도록 한다.

PROJECT 68 배수의 분류 및 특징 출제빈도 ★☆☆

Q 배수의 종류를 분류하고 그 특징에 대하여 설명하시오.

(1) 사용 장소에 따른 분류

① 옥내 배수 : 건물 내의 배수로, 건물의 외벽면에서 1m까지의 배수

② 옥외 배수 : '부지배수'라고 하며, 건물의 외벽면에서 1m 이상 떨어진 배수

(2) 물에 포함된 내용에 따른 분류

① 오수

㉮ 수세식 변기(대변기 및 소변기 등)에서의 배수, 즉 종이와 고형물을 포함한 배수를 말한다.

㉯ 오수 처리시설이 되어 있는 하수도가 있는 경우는 그 상태로 하수도에 방류하지만 그렇지 못한 경우에는 사설오수처리시설에서 처리하여 하수도에 방류한다.

② 잡배수

㉮ 주방, 욕실, 세면장, 세척장 등에서의 배수로 배출되는 비교적 오수에 비하여 오염정도가 적은 오수 처리시설이 없는 하수도에 방류하여도 지장이 없는 것을 말한다.

㉯ 공공 하수관이 완벽하게 시설되어 있지 않는 지역에서는 하천에 부득이 배수되는 경우도 있지만 환경오염을 발생시킬 염려가 있으므로 주의하여야 한다.

③ 우수, 용수

㉮ 빗물과 지하에서 솟아오른 물 등의 오염되어 있지 않은 물은 정화처리를 할 필요가 없으므로 직접 냇물, 강 또는 바다로 흘려보내고 있다.

㉯ 수질의 오염문제는 없지만 집중호우 등에 의한 수해를 당하지 않도록 충분한 크기의 관로를 설치할 필요가 있다.

④ 특수 배수(또는 폐수)

㉮ 공장, 병원, 연구소 등에서의 배수 중 기름, 산, 알칼리, 방사선 물질, 그 이외의 유해물질을 포함하고 있는 배수를 특수배수라 한다.

㉯ 이들을 적절한 처리시설에서 처리하여 하수도에 흘려보내야 한다.

㉰ 좋은 시설의 하수도가 있어도, 하수도의 오수처리시설은 어디까지나 생활용수를 대상으로 하고 있으므로 공장에서의 유해물질을 다량 포함한 산업배수에 대한 처리능력은 기대할 수 없다.

㉱ 이 특수배수는 그 수질에 대해 광범위하므로 적절한 처리를 하여 공해가 없도록 한 후에 잡배수로 취급되어야 한다.

⑤ 중수도(배수 재처리 용수) 배수

㈎ 사용된 물을 재생하여 다시 이용하기 위한 배수를 중수도 배수라고 한다.

㈏ 사용 목적상 일반 잡·배수와 구별하여 취급한다.

(3) 기계(펌프) 사용에 따른 분류

① 중력식 배수

㈎ 물은 대기에 개방된 상태에서는 높은 곳에서 낮은 곳으로 흐르게 된다. 이것은 중력 작용에 의한 것이며, 이 방식에 의한 배수계통을 중력식 배수라 한다.

㈏ 배수계통의 대부분은 이 방식에 의한 것이며, 반드시 높은 곳에서 낮은 곳으로 향하게 배열하며, 중간에 느슨해짐이 생기지 않도록 주의한다.

② 기계식 배수

㈎ 지하층의 배수, 오수처리장치에서 오수와 연결된 하수관보다 낮은 위치에서의 배수는 펌프 등의 기계장치에 의해 퍼 올려야만 한다.

㈏ 이와 같이 기계를 사용하여 배수를 퍼올리는 방식을 기계식 배수라 한다.

㈐ 공용하수도에 있어서도 하수도보다 낮은 지역의 배수는 기계식 배수로 해야 하는 경우도 있다.

• **문제풀이 요령**

① 배수의 종류는 주로 물에 포함된 내용에 따라 오수, 잡배수, 우수, 용수 (솟아 나오는 물), 특수 배수, 중수도 배수로 구분한다.

② 오수 및 잡배수는 생활배수이며, 우수 및 용수는 자연현상에 의해 발생한 것이다. 특수 배수라는 것은 산업 폐수 등을 가리키며, 중수도 배수는 사용된 물을 재생하여 다시 이용하기 위한 배수를 말한다.

> **PROJECT 69** 병원배수 배출 및 처리방법　　　　　출제빈도 ★☆☆
>
> **Q** 병원에서 배출되는 배수의 배출 특성 및 처리방법에 대하여 설명하시오.

(1) 개요

① 병원배수는 생활배수, 자연배수와 같은 일반적인 배수 이외에 시험 동물 축사 배수, 오염 병균수, 폐약품 배수, 방사선 오염수 등의 특수 배수가 많아 아주 처리하기 복잡한 양상이다.

② 특히 폐약품류 배수, 방사선 오염수 등의 특수 배수는 위탁처리하는 것이 원칙이다.

(2) 병원 배수의 종류별 배출 특성 및 처리방법

구 분	배 출 원	배 출 특 성	처리방식(方法)
잡배수	수도시설, 세면장, 식당 등	오염도가 비교적 적음	일반 하수도 방류
오수	화장실(대변기, 소변기 등)	종이와 고형물을 포함	오수처리시설 등
우수(雨水)	자연	수해를 입지 않도록 관로대책	공공수역 직접 방류
동물축사 배수	동물 실험실 등	물에 용해 안 되는 고형물	오수처리시설
오염 병균수	병동 등	세균 등 함유	멸균, 소독 혹은 위탁처리 〔단독 처리 필요(必要)〕
폐약품 배수	수술실, 약국 등	부식 및 플라스틱 용해 가능	위탁처리 (전용 정화조, 소각 등)
방사선 오염수	방사선 치료실, 촬영실 등	처리 까다롭고, 시간이 오래 걸림	위탁처리 (전용 정화조, 소각 등)

・문제풀이 요령

　병원 배수 중에서는 오염 병균수(멸균, 소독 필요)와 폐약품 배수 및 방사선 오염수(위탁처리 필요) 등이 가장 처리하기 까다롭다.

PROJECT **70** 급수 설비의 배관자재별 장단점 출제빈도 ★☆☆

Q 급수 설비에 사용되는 배관자재별 장단점에 대하여 비교 설명하시오.

(1) 개요

① 급수용 배관재로는 주고 아연도 강관, 스테인리스관, 동관, 주철관, 플라스틱관 등이 많이 사용되어진다.

② 배관재로는 이것 외에 콘크리트관, 석면시멘트관, 도관 등이 사용되어지지만 이 재질의 용도는 급수관이 아닌 배수관, 하수관, 산업용, 농업용 등으로 한정되어진다.

(2) 배관자재별 장단점

배관자재 種類	장 점	단 점
동 관	• 인체에 해가 없고, 내식성이 크다. • 가공이 쉽고, 산에 강하다.	• 강도 보강 必要 (동합급강 등), 청수 발생, 알칼리에 약하다.
플라스틱관	• 가격이 저렴하고, 내유/내산성이 크다.	• 강도 및 내열성이 약하다.
아연도 강관	• 가격이 저렴하고, 강도가 크다. • 관의 접합과 시공이 용이하다.	• 장시간 사용 시 아연의 용출로 부식 발생 가능, 수명이 짧다.
스테인리스 강관	• 내식성 및 강도가 크고, 청·적수 등의 발생이 없어 매우 위생적이다.	• 가격이 고가이다.
주철관	• 내부식성, 내마모성 우수 • 내식성, 내구성 우수하고 가격이 낮다.	• 충격에 비교적 약한 편이다.
연관 (lead pipe)	• 가공 용이 • 내식성, 내구성 우수 • 상온에서 가공이 용이하여 위생기구의 굴곡부 등에 많이 응용한다.	• 콘크리트에 직접 매설 시 석회석에 의해 침식 우려(방식 피막 처리 필요)

• 문제풀이 요령

① 수온이 상승하면 온수와 접촉하고 있는 배관재료와 밸브 등에서 금속이 용출된다. 보통 음료수의 수 질기준을 초과할 정도는 아니지만, 많이 용출되는 금속은 아연, 철, 동 등이다.

② 납은 연관 외에 여러 급수급탕용 배관재료에 미량으로 함유되어 있었지만, 최근에는 납의 유독성 문 제 때문에 연관이 거의 사용되지 않는다.

PROJECT 발포 존　　　　　　　　　　　출제빈도 ★☆☆

Q 배수관에서 발생하는 발포 존의 원인 및 대책에 대하여 설명하시오.

(1) 발포 존 형성 원인

① 윗층에서 세제를 포함한 배수를 방출할 때 → 세제는 물, 공기 등과 반응하면 많은 거품을 발생한다.

② 물은 거품보다 무겁기 때문에 먼저 흘러내리고 거품은 배수 수평주관 혹은 45도 이상의 오프셋부의 수평부에 충만하여 오랫동안 없어지지 않는다.

③ 수평관 내에 거품이 충만하면 배수와 함께 수직관을 유하해온 공기가 빠질 곳이 없어지므로 통기수직관이 설치되어 있는 경우에는 통기수직관으로 공기가 빠지게되고 동시에 거품도 빨려 올라간다.

④ 통기수직관내에 어느 정도 높이 까지 거품이 충만하면 배수수직관 아래의 압력상승으로 트랩의 봉수가 파괴되어 거품이 실내로 유입되게 된다.

(2) 발포 존의 발생과정

세재＋물 → 물＋공기 → 거품증가 → 물만 배수 → 거품 충만 → 공기배출 → 분출

(3) 발포 존 해결책

① 1층과 2층의 배수관은 별도로 분리한다. 혹은 층별 몇 개의 Zone 이상으로 분리하여 배수(예를 들어 1~2층, 3~5층, 5층 이상 등 다수의 존으로 분리하여 배수)

② 통기 수직관에 연결을 철저히 시공하여 국부적으로 압이 차오르지 않게 하거나 이러한 현상을 완화시킨다(도피통기관 설치).

③ 배관 접속시 발포 존을 피해서 접속

④ 굴곡을 적게 한다.

⑤ 세재 사용량 절약 등

• **문제풀이 요령**

　발포존은 물만 배수되고 거품이 배수되지 못하여 봉수파괴 등의 부작용을 일으키는 현상으로 배수관을 층별 몇 개의 Zone 이상으로 분리하거나 도피통기관 설치 등의 방법으로 방지해야 한다.

PROJECT **72** 배관의 기호 및 색채 예상문제

Q 공조설비 관련 다음의 용어에 대해 설명하시오.

① 배관의 기호 및 색채　　　　② Feed Water Heater

(1) 배관의 기호 및 색채

① 물 : W ; 청색　　　　　　　② 증기 : S ; 진한 적색

③ 공기 : A ; 백색　　　　　　④ 가스 : G ; 황색

⑤ 기름 : O ; 진한 황적색　　　⑥ 산·알칼리 : 회색

⑦ 전기 : 엷은 황적색

(2) Feed Water Heater

① 보일러의 급수를 가열(예열)하는 보급수 히터를 말한다.

② 급수 가열 시 주로 증기 또는 배열을 사용하는데, 배열 사용시에는 특히 이코노마이저 (절탄기 ; Economizer)라고도 한다.

③ Feed Water Heater의 목적

　(가) 열효율 향상 및 증발능력 향상

　(나) 열응력 감소

　(다) 부분적으로 불순물이 제거됨(Scale 예방)

　(라) 보일러의 배열을 유효하게 활용하여 에너지절감 가능하다.

　(마) 터빈, 발전소 등의 고압용 보일러 설비에 주로 많이 사용된다.

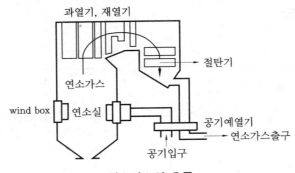

연소가스의 흐름

•**문제풀이 요령**

① 공조설비에 사용되는 배관에는 내부를 흐르는 유체의 종류별 기호표식 및 **색체 구별**을 하게 되어 있다.(식별 용이 및 안전을 위함)

② 보급수 히터(Feed Water Heater)는 증기 혹은 배열을 이용하여 보급수를 효과적으로 예열할 수 있는 방법이다.

PROJECT 73 FD(Floor Drain)   출제빈도 ★☆☆

Q 배수설비 중 FD(Floor Drain)에 대하여 설명하시오.

(1) 개요

① 건물 바닥의 배수를 원활히 하기 위해 설치한 배수구 (청소, 샤워 등 기타의 용도로 사용)

② 자연유하로서 가장 단순한 계통의 배수이며, 트랩의 설치 높이가 타 기구보다 낮은 점이 특징이고, 구배가 중요하다.

(2) FD 의 설치위치

① 바닥 배수구는 용이하게 점검, 수리할 수 있는 위치에 설치한다.

② 바닥 배수 구배가 모아지는 곳이나 활동장소에서 활동이 적은 장소로 유수되도록 설치한다.

③ 트랩의 봉수가 증발하기 쉬운 위치에 설치하였을 경우에는 봉수심을 깊게 하거나 봉수용 보급수가 필요함 (단, Cross connection 주의)

④ 물 사용량이 적어 봉수 파괴가 염려되는 곳(화장실, 진료실 등)은 FD를 생략하는 것이 오히려 유리함

(3) FD 의 설치 개략도

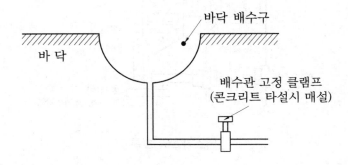

(4) FD 설치 시 주의사항

① CON'C 거푸집 설치 시 정확한 위치에 고정하고 Tape으로 밀봉함

② 황동 또는 Stainless 거름망 등을 테이프 등으로 밀봉하여 건축 모르타르 등 침입방지

③ 트랩주위 타일 시공에 유의(구배 및 타일이 탈락되지 않도록)

④ 바닥배수 트랩과 트랩 하부의 배관 연결 시 정밀 시공 및 행가 설치 철저

⑤ 물 사용 이전에 트랩 거름망을 분해하여 청소

5. 공중 화장실에 냄새가 나는 이유

① 봉수식 트랩의 최대의 단점은 자주 사용치 않을 경우 봉수가 증발하여 없어진다는 점이다
(대개 약 2일 정도 지나면 증발로 봉수가 없어져 냄새가 올라온다).

② 대책

㉮ 물을 잘 사용하지 않는 경우 바닥배수를 차라리 생략한다.

㉯ 꼭 바닥배수를 해야 할 경우 트랩에 자동 보급수 장치를 설치한다.

㉰ 봉수의 깊이를 깊게 한다.

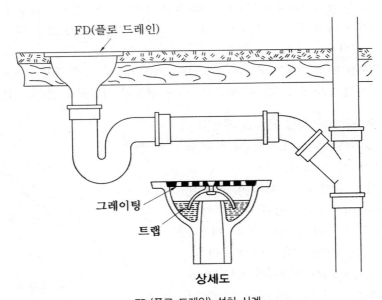

FD(플로 드레인) 설치 사례

• 문제풀이 요령

바닥 배수구는 바닥 청소 및 바닥 배수를 원활히 하기 위해 사용되는 것이지만, 물 사용량이 아주 적은 경우에는 봉수의 증발로 역효과를 초래할 수 있다(대책 마련 필요).

PROJECT 74 FU(기구 부하 단위)   출제빈도 ★★☆

Q 급수량과 급수배관경 선정에 이용되는 FU (Fixture Unit, 기구 급수 부하 단위)에 대하여 설명하시오.

---

(1) 개요

① FU는 기구 부하 단위로서 Fixture Unit Valve Load Factor의 약자이다.

② 기구 부하 단위는 기구 급수 부하 단위와 기구 배수 부하 단위로 구분되며, 주로 배관경 계산을 간단히 하기 위한 단위이다.

(2) 정의

① NPC(National Plumbing Code)에 기록된 1FU의 정의(기구 배수 부하단위) : 표준 세면기(관경 32 mm)의 순간 최대 배수량($1\,ft^3$ / min = 28.3 L/min)을 기준 유량으로 1기구 배수 부하단위 (1 FU)라고 한다.

② HASS에 기록된 1FU의 정의(기구 급수 부하단위) : 수압 $1\,kg/cm^2$로 세면기에서 흘려 씻기를 할 때의 유량(14 L/min)을 기준유량으로 1기구 급수 부하단위(1FU)라고 한다.

(3) 기구 급수부하단위에 의한 급수량 계산법

① 일반적으로 주택에서는 1인 1일당 평균 급수량을 약 250 L로 보고 있다.

② Roy B. Hunter에 의해 개발되어 현재 미국에서 많이 사용하는 방법이다.

③ 급수기구의 종류와 용도에 따라 적절한 FU값을 선정한 다음 이를 모두 합산한다.

④ 이렇게 합산한 FU 값을 이용하여 '동시사용 유량도표'에 의해 '순간 최대급수량'을 결정한다.

⑤ 순간 최대급수량과 유속(혹은 마찰손실수두)을 이용하면 급수관경 계산 가능

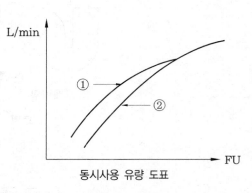

동시사용 유량 도표

㈜ ① 세정 밸브가 많을 경우
    ② 세정 탱크가 많을 경우

•문제풀이 요령

① FU에는 NPC기준 (표준 세면기 순간 최대 배수량)과 HASS기준($1\,kg/cm^2$로 세면기에서 흘려씻기를 할 때의 유량)이 있다.

② HASS(하스) : Heating Air Conditioning and Sanitary Standard의 약자로 공기조화위생공학회의 규격위원회에서 제정된 규격(시방서 등에 이용)

PROJECT 75 조립식 연돌   출제빈도 ★☆☆

Q 조립식 연돌에 대해 설명하시오.

(1) 개요

① 건축물의 보일러, 디젤 엔진, 가스 터빈 등의 열원기기의 배기가스 배출관으로 광범위하게 사용되어지며, 공기 단열층의 특성을 이용한 SUS 이중관, 삼중관 구조의 새로운 조립식 배기 덕트 시스템이다.

② 공동주택에서 내화벽돌을 사용하는 기존 굴뚝보다 건축면적 최소화, 연소가스 배출시 발생하는 각종 화학성분에 의한 건축물의 오염과 개보수 문제점을 보완한 연도 및 연돌의 건식, 조립식 공법이다.

(2) 조립 연돌 공법의 특징 : 경제성, 내식성, 내열성, 시공성, 안정성, 서비스성 우수

(3) 재질 및 사양

① 연돌 외관 : Aluminized Steel

② 연돌 내관 : SUS 304

③ SUS 304의 두께

   (가) $\phi 150 \sim 900 : 0.9 \sim 1.2\,t$

   (나) $\phi 900$ 이상 : $1.2\,t$

(4) 부속품

① MT (Manifold Tool) : 기기 하부 수직연돌과 수평연돌 연결

② FR (Full Angle Ring) : 연돌화 유동 방지 기능

③ BJ (Bellows Joint) : 진동흡수 기능

④ 기타 IV (Insulated Valve) 등

(5) 고려사항 : 연돌효과(Stack Effect), 풍압효과(Wind Effect) 등

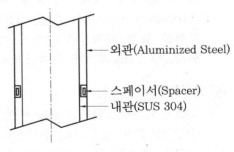

외관(Aluminized Steel)
스페이서(Spacer)
내관(SUS 304)

조립 연돌 개략도

• 문제풀이 요령

조립식 연돌은 공기 단열층 효과가 있는 SUS 이중관 등의 구조로 기존 내화벽돌 이용한 굴뚝 대비 건축면적 최소화, 건물 오염 감소, 개보수 용이 등의 장점이 있는 조립식 공법이다.

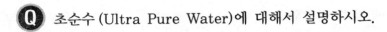

PROJECT 76 초순수(Ultra Pure Water)   출제빈도 ★☆☆

Q 초순수(Ultra Pure Water)에 대해서 설명하시오.

(1) 개요

① 일반적으로 물의 전기 비저항(Resistivity)이 약 $0.2\,M\Omega/cm$(상온 25℃ 기준) 이상의 것을 '순수'라고 하고, $10{\sim}15\,M\Omega/cm$(상온 25℃ 기준) 이상이 되면 '초순수'라고 말한다.

② 그러나 요즘은 관련 산업기술의 요구에 따라, 전기 비저항(Resistivity)이 약 $17{\sim}18\,M\Omega/cm$(상온 25℃ 기준) 이상이 되어야 '초순수'라고 말할 수 있을 정도이다.

(2) 제조장치

① 전처리 Unit : Clarifier, Press Filter, Fe Remover, Activated Carbon Filter, Safety Filter 등

② Ro UNIT : 사용목적과 수질, 수량에 따라 Tube형과 Spiral Pollow Bar형으로 구별된다.

③ Final Polishing Unit (FPU)

  (가) UV(자외선 살균장치) : 세균의 살균과 번식을 방지하기 위하여 설치한다.

  (나) CP(비재생용 순수장치) : 초순수 장치에서 최종적으로 완전제거를 목적으로 설치한다.

  (다) UF(한외여과장치) : Use Point(사용처)에 공급하는 초순수중의 미립자를 최종적으로 제거하기 위한 목적으로 설치한다.

(3) 저장

① 정교한 System에 의해 처리된 초순수는 주위환경 및 조건에 의해 민감한 변화를 가져올 수 있으므로 이의 저장에 있어서 많은 주의가 요구된다.

② Storage Tank로 CO_2 유입, 저장시간 및 면적에 따른 오염 가능성, 공기중의 미생물 침투현상 등을 제거시켜야 하며 이러한 조건들을 충족시키기 위해서는 특수 제작된 Storage Tank의 사용이 바람직하다.

(4) 응용분야

① 기초(순수) 과학 : 원자의 결합 측정 연구(Enzine Studies) 등

② 유전공학 분야 : 유전공학, 동물실험 등

③ 의료용 : 의료용 기계, 제약공장 등

④ 산업분야 : 반도체(Semiconductor), 화학(Chemical), 정밀공업, 기타 High Technology 산업, 화장품 공장 등

⑤ 기타 : 'SMIF 고청정 시스템'에서의 Air Washer에 사용 등

• **문제풀이 요령**

  초순수는 전기 비저항(Resistivity)기준으로 약 $10{\sim}18\,M\Omega/cm$ 이상인 물을 말하며, 의료용, 시험용 등 산업과 과학의 다방면에 사용된다.

PROJECT **77** 급수방식의 종류별 비교   출제빈도 ★☆☆

Q 각 급수방식을 종류별 비교하시오.
① 수도직결식   ② 고가 탱크식   ③ 압력 탱크식   ④ 부스터 방식

(1) 각 급수방식의 비교

구 분	수도직결 방식	고가탱크 방식	압력탱크 방식	부스터 방식
급수압력의 변화	수도 본관의 압력에 따라 변동	거의 일정	수압변화가 큼	거의 일정
단수 시의 급수	불가능	고가 탱크에 남은 양만큼 가능	불가능	불가능
정전 시의 급수	관계 없음	고가 탱크에 남은 양만큼 가능	발전기 설치 시 가능	발전기 설치 시 가능
옥상탱크의 면적	불필요	필요	불필요	불필요
수질오염의 가능성	1	4	2	2
최하층 기계실 면적	불필요	1	3	2
설비비	1	3	2	4
유지관리비	1	2	4	3
용도	소규모 건물, 주택	대규모 건물	체육관, 경기장	주택단지

☞ 위 Table 내의 숫자 중 1번이 가장 유리, 4번이 가장 불리 (1 > 2 > 3 > 4)

(2) 배관방식 비교

① 상향 공급식 : 수도직결, 압력탱크, 탱크리스 부스터 펌프방식에서 적용하는 방식이다.
② 하향 공급식 : 고가수조방식에서 주로 적용하는 방식이다.
③ 상하 혼용식 : 저층(주로 1, 2층)은 상향, 고층부는 하향 공급방식 적용

• **문제풀이 요령**
최근 가장 급수압이 안정적이면서도 에너지 절약형인 부스터 펌프식의 적용이 계속 늘어나고 있는 추세이다(수질 오염도 원천적 방지 가능).

PROJECT 1 오수정화(처리)   출제빈도 ★☆☆

Q 오수정화(처리) 설비(汚水淨化 設備)에 대해서 설명하시오.

---

(1) 오수정화의 원리 : 호기성 및 혐기성

① 호기성(好氣性) 처리

㈎ 짧은 시간에 양호한 처리수를 얻을 수 있다.

㈏ 운전상 기술을 요하고 운전 유지비가 많이 소요되며, 적은 공간을 차지하는 고급설비에 속한다.

② 혐기성(嫌氣性) 처리

㈎ 산소공급이 불필요하며 유지비가 적게 소요된다.

㈏ 처리기간이 길게 소요되며 처리공간이 많이 필요하고 악취 발생의 문제가 있다.

(2) 개인하수처리시설의 설치기준

① 하수처리구역 밖

㈎ 1일 오수 발생량이 $2\,m^3$를 초과하는 건물·시설 등을 설치하려는 자는 오수처리시설(개인하수처리시설로서 건물 등에서 발생하는 오수를 처리하기 위한 시설을 말한다)을 설치할 것

㈏ 1일 오수 발생량 $2\,m^3$ 이하인 건물 등을 설치하려는 자는 정화조(개인하수처리시설로서 건물 등에 설치한 수세식 변기에서 발생하는 오수를 처리하기 위한 시설을 말한다)를 설치할 것

㈐ 그럼에도 불구하고 「환경정책기본법」에 따른 특별대책지역 또는 「한강수계 상수원수 질개선 및 주민지원 등에 관한 법률」, 「낙동강수계 물 관리 및 주민지원 등에 관한 법률」, 「금강수계 물 관리 및 주민지원 등에 관한 법률」 및 「영산강·섬진강수계 물 관리 및 주민지원 등에 관한 법률」에 따른 수변구역에서 수세식 변기를 설치하거나 1일 오수 발생량이 $1\,m^3$를 초과하는 건물 등을 설치하려는 자는 오수처리시설을 설치하여야 한다.

② 하수처리구역 안(합류식 하수관거 설치지역만 해당) : 수세식 변기를 설치하려는 자는 정화조를 설치할 것

(3) 오수(폐수) 처리 철차 : 1차 → 2차 → 3차

① 1차 처리(부유물 침전 공정) : 본처리에 앞선 전처리를 위한 침전공정

② 2차 처리(생물학적 산화 처리공정) : 호기성 생물에 의한 처리방법

③ 3차 처리(물리학적 처리공정, 질향상 및 유출수 처리) : 미세한 부유물, 용해성 유기물, 미생물, 질소, 인, 착색물질 등을 고도로 처리하기 위한 공정이다.

(4) 생물학적 처리방법(Biologic Treatment)

① 생물막법 : 쇄석 등에 오수에 함유된 생물에 의한 막(생물막)이 형성 되고 오수중의 유기물이 생물막에 흡착/분해되어 오수가 정화된다(생물막의 내부는 산소의 공급이 원활하지 않으므로 혐기성 생물이 번식하고, 생물막의 외부는 산소의 공급이 원활하므로 호기성 생물이 번식한다). → 생물이 부착된 상태에서 오수를 정화

㈎ 살수여상법 : 쇄석을 쌓아올린 처리조의 상부에 오수를 살수하여 공기중의 산소를 흡수하고, 생물 사이를 유하하면서 쇄석 표면에 형성된 생물막에 접촉하여 오수 중에 포함된 유기물이 분해된다.

㈏ 회전원판 접촉법 : 회전축에 부착된 다수의 원판이 하부는 오수가 유하하는 조에 잠기고, 상부는 공기중에 노출되어 회전하면서 산소를 공급받아 오수중의 유기물이 흡착 분해된다.

㈐ 접촉 산화법(접촉 폭기법) : 접촉재를 조내에 고정시키고 Blower 등으로 공기를 공급하면서 오수를 순환시켜 생물막에 접촉 분해한다.

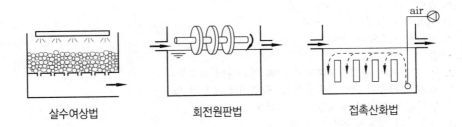

살수여상법   회전원판법   접촉산화법

② 활성 오니법(활성 슬러지법) : 오수를 조내에 넣어 Blower로 공기를 공급하여 교반하면 박테리아가 유기물의 먹이로 인해 증식하여 뭉쳐지고, 주변의 원생동물과 후생동물이 박테리아를 먹으면서 증식하여 생물덩어리(Floc)가 형성되는데, 이 Floc이 활성 오니가 되어 유기물을 흡착/산화시킨다. → 즉 생물을 부유시켜 놓은 상태에서 오수를 정화

㈎ 표준 활성 오니법 : 폭기조에 오수를 유입하여 혼합 및 유기물의 흡착 / 산화가 이루어지고 침전지에서는 활성 오니를 침전시키고, 상부의 깨끗한 상징수를 분리하여 방류한다. 이때 침전조에 침전한 활성 오니는 일부는 오니 농축 탱크로 보내고 일부는 반송 오니로 폭기조에 재차 공급하여 폭기조 내의 활성 오니의 농도를 조절한다.

㈏ 장기 폭기법 : 표준 활성 오니법과 원리가 같으며 다만 폭기조 내의 폭기 시간을 증가 (18~36시간)시키는 방식이다. (표준활성 오니법의 변법의 일종)

㉮ BOD 용적부하가 적으며, 폭기조 내의 MLSS가 높게 유지된다.

㉯ SRT를 충분히 길게하여 잉여 슬러지를 최소화하는 공법이다.

㉰ 하루에 합성되는 미생물량과 내생호흡으로 인해 분해되는 미생물량이 유사하도록 설계되어진다.

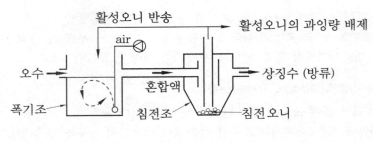

활성오니법

(5) 물리·화학적 처리방법 (Physical Chemical Purification)

① 오탁물질 제거율이 생물학적처리 방법보다 떨어지지만 설비비가 적고 부유물 제거 가능하고 다른 처리법과 병용이 가능하다.

② 산·알칼리 이용 중화법, 오존 산화법, 부유물 침전법 (응집침전), 활성탄 흡착법, 급속여과법, 정석탈인 등이 있다.

［칼럼］ '장기폭기법'의 장·단점

(1) 장점

　　① 장시간 폭기로 잉여 슬러지 발생량이 적음

　　② 유입수량 및 부하변동에 강함

　　③ 처리수를 안정화할 수 있음

　　④ 처리효율도 좋은 편이다.

(2) 단점

　　① 폭기조 내의 활성슬러지양에 의해 정화율이 좌우된다.

　　② 슬러지 반송기능이 필수적이며, 동력비의 소모가 많음

　　③ 단위공정이 많아 유지관리가 어려움

　　④ 운전관리 기술에 전문성이 요구됨

　　⑤ 장시간 폭기로 조규모가 증대됨

　　⑥ 중소규모 하수처리 시설에 주로 이용된다.

　　⑦ BOD 부하가 적고 MLSS 농도가 높게 유지된다.

　　　* BOD 부하(BOD량)=유입수 BOD(kg/day)/폭기조의 용량(m^3)

• 문제풀이 요령

　오수(폐수) 처리철차는 주로 1차 침전공정(전처리 공정) → 2차 생물학적 처리공정 (생물막법, 활성오니법 등) → 3차 물리학적 처리공정(미세한 부유물 등 처리)의 순으로 진행된다.

PROJECT 2 쓰레기 관로 수송 시스템   출제빈도 ★☆☆

Q 쓰레기 관로 수송 시스템에 대해서 설명하시오.

---

(1) 개요

① 쓰레기 관로 수송 시스템은 스웨덴, 스페인, 일본 등의 나라가 선두적으로 적용하기 시작하였고 미국, 포르투갈, 네덜란드, 홍콩, 싱가포르 등도 현재 많이 적용하고 있다.

② 최근들어 국내에서도 수도권을 중심으로 신도시의 개발이 활발하게 진행되면서 고부가가치의 생활문화 창조를 위해 쓰레기 관로 수송 시스템(또는 쓰레기 자동 집하시설)의 도입이 이루어지고 있다.

③ 특히 쓰레기 관로 수송 시스템은 2000년 용인수지 2지구에 도입된 후 약 5년 간의 실운전을 통해 안정성이 입증되면서 송도신도시, 광명소하지구, 판교지구, 김포장기지구, 파주신도시, 서울은평뉴타운 등으로 전파되었다.

(2) 쓰레기 관로 수송 시스템의 방법

① 관로에 의한 쓰레기의 수집과 수송은 동력원(Blower)에 의해 관로 내에 공기흐름을 만들어 이를 이용해 쓰레기를 1개소로 모으는 시설로 진공청소기의 원리와 유사하다.

② 시스템의 구성은 투입된 쓰레기를 일시 저장하는 투입설비, 관로설비 그리고 송풍기 및 관련 기기 등이 있는 수집센터(집하장)으로 구성되어 있다.

(3) 장·단점

① 관로 수송 시스템의 장점

  ㈎ 관로에 의한 계 전체가 부압이기 때문에 대상 쓰레기가 외계와 차단되어 있어 무공해형 수송수단인 동시에 투입 시에도 특별한 공급장치가 필요하지 않고 외계의 영향도 거의 받지 않기 때문에 전천후형 방식이다.

  ㈏ 관로를 수송경로로 할 경우에 운전의 자동화가 가능하고 효율적이다.

  ㈐ 다점의 배출점에서 1점으로의 집중수송에 적합하기 때문에 쓰레기 수집, 수송에 적합하다.

  ㈑ 배출원이 증가할 경우에도 송풍기 등 수집센타 측의 설비는 그대로 두고 수송관로와 밸브의 증설만으로 가능하다.

② 관로 수송 시스템의 단점

  ㈎ 관로 부설을 위한 초기 설비투자가 크고, 특히 기존 시가지에 도입할 경우에 약 30% 이상의 비용이 추가되어 경제적 부담이 된다.

  ㈏ 일단 건설된 관로의 경로변경과 연장에 어려움이 있어 종래의 차량수송방식에 비해

유연성이 작으며, 수송량도 설계치에 적합한 양을 주지 않으면 효율이 저하된다.

㈐ 본질적으로 연속 수송장치이고 대용량 수송에 유리하나 진공식 관로수송에 이용되고 있는 부압에는 한계가 있기 때문에 장거리 수송에는 부적합하다.

(4) 시스템의 적용대상 범위

① 사용처에 따라 분류할 수 있는데 병원, 대형음식점, 주상복합아파트 등 고층건물, 그리고 공항 등의 1개 또는 다수의 건물을 중심으로 한 옥내형과 주택 및 상가 등을 포함하는 단지형으로 구분할 수 있다.

② 옥내형은 투입구의 수가 층별 1개 또는 전체 1~3개인 시스템이며, 집하장의 용량이 비교적 적고 전체적으로 시스템의 규모가 작다.

③ 시스템 규모별 분류 : 본 시스템의 경우 통상적으로 시스템의 규모에 따라 대, 중, 소로 구분하고 있는데 각 시스템별 관경 및 수송능력, 수집면적, 쓰레기의 양 등의 상호관계에 의한 것으로 분류된다.

(5) 수거대상 쓰레기 분류

① 국가별 쓰레기 수거대상을 비교하면, 전체적으로 가연성 쓰레기만을 수거대상으로 하는 시스템이 압도적으로 많은 것으로 나타났다.

② 1990년도 이전에 설치된 일본의 경우 대부분 가연성 및 음식물 쓰레기가 혼합된 형태로 수거하였다.

③ 스페인의 경우 가연성과 음식물 쓰레기를 수거 대상으로 하는 경우가 많으며, 독일은 전체적으로 가연성 만을 대상으로 하고 있고 가연성 및 음식물을 동시에 수거하는 곳은 병원 등이다.

④ 노르웨이는 가연성과 재활용품의 2종을 대상으로 하는 경우와 가연성 만을 대상으로 하는 경우가 비슷하게 운영된다.

⑤ 일부 공항에서 비행기내 기내식을 위한 케더링 시스템에서는 음식물 전용 시스템을 설치하고 있다.

(6) 시스템 적용 시 주의사항

① 주민의 자발적 시설 이용까지는 시간이 많이 소요될 수 있다.

② 관로상에 구멍이 잘 뚫릴 수 있다.

③ 수거용기 부근에서 악취가 심해질 수 있다.

④ 비산의 방지를 위한 집진시설을 설치하여야 한다.

⑤ 관로의 점검수리를 위한 시설을 설치하여야 한다.

⑥ 충분한 용량의 저류(貯留)시설을 설치하여야 한다.

(7) 수거 공정

① 공기배출 송풍기 작동.

② 처리대상 공기흡입밸브 open, 7초 후 close(공기속도 15 ~ 22 m/s, 진공압 : 1500 ~ 2000 mmAq)

③ 집하장까지 운반

④ 쓰레기분리기에서 공기와 쓰레기 분리

⑤ 쓰레기 압축기

⑥ 컨테이너

⑦ 소각장으로 쓰레기 이송

(8) 적용 방안

① 외국의 사례를 볼 때 관경 500mm로 구성되는 대규모 시스템의 유효거리인 2 km를 확보하기 위해 가연성과 음식물을 혼합하는 경우가 대부분이다.

② 유효거리 이내는 분리수거하고 유효거리 이상의 지역은 혼합수거하며, 혼합수거된 쓰레기는 소각하는 방법 등이 검토되어야 할 것으로 사료된다.

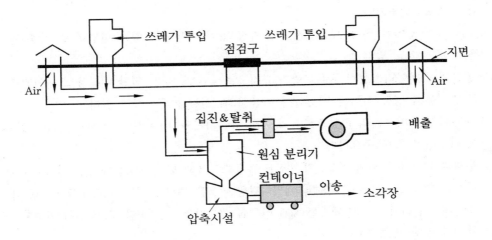

• 문제풀이 요령

① 1960년 스웨덴(Centralsug사)에서 개발 및 적용된 이후 현재 전세계적으로 많은 시스템이 가동 중에 있다.

② 주로 유효거리 이내에서는 가연성 및 음식물 쓰레기를 분리수거하고, 유효거리 이상의 지역은 혼합수거하며, 혼합 수거된 쓰레기는 소각하는 방법 등이 검토되어야 한다.

PROJECT 3 스테인리스 강관의 접합 출제빈도 ★☆☆

Q 설비용 배관재로 사용되는 스테인리스 강관의 접합법과 부식 방지법에 대해서 설명하시오.

(1) 개요

① 스테인리스 강관은 내식성 배관재의 대표적인 것으로 근래에 급수·급탕 배관에 많이 사용되고 있다.

② 급수·급탕 배관에 사용하는 스테인리스 강관은 얇은 살두께의 일반 배관용 스테인리스 강관이 대부분이며, 접합법으로서는 용접 접합과 미케니컬 접합이 있다.

(2) 스테인리스 강관의 접합법

① 용접 접합은 TIG 용접 및 MIG 용접이 일반적이지만, 살두께가 얇아 고도의 기술과 품질 관리를 필요로 하기 때문에, 자동용접기를 사용한다고 해도 공장가공에 의한 방법을 주로 채용한다.

② 메커니컬 접합은 현장에서의 접합에 가장 많이 이용되고 있는 방법이며, 각종 방식(이음)이 개발되고 있다.

③ 일본의 스테인리스협회에서는 협회 규격으로서 SAS 322 「일반 배관용 스테인리스 강관의 관이음쇠 성능기준」을 제정하여 이음쇠 의 성능을 규정하고 있다.

④ 메커니컬형 이음쇠의 숙명으로서의 이탈 방지기구와 지수기능을 다하고 있는 고무 패킹의 내구성이 가장 중요하다.

⑤ 틈새 부식 방지를 위해 개스킷의 재질은 흡습제의 것과 염소를 포함한 것은 피하고 테프론제(테프론 피복)를 사용한다. 또한, 메커니컬형 이음은 틈새가 있는 구조의 것은 피한다.

⑥ 최근에는 원터치 방식의 쐐기형 배관 이음쇠(공기단축, 비용절감 등)에 관한 기술도 개발되어 보급에 힘 쓰고 있다.

(3) 스테인리스 강관의 방식 방법(防蝕方法)

① 스테인리스 강관의 내식성은 관표면의 부동태 피막의 형성에 의한 것이며, 이 부동태 피막이 파괴되면 공식과 극간(틈새) 부식, 응력부식 등의 부식이 발생한다.

② 방식면에서 본 스테인리스강관의 사용상의 유의점

㈎ 이물질 부착의 방지 : 관 내표면에 이물질이 부착하지 않도록 한다. 즉, 보관시와 시공시에 먼지와 철분 등의 이물질이 침입·부착하지 않도록 철저히 관리한다.

㈏ 잔류 응력의 제어 : 스테인리스 강관은 구부림 가공이 가능하며, 공장 등에서의 부재

가공은 90° 엘보를 사용치 않고 구부림 가공에 의한 예가 많다. 이 경우 곡률 반경을 적게 하면 잔류 응력이 크게 되고, 응력부식 분할의 요인으로 되기 때문에 최소 곡률 반경은 관경의 4배 이상으로 한다.

㈐ 플랜지 접속의 개스킷, 이음쇠의 선정 : 틈새 부식 방지를 위해 개스킷, 이음쇠의 선정은 중요하다. 개스킷의 재질은 흡습제의 것과 염소를 포함한 것은 피하고 테프론제 (테프론 피복)를 사용한다. 또한, 메커니컬형 이음은 틈새가 있는 구조의 것은 피하도록 한다.

③ 기타 : 내식성이 우수한 재질(등급), pH조정, 부식 억제제 사용 등

[칼럼] 스테인리스강 (stainless steel)
(1) stain(더러움)+less(없음)의 의미이며, 녹슬지 않는 강이라는 뜻으로 주로 통한다.
(2) 1820년대 영국의 패러디(Faraday) 등이 크롬을 첨가하여 내식성을 향상시키는 연구를 하던 중 20세기 초 몰리브덴(Mo), 구리(Cu), 납(Pb), 티타늄(Ti) 등을 첨가한 안정된 스테인리스강이 개발되어 상업화가 이루어지기 시작하였다.
(3) 그후 1960년대에 혁신적인 제조기술의 발달(진공탈탄, 산소아르곤 탈탄 등)로 생산성 향상, 제조비 절감 등을 이루게 되었다.
(4) 스테인리스강이 녹슬기 어려운 이유는 주요 합금 성분인 크롬(Cr)이 강의 표면에 강한 산화피막을 형성하고, 그 피막이 더 이상의 산화를 방지하기 때문이다. (부동태화)
(5) 강이 녹슬기 어렵게 하기 위해서는 약 11 % 이상의 크롬이 포함되는 것이 필요하고, 스테인리스강은 모두 그 이상의 크롬을 포함하는 합금이다.
(6) 스테인리스강의 주요 종류
① Austenite Type (STS 304 등) : 고용화 열처리(1100℃까지 가열 후 급랭), 크롬과 니켈의 함유로 염분이나 산에 대한 내식성 우수
② Martensite Type (STS 410 등) : 담금질 후 풀칠처리에 의해 질긴 성질을 높임
③ Ferrite Type (STS 430 등) : 니켈함유량이 없어 가격이 저렴하고, 최근 사용량이 증가 추세이다.

· **문제풀이 요령**
스테인리스 강관의 접합법은 용접 접합(주로 공장 가공)과 메커니컬 접합(다양한 이음쇠 이용하여 현장 시공)이 주로 사용된다 (부식방지를 위해서는 이물질, 잔류응력, 틈새부식 주의).

> **PROJECT 4 진공 화장실** 예상문제
>
> **Q** 진공 화장실의 구성 및 특징에 대해서 설명하시오.

(1) 진공 화장실 장치의 구성

① 변기
　㉮ 변기 : 스테인리스 강의 프레스 제품(종별 : 서양식 변기, 동양식 변기, 소변기 등)
　㉯ 변기내의 수위 감지기
　㉰ 디스크 형식의 차단 밸브 : 냄새 차단 및 진공 형성용
② 공압 패널(패널) : 진공 발생기, 냄새 제거 필터, 감압변 및 자동배수기, 진공 및 공압 스위치, 각종 전자변, 현시등
③ 오물저장 탱크 : 오물 배출 장치, 수위 센서, 히터 및 온도 감지기 등

(2) 진공 화장실 특징

① 제약 없는 설치 조건 : 변기와 오물 저장 탱크의 위치 선정이 자유로움
② 위생적 : 환경오염이 없고, 악취가 없음
③ 경제적 특징
　㉮ 손쉬운 설치 및 용이한 보수유지로 경비 절감
　㉯ 소량의 세척수와 압축공기 사용
④ 효율적 : 깨끗한 세척력과 높은 흡입력
⑤ 안전성 : 각종 시스템 보호장치 내장

(3) 응용

① 비행기의 화장실에서 세척하는 물의 양이 일반 화장실에 비해 무척 적은 것은 비행기라는 제한된 공간에 많은 량의 물을 탑재할 수 가 없기 때문에 최소한의 물로서 최대한 청결한 세척 효과를 달성하기 위해 변기의 오물이 접촉되는 부분을 일종의 테프론으로 코팅하여 약간의 물로도 오물이 잘 씻어질 수 있도록 하고 있다.
② Flushing(물로 씻어 내림)하는 소리가 일반 화장실과는 다르게 '펑' 소리가 들리는데 이것은 Flushing 효과를 높이기 위해 약간의 진공을 만들어 오물을 탱크로 빨아들이는 소리이다.
③ 수거된 오물과 세척된 물은 비행기 하단부의 탱크에 저장이 되어 착륙 후 오물 처리 차량으로 옮겨지고 이후 일반 오물과 동일하게 정화조로 간다.

• **문제풀이 요령**
　진공화장실은 변기 내부에 테프론 코팅을 하고 진공을 형성하여 약간의 물로도 오물이 잘 씻기게 하는 방식이다.

PROJECT 5 NSF & ISO14000   출제빈도 ★☆☆

Q 다음의 용어를 설명하시오.
  ① NSF(미국 위생협회)   ② ISO 14000

(1) NSF(미국 위생협회)

① NSF(미국 위생협회)의 개요

  (가) NSF는 National Sanitation Foundation(국가 위생국)의 약자이다.

  (나) 1994년 설립된 비영리 단체이다(미국 미시건주 소재).

② 영향력 행사

  (가) 1990년부터 ANSI(American National Standards Institute, 미국 규격협회)의 기준이 됨

  (나) 1998년부터 WHO(Word Health Organization, 세계보건기구)의 음료수의 안전과 처리를 위한 협력 연구기관이 됨

  (다) 공중위생과 환경에 관여한 제품과 시스템 규격을 정하는 시험을 실시하여 적합한 제품의 리스트를 정기적으로 공개하고 있다.

(2) ISO14000(EMS : Environmental Management System ; 국제 환경 규격)

① ISO14000의 개요

  (가) ISO 14000(환경경영 시스템) 규격은 국제표준화기구에서 제정한 환경경영에 관한 국제규격으로서 조직이 생산하는 제품의 투입자재, 가공생산, 유통 판매에 이르기까지 전과정에 걸쳐 그들이 활동, 제품 또는 서비스가 환경에 미치는 영향(자원소비, 대기 및 수질오염, 소음진동, 폐기물)을 최소화하는 환경 경영 시스템에 관한 규격이다.

  (나) ISO 9000 인증제도와 함께 제3자 인증기관에 의하여 기업이 ISO 14000 규격의 기본 요구사항을 갖추고 규정된 절차에 따라 환경보호 활동, 자원 절감, 환경개선 등을 하고 있음을 보장하는 제도이다.

② 구성

  (가) ISO 14001은 ISO의 환경경영 위원회(TC 207)에서 개발한 ISO 14000 시리즈 규격 중 하나로서 조직의 환경경영 시스템을 실행, 유지, 개선 및 보증하고자 할 때 적용 가능하는 규격이며 최근 보다 효율적인 시스템 체계를 위하여 개정에 박차를 가하고 있다.

  (나) 국제적으로 환경 경영 시스템(ISO 14001)은 일부 선진국에서 의무사항으로 시행되고 있으며 무역 및 각종 기술 규제수단으로 이용되고 있다.

  (다) 소비자 중심주의에서 자연 생태계의 보전을 중요시하는 방향으로 사회적 가치가 변

화하고 있으며, 일반 대중의 환경에 대한 가치평가 기준도 달라지고 있다.

③ 인증 취득의 기대 효과

    ⑺ ISO 14001인증 획득 시 대내외적으로 기업 이미지 및 신뢰도 향상

    ⑻ 마케팅 능력 강화(무역 장벽 제거 및 공공공사 수주 시 혜택)

    ⑼ 환경 친화적 기업경영으로 기업의 이미지 향상 및 환경 안전성 개선으로 조직원의 근무 의욕과 생산성 향상에 기여

    ⑽ 비상 사태 시 조직의 대처 능력 평가(재산과 인명을 보호)

    ⑾ 법규 및 규정의 준수에 따른 기업 및 경영자 면책

    ⑿ ISO 9000 시스템과 ISO 14000 시스템의 통합 운영으로 시스템의 효율성 제고가 가능하다.

    ⒀ 환경 영향 요소를 줄임으로써 지역 및 범 지구적 환경 문제에 동참

    ⒁ LCA, Labelling의 인증 및 보건안전 시스템의 구축을 위한 기본틀 구성

    ⒂ 대외 무역장벽 극복 : Green 상품에 대한 구매 촉진, 고객 요구 사항 충족, 환경관련 규제 회피 가능

• 문제풀이 요령

① NSF는 공중위생과 환경 관련 적합 제품의 리스트를 정기적으로 공개하고 있어 기업에 압박을 가하고 있다. → NPC(National Plumbing Code)와 혼돈하지 말 것.

② ISO 14000(환경경영 시스템)은 국제 표준화기구에서 제정한 환경경영에 관한 국제규격으로서 조직이 생산하는 제품의 생산, 유통 등 전 과정에 걸쳐 환경에 미치는 영향을 최소화하기 위한 환경경영 시스템에 관한 규격으로 고객중심의 경영보다 더 우선적인 개념으로 점차 규제가 강화되고 있다.

PROJECT 6 **수질관리**

Q 대형 건축물 등의 소유자 등이 하여야 하는 수질관리(저수조의 수질검사
방법 및 수질검사 기록의 보관)에 대해서 설명하시오.

(1) 저수조의 수질검사 방법 (수도법 시행규칙)

① 저수조 청소 : 6개월에 1회 이상

② 먹는 물 수질검사기관에 의뢰한 수질검사 : 매년 1회 이상

③ 점검 : 매월 1회

④ 대형 건축물 등의 소유자 등은 저수조가 신축되었거나 1개월 이상 사용이 중단된 경우에
는 사용 전에 청소를 하여야 한다.

 ㉦ 대형 건축물이라 함은 연면적이 5천 제곱미터 이상의 건축물 또는 시설물(건축물 또는 시설 안
의 주차장 면적은 제외), 「공중위생관리법 시행령」 제3조에 따른 건축물 또는 시설, 「건축법
시행령」 별표 1 제2호 가목에 따른 아파트 및 그 복리시설을 말한다.

⑤ 청소 등을 하는 경우에는 저수조의 물을 뺀 후 저수조의 천정·벽 및 바닥 등에 대한 청
소를 하고, 청소 후에는 소독을 하며, 소독 후에는 저수조에 물을 채운 다음에 수질에 대
한 위생상태를 점검하여야 한다.

⑥ 수질검사의 시료 채취방법 및 검사항목은 다음 각 호와 같다.

 ㈎ 시료 채취방법 : 저수조나 해당 저수조로부터 가장 가까운 수도꼭지에서 채수

 ㈏ 수질 검사항목 : 탁도, 수소이온농도, 잔류염소, 일반세균, 총대장균군, 분원성대장균
군 또는 대장균

⑦ 대형 건축물 등의 소유자 등은 수질검사 결과를 게시판에 게시하거나 전단을 배포하는
등의 방법으로 해당 건축물이나 시설의 이용자에게 수질검사 결과를 공지하여야 한다.

⑧ 대형 건축물 등의 소유자 등은 수질검사 결과가 수질기준에 위반되면 지체 없이 그 원인
을 규명하여 배수 또는 저수조의 청소를 하는 등 필요한 조치를 신속하게 하여야 한다.

(2) 저수조 수질검사 기록의 보관

① 지하 저수조의 청소, 점검 및 수질검사, 수질기준 위반에 따른 조치 등의 기록보관 : 2년
간 보관할 것

② 이 경우 청소, 위생점검, 수질검사 및 수질기준위반에 따른 조치결과를 전산에 의한 방
법으로 테이프·디스켓 등에 기록·보관할 수 있다.

PROJECT 7 도기의 특징 및 종류 출제빈도 ★★☆

Q 위생기구 재료중 도기의 특징, 종류에 대해서 설명하시오.

(1) 도기의 특징

① 장점

㉮ 백색이어서 위생적이다.

㉯ 오수나 악취 등이 흡수되지 않으며 변질도 안 된다.

㉰ 경질이고 산·알칼리에 침식되지 않으며 내구적이다.

㉱ 복잡한 형태도 제작이 가능하다.

② 단점

㉮ 충격에 약하다.

㉯ 파손되면 수리하지 못한다.

㉰ 팽창계수가 작아 금속(급·배수관)이나 콘크리트의 접속 시 주의를 요한다.

㉱ 정밀성을 요구하지는 않는다.

(2) 도기의 종류

① 용화 소지질 : 특별히 잘 소성한 것으로 흡수성이 거의 없어 위생도기로서는 현재 가장 우수(대·소변기, 세면기, 수세기, 세정탱크, 요리·청소싱크 등 제작)

② 화장 소지질(치장 소지질) : 소지표면에 용화 소지질의 피막을 입힌 것으로 대형기구의 제작에 적합(욕조, 스톨 소변기, 요리·청소싱크)

③ 경질 소지질 : 잘 구운 것이지만 다공질 이므로 흡수성이 다소 높고 오염되기 쉬우며 질이 낮다(대·소변기, 세면기, 수세기, 세정탱크, 요리·청소싱크 등)

• **문제풀이 요령**
도기의 종류에는 용화 소지질(흡수성이 거의 없고 가장 우수), 화장 소지질(소지 표면에 용화소지질 피막을 입힘), 경질 소지질(다공질로 흡수성이 다소 높음) 등이 있다.

PROJECT **8** 대변기의 종류 및 특징   출제빈도 ★★☆

Q 대변기의 종류 및 특징에 대해서 설명하시오.

(1) 설치 방식(모양)에 따른 분류

① 화변기(동양식)

  ㈎ 바닥에 매설하여 설치(플러시 밸브 방식)

  ㈏ 변기와 피부의 접촉이 없어 위생적

  ㈐ 취기 및 오물부착 우려 있음

② 양변기(서양식)

  ㈎ 탱크 포함하여 바닥설치로 보수 및 수리가 용이하다.

  ㈏ 취기 및 오물부착 우려가 없다.

(2) 세정방식에 따른 분류

① 세출식(Wash Out Type)

  ㈎ 오물을 변기의 얕은 수면에 받아 세정수로 씻어 내림

  ㈏ 다량의 물을 사용하지 않으면 오물이 떠 있을 우려가 있다.

② 세락식(Wash Down Type) : 오물이 수면 위에 떨어진 후 일부는 세정수로 씻어 내리고, 일부는 트랩 바닥면에 일시에 떨어져 세정함

③ 사이펀식(Syphon Type) : 한국형

  ㈎ 트랩 배수로가 좁고 굴곡이 많아 유속이 많이 둔화된다.

  ㈏ 배수로가 만수상태에서 사이펀 작용을 이용한다.

  ㈐ 악취의 발산이 적고 오물을 확실히 내보낸다.

④ 사이펀 제트식(Syphon Jet Type)

  ㈎ 트랩 배수로 입구에 분수구를 만들어 강력한 사이펀 작용을 이용한다.

  ㈏ 수세식 대변기로는 가장 우수하며 트랩의 봉수가 깊어(75 mm 이상) 위생적이다(근래 가장 많이 사용).

⑤ 블로 아웃식(취출식 ; Blow Out Type)

  ㈎ 사이펀 작용보다 제트 작용에 주안점을 둔 방식이다.

  ㈏ 잘 막히지 않아 공공장소 등에 많이 사용한다.

  ㈐ 소음이 다소 크며, 학교, 공공건물 등에 많이 사용한다(세정수압 $1\,kg/cm^2$ 이상)

⑥ 사이펀 보텍스식(Syphon Vortex Type) : 유수를 선회시킴(와류작용을 이용함)

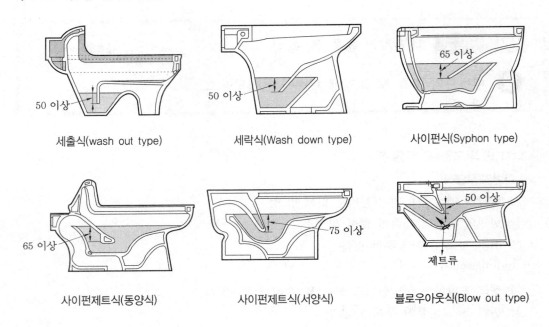

세출식(wash out type) 세락식(Wash down type) 사이펀식(Syphon type)

사이펀제트식(동양식) 사이펀제트식(서양식) 블로우아웃식(Blow out type)

(3) 세정 급수 방식에 따른 분류

① 세정 탱크식

㈎ 하이 탱크식 : 높이 1.9 m, 용량 15 L, 급수관 10~15 mm, 0.3 kg/cm^2 수압, 세정
관 32 mm

㈏ 로 탱크식 : 주택, 호텔 등에 많이 이용되는 탱크로, 용량 18 L, 급수관 15 mm, 0.3
kg/cm^2 수압, 세정관 50 mm(가장 많이 사용)

② 세정 밸브식(플러시 밸브식)

㈎ 수압이 0.7 kg/cm^2 이상이어야 하고, 급수관의 최소 관경은 25 mm(25A)이다.

㈏ 레버식, 버튼식, 전자식이 있으며, 한번 밸브를 작동시키면 일정량의 물이 나오고 잠
긴다.

㈐ 진공방지기와 함께 사용해야 하며 학교, 호텔, 사무소 등의 건물에서 많이 사용된다.

㈑ 공공장소는 연속사용문제로 'Flush Valve Type'의 급수방식이 많이 사용된다.

③ 기압 탱크식(Pressure Tank System)

㈎ 기압 탱크식은 세정 탱크식과 같은 모양으로 급수관은 15 A 정도가 알맞다.

㈏ 일반 가정용으로도 많이 이용된다.

㈐ 탱크가 밀폐되어 있어 안의 공기는 항상 급수관의 최고 압력으로 압축되어 있다.

㈑ 급수관의 수압이 언제나 0.75 kg/cm^2 (보통 급수압 1 kg/cm^2 이상) 정도로 유지될
수 있으면 구경 15~20A 범위에서 플러시 밸브를 사용할 수 있다.

(4) 세정급수방식의 비교표

비교 항목	하이 탱크	로 탱크	플러시 밸브(세정 밸브)
수압의 제한	$0.3 \, \text{kg/cm}^2$ 이상		$0.7 \, \text{kg/cm}^2$
급수관경의 제한	15 mm		25 mm
세정관 관경	32 mm	50 mm	–
장소	차지하지 않는다.	크게 차지한다.	작은 편이다.
구조	간단함		복잡하다.
수리	곤란(비쌈)하다.	용이하다.	곤란하다.
공사	곤란(비쌈)하다.	용이하다.	용이하다.
소음	상당히 크다.	적다.	약간 크다.
연속 사용	할 수 없음		할 수 있다.

• 문제풀이 요령

　대변기는 주로 세정방법에 따라 세출식, 세락식, 사이펀식(한국형), 사이펀 제트식(가장 우수), 블로 아웃식(막힘 방지형), 사이펀 보텍스식 등으로 분류되고, 급수방식에 따라 하이 탱크식, 로 탱크식(서양식에 주로 사용), 세정 밸브식(연속사용 가능), 기압 탱크식 등으로 분류된다.

PROJECT 9 **위생 설비의 유닛화**   출제빈도 ★☆☆

Q 위생 설비의 유닛화에 대해서 설명하시오.

---

(1) 위생설비 유닛화의 목적
① 공사기간 단축   ② 공정의 단순화
③ 시공정도 향상   ④ 인건비, 재료 절감
⑤ 계획 및 설계작업 경감   ⑥ 현장 관리작업 경감
⑦ 방수처리 및 양생작업 경감   ⑧ 성능 및 품질의 안정화

(2) 설비 유닛화의 조건
① 가볍고 운반이 용이할 것
② 현장 조립이 용이하고 가격이 저렴할 것
③ 유닛 내의 배관이 단순할 것
④ 배관이 방수층을 통과하지 않고 바닥 위에서 처리가 가능할 것
⑤ 제작공정이 단순하고 대량생산성이 높을 것
⑥ 본관과의 배관접속이 용이할 것
⑦ 방수마감이 필요한 경우 완전할 것

(3) 시공 형태에 따른 분류
① Panel Type (패널식, 녹다운형) : 공장에서 적당한 패널로 분할된 각 부재의 부품 (천장, 벽, 바닥 등)을 미리 제작하여 현장에 반입 후 조립하는 방식
② Cubicle Type (큐비클식, 패키지형) : 공장에서 유닛을 입체적으로 제작하여 현장에 반입하여 설치, 크기와 무게에 따른 현장 운반 및 반입에 어려움이 있음
③ Panel-Cubicle Type : 절충식으로서, 많이 사용되어지고 있다.

(4) 사례
① Sanitary Unit : 욕조와 세면기 및 대변기를 일체화 시공(주로 패널 방식 채용)
② Toilet Unit : 대변기 유닛, 소변기 유닛, 싱크대 유닛, 장애자용 유닛 등이 있다(업무용 건물에 많이 적용).
③ 세면 화장대 : 세면기와 거울 및 수납장을 유닛화한 형태이다.

• **문제풀이 요령**
 공기의 단축 및 품질의 표준화를 위해 다수의 위생설비를 유닛화하여 공장에서 제작하는 사례가 늘어나고 있는 추세이다.

PROJECT 10 위생기구의 구비조건 및 재료   출제빈도 ★★☆

Q 위생기구의 구비조건을 설명하고 재료를 비교하시오.

(1) 정의

위생기구(Sanitary Fixtures)라 함은 건축물에 있어서 급수, 급탕 및 배수를 필요로 하는 장소에 설치하는 기구의 총칭

(2) 위생기구의 구비 조건

① 내흡수성, 내식성, 내구성 등이 클 것
② 오염 방지를 위한 구조일 것
③ 제작이 용이하고 설치가 간단하며 확실할 것
④ 외관이 깨끗하고 청소가 용이하고 위생적일 것

(3) 위생기구의 재료와 특징

재 료	제조공정 / 제품의 특징	용 도
도기제	• 점토를 주 원료로 해서 유리질의 유약을 발라 소성한다. • 내식, 내구, 내약품성이 우수하다. • 복잡한 형상도 제작할 수 있다. • 탄성, 열팽창계수, 열전도율이 매우 작다. • 깨지기 쉽고 충격에 약하다.	대변기, 소변기, 세면·수세기, 세정용 탱크, 각종 싱크류
법랑 철기제	• 강판이나 주철의 표면에 특수한 유리질의 약을 칠하고 구워서 만든다. • 경량이며 견고하고 마감면이 평활하고 위생적이다. • 법랑이 떨어져 나갈 우려가 있다.	세면기, 욕조, 싱크류
스테인 리스제	• 스테인리스 강판을 압형이나 용접에 의해 가공한다. • 경량, 탄력 좋음, 충격에 강하고, 가공성이 좋고 녹슬지 않음 • 내구성이 우수하다. • 다른 재질의 제품에 비해서 가격이 비싸다.	싱크, 욕조
강화 플라스틱 (FRP)제	• 플라스틱을 유리섬유로서 강화한 유리섬유 강화폴리에스테르 수지(FRP)를 성형해서 제작한다. • 경량이고 내구성이 강하고 감촉이 좋으며 보온성이 풍부 • 알칼리에는 강하나 열에는 약하다. • 상처를 입기 쉽고, 퇴색하거나 광택을 잃기 쉽다.	욕조, 세정용 탱크, 오물정화조

※ 법랑 : 금속 표면에 유리질 유약을 피복시킨 것으로 금속의 강인성과 유리가 가진 내식성과 청결성을 겸비하도록 만든 것

• **문제풀이 요령**
위생기구의 재료로는 도기제, 법랑 철기제(강판이나 주철의 표면에 특수한 유리질의 유약을 칠하여 구움), 스테인리스제(품질은 우수하나 고가이다), 강화플라스틱제(내구성은 강하나 열에 약함) 등이 주로 사용된다.

PROJECT **11** 수처리 여과방식 출제빈도 ★☆☆

Q 수처리 여과방식 (소화수조나 저수량이 많은 대형수조로 부터 공급되는 효과적인 여과방법, 중력식은 제외)에 대해 기술하시오.

(1) 수처리 여과의 정의 및 개요

① 수처리 여과 : 다공성 매개체나 다공성물질에 액체를 통과시켜 미세한 부유물질 제거 하는 것으로 특히 침전으로 제거되지 않는 미세한 입자의 제거에 효과적이다.

② 수처리에는 여과식이 많이 활용되며 여과속도가 빠른 압력식 여과법이 주종을 이룬다.

(2) 수처리여과의 형식 및 용도

① 형식 : 모래여과와 이온교환수지탑의 직렬여과식, 모래와 활성탄의 병용여과탑, 일반빌딩에는 모래와 이온교환수지탑의 직렬여과식이 많이 채용된다.

② 용도 : 공업용, 산업용, 일반공조용, 급수처리용, 수영장수 등

③ 소화수조로 사용시 : 정체로 물이 사수가 될 경우, 일반수조와 겸용으로 교체 또는 염소소독으로 활수화하여 보관이 요구된다.

(3) 수처리 방식

① 압력식 여과기 개요도 : 유입수 → 방해판 → 여과 표면 → 매체 → 자갈 → 콘크리트 충전 → 다기관 및 지관 → 시료 채취수전 → 처리수

② 모래 여과재 : 잔사 → 중사 → 왕사 → 자갈층

③ 여과속도 : 5~50 m/h 　④ 여과압력 : 0.2~2 기압

⑤ 역세 및 린스 시간(청소) : 10~20분 정도

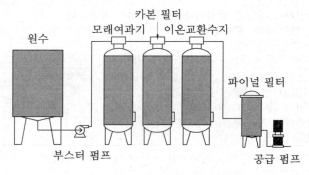

모래-이온교환수지 직렬여과장치(사례)

・**문제풀이 요령**
　　수처리 여과방식은 주로 여과속도가 빠른 압력식 여과법이 주종을 이루며 모래와 이온교환수지탑의 직렬여과식 형태로 많이 사용되어진다.

PROJECT **12** 절수형 위생기구   출제빈도 ★★☆

Q 절수형 위생기구와 절수대책에 대하여 기술하시오.

(1) 절수형 위생기구의 종류

절수형 양변기 부속(2단 사이펀식), 절수형 대변기 부속(Flush Valve), 양변기 세척음 전자음 장치, 전자감지식 소변기 세척밸브, 절수형 소변기(Flush Valve), 절수형 Disc, 포말 장치(Aerator), 감압판(Restrictor), Single Lever식 혼합수전, 자폐식 Thermostat 혼합 꼭지, Self Closing Faucet(수전) 등 다양하게 개발되어 있다.

(2) 절수대책(에너지 절감)

① 정책적인 대책 : 요금, 홍보, 상수도 교체, 절수설비 개발, 지원, 세제 지원 등
② 기술적인 대책
  ㉮ 압력조절
    ㉠ 급수 조닝에 의한 사용 수두압 약 100~500 kPa 이내로 제한함
    ㉡ 층별식, 중계식, 압력조정 펌프식, 감압 밸브식
  ㉯ 정유량 밸브
    ㉠ 절수, 에너지절약, 하수도 비용 절감, 온수온도 일정, 수격방지 및 소음 방지
    ㉡ Orifice에 의한 저압시 통과면적 커지고, 고압시 적어져 일정유량 공급
  ㉰ 전자 감응식
    ㉠ 자동수전에 의한 절수
    ㉡ 절수, 에너지 절약(하수도 비용절감)
  ㉱ 대변기의 소음 발생장치
③ 미사용 에너지의 활용
  ㉮ 중수도 이용
  ㉯ 온도차 에너지 활용
  ㉰ 우수의 적극적인 활용
  ㉱ 공조용 냉각수 절수 등

• 문제풀이 요령
  절수형 위생기구란 물(수자원) 절약을 위한 다양한 장치(수압 조절장치, 각종 전자 감응식 장치 등)를 의미한다.

PROJECT **13** 오·배수 배관과 냉·난방 배관 　　　출제빈도 ★☆☆

Q 오·배수 배관과 냉·난방 배관의 설계 개념상 차이점과 오사용(Cross Connection) 시 일어날 수 있는 문제점에 대해 기술하시오.

---

(1) 오배수 배관과 냉·난방 배관의 설계 개념상 차이

① 오배수 배관 : 물에 포함된 내용에 따라 오수, 잡배수, 우수, 용수, 특수 배수 등으로 구분되며, 배수의 성분, 조성, 점도, 흐름에 중점을 둔다.

② 냉·난방 배관 : 배관 내 열이송 매체로 물, 냉매, 증기, 공기 및 연료 등의 서로 성격이 다른 유체에 사용되므로 각각의 용도별로 별도 계획설계를 해야 한다.

(2) 오사용(Cross Connection) 시의 문제점

① 부식문제 : 배관별 내부식성이 서로 다름

② 흐름 장애 : 점도의 차이에 의한 유속 및 순환장애

③ 온도 차이에 의한 열응력 발생

④ 내약품성의 문제 발생 가능

⑤ 신축성(신축계수) 차이에 의한 변형 및 파손

⑥ 냉·난방 배관의 유체가 가연성이 있거나 인체에 유해할 경우 인명사고 발생 가능

⑦ 펌프, 열교환기 등의 막힘이나 고장 발생 가능

⑧ 기타 오배수 배관측보다는 주로 냉·난방 배관측에 심각한 오염이나 고장 발생 가능

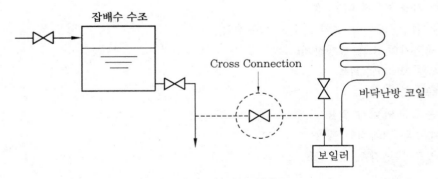

Cross Connection 사례

• 문제풀이 요령

오배수 배관을 냉·난방 배관으로 오사용 시(Cross Connection) 부식, 흐름장애 등 심각한 문제점을 야기할 수 있으므로 시공 시 Cross Connection이 되지 않게 각별히 주의를 요한다.

PROJECT 14 수영장 설비
출제빈도 ★★☆

Q 수영장 설비의 여과 및 살균에 대해서 설명하시오.

(1) 개요

① Pool의 오염물질은 섬유, 땀, 침, 가래, 피부, 비듬, 때, 지방, 머리카락, 털 등이다.

② 소독 부문에서는 과거에 염소 소독법이 대종을 이루었으나 최근에는 오존 살균법을 많이 사용하여 염소 소독법의 문제점을 보완하고 있음

(2) 수영장의 여과

① 규조토 여과기(20μm)

㈎ 응집기가 필요 없다.

㈏ 규조토를 교반하여 바른다.

㈐ 1일 2회 30분 이상 역세

㈑ 유지관리 곤란

㈒ 상수도 보호구역 설치 금지

㈓ 규조토 피막을 여과포에 입히는 등의 개량된 형태로도 출시되고 있다.

② 모래 여과기(70μm)

㈎ 응집기 필요

㈏ 시설비 고가

㈐ 1일 1회 5분 이상 역세

(3) 염소 살균법

① 일반 세균은 살균이 잘 되나, 바이러스 등은 살균이 잘 안됨

② 염소는 유기물(땀, 때, 오줌 등)과 화합하여 염소화합물을 생성한다.

③ 이러한 염소 화합물은 발암물질의 일종이고, 안구충혈, 피부 염증, 피부탈색 등도 일으킨다고 보고되어 있다. 즉, 염소+유기질→트리할로메탄(발암물질)

④ 소독 시간 : 약 2시간

⑤ 잔류 염소 : 0.4~0.6 ppm

⑥ 휴식시간 이용 또는 정량 펌프 사용

(4) 오존 살균법

① 반응조에서 약 1~2분 이상 반응 후 활성탄 여과기를 거쳐 투입된다(소독시간이 아주 빠르다).

② 살균 Process : 헤어트랩 → 펌프 → 응집기 → 오존 믹서기 → 반응조 → 샌드 → 염소주입기 → 수영장

③ 잔류염소 $0.1 \sim 0.2$ ppm

④ 장점

㉮ Virus도 거의 100 % 제거(99.9 % 제거)

㉯ 유기질, NH_3 제거 가능

㉰ Fe, Mn 산화 가능

⑤ 단점

㉮ 설치면적이 크다.

㉯ 지하공간 설치 금지(오존량 증가에 따라 지하공간에서 치명적일 수도 있다.)

(5) 설치 사례

① 염소살균+규조토 여과기 : 재래식, 수동, 설치비 저렴, 유지관리 곤란(에어 발생)

② 염소살균+모래여과 : 시설비 고가(약 20 %), 실내 수영장에 주로 사용

③ 오존살균+모래여과 : 시설비 고가(약 30 %), 옥외 수영장에 주로 사용

[칼럼] 1. 사례(독일 표준 오존처리 정수 시스템의 정수과정)

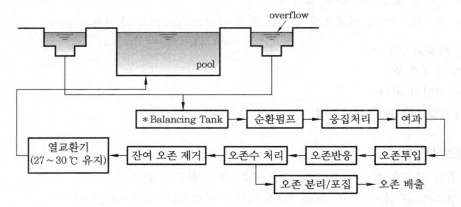

*Balancing Tank(수위조절 탱크) : 수영장 시설에서 입욕 시 넘치는 물과 지속적으로 overflow되는 물을 모아서 여과 및 소독처리할 수 있도록 하기 위한 물탱크('수위조절조'라고도 함)로서 버려지는 물의 양을 줄여주므로 에너지 절약적 설비라고 할 수 있다.

• **문제풀이 요령**
수영장의 오염을 방지하기 위해 여과(규조토 여과, 모래 여과)와 살균(염소살균, 오존살균) 방법이 주로 실시된다(단, 오존살균의 경우 밀폐공간의 오존농도 증가에 따른 안전에 주의).

PROJECT 15 오수정화 관련 용어 I 출제빈도 ★★★

Q 오수정화 관련 다음 용어를 설명하시오.
① BOD   ② BOD량   ③ BOD 제거율   ④ COD

(1) BOD (생물화학적 산소 요구량, Biochemical Oxygen Demand)

① 수질오염도 측정 지표(단위 : ppm)이다.
② 수중의 유기물질을 간접적으로 측정하는 방법이다.
③ 호기성 박테리아가 유기질을 분해할 때 감소하는 DO의 양이다.
④ 수질오염의 정도를 나타내는 지표이다.
⑤ 오수 중의 오염 물질(유기물)이 미생물(호기성 균)에 의해 분해되고 안정된 물질(무기물, 물, 가스)로 변할 때 얼마만큼 오수중의 산소량이 소비되는지를 나타내는 값이다.
⑥ 20℃에서 5일간 방치한 다음을 측정하여 mg/L(ppm) 로 나타내는 수치를 말한다.
　　　　유기물→(산소, 호기성균 작용)→무기물+가스
⑦ 이것은 호기성 미생물에 의한 산화분해 초기의 산소 소비량을 나타내는 것으로 오수의 오염도(유기화합물의 양)가 높은 만큼 용존산소를 많이 소비하기 때문에 수치가 크다.

(2) BOD 량 (BOD 부하)

① BOD 부하라고 말하며, 하루에 오수정화조로 유입되는 오염물질의 양이나 유출하는 오수가 하천의 수질오탁에 미치는 영향 등을 알기 위하여 필요한 수치로 다음 식과 같다.
② BOD량(BOD 부하)=유입수 BOD (kg/day) / 폭기조의 용량(m^3)

(3) BOD 제거율

① 분뇨 정화조에서 유입수를 정화한 BOD를 유입수의 BOD로 나눈 것
② $$BOD \ 제거율 = \frac{유입수\,BOD - 유출수\,BOD}{유입수\,BOD} \times 100$$

(4) COD (화학적 산소요구량, Chemical Oxygen Demand)

① 용존 유기물을 화학적으로 산화(산화제 이용)시키는 데 필요한 산소량(20℃에서 측정)
② 공장폐수는 무기물을 함유하고 있어 B.O.D 측정이 불가능하여 C.O.D로 측정함
③ B.O.D에 비하여 수질오염 분석(즉시 측정)이 쉬우므로 효과적인 측정을 할 수 있다.
④ 물 속의 오탁물질을 호기성균 대신 산화제를 사용하여, 화학적으로 산화할 때에 소비된 산소량 [mg/L]으로 나타낸다.
⑤ 산화제 : 중크롬산 칼륨, 과망간산 칼륨
⑥ 시험방법 : 물속에 과망간산 칼륨 등의 산화제를 넣어 30분간 100℃로 끓여 소비된 산소량을 측정(측정시간은 약 2시간 정도)

> • 문제풀이 요령
> 　물의 오염정도는 BOD와 COD로 주로 표현되는 데, BOD는 유기물이 호기성균에 의해 무기물로 분해될 때 소모되는 산소의 량으로 측정되는 지표이며, COD는 용존 유기물을 화학적 산화제를 이용하여 산화시키는데 필요한 산소량을 말한다.

PROJECT 16 **오수정화 관련 용어 Ⅱ** 출제빈도 ★☆☆

Q 오수정화 관련 다음 용어를 설명하시오.
(1) DO (2) SS (3) SV (4) 잔류염소

---

(1) DO (용존 산소, Dissolved Oxygen)

① 물 속에 용해되어 있는 산소를 ppm으로 나타낸 것
② 깨끗한 물은 7~14 ppm의 산소가 용존되어 있다.
③ 수질 오탁의 지표가 되지는 않지만, 물 속의 일반생물이나 유기 오탁물을 정화하는 미생물의 생활에 필요한 것이다.
④ 그러므로 DO량이 큰 물만 정화 능력이 있으며, 오염이 적은 물이라고 말할 수 있다.

(2) S.S (부유물질, Suspended Solids)

① 탁도의 정도로 입경 2 mm 이하의 불용성의 뜨는 물질을 mg/L으로 표시한 것
② 또 SS는 전증발 잔류물에서 용해성 잔류물을 제외한 것을 말하기도 한다.

(3) S.V (활성 오니용량, Sludge Volume)

정화조의 활성 오니 1 L를 30분간 가라앉힌 상태의 침전오니량

(4) 잔류염소 (Residual Chlorine)

① 유리 잔류 염소라고 하기도하며 물을 염소로 소독했을 때, 하이포아염소산과 하이포아염소산 이온의 형태로 존재하는 염소를 말한다(클로라민(Chloramine)과 같은 결합 잔류염소를 포함해서 말하는 경우도 있다).
② 염소를 투입하여 30분 후에 잔류하는 염소의 양을 ppm으로 표시한다.
③ 잔류염소는 살균력이 강하지만 대부분 배수관에서 빠르게 소멸한다(그 살균효과에 영향을 미치는 인자로는 반응시간, 온도, pH, 염소를 소비하는 물질의 양 등을 들 수 있다).
④ 수인성 전염병을 예방할 수 있는 것이 가장 큰 장점이다.
⑤ 잔류 염소가 과량으로 존재할 때에는 염소 냄새가 강하고, 금속 등을 부식시키며, 발암물질이 생성되는 것으로 알려져 있다.
⑥ 방류수에 염소가 0.2 ppm 이상 검출되어야 3000개/mg 이하의 대장균 수를 유지할 수 있다.

• **문제풀이 요령**
  잔류염소란 소독을 위해 물 속에 염소를 투입하여 30분 후에 잔류하는 염소의 양을 ppm으로 나타낸 값이다.

PROJECT 17 **오수정화 관련 용어 Ⅲ** 출제빈도 ★☆☆

Q 오수정화 관련 다음 용어를 설명하시오.

(1) Flow Over　　(2) MLSS　　(3) MLVSS　　(4) ABS　　(5) VS

(1) Flow Over

'Over Flow'라고도 하며, 정수/배수 처리에서 침전조에 침전된 고형물 위로 월류하여 다음 공정으로 넘어가는 물을 말함

(2) MLSS (Mixed Liquor Suspended Solid)

① 활성오니법에서 폭기조 내의 혼합액 중의 부유물 농도를 말하며 [mg/L]로 나타낸다.

② 혼합액 부유물질이라고도 하며, 생물량을 나타낸다.

③ 유기물질과 무기물질로 구성되어 있다.

(3) MLVSS (Mixed Liquor Volatile Suspended Solid)

① MLSS내의 유기물질의 함량이다.

② 활성오니법에서 '폭기조 혼합액 휘발성 부유물질'이라고 일컫는다.

③ MLVSS=MLSS-SS

(4) ABS (Alkyl Benzene Suspended)

중성세제를 뜻하며, 하드인 것은 활성 오니법 등으로 분해되기 어렵다.

(5) VS (Volatile Suspended)

① 휘산물질을 말하며, 가열하면 연소하는 물질이다.

② VOC(휘발성 유기화합물질)와는 다른 용어임

• **문제풀이 요령**

　VS는 가열하면 연소하는 휘산 부유물질을 말하며, VOC(휘발성 유기화합물질)와는 다른 용어이므로 주의를 요한다.

PROJECT 18 pH

Q pH(수소이온 농도지수)에 대해서 설명하시오.

(1) 개요 및 정의

① 1909년 덴마크의 쇠렌센(P. L. Sorensen)은 수소이온 농도를 보다 다루기 쉬운 숫자의 범위로 표시하기 위해 pH를 제안하였다.

② '수소 이온 농도'를 보기 편하게 표기할 수 있도록 한 숫자

③ 용액 속에 수소 이온이 얼마나 있는지를 알 수 있게 하는 척도

④ 물(H_2O) 속에는 H^+와 OH^- 이온들이 미량 존재하는데, H^+와 H_2O는 다시 결합하여 H_3O^+로 된다. 이러한 H_3O^+의 양을 −대수(−log)로 나타내는 값을 pH라고 한다(10^{-7} mol/L 이상이면 산성, 이하면 알칼리성이라고 함).

(2) pH의 특성

① 같은 용액 속에 수소 이온이 많을수록, 즉 수소 이온 농도가 높을수록 산성이 강해진다.

② 수소이온 농도를 나타내는 척도가 되는 수소이온지수(pH)로, 그 함수식은 로그함수로 표기된다.

③ pH가 낮을수록 산성의 세기가 세고, 반대로 pH가 높을수록 산성의 세기가 약해진다.

④ pH는 로그함수이므로 다음과 같은 특성이 있음

　㉮ pH가 1 작아지면 수소이온농도는 10^1배, 즉 열 배 커진다.

　㉯ pH가 2 작아지면 수소이온농도는 10^2배, 즉 백 배 커진다.

　㉰ pH가 3 작아지면 수소이온농도는 10^3배, 즉 천 배 커진다.

(3) pH의 응용

① 예를 들면, pH 4인 용액은 pH 6인 용액보다 산성의 세기가 100배 세며, pH 11인 용액은 pH 10인 용액보다 산성의 세기가 10배 약함

② 순수한 물에서의 pH는 7이며 이때를 중성이라고 하고, pH가 7보다 작으면 산성, 7보다 크면 알칼리성(염기성)이 된다. pH의 범위는 보통 0~14까지로 나타낸다.

• 문제풀이 요령

　pH는 물 등의 용액속에 녹아있는 수소이온의 농도를 말하며, 0~14중 7을 기준으로 산성과 알칼리성으로 구분한다.

PROJECT **19** 용어 (농산물 쓰레기 처리방식 등)　　　출제빈도 ★☆☆

Q 아래 사항에 대해 설명하시오.
① 농산물 판매 및 도매시설의 쓰레기 처리방식
② 신체장애자용 위생기구 및 부속설비

(1) 농산물 판매 및 도매시설의 쓰레기 처리방식은?

① 농산물 쓰레기 처리방식은 기본적으로 쓰레기 처리 위탁업체에 위탁하여 처리하는 방식이다.

② 처리 전 쓰레기를 수집, 선별, 필요 시 감량화 처리시설(분쇄, 압축 등)을 많이 사용함

③ 식당 등 음식물 쓰레기는 메탄화 소멸기 등을 이용하여 처리하기도 함

(2) 신체장애자용 위생기구 및 부속설비

① 개요

　(가) 신체장애자는 장애의 부위 및 정도에 따라 다양하다.

　(나) 완전한 장애자용 위생기구를 만들려면, 수많은 각 장애자마다 위생기구를 특별 제작하여야 하고, 이는 거의 불가능에 가까우며, 현재로서는 장애자들의 최대공약수를 찾아 위생기구를 제작 및 설치하는 것이 좋다.

② 대변기

　(가) 대변기의 칸막이는 유효바닥면적이 폭 1.4 m 이상, 길이 1.8 m 이상이 되도록 설치하여야 한다(신축이 아닌 기존시설에 설치하는 경우로서 시설의 구조 등의 이유로 이 기준에 따라 설치하기가 어려운 경우에 한하여 유효바닥면적이 폭 1.0 m 이상, 깊이 1.8 m 이상이 되도록 설치할 수 있다).

　(나) 대변기의 좌측 또는 우측에는 휠체어의 측면접근을 위하여 유효폭 0.75 m 이상의 활동공간을 확보하고, 대변기의 전면에는 휠체어가 회전할 수 있도록 1.4×1.4 m 이상의 활동공간을 확보할 수 있도록 한다.

　(다) 출입문의 통과 유효폭은 0.8 m 이상으로 한다.

　(라) 출입문의 형태는 미닫이문 또는 접이문으로 하며, 여닫이문을 설치하는 경우에는 바깥쪽으로 개폐하도록 하여야 한다. 다만, 휠체어 사용자를 위하여 충분한 활동공간을 확보한 경우에는 안쪽으로 개폐되도록 할 수 있다.

　(마) 장애자에게는 일반적으로 동양식 변기보다는 서양식 변기를 사용하는 것이 좋다.

　(바) 휠체어의 안장 높이와 양변기 시트의 높이는 같게 하는 것이 좋다(바닥면에서 0.4 이상, 0.45 m 이하).

　(사) 대변기의 양옆에는 수평 및 수직 손잡이를 설치하되, 수평 손잡이는 양쪽에 모두 설치하여야 한다.

㈈ 수평손잡이는 바닥면으로부터 0.6 m 이상, 0.7 m 이하의 높이로 설치하되, 한쪽 손잡이는 변기 중심에서 0.45 m 이내의 지점에 고정하여 설치하며, 다른 쪽 손잡이는 회전식으로 할 수 있다. 이 경우 손잡이 간의 간격은 0.7 m 내외로 한다.

㈉ 수직손잡이의 길이는 0.9 m 이상으로 하되, 손잡이의 제일 아랫부분이 바닥면으로부터 0.6 m 내외의 높이에 오도록 벽에 고정한다.

㈊ 화장실의 크기가 2 m × 2 m 이상일 경우에는 천장에 부착된 사다리 형태의 손잡이를 설치할 수 있다.

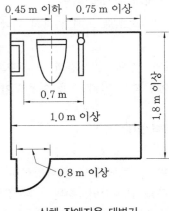

신체 장애자용 대변기

③ 소변기

㈎ 경증의 장애자를 포함한 다양한 장애자가 사용하는 장소에는 바닥 부착형 (스톨 소변기)이 유리하다.

㈏ 중증의 장애자는 남녀 모두 소변을 볼 때에도 양변기가 편리하다.

㈐ 소변기의 양옆에는 수평 및 수직 손잡이를 설치한다.

㈑ 수평 손잡이의 높이는 바닥면으로부터 0.8 m 이상, 0.9 m 이하, 길이는 벽면으로부터 0.55 m 내외, 좌우 손잡이의 간격은 0.6 m 내외로 한다.

㈒ 수직 손잡이의 높이는 바닥면으로부터 1.1 m 이상, 1.2 m 이하, 돌출 폭은 벽면으로부터 0.25 m 내외로 하며, 하단부가 휠체어의 이동에 방해가 되지 않도록 한다.

④ 세면기

㈎ 휠체어 사용자용 세면대의 상단높이는 바닥면으로부터 0.85 m 이하, 하단높이는 0.65 m 이상으로 한다.

㈏ 휠체어로 세면기에 충분히 접근하는 데는, 세면기의 전방 돌출부의 치수를 0.55 ∼ 0.6 m 정도로 한다.

㈐ 세면기의 하부는 무릎 및 휠체어의 발판이 들어갈 수 있도록 한다.

㈑ 목발 사용자 등 보행 곤란자를 위하여 세면대의 양옆에는 수평 손잡이를 설치할 수 있다.

㈒ 수도꼭지는 핸들식보다 다소 긴 레버식이 편리하다.

⑷ 냉수와 온수의 혼합 꼭지일 경우, 싱글 레버로 원터치 조작의 것이 편리하며, 냉·온수의 구분을 점자로도 표현해주는 것이 좋다.

⑺ 휠체어 사용자용 세면대의 거울은 세로길이 0.65 m 이상, 하단 높이는 바닥면으로부터 0.9 m 내외로 설치할 수 있으며, 거울 상단부는 약 15° 정도 앞으로 경사지게 할 수 있다.

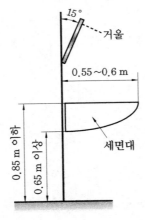

신체 장애자용 세면기

⑤ 욕실

⑺ 욕실은 장애인 등의 접근이 가능한 통로에 연결하여 설치한다.

⑷ 출입문의 형태는 미닫이문 또는 접이문의 형태가 좋다.

⒟ 욕조의 전면에는 휠체어를 탄 채 접근이 가능한 활동공간을 확보한다.

⒠ 욕조의 높이는 바닥면으로부터 0.4 m 이상, 0.45 m 이하로 한다.

⒨ 욕실의 바닥면 높이는 탈의실의 바닥면과 동일하게 할 수 있다.

⒝ 바닥면의 기울기는 1/30 이하로 한다.

⒮ 욕실 및 욕조의 바닥 표면은 물에 젖어도 미끄러지지 않는 재질로 마감한다.

⒪ 욕조의 주위에는 수평 및 수직 손잡이를 설치할 수 있다.

⒲ 수도꼭지는 광감지식, 누름 버튼식, 레버식 등 사용하기 쉬운 형태로 설치하며, 냉·온수의 구분은 점자로 표시하는 것이 좋다.

⒳ 샤워기는 앉은 채 손이 도달할 수 있는 위치에 설치하는 것이 좋다.

⒴ 욕조에는 휠체어에서 옮겨 앉을 수 있는 좌대를 욕조와 동일한 높이로 설치할 수 있다.

⒵ 욕실 내에서의 비상사태에 대비하여 욕조로부터 쉽게 손이 닿을 수 있는 위치에 비상용 벨을 설치한다.

·문제풀이 요령

　신체장애자용 주요 위생기구에는 대변기, 소변기, 세면대, 욕조 등이 있으며, 많은 장애인들의 최대공약수를 찾아 가장 합리적일 수 있는 표준화 된 구조의 위생기구를 제작 및 공급해야 한다.

부록

- 공조냉동기계기술사 예상문제
- 건축기계설비기술사 예상문제
- 면접시험 문제 및 해답
- 제125회 공조냉동기계기술사 문제풀이
- 제125회 건축기계설비기술사 문제풀이

면접시험 문제 및 해답 보는법

● 부록편 문제들의 해설은 앞부분(1편, 2편, 3편)에서 찾아 공부하시기 바랍니다.

예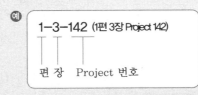

1-3-142 (1편 3장 Project 142)

편 장   Project 번호

Professional Engineer Air-conditioning Refrigerating Machinery
Professional Engineer Building Mechanical Facilities

공조냉동기계기술사 예상문제

◉ 1교시 단답형 예상문제 ◉

1. 외경이 10 cm인 원관에서 단열재의 두께가 5 cm 에서 10 cm 로 되면 단열재의 열저항은 몇 배가 되는지 계산하시오.

정답 (1) 계산공식

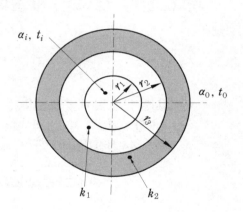

원형관에서 $R = \dfrac{1}{\alpha_i A_i} + \dfrac{\ln\left(\dfrac{r_2}{r_1}\right)}{2\pi k_1 L} + \dfrac{\ln\left(\dfrac{r_3}{r_2}\right)}{2\pi k_2 L} + \dfrac{1}{\alpha_o A_o}$ 이므로,

여기서, 원통 내부 면적당 열전달계수(α_i), 원통 외부 면적당 열전달계수(α_o), 면적(A), 기타 열전도도(k), 길이(L) 등의 상수 값은 무시하고, 원관의 반지름(cm) 측면에서 해석해 보면, 원관의 외경이 10 cm이므로 반지름은 5 cm이다. 그러므로 $\ln\left(\dfrac{10}{5}\right) \rightarrow \ln\left(\dfrac{15}{5}\right)$로 변한 것이다. 따라서, 단열재의 열저항($R$)은 $\ln\left(\dfrac{15}{5}\right) \div \ln\left(\dfrac{10}{5}\right)$ 배만큼 변한 것이다.

(2) $\ln\left(\dfrac{15}{5}\right) \div \ln\left(\dfrac{10}{5}\right) = $ 약 1.58 배

2. 작용온도(Operative Temperature)에 대해 설명하시오.

정답 **(1) 작용온도의 특징**
① 작용온도는 약어로 'OT'라고 많이 부르며, 1937년 Gagge 박사에 의해 처음 제안되었다.
② 인체가 현실의 환경에서 대류와 복사에 의해 열교환하고 있는 것과 동일한 열량을 교환하는 가상 균일온도이다.
③ 공기온도와 평균방사온도의 선형 방사열전달률과 대류열전달률의 가중평균으로 표시한다.
④ 청정기류에서는 거의 공기온도와 평균방사온도의 평균이 된다.
⑤ 선형 방사열전달률은 고온의 방사면이 실내에 없을 경우, 보통 개략치로서 4.7 $W/m^2 \cdot K$가 사용된다.

(2) 작용온도 관계식
보통의 경우에는 아래의 (1)식만을 적용하지만, 실내에 고온의 방사면이 있는 경우, 보통과 다른 방사율의 의복을 입고 있는 경우 등에는 아래의 (2)식을 적용한다.

$$t_o = \frac{h_c t_a + h_r t_r}{h_c + h_r} \quad \cdots\cdots\cdots\cdots\cdots (1)$$

$$h_r = 4\epsilon\sigma\left(\frac{A_r}{A_D}\right)\left(273.2 + \frac{(t_{cl} + t_r)}{2}\right)^3 \quad \cdots\cdots\cdots (2)$$

여기서, t_o : 작용온도 (℃)　　　　t_a : 공기온도 (℃)
　　　　t_d : 착의 외표면온도 (℃)　　t_r : 평균방사온도 (℃)
　　　　h_c : 대류열전달률 (W/m²·℃)　h_r : 선형 방사열전달률 (W/m²·℃)
　　　　ϵ : 착의를 포함한 인체의 방사율
　　　　σ : Stefan-Boltzmann정수 (W/m²·℃⁴)
　　　　A_r : 유효방사면적 (m²)　　　A_D : 체표면적 (m²)

3. 건설신기술제도에 대하여 설명하시오.

정답 **(1) 목적** : 건설신기술제도는 기술개발자(개인 또는 법인)의 개발 의욕을 고취시킴으로써 국내 건설기술의 발전을 도모하고 국가경쟁력을 제고하기 위하여 마련된 제도이다.

(2) 근거
① 건설기술 진흥법, 시행령, 시행규칙
② 평가규정(신기술의 평가기준 및 평가절차 등에 관한 규정)
③ 신기술 현장적용기준
④ 건설신기술 기술사용료 적용기준

(3) **대상** : 국내에서 최초로 개발한 건설기술 또는 외국에서 도입하여 개량한 것으로 국내에서 신규성 · 진보성 및 현장적용성이 있다고 판단되는 건설기술에 대하여 이를 개발한 자의 요청이 있는 경우 당해 기술의 보급이 필요하다고 인정되는 기술

(4) **건설기술의 정의** : "건설기술"이라 함은 다음 사항에 관한 기술을 말한다. 다만, 안전에 관하여는 산업안전보건법에 의한 근로자의 안전에 관한 사항을 제외한다.
   ① 건설공사에 관한 계획 · 조사 (측량을 포함)
   ② 설계(건축사법 제2조 제3호의 규정에 의한 설계를 제외) · 설계감리 · 시공 · 안전점검 및 안전성 검토
   ③ 시설물의 검사 · 안전점검 · 정밀안전진단 · 유지 · 보수 · 철거 · 관리 및 운용
   ④ 건설공사에 필요한 물자의 구매 및 조달
   ⑤ 건설공사에 관한 시험·평가·자문 및 지도
   ⑥ 건설공사의 감리
   ⑦ 건설장비의 시운전
   ⑧ 건설사업관리
   ⑨ 기타 건설공사에 관한 사항으로 대통령령이 정하는 사항
     ㈎ 건설기술에 관한 타당성의 검토
     ㈏ 전체 계산조직을 이용한 건설기술에 관한 정보의 처리
     ㈐ 건설공사의 견적

(5) **신기술 업무 처리기관** : 국토교통부, 국토교통과학기술진흥원

(6) **자료등록 및 관리**
   ① 신기술지정 · 고시 후 전문기관에 신기술 자료 등록 및 관리
   ② 등록된 자료는 인터넷으로 공개

---

4. 녹색건축물 조성의 기본원칙에 대하여 설명하시오.

정답 (1) **녹색건축물 조성의 기본원칙** : 녹색건축물 조성은 다음 각 호의 기본원칙에 따라 추진되어야 한다.
   ① 온실가스 배출량 감축을 통한 녹색건축물 조성
   ② 환경 친화적이고 지속 가능한 녹색건축물 조성
   ③ 신 · 재생에너지 활용 및 자원 절약적인 녹색건축물 조성
   ④ 기존 건축물에 대한 에너지효율화 추진
   ⑤ 녹색건축물의 조성에 대한 계층 간, 지역 간 균형성 확보

(2) **다른 법률과의 관계**
   ① 녹색건축물 조성에 관하여 다른 법률에 특별한 규정이 있는 경우를 제외하고는 이 법(녹색건축물 조성지원법)에 따른다.

② 녹색건축물과 관련되는 법률을 제정하거나 개정하는 경우에는 이 법의 목적과 기본 원칙에 맞도록 하여야 한다.

---

5. 다음 용어를 설명하시오.
   (1) 상대습도   (2) 절대습도   (3) 실효습도

정답 **(1) 상대습도 (Relative Humidity, R.H., 비교습도)**

① 공기 중의 수증기량을 그 공기 온도에서의 포화수증기량에 대한 비율로 나타낸 값
② 어떤 온도에서 공기 중 수증기압과 포화수증기압의 비율 혹은 공기 중 수증기량과 포화수증기량의 비율(%)
③ 기호는 ψ이고, 단위는 퍼센트(%)이다.
④ 계산식

$$\psi = \frac{P_w}{P_s} \times 100\% = \frac{\gamma_w}{\gamma_s} \times 100\%$$

여기서, P_w : 어떤 공기의 수증기 분압 P_s : 포화공기의 수증기 분압
        γ_w : 어떤 공기의 수증기 비중량 γ_s : 포화공기의 수증기 비중량

(2) 절대습도(Absolute Humidity, Specific Humidity)

① 습공기 중에 함유되어 있는 수증기의 질량을 나타내는 것을 절대습도라고 한다.
   → 건공기 1 kg 중에 포함된 수증기 X [kg]을 절대습도 X [kg/kg′]로 표시한다.
② 여기서, 습공기의 질량은 $(1 + X)$ kg임을 알 수 있다.
③ 동일한 포화수증기 분압을 갖는 상태에서는 상대습도가 커져도 절대습도는 증가하지 않는다.
④ 계산식

$$X = \frac{\gamma_w}{\gamma_a} = \frac{0.622 \times P_w}{P - P_w}$$

여기서, γ_w : 건공기중 수증기 비중량 γ_a : 건공기의 비중량
        P_w : 수증기 분압 P : 대기압

⑤ 단위 : kg/kg′ 혹은 kg/kgDA

(3) 실효습도

① 며칠 동안 측정한 습도를 고려한 습도를 말한다.
② 목재가 건조한 정도를 나타내며, 화재의 발생 가능성을 말해 준다.
③ 이 실효습도가 50%를 밑돌면, 성냥개비 한 개로 기둥에 불이 붙는다고 한다.
④ 건조특보를 발표할 때에는 최소 습도와 실효습도를 기반으로 발표한다.
⑤ 실효습도를 구하는 식은 다음과 같다.

$$실효습도(H_e) = (1-r)(H_0 + rH_1 + r^2H_2 + r^3H_3 + r^4H_4)$$

여기서, r : 0.7 H_0 : 당일의 상대습도

        H_1 : 1일 전의 상대습도 H_2 : 2일 전의 상대습도

        H_3 : 3일 전의 상대습도 H_4 : 4일 전의 상대습도

※ 건조특보

① 주의보 : 실효습도가 35% 이하로 2일 이상 계속될 것이 예상될 때

② 경보 : 실효습도가 25% 이하로 2일 이상 계속될 것이 예상될 때

6. 덕트의 부하계산에서부터 덕트 시공사양까지의 덕트 설계순서를 작성하시오.

정답 (1) **부하계산** : 부하계산 프로그램 등을 이용하여 각 실(室)에 요구되는 부하를 산정한다.

(2) **송풍량(CMH) 결정** : 보통 현열부하를 기준으로 아래와 같이 계산한다.

$$Q = \frac{q_s}{C_p \cdot \rho \cdot \Delta t}$$

여기서, q_s : 현열부하 (kW)

        Q : 풍량 (m³/h = 1/3600 m³/s)

        ρ : 공기의 밀도 (m³)

        C_p : 공기의 비열 (1.005 kJ/kg·K)

        Δt : 취출온도차 (실내온도 - 공조기의 설계 취출온도)

(3) **취출구 및 흡입구 위치, 형식, 크기 및 수량 결정**

① 최소 확산반경 내에 보나 벽 등의 장애물이 있거나, 인접한 취출구의 최소 확산반경이 겹치면 드리프트(Drift ; 편류현상)현상이 발생한다.

② 따라서 취출구의 배치는 최소 확산반경이 겹치지 않도록 하고, 거주 영역에 최대 확산반경이 미치지 않는 영역이 없도록 천장을 장방형으로 적절히 나누어 배치한다.

(4) **덕트의 본관, 지관의 경로 결정**

① 간선덕트 방식 : 천장취출, 벽취출 방식 등

② 환상덕트 방식 : VAV 유닛의 외주부 방식 등

③ 개별덕트 방식 : 소규모 건물 등

(5) **덕트의 치수 결정**

① 등속법 : 풍량을 결정하고 풍속은 일정한 임의값을 선정하여 메인 덕트 치수를 풍량과 풍속에 의해 구한다.

② 등압법(등마찰 저항법, 등마찰 손실법) : 덕트의 단위길이당 마찰저항이 일정한 상태가 되도록 덕트 마찰손실선도에서 직경을 구하는 방법으로 쾌적용 공조의 경우에 흔히 적용된다.

③ 개선등압법(Improved Equal Friction Loss Method) : 등압법을 개량한 것으로, 먼저 등압법으로 덕트치수를 정한 후 풍량분포를 댐퍼 없이도 균일하게 하도록 분기부의 덕트치수를 작게 해서 압력손실을 크게 하고 균형을 유지하는 방법이다.

④ 정압 재취득법(Static Pressure Regain Method) : 정압을 일정하게 해주기 위해 앞 구간의 취출 후에는 풍속을 감소시켜 정압을 올려준다.

⑤ 전압법 : 각 취출구까지의 전압력손실이 같아지도록 설계하는 방법이다.

(6) 송풍기 선정 : 상기 (2)번에서 정해진 송풍량(CMH)과 (4)번에서 결정된 덕트방식에 따른 기외정압을 계산 후 이를 기준으로 송풍기를 선정한다.

(7) 설계도 작성 : 상기 (6)번까지의 선정된 내용을 기준으로 도면상에 장비일람표 및 설치도면, 표제란 등을 작성한다.

(8) 설계 및 시공 사양 결정 : 상기 (7)번까지의 선정된 내용을 기준으로 각 설비 기기의 사양표, 설계시방서 등을 작성한다.

---

7. 실내공기분포 환경에 미치는 요소와 최적 실내기류값을 냉방과 난방으로 구분하여 설명하시오.

정답 **(1) 실내공기분포 환경에 미치는 요소**

① 토출기류 4역 : 임의의 x 지점에서의 기류의 중심속도를 V_x 라고 하고, 디퓨저 초기 분출 시의 속도를 V_0 라고 하면 아래와 같다.

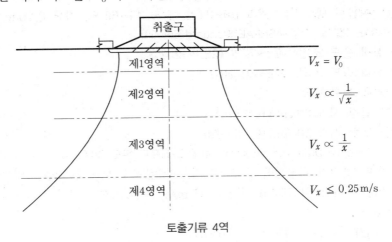

취출구	
제1영역	$V_x = V_0$
제2영역	$V_x \propto \dfrac{1}{\sqrt{x}}$
제3영역	$V_x \propto \dfrac{1}{x}$
제4영역	$V_x \leq 0.25\,\mathrm{m/s}$

토출기류 4역

㈎ 1역 ($V_x = V_0$) : 보통 취출구 직경의 2~6배까지를 1역으로 본다.

㈏ 2역 ($V_x \propto \dfrac{1}{\sqrt{x}}$) ⇨ 천이영역(유인작용) : Aspect ratio가 큰 디퓨저일수록 이

구간이 길다.

(대) 3역($V_x \propto \dfrac{1}{x}$) ⇨ 한계영역(유인작용) : 주위 공기와 가장 활발하게 혼합되는 영역으로, 일반적으로 가장 길게 설계하는 것이 유리하다. 여기서, 유인비는 아래와 같이 계산한다.

$$\text{유인비} = \frac{\text{1차 공기량} + \text{2차 공기량}}{\text{1차 공기량}}$$

(라) 4역($V_x \leq 0.25 \text{ m/s}$) ⇨ 확산영역 : 취출기류속도 급격히 감소, 유인작용 없음

② 확산반경

(가) 최소 확산반경 내에 보나 벽 등의 장애물이 있거나, 인접한 취출구의 최소 확산반경이 겹치면 드리프트(Drift : 편류)현상이 발생할 수 있으니 주의를 요한다.

(나) 취출구의 배치는 최소 확산반경이 겹치지 않도록 하고, 거주 영역에 최대 확산반경이 미치지 않는 영역이 없도록 천장을 장방형으로 적절히 나누어 배치한다.

(다) 보통 분할된 천장의 장변은 단변의 1.5배 이하로 하고, 또 거주영역에서는 취출 높이의 3배 이하로 한다.

(2) 최적 실내기류값

① 유효온도(ET : Effective Temperature) 기준한 해석

(가) 유효온도란 건구온도, 습도, 기류를 조합한 열쾌적지표(주관적)이다.

(나) 기류는 정지상태(무풍), 습도는 포화상태를 기준으로 이때의 기온을 유효온도라 한다(습도=100 %, 기류=0 m/s에서의 환산온도).

(다) 쾌적 ET의 범위

㉮ 겨울철 난방 시 : 온도 17~22℃, 습도 40~60 %, 기류 0.15 m/s

㉯ 여름철 냉방 시 : 온도 19~24℃, 습도 45~65 %, 기류 0.25 m/s

② ASHRAE 핸드북 기준(ASHRAE Standard 55~92)

(가) 실내 온도 조건 : 73~77℉ (22.8~25℃)

(나) 실내 습도 조건 : 25~60 %RH

(다) 최대 기류속도

㉮ 난방 시 : 30 fpm (0.15 m/s)

㉯ 냉방 시 : 50 fpm (0.25 m/s)

③ EDT (Effective Draft Temperature ; 유효 드래프트 온도) 기준

(가) 어떤 실내의 쾌적성을 온도분포 및 기류분포로 나타내는 값을 말한다.

(나) 조건 : 바닥 위 75 cm, 기류 0.15 m/s, 기온 24℃

(다) 계산식

$$EDT = (t_x - t_m) - 8(V_x - 0.15)$$
$$= (\text{실내 임의장소 온도} - \text{실내 평균온도}) - 8(\text{실내 임의장소 풍속} - 0.15)$$

(라) EDT의 쾌적기준

㉮ EDT 온도 : -1.7 ~ 1.1℃ (혹은 -1.5 ~ 1.0℃)

ⓑ 기류 : 0.35 m/s 이하

④ ADPI [Air Diffusion (Distribution) Performance Index ; 공기확산성능계수] 기준

　(가) 실내에서 쾌적한 EDT 위치의 백분율을 말한다.

　(나) 즉 ADPI는 거주구역의 계측점 가운데, 실내기류속도 0.35m/s 이하에서 유효 드 래프트 온도차가 −1.7℃~1℃의 범위에 들어오는 비율을 나타낸 쾌적상태의 척도이다.

　(다) 공기류의 도달거리(수평 방향)를 실(室)의 대표길이로 나눈 수치가 통계적으로 ADPI에 관련지어진다 (여기서 도달거리는 '토출구로부터 풍속이 0.25 m/s 되는 지점까지의 거리'를 말하며, 유인비를 크게 하면 취출되는 공기의 도달거리가 짧아질 수 있어 주의를 요한다).

　(라) 이 수치는 특수한 VAV 디퓨저와 저온 취출구와의 사이에서는 다를 수도 있다.

　(마) ADPI가 높다면 높은 만큼 예측되는 실내의 쾌적성은 높아진다.

　(바) ADPI는 실내 온도상태의 척도지만, 공기가 충분히 섞여 있는 실내에서는 오염물질 제거효과와 IAQ에도 관련되고 있다.

---

8. 지상에 설치된 물펌프를 사용하여 터파기 공사에서 생긴 지하수를 퍼 올리고자 한다. 이 때 기계적 성능 손실이 없는 이상적인 물펌프를 사용할 경우 최대 몇 m 깊이에 있는 물을 퍼 올릴 수 있는지 설명하시오.

정답 (1) 개요

① 지상에 설치된 물펌프를 사용하여 터파기 공사에서 생긴 지하수를 퍼 올리고자 할 경우 개방형 수배관의 회로가 구성되어 수두압이 크게 걸릴 수 있기 때문에 주의를 요한다.

② 보통 펌프의 이론적 최대 흡입양정은 10.332 m이므로, 10.332 m만큼 물을 길어 올릴 수 있다. 그러나 관마찰, 온도의 영향 등으로 인하여 실양정은 이보다 훨씬 더 적게 된다.

(2) 유효흡입양정(NPSH : Net Positive Suction Head)에 의한 해석

① 유효흡입양정이란 Cavitation이 일어나지 않는 흡입양정을 수주(水柱)로 표시한 것을 말하며, 펌프의 설치상태 및 유체온도 등에 따라 다르다.

② 펌프 설비의 실제 NPSH는 펌프 필요 NPSH보다 커야 Cavitaion이 일어나지 않는다.

③ 이용 가능 유효흡입양정

　　$NPSH_{av} \geq 1.3 \ NPSH_{re}$

여기서, • $NPSH_{re}$: 필요(요구) 유효흡입양정(회전차 입구 부근까지 유입되는 액체는 회전차에서 가압되기 전에 일시적으로 급격한 압력강하가 발생하는데, 이러한 압력강하에

해당하는 수두를 $NPSH_{re}$라고 한다. → 펌프마다의 고유한 값이며, 보통 펌프회사에서 제공된다.

- $NPSH_{av}$: 이용 가능한 유효흡입양정

④ NPSHav 계산식

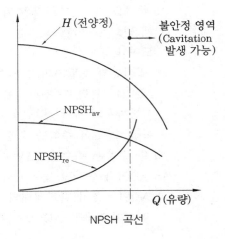

$$H_{av} = \left(\frac{P_a}{\gamma}\right) - \left(\frac{P_{vp}}{\gamma} \pm H_a + H_{fs}\right)$$

여기서,

H_{av} : 이용 가능 유효흡입양정
  (Available NPSH ; m)

P_a : 흡수면 절대압력 (Pa)

P_{vp} : 유체온도 상당포화증기 압력 (Pa)

γ : 유체비중량 (N/m^3)

H_a : 흡입양정 (m) ; 흡상 (+), 압입 (−)

H_{fs} : 흡입손실수두 (m)

NPSH 곡선

(3) 결론

① 상기 식에서 보듯이, 펌프의 이론적 최대 흡입양정은 10.332 m이지만, 관마찰, 온도의 영향, 해발고도나 대기압의 작용점 등에 따라 이보다 훨씬 못 미치는 수준으로 실양정이 형성된다. 보통 실질적인 양정은 약 6~7 m이다.

② 만약 이를 넘어서면 상기 그림에서 보듯이, 캐비테이션의 발생으로 정상적인 펌핑이 이루어질 수 없다.

③ 이는 펌프는 액체를 빨아올리는 데 대기의 압력을 이용하여 펌프 내에서 진공을 만들고(저압부를 만듦) 빨아올린 액체를 높은 곳에 밀어 올리는 기계이므로 그 한계가 있다는 것을 항상 명심해야 한다.

④ 이때 발생할 수 있는 캐비테이션 현상은 압력의 강하로 물속에 포함된 공기나 다른 기체가 물에서부터 유리되어 생기는 것으로 이것이 소음, 진동, 부식의 원인이 되는 등 펌프 등에 치명적인 손상을 입힐 수 있다.

---

9. 액-가스 열교환기를 가진 냉동 사이클을 적용하는 이유와 장단점을 설명하시오.

정답 **(1) 액-가스 열교환기의 적용 이유**

① 다음 그림과 같이 증발기로부터 압축기로 흡입되는 기체 냉매와 응축기에서 나와서 증발기로 들어가는 액체냉매 간의 열교환을 통하여 과랭각도를 높여 냉동장치의 성능(냉동능력)을 향상하는 것이 액-가스 열교환기를 적용하는 궁극적 목적이다.

② 다음 $P-h$ 선도는 과랭각도가 성능 (냉동능력)에 미치는 영향을 설명하는 그래프이

다. $P-h$ 선도상 과랭각도가 a→b로 증가함에 따라 냉동능력도 (h_1-h_4)→ (h_1-h_6)로 현격히 증가할 수 있다.

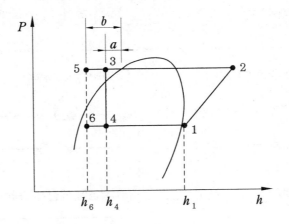

③ 액-가스 열교환기를 적용하는 부가적인 이유는 냉동장치의 과랭각도와 더불어 과열도 또한 적절히 높여줄 수 있어 냉동장치의 안정성에 도움을 줄 수 있기 때문이다.

④ 액-가스 열교환기는 압축기로 흡입되는 기체 냉매(과열도 필요)와 응축기에서 나오는 액체냉매(과랭각도 필요) 간의 열교환을 통하여 액체냉매와 기체냉매 양측 모두에 이득을 주고자 고안된 장치이다.

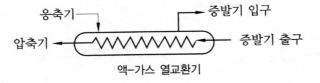

액-가스 열교환기

(2) 액-가스 열교환기의 장점

① 과랭각도를 높여주어 냉동장치의 성능(냉동능력)을 향상시킬 수 있다.

② 과열도를 적절히 높여주어 압축기 보호역할(액압축 방지) 등을 해준다.

③ 과랭각도를 높여주어 냉매 계통상 Flash Gas의 발생을 방지할 수 있다.

(3) 액-가스 열교환기의 단점

① 액-가스 열교환기에서의 전열량이 증가하여 과열도가 지나치게 높게 되면, 압축기의 과열로 이어질 수 있으므로 주의를 요한다.

② 과열도가 지나치게 높게 되면 증발기 내부의 액체가 차지하는 용적이 감소하여 냉동능력 또한 하락하게 된다.

③ 이렇게 액-가스 열교환기는 그 전열량에 따라 장점과 단점이 상존하므로, 최적의 전열량(열교환량)을 유지될 수 있는 최적설계라든지, 혹은 자동제어를 정밀하게 잘 꾸며줄 필요가 있다.

10. 다음 시퀀스 제어를 접점 표시법(a접점, b접점)의 횡서 기호로 각각 나타내시오.
  (1) Push button switch   (2) Selector switch
  (3) Limit switch   (4) 열동형 계전기 (THR)
  (5) Timer

정답 (1) Push button switch

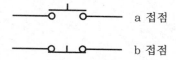

a 접점

b 접점

(2) Selector switch

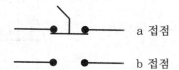

a 접점

b 접점

(3) Limit switch

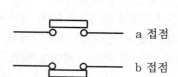

a 접점

b 접점

(4) 열동형 계전기 (THR)

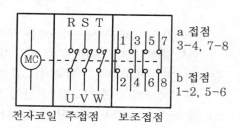

전자코일   주접점   보조접점

(5) Timer

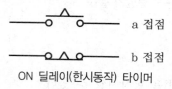

a 접점

b 접점

ON 딜레이(한시동작) 타이머

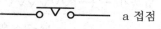
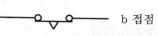

a 접점

b 접점

OFF 딜레이(한시복귀) 타이머

11. 저온저장고에서 CA(controlled atmosphere) 저장의 필요성, 효과 및 문제점에 대해서 설명하시오.

정답 (1) CA (Controlled Atmosphere) 저장의 필요성

① CA 저장이란 냉장실의 온도를 제어함과 동시에 공기조성도 함께 제어하여 냉장하는 방법으로, 주로 호흡이 왕성한 청과물(특히, 사과)이나 채소류 등의 저장에 많이 사용된다.

② 청과물이나 채소류는 수확 후에도 살아 있기 때문에 호흡을 계속하여 영양분을 소모하는데, 품온(品溫)을 낮추면 호흡이 억제되어 영양 소모가 적어져서 저장기간이

길어진다. 그런데 청과물, 채소류 등은 특성상 호흡을 억제하기 위해 온도를 많이
낮추면 저온장애(cold injury)를 입을 수 있다.

③ 그러므로 저장고 내 온도는 적당히 낮추고, 공기 중의 CO_2 분압을 높이며, O_2 분압
을 낮춤으로써 호흡을 억제하는 방법이 사용되는데, 이를 CA 저장이라 한다.

④ CA 저장의 방법으로는 N_2가 많은 인공 공기(약 N_2 96 %, O_2 2~3 %, CO_2 1~2 %)를
연속적으로 공급하여 주고, 시간의 경과에 따라 고내에 축적되는 CO_2는 별도의 제거
장치(scrubber)에 의해 제거해 주는 방법을 많이 쓴다.

(2) CA 저장의 효과

① CA 저장은 생화학적 및 물리화학적 변화가 방지되고 후숙과 노화가 억제되며 생리
적 장해를 경감시키고 병충해 침입을 방지할 수 있으며 신선도 유지 및 저장기간이
연장된다.

② 엽록소(chlorophyll)의 분해를 탄산가스가 억제하여 '녹색의 보존'이 가능해진다.

③ 저장 중에 유기산의 감소를 억제하는데, 신맛이 중요한 성분인 과실류에는 특히 중
요하다.

④ 저장 중 육질이 물렁해지는 것을 막아주어 과일의 단단한 조직감(경도)을 유지해준
다(특히 사과, 단감 등에서 중요).

⑤ 과실의 향기, 당도, 색상 등이 그대로 보존되어 상품성이 우수하다.

⑥ 식품의 외관이 좋고 기호도가 높게 된다.

(3) CA 저장의 문제점

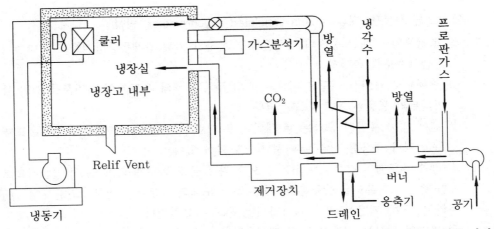

※ **주** : 공기를 프로판 등으로 연소시켜 저O_2, 고CO_2 상태로 만들어 냉장실에 공급하는 방식
(발생기 이용 방법)

CA 저장창고의 실례

① 저장창고 운영상 CO_2의 농도가 한계를 넘으면 오히려 열화될 수 있어 주의를 요한다.

② CA 저장고는 일반 저온저장고 대비 시공비가 비싼 편이다.

③ 보통 설비운전 전문가가 상주해야 하는 등 운영비용 부담이 크다.

④ CA 저장은 장치가 복잡하여 대량 저장하는 경우에 적합할 수 있지만, 소량 저장시에는 경제성이 오히려 떨어질 수 있다.

⑤ 항온을 유지하기 위해 완벽한 밀폐 저장고가 필요하다.

⑥ 장기간 저장이 필요한 식품의 경우에는 유지비가 매우 많이 증가할 수 있다.

12. 냉동 시스템의 습도제어기를 3가지만 열거하고 각각의 특징에 대해 설명하시오.

정답 아래에서 3가지를 골라 작성한다.

(1) 간이 건습구 온도계 방식

① 원리는 건조한 상태의 온도를 측정하는 온도계(건구)와 물에 젖은 거즈로 싼 젖은 상태의 온도를 측정하는 온도계(습구)를 조합하여 두 개의 온도 측정값을 비교한다.

② 일정한 온도와 압력하에서 기체가 갖는 습도에 따라 기화하는 물의 양이 비례하고 이 때 기화열로 인해 습구의 온도가 건구의 온도보다 낮게 나타나므로 습도가 낮을수록 온도편차가 커진다.

③ 간이 건습구 온도계의 경우 풍속에 따라 건구와 습구 사이의 열 전달에 영향을 미치므로 풍속이 1 m/s 이하에서 사용이 권장된다.

④ 간이 건습구 온도계는 ±5 % R.H. 이상의 낮은 정확도를 가지며, 물이나 거즈가 오염되면 오차가 커지기 때문에 관리하기가 불편하다는 단점이 있다.

(2) 아스만 통풍건습계(Assmann ventilated psychrometer) 방식

① 측정오차에 대한 풍속의 영향을 최소화하기 위해 강제통풍장치를 이용하여 설계된 건습구습도를 측정하는 방식이다.

② 평행으로 늘어선 건구용 및 습구용의 두 온도계와 온도계의 지지부를 겸한 통풍관, 머리부의 통풍팬 등으로 구성된다.

③ 팬에 의해 흡입된 공기는 두 개의 원통 아랫부분으로 들어가서 각각의 온도계의 주위를 지나 통풍통 상부로 빠져나가게 되어 있다.

④ 한쪽 온도계의 감온부는 거즈 등으로 싸서 물로 적시게 되어 있고, 일반적으로 이것을 습구, 그 온도를 습구온도, 다른 쪽 온도계의 감온부를 건구, 그 온도를 건구온도라고 하며, 기온은 건구가 나타내는 온도로 표현한다.

⑤ 기기의 외부는 니켈 도금이 되어 있고 열이 전달되지 않도록 설계되어 있다.

⑥ ±1 % R.H. 이내의 정확도로 측정 가능하며 통풍모터를 적어도 12분 이상 돌려 건구온도계와 습구온도계의 주변에 2.4 m/s 이상의 풍속을 유지해야 한다.

⑦ 측정하기 전 습구에 감겨있는 거즈를 물에 흠뻑 적신 다음 측정환경에 충분한 시간동안 방치하여 안정한 온도를 표시하도록 한다.

⑧ 위와 같이 준비하여 가동한 후 수 분(8~10분) 이상 경과하여 습구 온도가 최솟값을 지시할 때 온도눈금을 읽는다.

(3) 노점습도계 방식

① 측정하려는 공기 중의 수증기 분압이 포화상태에 이르렀을 때, 온도와 압력이 변하지 않는 열역학적 평형상태에서는 측정하려는 공기 주변에 이슬 또는 서리가 맺히면 이때의 상대습도는 100 % R.H.이며, 이때의 온도를 원래 측정하려는 공기의 노점 (dew point temperature)이라고 할 수 있다.

② 그 종류는 매우 다양하며 대표적인 종류는 아래와 같다.

   (개) 자동노점계 방식 : 습도를 직접적으로 측정하는 몇 안 되는 방법 중 하나이며 5 % R.H. 이상되는 기체의 수증기를 측정하는 가장 정확한 방법이다.

   (내) 수정노점습도계(quartz oscillator dew-point hygrometer) 방식 : 수정진동자에 흡습성이 있는 폴리아미드 수지 박막을 증착시켜 수정진동자의 질량 변화에 대해 고유진동수의 변화가 생기는 원리를 이용하는 방식이다.

   (대) Alnor 노점계방식 : 측정하려는 가스를 밀폐되고 외부와 단열된 용기에 수동 펌프로 빨아들인 후 적절한 압력을 압축시키고, 어느 정도 적정한 압력이라고 판단되면 팽창실로 순간적으로 팽창시키고 안개가 나타나는 임계압력과 온도와의 상관관계로 노점을 계산하는 방식이다.

(4) 고분자 박막형 습도계(thin film digital hygrometer) 방식

① 감습부의 전기저항이 흡습, 탈습에 의해 변화하는 것을 이용한 습도계로서 감습부의 함유 수분이 피측정 기체의 습도와 균형을 유지할 때의 전기저항을 측정하고 감습부의 저항특성에 의해서 상대습도를 구하는 측정 방식이다.

② 습기를 포함한 물은 순수가 아닌 이상 어느 정도의 전기저항을 갖게 된다. 특히 공기 중에 존재하는 습기는 공기 중의 많은 무기물을 함유하고 있어서 도체의 역할을 하게 되는데, 이 습기가 흡습성이 강한 소자면에 흡수되면 전극 사이의 전기저항을 변화시키는 것을 응용하여 습도를 측정하는 방식이다.

③ 여기에 사용하는 감습 소자는 얇은 유리 박막에 염화리튬을 바르고 전극을 붙인 것이다. 이렇게 만든 소자는 습도가 증가하게 되면 전기저항이 급격히 감소하는 성질이 있으며 온도가 높을수록 전기저항이 적어서 정확도가 ±2 % R.H. 정도이며 기체의 압력이나 풍속의 영향이 없다.

④ 고습도 영역의 측정이 가능하고 다른 기체의 영향을 쉽게 받지 않고 장기적으로 안정성을 유지할 수 있으나 저습도 영역에서는 측정이 어렵다.

⑤ 일반적으로 10 % R.H. 이하의 저습도의 측정에는 적합하지 않다.

(5) 모발습도계(hair hygrometer) 방식

① 습도 변화에 따른 모발의 흡습·탈습에 의한 팽창·수축을 이용한 습도제어기 방식

으로, 습도를 자동으로 측정하여 기록할 수 있는 장치이다.

② 보통은 바이메탈을 이용하여 온도도 동시에 기록한다.

③ 모발의 장력은 온도에 대한 의존도가 커서 0℃ 이하에서는 모발이 손상될 수 있으며 20 % R.H. 이하의 값은 신뢰할 수가 없다는 단점이 있다.

④ 천연모발을 사용하는 경우에는 전처리를 할 때 조직을 파괴하지 않고 에틸에테르, 벤젠, 묽은 칼륨, 탄산나트륨을 사용하여 탈지 (grease removing)하는 것이 중요하고 감습(dehumidification) 특성을 향상시키기 위하여 압연처리와 화학처리를 한다.

⑤ 모발 습도계는 화학적 오염에 대해 취약하여 지시값 변화나 응답 지연 등 성능이 떨어지게 된다. 또한 화학물질에 오염되었을 때나 외부로부터 기계적 충격을 크게 받았을 때 정도가 떨어진다.

---

13. 해수용 열교환기에 적용할 수 있는 클래드 (Clad) 강판에 대해 설명하시오.

정답 **(1) 클래드 (Clad) 강판의 정의**

① 클래드 강판이란 모재 금속에 새로운 기능을 부여하기 위하여 모재 금속판재의 표면에 다른 금속판재를 금속학적으로 붙인 강판을 말한다.

② 클래드 강판은 주로 연강후판을 모재로 하여 그 단면 또는 양면에 니켈, 니켈합금, 스테인리스강, 황동강, 고탄소강, 알루미늄, 아연합금 등 다른 종류의 강 또는 금속을 압착한 것으로 '접합 강판'이라고도 한다.

(2) 클래드 강판의 특성

① 클래드는 성질이 서로 다른 금속을 압착함으로써 각각의 재료가 가진 장점만을 극대화하는 기술로, 도금과는 달리 다른 금속의 얇은 판을 포개서 함께 압연하여 강판의 강도, 특성 등을 극대화할 수 있는 기술이다.

② 클래드 강판 중에서는 스테인리스 또는 고탄소를 압착한 것이 가장 일반적으로 많이 사용되며, 모재에 대한 클래드 소재의 조합비율은 보통 10~20 % (실치수로 약 1~5 mm), 완성품의 두께는 1~2 mm부터 100 mm 이상까지 다양하다.

③ 기타 클래드 소재로 사용되는 금속에는 니켈, 동, 알루미늄, 티타늄 등이 있는데 각 소재의 특성에 따라 적용되는 분야도 다르다.

(3) 해수용 열교환기 재료에 적용

① 열교환기나 공조 기기의 경우에는 내식성 소재인 스테인리스와 발열 성능을 갖춘 알루미늄, 동 등을 결합한 클래드 강판 제품을 주로 사용한다.

② 동과 스테인리스를 2중 또는 3중 구조로 결합해 적정한 강도와 내구성, 열전달성 등을 동시에 실현하는 경우도 있다.

③ 일반 동에 비해 약 30~40 % 원가 절감이 가능하면서도 동이나 알루미늄이 가진 우수한 열전달 특성, 스테인리스가 가진 내식성 등을 발휘함으로써 해수용 열교환기로서의 쓰임새도 앞으로 커질 것으로 예상된다.

④ 또한 최근 티타늄을 적용한 클래드 강판이 개발되었다. 티타늄은 내식성 및 강도가 우수하고 내변형성을 갖추었기 때문에, 해수용 열교환기나 건축자재 현장에 많이 적용될 전망이다.

⑤ 티타늄과 알루미늄 혹은 티타늄과 스테인리스를 결합한 형태 등의 클래드 강판이 신소재로 개발되면서 티타늄 자재의 대중화도 실현되고 있다.

(4) 기타 클래드 강판의 응용

① 스테인리스, 알루미늄, 스테인리스로 구성된 제품(STS+Al+STS)은 우수한 열전도성과 위생성을 바탕으로 주방용 제품의 소재로 사용되고 있다. 3중 구조로 이루어진 이 클래드 강판은 알루미늄의 열전도성에 스테인리스가 가진 고강도, 우수한 가공성이 더해져 조리시간을 10~20 % 단축해 에너지소비를 줄일 뿐만 아니라 위생적이다.

② 전자제품에 사용되는 제품은 동과 알루미늄 혹은 동과 스테인리스를 결합해 전기전도도를 유지하면서 높은 강도를 실현할 수 있다.

③ 동·스테인리스·동 3중 제품은 주철로 제작되어 무겁고 부피가 큰 자동차 변속기 부품을 대체하며 각종 오일쿨러와 변속기 부품소재에 적용되어 가공성 및 신뢰성이 우수한 편이다.

---

14. 식품을 냉각저장하는 중 발생할 수 있는 품질변화를 5가지만 열거하고 각각에 대해 설명하시오.

정답 아래의 소분류 중 5가지를 골라 작성한다.

(1) 생물학적 변화

① 냉해
  (가) 최적 저장 온도 이하에서 손상되는 생리 장해(바나나 등) 발생
  (나) 냉해에 영향을 미치는 인자 : 온도, 저장기간, 성숙도, 저장 공기 조성, 습도 등

② 신선도 저하
  (가) 과채류는 수확 후에도 호흡에 의한 성숙작용 계속
  (나) 호기적 호흡 작용 시 이산화탄소, 물, 열, 휘발성 물질 생산 → 식품의 변화를 빠르게 함
  (다) 과채류는 그 종류에 따라 호흡작용이 상이함. 특히 사과, 배, 복숭아, 자두, 오렌지, 토마토 등은 후숙작용(climacteric)이 있어 호흡작용이 급격히 증가하는 구간이 존재하는 대표적인 과실류이다.

(라) 육류의 경우 자가소화 진행

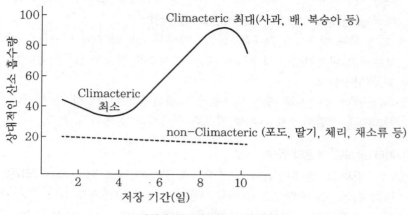

과일의 종류에 따른 호흡작용

③ 미생물 생육

(가) 저온에서는 미생물의 생육을 느리게 함 (멈추게 하는 것이 아님)

(나) 저온성 세균의 경우 대부분 유해균이므로 유의해야 함

(다) 저온에서 장기간 저장 시 미생물에 의한 변질 발생률 증가

(라) 냉동온도에서도 생육 가능 미생물 존재

④ 효소 작용

(가) 저온에서는 효소 반응이 완전히 억제되지 않음 (속도만 느려짐)

(나) 완전 동결보다 부분 동결의 경우 변질 발생률 증가 → 용질의 농축으로 기질 농축

효과 발생 → 효소 반응 증가

(2) 물리적 변화

① 수분 증발

(가) 중량 감소, 형태 변화(위축), 연화, 변색 등

(나) 수분의 증발은 산화작용도 동시에 진행되는 경우가 많음

(다) 전분의 경우 수분 증발이 노화 촉진

② 냉동화상(Freeze burn) : 냉동 식품의 색, 조직, 향미, 영양가, 휘발성 물질 등 변화

③ 얼음 형성에 의한 조직 변화

(가) 완만동결 : 품질 저하

(나) 급속동결 : 품질 유지

④ 드립(Drip) 발생

(가) 드립은 식품에서 용액이 분리되는 현상을 말한다.

(나) 영양성분 손실, 풍미, 중량 감소 및 조직감 저하

(다) 급속동결이 완만동결에 비하여 드립 적음

⑤ 유화상태 파괴 : 냉동에 의해 유탁액이 파괴될 수 있음

⑥ 단백질 변성

(개) 냉장 : 단백질 안정성이 증가 (일부 단백질은 변성하기도 함)

(내) 냉동 : 단백질 변성이 많이 발생됨 (특히 어류)

(대) 단백질 냉동변성 방지제 : 당류가 일반적으로 이용됨

⑦ 전분의 노화

(개) 떡이나 빵이 실온보다 냉장고에서 더욱 빨리 굳어지는 것

(내) 냉장 온도인 0~5℃에서 노화가 가장 잘 일어남

(대) 노화 : 소화율 저하, 조직감 변화

(래) 노화 억제 방법 : 수분 함량의 조절, 냉동 방법, 당첨가, 유화제의 사용, 효소 이용, 변성 전분 사용 등

(3) 화학적 변화

① 색, 비타민 및 향의 변화

(개) 채소류 : 냉동저장 시에 색 및 향미의 변화가 일어남

(내) 채소류 색소 : 엽록소, 카로티노이드, 안토시아닌 등의 색 변화

(대) 동물성 색소 : 마이오글로빈·헤모글로빈이 산화되어 갈변

(래) 기타 비타민 파괴 등

② 지질의 변화

(개) 냉동 중에도 지질의 산화는 진행됨

(내) 지질의 산화 : 풍미 저하, 변색, 산패 등 발생

(대) 산화속도 : 지방산 > 지질

(래) 냉동 상태에서도 리파아제(lipase) 효소의 활성 존재 → 지방산 발생

---

15. 습공기의 비엔탈피가 h[J/kg], 수증기의 비엔탈피가 h_v[J/kg], 건구온도가 t[℃], 건공기의 정압비열이 C_p[J/kg·℃]일 때, 절대습도 w[kg$_v$/kg]를 구하는 식을 쓰시오.

정답 습공기의 비엔탈피 $h = C_p \cdot t + w \cdot h_v$ 이므로,

$$절대습도 \ w = \frac{h - C_p \cdot t}{h_v}$$

---

16. $1\dfrac{Btu}{h \cdot °F \cdot ft^2}$ 를 $\dfrac{W}{m^2 \cdot ℃}$ 단위로 변환하시오. (단, 1Btu =1.055kJ, 1ft =12inch, 1inch =0.0254m, °F =화씨(Fahrenheit) 온도단위, ℃ =섭씨(Celsius) 온도단위, 소수점 셋째자리까지 반올림하시오.)

정답 $1\dfrac{\text{Btu}}{\text{h}\cdot{}^\circ\text{F}\cdot\text{ft}^2}=\dfrac{1055\text{J}}{3600\text{s}\cdot1.8^\circ\text{C}\cdot12^2\cdot0.0254^2\,\text{m}^2}=\dfrac{1.752\text{W}}{\text{m}^2\cdot{}^\circ\text{C}}$

17. 창호의 기밀성을 측정하는 표준 방법과 등급 산정에 대하여 설명하시오.

정답 (1) 압력차 측정기

다음 그림과 같이 장치하여 압력상자 내부와 기밀상자 내부의 압력차를 측정할 수 있는 장치일 것

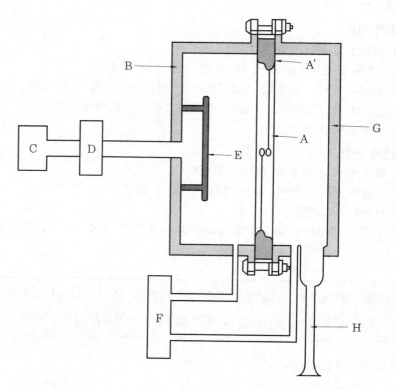

KS F 2292의 압력차 측정기

(A : 시험체, A' : 시험체 부착틀, B : 압력상자, C : 송풍기, D : 압력조절기,
E : 차단판, F : 압력차 측정기, G : 기밀상자, H : 유속 측정장치)

(2) 시험체

시험체는 사용 상태에 준한 방법으로 바르게 조립된 창호로 시험체 부착틀에 부착된 것으로 한다. 다만, 시험체를 직접 압력상자에 부착할 수 있는 경우에는 시험체 부착틀을 사용하지 않아도 좋다.

(3) 시험체 부착틀

시험체 부착틀은 시험체와 압력상자 개구부 사이에 끼워넣어 시험체를 보통의 사용상태에서 바르게 부착할 수 있고, 시험 압력에 충분히 견딜 수 있도록 견고하여야 하며, 또한 압력상자와의 사이에 틈이 없도록 부착할 수 있어야 한다.

(4) 표준 측정방법(기밀성 시험순서)

① 예비가압 : 측정하기 전에 250Pa의 압력차를 1분간 가한다.

② 개폐 확인 : 창호의 가동 부분을 기밀재의 움직임을 확인할 수 있을 정도로 움직이고, 정상인 것을 확인한 후 자물쇠를 채운다. 또한 장치에 따라서는 예비가압을 실시하기 전에 하여도 좋다.

③ 가압 : 아래 그림의 가압선에 따라 가압하며, 시험에 사용하는 압력차는 10Pa, 30Pa, 50Pa 및 100Pa로 한다.

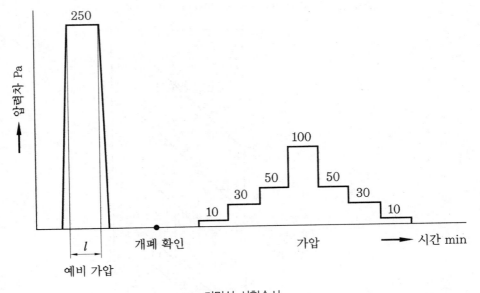

기밀성 시험순서

④ 측정 : 개개의 압력차마다 유량이 정상으로 되었을 때 공기 유속을 측정하여 통기량을 산출한다.

⑤ 결과의 표시 : 통기량은 각각의 가압 시 시험체 면적 $1m^2$에 대하여 1시간당 유량을 나타내고, KS F 2297의 6.(시험결과)에 규정하는 기준 상태의 값으로 다음 식을 사용하여 환산한다. 환산 결과는 세로축에 통기량을, 가로축에 압력차를 갖는 양 대수 그래프로 표시한다. 특히 등급선을 읽는 데 사용하는 유량은 승압 시의 값과 강압시의 값 중 큰 값을 사용한다.

$$q = \frac{Q}{A} \cdot \frac{P_1 \cdot T_0}{P_0 \cdot T_1}$$

여기서, q : 기준 상태로 환산한 통기량 $(m^3/h \cdot m^2)$
Q : 측정된 유량 (m^3/h) A : 시험체 면적 (m^2)
P_0 : 1013 hPa P_1 : 실험실의 기압 (hPa)
T_0 : $273 + 20 = 293$ (K) T_1 : 측정 공기 온도 (K)

(5) 창호의 기밀성 등급 산정

기밀성 등급은 다음 그래프(기밀성 등급선)로 표시한다. 다음 수식으로 환산한 통기량이 각 압력차에 따른 등급선을 밑돌 때 그 등급선의 등급을 읽는다.

① 등급선 작성

$$q = \alpha (\Delta P \times 10^{-1})^{\frac{1}{n}}$$

여기서, q : 통기량 $(m^3/h \cdot m^2)$, α : 1, 2, 8, 30, 120 $(m^3/h \cdot m^2)$
ΔP : 압력차 (10Pa, 30Pa, 50Pa, 100Pa), n : $n = 1$

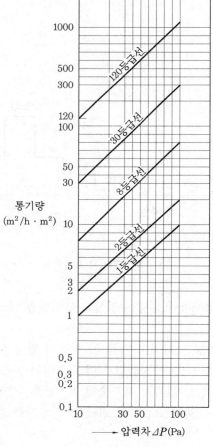

기밀성 등급선

18. 냉매액이 압축기에 흡입되는 원인과 대책에 대하여 설명하시오.

정답 **(1) 개요**

① 냉매액이 압축기에 흡입되는 현상을 Liquid Back(액냉매 역류 현상) 혹은 액백현상이라고도 부르며, 이 경우 냉동사이클에 여러 가지 악영향을 끼치므로 반드시 대책이 강구되어야 한다.

② 냉동사이클에서 냉매액이 압축기로 흡입되면 습압축이 이루어져 압축기에 무리를 주고, 심하면 파손에까지 이를 수 있으며, 냉동사이클의 성능 하락의 원인이 되기도 한다.

③ 냉매액이 압축기에 흡입되는 원인은 크게 냉동사이클 자체의 문제와 배관 시스템상의 문제로 나누어 해석해 볼 수 있다.

(2) 냉동사이클 측면의 문제(원인) 및 대책

① 증발기의 전열면적 부족

　(가) 원인 : 증발기의 전열면적이 너무 적을 경우 냉동사이클의 증발력이 부족해져서 냉매액이 압축기로 흡입될 수 있다.

　(나) 대책 : 증발기의 전열면적이 부족해지지 않도록 충분하게 확보한다.

② 증발기의 풍량 부족

　(가) 원인 : 증발기의 풍량이 부족할 경우에도 역시 증발력이 부족해져서 냉매액이 압축기로 흡입될 수 있다.

　(나) 대책

　　㉮ 증발기의 설계풍량을 충분히 확보한다.

　　㉯ 증발기 주변에 장애물이 있을 경우 증발 풍량이 부족해질 수 있으므로, 증발기 주변에는 공기가 잘 통할 수 있도록 장애물이 없게 관리한다.

③ 냉매의 과충진

　(가) 원인 : 냉동사이클상 냉매가 과도하게 충진되어 있으면 증발기 출구측에 냉매액이 고이게 되며, 이 냉매액이 압축기 입구측으로 다시 흡입되어지는 것이다.

　(나) 대책 : 냉동사이클 내부의 충진 냉매는 부족하거나 지나치면 냉동성능이 하락되고, 냉매액이 압축기로 흡입될 수 있으므로 항상 최적량 충진이 중요하다는 것에 유의한다.

④ 팽창밸브(Expansion valve)에서 교축의 부족

　(가) 원인 : 증발기 입구의 팽창밸브에서 냉매의 교축이 부족하면 증발기로 냉매가 과도하게 넘어가게 되고, 결국 증발력이 부족하게 되어 액냉매가 압축기로 유입될 수 있다.

　(나) 대책 : 팽창밸브의 교축량이 증발기 면적에 알맞도록 선정되게 하여 항상 냉동사이클상 적절한 냉매유량이 흐르도록 제어해주어야 한다.

⑤ 어큐뮬레이터(Accumulator)의 미설치

　(가) 원인 : 압축기 흡입측에 어큐뮬레이터(Accumulator)를 설치하지 않을 경우, 냉

동시스템 운전 환경 변화에 따른 일시적 액냉매 발생 시 완충이 되지 못하고, 액냉매가 바로 압축기로 흡입될 수 있다.

(내) 대책 : 압축기 흡입측에 어큐뮬레이터를 반드시 설치하여 냉동사이클상 일시적 액냉매 발생시에도 액냉매가 바로 압축기로 흡입되는 것을 방지해준다.

(3) 배관 시스템상의 문제(원인) 및 대책

① 증발기가 압축기보다 상부에 설치된 경우

(개) 원인 : 증발기가 압축기보다 상부에 설치된 경우 상부로 루프 배관을 형성해 주지 않으면 압축기로 액냉매가 흡입될 수 있다.

(내) 대책 : 증발기가 압축기보다 상부에 설치된 경우 증발기보다 높게 상부로 루프 배관을 형성해 주어 압축기로 액냉매가 유입되는 것을 막거나 완화시켜 줄 수 있게 해준다.

② 장배관 고낙차 설치의 경우

(개) 원인 : 실외기와 실내기가 분리된 냉동시스템의 경우 그 연결배관을 장배관 혹은 고낙차 형태로 설치할 경우 배관 도중에 찬 곳을 통과하거나, 배관의 사이즈가 굵어진 부분이 있어서 압력이 증가하거나 유속의 불균일로 인하여 압축기 흡입관에 액냉매가 발생하여 압축기로 다시 흡입될 가능성이 있다.

(내) 대책

㉮ 분리형 냉동시스템에서 장배관 혹은 고낙차 형태로 장치를 설치할 경우 그 한계 거리를 기준치 이내로 관리해 준다.

㉯ 분리형 냉동시스템에서는 압축기의 흡입측 배관(가스 배관)을 한 사이즈 크게 해 주면, 이러한 현상이 방지되거나 다소 완화되어질 수 있다.

---

19. Sol-air temperature 를 설명하고 산출식을 쓰시오.

정답 (1) Sol-air temperature이란?

① Sol-air temperature는 상당외기온도(SAT)라고도 하며, 복사 열교환이 없으면서도 태양열의 복사와 대류에 의해 실질적으로 발생하는 열교환량과 동일하게 나타나는 외부 공기온도를 말한다.

② Sol-air temperature(SAT)는 실외온도에 벽체의 일사흡수량에 해당하는 온도를 더한 값이라고 할 수 있다.

(2) Sol-air temperature의 산출식

$$\text{Sol-air temperature(SAT ; 상당외기온도)} = t_0 + a \times \frac{I}{\alpha_0}$$

여기서, t_0 : 외기온도, a : 일사흡수율

I : 외벽면 전일사량(W/m^2), α_0 : 외표면 열전달률(W/m$^2 \cdot$ K)

20. 비공비 혼합냉매의 등압응축 및 등압증발 과정에서 온도의 변화를 설명하고, 비공비 혼합냉매를 사용하는 냉동 시스템에서 냉매 누설 시 충전하는 방법을 설명하시오.

정답 (1) 비공비 혼합냉매 냉동사이클(로렌츠 Cycle)은 역카르노 Cycle 대비 응축기에서는 온도가 하락하고 증발기에서는 온도가 상승하는 냉매 온도구배(Gradient)가 있는 것이 특징이다.

(2) 이러한 비공비 혼합냉매의 등압응축 및 등압증발 과정에서 온도의 경사구배 (Gradient) 현상은 시스템 냉동효율(성적계수 ; COP) 및 시스템의 안정적 운전 측면 에서 좋지 못한 결과를 초래할 수 있다.

(3) **역카르노 사이클과 로렌츠 사이클의 비교표**

구 분	역카르노 사이클	로렌츠 사이클
$T-S$ 선도		
적 용	순수냉매 혹은 공비 혼합냉매	비공비 혼합냉매(R407C 등)
특 징	응축기, 증발기 모두 등온/등압 과정	응축기에서는 온도 하락, 증발기에서는 온도 상승
개선책	–	대향류로 하여 일부 개선

(4) **비공비 혼합냉매를 사용하는 냉동 시스템에서 냉매 누설 시 충전하는 방법**

① 비공비 혼합냉매를 사용하는 냉동 시스템에서 냉매의 누설 발생 시에는 주로 끓는 점이 높은 HFC-32 등이 먼저 빠져나가 조성 혼합비가 변해버리기 때문에 냉매 계통 을 재진공 후 재차징(Recharging)을 해야 한다. 그렇지 않으면 냉동사이클에 심각한 악영향을 줄 수 있으며, 심하면 냉동시스템이 제대로 작동되지 않을 수 있다.

② 이런 이유로 비공비 혼합냉매는 성능뿐만 아니라, 서비스성 또한 다소 나쁜 편 이다.

21. 펌프다운 운전에 대하여 설명하고, 소형 냉동장치의 펌프다운 방법에 대하여 설명하시오.

정답 (1) 개요

① 펌프다운(Pump down)이란 냉동시스템의 저압측을 수리하기 위해 저압측의 냉매를 고압측의 응축기나 수액기 측으로 옮기는 작업을 말하며, 이와는 반대의 개념으로 고압측을 수리하기 위해 냉매를 저압측의 증발기, 저압수액기 등으로 옮기는 작업을 펌프아웃(Pump out)이라고 한다.

② 펌프다운 시 냉매를 모두 모으기 어려울 경우 냉동기 외부에 별도의 저류탱크를 설치 및 연결하여 이 작업을 행할 수 있다.

(2) 펌프다운(Pump down)의 목적

① 냉동 시스템의 저압측을 수리하기 위해 저압측의 냉매를 고압측의 응축기나 수액기 측으로 옮기는 작업

② 콘덴싱 유닛이나 분리형 에어컨의 경우에는 이미 설치된 제품을 다른 장소 등으로 이전 설치하는 경우에 냉매를 공기 중에 방출하지 않고 유용하게 실외기, 수액기 등에 모을 수 있게 하는 방법이다. 또한, 이들의 제조과정에서 장비에 냉매를 주입 후 검사시험을 실시한 후, 냉매를 버리지 않고 다시 실외기, 수액기 등에 모아 출고할 수 있게 하는 방법으로도 사용될 수 있다.

(3) 소형 냉동장치의 펌프다운 방법

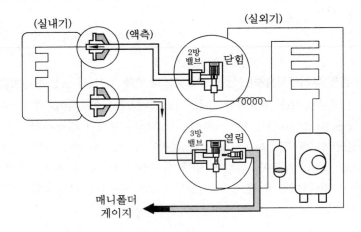

소형 냉동장치의 펌프다운 방법

① 저압부로 냉매가 넘어오지 않게 고압 용기부 끝단에 위치한 밸브(그림의 2방밸브)를 잠근 후, 일정시간 압축기를 운전하여 냉매를 고압부로 모두 모으고, 이후 일정

시간 운전 후 저압측 압력이 0 이하로 떨어질 때 저압측 밸브(그림의 3방밸브)도 잠
그어 냉매를 특정한 부분(고압부)에 모을 수 있다.

② 이때 저압측의 압력이 0 이하로 떨어질 때를 확인하기 위해서는 주로 저압측 3방밸
브에 매니폴더 게이지를 연결하여 압력을 확인하며, 매니폴더 게이지의 호스 내부에
존재하는 공기를 제거하기 위해 에어퍼지(냉동장치 내부의 냉매를 소량 사용하여 호
스 내부의 공기를 밀어내는 방법)를 반드시 해주어야 한다.

③ 펌프다운 시 고압부의 용적이 적어 모든 냉매를 모으기 어려울 경우 냉동기 외부
에 별도의 저류탱크를 설치 및 연결하여 이 작업을 행할 수 있게 Solenoid Valve
와 압력센서를 이용하여 자동적으로 냉매를 특정 용기 부분에 모으는 장치도 개발
되어 있다.

---

22. 냉수배관과 증기배관에서 편심 리듀서(reducer)의 올바른 사용법에 대하여 그림을
그리고 설명하시오.

정답 (1) 냉수배관에서 편심 리듀서(Eccentric Reducer)의 올바른 사용법

① 냉수배관에서 펌프의 입구 사이즈가 흡입배관 사이즈보다 작기 때문에 리듀서가 펌프
흡입측에 요구되어질 수 있다. 이때 위가 편평하고 아래가 경사진 타입의 편심 리듀서
가 추천되어진다. 이는 흡입측에 공기, 거품이나 기타 기체성분의 가벼운 물질이 정체
되는 것을 피하기 위함이다.

② 일반적으로 냉수배관에서는 펌프측 외에도 기타의 배관 도중에도 동일한 방법으로
적용되어질 수 있다.

③ 실질적으로 현장에서 제작 및 설치 시 편심 리듀서를 한 라인에 여러 개 설치할 경우
배관의 수평이 맞지 않는 경우가 많으므로, 배관의 직진도에 주의해서 제작을 하여야
한다.

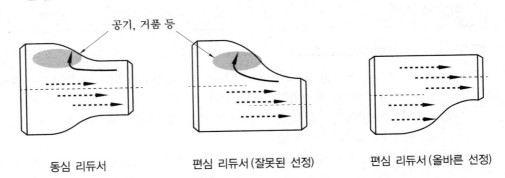

| 동심 리듀서 | 편심 리듀서 (잘못된 선정) | 편심 리듀서 (올바른 선정) |

(2) 증기배관에서 편심 리듀서(Eccentric Reducer)의 올바른 사용법

① 증기배관에서는 슬러그류(관의 직경 내외의 기포들이 상부로 흐르는 2상유동의 일종)를 야기할 수 있는 응축수 등이 리듀서의 하부에 축적되는 것을 피하기 위하여 편심 리듀서(Eccentric Reducer)가 설치되어질 수 있는데, 이때는 아래가 편평하고 위가 경사진 타입의 편심 리듀서가 추천된다.

② 증기배관에서는 특히 감압밸브의 1차측에는 편심 리듀서를 반드시 사용하여야 한다.

③ 감압밸브 전단이 대부분은 C_v값이나 K_v값에 의해 관이 축소되는 경우가 비일비재하다. 이때 동심 리듀서를 사용하게 되면 관의 하부에 항상 응축수가 고여 워터해머나 감압밸브의 내부에 손상이 발생할 수 있으므로 반드시 편심 리듀서를 사용하여야 한다.

④ 감압밸브 후단은 동심 리듀서를 설치해도 무방하나 수평을 맞추는 것에 주의를 해야 한다.

⑤ 증기 감압밸브의 정비 측면에서 감압밸브를 설치하는 경우에는 감압밸브와 수평 또는 감압밸브보다 상부에 리듀서를 설치하는데, 이때 리듀서와 감압밸브의 이격거리를 충분히 띄어서 설치 및 수리의 편의성을 기해야 한다.

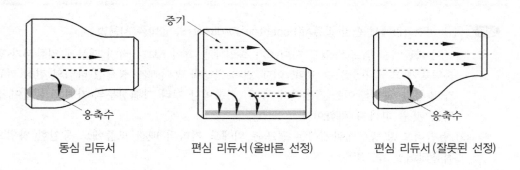

동심 리듀서　　　　　편심 리듀서(올바른 선정)　　　　　편심 리듀서(잘못된 선정)

---

23. 미세먼지(PM10)와 초미세먼지(PM2.5)의 정의를 쓰고 H13급 HEPA 필터에 대하여 설명하시오.

정답　(1) 미세먼지(PM10)의 정의

① 영어 원어로 'Particulate Matter less than $10 \mu m$'라고 표기하며, '입자의 크기가 $10 \mu m$ 이하인 미세먼지'를 의미한다.

② 석유와 석탄과 같은 화석연료가 타서 생긴 물질, 자동차 매연으로 인해 배출가스로 나오는 물질, 황사 등이 포함된다.

③ 근원지로는 보통 국내 자체 발생 50~70%, 중국발 30~50%로 평가되어진다.

④ 최근 중국에서 불어오는 황사 중에도 미세먼지가 많이 포함되는 것으로 알려져 있기 때문에 실외에서 활동 시 마스크 착용, 철저한 위생관리 등이 필요하다.

⑤ 실내에서도 여러 많은 원인에 의해 미세먼지가 발생할 수 있으므로 환기의 실시, 공조시스템에 고성능 필터의 채용, 청결 유지 등이 필요하다.

⑥ 먼지를 제거하기 위해 가정용으로 사용하는 청소기의 경우 성능이 나쁜 것은 사용 시 배출되는 공기 중 이러한 PM10이 상당량 포함되어 있어 가족 구성원의 건강을 오히려 해칠 수 있으므로 구입 시 표기된 성능, 사용법 등에 주의를 요한다.

⑦ 국내 대기환경기준 : 연평균 $50\mu g/m^3$ 이하, 24시간 평균 $100\mu g/m^3$ 이하

⑧ WHO의 권고기준 : 연평균 $20\mu g/m^3$ 이하, 24시간 평균 $50\mu g/m^3$ 이하

(2) 초미세먼지(PM2.5 ; 극미세먼지, 에어로졸)의 정의

① '입자의 크기가 $2.5\mu m$ 이하인 미세먼지'를 의미한다.

② 미세먼지(PM10)보다 그 입자가 매우 작기 때문에 인체의 폐포 깊숙이 침입하고 혈관 속까지 침투할 수 있어서 폐질환, 뇌졸중이나 심장질환 등 아주 다양한 질병을 일으킬 수 있다. 따라서 건강에 미치는 영향이 PM10보다 훨씬 크다고 평가되고 있다.

③ 선진국에서는 90년대 초부터 이 규제를 이미 도입하고 있었으나, 국내에서는 2015년부터 관련법이 적용되어지고 있다.

④ 국내 환경기준은 연평균 $25\mu g/m^3$ 이하, 24시간 평균 $50\mu g/m^3$ 이하이다.

⑤ WHO의 권고기준은 연평균 $10g\mu/m^3$ 이하, 24시간 평균 $25\mu g/m^3$ 이하로 훨씬 더 엄격하다.

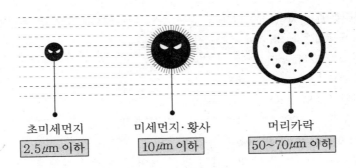

미세먼지, 황사 및 초미세먼지의 크기 비교

(3) H13급 HEPA 필터

① 다음 표와 같이 EN1822(유럽연합인증) 기준에 따르면 H13급 HEPA 필터는 통합효율(Integral efficiency)이 99.95% 이상인 필터(분진 사이즈 : $0.3\mu m$)를 말한다. 이때 분진의 통과율은 0.05% 이하이다.

② 여기서 Integral efficiency(통합효율)이란, 필터의 전체 페이스에 걸쳐 측정한 국소효율의 산술평균값을 말한다.

③ H13급 HEPA 필터는 국소효율(Local efficiency) 기준으로는 99.75% 이상인 필터(분진 사이즈 : $0.3\mu m$)를 말하며, 이때 분진의 통과율은 0.25% 이하이다.

Classification of EPA, HEPA and ULPA filters

Filter Group Filter Class	Integral value		Local value [a][b]	
	Efficiency(%)	Penetration(%)	Efficiency(%)	Penetration(%)
E 10	≥ 85	≤ 15	...[c]	...[c]
E 11	≥ 95	≤ 5	...[c]	...[c]
E 12	≥ 99.5	≤ 0.5	...[c]	...[c]
H 13	≥ 99.95	≤ 0.05	≥ 99.75	≤ 0.25
H 14	≥ 99.995	≤ 0.005	≥ 99.975	≤ 0.025
U 15	≥ 99.9995	≤ 0.0005	≥ 99.9975	≤ 0.0025
U 16	≥ 99.99995	≤ 0.00005	≥ 99.99975	≤ 0.00025
U 17	≥ 99.999995	≤ 0.000005	≥ 99.9999	≤ 0.0001

[a] : See 7.5.2 and FprEN 1822-4
[b] : Local penetration values lower than those given in the table may be agreed between supplier and purchaser
[c] : Group E filter(classes E10, E11 and E12) cannot and must not be leak tested for classification purposes

24. 클린룸에서 사용되는 다음과 같은 주요 부속장치에 대하여 설명하시오.

(1) 에어샤워(Air Shower)

(2) 패스박스(Pass Box)

(3) 클린부스(Clean Booth)

(4) 차압조정댐퍼(Relief Damper)

정답 **(1) 에어샤워(Air Shower)**

① Clean Room을 오염시키는 많은 오염원 중에서 가장 큰 비중을 차지하는 원인은 사람의 출입이다. Air Shower는 Clean Room에 입실하는 사람의 의복 표면이나 반입물품의 표면에 붙어있는 먼지 및 미립자를 청정화된 고속의 공기로 불어 부착입자를 제거하는 장치이다.

② 에어샤워(Air Shower)의 특징

(개) 보통 분해, 조립형으로 현장 반입 및 설치가 용이하도록 되어 있다.

(내) 전용 Fan에 의한 강력한 공기를 취출시켜 의복 및 물품의 표면에 부착된 오염원을 제거한다.

(대) Shower 시간은 Timer에 의하여 (5~30초 등)조정이 가능하다.

(래) 보통 입실 후 Fan이 자동으로 가동되며 Clean Room 측 Door는 Locking장치가 부착되어 있어 Showering이 끝나야 입실이 가능하다.

(2) 패스박스(Pass Box)

① Clean Room 및 Bio Clean Room에 있어서 청정도를 유지하고 먼지 및 진균 등의 유입을 방지하기 위해서는 인원의 출입과 이동을 최소한으로 억제하는 것이 중요하다.

② Pass Box는 청정구역과 비청정구역의 경계에 설치하여 사람이 출입하지 않고 물품이 출입을 가능케 하여 오염공기의 유입이나 청정공기의 유출을 막는 장치이다.

③ 패스박스(Pass Box)의 특징

   (가) 공기 교차를 방지하기 위해 Door Interlock 장치(한쪽의 문을 열면 반대측의 문이 열리지 않는 장치)가 되어 있다.

   (나) 필요에 따라 U.V Lamp 및 Inter Phone을 설치할 수 있다.

   (다) 필요에 따라 Air Curtain 형식으로 제작할 수 있다.

(3) 클린부스(Clean Booth)

① 국소적으로 청정 공간을 만드는 장치로, 초고성능 필터를 여러 유닛 조합시킨 분출면을 천장에 부착하고, 주위 공간을 비닐막으로 구획하여 가반형으로 조립한 것을 말한다.

② 작업상 먼지 하나 없어야 하는 공간이 필요할 때 꼭 필요한 장비가 클린부스이다.

③ 주 사용처 : 제약회사, 연구실, 실험실, 반도체 장비, 클린룸, 인쇄작업, 잉크젯 장비 등

④ 클린부스(Clean Booth)의 특징

   (가) 보통 단시간에 구획을 설정하여 설치하기가 용이하다.

   (나) 유연성, 청정도, 업무 환경 변화에 따른 구조의 변경이 용이하다.

   (다) 이동성 레이아웃 변경에 따른 위치 이동이 용이하다.

   (라) 단위 모듈별 유지보수, 컨트롤, 교체 등이 용이하다.

(4) 차압조정댐퍼(Relief Damper)

① 인접 실의 공기 차압을 제어해서 실내 정압을 일정하게 유지하고 실간 차압 조정에 의한 기류 방향 제어를 통해 실외 오염 공기의 역류를 방지하는 역할을 한다.

② 실내의 정압을 일정하게 유지하고 실내외 또는 인접실과의 공기 차압을 제어하는 장비로 청정구역, 준청정구역, 비청정구역 간의 일정한 차압을 유지시켜 줌으로써 클린룸의 오염을 방지시키는 기기이다.

③ 진공식 차압조정댐퍼(VUUM Relief Damper) : 자체 내장되어 있는 Blower와 고성능 먼지 집진 필터(High Efficiency Particulate Arrestance Filter)를 통해 공기 중의 미세 오염물질을 포집/정화하여 실내로 급기하는 유닛이다.

④ 차압조정댐퍼(Relief Damper)의 주요 기능 : 실(室)간 자동 차압 조정, 미세한 범위의 차압 조정, 오염공기 역류방지 등

25. 디젤엔진의 열효율이 가솔린엔진보다 높은 이유를 설명하시오.

정답 **(1) 연료 측면**

① 자동차 연료로 사용하는 디젤과 가솔린은 원유를 정제시킨 탄화수소화합물이다. 이 연료는 연소 과정에서 산소와 결합하여 물과 이산화탄소로 분리되며 에너지를 만든다. 즉 연료 분자가 몇 개의 탄소와 수소로 구성되어 있는지를 알아보면 상대적으로 발생하는 에너지의 비율을 예측할 수 있다.

② 먼저 아래의 화학반응식과 같이 디젤 분자는 12개의 탄소 원자에 수소 원자 26개가 결합한 형태이다. 여기에 산소 분자 18.5개(37개의 원자)와 결합해 이산화탄소 분자 12개와 물 분자 13개를 만든다. 가솔린 분자는 8개의 탄소 원자에 수소 원자 18개가 결합되어 있다. 이 가솔린 분자는 산소 분자 12.5개(25개의 원자)와 결합해 이산화탄소 분자 8개와 물 분자 9개를 만들게 된다.

  (가) 디젤 : $C_{12}H_{26} + 18.5\,O_2 \rightarrow 12\,CO_2 + 13\,H_2O$

  (나) 가솔린 : $C_8H_{18} + 12.5\,O_2 \rightarrow 8\,CO_2 + 9\,H_2O$

③ 디젤과 가솔린 분자 1개가 연소 과정에서 필요한 산소 분자의 수는 각각 18.5개와 12.5개다. 즉 이론적으로 디젤이 가솔린에 비해 1.5배 에너지를 많이 가지고 있으며, 같은 양으로 더 많은 일을 할 수 있다는 이야기다. 물론, 실제로는 첨가물을 통해 휘발유의 옥탄가를 높였고, 자동차의 연비는 많은 요인들이 반영되기 때문에 이론적인 연료 에너지에 정확히 비례하지는 않는다.

(2) 압축비 측면

또 하나의 중요한 체크 포인트는 두 엔진의 압축비다. 열효율이란 일에너지에 공급된 열에너지의 대한 비율을 의미하며, 이 수치가 높을수록 연비가 좋다. 열효율을 높이는 방법 중에 한 가지는 압축비를 올려 폭발압력을 증가시키는 것이다. 하지만, 구조적인 제한으로 자동차에 사용하는 엔진은 무한정 압축비를 높일 수 없다. 특히, 플러그를 이용해 폭발을 유도하는 가솔린 엔진의 압축비를 일정 수준 이상으로 높이면 압축 과정에서 온도가 과도하게 올라가게 되고, 폭발시점을 제어하지 못해 노킹현상이 일어난다. 이 노킹현상은 불규칙한 진동을 일으키며, 심하면 피스톤 면, 커넥팅로드, 엔진블록을 비롯한 부품들에 손상을 준다. 즉 엔진의 내구성 확보 측면에서도 일정 압축비를 넘기는 것은 큰 모험인 것이다. 이런 이유로 가솔린 엔진의 압축비는 9~11 : 1로 디젤엔진의 압축비(15~22 : 1)보다 낮다.

(3) 에너지 손실적 측면

① 압축 착화 방식인 디젤엔진은 스로틀 밸브(Throttle Valve)가 없어 에너지 손실이 적다.

② 점화플러그 착화방식인 가솔린엔진은 스로틀 밸브가 있어서 공기를 흡입 시 밸브의 저항을 받아 공기를 펌핑할 때 에너지의 손실이 발생한다.

◈ 2~4교시 논술형 예상문제 ◈

1. 장기간 가동 중단 시 펌프의 취급 방안을 설명하시오.

정답 **(1) 개요**

① 장기간 가동 중단 시 펌프의 조치 방안으로는 부식방지 조치, 청소 및 관리보전 조치 등이 중요하며, 특히 장시간 정지 후 재운전 직전 면밀한 체크와 점검활동이 중요하다.

② 펌프는 점검과 관리보전 조치를 잘 이행하여 항상 최고의 효율에서 작동될 수 있도록 관리해주는 것이 무엇보다 중요하다. 그것은 또한 펌프의 수명과도 직결되는 문제이다.

(2) 장기간 가동 중단 시 펌프의 취급 방안

펌프를 장기간에 걸쳐 가동 중단할 경우 및 가동 중단 후 펌프를 재사용할 경우에는 다음 사항에 대하여 주의하여야 한다.

① 예비펌프가 있는 곳에서는 교대로 펌프를 운전하고, 특정한 펌프만을 불필요하게 장기간 가동 중단시키지 않도록 하여야 한다.

② 추후 사용에 대비하여 항상 각 부위를 청결한 상태가 유지되도록 하여야 한다.

③ 장기간에 걸쳐 펌프를 가동 중단하는 경우에는 반드시 펌프 내부 베어링 냉각재킷 내의 물을 빼두어야 한다.

④ 물이 동결할 염려가 있는 곳에서는 펌프 부속배관, 수조 등의 물도 배수해 두어야 한다.

⑤ 주축, 축이음, 베어링 등의 표면은 녹슬지 않도록 기름을 바르는 등 충분한 손질이 필요하다.

⑥ 장기간 가동 중단한 후에 펌프를 재사용하는 경우에는 각 부위를 충분히 청소한 다음에 먼저 베어링의 급유 상태를 조사하고, 여러 번에 걸쳐서 베어링이나 펌프 내부에 이상이 없는 것을 확인한 후 기동하여야 한다.

⑦ 기동의 경우 전동기의 회전방향을 확인할 필요가 있을 때에는 반드시 펌프의 연결을 끊은 후에 하여야 한다.

⑧ 정수(淨水)용 펌프는 기동에 앞서서 적절히 청소한 다음에 수질에 이상이 없는 것을 확인한 후에 운전하도록 한다.

(3) 펌프의 재운전 시 점검항목

① 외관 : 마모, 외관 파손, 기울어짐 등이 없을 것

② 진동 : 공진, 이상진동 등이 없을 것

③ 소리 : 이상소음이 없을 것

④ 베어링 온도 : 과열되지 않고 마모, 파손 등이 없을 것

⑤ 흡입 및 **토출압력** : 유량 대비 정상압력 범위 이내일 것

⑥ 윤활유 : 윤활유의 양과 색상이 정상일 것

⑦ 축봉부의 누설 : 마모로 인한 누설이 없을 것

⑧ 절연저항 : 일상점검 시 항상 규정치 저항 이상일 것

⑨ 직·병렬운전 상태 : 펌프의 양정을 늘리고 싶을 때에는 직렬운전, 양정보다 펌프유량을 늘리고 싶을 때에는 병렬운전이 유리함을 명심한다.

⑩ 축 중심 : 펌프를 원동기에 직결한 경우 원동기의 축 중심과 펌프의 축 중심을 일치시킨다.

⑪ 흡입구 위치 : 동수위면에서 관경의 2배 이상의 깊이에 잠기게 한다.

⑫ 양정 : 양정이 높을 때에는 펌프 토출구와 게이트 밸브와의 사이에 체크밸브를 설치한다.

⑬ 회전방향 : 원동기 쪽에서 보아 우회전하도록 하는 것이 좋다(역회전 방지).

⑭ 배관의 저항 : 가능한 관로저항이 적게 한다(관경, 밸브는 크고 완전히 열린 채로 운전하는 것이 유리하다).

⑮ Locking현상(잠김현상)이 없도록 사전에 구동부를 면밀히 확인한다.

(4) Cavitaion 방지를 위한 체크사항

① 펌프의 설치 위치를 되도록 낮춰 흡입양정을 낮게 한다.

② 흡입양정은 짧게 하고, 굴곡배관을 되도록 피한다.

③ 흡입관의 횡관은 펌프 쪽으로 상향구배로 배관하고, 횡관의 관경을 변경할 시에는 편심 이음쇠를 사용하여 관내에 공기가 유입되지 않도록 한다.

④ 풋 밸브(foot valve) 등 모든 관의 이음은 수밀, 기밀을 유지할 수 있도록 한다.

⑤ 흡입구는 수위면에서부터 관경의 2배 이상 물속으로 들어가게 한다.

⑥ 토출쪽 횡관은 상향구배로 배관하며, 공기가 낄 우려가 있는 곳은 에어밸브를 설치한다(공기 정체 방지).

---

2. 폐열환기회수장치(전열교환기)의 장·단점 및 성능 측정장치에 대하여 설명하시오.

정답 (1) 개요

① 공기 대 공기 열교환기의 일종이며, HRV(Heat Recovery(Reclaim) Ventilator) 혹은 ERV(Energy Recovery (Reclaim) Ventilator)라고도 불린다.

② 전열교환기는 배기되는 공기와 도입 외기 사이에 열교환을 통하여 배기가 지닌 열량을 회수하거나 도입 외기가 지닌 열량을 제거하여 도입 외기 부하를 줄이는 장치로서 일종의 '공기 대 공기 열교환기'이다.

③ 열회수 환기방식 종류는 현열교환기와 전열교환기가 있으며 전열교환기는 고정식과 회전식이 있다.

(2) 폐열환기회수장치(전열교환기)의 장점

① 외기 Peak 부하 감소로 열원기기 용량 감소

② 전체 기계설비 설치비용 상쇄와 운전비 절약

③ 배기가 지닌 열과 습기를 회수하여 급기 측과 에너지 교환 및 물질 교환을 이루는 친환경적 원리를 이용한다.

④ 환기량이 많은 사무용 건물, 고급 빌라, 고층 아파트 등 다양한 건물에 적용 가능하다.

⑤ 약 50~70 % 이상의 에너지 회수가 가능하여 냉·난방 운전비 절감에 크게 기여한다.

(3) 폐열환기회수장치(전열교환기)의 단점

① 필터, 모터 등의 청소 및 관리 등 주기적 관리가 필요하다.

② 폐열환기회수장치(전열교환기) 자체 장비 투자비가 큰 편이다.

③ 고정압용의 장치에서는 소음이 커서 거주자에게 방해를 줄 수 있다.

④ 폐열환기회수장치(전열교환기)는 고효율 장기수명 소자를 만들기 어렵다.

⑤ 환기량이 많지 않은 건물이나 운전율이 낮을 경우에는 경제성 측면에서 투자비 회수가 어려울 수도 있다.

⑥ 한랭지에서는 전열교환기가 결빙될 수 있으므로 입구 측에 예열히터 등을 사용해야 한다.

⑦ 고정식 전열교환기 등의 경우에 크기가 크고 입출구 덕트 연결부가 복잡하고 설비 공간이 커질 수 있다.

⑧ 연결 덕트가 길 경우에는 정압손실의 증가로 인하여 소비동력이 증가할 수 있다.

(4) 폐열환기회수장치 (전열교환기)의 성능 측정장치 (KS B 6879)

① 다음 그림(장치도)과 같이 폐열환기회수장치를 설치하고, 각 실의 외벽과 사이벽에는 충분히 단열을 한다.

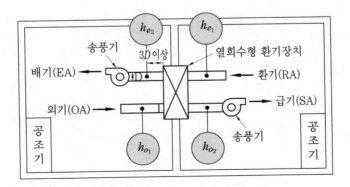

폐열환기회수장치(전열교환기)의 시험 장치도

② 송풍기의 배치는 그림(장치도)과 같은 방향으로 맞춘다(외부 송풍기는 불필요).

③ 온도, 습도, 엔탈피의 측정점까지의 관로는 철저히 단열을 한다.

④ 온도, 습도, 엔탈피의 측정점은 그림(장치도)에서 보듯이 안정적인 측정을 위하여 직경의 3배 이상의 거리에 설치하고, 가급적 평균값이 읽혀지도록 관로 내 센서의 위치를 배치한다.

⑤ 각 실의 온도 및 습도 분포는 균일하게 한 후 측정해야 한다.

⑥ 풍량시험에서 적용한 기외정압 및 풍량으로 급기량과 환기량을 동일하게 조정 후 (±10%) 측정을 수행한다.

⑦ 다음 장치도에서 각각의 온도, 습도, 엔탈피(h_{o1}, h_{o2}, h_{e1}, h_{e2}) 등을 읽어 효율을 계산한다.

⑧ 전열교환기의 전열교환효율 계산

  ㈎ 겨울철(난방)

$$\eta h = \frac{\Delta h_o}{\Delta h_e} = \frac{h_{o2} - h_{o1}}{h_{e1} - h_{o1}}$$

  ㈏ 여름철(냉방)

$$\eta c = \frac{\Delta h_o}{\Delta h_e} = \frac{h_{o1} - h_{o2}}{h_{o1} - h_{e1}}$$

⑨ 겨울철 사용 시

  (실내) 배기 $h_{e1} \rightarrow h_{e2}$ (실외) : 열전달

  (실외) 외기 $h_{o1} \rightarrow h_{o2}$ (실내) : Heating (열취득)

⑩ 여름철 사용 시

  (실외) 외기 $h_{o1} \rightarrow h_{o2}$ (실내) : Cooling (냉각)

  (실내) 배기 $h_{e1} \rightarrow h_{e2}$ (실외) : 열흡수

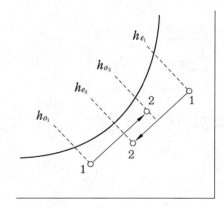

겨울철 사용 시

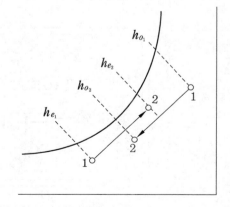

여름철 사용 시

3. 로터미터(면적 가변형 유량계)의 작동 원리 및 특성에 대하여 설명하시오.

정답 (1) 로터미터(면적 가변형 유량계)의 작동 원리

① 일반형(General Type)

   (가) 면적식 유량계(Rotameter)는 프로세스 유량계 가운데 중요한 지위를 차지하고 있는 것으로, 수직의 경사 튜브(Tapered Tube)와 그 안에서 자유롭게 위아래로 움직일 수 있는 플로트(Float)로 구성된다.

   (나) 측정되는 유체는 아래로부터 들어와 위쪽으로 빠져 나가게 되고, 유량이 변함에 따라 플로트의 위치가 위아래로 이동하게 된다.

   (다) 튜브(Tube)가 경사진 형태로 되어 있기 때문에 플로트의 위치와 유량과의 관계는 선형 관계이다.

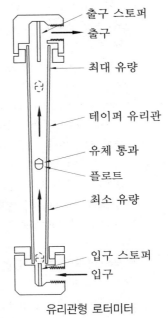

유리관형 로터미터

출구 스토퍼
출구
최대 유량
테이퍼 유리관
유체 통과
플로트
최소 유량
입구 스토퍼
입구

② 유리관형(Glass Tube Type)

   (가) 경사 튜브(Taper Tube)를 유리로 만들어 플로트의 위치를 직접 눈으로 볼 수 있도록 한 현장 지시용 로터미터를 유리관형(Glass Tube Type)이라고 한다.

   (나) 물과 공기 등 비유해성 유체(Non-Hazardous Fluid)에 대해서 온도와 압력이 높지 않은 경우에 사용하며, 일반적으로 Borosilicate Glass (붕규산염 유리)가 사용된다.

   (다) 로터미터의 크기가 작으면 유리 튜브(Glass Tube)는 상당히 높은 압력에 견딜 수 있지만, 높은 압력에서는 자주 사용되지 않는다. 그것은 내부의 압력에 의해 파손되기도 하지만, 유리 외부의 충격에 의해 깨지기 쉽다는 이유가 더 크다.

   (라) 유리 튜브(Glass Tube)의 위험을 줄이기 위해 사용되는 한 가지 방법으로 튜브(Tube)를 보호하는 보호 피막(Protective Shield)을 사용하는 방법도 있다.

③ 금속관형(Metal Tube Type)

   (가) 경사관을 금속으로 만들어 외부에서 플로트의 위치를 취출하는 방식의 로터미터 (Rotameter)를 Metal Tube Type(금속관형)이라고 하며, 유리 튜브의 적용이 적합하지 않은 분야에 적용한다.

   (나) 이 방식은 플로트의 위치가 보이지 않으므로 위치 표시를 위해 다른 기술이 필요하다. 주로 많이 쓰이는 방법으로는 플로트의 직선운동을 회전운동으로 변환시키는 것이다. 유량의 변화에 따라 플로트(Float)와 함께 움직이는 영구자석이 로터미터의 연장 튜브에 설치되고, 위치 표시를 위해 실린더에 고정된 나선형 자석 (Magnet)이 연장 튜브에 인접하여, 평행하게 설치된다. 나선형 자석의 튀어나와

있는 모서리가 영구자석에 의해 지속적으로 당겨지게 되므로, 영구자석의 수직운
동에 따라 나선형 자석은 회전하게 된다.

㈐ 또 다른 방법은 플로트의 위아래 양방향으로 연장 로드를 설치하여 위쪽 로드
(Rod)는 위치 표시 (Indication)를 제공하고, 아래쪽 로드 (Rod)는 안정성을 제공하
도록 하는 것이다.

(2) 로터미터의 특성

① 로터미터 (Rotameter)는 튜브의 재질, 플로트의 형태와 재질, 연결 방식, 압력과 온
도 눈금 (Pressure & Temperature Rating), 사용범위 (Range) 등에 따라 매우 다양
한 종류가 있다.

② 정밀도 (Accuracy)는 크기, 형태, 정도에 따라 ±0.5% ~ ±10%로 매우 다양하며, 보
통은 ±2% 정도이다.

③ 레인저빌리티(Rangeability)는 약 10 : 1이다.

④ 1 cc/min에서 3000 gpm 이상의 범위 (Range)에서도 사용이 가능하나 일반적으로
작은 사이즈에 적용한다.

⑤ 보통 정격유량의 10 %까지는 플로트의 움직임이 불안정하여 오차가 크지만, 그 이
상에서는 플로트의 움직임이 안정적이고 출력도 선형 관계에 있다.

⑥ 점도(Viscosity)의 영향은 큰 사이즈보다는 작은 사이즈에서 더 크다.

⑦ 차압식과 달리 파이프의 설치 형태에 영향을 받지 않으며, 직관부를 필요로 하지 않
는다.

⑧ 로터미터 전후단의 압력강하 (Pressure Drop)는 유량에 관계없이 일정하며, 차압식
에 비해 작다.

⑨ 레이놀즈 수 (Reynolds Number)가 적은 유체에서도 측정이 가능하다.

4. 가스 흡수식 냉온수기의 연소 안전관리에 대하여 설명하시오.

정답 **(1) 개요**

① 가스(직화식) 흡수식 냉온수기는 보일러와 같이 연소설비를 가지고 있으나, 대기압
이하에서 운전되므로 법적으로 관리에 유자격자가 필요하지는 않다. 따라서 안전 우
선적으로 설계 및 제작되도록 하는 것이 무엇보다 중요하다고 할 수 있다.

② 가스 흡수식 냉온수기 등은 그 어느 공조용 기기보다 유지·관리에 세심한 주의가 필
요하고, 관리의 잘못에 의해 바로 기계의 성능이나 수명에 영향을 받는 기계이므로
정기적인 점검 및 보수를 하는 예방관리가 중요하다.

(2) 가스 흡수식 냉온수기의 안전관리상 누설의 체크

① 가스식의 경우에는 가스의 누설 여부를 점검하는 것이 중요하며, 안전차단밸브의
내부누설시험을 정기적으로 실시해야 한다.

② 안전차단밸브의 상류측에 최고사용압력의 1.5배 이상의 압력을 걸고, 5분 동안에 10cc 이상의 누설이 없음을 확인한다.

③ 또한 가스배관, 배관 내의 밸브 등의 기기로부터 가스배관 외부로 가스가 새어나오지 않는 것을 누설검지기나 누설탐지용 비눗물을 사용하여 정기적으로 검사하여야 한다.

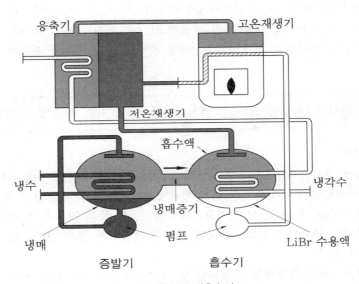

가스 흡수식 냉온수기

(3) 가스 흡수식 냉온수기의 연소 안전관리 항목

① 버너의 불꽃이 전 연소 영역에서 항상 안정적인가?

② 기계실의 환기량 및 연소용 공기량은 충분한가? (연소용 공기량은 1,000 kcal의 연소량당 약 1.2 m³/h)

③ 배기가스의 고온재생기 출구압력은 0±5 mmAq로 유지되고 있는가?

④ 배기가스의 고온재생기 출구온도는 시간이 지남에 따라 올라가지 않는가?

⑤ 연소설비로부터 이상한 소음, 진동이 발생하지 않는가?

⑥ 연료의 누설은 없는가?

⑦ 연료-공기 연동장치의 풀림이나 미끄러짐은 없는가? (공기비가 나빠지면 비경제적인 운전이 되고, 심해지면 일산화탄소의 발생 사고도 생각할 수 있다.)

⑧ 프로텍트 릴레이, 화염검출기 등 비교적 사용기간이 짧은 계기는 정기적으로 정비 및 교환하여야 한다.

⑨ 연료용 스트레이너의 청소 혹은 교체를 자주 실시하여야 한다.

⑩ 연도, 연돌의 드레인이 잘 제거될 수 있도록 하여야 한다.

⑪ 가스 흡수식 냉온수기는 여름철뿐만 아니라 겨울철의 난방용, 급탕용 등으로 연중 이용될 수 있으므로, 겨울철 화재 등에도 특히 신경써야 한다.

(4) 원격운전 안전관리

흡수식 냉온수기를 원격운전할 경우에는 다음과 같은 점에 주의하여야 한다.

① 무인운전을 하지 않는다.

② 원격감시장치를 설치하고, 중앙제어실에 기계의 상태를 가급적 상세하게 표시되도록 한다.

③ 가스안전 차단밸브의 누설검지기를 반드시 설치하고, 전동볼밸브를 직렬로 설치한다.

④ 매일 1회 이상은 기계를 직접 관찰하고, 운전데이터를 기록한다.

⑤ 감시실에 관리인을 상주시키고, 비상 시 응급조치 체제를 확립해 둔다.

---

5. 엔지니어링사업 대가기준에 의한 엔지니어링사업 대가의 적용 및 종류를 설명하시오.

정답 (1) 개요

① 대가의 산출은 '실비정액 가산방식'을 적용함을 원칙으로 한다. 다만, 발주청이 엔지니어링사업의 특성을 고려하여 실비정액 가산방식을 적용함이 적절하지 아니하다고 판단하는 경우에는 공사비요율에 의한 방식 등을 적용할 수 있다.

② 그럼에도 불구하고 다음 각 호의 사유에 해당하는 경우 실비정액 가산방식을 적용하여야 한다.

㉮ 최근 3년간 발주청의 관할구역 및 인접 시·군·구에 당해 사업과 유사한 사업에 대하여 실비정액 가산방식을 적용한 사업이 있는 경우

㉯ 엔지니어링사업자가 실비정액 가산방식 적용에 필요한 견적서 등을 발주청에 제공하여 거래 실례가격을 추산할 수 있는 경우

③ 실비정액 가산방식 또는 공사비요율에 의한 방식으로 대가의 산출이 불가능한 구매, 조달, 노하우의 전수 등의 엔지니어링사업에 대한 대가는 계약당사자가 합의하여 정한다.

(2) 실비정액 가산방식

① 직접인건비 : 직접인건비란 해당 엔지니어링사업의 업무에 직접 종사하는 엔지니어링기술자의 인건비로서 투입된 인원수에 엔지니어링기술자의 기술등급별 노임단가를 곱하여 계산한다. 이 경우 엔지니어링기술자의 투입인원수 및 기술등급별 노임단가의 산출은 다음 각 호를 적용한다.

㉮ 투입인원수를 산출하는 경우에는 산업통상자원부장관이 인가한 표준품셈을 우선 적용한다. 다만 인가된 표준품셈이 존재하지 않거나 업무의 특성상 필요한 경우에는 견적 등 적절한 산출방식을 적용할 수 있다.

㉯ 노임단가를 산출하는 경우에는 기본급·퇴직급여충당금·회사가 부담하는 산업재해보상보험료, 국민연금, 건강보험료, 고용보험료, 퇴직연금급여 등이 포함된 한국엔지니어링협회가 「통계법」에 따라 조사·공표한 임금 실태조사보고서에 따

른다. 다만, 건설상주감리의 경우에는 계약당사자가 협의하여 한국건설감리협회
가 「통계법」에 따라 조사·공표한 노임단가를 적용할 수 있다.

② 직접경비 : 직접경비란 당해 업무 수행과 관련이 있는 경비로서 여비(발주청 관계자
여비는 제외함), 특수자료비(특허, 노하우 등의 사용료), 제출 도서의 인쇄 및 청사진
비, 측량비, 토질 및 재료비 등의 시험비 또는 조사비, 모형제작비, 다른 전문기술자
에 대한 자문비 또는 위탁비와 현장운영 경비(직접인건비에 포함되지 아니한 보조원
의 급여와 현장사무실의 운영비를 말한다) 등을 포함하며, 그 실제 소요비용을 말한
다. 다만, 공사감리 또는 현장에 상주해야 하는 엔지니어링사업의 경우 주재비는 상
주 직접인건비의 30 %로 하고 국내 출장 여비는 비상주 직접인건비의 10 %로 한다.

③ 제경비 : 제경비란 직접비(직접인건비와 직접경비)에 포함되지 아니하고 엔지니어링
사업자의 행정운영을 위한 기획, 경영, 총무 분야 등에서 발생하는 간접 경비로서
임원·서무·경리직원 등의 급여, 사무실비, 사무용 소모품비, 비품비, 기계기구의 수
선 및 상각비, 통신운반비, 회의비, 공과금, 운영활동 비용 등을 포함하며 직접인건
비의 110 ~ 120 %로 계산한다. 다만, 관련 법령에 따라 계약 상대자의 과실로 인하
여 발생한 손해에 대한 손해배상보험료 또는 손해배상공제료는 별도로 계산한다.
단, 해당 엔지니어링사업의 수행을 위하여 직접적인 필요에 따라 발생한 비목에 관
하여는 직접경비로 계산한다.

④ 기술료 : 기술료란 엔지니어링사업자가 개발·보유한 기술의 사용 및 기술축적을 위
한 대가로서 조사연구비, 기술개발비, 기술훈련비 및 이윤 등을 포함하며 직접인건
비에 제경비(단, 손해배상보험료 또는 손해배상공제료는 제외함)를 합한 금액의 20
~ 40 %로 계산한다.

⑤ 엔지니어링기술자의 기술등급 및 자격기준 : 엔지니어링기술자의 기술등급 및 자격
기준은 '엔지니어링 산업법' 시행령에 따른다.

⑥ 엔지니어링기술자 노임단가의 적용기준

　㉮ 엔지니어링기술자 노임단가의 적용기준은 1일 8시간으로 하며, 1개월의 일수는
「근로기준법」 및 「통계법」에 따라 한국엔지니어링협회가 조사·공표하는 임금
실태 조사 보고서에 따른다. 다만, 토요 휴무제를 시행하는 경우와 1일 8시간을
초과하는 경우에는 「근로기준법」을 적용한다.

　㉯ 출장일수는 근무일수에 가산하며, 이 경우 수탁자의 사업소를 출발한 날로부터
귀사한 날까지를 계산한다.

　㉰ 엔지니어링사업 수행기간 중 「민방위기본법」 또는 「향토예비군설치법」에 따른
훈련기간과 「국가기술자격법」 등에 따른 교육기간은 해당 엔지니어링사업을 수
행한 일수에 산입하다.

(3) 공사비 요율에 의한 방식

① 요율

　㉮ 공사비 요율에 의한 방식을 적용할 경우 건설부문의 요율, 통신부문의 요율, 산

업플랜트부문의 요율 등은 별도로 정한 표와 같고, 기본설계·실시설계 및 공사감리 업무단위별로 구분하여 적용한다.

(나) 상기에도 불구하고 업무 단계별로 구분하여 발주하지 않는 기본설계와 실시설계 요율은 다음 각 호와 같다.

㉮ 기본설계와 실시설계를 동시에 발주하는 경우에는 다음 각 목에 따라 적용한다.
  ㉠ 건설부문의 경우 해당 실시설계 요율의 1.45배
  ㉡ 통신부문의 경우 해당 실시설계 요율의 1.27배
  ㉢ 산업플랜트부문의 경우 해당 실시설계 요율의 1.31배

㉯ 타당성조사와 기본설계를 동시에 발주하는 경우에는 다음 각 목에 따라 적용한다.
  ㉠ 건설부문의 경우 해당 기본설계 요율의 1.35배
  ㉡ 통신부문의 경우 해당 기본설계 요율의 1.18배
  ㉢ 산업플랜트부문의 경우 해당 기본설계 요율의 1.22배

㉰ 기본설계를 시행하지 않은 실시설계를 발주하는 경우에는 다음 각 목에 따라 적용한다.
  ㉠ 건설부문의 경우 해당 실시설계 요율의 1.35배
  ㉡ 통신부문의 경우 해당 실시설계 요율의 1.18배
  ㉢ 산업플랜트부문의 경우 해당 실시설계 요율의 1.22배

㉱ 타당성 조사를 시행하지 않은 기본설계를 발주하는 경우에는 다음 각 목에 따라 적용한다.
  ㉠ 건설부문의 경우 해당 기본설계 요율의 1.24배
  ㉡ 통신부문의 경우 해당 기본설계 요율의 1.09배
  ㉢ 산업플랜트부문의 경우 해당 기본설계 요율의 1.12배

② 업무범위 : 공사비 요율에 의한 방식을 적용하는 기본설계·실시설계 및 공사감리의 업무범위는 법에서 정하는 바와 같다.

③ 요율 조정 : 요율은 다음 각 호의 사항을 참고하여 10%의 범위에 대한 증액 또는 감액을 할 수 있으나, 발주청은 사업대가의 삭감으로 인하여 부실한 설계 및 감리 등이 발생하지 않도록 적정한 대가를 지급하기 위하여 노력하여야 한다.

(가) 기획 및 설계의 난이도
(나) 비교 설계의 유무
(다) 도면 기타 자료 작성의 복잡성
(라) 제출 자료의 수량 등

④ 대가조정의 제한 : 발주청은 엔지니어링사업자가 엔지니어링사업을 수행함에 있어 새로운 기술개발 또는 도입된 기술의 소화 개량으로 공사비를 절감한 경우에는 이를 이유로 대가를 감액조정할 수 없다.

⑤ 추가업무 비용 : 상기 '② 업무범위'에 포함되지 않는 업무로서 다음 각 호의 어느 하나에 해당하는 경우를 추가업무로 본다. 이 경우 해당 추가업무에 대하여는 별도로 그 대가를 지급하여야 한다.

   1. 발주청의 요구에 의한 추가업무

   2. 엔지니어링사업자의 책임에 귀속되지 아니하는 사유로 인한 추가업무

   3. 그 밖에 발주청의 승인을 얻어 수행한 추가업무

⑥ 요율 적용의 특례 : 여러 부문의 기술이 복합된 엔지니어링사업은 실비정액 가산방식에 따라 산출한다.

⑦ 공사비가 중간에 있을 때의 요율 : 공사비가 요율표의 각 단위 중간에 있을 때의 요율은 직선보간법에 따라 다음과 같이 산정한다.

〈직선보간법 산정식〉

$$y = y_1 - \frac{(x - x_2)(y_1 - y_2)}{x_1 - x_2}$$

여기서, x : 당해 금액, x_1 : 큰 금액, x_2 : 작은 금액

       y : 당해 공사비 요율, y_1 : 작은 금액 요율, y_2 : 큰 금액 요율

⑧ 공사비가 5,000억 원 초과 시 적용 요율 : 공사비가 5,000억 원을 초과할 경우의 적용 요율은 별도로 정한다.

※ **참조 : 시공상세도 작성비**

① 요율 : 시공상세도 작성비는 별도 별표의 요율을 적용하여 산출한다.

② 업무범위 : 시공상세도는 공사시방서에서 건설공사의 진행단계별로 작성하도록 명시된 시공상세도면의 작성 목록에 따라 작성한다.

③ 예정수량 산출 : 시공상세도면의 작성 예정수량은 별표 4의 요율에 따라 구한 시공상세도 작성비를 별표 5에 따라 산출한 시공상세도 1장당 단가로 나누어 구한다.

④ 사후 정산 : 시공상세도면의 수량은 현장여건에 따라 확정되므로 사전에 작성될 도면의 예정수량을 정하고, 현장시공 시 시공상세도면의 작성 목록에 따라 작성한 후 당초 예정수량보다 실제 작성된 수량에 증감이 있는 경우 발주청의 승인을 받은 수량에 따라 사후에 정산하여야 한다.

⑤ 시공상세도면의 난이도 : 시공상세도면의 작성에 요구되는 난이도는 별도 별표에 따른다.

기타 자세한 사항은 법령 '엔지니어링사업대가의 기준'에 따른다.

☞. 법규 관련 사항은 국가정책상 필요 시 항상 변경 가능성이 있으므로, 필요 시 재확인 바랍니다.

---

6. 공기조화설비에서 시험, 조정 및 평가(TAB : Testing, Adjusting, Balancing)의 필요성 및 효과에 대하여 설명하시오.

정답 **(1) TAB의 개요**

① TAB는 Testing(시험), Adjusting(조정), Balancing(평가, 균형)의 약어로 건물 내의

모든 공기조화 시스템이 설계에서 의도한 바대로(설계 목적에 부합되도록) 기능을 발휘하도록 점검, 조정하는 것이다.

② 성능, 효율, 사용성 등을 현장에 맞게 최적화시킨다.

③ 에너지 낭비의 억제를 통하여 경제성을 도모할 수 있다.

④ 설계 부문, 시공 부문, 제어 부문, 업무상 부문 등 전 부문에 걸쳐 적용된다.

⑤ 최종적으로 설비 계통을 평가하는 분야이다 (단, 설계가 약 80 % 이상 정도 완료된 후 시작한다).

⑥ 근래에는 건축기계설비공사 표준시방서(기계 부문)에도 T.A.B. 부분이 반영되어 공사의 품질 향상을 기하도록 하고 있다.

(2) 시험, 조정, 평가 (균형)의 정의

① 시험 (Testing) : 각 장비의 정량적인 성능 판정

② 조정 (Adjusting) : 터미널 기구에서의 풍량 및 수량을 적절하게 조정하는 작업

③ 평가 혹은 균형 (Balancing) : 설계치에 따라 분배 시스템 (주관, 분기관, 터미널) 내에 비율적인 유량이 흐르도록 배분

(3) TAB의 필요성

① 장비의 용량 조정

(가) 설계 및 시공 상태에 따라 부여한 용량의 여유율에 상당한 차이가 있을 수 있다.

(나) 덕트나 배관 시스템의 시공 상태에 따라 설계 계산치와 실측치에 차이가 있게 마련이며, 이로 인하여 설계 용량과 달리 운전되는 경우가 많이 있다. 이를 TAB을 통해 바로 잡을 필요가 있다.

② 유량의 균형 분배를 위한 조정

(가) 배관이나 덕트의 설계 시 규격의 결정 (Sizing)은 일반적으로 수계산으로 간이 데이터를 이용하여 간단한 방법으로 하고 있어서 편차가 많이 발생할 수 있다.

(나) 실제 운전 시 배관이나 덕트에 Auto Balancing Valve나 CAV (Constant Air Volume) 유닛을 사용하지 않는 한 각 분기관별 설계 유량보다 과다 혹은 과소한 유량이 흐르게 되며, TAB를 통해 이를 조정해 주어야 한다.

③ 장비의 성능 시험

(가) 시공 과정에서 현장 사정에 의하여 설치 및 운전 조건 등의 변화로 설계된 성능을 제대로 발휘하지 못하는 경우가 많다.

(나) 이는 장비의 성능 점검을 하기 전에는 알 수 없으므로 적절한 시험을 통하여 성능을 확인할 필요가 있으며, TAB을 실시하여 필요 시 개선해 주어야 한다.

④ 자동제어 및 장비 간의 상호 연결

(가) 자동제어 설비는 각 Sensor와 Actuator 간에 적절한 연결, Calibration 등이 필수적인 요건이 된다.

(나) 이 계통의 정확한 점검이 없이는 원만한 자동제어가 되지 않으며, 최신의 고가 설비를 갖추고서도 적절히 사용하지 못하고 수동운전을 하게 되는 경우가 있다.

(4) TAB의 효과

① 에너지 절감 : 과용량의 장비를 적정 용량으로 조정하여 운전하고, 덕트의 누기 등을 방지하여 필요 이상의 에너지 소비와 손실을 미연에 방지할 수 있으며, 장비의 작동 성능을 원활하게 하여 최고의 효율로 운전함으로써 에너지절감을 기할 수 있다.

② 사후 개보수 방지 : 설치된 장비의 역기능을 미리 밝혀내고 시공 및 설치상의 하자를 해결함으로써 개보수 및 장비 교체 등의 발생 소지를 미연에 방지한다.

③ 공해방지를 통한 쾌적한 환경 조성 : 장비의 용량 과다 또는 과소로 인한 소음 및 진동 을 방지하고, 불필요한 과다 운전을 방지함으로써 연료의 소모를 줄이는 등 공해 요 소를 줄일 수 있다.

④ 효율적이고 체계적인 건물관리 : TAB를 함으로써 건물 내의 설치된 전체 기계설비 시 스템의 각 장비에 대한 용량, 효율, 성능, 작동상태, 운전 및 유지 관리자의 유의사 항 등에 대한 종합적인 데이터가 작성되기 때문에 향후 설비를 효율적이며 체계적으 로 관리할 수 있다.

⑤ 기타 효과
  ㈎ 초기시설 투자비 절감
  ㈏ 운전경비 절감
  ㈐ 시공품질 증대
  ㈑ 장비수명 연장
  ㈒ 완벽한 계획하의 개보수 가능

---

7. R-1234yf 냉매의 특성에 대하여 설명하시오.

정답 (1) 개요

① 현재 자동차용 에어컨 냉매로 많이 사용되는 R134a는 오존층 파괴지수(ODP : Ozone Depletion Potential)가 전혀 없는 CFC계의 대체냉매로 사용되어 왔으나, 최 근에는 지구온난화 문제로 인하여 점차로 사용이 규제되고 있다.

② R134a는 HFC계열의 냉매이므로 지구온난화방지 관련 교토의정서의 규제 대상 가 스에 속한다(교토의정서의 6대 규제 대상 가스 : CO_2, CH_4, N_2O, HFC, PFC, SF_6).

③ 유럽 연합은 자동차용 에어컨 시스템에서 지구온난화지수(GWP : Global Warming Potential)가 150 이상인 냉매를 사용하는 자동차에 대하여 적용을 제한하는 법안을 발효 중이다.

④ 따라서 현재 생산되는 차량에 적용 중인 냉매 R134a에 대한 적용이 불가하게 되므 로 지구온난화지수가 150 이하인 대체냉매 적용 및 연구가 활발하다.

⑤ R-1234yf 냉매는 오존층 파괴지수가 '0'이고, 지구온난화지수가 매우 낮아 자동차 용 카에어컨, 냉동탑차용 냉동기, 냉장고, 기타 유럽 수출 냉동 품목 등에 많이 사용 되고 있다.

(2) R-1234yf 냉매의 특성

① R-1234yf 냉매는 미국의 냉매 제조업체인 하니웰(Honeywell)과 듀퐁(DuPont)이 R134a를 대체하기 위해 개발한 냉매이다.

② 이성질체의 구분 표기상, y는 중심 탄소가 −F(불소)로 치환됨을 의미하고, f는 말단 탄소가 =CH₂로 치환됨을 의미한다.

첫 번째 첨자 (중심 탄소 치환)		두 번째 첨자 (말단 탄소 치환)	
문자	치환 그룹	문자	치환 그룹
x	−CL	a	$= CCL_2$
y	−F	b	$= CCLF$
z	−H	c	$= CF_2$
		d	$= CHCL$
		e	$= CHF$
		f	$= CH_2$

③ R-1234yf는 지구온난화지수가 4 정도이고, 오존층 파괴지수도 0이어서 유럽 환경 법규에서 요구하는 GWP 150 이하를 만족하는 환경 친화적인 냉매에 속하며, 독성이 없고 대기 중에서 기존 R134a 냉매보다 훨씬 빠른 시간에 분해되어 없어진다.

④ R1234yf 냉매는 R134a 냉매와 비교적 비슷한 열역학적 특성을 가지고 있으나, 증발 잠열 구간이 작기 때문에 동일 에어컨 시스템으로 Drop-in 성능 평가 시에 냉방 성능의 저하가 발생하며, 아직 냉매의 생산량이 매우 적어 가격이 비싸다는 단점이 있다.

(3) R-1234yf의 물성 특성표 (R-134a와 비교)

비교 항목	R-134a	R-1234yf
화학식	CH_2FCF_3	$CH_3CF = CH_2 (C_3H_2F_4)$
냉매 계열	HFC	HFO
냉동유	POE (Polyolester), PAG (Poly Alkylene Glycol)	POE (Polyolester), PAG (Poly Alkylene Glycol)
ASHRAE 안전등급	A1 (불연성 및 무독성)	A2L (약가연성 및 무독성)
끓는점	−26℃	−29℃
임계온도	102℃	95℃
임계압력 (절대압)	41 bar	34 bar
ODP	0	0
GWP	1430	4 (R-134a의 약 0.3%)

8. 냉동 시스템의 부속장치 중 유분리기의 설치 목적, 설치 위치, 구조 및 작용원리에 대하여 설명하시오.

정답 **(1) 개요**

　① 압축기 토출 냉매증기 중에는 어느 정도 윤활유가 포함되어 있는데, 특히 스크루 (Screw) 압축기와 같은 유(油, 오일) 분사가 많고, 냉매 중 유(油) 혼입량이 많은 경우에는 필수적으로 필요하다고 하겠다.

　② 이 냉매증기 중에 혼입되어 있는 유를 분리하여 압축기로 되돌려 주는 기기를 유분리기(Oil Separator)라 하며(암모니아 냉동장치나 유(油) 토출량이 적은 냉동방식에서는 유를 되돌리지 않는 경우도 있음), 이렇게 유(油)를 압축기로 되돌려 주지 않으면 압축기의 윤활 불량, 마모 등이 심화될 수 있다.

(2) 유분리기의 설치 목적

　① 유가 냉매에 혼입되어 냉동장치 내를 순환하게 되면 응축기, 증발기 등 열교환기의 표면에 유막을 형성하여 전열효과가 떨어질 수 있다.

　② 압축기 토출 냉매증기 중에 혼입된 유를 분리하여 압축기로 되돌려 주지 않으면 압축기 내에 윤활유 부족이 생기게 되어 윤활작용이 저하한다.

　③ 따라서 압축기와 응축기 사이의 토출가스 배관 중에 유분리기를 설치하여 토출가스 중에 혼입된 윤활유를 분리시켜, 오일이 어느 정도 고이면 이를 압축기 크랭크 케이스로 되돌린다. 그러나 암모니아 냉동장치에서는 토출가스 온도가 높아 기름이 다소 탄화되어 있을 때가 많으므로, 유분리기에서 직접 압축기로 돌려보내는 일은 적다.

　④ 기타 유분리기 설치 목적

　　㈎ 증발기나 응축기의 전열효율 개선으로 인한 장치의 냉동능력 개선

　　㈏ 팽창밸브 등의 협소한 부품이나 배관 등이 막히는 현상(폐색 현상) 방지

　　㈐ 압축기가 오일 부족으로 자주 충진해 주어야 하는 번거로움 해소 및 충진에 따른 비용 절감

　　㈑ 오일 부족 및 윤활 불량으로 인한 압축기의 과열이나 고장 방지 등

(3) 유분리기의 설치 위치 : 다음과 같이 냉매의 흐름상 압축기와 응축기 사이에 설치한다.

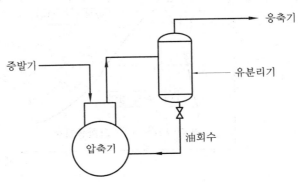

(4) 유분리기의 구조 및 작용원리

① 원심력 방식 : 압축기에서 토출된 유(油) 미립자가 원통(기둥)처럼 생긴 유분리기 내면의 원주상 표면 부분을 비스듬하게 때리면, 원통형의 내벽에 부딪힌 후 타고 아래로 흘러내려 모아지며, 이것을 압축기로 되돌리는 방식이다.

② 격판식 : 유 미립자가 포함된 냉매증기를 격판이 있는 용기 내에 도입시켜 용기 내에 설치된 격판에 부딪히게 하여 유를 가스에서 분리시키는 방식인데, 현재 이 방식은 오일 포집효율이 낮아 많이 사용되지는 않는 방식이다.

③ 배플식 : 원통 용기 내에 작은 구멍이 많이 있는 여러 개의 배플판(baffle plate)을 겹쳐 작은 구멍으로 냉매를 통과시켜 유를 분리하는데, 원통 내를 통과할 때의 가스 속도 감소와 중력에 의해 가스에 포함된 유가 용기 하부에 떨어지게 된다.

④ 철망식 : 용기 내에 원통형의 철망이 2~3겹으로 배치되어 냉매가스가 이 철망을 통과할 때 철망에 유가 분리된다.

⑤ 데미스터(Demister) 방식 : 유를 포함한 냉매가스가 데미스터(섬유상의 금속선으로 엮은 가는 망) 내를 통과할 때에 데미스터를 구성하는 선으로 유를 포착하여 분리, 제거하는 방식이다. 이 방식은 스크루 압축기 적용 냉동기, 소형 에에컨 및 소형 히트펌프 등에 많이 사용되고 있다.

---

9. 이상적인 냉동사이클인 역카르노 사이클에 대한 다음 문제에 답하시오.

(1) $P-v$ 선도의 구성 요소(압력, 체적, 포화액, 포화증기 등을 표시하는 선)를 선도에 나타내고 설명하시오.

(2) 이상적인 냉동 사이클을 $P-v$ 선도에 나타내고 각 과정에 대해 설명하시오.

(3) 문제 (2)에서 $P-v$ 선도 설명에 적용된 기호를 사용하여 냉동기와 히트펌프의 성능계수(COP)를 기술하시오.

정답 (1) $P-v$ 선도

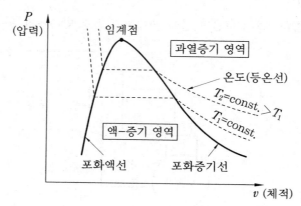

① 포화 포물선의 꼭지점에 해당하는 임계점을 중심으로 좌측은 포화액선, 우측은 포화증기선이 형성된다.

② 온도는 중앙의 '액－증기 영역'에서는 수평선이 되며, 전체적으로는 우하향 곡선을 이룬다.

③ 포화 포물선의 우측은 '과열증기 영역'이 되며, 포화증기선으로부터 우측으로 벗어날수록 과열도가 증가한다.

(2) ① 이상적인 냉동 사이클($P-v$ 선도)

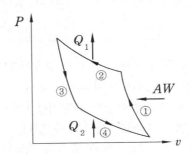

② 이상적인 냉동 사이클($P-v$ 선도)의 각 과정(Process)

　(가) ① 과정 (등엔트로피 과정) : '압축과정'으로서, 저온저압의 냉매를 고온고압의 냉매로 압축하는 과정이며, 이상적인 냉동사이클에서는 단열과정으로 진행된다.

　(나) ② 과정 (등온과정) : '응축과정'으로서, 고온고압의 기상 냉매를 액상 냉매로 응축시키는 과정이며, 열원에 열(Q_1)을 방출한다.

　(다) ③ 과정 (등엔트로피 과정) : '팽창과정'으로서, 고압의 냉매를 저온저압의 냉매로 팽창시켜 증발기에서 증발하기 좋은 상태로 만들어주는 과정이며, 이상적인 냉동사이클에서는 단열과정으로 진행된다.

　(라) ④ 과정 (등온과정) : '증발과정'으로서, 저온저압의 냉매가 흡열(Q_2)하여 주위를 냉각 혹은 냉방시켜 준다. 이 냉매는 다시 압축기로 보내어져 냉매 순환사이클을 이루어 준다.

(3) ① 냉동기의 성적계수 (냉방운전 시)

$$\text{냉방효율}(COP_c) = \frac{Q_2}{AW} = \frac{Q_2}{Q_1 - Q_2} = \frac{T_2}{T_1 - T_2}$$

　단, AW는 압축기가 냉매(계)에 한 일을 말한다.

② 히트펌프의 성적계수 (난방운전 시)

$$\text{난방효율}(COP_h) = \frac{Q_1}{AW} = \frac{Q_1}{Q_1 - Q_2} = \frac{T_1}{T_1 - T_2} = 1 + COP_c$$

10. 증발온도가 다른 3대의 증발기를 가진 냉동사이클(압축기는 1대)에 대하여 다음 물음에 답하시오.
  (1) 사이클에 대한 설명과 $P-h$ 선도를 도시하시오.
  (2) 각 증발기의 냉동능력(Q_{e1}, Q_{e2}, Q_{e3})을 $P-h$ 선도상의 엔탈피 기호값으로 나타내시오.
  (3) 압축일량(w)을 $P-h$ 선도상의 엔탈피 기호값으로 나타내시오.
  (4) 각 증발기의 플래시가스 단위열량을 $P-h$ 선도상의 엔탈피 기호값으로 나타내시오.
  (5) 각 증발기의 증발잠열(γ) 및 건조도(x)를 $P-h$ 선도상의 엔탈피 기호값으로 나타내시오.

정답 (1) ① 이러한 증발온도가 다른 여러 대의 증발기를 설치하여 1대의 압축기로 냉동하는
    사이클을 'Voorhees Cycle'이라고도 부른다.
  ② 증발온도가 서로 다른 2대 이상의 증발기를 1대의 압축기로 압축하여 각 식품에 따
    른 최적 냉장효과(증발효과)를 가져올 수 있다.
  ③ 보통의 단단압축 대비 냉동효율의 증가가 가능한 방법이다(동력 절감).
  ④ 동작원리
    ㉮ 원하는 증발압력이 서로 다른 증발기
      의 압력(저압)을 압축기의 세 곳으로
      흡입한다.
    ㉯ 피스톤의 상부는 저온 증발기의 저
      압증기를 흡입하고, 피스톤의 하부
      로 갈수록 고온 증발기의 저압증기
      를 흡입한다.

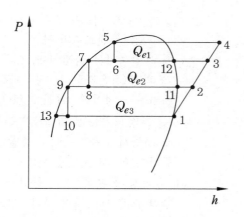

(2) ① $Q_{e1} = (h_3 - h_5) \times G_1$

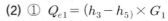

  ② $Q_{e2} = (h_2 - h_7) \times G_2$

  ③ $Q_{e3} = (h_1 - h_9) \times G_3$

  여기서, G_1, G_2, G_3 : 각 증발기의 냉매유량

(3) 압축일량(w) = $(h_4 - h_1) \times G$

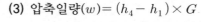

  여기서, G : 압축기의 토출유량

(4) ① Q_{e1} 증발기의 플래시가스 단위열량 $= \dfrac{(h_3 - h_5)(h_5 - h_7)}{(h_{12} - h_7)}$

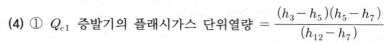

  ② Q_{e2} 증발기의 플래시가스 단위열량 $= \dfrac{(h_2 - h_7)(h_7 - h_9)}{(h_{11} - h_9)}$

  ③ Q_{e3} 증발기의 플래시가스 단위열량 $= \dfrac{(h_1 - h_9)(h_9 - h_{13})}{(h_1 - h_{13})}$

(5) ① Q_{e1}의 증발잠열$(\gamma)=\dfrac{(h_3-h_5)(h_{12}-h_5)}{(h_{12}-h_7)}\times G_1$

② Q_{e2}의 증발잠열$(\gamma)=\dfrac{(h_2-h_7)(h_{11}-h_7)}{(h_{11}-h_9)}\times G_2$

③ Q_{e3}의 증발잠열$(\gamma)=\dfrac{(h_1-h_9)(h_1-h_9)}{(h_1-h_{13})}\times G_3$

④ Q_{e1}의 건조도$(x)=\dfrac{(h_5-h_7)}{(h_{12}-h_7)}$

⑤ Q_{e2}의 건조도$(x)=\dfrac{(h_7-h_9)}{(h_{11}-h_9)}$

⑥ Q_{e3}의 건조도$(x)=\dfrac{(h_9-h_{13})}{(h_1-h_{13})}$

---

11. 냉동기 안전장치 중 다음에 대해서 설명하시오.

(1) 저압차단스위치

(2) 수동복귀형과 자동복귀형 고압차단스위치

(3) ⓐ 저압차단스위치 cut-in이 6 bar, ⓑ 고압차단스위치 cut-in이 20 bar인 장치에서 ⓐ와 ⓑ의 차이(differential)가 3 bar일 경우, 냉동기 운전 시 가동과 정지에 대해서 압력스위치 접점의 작동을 그림으로 설명하시오.

정답 **(1) 저압차단스위치**

① 저압스위치(LPS : Low Pressure Switch)는 벨로스 캡 속에 벨로스가 있고 캡에 플레어 너트(flare nut)로 접속된 압력검출관에 의해서 가스 압력이 유도되고 압력의 상승 또는 강하에 따라서 벨로스가 작동한다.

② 벨로스 캡에 전달된 압력이 낮아지면 벨로스 압력 조정 스프링에 대항해서 벨로스 저판이 움직여서 레버기구에 전달되어 접점을 off한다(마이크로 스위치를 사용하는 것도 있다).

③ 설정압력 이하(단절점)가 되면 접점이 열려서 기동이 정지되고, 설정압력(단입점)에 도달하면 접점이 닫혀 재기동된다.

④ 먼저, LPS 상부에 있는 조절나사를 조절하여 단입점(cut-in) 압력을 조정하고, 단절점(cut-out) 압력이 정해지면, 차압을 구한다.

⑤ 조절나사를 조절하여 차압(difference pressure)을 조절한다.

(2) 수동복귀형과 자동복귀형 고압차단스위치

① 고압스위치(HPS : High Pressure Switch)는 벨로스 캡 속에 벨로스가 있고 캡에 플레어 너트로 접속된 압력검출관에 의해서 가스압력이 유도되어 압력의 상승 또는 강

하에 따라서 벨로스가 작동한다.

② 벨로스캡에 전달된 압력이 높아지면 벨로스 압력 조정스프링에 대항해서 벨로스 저판이 움직여서 레버기구에 전달되어 접점을 on한다 (마이크로 스위치를 사용하는 것도 있다).

③ 설정압력 이상(단절점)이 되면 접점이 열려서 기동이 정지되고, 설정압력(단입점)에 도달하면 접점이 닫혀 재기동 된다.

④ 먼저, HPS 상부에 있는 조절나사를 조절하여 단입점 압력을 조정하고, 단절점 압력이 정해지면 차압을 구한다.

⑤ 조절나사를 조절하여 차압을 조절한다.

⑥ 수동복귀와 자동복귀

    ㈎ 고압압력스위치에는 압력 상승 시 시스템을 정지시키는 목적의 리셋 버튼이 있는 수동복귀형과 리셋 버튼이 없는 자동복귀형의 것이 있다.

    ㈏ 고압압력스위치는 용도에 따라 수동복귀형 혹은 자동복귀형의 선택이 가능하나, 저압압력스위치는 대부분 자동복귀형을 사용하고 있다.

(3) ① ⒜ 저압차단스위치 cut-in이 6 bar이므로,

    단절점(cut-out) = 단입점(cut-in) - 차압(difference pressure) = 6 - 3 = 3 bar

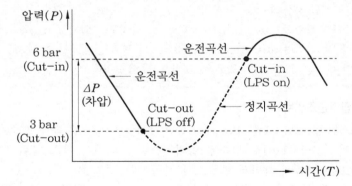

② ⒝ 고압차단스위치 cut-in이 20 bar이므로,

    단절점(cut-out) = 단입점(cut-in) + 차압(difference pressure) = 20 + 3 = 23 bar

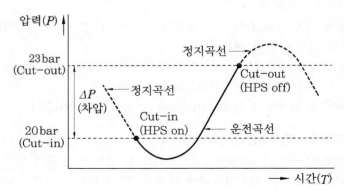

12. 덕트의 재료선정 및 보강에 대하여 다음 사항을 설명하시오.
(1) 덕트 재료의 구비 조건 (5가지)   (2) 덕트 보강의 목적
(3) 덕트 보강 방법 (3가지)

정답 (1) 덕트 재료의 구비 조건(아래에서 5가지를 선택할 것)
① 오염물질을 발생시키지 않을 것
② 장기간 사용하여도 부식되지 않을 것
③ 흡습하지 않는 재료일 것
④ 공기의 저항이 적을 것
⑤ 오염이나 오탁이 잘 안되는 위생적인 재료일 것
⑥ 덕트의 내부 및 외부의 압력이나 충격에 대해 견디는 강도를 가질 것
⑦ 가격이 저렴하고, 재료를 구입하기가 용이할 것

칼럼 덕트의 재료는 도면 및 특이하지 않은 경우에는 다음 사항에 따른다.
① 아연도금강판 : KS D 3506 또는 이와 동등 이상의 제품으로 한다.
② 스테인리스강판 : KS D 3705, KS D 3698 또는 이와 동등 이상의 제품을 사용한다.
③ 염화비닐강판 : KS M 3343의 C종 1호 또는 이와 동등 이상의 제품으로 한다.
④ 경질염화비닐판 : KS M 3501의 1종 1호 또는 이와 동등 이상의 제품으로 한다.
⑤ 유리면 : KS L 9102 또는 이와 동등 이상의 제품으로 한다.

(2) 덕트 보강의 목적
① 덕트 내부의 공기압력으로부터 변형을 줄임
② 외부의 충격이나 하중으로부터 내구성을 가지게 함
③ 누설(Air Leak)의 발생을 줄임
④ 기류에 의한 소음이나 진동의 발생을 줄임
⑤ 내구성이 우수하여 수명을 길게 유지함
⑥ 덕트의 변형, 처짐 등으로 인한 유로저항의 증가를 막음

(3) 덕트 보강 방법 (3가지)
① 저압 덕트의 보강 방법
(가) 횡방향의 보강은 다음 표에 의한다.

덕트의 장변	보강의 종류와 간격		
	형강 보강재의 치수 (mm)	최대 간격 (mm)	
		앵글 공법	코너 볼트 공법
750 이하	25×25×3	1840	1840
750 초과 1500 이하	30×30×3	925	925
1500 초과 2200 이하	40×40×3	925	925+타이로드
2200 초과	40×40×5	925	–

㈜ 앵글 공법 및 코너 볼트 공법의 플랜지 접합부는 그 자체가 횡방향의 보강이 된 것으로
간주한다.

(나) 종방향의 보강은 다음 표에 의한다.

덕트의 장변	형강의 치수 (mm)	보강의 위치	비 고
1500 초과 2200 이하	40×40×3	중앙에 1개소 이상	외측 또는 내측에
2200 초과	40×40×5	중앙에 2개소 이상	부착한다.

주 1. 해당하는 덕트 치수에 있어서는 횡방향의 보강을 하며, 아울러 종방향의 보강도 동시에 해야 한다.
　 2. 형강의 부착은 호칭경 4.5 mm의 리벳 혹은 스폿 용접으로 하며, 그 피치는 100 mm로 한다.
　 3. 장변이 450 mm를 넘고 보온을 하지 않은 덕트에는 다이아몬드 브레이크 또는 300 mm 이하의 피치로 보강 리브를 넣는다.
　 4. 종방향의 보강에 있어서 2개소 이상의 경우에는 균등하게 나누어 부착한다.

② 고압 1덕트, 고압 2덕트의 보강 방법

(가) 횡방향의 보강은 다음 표에 의한다.

덕트의 장변 (mm)	보강의 종류와 간격		
	형강 보강재의 치수 (mm)	최대 간격 (mm)	
		앵글 공법	코너 볼트 공법
450 이하	25×25×3	925	925
450 초과 750 이하	25×25×3	925	925
750 초과 1200 이하	30×30×3	925	925
1200 초과 2200 이하	40×40×3	925	925＋타이로드
2200 초과	40×40×5	925	－

주 앵글 공법 및 코너 볼트 공법의 플랜지 접합부는 그 자체로 횡방향의 보강이 된 것으로 간주한다.

(나) 종방향의 보강은 다음 표에 의한다.

덕트의 장변	형강의 치수 (mm)	보강의 위치	비 고
1200 초과 2200 이하	40×40×3	중앙에 1개소 이상	외측 또는 내측에
2200 초과	40×40×5	중앙에 2개소 이상	부착한다.

주 1. 해당하는 덕트 치수에 있어서는 횡방향의 보강을 하며, 아울러 종방향의 보강도 한다.
　 2. 형강의 설치는 호칭경 4.5 mm의 리벳 혹은 스폿 용접으로 하며, 피치는 100 mm로 한다.
　 3. 장변이 450 mm를 넘고, 보온을 하지 않은 덕트에는 다이아몬드 브레이크 또는 300 mm 이하의 피치로 보강 리브를 넣는다.
　 4. 종방향의 보강에 있어서 2개소 이상의 경우에는 균등하게 분할하여 부착한다.

③ 타이로드에 의한 보강

(가) 덕트의 변의 길이가 저압덕트에서는 1500 mm를 초과하고, 고압 1, 고압 2 덕트에

서는 1200 mm를 초과할 경우에 형강과 타이로드를 함께 보강하는 것으로 한다.
(나) 타이로드의 개수는 덕트의 변의 길이를 저압덕트에서는 1100 mm, 고압 1, 고압 2 덕트에서는 900 mm에서 제(除)하고, 나머지를 절상한 수로부터 1을 뺀 개수로 하며, 균등하게 나누어 부착하는 것으로 한다.
(다) 형강과 타이로드를 병용하는 경우의 종방향의 형강 치수는 타이로드가 없는 경우의 40×40×5를 40×40×3로 하여도 좋다.
(라) 타이로드의 직경은 각 변이 1개 미만인 경우에는 호칭경 9 mm로 하고, 한쪽 또는 양쪽의 변이 2개 이상인 경우에는 호칭경 13 mm로 한다.
(마) 코너볼트공법에 있어서 타이로드의 설치는 접합부로부터 25 mm 이내에 타이로드를 형강 등 중간 종방향보강에 맞게 설치한다.

[칼럼] 덕트의 구분

압력 분류에 의한 덕트 호칭	압력 범위		유속범위 (m/s)
	상용압력 (Pa) [mmH₂O]	제한압력 (Pa) [mmH₂O]	
저압 덕트	+490 [+50] 이하 −490 [−50] 이하	+980 [+100] 이하 −735 [−75] 이하	15 이하
고압 1 덕트	+490 [+50] ~ +980 [+100] 이하 −490 [−50] ~ −980 [−100] 이하	+1470 [+150] 이하 −1470 [−150] 이하	20 이하
고압 2 덕트	−980 [+100] ~ +2450 [+250] 이하 −980 [−100] ~ −1960 [−200] 이하	+2940 [+300] 이하 −2450 [−250] 이하	20 이하

13. 시퀀스 제어 (Sequence Control)에서 아래 요구사항을 설명하시오.
(1) 복귀우선 자기유지회로의 설명과 시퀀스도
(2) 동작우선 자기유지회로의 설명과 시퀀스도
(3) 인터로크 회로의 설명과 시퀀스도

정답 (1) 복귀우선 자기유지회로의 설명과 시퀀스도

① 자기유지회로에서 기동(Set, On) 신호와 정지(Reset, Off) 신호가 동시에 입력될 경우, 출력이 0(Off)이 되는 회로를 복귀우선(정지우선) 회로라 하며, 동작우선(기동우선) 회로에 비해 전기적 안전상 더 많이 사용되고 있다.
② 복귀우선(정지우선) 자기유지 회로의 동작은 다음과 같다.
(가) 기동 스위치 BS1(Set)이 1(ON)이면, 출력 전자릴레이 X가 여자되고 X의 a접점인 자기유지접점 X-a1과 출력접점 X-a2가

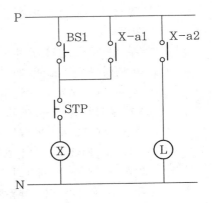

1(ON) 된다.

(나) 이때 기동스위치 BS1이 0(OFF)되어도, 자기유지 접점 X-a1에 의해 릴레이 X가 계속 여자되므로 출력램프 L은 계속 점등된다. 즉, '1'이 된다.

(다) 정지 스위치 STP(Reset)가 0(OFF)이면 출력 전자릴레이 X가 소자되어 접점 X-a1과 X-a2는 0(OFF)이 되며, 회로는 원상태로 복귀된다.

(라) 만일 동시에 BS1(Set)과 STP(Reset) 스위치를 누르면 릴레이의 코일에는 전류가 흐르지 않게 되므로 이것을 '복귀우선(정지우선) 자기유지회로'라고 한다.

(2) 동작우선 자기유지회로의 설명과 시퀀스도

① 자기유지회로에서 기동(Set, On) 신호와 정지(Reset, Off) 신호가 동시에 입력될 경우, 출력이 1(ON)이 되는 회로를 기동우선회로라 한다.

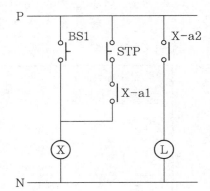

② 기동우선 자기유지회로의 동작은 다음과 같다.

(가) 기동 스위치 BS1(Set)이 1(ON)이면, 출력 전자릴레이 X가 여자되고 X의 a접점인 자기유지접점 X-a1과 출력접점 X-a2가 1(ON) 된다.

(나) 이때 기동스위치 BS1이 0(OFF) 되어도, 자기유지 접점 X-a1에 의해 릴레이 X가 계속 여자되므로 출력램프 L은 계속 점등된다. 즉, 1이다.

(다) 정지 스위치 STP(Reset)를 누르면 출력 전자릴레이 X가 소자되어 접점 X-a1과 X-a2는 0(OFF)되며, 따라서 회로는 원상태로 복귀된다.

(라) 만일 동시에 BS1(Set)과 STP(Reset) 스위치를 누르면 릴레이의 코일에는 전류가 흐르게 되어 출력이 나온다. 따라서, 이것을 '동작우선(기동우선) 자기유지회로'라고 한다.

(3) 인터로크 회로의 설명과 시퀀스도

① 전기기기의 보호와 운전자의 안전을 위한 회로이다.

② 두 입력 중 먼저 동작한 것이 있으면, 다른 동작 명령을 하여도 동작하지 않는 회로를 말한다.

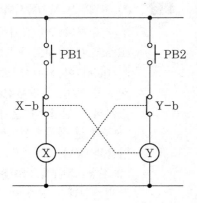

③ 다음 그림에서 PB1에 입력신호를 주어 계전기 X가 동작하면, Y-b가 개로되므로 PB2에 입력신호를 주어도 계전기 Y는 작동하지 않는다.

④ 역으로, PB2에 입력신호를 주어 계전기 Y가 동작하면, X-b가 개로되므로 PB1에 입력신호를 주어도 계전기 X는 작동하지 않는다.

14. 냉동부하가 큰 냉동장치에 적용되는 만액식 냉동 사이클에 대해 다음 질문에 답하시오.

(1) 압축기 입구 증기 상태를 "1", 압축기 출구 증기 상태를 "2", 응축기 출구 냉매 상태를 "3", 팽창밸브 출구 냉매 상태를 "4", 팽창밸브 출구 냉매액 상태를 "5", 증발기 입구 냉매 상태를 "6"이라 했을 때 주요기기 및 배관계통도를 그리고, $P-h$ 선도 상에 냉매상태를 나타내시오. 또한, 이 사이클의 특징을 기술하시오.

(2) 이 장치의 성능계수(COP)를 (1)의 각 상태의 엔탈피값의 기호를 이용하여 나타내시오.

정답 (1) ① 만액식 냉동 사이클의 증발기 구조

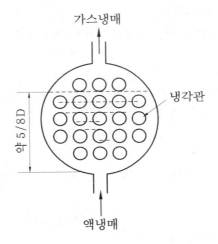

② 만액식 냉동 사이클의 배관계통도

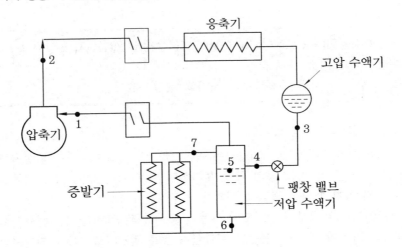

③ $P-h$선도

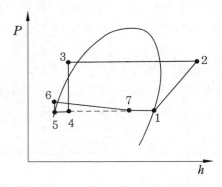

④ 만액식 냉동 사이클의 특징
  ㉠ 액냉매에 냉각관이 잠겨있음 [관 내측이 피냉각물, 관 외측이 냉매(Shell & Tube 형)인 구조이다.]
  ㉡ 전열이 우수하다.
  ㉢ 증발기 출구까지도 실제 액냉매 존재함(효율 우수)
  ㉣ 유분리기 및 액분리기 반드시 필요
  ㉤ 증발기내 액냉매가 약 75 % 정도 채워짐

(2) ① 장치의 단위 냉동능력 $Q_e = (h_1 - h_5) \times \left(1 - \dfrac{h_4 - h_5}{h_1 - h_5}\right) = h_1 - h_4$

② 장치의 단위 소비동력 $Q_c = h_2 - h_1$

③ 장치의 성능계수 $(COP) = \dfrac{h_1 - h_4}{h_2 - h_1}$

---

15. 수배관에 사용되는 스트레이너에 대하여 다음 사항을 설명하시오.
(1) 스트레이너의 사용 목적
(2) 스트레이너 3가지를 종류별로 도시하고 설명

정답 (1) 스트레이너의 사용 목적
  ① 수배관용 스트레이너(Strainer)는 여과기라고도 부르며, 배관에 설치하는 자동조절 밸브, 증기트랩, 펌프 등의 앞에 설치하여 유체 속에 섞여 있는 이물질을 제거하여 밸브 및 기기의 파손 등을 방지하는 기구이다.
  ② 스트레이너의 내부에 설치되어 있는 금속제 여과망(Mesh)을 통하여 정기적으로 수배관의 막힘이 없는지, 통수가 원활한지 등을 점검하고 청소하기 용이하게 하기 위해 설치하는 기구이다.

(2) 스트레이너 3가지를 종류별로 도시하고 설명(아래에서 3가지를 골라 설명)

스트레이너는 그 모양에 따라 Y형, U형, V형, 오메가형 등이 있다.

① Y형 스트레이너

(가) 45도 경사진 Y형의 본체에 원통형 금속망을 넣은 것이다.

(나) 유체의 저항을 줄이기 위하여 유체가 망의 안쪽에서 바깥쪽으로 흐르게 되어 있으며, 그 밑부분에 플러그를 달아 쌓여있는 불순물을 제거하게 되어 있다.

(다) 본체에는 흐름의 방향을 표시하는 화살표가 새겨져 있으므로 시공 시 방향 설정에 주의하여야 한다.

(라) 스트레이너 중에서 가장 많이 사용되는 방식이다.

② U형 스트레이너

(가) 본체 안에 원통형 여과망을 수직으로 넣어 유체가 망의 안쪽에서 바깥쪽으로 흐르게 하는 방식이다.

(나) 구조상 유체가 내부에서 직각으로 흐르게 됨으로써 Y형스트레이너에 비해 유체에 대한 저항이 크나 보수나 점검 등에 매우 편리한 장점이 있다.

(다) 수배관보다 기름 배관 등 특수용도로 더 많이 쓰인다.

③ V형 스트레이너

(가) 본체 안에 V형 금속 여과망을 끼운 것이며, 유체가 금속 여과망을 통과하면서 불순물을 여과하는 것은 Y형, U형 등과 동일하나 유체가 직선으로 흐르게 되므로 유체의 저항이 적다.

(나) 여과망의 교환, 점검, 보수가 비교적 편리한 특징이 있다.

Y형 스트레이너

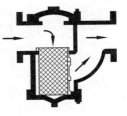

U형 스트레이너

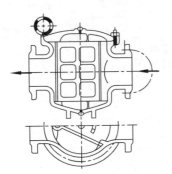

V형 스트레이너

오메가형 스트레이너

④ 오메가형 스트레이너

　　㈎ 유체의 흐름방향이 일직선형 구조이고 스크린이 본체 내의 입구 쪽으로 편심되어
　　　출구 측의 공간확보로 압력손실을 최소화한 스트레이너이다.

　　㈏ 스크린의 구조가 Ω형으로, 이물질이 누적되더라도 스크린의 가운데로 집결하기
　　　때문에 사후관리도 용이하다.

---

16. 흡수식 냉동장치는 폐열회수, 공기조화 등 다방면에 적용된다. 흡수식 냉동장치에 대한 다음의 문제에 답하시오.

(1) 공기조화용 흡수식 냉동장치에 많이 적용하는 2중효용 흡수식 냉동장치의 장치도 (주요기기와 배관계통도)를 그리고, 듀링(Duhring)선도에 상태변화를 나타내고 설명하시오. (단, 듀링선도에 사용한 기호와 장치도에 사용하는 기호가 일치하여야 한다.)

(2) 승온흡수식 히트펌프(heat transformer) 사이클을 듀링 선도에 나타내고 그 특성에 대해 설명하시오.

정답 **(1)** ① 2중효용 흡수식 냉동장치의 장치도

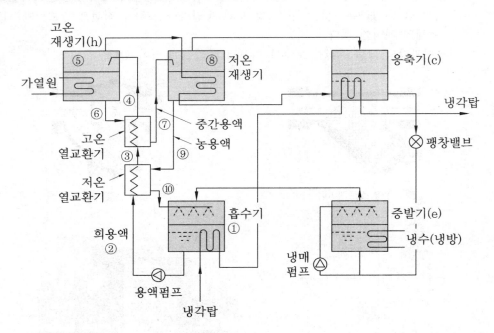

② 듀링(Duhring)선도

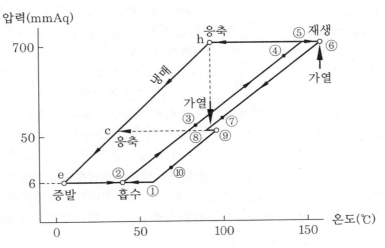

③ 듀링(Duhring)선도 설명

(가) ① → ② : 흡수과정을 나타내며, 산포(散布)된 농용액이 냉매를 흡수하여 희용액
으로 된다.

(나) ② → ③ → ④ : 저온열교환기와 고온열교환기를 거치면서 희용액이 가열된다.

(다) ④ → ⑤ : 고온재생기에서의 희용액의 비점(boiling point)에 이르기까지의 가열
(현열) 과정을 나타낸다.

(라) ⑤ → ⑥ : 고온재생기에서 가열에 의해 수증기가 이탈하여, LiBr 용액이 농축(濃
縮)되어 중간용액으로 되는 과정이다.

(마) ⑥ → ⑦ : 고온열교환기에서 중간용액이 흡수기에서 고온재생기로 공급되는 희용
액과 열교환하여 냉각된다.

(바) ⑦ → ⑧ → ⑨ : 저온재생기에서 중간용액이 고온재생기에서 온 고온의 냉매증기
와 열교환하여 재생되는 과정이다.

(사) ⑨ → ⑩ : 저온재생기를 나온 농용액이 저온열교환기를 거치면서 냉각되는 과정
이다.

(아) ⑩ → ① : 흡수기 내에서 산포된 농용액이 냉각수에 의해 냉각된다.

(자) h : 고온재생기

(차) c : 응축기

(카) e : 증발기

(2) ① 듀링선도에 나타낸 승온흡수식 히트펌프(heat
transformer) 사이클

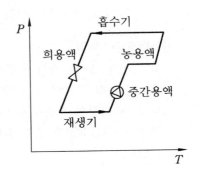

② 승온흡수식 히트펌프 사이클의 특성

  (개) 승온흡수식 히트펌프는 제2종 흡수식 히트펌프라고도 하며, 저급의 열을 구동에 너지로 하여 고급의 열로 변환시키는 것으로, 열변환기라고도 불리며 일반적으로 흡수식 냉방기와 반대의 작동사이클을 갖는다.

  (내) 산업현장에서 버려지는 폐열의 온도를 승온흡수식 히트펌프를 통하여 사용 가능한 높은 온도까지 승온시킬 수 있어 에너지를 절약할 수 있다.

  (대) 승온흡수식 히트펌프(2종 흡수식 히트펌프)는 1중 효용 흡수냉동 사이클을 역으로 이용한 방식이고 일명 heat transformer라고도 한다.

  (래) 압력이 낮은 부분에 재생기와 응축기가 있고 높은 부분에 흡수기와 증발기가 있으며 듀링다이어그램에서는 순환계통이 시계 반대방향으로 흐른다.

  (매) 산업현장에서 버려지는 폐수열에 대한 회수가 용이한 시스템이다.

  (배) 흡수기 방열(Q_a)만 사용 : 흡수기에서 폐열(Q_e로 입력시킴)보다 높은 온수 및 증기 발생이 가능한 형태이다.

  (새) 효율은 낮지만 고온의 증기 혹은 고온수 발생이 가능하다.

  (애) 성적계수(COP) = 제2종 $COP = \dfrac{Q_a}{Q_g + Q_e} = \dfrac{Q_g + Q_e - Q_c}{Q_g + Q_e} = 1 - \dfrac{Q_c}{Q_g + Q_e} < 1$

    여기서 첨자는, a : 흡수기, g : 재생기, e : 증발기, c : 응축기

---

17. 하나의 압축기로 구성된 냉동시스템에서 냉동실과 냉장실을 구성할 수 있는 몇 가지 방법이 있다. 이 중 3가지 방법에 대하여 장치도(주요기기와 배관계통도, 냉매의 흐름 등을 나타낸 그림)를 그리고 설명하시오.

정답 **(1) 개요**

① 하나의 압축기로 구성된 냉동시스템에서 냉동실(Freezer)과 냉장실(Referigerator)을 구성하는 방법에는 증발기가 1개인 방식과 2개인 방식 그리고 압축기를 2단으로 압축(저단+고단)할 수 있는 방식 등이 있다.

② 가장 간단한 방법으로 냉각기가 1개인 더블냉각 방식 혹은 냉각기가 2개인 독립냉각 방식을 적용하는 것이 좋다.

(2) 더블냉각 방식

① 가정용 냉장고에서 주로 사용하는 방식으로 냉각기(증발기)가 1개 설치되어 있다.

② 더블냉각 방식의 경우 냉각기 1개로 냉동, 냉장실을 냉각하는 구조로 냉동실, 냉장실 내 각각의 토출구에서 냉기가 나오는 멀티쿨링 방식이다.

③ 더블냉각 방식은 주로 냉동실의 냉기를 냉장실로 연속적으로 보내주는 방식을 채용한다.

④ 더블냉각 방식은 냉각기(증발기)가 1개뿐이므로 전기세가 절약되며, 냉동실 한 곳에만 부품이 있다 보니 내구성이 좋고, 냉장고에서 물이 나와도 냉동실에서만 나오고 냉장실에서는 거의 누수 현상이 발생되지 않는다는 점이 유리하다.

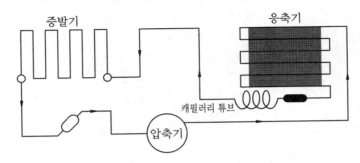

(3) 독립냉각 방식

① 독립냉각의 경우 냉동실, 냉장실 각각 냉각기(증발기)가 1개씩 설치되어 있어서 냉장고 1대당 냉각기(증발기)가 총 2개 설치되어 있다.

② 독립냉각 방식은 냉동실과 냉장실 의 냉기 보충을 각각 별도로 하는 방식이다.

③ 냉동실의 냉기를 냉장실로 보내주는 더블냉각 방식에 비해 냉기가 빠져나갈 때마다 바로 바로 냉장실에서 자체적으로 보충해주므로 신선도 유지에서 다소 유리하다고 할 수 있다.

④ 하지만 결국에 냉동실과 냉장실에 냉기가 가득 차면 더블냉각 방식과 큰 차이는 없다.

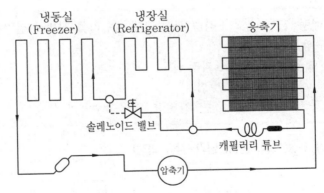

(4) 다효 압축방식(Voorhees Cycle)

① 증발온도가 서로 다른 2대 이상의 증발기를 1대의 압축기로 압축하여 효과(증발효과)를 다각화할 수 있다.

② 보통의 단단압축 대비 냉동효율의 증가가 가능하다(동력 절감).

③ 적용 방법

㈎ 원하는 증발압력이 서로 다른 증발기의 압력(저압)을 압축기의 두 곳으로 흡입한다.

㈏ 피스톤의 상부는 저온 증발기의 저압증기를 흡입하고, 피스톤의 하부는 고온 증
　발기의 저압증기를 흡입한다.

④ 다효압축의 Cycle 구성도 : 다효압축의 방식에는 팽창장치의 배치에 따라, 1단팽창
　다효압축과 2단팽창 다효압축 등이 있으며, 1단팽창 다효압축의 Cycle 구성의 사례
　는 다음 그림과 같다.

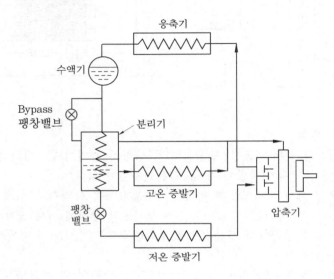

---

18. 냉방 시 예랭, 혼합, 냉각+감습 과정에 대하여 다음 사항을 설명하시오.

(1) 장치의 구성
(2) 습공기선도 상의 상태변화 과정
(3) 작도법(각 상태를 구하는 방법)
(4) 송풍량, 공조기 출구온도, 총냉각열량, 총응축수량의 산출식

정답 (1) 장치의 구성(예랭, 혼합, 냉각+감습 과정)

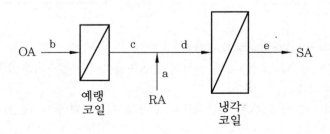

(2) 습공기선도 상의 상태변화 과정

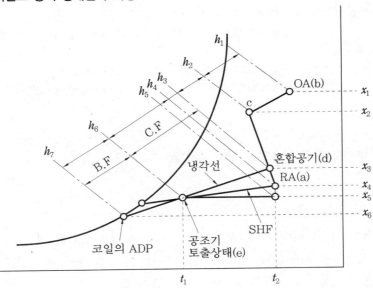

(3) 작도법(각 상태를 구하는 방법)

① 외기온도(OA), 실내온도(RA)의 온·습도를 습공기선도 상에 각각 나타낸다.

② b점에 해당하는 외기(OA)가 예랭코일에 의하여 냉각되어진 c점을 습공기선도 상에 표기한다.

③ 외기도입량에 따라 예랭된 c점과 실내온도(RA)인 a점을 이은 직선(냉각선)을 등분하여 습공기선도 상 d점(혼합온도)으로 나타낸다. 이때 보통은 실외공기 도입량이 50% 미만이므로, 그림에서와 같이 혼합공기는 OA와 RA를 연결한 직선 상에서 RA에 더 가깝게 표현된다.

④ 혼합공기인 d점에서 냉각선(d점와 코일의 장치노점온도(ADP)를 이은 선을 컨택트팩터(CF)와 바이패스팩터(BF)로 분할)과 SHF선이 만나는 교점을 작도하여 그 점을 공조기의 토출온도값으로 구한다.

(4) 송풍량, 공조기 출구온도, 총냉각열량, 총응축수량의 산출식

① 송풍량(Q)

$$Q = \frac{q_s}{\rho \cdot c \cdot \Delta t} = \frac{q_s}{\rho \cdot c \cdot (t_2 - t_1)}$$

여기서, Q : 송풍량($\mathrm{m^3/s}$) $\quad q_s$: 현열부하(kW)

ρ : 공기의 밀도($\mathrm{kg/m^3}$) $\quad c$: 공기의 비열(kJ/kg·K)

Δt : 온도차(=실내온도−냉각코일 출구온도)

② 공조기 출구온도

공조기 출구온도＝혼합공기온도−(혼합공기온도−코일의 ADP)×C.F

③ 총냉각열량

총냉각열량 q_c = 예열코일의 냉각량 + 냉각코일의 냉각량

= 외기도입량 × 공기 밀도 × $(h_1 - h_2)$ + 송풍량 × 공기 밀도 × $(h_3 - h_6)$

④ 총응축수량

총응축수량 = 예열코일의 응축수량 + 냉각코일의 응축수량

= 외기도입량 × 공기 밀도 × $(x_1 - x_2)$ + 송풍량 × 공기 밀도 × $(x_3 - x_5)$

---

19. 다층 벽체의 조건은 다음과 같다. 다음을 구하시오.

[조 건]

내부온도 $t_i = 28℃$	외부온도 $t_0 = -14℃$
내부 대류열전달계수 $h_i = 8\,\text{W/m}^2 \cdot ℃$	외부 대류열전달계수 $h_0 = 20\,\text{W/m}^2 \cdot ℃$
석고 열전도율 $k_1 = 0.12\,\text{W/m} \cdot ℃$	두께 $L_1 = 0.08\,\text{m}$
단열재 열전도율 $k_2 = 0.04\,\text{W/m} \cdot ℃$	두께 $L_2 = 0.10\,\text{m}$
콘크리트 열전도율 $k_3 = 1.65\,\text{W/m} \cdot ℃$	두께 $L_3 = 0.30\,\text{m}$
대리석 열전도율 $k_4 = 2.1\,\text{W/m} \cdot ℃$	두께 $L_4 = 0.070\,\text{m}$

(1) 벽체의 총괄열전달계수 $(\text{W/m}^2 \cdot ℃)$

(2) 단위면적당 열전달률 (W/m^2)

(3) 단위면적당 열전달률을 8W/m^2 이하로 하는 경우 필요한 단열재 최소 두께(m)

정답 (1) 벽체의 총괄열전달계수$(\text{W/m}^2 \cdot ℃)$: K

$$K = \cfrac{1}{\dfrac{1}{h_i} + \dfrac{L_1}{k_1} + \dfrac{L_2}{k_2} + \dfrac{L_3}{k_3} + \dfrac{L_4}{k_4} + \dfrac{1}{h_o}} = \cfrac{1}{\dfrac{1}{8} + \dfrac{0.08}{0.12} + \dfrac{0.1}{0.04} + \dfrac{0.3}{1.65} + \dfrac{0.07}{2.1} + \dfrac{1}{20}}$$

$$= 0.28115\,\text{W/m}^2 \cdot ℃$$

(2) 단위면적당 열전달률 (W/m²)

단위면적당 열전달률 $= K \times$ 실내 · 외 온도차

$$= 0.28115 \times (28 - (-14)) = 11.81 \text{W/m}^2$$

(3) 단위면적당 열전달률을 8W/m² 이하로 하는 경우 필요한 단열재 최소 두께 (m)

$$= \cfrac{28 - (-14)}{\cfrac{1}{8} + \cfrac{0.08}{0.12} + \cfrac{x}{0.04} + \cfrac{0.3}{1.65} + \cfrac{0.07}{2.1} + \cfrac{1}{20}} \leq 8 \text{에서}$$

$$x \geq \left(\frac{42}{8} - 1.0568 \right) \times 0.04 = 0.1677 \text{m}$$

---

20. 수랭식 냉동기의 정상운전 상태에서의 측정 결과는 다음과 같다. 다음을 구하시오.

[측정 결과]

냉수 유량 2050lpm, 냉수 압력 110kPa

냉수 입구 온도 12.6℃, 냉수 출구 온도 7.4℃

냉각수 유량 2630lpm, 냉각수 압력 110kPa

냉각수 입구 온도 30.6℃, 냉각수 출구 온도 35.8℃

압축기 동력 175.3kW, 냉수 펌프 동력 19.2kW, 냉각수 펌프 동력 20.3kW

냉각탑 팬 동력 7.5kW, 공기조화기 팬 동력 25.5kW

물의 밀도 $\rho_w = 1000 \text{kg/m}^3$, 물의 비열 $c_{pw} = 4.18 \text{kJ/kg} \cdot ℃$

(1) 냉동기만의 성적계수(COP)

(2) 냉동기 시스템의 성적계수(COP)

(3) 냉동기에서의 에너지평형 오차(%)

정답 **(1) 냉동기만의 성적계수 (COP)**

냉동능력 $= G \cdot C \cdot \Delta t = \dfrac{2050}{60} \times 4.18 \times (12.6 - 7.4) = 742.65 \text{kW}$

따라서, 냉동기만의 성적계수(COP) $= \dfrac{742.65}{175.3} = 4.24$

(2) 냉동기 시스템의 성적계수 (COP)

냉동기 시스템의 성적계수(COP) $= \dfrac{742.65}{175.3 + 19.2 + 20.3 + 7.5 + 25.5} = 3.0$

(3) 냉동기에서의 에너지평형 오차 (%)

① 냉각수 유량에 의한 냉각용량 $= \dfrac{2630}{60} \times 4.18 \times (35.8 - 30.6) = 952.76 \text{kW}$

② 에너지 평형식에 의한 냉동능력＝냉각용량－압축기 동력

$$= 952.76 - 175.3 = 777.46 \, kW$$

③ 따라서, 에너지평형 오차 $= \dfrac{\text{에너지평형식에 의한 냉동능력} - \text{냉동능력}}{\text{냉동능력}}$

$$= \dfrac{777.46 - 742.65}{742.65} \times 100\,(\%) = 4.69\,\%$$

---

21. 제로에너지 건축물의 보급이 확산되고 있다. 이 분야에 적용 가능한 기술인 패시브 (Passive) 설계, 고효율설비 활용 및 재생 가능한 에너지에 대하여 설명하시오.

정답 **(1) 개요**

① 제로에너지 건축물(Zero Energy House)은 각종 고효율 단열 기술 등을 이용하는 패시브(Passive) 기술과 고효율설비, 신재생에너지설비 등을 활용하는 액티브(Active) 기술을 활용하여 건물 유지에 에너지가 전혀 들어가지 않도록 설계된 건물(에너지 수지가 '0'인 건물)을 말한다.

② 제로에너지 건축물(Zero Energy House)이 마을이나 도시 단위 등으로 확장된 개념을 그린 빌리지(Green Village), 그린시티(Green City) 혹은 에코 시티(Echo City)라고 부르며 그 수요가 점차 늘어나고 있는 실정이다.

③ 제로에너지 건축물은 석유, 가스 등의 화석연료를 거의 쓰지않고 건축적 에너지 절감방법을 적용하고 자연에너지, 신재생에너지 등으로 냉방, 난방, 급탕, 조명, 환기 등을 행하기 때문에 온실가스 배출이 거의 없고, 국가적 에너지 문제도 해결할 수 있는 아주 중요한 방법으로 자리메김하고 있는 중이다.

(2) 패시브(Passive) 설계

① 건축물의 단열 등을 철저히 시공하여 열손실을 최소화

② 단열창, 2중창, 로이유리, Air Curtain 설치 등을 고려함

③ 환기의 방법으로는 자연환기 혹은 국소환기를 적극 고려하고, 환기량 계산시 너무 과잉 설계하지 않는다.

④ 건물의 각 용도별 Zoning을 잘 실시하면 에너지의 낭비를 최소화 한다.

⑤ 기밀구조를 강화하여 극간풍 차단을 철저히 해준다.

⑥ 자연채광 등 자연에너지의 도입을 강화한다.

⑦ 기타 건축 구조적 측면에서 자연친화적 및 에너지절약적 설계를 고려한다.

(3) 고효율설비의 활용(Active 기술 적용)

① 에너지효율이 높은 고효율 열원기기를 적용한다.

② 장비 선정 시 'TAC초과 위험확률'을 잘 고려하여 설계한다.

③ 각 '폐열회수 장치'를 적극 고려한다.

④ 전동설비에 대수제어, 가변속제어 및 인버터제어를 실시한다.

⑤ 고효율조명, 디밍제어 등을 적극 고려한다.

⑥ ICT기술, IOT기술을 접목한 최적제어를 실시하여 에너지를 절감한다.

⑦ 대온도차 냉동기 채택 : 유량을 줄이고 온도차를 크게 한다.

⑧ 저온급기방식 적용 : 빙축열 등에서 반송동력을 줄이기 위해 저온으로 급기하는 방식이다.

⑨ 기타 바닥취출 공조방식, 저속 치환공조, 거주역/비거주역(Task/Ambient)공조 등을 적극 적용 검토한다.

(4) 재생 가능한 에너지를 이용한 설비

제로에너지 건축물에 주로 적용되어질 수 있는 재생에너지를 이용한 설비는 다음과 같다.

① 태양광 설비 : 태양의 빛에너지를 변환시켜 전기를 생산하거나 채광(採光)에 이용하는 설비

② 태양열 설비 : 태양의 열에너지를 변환시켜 전기를 생산하거나 에너지원으로 이용하는 설비

③ 지열에너지 설비 : 물, 지하수 및 지하의 열 등의 온도차를 변환시켜 에너지를 생산하는 설비

④ 풍력 설비 : 바람의 에너지를 변환시켜 전기를 생산하는 설비

⑤ 기타의 설비

　(개) 연료전지는 재생에너지는 아니고 신에너지로 분류되며, 수소와 산소의 전기화학반응을 통하여 전기 또는 열을 생산하는 방식이다. 최근 제로에너지 건축물의 설비로서 많은 적용이 검토되고 있다.

　(내) 전력저장설비(ESS)는 신에너지 및 재생에너지를 이용하여 전기를 생산하는 설비와 연계된 전력저장설비이며, 최근 그 적용이 점차 증가하고 있는 추세이다.

　(대) 수열에너지 설비는 물(해수)의 표층의 열을 변환시켜 에너지를 생산하는 설비로서 히트펌프를 이용하여 건물을 냉난방할 수 있는 설비이다.

---

22. 신에너지 및 재생에너지 개발이용보급촉진법에 근거하여 다음 사항에 대하여 설명하시오.

(1) 신에너지 및 재생에너지의 종류

(2) 수열에너지에 대한 기준 및 범위, 시스템 구성도, 문제점 및 개선사항, 활용사례

정답 (1) 신에너지 및 재생에너지의 종류

　① 신에너지(3종) : 수소, 연료전지, 석탄액화 가스화 및 중질잔사유(重質殘渣油) 가스화

에너지

② 재생에너지(8종) : 태양에너지(태양광, 태양열), 풍력, 수력, 지열, 해양, 바이오에너지, 폐기물, 수열에너지

(2) 수열에너지

① 수열에너지의 기준 : 물의 표층의 열을 히트펌프(heat pump)를 사용하여 변환시켜 얻어지는 에너지

② 수열에너지의 범위 : 해수(海水)의 표층의 열을 변환시켜 얻어지는 에너지

③ 수열에너지의 시스템 구성도

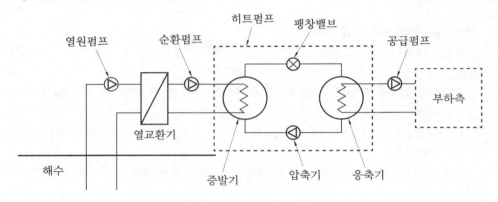

수열에너지 시스템 개념도

④ 수열에너지의 문제점 및 개선사항

㈎ 당초 수열에너지를 재생에너지에 포함시킨 이유는 화력발전소 등에서 배출되는 온배수열을 인근의 농업(시설원예 등의 영농단지 위주) 또는 수산업 등에 활용하기 위한 취지였으며, 이는 자나치게 범위를 좁게 설정한 것이라고 할 수 있다.

㈏ 현행법 시행령에 따르면 히트펌프를 이용한 수열에너지의 활용은 해수만에 국한되어 사용하는 에너지로 볼 수 있으며, 실질적인 면에서는 발전소의 온배수의 열을 활용하여 농수산업 분야의 난방에만 국한된 정책이라고 볼 수 있다.

㈐ 해수를 제외한 하천, 댐에 저류된 지표 수자원은 수열에너지의 범주에 해당하지 않는다는 한계점을 드러내고 있는 것이다.

㈑ 많은 선진국에서 하천수 등을 신재생에너지로 정하고 기술개발 및 적극 활용하고 있는 점을 감한해 보면 국내에서도 법률의 개정이 시급한 실정이라고 할 수 있다.

⑤ 수열에너지의 활용 사례

㈎ 해양심층수 연구센터는 해양심층수 및 표층수를 열원으로 하는 히트펌프(60RT급)를 2011년부터 가동하여 연구센터 건물에 냉난방을 하고 있다.

㈏ 한국해양대학교는 해수를 열원으로 하는 히트펌프(75RT급)를 2009년부터 가동하여 대학건물의 냉난방을 실시하고 있다.

㈐ 노르웨이 오슬로시에서는 해수를 열원으로 이용한 히트펌프를 통하여 온수를 생

산하여 지역난방 등에 활용하고 있다.

㈔ 일본은 1993년부터 후쿠오카시 서부지구에 해수열 냉난방시스템을 구축하여 운영하고 있다.

㈕ 스웨덴은 1995년부터 히트펌프를 가동하여 스톡홀름 지역의 약 70%에 냉난방을 공급(해수 및 하수 히트펌프는 약 17% 담당)하고 있다.

---

23. 온수가 원형 배관 내로 흐르고 있으며, 관 외부는 단열재에 둘러싸여 있다. 다음을 구하시오.

[조 건]

온수온도 $t_i = 90\,℃$

외부온도 $t_0 = -20\,℃$

배관 내부 반지름 $r_1 = 0.0040\,\text{m}$

배관 외부 반지름 $r_2 = 0.0043\,\text{m}$

배관 길이 $L = 2\,\text{m}$

배관 열전도율 $k_1 = 40\,\text{W/m}\cdot℃$

단열재 두께 $a = 0.003\,\text{m}$

단열재 열전도율 $k_2 = 0.10\,\text{W/m}\cdot℃$

내부 대류열전달계수 $h_i = 360\,\text{W/m}^2\cdot℃$

외부 대류열전달계수 $h_o = 8\,\text{W/m}^2\cdot℃$

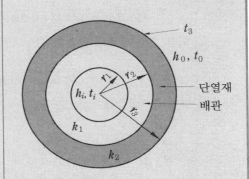

(1) 열손실량 $Q[\text{W}]$ (단, 소수점 셋째자리까지 반올림하시오.)

(2) 외부 표면의 온도 $t_3[℃]$ (단, 소수점 둘째자리까지 반올림하시오.)

(3) 열손실이 최대가 되는 단열재 두께 $l_{ins,\,crit}[\text{m}]$ (단, 소수점 셋째자리까지 반올림하시오.)

(4) 단열재 두께를 열손실이 최대가 되는 두께로 하였을 때, 열손실 $Q_{crit}[\text{W}]$ (단, 소수점 셋째자리까지 반올림하시오.)

정답 (1) 열손실량 $Q[\text{W}]$

① 단위온도당 열통과계수(W/℃) : KA

$$KA = \cfrac{1}{\cfrac{1}{h_i\cdot A_i} + \cfrac{\ln(r_2/r_1)}{2\pi\cdot k_1\cdot L} + \cfrac{\ln(r_3/r_2)}{2\pi\cdot k_2\cdot L} + \cfrac{1}{h_o\cdot A_o}}$$

$$= \cfrac{1}{\cfrac{1}{360 \times 3.14 \times 0.004 \times 2 \times 2} + \cfrac{\ln(0.0043/0.004)}{2 \times 3.14 \times 40 \times 2} + \cfrac{\ln\{(0.0043+0.003)/0.0043\}}{2 \times 3.14 \times 0.1 \times 2} +}$$

$$\cfrac{1}{[8 \times 3.14 \times (0.0043+0.003) \times 2 \times 2]} = 0.543438\,\text{W/℃}$$

② 열손실량 $Q = 0.543438 \times [90-(-20)] = 59.778\,\text{W}$

(2) 외부 표면의 온도 $t_3[\text{℃}]$

① 총 열관류저항

$$R = \cfrac{1}{360 \times 3.14 \times 0.004 \times 2 \times 2} + \cfrac{\ln(0.0043/0.004)}{2 \times 3.14 \times 40 \times 2} + \cfrac{\ln\{(0.0043+0.003)/0.0043\}}{2 \times 3.14 \times 0.1 \times 2} +$$

$$\cfrac{1}{[8 \times 3.14 \times (0.0043+0.003) \times 2 \times 2]} = 1.840138\,\text{℃/W}$$

② 외부 표면에서의 관류저항

$$r = \cfrac{1}{[8 \times 3.14 \times (0.0043+0.003) \times 2 \times 2]} = 1.363319\,\text{℃/W}$$

③ 표면에서의 온도 감소값 계산

$$\frac{\Delta t}{\Delta T} = \frac{r}{R}$$

여기서, Δt : 표면에서의 온도차 (℃)

$\quad\quad\quad \Delta T$: 관 내외부 총 온도차 (℃)

$\quad\quad\quad r$: 외부 표면에서의 관류 저항(℃/W)

$\quad\quad\quad R$: 총 열관류 저항(℃/W)

따라서, $\Delta t = \Delta T \times \dfrac{r}{R} = [90-(-20)] \times \dfrac{1.363319}{1.840138} = 81.49665\,\text{℃}$

∴ 외부 표면의 온도 $t_3 = -20 + 81.49665 = $ 약 $61.50\,\text{℃}$

(3) 열손실이 최대가 되는 단열재 두께 l ins, crit [m]

열손실이 최대가 되는 임계 단열 반지름 $r_3 = \dfrac{k_2}{h_o} = \dfrac{0.1}{8} = 0.0125\,\text{m}$

따라서, 열손실이 최대가 되는 단열재 두께 $= r_3 - r_2 = 0.0125 - 0.0043 = 0.0082\,\text{m}$

(4) 단열재 두께를 열손실이 최대가 되는 두께로 하였을 때 열손실

$$R = \frac{1}{360} + \frac{0.0003}{40} + \frac{0.0}{0.1} + \frac{1}{8} = 0.127785$$

$$KA = \cfrac{1}{\cfrac{1}{h_i \cdot A_i} + \cfrac{\ln(r_2/r_1)}{2\pi \cdot k_1 \cdot L} + \cfrac{\ln(r_3/r_2)}{2\pi \cdot k_2 \cdot L} + \cfrac{1}{h_o \cdot A_o}}$$

$$= \cfrac{1}{\cfrac{1}{360 \times 3.14 \times 0.004 \times 2 \times 2} + \cfrac{\ln(0.0043/0.004)}{2 \times 3.14 \times 40 \times 2} + \cfrac{\ln(0.0125/0.0043)}{2 \times 3.14 \times 0.1 \times 2} +}$$

$$\cfrac{1}{8 \times 3.14 \times 0.0125 \times 2 \times 2} = 0.5848 \, W/℃$$

따라서, 이때의 열손실량 $Q_{crit} = 0.5878 \times (90 - (-20)) = $ 약 64.66 W

---

24. 실내공간은 최상층으로 사무실 용도이며, 바로 아래층의 실내조건은 최상층의 실내조건과 동일하다. 다음을 구하시오.

[조 건]

난방 설계용 실내 조건, 건구온도 18℃, 절대습도 0.00511kg/kg
난방 설계용 실외 조건, 건구온도 −7℃, 절대습도 0.00129kg/kg
외벽 열관류율 $U_{wal.ext} = 0.55 \, W/m^2 \cdot ℃$
내벽 열관류율 $U_{wall.int} = 3.00 \, W/m^2 \cdot ℃$
지붕 열관류율 $U_{roof} = 0.50 \, W/m^2 \cdot ℃$
창 열관류율 $U_{glass} = 3.5 \, W/m^2 \cdot ℃$,   문 열관류율 $U_{door} = 2.5 \, W/m^2 \cdot ℃$
공기 밀도 $\rho_{air} = 1.2 \, kg/m^3$,   공기의 정압비열 $c_{p.air} = 1.00 \, kJ/kg \cdot ℃$
수증기 잠열 $h_{w.fg} = 2500 \, kJ/kg$,   침기량 환기횟수 $n = 0.5$회/hour
1인당 외기 도입량 $v_{OA} = 30 \, m^3/hour \cdot person$
난방 시 외벽 방위계수 남 $k_S = 1.0$, 동 및 서 $k_{E.W} = 1.1$, 북 및 수평 $k_{N.h} = 1.2$
비공조 공간의 온도는 실내와 실외의 산술평균온도로 가정

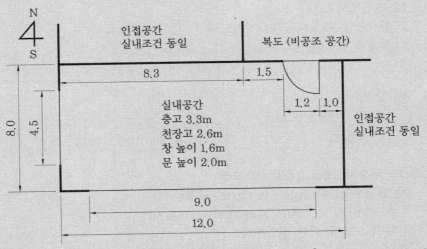

(1) 실내공간의 난방부하(W)   (2) 단위면적당 난방부하(W/m²)   (3) 실내부하 현열비

정답 **(1) 실내공간의 난방부하(W)**

① 관류 열손실 : $q = K \cdot A \cdot k \cdot (t_r - t_o - \Delta_{tair})$

　　여기서, q : 열량(W), K : 열관류율(W/m²·K), A : 면적(m²)

　　　　　k : 방위계수, $t_r - t_o$: 실내온도－실외온도(K)

　　　　　Δ_{tair} : 대기복사량(K ; 지표 및 대기의 적외선 방출량으로 태양복사 입사량과 균형
　　　　　　　　을 이룸) → 생략

　　따라서,

　　　남측벽 : $q_1 = K \cdot A \cdot k \cdot (t_r - t_o)$

　　　　　　　$= 0.55 \times (12 \times 2.6 - 9 \times 1.6) \times 1.0 \times (18 - (-7)) = 231W$

　　　서측벽 : $q_2 = K \cdot A \cdot k \cdot (t_r - t_o)$

　　　　　　　$= 0.55 \times (8 \times 2.6 - 4.5 \times 1.6) \times 1.1 \times (18 - (-7)) = 205.7W$

　　　북측벽 : $q_3 = K \cdot A \cdot k \cdot (t_r - t_o)$

　　　　　　　$= \dfrac{3.0 \times (3.7 \times 2.6 - 1.2 \times 2.0) \times 1.2 \times (18 - (-7))}{2} = 324.9W$

　　　지붕 : $q_4 = K \cdot A \cdot k \cdot (t_r - t_o)$

　　　　　　$= \dfrac{0.5 \times (12 \times 8) \times 1.2 \times (18 - (-7))}{2} = 720W$

　　　남측창 : $W_1 = K \cdot A \cdot k \cdot (t_r - t_o) = 3.5 \times (9 \times 1.6) \times 1.0 \times (18 - (-7)) = 1260W$

　　　서측창 : $W_2 = K \cdot A \cdot k \cdot (t_r - t_o) = 3.5 \times (4.5 \times 1.6) \times 1.1 \times (18 - (-7)) = 693W$

　　　북측문 : $D_1 = K \cdot A \cdot k \cdot (t_r - t_o)$

　　　　　　　$= \dfrac{2.5 \times (1.2 \times 2.0) \times 1.2 \times (18 - (-7))}{2} = 90W$

　　　총관류부하$= q_1 + q_2 + q_3 + q_4 + W_1 + W_2 + D_1 = 3524.6W$

② 침기부하

　㈎ 현열부하

　　침기풍량$= 0.5$회/h$\times (8 \times 12 \times 2.6)$m³$= 124.8$m³/h

　　침기에 의한 현열부하 $q_{s1} = C_p \cdot Q \cdot \rho \cdot \Delta t$

　　　　　　　　$= \dfrac{1.00 \times 124.8 \times 1.2 \times (18 - (-7)) \times 1000}{3600} = 1040W$

　㈏ 잠열부하

　　$q_{L1} = r \cdot Q \cdot \rho \cdot \Delta x$

　　　$= \dfrac{2500 \times 124.8 \times 1.2 \times (0.00511 - 0.00129) \times 1000}{3600} = 397.28W$

③ 외기부하(재실률을 0.2인/m²로 고려)

　㈎ 현열부하(설계조건 : 0.2인/m² 가정)

　　30m³/h·인$\times 0.2$인/m²$\times (8 \times 12)$m²$= 576$m³/h

　　외기 도입에 의한 현열부하

　　$q_{s2} = C_p \cdot Q \cdot \rho \cdot \Delta t = \dfrac{1.00 \times 576 \times 1.2 \times (18 - (-7)) \times 1000}{3600} = 4800W$

(나) 잠열부하

$$q_{L2} = r \cdot Q \cdot \rho \cdot \Delta x$$
$$= \frac{2500 \times 576 \times 1.2 \times (0.00511 - 0.00129) \times 1000}{3600} = 1833.6\,\mathrm{W}$$

실내공간의 현열부하 (W) = 3524.6 + 1040 + 4800 = 9364.6W

실내공간의 잠열부하 (W) = 397.28 + 1833.6 = 2230.88W

∴ 실내공간의 난방부하는 현열만을 고려해야 하므로,

실내공간의 난방부하 = 현열부하 = 9364.6 W

(2) 단위면적당 난방부하 (W/m²) $= \dfrac{9364.6}{8 \times 12} = 97.55\,\mathrm{W/m^2}$

(3) 현열비 계산

① 현열은 난방부하로 작용하고 잠열은 가습부하로 작용한다.

② 현열비 $= \dfrac{\text{현열}}{\text{현열} + \text{잠열}} \times 100\,\% = \dfrac{9364.6}{9364.6 + 2230.88} \times 100\,\% = 80.76\,\%$

---

25. 냉동용량 Q인 2원 냉동사이클(two-stage cascade refrigeration cycle)에 대하여 다음 사항을 설명하시오.

(1) 냉동장치 구성도 및 사이클(압력-엔탈피) 선도
(2) 저온부 및 고온부의 냉매질량유량
(3) 저온부 및 고온부의 소요동력
(4) 성적계수(COP)

정답 **(1) 냉동장치 구성도 및 사이클(압력-엔탈피) 선도**

① 2원 냉동장치 구성도

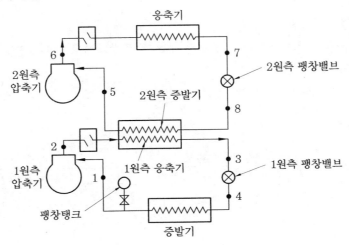

② 2원 냉동장치의 사이클(압력-엔탈피) 선도

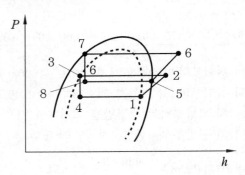

(2) 저온부 및 고온부의 냉매질량유량

$$q_L = G_L(h_1 - h_3) \text{에서, } G_L = \frac{q_L}{h_1 - h_3}$$

$$q_H = G_H(h_5 - h_7) \text{에서, } G_H = \frac{q_H}{h_5 - h_7}$$

여기서, q_L : 저온측 냉동능력, q_H : 고온측 냉동능력

G_L : 저온부의 냉매질량유량, G_H : 고온부의 냉매질량유량

(3) 저온부 및 고온부의 소요동력

① 저온부의 소요동력($A W_L$)

$$A W_L = G_L(h_2 - h_1) = \frac{q_L(h_2 - h_1)}{h_1 - h_3}$$

② 고온부의 소요동력($A W_H$)

$$A W_H = G_H(h_6 - h_5) = \frac{q_H(h_6 - h_5)}{h_5 - h_7}$$

(4) 성적계수(COP)

저온부 응축기에서의 방열량은 고온부 증발기에서의 취득열량과 동일하다는 점을 이용하여,

$$G_L(h_2 - h_3) = G_H(h_5 - h_8)$$

$$G_H = \frac{G_L(h_2 - h_3)}{h_5 - h_8}$$

$$\text{최종 COP} = \frac{G_L(h_1 - h_3)}{G_L(h_2 - h_1) + G_H(h_6 - h_5)} = \frac{h_1 - h_3}{(h_2 - h_1) + \dfrac{(h_6 - h_5) \cdot (h_2 - h_3)}{h_5 - h_8}}$$

26. 무한히 긴 사각형 핀의 조건은 다음과 같다. 다음을 구하시오.

[조 건]

핀 너비 $a = 0.04\,\text{m}$

핀 높이 $b = 0.002\,\text{m}$

핀 열전도율 $k = 200\,\text{W/m} \cdot ℃$

핀과 공기 사이의 대류열전달계수 $h = 15\,\text{W/m}^2 \cdot ℃$

기준면 베이스 온도 $T_b = 60℃$

주변 유체 온도 $T_\infty = 25℃$

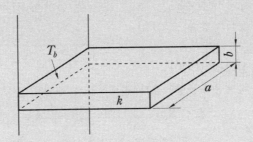

(1) 핀을 통한 열전달률(W)

(2) 핀의 유용도(effectiveness)

정답 (1) 핀을 통한 열전달률 (W)

무한히 긴 횡단면이 균일한 핀의 열전달률(열손실)

$$q_{fin} = \sqrt{hPkA_c}\,(T_b - T_\infty)$$

$$= \sqrt{15 \times 0.084 \times 200 \times 0.00008} \times (60 - 25) = 4.97\,\text{W}$$

여기서, P : 주변길이($= 2a + 2b = 2 \times 0.04 + 2 \times 0.002 = 0.084$)

A_c : 단면적 ($= a \times b = 0.04 \times 0.002 = 0.00008$)

(2) 핀의 유용도(effectiveness)

$$\varepsilon = \frac{q_{fin}}{A_c h (T_b - T_\infty)} = \frac{4.97}{0.00008 \times 15 \times (60 - 25)} = 118.32$$

27. 공랭식 열펌프의 성능 측정 결과는 다음과 같다. 다음을 구하시오.

[측정 결과]

증발기 입구 온도 26℃,   증발기 입구 절대습도 0.01157 kg/kg
증발기 출구 온도 13℃,   증발기 출구 절대습도 0.00886 kg/kg
증발기 입구 풍량 1330 m³/h
응축기 입구 온도 30℃,   응축기 입구 절대습도 0.01331 kg/kg
응축기 출구 온도 40℃,   응축기 입구 풍량 2960 m³/h
압축기 동력 2.64kW, 실내기 팬 동력 0.12kW, 실외기 팬 동력 0.22kW
공기 밀도 1.16kg/m³, 공기 정압비열 $c_{pa} = 1.004\,kJ/kg \cdot K$
수증기 잠열 $h_{fg} = 2500\,kJ/kg$, 수증기 정압비열 $C_{pv} = 1.863\,kJ/kg \cdot K$

(1) 열펌프만의 성적계수(COP)   (2) 열펌프 시스템의 성적계수(COP)
(3) 열펌프에서의 에너지평형 오차(%)

정답 **(1) 열펌프만의 성적계수(COP)**

열펌프의 응축능력＝응축풍량×공기 밀도×공기 정압비열×입출구 온도차

$$= \frac{2960 \times 1.16 \times 1.004 \times (40-30)}{3600} = 9.576\,kW$$

열펌프만의 성적계수(COP) $= \dfrac{\text{열펌프의 응축능력}}{\text{압축기 동력}} = \dfrac{9.576}{2.64} = 3.627$

(2) 열펌프 시스템의 성적계수(COP)

$$= \frac{\text{열펌프의 응축능력}}{\text{압축기 동력＋실외기 팬동력}} = \frac{9.576}{2.64+0.12+0.22} = 3.21$$

(3) 열펌프에서의 에너지평형 오차(%)

① 열펌프의 증발능력(현열)＝증발풍량×공기 밀도×공기 정압비열×입출구 온도차

$$= \frac{1330 \times 1.16 \times 1.004 \times (26-13)}{3600} = 5.5935\,kW$$

② 열펌프의 증발능력(잠열)＝수증기잠열×증발풍량×공기 밀도×입출구 절대습도차

$$= \frac{2500 \times 1330 \times 1.16 \times (0.01157-0.00886)}{3600} = 2.9035\,kW$$

③ 열펌프의 총 증발능력＝현열＋잠열＝5.5935＋2.9035＝8.497kW

④ 에너지평형식에 의한 응축능력＝열펌프의 총 증발능력＋압축기동력
$$= 8.497 + 2.64 = 11.137\,kW$$

⑤ 열펌프에서의 에너지평형 오차

$$= \frac{\text{에너지평형식에 의한 응축능력 － 응축능력}}{\text{응축능력}} \times 100\,\%$$

$$= \frac{11.137 - 9.576}{9.576} \times 100\,\% = 16.3\,\%$$

28. 태양의 일사 관련하여 아래의 용어를 설명하시오.

- 복사와 복사수지 • 일사(직달, 전천, 산란, 반사) • 일사량과 일사계
- 일조시간과 일조율 • 일조계

정답 **(1) 복사(Radiation)와 복사수지(Radiation budget)**

① 복사는 물체로부터 방출되는 전자기파의 총칭으로 적외선, 가시광선, 자외선, X선 등을 말한다.

② 절대온도가 0이 아닌 모든 물체는 복사에너지를 흡수하고, 그 물체 스스로 복사에너지를 전자기파의 형태로 방출한다.

③ 태양복사 (일사, 단파복사 ; Solar radiation)

 (가) 태양으로부터 복사되는 전자파의 총칭(파장범위 : $0.3 \sim 4 \mu \mathrm{m}$)

 (나) 태양에너지가 지구의 대기권 밖에 도달할 때 가지는 일정한 에너지를 태양상수라고 하며, 태양상수는 약 $1367\mathrm{W/m}^2$(약 $1.96 \, \mathrm{cal/cm}^2 \cdot \min$) 수준이다.

 (다) 일사수지 (복사수지) : 태양의 복사에너지가 대기권을 통과하면서 약 25~30% 정도는 구름, 대기 중의 입자 등에 의해 손실 및 반사되고, 약 20~25%는 대기로 흡수되며, 약 50%만 지표에 도달·흡수된다 (가시광선 : 45%, 적외선 : 45%, 자외선 : 10%).

 (라) 이렇게 지표에 도달하는 약 50%의 태양광을 분석해보면 아래와 같은 수준이다.

 ㉮ 직사광 (23%) : 태양으로부터 직접 도달하는 광선

 ㉯ 운광 (16%) : 구름을 통과하거나, 구름에 반사되는 광선(천공복사)

 ㉰ 천공(산란)광 (11%) : 천공에서 산란되어 도달하는 광선(천공복사)

④ 지구복사 (장파복사 ; Earth radiation) : 지구표면 및 대기로부터 복사되는 전체 적외복사(파장범위 : $4 \mu \mathrm{m} \sim$), 태양상수의 약 70%에 상당한다.

(2) 일사

① 전천일사 (Global solar radiation) : 수평면에 입사하는 직달일사 및 하늘(산란, 천공)복사를 말하며, 수평면일사(전일사)라고도 한다. 반면, 경사면이 받는 직달일사량과 산란일사량의 적산값을 합한 것을 총일사(경사면 일사)이라고 한다.

② 직달일사 (Direct solar radiation) : 태양면 및 그 주위에 구름이 없고 일사의 대부분이 직사광일 때, 직사광선에 직각인 면에 입사하는 직사광과 산란광을 말한다.

③ 산란일사 (천공복사 ; Scattered radiation) : 천공의 티끌(먼지)이나 오존 등에 부딪친 태양광선이 반사하여 지상에 도달하는 것이나, 태양광선이 지표에 도달하는 도중 대기 속에 포함되어 있는 수증기나 연기, 진애 등의 미세입자에 의해 산란되어 간접적으로 도달하는 일사를 말하며, 전천일사 측정 시 수광부에 쬐이는 직사광선을 차광장치로 가려서 측정한다(구름이 없을 경우 전천일사량의 1/10 이하 수준).

④ 반사일사(Reflected radiation) : 전천일사계를 지상 1~2 m 높이에 태양광에 대해 반대 방향(지면쪽)을 향하도록 설치하여 측정한다.

(3) 일사량과 일사계

① 일사량 (Quantity of solar radiation)

(개) 일사량은 일정기간의 일사강도(에너지)를 적산한 것을 의미한다 ($kWh/m^2 \cdot d$, $kWh/m^2 \cdot y$, $MJ/m^2 \cdot y$ 등).

(내) 일사량은 대기가 없다고 가정했을 때의 약 70%에 해당된다.

(대) 일사량은 하루 중 남중시에 최대가 되고, 1년 중에는 하지경이 최대가 된다.

(래) 보통 해안지역이 산악지역보다 일사량이 많다.

(매) 국내에서 일사량을 계측 중인 장소는 22개로서 20년 이상의 평균치로 기상청이 보유·공개하고 있다.

(배) 일사강도(일조강도, 복사강도)는 단위면적당 일률 개념으로 표현하며, W/m^2의 단위를 사용한다.

② 일사계(Solarimeter) : 태양으로부터의 일사량을 측정하는 계측기이며, 아래와 같은 종류가 주로 사용된다.

(개) 전천일사계 : 가장 널리 사용되는 것은 일사계로서, 보통 1시간이나 1일 동안의 적산값 (積算値 ; kWh/m^2, $cal/min \cdot cm^2$)을 측정하며, 열전쌍(熱電雙)을 이용한 에플리일사계(Eppley- ; 태양고도의 영향이 적고 추종성이 좋음)와 바이메탈을 이용한 로비치일사계(Robitzsch-) 등이 있다.

(내) 직달일사계 : 직달일사계는 기다란 원통 내부의 한 끝에 붙은 수감부 쪽으로 태양 광선이 직접 들어오도록 조절하여 태양복사를 측정하는 방식이며, 측정값은 보통 1분 동안에 단위면적(cm^2)에서 받는 cal로 표시하거나 또는 m^2당 kWh로 나타내기도 한다(kWh/m^2, $cal/min \cdot cm^2$).

(대) 산란일사계 : 차폐판에 의하여 태양 직달광을 차단시켜 대기 중의 산란광만 측정하기 위한 장비로서 보통 센서의 구조는 전천일사계와 동일하다.

(4) 일조시간과 일조율

① 일조시간 (Duration of sunshine)

(개) 태양 광선이 구름이나 안개, 장애물 등에 의해 가려지지 않고 땅 위를 비추는 시간

(내) 일조시간은 보통 1일이나 한 달 동안에 비친 총시간수로 나타낸다.

(대) 만약 지평선까지 장애물이 없는 지방에서 종일 구름이나 안개 등 전혀 장애가 없다면 그 지방의 일조시간, 즉 태양이 동쪽 지평선에서 떠서 서쪽 지평선에 질 때까지의 시간과 가조시간은 일치하게 된다. 그러나 대부분 지형 등의 영향으로 가조시간과 일조시간은 일치하지 않는다.

(래) 일조량 : 일조시간 혹은 일사량과 유사한 의미로 사용되고 있으나 정확한 의미의 용어는 아니다.

② 일조율 (Rate of sunshine)

$$일조율 = \frac{일조시간}{가조시간} \times 100$$

☞ **가조시간(Possible duration of sunshine)** : 태양에서 오는 직사광선, 즉 일조(日照)를 기대할 수 있는 시간 또는 해뜨는 시각부터 해지는 시각까지의 시간을 말하며, 지형에 관계없이 위도에 따라 지평선을 기선으로 하여 일출로부터 일몰시각까지의 시간

(5) 일조계 (sunshine recorder)

① 일조시간을 측정하는 계기를 말한다.

② 태양으로부터 지표면에 도달하는 열에너지인 일광의 가시부(可視部)나 자외부의 화학작용 등을 이용한 것이다.

③ 종류

   (가) Cambell-Stokes 일조계 : 태양열을 직접적으로 이용하는 것(자기지 위에 초점을 맞추어 불탄 자국의 길이로 측정)

   (나) Jordan 일조계 : 태양 빛의 청사진용 감광지에 대한 감광작용을 이용한 것(햇빛에 의해 청색으로 감광된 흔적의 길이로부터 일조시간을 구함)

   (다) 회전식 일사계 : 일사량을 관측하여 일조시간을 환산하는 것으로, 정확도가 가장 높은 편이지만 경제적인 부담으로 널리 보급되어 있지는 않다.

   (라) 바이메탈 일조계 : 바이메탈 일사계의 원리를 이용한 장비이며, 흰색과 검은색의 바이메탈을 같은 받침대에 고정시키고, 맨 끝에 전기접점을 설치하여 일정량 이상의 일사가 되면 접점이 닫히는 원리이다.

---

29. 전자식 팽창밸브에 대하여 설명하시오.

정답 (1) 개요

① 팽창밸브는 냉동 Cycle (압축 → 응축 → 팽창 → 증발) 시스템에서 냉매가 단열팽창을 이루게 하여 증발이 용이한 상태로 만들어주는 기구이다.

② 팽창밸브의 가장 중요한 역할은 냉동 Cycle상 냉매의 유량을 조절해주는 것이다.

③ 팽창밸브는 냉동 Cycle의 Super Heat(과열도)를 조절해줄 수 있고, 냉매의 흐름을 단속해주는 기능도 있다.

④ 냉동장치의 팽창밸브의 종류에는 전자식 팽창밸브 외에도 수동식(MEV), 정압식(AEV), 온도식(TEV), 캐필러리 방식(Capillary Tube ; 모세관 방식), Float Valve 방식, 전기식 팽창밸브 등 다양한 방식이 사용되고 있다.

(2) 전자식 팽창밸브의 특징

① 냉동장치의 냉매유량을 운전 프로그램 로직이 입력되어진 전자식 제어장치에 의해 조절하는 밸브이다.

② 주로 일반적 기계식, 전기식 팽창밸브보다 부하변동이 크고 운전시간이 길어 연속 운전이 많은 경우에 적합하다.

③ MICOM의 프로그램에 의해 미리 입력된 과열도를 자동으로 맞추어 주는 역할을 한다.

④ 제어장치 및 밸브의 가격이 타 팽창밸브에 비해 비싼 편이다.

(3) 전자식 팽창밸브(전자팽창밸브)의 종류

① 기어 유무에 따른 구분

㉮ 직동식 : 기어 없이 소형 모터의 회전력을 밸브 구동에 바로 연결하는 방식이다 (주로 480 pulse).

㉯ 기어식 : 기어에 의해 소형 모터의 회전력을 기어를 통하여 감속 후 밸브 구동에 연결하는 방식이다(주로 2000 pulse).

② 구동방식에 따른 구분

㉮ 열전식 : 바이메탈의 변형으로 팽창밸브의 열림 개도를 조절하는 방식이다.

㉯ 열동식 : 미리 봉입되어진 왁스 등의 가열에 의한 체적의 팽창을 이용하여 팽창 밸브의 열림 개도를 조절하는 방식이다.

㉰ 펄스폭 변조 방식 : 펄스신호에 의해 팽창밸브의 열림 개도를 조절하는 방식이다.

㉱ 스템 모터 방식 : 소형 모터의 연속적인 좌우회전을 니들밸브의 직선운동으로 변환하여 팽창밸브의 열림 개도를 조절하는 방식이다.

(4) 전자식 팽창밸브(전자팽창밸브)의 원리

① 전자식 팽창밸브의 작동 원리도에서 보듯이, 보통 증발기의 입구온도(S_1)와 출구온도(S_2) 사이의 온도차(Δt)를 일정한 설정값 이내로 유지시킴으로써 부하가 변동되어도 냉동장치의 과열도를 일정하게 맞추는 방식이다.

② 보통 이러한 제어에는 PID제어 기법에 의한 프로그램이 주로 사용된다.

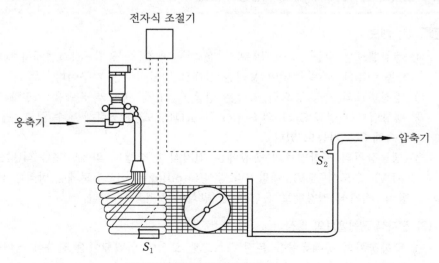

전자식 팽창밸브의 작동 원리도

(5) 전자식 팽창밸브의 장점

① 증발압력과 응축압력의 영향을 크게 받지 않는다.
② 응축기 출구부분의 응축기 과랭각도를 보상할 수 있다.
③ 증발기 부하 및 응축기 부하의 변동에 신속히 대처할 수 있다.
④ 증발기 입구 및 출구의 온도를 비슷하게 유지시켜 전체 전열면적의 열교환 효율을 가장 최적으로 맞출 수 있다.
⑤ 온도센서 및 팽창밸브의 위치선정이 비교적 자유롭고, 변경이 쉬워 설치의 유연성이 높아진다.
⑥ 팽창밸브의 운전프로그램의 수정이 쉬워 성능관리 및 유지관리가 용이하다.
⑦ 팽창밸브의 운전프로그램을 PID방식 등의 정밀 프로그램으로 적용하면 시스템의 정밀한 제어가 가능하다.
⑧ 냉동장치의 상태와 부하(온도조건, 풍향조건 등)가 변경되어도 안정적인 제어가 가능하다.

(6) 전자식 팽창밸브의 단점

① 팽창밸브의 운전프로그램을 정밀하게 개발하여 적용하여야 원하는 제어 목표를 달성할 수 있다.
② 부속품이 많아 고장의 우려가 많다.
③ 팽창밸브의 적용 및 운용에 전문적 지식이 필요하다.
④ 타 팽창밸브에 비해 가격이 비싼 편이다.
⑤ 전자식 팽창밸브가 정밀한 부품으로 구성되어 있어 충격에 약하고, 자칫 내구성이 떨어질 수 있다.

(7) 향후 전망

① 요즘의 냉동장치는 부분부하의 증가, 사용방식의 다양성, 부하변동이 심한 편이고, 정밀제어에 요구되는 추세이므로 타 방식의 팽창밸브 대비 전자식 팽창밸브의 수요가 급격히 증가하고 있다.
② 공조기, 히트펌프, 냉동장치, 차량에어컨, 가스 열펌프 등에 다양하게 적용할 수 있고, 팽창밸브의 개도를 실시간 모니터링 및 제어가 용이하여 앞으로 그 사용처가 급격히 늘어날 전망이다.
③ 전자식 제어 및 스마트 제어 용도로 적용하기가 용이하여 BEMS(빌딩에너지관리시스템) 등의 건물 통합제어시스템과 연계기술 및 보다 높은 수준의 정밀 제어기술 등의 개발이 요구되어질 전망이다.

---

30. 에어필터(Air Filter)에 대하여 다음 사항을 설명하시오.
(1) 에어필터 성능에 따른 분류
(2) 에어필터 포집효과
(3) 에어필터 시험 방법

정답 **(1) 에어필터(Air Filter) 성능에 따른 분류**
① Pre Filter(초급/전처리용 ; Primary Filter)
　㉮ 비교적 입자가 큰 분진의 제거용으로 사용되며, 중성능 필터의 전단에 설치하여
　　Filter의 사용 기간을 연장하는 역할을 한다.
　㉯ Pre Filter의 선택 여부가 중성능 Filter의 수명을 좌우하므로 실질적으로 매우
　　중요한 역할을 한다.
　㉰ Pre Filter는 미세한 오염 입자의 제거 효과는 없으므로 중량법에 의한 효율을
　　기준으로 한다.
　㉱ 종류 : 세척형, 1회용, 무전원정전방식, 자동권취형, 자동집진형 등
② 중성능 필터(Medium Filter, Secondary Filter)
　㉮ Medium Filter는 고성능 Filter의 전처리용으로 사용되며, 빌딩 A.H.U에는
　　Final Filter로 널리 사용된다.
　㉯ 효율은 비색법으로 나타내고 65%, 85%, 95%가 많이 쓰이며, 여재의 종류는 Bio-
　　Synthetic Fiber, Glass Fiber 등이 있으나 최근에는 Glass Fiber(유리 섬유)에
　　발암물질이 내포되어 있다 하여 Bio Synthetic을 주로 널리 사용한다.
③ 고성능 필터(HEPA Filter ; High Efficiency Particulate Air Filter)
　㉮ 정격 풍량에서 미립자 직경이 0.3m의 DOP입자에 대해 약 99.97% 이상의 입자
　　포집률을 가지고, 또한 압력 손실이 245Pa(25mmH$_2$O) 이하의 성능을 가진 에어
　　필터
　㉯ 분진 입자의 크기가 비교적 미세한 분진의 제거용으로 사용되며, 주로 병원 수술
　　실, 반도체 Line의 Clean Room 시설, 제약회사 등에 널리 사용된다.
　㉰ Filter의 Test는 D.O.P Test(계수법)로 측정한다.
　㉱ HEPA Filter의 종류
　　㉮ 표준형 : 24"×24"×11 1/2"(610mm×610mm×292mm) 기준하여 1inch Aq
　　　/1250 cfm(25.4mmAq/31CMM)의 제품
　　㉯ 다풍량형 : 24"×24"×11 1/2"(610mm×610mm×292mm) 크기로 하여 여재
　　　의 절곡수를 늘려 처리 면적을 키운 제품
　　㉰ 고온용 : 표준형의 성능을 유지하면서 높은 온도에 견딜 수 있도록 제작된 제품
④ 초고성능 필터(ULPA Filter)
　㉮ 일반적으로 절대필터(Absolute Filter) 혹은 'ULPA Filter' 라고 부른다.
　㉯ 이 Filter에도 굴곡이 있어서 겉보기 면적의 15~20배 여과면적을 갖고 있다.
　㉰ HEPA Filter는 일반적으로 가스상 오염물질을 제거할 수 없지만, 초고성능 Filter

는 담배연기 같은 입자에 흡착 혹은 흡수되어 있는 가스를 소량 제거할 수 있다.

(라) 특징

⑦ 대상분진(입경 0.1~0.3m의 입자)을 약 99.9997% 이상 제거한다.

⑭ 초 LSI 제조공장의 Clean Bench 등에 사용한다.

⑭ Class 10 이하를 실현시킬 수 있다.

⑤ 특수 성능 필터

(가) 전기집진식 필터

⑦ 고전압(직류 고전압)으로 먼지입자를 대전시켜 집진한다.

⑭ 주로 '2단 하전식 집진장치'를 말한다.

⑭ 하전된 입자를 절연성 섬유 또는 플레이트에 집진하는 일반형 전기집진기 (Charged Media Electric Air Cleaner)와 강한 자장을 만들고 있는 하전부 와 대전한 입자의 반발력과 흡인력을 이용하는 집진부로 된 2단형 전기집진기 (Ionizing Type Electronic Air Cleaner)가 있다.

⑭ 2단형 전기집진기는 압력손실이 매우 낮고, 미세 분진에 대한 제거 외에도 담 배 연기, 에어로졸 등에 대한 제거효과도 큰 편이다.

• 1단 : 이온화부(방전부, 전리부) → 직류전압 10~13kV로 하전된다.

• 2단 : 집진부(직류전압 약 5~6kV로 하전된 전극판)

⑭ 효율은 비색법으로 85~90% 수준이다.

⑭ 세정법

• 자동 세정형 : 하부에 기름탱크를 설치하고, 체인으로 회전

• 여재 병용형(자동 갱신형) : 분진 침적 → 분진응괴 발생 → 기류에 의해 이탈 → 여재에 포착

• 정기 세정형 : 노즐로 세정수 분사 등

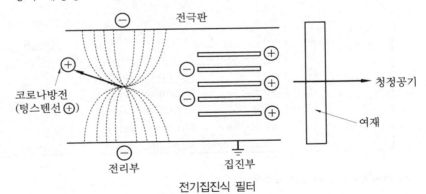

전기집진식 필터

(나) 활성탄 흡착식(Carbon Filter, 활성탄 필터)

⑦ 유해가스, 냄새 등을 제거하는 것이 목적이다.

⑭ 냄새 농도의 제거 정도로 효율을 나타낸다.

⑭ 필터에 먼지, 분진 등이 많이 끼면 제거효율이 떨어지므로 전방에 프리필터를 설치하는 것이 좋다.

⑥ 유럽연합인증(EN779, EN1822) 기준

㉮ 다음 표와 같이 EN779 및 EN1822(유럽연합인증) 기준에서는 에어필터를 Primary Filter, Secondary Filter, Semi HEPA Filter, HEPA Filter, ULPA Filter와 같이 크게 다섯 가지로 나눈다.

㉯ 유럽연합인증에서 H13급 HEPA 필터는 통합효율(Integral efficiency)이 99.95% 이상인 필터(분진 사이즈 ; $0.3\mu m$)를 말한다. 이때 분진의 통과율은 0.05% 이하이며, 이는 고성능필터의 기준이 되므로 True Filter라고도 불리어 진다.

㉰ 여기서, Integral efficiency(통합효율)이란 필터의 전체 페이스에 걸쳐 측정한 국소효율의 산술평균값을 말한다.

㉱ H13급 HEPA 필터는 국소효율(Local efficiency) 기준으로는 99.75% 이상인 필터(분진 사이즈 ; $0.3\mu m$)를 말하며, 이때 분진의 통과율은 0.25% 이하이다.

European Normalisation standards recognise the following filter classes

Usage	Class	Performance	Performance test	Particulate size approaching 100% retention	Test Standard
Primary filters	G1	65%	Average value	$> 5\,\mu m$	BS EN779
	G2	65~80%	Average value	$> 5\,\mu m$	BS EN779
	G3	80~90%	Average value	$> 5\,\mu m$	BS EN779
	G4	90%~	Average value	$> 5\,\mu m$	BS EN779
Secondary filters	M5	40~60%	Average value	$> 5\,\mu m$	BS EN779
	M6	60~80%	Average value	$> 2\,\mu m$	BS EN779
	M7	80~90%	Average value	$> 2\,\mu m$	BS EN779
	F8	90~95%	Average value	$> 1\,\mu m$	BS EN779
	F9	95%~	Average value	$> 1\,\mu m$	BS EN779
Semi HEPA	E10	85%	Minimum value	$> 1\,\mu m$	BS EN1822
	E11	95%	Minimum value	$> 0.5\,\mu m$	BS EN1822
	E12	99.5%	Minimum value	$> 0.5\,\mu m$	BS EN1822
HEPA	H13	99.95%	Minimum value	$> 0.3\,\mu m$	BS EN1822
	H14	99.995%	Minimum value	$> 0.3\,\mu m$	BS EN1822
ULPA	U15	99.9995%	Minimum value	$> 0.3\,\mu m$	BS EN1822
	U16	99.99995%	Minimum value	$> 0.3\,\mu m$	BS EN1822
	U17	99.999995%	Minimum value	$> 0.3\,\mu m$	BS EN1822

(2) 에어필터(Air Filter) 포집효과

① Filter 상류측으로 부터 시험용 Filter를 하류측에 절대 Filter를 설치하여 분진을 공급한 다음, 시험용 Filter와 절대 Filter의 중량 차이로 측정하는 것이다.

② 포집효과 : $v(\%) = \dfrac{w_1}{w_2} \times 100$ 으로 표기된다.

여기서, w_1 : Filter가 포집한 분진량(g), w_2 : 공급된 분진량(g)

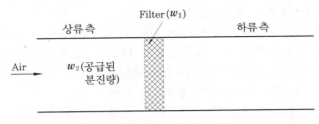

중량법 개념도

③ 비색법(변색도법)으로 측정시의 포집효과 : 중성능 필터 등
  ㉮ 시험용 Filter를 상류, 하류측의 중간에 놓고 분진을 통과시킨 다음 빛(光)을 투
    과시켜서 변색된 상당치를 측정하는 것이다.

  ㉯ 포집효과 $v(\%)=\dfrac{c_1-c_2}{c_1}\times100$

    여기서, c_1 : 상류측 분진 농도 상당치, c_2 : 하류측 분진 농도 상당치

④ 계수법(DOP)으로 측정시의 포집효과 : 고성능 필터 등
  ㉮ 미립자는 시험필터 상류쪽 기류 속에 주입되고 시험 중인 필터의 입구, 출구측 농
    도는 빛 확산장치(광산란)에 의해 측정된다.
  ㉯ DOP 방법은 미립자수에 의거하여 시험 Filter 입·출구쪽 미립자 농도를 비교하
    는 것으로 계수법이라 부른다.

  ㉰ 포집효과 $v(\%)=\dfrac{c_1-c_2}{c_1}\times100$으로 표기된다.

    여기서, c_1 : 상류측 분진 농도 상당치, c_2 : 하류측 분진 농도 상당치

(3) 에어필터(Air Filter) 시험방법

① 광의의 Filter란 어떠한 유체(Air, Oil, Fuel, Water, 기타)를 일정한 시간 내에
  일정한 용량을 일정한 크기의 입자로 통과시키는 장치를 말하며, 특히 대기 중에 존
  재하는 분진을 제거해 필요에 맞는 청정한 공기를 만들어내는 것이 Air Filter이다.
② 에어필터 성능을 시험하기 위하여 중량법, 비색법, 계수법 이외에 압력손실법,
  LEAK TEST법 등도 사용되어진다.
③ 중량법 : Prefilter 등
  ㉮ AFI 또는 ASHRAE 규격을 적용하여 시험한다.
  ㉯ AFI와 ASHRAE의 특징은 시험장비가 AFI는 수직으로 되어 있고 ASHRAE는
    수평으로 되어 있으며, 분진 공급 장치가 서로 다르다.
  ㉰ 적용대상 분진의 입경은 1μm 이상으로 되어 있고 일반 공조용의 외기 및 실내공
    기 중의 부유분진 포집용에 적용한다.
  ㉱ 시험방법 : Filter 상류측으로 부터 시험용 Filter를 하류측에 절대 Filter를 설
    치하여 분진을 공급한 다음, 시험용 Filter와 절대 Filter의 중량 차이로 측정하
    는 것이다.

④ 비색법(변색도법) : 중성능 필터 등

   (가) 적용대상 분진의 입경은 1μm 이하로 중고성능용 Filter 또는 정전식 Air Filter 와 같이 중량법의 포집효율이 95% 이상일 때 적용한다.

   (나) NBS(National Bureau of Standard ; 비색법)와 ASHRAE 규격을 적용하며, 양 규격 모두 시험장비는 횡형으로 되어 있다.

   (다) 시험방법 : 시험용 Filter를 상류, 하류측의 중간에 놓고 분진을 통과시킨 다음 빛(光)을 투과시켜서 변색된 상당치를 측정하는 것이다.

⑤ 계수법(DOP) 시험방법 : 고성능 필터 등

   (가) MIL, Std-282에서 규정한 바 있고 중량법, 비색법에서는 포집률이 100%가 되면 미립자에 대한 높은 포집률의 계산은 불가능하다.

   (나) DOP(Di-octyl-phtalate) 에어로졸을 제너레이터 용기에 넣고 열을 가하게 된다.

   (다) 에어로졸은 증기화되고 이 증기(DOP증기)는 가열된 기류 속으로 주입되고 혼합실로 보내지게 된다.

   (라) 혼합실에서 DOP증기를 동반한 이 가열공기는 실내온도 정도의 찬기류와 혼합되고, 이것은 증기를 아주 작은 응축액으로 액화시킨다.

   (마) 여기서 이 물방울의 크기는 혼합온도에 의해 조절되며, DOP법에 있어 미립자의 크기는 0.3μm을 만들도록 통제한다.

   (바) 이들 미립자는 시험필터 상류쪽 기류 속에 주입되고 시험 중인 필터의 입구, 출구측 농도는 빛 확산 장치(광산란)에 의해 측정된다.

   (사) 사실상 DOP 방법은 미립자 수에 의거하여 시험필터 입·출구쪽 미립자 농도를 비교하는 것으로 계수법이라 부른다.

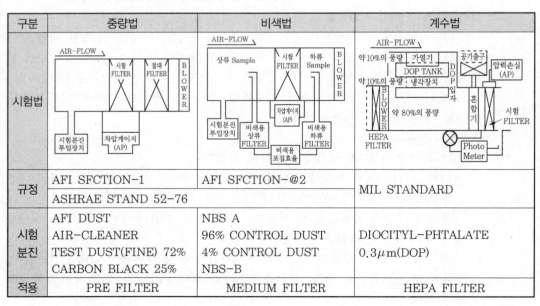

구분	중량법	비색법	계수법
시험법			
규정	AFI SFCTION-1 ASHRAE STAND 52-76	AFI SFCTION-@2	MIL STANDARD
시험 분진	AFI DUST AIR-CLEANER TEST DUST(FINE) 72% CARBON BLACK 25%	NBS A 96% CONTROL DUST 4% CONTROL DUST NBS-B	DIOCITYL-PHTALATE 0.3μm(DOP)
적용	PRE FILTER	MEDIUM FILTER	HEPA FILTER

⑥ 압력손실법

(가) 시험용 Air Filter의 정격 풍량으로 풍량을 조정하고, 시험 Filter 상류의 압력 (P_1)과 시험 Filter 하류의 압력(P_2)을 측정하여 표시한다.

(나) 압력손실(mmAq)= $P_1 - P_2$

(다) 압력손실법은 필터의 포집성능보다는 송풍기의 동력(소비전력)의 계산이나, 필터 교체주기를 판별하는데 흔히 많이 적용되고 있는 방식이다. 즉, 압력손실(mmAq) 이 일정한 기준치 이상이 되면 필터내부에 분진이 많이 침착되어 더 이상 사용하 기 어렵다고 판단할 수 있으므로 교체를 권고하는 기준이 될 수 있다.

⑦ LEAK TEST

(가) 시험 Air Filter에 면속 0.4~0.5m/s로 풍량을 조정하고 상류에 분진(DOP, 대 기진, PSL, DEHS, 실리카 등)을 투입하면서 Filter의 하류에서 Particle Counter 기계를 이용하여 Probe를 일정 속도로 이동하면서 여재(Media)의 손상 이나 Filter Frame과 여재(Media)의 접착상태를 확인 Test하는 방법이다.

(나) Scan Test법이라고도 한다.

---

31. 초고층 건축물에 대하여 다음 사항을 설명하시오.

(1) 초고층 건축물 정의
(2) 초고층 건축물 기계설비 시스템 설계 시 고려사항
(3) 초고층 건축물 배관 변위 고려사항
(4) Stack effect에서 외기침입에 따른 열손실 대책

정답 **(1) 초고층 건축물 정의**

'초고층 건축물' 이란 건축법에서 층수가 50층 이상이거나 높이가 200미터 이상인 건축물이라고 정의한다.

(2) 초고층 건축물 기계설비 시스템 설계 시 고려사항

① 초고층 건물은 저층 건물에 비해 복사, 바람, 일사에 의한 영향으로 냉·난방 부하 에 더 많은 영향을 받기 때문에 열원장비의 용량이 재래의 건물과 비교하여 증가하 게 된다.

② 창문의 개폐가 어려우므로 자연환기의 이용보다는 공조설비에 의한 기계환기에 대 한 의존도가 크게 된다.

③ 건물 방위별로 부하의 차가 크며, 냉·난방이 동시에 필요하므로 냉열원과 온열원 이 동시에 요구되며 연간냉방 및 중간기 공조가 필요하다.

④ 사무자동화의 일반화로 OA기기로 인한 내부 발열이 크기 때문에 열원설비의 용량 이 증가하게 된다.

⑤ 열원 시스템은 건물 규모, 열부하의 중간기 특성, 에너지 단가 측면에서의 경제성, 정부시책 등을 바탕으로 고효율, 고성능, 유지관리비의 최소에 따른 에너지 절약을 고려하여 그 종류 및 배치 계획을 종합적으로 분석한 후 결정한다.

⑥ 시스템의 안정성과 연료공급의 안전성을 고려하여 연료의 다원화와 비상열원이 필요하다.

⑦ 추후 부하변동에 유연성 있게 대응할 수 있도록 준비되어야 한다.

⑧ 추전 열원 시스템

  (가) 중앙공조

    ㉮ 장비 : 흡수식 및 터보 냉동기 등 활용, 각 Zone별 혹은 층별 공조기 사용

    ㉯ 저층부 : 열원장비에서 생산된 냉수를 직접 공조기 코일에 공급(냉수온도 약 7℃)하거나 직팽 코일방식 사용이 가능하다.

    ㉰ 고층부는 판형 열교환기를 설치하여 공조기 코일에 냉수 공급(냉수온도 약 8℃)

    ㉱ 냉각탑 : 무동력형(고층이므로 원활한 풍속 확보) 가능성 타진

  (나) 개별공조

    ㉮ 개별조작 및 편리성이 강조된 EHP(빌딩멀티, 시스템멀티) 채용 검토

    ㉯ 도시가스 등을 이용한 GHP 채용 검토

    ㉰ 전열교환기, 현열교환기 등의 환기방식 선정

  (다) 혼합공조

    ㉮ 주로 외주부는 개별공조, 내주부는 중앙공조를 채용하여 혼용하는 방식

    ㉯ 층별 및 Zone별 특성을 살려 쾌적지수 향상, 에너지절감 등 도모 가능

(3) 초고층 건축물 배관 변위 고려사항

① 급수관 수압/소음 문제(수송 동력 절감 및 기기 내압에 특히 주의)

  (가) 급수관 분할방식, 감압밸브 사용

  (나) 배관재 : 고압용 탄소강관(수압이 $10kgf/cm^2$ 넘으면 고압용 탄소강관 사용)

  (다) 입상관 : 3층마다 방진

  (라) 입상배관 유수음 대책 : 이중관 및 스핀관 시공

② 내진성능

  (가) 풍압에 의한 상대변위 고려 : 약 20mm 이상 고려

  (나) 각 층마다 횡진방진 : 건축물의 층간 변위 발생으로 유연성 확보 필요함

  (다) 배관분리이음 : 지진 발생 시 가장 유연성이 필요한 부분(중요 부품과 배관 사이와 입상관의 층간 관통부 등)에 진동을 흡수하기 위하여 글루브 조인트 등의 플렉시블 커플링을 설치한다.

  (라) 기타 모든 층에 가요성 배관, offset 배관의 설치 및 이격, 쿠션, 내진 브레이스에 대한 적용을 검토한다.

③ 공조배관 조닝

㈎ 중간기계실을 마련하고 조닝 실시 필요

㈏ 유량의 균등분배를 위하여 각 필요 개소에 정유량 밸브, 차압밸브 등 설치

④ 각 층 복도 공조

㈎ 높이가 높을수록 실내 기압 유지가 어렵고, 특히 겨울철 실내·외 온도차가 클 경우 상승기류(엘리베이터 홀, 복도)가 생긴다.

㈏ 기계적인 공조에 의해 온도, 환기량 및 공기상태의 적절한 유지가 필요하다.

⑤ 급수공급방식

㈎ 부스터 펌프에 의한 상향공급방식(회전수제어 및 대수제어) 적용 검토

㈏ 세대별 감압밸브 및 유량조절밸브 설치 검토

㈐ 수격방지기(Water Hammer Arrester) 설치 검토

⑥ 배수관 계통

㈎ 종국유속 고려

㉮ 수직관에서 유속이 증가되어 아래쪽의 주관 및 횡지관에 영향을 주지 않는 설계가 필요하다.

㉯ 배수수직관으로 들어온 배수는 가속도를 받아 수직관 내를 낙하하는 동안에 속도가 증가하나 계속 증가하지 않고, 관내압 및 공기와의 마찰저항(항력)과 평형되는 유속(이것을 종국유속이라 한다)으로 된다. 따라서, 수직관이 아무리 높아도 그 아랫부분에서 높이에 비례한 낙하 충격압을 받지는 않는다(고층건물이라고 해서 종국유속이 특별히 증가하지는 않는다).

㉰ 관계식 : 유량과 관경의 함수

$$V_t = 0.635 \left(\frac{Q}{D} \right)^{2/5} \text{[m/s]} \quad \text{여기서, } Q : \text{입관 내 유량 (LPS)}, \ D : \text{수직관 관경(m)}$$

㉱ 100mm 주철관 내 $10l/\text{s}$ 경우 유속은 4m/s 정도

㉲ 관경이 너무 작게 선정될 시 만수, 봉수파괴, 종국유속 증가 우려

㈏ 종국길이 고려

㉮ 배수가 배수 수직관에 들어온 다음 종국유속에 이르기까지의 흐르는 길이(수직 낙하길이)를 종국장(종국길이)이라 한다.

㉯ 종국길이는 대략 1층 분이고 2층까지는 미치지 못한다.

㉰ 초고층 건축에서도 배수수직관을 구부려 오프셋(offset)을 만들어 낙하속도를 완화시키는 조치가 대개는 필요 없는 경우가 많다.

㉱ 관계식

• 종국길이(L_t)는 대개 2~3m 정도로,

$$L_t = 0.14441 \times V_t^2 \text{[m]}$$

• 종국길이가 각 층의 지관과의 거리보다 작아야 좋다(배수의 안정적 흐름 및 소음 감소).

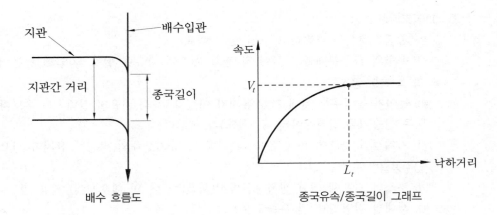

배수 흐름도   종국유속/종국길이 그래프

(4) Stack effect에서 외기침입에 따른 열손실 대책

① 고기밀 구조의 건물구조로 한다.

② 실내외 온도차를 작게 한다(대류난방보다는 복사난방을 채용하는 등).

③ 외부와 연결된 출입문(1층 현관문, 지하주차장 출입문 등)은 회전문, 이중문 및 방풍실, 에어커튼 등 설치, 방풍실 가압

④ 오염실은 별도 배기하여 상층부로의 오염확산을 방지

⑤ 적절한 기계환기방식을 적용(환기유닛 등 개별 환기장치도 검토)

⑥ 공기조화장치 등 급배기팬에 의한 건물 내 압력제어

⑦ 엘리베이터 조닝(특히 지하층용과 지상층용은 별도로 이격분리)

⑧ 구조층 등으로 건물의 수직구획

⑨ 계단으로 통한 출입문은 자동 닫힘 구조로 할 것

⑩ 층간구획, 출입문 기밀화, 이중문 사이에 강제대류 컨벡터 혹은 FCU설치 등

⑪ 실내 가압하여 외부압보다 높게 한다.

⑫ 틈새바람의 영향 고려

　㈎ 바람자체(풍압)의 영향 : Wind Effect

$$\Delta P_w = C \cdot \left(\frac{V^2}{2g} \right) \cdot r \ (\mathrm{kgf/m^2} = 9.81\mathrm{Pa})$$

　㈏ 공기밀도차 및 온도 영향 : Stack Effect

$$\Delta P_s = h \cdot (r_i - r_0) \ (\mathrm{kgf/m^2} = 9.81\mathrm{Pa})$$

　여기서, C : 풍압계수

　　　　　　• C_f(풍상) : 풍압계수(실이 바람의 앞쪽일 경우 C_f=약 0.8~1)

　　　　　　• C_b(풍하) : 풍압계수(실이 바람의 뒤쪽일 경우 C_b=약 −0.4)

　　　　r : 공기비중량(kgf/m³)

　　　　V : 외기속도(m/s, 겨울 7, 여름 3.5)

　　　　h : 창문 지상높이에서 중성대 지상높이를 뺀 거리(m)

　　　　r_i, r_0 : 실내외공기 비중량(kgf/m³)

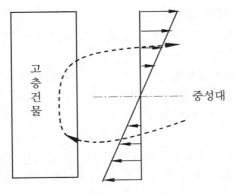
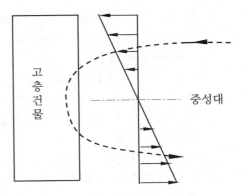

겨울철(Stack Effect 강함)   여름철 (Stack Effect 약함)

(다) 중성대의 변동

　　㉮ 건물로 강풍이 불어와 건물 외측의 풍압이 상승하면 중성대는 하강한다.

　　㉯ 실내를 가압하거나, 어떤 실내압이 존재하는 경우에는 중성대는 상승한다.

　　㉰ 건물의 상부 개구부의 합계가 하부 개구부의 합계보다 크면 중성대는 올라가
　　　고, 하부 개구부의 합계가 상부 개구부의 합계보다 크면 중성대는 내려온다.

---

32. 건축물 내진설계기준(KDS 41 17 00:2019, 국토교통부)에 따라 다음 사항을 설명
하시오.
(1) 비구조 요소 종류　　　　　(2) 기계 및 전기 비구조 요소
(3) 지지부　　　　　　　　　　(4) 정착부

정답 **(1) 비구조 요소 종류**

　① 건축 비구조 요소 : 내부 비구조벽체 및 칸막이벽, 캔틸레버 부재, 외측 비구조벽체
　　부재 및 접합부, 마감재 등의 요소

　② 기계 비구조 요소 : 건축물의 공조설비, 환기설비, 급배수설비 등의 기계설비적 요소

　③ 전기 비구조 요소 : 건축물의 전기설비, 조명설비 등의 전기설비적 요소

(2) 기계 및 전기 비구조 요소

　① 개요

　　(가) 기계 및 전기 비구조 요소와 그 지지부는 정해진 규정에 따라 설계하여야 한다.

　　(나) 체인이나 다른 형태로 구조물에 매달려 있으면서 덕트나 파이프에 연결되지 않은
　　　조명기구, 사인보드, 천장 선풍기는 다음의 모든 조건을 만족하는 경우 지진하중
　　　과 상대변위에 대한 검토를 수행하지 않아도 된다.

　　　㉮ 자중의 1.4배에 해당하는 연직하중과 자중의 1.4배에 해당하는 횡하중의 조합을
　　　　견딜 수 있도록 설계된 경우, 이때 횡하중의 방향은 가장 불리한 방향으로 한다.

　　　　㉯ 타 비구조 요소에 미치는 영향을 미리 고려한 경우
　　　　㉰ 비구조 요소가 수평면내에서 360도의 모든 방향으로 움직일 수 있도록 구조체
　　　　　 와 연결된 경우
　　　㈐ 기계나 전기 비구조 요소의 내진설계가 필요한 경우 구성요소, 내용물, 지지부와
　　　　　 연결부의 동적 효과를 고려하여야 한다. 이때 각 구성 요소와 지지구조 및 다른
　　　　　 구성 요소들 사이의 동적 상호작용도 고려되어야 한다.
　② 기계 비구조 요소
　　　㈎ 연성적이지 않은 재료로 이루어졌거나 사용 시 연성도가 감소하는 환경에 놓이게
　　　　　 되어(예를 들어 저온환경) 비구조 요소가 충격에 취약해지는 경우 충격을 제거할
　　　　　 수 있도록 설계되어야 한다.
　　　㈏ 구조체 사이 지점의 상대변위에 의해 서로 연결된 설비배관으로부터 비구조 요소
　　　　　 에 하중이 전달될 가능성도 검토되어야 한다.
　　　㈐ HVACR(난방, 환기, 공기조화, 냉장기기)의 파이프 혹은 배관이 구조물에 연결
　　　　　 되어 있고 서로 상대변위가 발생하는 경우 또한 면진구조물에서 면진층(건물을 지
　　　　　 반에서 분리하여 지진을 피해가도록 하는 장치 및 그 연결요소를 포함하는 부분)
　　　　　 을 통과하는 파이프와 배관의 경우 상대변위 요구량을 수용할 수 있도록 설계되어
　　　　　 야 한다.
　　　㈑ HVACR(난방, 환기, 공기조화, 냉장기기) 설비는 아래의 고려사항을 포함하는
　　　　　 인증절차를 만족하는 경우 내진성능을 만족하는 것으로 인정한다.
　　　　㉮ 구동부 및 동력부의 내진성능은 진동대 실험(어떤 구조물의 모형을 진동시켜
　　　　　 그 구조물이 진동하는 성질과 상태를 파악할 수 있게 한 장치에 의한 실험)을
　　　　　 통해 검증한다.
　　　　㉯ 구동부가 아닌 부분의 요구량은 계산에 근거한 해석에 의해 산정한다.
　　　　㉰ 해석을 통해 구동부가 아닌 부분의 내진능력을 평가한다.
　③ 전기 비구조 요소
　　　㈎ 지진 시 비구조 요소 사이의 부딪힘으로 인해 충격이 발생하지 않도록 설계되어
　　　　　 야 한다.
　　　㈏ 서로 다른 구조물 사이에 연결된 설비 및 관로에서 발생하는 하중을 평가하여야 한다.
　　　㈐ 선반 위의 축전지는 낙하하지 않도록 둘러싸는 고정장치로 고정되어야 하며, 고
　　　　　 정장치와 축전지 사이에 스페이서를 두어 용기의 충돌로 인한 손상을 방지하여야
　　　　　 한다. 선반은 충분한 횡하중 저항능력을 가져야 한다.
　　　㈑ 건식 변압기의 내부코일은 용기 내 하부 지지구조에 적절히 고정되어야 한다.
　　　㈒ 돌출 미닫이 선반을 가진 전기설비제어장치, 컴퓨터장비, 혹은 그 밖의 장비들은
　　　　　 각 부분을 제자리에 고정시키기 위한 걸쇠장치가 있어야 한다.
　　　㈓ 전기 캐비닛은 관련 산업규격에 따라 충분한 강도를 가지도록 설계되어야 한다.
　　　㈔ 450N을 초과하는 장비의 정착부는 제조사가 인증하지 않은 경우 개별적으로 안
　　　　　 전성을 검토하여야 한다.

⑷ 면진구조물에서 면진층을 통과하는 도관, 케이블 트레이 혹은 이와 유사한 배선 장치들은 상대변위 요구량을 수용할 수 있도록 설계되어야 한다.

(3) 지지부

① 지지부의 종류로는 구조부재, 가새, 골조, 스커트형 하부덮개, 지주, 안장, 케이블, 버팀줄 등과 주물 혹은 단조로 제작된 설비의 일부분 등이 있다.

② 기계 및 전기 비구조 요소의 지지부가 표준규격을 따를 경우, 지지부는 실험을 통해 결정된 정격하중 혹은 기준에 의한 지진하중 중의 하나를 사용하여 설계할 수 있다. 또한 설계 시 가정과 같이 하중이 전달되게 하기 위해 필요할 경우 지지부의 강성도 설계되어야 한다.

③ 지지부는 각 지점 사이의 상대변위를 수용할 수 있게 설계되어야 한다.

④ 중요도 계수가 1.5인 비구조 요소에서 지지부가 일체형(즉, 주물이나 단조 등으로 제작된 경우)이 아닌 부착형일 경우 부착된 지지부와 본체 사이의 하중전달에 문제가 없는지 검토되어야 한다. 지지부의 재료는 비구조 요소의 작동환경(예를 들어 저온환경)에 맞는 적절한 재료로 구성되어야 한다.

⑤ 얇은 판에 볼트 접합부가 사용될 경우 하중전달에 문제가 없도록 스티프너 혹은 스프링와셔로 보강하여야 한다. 인증을 받지 않았거나 설치절차가 고지되지 않은 경우 내진설계 책임기술자가 보강상세를 제시하여야 한다.

⑥ 지지부에서 지진하중이 냉간성형된 강재 부재의 약축 방향 휨을 통해 지지될 경우 지지부의 안전성을 개별적으로 검토하여야 한다.

⑦ 진동격리장치를 가진 비구조 요소는 수평방향으로 변위제한장치(범퍼)를 가져야 하며, 전도방지를 위해 필요할 경우 수직방향으로도 구속되어야 한다. 진동격리장치의 덮개와 변위제한장치는 연성이 있는 재료를 사용하여야 한다. 범퍼와 비구조 요소 사이에는 충격하중을 감소시키기 위해 적절한 두께를 가진 점탄성 혹은 이와 유사한 재질의 패드가 사용되어야 한다.

(4) 정착부

① 비구조 요소 정착부에 작용하는 하중은 지진하중과 상대변위로부터 구한다.

② 콘크리트에 묻히는 정착부의 내력은 콘크리트용 앵커 설계기준에 따르며, 규정하지 않은 사항은 공인된 설계기준에 따를 수 있다.

③ 조적조에 묻히는 정착부의 내력은 공인된 설계기준에 따라 구한다.

④ 콘크리트에 설치되는 후설치 앵커의 뽑힘 인장강도, 부착강도, 전단강도는 모의지진실험에 근거하여 평가되어야 하며, 공인기관의 인증서에 의해 공개된 것이어야 한다. 또한 조적조에 설치되는 후설치 앵커는 공인된 설계기준의 규정에 따라 내진인증된 것이어야 한다.

⑤ 정착부의 내력은 편심과 플라잉효과의 영향을 고려하여 정한다.

⑥ 앵커그룹의 경우 그룹 내 개별 앵커간의 하중분배를 고려하여야 한다. 규정하지 않은 사항은 공인된 설계기준에 따를 수 있다.

⑦ 동력 고정앵커 : 콘크리트 혹은 강재의 정착부를 동력을 이용하여 고정하는 앵커는 지진하중에 대해 인증되지 않는 한 계속적으로 인장을 받는 부위나 가새부재에 사용할 수 없다. 조적조에 묻히는 정착부에 동력을 이용하여 고정하는 앵커는 지진하중에 대해 인증되지 않는 한 사용할 수 없다. 단, 다음의 경우는 예외로 한다.

㉮ 콘크리트에 묻히는 정착부에 동력을 이용하여 고정하는 앵커는 각 앵커당 사용하중이 400N을 초과하지 않는 경우 흡음타일 혹은 비부착식 매달린 천장과 배관시스템에 적용할 수 있다.

㉯ 강재의 정착부를 동력을 이용하여 고정하는 앵커는 각 앵커당 사용하중이 1100N을 초과하지 않는 경우 적용할 수 있다.

⑧ 마찰클립 : 마찰클립은 지진하중을 지지하기 위해 사용될 수 있으나 추가로 연직하중 지지를 위해 사용할 수 없다.

---

33. 국가지정 음압병원 치료병상의 공조설비 설계 시 고려사항에 대하여 다음 사항을 설명하시오.
(1) 공조방식   (2) 급기방식   (3) 배기방식   (4) 음압제어

정답 **(1) 음압병원 치료병상의 공조방식**

① 개요

㉮ 음압병실은 $15m^2$ 이상의 면적을 확보하여야 한다. 단, 기존 음압격리병실(1917.2.3 이전에 설치된 음압격리병실)의 경우 $10m^2$ 이상의 면적을 확보할 것

㉯ 음압격리병실의 면적에 화장실(샤워실) 면적은 포함하지 않는다.

㉰ 입원실의 병상이 300개 이상인 종합병원에는 보건복지부장관이 정하는 기준에 따라 전실 및 음압시설 등을 갖춘 1인 병실(음압격리병실)을 1개 이상 설치하여야 하며, 300병상을 기준으로 100병상 초과할 때마다 1개의 음압격리병실을 추가로 설치하여야 한다. 다만, 중환자실에 음압격리병실을 설치한 경우에는 입원실에 설치한 것으로 본다.

㉱ 병상이 300개 이상인 요양병원에는 보건복지부장관이 정하는 기준에 따라 화장실 및 세면시설을 갖춘 격리병실을 1개 이상 설치하여야 한다.

㉲ 중환자실에는 보건복지부장관이 정하는 기준에 따라 병상 10개당 1개 이상의 격리병실 또는 음압격리병실을 설치하여야 한다. 이 경우 음압격리병실은 최소 1개 이상 설치하여야 한다.

② 공조방식

㉮ 전실을 음압병실의 출입구에 설치하여야 한다.

㉯ 음압병실과 전실의 출입문은 동시에 개폐되지 않도록 하여야 한다.

㉰ 기존 음압격리병실은 공동전실의 설치를 인정하되, 공동전실을 사용하는 병실 간

에도 출입문이 동시 개폐가 안 되는 구조여야 한다.

㈑ 화장실(샤워시설)을 음압병상이 있는 공간에 설치하여야 한다. 단, 중환자실의 경우 제외 가능하다.

㈒ 상시 음압을 확인할 수 있는 차압계와 차압표시계를 설치하고 비정상 시 알람이 울리도록 해야 한다.

㈓ 음압병실 구축 대신 기존 병실에 이동형 음압기를 부착하는 경우, 급기·배기·음압제어·환기 유지 등의 아래 「이동형 음압기 설치·운영 기준」을 준수하여야 한다. 다만, 이동형 음압기는 2019.1.1.부터 3년 동안만 설치·운영을 허용, 이후 이동형 음압기 설치 병실은 의료법상 음압격리병실로 인정하지 않는다.

㈔ 이동형 음압기 설치·운영 기준

공조 시설	급기 설비	• 타병실로의 감염원 확산을 방지하기 위하여 급기 덕트에 헤파필터 또는 역류방지댐퍼를 설치하거나 전외기 방식의 급기를 하여야 함
	배기 설비	• 헤파필터가 장착되어 있는 이동형 음압기(Portable Duct) 설치 • 배기 덕트 주변에는 타 공조시스템 인입구가 없어야 함
	음압 제어	• 실간 음압 차 : 2.5Pa(−0.255mmAq) 이상을 유지 • 병실 입구에 차압계 설치 • 이동형 음압기 미작동 시 알람장치 설치
벽 및 천장, 창·문		• 병실 내 틈새는 테이프 및 시트지를 통하여 밀폐 작업 • 창문은 개폐되지 않도록 고정하고 틈새는 밀폐 작업 • 출입문 상부 및 측면도 틈새가 최소화되도록 조치
화장실· 샤워시설		• 병실 내부에 화장실과 샤워시설이 있어야 함 • 화장실 배기팬 작동 금지(배기는 헤파필터를 통해서 나가도록 고려)
전실 설치		• 전실(또는 이동형 전실) 설치

(2) 음압병원 치료병상의 급기방식

① 급기시설은 각 실별로 급기구에 HEPA filter 또는 역류방지를 위한 기밀댐퍼(airtight back draft damper)를 설치하여야 한다.

② 이동형 음압기를 설치할 경우에는 타병실로의 감염원 확산을 방지하기 위하여 급기 덕트에 헤파필터 또는 역류방지댐퍼를 설치하는 대신 전외기 방식의 급기를 할 수도 있다.

(3) 음압병원 치료병상의 배기방식

① 배기시설에는 충분한 성능을 가진 필터(HEPA filter 99.97% 이상)를 설치하여야 한다.

② 역류로 인한 감염확산 방지를 위해 각 실별 배기 HEPA filter 또는 역류방지를 위한 댐퍼(airtight back draft damper)를 설치하여야 한다.

③ 공기 유입구 및 사람들이 밀집되는 지역과는 멀리 떨어진 외부로 배출하여야 한다.

(4) 음압병원 치료병상의 음압제어

① 음압병상이 있는 공간과 전실간에, 음압구역과 비음압구역간의 음압차를 각각 −2.5Pa(−0.255mmAq) 이상을 유지하여야 한다.

② 음압병상이 있는 공간과 전실은 환기횟수 6회/시간 이상 환기하여야 한다.

③ 음압구역으로부터의 발생한 오수·배수는 소독하거나 멸균한 후 방류하여야 한다.

---

34. 열병합발전에서 열전비(熱電比)에 대하여 설명하고, 열병합발전의 열효율이 월등함에도 보급이 활발하지 못한 요인을 분석하여 설명하시오.

정답 **(1) 개요**

① 열병합발전에서 열전비(熱電比)는 한국전력공사에게 불리하지 않은 발전여건을 위해 산업체 집단에너지사업자를 견제 목적으로 열전비(열과 전기의 비율)를 일정량 이상으로 지킬 것을 규정하는 법적 기준치로 사용되어지는 인자이다.

② 열병합발전 형식 및 용량은 열공급 사업의 경제성에 직접 영향이 미치기 때문에 그의 계획에 있어서 충분히 열부하의 특성을 고려하여 선정해야 한다.

(2) 법적기준(집단에너지사업법 시행령 제2조)

① 집단에너지사업에 있어서 열과 전기를 동시에 생산하는 시설(열병합발전 시설)은 열 생산용량이 전기생산용량보다 클 것(단, 가스를 연료로 하는 열병합발전시설 중 가스복합 열병합발전시설과 가스엔진 열병합발전시설 및 연료전지의 경우에는 제외)

② 에너지효율(투입된 에너지 대비 그 에너지로 생산된 열 및 전기 에너지의 비율)이 산업통상자원부장관이 정하여 고시하는 기준 이상일 것

(3) 집단에너지사업에서의 에너지효율

① 열과 전기를 동시에 생산하는 시설의 에너지효율은 투입된 에너지 대비 그 에너지로 생산된 열 및 전기 에너지의 비율을 의미한다.

② 집단에너지사업을 위한 열병합발전시설별 에너지효율 기준은 가스복합과 가스엔진 열병합발전시설은 75% 이상으로 하며, 기타 열병합발전시설(연료전지 포함)은 65% 이상으로 한다.

③ 에너지효율 계산방법에서 투입된 에너지는 연료사용량과 연료발열량의 곱으로 하며 총발열량을 기준으로 한다.

(4) 열병합발전에서 열전비(熱電比) 계산

열전비는 아래의 식과 같이 열병합발전소의 열생산 용량을 전기생산 용량으로 나누어 계산된다.

$$열전비 = \frac{열생산\ 용량(Gcal/h,\ Heat)}{전기생산\ 용량(Gcal/h,\ Elec.)}$$

(5) 열병합발전의 열효율이 월등함에도 보급이 활발하지 못한 요인

① 우리나라의 경우에 전력 다소비지역과 발전소 소재지 간 불일치로 인해서 수도권 방향의 송전망의 포화, 대형 송전선로 추가 건설에 어려움이 있다.

② 열병합발전소가 국민들에게는 공해 유발시설로 인식되어 있어 열병합발전소 건립에 대한 거부감이 많이 있다.

③ 과거 제1차 및 제2차 국가 에너지 기본계획과 최근의 제3차 국가 에너지 기본계획 (에너지 전환정책)에서 신재생에너지 우선 정책을 지속적으로 펴고 있어 대용량 발전소의 건립이 많이 어려워지고, 분산형 및 소형 발전소 위주로 정책의 입안이 이루어지고 있다.

④ 최근 미세먼지 문제로 발전소의 운전율을 계속 줄이는 방향의 전력 수요관리 정책을 펴고 있어, 정부가 부담이 많은 발전소 건립에 미온적이다.

(6) 열병합발전의 보급 활설화 대책

① 열병합발전이 보다 청정연료인 LNG(도시가스) 등을 사용하고, 미세먼지도 줄일 수 있으며, 타 발전소 대비 전기와 열을 동시에 대량으로 얻을 수 있어 종합적 에너지효율이 매우 높은 최선의 대책 중 하나라는 점에 대해서 적극적인 대국민 홍보를 실시하고, 적극 지원책을 마련한다.

② EU의 많은 국가들은 FIT(Feed-in Tariff ; 발전차액지원제도), 투자보조, 세금 우대 등 다양한 정책들을 조합하여 열병합발전을 추진하고 있는데, 우리나라도 열병합발전 관련 다양한 지원정책들을 검토하여 국내 여건에 적정한 합리적 정책옵션을 모색할 필요가 있다.

③ 10MW 이하의 소형열병합 발전설비 시설로 산업체, 업무용빌딩(건물) 및 공동주택 단위의 소규모 수요처에 필요한 전력과 열을 자체적으로 생산·공급한다.

> ***35.*** 보일러의 열효율 측정방법을 설명하시오.

정답 **(1) 개요**

① 보일러에서의 효율이란 입력되는 연료가 가진 에너지 중 얼마나 많은 열을 생산해 내느냐에 대한 척도이다.

② 집단에너지에서 열병합발전의 경우에는 열과 전기를 동시에 생산해내므로, 열효율이라는 용어보다는 에너지효율이라는 용어를 사용하며, 이때 에너지효율은 투입된 에너지 대비 그 에너지로 생산된 열 및 전기 에너지의 합의 비율을 의미한다.

(2) 보일러의 열효율

$$\eta = \frac{q}{G_f \cdot h_f}$$

여기서, q : 발생열량(kW), G_f : 연료량(kg/s), h_f : 연료의 발열량(kJ/kg)

(3) 발생열량

① 증기보일러 : 증기보일러에서는 유량계와 열량 측정계(온도센서 포함)를 이용하여 아래와 같이 스팀과 물의 유량 및 열량(엔탈피)을 각각 측정하여 발생열량을 계산할 수 있다.

발생열량 $q = G_s \cdot h_s - G_w \cdot h_w$

여기서, G_s : 스팀의 유량(kg/s), h_s : 스팀의 엔탈피(kJ/kg)

G_w : 물의 유량 (kg/s), h_w : 물의 엔탈피(kJ/kg)

② 온수보일러 : 온수보일러에서는 유량계와 열량측정계(온도센서 포함)를 이용하여 아래와 같이 공급열매체(물)의 유량 및 보일러 입·출구의 열량(엔탈피)을 각각 측정하여 발생열량을 계산할 수 있다.

발생열량 $q = G \cdot (h_2 - h_1)$

여기서, G : 공급열매체의 유량(kg/s)

h_2 : 온수보일러 출구의 물의 엔탈피(kJ/kg)

h_1 : 온수보일러 입구의 물의 엔탈피(kJ/kg)

(4) 연료의 발열량

① 통상 '고위발열량은 수증기의 잠열을 포함한 것이고, 저위발열량은 수증기의 잠열을 포함하지 않는다.'로 정의된다.

② 천연가스의 경우 완전연소할 경우 최종반응물은 이산화탄소와 물이 생성되며, 연소 시 발생되는 열량은 모두 실제적인 열량으로 변환되어야 하나 부산물로 발생되는 물까지 증발시켜야 하는데 이때 필요한 것이 증발잠열이다.

③ 이때 증발잠열의 포함 여부에 따라 고위와 저위발열량으로 구분된다.

④ 저위발열량은 실제적인 열량으로서 진발열량 (Net calorific value)이라고도 한다.

⑤ 보통의 경우, 기름을 연료로 사용하는 보일러의 경우는 진발열량(저위발열량)에 의한 효율을 적용하고, 천연가스, 석유가스, 기타의 가스류 등을 연료로 사용하는 보일러의 경우는 총발열량(고위발열량)에 의한 효율에 의해 판정한다.

(5) 법규(집단에너지사업법에서의 열생산용량 측정 및 계산방법)

① 증기보일러 또는 증기발생용 열교환기의 경우에는 다음의 양 및 엔탈피를 측정하고 계산식에 적용한다(산업단지 집단에너지사업과 같이 공급열매체가 증기일 경우).

$$Q_1 = 539 \times W_e - Q' - Q''$$

여기서, Q_1 : 열생산용량(kcal/h)

W_e : 보일러의 정격용량을 KS B 6205(육용강제보일러의 열정산방식)에서 정하는 매시 환산증발량으로 환산한 양(kg/h)

$$W_e = \frac{W_2 F(h_2 - h_1)}{539} [\text{kg/h}]$$

W_2 : 연료 1kg당 발생증기량(kg/kg)

F : 매시 연료소비량(kg/h)

h_2 : 발생증기의 엔탈피(kcal/kg)

h_1 : 급수의 엔탈피(kcal/kg)

Q' : 열병합발전용 보일러의 경우에 발전에 소요되는 열량(kcal/h)

Q'' : 소내소비열량(자가공정용 포함)(kcal/h)

② 열교환기(증기보일러, 소각로, 폐열보일러 등의 열원을 이용하는 열교환기로서 온수를 생산하는 것을 말한다), 온수보일러 및 열공급 펌프의 경우에는 다음의 양 및 엔탈피를 측정하고 계산식에 적용한다(지역냉난방사업과 같이 공급열매체가 온수일 경우).

$$Q_2 = (h_2 - h_1) \times V - Q''$$

여기서, Q_2 : 열생산용량(kcal/h)

h_2 : 열교환기·열공급펌프 또는 온수보일러 출구의 물의 엔탈피, 즉 공급열매체의 엔탈피(kcal/kg)

h_1 : 열교환기·열공급 펌프 또는 온수보일러 입구의 물의 엔탈피, 즉 회수열매체의 엔탈피(kcal/kg)

V : 가열된 물, 즉 공급열매체의 양(kg/h)

Q'' : 소내소비열량(자가공정용 포함)(kcal/h)

(6) 법규(효율관리기자재 운용규정에서 가정용 가스보일러의 측정 및 계산방법)

① 가정용 가스보일러란 가스소비량 70kW 이하의 가스온수보일러를 말하고, 최저소비효율기준은 76% 이상이며, 전부하 열효율과 부분부하 열효율의 평균을 구하는 방식으로 열효율을 측정 및 계산한다.

② 측정방법은 KS B 8109 및 KS B 8127에서 규정하는 시험방법에 의한다.

③ 소비효율 측정항목, 에너지비용 등

구분	총시료 개수	측정 항목	불합격 허용개수
가정용 가스보일러	2	난방열효율, 가스소비량, 난방출력(콘덴싱출력), 대기전력, 소비효율등급	0

건축기계설비기술사 예상문제

❊ 1교시 단답형 예상문제 ❊

1. 냉동기의 성능(性能)에서 체적효율(η_v)이 100%가 되지 않는 이유에 대하여 설명하시오.

정답 **(1) 체적효율(Volumetric Efficiency)의 정의**

① 체적효율은 모든 유체기계에 적용 가능하나, 주로는 왕복펌프나 왕복압축기 등의 성능 평가 시 많이 사용하며, 유체의 실제 배출량과 이론상 배출량의 비율을 말한다.

② 체적효율은 온도의 변화나 밸브와 피스톤에서의 누설, 극간체적 등의 크기에 영향을 많이 받는다. 일반적으로 용적이 작고 고속이며 압축비가 높을수록 나빠진다.

(2) 체적효율(η_v)이 100%가 되지 않는 이유

① 실린더 내 클리어런스(Clearance) 혹은 틈새 발생

② 온도의 변화에 따른 실린더 내 가스의 밀도 변화(특히 압축비가 클 때 심해진다.)

③ 실린더 내 교축 : 실린더 내부의 밸브 등의 교축으로 체적 손실이 발생될 수 있다. 특히 실린더 흡입 시 흡입밸브를 통과할 때의 교축작용에 의해 효율이 많이 감소될 수 있다.

④ 흡입가스의 상태 불균일 : 액냉매, 기체냉매의 혼입 등 냉매 상태가 불균일할 경우 이 현상은 더 심해진다.

⑤ 누설 체적 효율 : 흡입밸브, 토출밸브, 피스톤링 등 주변의 누설에 의한 체적효율이 감소될 수 있다.

⑥ 열 체적 효율 : 고온의 실린더벽에 의한 흡입가스의 체적팽창으로 효율이 감소될 수 있다.

⑦ 극간 체적 효율 : 왕복동식의 경우 클리어런스에 의한 잔류가스의 재팽창에 의해 효율이 감소될 수 있다.

(3) 계산식

$$\eta_v = \frac{\text{유체의 실제배출량}}{\text{이론상의 배출량}}$$

2. 증기배관에서 증기트랩(관말트랩) 설치기준과 Short Circuit 현상에 대하여 설명하시오.

정답 **(1) 증기트랩(관말트랩) 설치기준**

① 증기는 난방용 증기, 가습용 증기, 공정용 증기 등 용도에 따라 보통 압력이 달라서 응축수 환수관을 하나로 할 때는 원활한 환수가 되지 않으므로 증기트랩(스팀트랩)을 증기 용도별 사용처마다 별도로 분리하여 설치하고 응축수 환수 배관도 각각에 설치하여야 한다.

② 배관이 길 때에는 적절한 배관 길이마다 응축수 증기트랩을 설치하여야 한다.
  ㈎ 순구배일 경우 약 90 m마다 1개소씩
  ㈏ 역구배일 경우 약 45 m마다 1개소씩

③ 응축수 배출라인에서 직렬로 이중 트랩이 설치되어 환수가 곤란한 경우가 없는지를 확인한다.

④ 트랩의 설치 방향이 맞는지를 확인한다(보통 배관에 수평으로 화살표 방향이 위를 향하도록 설치).

⑤ 트랩의 기능을 보완하기 위해서 고층 건물인 경우에는 응축수 배관을 대략 5개층마다 1개 Zone으로 하여 각 Zone별 입상관을 설치하여 상호 압력 간섭에 의한 응축수 Drain 방해를 해소하여야 한다.

⑥ 난방 시 증기트랩의 과소 선정이 되지 않도록 예열부하를 고려하여 정상 운전 용량의 2 ~ 2.5배로 선정하고 중력 환수가 되도록 하는 것이 좋다.

⑦ 응축수 배관에 입상배관을 설치할 경우에는 압력 손실을 고려하여 응축수가 배출될 수 있는 높이 등을 충분히 고려한 후 시공한다.

⑧ 출구 측 배관은 항상 응축수가 원활히 흘러나갈 수 있게 배관한다.

⑨ 증기의 압력이나 온도가 허용치 이상이 되지 않도록 해야 한다.

⑩ 출구 측 배관을 Drain Tank 등에 연결할 때에는 Pipe 끝이 물에 잠기지 않도록 설치한다.

⑪ 증기트랩은 배관 말단 또는 최하부에 설치되어 불순물이 모이기 쉬워 고장의 원인이 될 수 있으므로 입구 측에는 반드시 Strainer를 설치하는 것이 좋다(표준설치방법 : 다음 그림 참조).

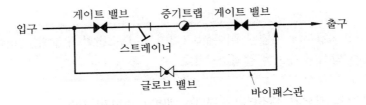

(2) 증기배관에서의 Short Circuit 현상

① 다음 그림에서 보듯이 몇 개의 방열기로부터의 Drain Point가 한 개의 트랩(Trap)에 연결되면 높은 압력 Unit (방열기 1 ; 600Pa)으로부터 오는 응축수의 흐름이 낮은 압력 Unit (방열기 2 ; 300Pa)으로부터의 응축수의 흐름을 봉쇄하여 응축수와 응축수에 일부 포함될 수 있는 공기 등의 배출이 어렵게 되는 현상을 말한다 (이때 간혹 압력계의 설치 위치에 따라 압력계에는 잘 나타나지 않을 수 있으므로 주의를 요한다).

② Flooding 현상 : 이렇게 Short Circuit 현상이 발생하면 아래 그림의 방열기 2에서 보듯이 방열기 내부 공간(전열 스페이스)을 잠식하여 시스템 성능(용량)을 감소시킨다. 또한 이렇게 스팀 배관상 응축수가 잘 배출되지 못하고 고이게 되면 부식, 스팀해머(워터해머), 동파 등의 원인이 되기도 한다.

③ 증기배관에서 Short Circuit 현상이 발생하지 않도록 하기 위해서는 반드시 방열기간의 압력 균형을 맞추어 주어야 하지만, 원천적으로 이를 해결하기 위해서는 반드시 각각의 증기 응축 Unit(방열기)마다 각각의 트랩(Trap)을 따로 설치하는 것이 좋다.

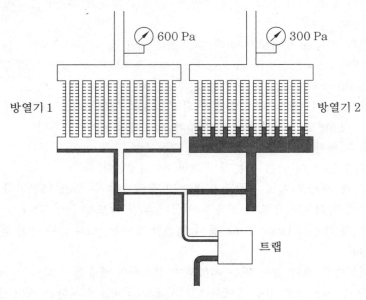

스팀 배관의 Short Circuit 현상

---

3. 2014년 1월 4일부터 시행된 절수설비(대변기, 대소변이 구분되는 대변기, 소변기) 기준과 절수 방식에 대하여 설명하시오.

정답 (1) 절수설비(대변기, 대소변이 구분되는 대변기, 소변기) 기준

① 대변기는 사용수량이 6리터 이하인 것

② 대·소변 구분형 대변기는 대변용은 사용수량이 6리터 이하이고 소변용은 사용수량이 4리터 이하인 것이다. 이 경우 소변용으로 사용되는 물은 세척 성능을 제외한다.

③ 소변기는 물을 사용하지 아니하거나 1회 사용수량이 2리터 이하인 것

④ 여기서, "사용수량"이란 수도관으로부터 물이 공급되는 상황에서 수세핸들을 작동시켜 변기를 세척할 때 가장 많은 양의 물이 나올 수 있는 상태로 설치되어 나오는 1회분 물의 양을 말하며, 변기 세척 후 물 탱크 외의 부분을 다시 채우는 보충수를 포함한다.

(2) 절수방식

① 절수기기 사용방식 : 기존 변기에 사용되는 물을 저감시킬 수 있는 부속을 설치하는 방식

(가) 사용수량(使用水量) 조절형 : 기존 설치된 로탱크에 조절기구를 설치해 대변 세척에 필요한 적정 사용수량만을 배출되도록 함으로써 절수하는 방식

(나) 사용수량을 줄일 수 있는 로탱크 절수형 사이펀 덮개, 방호벽 등

(다) 대·소변 구별형 : 대변·소변별로 사용수량을 조절할 수 있도록 고안된 절수기기, 로탱크 세척밸브 등

(라) 소변기 : 레버식 세척 밸브 부착형, 누름식 세척 밸브 부착형, 전자감응식 세척 밸브 부착형 등

※ 참조 : 수도꼭지 절수 설비 기준

① 공급수압 98 kPa에서 최대토수유량이 1분당 6.0리터 이하인 것. 다만, 공중용 화장실에 설치하는 수도꼭지는 1분당 5리터 이하인 것이어야 한다.

② 샤워 헤드는 공급수압 98 kPa에서 최대토수유량이 1분당 7.5리터 이하인 것이어야 한다.

---

4. 아크 용접봉 피복제(Flux)의 기능과 역할에 대하여 설명하시오.

정답 (1) 아크 용접봉 피복제의 기능

① 아크 용접봉 피복제 일명 플럭스의 주목적은 용제(溶劑), 용가재(溶加材)로서 납땜 작업에서 접합부를 깨끗이 해주고, 접합 시에 산화물(酸化物)이 생기는 것을 방지하며, 접합이 확실하게 이루어지게 하는 것이다.

② 아크 용접봉 피복제는 금속 용해 시 산화물의 환원, 유독가스의 제거, 용탕 표면을 피복하여 산화를 방지하고, 슬래그의 제거 촉진 등의 많은 기능을 가지고 있다.

③ 또한 단접제(鍛接劑), 단접부(鍛接部)에서 산화물의 유동을 용이하게 하여 단접부로부터 이를 제거할 수 있는 기능도 있다.

(2) 아크 용접봉 피복제의 역할

① 금속 또는 합금을 용해할 때에 용해한 금속면이 직접 대기에 닿으면 산화하거나 대기 중의 수분과 반응하여 수소를 흡수하거나 하여 용접 품질을 불량하게 하므로, 대기와

닿는 것을 방해할 목적으로 금속의 표면에 용해한 염류에 의한 얇은 층을 만든다.

② 용해한 금속과 반응하여 그 자체로부터 불순물이 들어갈 염려가 없는 염을 섞어서 녹는점을 내려 녹아 있는 금속보다도 융점을 낮게 하면 녹은 염은 금속의 액체보다 비중이 가벼우므로, 염류가 녹은 것이 금속 액체의 표면에 떠서 얇은 층을 이루어 이것을 뒤덮는다.

③ 납땜·용접 등에 의해서 금속을 접합할 때에는 반드시 접착면의 산화를 방지하여 접합이 완전하게 되도록 해야 한다.

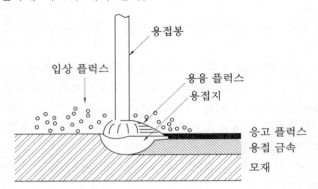

5. TAB (Testing, Adjusting, Balancing)의 필요성에 대하여 설명하시오.

정답 (1) TAB의 개요

① TAB은 Testing(시험), Adjusting(조정), Balancing(평가, 균형)의 약어로 건물 내의 모든 공기조화 시스템이 설계에서 의도하는 바대로(설계 목적에 부합되도록) 기능을 발휘하도록 점검, 조정하는 것이다.

② 성능, 효율, 사용성 등을 현장에 맞게 최적화시킨다.

③ 에너지 낭비의 억제를 통하여 경제성을 도모할 수 있다.

④ 설계 부문, 시공 부문, 제어 부문, 업무상 부문 등 전 부분에 걸쳐 적용된다.

⑤ 최종적으로 설비계통을 평가하는 분야이다 (단, 설계가 약 80% 이상 정도 완료된 후 시작한다).

⑥ 근래에는 건축기계설비공사 표준시방서(기계 부문)에도 T.A.B. 부분이 반영되어 공사의 품질 향상을 기하도록 하고 있다.

(2) TAB의 필요성

① 장비의 용량 조정

㉮ 설계 및 시공 상태에 따라 부여한 용량의 여유율에 상당한 차이가 있을 수 있다.

㉯ 덕트나 배관 시스템의 시공 상태에 따라 설계 계산치와 실측치에 차이가 있게 마련이며, 이로 인하여 설계 용량과 달리 운전되는 경우가 많다.

② 유량의 균형 분배를 위한 조정

   (가) 배관이나 덕트의 설계 시 규격의 결정(Sizing)은 일반적으로 수 계산으로 간이 데 이터를 이용하여 간단한 방법으로 하고 있어서 편차가 많이 발생할 수 있다.

   (나) 실제 운전 시 배관이나 덕트에 Auto Balancing Valve나 CAV (Constant Air Volume) 유닛을 사용하지 않는 한 각 분기관별 설계 유량보다 과다 혹은 과소한 유량이 흐르게 되며 TAB를 통해 이를 조정해 주어야 한다.

③ 장비의 성능 시험

   (가) 시공 과정에서 현장 사정에 의하여 설치 및 운전 조건 등의 변화로 설계된 성능 을 제대로 발휘하지 못하는 경우가 많다.

   (나) 이는 장비의 성능 점검을 하기 전에는 알 수 없으므로 적절한 시험을 통하여 성능 을 확인할 필요가 있으며, TAB을 실시하여 필요 시 개선해 주어야 한다.

④ 자동제어 및 장비 간의 상호 연결

   (가) 자동제어 설비는 각 Sensor와 Actuator 간에 적절한 연결, Calibration 등이 필수 적인 요건이 된다.

   (나) 이 계통의 정확한 점검이 없이는 원만한 자동제어가 되지 않으며, 최신의 고가 설 비를 갖추고서도 적절히 사용하지 못하고 수동운전을 하게 되는 경우가 있다.

---

6. 슬라이드 플랜지(Slide Flange) 방식에 대하여 설명하시오.

정답 **(1) 개요**

① 슬라이드 플랜지 방식은 삽입형 플랜지 방식, 슬라이드 온 플랜지(Slide On Flange) 방식, 슬라이드 온 덕트 플랜지(Slide On Duct Flange) 방식 등으로도 불리며, 덕트 설비 등에서 덕트를 연결하는 접속방식의 일종이다.

② 덕트의 접속방법으로는 슬라이드 플랜지 방식(삽입형 플랜지 방식) 외에도 L형강 플랜지 공법, 제살접기식 플랜지 공법, 나선형 접속방법 등이 있다.

(2) 슬라이드 플랜지 공법 덕트의 접속방법

  (SPS-KARSE B 0013-175 ; 한국설비기술협회 표준규격 기준)

① 슬라이드 플랜지(삽입형 플랜지) 공법의 접합재료는 코너 볼트(모서리 볼트), 슬라이 드형 플랜지(삽입형 플랜지), 클램프, 개스킷 등을 이용하여 다음과 같이 연결한다.

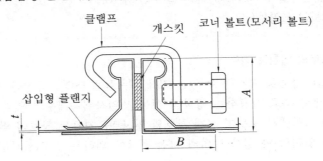

② 슬라이드 플랜지 방식에서의 접속 플랜지 치수와 간격은 다음 표와 같다.

덕트의 장변 (mm)	플랜지 치수 (mm)									플랜지 간격	
	저압 덕트			고압 1 덕트			고압 2 덕트			표준간격 (mm)	최대간격 (mm)
	A	B	t	A	B	t	A	B	t		
450 이하	19	23	0.6	20	35	1.0	30	38	1.2	1840	3680
450 초과 750 이하	20	35	1.0	20	35	1.0	30	38	1.2	1840	3680
750 초과 1500 이하	20	35	1.0	30	38	1.2	30	38	1.2	1840	2760
1500 초과 2200 이하	30	38	1.2	38	38	1.2	38	38	1.2	1840	1840

주 1. 플랜지는 이중굽힘 가공성형 강판으로 하고 판두께(t)는 0.6, 1.0, 1.2 mm, 플랜지폭(B)은 23, 35, 38 mm 플랜지 높이(A)는 19, 20, 30 mm로 한다.
　2. 코너피스(모서리 장착물)의 판두께는 1.2~1.6 mm로 한다.
　3. 플랜지 부착은 압접 또는 전기 점용접으로 하고, 간격은 100 mm 이내로 한다.
　4. 볼트 외에 크리트바, 클립 또는 클램프로 플랜지를 접합한다.
　5. 네모통이의 볼트 직경은 호칭경 M8로 한다.
　6. 플랜지의 접합은 15 mm 폭의 플랜지용 개스킷을 표준으로 한다.

③ 클램프의 설치간격과 개수

덕트 한 변의 길이 (mm)	저압 덕트		고압 1 덕트		고압 2 덕트	
	개수	간격 (mm)	개수	간격 (mm)	개수	간격 (mm)
450 이하	0	–	0	–	0	–
450 초과 1000 이하	0	–	1	700	1	650
1000 초과 1300 이하	1	1000	1	700	1	650
1300 초과 1400 이하	1	1000	1	700	2	670
1400 초과 2000 이하	1	1000	2	670	2	670
2000 초과 2200 이하	2	1000	3	800	3	700

주 1. 클램프의 간격은 최대치를 표시한다.
　2. 간격은 덕트길이의 공칭간격으로 한다.

7. 창호의 열관류율(U-value)과 일사열취득계수(SHGC : Solar Heat Gain Coefficient)의 특징에 대하여 설명하시오.

정답 **(1) 창로의 열취득 경로**

① 창호의 성능을 평가할 수 있는 지표로는 유럽 ISO가 규정한 열성능인 총열관류율과 미국에서 주로 사용하는 광학적 성능인 일사취득계수가 있다.
② 다음 그림에서 보듯이 실제 창호의 일사취득경로는 창호의 열관류율에 의하는 경로(관류 열전달)와 일사에 의해 직접 취득에 의하는 경로(일사취득열)의 두 가지가 있

으므로 이 두 가지 요소를 모두 고려하여야 한다. 이 두 가지를 동시에 고려하는 방법이 일사취득계수를 이용하는 방법이라고 할 수 있다.

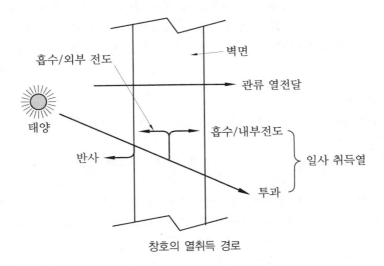

창호의 열취득 경로

(2) 창호의 열관류율

① 열관류율은 실내외 온도차에 의한 열손실을 반영한 개념으로 실내외 온도차가 큰 겨울철 난방부하에 적용하기 유용하다 (반면, SHGC는 일사에 대한 개념으로 창호에 직접 투과된 태양에너지의 비율과 창호에 흡수되었다가 재방사된 태양에너지의 비율의 합으로 냉방 중심의 냉방부하에 적용하기 유용한 지표라 할 수 있다).

② 열관류율은 낮을수록 상대적으로 난방의 에너지 소비량을 줄일 수 있다는 의미이다.

③ 열관류율을 이용한 냉방 시의 일사취득열을 계산하기 위해서는 열관류율 외에 일사열취득열량을 별도로 산정하여 더해주어야 한다.

(3) 일사열취득계수 (SHGC)

① 창호의 열사열취득계수는 창호를 통한 일사(日射) 취득의 정도를 나타내는 지표이다.

② 일사열취득계수는 입사된 태양복사에너지 가운데 건물의 열부하에 직접적으로 영향을 미치는 에너지의 비율로 정의된다.

③ 즉, 열사열취득계수='직접 투과된 일사량'+'유리에 흡수된 후 실내로 유입되는 일사량'이다.

④ 열사열취득계수가 크면 창호를 통한 일사취득량 증가로 냉방부하는 증가되고, 난방부하는 저감된다.

⑤ 열사열취득계수는 외부에 도달한 일사량과 실내에 투과된 일사량을 기준으로 산정하기 때문에 창호가 설치된 방향(Orientation)과 건물이 위치한 위도가 중요한 요소이다.

---

8. 실내공기오염 중 하나인 라돈가스에 대해 설명하시오.

정답 **(1) 개요**

① 라돈(radon, Rn)은 원자번호 86번의 원소이며, 강한 방사선을 내는 비활성 기체 원소로, 1900년을 전후해서 여러 방사성 물질에서 발산되는 기체로 발견되었다.

② 라돈은 우라늄과 토륨의 방사성 붕괴 사슬에서 라듐(radium, Ra)을 거쳐 생성되는데, 원소 이름은 이의 원천 원소 라듐에 비활성 기체의 접미어 'on'을 붙여 지은 것이다.

(2) 라돈의 특징

① 자연에 존재하는 라돈은 거의 전적으로 질량 수가 222인 222Rn (반감기는 3.82일)이다.

② 지구 대기 중에는 기체 분자 1020개당 대략 6개의 비율로 들어 있으며, 대기 중의 전체 양은 100 g 미만이다. 화강암에는 암석 10억 톤당 0.4 mg의 비율로 들어 있으며, 이 외에도 인광석, 석회석, 변성암, 흙 등에 라돈의 전구물질인 라듐이 들어 있다.

③ 라돈에서 나오는 방사선 때문에 건강에 위해를 줄 수 있으며, 미국환경보호국은 라돈 흡입이 흡연 다음가는 주요 폐암 원인이라고 경고하고 있다.

④ 환기가 잘 되지 않는 일부 건물의 실내나 지하실에는 외부 대기에서보다 월등히 높은 농도로 라돈이 축적될 수 있다.

⑤ 일부 온천수, 광천수, 지하수 등에서도 평균 이상의 라듐과 라돈이 발견되는데, 이것들이 원천수에 평균 이상으로 녹아 있는 온천을 라듐 온천 또는 라돈 온천이라 부른다. 라돈 온천(라듐 온천)이 건강에 좋다는 주장도 있으나, 이에 대한 과학적 근거는 뚜렷하지 않은 형편이다.

⑥ 라돈이 필요한 경우, 보통 라듐에서 생성되는 것을 사용하는데, 1 g의 라듐(226Ra)은 하루에 1/1000 cm³의 라돈(222Rn) 기체를 방출한다.

(3) 국내 실내공기질 '권고기준' (다중이용시설 등의 실내공기질관리법 시행규칙)

아래와 같이 라돈은 4.0 (pCi/l) 이하로 법적 기준이 마련되어 있다.

오염물질 항목 다중이용시설	NO₂ (ppm)	Rn (pCi/L)	VOC (μg/m³)	석면 (개/cc)	오존 (ppm)
지하역사, 지하도상가, 여객자동차터미널의 대합실, 철도역사의 대합실, 공항시설 중 여객터미널, 항만시설 중 대합실, 도서관·박물관 및 미술관, 장례식장, 목욕장, 대규모점포	0.05 이하	4.0 이하	500 이하	0.01 이하	0.06 이하
의료기관, 보육시설, 국공립 노인요양시설 및 노인전문병원, 산후조리원			400 이하		
실내주차장	0.30 이하		1,000 이하		0.08 이하

[비고] pCi/L (pico Curies per liter) : 방사능 측정단위, 공기 1리터 내의 1×10^{-12} Ci의 방사능 농도를 말함(1 Ci : 라돈 1 g 이 1초 동안 방출하는 방사능)

9. 연간 에너지 부하 계산을 위한 대한민국 표준 기상 데이터의 구성요소에 대하여 설명하시오.

정답 **(1) 표준 기상 데이터의 의미**

① 동일 지역이라고 하더라도 기후는 매년 달라지므로 해당 지역의 기후특성을 대표하기 위해서는 다년간의 기후 데이터에 대한 통계처리가 필요하게 된다.

② 이러한 과정을 거쳐 작성된 기후 데이터를 표준 기상 데이터라 할 수 있으며, 통계처리 방식에 따라 TRY(Test Reference Year), TMY(Test Meteorological Year), WYEC(Weather Year for Energy Calculations), CCZ(California Climate Zone) 등 여러 가지 형식이 있을 수 있다.

③ 표준 기상 데이터는 기간부하 계산 시 입력자료로 많이 사용되며, 미국의 경우 60개 도시에 대한 TRY, 234개 도시에 대한 TMY, 44개 도시에 대한 WYEC 등의 기후 데이터가 확보되어 있다.

④ 일본의 경우 HASP(일본에서 개발된 기간부하 계산용 프로그램)용 표준 기후 데이터로서 25개 도시에 대한 평균년 기후 데이터가 확보되어 있다.

⑤ 국내의 경우에는 1989년에 대한설비공학회에서 서울지역의 표준 기상 데이터를 선정한 바 있으며, 현재는 11개 도시 이상에 대한 평균년 기상 데이터가 확보되어 있다.

(2) 표준기상년(Typical Meteorological Year)의 적용방법

① 정적 및 동적 열부하 계산을 위한 외계의 1년간의 기상 데이터

② 보통 각 지역별 과거 10년 이상의 평균 데이터를 사용

③ 연평균 기상 데이터를 표준기상년을 기준으로 각종 프로그램에 적용하면, 공조부하(최대부하 및 기간부하 계산), 외부조도 및 천공휘도(건물의 자연채광 설계 시) 등의 계산결과의 정확성을 높일 수 있다.

④ 각 나라별이 아닌 각 지역별 혹은 도시별 표준기상년을 적용하는 것이 정확성 측면에서 더 유리하다.

(3) 대한민국 표준 기상 데이터의 구성 요소

다음과 같은 인자들에 대한 표준 기상 데이터로 구성된다.

① 건구온도	② 기압	③ 운량
④ 운형	⑤ 적설량	⑥ 강우량
⑦ 풍향	⑧ 상대습도	⑨ 절대습도
⑩ 수평면일사량	⑪ 직달일사량	⑫ 풍속
⑬ 이슬점온도	⑭ 공기밀도	⑮ 엔탈피

10. 창의 차폐계수(SC)와 일사열 획득계수(SHGC)의 정의와 각각의 특징을 설명하시오.

정답 (1) 창의 차폐계수(SC : Shading Coefficient)
① 차폐계수는 유리에 직접 투과된 태양열과 유리 내부로 흡수된 태양열이 실내로 전달되는 정도를 나타내며, 차폐계수가 1.0인 3 mm 두께의 맑은 유리에 대하여 특정 유리가 어느 정도 태양열을 취득했는지를 나타내는 수치로 표현한다.
② 차폐계수는 0.0에서 1.0 사이의 값을 가지며, 일반적인 5 mm 플로트 유리의 차폐계수는 0.97 정도이고, 복층유리의 경우에는 0.81 정도의 차폐계수를 갖는다.
③ 차폐계수가 작으면 태양열 취득이 낮아지며, 결국 좀 더 많은 태양 에너지가 차단되어 냉방에너지 절감효과를 나타낼 수 있다.
④ 보통 차폐계수는 태양열 취득률(SHGC)을 0.87로 나누어 산출할 수도 있다.

(2) 일사열 획득계수(SHGC : Solar Heat Gain Coefficient)
① 일사열 획득계수 또한 창호를 통한 일사열 취득의 정도를 나타내는 지표이다.
② 일사열 획득계수＝직접 투과된 일사량 계수＋유리에 흡수된 후 실내로 유입되는 일사량 계수(단위는 무차원이다.)
③ 일사열 획득계수가 크면 창호를 통한 일사 취득량 증가로 냉방부하는 증가되고, 난방부하는 저감된다.
④ 일사열 획득계수는 기준 물질과의 비교 척도가 아니고, 창호 투과 전에 도달한 일사량 대비 실내로 유입된 최종 태양획득량을 나타내는 비율값이기 때문에 상대적 일사차단성능 또는 일사획득성능을 판단하기 위한 매우 정확한 평가척도로 활용될 수 있다.
⑤ 또한 일사열 획득계수는 입사각의 영향을 반영하고 창호 시스템 전체에 관한 성능 표현에 용이하다.

11. 유리의 단열성능 향상 방안으로 적용되고 있는 진공창에 대하여 설명하시오.

정답 (1) 진공창의 정의
① '진공창'은 유리 사이를 진공 상태로 유지해 전도와 대류, 복사에 의한 열손실을 최소화한 제품이다.
② 유리와 유리 사이에 고진공 상태로 유지 및 유리질 밀봉재료, 스페이서 등으로 밀봉 효과와 강도를 높인 제품이다.

(2) 진공창의 효과
① 단열 성능
㈎ 양쪽의 유리 사이를 완전히 진공에 가까운 상태로 유지함으로써 창을 통한 열의

통과를 원천적으로 차단할 수 있는 기술이다.
 (나) 타 재질의 창유리 대비 단열성능이 가장 뛰어난 창유리에 속한다.
 (다) 겨울철에는 에너지의 손실을 방지하고, 여름철에는 에너지의 취득을 방지함으로써 건물의 냉·난방 에너지 절약에 있어서 가장 획기적인 기술 중 하나이다.
② 방음 성능 : 진공창은 두 겹의 유리 사이를 완전히 진공으로 만들어 소리의 매질이 되는 공기층을 없앴기 때문에 방음 성능이 아주 우수하다.

(3) 제조방법
① 두 장의 유리를 스페이서 및 유리질 밀봉재료로 견고히 붙인 후 진공펌프를 이용하여 최대한 고진공 상태로 만들어 준다.
② 제조 공정상 진공 상태의 주위 환경 속에서 두 장의 유리를 접합 및 제조하여 진공 유리를 완성하는 방식도 개발되어 있다.

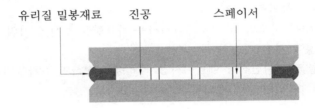
유리질 밀봉재료 진공 스페이서

(4) 진공창의 단점
① 가격이 비싸다.
② 제조 공정이 까다롭고 어려운 편이다.
③ 유리면 사이에 반드시 스페이서가 들어가야 한다 (미관상 문제가 없도록 잘 처리하여야 한다).

---

12. 에너지 원단위의 정의와 작성의 필요성에 대하여 설명하시오.

정답 **(1) 에너지 원단위(Energy basic unit)의 정의**
① 에너지 원단위는 경제활동에 투입된 에너지소비의 효율성을 평가하는 지표로 국제적으로 통용되는 단위(용어)이다.
② 에너지 원단위는 아래와 같은 계산공식으로 정의될 수 있다.
$$\text{에너지 원단위} = \frac{\text{에너지원 소비량(TOE)}}{\text{총 부가가치(GDP)}}$$
③ 에너지이용합리화법상의 정의 : 에너지의 이용효율을 높이기 위하여 필요하다고 인정되어 산업통상자원부장관이 관계 행정기관의 장과 협의하여 고시하는 에너지를 사용하여 만드는 제품의 단위당 에너지사용 목표량 또는 건축물의 단위면적당 에너지사용 목표량을 말한다.

(2) 에너지 원단위 작성의 필요성

① 에너지 이용에 대한 종합적인 관리 기준 : 에너지 원단위는 에너지 절약·이용효율 수준 이외에 산업구조, 계절적 요인, 부가가치정도 등에 의해 좌우되므로, 에너지 이용에 대한 종합적인 관리 기준이 될 수 있다.

② 산업구조조정의 지표로 활용 가능

　(개) 우리나라는 중화학공업 위주의 경제성장으로 석유·화학, 철강 등 에너지 다소비 업종을 포함한 제조업 비중이 높아서 선진국에 비해 에너지 원단위가 높은 편이다.

　(내) 산업구조의 조정 (주로 소재산업에서 비(非)소재산업으로의 전환), 고부가가치 산업으로의 전환 시점의 판단 등에 에너지원 단위의 활용이 가능하다.

③ 실질적 에너지 이용효율 및 부가가치 향상 : 에너지 원단위 개선을 위해서는 에너지 이용 종합효율을 향상 (제품 고효율화 및 소비 절감) 및 부가가치 향상 (부품소재, 서비스업 등 육성, R&D 투자 등)을 종합적으로 고려할 필요가 있다.

④ 에너지이용합리화 측면

　(개) 공장 생산 제품의 단위당 에너지사용 목표량을 정하여 이의 개선을 위한 활동 지표 설정에 사용 가능하다.

　(내) 건축물의 단위면적당 에너지사용 목표량을 정하여 건축물의 에너지 절약 활동을 지원할 수 있다.

---

13. 다음에 대해 간략히 설명하시오.

(1) TCO_2　　　　　　　　　　　　(2) 열전도 저항
(3) 레이놀즈수(Reynolds Number)　　(4) 동력의 차원과 단위(SI계)
(5) EDR(Equivalent Direct Radiation)

정답　(1) TCO_2

① 이산화탄소톤(TCO_2) : IPCC(Intergovernmental Panel on Climate Change)의 탄소 배출량 단위이다.

② tC는 탄소배출량, tCO_2는 이산화탄소배출량의 단위로 온실가스 배출량을 나타내는 단위이다.

③ 탄소배출량(tC) = 연료발열량(MJ)×탄소배출계수(tC/TJ)/10^6

④ 이산화탄소배출량(tCO_2) = 탄소배출량(tC)×44/12

⑤ 이산화탄소배출량 계산 시에는 '에너지 열량환산기준'의 순발열량을 이용하여 계산한다.

(2) 열전도 저항

① 열전도 저항은 재료가 열을 전달하지 않는 성질을 말하는 것으로, 단열재의 경우 열전도 저항값이 클수록 좋다.

② 열전도 저항은 열전도율의 역수값을 취하고 있다.

③ 열전도 저항의 단위 : m·K/W, m·h·℃/kcal

(3) 레이놀즈수(Reynolds Number)

① 레이놀즈수의 정의

(개) 레이놀즈수는 층류와 난류를 판별하는 척도이다.

(내) 관성력을 점성력으로 나눈 값이며, 단위는 무차원이다.

② 계산식

$$Re(\text{Reynolds Number}) = \frac{관성력}{점성력}$$

즉, $Re = \dfrac{VL}{\nu}$

여기서, V : 속도(m/s), L : 길이(m), ν : 동점성계수(m^2/s)

(4) 동력의 차원과 단위(SI계)

① 동력의 차원 : 일률(단위시간당 에너지량)

② 동력의 단위 : W, kW 등

(5) EDR(Equivalent Direct Radiation)

상당 방열면적(EDR : Equivalent Direct Radiation) = $\dfrac{전체\ 방열량(난방부하)}{표준\ 방열량}$

여기서, 표준 방열량은 증기온도를 102℃(온수온도를 80℃), 실내온도를 18.5℃로 하였을 때의 방열량을 의미하며, 그 수치는 다음과 같다.

(개) 증기 난방인 경우 : $0.7558\text{kW/m}^2(=650\text{kcal/m}^2\cdot\text{h})$

(내) 온수 난방인 경우 : $0.523\text{kW/m}^2(=450\text{kcal/m}^2\cdot\text{h})$

---

14. 펌프의 회전수(RPM)가 100%에서 50%, 25%로 감소할 때 각각의 유량, 양정 및 동력의 변화를 그래프로 나타내고 설명하시오.

정답 (1) 펌프의 유량의 비는 회전수의 비와 같다.

$$\frac{V_2}{V_1} = \frac{N_2}{N_1}$$

따라서, 펌프의 회전수(RPM)가 100%에서 50%, 25%로 감소할 때 유량도 $\dfrac{1}{2}$ 배, $\dfrac{1}{4}$ 배로 감소한다(다음 '펌프의 회전수-유량-양정 그래프' 참조).

(2) 펌프의 양정의 비는 회전수비의 제곱과 같다.

$$\frac{H_2}{H_1} = \left(\frac{N_2}{N_1}\right)^2$$

따라서, 펌프의 회전수(RPM)가 100%에서 50%, 25%로 감소할 때 양정은 $\left(\dfrac{1}{2}\right)^2$ 배, $\left(\dfrac{1}{4}\right)^2$ 배로 감소한다. 즉, $\dfrac{1}{4}$ 배(25%)와 $\dfrac{1}{16}$ (6.25%)배로 감소한다(다음 '펌프의 회전수 −유량−양정 그래프' 참조)

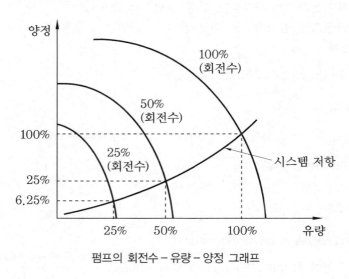

펌프의 회전수 − 유량 − 양정 그래프

(3) 펌프의 축동력의 비는 회전수비의 세제곱과 같다.

$$\frac{W_2}{W_1} = \left(\frac{N_2}{N_1}\right)^3$$

따라서, 펌프의 회전수(RPM)가 100%에서 50%, 25%로 감소할 때 양정은 $\left(\dfrac{1}{2}\right)^3$ 배, $\left(\dfrac{1}{4}\right)^3$ 배로 감소한다. 즉, $\dfrac{1}{8}$ (12.5%)배와 $\dfrac{1}{64}$ (약 1.56%)배로 감소한다(다음 '펌프의 회 전수−출력 그래프' 참조).

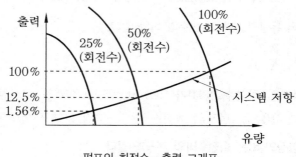

펌프의 회전수 − 출력 그래프

---

15. 정지한 관속에 유체가 있으며, 관 상부와 하부간의 유체 중량당 에너지 차이가 10m일 때 관 상하부의 압력 차이를 베르누이 방정식으로 구하시오.(단, 유체의 비중량은 9000N/m³이다.)

정답 ▶ 베르누이 방정식은 다음과 같다.

압력에너지＋운동에너지＋위치에너지＝일정

즉, $\dfrac{P}{\gamma}+\dfrac{v^2}{2g}+Z=H$(일정)

여기서, H : 전수두(m),　　　　　　　P : 각 지점의 압력(kgf/m² 혹은 Pa)
　　　　ρ : 유체의 밀도(kg/m³),　　　γ : 유체의 비중량(kgf/m³ 혹은 N/m³)
　　　　v : 유속(m/s),　　　　　　　g : 중력 가속도(9.8m/s²)
　　　　Z : 기준면으로부터 관 중심까지의 높이(m)

여기에서, 유체가 정지하고 있으므로 운동에너지는 0이다.
위치에너지의 차이는 압력에너지의 차이와 동일하다.

$$\frac{P}{\gamma}=Z$$
$$P=\gamma\times Z=9000\text{N/m}^3\times10\text{m}=90000\text{N/m}^2=90\text{kPa}$$

---

16. 연료용 가스에서 사용되는 부취제의 종류 및 특성에 대해 설명하시오.

정답 ▶ **(1) 개요(출처 : http://www.gasnews.com)**

① 부취(付臭 ; Odorization)제란 가스의 누출이나 생가스 발생을 냄새로 인지할 수 있도록 가스에 미리 첨가해두는 냄새 강도가 높은 화학물질(주로 황화합물)을 말한다.

② 현재 한국가스공사는 LNG에 THT와 TBM을 70 : 30으로 15mg/Nm³을 혼합하고 있으며 SK와 SK가스, 현대정유는 CP-630(TBM, DMS, EMS 및 탄화수소 화합물)을 20ppm 투입하고 있다.

③ LG-Caltex가스는 DMS와 TBM을 70 : 30으로 투입하고 있다.

④ LG-Caltex정유와 S-Oil은 EM(에틸메르캅탄)을 40ppm 투입하고 있다.

⑤ EM은 유해성 물질로 분류되어 있으나 허용농도 내에서 부취제로 사용이 가능하다. 미국에서는 EM이 법적 규제대상이 아니며 국내에도 법적으로 허용되어 있다. 또한 EM의 특성 중에는 연소성이 좋아 LPG를 연소할 경우에 완전연소가 가능하여 유해성이 적기 때문에 부취제로 사용해온 것이다.

(2) 부취제의 종류 및 특성

① Ethyl Mercaptan(EM)

㈎ 분자량 : 62

㈏ 황 함유량 : 51.6wt%

㈐ 비등점 : 35℃

(라) 응고점 : -105℃

(마) 비점이 프로판과 부탄에 가장 가깝기 때문에 LPG에 부취물질로 주로 사용된다.

(바) 산화성이 높음, TBM과 유사한 토양 투과성이 있다.

(사) 액상으로 TBM과 혼합하여 주입하거나 TBM과 비점이 가깝기 때문에 증발기구를 사용하여 혼합주입이 가능하다.

② Ethyl Methyl Sulfide(EMS)

(가) 분자량 : 76

(나) 황 함유량 : 42wt%

(다) 비등점 : 66℃

(라) 응고점 : -105℃

(마) 파이프라인에서는 산화되지 않는다.

(바) TBM과 유사한 토양 투과성이 있다.

(사) 액상으로 TBM과 혼합하여 주입하거나 TBM과 비점이 가깝기 때문에 증발기구를 사용하여 혼합주입이 가능하다.

③ Dimetyl Sulfide(DMS)

(가) 분자량 : 62

(나) 황 함유량 : 51.6wt%

(다) 비등점 : 37℃

(라) 응고점 : -98℃

(마) TBM과 혼합부취제로서 널리 사용된다.

(바) 배관의 부식성이 거의 없다.

(사) 메르캅탄과 같은 유사한 가스 취기성은 아니다.

(아) TBM과 유사하게 토양에 관한 투과성이 좋다.

(자) TBM과 20~80% 비율로 혼합되어 사용된다.

(차) 직접 주입하는 설비로 주로 사용된다.

(카) TBM의 응고를 방지하기 위하여 혼합되어 사용된다.

④ Tetrahydro Theophene(THT)

(가) 분자량 : 88

(나) 황 함유량 : 36.4wt%

(다) 비등점 : 121℃

(라) 응고점 : -96℃

(마) 한 가지 부취제로서 사용 가능

(바) TBM과 50~70% 혼합되어 사용된다.

(사) 배관의 부식을 가장 적게 일으킨다.

⑤ Tertiary Buthyl Mercaptan(TBM)

(가) 분자량 : 90

(나) 황 함유량 : 35.5wt%

(다) 비등점 : 63℃

㈜ 응고점 : 1℃

㈜ 미국에서 가스에 주입하는 부취제로서 혼합물로 가장 공통적으로 사용된다.

㈜ 낮은 냄새 역치, 다른 부취화합물보다 가장 좋은 토양의 투과성을 띤다.

㈜ 천연가스와 협동적으로 가스의 냄새를 띤다.

㈜ 높은 응고점을 가지고 있기 때문에 다른 부취제와 혼합하여 응고점을 낮추는 목적으로 사용된다.

㈜ 메르캅탄 중에서 산화에 가장 저항력이 있다.

17. 상온에서 가스절단의 원리를 설명하시오.

정답 (1) 보통의 가스절단은 산소를 이용한 산소절단을 말한다.

(2) 이때 이용되는 불꽃은 산소 아세틸렌 불꽃이나 산소 프로판가스 불꽃이며, 최근에는 값싼 산소 프로판가스 불꽃이 널리 이용되고 있다.

(3) **상온에서 가스절단의 원리**

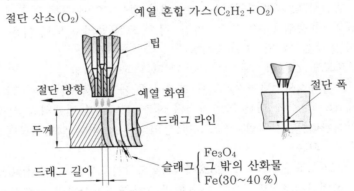

가스절단의 원리도

① 가스절단(산소절단)은 철과 산소의 화학반응열을 이용하는 절단법이다.

② 절단을 하려는 재료(강 또는 합금강)에 미리 예열(발화온도 : 850~900도)을 행한 후에 고압의 산소를 불어내면 예열부위가 연소되면서 산화철이 된다. 이때의 산화철은 용융점이 모재보다 낮아지기 때문에 계속되는 고압산소의 기류에 의한 기계적 힘(분출력)으로 불려 날려지게 되면서 그 자리가 파지게 되는데 이로써 절단이 이루어지는 것이다.

③ 절단이 개시된 후에는 강의 연소열과 예열불꽃의 가열로 인하여 연속적인 절단이 가능해지는 것이다.

④ 이때 산소기류는 철을 연소시키고, 연소생성물과 용융물을 동시에 날려보내는 두 가지 작용을 하게 되는 것이다.

⑤ 철이나 금속 이외의 재료는 절단하기 어렵다는 것이 단점이다.

18. 건축기계설비의 내진과 관련하여 다음 사항을 설명하시오.
(1) 내진설계기준의 설정 대상 시설   (2) 내진, 제진, 면진
(3) 세장비, 슬로싱 현상

정답 **(1) 내진설계기준의 설정 대상 시설**

① 지진·화산재해대책법 시행령 제10조

1. 「건축법 시행령」 제32조 제2항 각 호에 해당하는 건축물 : "구조 안전의 확인" 대상 건축물

2. 「공유수면 관리 및 매립에 관한 법률」과 「방조제관리법」 등 관계 법령에 따라 국가에서 설치·관리하고 있는 배수갑문 및 방조제

3. 「공항시설법」 제2조 제7호에 따른 공항시설

4. 「하천법」 제7조 제2항에 따른 국가하천의 수문 중 국토교통부장관이 정하여 고시한 수문

5. 「농어촌정비법」 제2조 제6호에 따른 저수지 중 총저수용량 30만톤 이상인 저수지

6. 「댐건설 및 주변지역지원 등에 관한 법률」 제2조 제2호에 따른 다목적댐

7. 「댐건설 및 주변지역지원 등에 관한 법률」 외에 다른 법령에 따른 댐 중 생활·공업 및 농업용수의 저장, 발전, 홍수 조절 등의 용도로 이용하기 위한 높이 15미터 이상인 댐 및 그 부속시설

8. 「도로법 시행령」 제2조 제2호에 따른 교량·터널

9. 「도시가스사업법」 제2조 제5호에 따른 가스공급시설 및 「고압가스 안전관리법」 제4조 제4항에 따른 고압가스의 제조·저장 및 판매의 시설과 「액화석유가스의 안전관리 및 사업법」 제5조 제4항의 기준에 따른 액화저장탱크, 지지구조물, 기초 및 배관

10. 「도시철도법」 제2조 제3호에 따른 도시철도시설 중 역사(驛舍), 본선박스, 다리

11. 「산업안전보건법」 제34조에 따라 고용노동부장관이 유해하거나 위험한 기계·기구 및 설비에 대한 안전인증기준을 정하여 고시한 시설

12. 「석유 및 석유대체연료 사업법」에 따른 석유정제시설, 석유비축시설, 석유저장시설, 「액화석유가스의 안전관리 및 사업법 시행령」 제8조에 따른 액화석유가스 저장시설 및 같은 영 제11조의 비축의무를 위한 저장시설

13. 「송유관 안전관리법」 제2조 제2호에 따른 송유관

14. 「물환경보전법 시행령」 제61조 제1호에 따른 산업단지 공공폐수처리시설

15. 「수도법」 제3조 제17호에 따른 수도시설

16. 「어촌·어항법」 제2조 제5호에 따른 어항시설

17. 「원자력안전법」 제2조 제20호 및 같은 법 시행령 제10조에 따른 원자력이용시설 중 원자로 및 관계시설, 핵연료주기시설, 사용 후 핵연료 중간저장시설, 방사성폐기물의 영구처분시설, 방사성폐기물의 처리 및 저장시설

18. 「전기사업법」 제2조에 따른 발전용 수력설비·화력설비, 송전설비, 변전설비

및 배전설비

19. 「철도산업발전 기본법」 제3조 제2호 및 「철도건설법」 제2조 제6호에 따른 철도 시설 중 다리, 터널 및 역사

20. 「폐기물관리법」 제2조 제8호에 따른 폐기물처리시설

21. 「하수도법」 제2조 제9호에 따른 공공하수처리시설

22. 「항만법」 제2조 제5호에 따른 항만시설

23. 「국토의 계획 및 이용에 관한 법률」 제2조 제9호에 따른 공동구

24. 「학교시설사업 촉진법」 제2조 제1호 및 같은 법 시행령 제1조의2에 따른 학교시 설 중 교사(校舍), 체육관, 기숙사, 급식시설 및 강당

25. 「궤도운송법」에 따른 궤도

26. 「관광진흥법」 제3조 제1항 제6호에 따른 유기시설(遊技施設) 및 유기기구(遊技機具)

27. 「의료법」 제3조에 따른 종합병원, 병원 및 요양병원

28. 「물류시설의 개발 및 운영에 관한 법률」 제2조 제2호에 따른 물류터미널

29. 「집단에너지 사업법」 제2조 제6호에 따른 공급시설 중 열수송관

30. 「방송통신발전 기본법」 제2조 제3호에 따른 방송통신설비 중에서 「방송통신설 비의 기술기준에 관한 규정」 제22조 제2항에 따라 기준을 정한 설비

☞. 법규 관련 사항은 국가정책상 필요 시 항상 변경 가능성이 있으므로, 필요 시 재확인 바랍니다.

(2) 내진, 제진, 면진

① 내진

㈎ 내진이란 제진과 면진의 개념을 포함하나, 특히 구조물의 강성을 증가시켜 지진 력에 저항하는 방법을 의미한다.

㈏ 지진 발생 시 지진하중에 저항할 수 있는 구조물의 단면을 확보하는 방법이다.

㈐ 내진의 특징

㉮ 부재의 단면 증대

㉯ 비경제적 설계

㉰ 건축물의 중량 증가

② 제진

㈎ 제진이란 구조물의 내부나 외부에서 구조물의 진동에 대응한 제어력을 가하여 구 조물의 진동을 저감시키거나, 구조물의 강성이나 감쇠 등을 변화시켜 구조물을 제 어하는 것이다.

㈏ 지진 발생 시 구조물로 전달되는 지진력을 상쇄하여 간단한 보수만으로 구조물을 재사용할 수 있게 하는 시스템이다.

㈐ 제진의 특징

㉮ 내진성능 향상 및 구조물의 사용성 확보

㉯ 중규모 이상의 지진 발생 시 손상레벨을 제어할 수 있는 설계

㉰ 건축물의 비구조재나 내부 설치물의 안전한 보호에는 한계가 있다.

③ 면진

  (개) 면진이란 건물과 지반 사이에 전단변형 장치를 설치하여 지반과 건물을 분리 (base isolation)시키는 방법으로, 지진 발생 시 건축물의 고유주기를 인위적으로 길게 하여 지진과 구조물과의 공진을 막아 지진력이 구조물에 상대적으로 약하게 전달되도록 하는 것이다.

  (내) 면진의 특징

    ㉮ 안전성 향상

    ㉯ 설계자유도 증가

    ㉰ 안심거주성의 향상

    ㉱ 재산의 보전

    ㉲ 기능성 유지

(3) 세장비, 슬로싱 현상

① 세장비

  (개) 좌굴을 알아보기 위한 파라미터로서, 세장비가 크면 좌굴이 잘 일어난다는 의미이다.

  (내) 공식

$$\text{세장비} \ \lambda = \frac{L}{R} = \frac{L}{\sqrt{\dfrac{I}{A}}}$$

여기서, L : 구조체 기둥의 길이, R : 회전반경

       I : 단면 2차 모멘트(m^4 ; $I_X = \sum y^2 dA$), A : 단면의 면적(m^2)

       y : 미소면적의 중심부 이격거리

② 슬로싱 현상

  (개) 슬로싱(Sloshing) 현상은 물, 기름, 밸러스트수 등의 유체와 그 유체를 담고 있는 용기 사이에서 발생하는 상대적 운동을 의미한다.

  (내) 유체 형태의 화물의 운송 시 운반용기 내부에서 발생하는 슬로싱(Sloshing) 현상은 운반용기에 큰 충격력을 발생시킬 수 있어 용기를 파손시킬 수 있고 세밀한 주의를 필요로 한다.

  (대) 유체화물 운반선의 경우 슬로싱 현상에 의해 구조적 손상을 일으키는 사례가 크게 증가하고 있다. 이에 따라 선박 설계 시 유체와 구조물 상호작용을 고려한 화물창의 정확한 강도 평가기술이 요구된다.

  (래) Anti-sloshing bulkhead(다수의 칸막이벽을 설치하는 공법)와 45° 경사를 갖는 Topside tank 구조(곡물을 위에서 쏟아 부으면 바닥과 약 30~45°의 각도를 형성하여 볼록한 산모양을 이루는 것에 착안하여 화물이 한쪽으로 쏠리어 배를 전복시킬 위험을 미연에 방지하기 위해 화물의 좌우 유동성을 막아주는 구조)로 Sloshing 현상을 일부 완화시킬 수 있다.

19. BIM (Building Information Modeling)의 정의, 설계 프로세스 및 도입의 장애요인을 설명하시오.

정답 **(1) BIM (Building Information Modeling)의 정의**

① BIM은 건축, 토목, 플랜트를 포함한 건설 전분야에서 전체 공정에 관한 정보이며, 통합된 데이터베이스에 저장된 완전한 '설계도서 세트'라고 할 수 있다.

② BIM은 기획에서 유지관리에 이르는 전체 건설 프로젝트의 생애 주기 동안에 발생되는 정보 (3D 객체정보 + 관련된 모든 데이터), 프로세스 및 호환성을 통합하는 개념으로서 그 의미가 확장되어 사용되고 있고, 이것은 또한 BIM 통합설계 프로세스의 목표라고 할 수 있다.

③ 건물 설계, 건설, 유지 보수 등에 있어서 전 프로세스에 사용되는 모든 정보가 시스템 내에 매개변수로 지정되어 관계를 맺고 있어서 모델링 내에서 일어나는 어떠한 변화도 모든 관점에서 즉시 반영될 수 있다.

④ 각 도면이 설계도 간 내재적 관련성 없이 따로 그려지는 CAD와 달리 BIM에서는 BIM 모델링이 평면도, 단면도, 상세도와 기타 도면을 생성하는 능력을 갖추고 있다.

(2) BIM의 설계 프로세스

① 1단계 : 개념 모델링

  (가) 1단계에서는 설계 초기 단계의 개념 모델을 디자인하여 3D 형상을 결정하는 단계이다.

  (나) 3D 형상 정보에서 건축 요소를 추출하여 변환하는 단계이다.

② 2단계 : 건축 모델링

  (가) 2단계에서는 앞서 생성된 형상 정보에 속성 정보를 지정하는 단계이다.

  (나) 각각의 뷰에서 건축 요소의 속성 정보를 설정하여 형상을 생성시키고 각각의 건축 요소는 구속 조건을 통해 건축 요소 상호간에 영향을 준다.

③ 3단계 : 구조 모델링

  (가) 3단계의 구조 모델링은 건축 모델에서 구조 형상 정보를 참조하여 구조해석과 도면작업을 수행하는 단계이다.

  (나) 기존 2D 설계 기반의 구조해석은 2D 구조도면을 보고 3D 모델링을 거쳐야만 해석을 할 수 있었으나 BIM에서는 건축에서 구축된 BIM Model의 형상 정보를 가져와서 해석할 수 있다.

④ 4단계 : 환경 분석과 MEP 모델링

  (가) 건축의 'Room & Area' 정보를 기반으로 Zoning을 생성하여 에너지 분석 도구를 통해 실별 냉·난방 부하를 시뮬레이션하여 시설의 용도와 지역위치에 따른 냉난방 부하결과를 실별로 구분하여 보여줄 수 있다.

  (나) 이 단계에서는 국내 기후 등의 입력 데이터가 얼마나 정확한지가 중요한 관건이 된다.

(대) 기본적인 시스템 패밀리들은 MEP(Mechanical Electrical Plumbing)의 객체인 파이프, 덕트, 전선과 같은 연결요소들이며 장치 요소(Equipment, Fixture) 등과 연결하여 회로를 구성한다.

(라) 외부 패밀리로 제공되는 장치 요소는 형상 정보에 연결 정보(전력, 파이프, 덕트 연결)와 설비장치의 성능 정보를 포함하여 구성된다.

⑤ 5단계 : 간섭 체크 및 시뮬레이션

(가) 5단계에서는 분야별로 각각 작성된 BIM Model을 통합하여 BIM 데이터를 완성하는 단계이며 요소 간섭을 검토하여 Model의 오류를 수정해야 한다.

(나) 2D 기반의 도면 데이터는 분산 작성되어 설계 오류를 파악하는 것이 어려우며 이에 비해 3D Model은 2D 도면보다 설계 오류를 쉽게 파악할 수 있다.

(다) 3D Model의 복잡성으로 Model의 오류를 수동으로 확인하는 것은 한계가 있기 때문에 Crash Detective 기능 등을 이용하여 간섭 체크의 결과를 쉽게 보고받을 수 있다.

⑥ 6단계 : 시각화

(가) BIM Model에서 시각화에 필요한 데이터를 처리하여 시각화하는 단계이다.

(나) 이 단계에서는 시각화에 필요한 데이터 전체를 변환 혹은 필요한 데이터만을 처리하는 방식의 두 가지가 있다.

(3) BIM 도입의 장애요인

① 세계 건설시장을 주도하는 미국과 유럽 등에 비해서 BIM을 늦게 도입한 한국의 건설산업이 국제경쟁력을 가지고 생산성을 높이기 위해서는 우선 첫 번째로 모든 이해관계자들의 참여와 이를 뒷받침하는 정부의 강력한 의지를 보여줄 수 있는 정책이 필요하다.

② BIM의 도입과 활용이 건설산업의 어느 한 분야나 집단에만 국한된다면 BIM의 핵심인 3차원 업무환경을 통한 건설정보의 효율적인 공유와 발전은 이루어질 수 없다. 사회 전반적으로 보다 큰 통합 시스템을 구축하여 정보를 교환 및 활용하려는 노력이 무엇보다 필요하다.

③ 자칫 불필요한 정보와 적절하지 못한 BIM의 사용은 비효율적이고 무용한 건설정보를 생산해 오히려 역효과를 불러올 수 있으므로, BIM의 올바른 사용문화를 만들어 내어야 한다.

④ 복잡하고 큰 자본이 투입되는 건설프로젝트를 BIM 도입 초기에 충분한 검토 없이 사용한다면 BIM의 경험곡선(learning curve)에 의해서 생산성 향상과 프로젝트의 효율증진이 아닌 기존 프로젝트 수행방식과의 충돌과 생산성 저하라는 문제점을 만들어 낼 수 있다.

⑤ 사전 이해관계자들에게 BIM 도입의 장점을 인식시키고 그들로 하여금 활용에 대한 적극적 의지를 심어주기 위해서는 도입 초기에 BIM 도입 및 활용의 필요성과 장점 그리고 활용 시의 혜택 등에 대해서 충분한 의사소통과 공감대 형성이 필요하다.

⑥ 국내에서는 아직 BIM에 대한 인식이 부족하여 각종 BIM 프로젝트에서 발주처의 발

주지침, 목적과 범위 등이 불명확한 실정이다.

⑦ 국내 설계사의 경우에는 BIM을 통해 건축물의 전체 생애주기에 대한 초안을 잡는다는 개념보다는 자신들의 디자인을 표현하는 도구로 여기는 초보적 인식이 지배적이다.

⑧ 국내 BIM 시장의 활성화와 효과적인 활용을 위해서는 여태까지의 공공발주에서 반복한 시행착오를 바탕으로 현실적인'BIM 지침'을 마련하는 것이 가장 절실하다.

⑨ 어떤 경우에는 건설 부문 전체에 걸쳐 BIM을 적용하기보다, BIM이 가장 효과적으로 활용될 수 있는 건물의 특정 층이나 특정 부분에 국한하여 BIM을 먼저 적용해 보는 것도 좋은 방법이 될 수 있다. 즉, 처음부터 너무 무리하게 BIM을 적체적으로 적용해서는 안 된다는 인식이 필요하다

⑩ BIM을 보다 효과적으로 적용하기 위해서는 각 회사마다'통합 BIM 협업 시스템'과 같은'통합 BIM 플랫폼'의 개발이 필요하다.

⑪ BIM을 전사적으로 적용하는 것도 중요하지만, BIM은 현장 엔지니어가 현장에서 직접 시공 시 도움이 될 수 있는 방향으로 모든 조직이 지원해야 한다는 점을 잊지 말아야 한다.

---

20. 우리나라 인증제도(G-SEED)의 개요와 인증항목, 인증절차, 신청대상에 대하여 설명하시오.

정답 **(1) 녹색건축 인증제도(G-SEED)의 개요**

① 녹색건축 인증제도는 지속 가능한 개발의 실현을 목표로 인간과 자연이 서로 친화하며 공생할 수 있도록 계획도나 건축물의 입지, 자재 선정 및 시공, 유지관리, 폐기 등 건축의 전 생애(Life Cycle)를 대상으로 환경에 영향을 미치는 요소에 대한 평가를 통하여 건축물의 환경 성능을 인증하는 제도이다.

② 법적 근거
   (가)「녹색건축물 조성 지원법」: 국토교통부
   (나)「녹색건축 인증에 관한 규칙」: 환경부, 국토교통부
   (다)「녹색건축 인증 기준」: 환경부, 국토교통부

③ 등급 부여

인증 등급	최우수 (그린1등급)	우수 (그린2등급)	우량 (그린3등급)	일반 (그린4등급)
공동주택 (100만점)	74점 이상	66점 이상	58점 이상	50점 이상
공동주택 이외(100만점)	80점 이상	70점 이상	60점 이상	50점 이상

④ 인증 유효기간
   (가) 예비인증 : 인증일자로부터 사용검사 또는 사용승인 완료 전
   (나) 본인증 : 인증일자로부터 5년

(2) 녹색건축 인증제도의 인증 항목 (전문 분야 및 세부 분야)

전문 분야	해당 세부 분야
토지이용 및 교통	단지계획, 교통계획, 교통공학, 건축계획, 도시계획
에너지 및 환경오염	에너지, 전기공학, 건축환경, 건축설비, 대기환경, 폐기물처리, 기계공학
재료 및 자원	건축시공 및 재료, 재료공학, 자원공학, 건축구조
물순환관리	수질환경, 수환경, 수공학, 건축환경, 건축설비
유지관리	건축계획, 건설관리, 건축시공 및 재료, 건축설비
생태환경	건축계획, 생태건축, 조경, 생물학
실내환경	온열환경, 소음·진동, 빛환경, 실내공기환경, 건축계획, 건축설비, 건축환경

(3) 녹색건축 인증제도의 인증 절차

① 예비인증 단계 (설계 단계)

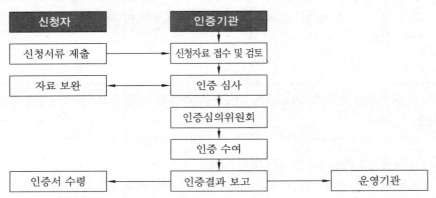

② 본인증 단계 (사용승인 단계)

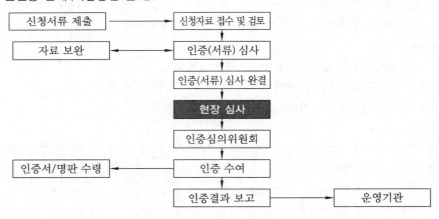

(4) 녹색건축 인증제도의 신청대상 (인증대상)

① 신축건물 : 사용승인 또는 사용검사를 받은 지 3년 이내의 모든 건축물
② 기존 건축물 : 공동주택, 업무용 건축물
③ 인증 의무 대상 : 공공기관에서 발주하는 연면적 3000 ㎡ 이상 건축물

21. 냉난방 시스템의 LCCP(Life Cycle Climate Performance) 평가에 대하여 설명하시오.

정답 (1) 개요

① LCCP(수명 사이클 기후 성능 ; Life Cycle Climate Performance)는 냉난방 시스템 등에 적용되는 각종 설비 혹은 냉매(열매체)의 환경에 미치는 영향을 평가하는 데 사용하는 평가방법이다.

② LCCP에서 어떤 시스템의 LCCP는 환경에 미치는 직접적인 영향요소와 간접적인 영향요소를 합쳐서 산출 및 평가한다.

③ 기존의 GWP 평가방법에서는 어떤 물질이나 설비의 환경에 미치는 직접적인 영향요소만 고려하여 산출하는 값인데 비해 LCCP는 직·간접적인 영향을 모두 고려하므로 보다 총체적이고 합리적인 평가방법이라고 할 수 있다.

(2) 냉난방 시스템의 LCCP(Life Cycle Climate Performance) 평가의 의의 및 필요성

① 국제냉동학회(IIR)는 기후영향을 살펴보기 위하여 여러 경우에 LCCP(Life Cycle Climate Performance)이라는 도구를 사용할 것을 권장해 왔다.

② 이 방법은 기계나 방법이나 물질이 수명을 다하기까지 직접, 간접 이산화탄소 방출량을 고려하는 계산법이다. 물론 여기에는 부품 제조, 장비의 작동 및 폐기 등도 모두 포함된다.

③ 건축물의 경우 냉난방 시스템에서 소비되는 에너지의 소모량이 전체 소비전력 부분 중 가장 큰 비중을 차지한다. 따라서 생애주기 관점에서 냉난방 시스템이 환경에 미치는 영향을 평가하기 위해 LCCP 및 TEWI(전 등가 온난화 지수 ; Total Equivalent Warming Impact)의 도입이 필요하다.

④ 건축물의 냉난방 시스템에서 LCCP 방법에 의한 이산화탄소 배출량을 TEWI이라고 하는데, TEWI는 냉동기, 보일러, 공조장치 등의 설비가 직접적으로 배출한 CO_2량에 간접적 CO_2 배출량(냉동기, 보일러 등의 연료 생산, 사용, 폐기과정에서 배출한 총 CO_2량 등)을 합하여 계산한 총체적 CO_2 배출량을 의미한다.

⑤ LCCP 혹은 TEWI는 지구온난화계수인 GWP와 COP의 역수의 합으로서 표시되기도 하는데, 냉매(냉난방장치의 열매체) 측면에서는 지구온난화를 방지함에 있어서 작은 GWP와 큰 COP와를 가지는 냉매를 선정하는 것이 유리하다고 하겠다.

(3) 냉난방 시스템의 LCCP 계산법

① 냉난방 시스템의 LCCP는 직접 배출량과 간접적 배출량의 합으로 계산되고, 배출량 중 가장 큰 비중을 차지하는 것은 간접 배출량에 포함되는 제품 수명기간 동안의 소비전력이다.

② 기 발표된 LCCP 평가는 보통 각 실외 온도구간에 해당하는 냉난방 부하에 대한 냉

동기나 히트펌프의 소비전력을 이용하여 계산한 사례가 많다.

③ 우리나라와 같이 가스보일러를 난방기구로 많이 사용할 경우에는 난방시의 LCCP 는 별도로 계산하여야 한다.

④ 전기 사용 시 CO_2 배출량

CO_2 배출량 = 총 사용 전력량(MWh) × 0.4705tCO$_2$/MWh[Tco$_2$]

⑤ 도시가스(LNG) 사용 시 CO_2 배출량

CO_2 배출량 = 총 사용 도시가스량(Nm^3) × 1.029 × 10^{-3} Toe/Nm^3 × 0.98(연소율) × 0.637TonC / Toe × 44 / 12(= CO_2 분자량 / C 원자량) [Tco$_2$]

⑥ LCCP 방법에 의한 이산화탄소 배출량(TEWI) = 냉난방 시스템 자체의 GWP + 전기 사용 시 CO_2 배출량 + 도시가스(LNG) 사용 시 CO_2 배출량

---

22. 균형점 온도(Balance Point Temperature)를 설명하고 내부발열이 큰 대형 사무소건물과 내부발열이 작은 단독주택에서 균형점 온도와 냉·난방기간과의 상관관계를 설명하시오.

정답 (1) 균형점 온도(Balance Point Temperature)의 정의

① 다음 그림을 참고하여 B점에 해당하며, 내부 발생열과 열취득(일사 및 전도열)을 고려한 부하가 열손실량과 균형을 이루는 외기온도(밸런스 온도)를 말한다.

② B점 혹은 B′점은 보통 겨울철에 난방부하가 가장 큰 시점부터 점차 난방부하가 줄어들고 봄철 어느 시점에 냉·난방부하가 전혀 걸리지 않는 시점의 온도를 말하며, 이때의 거의 고정적인 에너지 사용량은 주로 급탕, 조명, 환기 에너지사용량에 기인하는 것이다.

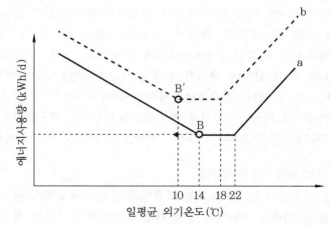

(2) 내부발열이 큰 대형 사무소 건물과 내부발열이 작은 단독주택에서 균형점 온도와 냉·난방 기간과의 상관관계

① 위의 그림에서 내부발열이 큰 대형 사무소 건물(b)은 내부발열이 작은 단독주택(a)에 비해 균형점 온도가 좌측으로 더 이동할 것이다(B점 → B′). 이것은 대형 사무소 건물의 내부발열로 인하여 주로 봄이나 가을철에 다소 추운 외기온도에서도 난방을 행하지 않을 수 있다는 의미이다.

② 내부발열이 큰 대형 사무소 건물은 내부발열이 작은 단독주택에 비해 내부발열로 인한 부하 때문에 냉방기간은 길어질 것이고 난방기간은 짧아질 것이다.

☀ 2~4교시 논술형 예상문제 ☀

1. 배관의 마찰손실 계산방법으로 사용되고 있는 다르시-바이스바흐(Darcy-Weisbach)의 식과 하젠-윌리엄즈(Hazen-Williams) 실험식의 차이점에 대하여 설명하시오.

정답 (1) 다르시-바이스바흐의 식

① 다르시-바이스바흐의 마찰손실 공식

$$\Delta P = \frac{f}{2}\rho v^2 \frac{L}{D} \quad\cdots\cdots\cdots\cdots\cdots\cdots\cdots\cdots\cdots\cdots\cdots\cdots ①$$

연속방정식에서 질량유량 $(m) = \rho A v = \dfrac{\rho \pi D^2 v}{4}$

여기서, v에 대해 정리하면, $v = \dfrac{4m}{\rho \pi D^2}$

이것을 상기 ①식에 대입하면 아래와 같다.

$$\Delta P = \frac{8f}{\rho \pi^2} \cdot \frac{L}{D^5} \cdot m^2$$

여기서, ΔP : 압력손실 f : 마찰계수
        ρ : 유체의 밀도 v : 유체의 속도
        D : 배관의 직경(내경) L : 배관의 길이
        m : 유체의 질량유량 A : 배관 내부 단면적

② 다르시-바이스바흐 공식의 특징 (하젠-윌리엄즈 식과의 차이점)

  (가) 냉매배관 혹은 물, 브라인 배관 등의 내부에 유체가 흐를 시, 비교적 정상류로 가정할 수 있을 때 적용하여 관의 길이에 의한 마찰손실을 정확히 계산해 낼 때 사용한다.

  (나) 이는 단위길이당 손실수두값으로도 쉽게 표시 가능하다.

$$\Delta H = \frac{\Delta P}{\rho g} = \frac{f}{2g} v^2 \frac{L}{D}$$

  (다) 하젠-윌리엄즈 공식처럼 경험적인 지수방정식보다 좀 더 이론적 및 합리적인 데 기초를 두고 있으므로 좀 더 광범위하게 이용되고 있다.

  (라) 계산식의 각 구성요소를 잘 들여다보면, 결국 압력강하는 배관경의 5제곱에 반비례하므로 배관경의 영향도가 가장 크다. 따라서 압력강하를 쉽게 줄이려면 일반적으로 배관경을 크게 하여야 한다. 그러나 최적의 배관경보다 크게 하면 시공상 비용이 크게 증가할 수 있다는 것이 가장 큰 문제이다. 따라서 실무에서는 경제적 적정 배관경 선정이 아주 중요하다.

  (마) 물이 아닌 각종 냉매에 적용하기에도 용이하다. 예를 들어 냉동사이클에 해석 시 장배관 설치 시의 관내 마찰손실에 대한 해석이나, 냉동장치의 성능 하락의 정량

적 해석 등을 할 때에도 유용하게 사용될 수 있다.

(2) 하젠-윌리엄즈 실험식

① 하젠-윌리엄즈 공식

$$V = 0.84935 \cdot C \cdot R^{0.63} \cdot I^{0.54}$$

$$Q = AV$$

$$h_L = 10.666 \cdot C^{-1.85} \cdot D^{-4.87} \cdot Q^{1.85} \cdot L$$

여기서, V : 평균유속(m/s), C : 유속계수, R : 경심 $= \left(\dfrac{D}{4}\right)$[m], I : 동수경사 $= \dfrac{h}{L}$

　　　L : 연장(m), D : 관의 내경 (m), Q : 유량(m³/s), A : 관의 단면적 (m²)

　　　h_L : 길이 L[m]에 대한 마찰손실수두 H[m]

C (유속계수, 조도계수)

C	조 건
140	아주 매끈하고 직선인 파이프, 석면-시멘트
130	꽤 매끈한 파이프, 콘크리트, 새 주철
120	목재, 새 용접강
110	경질도기 (Vitrified clay), 새 리벳강
100	수년간 사용한 주철
95	수년간 사용한 리벳강
60~80	악조건속의 낡은 파이프

　㊟ 설계를 위한 평균치(특히 강관에서)로는 100을 많이 사용한다.

② Hazen-Williams 공식의 특징 (다르시-바이스바흐 식과의 차이점)

　㈎ Hazen-Williams 식은 부정형 '난류'의 해석에 알맞다.

　㈏ 순수한 해석법으로는 마찰손실을 구할 수 없는 경우, 간편하게 마찰손실을 해석하기 위해 많이 사용한다.

　㈐ Hazen-Williams 식은 물에서만 사용할 수 있다. 그 이유는 유체의 물리적 성질들을 적용하지 않았기 때문이다.

　㈑ 물의 온도범위는 약 7.2 ~ 24℃여야 한다.

　㈒ 유속은 약 1.5 ~ 5.5 m/s여야 한다.

　㈓ 물의 비중량은 9,800 N/m³(=1,000 kgf/m³)으로 가정한다.

　㈔ 실험식이므로 건전한 이론 기반을 가지고 있지는 않지만, 정확한 조도계수 C의 선택은 신뢰도를 증가시킬 수 있다.

　㈕ 거친 관보다는 부드러운 관에서 훨씬 좋은 모델이라고 할 수 있다.

　㈖ 유속계수 C가 측정된 값에 가깝고 관의 조도가 지나치지 않으면 좋은 결과를 얻을 수 있다.

2. T-Method 덕트 설계법에 대하여 설명하시오.

정답 (1) T- method 덕트 설계법의 개요

T-method는 기존의 등압법으로 덕트가 설계되고 송풍기가 선정된 후, 다음 세 가지 원리를 이용하여 덕트시스템의 각 구간에서의 풍량과 압력강하를 예측하는 방법이다.

① 덕트 내의 각 분기점에서 유입풍량과 유출풍량은 같다.

② 유입구와 유출구를 잇는 가능한 한 모든 경로에서 압력강하량은 송풍기에 의한 압력상승과 같다.

③ 송풍기로부터의 풍량과 정압상승은 송풍기 성능곡선을 따라 결정되며, 이 곡선과 덕트시스템 저항곡선이 일치되는 상태점에서 송풍기가 운전된다.

(2) T-method의 계산순서

T-method의 계산순서는 크게 나누어 아래와 같이 구분되어 최종적으로 각 덕트 내에 흐르는 풍량과 압력강하량을 구할 수 있다.

① 개별 덕트 구간의 특성계수 계산

$$Q = K\sqrt{\Delta P} \quad \text{.. (1)}$$

여기서, 덕트 내의 압력강하, ΔP는 아래 'Darcy-Weisbach 방정식'으로부터 주어진다. 즉,

$$\Delta P = \frac{f}{2}\rho v^2 \frac{L}{D}$$

여기서, ΔP : 압력손실, f : 마찰계수, ρ : 유체의 밀도
      v : 유체의 속도, D : 덕트의 직경(내경)
      L : 덕트의 길이, K : 개별 덕트 구간의 특성계수

② 시스템 압축(System Condensing) : 시스템 압축이란 전체 덕트 시스템을 하나의 가상 덕트 구간으로 변환시키고 변환된 하나의 가상 덕트 구간의 덕트 구간 특성계수를 구하는 것이다. 시스템 압축 과정은 대기와 접해 있는 덕트의 하류, 즉 덕트의 흡입구 또는 출구에서 시작하여 송풍기가 있는 주 덕트로 진행된다.

③ 전체 시스템의 풍량 및 압력강하량 결정 : 전체 덕트 시스템의 덕트 구간 특성계수를 상기 식 (1)에 대입하면 다음과 같은 시스템 저항곡선식을 얻는다.

$$Q_{sys} = K_{sys}\sqrt{\Delta P_{sys}}$$

여기서, Q_{sys} : 전체 덕트 시스템의 유량
      K_{sys} : 전체 덕트 구간의 특성계수
      ΔP_{sys} : 전체 덕트 구간의 압력손실

④ 시스템 전개(System Expansion) : 시스템 전개란 상기에서 기술한 시스템 압축 과정에 의하여 압축된 가상 덕트 구간을 원래의 각 덕트 부분으로 복귀시킨 후, 전체 시스템의 유량(Q_{sys})을 각 구간에 분배하는 것이다. 시스템 전개 과정은 시스템 압축과는 반대로 팬과 연결된 주덕트에서 시작하여 덕트의 하류로 진행된다.

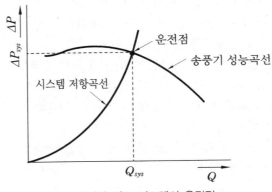

송풍기와 덕트 시스템의 운전점

⑤ 개별 덕트 구간의 압력강하 결정 : 각 개별 덕트 구간에서의 압력강하는 시스템 전개에서 구한 유량을 속도로 바꾸어 'Darcy−Weisbach 방정식'에 대입하면 결정된다.

⑥ 수렴판정 : 실제 덕트 시스템에서 흡입구 및 취출구에서 정압은 0(zero)이 되므로 가장 큰 덕트 경로(흡입구로부터 취출구까지의 덕트 구간)와 가장 작은 덕트 경로의 압력강하량이 같아야 하며, 각 덕트 경로의 압력강하량은 전체 시스템의 압력강하량과 같아야 한다. 또한 수렴판정기준은 다음의 식 (1)과 (2)를 동시에 만족하는 것이다.

$$\left| \frac{\Delta P_{\max} - \Delta P_{\min}}{\Delta P_{\max}} \right| < 0.01 \quad \text{..} (1)$$

$$\left| \frac{\Delta P_{sys} - \Delta P_i}{\Delta P_{sys}} \right| < 0.01 \quad \text{..} (2)$$

단, $\Delta P_{\max}$, $\Delta P_{\min}$ 및 ΔP_i 는 각각 반복계산 중 압력강하량이 가장 큰 덕트 경로의 압력강하량, 압력강하량이 가장 작은 덕트 경로의 압력강하량 및 덕트 시스템을 이루고 있는 각 덕트 경로에서의 압력강하량이다.

---

3. 대규모 주상복합건물에 도시가스를 이용한 소형 분산형 열병합 발전을 적용하고자 할 때 엔진과 터빈방식을 구분하여 전력, 냉방 및 급탕에 대한 시스템을 그림으로 그리고 특징을 설명하시오.

정답 (1) 개요

① 열병합 발전은 TES(Total Energy System) 혹은 CHP(Combined Heat and Power Generation)라고도 한다.

② 보통 화력발전소나 원자력발전소에서는 전기를 생산할 때 발생하는 열을 버린다. 발전을 위해 들어간 에너지 중에서 전기로 바뀌는 것은 35 % 정도밖에 안 되기 때문

에 나머지는 모두 쓰지 못하는 폐열이 되어서 밖으로 버려지는 것이다.

③ 이렇게 버려지는 폐열은 에너지를 허비하는 것일 뿐만 아니라, 바다로 들어가면 어장이나 바다 생태계를 망치기도 한다.

④ 열병합발전은 이렇게 버리는 열을 유용하게 재사용할 수 있다는 것이 그 장점이다 (효율이 70~80 %까지 상승 가능하다).

⑤ 한 가지 연료를 사용하여 유형이 다른 두 가지의 에너지(전기에너지 & 온수·증기 등의 열에너지)를 동시에 생산 가능하다.

⑥ 고온부에서는 동력(전기)를 생산하고, 저온부에서는 난방 혹은 급탕용 온수·증기를 생산하는 방식이다.

(2) 열병합 발전소의 원리

① 열병합 발전소 중에는 투입된 에너지의 대부분을 전기와 열로 이용하는 것도 있다 (즉, 가스 속에 담겨 있는 에너지의 약 80% 이상이 전기와 열로 바뀔 수 있음).

② 가스 등을 연소시켜 가스터빈을 통과시킴으로써 한 차례 전기를 생산한다.

③ 이때 터빈을 통과한 연소 가스는 온도가 여전히 높은데, 이 연소 가스로 물을 증기로 변환하여 증기터빈을 돌리는 데 한 번 더 이용한다. 이 과정에서 또 한 차례의 전기가 생산된다.

④ 증기터빈을 통과하고 나온 증기의 열은 여전히 100℃ 이상의 열을 지니고 있기 때문에, 발전용으로는 사용할 수 없지만 난방용으로는 얼마든지 이용 가능하다.

⑤ 이 증기를 다시 한 번 열교환기를 통과시켜서 난방·온수용 물을 만들어서 이용함으로써 3~4회에 걸쳐 에너지를 최대한 이용할 수 있는 것이다.

⑥ 작은 규모의 열병합 발전기는 주택이나 작은 건물 한 곳의 전기와 난방용 열을 충분히 공급할 수 있다.

(3) 열병합 발전의 분류별 특징

① 회수열에 의한 분류

㈎ 배기가스 열회수

㉮ 배기가스의 온도가 높으므로 회수 가능한 열량이 많다.

㉯ 배기가스의 온도는 '가스터빈 > 가스엔진 > 디젤엔진 > 증기터빈'의 순이다.

㉰ 배기가스의 열회수 방식으로는 배기가스 열교환기를 통한 고온수 및 고(저)압 증기의 공급, 배기가스 보일러에 의한 고압 증기 공급, 이중효용 흡수식 냉온수기를 통한 열회수 등의 방법을 사용한다.

㈏ 엔진 냉각수 재킷 열회수

㉮ 가스엔진, 디젤엔진의 냉각수를 이용한 열회수 방법으로 온도는 그다지 높지 않다 (주로 저온수 회수).

㉯ 회수 열매는 주로 온수이지만, '비등 냉각 엔진'의 경우에는 저압증기를 공급할 수 있다.

ⓓ 재킷을 통과한 엔진 냉각수를 다시 배기가스 열교환기에 직렬로 통과시키면 회수되는 온수의 온도가 올라가 성적계수를 높일 수 있다.

㈐ 복수터빈(復水 Turbine)의 복수기 냉각수 열회수(熱回收) : 증기터빈 발전방식의 경우로 복수터빈 출구의 복수기로부터 냉각수의 열을 저온수나 중온수 등의 형태로 회수한다.

㈑ 배압터빈(背壓 Turbine)의 배압증기 열회수(熱回收) : 증기터빈 발전방식의 경우로 배압터빈 출구의 증기를 직접 난방, 급탕 등에 사용하거나, 흡수식 냉동기의 가열원으로 사용한다.

② 회수 열매에 의한 분류

㈎ 엔진방식(온수 회수방식)

㉮ 가스엔진, 디젤엔진의 냉각수 재킷과 열교환한 온수를 난방과 급탕에 이용하는 방식이다.

㉯ 냉방은 배기가스 열교환기를 재차 통과시켜 고온의 온수로 단효용 흡수식 냉동기를 구동하게 한다.

㈏ 엔진방식(증기 회수방식)

㉮ 디젤엔진 및 가스엔진의 경우 비등 냉각엔진에서 발생하는 저압증기를 난방, 급탕, 단효용 흡수식 냉동기에 이용한다.

㉯ 배기가스 열교환기에서 회수한 고압증기는 단효용 및 이중효용 흡수식 냉동기의 가열원으로 사용하게 한다.

㉰ 가스터빈의 경우, 배기가스 열교환기를 이용하여 고압증기를 바로 난방, 급탕, 이중효용 흡수식 냉동기의 열원으로 이용한다.

㈐ 엔진방식(온수·증기 회수방식)

㉮ 디젤엔진 및 가스엔진의 냉각수를 온수로 회수하여 난방 및 급탕에 이용한다.

㉯ 배기가스 열교환기에서 회수된 중압증기로 이중효용 흡수식 냉동기를 운전하는 방식이다.

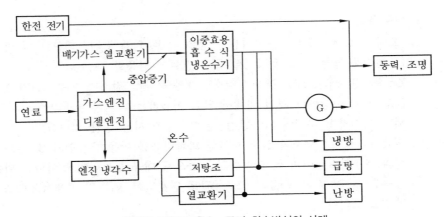

엔진을 이용한 온수·증기 회수방식의 사례

(라) 터빈방식 (냉수 · 온수 회수방식)

㉮ 배기가스 열교환기를 이용하여 바로 급탕용 온수를 공급할 수 있다.

㉯ 가스터빈 방식에서는 배기가스를 직접 '배기가스 이중효용 흡수식 냉온수기'의 가열원으로 이용하여 냉수 및 온수를 제조하여 냉 · 난방에 이용한다.

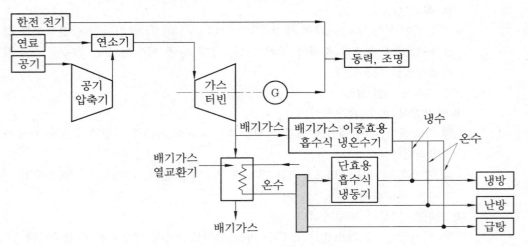

가스터빈을 이용한 냉수 · 온수 회수방식의 사례

(4) 응용 사례

① 복합화력 발전소 : 전기와 열을 동시에 생산해서 공급한다(서울의 목동, 분당, 일산 아파트단지 등에는 이러한 복합화력발전소에서 만들어진 난방열이 공급되고 있다).

② 국내·외 쓰레기 소각장 등에서 나오는 폐열을 이용하여 열병합발전을 행한 후 여기에서 나오는 전기를 매전하는 사례도 늘고 있다.

③ 산업용 열병합 발전의 사례 : 대구 염색단지, 삼성코닝 등

④ 대단위 아파트단지의 열병합발전 사례 : 경기도 안양, 분당, 일산, 부천, 군포, 산본 등 주로 신도시 지역에 많이 위치하고 있다.

(5) 향후 동향

① 쓰레기 소각장 등의 열을 이용할 경우, 주로 외지에 건설되므로 열 및 전기를 팔기가 어려울 경우 자체 유락시설 등을 만들어 사용할 수 있다.

② On-Site Energy System 증가 : 열병합발전 등에서 전기나 온수·증기 등을 판매하지 않고 해당 현장이나 지역 내에서 직접 이용하는 방식을 말한다 (즉, 열병합발전으로 해당 지역사회 자체에 자가발전, 온수·증기 사용 등을 의미함).

③ 연료전지 증가 : 수소와 산소 사이의 화학반응을 이용하여 전기 및 열을 생산하는 방식의 열병합발전이며 현재 매곡지구 등으로 대규모 보급이 늘어나고 있는 실정이다. 신재생에너지 및 스마트 그리드 등과도 연계되어 향후 전 세계적으로 보급이 확대될 것으로 보인다.

4. VAV 시스템(Variable Air Volume System)의 자동제어 방식의 특징에 대하여 설명하시오.

정답 **(1) VAV 시스템의 개요**

① CAV 시스템 (정풍량 방식)이 일정한 풍량으로 급기의 온도 및 습도를 조절하여 공조하는 방식인 반면, VAV 시스템 (변풍량 방식)은 송풍량을 직접 조절하여 공조할 실(室)의 온도 및 습도를 조절하는 방식이다.

② VAV 시스템은 흔히 바이패스형, 교축형 (Throttling Type), 유인형 등으로 대별되며, 바이패스 타입은 3방 밸브에, 교축형은 2방 밸브에 비유되기도 한다.

③ VAV 시스템의 제어는 정풍량 특성을 좋게 하고, 부하 변동에 따른 부하 추종성이 좋게 제어하는 것이 무엇보다 중요하다.

④ VAV 시스템은 송풍동력이 절약되어 에너지 절약 효과를 기대할 수 있으나, 자동제어가 다소 복잡하여 부담이 될 수도 있는 방식이다.

⑤ VAV 시스템은 실내의 쾌적성을 유지하면서도 동시에 에너지를 절약할 수 있는 방식이므로 앞으로 점점 더 중요하게 부각될 수 있는 공조방식이다.

(2) VAV 시스템의 정압 제어

① VAV 방식은 부하변동에 따라 VAV 유닛 및 송풍기를 제어함으로써 송풍동력을 절감할 수 있다.

② VAV 유닛의 풍량조절에 따른 압력변화를 정압센서 (Static Pressure Sensor)에서 측정하여 송풍기용 인버터(Inverter)의 출력(회전수)을 제어한다. 이렇게 되면 풍량 감소 비율의 3제곱 정도의 송력절감 효과를 볼 수 있다.

③ VAV의 송풍기 선정 : VAV에 적용되는 송풍기는 대개 50~80 %의 부하에서 운전되므로, 부분부하 시에도 효율이 좋은 송풍기를 선정해야 한다.

④ 정압센서의 위치 : VAV 시스템에서 정압센서를 설치하는 위치는 정확도를 위해서 송풍기에서 가장 먼 덕트 말단에 설치하는 것이 바람직하나 적어도 상류에서 2/3 지점 쯤에는 설치하도록 해야 한다.

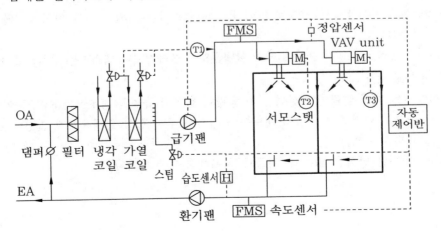

(3) VAV 시스템의 온도제어

① 급기 덕트의 서모스탯(T1)에 의해 냉각 코일 자동제어밸브를 제어한다.

② 실내의 서모스탯 T2, T3에 의해 각 VAV 유닛을 비례제어한다.

③ 부하가 감소하여 급기량이 최소 환기량까지 감소하였는데도 부하가 더욱 더 감소하게 되면, 풍량이 더 이상 감소하지 않게 하기 위해 급기온도를 리셋(reset)하고 급기온도를 올려준다.

(4) VAV 시스템의 습도제어

① 실내와 환기덕트 내의 습도 조건이 크게 다르지 않다고 가정하고, 환기덕트에서 습도를 검출하여 이를 신호로 가습밸브를 작동시켜 습도를 제어한다.

② 보통 각 실마다 요구 습도가 다를 경우에는 각 실의 평균 습도값을 제어에 적용한다.

(5) VAV 시스템의 환기량 제어

① 급기 및 환기덕트에 설치된 풍량측정장치인 FMS에 의해 양 덕트의 풍량을 제어하여, 급기량이 환기량보다 조금 많게 하여 실내가 항상 정압 (+압 : 약 1.0~3 mmAq 정도)으로 유지될 수 있도록 제어한다.

※ FMS (풍량측정기, 풍량감지기)

1. 풍량측정장치(FMS)를 덕트 정압 Sensor와 함께 적용하면 보다 더 효과적으로 VAV System 운용에서 파생되는 문제점 해결이 가능하다.

2. FMS를 설치하면, VAV 시스템에서 실내 열부하가 감소하여 급기팬 필요풍량이 감소되더라도 외기댐퍼와 환기댐퍼를 조절해 실내인원에 대한 최소 환기량 혹은 법적 환기량을 처리할 수 있게 하는 등 보다 안정적인 운전이 가능하다.

② 만약 환기량이 과다하여 실내가 부압이 되면 극간풍(틈새바람)이 발생하여 냉방부하가 크게 증가할 수 있으니 주의를 요한다.

(6) VAV 유닛 제어

① 온도에 의한 제어

　(가) 실내 서모스탯의 신호에 의해 유닛의 댐퍼가 제어되어 이에 따라 급기풍량이 조절된다.

　(나) 그러면 급기되는 풍량에 따라 실내온도가 올라가거나 내려가는 방식으로 제어된다.

② 풍량에 의한 제어

　(가) 덕트 내의 압력이 변하여 급기 풍량이 갑자기 급변할 경우에는 FMS 등이 이를 자동으로 검지하여 댐퍼의 개도를 조정하여 주어 항상 실내온도가 일정하게 유지되도록 해준다.

　(나) 이러한 방식을 VAV의 '정풍량 제어특성'이라고 한다.

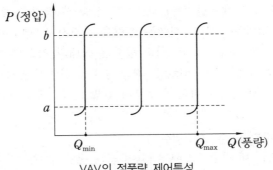

VAV의 정풍량 제어특성

(7) 냉방 시 VAV 운전방식

① 냉방 시에는 부분부하 시의 감습 성능을 확보하기 위해 송풍온도를 일정하게 유지하고, 풍량을 변화시켜 부하변동에 대응하도록 되어 있다.

② 최소 풍량에 상응하는 부하보다 부하가 더욱 감소하면 실내온도가 과랭되는 것을 방지하기 위해 송풍온도를 리셋(reset)하는 경우도 있으나, 실무에서는 대개의 경우 실온이 설계치보다 다소 떨어져도 문제가 없으므로 리셋하지 않는 경우가 더 많다.

(8) 난방 시 VAV 운전방식

① 난방 시에도 최소 풍량 ~ 최대 풍량 사이에서 풍량제어가 이루어지며, 각 실의 제어는 냉방 시와 역동작으로 서모스탯이 조절되도록 해주어야 한다.

② 빌딩의 내주 존 (인테리어 존)과 같이 겨울에도 냉방이 필요한 경우에는, 예열 시를 제외하고는 외기냉방으로 냉풍을 보낸다. 단, 이 경우에는 서모스탯의 동작은 정지시켜야 한다.

(9) VAV 시스템의 연동 제어방식

① VAV Unit (내주부)+Fan Powered VAV Unit (외주부)

  (가) 내주부의 VAV Unit은 내주부에서 발생하는 냉방부하를 담당하므로 항시 냉방운전으로 동작하고 외주부의 Fan Powered VAV Unit은 외주부에서 발생하는 냉방부하 (하계 시) 또는 난방부하(동계 시)를 처리하는 방식이다.

  (나) VAV Unit은 실내온도 상승 시 풍량을 많이 공급하여 주어 냉방부하를 처리하고 냉방부하 감소 시에는 풍량을 감소시켜 실내온도를 설정점으로 유지하여 준다 (이때 VAV Unit의 최소 풍량은 실내의 최소 환기량으로 설정된다).

  (다) F.P.Unit은 하계 시에는 Fan과 Reheating Coil을 사용하지 않고 내부의 VAV Unit에 의해 내주부의 VAV Unit과 동일하게 운전(냉방)되고, 난방부하 발생 시 최소 환기량을 유지하는 동시에 Fan과 Reheating Coil을 동작하여 실내에 난방부하를 제어한다.

② VAV Unit (내주부)+F.C.U 또는 방열기 (외주부)

  (가) 냉방 VAV Unit + 난방 F.C.U 또는 방열기를 사용할 때 하계 시에는 VAV Unit에

의해 단일 공조 제어를 하여 실내온도 상승 시 풍량을 증가하여 주어 냉방부하를 처리하고 냉방부하 감소 시에는 풍량을 감소시켜 실내온도를 설정점으로 유지하여 준다 (이때 VAV Unit의 최소 풍량은 실내의 최소 환기량으로 설정된다).

(나) 동계 난방 시에는 VAV Unit은 최소 풍량을 실내에 공급하여 주고 최소 환기량을 유지하여 실내에 공급하고 외주부의 난방 F.C.U 또는 방열기로 난방부하를 처리한다.

③ VAV Unit (내주부) + VAV Unit (외주부)

(가) 하계 시에는 내·외주부 VAV Unit에 의해 냉방제어를 하여 실내온도 상승 시 풍량을 증가시켜 냉방부하를 처리하고 냉방부하 감소 시에는 풍량을 감소시켜 실내온도를 설정점으로 유지하여 준다 (VAV Unit의 최소 풍량은 최소 환기량으로 한다).

(나) 동계 시에 내주부 VAV Unit은 하계와 동일하게 운전(냉방)하고 외주부 VAV Unit은 이 부분에서 발생하는 난방부하를 처리하도록 난방운전을 한다.

(다) 이렇게 공조 시스템을 VAV Unit으로만 구성할 때는 별도의 공조기로 내·외주부로 구분해야 하고, 단일 공조기 사용 시에는 외주부의 덕트 계통에 재열코일을 설치하여 급기온도를 다르게 설정하여 급기할 수 있도록 해야 한다.

④ Fan Powered VAV Unit (내주부) + Fan Powered VAV Unit (외주부)

(가) 내·외주부 Fan Powered VAV Unit을 사용하는 방법은 널리 사용되지는 않으나 주 덕트의 크기를 줄일 수 있는 저온 급기방식을 사용할 때 주로 사용하며 저온 급기된 공기를 Fan Powered VAV Unit에서 실내 순환공기와 혼합하여 실내로 공급하여 주는 방식이다.

(나) 1차 공기(AHU 급기)와 2차 공기(실내순환공기)를 혼합하여 실내에 급기되는 온도를 적정하게 상승시켜, 급기온도와 실내온도의 차이를 줄여 인체에 해로운 영향을 방지하고, 또한 급기 풍량이 항상 일정하므로 실내 기류 상태를 안정적으로 유지할 수 있는 장점이 있다.

---

5. 공조를 위한 대온도차 시스템의 종류와 기술기준 (고효율 인증)에 대하여 설명하시오.

정답 **(1) 개요**

① 일반 냉동기는 냉수를 순환시켜 냉방운전을 할 경우 공조기에서 약 5℃ 정도의 온도차가 발생하는 것을 이용한다 (약 7℃의 냉수가 공조기 코일에 들어가서 → 12℃로 상승되어 공조기 코일을 빠져나간다).

② 대온도차 냉동기는 이러한 일반 냉동기 시스템의 공조기 코일에서의 온도차 (약 5℃)보다 온도차를 크게 하여 열 반송동력(펌프, 송풍기 등의 소비동력)을 절감하는 것을 가장 큰 목적으로 한다.

(2) 반송동력의 구분에 따른 대온도차 시스템의 종류

① 냉수 측 대온도차 냉동기

(개) 다음 그림상의 냉수펌프의 유량을 줄여 냉수 측의 대온도차를 이용하는 방법이다.

(내) 공조기 측 코일의 열교환량(q) = G(냉수량)× C(물의 비열)× ΔT에서 냉수유량
이 줄어든 만큼 입·출구의 ΔT를 늘리는 방법이다.

(대) 이를 위해서는 일반적으로 공조기 코일의 크기 혹은 열수가 어느 정도 증가될 수
있으며, 코일 패스 설계 등을 별도로 해주어야 한다.

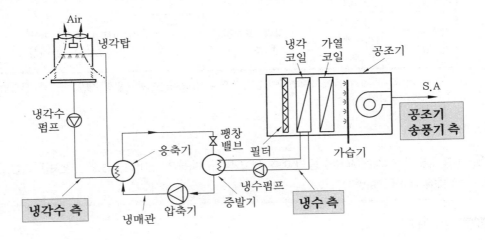

② 공조기 송풍기측 대온도차 냉동기

(개) 이른바 '저온급기방식'의 일종이다.

(내) 공조기용 송풍기의 풍량을 줄이고(송풍동력 감소), 온도차($t_i - t$)를 늘리는 방식
이다.

(대) 이 경우 열교환량 (q) $\propto$ Q×($t_i - t$)

(래) 상기 식에서 풍량(Q)을 줄이고, 온도차($t_i - t$)를 늘리면 동등한 열교환량(냉동능
력)을 확보할 수 있다. 단, 이 경우 공조기 코일의 열수나 크기를 다소 증가시켜
주어야 한다. 코일 패스 설계도 변경이 필요할 수 있다.

③ 냉각수 측 대온도차 냉동기

(개) 냉각수측(Condensing Water Side)이란 냉동기의 응축기라는 부품과 냉각탑과
연결되는 냉각수 배관 라인을 의미한다.

(내) 이 경우에도 상기 '냉수 측 대온도차 냉동기'와 거의 동일하게 적용 가능하다. 즉
냉각수 펌프의 유량을 감소시키고, 대신 ΔT를 늘리는 방식이다.

(2) 열원의 구분에 따른 대온도차 시스템 및 기술기준 (고효율 인증)

① 대온도차 시스템은 열원의 구분에 따라 원심식·스크루 냉동기, 직화흡수식 냉온수
기, 중온수 흡수식 냉동기 등으로 구분된다.

② 고효율에너지인증대상기자재의 인증기술기준

구 분	냉동(냉방) 능력	전력 · 연료 · 열사용량	냉동효율 (η : kW/USRT) / 성적계수 (COP) / 통합성능계수 (IPLV)
원심식 · 스크루 냉동기	정격냉동능력의 100 % 이상	정격 표시값의 105 % 이하	• 원심식 (300 USRT 이하) : η 0.59 이하 • 원심식 (300 USRT 초과) : η 0.55 이하 • 스크루 냉동기 : η 0.70 이하
직화흡수식 냉 · 온수기	정격냉동능력의 100 % 이상	정격 표시값의 105 % 이하	• 성적계수 : COP 1.2 이상
중온수 흡수식 냉동기	정격 및 부분부하 냉동능력의 95 % 이상	정격 표시값의 105 % 이하	• 1단 냉동기 : IPLV 0.74 이상 • 2단 냉동기 : IPLV 0.83 이상

㈜ 상기 값은 '고효율에너지인증대상기자재의 인증기술기준' 용량 범위 내 및 시험방법에 따른 결과값이어야 한다.

---

6. 중동호흡기 증후군(MERS) 등의 예를 보고 병원건축물의 설비적 2차 감염방지를 위한 공조 시스템에 대하여 설명하시오.

정답 **(1) 개요**

① 중동호흡기 증후군(MERS) 문제가 아니더라도 병원건축물은 기본적으로 환자와 의료진의 건강상 실내공기 오염 확산 방지를 위해 각 실 청정도 및 양압 혹은 부압 유지가 필수적이며 가장 중요한 문제라고 하겠다.

② 실(室)의 용도, 기능, 온습도 조건, 사용 시간대, 부하 특성 등 다양한 요소를 종합적으로 검토하여 공조방식 및 양압이나 부압 등을 결정하여야 한다.

③ 또한 향후 병원설비의 고도화, 다기능화 등으로 증설을 대비한 설비용량 확보, 비상운전 대책, 원내 2차감염으로부터의 안전성, 각종 설비의 신뢰성 등을 모두 갖추어야 한다.

(2) 병원건축물의 용도별 공조 대책

① 병실부 및 외래진료부 : 외주부(FCU+단일덕트 방식), 내주부(단일덕트 방식) 등으로 시스템을 선정하고 풍량을 충분히 확보하여 환기량 부족으로부터 오는 문제를 미연에 방지해야 한다.

② 방사선 치료부, 핵의학과, 화장실 : 전공기 단일덕트 및 (−)부압으로 실내압을 설정하여 오염된 공기나 위험요소가 주변으로 전파되지 못하게 하여야 한다.

③ 중환자실, 수술실, 응급실, 무균실 : 청정도가 무엇보다 중요한 곳이므로 전공기 단일덕트(정풍량) 혹은 전외기식 및 (+)정압으로 실내압을 설정하여 외부로부터의 오염된 공기나 위험요소가 실내로 유입되지 못하게 하여야 한다.

④ 응급실

㈎ 응급실은 기본적으로 전공기 단일덕트 및 24시간 운전계통, 응급운전계통 등이 필요하다.

㈏ 중동호흡기 증후군(MERS) 등의 예로 볼 때 (−)부압으로 유지되는 응급실을 추가로 비치하는 것이 중요하다.

㈐ 접촉성 감염병, 혹은 공기 전파 감염병 등이 의심되는 환자가 응급실에 입원 시 처음부터 실내압이 (−)부압으로 유지되는 응급실로 배정하여 혹시 모를 2차 피해(타 병실로의 균의 전파 등)를 미연에 방지하여야 한다.

⑤ 분만실, 신생아실 : 전공기 정풍량, 100 % 외기도입(전외기 방식), 온습도 유지를 위한 재가열코일, 재가습, HEPA필터 채용 등으로 가장 완벽한 온도, 습도 및 청정도를 유지해 주어야 하고, 실내압도 정압(+)으로 상시 정확하게 유지되어야 한다. 그래야 감염으로부터 가장 취약한 신생아와 산모를 보호할 수 있다.

⑥ 자동제어 : 정밀한 제어가 필요한 음압(−) 병동이나, 기타 특별히 고청정이나 감염방지가 요구되는 실(室)의 경우에는 자동제어 측면에서도 우선순위로 공조되도록 설정하여 타 실에 비하여 상대적 안전도를 높여야 한다.

(3) 적절한 열원방식의 선정

① 긴급 시 및 부분부하 시를 대비하여 열원기기를 복수로 설치하면 효과적이다. 즉, 대수제어 및 용량제어 기능이 잘 수행될 수 있도록 열원방식을 선정하여야 한다.

② 응급운전(Emergency Operation)이 필요한 응급실 혹은 24시간 운전계통에는 스페어 열원기기 및 스페어 부품(Spare Parts)을 항상 비치해 두어야 하며 사용매뉴얼 및 사전교육 등도 철저히 이루어져야 한다.

③ 냉열원

㈎ 정밀한 온·습도 제어가 필요한 신생아실, 분만실, 수술실 등에는 가능한 한 항온항습 기능이 뛰어난 장비로 선정한다.

㈏ 공조기로서는 높은 청정도나 감염 방지를 요하는 경우에 전외기 공조 타입으로 선정하는 것이 유리하다.

㈐ 병원건물은 운전시간이 타 건물에 비해서 길므로 고효율 터보냉동기, 고효율 직화흡수식 냉온수기 등 에너지효율이 높은 열원의 선정이 유리하다. 기타 에너지 합리화 측면에서 '고효율에너지인증대상기자재'를 선정하면 에너지 절감에 효과적이다.

㈑ 지역난방이나 열에너지 네트워크와 연계할 수 있는 곳은 중온수 흡수식 냉동기 등의 선정도 검토 필요하다.

㈒ 공공건물에 해당하는 병원은 신재생에너지 의무 적용 등도 검토하여야 하며, 지열, 태양열 등의 신재생에너지는 꼭 법규적 강제성 때문이 아니더라고 설치 후 연간 운전비가 적게 드는 장비이므로 적극적인 고려가 필요하다.

④ 온열원

   ㈎ 증기보일러

      ㉮ 의료기기, 급탕가열, 주방기기, 가습 등을 고려하여 설치한다.

      ㉯ 살균이나 위생 등이 요구되는 장소나 공조계통에는 온수보일러보다 증기보일러가 유리하다. 단, 병실 등에서 환자나 의료진 근처에 적용 시에는 화상 방지 등에 주의하여야 한다.

   ㈏ 온수보일러

      ㉮ 병실의 난방은 열용량이 크고, 소음이 적고, 관부식이 적은 '온수난방'이 일반적으로 유리하다.

      ㉯ 온수보일러 적용 시에는 열용량이 크므로 사전 예열 등에 주의를 기울여야 한다.

> **7.** 온수 배관에서 배관저항 밸런싱(balancing) 방법에 대하여 설명하시오.
> (1) 역환수(reverse return)에 의한 방법　　　　(2) 밸브에 의한 방법
> (3) 관경에 의한 방법　　　　　　　　　　　(4) 오리피스에 의한 방법
> (5) 펌프에 의한 방법

정답 **(1) 역환수(reverse return)에 의한 방법**

① 역환수에 의한 방법은 방열기, FCU 등의 각 개소의 온도차를 줄이기 위하여 각 말단 유닛까지 순환하는 순환배관 길이의 합이 같도록 환수관을 역회전시켜 배관한 것이다.

② 순수한 배관 길이의 등가 혹은 배관상 압력손실의 등가의 원리에 의해서 동일한 유량이 흐를 수 있도록 하는 방식이다.

③ 다음 그림과 같이 배관을 발단에서 역회전시켜야 하므로 일반적으로 배관 시공비가 많이 들어간다는 단점이 있다.

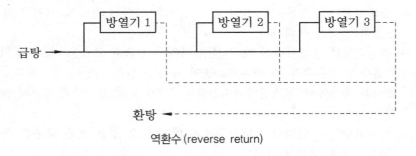

역환수 (reverse return)

(2) 밸브(밸런싱 밸브)에 의한 방법

① 정유량식 밸런싱 밸브(Limiting Flow Valve)

   ㈎ 배관 내의 유체가 두 방향으로 분리되어 흐르거나 또는 주관에서 여러 개로 나뉘어질 경우 각각의 분리된 부분에 흘러야 할 일정한 유량이 흐를 수 있도록 유량을

조정하는 작업을 수행한다.

(내) 오리피스의 단면적이 자동적으로 변경되어 유량을 조절하는 방법이다.

(대) 압력이 높을 시 통과단면적을 축소시키고, 압력이 낮을 시 통과단면적을 확대시
켜 일정유량을 공급한다.

(래) 기타 스프링의 탄성력과 복원력을 이용 (차압이 커지면 압력판에 의해 오리피스
의 통과면적이 축소되고 차압이 낮아지면 스프링의 복원력에 의해 통과면적이 커
짐)하는 방법도 있다.

1차 압력 → ← 2차 압력

몸통 컵 스프링
오리피스 카트리지

정유량식 밸런싱 밸브

② 가변 유량식 밸런싱 밸브

(개) 수동식 : 유량을 측정하는 장치를 별도로 장착하여 현재의 유량이 설정된 유량과
차이가 있을 경우 밸브를 열거나 닫히게 수동으로 조절한 후, 더 이상 변경되지
않도록 봉인까지 할 수 있게 되어 있다 (보통 밸브 개도 표시 눈금이 있음).

(내) 자동식 : 배관 내 유량 감시 센서를 장착하여 DDC 제어 등의 자동 프로그래밍 기
법을 이용하여 현재 유량과 목표 유량을 비교하여 자동으로 밸브를 열거나 닫아서
항상 일정한 유량이 흐를 수 있게 한다.

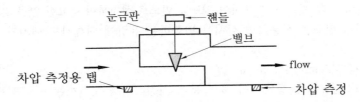

눈금판 핸들
밸브
→ flow
차압 측정용 탭 차압 측정

가변 유량식 밸런싱 밸브 (수동식)

(3) 관경에 의한 방법

① 분기되는 각 배관 존에 대하여 총 마찰손실(상당길이 기준)과 배관경이 같다면 분기
되는 유량이 동일함을 이용하는 방법이다.

② 여기서 총 마찰손실은 다음과 같이 다르시-바이스바흐 (Darcy-Weisbach)의 식 혹
은 하젠-윌리엄즈 (William-Hazen) 실험식을 이용하여 구할 수 있다.

③ 다르시-바이스바흐의 마찰손실 공식

$$\Delta P = \frac{f}{2} \rho v^2 \frac{L}{D}$$

여기서, ΔP : 압력손실　　　　f : 마찰계수
　　　　ρ : 유체의 밀도　　　　v : 유체의 속도
　　　　D : 배관의 직경(내경)　L : 배관의 길이

④ 하젠-윌리엄즈 실험식

$$V = 0.84935 \cdot C \cdot R^{0.63} \cdot I^{0.54}$$

$$Q = A V$$

$$h_L = 10.666 \cdot C^{-1.85} \cdot D^{-4.87} \cdot Q^{1.85} \cdot L$$

여기서, V : 평균유속(m/s), C : 유속계수, R : 경심 $= \dfrac{D}{4}$ [m], I : 동수경사 $= \dfrac{h}{L}$

L : 연장(m), D : 관의 내경 (m), A : 관의 단면적 (m²), Q : 유량(m³/s)

h_L : 길이 L[m]에 대한 마찰손실수두 H[m]

(4) 오리피스에 의한 방법

① 상기 '밸브(밸런싱 밸브)에 의한 방법'에서의 밸브 대신 오리피스에 의해 수동적으로 유량 밸런스를 맞추는 것이다.

② 즉, 가변 유량식 밸런싱 밸브 수동식에서처럼 미리 일정값의 이론적으로 예상되는 오리피스를 배관에 삽입하여 실험이나 TAB를 통하여 맞춰나가는 방법이다.

③ 이 방법은 일반적으로 유량 변동 시 자동으로 재밸런싱을 하든지 하는 기능이 없어 유량이 많이 변하거나 혹은 급변하는 시스템에서는 적용하기가 어렵다.

④ 그러나 어느 정도 유량의 흐름이 일정한 배관 시스템에서는 아주 간단하면서도 효과적으로 밸런스를 맞출 수 있다.

⑤ 가장 간단한 오리피스의 삽입으로 배관의 밸런싱을 맞출 수 있는 방법이므로 기존에 공사가 이미 완료되었거나, 사용 중인 배관 시스템에도 쉽게 적용할 수 있는 방식이다.

(5) 펌프에 의한 방법

① 분기되는 각 배관 존에 대하여 펌프를 별도로 설치하여 필요한 만큼 송수하는 방식이다.

② 인버터 펌프를 적용하면 실시간 변화하는 유량에 대해서도 대처가 용이하고 효과적이다.

③ 1차 펌프 (Primary Pump) 시스템

㈎ 1차 펌프란 냉동기에서 물의 분배 지점까지를 순환하는 1차 측 펌프를 의미한다.

㈏ 통상 정유량 펌프를 사용하여 전체 시스템에 대한 운전을 행한다.

㈐ 에너지 소모, 부하 대응력 등의 문제 때문에 소규모 단일건물의 공사에 많이 사용한다.

④ 1-2차 펌프 시스템(Primary-Secondary Pump System)

㈎ Secondary Pump란 분배 헤드로부터 부하(공조기 등)를 순환하는 순환 펌프를 의미한다.

㈏ 통상 변유량 펌프를 사용한다(에너지 절약 차원에서 사용함).

㈐ 가장 일반적으로 사용되는 방식이다.

㈑ 동력동에 가까운 건물의 압력이 증가될 우려가 있다.

⑤ 1-2-3차 펌프 시스템(Primary-Secondary-Tertiary Pump System)

㈎ 주로 시스템 전체에 대한 펌프의 압력부하를 줄이기 위해 이용되며, 건물 내부의 부하는 별도로 3차 펌프가 담당한다.

(나) 복잡하여 시스템 효율은 다소 떨어지나, 성능 향상에 도움이 된다.

⑥ 존 펌프 방식(분배 펌프 방식)

(가) 1-2-3차 펌프 시스템 대비 동력동으로부터 2차 분배 루프가 시작되는 지점에 2차 펌프가 생략된다.

(나) 건물별 배관이 시작되는 지점에 2차 펌프를 배치한다.

(다) 각 건물별 압력 관리에 용이하다.

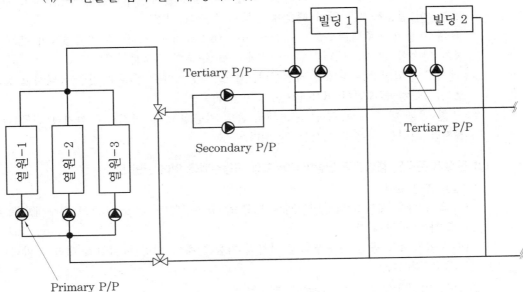

---

8. 동절기에 준공이 된 중앙집중 난방방식의 대규모 고층 공동주택에 있어 입주율이 극히 낮을 경우 운전 시 나타날 수 있는 난방상의 문제점과 대책을 설명하시오.

정답 **(1) 개요**

① 동절기에 준공이 된 중앙집중 난방방식의 대규모 고층 공동주택의 경우 입주율에 따라 난방에 매우 곤란을 겪을 수 있다.

② 특히 입주율이 극히 낮을 경우에는 소수 세대를 위하여 전체적인 난방을 하기에는 난방연료 소모가 너무 크고, 일부 입주 세대 위주로 난방을 하면 건물의 큰 축열부하 때문에 좀처럼 난방에 대한 불만을 잠재우기 어려울 수 있다.

(2) 동절기 준공된 중앙집중 난방방식의 고층 공동주택에서 나타나는 문제점(입주율 저조 시)

① 축열(건축물 구조체 및 수배관 관로상의 축열 등)에 의한 열손실이 대단히 크다. 즉, 초기 난방 스타트 시에 난방 열량이 야간에 차가워진 건축물 구조체와 파이프라인 내부의 물을 데우는 데 대부분 소모가 되기 때문에 수 시간을 난방을 행하더라도 좀처럼 데워지기가 어렵다.

② 특히 입주율이 낮을 경우 난방이 불필요한 세대의 구조체 축열도 같이 처리해야 하므로 난방 성능이 크게 떨어지게 느낄 수 있다.

③ 따라서 열원의 빠른 순발력을 요하는 급속난방 혹은 간헐난방은 더 어렵다.

④ 더군다나 공실률이 커서 비난방 공간이 커진다는 점은 겨울철 각 세대가 외부로의 열손실량이 그만큼 커져서 난방부하를 증가시킨다고 볼 수 있다.

⑤ 따라서 거주자의 난방 만족도가 크게 떨어져 난방 클레임이 제기될 수 있으며, 이는 해결책이 단순하지가 않기 때문에 설득이 상당히 어렵다.

⑥ 특히 고층 공동주택은 SVR (Surface area to Volume Ratio) 및 외피면적이 커서 동절기 열손실이 크고 에너지 손실이 매우 큰 구조의 건축물이다.

⑦ 날씨가 추워질수록 수배관 라인이나, 각 물 사용처에는 동결로 인한 동파사고 등으로 난방불량 클레임이 더욱 많아질 수 있다.

⑧ 또한 건물 내 결로나, 건물 구조체의 균열 가능성도 더 커지므로 환기나 건물관리, 철저한 대비를 소홀히 해서는 안 된다.

(3) 동절기 준공된 중앙집중 난방방식의 고층 공동주택에 있어 난방대책

① 난방 조닝 고려

㉮ 초기 입주 계획을 난방이 상대적으로 용이한 구역(난방 Zone)으로 집중적으로 유도하는 것이 좋다.

㉯ 분양계획상 동별 입주계획에 시차적 차등을 두어 난방 클레임에 대한 계획적 대응을 행한다.

② 야간 기동(Night Set Back Control) 연속운전

㉮ 추운 날씨에는 하루 중 대부분의 시간을 연속적으로 난방을 행하여 건물 구조체가 차가워지는 것을 미연에 방지한다.

㉯ 난방이 필요없다고 생각되는 시간에도 최소 설정온도 조건으로 연속적으로 행한다.

③ 충분한 예열

㉮ 난방열이 많이 필요한 시간의 사전에 예열을 철저히 행하여 동절기 난방부하의 피크치를 낮춘다.

㉯ 예열운전은 가급적 여유있게 일찍 행하고, 시간 스케줄에 대한 철저한 관리와 체크가 필요하다.

④ 난방 열수의 밸런싱

㉮ 난방열이 윗층 및 아래층, 또는 원거리 세대 간 편중되지 않고 밸런스가 이루어지도록 정유량 밸브나 가변유량 밸브에 대한 시공을 철저히 한다.

㉯ 시공 후 TAB을 철저히 시행하여 밸런싱 밸브나 리버스 리턴 시공법에 착오 없이 시공품질을 보증하도록 한다.

⑤ 열원온도의 상승

㉮ 동절기에도 날씨가 매일 변하므로 가장 추운 날은 많은 열손실을 고려하여 아예 다른 날과 차등을 두어 높은 열매온도로 공급한다.

(나) 인버터 펌프 등을 사용하여 유량을 자동 조정하여 난방부하가 많이 걸리는 존은 유량 및 공급온도를 상승시킨다.

⑥ 단열강화

(가) 동절기 준공이 예상되는 경우에는 외부 노출부위를 위주로 꼭 필요한 곳에는 수 배관시스템에 단열재를 한 단계 강화하여 시공하는 것도 동파 방지를 위한 하나의 대책이라고 할 수 있다.

(나) 수배관 파이프 라인은 외기에 직접 노출을 피하고, 그 통과 경로도 동파 우려가 적은 통로를 찾는 것이 중요하다.

(다) 그래도 동파가 우려되는 곳에는 열선 설치를 미리 고려해 두는 것이 좋다.

⑦ 자동제어

(가) 건물에 대한 BEMS 등에 의한 자동제어를 계획적으로 행하고, 에너지 절약적이면 서도 난방이 전체 세대에서 골고루 이루어질 수 있도록 모니터링 및 전문적인 관 리를 행한다.

(나) 난방 시 각 세대의 출수온도를 철저히 관리 및 모니터링하여 유난히 낮은 세대나 존은 특별 대응하도록 한다.

(다) 최소 설정온도로 하여 해당 동의 빈집을 포함하여 스케줄 제어를 연속적으로 행 한다. 이렇게 하면 에너지 손실은 다소 커지겠지만, 주민들의 난방 관련 민원은 어느 정도 해소될 수 있다.

⑧ 입주민들에 대한 설득 및 홍보

(가) 외출 시에도 난방을 끄지 말고 외출 모드 혹은 설정온도를 낮춘 연속난방을 행하 여 다음 운전 시에 축열시간이 많이 걸리지 않게 한다.

(나) 기타 클레임 대응을 위한 난방 연료 초과 사용으로 인한 향후의 분쟁을 막기 위하 여 사전에 난방 비용 증가에 대한 설명을 충분히 하고 협조를 구한다.

---

9. 실내에서의 현열비(SHF)가 적은 경우 냉각·감습만 행하는 조작에서는 토출공기의 온도가 낮아져서 실내가 과랭된다. 이 경우에는 그림과 같이 재열기로 토출공기의 온도를 높여야 한 다. 공기선도를 작도하고 필요 풍량(kg/h, m^3/h), 냉열부하 q [W], 감습량(kg/h)을 식으로 설명하시오. (단, 현열부하는 q_s [W]라 한다.)

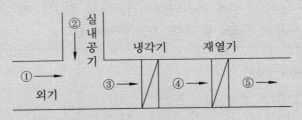

정답 (1) 작도 : 혼합+냉각+재열

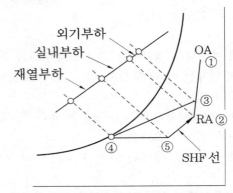

냉방부하＝외기부하＋실내부하＋재열부하

(2) 필요 풍량(kg/h, m³/h) 계산

① 필요 풍량(kg/h ; 질량 유량)＝현열부하(q_s)÷(공기의 정압비열×공조실 입출구 온도차)×3,600 s/h

② 필요 풍량(m³/h ; 체적 유량)＝현열부하(q_s)÷(공기의 밀도×공기의 정압비열×공조실 입출구 온도차)×3,600 s/h

여기서, 현열부하(q_s) : W, J/s

공기의 밀도 : 약 1.2 kg/m³

공기의 정압비열 : 약 1,005 J/kg·K

공조실 입출구 온도차 : K

(3) 냉열부하 q [W]＝실내부하(W)＋외기부하(W)＋재열부하(W)

＝필요 풍량(kg/h)×{③ 지점의 엔탈피(h_3 ; J/kg)－④ 지점의 엔탈피(h_4 ; J/kg)}÷3,600 s/h

(4) 감습량(kg/h)＝필요 풍량(kg/h)×{③ 지점의 절대습도(x_3 ; kg′/kg)－④ 지점의 절대습도(x_4 ; kg′/kg)}

10. 실내를 전공기 방식으로 공조설비 설계를 하고자 한다. A실(현열 1440 W, 잠열 180 W)과 B실(현열 2016 W, 잠열 200 W)의 시간당 소요 풍량을 계산과정을 포함하여 각각 구하시오. (단, 취출구 온도와 실내온도 차는 12℃로 한다.)

정답 (1) A실의 풍량 계산

현열부하 $q = Q \cdot \rho \cdot C_p \cdot (t_o - t_r)$에서,

소요풍량 $Q = \dfrac{q}{\rho \cdot C_p \cdot (t_o - t_r)} = \dfrac{1440}{1.2 \times 1005 \times 12} = 0.0995 \, \mathrm{m^3/s} = 358.21 \, \mathrm{m^3/h}$

여기서, q : 열량 (W) Q : 풍량 (m^3/s)

ρ : 공기의 밀도 (=1.2 kg/m^3) C_p : 건공기의 정압비열 (1005 $\text{J/kg}\cdot\text{K}$)

$t_o - t_r$: 실외온도 - 실내온도 (K, ℃)

(2) B실의 풍량 계산

현열부하 $q = Q \cdot \rho \cdot C_p \cdot (t_o - t_r)$ 에서,

소요풍량 $Q = \dfrac{q}{\rho \cdot C_p \cdot (t_o - t_r)} = \dfrac{2016}{1.2 \times 1005 \times 12} = 0.1393 \ \text{m}^3/\text{s} = 501.49 \ \text{m}^3/\text{h}$

여기서, q : 열량 (W) Q : 풍량 (m^3/s)

ρ : 공기의 밀도 (=1.2 kg/m^3) C_p : 건공기의 정압비열 (1005 $\text{J/kg}\cdot\text{K}$)

$t_o - t_r$: 실외온도 - 실내온도 (K, ℃)

---

11. 아래 도면은 업무용 건물 (아침 9시부터 18시까지 근무)의 급수계통도이다. 야간에 물을
사용하지 않았음에도 불구하고 상수도 계량기는 10 t의 물 사용량이 발생하였다. 노출 배관
에 누수는 없으며, 팽창탱크도 없고, 계량기는 정상이었다. 이때, 다음 물음에 답하시오.

(1) 누수 점검방법을 매립배관, 물탱크, 급탕가열기, 응축수탱크, 스팀보일러로 구분하
여 설명하시오.

(2) 점검 후, 누수 시의 조치 방법을 설명하시오.

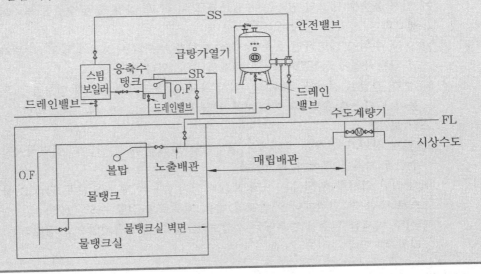

정답 (1) 누수 점검방법

① 매립배관

㈎ 배관상 동일 계통으로 묶여 있는 탱크류나 기기류가 모두 정상이라면 사용처의
수도밸브와 계량기의 수도밸브를 모두 잠그고 약 5~10분 후에 계량기 밸브를 열
었을 때 시침이 돌면 누수라고 할 수 있다.

(나) 세부적으로는 매립배관의 시작과 끝지점 및 그 사이의 모든 밸브를 배관 계통상의 구간을 나누어 순차적으로 잠그면서 어느 구간에서 새는지를 확인 가능하다.

(다) 미세한 누설은 계량기로 판단하기 어려우므로 배관 압력계 등으로 충분한 시간 동안 관찰하여 확인하도록 하거나, 전문 누수탐지기 등을 이용한다.

② 물탱크

(가) 개략적으로는 물탱크 입·출구의 모든 밸브를 잠그고, 수위(볼탑)의 위치 변동 여부를 보고 확인할 수 있다.

(나) 정밀하게 검사 시에는 물탱크를 만충전 후 모든 밸브를 잠그고 누수 여부를 확인하거나, 가스를 가압하여 누설 체크를 하여야 한다.

(다) 판정 시 물탱크 입·출구의 밸브를 잠그고 반드시 일정시간 (약 10분 이상) 후 체크하는 것이 좋다.

③ 급탕가열기

(가) 먼저 급탕가열기에서 스팀이 새어나오는 소리, 증기 누출 여부를 확인한다.

(나) 정밀한 검사를 위해서는 급탕가열기 입·출구의 밸브를 모두 잠그고 물이나 가스로 충만 후 압력계의 압력 변동 여부로 판정할 수도 있다.

(다) 만약 응축수 탱크의 수위가 이유 없이 상승하면 급탕가열기의 파손으로 인한 누수가 원인이 될 수도 있으니 확인이 필요하다.

④ 응축수 탱크

(가) 먼저 응축수 탱크의 입·출구 밸브를 모두 막고, 볼탑 등의 수위를 확인하는 것이 필요하다.

(나) 이때 수위가 내려가면 응축수 탱크 자체가 누수되는 경우가 많고, 수위가 상승하면 급탕가열기 등 주변장치의 문제일 수도 있다.

(다) 보다 정밀한 검사를 위해서는 역시 응축수 탱크 입·출구의 밸브를 모두 잠그고 물이나 가스로 충만 후 압력계의 압력 변동 여부로 판정할 수도 있다.

⑤ 스팀 보일러

(가) 먼저 장비가 정지한 상태에서 입·출구 밸브를 모두 잠그고 액면게이지 등으로 수위를 시차를 두어서 확인한다.

(나) 정밀한 검사를 위해서는 스팀 보일러 입·출구의 밸브를 모두 잠그고 물이나 가스로 충만 후 압력계나 액면계의 변동 여부로 판정할 수도 있다.

(다) 아주 미세한 누수일 경우에는 수압보다, 물을 빼고 공기압으로 점검하는 것이 유리할 수 있다.

(2) 점검 후, 누수 시의 조치 방법

① 장비를 정지시키고, 누수되는 지점 근처의 모든 밸브를 잠근다.

② 구체적 누수지점에 대한 확인을 위해 상기 (1)에서 언급한 방법으로 진단을 실시한다.

③ 누수되는 부품, 배관 등에 대한 수리 혹은 교체를 실시한다.

④ 시험 테스트를 진행하여 누수가 완전히 수리되었음을 확인한다.

⑤ 시험가동을 행하여 통수 상태로 정상 운전 시에 최종적으로 누수 여부를 재확인한다.

_12._ 최근 미세먼지의 심각성이 대두되고 있다. 미세먼지농도 PM10과 PM2.5의 의미와 실내미세먼지의 저감대책에 대하여 설명하시오.

정답 **(1) 개요**

① 미세먼지 (PM10, PM2.5)는 호흡기, 눈질환, 코질환, 진폐증, 심지어는 폐암까지 유발할 수 있는 물질이므로 건강상 각별히 주의를 요한다.

② 최근 중국에서 불어오는 황사 중에도 미세먼지가 많이 포함되는 것으로 알려져 있기 때문에 실외에서 활동 시 마스크 착용, 철저한 위생관리 등이 필요하다.

③ 실내에서도 여러 많은 원인에 의해 미세먼지가 발생할 수 있으므로 환기의 실시, 공조 시스템에 적절한 필터의 채용, 실내 청결 유지 등이 필요하다.

(2) 미세먼지농도 PM10과 PM2.5의 의미

① PM10 : 'Particulate Matter less than $10\mu\mathrm{m}$'의 약어로, '입자의 크기가 $10\mu\mathrm{m}$ 이하인 미세먼지'를 의미한다.

② PM2.5 : 'Particulate Matter less than $2.5\mu\mathrm{m}$'의 약어로, '입자의 크기가 $2.5\mu\mathrm{m}$ 이하인 미세먼지'를 의미하며, 건강에 미치는 영향도가 PM10보다 더 높을 수 있다고 알려져 있다.

③ PM10의 적용기준

 (가) 국내 대기환경기준 : 연평균 $50\mu\mathrm{g}/\mathrm{m}^3$ 이하, 24시간 평균 $100\mu\mathrm{g}/\mathrm{m}^3$ 이하

 (나) WHO의 권고기준 : 연평균 $20\mu\mathrm{g}/\mathrm{m}^3$ 이하, 24시간 평균 $50\mu\mathrm{g}/\mathrm{m}^3$ 이하

④ PM2.5의 적용기준

 (가) 선진국에서는 1990년대 초부터 이 규제를 이미 도입하고 있었으나, 국내에서는 2015년부터 관련법이 적용되고 있다.

 (나) 국내 환경기준은 연평균 $25\mu\mathrm{g}/\mathrm{m}^3$ 이하, 24시간 평균 $50\mu\mathrm{g}/\mathrm{m}^3$ 이하이다.

 (다) WHO의 권고기준은 연평균 $10\mu\mathrm{g}/\mathrm{m}^3$ 이하, 24시간 평균 $25\mu\mathrm{g}/\mathrm{m}^3$ 이하로 훨씬 더 엄격하다.

(3) 실내 미세먼지의 저감대책

① 미세먼지의 원인물질에 대한 관리

 (가) 이 방법은 가장 손쉬우면서도 확실한 방법이다.

 (나) 새집증후군과 관련되어서는 환경친화적인 재료의 사용, 미세먼지의 허용기준에 대한 관리감독 강화, Baking-out (건물 시공 후 바로 입주하지 않고 상당기간 환기를 시키는 것) 등의 방법이 있다.

 (다) 실내금연은 당연한 것이며, 미세먼지를 야기시킬 수 있는 원인물질에 대한 꼼꼼한 관리가 필요하다.

 (라) 실내 주방에서 고기를 굽거나, 진공청소기를 사용하면 순간 실내 미세먼지 등의 공기의 질이 급격하게 악화되므로 각별히 주의를 요한다 (주방 배기팬, 화장실의 배기팬 등을 틀어도 역시 일정량은 실내 생활공간으로 그대로 전달됨).

　　(마) 특히 먼지를 제거하기 위해 가정용으로 사용하는 청소기의 경우 성능이 나쁜 것
　　　은 사용 시 배출되는 공기 중 이러한 PM10, PM2.5 등이 상당량 포함되어 있어 가
　　　족 구성원의 건강을 오히려 해칠 수 있으므로, 제품 구입 시 표기된 성능, 사용법
　　　등에 각별히 주의를 요한다.

　　(바) 요즘은 애완동물을 기르는 집이 많은데 애완동물로부터 배출되는 비듬과 털, 세
　　　균, 바이러스, 집먼지, 진드기 등도 주의하여 관리해야 한다.

② 환기의 실시

　　(가) 원인물질을 관리한다고 하지만 한계가 있고, 생활하면서 오염물질은 끊임없이 배
　　　출되기 때문에 환기는 가장 중요한 대처방법 중 하나이다.

　　(나) 황사가 심할 경우에는 환기(외기 도입)를 자제하는 것이 오히려 유리하다고 알려
　　　져 있다.

　　(다) 황사가 없을 경우에는 충분한 환기(외기 도입)의 실시가 필요하다.

　　(라) 가급적 자주 최소한 하루 2~3회 30분 이상 실내환기를 시키는 것이 좋으며 흔히
　　　잊고 있는 욕실, 베란다, 주방에 설치된 팬(환풍기)을 적극적으로 활용하는 것도
　　　손쉬운 방법이다.

　　(마) 조리 시에 발생되는 일산화탄소 등을 실내로 전파되기 전에 바로 그 자리에서 배
　　　출하는 국소환기 방법도 고려 필요하다.

③ 공기청정기의 사용

　　(가) 공기청정기는 이동이 가능한 소형부터 건물 전체의 공조시스템의 일환으로 사용
　　　되는 대규모 장치까지 그 규모가 다양하다.

　　(나) 특히 시판되는 이동 가능한 소형 공기청정기 제품들은 그 효율성에 관해서 논란
　　　이 있는 경우도 많다. 청소 시에는 실내로 배출되는 미세먼지(PM2.5)에 대비하여
　　　황사 등이 없는 날에 반드시 창문 등을 연 상태에서 청소를 하는 것이 좋으며, 자
　　　주 필터를 교체 및 관리하여 주는 것이 무엇보다 중요하다.

---

13. 건물 내의 실내압력을 결정하는 요인들에 대하여 설명하고, 연돌효과(stack effect)를
저감시키기 위한 방안을 설명하시오.

정답 **(1) 건물 내의 실내압력을 결정하는 요인**

① 연돌효과 (Stack effect)

　　(가) 실내·외측의 공기의 비중량차에 의한 연돌효과에 의해 실내의 압력이 변동될 수
　　　있다.

　　(나) 계산공식

$$\Delta P = h(\gamma_r - \gamma_o)$$

여기서, ΔP : 압력차 (Pa) γ_r : 실내 측 공기의 비중량 (N/m³)

　　　　γ_o : 실외 측 공기의 비중량 (N/m³),　　　　h : 중성대에서의 높이 (m)

② 풍압효과(Wind effect)

㉮ 건물 주변의 바람의 풍속에 의한 풍압효과에 의해 실내의 압력이 변동될 수 있다.

㉯ 계산공식

$$\Delta P = C_f \cdot \frac{\gamma_o}{2g} \cdot \omega^2$$

여기서, C_f(풍상) : 풍압계수(실이 바람의 앞쪽일 경우 C_f = 약 0.8~1)

C_f(풍하) : 풍압계수(실이 바람의 뒤쪽일 경우 C_f = 약 -0.4)

γ_o : 실외 측 공기의 비중량(N/m³)　　　g : 중력가속도 (=9.8 m/s²)

ω : 실외 측 공기의 풍속(m/s)

풍압계수는 보통 아래 수준으로 적용된다.

건물폭 / 건물높이	C_f (풍하)	C_f (풍상)
0.1 ~ 0.2	-0.4	1.0
0.2 ~ 0.4	-0.4	0.9
0.4 이상	-0.4	0.8

③ 기계환기량의 밸런스

㉮ 건물에 적용하는 기계환기의 종류에 따라 실내압이 양압 혹은 음압으로 형성될 수 있다.

㉯ 기계환기방식별 비교표

구 분	급기	배기	환기량	실내압
제1종	기계	기계	임의 (일정)	임의
제2종	기계	자연	임의 (일정)	정압
제3종	자연	기계	임의 (일정)	부압

④ 개구부를 통한 자연환기

㉮ 개구부를 통한 자연환기량은 중력환기량(Q_1)과 풍력환기량(Q_2)의 합으로 설명될 수 있다.

㉯ 중력환기량(Q_1)

$$Q_1 = \alpha A \sqrt{\frac{2gh}{T_i}\Delta t}$$

여기서, α: 유량계수　　　　　　　　　　A : 환기개구부의 환기면적(m²)

g : 중력가속도(9.8 m/s²)　　　　h : 중성대로부터의 높이(m)

Δt : 실내외 온도차(실내온도−실외온도)　T_i : 실내의 절대온도(실내온도+273.15)

㉰ 풍력환기량(Q_2)

$$Q_1 = \alpha A \sqrt{(C_1 - C_2)}\,V$$

여기서, α: 유량계수　　　　　　　　　　A : 환기개구부의 환기면적(m²)

C_1 : 개구부 하층의 풍압계수　　C_2 : 개구부 상층의 풍압계수

V : 풍속(m/s)

(2) 연돌효과를 저감시키기 위한 방안

① 건물의 수직 층별 고기밀 구조로 설계한다.

② 실내외 온도차를 적게 한다(대류난방보다는 복사난방을 채용하는 등).

③ 외부와 연결된 출입문(1층 현관문, 지하주차장 출입문 등)은 회전문, 이중문 및 방풍실, 에어커튼 등을 설치하거나 방풍실을 가압한다.

④ 건물의 창호 등에 기밀구조를 강화하고, 적절한 기계환기방식을 적용한다(환기유닛 등 개별 환기장치도 검토).

⑤ 공기조화장치 등 급배기팬에 의한 건물 내 압력제어를 적절히 행한다.

⑥ 엘리베이터의 조닝을 지하층용, 저층부용, 고층부용 등으로 구분 실시한다. 특히, 지하층용과 지상층용은 별도로 이격 분리하는 것이 훨씬 유리하다.

⑦ 구조층 등으로 건물을 수직구획한다.

⑧ 계단으로 통하는 출입문은 자동 닫힘구조로 한다.

⑨ 이중문 사이에 강제대류 컨벡터 혹은 FCU 설치, 에어커튼 등을 설치하여 건물 내·외부의 압력 경계를 형성시킨다.

⑩ 실내를 가압하여 건물의 외부압력보다 항상 높게 유지시킨다.

---

14. 다음 그림과 같은 구조체에서 조건을 참조하여 답하시오.

(1) 구조체의 열관류율($W/m^2 \cdot K$)

(2) 실내 측 벽체표면온도

(3) 실내 노점온도가 19℃인 경우, 실내 측 벽면의 표면결로 발생 여부

(4) 문제 (3)에서 결로가 발생하지 않도록 하기 위해 필요한 추가 단열재 두께(동일 단열재 사용)

[구조체]

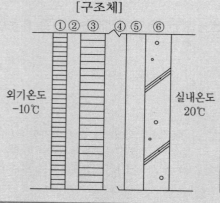

[조건]

구 분	두께(mm)	열전도율($W/m \cdot K$)
① 타일	10	1.1
② 시멘트모르타르	30	1.2
③ 시멘트벽돌	190	1.2
④ 공기층	50	열전달저항 : 0.2 $m^2 \cdot K/W$
⑤ 단열재	50	0.03
⑥ 콘크리트	100	1.4

외기온도 -10℃ 실내온도 20℃

실내표면 열전달률 9 $W/m^2 \cdot K$
실외표면 열전달률 23 $W/m^2 \cdot K$

정답 (1) 구조체의 열관류율($W/m^2 \cdot K$)

① 다음의 구조체의 열관류율 K 값 [$W/m^2 \cdot K$] 계산공식에서,

$$K = \frac{1}{R} = \cfrac{1}{\cfrac{1}{\alpha_i} + \cfrac{d_1}{\lambda_1} + \cfrac{d_2}{\lambda_2} + \cfrac{d_3}{\lambda_3} + \cfrac{d_4}{\lambda_4} + \cdots \cfrac{1}{\alpha_o}}$$

여기서, α_o : 외부 면적당 열전달계수 (W/m²·K)

α_i : 내부 면적당 열전달계수 (W/m²·K)

R : 열저항 (m²·K/W)

λ_1 : 구조체 1번의 열전도율 (W/m·K)

λ_n : 구조체 n번의 열전도율 (W/m·K)

d_1 : 구조체 1번의 두께 (m)

d_n : 구조체 n번의 두께 (m)

$$K = \cfrac{1}{\cfrac{1}{9} + \cfrac{0.01}{1.1} + \cfrac{0.03}{1.2} + \cfrac{0.19}{1.2} + 0.2 + \cfrac{0.05}{0.03} + \cfrac{0.1}{1.4} + \cfrac{1}{23}} = 0.4376 \ \text{W/m}^2 \cdot \text{K}$$

(2) 실내 측 벽체표면온도

총열관류 저항 $R = \dfrac{1}{K} = 2.2851$

$\dfrac{\Delta t}{\Delta T} = \dfrac{r}{R}$ 에서,

여기서, ΔT : 실내외 온도차, Δt : 각 열전달층의 온도차, r : 각 열전달층의 저항차

실내 측 벽체표면의 열전달저항 $= \dfrac{1}{9} = 0.1111$

실내 측 벽체표면온도와 실내온도 간의 온도차

$$\Delta t = \Delta T \times \frac{r}{R} = \frac{[20 - (-10)] \times 0.1111}{2.2851} = 1.4587$$

따라서, 실내 측 벽체표면온도 $= 20 - 1.4587 = 18.541\,℃$

(3) 실내 노점온도가 19℃인 경우, 실내 측 벽면의 표면결로 발생 여부

① 상기 (2)번에서 실내 측 벽체표면온도 $t_s = 18.541$ 이었다.

② 실내 측 벽체표면온도 $t_s = 18.541\,℃ <$ 노점온도 (19℃)

따라서, 결로가 발생한다.

(4) 문제 (3)에서 결로가 발생하지 않도록 하기 위해 필요한 추가 단열재 두께(동일 단열재 사용)

상기 (3)번의 식에서, $t_s = 19\,℃$를 대입할 경우의 열관류율 K'와 열관류저항 R'를 구해보면,

$$t_s = 19\,℃ = t_i - \frac{K'}{\alpha_i}(t_i - t_o) = 20 - \frac{K'}{9}[20 - (-10)] \ \text{에서,}$$

$$K' = 0.3 \qquad\qquad R' = \frac{1}{K'} = 3.3333$$

$$\Delta R = R' - R = 3.3333 - 2.2851 = \frac{\Delta d}{\lambda} = \frac{\Delta d}{0.03}$$

따라서, 증가시켜야 하는 단열재 두께(Δd)=0.0314 m=31.4 mm 이상의 규격품으로 추가하여야 한다.

---

15. 히트펌프(heat pump)의 여름철과 겨울철 운전에 사용되기 위한 4방(4way)밸브 작동방법을 그리고 설명하시오.

정답 **(1) 개요**

① 히트펌프(heat pump) 장치에서 여름철과 겨울철 운전 절환을 위해 가장 많이 사용되고 있는 방식이 4방(4way)밸브를 이용하는 '냉매회로 절환방식'이다.

② 이러한 4방밸브를 이용한 '냉매회로 절환방식' 외에 냉방 및 난방의 모드 절환방식으로는 수회로 변환방식과 공기회로 변환방식 등이 있으나, 유체 반송시스템이 복잡하여 초대형 시스템의 경우를 제외하고는 별로 사용되지 않는 편이다.

(2) 4방밸브 작동방법

① 겨울철(난방 시)

㈎ 다음 좌측 그림을 참조하여 압축기에서 나오는 고온고압의 가스는 4방밸브의 우측으로 흐르게 되어 실내 측으로 흘러들어가 난방을 실시한다.

㈏ 실내 응축기에서 난방을 실시한 후 팽창변을 거쳐 실외 측 증발기로 흡입되어 대기의 열을 흡수한다.

㈐ 증발기에서 나온 냉매는 사방변을 거쳐 다시 압축기로 흡입된다.

② 여름철(냉방 시)

㈎ 다음 우측 그림을 참조하여 압축기에서 나오는 고온고압의 가스는 4방밸브의 좌측으로 흐르게 되어 실외 측 응축기로 흘러들어가 방열을 실시한다.

㈏ 실외 응축기에서 방열을 실시한 후 팽창변을 거쳐 실내 측 증발기로 흡입되어 냉방을 실시한다.

㈐ 실내 측 증발기에서 나온 냉매는 사방변을 거쳐 다시 압축기로 흡입된다.

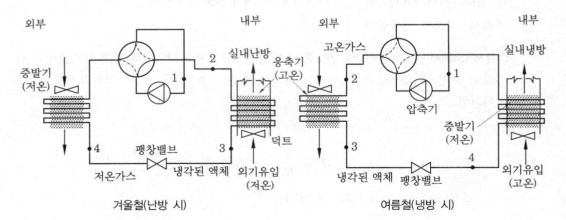

겨울철(난방 시)   여름철(냉방 시)

③ 이때의 냉방 및 난방 시 히트펌프의 성적계수(COP)는 아래와 같이 된다.

(가) 냉방시의 성적계수 $COP_c = \dfrac{증발능력}{소요동력} = \dfrac{h_1 - h_4}{h_2 - h_1}$

(나) 난방시의 성적계수 $COP_h = \dfrac{응축능력}{소요동력} = \dfrac{h_2 - h_3}{h_2 - h_1}$

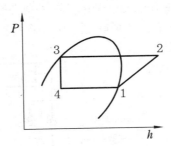

$P-h$ 선도(냉·난방 시 동일)

---

16. 공조열원 계통에서 1차 펌프와 2차 펌프를 구분하고, 2차 펌프 설계 시 변유량 제어의 필요성에 대해 설명하시오.

정답

(1) 1차 펌프(Primary pump)
① 1차 펌프란 열원기기에서 냉·온수 분배 헤드까지를 순환하는 1차측 펌프를 의미한다.
② 통상 정유량 펌프를 사용하여 전체 시스템에 대한 운전을 행한다.
③ 1차 펌프와 2차 펌프를 동시에 적용 시 펌프 수량 증가에 의한 반송동력 과다의 문제와 시스템의 복잡성 때문에 소규모 및 중규모의 단일 공사에서는 보통 2차 펌프를 제외한 1차 펌프 시스템 단독으로 설계 및 시공하는 경우가 많다.

(2) 2차 펌프(Secondary pump)
① 2차 펌프란 냉·온수 분배 헤드로부터 부하 측(공조기 등)을 순환하는 순환펌프를 의미한다.
② 통상 변유량 펌프를 많이 사용한다.
③ 대규모의 장소에서도 유량제어가 용이하여 많이 사용되는 방식이다.
④ 동력동에 가까운 건물의 압력 증가가 우려될 수도 있다.
⑤ 3차 펌프(Tertiary pump)를 추가하여 각 건물별·존별 상세 제어하는 경우도 있다.

(3) 2차 펌프 설계 시 변유량 제어의 필요성
① 2차 펌프로는 통상 변유량 제어 방식을 많이 사용하는데 이는 건물의 에너지 절약과 관계가 깊다.
② 열원동에서는 보통 열원기기의 필요 유량이 정해져 있기 때문에 변유량 제어가 어

려우며, 따라서 펌프의 정유량 제어 방식이 주로 채택된다. 그러나 2차 측(사용처)에서는 사용부하의 변동이 많이 발생할 수 있어 부하추종성이 필요하고, 또한 건물의 에너지절약 등의 측면에서도 인버터방식 등의 변유량 펌프방식을 쓰면 많은 도움이 된다.

③ 다음 그림에서 보듯이, 열원동의 열원기기 3대 (#1, #2, #3)는 필요 유량의 고정적 확보를 위해 정유량펌프 (Primary Pump)를 채택하였으며, 2차 펌프는 빌딩 1, 빌딩 2 등의 부하 측 부하의 변동에 따라 필요량의 유체를 송수할 수 있도록 변유량 펌프 제어방식을 택할 수 있다.

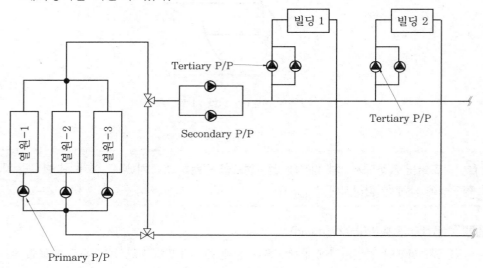

④ 간혹 대형 현장에서, 1·2·3차 펌프 시스템 (Primary-Secondary-Tertiary pump System)을 적용하는 경우가 있는데, 이는 2차 펌프를 더욱 더 세분화하여 각 부하 측 건물에 별도의 3차 펌프를 적용하는 경우이다. 그러나 이러한 시스템은 자칫 반송배관의 시스템이 복잡하여 시스템 효율은 떨어뜨리고, 제어의 복잡성으로 인하여 관리비용이 증가할 수 있으며, 고장의 우려도 커질 수 있어서 보통 초대형 프로젝트 외에는 잘 적용되지 않는다.

---

17. 밀폐형과 개방형 냉각탑의 냉각원리를 그림으로 나타내고 비교하여 설명하시오.

정답 **(1) 개요**

① 냉각탑은 공업용과 쾌적 공조용으로 대별되며, 냉동기의 응축열을 제거하기 위해서 물을 주위 공기와 직접 혹은 간접적으로 접촉 및 열교환시켜 물을 냉각하는 장치를 말한다.

② 가장 보편적으로 사용되는 개방식 냉각탑 중 강제 통풍식(기계 통풍식)은 송풍기 사

용, 공기의 강제적 유통으로 냉각효과가 크고, 성능 안정, 소형 경량화가 가능해 주로 많이 사용되는 형식이다. 대기식 혹은 자연통풍식은 특수 목적과 장소 외에는 많이 사용하지 않는 방식이다.

(2) 개방형 냉각탑

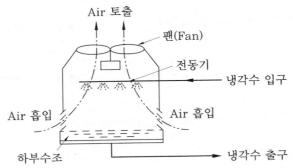

① 개방형 냉각탑은 위 그림에서 보듯이, 냉각수가 냉각수 입구에서 냉각수 출구로 흘러내려갈 때 공기의 흐름(Air 흡입→Air 토출)에 의해 상호 열교환 및 물질교환을 이루는 형태로 운전되며, 대기 중에 노출된 냉각수의 증발잠열에 의해 냉각이 이루어지는 원리이다 (이때 물은 증발량 및 비산량 등을 계속 보충해 주어야 한다).

② 냉각수 입구로 들어온 냉각수는 상부에서 스프레이된 후 하부수조에 모여 다시 냉각수 출구로 나가며, 이후 펌프를 통해 냉동기의 응축기 측으로 들어가게 된다.

③ 그 열교환 형태에 따른 개방형 냉각탑의 종류로는 아래와 같은 것들이 있다.

　(가) 대기식 : 냉각탑의 상부에서 분사하여 대기 중 냉각시킴

　(나) 자연 통풍식 : 원통기둥의 굴뚝효과 이용

　(다) 기계 통풍식

　　(가) 직교류형 : 냉각수와 공기의 흐름이 직각 방향, 저소음, 저동력, 높이가 낮음, 설치면적 넓고 중량이 큼, 토출공기의 재순환 위험, 비산수량이 많음, 가격이 고가, 유지관리 편리 등

　　(나) 역류형(대향류형, 향류형) : 냉각수와 공기의 흐름이 반대방향, 모양이 수직으로 긴 형태, 효율이 좋고 기술이 안정된 형태

　　(다) 평행류형 : 효율이 낮아 잘 사용하지 않는다.

④ 냉각탑 효율

　(가) Range＝입구 수온－출구 수온

　(나) Approach＝출구 수온－입구 공기 WB

　(다) 냉각탑 효율＝$\dfrac{\text{입구 수온}-\text{출구 수온}}{\text{입구 수온}-\text{입구 공기 WB}}=\dfrac{Range}{Approach+Range}$

⑤ KS표준 온도조건

　(가) 입구 수온＝37℃　　　　　(나) 출구 수온＝32℃

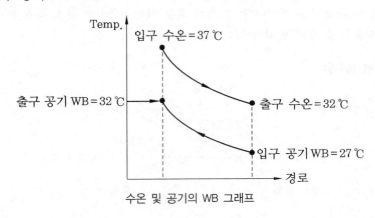

(다) 입구 공기 WB=27℃   (라) 출구 공기 WB=32℃

수온 및 공기의 WB 그래프

⑥ 냉각탑의 용량 제어법

(가) 수량 변화법 : Bypass 수회로 등을 이용하여 냉각수량을 조절해준다.

(나) 공기유량 변화법 : 송풍기의 회전수 제어 등을 통하여 공기의 유량을 조절해 주는 방법

(다) 대수분할제어 : 냉각탑의 대수를 2대 이상으로 하거나, 혹은 냉각탑의 내부를 분할하여 분할제어를 해준다.

(2) 밀폐형 냉각탑

① 밀폐형 냉각탑은 아래 그림에서 보듯이, 냉각수가 냉각수 입구에서 냉각수 출구로 흘러내려갈 때 공기의 흐름(Air 흡입 → Air 토출)에 의해 상호 열교환을 이루는 형태로 운전된다는 것은 개방형 냉각탑과 동일하지만, 냉각수가 대기에 직접 노출되지 않고, 그대로 관(밀폐형 열교환기) 내부를 타고 흐르며, 물질교환을 이루지는 않는다. 따라서 물과 공기가 현열교환만을 이루는 형태의 열교환이다 (이때 냉각수량은 보존되므로 별도로 보충해줄 필요는 없다).

② 즉, 냉각수가 밀폐된 관내부로 흐르면서 열교환을 이루는 원리이다.

③ 밀폐형 냉각탑은 물의 증발잠열이 아닌 단순 현열교환만 이루어지므로 열교환 능력이 떨어져 동일 냉동능력을 처리하기 위해 개방형 냉각탑 대비 사이즈가 커지고 많은 열교환면적을 필요로 하며, 가격이 고가 이다.

④ 밀폐형 냉각탑은 냉각수가 대기중에 노출되지 않기 때문에 냉각수의 수질이 양호하며, 부식 및 스케일이 적게 발생하고, 관리가 편리하다는 장점이 있다.

⑤ 밀폐형 냉각탑의 종류

(가) 건식(Dry Cooler) : 공기와 냉각수가 열교환 (상기 설명한 특징과 동일)

(나) 증발식

㉮ 밀폐형 냉각탑의 성능상 문제점(증발잠열교환이 없어 사이즈가 커지고 비쌈)을 해결하기 위해서 아래 그림(밀폐식 냉각탑-증발식)과 같이 밀폐형 열교환기의 외부에서 살수용 냉수를 스프레이해주어 냉각력을 높이는 방식이다.

㉑ 공기 및 살수에 의해 열교환을 이룬다. 즉, 순환 냉각수 오염을 방지하기 위해 코일 내부로 냉각수를 통과시키고 코일 외부의 표면에 냉수를 살포한다.

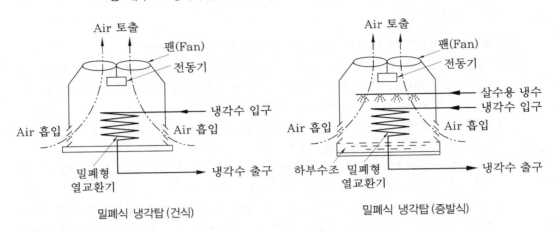

밀폐식 냉각탑 (건식)　　　　　　　　밀폐식 냉각탑 (증발식)

---

18. 초·중등학교에서 기존에 설치된 동양식 대변기를 서양식 대변기로 교체를 요구하는 민원이 발생하고 있다. 교체에 대한 민원 발생 이유를 설명하고, 동양식 대변기를 서양식 대변기로 교체 시에 발생할 수 있는 문제점과 건축 부분의 고려사항을 설명하시오.

정답 (1) 개요

① 동양식 대변기는 화변기, 재래식 대변기 등으로 불리며, 서양식 대변기는 양변기, 좌변기 등으로 불린다.

② 동양식 대변기는 바닥에 매설하여 설치 (플러시 밸브 혹은 수조 이용)하므로 변기와 피부의 접촉이 없어 위생적이라는 평가도 있지만, 일반적으로 취기 및 오물 부착의 우려가 크고 사용이 불편한 것으로 평가되고 있다.

③ 서양식 대변기는 탱크 포함하여 바닥 설치로 보수 및 수리가 용이하고, 취기 및 오물부착 우려가 거의 없으며, 사용이 편리하다는 장점이 있지만, 바닥 공간을 많이 차지하고, 피부의 접촉에 의한 위생상 우려 등의 단점도 지적되고 있다.

(2) 동양식 대변기를 서양식 대변기로 교체에 대한 민원 발생 이유

① 동양식 대변기는 특히 여름철 등에 악취가 심해 학생들이 화장실 사용을 꺼려하는 경우가 발생한다.

② 초·중등학교 학생의 경우 집에서는 서양식 변기를 거의 사용하다가 학교에서는 동양식 변기를 사용해야 할 경우 익숙하지 않아 적응에 문제가 있다. 일부 학생은 용변을 참는 경우까지 발생한다는 보도가 있다.

③ 우리 주변의 아파트, 다중이용시설, 고속도로 휴게소, 공원 등의 대부분의 생활장소가 서양식 대변기로 정착 및 일반화되면서 학생들이 동양식 대변기의 낙수소리, 용변보는 자세, 용변 시 근육 피로감, 물의 비산 등에 거부감을 가질 수 있다.

④ 동양식 대변기의 설치비율이 높은 학교는 보통 지은 지 오래 되었고, 낙후된 시설이 많은 학교일 경우가 많아서, 대변기뿐만 아니라 설비 전반에 걸친 인식 자체가 좋지 못한 경우가 많다.

(3) 동양식 대변기를 서양식 대변기로 교체 시에 발생할 수 있는 문제점

① 통계에 따르면, 학생 중 10 ~ 30 % 정도는 동양식 대변기를 요구한다는 보고도 있다. 따라서 일괄적으로 동양식 대변기를 모두 서양식 대변기로 바꾸기도 어려우며, 자칫 설치 후 또 다른 민원이 발생할 수도 있다.

② 동양식 대변기와 서양식 대변기의 적정 설치 비율이 1 : 9, 2 : 8, 3 : 7 등으로 전문가들조차도 아직 의견의 일치가 되어 있지 않다.

③ 대변기 교체에 따른 예산(비용)이 매우 크기 때문에 한꺼번에 모든 학교에 적용하기는 어려우며 우선순위 등의 정책적 결정이 필요하다.

④ 임상적으로 볼 때 "서양식 대변기보다 동양식 대변기에 앉는 게 복압을 증가시키고 항문·직장의 각을 넓혀 치질환자 등에게는 유리하다."는 의견 혹은 동양식 대변기가 위생상 훨씬 우수하다는 등의 다양한 의견의 수렴도 필요하다.

(4) 동양식 대변기를 서양식 대변기로 교체 시 건축 부분의 고려사항

① 동양식 대변기를 서양식 대변기로 교체 시 단순하게 변기 교체만 이뤄지는 것이 아니라 칸막이·방수 작업 등 대형 공사가 많이 요구된다.

② 동양식 대변기와 서양식 대변기는 일반적으로 아래와 같은 기술적 차이점이 있으므로 교체 시 기술기준을 만족하기 위해 만전을 기해야 공사 후 민원의 재발생을 막을 수 있다.

비교 항목	동양식 대변기	서양식 대변기
급수관경의 제한	10~15 mm	15 mm
세정관 관경	32 mm	50 mm
장소	적게 차지함	크게 차지함
수리	곤란함	용이
공사	어려움	쉬움
소음	상당히 큼	적음

19. 현재 설계된 벽체 열관류율은 0.320W/m^2·K이다. 요구 열관류율이 0.260W/m^2·K 이하인 경우, 추가해야 하는 단열재(열전도율 0.034W/m·K)의 최소두께(m)를 구하시오. 그리고 해당 두께 단열재를 추가한 벽체의 실내 표면 열전달 저항이 0.11m^2·K/W인 경우, 실내 표면온도를 구하시오. (단, 계산과정을 쓰고, 계산 시 유효숫자는 소수점 이하 셋째자리로 하며, 소수점 이하 넷째자리에서 반올림하시오. 실내온도 20℃, 외기온도 −20℃의 정상상태로 가정한다.)

정답 (1) 추가해야 하는 단열재(열전도율 0.034W/m · K)의 최소두께(Δd) 계산

$$\Delta R = \frac{1}{0.26} - \frac{1}{0.32} = 0.721154 \ \text{m}^2 \cdot \text{K/W}$$

여기서, $\Delta R = \dfrac{\Delta d}{\lambda}$ 에서,

$$\Delta d = \Delta R \times \lambda = 0.721154 \ \text{m}^2 \cdot \text{K/W} \times 0.034\text{W/m} \cdot \text{K} = 0.025\text{m}$$

(2) 실내 표면온도(t_s) 계산

$$t_s = t_i - \frac{K(t_i - t_o)}{\alpha_i} = t_i - K(t_i - t_o) \times r_i \ (\text{실내 표면 열전달 저항})$$

$$= 20 - 0.26 \times (20 - (-20)) \times 0.11 = 18.856℃$$

---

20. 기존 건물의 리모델링을 함에 있어서 공기조화설비에 대하여 에너지 절약적 측면에서 고려해야 할 사항을 설명하시오.

정답 (1) 개요

① 기존 건물의 리모델링을 함에 있어서 에너지를 절약하는 방법에는 크게 Passive적 방법(에너지 요구량을 줄일 수 있는 기술)과 Active적 방법(에너지 소요량을 줄일 수 있는 기술)으로 대별될 수 있다.

② 공기조화설비의 에너지 절약적 방식은 주로 Active적 방법을 사용하여 에너지 소요량을 줄일 수 있도록 하는 방식이다.

(2) 공기조화설비의 에너지 절약적 고려사항

① 공조방식 : 혼합공조를 채택하여 외주부 공조나 간헐기 공조는 순발력과 대응력이 뛰어난 개별냉난방으로 하고, 내주부 공조나 여름철과 겨울철의 연속 냉난방 시즌에는 중앙공조로 행한다.

② 고효율 기기 적용 : 열원기기, 반송 동력기기, 말단유닛 등에 고효율 공기조화설비를 적용한다.

③ 팬 동력 : 복사냉난방을 활용하여 말단유닛(공조기, 팬코일 유닛 등)의 팬 동력을 줄일 수 있다.

④ 중간기 냉방 : 외기냉방, 외기냉수냉방을 이용하여 중간기 냉방을 실시한다.

⑤ 열매체 반송동력 절감 : 대온도차 냉동기, 저온급기방식 등을 적용하여 반송 동력을 줄인다.

⑥ TAC 초과 위험 확률 : 장비 선정 시 'TAC 초과 위험 확률'을 잘 고려하여 최적설계를 진행한다.

⑦ 인버터 제어 : 각종 전동설비에 대해서는 인버터 제어를 실시하여 연간 부분 부하 효율을 최대로 올릴 수 있도록 한다.

⑧ 열교환 효율 : 열원기기를 포함한 전체 수배관 시스템에서 스케일 방지, 부식 방지 등을 철저히 실시하여 열교환 손실을 줄인다.

⑨ 자동제어 : 건물의 공기조화설비에 IOT기술, BEMS기술을 적극적으로 접목하여 제어한다.

⑩ ICT기술 : ICT기술을 접목한 스케줄 제어, 최적 기동 제어 등을 실시하여 에너지를 절감한다.

⑪ 환기의 방법 : 자연환기, 하이브리드 환기 혹은 국소환기를 적극 고려하고, 환기량 계산 시 너무 과잉으로 설계하지 않는다.

⑫ 전열교환기 : 전열교환기를 적극 적용하여 환기로 부터의 배열을 회수할 수 있게 한다.

⑬ 신재생에너지 적용 : 지열히트펌프, 태양열 난방/급탕 설비 등의 신재생에너지 활용을 적극 고려한다.

⑭ 폐열 회수 방법

  ㈎ 직접 이용방법

    ㉮ 혼합공기 이용법 : 천장 내 유인 유닛(천장 FCU, 천장 IDU) : 조명열을 2차 공기로 유인하여 난방 혹은 재열에 사용하는 방법

    ㉯ 배기열 냉각탑 이용방법 : 냉각탑에 냉방시의 실내 배열을 이용(여름철의 냉방 배열을 냉각탑 흡입공기 측으로 유도 활용)

  ㈏ 간접 이용방법

    ㉮ Run Around 열교환기 방식 : 배기측 및 외기측에 코일을 설치하여 부동액을 순환시켜 배기의 열을 회수하는 방식, 즉 배기의 열을 회수하여 도입 외기측으로 전달한다.

    ㉯ 열교환 이용법

      • 전열교환기, 현열교환기 : 외기와 배기의 열교환(공기 : 공기 열교환)

      • Heat Pipe : 히트파이프의 열전달 효율을 이용한 배열 회수

    ㉰ 수랭 조명기구 : 조명열을 회수하여 히트펌프의 열원, 외기의 예열 등에 사용한다(☞ Chilled Beam System이라고도 함).

    ㉱ 증발냉각 : Air Washer를 이용하여 열교환된 냉수를 FCU 등에 공급한다.

  ㈐ 승온 이용방법

    ㉮ 2중 응축기(응축부 Double bundle) : 병렬로 설치된 응축기 및 축열조를 이용하여 재열 혹은 난방을 실시한다.

    ㉯ 응축기 재열 : 항온항습기의 응축기 열을 재열 등에 사용

    ㉰ 소형 열펌프 : 소형 열펌프를 여러 개 병렬로 설치하여 냉방 흡수열을 난방에 활용 가능

    ㉱ Cascade 방식 : 열펌프 2대를 직렬로 조합하여 저온측 히트펌프의 응축기를 고온측 히트펌프의 증발기로 열전단시켜, 저온 외기 상황에서도 난방 혹은 급탕용 온수(50~60℃)를 취득 가능

㈜ TES(Total Energy System) : 종합 효율을 도모(이용)하는 방식

   ⑦ 증기보일러(또는 지역난방 이용)＋흡수식 냉동기(냉방)

   ⑭ 응축수 회수탱크에서 재증발 증기 이용 등

   ㉰ 열병합 발전 : 가스터빈＋배열 보일러 등

---

21. 지열을 활용한 에너지 절약형 환기시스템의 작동 원리와 주요 특징을 지중 튜브형(Earth Tube, Cool Tube)과 건물 구조체형(Thermal Labyrinth)으로 구분하여 설명하시오.

정답 **(1) 개요**

① 지중 튜브형(Earth Tube, Cool Tube) 및 건물 구조체형(Thermal Labyrinth) 시스템은 지중의 열을 이용하여 외기를 냉각 혹은 가열함으로써 환기와 냉방 및 난방을 동시에 행할 수 있는 방식이다.

② 냉방 및 난방으로 이러한 방식에 전적으로 의존하기에는 무리가 있는 경우에는 공조기 혹은 냉난방장치의 외기 예열용으로 사용되어질 수 있다.

③ 이러한 자연적(Passive) 환기, 냉방 및 난방을 행함으로써 가장 큰 장점은 친환경적이면서도 에너지 절약적 건물 공조가 가능해진다는 점이다.

(2) 지중 튜브형(Earth Tube, Cool Tube) 환기시스템

① 다음 그림에서 보듯이, 땅 속에 긴 공기 흡입관을 묻고 이 관을 통과한 공기를 건물에 공급해서 환기 및 난방과 냉방을 행할 수 있는 방식이다.

② 이 경우 겨울에는 공기가 관을 통과하면서 지열을 받아 데워져서 난방 혹은 난방 예열용으로도 활용 가능하다.

③ 여름에는 뜨거운 바깥 공기가 시원한 땅속 관을 통과하면서 식혀진 후 공급됨으로써 환기, 냉방 혹은 냉방 예랭용이 활용 가능하다.

④ 상기와 같이 공조를 행함으로써 환기 및 난방과 냉방을 위한 에너지가 절약되고, 쾌적하고 신선한 외기의 도입도 가능해진다.

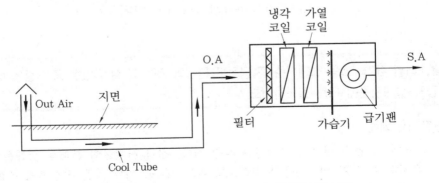

지중 튜브형(Earth Tube, Cool Tube) 환기시스템 사례

(3) 건물 구조체형(Thermal Labyrinth) 환기시스템

① 건물 구조체형(Thermal Labyrinth) 환기시스템의 정의

(가) 건물 구조체형(Thermal Labyrinth) 환기시스템은 지중에 설치한 콘크리트 구조물을 통하여 환기를 도입하여 외기를 냉각(여름철) 혹은 가열(겨울철)하는 방식이다.

(나) 지중에 설치한 콘크리트 구조물은 지중의 토양과 접촉하여 지중온도(약 15℃)에 가까워져 있으며, 꾸불꾸불하게 미로처럼 형성되어 있어서 외기와의 열교환 효율이 좋아질 수 있는 구조로 되어 있다.

(다) 건물 구조체형은 비교적 대용량의 외기를 냉각할 수 있으며, 건물 구조체형(Thermal Labyrinth) 내부로 외기가 통과하면서 낮은 온도의 표면에 의해 결로가 발생할 수 있으므로 정기적인 청소 및 관리가 필요하다.

② 지중 튜브형(Earth Tube, Cool Tube) 환기시스템과의 차이점

(가) 지중 튜브형은 상대적으로 지름이 작은 금속재질의 파이프로 되어 있으나, 건물 구조체형은 콘크리트로 되어 있어 그만큼 동일한 열전달 효율을 내기 위해서는 상대적으로 길고, 꾸불꾸불한 면이 필요하며 통과 유속은 다소 느려야 한다.

(나) 건물 구조체형(Thermal Labyrinth) 환기시스템은 지중 튜브형 대비 대용량의 지하 열교환 시스템의 구축에 알맞다.

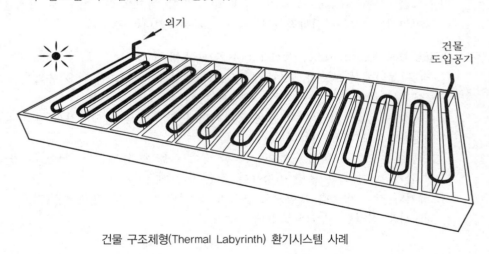

건물 구조체형(Thermal Labyrinth) 환기시스템 사례

---

22. 터널 환기시스템 설계기준 중 공동구 환기의 목적 및 설계기준, 공사 중인 터널의 환기 공사 설계기준에 대해 설명하시오.

정답 (1) 개요

터널 공동구 내부에 설치되는 각종 기계, 전기 시설물이 본래의 성능을 지속적으로 유지하고, 장기 내구성을 유지하도록 온도, 습도, 기류 등을 적정하게 조절해주고, 발열이 예상되는 전력 케이블용 공동구, 통신용 공동구 등의 경우에는 발생 열량이 매

우 클 수 있으므로, 환기를 통한 방열을 원활히 해주기 위해서 터널 내부 공동구에는 적절한 환기시스템을 갖추도록 하여야 한다.

(2) 터널 공동구 환기의 목적

① 터널 공동구 환기설비는 보통 "환기설비 설계기준"(국토교통부)을 기준으로 설계되어 지며, 터널 공동구(통신구, 전력구, 수로터널 등)의 환기설비계획 시에는 배관, 배선 시설물의 기능을 극대화하고, 유지관리가 용이하도록 온도, 습도의 적정 유지, 유해가 스의 희석 및 악취 제거 등의 목적으로 환기설비를 반드시 설치하여야 한다.

② 전력이송용 공동구나 통신용 공동구인 경우도 각 케이블에서 발생되는 열을 냉각 하기 위해 환기되어야 하며, 여름철에도 공동구 내의 온도는 40℃ 이상 상승되지 않도록 해야 한다.

(3) 터널 공동구 설계기준

① 터널 공동구 시설물 배치도

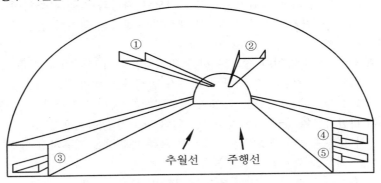

공동구 시설물 배치도 사례

※ 주 : ①, ② : 상부 공동구 ; 터널 조명용 전력시설 공동구
③, ④, ⑤ : 하부 공동구 ; 제트팬, CCTV, 소화전 등의 전력 및 통신용 공동구

② 환기방식은 종류식을 기본으로 적용하며, 현장 여건상 환기구가 부득이하게 한쪽 에 한정되어 종류식을 적용할 수 없는 경우에는 임시로 풍관식 환기방식을 사용할 수 있다. 이때는 장래 종류식이 가능할 때까지만 사용하도록 계획한다.

③ 환풍기는 환기구 그레이팅 상부에서의 소음을 75db 이하로 하며, 주변지역의 소음 규제 기준에 맞추어 필요 시 소음저감장치를 추가로 설치한다.

④ 환기설비의 풍량은 가동 후 30분 이내에 환기가 완료될 수 있어야 하며, 환기를 위한 공동구 내 공기유속은 최소 2.5m/s 이상을 공동구 전 구역에서 유지시켜야 하 며, 외부 신선공기는 공동구의 입구부, 출구부 및 지상 환기구에서 유입되게 하여 야 하고, 비상시를 위하여 공동구 내 환기는 정·역방향으로 공기흐름을 조정할 수 있어야 한다. 환기용으로 설치되는 환기팬은 화재시를 대비하여 250℃에서 60분 이상 가동될 수 있도록 한다.

⑤ 지상 환기구는 250m 이내의 간격으로 설치하거나, 환기시뮬레이션을 수행하여 설

치간격을 결정할 수 있으며, 지상 환기구로 유입되는 공기의 소음은 생활소음규제 기준 이하가 되도록 하고, 주변의 오염물질이 유입되지 않도록 공기의 유속은 5 m/s 이하가 되도록 한다. 또한 지상 환기구를 이용하여 공동구 내로 장비반입 및 관리자가 입출 가능하도록 한다.

⑥ 공동구와 공동구가 분리되거나 합류되는 경우는 공동구 내의 정확한 공기유동 현상을 파악하기 위하여 컴퓨터시뮬레이션 혹은 모형실험을 할 수 있으며 이 결과에 적합한 적정용량의 환기설비를 설치한다.

(4) 공사 중인 터널의 환기공사 설계기준

① 공사 중 환기량 산정 기준 검토 : 터널 내 작업원이 필요로 하는 신선 공기 공급을 위한 환기량과 발파 후 발생하는 유해가스 처리를 위한 필요 환기량, 디젤기관을 사용하는 경우의 환기량, 분진 처리를 위한 환기량을 합산하여 산정한다. 공사 중에 터널에서 필요한 환기량은 터널 길이, 굴착 단면, 사용 화약량, 작업 사이클, 공사용 기계, 시공 방법에 의해 달라지지만 일반적으로 다음과 같이 분류하여 계산할 수 있다.

㈎ 총 소요 환기량은 병행작업이 예상되는 공종의 환기량 합량에서 가장 큰 값을 적용한다.

㈏ 터널 내 작업원이 필요로 하는 환기량은 3 m³/분·인을 기준으로 해야 한다.

㈐ 폭약 1kg당의 환기 대상 유해가스 발생량은 일반적인 기준을 적용할 수 있으나 해당 터널에서 사용은 폭약의 제조업체가 제시한 기준을 적용해야 한다.

㈑ 내연기관의 유해가스 발생량은 일반적인 기준을 적용할 수 있으나 해당 터널에서 사용하는 장비 제조업체가 제시한 표준 배출량을 적용하고 엔진 출력당 배출에 관한 기준을 적용할 수 있다.

㈒ 숏크리트 타설로 인한 분진 발생량은 25mg/m³을 적용해야 한다.

㈓ 터널 공사 중의 유해가스 및 분진 허용농도는 근로환경 관계법규에 제시된 기준치를 만족하도록 한다.

㈔ 공사 중 터널에서 유해가스나 가연성 가스가 발생하는 경우, 유해가스에 의한 인명사고 및 가연성 가스의 폭발 방지를 위해 터널 내 지반에서 나오는 가스 발생 유무를 측정 감시해야 하며, 이를 고려한 환기를 수행해야 한다.

② 터널 내 작업원이 필요로 하는 신선공기 공급을 위한 환기량(m³/min) 검토

㈎ 작업원의 호흡에 의한 터널 내의 공기의 오염은 CO_2이다. 호흡에 의한 CO_2 가스의 발생은 발생 후 가스 및 디젤기계 배기가스 등에 의한 경우와 비교해서는 극히 적은 양이지만 장시간 작업 시 CO_2는 증가한다. 특히 많은 사람이 작업하는 경우에는 무시할 수 없다.

㈏ 작업자 1인당 약 0.3 m³/min이 되지만 이 정도의 소풍량으로 사람이 출입하는 공간을 효과적으로 환기하는 것은 일반적으로 곤란하다. 또 환경 악화 원인에는 땀에 의한 습도 증가, 기온의 상승 및 체취의 충만 등이 있고, 작업원에게는 적절한 기류(Draft)가 필요하기 때문에 이를 고찰해서 작업자 1인당의 소요 환기량을 최저 3 m³/min로 하는 것이 바람직하다. 또 작업자의 호흡에 의한 공기오염의 경우

에 환기 방법은 작업 지점에서 송기식이 효과적이다.

③ 발파 후 발생하는 유해가스 처리를 위한 필요 환기량 $Q_2(\text{m}^3/\text{min})$ 검토

   ㈎ 터널 공사 중의 유해가스 및 분진 허용농도는 근로환경 관계법규에 제시된 기준치와 같으며, 유해가스 등에 의한 인명사고가 발생할 수 있으므로 가스 측정기를 사용하여 터널 내 지반에서 나오는 가스 발생 유무를 측정 감시하여야 한다.

   ㈏ 폭약 1kg당 환기대상 유해가스 발생량은 해당 터널에서 사용되는 폭약에 대하여 폭약제조업체가 제시한 표준 발생량을 적용하는 것을 원칙으로 한다.

   ㈐ 소요 환기량은 발파 전의 막장 유해가스 농도가 '0'에 가깝고 무시할 수 있는 상태에 있는 것이 되므로 발파가 어떤 cycle로 실시되더라도 환기를 중단하는 일이 없이 다음의 발파까지 막장 부근의 유해가스 농도가 무시할 수 있는 상태가 되도록 환기를 지속시킬 필요가 있다.

④ 디젤기관을 사용하는 경우의 환기량(m³/min) 검토

   ㈎ 내연기관의 유해가스 발생량은 해당 터널에서 사용되는 장비에 대하여 장비 제조업체가 제시한 표준배출량을 적용하는 것을 원칙으로 한다.

   ㈏ 환기량은 디젤기관의 가동, 사용 상태에 따라 터널 한 부분에서 집중적으로 유해가스의 농도가 높아지는 경우가 있으므로 이와 같은 사항을 고찰하여 검토하여야 한다.

⑤ 분진 처리를 위한 환기량(m³/min) 검토

   ㈎ 터널 내 숏크리트 공법으로 인한 분진 발생 상태 조사 결과에 의하면 조성은 대부분 광물질이고 규산량도 20% 이하로 제2종 분진이다.

   ㈏ 실측 농도는 입경 $10\mu\text{m}$ 이하에서는 5mg/m^3 이하이고, 보통 환경기준상 문제는 없지만 집진장치를 설치하는 것이 바람직하다.

   ㈐ 숏크리트 공법의 분진대책으로서는 통상 환기 이외에 집진장치 설비, 살수 등도 충분히 검토할 필요가 있다. 또 숏크리트 시공 시 터널 내 작업원은 분진 마스크를 착용하여야 한다.

---

23. 아래의 조건과 같이 주어졌을 때, LNG를 연료로 사용하는 보일러 운전 시 발생하는 폐가스량(m³/h) 및 폐가스의 굴뚝에서 통기력(kPa)을 구하시오. (단, 보일러에서 굴뚝 입구까지 온도 변화는 없는 것으로 한다.)

[조 건]

보일러 연료(LNG)소모량 : 400Nm³/h,   연료의 비체적 : 1.4Nm³/kg
연료소모량 당 폐가스발생량 : 5.6m³/kg
폐가스 온도 : 136.5℃,   대기온도 : 27℃
굴뚝의 길이 : 45m,   굴뚝 내의 온도강하 : 0.5℃/m
공기밀도(표준상태) : 1.29kg/m³,   폐가스밀도(표준상태) : 1.35kg/m³

정답 (1) 폐가스 발생량 $(\text{m}^3/\text{h}) = \dfrac{\text{보일러 연료소모량}}{\text{연료의 비체적}} \times \text{연료소모량당 폐가스 발생량}$

$$= \frac{400}{1.4} \times 5.6 = 1600\,\text{m}^3/\text{h}$$

(2) 폐가스의 굴뚝에서 통기력(kPa) 계산

굴뚝 출구지점의 폐가스(배기가스) 온도 $= 136.5 - 0.5 \times 45 = 114\,℃$

굴뚝 내 폐가스(배기가스) 평균온도 $= 136.5 - 0.6 \times (136.5 - 114) = 123\,℃$

$$Z = 273H\left(\frac{r_a}{273 + t_a} - \frac{r_g}{273 + t_g}\right)$$

여기서, Z : 통풍력(mmAq, mmH₂O, kgf/m^2)

H : 굴뚝의 높이(m)

r_a : 공기밀도(kg/m^3)

r_g : 배기가스 평균밀도(kg/m^3)

t_a : 외기온도$(℃)$

t_g : 배기가스 평균온도$(℃)$

따라서, $Z = 273 \times 45 \times \left(\dfrac{1.29}{273 + 27} - \dfrac{1.35}{273 + 123}\right)$

$= 10.94\,\text{mmAq} = 107.3\,\text{Pa} = 약\ 0.11\,\text{kPa}$

---

24. 공동현상(Cavitation)의 개념과 Cavitation 발생 판정 검토 시 펌프 자체가 필요로 하는 유효흡입양정[NPSHre (Net Positive Suction Head required)]을 구하는 방법에 대하여 설명하시오.

정답 (1) 개요

① 펌프의 이론적 흡입양정은 10.332 m, 관마찰 등을 고려한 실질적인 양정은 6~7m 정도이다.

② 캐비테이션은 펌프의 흡입양정이 6~7m 초과 시, 물이 비교적 고온 시, 해발고도가 높을 시 잘 발생한다.

③ 펌프는 액체를 빨아올리는데 대기의 압력을 이용하여 펌프 내에서 진공을 만들고 (저압부를 만듦), 빨아올린 액체를 높은 곳에 밀어 올리는 기계이다.

④ 만일 펌프내부 어느 곳에든지 그 액체가 기화되는 압력까지 압력이 저하되는 부분이 발생되면 그 액체는 기화되어 기포를 발생하고 액체 속에 공동(기체의 거품)이 생기게 되는데 이를 캐비테이션이라 하며, 임펠러(impeller) 입구에 가장 가까운 날개표면에서 잘 발생한다.

⑤ 공동현상은 압력의 강하로 물속에 포함된 공기나 다른 기체가 물에서부터 유리되어 생기는 것으로 이것이 소음, 진동, 부식의 원인이 되어 재료에 치명적인 손상을 입힌다.

(2) 공동현상(Cavitation)의 개념

다음과 같이 4단계 메커니즘(Mechanism)에 의해서 발생하는 소음, 진동, 파손 등의 현상을 공동현상(Cavitation)이라고 할 수 있다.

① 1단계 : 펌프 흡입측의 양정 과다, 수온 상승 등 여러 요인으로 인하여 압력강하가 심할 경우 증발 및 기포가 발생한다.

② 2단계 : 이 기포는 결국 펌프의 출구 쪽으로 넘어간다.

③ 3단계 : 펌프 출구측에서 압력의 급상승으로 기포가 갑자기 사라진다.

④ 4단계 : 이 순간 급격한 진동, 소음, 관부식 등이 발생한다.

(3) 캐비테이션의 발생조건(원인)

① 흡입양정이 클 경우

② 액체의 온도가 높을 경우 혹은 포화증기압 이하로 된 경우

③ 날개차의 원주속도가 클 경우(임펠러가 고속)

④ 날개차의 모양이 적당하지 않을 경우

⑤ 휘발성 유체인 경우

⑥ 대기압이 낮은 경우(해발이 높은 고지역)

⑦ 소용량 흡입펌프 사용 시(양흡입형으로 변경 필요)

(4) 필요 유효흡입양정(NPSHre) 구하는 방법

① 필요 유효흡입양정(NPSHre)은 회전차 입구까지 유입된 액체가 회전차에서 가압 전에 발생한 압력강하(수두압)를 말한다.

② 필요 유효흡입양정(NPSHre)은 보통 펌프 제작사에서 제공하는 기술 데이터이며, 펌프마다의 고유한 값으로서 펌프를 설치하는 조건이나 위치 등과는 무관한 수치이다.

③ 필요 유효흡입양정(NPSHre)은 펌프 입구측과 회전차 입구측에서의 압력강하(수두압)의 합이라고 말할 수 있다.

④ Thoma의 캐비테이션계수(σ)를 이용한 필요 유효흡입양정(NPSHre) 계산법

$$NPSHre = \sigma \times H$$

여기서, σ : Thoma의 캐비테이션계수

H : 전양정(임펠러 1단마다의 최고 효율점에서의 전양정)

⑤ Thoma의 캐비테이션계수(σ) 구하는 방법

㈎ 계산으로 구하는 법

$$\sigma = \left(\frac{n_s}{S}\right)^{4/3}$$

여기서, n_s : 펌프의 비속도(전양정 기준)

S : 흡입 비속도(실제 필요로 하는 압력강하수두 기준)

(나) 도표로 구하는 법

아래의 그래프에서 가로축의 펌프비속도(η_s) 및 사축의 실제 흡입비속도(S)를 이용하여, 세로축에서 캐비테이션 계수(σ)를 읽을 수 있다.

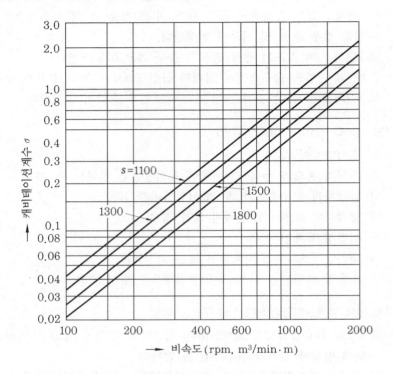

Thoma의 캐비테이션계수(σ) − 비속도 그래프

---

25. 지하 1층(기계실), 지상 10층 오피스 건물에 대해 정풍량(CAV) 단일덕트+팬코일 유닛(FCU) 공조방식으로 할 경우 냉온수기를 적용한 열원배관 Diagram 및 공조배관 계통의 설비계획을 하시오. (조건 : 공조기 1대, FCU 각 층 4대)

정답 (1) 개요

① '정풍량(CAV) 단일덕트+팬코일 유닛(FCU) 공조방식'은 '공기−수(水) 중앙공조방식'의 일종으로 팬코일 유닛(FCU)은 주로 외주부 공조방식으로 적용되고, 정풍량(CAV) 단일덕트는 주로 내주부 공조방식과 환기 및 신선외기 도입의 기능을 담당한다.

② 열원기기로 냉온수기를 적용하면 여름철에는 냉방장치로, 겨울철에는 난방장치로도 활용이 가능하다.

③ 열원배관은 팬코일 유닛과 공조기에 동시에 냉수(여름철) 혹은 온수(겨울철)를 공

급해줄 수 있으며, 공조기에서 토출되는 단일덕트를 통하여 냉풍(여름철) 혹은 온
풍(겨울철)은 각 층의 취출구로 공급해 줄 수 있다.

(2) 배관 계통도

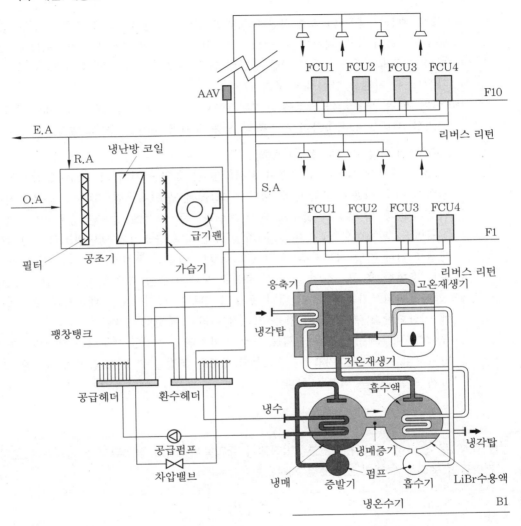

배관 계통도

(3) 공조배관 계통의 설비계획

① 열원 배관 내 열매체의 흐름

   (가) 지하에 설치된 냉온수기로부터 생산된 냉수(여름철) 혹은 온수(겨울철)는 공급펌
      프에 의해 공급헤더로 운반되고, 공급헤더에서는 공조기와 각 층의 FCU로 동시에
      냉수 혹은 온수를 공급하여 냉·난방을 행한다.

(내) 이렇게 분배된 냉수 혹은 온수는 각 층의 리버스 리턴 배관(역환수 배관)을 통해 균등한 유량으로 환수헤더에 모이게 한다.

(대) 환수헤더에 모인 냉수 혹은 온수는 다시 지하에 있는 열원기기(냉온수기)로 복귀 되어진다.

(래) 상기 '배관 계통도'의 좌측 하단의 차압밸브는 공급헤더에 과잉 압력이 걸릴 경우 환수헤더로의 압력 회피의 수단으로 작용하게 되며, 팽창탱크는 환수헤더에 연결 되어 열매체의 온도변화에 의한 팽창력 혹은 수축력을 흡수할 수 있게 되어 수배 관 시스템 전체를 안전하게 보호한다.

(매) 상기 '배관 계통도'의 상부에 표시된 'AAV'는 자동공기밸브로 배관 내에 침입한 공기를 자동으로 배출하여 시스템의 성능 유지에 도움을 줄 수 있다.

② 정풍량(CAV) 단일덕트 내 공기의 흐름

(가) 공조기 내부에 설치된 급기팬이 운전되면 각 층의 공기와 외기(OA)를 동시에 흡 입하여 적정 비율로 혼합한 후 냉난방코일에서 냉풍(여름철) 혹은 온풍(겨울철)을 만들어낸 후 각 층의 취출구로 다시 보낸다. 즉, 지하에 설치된 냉온수기로 부터 공급받은 냉수(여름철) 혹은 온수(겨울철)에 의해 공조기의 냉난방코일이 냉각(여 름철)되거나 가열(겨울철)되면 각 층으로부터 리턴된 공기와 신선 외기를 일정 비 율로 혼합한 후 공조하여 다시 각 층으로 보내어 냉방 혹은 난방을 행할 수 있다.

(나) 환기(RA)되어지는 각 층 실내의 공기 중 일부는 배기(EA)로 배출시켜 주어 실내 에 이산화탄소, 분진 등의 양을 기준치 이하로 조절해 준다.

(다) 공조기 내부에는 공조용 중성능 필터가 설치되어 외기를 깨끗하게 필터링하여 냉 난방코일로 보내면, 가습기는 각 층의 습도를 조절할 수 있게 급기의 습도를 적정 하게 조절해주는 역할을 한다.

---

26. LNG를 연료로 사용하는 초고층빌딩에서 승압방지장치의 설치목적과 설치가 필요한 건축물의 높이를 아래의 조건으로 계산하시오.

[조 건]

연소기의 최고사용압력 : 2.5kPa
입상배관 최초 시작지점의 가스압력 : 2.2kPa
공급가스의 비중 : 0.62
공기의 밀도 : 1.293kg/m³
중력 가속도 : 9.8m/s²
입상배관으로부터 연소기 구간 마찰손실 : 0.15kPa

정답 **(1) 승압방지장치의 설치목적**

일정 높이 이상의 건물로서 가스압력 상승으로 인하여 연소기에 실제 공급되는 가스의 압력이 연소기의 최고사용압력을 초과할 우려가 있는 건물은 압력 상승에 의한 가스 누출, 이상연소 등을 방지하기 위하여 승압방지장치를 설치해야 한다.

(2) 승압방지장치의 설치가 필요한 건축물의 높이 계산

$$\Delta P = P_h - P_o + \Delta P_L = \rho \times H \times (1 - S) \times g$$

여기서, ΔP : 입상배관의 최고압력 상승 가능치(Pa)

P_h : 연소기의 최고사용압력(Pa)

P_o : 입상배관 최초 시작지점의 가스압력(Pa)

ΔP_L : 입상배관으로부터 연소기 구간 마찰손실(Pa)

ρ : 공기의 밀도(1.293kg/m^3)

S : 공기에 대한 가스비중(공기＝1)

H : 입상배관 최초 시작지점에서 측정점까지의 높이(m)

g : 중력 가속도(9.8m/s^2)

따라서,

$$\Delta P = P_h - P_o + \Delta P_L = 2.5\text{kPa} - 2.2\text{kPa} + 0.15\text{kPa} = 0.45\text{kPa} = 450\text{Pa}$$

$$450 = 1.293 \times H \times (1 - 0.62) \times 9.8$$

$$\therefore \ H = \frac{450}{1.293 \times (1 - 0.62) \times 9.8} = 93.46\,\text{m}$$

---

27. **자동제어 작동방식별 종류와 특성을 설명하고, 가변풍량 공기조화방식에서 제어, 감시 및 계측사항에 대해 설명하시오.**

정답 **(1) 개요**

① 자동제어는 실내온도, 습도, 환기 등을 자동조절하며 검출부, 조절부, 조작부 등으로 구성된다.

② 최근 ICT기술, IOT기술 등의 발달과 소프트웨어 기술의 고도화에 따라 전통적인 자동제어 기술에 인터넷 기술과 빅데이터 연계기술이 본격적으로 접목되고 있다.

(2) 제어 작동 방식별 분류

① 시퀀스(Sequence) 제어

㈎ 미리 정해진 순서에 따라 제어의 각 단계를 차례로 진행해 가는 제어

㈏ 초기에는 릴레이 등을 사용한 유접점 시퀀스 제어를 주로 사용하였으나, 반도체 기술의 발전에 힘입어 논리소자를 사용하는 무접점 시퀀스 제어도 현재 많이 이용되고 있다.

㈐ 사용 예(조작 스위치와 접점)

㉮ a접점 : ON 조작을 하면 닫히고, OFF 조작을 하면 열리는 접점으로 메이크

(make) 접점 또는 NO(Normal Open) 접점이라고도 한다.

    ㉯ b접점 : ON 조작을 하면 열리고, OFF 조작을 하면 닫히는 접점으로 브레이크 (break) 접점 또는 NC(Normal Close) 접점이라고도 한다.

    ㉰ c접점 : a접점과 b접점을 공유하고 있으며, ON 조작을 하면 a접점이 닫히고(b 접점은 열리고) OFF 조작을 하면 a접점이 열리는(b접점은 닫히는) 접점으로 절환(change-over)접점 또는 트랜스퍼(transfer)접점이라고도 한다.

② 피드백(Feed back) 제어

  ㉮ 피드백 제어는 어떤 시스템의 출력신호의 일부가 입력으로 다시 들어가서 시스템의 동적인 행동을 변화시키는 과정이다.

  ㉯ 출력을 감소시키는 경향이 있는 Negative Feedback, 증가시키는 Positive Feedback가 있다.

  ㉰ 양되먹임(Positive Feedback)

    ㉮ 입력신호에 출력신호가 첨가될 때 이것을 양되먹임(Positive Feedback)이라 하며, 출력신호를 증가시키는 역할을 한다.

    ㉯ 운동장에 설치된 확성기는 마이크에 입력되는 음성 신호를 증폭기에서 크게 증폭하여 스피커로 내보낸다. 가끔 삐이익- 하고 듣기 싫은 소리를 내는 경우가 있는데, 이것이 바로 양의 피드백의 예이다. 이것은 스피커에서 나온 소리가 다시 마이크로 들어가서 증폭기를 통해 더욱 크게 증폭되어 스피커로 출력되는 양의 피드백 회로가 형성될 때 생기는 소리이다.

    ㉰ 양의 피드백은 양의 비선형성으로 나타난다. 즉, 반응이 급격히 빨라지는 것이다. 생체에는 격한 운동을 하거나 잠을 잘 때 항상성, 즉 Homeostasis를 유지하기 위해 다양한 피드백이 짜여져 있다. 자율신경계가 그 대표적인 보기이다. 그러나 그 중에는 쇼크 증상과 같이 좋지 않은 효과를 유발하는 양의 피드백도 존재한다.

    ㉱ 전기회로에 있어서의 발진기도 그 한 예가 된다.

  ㉱ 음되먹임(Negative Feedback)

    ㉮ 입력신호를 약화시키는 것을 음되먹임(Negative Feedback)이라 하며, 그 양에 따라 안정된 장치를 만들 때 쓰인다.

    ㉯ 음의 피드백(음되먹임 피드백)은 일정 출력을 유지하는 제어장치에 이용된다.

    ㉰ 음의 피드백은 출력이 전체 시스템을 억제하는 방향으로 작용한다.

  ㉲ 여기서 중요한 것은 되먹임에 의해서 수정할 수 있는 능력을 계(系) 자체가 가지고 있어야 한다는 것이다. 수정신호가 나와도 수정할 수 있는 능력이 없으면 계는 동작하지 않게 된다.

③ 피드포워드(Feed forward) 제어

  ㉮ Feedforward Control이란 공정 (Process)의 외란 (Disturbance)을 측정하여 그것이 앞으로의 공정에 어떤 영향을 가져올 것인가의 예측을 통해 제어의 출력을 계산하는 제어기법을 말한다.

  ㉯ 피드포워드 제어를 통하여 응답성이 향상되어 보다 더 고속의 공정이 가능해진다. 즉, 외란요소를 미리 감안하여 출력을 발하기 때문에 Feedback만으로 안정화

되는 시간이 길어지는 것을 단축할 수 있다.

㈐ 반드시 Feedback Loop와 결합되어 있어야 하고, System의 모델이 정확히 계산 가능해야 한다.

㈑ 제어변수와 조작변수 간에 공진현상이 나타나지 않도록 Feedforward가 되어야 하며 Feedback이 연결되어 있기 때문에 조작기 출력속도보다 교란이 빠르게 변화 되면 조작기가 따라갈 수 없기 때문에 시스템이 안정화될 수 없다.

㈒ Feedforward의 동작속도를 지나치게 빠르게 하면, 출력값이 불안정하거나 시스 템에 따라서는 공진현상이 올 수도 있으므로 주의가 필요하다.

㈓ Feedforward 제어는 제어기 스스로 시스템의 특성을 자동학습 하도록 하여 조절 토록 하는 Self-Tuned Parameter Adjustment 기능이 없으므로 시스템을 정확히 해석하기가 어려운 경우에는 사용하지 않는 것이 좋다.

㈔ 사례 : 예를 들어 흘러들어오는 물을 스팀으로 데워서 내보내는 탱크에서 단순히 덥혀진 물의 온도를 맞추기 위해 스팀밸브를 제어하는 Feedback Control Loop에 서 갑자기 유입되는 물의 유량이 늘거나 유입되는 물의 온도가 낮아질 때 설정온 도에 도달할 때까지 안정화시간이 늘어지게 되는데, 물의 유량이나 물의 온도 혹 은 이들의 곱을 또 다른 입력변수로 해서 Feedforwward 제어계를 구성하면 제어 상태가 좋아지게 된다.

④ 피드백 피드포워드 제어 : 상기 '피드백 제어＋피드포워드 제어'를 지칭한다.

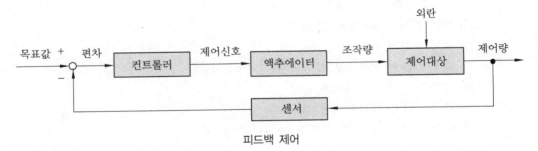

피드백 제어

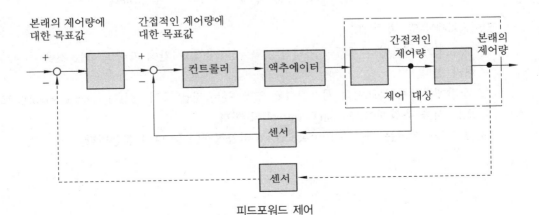

피드포워드 제어

(3) 연속 작동방식별 분류

① 불연속 동작 : On-Off 제어, Solenoid 밸브 방식 등

② 연속 동작

   (개) PID제어 : 비례제어(Proportional) + 적분제어(Integral) + 미분제어(Differential)

     조작량 = $K_p \times$편차 + $K_i \times$편차의 누적값 + $K_d \times$현재 편차와 전회 편차와의 차

   (내) PI제어 : 비례제어(Proportional) + 적분제어(Integral)

     ☞ 정밀하게 목표값에 접근 (오차값을 모아 미분)

   (대) PD제어 : 비례제어(Proportional) + 미분제어(Differential)

     ☞ 응답속도를 빨리 ('전회 편차 – 당회 편차'를 관리)

(4) Analog제어와 DDC제어

① Analog제어

   (개) 제어 기능 : Hardware적 제어

   (내) 감시 : 상시 감시

   (대) 제어 : 연속적 제어

② DDC제어(Digital Direct Control)

   (개) 자동제어방식은 Analog → DDC, DGP(Data Gathering Panel) 등으로 발전되고 있다(고도화, 고기능화).

   (내) 제어 기능 : Software적 제어

   (대) 감시 : 선택 감시

   (래) 제어 : 불연속(속도로 불연속성을 극복) 제어

   (매) 검출기 : 계측과 제어용 공용

   (배) 보수 : 주로 제작사에서 실시

   (새) 고장 시 : 동일 조절기 연결 제어로 작동 불가

③ 핵심적 차이점 : Analog방식은 개별식, DDC방식은 분산형(Distributed)

(5) '정치제어'와 '추치제어'

① 목표치가 시간에 관계없이 일정한 것을 정치제어, 시간에 따라 변하는 것을 추치제어라 한다.

② 추치제어에서 목표치의 시간변화를 알고 있는 것을 공정제어(Process control), 모르는 것을 추정제어(Cascade control)라 한다.

③ 공기조화제어는 대부분 Process control(공정제어)를 많이 활용한다.

(6) 가변풍량 공기조화방식에서 제어, 감시 및 계측사항

① 제어 구성도

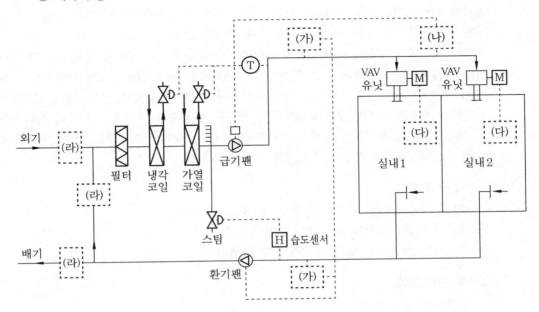

② 주요 제어 요소

(가) : FMS(Flow Measuring Station ; 풍량측정기, 풍량감지기) : 풍속센서로 급기덕트 및 리턴덕트에서의 풍속과 풍량을 측정하여 환기팬을 제어함으로써 실내압을 제어 및 유지시킨다.

(나) : 정압센서 : VAV 유닛의 풍량조절에 따른 압력변화를 정압센서(static pressure sensor)에서 측정하여 급기팬의 용량 제어를 행한다.

(다) : 서모스탯(온도 센서) : 실내에 설치되어 실내온도를 측정하며, 측정한 실내온도에 따라 각 VAV 유닛의 비례제어를 행한다.

(라) : 댐퍼 : 외기댐퍼, 배기댐퍼, 리턴댐퍼(환기댐퍼)의 각 댐퍼 개도를 조절하여 일정한 비율의 혼합공기를 만든다.

---

28. ESCO 및 ESCO투자사업에 대해 설명하시오.

정답 (1) ESCO의 정의

ESCO (에너지절약 전문기업 ; Energy Service COmpany)란 에너지이용합리화법에 의한 장비, 자산 및 기술 인력을 갖추고 산업통상자원부 장관(한국에너지공단 이사장)에게 등록한 업체를 말한다.

(2) ESCO투자사업의 정의

ESCO투자사업은 에너지사용자가 에너지절약을 위하여 기존의 저효율로 운전 중인 에너지사용시설을 고효율 에너지사용시설로 대체 개조 보완하고자하나, 기술적 또는 경제적(투자금) 부담으로 사업을 시행하지 못하고 있을 때, ESCO가 에너지진단을 통해 에너지절약 개선사항을 발굴·제안하여 에너지 사용자와 계약을 통해 도출된 에너지절감량(액) 성과를 보증 또는 확정하여 투자비용을 회수하는 방식의 사업으로 투자비용을 에너지사용자가 조달하는 사용자 파이낸싱 성과보증계약, 투자비용을 ESCO가 조달하는 사업자 파이낸싱 성과보증계약 및 예상절감량을 바탕으로 투자비 상환계획을 확정하는 성과확정계약을 체결하여 ESCO가 에너지사용자의 에너지절약시설투자에 대한 기술적, 경제적 부담을 지원하는 사업을 말한다.

(3) 사업 수행 범위

① 에너지사용시설의 에너지절약을 위한 관리·용역사업
② 에너지절약형 시설투자에 관한 사업
③ 에너지절약형 시설 및 기자재의 연구 개발사업

(4) 주요 사업 분야

① 절약시설 개체사업
② 단열 개·보수사업
③ 온실가스배출감축설비 설치사업
④ 기타 에너지효율 향상사업(에너지절감효과가 5% 이상 가능)

(5) ESCO투자사업 계약 종류

① 성과 확정 계약
  ㈎ 에너지절약전문기업이 시설투자에 소요되는 자금을 조달하고 에너지절약시설 설치 이전에 에너지진단 등으로 산출한 예상절감량(액)을 에너지사용자가 확인한 후 예상절감량(액)을 바탕으로 에너지절약전문기업에게 투자비 상환계획을 확정하는 방식
  ㈏ 에너지절약효과가 충분히 검증된 시설에 대해 예상 에너지절감량(액)을 바탕으로 투자비상환계획을 미리 확정하는 방식으로 설치 후 에너지절감량(액)을 ESCO가 보증하지 않음
  ㈐ '성과보증'에 대한 ESCO의 과도한 부담을 완화하는 장점이 있음
  ㈑ 설치 후 성과보증을 하지 않는 만큼 고효율에너지 인증 기자재 등 에너지절약 효과가 충분히 검증된 시설에 대해 추진하고, 예상 에너지절감량(액)으로 성과를 확정함에 따라 에너지사용자 및 ESCO 모두 예상 에너지절감량(액)의 충분한 검토와 확인이 필요
② 사용자 파이낸싱 성과보증 계약
  ㈎ 에너지사용자가 시설투자에 소요되는 자금을 조달하고 ESCO는 에너지절약시설

설치에 따른 에너지절감량(액)을 에너지사용자에게 보증하며, 보증절감량(액)이 미달하는 경우에는 ESCO가 차액을 보전하는 방식이다.

㈏ ESCO와 에너지사용자가 상호 합의하여 목표절감량 및 보증절감량(목표절감량의 80%를 초과해야 함)을 설정하고, 시설설치 완료 후 에너지절감량(액) 측정결과에 따라 차액보전 또는 초과 절감분에 대한 초과성과배분 등 계약을 이행한다.

  ㉮ 측정절감량(액)이 보증절감량(액)에 미달한 경우 ESCO는 차액을 에너지사용자에게 보전

  ㉯ 측정절감량(액)이 목표절감량(액)을 초과한 경우 약정에 의한 초과성과배분이 가능

㈐ 에너지사용자가 자금을 조달하기 때문에 ESCO의 자금조달 부담은 없지만, ESCO는 에너지절감량(액)에 대한 성과보증 책임이 있다.

㈑ 에너지사용자가 자금을 조달함에 따라 에너지사용자의 부채비율이 높아지는 단점이 있다.

③ 사업자파이낸싱 성과보증 계약

㈎ ESCO가 자금조달과 에너지절감량(액) 보증 두 가지를 모두 수행하며, 에너지 사용자는 에너지절감량(액) 범위 내에서 투자비를 ESCO에게 분할 상환하는 방식이다.

㈏ ESCO와 에너지사용자가 상호 합의하여 목표절감량 및 보증절감량(목표절감량의 80%를 초과해야 함)을 설정하고, 시설설치 완료 후 에너지절감량(액) 측정결과에 따라 차액보전 또는 초과절감분에 대한 초과성과배분 등 계약을 이행한다.

  ㉮ 측정절감량(액)이 보증절감량(액)에 미달한 경우 ESCO는 차액을 에너지사용자에게 보전

  ㉯ 측정절감량(액)이 목표절감량(액)을 초과한 경우 약정에 의한 초과성과배분이 가능

㈐ ESCO가 자금을 조달하고 성과보증을 책임지기 때문에 에너지사용자에게 장점이 있는 반면, ESCO는 기술적 및 경제적 책임 모두를 떠안아야 하는 부담이 있다.

㈑ ESCO가 자금을 조달함에 따라 ESCO의 부채비율이 높아지는 단점이 있다.

(6) ESCO를 통한 에너지절약형 시설투자의 장점

① 에너지절약시설 설치에 따른 초기 대규모 투자비 부담 감소
② 에너지절약시설 투자에 따른 경제적, 기술적인 위험 부담 감소
③ ESCO로부터 절약시설에 대한 전문적 서비스를 제공 가능
④ 에너지사용자는 에너지절약시설 설치에 따른 세제지원 혜택 가능

(7) ESCO 투자사업의 일반적 흐름도

① 투자 상담 : 에너지절약시설에 대한 투자를 희망하는 에너지사용자와 ESCO간의 에너지절약시설 투자 상담 (ESCO는 절약시설에 대한 예비조사 등을 통하여 간이 제안서를 제시)

② 에너지관리진단 및 사업추진 결정(계약체결)

　㈎ 투자상담 후 ESCO는 정밀 에너지진단을 통하여 에너지사용자와의 계약을 위한 사업제안서를 제시

　　㉮ 에너지사용시설의 열 및 전기 등 에너지사용현황을 조사하고

　　㉯ 운전현황 및 효율분석을 통하여 에너지절감 항목에 대한 예상절감량 및 투자비를 산출

　㈏ ESCO의 사업제안서를 토대로 에너지사용자는 에너지절약전문기업(ESCO)과 ESCO투자사업 계약 체결을 결정

　　㉮ 예상에너지절감량(산출방식 포함), 총투자 규모, 자금조달방법, 투자비회수기간, 사후관리(MRV), 투자금회수방법 등을 충분히 검토

　　㉯ 절감량 산출서, 예상에너지절감량, 목표 및 보증 절감량, 사후관리(MRV)계획, 투자비상환계획 등의 중요사항을 계약서에 명시

③ 절약시설 설치공사 및 사후관리 : ESCO는 절약시설 공사를 추진하고 준공 후 사후관리를 실시

　㈎ 최적의 가동을 위한 교육 및 설비운전상태의 교육을 실시하며

　㈏ 에너지사용시설에서 발생하는 에너지절감액에 대한 사후관리(MRV)를 실시

④ 계약 종료 : 계약에 따른 투자비회수가 끝나면 ESCO투자사업 계약은 종료되고, 이 시점부터 에너지절감비용 전액이 에너지사용자의 몫으로 돌아간다.

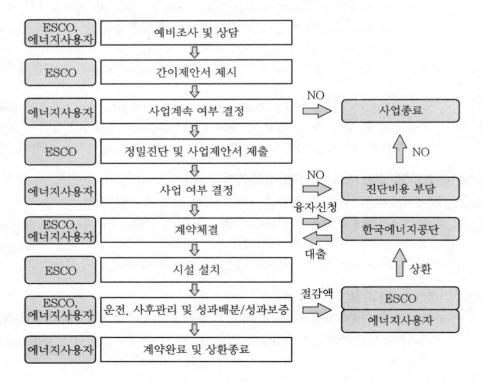

ESCO 투자사업의 일반적 흐름도

29. 연면적 1000m²인 건물에 아래와 같이 에너지를 적용할 경우, 예상 에너지 사용량 (kWh / m²·y)은 얼마인지 계산하시오. 또, 신·재생에너지 설비의 지원 등에 관한 규정에 따른 신·재생에너지 공급 의무 비율의 산정기준 및 방법을 설명하시오.

- 단위 에너지사용량 : 346.64 kWh/m²·y
- 지역계수 : 0.99
- 원별 보정계수 : 0.7

정답 **(1) 예상에너지 사용량 계산**

예상에너지 사용량＝건축연면적×단위에너지 사용량×지역계수

$$= 1000 m^2 \times 346.64\,kWh/m^2 \cdot y \times 0.99 = 343173.6\,kWh/m^2 \cdot y$$

(2) 신·재생에너지 공급의무 비율의 산정기준 및 방법 (신·재생에너지 설비의 지원 등에 관한 규정)

① 신·재생에너지 공급의무 비율(%)

$$신 \cdot 재생에너지\ 공급의무\ 비율 = \frac{신 \cdot 재생에너지\ 생산량}{예상에너지\ 사용량} \times 100$$

② 예상에너지 사용량

예상에너지 사용량＝건축 연면적×단위 에너지사용량×지역계수

③ 신·재생에너지 생산량은 다음의 식으로 산정한다.

신·재생에너지 생산량＝원별 설치규모×단위에너지 생산량×원별 보정계수

㈎ 단위에너지 사용량 및 지역계수

단위에너지 사용량

구 분		단위에너지 사용량(kWh/m²·y)
공공용	교정 및 군사시설	392.07
	방송통신시설	490.18
	업무시설	371.66
문교·사회용	문화 및 집회시설	412.03
	종교시설	257.49
	의료시설	643.52
	교육연구시설	231.33
	노유자시설	175.58
	수련시설	231.33
	운동시설	235.42
	묘지관련시설	234.99
	관광휴게시설	437.08
	장례식장	234.99
상업용	판매 및 영업시설	408.45
	운수시설	374.47
	업무시설	374.47
	숙박시설	526.55
	위락시설	400.33

지역계수

구 분	지역계수
서울	1.00
인천	0.97
경기	0.99
강원 영서	1.00
강원 영동	0.97
대전	1.00
충북	1.00
전북	1.04
충남·세종	0.99
광주	1.01
대구	1.04
부산	0.93
경남	1.00
울산	0.93
경북	0.98
전남	0.99
제주	0.97

(나) 단위에너지 생산량과 원별 보정계수

신·재생에너지원		단위에너지 생산량		원별 보정계수
태양광	고정식	1358	kWh/kW·y	1.56
	추적식	1765		1.68
	BIPV	923		5.48
태양열	평판형	596	kWh/m²·y	1.42
	단일진공관형	745		1.14
	이중진공관형	745		1.14
지열	수직밀폐형	864	kWh/kW·y	1.09
	개방형	864		1.00
집광 채광	프리즘	132	kWh/m²·y	7.74
	광덕트	73		7.74
연료전지	PEMFC	7415	kWh/kW·y	2.84
수열에너지		864	kWh/kW·y	1.12
목재펠릿		322	kWh/kW·y	0.52

☞. 법규 관련 사항은 국가정책상 필요 시 항상 변경 가능성이 있으므로, 필요 시 재확인 바랍니다.

---

30. 제로에너지건축물 인증 기준에 대하여 설명하시오.

정답 (1) 개요

국토교통부에서는 「건축물 에너지효율등급 인증 및 제로에너지건축물 인증에 관한 규칙」에서 위임한 사항 등을 "건축물 에너지효율등급 인증 및 제로에너지건축물 인증 기준"에 규정하였으며, 그 세부적인 내용은 아래와 같다.

(2) 건축물 에너지효율등급 : 인증등급 1⁺⁺ 이상일 것

(3) 에너지자립률 계산

① 에너지자립률(%) = $\dfrac{\text{단위면적당 1차 에너지 생산량}}{\text{단위면적당 1차 에너지 소비량}} \times 100$

② 에너지자립률 계산방법

(가) 「녹색건축물 조성 지원법」에 따른 용적률 완화 시 대지 내 에너지자립률을 기준으로 적용한다.

(나) 단위면적당 1차 에너지 생산량 (kWh/m²·년)

= 대지 내 단위면적당 1차 에너지 순 생산량 + 대지 외 단위면적당 1차 에너지 순 생산량 × 보정계수

㈐ 단위면적당 1차 에너지 순 생산량 = Σ[(신·재생에너지 생산량 − 신·재생에너지 생산에 필요한 에너지소비량)×해당 1차 에너지 환산계수] / 평가면적

㈑ 보정계수

대지 내 에너지자립률	~10% 미만	10% 이상 ~ 15% 미만	15% 이상 ~ 20% 미만	20% 이상 ~
대지 외 생산량 가중치	0.7	0.8	0.9	1.0

㈒ 대지 내 에너지자립률 산정 시 단위면적당 1차 에너지 생산량은 대지 내 단위면적당 1차 에너지 순 생산량만을 고려한다.

㈓ 단위면적당 1차 에너지 소비량 (kWh/m^2·년)

= Σ(에너지소비량×해당 1차 에너지 환산계수) / 평가면적

㈔ 냉방설비가 없는 주거용 건축물(단독주택 및 기숙사를 제외한 공동주택)의 경우 냉방평가 항목을 제외

㈕ 1차 에너지 환산계수

구 분	1차 에너지 환산계수
연료(가스, 유류, 석탄 등)	1.1
전력	2.75
지역난방	0.728
지역냉방	0.937

(4) 건축물에너지관리시스템 또는 원격검침전자식 계량기 설치 확인

「건축물의 에너지절약 설계기준」의 에너지성능지표 중 전기설비부문 8. 건축물에너지관리 시스템(BEMS) 또는 건축물에 상시 공급되는 모든 에너지원별 원격검침전자식 계량기 설치 확인

(5) 제로에너지건축물 인증등급

ZEB 등급	에너지자립률
1등급	에너지자립률 100% 이상
2등급	에너지자립률 80% 이상 ~ 100% 미만
3등급	에너지자립률 60% 이상 ~ 80% 미만
4등급	에너지자립률 40% 이상 ~ 60% 미만
5등급	에너지자립률 20% 이상 ~ 40% 미만

☞. 법규 관련 사항은 국가정책상 필요 시 항상 변경 가능성이 있으므로, 필요 시 재확인 바랍니다.

31. 냉난방 공기조화기 자동제어 계통도(DDC방식)를 그리고, 제어의 과정을 설명하시오.

정답 **(1) 개요**

① 냉난방 공기조화기의 자동제어는 디지털화 구분에 따라 Analog제어와 DDC(Digital Direct Control)제어로 나누어진다.

② Analog제어방식은 상시감시 및 연속적 제어의 특성을 가진 Hardware적 제어이고, DDC제어는 선택감시 및 불연속 제어의 특성을 가진 Software적 제어이다.

③ Analog제어방식은 개별식 제어 위주이며, DDC제어방식은 분산(Distributed) 전력제어가 용이하고, DDC 간 자유로운 통신을 통해 대규모 시스템의 통합제어가 용이하다.

(2) 냉난방 공기조화기 자동제어 계통도(DDC방식)

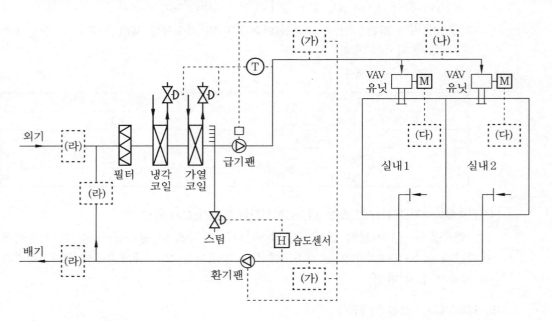

(3) 냉난방 공기조화기 자동제어 계통도(DDC방식) 제어 과정

① 위의 계통도는 한 대의 공조기가 실내1, 실내2를 공조하는 경우의 예를 들어 자동제어(DDC방식)를 설명하는 그림이다.

② 공기조화기는 송풍기(급기팬)의 운전에 의해 외기를 흡입하여 1차적으로 필터에서 분진을 걸러주고, 냉각코일, 가열코일, 가습(스팀)을 차례로 거치면서 온도와 습도가 조화된 상태로 실내1과 실내2로 공급되어진 후, 환기팬의 운전에 의해 일부의 실내 공기는 공조기측으로 흡입되는 외기로 합쳐지고, 일부는 건물 외부로 배기되어지는 순환을 연속한다.

③ 이때 조화된 공기의 실내로 공급과 환기를 위한 주요 제어기기나 센서들의 역할은 다음과 같다. 즉, 위의 그림에서 ㉮, ㉯, ㉰, ㉱ 번호를 참조하여,

㉮ : FMS(Flow Measuring Station ; 풍량측정기, 풍량감지기) : 풍속센서로 급기 덕트 및 리턴덕트에서의 풍속과 풍량을 측정하여 환기팬을 제어함으로써 실내압을 제어 및 유지시킨다.

㉯ : 정압센서 : VAV 유닛의 풍량조절에 따른 압력변화를 정압센서(static pressure sensor)에서 측정하여 급기팬의 용량제어를 행한다.

㉰ : 서모스탯(온도센서) : 실내에 설치되어 실내온도를 측정하며, 측정한 실내온도에 따라 각 VAV유닛의 비례제어를 행한다.

㉱ : 댐퍼 : 외기댐퍼, 배기댐퍼, 리턴댐퍼(환기댐퍼)의 각 댐퍼 개도를 조절하여 일정한 비율의 혼합공기를 만든다.

---

32. 스마트 온실의 환경제어기술에 대하여 설명하시오.

정답 **(1) 개요**

① 요즘 스마트 온실에 융합 통신기술을 적용하는 것이 추세이며, 농민들이 온실 환경을 손쉽게 제어할 수 있고, 호환성이 우수한 스마트폰을 활용할 수 있는 기반을 갖춘 보급형 온실 복합 환경제어시스템을 구축하는 것이다.

② 스마트폰 기반 온실환경 원격제어기술을 이용한 지능화된 생육관리를 통해 관수량 제어, 에너지 비용절감 및 생산성 증대를 가져오고, 농가소득 향상과 편리성이 높아지고 있다.

(2) 스마트 온실의 정의

스마트 온실은 비닐하우스·유리온실 등에 ICT를 접목하여 원격·자동으로 작물의 생육환경을 적정하게 유지·관리할 수 있고, 수확량을 증대시켜 소득도 증대시킬 수 있는 온실을 말한다.

(3) 스마트 온실의 의의

작물의 생육정보와 환경정보에 대한 데이터를 기반으로 최적 생육환경을 조성하여, 노동력·에너지·양분 등을 종전보다 덜 투입하고도 농산물의 생산성과 품질의 제고가 가능하다.

(4) 스마트 온실의 운영원리

① 생육환경 유지관리 SW : 온실 내 온·습도, CO_2 수준 등 생육조건 설정 및 제어

② 환경정보 모니터링 : 온·습도, 일사량, CO_2, 생육환경 등 자동 모니터링, 수집 및 데이터 저장 및 백업 시스템

③ 자동·원격 환경관리 : 냉·난방기 구동, 창문 개폐, CO_2, 영양분 공급 등

(5) 스마트 온실의 관리 및 제어분야

① PC 또는 모바일을 통해 온실의 온·습도 관리
② CO_2 등을 모니터링하고 창문 개폐 등 관리
③ 영양분 공급 등을 원격 자동으로 제어하여 작물의 최적 생장환경을 유지 및 관리

(6) 스마트 온실의 기대효과

① ICT를 접목한 스마트 온실이 보편적으로 확산되면 노동·에너지 등 투입 요소의 최적 사용이 가능해진다.
② 스마트 온실의 단위면적당 농산물의 생산량 증가와 품질의 제고를 통해 소득의 증대가 가능해진다.
③ 농업의 경쟁력을 한층 높이고, 미래성장산업으로 견인 가능하다.
④ 단순한 노동력 절감 차원을 넘어서 농작업의 시간적·공간적 구속으로부터 자유로 워져 여유시간도 늘고, 삶의 질도 개선되어 우수 신규인력의 농촌 유입 가능성도 증가할 것으로 기대할 수 있다.

(7) 스마트 온실의 환경제어 시스템 계통도

① 스마트 온실의 환경제어는 기상대 정보, 온습도 센서, CO_2 센서, 양액정보 등의 정보가 메인 컨트롤러에 입력되면, 메인 컨트롤러에서 연산 및 판단하여 로컬 패널을 통해 온실 각 부분의 천창 개폐, 측창 개폐, 수평커튼 개폐, 유동팬 제어, 배기팬 제어, 물 분무, 냉방 및 난방장치 제어, 스프링클러 제어, 양액 시스템 제어 등을 행하여 아래와 같은 계통도로 표현할 수 있다.
② 기계설비 측면에서는 냉방 및 난방장치의 효과적인 제어가 중요하며, 무엇보다 적은 에너지 및 비용을 투입하여 온도 및 습도를 최대한 설정치 근처로 맞추어 작물의 수확량을 증대시키는 것이 냉방 및 난방장치 제어의 주목적이다. 이러한 목적을 달성하기 위해서 요즘은 신재생에너지 보급사업을 통해 지열냉난방 시스템이 많이 보급되고 있다.

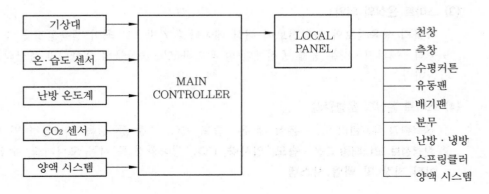

33. 건축기계설비공사의 시공계획에 대하여 설명하시오.

정답 **(1) 개요**

① 시공계획은 공사의 시기, 장소, 종류, 조건에 적합한 공사 방식을 사전에 검토하고, 계획서를 작성 후 공사 기능별 협의하는 것이다.

② 시공계획서는 발주처, 시공사, 감리자 등 공사의 각 주체들이 누구나 동일한 생각과 시공을 할 수 있도록 작성하는 공사 진행 관련 지침서이다.

③ 시공계획서는 공사에 참여하는 모든 사람이 협의하여 가장 합리적이고 능률적인 방향으로 공사를 진행할 수 있도록 정해 놓은 것이다.

④ 시공계획서는 공사의 품질, 금액, 기간을 사전에 예측하고 목표를 설정한 것이다.

⑤ 시공계획서는 공사 지연을 초래할 수 있는 모든 요소를 사전에 검토하고 예상하여 예방하고 최소화하는 것이다.

(2) 건축기계설비공사 시공계획서의 구성

① 공사 개요

  (가) 사업명

  (나) 사업 개요

    ㉮ 사업 목적 : 사업의 목적과 필요성 위주로 작성

    ㉯ 사업 내용 : 사업의 범위 및 대체적인 내용

    ㉰ 사업 위치 : 사업장의 위치(지도상 위치 등 포함)

  (다) 공종

    ㉮ 공사 위치(위치도 포함) : 공사장의 위치(지도상 위치 등 포함)

    ㉯ 공사 내용 : 공사의 내용을 상세히 기술하고, 참고도면 등 첨부

② 시공관리계획

  (가) 현장 조직구성 : 현장 조직도 및 조직도상 임무 위주로 작성

  (나) 공정계획 : 상세 예정공정표 작성(CPM 등)

  (다) 시공계획

    ㉮ 시공흐름도 : Flow Chart 형태로 작성이 추천되어짐

    ㉯ 시공 단계별 관리계획 : 시공 단계별로 일반사항과 핵심사항 등에 대한 관리계획을 정리

  (라) 기타 사항

③ 자원조달계획

  (가) 인력투입계획 : 공종별 인력의 현장 투입계획을 작성

  (나) 자재투입계획 : 공종별 자재의 현장 투입계획을 작성(공급원 현황 포함)

  (다) 장비투입계획 : 공종별 장비의 현장 투입계획을 작성

  (라) 자재 반입 및 관리계획 : 현장검사 및 검수 계획 등 포함

(마) 기타 사항

④ 품질관리계획

(가) 품질관리 일반 : 품질관리의 일반사항과 목표 등 포함

(나) 시공단계별 품질관리계획 : 시공단계별 품질관리의 방법, 순서 등 포함

(다) 자재 품질시험 계획 : 시험항목, 방법, 빈도, 물량, 회수, 장소 등 포함

(라) 기타 사항

⑤ 안전관리계획

(가) 안전관리일반 : 안전관리의 범위, 방법, 규제 등 포함

(나) 안전점검계획 : 안전점점 계획을 일자별 작성

(다) 안전교육계획 : 안전관리 관련한 교육계획을 작성

(라) 기타 사항

⑥ 환경관리계획

(가) 대기오염 방지대책 : 대기의 오염을 발생시킬 수 있는 분진, 독성가스 등에 대한 방지대책 및 처리대책을 작성

(나) 수질오염 방지대책 : 수질이 오염될 수 있는 공사에 대해서 그 여과(필터링) 대책, 처리대책 등 포함

(다) 소음/진동 저감대책 : 공사장 주변에 소음을 유발할 수 있는 공사에 대해서 차음벽, 무소음 장비 반입 등의 내용이 포함

(라) 폐기물 관리 : 공사 중 발생하는 폐기물 등에 대한 방지대책 및 처리대책 위주로 작성

(마) 위험물 관리 : 안전상 위험을 초래할 수 있는 위험물(법정 위험물 포함)에 대한 보관방법, 관리방법 등을 기술

(바) 공사장 주변 관리 : 민원 방지, 공사품질 보증 등의 차원에서 공사장 주변에 대한 관리 대책 수립

⑦ 기타 사항 : 기타 위에 분류되지 않은 시공계획 관련 내용이나 추가할 필요가 있는 내용을 기술

(3) 시공계획서 작성 시 기준이 되는 8가지 항목

① 현장 조직표

② 세부 공정표

③ 주요 공정의 시공절차 및 방법

④ 시공일정

⑤ 주요 장비 동원 계획

⑥ 주요 기자재 및 인력투입 계획

⑦ 주요 설비

⑧ 품질, 안전, 환경관리 대책 등

(4) 착공신고서의 내용

공사업자는 공사의 착공 시 다음 각 호의 서류가 포함된 착공신고서를 발주자, 감리원 등에 제출하여야 한다.

1. 시공관리 책임자 지정 통지서(현장관리조직, 안전관리자 등)
2. 공사 예정공정표
3. 품질관리 계획서
4. 공사도급 계약서 사본 및 산출내역서
5. 착공 전 사진
6. 현장기술자 경력사항 확인서 및 자격증 사본
7. 안전관리 계획서
8. 작업인원 및 장비투입 계획서
9. 기타 발주자가 지정한 사항

---

34. 건축기계설비 시공현장에서 감리자가 준공 검사 전 행하여야 할 다음 사항에 대하여 설명하시오.
(1) 준공 검사 전 시운전 계획 시 계획서에 포함될 사항
(2) 시운전 절차
(3) 시운전 완료 후 발주처에 인계할 성과품

정답 감리원은 해당 공사완료 후 준공검사 전 사전 시운전 등이 필요한 부분에 대하여는 시공자로 하여금 시운전을 위한 계획을 수립토록 하고, 이를 검토하여 발주기관에 제출한다.

(1) 준공 검사 전 시운전 계획 시 계획서에 포함될 사항

① 목적 : 시운전의 목표 및 필요성 등을 위주로 작성
② 시운전 및 검사요원 : 시운전의 종류별 검사요원과 참가인원 작성
③ 시운전 일정 : 시운전의 종류별 일정 작성
④ 시운전 세부항목 및 종류
   ㈎ 공조기 및 실내유닛 : 옥내공사 중 사용처 유닛(기기)에 대한 시운전
   ㈏ 열원장비 : 열(냉열 및 온열)을 생산해내는 장비에 대한 시운전
   ㈐ 배관 및 반송동력 장비 : 수배관 플러싱 여부, 펌프 등의 운전상태 확인
   ㈑ 자동제어 : 전체 장비에 대한 운전, 정지, 컨트롤을 포함한 전반적 제어방법에 대한 사항
   ㈒ 기타 : 기타 시운전 필요 항목
⑤ 시운전 절차 : 시운전 방법에 대해 타임 테이블, 플로 차트 등의 형태로 작성

⑥ 시험장비 확보 및 보정 : 시운전에 필요한 각 장비의 확보 및 검교정 여부 확인(검교정 미필 시에는 검교정 계획 수립)

⑦ 설비 기구 사용 계획 : 시운전에 필요한 부대설비나 기구의 사용 계획

⑧ 운전요원 및 검사요원 선임 계획 : 시운전 참가인원 및 검사요원에 대한 계획

⑨ 기타 시운전 계획상 필요 항목

(2) 시운전 절차

① 시운전 실시 절차 : 감리원은 시공자와 협의, 시공자로 하여금 다음과 같이 시운전 절차로 시운전을 진행하게 한다.

㈎ 기기점검 : 시운전이 가능한 상태 여부에 대한 점검

㈏ 예비운전 : 시운전 이전에 정상 가동 여부를 사전에 확인

㈐ 시운전 : 시운전 참가 인원 및 검사요원의 입회하에 시운전 실시

㈑ 성능보장운전 : 정상적인 성능이 나오는지에 대한 체크 및 검사

㈒ 검수 : 체크리스트 및 검사요원의 판단을 통한 장비의 정상 시운전 여부 체크

㈓ 운전인도 : 인수인계 관련 서류와 함께 시운전 결과(체크리스트)를 발주자 등에게 인계한다.

② 시운전에서 감리원의 역할

㈎ 감리원은 시공자가 실시하는 시운전에 입회하여 시운전 체크리스트를 참고로 하여 현장 여건에 적합한 체크리스트를 작성한다.

㈏ 감리원은 시운전 결과(체크리스트)를 기록 및 유지토록 지도한다.

㈐ 감리원은 시운전 결과(체크리스트), 운전지침 등 인수·인계에 필요한 서류를 발주자 등에게 인계한다.

㈑ 시설물의 인수·인계는 시운전 및 준공검사 시 지적사항에 대한 시정 완료일로부터 14일 이내에 실시한다.

(3) 시운전 완료 후 발주처에 인계할 성과품

감리원은 시운전 완료 후에 다음의 성과품을 시공자로부터 제출받아 검토 후(필요시 서류 보완 지시함) 발주기관의 장에게 인계한다.

① 운전개시, 가동절차 및 방법

② 점검항목 점검표

③ 운전지침

④ 기기류 단독 시운전 방법 검토 및 계획서

⑤ 실가동 Diagram

⑥ 시험구분, 방법, 사용매체 검토 및 계획서

⑦ 시험성적서

⑧ 성능 시험 성적서(성능시험 보고서)

35. 베르누이(Bernoulli) 효과를 설명하고 이를 이용하여 벤투리 튜브(Venturi tube) 효과를 건축적으로 적용한 예를 들어 설명하시오.

정답 **(1) 개요**

① 베르누이(Bernoulli) 법칙은 물리학의 「에너지 보존의 법칙」을 유체에 적용하여 얻은 식이다.

② '운동유체가 가지는 에너지의 총합은 일정하다'라는 의미를 지닌 방정식, 즉 유체가 가지고 있는 에너지보존의 법칙을 관속을 흐르는 유체에 적용한 것으로서 관경이 축소 (또는 확대)되는 관속으로 유체가 흐를 때 어느 지점에서나 에너지의 총합은 일정하다 (단, 마찰손실 등은 무시).

③ 주로 학계에서는 운동유체의 압력을 구할 때 많이 사용하고, '공조 분야'에서는 수두 (H)를 구할 때 많이 사용한다.

(2) 베르누이(Bernoulli) 효과 공식

$$P + \frac{1}{2}\rho v^2 + \gamma Z = 일정$$

혹은

$$\frac{P}{\gamma} + \frac{v^2}{2g} + Z = H(일정)$$

여기서, H : 전수두(m), P : 각 지점의 압력(kgf/m^2 혹은 Pa)
　　　　ρ : 유체의 밀도(kg/m^3),　γ : 유체의 비중량(kgf/m^3 혹은 N/m^3)
　　　　v : 유속(m/s),　　　　　 g : 중력 가속도(9.8m/s^2)
　　　　Z : 기준면으로부터 관 중심까지의 높이(m)

(3) Bernoulli's Equation의 가정(Assumption)

① 1차원 정상유동이다.

② 유선의 방향으로 흐른다.

③ 외력은 중력과 압력만이 작용한다.

④ 비점성, 비압축성 유동이다.

⑤ 마찰력에 의한 손실은 무시한다.

(4) 벤투리 튜브(Venturi tube) 효과를 건축적으로 적용한 예

① 빌딩풍

　(개) 빌딩풍이란 고층빌딩 사이에 일어나는 현상으로서, 거시적으로 도시의 큰 바람이 고층빌딩 사이를 지날 때 통로가 좁아져서 속도가 매우 빨라지고, 간판 등의 부착 물이 떨어지고, 약한 구조물을 무너뜨리는 현상을 말한다. 이는 베르누이 정리 혹 은 벤투리 효과(Venturi effect)에 의해 통로가 좁아지면 속도가 빨라지는 법칙 에 의해 일어나는 현상이다.

㈏ 다음은 이러한 벤투리 효과(Venturi effect)를 역이용한 사례이다.

"막스 바필드(Marks Barfield)라는 건축가로 스카이하우스라는 초고층건물을 설계하면서 건물을 3개 동으로 나누고, 3개 동 사이의 중앙은 사이사이에 공간을 비우는 할로우 코어(hollow core)형으로 설계하였다. 이는 고층 건물 사이에는 늘 극간풍(벤투리 효과)이 존재할 것이므로, 건물을 3개 동으로 나누어 바람이 어느 방향에서 불더라도 극간풍이 쉽게 만들어지게 하고, 극간풍이 생기는 중앙에 꽈배기 모양의 풍력발전기를 만들어 바람의 힘을 가두어 풍력발전으로 역이용한 것이다."

② 루프 벤트(건물 지붕에서의 자연 통풍환기)

㈎ 다음 그림과 같이 지붕 위를 바람이 지나갈 때 벤투리 효과(Venturi effect)에 의해 지붕 최상부에서의 기압이 낮아져 무동력 자연환기가 가능하게 할 수 있다.

㈏ 건물이 고층건물이라면 연돌효과(굴뚝효과)와 벤투리 효과(Venturi effect)를 동시에 적용하게 하면 더욱 더 자연환기 능력을 증가시킬 수 있다. 이런 자연환기를 태양열을 받은 굴뚝내 공기의 부력효과(연돌효과)와 동시에 적용한 건물을 솔라 침니(Solar Chimney)라고 부르기도 한다.

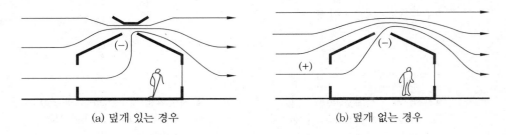

(a) 덮개 있는 경우　　　　　　　(b) 덮개 없는 경우

---

36. 건축 기준층 면적이 50m×50m의 정방형 고층 사무용 건물(건물 A)과 80m×30m의 장방형 고층 사무용 건물(건물 B)에서의 건축 환경적 특성을 설명하고 공조설비의 기본 전략을 설명하시오.

정답 **(1) 개요**

① 고층 사무용 건물은 외피면적이 크고, 냉동기, 펌프 등의 동력이 많이 소모되는 에너지 다소비형 건물이다.

② 고층 사무용 건물에 많이 적용될 수 있는 "건축물의 공간 에너지지표"는 아래와 같으며, 건축물은 아래의 공간 에너지지표를 활용하여 에너지 측면의 최적의 디자인을 추구할 필요가 있다.

㈎ S/V 혹은 SVR(Surface area to Volume Ratio) : 이 값은 건물의 총체적에 대한 외피표면적의 비율로, 이 값이 작을수록 복사 및 대류 열전달 감소로 외피를 통한 열손실이 적어진다.

(내) A/P비(Compactness Ratio, Area to Perimeter Ratio ; 평면 밀집비) : 이 값은 평면의 주변길이에 대한 평면면적의 비율로, 이 값이 클수록 복사 및 대류 열전달 감소로 외피를 통한 열손실이 적어진다.

(대) S/F 혹은 SFR(Surface area to Floor area Ratio) : 이 값은 건물의 총바닥면적에 대한 외피표면적의 비율로, 이 값이 작을수록 복사 및 대류 열전달 감소로 외피를 통한 열손실이 적어진다.

(2) 건축 기준층 면적이 50m×50m의 정방형 고층 사무용 건물(건물 A)과 80m×30m의 장방형 고층 사무용 건물(건물 B)에서의 건축 환경적 특성

① 먼저, 건축 기준층 면적을 계산해보면, 건물 A는 2,500m²(50m×50m)이고, 건물 B는 2,400m2(80m×30m)이다. 반면, 외피둘레 길이를 계산해보면, 건물 A는 200m(50m×4)이고, 건물 B는 220m(80m×2+30m×2)이다. 즉, 건물 B(장방형)는 건물 A(정방형)에 비해 사용할 수 있는 바닥면적 혹은 공간이 작고, 외피면적은 커져서 건물 외피를 통한 열손실이 커지게 된다.

② 건물 B(장방형)는 건물 A(정방형)에 비해 기준층 면적이 작아서 A/P(Compactness Ratio, Area to Perimeter Ratio ; 평면 밀집비)가 작아지고, 따라서 면적 및 공간의 사용 효율이 적다.

③ SVR비(Surface area to Volume Ratio) 측면
  (가) 건물 B(장방형)는 건물 A(정방형)에 비해 SVR이 커서 열손실이 크고 건물의 에너지절약 측면에서 좋지 못하다.
  (내) 건물 B(장방형)는 지붕면적은 작아서 지붕으로 침투되는 일사량의 비율은 줄어들지만 여전히 '옥상녹화' 등이 추천되고 있다.

④ S/F 혹은 SFR(Surface area to Floor area Ratio) 측면
  (가) 건물 B(장방형)는 건물 A(정방형)에 비해 S/F가 커서 열손실이 크고 건물의 에너지절약 측면에서 좋지 못하다.
  (내) 건물 B(장방형)는 S/F가 커서 복사 및 대류 열전달 증가로 외피를 통한 열손실이 커진다.

(3) 고층 사무용 건물의 공조설비 기본 전략

① 전반적으로 주된 생활공간은 남향으로 하고 전산실, 창고, 서고, 통로 등은 가능한 북향으로 하는 것이 바람직하다.

② 건물 A처럼 SVR(Surface area to Volume Ratio)이 작은 건물이 외피를 통한 열손실을 줄여준다. 이 점에서 에너지사용 측면에서는 가능한 정방형 건물일수록 유리하다. 반면, 건물 B는 SVR이 커서 건물 외피를 통한 열손실이 크므로 외피의 두께, 단열성, 기밀성, 창호의 스마트화, 외주부 공조의 개별 제어성 등을 제고해주어야 한다.

③ 고층 건물은 에너지 다소비형 건물이므로 '에너지절약대책'이 특별히 중요하다.

④ 건물 B의 경우 지붕면적은 상대적으로 작아서 지붕으로 침투되는 일사량의 비율은 줄어들지만 여전히 '옥상녹화'는 추천되고 있다.

⑤ 건물 A, 건물 B 모두 고층부에 풍속이 커서 대부분 기밀성이 높은 건축구조가 요구되며, 자연환기가 어려운 구조이므로 전열교환기 등의 환기장치의 구비가 중요하다.

⑥ 연돌효과가 매우 크고, 여름철 일사부하가 상당히 크며, 겨울철 강한 풍속으로 인한 열손실이 큰 부하특성을 가지므로 이에 대한 대책이 필요하다.

⑦ 건물 외피부분의 시간대별 부하특성이 매우 변동이 심하므로 내주 존, 외주 존을 분리하여 공조장치를 적용하는 방법도 검토가 필요하다.

⑧ 기타 초고층 용도로서의 각종 설비의 내압·내진 신뢰성이 강조되며, 화재시의 방재 등 안전에 대한 고려가 무엇보다 중요하다.

⑨ 기타 세부 에너지절약대책

(개) Passive 측면

㉮ 이중외피(Double Skin 방식) 구조 : 자연환기 및 열손실 저감

㉯ 건물 외피의 열관류율 값 개선

㉰ 자연환기 혹은 하이브리드 환기 적용

㉱ 유리간 사이 차양 혹은 가변식 차양 등을 적용한다.

㉲ 기타 고단열창, 로이유리, 삼중창 등의 적용 검토가 필요하다.

(나) Active 측면

㉮ 중간기에는 외기냉방 실시(엔탈피 제어 등 동반 필요)

㉯ VAV방식을 채용하여 반송 동력비를 절감

㉰ 전열교환기 : 환기 시 폐열회수 가능

㉱ 태양열, 태양광, 지열 등 신재생에너지 적용 검토

㉲ BEMS 등 지능형 제어기술 접목

㉳ 기타 외기냉수냉방, 폐열회수 등

---

37. 재생 가능한(Renewable) 에너지원인 태양에너지를 건축물에 통합적으로 이용하는 4가지 방법에 대하여 설명하시오.

정답 아래 등에서 4가지를 골라 작성한다.

(1) 태양광에너지

① 태양광발전 시스템은 광전효과(일정한 진동수 이상의 단파장의 빛을 비추었을 때 물질 표면에서 전자가 튀어나오는 현상)를 이용하여 태양의 빛에너지를 직접 전기에너지로 변환 및 이용하는 장치이다.

② 건물의 지붕이나 부지 등에 직접 설치하거나, 지붕재, 차양 등에 건물일체형(BIPV)의 형태로도 설치가 가능하다.

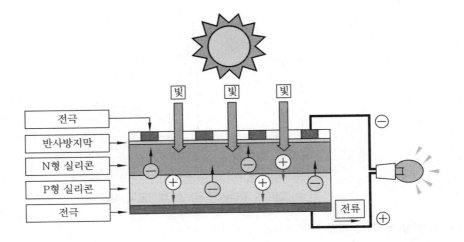

(2) 태양열에너지

① 건물의 옥상 등에 태양열 집열기를 설치하여 햇볕을 이용하여 온수를 생산하고, 이를 난방이나 급탕 등의 목적으로 활용할 수 있다.

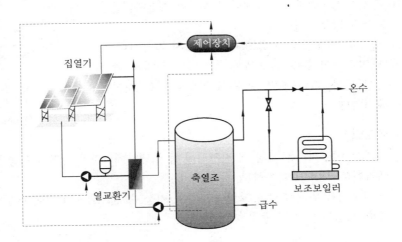

② 기타 태양열 집열기에서 생산된 온수는 건물의 공간난방 등을 위하여 팬코일 유닛이나 공조기 등을 통해 공기를 직접 가열하거나, 필요한 곳에 온수를 공급할 수 있다.

(3) 태양굴뚝(솔라침니)

① 다양한 건축물에서 자연환기를 유도하기 위해서 '솔라침니'를 도입할 수 있다.
② 태양열에 의해 굴뚝 내부의 공기가 가열되게 되면 가열된 공기가 상승하여 건물 내 자연환기가 자연스럽게 유도되어질 수 있다.

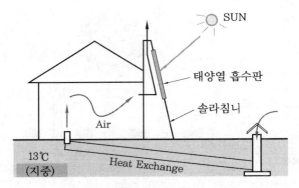

건물의 자연환기 유도용 태양굴뚝(사례)

(4) 트롬 월 혹은 드럼 월(Trombe Wall, Drum Wall)

① 콘크리트, 벽돌, 석재 등으로 만든 축열벽형을 'Trombe Wall'이라 하고, 수직형 스틸 Tube(물을 채움)로 만든 물벽형을 'Drum Wall'이라고 한다.

② 축열벽 등에 일단 저장 후 '복사열' 공급

③ 축열벽 전면에 개폐용 창문 및 차양 설치 가능

④ 축열벽 상·하부에 통기구를 설치하여 자연대류를 통한 난방도 가능

⑤ 축열형 지붕연못 등의 형태로도 설치 가능하다.

⑥ 태양에너지 흡수 측면에서 축열벽의 집열창 쪽은 검은색, 방(거주역) 쪽은 흰색으로 하는 것이 유리하다.

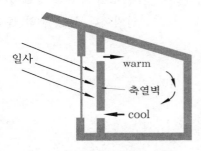

트롬 월(Trombe Wall) 사례

(5) 주광조명

① 낮에도 어두워지는 지상 및 지하시설 등에 태양에너지가 가진 자연광을 도입하여 조명에너지로 사용이 가능하다.

② 주광조명을 위해서 다음 그림처럼 수직 기둥 속 렌즈를 이용하여 태양빛을 반사원리를 통해 도입하는 방식 등을 사용한다.

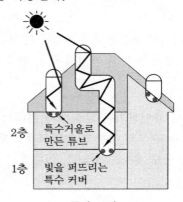

주광 조명

38. 지열 냉난방 시스템의 정의, 작동원리, 구성요소, 장점을 설명하고 지중열교환기 시공 시 주의점을 설명하시오.

정답 (1) 지열 냉난방 시스템의 정의

① 사전적 정의 : 지열 냉난방 시스템은 땅의 열을 이용하여 시설, 건물 따위에 냉방과 난방을 공급하는 시스템을 말한다.

② 법적 정의 : 지열에너지 설비란 물, 지하수 및 지하의 열 등의 온도차를 변환시켜 에너지를 생산하는 설비를 말한다(신에너지 및 재생에너지 개발·이용·보급촉진법 시행규칙 제2조).

③ 전문 영역에서의 정의 : 지열 냉난방 시스템은 지표수 혹은 지표로 부터 지중 약 200m(수직 밀폐형) 혹은 500m(개방형) 내외까지의 연중 약 15℃ 수준의 일정한 지중암반, 지하수 등이 함유한 열을 지열히트펌프의 열원(천부 지열원)으로 이용하여 지열히트펌프를 가동함으로써 건물의 냉난방을 행하는 설비 시스템을 말한다.

(2) **지열 냉난방 시스템의 작동원리**

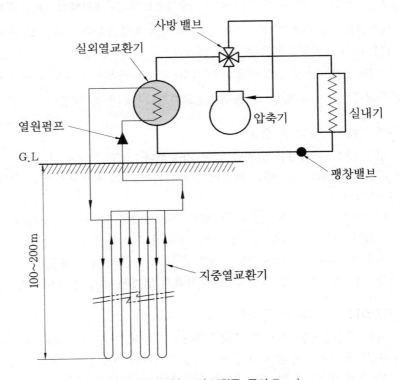

수직 밀폐형 지열히트펌프 시스템(물-공기 Type)

지열 냉난방 시스템의 작동원리 측면에서, 국내에서 가장 많이 시공되는 수직 밀폐형 지열히트펌프 시스템을 기준으로 설명하면 다음과 같다.

① 냉방 시 : 냉방 시에는 지열히트펌프의 압축기의 운전에 의하여 발생한 냉매의 응축열(실외 열교환기 내부에서 발생)을 열원펌프의 운전에 의하여 지중(약 100~200m)에 버리고, 작동 냉매가 팽창밸브를 거쳐 부하측 실내기 내부의 증발기에서 냉방을 행한 후 다시 압축기측으로 흡입되는 연속 순환방식이다.

② 난방 시 : 난방 시에는 지열히트펌프의 압축기의 운전에 의하여 발생한 냉매의 응축열을 실내기 내부의 응축기에 흐르게 하여 실내 난방을 행하고, 작동 냉매는 팽창밸브를 거쳐 실외열교환기(증발기에 해당)를 거친 후 다시 압축기로 복귀하는 회로를 연속 반복한다. 이때 실외열교환기(증발기)는 열원펌프의 순환에 의해 지중(약 100~200m)를 순환하는 물에 의해 열을 흡수하게 된다. 즉, 실외열교환기가 필요로 하는 증발열은 지중으로부터 전달받게 되는 것이다.

(3) 지열 냉난방 시스템의 구성요소

앞 그림(수직 밀폐형 지열히트펌프 시스템의 경우)을 참조하여,

① 지열히트펌프 : 압축기, 사방밸브, 실외열교환기, 팽창밸브 등을 내장

② 열원펌프 : 물(부동액 혼입 가능)을 순환시켜 지중열교환기(지중 100~200m)와 지열히트펌프의 실외열교환기 사이를 연속적으로 흐르게 한다.

③ 지중열교환기 : 땅속에 매설된 약 100~200m까지의 U자형 파이프를 말한다.

④ 실내기 : 부하측 말단 유닛(실내열교환기, 송풍팬 등 내장)

(4) 지열 냉난방 시스템의 장점

① 연중 땅속의 일정한 열원을 확보 가능하다.

② 기후의 영향을 적게 받기 때문에 보조열원이 거의 필요하지 않는 무제상 히트펌프의 구현이 가능하다.

③ 히트펌프의 성적계수(COP)가 매우 높은 고효율 운전이 가능하다.

④ 냉각탑이나 연소과정이 필요 없는 무공해 시스템이다.

⑤ 지중열교환기는 수명이 매우 길다(건물의 수명과 거의 동일).

⑥ 물-물, 물-공기 등 열원측 및 부하측의 열매체 변경이 용이하다.

(5) 지중열교환기 시공 시 주의점

① 미리 시험천공을 실시하여 지중열전도도를 평가 후 시공하는 것이 바람직하다.

② 지열이용검토서 등의 사전 설계도서를 참조하여 천공 깊이, 천공 수량, 천공 이격거리, 그라우팅 등을 정확하게 시공하여야 한다.

③ 천공 등으로 인해 초기 시공 및 설치비가 많이 소요된다는 것을 사전에 충분히 인지해야 한다.

④ 설치 전 반드시 해당 지역의 중장기적인 지하 이용 계획을 확인하고, 지표에서 약 1m 깊이로 트렌치 배관을 따라가며 표시(경고) 테이프를 매설해야 한다.

⑤ 지중매설 시 타 전기케이블, 토목구조물 등과의 간섭을 피하여야 한다.

⑥ 지하수의 오염이 없도록 시공 내내 관리를 철저히 하여야 하며, 지하 침출수 등은 부직포, 침전조 등을 이용하여 반드시 필터링(여과) 후 방류하여야 한다.

---

39. 건설공사현장의 미세먼지 발생요인을 설명하고, 현재 건설현장의 미세먼지관리 문제점과 건축기계설비 차원에서 효율적으로 미세먼지를 방지할 수 있는 시스템을 제시하고 관리방안을 설명하시오.

정답 **(1) 건설공사현장의 미세먼지 발생요인**

① 건설공사현장의 미세먼지는 주로 일정한 배출구 없이 대기 중에 직접 배출되는 먼지를 말하는데, 이를 비산먼지라고 부른다.

② 전국 미세먼지(PM10) 발생량 중 비산먼지가 약 45%를 차지하고 있을 정도로 비산먼지는 심각한 문제이다. 비산먼지는 도로재 비산먼지, 건설공사 자체, 나대지 등으로 도로와 건설현장 자체에서 발생하는 비산먼지가 가장 많다.

③ 무엇보다 건설공사현장의 미세먼지(비산먼지)는 주로 우리가 생활하는 주거지 및 생활공간 인근에서 많이 발생한다는 점에서 문제가 크다. 그럼에도 불구하고 비산먼지 문제는 발전소나 경유차에 비해 상대적으로 간과되었으며, 제대로 논의되거나 대책 마련이 되지 못했다.

④ 공종별 미세먼지 발생요인 : 토공사, 철근콘크리트공사, 마감공사 등

⑤ 장비별 미세먼지 발생요인 : Back Hoe 등의 굴착장비, Dump Truck 등의 운전장비, 레미콘, 자재운반차량 등

(2) 현재 건설현장의 미세먼지관리 문제점

① 건설현장의 경우에는 초미세먼지는 물론 일반 먼지에 대한 발생 허용 기준조차 마련되어 있지 않다. 발생하는 먼지량을 정확하게 측정하는 것 자체가 어렵기 때문이다.

② 건설공사 현장은 미세먼지를 측정하기 곤란한 장소이다. 이는 측정 기술의 문제라기보다 정확한 데이터가 나오도록 측정할 수 없어 관리가 어렵기 때문인데, 그 결과 건설현장에는 공장 굴뚝에 있는 총먼지 기준 조차도 없다. 다만, 시설관리기준을 통해 먼지 발생을 간접적으로 통제하고 위반 시 과태료를 부과하고 있는 실정이다. 건설현장에 맞는 미세먼지 관리기준의 마련이 무엇보다 시급하다.

③ 먼지가 발생하는 모든 건설현장은 규모와 상관없이 의무적으로 신고하도록 해야 하며, 현장에서 발생하는 미세먼지를 파악할 수 있도록 관리 인력을 확대하고 실시간 모니터링 시스템을 구축해야 한다.

④ 무엇보다 건설현장의 오염물질 배출의 주요 원인이 공사장 운행차량과 건설기계라는 점에서 노후 건설기계뿐만 아니라 건설기계 전체에 대한 미세먼지 저감장치 부착, 배출가스 저감장치 부착, 엔진 교체 등을 의무화하여 건설기계의 저공해화를 적극 추진하고 동시에 친환경 건설기계 사용도 의무화해야 한다.

(3) 건축기계설비 차원에서 효율적으로 미세먼지를 방지할 수 있는 시스템(옥외공사)

사업별	공종별 미세먼지 방지 시스템	장비별 미세먼지 방지 시스템
1. 토공사	가. 터파기 시 먼지 발생(되메우기) (1) 이동식 살수시설을 사용, 작업 중 살수 (2) 바람이 심하게 불 경우 작업 중지 (3) Open Cut 공법에서 Top Down 공법 등 신공법 도입 나. 차수벽(현장타설 콘크리트 흙막이벽) 공사 (1) 시멘트, 벤토나이트 등을 믹서에 배합 시 방진막 설치 (2) 빈 포장봉투 처리 시 살수하여 수거 (3) Open Cut 공법에서 Top Down 공법 등 신공법 도입	가. 굴착장비(Back Hoe 등) (1) 살수설비 이용 비산먼지 방지 (2) 가설펜스 상부에 방진막 설치 (3) 집진기가 장착된 장비를 사용하되 포집된 먼지가 재비산되지 않도록 살수처리 나. 운전장비(Dump Truck 등) (1) 적재물이 비산되지 않도록 덮개 설치 (2) 적재함 상단을 넘지 않도록 토사 적재(적재함 상단으로부터 5cm 이하) (3) 세륜 및 세차 설비를 설치하여 세륜 및 세차 후 현장 출발 (4) 현장 내 저속운행으로 먼지비산 저감 (5) 통행도로포장 및 수시 살수
2. 철근콘크리트 공사	가. 거푸집공사 시 먼지 발생 (1) 거푸집 해체 후 즉시 부착콘크리트 등 제거 (2) 운반정리 시 방진막을 덮음 (3) 대형거푸집 제작(Metal Form 공법 등) : 운반·정리의 감소로 먼지 발생 억제 나. 콘크리트 타설 후 (1) 타설 부위 이외에 떨어진 콘크리트를 건조 전 제거 (2) 정밀시공(할석, Grinding 등 먼지 발생 요소 사전 제거) : 형틀을 정확히 제작 (3) 타설 시 건물 외벽에 가림판을 설치하여 콘크리트 비산방지	가. 레미콘 차량 (1) 현장 내 저속운행 (2) 세륜 및 세차 후 현장 출발 (3) 통행도로를 수시로 살수 나. 자재운반 차량 (1) 적재함 청소(상차 전, 상차 후) (2) 이동식 덮개를 덮고 운행

사업별	공종별 미세먼지 방지 시스템	장비별 미세먼지 방지 시스템
3. 마감공사	가. 철골내화 피복 시 피복재료 비산 (1) 각층 방진막 설치 후 작업(이중 방진막 설치) (2) 재료 배합장소 방진막 설치 나. 천장 견출공사 시 먼지비산 (1) 시멘트 배합장소 지정(각층 방진막 설치) (2) 작업 후 작업장 청소 및 정리정돈 실시 (3) 시멘트 보관장소 지정 (4) 모래 등은 적정 함수율을 유지토록 살수하여 적치하고, 방진덮개로 덮음 다. 습식공사 (1) 조적공사, 미장공사, 방수공사는 Ready Mixed Mortar 사용 라. 건식공사 (1) 석고보드, 단열재, 도장바탕처리공사의 폐자재 및 파손재는 공사현장에서 즉시 적정 배출	
4. 옥내 설비 설치공사	(1) 각 설비, 기기 등은 물을 뿌려가며 설치공사 진행 (2) 천장 내부 설치 시에는 하부에 보양을 실시하고, 보양 방진덮개의 먼지가 날리지 않도록 자주 청소 실시 (3) 분진 발생 장소에서는 인접 장소로 분진이 전파되지 않도록 방진막(혹은 이중 방진막) 설치 (4) 청소 및 정리정돈을 자주 실시하고, 남은 자재는 수시로 배출 (5) 자재 등은 가급적 적정 함수율을 유지한 상태로 보관 및 사용	(1) 작업장 내에 집진기를 설치하여 발생 먼지를 실시간 제거 및 배출 (2) 집진기에 포집된 먼지가 재비산되지 않도록 필터를 자주 교체 (3) 장비에 투입될 자재는 비산되지 않도록 항상 덮개로 덮어 관리 (4) 설비, 기기 설치용 장비는 자급적 저속으로 운전시키고, 세척을 철저히 실시 (5) 커팅 기계, 그라인딩 기계 등에서 발생하는 칩은 주변으로 비산되지 않도록 바로 수집 및 밀봉 처리

(4) 미세먼지 관리방안

① 각 지방자치 단체장은 "비산먼지 저감대책 추진에 관한 업무처리규정"에 따라, 다음 사항 등이 포함된 비산먼지 저감대책 추진실적 및 세부추진계획을 환경부장관에게 보고하여야 한다.

㉮ 비산먼지 발생사업장 현황

㉯ 비산먼지 저감대책 추진실적 및 추진계획

㉰ 소요재원의 확보계획

② 비산먼지 저감대책 추진에 관한 업무처리 규정상 권장사항으로 되어있는 '비산먼지

발생 저감공법'을 앞으로 의무규정으로 바꿀 필요가 있다.

③ 건설현장 및 진입로 등의 미세먼지를 실시간 측정하여 모니터링 할 수 있는 인력과 장비를 구축해야 한다. 기존의 미세먼지 측정기 설치를 보다 확대하거나, 대규모 현장에서는 미세먼지 측정차량을 도입할 수 있다.

④ 건설공사장 진출입로는 특히 분진, 미세먼지가 발생하기 쉽고, 주변 거주민들에게 불편을 초래하기 쉬운 곳이니, 도로청소차(살수차, 분진흡입차 등)를 이용하여 최대한 분진 발생을 방지하여야 한다.

⑤ 성공적인 미세먼지 저감 정책에는 정부와 각 지자체의 협력이 필수적이다. 건설현장 미세먼지는 전국적인 문제이며, 투입하는 예산에 비례하여 효과적인 저감 효과를 얻기 위해서는 정부와 지자체간 긴밀한 협력과 협조가 반드시 전제되어야 한다.

40. 지구온난화 및 오존층 파괴의 주요 원인이 되고 있는 프레온 냉매의 회수, 충전 및 교체 시 주의할 사항과 대기환경보전법에 의한 회수기준과 회수방법에 대하여 설명하시오.

정답 **(1) 개요**

① 환경부장관은 기후·생태계 변화유발물질 중 공기조화기 냉매의 배출을 줄이고 회수·처리하는 등 관리방안을 마련하여야 한다. 이 경우 환경부장관은 관계 중앙행정기관의 장과 협의하여야 한다.

② 냉매를 사용하는 공기조화기를 가동하는 건물 및 시설의 소유자 또는 관리자는 냉매를 적절히 관리하고 회수·처리하여야 한다.

(2) 프레온 냉매의 회수, 충전 및 교체 시 주의할 사항

① 아래와 같은 장소를 피한다.

　㈎ LPG가스 등 인화성물질이 있는 위험한 장소

　㈏ 밀폐된 기계실 등 환기가 잘 되지 않는 장소

　㈐ 바닥에 경사가 있는 장소

　㈑ 비와 물이 튀는 장소

　㈒ 직사광선이 바로 닿는 장소 혹은 고온의 장소

② 냉매 취급 시 충격, 마찰, 가열 등이 없도록 한다.

③ 화기, 불꽃 등의 근처는 피한다.

④ 용기를 이동, 저장 시 전도 방지 조치를 한다.

⑤ 종류가 다른 프레온 냉매를 혼합하지 않는다.

⑥ 회수용기, 기기 등에 부식이나 결함이 없는지 확인한다.

⑦ 검사 만료 용기는 사용하지 않는다.

⑧ 작업 시 반드시 보호안경, 보호장갑 등을 착용한다.

⑨ 암모니아, 프로판 등 가연성 냉매를 회수해서는 안 된다.

⑩ 회수되는 냉매에 물, 이물질 등이 혼입되지 않도록 한다.

(3) 대기환경보전법에 의한 프레온 냉매 회수기준

① 공기조화기의 규모, 건물 및 시설 기준, 냉매의 관리·회수·처리 방법 등은 환경부령으로 정하며, 관리대상 건물·시설은 다음 각 호의 어느 하나에 해당하는 것으로 한다.

   1. "건물" : 건축법상 건축물(단, 단독주택 제외)

   2. "시설" : 건물 안에 있는 점포, 창고, 그 밖에 사업장으로 이용되는 시설

② 해당 건물 또는 시설의 소유자 또는 관리자(소유자 등)는 관리대상 공기조화기에 충전되어 있는 냉매를 대기 중으로 방출하여서는 아니 되며, 냉매를 회수·보관·충전·인도 또는 처리하는 과정에서 누출되지 않도록 하여야 한다.

③ 소유자 등은 관리대상 공기조화기의 가동 과정에서 냉매의 누출을 최소화하기 위하여 공기조화기의 상태, 냉매 누출 여부 등을 1년마다 점검하고, 그 결과에 따라 공기조화기를 유지 또는 보수하여야 한다.

④ 소유자 등은 다음 각 호의 어느 하나에 해당하여 냉매를 회수하게 되는 경우에는 관련 전문기기를 갖추어 직접 회수하거나 관련 전문기기를 갖추고 냉매의 회수를 전문으로 하는 자로 하여금 회수하게 하여야 한다.

   1. 공기조화기를 폐기하려는 경우

   2. 공기조화기의 전부 또는 일부를 원재료, 부품, 그 밖에 다른 제품의 일부로 이용할 것을 목적으로 유상 또는 무상으로 양도하려는 경우

   3. 공기조화기를 유지·보수하거나 이전 설치하려는 경우

⑤ 소유자 등은 냉매를 직접 회수하거나 다른 자로 하여금 회수하게 하는 경우에는 냉매를 최대한 회수하고 회수 과정에서의 누출을 최소화하기 위하여 아래의 냉매회수기준을 따라야 한다(공기조화기의 냉매를 회수하는 전문기기가 정상적으로 가동하는 상태에서 공기조화기 냉매 회수구에서의 압력 값이 아래에서 정하는 냉매의 압력 구분에 따라 정한 압력 이하가 되도록 흡인하여야 한다).

냉매의 압력 구분 (게이지 압력)	회수구 압력 (게이지 압력)
상용 온도에서의 압력이 0.2MPa 미만	음압 0.07MPa
상용 온도에서의 압력이 0.2MPa 이상	0MPa

⑥ 소유자 등은 회수(다른 자로 하여금 회수하게 하는 경우를 포함한다)한 냉매를 폐기하려는 경우 다음 각 호에 해당하는 자에게 위탁하여 처리하여야 한다.

   1. 「전기·전자제품 및 자동차의 자원순환에 관한 법률」 제32조 제2항 제3호에 따른 폐가스류 처리업 등록을 한 자

   2. 「폐기물관리법」 제25조 제5항 제2호에 따른 폐기물 중간처분업 허가를 받은 자

   3. 「폐기물관리법」 제25조 제5항 제4호에 따른 폐기물 종합처분업 허가를 받은 자

⑦ 소유자 등은 냉매의 관리 · 회수 · 처리에 관한 사항을 별지의 냉매관리기록부에 작성하여 3년 동안 보관하여야 한다.

⑧ 소유자 등은 매년 1월 31일까지 전년도 냉매관리기록부의 사본에 다음 각 호의 서류를 첨부하여 환경부장관에게 제출하여야 한다. 다만, 공기조화기의 가동을 종료하게 된 때에는 종료일부터 1개월 내에 종료일이 포함된 연도에 해당하는 냉매관리기록부의 사본을 제출하여야 한다.

1. 공기조화기 매매계약서 또는 임대차계약서 사본
2. 냉매회수를 위한 관련 전문기기의 매매계약서 또는 임대차계약서 사본
3. 냉매회수 위탁계약서 사본
4. 냉매폐기 위탁계약서 사본
5. 냉매 매매계약서 사본

⑨ 소유자 등은 냉매관리기록부를 작성 · 보관하거나 그 사본을 제출하는 경우 「전자문서 및 전자거래 기본법」 제2조 제1호에 따른 전자문서로 작성 · 보존 또는 제출할 수 있다.

⑩ 냉매 판매량의 신고

㉮ 냉매를 제조 또는 수입하는 자는 매 반기 종료일부터 15일 이내에 별지의 냉매 판매량 신고서(전자문서로 된 신고서를 포함한다)에 다음 각 호의 서류를 첨부하여 환경부장관에게 제출하여야 한다. 다만, 제조 또는 수입하는 냉매가 「오존층 보호를 위한 특정물질의 제조규제 등에 관한 법률」 제2조 제1호에 따른 특정물질(이하 "특정물질"이라 한다)에 해당하여 같은 법 시행령 제18조 제1항에 따라 특정물질의 제조 · 판매 · 수입 실적 등을 산업통상자원부장관에게 보고하는 경우는 제외한다.

1. 냉매의 제조 또는 수입 실적을 확인할 수 있는 서류 1부
2. 냉매의 종류별 · 용도별 · 판매처별 판매실적과 누계를 확인할 수 있는 서류 1부

㉯ 환경부장관과 산업통상자원부장관은 냉매 판매량의 신고 및 「오존층 보호를 위한 특정물질의 제조규제 등에 관한 법률 시행령」 제18조 제1항에 따른 특정물질의 제조 · 판매 · 수입 실적 등의 보고가 효율적으로 이루어지게 하기 위하여 신고 · 보고의 방법 및 절차 등을 공동으로 정하여 고시할 수 있다.

(4) 프레온 냉매 회수방법

① 펌프다운에 의한 방법

㉮ 저압부로 냉매가 넘어오지 않게 고압 용기부 끝단에 위치한 밸브(그림의 2방밸브)를 잠근 후, 일정시간 압축기를 운전하여 냉매를 고압부로 모두 모으고, 이후 일정 시간 운전 후 저압측 압력이 0 이하로 떨어질 때 저압측 밸브(그림의 3방밸브)도 잠그어 냉매를 특정한 부분(고압부)에 모을 수 있다.

㉯ 이때 저압측의 압력이 0 이하로 떨어질 때를 확인하기 위해서는 주로 저압측 3방밸브에 매니폴더 게이지를 연결하여 압력을 확인하며, 매니폴더 게이지의 호스 내

부에 존재하는 공기를 제거하기 위해 에어퍼지(냉동장치 내부의 냉매를 소량 사용하여 호스 내부의 공기를 밀어내는 방법)를 반드시 해주어야 한다.

㈐ 펌프다운 시 고압부의 용적이 적어 모든 냉매를 모으기 어려울 경우 냉동기 외부에 별도의 저류탱크를 설치하고 장치의 고압부에 연결하여 이 작업을 행할 수 있게 할 수 있다.

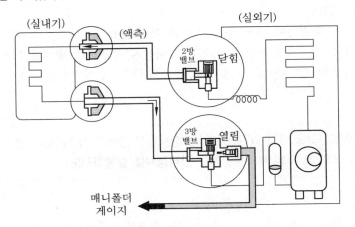

펌프다운에 의한 프레온 냉매 회수방법

② 프레온 냉매회수기를 이용하여 냉매를 회수하는 방법

아래 그림을 참조하여

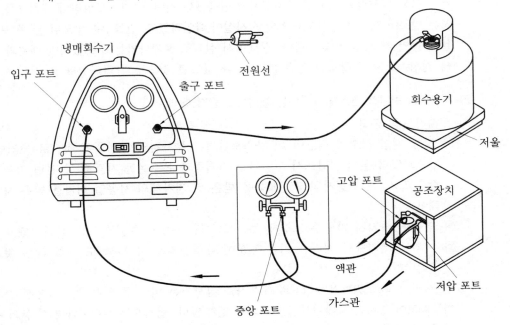

프레온 냉매회수기를 이용하여 냉매를 회수하는 방법

㉮ 냉매를 회수할 공조장치의 저압포트와 매니폴더 게이지의 가스관을 연결한다.

㉯ 냉매를 회수할 공조장치의 고압포트와 매니폴더 게이지의 액관을 연결한다.

㉰ 매니폴더 게이지의 중앙포트를 냉매회수기의 입구 포트에 연결한다.

㉱ 냉매회수기의 출구 포트를 회수용기의 액밸브에 연결한다.

㉲ 매니폴더 게이지 및 각 장비의 포트를 열고, 냉매회수기의 전원선을 연결하여 운전을 행한다.

㉳ 저울을 확인하여 완전 충전 여부를 확인한다.

㉴ 매니폴더 게이지 눈금이 "0"이 될 때까지 운전하여 냉매를 완전히 회수한다.

㉵ 매니폴더 게이지 및 각 장비의 포트를 닫고, 냉매회수기의 운전을 종료한다.

---

41. 개별 가스보일러를 난방 열원으로 사용하는 펜션 등에서 가스보일러 연소가스에 의한 질식사고 방지 대책 및 개별 가스보일러의 안전장치를 설명하시오.

정답 **(1) 개요**

① 2018년 12월 18일 강원도 강릉시에 있는 펜션에서 수능시험을 마친 서울 대성고등학교 3학년생들 10명이 가스보일러 유독가스에 질식해 3명이 숨지고 7명이 부상을 입은 사건이 발생하였다.

② 강릉 펜션 사고의 원인은 일산화탄소 중독으로 공식 확인되었다. 난방용 가스보일러에서 유출된 일산화탄소로 인해 사상자가 발생했던 것이다. 가스보일러와 배기구를 연결하는 연통이 제대로 연결되지 않았던 사실이 확인되었고, 건물 2층 발코니 끝 쪽 보일러실에 놓인 가스보일러의 연통은 실내에서 실외로 빠져나가는 구조였지만 배관과 연통이 정상적으로 연결되지 않은 채 어긋나 있었던 것으로 확인되었다.

(2) 개별 가스보일러 연소가스에 의한 질식사고 방지 대책

① 무자격 시공 근절

㉮ 강릉 펜션 사고의 원인이 된 가스보일러는 무자격자가 설치한 것으로 드러났다. 가스보일러 설치는 반드시 고압가스 자격증과 온수온돌 자격증 등 관련 자격증을 갖추고 가스안전공사의 안전교육을 받은 뒤 지자체의 시공업 허가를 받은 사람이 해야 한다.

㉯ 연통이 빠지지 않도록 고정해 주는 고무링(O링)이 손상한 것으로 확인됐다

㉰ 여기에 배기구와 배기관 이음 부분에 내열실리콘 마감처리도 하지 않은 것으로 드러났다.

② 일산화탄소 가스 경보기 부착 의무화 : 가스 경보기는 미국 등 일부 선진국에선 설치가 의무화되어 있지만 국내에선 법제화되어 있지 않다. 법적으로 주택이나 펜션 등의 숙박시설 및 야영시설은 반드시 의무 설치 대상에 편입 필요하다고 하겠다.

③ 안전기능이 강화된 가스보일러 품질기준 : 가스보일러의 안전기능 강화가 필요하다. 원천 적으로 일산화탄소 등의 미연소가스가 세지 못하게 하는 구조로 제조한다든가, 불완전 연소 발생 시 자동으로 차단하는 방법 등 다양한 방법에 대한 연구가 필요하다.

④ 보일러, 연통 등 세부 설치기준 마련

　㉮ 보일러의 급기관, 배기관 등의 연결구조가 제대로 이루어질 수 있도록 Fool-proof 가 적용된 연통구조 및 연결방법 제시가 필요하다.

　㉯ 보일러 운전 시 송풍팬, 펌프의 운전 등에 의해 발생하기 쉬운 진동의 최소화 및 진동이 발생하더라도 탈거되기 어려운 구조에 대한 연구가 필요하다.

⑤ 불법 증축, 보일러실 관리 등에 대한 단속 강화의 필요성

　㉮ 강릉 펜션 사고에서처럼, 펜션 발코니의 불법 증축 등에 대한 단속 강화가 필요하 다(건축법 위반).

　㉯ 강릉 펜션 사고에서처럼, 무등록 건설업자, 무자격 보일러 시공자, 부실한 검사 를 행하는 한국가스안전공사의 완성검사자, 점검을 부실하게 하는 액화석유가스 (LPG) 공급자 등 각 부문에 대한 재발 방지 대책이 필요하다.

　㉰ 보일러 등은 가연성 가스를 취급하는 매우 큰 위험성을 가진 기기이므로, 설치 비용을 줄이기 위한 온갖 편법과 불법 설치 등을 줄이기 위한 특단의 조치가 필 요하다.

⑥ 고압산소치료기(고압산소 체임버) 설치 확대(병원) : 지금까지 고압산소치료실을 갖춘 병원 은 전국적으로 거점병원에 해당하는 일부의 병원에 국한된다. 강릉 펜션 사고에서처럼 유독가스 흡입자 등의 발생 시 빠른 대처를 위해 고압산소치료실을 갖춘 병원을 보다 늘릴 필요가 있다.

⑦ 교육

　㉮ 고등학교의 현장체험학습제도, 학생지도, 안전교육 등에 대한 재점검이 필요하다.

　㉯ 학생을 포함한 모든 시민들에 대한 안전교육의 기회, 안전관련 홍보 등을 보다 늘 려서 위험으로부터 보다 안전한 사회를 이루어나가려는 사회적 노력이 절실하다.

(3) 개별 가스보일러의 안전장치

① 안전밸브(Saftety Valve) : 보일러의 최고사용압력 하에서 압력이 자동 분출되도록 한 기계적 안전장치(전기적인 자동 압력제어가 불량하여 증기압이 계속 상승 시 최고압 또는 설정압력에서 내부 압력을 방출시키는 안전장치)

② 압력제한장치(압력차단 SW) : 설정 상용압력에서 버너의 연소작동을 정지시켜 설정압 이상의 압력 상승을 제한시키는 장치이며, 보통 다음의 2가지가 있다.

　㉮ 자동식 컨트롤 장치 : 일시정지 후 압력강하 시 재기동시키는 장치

　㉯ 수동식 컨트롤 장치 : 버너 작동을 완전히 정지시키는 장치

③ 과열방지 SW : 설정온도(최고 사용 압력하의 포화온도+약 10℃)에서 전원을 차단하고, 모든 컨트롤 기능을 정지시키며, 보통 다음의 2가지가 있다.

㈎ 전자식 : 설정온도에 의한 리밋 스위치의 작동으로 전원을 차단하고, 정상 시 원
상복귀되고 계속 사용이 가능하다.

㈏ 퓨즈식 : 설정온도에 의한 퓨즈 단락으로 전원을 차단시키고, 재사용은 불가하다.

④ 저수위 차단장치 : 보일러의 수위가 낮아지면 전원을 자단하여 빈불때기(과열)를 방
지하는 장치이며, 보통 다음의 2가지가 있다.

㈎ 전자식 : 전기적 감지장치에 의한 전자회로 전원을 차단하며, 보통 플로트레스 액
면스위치가 사용된다.

㈏ 기계식(부력) : 기계적 감시로 전원을 차단시키는 장치로, 보통 맥도널 스위치 등
이 사용된다.

⑤ 연소 안전장치(프로테트 릴레이 기능) : 착화 또는 연소 중 다음과 같은 이상 발생 시
버너 기능 차단과 연료공급밸브의 잠김이 동시에 이루어진다.

㈎ 기동 전 연소실 내에 이상 화염이 잔류할 경우 기동 중지

㈏ 연료 분사 후 착화가 이루어지지 않으면 기동 중지

㈐ 착화 후 연료중단 등으로 실화될 경우 기동 중지

⑥ 연료공급 안전장치(가스버너 적용)

㈎ 가스 압력 부족 시 안전 차단(가스압 하한SW) : 설정된 압력 이하로 가스가 공급
되거나 공급이 중단되었을 경우 버너 기능을 차단시킴(1초 이내)

㈏ 가스 공급 압력 초과 시 안전 차단(가스압 상한SW) : 설정된 압력 이상으로 가스
가 공급되거나 노내압 이상 상승 시 버너 기능을 차단시킴(1초 이내)

⑦ 가스누설 안전장치 : 메인밸브의 내부누설로 가스가 노 내에 유입됨을 방지하기 위한
안전장치로, 보일러 정지상태에서 가스누설 시 전·후 압력차에 의한 정지신호로 버
너가 작동되지 않도록 한다.

⑧ 미연소 가스 배출 안전장치 : 노 내에 잔류한 미연소 가스를 배출시키는 기능으로 30
초 이상 프리퍼지 후 착화 기능이 작동되도록 한 장치이다.

㈎ 풍압SW에 의한 풍압 확인 기능(압입 송풍 기능)

㈏ 댐퍼모터 개·폐 작동에 의한 퍼지 확인 기능

⑨ 가스누설 경보기 : 보일러 기기 외부에서 가스의 누설을 검출하여 보일러의 운전을
정지하고 경보를 알리는 장치이며, 검지장식에 따라 다음과 같은 종류가 있다.

㈎ 반도체식 : 반도체(SnO_2, FeO)를 350도 이상 상승시켜 가연성 가스 흡착 시 열
전도도(λ)가 올라가는 것으로 판단한다(가벼운 가스용).

㈏ (백금)접촉 연소식 : 백금선에 알루미나 소결하여 500도 이상 승온으로 가연성
가스가 접촉 산화 시 백금선의 저항이 올라가는 것으로 판단하는 방식이다.

㈐ 열전도식 : (백금)접촉 연소식과 유사하나, 백금선을 기준하여 공기와 가연성가스
의 저항 변화의 차이를 감지하는 방식이다.

42. 지역난방 배관 이음을 피복 아크 용접으로 하였을 때 발생하는 용접결함의 종류, 방지대책 과 지역난방온수관 파열로 인하여 발생할 수 있는 인명피해 방지대책을 설명하시오.

정답 **(1) 개요**

① 2018년 12월 4일 경기도 고양시 일산동구 백석동 백석역 인근에서 한국지역난방공사 소속 지역온수배관이 파열되는 사고가 일어났다.

② 백석동 지역은 고양시 일산동구에서 일산신도시 개발 사업 중 마지막으로 개발된 곳이라 대형개발이 많은 지역이라 지하 생활시설 개발도 많았던 지역이며, 인근에는 일산열병합발전소가 있어 여기에서 생산되는 열에너지는 한국지역난방공사에 의해 고양시 전체에 공급되고 있다.

③ 이 사고로 약 110℃에 해당하는 고온의 온수가 땅에서 솟아나 지나던 시민 1명이 사망하고, 55명이 화상 등으로 다치는 등의 큰 사고가 발생하였고, 주변 지역에는 겨울철 온수공급이 중단되는 등의 사태가 일어났다.

(2) 피복아크용접 시 결함의 종류 및 방지대책

종류	발생 원인	대책
용입 부족	운봉속도가 적당치 않은 경우	용접속도를 적당하게 하고, 슬래그 용융지나 아크에 선행치 않도록 할 것
	용접전류가 낮은 경우	슬래그가 포피성을 해치지 않을 정도로 전류를 많게 할 것
	홈의 각도가 좁은 경우	홈의 각도를 크게 하거나, 각도에 따른 봉 지름의 용접봉을 선정할 것
언더컷	용접봉의 각도, 운봉속도가 적당치 않은 경우	봉 지름에 따른 균일한 위빙을 주의 깊게 할 것
	용접전류가 너무 높을 때	운봉속도를 늦게 하고, 전류를 약간 적게 할 것
	부적당한 용접봉을 사용할 때	목적에 따른 용접봉을 선정할 것
슬래그 섞임	전 층의 슬래그 박리의 불완전	앞서는 비드에서 슬래그를 충분히 떼어내서 깨끗하게 할 것
	이음설계의 부적당	아크 길이 또는 조작을 적당히 할 것
기공	아크 분위기중의 수소 또는 일산화탄소가 너무 많을 때	적당한 봉을 선정할 것
	용착부가 급랭될 때	위빙, 후열 등에 의해 냉각속도를 늦게 할 것
	모재 중 유황량(편석 포함)이 많을 때	저수소계 용접봉을 잘 건조해서 사용할 것

(3) 지역난방 온수관 파열로 인한 인명피해 방지대책

① 사고 진단 및 예지 : 고양시 온수배관 파열사고에서는 사고 이전에 싱크홀 발생이 여러 번 신고되는 등 하인리히 법칙(Heinrich's Law ; 대형사고가 발생하기 전에 그

와 관련된 수많은 경미한 사고와 징후들이 반드시 존재)에 따라, 사전에 이상조짐이 여러 군데 발생한 바 있다. 사전에 사고 가능성에 대한 진단 및 예지 기능이 있어야 한다.

② 노후배관에 대한 체계적인 관리 및 교체 시스템 마련 : 고양시 온수배관 파열사고에서 사고가 발생한 배관은 28년된 노후배관이었으며, 노후배관에 대한 체계적인 관리 및 교체 시스템 마련이 필요하다.

③ 사고 시 응급대처 매뉴얼, 교육, 훈련 필요 : 고양시 온수배관 파열사고에서는 배관 파열 및 누수 뒤 메인밸브 차단이 늦어져 피해를 더 키웠던 것이다. 배관의 파열 등 응급상황 발생 시 즉각적인 대처에 대한 매뉴얼과 행동요령에 대한 사전 교육, 훈련 등이 필요하다.

④ 누수감지선 관리 : 고양시 온수배관 파열사고에서는 열배관에 대한 누수감지선이 단락되어 있었다. 해당 지역은 중점관리구간으로 점검기준을 강화해야 함에도 불구하고 형식적으로만 점검하고, 누수감지 마저도 불가하였던 것이다. 누수감지선 등의 중요 경보장치는 수시 점검을 통하여 정상적으로 누수여부를 감지할 수 있도록 하여야 한다.

⑤ 용접 등의 중요 공정에 대한 특별 시공관리 필요 : 고양시 온수배관 파열사고에서는 1991년 시공 당시 용접이 잘못되었던 것으로 판명되었다. 지역난방 온수배관 공사는 광범위한 대규모 공사이므로 용접, 보온, 누수감지선 설치 등에 대한 시공관리를 보다 철저히 하여야 한다.

⑥ 지역난방 배관 관리 기술 개발 : 사고 후에야 온수배관 관련 보수공사가 전국적으로 진행되는 등의 대처가 이루어지고 있다. 미연에 사고를 방지하기 위한 체계적인 지역난방 온수배관 관리기술과 선진화된 종합 관리 시스템이 필요하다.

⑦ 기타

㉠ 지역난방 배관 파열 사고 발생 시 일대는 침수지역이 될 것이고, 만약 사고가 겨울철에 발생한다면 주변은 빙판길이 조성될 것이다. 이러한 세세한 부분까지도 소방 및 방재와도 연관하여 철저한 사고 대비가 필요하다.

㉡ 지역난방 온수배관 점검 시 형식적 점검이 아닌, 정상적인 인원을 투입하여 정상적인 점검이 이루어질 수 있도록 하여야 한다.

---

43. 빗물의 재이용을 위해 건축면적 10,000m² 이상인 건물에 적용, 설치 운영되고 있는 빗물 재이용설비가 대부분 조경용수로만 사용하도록 되어 있어 경제적으로 이용되지 않고 있는 실정이다. 따라서 빗물을 화장실 대변기 등 위생용수와 청소용 용수로 사용할 수 있는 시스템을 제안하고 효율적인 빗물 시스템 관리를 설명하시오.

정답 (1) 개요

① 물의 재이용 촉진 및 지원에 관한 법률 제8조에서, 대통령령으로 정하는 종합운동 장, 실내체육관, 공공청사, 공동주택, 학교, 골프장 및 대규모 점포를 신축, 증축ㆍ 개축 또는 재축하려는 자는 빗물이용시설을 설치ㆍ운영하여야 하며, 환경부령으로 정하는 바에 따라 설치 결과를 특별자치시장ㆍ특별자치도지사ㆍ시장ㆍ군수ㆍ구청장 에게 신고하여야 한다.

② 빗물이용시설에는 지붕 등에서 떨어지는 빗물을 모을 수 있는 집수시설, 처음 내린 빗물을 배제할 수 있는 장치나 빗물에 섞여있는 이물질을 제거할 수 있는 여과장치, 물을 일정기간 저장할 수 있는 빗물 저류조, 처리한 빗물을 화장실 등 사용장소로 운반할 수 있는 펌프ㆍ송수관ㆍ배수관 등 송수시설 및 배수시설 등의 시설을 갖추어야 한다.

③ 빗물은 조경용수, 청소용수, 화장실용수, 농업용수, 공업용수, 교육용수, 살수용수, 연못유지용수, 수생식물관리용수, 잡용수 등의 다양한 용도로 사용할 수 있으며, 한 가지 용도보다는 여러 가지 많은 용도로 이용할수록 효과가 커진다고 할 수 있다.

(2) 빗물을 효율적으로 사용할 수 있는 시스템

① 독일 등의 선진국처럼 일반 음용수 공급라인과 빗물라인을 명확히 구분하고, 라벨 등으로 투명하게 구분하여 표기해야 한다.

② 설계 시 현장여건에 따라 빗물의 용도와 수요량을 구체적으로 결정하고, 이를 기준 으로 상수 대체율을 예측, 평가해야 한다.

③ 빗물이용시설의 계획ㆍ설계 시 활용 용도별 목표 수질을 만족하고 유지관리가 용이 하도록 적절한 처리방식을 수립해야 한다.

④ 산성비의 우려가 높은 초기 강우는 가능한 분리ㆍ배출시켜 안전에 대한 우려를 줄 여나가는 것이 유리하다. 물론 빗물 이용 시스템에서 여과와 살균을 철저히 한다고 볼 때 배제할 필요가 없다고도 볼 수 있는데, 다음 그림과 같이 초기 강우는 오염도 가 높기 때문에 가능한 배제하는 것이 추천되어진다.

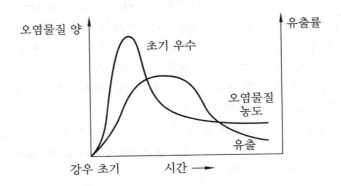

⑤ 바람직한 빗물처리 공정 사례 : 다음 그림과 같이 집우설비로부터 철저한 여과와 살균 후 저수조에 저장하였다가 재사용하는 것이 추천되어진다. 단, 다음 그림의 공정 중 빗물 재사용의 목적에 따라 몇 개의 공정이 생략되어질 수도 있다.

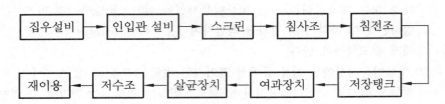

(3) 효율적인 빗물시스템 관리방안

① 집수면은 지붕면, 오염되지 않은 녹지 등 양호한 수질을 얻을 수 있도록 설정하여 빗물에 포함된 이물질을 제거하는 데 소요되는 비용을 최소화한다.

② 빗물이용시설 저류조의 용량은 대상지역의 강우 특성, 사용수량 등 지역 특성과 목적을 고려하여 결정한다.

③ 빗물이용시설은 토지이용을 효율적으로 할 수 있도록 적합한 위치에 설치한다.

④ 자동화 및 원격 시스템 등을 도입하여 유지관리의 편리성을 고려할 수 있다.

⑤ 지속적으로 운영될 수 있도록 시설의 소유권과 운영주체를 명확히 한다.

⑥ 이용하지 않는 빗물은 적극적으로 침투를 유도한다.

⑦ 재난상황 시 빗물을 비상용수로 활용할 수 있도록 계획한다.

⑧ 기온은 계절적으로 주기성을 가지며, 물 사용량과 밀접한 관계이므로 계절별로 기온 특성을 고려할 필요가 있다. 여름철의 경우 주택 뿐 아니라 분수, 연못, 폭포 등의 필요 수량 증가에 대해 검토하여야 하며, 겨울철의 경우 융설 및 결빙 특성을 포함시킬 필요가 있다.

⑨ 우리나라는 여름철 강우편중 현상이 심하므로 이에 따른 피해가 없도록 조치해야 한다.

⑩ 강우자료는 연도별로 분포가 크게 불규칙하므로 대상지역에 가까운 지점의 10년 정도의 데이터를 이용하여 풍수년과 갈수년의 특성을 파악하는 것이 좋다.

⑪ 집수관 계통은 집수면적과 해당 지역의 최대 강우강도를 고려해서 결정하며, 저류시설은 집수능력을 상회하는 배수능력을 갖도록 하고, 다른 곳에서의 빗물 유입 등으로 배제능력이 저하되지 않도록 유의해야 한다.

⑫ 빗물을 실개천, 연못 등과 같이 순환 이용하거나 살수하는 경우에는 증발로 인한 손실수량을 고려할 필요가 있다.

⑬ 빗물이용 시스템은 다음 표와 같이 집수표면의 수질 특성을 감안한 유지관리가 필요하다. 이는 여과장치 청소주기, 살균·소독제 투입량, 저수조 청소주기 등을 결정할 때 꼭 감안하여야 할 사항이다.

표면 종류		수질 특성
빗물(직접 채수)		• 집수면을 거치지 않는 빗물은 양호한 수질 확보가 가능하다. • 도시지역에 내린 빗물의 pH는 주로 3~6 정도로 나타나나 강우가 지속되면서 일정한 범위로 수렴된다. 집수면, 저류조 등에서 콘크리트 등으로부터 알칼리 성분이 용출되어 pH는 7~8로 수렴된다.
지붕·옥상면 및 벽면 유출수		• 초기 유출수는 집수면 퇴적물의 세척에 의해 COD, SS 등의 초기 오탁이 보이지만, 강우가 계속됨에 따라 점차 감소하여 2~4NTU 정도의 빗물 수질에 가까워진다.
도로 유출수		• 오염물질은 대기로부터의 강하물 이외에 자동차 배기가스, 타이어 마모물질, 토사 등 인위적 활동에 따른 불특정 물질로 인해 오염 정도가 심하다. • 교통량이 많은 도로일수록 오염 농도가 높아진다. • 아스팔트 표면이 콘크리트면보다 탁도가 높다.
주차장 유출수	주변과 격리되어 있고 교통량도 적다.	• 이용자에 의한 인위적 오염이 없으면 지붕면에서 모은 빗물에 가까운 수질을 얻을 수 있다.
	주변과 격리되어 있지 않고 교통량도 많다.	• 교통량의 증가에 따라 탁도가 상승하고 인위적인 오염의 영향도 받기 쉽다. • 호우 시 침수로 인해 오염물질의 유입 가능성이 있다.
녹지 유출수	자연지반 녹지	• 초기 빗물을 제외하면 비교적 양질의 수질을 얻을 수 있으나 유출계수가 작으므로 접수 가능량이 적다.
	옥상녹화(인공지반)	• 녹화 조성에 필요한 골재 및 비료 성분에 의해 오염될 수 있으므로 이에 대한 대책을 수립할 필요가 있다. • 건물 주변의 중정(정원), 녹지 표면에서 비교적 양질의 수질을 얻을 수 있다.

⑭ 무엇보다 빗물의 재이용을 활성화하기 위해 다양한 의무적·권장적 정책 및 법규 입안이 필요하다. 또한 다양한 매체를 통해 대국민 홍보 및 교육이 필요하다고 하겠다.

면접시험 문제 및 해답

▶ 다음 문제들의 해설은 앞부분 (1편, 2편, 3편)에서 찾아 공부하시기 바랍니다.
예 1-3-142 (1편 – 3장 – Project 142)

◆ 기출 공조냉동기계 기술사 면접시험 문제 해설 모음

면접시험은 아래 수준의 문제 형태로 약 15~20 문제가 출제되어진다.

번호	문 제	해 설
1	기준(표준) 냉동사이클의 주요 온도 4개(응축온도, 증발온도 포함)를 설명하시오.	1-2-13
2	'CA냉장(CA저장)'이란 무엇인가?	2-1-52
3	클린 룸의 종류와 장비들은 무엇이 있는가?	1-3-42
4	습공기 선도에 표현되는 물질의 성질을 모두 열거하시오.	부록 – p.1276
5	무차원수 5가지를 설명하시오.	1-4-27
6	냉동톤의 종류와 냉각톤을 설명하시오.	1-2-14 , 1-3-111
7	비공비 혼합냉매 중 R410A와 R407C의 조성비는?	2-1-31
8	냉동 장치에서 증기압이 높은 냉매(비공기 혼합냉매)의 누설 시 차징(보충)하는 방법은?	2-1-31
9	냉방 설계 시 예랭(Cool Down)의 방법과 조건은?	1-4-19
10	현재 냉동기에 쓰이는 냉매의 종류는?	2-1-31
11	세계 냉매 규제 내용은?	2-1-31
12	극저온 냉동 온도는 몇 도 정도인가?	2-1-1
13	보일러 용량을 정의하는 4가지를 설명하시오.	1-5-29
14	흡수식 냉동기의 $P-T$ 선도를 그리고 설명하시오.	2-1-4, 2-1-5
15	Aspect Ratio란?	1-3-90
16	Aspect Ratio가 클 경우와 작을 경우의 덕트의 상태는?	1-4-15
17	식품냉동 온도와 과일류의 적당한 저장방법은?	2-1-51, 2-1-52
18	냉동창고 설계방법은?	1-3-49
19	공조 및 건축설비 계획법에 대하여 설명하시오.	1-3-1, 3-1-1

번호	문 제	해 설
20	TAB와 커미셔닝의 차이점은?	1-3-102, 1-3-81
21	개인 경력에 관한 사항 질문들 (3~4가지 정도 질문)	생략
22	신재생 에너지 활용 방안 (바이오 가스, 태양광)을 예를 들어 보시오.	1-3-86
23	지열원 히트 펌프의 특징 및 활용 방안은 무엇인가?	1-3-15
24	초고층 건물을 설계할 때 당신 같으면 어떤 공조방식을 택할 것인가?	1-3-33
25	팬코일 유닛 방식 (FCU방식)의 장점과 단점은?	1-3-7
26	저온 공조 방식에 대해 설명하시오.	1-3-106
27	국내에 히트 펌프 보급이 부진한데 이유가 뭐라고 생각합니까?	1-3-13
28	열병합 발전에 대해 설명하시오.	1-3-18
29	병원의 공조 방식에 대하여 설명하시오.	1-3-38
30	보일러의 보존 방법에 대하여 설명하시오.	1-5-31
31	기술사가 경제적 사회적 정치적 분야에 미치는 영향과 앞으로 해야 할 방향은?	생략
32	열역학 제2법칙에 대해 설명하고, 엔트로피란 무엇인지 설명하시오.	1-1-13
33	지하철공조방식에 대해 설명하고, 지하철 제동열의 영향을 설명하시오.	1-3-50
34	린번엔진이란 무엇입니까?	1-5-57
35	감리제도의 문제점은 무엇입니까?	3-1-31
36	공연비와 연공비의 관계는 어떠합니까?	1-5-57
37	일과 열의 관계 어떻습니까?	1-1-15
38	카르노사이클이란?	1-1-20
39	진공동결건조기에 대해 설명하시오.	1-2-32
40	TAB란 무엇입니까?	1-3-102
41	최대부하 및 기간부하 산정법, 최신의 부하계산방법(프로그램)은?	1-3-10
42	시스템에어컨(멀티형)의 설치방식 및 냉매분배방식은?	1-3-7
43	시스템 에어컨과 중앙냉방방식과 비교하여 설명하고, 둘 중에 어느 것을 선정하여 채택하겠는가?	1-3-6 1-3-7
44	냉매의 구비조건은?	2-1-12
45	대체냉매를 설명하시오, 최근 개발되는 대체냉매의 특성을 말하시오.	2-1-31

번호	문 제	해 설
46	공조방식을 대분류하여 설명하시오.	1-3-6
47	리모델링의 방법과 에너지절감에 대해 설명하시오.	1-3-78
48	빙축열 적용시 문제점을 말하시오.	1-3-105
49	히트펌프 적용 시 보조열원이 필요한가? 또 히트펌프 적용시의 문제점을 말하시오.	1-3-13
50	TAC 온도에 대해 설명하시오.	1-4-71
51	설계외기온도는 몇 도인가?	1-4-71
52	SHF를 구하는 방법은 어떠합니까?	1-3-129
53	히트펌프의 제상방법은?	1-2-25
54	냉각제습한 공기를 실내에서 측정하였는데 실내의 습도가 높다면 어떻게 조절하는가?	1-3-135
55	R407C냉매의 특성에 대해 설명하시오.	1-2-36, 2-1-31
56	현재 구독하고 있는 잡지는 있는가요.	생략
57	본인이 이업계에서 하고 싶은 일을 말해보세요.	생략
58	기술사는 왜 되려고 하시나요?	생략
59	기술사에 도전하게된 동기는 무엇인가요?	생략
60	흡수식 냉동기의 작동원리에 대해 설명하시오.	2-1-58, 2-1-61
61	열병합 발전소의 효율에 대해 설명하시오. (전력생산 시 효율 & 총효율)	1-3-18
62	공조설비에 사용되는 배관의 종류 및 이음방법에 대해 설명하시오.	1-5-21
63	증기 압축식 냉동기에서 물을 1차 냉매로 안 쓰는 이유는 무엇입니까?	2-1-32
64	100℃의 사우나 증기에는 데지 않는데, 100℃의 물에 데는 이유는?	1-1-12
65	동일한 물체가 바닷물에 빨리 가라앉는가? 일반 물에 빨리 가라앉는가? 또 그 이유는?	1-2-4
66	GHP에 대해 설명하시오.	1-3-30
67	GHP와 EHP의 착상 및 제상방법상의 차이점은?	1-3-30
68	펌프의 특성곡선을 그려보시오.	1-5-13
69	1냉동톤의 정의 및 단위환산 (kcal/h)?	1-2-14
70	단효용 흡수식 냉동기 대비 2중 효용 흡수식 냉동기의 차이점은?	2-1-2, 2-1-58

번호	문 제	해 설
71	2중 효용 흡수식 냉온수기의 난방방법은?	2-1-3
72	공조에너지 소비계수의 정의 및 법적 기준치는 얼마인가?	1-3-145
73	공조설비 설계순서를 말하시오.	1-3-1
74	관속을 흐르는 유체의 구분은?	1-4-29
75	관내 유동의 마찰계수에 대해 선도상 해석은 어떻게 하는가?	1-4-29
76	공랭식 냉방기의 시험법은?	1-1-55
77	KS표준 냉·난방 온도 및 습도 조건은 얼마인가?	1-1-55
78	온도계의 종류는?	1-2-31
79	항온항습 체임버에서 성능을 측정하는 방법은?	1-1-55
80	항온항습 체임버에서 풍량을 측정하는 방법은?	1-1-55
81	CA저장과 옥시토롤 저장의 차이점은?	2-1-52
82	요즘 진공온수식 보일러를 많이 사용하는데 무엇인가?	1-5-8
83	냉동장치의 안전장치는 무엇들이 있는가?	2-1-34
84	제상장치의 종류를 설명하시오.	1-2-25
85	CM에 대해 구체적으로 설명하시오.	1-3-55
86	공조설비 설계순서를 말하시오.	1-3-1
87	공조에너지 소비계수가 무엇인가?	1-3-145
88	연간 열부하계수(연간 외피 부하)는 무엇인가?	1-3-145
89	외주부의 한계?	1-3-66
90	증기 트랩의 종류 및 특성은?	1-5-2
91	부실 방지관련 감리제도에 대해 설명하시오.	3-1-31
92	저온공조의 장단점은?	1-3-106
93	저온공조에서 실내 공급 공기는 어떻게 조절하는가?	1-3-106
94	열기관의 열효율 계산 방법은?	2-1-9
95	증기보일러에서 대용량 1대 사용하는 것보다 소용량 여러 대를 사용하는 것이 어떤 장점이 있는가?	1-5-29
96	현열비와 열수분비의 정의는?	1-3-129, 1-2-8
97	터보냉동기(원심식)에서 사용하는 냉매는 무엇이며, 왜 그 냉매를 쓰는가?	2-1-31

번호	문 제	해 설
98	현장에서 터보냉동기의 능력을 알기 보기 위해서는 무엇을 측정해야 하는가?	1-3-9
99	증기난방에서 스팀 해머는 무엇인가?	1-5-40
100	증기난방에서 순구배 및 역구배는 무엇인가?	1-5-4
101	열전대의 온도측정 원리는?	1-1-3
102	냉동창고에서 Air Relief Valve와 잠금 방지장치란?	1-2-41
103	단열재 사용두께 결정시 최적의 경제적 두께 결정방법은?	1-4-75
104	Economizer Cycle과 Water Side Economizer Cycle의 차이는?	1-4-76
105	에어 커튼의 에어방출 두께 계산 시 주의사항은?	1-3-114
106	대류와 열전달 중 어느 것이 더 중요한가?	1-1-12
107	Unit Cooler를 옥상에 설치 시 효율 향상방안은?	1-2-45
108	정부고시에 의거 난방기준일수 또는 난방기준일자는?	1-3-147
109	오피스텔에 설치한 AHU에 2단 하전 필터를 사용할 때 처리방법은?	1-3-95
110	지하공간의 필터에 대해 말해보시오.	1-3-47
111	시로코팬과 에어포일팬의 선택기준은?	1-3-20
112	고체표면에서 열전달이 떨어지는 이유는?	1-4-10
113	기후변화 협약에 대해 설명하시오.	1-4-53
114	PCM(Phase Change Materials)에 대해 설명하시오.	1-4-78
115	레이놀즈 넘버에 대해 알고 있는가? 평판 및 원통형의 레이놀즈 넘버는?	1-4-29
116	현재 낮출 수 있는 최저의 온도는 얼마인가 절대 0도에 도달할 수 없는데 몇 법칙에 위배되는가?	1-1-7
117	엔탈피(Enthalpy ; h)에 대해 설명하시오.	1-1-14
118	엔트로피(Entropy ; s)에 대해 설명하시오.	1-1-13
119	Exergy에 대해 설명하시오.	1-1-19
120	1RT(냉동 톤/Refrigeration Ton)에 대해 설명하시오.	1-2-14
121	열의 전달에는 무엇이 있으며 공조계통에서는 어떤 전달이 가장 많이 쓰이는가?	1-1-12
122	기준 냉동 사이클, 과냉각도, $P-i$ 선도에 대해 설명하시오.	1-2-13, 2-1-27, 1-1-31

번호	문 제	해 설
123	FLASH GAS 발생부위와 미치는 영향에 대해 설명하시오.	1-2-27
124	카르노 사이클에 대해 설명하시오.	1-1-20
125	역카르노 사이클 설명에 대해 설명하시오.	1-1-20
126	히트 펌프에 대해 설명하시오.	1-3-13
127	Water Source Heat Pump에 대해 설명하시오.	1-3-13
128	1종 흡수식 히트 펌프와 2종 흡수식 히트 펌프에 대해 설명하시오.	2-1-15
129	증발기에 대해 설명하시오.	2-1-5
130	동일 조건일 때 응축기능력과 증발기능력 중 더 큰 것은?	1-1-50
131	부하가 감소하면 사이클은 어떻게 변하나?	1-1-51
132	냉매와 증기의 비열비에 대해 설명하시오.	1-2-12
133	냉매의 고온, 중온, 저온의 범위는 무엇입니까?	1-2-47
134	냉매의 100단위 숫자가 어떻게 정해지는지?	1-2-6
135	R123과 R134a를 냉동기에 사용시 차이점은 무엇입니까?	2-1-31
136	칠러와 콘덴싱 유닛의 차이점에 대해 설명하시오.	1-2-17
137	냉동기 종류에 대해 설명하시오.	2-1-8
138	2단 압축 냉동기의 Flow Chart와 중간냉각기 및 작동에 대해 설명하시오.	2-1-16
139	히프 펌프의 COP에 대해 설명하시오.	1-1-52
140	압축기를 고속으로 설계 시 고려해야 할 사항에 대해 설명하시오.	1-2-48
141	가스 사용 냉동기와 빙축열 냉방기의 특징을 들어 냉방부하 500RT 건물에 적용할 냉동기 형식을 선정해 보시오.	1-3-107
142	냉동창고 완료 후 시험방법 및 종류에 대해 설명하시오.	2-1-36
143	근무하던 곳에 공조기를 사용해 보았는지 사용하지 않으면 이유를 설명하고 무슨 방식이었는지, PZ에는 무엇을 설치하는지 설명해보시오.	1-3-66
144	냉방부하 계산 방법에 대해 설명하시오.	1-3-11
145	IBS 건물의 DATA 센터실 (24시간 운전, BACK UP 고려)의 냉방부하의 용량이 1000 RT일 경우 어떻게 냉방시스템이 구성되는지 말해보시오.	1-3-46
146	현열비의 정의와 선도작도 및 풍량 구하는 방법에 대해 설명하시오.	1-3-129

번호	문 제	해 설
147	FU의 정의에 대해 설명하시오.	3-1-74
148	난방배관 운전 정지 중에 가압은 필요한가?	1-3-57
149	밀폐식 팽창탱크 용량 산정을 개방식과 비교 설명하시오.	1-5-1
150	증기난방과 온수난방의 차이점은 무엇인지 설명하시오	1-5-4, 1-5-6
151	제어방법의 종류를 들고 구체적으로 설명하시오.	1-3-27
152	IT 분야에서 공조분야 중 자동제어와 접목시킬 때 접목 예상분야에 대해 설명하시오.	1-3-74
153	공조냉동분야의 귀하의 실적에 대해 말해보시오.	각자 정리 필요
154	Membrane(막분리식 여과장치)에 대해 설명하시오.	1-3-33
155	지하주차장 환기설비에 대해 설명하시오.	1-3-47
156	PAC 에어컨은 모세관을 사용하고 자동차용 에어컨은 팽창밸브를 사용하는데 그 이유는?	2-1-13
157	물이 20℃에서 40℃로 상승시의 열량과 5℃에서 −15℃로 변화시의 열량의 차이를 설명하시오.	1-1-53
158	콘덴싱 보일러의 원리, 효율 103%를 어떻게 생각하는가?	1-5-66
159	신축건물에 있어서 대체에너지 적용비율은?	1-3-86
160	냉온수 배관에서 Primary Pump와 Secondary Pump사용하는 이유는?	1-5-62
161	퓨리에의 열전도방정식은?	1-1-37
162	실제의 냉동사이클에 대해 설명하시오.	2-1-11
163	급속 냉각방식 중 터널식에 대해 설명하시오.	2-1-50
164	매장 쇼케이스의 제상방식은?	2-1-49
165	기한제에 대해 설명하시오.	2-1-1

◆ 기출 건축기계설비 기술사 면접시험 문제 해설 모음

면접시험은 아래 수준의 문제 형태로 약 15~20 문제가 출제되어진다.

번호	문 제	해 설
1	지하철 공조 설계 시 환기방식 및 유의사항은?	1-3-50
2	지역난방용 배관의 재질은?	1-5-17
3	공조기에서 악취의 종류는?	1-2-16

번호	문 제	해 설
4	지하 주차장의 공조방식은?	1-3-47
5	증기트랩에는 어떤 것이 있으며 어디에 설치하는가?	1-5-2
6	건물 급수 시스템의 종류와 요즘 적용 추세는?	3-1-57
7	공기연령을 이용한 환기효율 계산법은?	3-1-28
8	대온도차 공조에서 고려할 사항은?	1-2-46
9	PM10에 대하여 설명하시오.	1-4-17
10	공동주택에서 난방배관방법에 대하여 설명하시오.	1-3-56
11	VAV 시스템의 작동원리와 특징에 대하여 설명하시오.	1-3-97
12	Class에 대하여 설명하시오.	1-3-44
13	발포 Zone에 대하여 설명하시오.	3-1-71
14	열역학 제0법칙, 1법칙, 2법칙, 3법칙에 대하여 설명하시오.	1-1-15
15	감축대상 온실가스에 대하여 설명하시오.	1-3-125
16	VAV 공조방식에서 자동제어에 대하여 설명하시오.	1-3-27
17	VE (Value Engineering)에 대하여 설명하시오.	3-1-18
18	나이트 퍼지(Night Purge)에 대하여 설명하시오.	1-4-19
19	삼방 밸브와 차압 밸브의 기능과 시스템 구성 방법을 설명하시오.	1-5-14, 1-5-10
20	냉각탑과 펌프양정을 구하는 방법에 대해 설명하시오.	1-4-72, 1-4-65
21	3-Way Valve 와 2-Way Valve 의 차이점을 설명하시오.	1-3-134
22	전곡형 팬과 후곡형 팬의 특징 및 차이점을 설명하시오.	1-3-20
23	100℃ 물과 100℃ 수증기의 엔탈피 차이는 얼마인가?	1-1-8
24	ESHF란 무엇인가?	1-3-129
25	정풍량과 변풍량의 차이점은 무엇인가?	1-3-2
26	Return Air Bypass형 공조기에 대해서 설명하시오.	1-3-131
27	Ceiling 복사 냉방에 대해서 설명하시오.	1-3-8
28	건물 옥상에서 실외기를 다수 설치하여 냉방이 잘 되지 않는 경우 원인과 대책을 제시하시오.	1-3-7
29	펌프나 대형 팬에서 과부하가 발생한다고 하면, 원인과 대책을 제시하시오.	1-3-24
30	FCU의 온도 제어 방식은?	1-3-7

번호	문 제	해 설
31	공조기에서 급기팬측에 결로수가 고일 경우 해결방법?	3-1-45
32	덕트에서 풍량 측정 위치는?	1-3-90
33	방음과 차음의 차이점은 무엇입니까?	1-3-75
34	굴뚝 효과란 무엇입니까?	1-3-128
35	초고층 건물에서 상부에 정압이 걸리는 이유는 무엇입니까?	1-3-128
36	지하주차장의 환기팬 (급기 및 배기팬)이 잘 멈추는 이유는?	1-3-47
37	에너지 절약 계획서를 작성하는 이유는 무엇입니까?	1-3-80
38	에너지 절약 계획서에서 기계부분의 내용은?	1-3-80
39	서징이란 무엇입니까?	1-3-21
40	캐비테이션 이란 무엇입니까?	1-3-26
41	생태지속적 건축이 어떤 분야이며, 기계설비 기술자로서의 역할은?	1-3-40
42	아트리움 건물에서의 공조방식은?	1-3-71, 1-4-36
43	Return air bypass 공조방식은 어떤 것이며, 사용처는 주로 어디인가?	1-3-131
44	열차의 스크린도어 공조방식에 대해 설명하시오.	1-3-50
45	CM은 무엇이며, 그 세부 업무절차는?	1-3-55
46	생태지속적 건축의 발전을 위한 기계설비 측면의 내용을 설명하시오.	1-3-40
47	서울에 오피스텔을 건축함에 있어 적용 가능한 친환경 기술은?	1-3-40
48	외기냉수 냉방에 대하여 설명하고 적용패턴에 대하여 설명하시오.	1-3-28
49	외기냉방에 대해 설명하고, 적용방법을 언급하시오.	1-3-32
50	실내수영장의 결로 방지대책은?	1-3-137
51	건축자재중 저방사유리에 대해 설명하시오.	1-4-23
52	대·소변기의 세정밸브방식에 대해서 설명하시오.	3-2-8
53	왜 건축기계설비 기술사 자격증을 취득하려합니까?	(목적) 생략
54	신재생에너지 활용방안에는 어떤 것이 있습니까?	1-3-86
55	신재생에너지 중 풍력에너지를 이용하는 방법은?	1-3-86, 1-4-40
56	공동주택에서 공조시스템 혹은 제어적인 측면에서 에너지를 절감할 수 있는 방안은?	1-3-70, 1-4-19, 1-5-32
57	공조에너지 측면에서 우리나라 건물이 다른 선진국들의 건물에 비해서 에너지소모가 큰 것은 무엇 때문이라고 생각합니까?	1-3-70

번호	문 제	해 설
58	공동주택에서의 급·배수 소음은 주로 무엇이며. 그 저감 방안은?	3-1-21
59	바닥복사 냉·난방의 기술적 측면에서의 구현방법은?	1-3-8
60	공동주택에서의 환기법규의 주요 규정에 대해서 설명하시오.	1-3-64, 1-4-46
61	공동주택에서 부하 측면에서의 공조설비 선정 방안은?	1-3-40
62	건축기계설비 기술사 자격을 취득하려는 목적은 무엇입니까?	각자 정리
63	병원공조에 대해 설명하시오.	1-3-38
64	대공간 건물(공항 등)의 공조방식에 대해 설명하시오.	1-3-34
65	복사난방의 피치 및 관경의 설계방법은?	1-3-56
66	양정 50 m, 유량 100 LPM의 펌프와 양정 50 m, 유량 200 LPM의 펌프를 직렬로 연결하였을 때 총 양정은 얼마인가?	1-5-15
67	가압하지 않고 온수난방의 온수 온도를 100℃ 이상으로 올릴 수 있나?	1-3-57
68	냉각탑의 실양정을 구하는 방법은?	1-4-72, 1-4-65
69	패키지 에어컨에서 30 m 정도의 역낙차시에 배관상 조치사항은?	1-2-45
70	외주부에 VAV 설치시 주요 문제점은?	1-4-79
71	중앙난방의 종류에는 어떤 것이 있는가?	1-5-26
72	증기난방의 감압 밸브란 무엇인가?	1-5-42
73	펌프의 종류에 대해 설명하시오.	1-3-23
74	터빈 펌프에서 안내깃의 효과(역할)는?	1-3-23
75	송풍기의 풍량제어 방법에는 어떤 것이 있는가?	1-3-22
76	볼류트 펌프에서 유체의 토출속도가 9.8 m/s일 때 필요 양정은?	1-1-54
77	열회수 환기방식에 대해 설명하시오.	1-3-115
78	지하철 제동열의 산정방법에 대해 설명하시오.	1-3-50
79	지하철 환기방식에 대해 설명하시오.	1-3-50
80	지하철 설계시 열차풍 해결방안에 대해 설명하시오.	1-3-50
81	최근 지하철의 냉방부하가 모자라 열환경이 취약하다고 보는데 해결방안은 무엇입니까?	1-3-50
82	냉각탑의 종류와 양정 산정 방법에 대해 설명하시오.	1-3-111, 1-4-65
83	냉각수 수온 20~40에서 레지오넬라균의 번식이 왕성한데 그 방지 방법을 설명하시오.	1-3-110

번호	문 제	해 설
84	냉각탑의 쿨링 레인지와 쿨링 어프로치에 대해 설명하시오.	1-3-111
85	냉각탑이 냉동기보다 아래에 위치했을 경우 배관방식에 대해 설명하시오.	1-3-111
86	VAV System을 외주부에 채용시 문제점에 대해 설명하시오.	1-4-79
87	Cold Draft에 대해 설명하시오.	1-3-143
88	FU 100일 때 동시 사용률은 얼마인가?	3-1-65
89	동관의 종류 및 외경에 대해 설명하시오.	1-2-49
90	기계설비공사의 종류는?	3-1-34
91	강관의 부식원인을 온수측에서 설명하시오.	1-5-22
92	개인경력/본인의 업무 내용에 대해 설명하시오.	개인별 내용정리
93	경력사항 중 보람된 점에 대해 말해 보세요.	개인별 내용정리
94	설계에 대한 경험을 말해 보세요.	개인별 내용정리
95	큰 건물에 대한 공조설계경험이 없는 것 같은데 의견은?	개인별 내용정리
96	아파트 현장에서 접목하고 있는 신기술은 무엇이 있나?	3-1-32
97	열용량 단위에 대해 설명하시오.	1-1-6
96	NTU 산식과 어디에 적용하는지 설명하시오.	1-4-12
99	열매체 보일러(Thermal Liquid Boiler)에 대해 설명하시오.	1-5-28
100	진공온수보일러에 대해 설명하시오.	1-5-28
101	노통연관식 증기보일러는 설치면적이 크지 않은가? 향후 개·보수를 한다면 어떠한 설비를 적용하겠는가?	1-5-28
102	보일러 대수제어의 필요성에 대해 설명하시오.	1-5-29
103	Thermobank Defrost에 대해 설명하시오.	1-2-25
104	수배관의 유속에 대해 설명하시오.	3-1-57
105	공동현상(Cavitation)에 대해 설명하시오.	1-3-26
106	Surging(Pump)에 대해 설명하시오.	1-3-21
107	Surging(송풍기)에 대해 설명하시오.	1-3-21
108	수격현상(Water Hammering)에 대해 설명하시오.	1-5-24
109	펌프의 종류에 대해 설명하시오.	1-3-23
110	비교회전도, 개요, 산식, 단위는?	1-5-13

번호	문 제	해 설
111	덕트계 풍속에 대해 설명하시오.	1-3-90
112	덕트 설계 방식 중 등속법, 등마찰손실법을 요점정리하고 비교 설명하라.	1-3-90
113	일반사무실에서의 난방방식에 대해 설명하시오.	1-3-40
114	코일에서 유속은 늦고 풍속이 빠른 이유는?	1-2-9
115	결로방지대책에 대해 설명하시오.	1-3-137
116	급탕 순환펌프(저탕식) 계산시 체크할 사항은?	1-5-19
117	상대습도와 절대습도에 대해 설명하시오.	1-1-9
118	행거, 보온에 대해 설명하시오.	3-1-33, 1-3-108
119	병원설비의 급수방식과 냉방방식에 대해 설명하시오.	1-3-38
120	박물관 수립고(수장고) 설비에 대해 설명하시오.	1-3-37
121	농산물 판매 및 도매시설의 쓰레기 처리방식은?	3-2-19
122	증기 Actuator, Flash Tank에 고압증기 유입 이유는?	1-3-134, 1-5-2
123	인텔리전트 빌딩의 구성 및 설계에 대해 설명하시오.	1-3-52
124	그린빌딩 등급에 대해 설명하시오.	1-4-32
125	여름과 겨울 중 공기선도상에서 0부근으로 가면 어느 측이 상대 습도가 높은가?	1-3-122
126	TAB에 대해 설명하시오.	1-3-102
127	ACR에 대해 설명하시오.	1-5-63
128	$1\,kg/cm^2$ 증기의 포화엔탈피와 온도는?	1-1-8
129	향후 공부하고 연구해야 할 관심분야에 대해 말해보시오.	각자 정리 필요
130	아이스하키 링크 설계 방법에 대해 설명하시오.	1-3-51
131	증기와 중온수의 차이점에 대해 설명하시오.	1-3-16
132	FAN 선정 시 귀하가 중요시 하는 키 포인트는?	1-3-20
133	저온부식의 메커니즘은?	1-5-35
134	배관시공 시 용접과 나사이음의 장단점 비교 설명하시오.	1-5-64
135	프리 쿨링 시스템에 대해 설명하시오.	1-4-19
136	스팀 트랩으로 요즘 바이메탈 방식을 많이 적용하고 있는데 문제점 및 주의사항에 대해 설명하시오.	1-5-2
137	Terminal Reheating System에 대해 설명하시오.	1-3-2

번호	문 제	해 설
138	도로 터널과 지하철에서 환기방식에 대해 설명하시오.	1-4-22, 1-3-50
139	도로 터널과 지하철에서 환기량 계산하는 방식은?	1-4-22, 1-3-50, 1-3-64
140	환기 시스템(실내공기질 향상)에 대해 설명하시오.	1-3-115
141	실내공기의 질에 대해 설명하시오.	1-3-62
142	감압밸브 조정압력에 대해 설명하시오.	3-1-58
143	초고층 복합 건축물의 공조방식에 대해 설명하시오.	1-3-33
144	클린 룸에 대해 설명하시오.	1-3-42, 1-3-43
145	반도체 공장의 에너지 절감에 대해 설명하시오.	1-3-44
146	GHP(Gas Engine Driven Heat Pump/가스엔진 열펌프)란?	1-3-30
147	저온잠열재에 대해 설명하시오.	1-2-50
148	배수에서 거품은 왜 생긴다고 봅니까?	3-1-71
149	트랩의 봉수파괴원인에 대해 설명하시오.	3-1-52
150	클린룸의 유틸러티 배관종류는?	1-3-45
151	줄-톰슨계수에 대해 설명하시오.	1-1-5
152	트랩의 구비조건에 대해 설명하시오.	3-1-45
153	조집기(Intercepter)에 대해 설명하시오.	3-1-47
154	일반 냉동기와 대온도차 냉동기란?	1-2-46
155	부하계산 시 천장 내의 온도, 비공조지역의 온도는?	1-4-77
156	Stack Effect(Chimney Effect, 연돌효과)에 대해 설명하시오.	1-3-128
157	배수배관의 접속방법에 대해 설명하시오.	1-5-21
158	부스터 펌프(Tankless Booster식)에 대해 설명하시오.	3-1-64
159	급수 관경 설계 방법에 대해 설명하시오.	3-1-65
160	심야극장과 사무소건물의 빙축열조 크기(용량)은?	1-3-105
161	통기관에 대해 설명하시오.	3-1-53
162	중수도에 대해 설명하시오.	3-1-60

제 125 회
공조냉동기계기술사 문제풀이

【제 1 교시】

1. 다음 용어에 대하여 설명하시오.
(1) 에너지	(2) 밀도	(3) 비중	(4) 열관류율
(5) 열용량	(6) 열량	(7) 비열	(8) 동력

정답 **(1) 에너지**

① 에너지(Energy)는 물리학적으로 "일을 할 수 있는 능력"을 말한다.

② 에너지(Energy)의 SI 단위는 줄(J : Joule)이며, 1줄(1J)은 1N의 힘이 물체에 가하여 거리상 1m를 움직일 수 있는 에너지를 말한다.

즉, 1줄(J) = 1N × 1m = kg · m/s² × m

$$= \text{kg} \left(\frac{\text{m}}{\text{s}} \right)^2 = \frac{\text{kg} \cdot \text{m}^2}{\text{s}^2}$$

③ 줄(J) 외에 많이 사용하는 단위로는 칼로리가 있는데, 1칼로리(cal)는 물의 질량 1g을 온도 14.5℃에서 15.5℃로 상승시키는 데 소요되는 에너지를 말한다.

(2) 밀도

① 어떤 물질의 단위체적당의 질량을 말한다.

$$밀도(\rho) = \frac{질량}{부피} = \frac{비중량}{중력가속도}$$

② 단위 : kg/m³, kgf · s²/m⁴

③ 대표적 물질의 밀도

  (가) 물 : 1,000kg/m³

  (나) 공기 : 1.2kg/m³

(3) 비중

① 비중(比重, Specific Gravity)은 어떤 물질의 질량과 이것과 같은 부피를 가진 표준물질의 질량과의 비를 말한다.

② 표준물질

  (가) 고체 및 액체의 경우 : 보통 1atm, 4℃의 물을 취한다.

(나) 기체의 경우에는 0℃, 1atm 하에서의 공기를 취한다.

③ 비중은 온도 및 압력(기체의 경우)에 따라 달라진다.

(4) 열관류율

열관류율은 열통과(열관류)라고 부르는 고체 벽을 사이에 두고 고온측 유체에서 저온측 유체로 열이 이동되는 현상에서 다음 식에서의 K값을 의미한다.

$$q = KA(t_o - t_i)$$

여기서, K : 열관류율(W/m^2·K, kcal/h·m^2·℃)

$\quad\quad A$: 열통과 면적(m^2)

$\quad\quad t_o$: 고온 유체의 온도(K, ℃)

$\quad\quad t_i$: 저온 유체의 온도(K, ℃)

(5) 열용량

① 열용량(Thermal Capacity)은 어떤 물질의 온도를 1℃ 올리는 데 필요한 열량을 말한다.

② 열용량이 작은 물체는 조금만 열을 가해도 쉽게 온도가 변한다.

③ 같은 질량의 물체라도 열용량이 클수록 온도 변화가 적고, 가열시간이 오래 걸린다.

④ 열용량의 단위 : J/K, kcal/℃ 등

⑤ 관계식

열용량＝비열×질량

(6) 열량

열량(cal, kcal)은 주로 에너지의 일종으로 쓰이는 용어이며, 순수한 물 1g(1kg)을 760mmHg 압력 하에서 14.5℃에서 15.5℃까지 올리는 데 필요한 열량을 1cal(1kcal)라 한다.

(7) 비열

① 어떤 물질 1kg을 1℃ 높이는 데 필요한 열량을 말한다.

② 정적비열과 정압비열로 대별되며, 액체나 고체에서는 거의 차이가 없으므로 그냥 '비열' 이라고도 쓴다.

③ 사례

(가) 물의 비열 : 4.1868kJ/kg·K, 1kcal/kg·℃

(나) 얼음의 비열 : 2.0934kJ/kg·K, 0.5kcal/kg·℃

(다) 공기의 정압비열 : 1.005kJ/kg·K, 0.24kcal/kg·℃

(라) 공기의 정적비열 : 0.712kJ/kg·K, 0.17kcal/kg·℃

(8) 동력

① 동력(動力, Power)은 작업기계, 전동기 등을 움직이기 위해 소요되는 동적 에너지 또는 일률 등을 의미한다. 즉, 구동(驅動)하고 있는 작업기계, 전동기 등에 의해 흡수되는 일의 비율을 나타내는 데 주로 사용한다.

② 동력의 단위로 사용하는 단위에는 마력 및 와트(W) 또는 킬로와트(kW) 등이 있다.

③ 원래는 말 한 필이 할 수 있는 힘과 같다는 것에서 유래되었으나, 현재의 개량종 1마리는 4HP 정도의 힘을 가진다고 알려져 있다.

④ 단위 관계

1미터 마력(PS ; 프랑스 마력)=735.5W≒75kg·m/s

1미터 마력=0.9858 영국 마력

2. 열전달의 법칙 중 복사에 관한 이론 2가지를 설명하시오.

(1) 키르히호프의 법칙　　　　　　　(2) 스테판볼츠만의 법칙

정답 (1) 키르히호프의 법칙

① 키르히호프(Kirchhoff)의 법칙이란 같은 파장인 적외선에 대한 물질의 흡수능력과 방사능력의 비는 물질의 성질과 무관하고, 온도에만 의존하여 일정한 값을 갖는다는 법칙이다.

② 관계식

㉮ 물체가 방사하는 에너지(E)와 흡수율(a)과의 비는 일정하다. 즉, 동일 파장 및 동일 온도에서,

$$\frac{E_1}{a_1} = \frac{E_2}{a_2}$$

㉯ 이는 좋은 흡수체는 좋은 방사체가 될 수 있음을 말해준다.

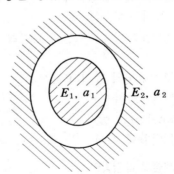

(2) 스테판볼츠만의 법칙

① 스테판볼츠만(Stefan-Boltzman)의 법칙은 복사 열전달에서 어떤 물체와 주변 물체 간의 온도차에 의한 열전자(광자) 이동현상이 발생하고, 열에너지가 중간물질에 관계없이 적외선이나 가시광선을 포함한 전자파인 열선의 형태를 갖고 전달되는 전열 형식이며, 다음 식 (1)과 같은 법칙이 형성됨을 말한다.

② Stefan-Boltzman 법칙 관계식

$$q = \varepsilon\sigma(t_2{}^4 - t_1{}^4)A\varPhi \quad \cdots\cdots\cdots\cdots\cdots\cdots\cdots\cdots\cdots\cdots\cdots\cdots \text{(1)}$$

여기서, ε : 복사율 $(0 < \varepsilon < 1)$

　　　　　※ 건축자재의 ε는 대부분 0.85~0.95 수준임

　　　σ : Stefan Boltzman 정수

　　　　　$(5.67 \times 10^{-8}\,\mathrm{W/m^2 \cdot K^4} = 4.88 \times 10^{-8}\,\mathrm{kcal/m^2 \cdot h \cdot K^4})$

　　　T_2 : 고온측 물체의 절대온도(K)

　　　T_1 : 저온측 물체의 절대온도(K)

　　　A : 복사면적($\mathrm{m^2}$)

　　　Φ : 형상계수(물체의 형상과 놓여있는 위치 및 각도별 복사열전달에 영향을 미치는 순수 기하학적 인자)

---

3. 다음에 대하여 설명하시오.

(1) 제습의 목적

(2) 공조용 제습방법의 문제점과 해결방안

정답　(1) 제습의 목적

① 제습이란 보건용 또는 산업용의 목적으로 실내 공기 중 습도를 제거하는 프로세스(Process)를 말한다.

② 보건용 제습의 목적

　(개) 인체의 대사활동 및 기타 생명활동 등을 위해 필요한 적정 습도범위(약 40 ~ 60%) 유지

　(내) 곰팡이균, 바이러스균 등의 세균 제거

　(대) 불쾌지수 감소의 목적

　(래) 기타 감기예방, 피부노화방지 등 인체 보건적 목적

③ 산업용 제습의 목적

　(개) 산업용 등에 필요한 습도의 유지(고문서 35%, 필름 50~63% 등)

　(내) 금속, 합금강 등의 녹 방지

　(대) 음식물의 산패(Rancidity) 방지

　(래) 기타 산업 공정상 마찰력 제어, 점성의 조절, 각종 세균 제거 등의 목적

(2) 공조용 제습방법의 문제점과 해결방안

① 공조용 제습방법의 문제점

　(개) 실내를 냉각코일, 증발냉각 등에 의해 제습을 하고자 할 때, 냉각에 의해 공급된 열매체(냉매 또는 냉수)의 온도가 지나치게 낮을 경우 열교환 표면이 노점온도 이하가 되어 불필요한 제습이 이루어지는 경우가 있다.

　(내) 공조기가 습도를 맞추기 위해 지나친 냉각운전 후 다시 재열코일에 의해 온도를 상승시키는 방식으로 불필요한 에너지가 소비되는 경우가 많다.

② 공조용 제습방법의 문제점에 대한 해결방안

　(개) 실내공기와 공급되는 열매체 사이의 노점온도를 최적으로 제어하여 제습이 불필

요한 경우 열교환 표면의 온도를 상승시켜 노점온도 이상이 되도록 건코일 상태로 만들어 준다.

(내) 제습방식을 냉각코일이나 증발냉각 등에 의하지 않고, 실리카, 알루미나, 제올라 이트 등을 함침한 제습코일을 이용한다.

(대) 보건용 공조에서는 환기 시스템(자연환기 또는 기계환기)을 적절히 활용하여 실 내의 적정 온습도를 맞추어 준다.

---

4. 압축효율과 단열압축효율에 대하여 설명하시오.

정답 ① 압축효율 또는 단열압축효율이란 압축기를 구동하는데 필요한 실제동력과 이론 적인 소요동력의 비를 말하며, 등엔트로피 효율(Isoentropic Efficiency)이라고도 한다.

$$\eta_c = \frac{\text{이론적으로 가스를 압축하는 데 소요되는 동력}}{\text{실제로 가스를 압축하는 데 소요되는 동력}}$$

② 압축기의 실린더로 흡입된 냉매는 가열 단열압축되는 것이 아니며, 실린더 벽과의 열교환으로 인하여 엔트로피가 변화한다. 그리고 밸브나 배관에서의 저항으로 인해 흡입압력은 증발압력보다 낮아지고 배출압력은 응축압력보다 높아져 압축기의 실제 소요동력은 이론적인 소요동력보다 커진다.

③ 압축효율은 압축기의 종류, 회전속도, 냉매의 종류 및 온도 등의 영향을 받으며, 그 대략치는 약 0.6~0.85 정도이다.

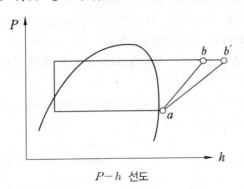

$P-h$ 선도

④ $P-h$ 선도상 해석
  (개) $a{\sim}b$ 과정 : 단열 과정(이론적 과정)
  (내) $a{\sim}b'$ 과정 : 폴리트로픽 과정(실제의 과정)

⑤ 압축효율 계산

$$\text{압축효율}(\eta_c) = \frac{h_b - h_a}{h_{b'} - h_a}$$

5. 다음에 대하여 설명하시오.

(1) 복사 냉난방의 종류 3가지   (2) 칠드 빔 시스템의 종류 3가지

정답 **(1) 복사 냉난방의 종류 3가지**

① Capillary Tube System

(가) 냉온수관의 간격을 조밀하게 하여 석고나 집성보드에 매몰하거나 천장 면에 부착하여 사용하는 방식이다.

(나) 플라스틱 관의 유연성 때문에 개·보수 시 사용하기에 적합한 시스템이다.

② Suspended Ceiling Panel System

(가) 가장 널리 알려져 있는 방식이며, 알루미늄 패널에 인접한 금속관으로 냉온수를 순환시켜 냉난방하는 방식이다.

(나) 열전도율이 좋은 재료를 사용하면, 실부하의 변화에 빠르게 대응할 수 있는 시스템을 만들 수 있다.

③ Concrete Core System

(가) 이 시스템은 바닥 난방 시스템과 동시에 사용이 가능한 방식이다.

(나) 축열체인 콘크리트에 의한 축열 냉난방을 한다.

(다) 지연효과(Time-Lag)에 의하여 실부하의 변화에 빠르게 대응하기 위한 제어가 어렵다는 단점이 있다.

(2) 칠드 빔 시스템의 종류 3가지

① 급기형 칠드 빔 시스템(Active Chilled Beam System)

(가) 급기형 칠드 빔 시스템은 1차 급기 공기(Supply Air)가 실내공기를 유인하여 조명기구를 통과하여 냉수코일을 냉각시키는 방식이다.

(나) 1차 공기는 보통 외기가 가진 습도와 현열에 대한 처리를 거친 상태로 실내로 공급되어진다.

(다) 실내 냉수코일은 실내 발생 부하만을 처리하는 기능을 하고 외기는 처리하지 않게 설계되어지는 것이 보통이다.

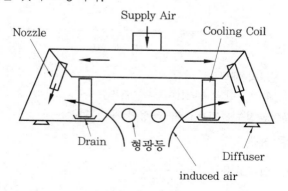

급기형 칠드 빔 시스템(Active Chilled Beam System)

② 대류형 칠드 빔 시스템(Passive Chilled Beam System) : 코일만 내장된 방식

　(가) 대류형 칠드 빔 시스템(Passive Chilled Beam System)은 주로 공조기와 조합하여 적용하며 실내 발생 부하를 공조기와 칠드 빔 시스템이 동시에 분담하여 처리하는 방식이 일반적이다.

　(나) 조명기구의 열을 함유한 리턴공기는 공조기로 들어가고, 여기에서 외기 혼합되어 1차적으로 처리된 후 각 덕트를 통하여 각 칠드 빔 유닛의 급기구에 공급되어져 2차적으로 실내 발생 부하를 처리하는 방식을 취하는 것이 일반적이다.

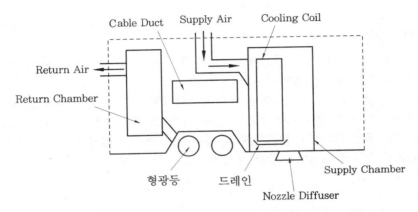

대류형 칠드 빔 시스템(Passive Chilled Beam System)

③ 멀티서비스 칠드 빔 시스템(Multi-service Chilled Beam System)

　(가) 멀티서비스 칠드 빔 시스템(Multi-service Chilled Beam System)은 조명기구와 함께 스프링클러 설비 등 다양한 서비스를 함께 제공하는 방식이다.

　(나) 주로는 소방 스프링클러의 배관 및 헤드, 화재감지기, 스피커, 디퓨저, 케이블 덕트 등도 함께 모듈화 하는 경향으로 기술이 발달되고 있다.

---

6. 엑서지(Exergy)에 대하여 설명하시오.

정답 (1) 엑서지(Exergy)의 정의

① 엑서지(Exergy)란 공급되는 에너지 중 활용 가능한 에너지, 즉 유용에너지를 말하며, 나머지 무용에너지를 아너지(Anergy)라고 한다.

② 엑서지는 에너지의 질을 의미하며, 엑서지가 높은 에너지로 고온상태의 열에너지와 다양한 에너지 변환이 가능한 전기에너지, 일에너지 등이 있다.

③ 일로 바꿀 수 있는 유효에너지 : 잠재 에너지 중에는 일로 바꿀 수 있는 유효에너지와 일로 바꿀 수 없는 무효에너지가 있는데 그 중에서 일로 바꿀 수 있는 유효에너지를 엑서지라 한다.

(2) 열역학 2법칙에 따른 열정산

카르노 사이클(Carnot Cycle)을 통하여 일로 바꿀 수 있는 에너지의 양을 말한다.

(3) 엑서지 효율

외부에서 열량 Q_1을 받고, Q_2를 방출하는 열기관에서 유효하게 일로 전환될 수 있는 최대 에너지를 유효에너지(엑서지)라 한다.

$$엑서지\ 효율 = \frac{실제의\ 출력}{유효\ 에너지}$$

(4) 엑서지의 응용

① 엑서지는 에너지의 변환 과정에서 엑서지를 충분히 활용할 수 있는 장치의 개발과 시스템의 선정 등에 응용된다.

② 에너지(열)의 캐스케이드 이용 방식인 열병합발전 시스템(Co-Generation Sytem)을 적용하는 것은 엑서지의 총량을 높이는 것으로 엑서지가 높은 고온의 연소열에 의해서는 에너지의 질이 높은 전력를 생산하고, 이 과정에서 배출되는 보다 저온의 폐열을 회수하여 증기나 온수를 생산해 냉·난방, 급탕 등에 사용한다.

---

7. 클린룸에 사용하는 HEPA Filter와 ULPA Filter에 대하여 설명하시오.

정답

(1) 고성능 필터(HEPA Filter : High Efficiency Particulate Air Filter)

① 정격 풍량에서 미립자 직경이 0.3m의 DOP 입자에 대해 99.97% 이상의 입자 포집률을 가지고, 또한 압력 손실이 245Pa(25mmH$_2$O) 이하의 성능을 가진 에어 필터

② 분진 입자의 크기가 비교적 미세한 분진의 제거용으로 사용되며, 주로 병원수술실, 반도체 Line의 Clean Room 시설, 제약회사 등에 널리 사용된다.

③ Filter의 Test는 D.O.P Test(계수법)로 측정한다.

④ HEPA Filter의 종류

(개) 표준형 : 24"×24"×11 1/2"(610mm×610mm×292mm) 기준하여 1inch Aq / 1250cfm (25.4mmAq/31CMM)의 제품

(내) 다풍량형 : 24"×24"×11 1/2"(610mm×610mm×292mm) 크기로 하여 여재의 절곡수를 늘려 처리 면적을 키운 제품

(대) 고온용 : 표준형의 성능을 유지하면서 높은 온도에 견딜 수 있도록 제작된 제품

(2) 초고성능 필터(ULPA Filter)

① 일반적으로 'Absolute Filter', 'ULPA Filter' 라고 부른다.

② 이 Filter에도 굴곡이 있어서 겉보기 면적의 15~20배 여과면적을 갖고 있다.

③ HEPA Filter는 일반적으로 가스상 오염물질을 제거할 수 없지만, 초고성능 Filter

는 담배연기 같은 입자에 흡착 또는 흡수되어 있는 가스를 소량 제거할 수 있다.

④ 특징

  ㉮ 대상분진(입경 0.1~0.3m의 입자)을 99.9997% 이상 제거한다.

  ㉯ 초 LSI 제조공장의 Clean Bench 등에 사용한다.

  ㉰ Class 10 이하를 실현시킬 수 있다.

---

8. 전기실 천장으로 수배관이 설치되었다. 누수사고 방지를 위한 조치사항 3가지를 설명하시오.

정답 아래에서 골라 3가지를 작성한다.

(1) 단열(보온) 처리

① 배관 외부에 단열재 또는 보온재를 충분한 두께로 설치하여 결로에 의한 누수를 방지할 수 있는 방식이다.

② 단열재 외부표면이 노점온도 이하로 내려가지 못하도록 단열재의 재질 및 두께가 선정되어져야 한다.

③ 단열재 이음 부위에는 약 20센티미터 이상을 겹치게 시공하여 틈새 발생이 없어야 한다.

④ 단열재 외부에는 마감 테이프를 밀실히 시공하여 공기가 단열재 표면과 직접 접촉하지 못하도록 하여야 한다.

⑤ 천장 마감 내부에는 환기(자연환기 또는 기계환기)를 적절히 실시하여 공기의 정체로 인한 결로현상이 발생하지 않도록 하여야 한다.

(2) CPVC(합성수지 배관재)

① 금속관보다 열전달률이 매우 낮은 플라스틱계열(CPVC, PVC, PE 등)의 배관을 선정하면 배관 표면의 결로를 방지할 수 있다.

② 플라스틱계열의 배관 표면도 노점온도 이하로 내려가지 못하도록 단열재의 재질 및 두께가 선정되어져야 한다.

③ 단열재 이음 부위에는 약 20센티미터 이상을 겹치게 시공하고, 그 외부에는 마감 테이프를 밀실히 시공하여 공기가 단열재 표면과 직접적으로 접촉하지 못하도록 하여야 한다.

④ 천장 마감 내부에는 환기를 적절히 실시하여 공기의 정체로 인한 결로현상이 발생하지 않도록 하여야 한다.

(3) 드롭패널(낙수 드레인용)

① 천장 내부의 배관이 지나가는 부위에는 배관으로 부터 떨어질 수 있는 낙수 드레인용 드롭패널을 설치하여 배관 누수사고로 부터의 피해를 미연에 방지한다.

② 낙수 드레인용 드롭패널 내부 바닥에 누수감지센서를 설치하면, 누수 사고 시 알람을 발생시키거나, 펌프나 가압송수장치 등을 자동으로 멈출 수 있다.

③ 드롭패널의 설치비가 부담이 많이 된다면, 전기실 내부 주요 장치 부위를 위주로 집중적으로 드롭패널을 설치할 수도 있다.

(4) 천장 내부 배관 이음 금지

① 천장 내부에서 배관의 이음을 가능한 금지하고, 배관의 이음 작업은 천장 외부에서 실시한다.

② 배관작업은 전기실 내부 주요 장치 부위를 피하여 통과하도록 하고, 특히 주요 기기가 설치된 부위는 반드시 피하여 배관 이음 작업을 실시한다.

③ 배관 설치작업의 이음 부위는 나사이음 대신 용접이음을 실시하는 것이 배관의 누수 방지에 유리하다.

---

9. 기계설비법 시행령 14조 (기계설비 유지관리에 대한 점검 및 확인 등)에 해당하는 건축물 3가지에 대하여 설명하시오.

정답 다음과 같은 대통령령으로 정하는 일정 규모 이상의 건축물 등에 설치된 기계설비의 소유자 또는 관리자(관리주체)는 유지관리기준을 준수하여야 한다.

① 「건축법」 제2조 제2항에 따라 구분된 용도별 건축물(이하 "용도별 건축물"이라 한다) 중 연면적 1만제곱미터 이상의 건축물(같은 항 제18호에 따른 창고시설은 제외한다)

② 「건축법」 제2조 제2항 제2호에 따른 공동주택(이하 "공동주택"이라 한다) 중 다음 각 목의 어느 하나에 해당하는 공동주택

가. 500세대 이상의 공동주택

나. 300세대 이상으로서 중앙집중식 난방방식(지역난방방식을 포함한다)의 공동주택

③ 다음 각 목의 건축물 등 중 해당 건축물 등의 규모를 고려하여 국토교통부장관이 정하여 고시하는 건축물 등

가. 「시설물의 안전 및 유지관리에 관한 특별법」 제2조 제1호에 따른 시설물

나. 「학교시설사업 촉진법」 제2조 제1호에 따른 학교시설

다. 「실내공기질 관리법」 제3조 제1항 제1호에 따른 지하역사(이하 "지하역사"라 한다) 및 같은 항 제2호에 따른 지하도상가(이하 "지하도상가"라 한다)

라. 중앙행정기관의 장, 지방자치단체의 장 및 그 밖에 국토교통부장관이 정하는 자가 소유하거나 관리하는 건축물 등

10. 온도범위 t_1에서 t_2까지 비열의 평균값 C_m을 나타내시오.

정답 (1) 평균 비열의 개념

물질의 비열은 온도의 함수이므로, 온도가 t_1에서 t_2까지 변할 경우 그 임의의 경로를 따라서 적분을 행한 다음, 온도차로 나누어 평균값(C_m)을 구할 수 있다.

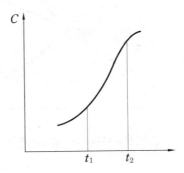

(2) 비열의 평균값(C_m) 계산 공식

$$비열의\ 평균값(C_m) = \frac{1}{t_2 - t_1} \int_1^2 C dt$$

11. 폴리트로픽지수(n)의 값에 따른 상태변화 곡선을 $P-v$(압력-비체적)와 $T-s$(절대온도-비엔트로피) 선도로 그리시오.

정답 (1) 폴리트로픽지수(n)의 값에 따른 $P-v$(압력-비체적) 선도

폴리트로픽지수(n)의 값에 따른 다음 공식에 따라 $P-v$ 선도를 그릴 수 있다.

$$P \cdot v^n = C$$

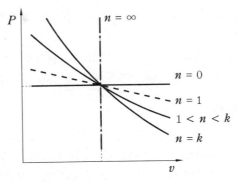

폴리트로픽지수(n)의 값에 따른 $P-v$ 선도

(2) 폴리트로픽지수(n)의 값에 따른 $T-s$(절대온도–비엔트로피) 선도

폴리트로픽지수(n)의 값에 따른 $P-v$ 선도를 $T-s$(절대온도–비엔트로피)의 좌표축으로 바꾸면 다음과 같다.

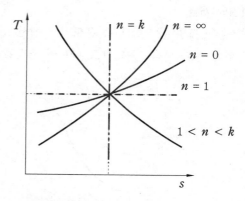

폴리트로픽지수(n)의 값에 따른 $T-s$ 선도

---

12. 터보(원심식) 냉동기 용량 제어 방식 3가지를 설명하시오.

정답 원심식 냉동기는 대용량형이며 고압축비에는 부적당하고 부분부하 특성이 매우 우수한 냉동기이며, 냉동기 운전효율 및 신뢰성 향상과 운전 에너지 절감을 위해 다음과 같은 용량 제어법 등을 사용할 수 있다.

(1) 압축기 흡입 베인 제어법

① 압축기 흡입 베인 제어법은 안내깃의 각도 조절법이라고도 하며, 터보 냉동기에서 가장 널리 사용되어지고 있는 방식이다.

② 이 방식은 증발기에서 증발된 냉매를 압축기에 흡입하는 흡입구에 설치되는 흡입베인(I.G.V : Inlet Guide Vane)에 대한 개도 제어를 통해 이루어지며, 그 개도율(Opening ratio)에 따라서 냉매량을 조절하여 압축기가 압축하는 냉매의 양을 Control하게 된다.

③ IGV의 개도율은 부하에 따라 선형으로 변화될 수 있으므로 다른 냉동기의 Solenoid 밸브 등을 통한 Step 제어보다 우수하게 무단으로 제어가 가능하다.

(2) 회전수(속도) 제어법

① 회전수(속도) 제어법은 인버터 드라이브(VFD : Variable Frequency Drive)를 설치하여 냉동기 블레이드의 회전속도를 직접 무단으로 조절 가능한 방식이다.

② 이 방식은 다음 공식에 따라 동력절감이 비교적 용이한 방식이다.

$$\frac{P_2}{P_1} = \left(\frac{N_2}{N_1}\right)^3$$

여기서, P_1 : 초기의 동력(kW) $\quad$ P_2 : 인버터 제어 후의 동력(kW)

$\quad\quad\quad$ N_1 : 초기의 회전수(RPM) $\quad$ N_2 : 인버터 제어 후의 회전수(RPM)

(3) 압축기 흡입 댐퍼 제어법

① 이 방식은 압축기의 흡입측에 설치된 댐퍼를 조절하는 방법이다.

② 압축기의 흡입측의 댐퍼를 열거나 닫아서 흡입되는 가스량을 제어함으로써 비교적 용이하게 용량을 제어하는 방식이다.

③ 주로 온도조절기의 신호 혹은 수동 조작에 따른 개폐 신호에 의해 Control Motor 가 개폐 동작을 하게 된다.

④ 구조는 간단하나 동력소비가 큰 편이고, 유입되는 가스량을 지나치게 제한하면 서징현상 등이 발생하기 쉬우므로 주의를 요한다.

---

13. 개방형 지열방식 중 방류정 방류의 정의와 장단점(2가지씩)에 대하여 설명하시오.

정답 (1) 개방형 지열방식의 개념

① 개방형 지열 시스템은 지하수를 하나의 우물정으로 취수 및 주입하는 SCW (Standing Column Well) 지열 시스템과 취수와 주입의 역할이 분리된 복수정 (Two-well) 지열 시스템 등으로 구분될 수 있다.

② SCW 지열 시스템은 채수한 지하수의 열에너지를 활용하기 위해 관정 내부에서 순환하는 지하수에 대해 주기적인 배출(Bleed)이 필요하며, 배출한 지하수를 지중으로 다시 주입하지 않고 다른 수체(Water Bod) 또는 지표로 방류시키기 때문에 지하수 고갈과 지하수위 저감 등의 문제가 발생할 수 있다.

(2) 방류정 방류의 정의

방류정 방류의 방식은 복수정 시스템이라고도 하며, 취수정으로 부터 채수한 지하수의 열에너지를 활용한 후 또 다른 우물(방류정, 배수정 또는 주입정)로 배수하는 방식이다.

(3) 방류정 방류의 장점

① SCW 방식과 달리, 열원 내부에서 순환하는 지하수에 대해 주기적인 배출(Bleed)이 필요하지 않아서 지하수의 고갈 문제(지하수위 저감 등의 문제)를 상당량 해결할 수 있는 방식이다.

② 채수 및 사용한 물을 다시 같은 우물에 되돌려 보내지 않기 때문에 지하수의 열에너지가 비교적 동일한 수준으로 유지(약 15℃ 내외)되어 이용에 매우 효율적이다.

(4) 방류정 방류의 단점

① 하나의 개방형 지열 시스템을 설치하기 위해 2개의 우물(취수공과 방류정)을 굴착해야 하므로 시공에 시간과 노력, 비용이 많이 소요된다.

② 취수정과 방류정의 열간섭으로 인해 지하수 수온에 영향을 줄 수 있으므로, 이를 방지하기 위해 양 관정 간 충분한 이격거리(약 30m)를 확보해야 하며, 방류정의 지하수가 토출되는 넘침현상(Overflow)이 발생할 수 있다.

【제 2 교시】

> **1.** 공기조화 계획 시 고려사항 중 다음 사항에 대하여 설명하시오.
> (1) 에너지 절약 측면
> (2) 대기오염 방지 측면
> (3) 방재 측면

정답 **(1) 에너지 절약 측면**

① 고효율 공조 시스템 방식 선정 : 공조 시스템 방식의 결정 시 부분부하 운전특성이 우수한 개발공조방식 또는 중앙공조와 개별공조가 혼합된 혼합공조방식 등 운전에너지 측면의 부하 추종 특성이 우수한 방식을 선정한다.

② 고효율 열원기기 선정 : 에너지효율 또는 성적계수(COP)가 우수한 열원기기(용량 가변형 히트펌프, 인버터형 냉동기, 콘덴싱 보일러 등)를 선정한다.

③ 고효율 반송동력 기기 선정 : 펌프, 송풍기 등의 선정 시 운전효율이 우수한 기기를 선정하고, 대수 제어 또는 용량가변 제어를 병행한다.

④ 폐열 회수형 또는 다단 압축방식의 기기 선정 : HR(Heat Recovery), 응축열 회수형 항온항습기, 열원 보상형 히트펌프 등의 폐열 회수형 기기를 선정하거나, 이단 압축방식, 이원냉동방식 등의 다단 압축방식의 기기를 선정한다.

⑤ 전열교환기나 런 어라운드 시스템 접목 : 공조기나 기타의 공조 시스템에 전열교환기나 런 어라운드 시스템 방식 등을 추가로 설치하여 배기되는 공기와 도입 외기 사이에 열교환을 통하여 배기가 지닌 열량을 회수하거나, 도입 외기가 지닌 열량을 제거하여 도입 외기부하를 줄이는 장치를 접목한다.

⑥ 정보통신기술(ICT)의 활용

㉮ 첨단화된 BEMS(빌딩 에너지관리 시스템 ; Building Energy Management System)를 공기조화 시스템과 접목하여 건물의 에너지를 최적으로 제어하고, 실시간 에너지 절약을 도모한다.

㉯ FEMS(공장 에너지관리 시스템 ; Factory Energy Management System) 등

을 공기조화 시스템과 접목하여 생산 공정에 대한 에너지 관련 정보의 수집을 통하여 공장 설비의 에너지 소비 및 성능을 분석하고, 나아가 공장의 가동 및 운전 등을 합리화해 나간다.

　(다) 기상대의 기상데이터를 공조 시스템에 연계하면 기상과 기후에 기반한 연계 최적 제어를 구현할 수 있다.

⑦ 융복합 공조 시스템 적용 : 공조 시스템과 방재 시스템을 융합적으로 접목하여 천장 내부 공간의 활용성을 제고하여 반송동력을 절감하거나, 복사냉난방 장치와 대류냉난방 장치를 융복합적으로 접목하여 최적화된 냉방 및 난방 시스템을 구현한다.

(2) 대기오염 방지 측면

① 대체냉매 적용 : 지구온난화 방지와 오존층 보존을 위해 지구온난화지수(GWP)와 오존층파괴지수(ODP)가 동시에 낮은 대체냉매가 적용된 공조기기를 선정한다.

② 저탄소 배출 제어 : CO_2 센서 등을 이용하여 지나친 환기량을 지양하여 환기에너지 소모를 줄이고, 인체에 꼭 필요한 수준의 환기량 제어방식을 도입한다. 즉, 탄소 배출 측면에서의 최적 제어를 행한다.

③ 자연환기 또는 하이브리드 환기방식 채택 : 에너지 소모가 많은 기계환기보다는 에너지 소모가 거의 없거나 아주 적은 자연환기 또는 하이브리드 환기방식을 채택하여 연간 환기 소요에너지를 줄인다.

④ 신재생에너지를 최대한 도입 : 건물의 공조장치로 태양광 및 태양열에너지, 지열에너지, 수열에너지, 연료전지 등의 신재생에너지를 적극 도입 및 접목시킨다.

⑤ LCCP(수명 사이클 기후 성능 : Life Cycle Climate Performance) 혹은 TEWI(전 등가온난화지수 : Total Equivalent Warming Impact) 관리기법의 도입

　(가) 공조 기계장치나 그 사용 물질이 수명을 다하기까지 직접, 간접 이산화탄소 방출량을 고려하는 계산법인 LCCP(수명 사이클 기후 성능) 혹은 TEWI(전 등가온난화지수)를 도입하여 부품 제조, 장비의 작동 및 폐기 등 전 과정에서의 환경에 미치는 영향을 관리한다.

　(나) 이러한 기법을 사용하면 공조용 냉동기, 보일러, 기타의 공조장치 등의 설비가 직접적으로 배출한 CO_2량에 간접적 CO_2 배출량(냉동기, 보일러 등의 연료 생산, 사용, 폐기과정에서 배출한 총 CO_2량 등)을 합하여 계산한 총체적 CO_2 배출량을 관리할 수 있다.

(3) 방재 측면

① 불연성능 : 공조 시스템 기기, 수배관, 냉매배관, 덕트 등의 재질 및 그 보온재 선정 시 가급적 불연성능, 준불연성능, 난연성능의 재료를 선정하여 화재 등의 경우 피해를 최소화할 수 있도록 한다.

② 방폭성능 : 공조 시스템을 위해 핵심적으로 사용되는 전기기기 및 전동기류는 가능한 방폭성능이 강화된 기기로 선정하여 누전, 합선, 아크 발생 등의 경우에도 비교적 안전을 확보할 수 있도록 한다.

③ 공조용 덕트를 소방법상 제연 덕트의 성능(풍량, 풍속, 재질, 압력제어 등) 수준으로 구축하고 법에 적합한 제어를 행하면, 단일의 덕트 시스템으로 2가지 목적을 효율적으로 달성 가능하다.

---

2. 이상기체(Perfect Gas)와 기체의 상태변화에 대하여 다음 사항을 설명하시오.
(1) 이상기체(Perfect Gas) 정의
(2) 이상기체로 간주할 수 있는 조건
(3) 이상기체 상태방정식
(4) 이상기체 상태변화 과정
(5) 기체의 상태변화 중 가역변화와 비가역변화

정답 **(1) 이상기체(Perfect Gas) 정의**
① 이상기체 상태방정식을 만족하는 기체를 말한다.
② 분자 사이의 상호작용이 전혀 없고, 그 상태를 나타내는 온도·압력·부피의 양(量) 사이에 '보일-샤를의 법칙'이 완전히 적용될 수 있다고 가정된 기체를 말한다.

(2) 이상기체로 간주할 수 있는 조건
이상기체의 운동에 대해서는 다음과 같은 가정을 한다.
① 충돌에 의한 에너지의 변화가 없는 완전 탄성체이다.
② 기체 분자 사이에 분자력(인력 및 반발력)이 없다.
③ 기체 분자가 차지하는 크기(부피, 용적)가 없다.
④ 기체 분자는 불규칙한 직선운동을 한다.
⑤ 기체 분자들의 평균 운동 에너지는 절대 온도(켈빈 온도)에 비례한다.
⑥ Joule-Thomsaon 계수가 0이다.

(3) 이상기체 상태방정식
$PV = nRT$
여기서, P : 압력(N/m^2)
　　　　V : 체적(m^3)
　　　　n : 몰수(=입자수/6.02×10^{23})
　　　　R : 일반기체상수(8.31J/mol · K)
　　　　T : 절대온도(273.15 + ℃)

(4) 이상기체 상태변화 과정
① 정적변화 : 체적이 일정한 상태에서의 변화

즉, 이상기체 상태방정식 $PV = nRT$에서 $\dfrac{P}{T} = \text{const.}$

② 정압변화 : 압력이 일정한 상태에서의 변화

즉, 이상기체 상태방정식 $PV=nRT$에서 $\dfrac{V}{T}=$ const.

③ 등온변화 : 온도가 일정한 상태에서의 변화

즉, 이상기체 상태방정식 $PV=nRT$에서 $PV=$ const.

④ 단열변화 : 계와 외부와의 서로간의 열교환이 없는 상태에서의 변화

비열비(k)의 값에 따라 다음 공식에 따른 변화이다.

$$P \cdot v^{K} = C$$

$$\frac{T_2}{T_1} = \left(\frac{P_2}{P_1}\right)^{1-\frac{1}{K}} = \left[\frac{P_2}{P_1}\right]^{\frac{K-1}{K}}$$

⑤ 폴리트로프 변화 : 단열변화에서 비열비(K) 대신 폴리트로프지수(n)로 치환된 변화이다.

$$P \cdot v^{n} = C$$

$$\frac{T_2}{T_1} = \frac{P_2 V_2}{P_1 V_1} = \left[\frac{P_2}{P_1}\right]^{\frac{n-1}{n}}$$

(5) 기체의 상태변화 중 가역변화와 비가역변화

① 가역변화(reversible process)

 ㈎ 가역변화란 가역 현상이 일어나는 과정이나 가역 현상 자체를 의미하기도 한다. 즉, 물체의 상태가 바뀌었다가 외부에 아무런 변화도 남기지 않고 처음 상태로 되돌아가는 과정으로, 과정 중 마찰이나 저항과 같은 열 현상 등의 변화가 포함되지 않는 순역학적 변화 과정이다.

 ㈏ 가역 과정은 엔트로피가 증가하지 않아 자연계 내에서 자발적으로 일어날 수 없다.

② 비가역변화(irreversible process)

 ㈎ 비가역변화란 자연계에서 일반적으로 일어나는 물질의 변화 과정으로서, 엔트로피가 증가하는 방향으로 진행되어진다.

 ㈏ 비가역 단열변화, 교축변화, 가스의 혼합, 가스의 확산 등에서처럼 자연계에서는 대부분의 과정이 마찰이나 저항과 같은 열 현상 등의 변화가 포함되기 때문에 처음의 상태로 고스란히 되돌릴 수 없다.

---

3. "신에너지 및 재생에너지 개발·이용·보급 촉진법"과 관련법규에서 정하는 사항 중 다음 사항을 설명하시오.

(1) 신에너지, 재생에너지의 정의

(2) 신에너지, 재생에너지의 종류

(3) 신·재생에너지의 공급 의무 비율(%) 산정기준

정답 **(1) 신에너지, 재생에너지의 정의**

① 신에너지의 정의 : 기존의 화석연료를 변환시켜 이용하거나 수소·산소 등의 화학 반응을 통하여 전기 또는 열을 이용하는 에너지를 말한다.

② 재생에너지의 정의 : 햇빛·물·지열(地熱)·강수(降水)·생물유기체 등을 포함하는 재생 가능한 에너지를 변환시켜 이용하는 에너지를 말한다.

(2) 신에너지, 재생에너지의 종류

① 신에너지의 종류

㈎ 수소에너지

㈏ 연료전지

㈐ 석탄을 액화·가스화한 에너지 및 중질잔사유(重質殘渣油)를 가스화한 에너지로서 대통령령으로 정하는 기준 및 범위에 해당하는 아래 표의 에너지

㈑ 그 밖에 석유·석탄·원자력 또는 천연가스가 아닌 에너지로서 대통령령으로 정하는 아래 표의 에너지

② 재생에너지의 종류

㈎ 태양에너지

㈏) 풍력

㈐ 수력

㈑ 해양에너지

㈒ 지열에너지

㈓ 생물자원을 변환시켜 이용하는 바이오에너지로서 대통령령으로 정하는 기준 및 범위에 해당하는 아래 표의 에너지

㈔ 폐기물에너지(비재생폐기물로부터 생산된 것은 제외한다)로서 대통령령으로 정하는 기준 및 범위에 해당하는 아래 표의 에너지

㈕ 그 밖에 석유·석탄·원자력 또는 천연가스가 아닌 에너지로서 대통령령으로 정하는 아래 표의 에너지

에너지원의 종류		기준 및 범위
1. 석탄을 액화·가스화한 에너지	가. 기준	석탄을 액화 및 가스화하여 얻어지는 에너지로서 다른 화합물과 혼합되지 않은 에너지
	나. 범위	1) 증기 공급용 에너지 2) 발전용 에너지
2. 중질잔사유(重質殘渣油)를 가스화한 에너지	가. 기준	1) 중질잔사유(원유를 정제하고 남은 최종 잔재물로서 감압증류 과정에서 나오는 감압잔사유, 아스팔트와 열분해 공정에서 나오는 코크, 타르 및 피치 등을 말한다)를 가스화한 공정에서 얻어지는 연료 2) 1)의 연료를 연소 또는 변환하여 얻어지는 에너지
	나. 범위	합성가스

3. 바이오 에너지	가. 기준	1) 생물유기체를 변환시켜 얻어지는 기체, 액체 또는 고체의 연료 2) 1)의 연료를 연소 또는 변환시켜 얻어지는 에너지 ※ 1) 또는 2)의 에너지가 신·재생에너지가 아닌 석유제품 등과 혼합된 경우에는 생물유기체로부터 생산된 부분만을 바이오에너지로 본다.
	나. 범위	1) 생물유기체를 변환시킨 바이오가스, 바이오에탄올, 바이오액화유 및 합성가스 2) 쓰레기매립장의 유기성폐기물을 변환시킨 매립지가스 3) 동물·식물의 유지(油脂)를 변환시킨 바이오디젤 및 바이오중유 4) 생물유기체를 변환시킨 땔감, 목재칩, 펠릿 및 숯 등의 고체연료
4. 폐기물 에너지	기준	1) 폐기물을 변환시켜 얻어지는 기체, 액체 또는 고체의 연료 2) 1)의 연료를 연소 또는 변환시켜 얻어지는 에너지 3) 폐기물의 소각열을 변환시킨 에너지 ※ 1)부터 3)까지의 에너지가 신·재생에너지가 아닌 석유제품 등과 혼합되는 경우에는 폐기물로부터 생산된 부분만을 폐기물에너지로 보고, 1)부터 3)까지의 에너지 중 비재생폐기물(석유, 석탄 등 화석연료에 기원한 화학섬유, 인조가죽, 비닐 등으로서 생물 기원이 아닌 폐기물을 말한다)로부터 생산된 것은 제외한다.
5. 수열 에너지	가. 기준	물의 열을 히트펌프(heat pump)를 사용하여 변환시켜 얻어지는 에너지
	나. 범위	해수(海水)의 표층 및 하천수의 열을 변환시켜 얻어지는 에너지

(3) 신·재생에너지의 공급의무 비율(%) 산정기준

① 신·재생에너지의 공급의무 비율(%)

해당 연도	2020 ~ 2021	2022 ~ 2023	2024 ~ 2025	2026 ~ 2027	2028 ~ 2029	2030 이후
공급의무 비율(%)	30	32	34	36	38	40

② 신·재생에너지의 공급의무 비율(%) 산정기준(신재생에너지설비의 지원 등에 관한 규정 별표2)
  1. 신·재생에너지 공급의무 비율(%)은 다음의 식으로 산정한다.

$$신·재생에너지\ 공급의무\ 비율 = \frac{신·재생에너지\ 생산량}{예상에너지\ 사용량} \times 100$$

[비고] (1) 신·재생에너지 공급의무 비율이란 건축물에서 연간 사용이 예측되는 총에너지량 중 그 일부를 의무적으로 신·재생에너지설비를 이용하여 생산한 에너지로 공급해야 하는 비율이다.
   (2) 신·재생에너지 생산량이란 신·재생에너지를 이용하여 공급되는 에너지를 의미하며, 신·재생에너지설비를 이용하여 연간 생산하는 에너지의 양을 보정한 값이다.
   (3) 예상 에너지사용량이란 건축물에서 연간 사용이 예측되는 총에너지의 양이다.

* 신·재생에너지 생산량 및 예상 에너지사용량은 법 제12조 제2항 및 영 제15조 제3항에 의함

2. 예상 에너지사용량은 다음의 식으로 산정한다.

> 예상 에너지사용량＝건축 연면적×단위 에너지사용량×지역계수

[비고] (1) 연면적이란 영 제15조 제2항에 따른 연면적을 말한다. 단, 주차장 면적은 연면적에서 제외한다.

(2) 단위 에너지사용량이란 용도별 건축물의 단위면적당 연간 사용이 예측되는 에너지의 양이다.

(3) 지역계수란 지역별 기상조건을 고려한 계수이다.

(4) 단위 에너지사용량 및 지역계수는 다음과 같다.

[단위 에너지사용량]

구 분		단위 에너지사용량 (kWh/m² · y)
공공용	교정 및 군사시설	392.07
	방송통신시설	490.18
	업무시설	371.66
문교·사회용	문화 및 집회시설	412.03
	종교시설	257.49
	의료시설	643.52
	교육연구시설	231.33
	노유자시설	175.58
	수련시설	231.33
	운동시설	235.42
	묘지관련시설	234.99
	관광휴게시설	437.08
	장례식장	234.99
상업용	판매 및 영업시설	408.45
	운수시설	374.47
	업무시설	374.47
	숙박시설	526.55
	위락시설	400.33

[지역계수]

구분	지역계수
서울	1.00
인천	0.97
경기	0.99
강원 영서	1.00
강원 영동	0.97
대전	1.00
충북	1.00
전북	1.04
충남·세종	0.99
광주	1.01
대구	1.04
부산	0.93
경남	1.00
울산	0.93
경북	0.98
전남	0.99
제주	0.97

3. 신·재생에너지 생산량은 다음의 식으로 산정한다.

> 신·재생에너지 생산량＝원별 설치규모×단위 에너지생산량×원별 보정계수

[비고] (1) 원별 설치규모란 설치계획을 수립한 신·재생에너지원의 규모를 말한다.

(2) 단위 에너지생산량이란 신·재생에너지원별 단위 설치규모에서 연간 생산되는 에너지의 양이다.

(3) 원별 보정계수란 신·재생에너지원별 연간 에너지생산량을 보정하기 위한 계수이다.

(4) 단위 에너지생산량, 원별 보정계수는 센터의 장이 정한다. 다만, 단위 에너지생산량이 현저히 낮은 신·재생에너지원의 보정계수는 다른 신·재생에너지원 보정계수의 최대치를 초과할 수 없다.

* 단위 에너지생산량 및 원별 보정계수 (신·재생에너지설비의 지원 등에 관한 지침 별표10)

신·재생에너지원		단위 에너지생산량		원별 보정계수
태양광	고정식	1,358	kWh/kW·y	1.56
	추적식	1,765		1.68
	BIPV	923		5.48
태양열	평판형	596	kWh/m²·y	1.42
	단일진공관형	745		1.14
	이중진공관형	745		1.14
	공기식 무창형	487		1.37
	공기식 유창형	557		2.57
지열에너지	수직밀폐형	864	kWh/kW·y	1.09
	개방형	864		1.00
집광채광	프리즘	132	kWh/m²·y	7.74
	광덕트	73		7.74
	실내 루버형	184		2.77
연료전지	PEMFC	7,415	kWh/kW·y	2.84
수열에너지		864	kWh/kW·y	1.12
목재 펠릿		322	kWh/kg·y	0.52

㈜ 여기서 정해지지 않은 신·재생에너지원에 대한 단위 에너지생산량과 원별 보정계수는 지침 제55조의 분야별위원회의 심의를 거쳐 센터의 장이 정한다.

---

4. 냉각탑 설치 시 주의사항에 대하여 설명하시오. (단, 옥내와 옥외로 구분)

정답 (1) 개요

① 냉각탑은 용도별 공업용과 쾌적 공조용으로 나뉘며, 냉동기의 응축기열을 냉각시키기 위해, 물을 주위 공기와 직접 접촉 및 증발시켜 냉각하는 장치 등을 말한다.

② 냉각탑은 대분류 측면에서 열교환부가 대기에 개방된 개방식, 대기와 간접적으로 열교환을 행하는 밀폐식, 중간 열교환기를 채용한 간접식, 무동력 이젝터(Ejector)를 채용한 무동력 방식의 냉각탑 등으로 분류된다.

(2) 냉각탑 설치 시 주의사항(옥내)

① 견고성(건물의 강도) : 건축물의 옥상, 중간층 등에 냉각탑 설치 계획 시 사전에 건축물의 구조(강도) 검토를 통해 냉각탑의 하중이 건물에 악영향을 미치지 않도록 설계강도에 충분히 반영하여야 한다.

② 냉각수 보급수량

　㉮ 냉각수의 증발과 비산(Blow Out 포함), Blow Down 등을 위한 수량을 충분히 보충할 필요가 있다.

　㉯ 보통 해당 냉각탑의 냉각수 순환수량의 약 1~3% 이상을 보충할 수 있어야 한다.

③ 냉각수 펌프의 소음과 진동 : 옥내 기계실에 설치된 냉각수 펌프의 소음과 진동에 의한 피해를 막기 위해 설계단계에서 부터 대책 수립(팬 사일런서 설치, Spring Type의 방진가대 설치, 저소음형 펌프 선정 등)을 검토 및 반영하여야 한다.

④ 압입송풍식 설치의 경우 : 옥내의 지하실 등에 압입송풍식 냉각탑을 설치할 경우에는, 바람에 의한 재순환으로 인하여 성능의 저하가 크게 초래될 수 있고, 냉각탑 운전소음이 큰 편이며, 팬 동력비의 상승, 기내 압력으로 인한 공기 누설의 위험 등 다양한 문제점이 우려되므로 사전에 긴밀한 전문가 협조 및 검토가 필요하다.

⑤ 보온 삭제 필요 : 냉각탑의 냉각수라인은 원활한 냉각을 위해 배관의 보온이 불필요하므로, 설령 옥내의 수배관이라고 하더라도 보온재를 설치하지 않는 것이 원칙이다. (단, 미관이나 동결 방지 등의 사유로 인해 불요불가결 시에는 예외로 한다)

⑥ 캐비테이션 방지 : 냉각수 펌프는 캐비테이션 방지를 위해 가급적 수배관 라인의 하단에 위치하게 하는 것이 유리하고, 설치 전에 캐비테이션 방지가 가능한지 알아보기 위해 수온, 유속, 관내압, 설치 위치 등에 대한 충분한 검토가 있어야 한다.

⑦ 밸브 차단 금지 : 만약 냉각수 파이프라인에 밸브가 차단되어 있을 경우에는 냉각수 펌프뿐만 아니라 냉동기에도 치명적인 고장 등을 야기할 수 있으므로 밸브를 차단할 수 없도록 원천적으로 관리가 필요하다.

⑧ 냉각탑의 용량 제어 패널 : 냉각탑의 자동제어 로직상, Bypass 회로법, 송풍기의 회전수 제어 또는 대수 제어법, 냉각탑 분할 제어법 등을 적절히 실시하여 냉각탑의 운전에너지를 절감하고 성능면에서도 최적의 운전제어를 행할 필요가 있다.

⑨ 냉각수 온도 제어 : Fan Motor 제어 또는 밸브 제어 등을 통하여 냉각탑의 냉각수 온도 제어를 적절히 행하여 최적은 냉각수 온도를 관리할 필요가 있다.

⑩ 냉각수 순환 펌프의 양정과 유량 : 냉각탑의 냉각수 순환 펌프는 필요한 양정 및 유량에 여유가 있어야 하며, 반대로 너무 큰 용량의 것을 선정할 경우에는 연간 냉각수 반송동력 비용이 지나치게 증가할 수 있다.

(3) 냉각탑 설치 시 주의사항(옥외)

① 간섭 효과(Interference) : 냉각탑 상류의 열원은 흡입공기의 습구온도를 높여 냉각탑 성능저하로 나타난다. 새로운 냉각탑의 설치장소는 이미 설치되어 있는 탑의 바람이 불어가는 쪽을 피하고 열 배기구와는 간격을 유지해야 한다. 일부 현장의 기록에 따

르면 대용량 냉각탑의 경우, 백 미터 정도의 이격거리에도 불구하고 1.5℃ 정도의 습구온도 상승을 가져오기도 한다.

② 재순환(Recirculation)과 풍향

   (가) 입구공기 습구온도는 탑에서 배출된 공기의 일부가 다시 탑의 흡입구로 들어오는 것에 의해 영향을 받을 수 있다. 재순환의 가능성은 기본적으로 바람의 힘과 방향과 관련이 있으며, 바람의 속도 증가와 비례하여 증가하는 경향이 있다. 재순환의 기본적 요인은 바람이지만 옥상 파라핏이나 팬스 등의 장애물이 주요한 성능저하 역할을 하게 되며 냉각탑의 모양이나 방향 결정에 따라서도 재순환의 크기가 달라진다. 탑보다 높은 장애물은 피하고 탑의 좁은 면이 바람의 방향과 마주하도록 배치하는 것이 유리하다.

   (나) 냉각탑의 배출공기 속도가 **빠를수록** 재순환은 줄어든다. 압송식의 경우 느린 배출속도로 재순환이 상당하다. 팬 실린더의 높이가 높을수록, 간격이 클수록 재순환은 줄어든다.

③ 공기 유동 제한 : 팬스 등의 장애물은 탑과 적정한 거리를 유지하고 냉각탑 흡입면적 만큼의 장애가 없는 흡입면적을 탑 흡입구 맞은 편에 두어 공기 유동에 제한이 없도록 해야 한다.

④ 미세먼지의 영향 : 먼지가 많은 지역에 설치된 냉각탑은 냉각수의 수질을 악화시킬 수 있고, 냉각수 배관의 스트레이너, 밸브류 등에 막힘이나 심각한 고장 등을 불러일으킬 수 있으므로 이 경우 미세먼지의 침투 방향에 차단벽, 스크린 등을 세우는 방법과 같은 조치를 취할 필요가 있다.

⑤ 냉각탑의 소음과 진동대책 : 냉각탑 운전시의 소음과 진동에 대한 대책을 위해 집무실, 회의실, 기타의 거주실 등과의 이격거리 유지, 팬 사일런서 설치, Spring Type 방진가대 설치, 방진재 설치, 차음벽 설치, 저소음형 팬 모터 선정 등의 조치를 하는 것이 좋다.

⑥ 냉각탑을 냉동기보다 낮은 위치에 설치 시 고려사항

   (가) 응축기 출구 배관은 응축기보다 높은 위치로 입상시킨다.

   (나) 냉각수 펌프 정지 시 사이펀 현상을 방지 : 냉각탑 입구 측에 Syphon Breaker, 벤트관 또는 차단 밸브를 설치해 주어야 한다.

   (다) Cavitation 현상을 방지하기 위해 냉각수 펌프를 냉각탑의 출구 측 가까이에 또는 동일 레벨로 설치하고 펌프의 토출구에는 체크 밸브를 설치하여 누설을 막는다.

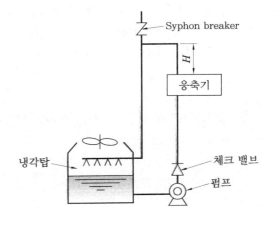

⑦ 연통관의 설치 : 냉각탑의 동력저감, 소음저감 등을 위해 병렬로 설치 시 병렬로 연결된 냉각탑끼리 유량의 균등 분배를 위해 아래 그림과 같이 연통관을 설치해야 한다. 이때 계통의 배관 지름, 배관 길이 등의 관로 저항을 동일하게 해주면 균등 분배에 효과적일 수 있다.

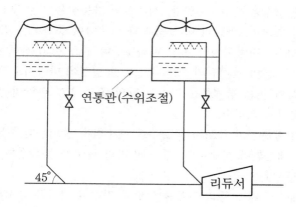

⑧ 백연현상 방지

   ㈎ 냉각탑으로부터 증발 열교환을 마치고 외부로 방출되는 포화습공기(RH 100%)가 저온의 대기와 혼합되는 과정에서 포화습공기에 함유한 수분이 응축을 일으켜 생성된다.

   ㈏ 백연현상은 주변에 낙수, 결로 또는 동절기 결빙을 발생시킬 수 있고, 민원의 발생 등을 불러일으킬 수 있다. 건물의 전체적 외관에도 나쁜 영향을 줄 수 있으므로 냉각탑을 설치하기 전에 그 백연의 발생을 방지할 수 있는 다양한 방법(백연 방지 장치의 설치, 백연 경감형 냉각탑의 채용)을 검토 및 선정하고, 적절한 대책을 세워나가야 한다.

⑨ 냉각수의 수처리 : 냉각탑에서 처리되는 냉각수는 다양한 장애(부식, 스케일, 슬라임, 레지오넬라균의 증식 등)를 발생시킬 수 있으므로 수처리(블로 다운, 약품 첨가법 등)를 행하여 이를 관리 및 방지할 수 있어야 한다.

⑩ 동결방지 : 냉각탑 주변의 동결방지를 위해 냉각탑 하부에 동파방지용 전열코일 설치, 배관계에 Band Heater 설치 및 고밀도 단열재 시공, 부동액 사용, 비산 방지망의 설치, Drycooler 사용 등 다양한 방법을 검토할 수 있어야 한다.

---

5. 중간분리기를 적용한 다효압축사이클에 대하여 다음 사항을 설명하시오.

   (1) 냉동시스템 흐름도

   (2) $P-h$ 선도(무과냉과 무과열 적용 모리엘 선도)

   (3) 성능계수(엔탈피로 표시)

정답 **(1) 냉동시스템 흐름도**

다효압축사이클은 'Voorhees Cycle' 이라고도 부르며, 증발온도가 서로 다른 2대 이상의 증발기를 1대의 압축기로 압축하여 효과(증발효과)를 다각화 할 수 있고, 보통의 단단압축 대비 냉동효율의 증가가 가능한 방식으로 그 냉동시스템 흐름도는 다음 그림과 같다.

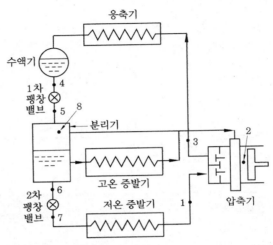

다효압축사이클 시스템 흐름도

(2) $P-h$ 선도(무과냉과 무과열 적용 모리엘 선도)

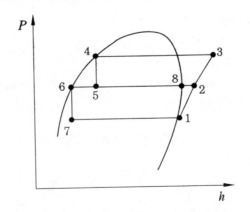

다효압축사이클의 $P-h$ 선도(무과냉과 무과열 적용 모리엘 선도)

(3) 성능계수(엔탈피로 표시)

① 응축기 발열량 (q_c) 계산

$$q_c = h_3 - h_4$$

② 증발기 흡열량 (q_e) 계산

$$x_5 = \frac{h_4 - h_6}{h_8 - h_6} \quad \text{(여기서, } x_5 : \text{상기 } P-h \text{ 선도의 5지점에서의 건도이다.)}$$

$$1 - x_5 = \frac{h_8 - h_4}{h_8 - h_6} \text{이므로,}$$

$$q_e = (1 - x_5)(h_1 - h_6) = \frac{(h_8 - h_4)(h_1 - h_6)}{h_8 - h_6}$$

③ 압축기의 압축열량(AW) 계산

열역학 제1법칙에서 $q_e + AW = q_c$

따라서, $AW = q_c - q_e = \dfrac{(h_8 - h_6)(h_3 - h_4) - (h_8 - h_4)(h_1 - h_6)}{h_8 - h_6}$

④ 성적계수(COP) 계산

$$COP = \frac{q_e}{AW} = \frac{(h_8 - h_4)(h_1 - h_6)}{(h_8 - h_6)(h_3 - h_4) - (h_8 - h_4)(h_1 - h_6)}$$

---

6. 다음 사항을 설명하시오.

(1) 랭킨사이클의 개요

(2) 랭킨사이클의 계통도, $P-v$ 선도 및 변화과정 설명

(3) 랭킨사이클의 열효율(η_R)과 효율 증대방안

(4) 유기랭킨사이클(ORC)의 개요

정답 **(1) 랭킨사이클의 개요**

① 랭킨사이클은 발전소 등에서 증기 터빈을 구동시키는 증기 원동소의 기본 사이클에 해당한다.

② 고열원에서 열을 받아 터빈의 구동력을 회수한 후 저열원에 남은 열량을 버리는 형태의 Cycle로 구성된다.

(2) 랭킨사이클의 계통도, $P-v$ 선도 및 변화과정 설명

① 랭킨사이클의 계통도

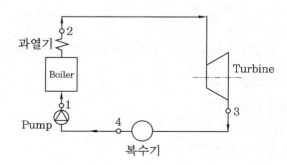

② 랭킨사이클의 $P-v$ 선도

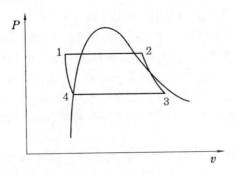

③ 랭킨사이클의 변화과정 설명

  (가) 1단계(1~2point ; 정압가열) : 보일러와 과열기에서 연속적으로 증기를 가열시키는 단계이다.

  (나) 2단계(2~3point ; 단열팽창) : 증기의 팽창력에 의해 터빈의 날개를 돌려 동력을 발생(전기 생산)시키는 과정이다.

  (다) 3단계(3~4point ; 정압방열) : 복수기에 의해 증기가 식혀져 포화액이 된다.

  (라) 4단계(4~1point ; 단열압축) : 펌프에 의해 가압 및 순환(회수)되는 과정이다.

(3) 랭킨사이클의 열효율(η_R)과 효율 증대방안

① 터빈 입구의 압력을 높여주고, 출구의 배압은 낮추어준다(진공도 증가).

② '재열 CYCLE'을 구성한다.

  (가) '재열 CYCLE'의 장치 구성도

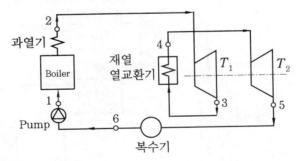

  (나) '재열 CYCLE'의 $h-s$ 선도

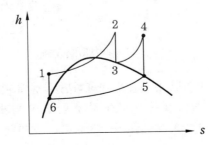

(4) 유기랭킨사이클(ORC)의 개요

① 유기랭킨사이클(ORC : Organic Rankine Cycle)은 산업체의 미활용 저온 폐열을 회수하여 전기를 생산하고자 하는 기술의 일환으로 개발이 많이 이루어지고 있는 실정이다.

② 연료전지의 폐열, 태양열, 지열, 소각장 폐열, 폐자원 재생시설의 폐열 등의 중저온 산업체 폐열을 이용하여 전기를 생산할 수 있는 아임계 유기랭킨사이클(작동유체의 고온영역과 저온영역이 모두 임계점 이하인 사이클)과 초임계 유기랭킨사이클(작동유체의 고온영역 또는 고온영역과 저온영역 모두가 임계점 이상인 사이클)의 개발이 바로 그것이다.

③ ORC는 화석연료나 윤활제 등을 사용하지 않아 청정에너지를 생산할 수 있고, 밀폐형 시스템으로 구동되며 친환경, 불연소성 및 불가연성의 안전한 작동유체를 이용 가능하다.

④ ORC 기술은 각종 폐열을 활용하여 가동된다는 점을 제외하면 전기에너지를 얻기 위한 기존의 증기터빈 기술과 유사하다.

⑤ ORC 사이클의 작동유체(working fluid)로는 증기터빈에서 사용하는 물이 아니고 유기물을 사용하는 것이 특징이다.

⑥ ORC 사이클은 다음 그림과 같이 외부의 열에너지로부터 작동유체를 기화하는 증발기(작동유체가 기화됨)가 사용되며, 이 작동유체는 팽창기 또는 터빈을 가동하여 발전기에서 전기에너지를 얻게 된다. 터빈에서 팽창된 작동유체는 응축기(작동유체를 액화시키는 장치)에서 액화되어 펌프에 의해 다시 재생(작동유체가 가진 에너지를 재회수하는 장치)를 거쳐 증발기로 들어가는 순환시스템으로 이루어진다.

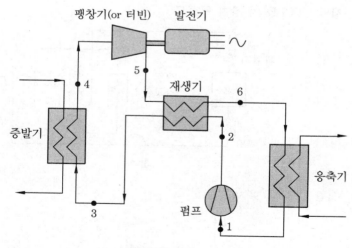

유기랭킨사이클 (ORC)

⑦ 작동유체로 물이 아닌 유기물을 사용하면 물질에 따라서 높은 압력에서도 기화하는 온도가 100℃ 이하의 낮은 온도를 갖게 한다. 이렇게 하여 산업체의 낮은 온도를 갖는 폐열로부터 전기를 생산할 수 있게 되는 것이다.

【제 3 교시】

1. 백연 방지 냉각탑의 종류, 개념도와 특징에 대하여 설명하시오.

정답 **(1) 백연 방지 냉각탑의 종류 및 특징**

① 병렬 히팅코일 방식(Parallel Path Heating Coil Method)

(가) 냉각수를 사용하는 히팅코일을 냉각탑의 상부에 두고 여기에 공기를 통과시켜 충진재의 습식부를 통과한 포화공기와 혼합시켜 배출시키는 방식이다.

(나) 습식부의 공기 입구에 풍량조절 댐퍼를 부착하면 부하가 적고 대기온도가 낮은 겨울철에는 상부 열교환 부하를 극대화시켜 주고, 하부 증발량은 줄여서 백연을 감소시키고, 물을 절약할 수 있는 장점을 지니고 있다.

(다) 이 방식은 냉각성능의 저하가 거의 없어 에너지 소모가 적고 히팅코일에 습한 공기가 통과하지 않아서 내부식성이 좋은 장점도 있다.

(라) 이 방식은 비용이 높고 건식부와 습식부를 각각 통과한 공기의 혼합이 부족할 경우에는 백연감소 효과가 낮아질 수 있다.

(마) 냉각수의 온도보다 상대적으로 더 높은 온도의 폐열이 있는 경우라면, 그 폐열을 히팅코일 가열에 활용하면 더 큰 백연저감 효율을 얻을 수도 있다.

② 직렬 히팅코일 방식(Series Path Heating Coil Method)

(가) 냉각수를 사용하는 히팅코일을 냉각탑의 토출기류 내에 두어 충진재 습식부를 통과한 포화공기를 가열시킨 후 토출하는 방식이다.

(나) 병렬방식보다 비용이 적고 혼합효율 저하에 따른 문제가 거의 없다.

(다) 코일에 공기저항이 항상 걸릴 수 있으므로 송풍기의 에너지 소모가 크고, 코일이 부식에 취약해지며, 스케일에 의한 성능 저하가 커질 수 있고, 기계적 수명이 짧을 수 있다는 것 등이 단점이다.

(라) 병렬 히팅코일 방식에서처럼 냉각수의 온도보다 상대적으로 더 높은 온도의 폐열이 있는 경우라면, 그 폐열을 히팅코일 가열에 활용하면 더 큰 백연저감 효율을 얻을 수 있다.

③ 습건식 일체형 방식

(가) 충진재의 상단부를 캡을 이용하여 한 칸 건너 하나씩 폐쇄시켜 습식부와 건식부가 번갈아 발생하게 한 상태에서 외기를 통과시키는 방식이다.

(나) 직교류 형식의 열교환 방식이며, 습식부와 건식부의 일체로 인해 제조원가가 비교적 낮고 혼합효율이 좋은 장점이 있다.

(다) 이 방식은 다른 방식에 비해서 백연감소 성능이 뛰어나며, 건식부의 열교환 능력

이 저하될 수밖에 없는 구조이므로, 탱각탑의 크기가 커진다.

㈃ 건식부 통로가 먼지로 막히기 쉬우므로 자주 청소 및 면밀한 관리가 필요하다는 점에도 유의를 해야 한다.

④ 플라스틱 공기가열기 이용 방식

　㈎ 기존의 히팅코일을 플라스틱 공기가열기로 대체하고, 공기가열기를 기존 충진재보다 열교환 특성이 뛰어난 형상으로 만들어 장착하는 방식이다.

　㈏ 이 방식은 저렴하고 부식이 거의 없다는 장점이 있으며, 공기가열기의 성능에 따라서 히팅 능력이 많이 좌우되며, 습건식 일체형에 대비 사이즈가 상당히 줄어드는 장점도 있다.

(2) 백연 방지 냉각탑의 개념도

① 백연 방지 냉각탑의 개념도를 병렬방식을 기준으로 작성하면 아래와 같다. 그림에서 보듯이, 팬의 작동에 의해 외기가 하부 습식부와 상부 건식부로 각각 병렬로 통과하여 외부의 대기로 다시 방출되어진다.

② 이때 만약 팬의 작동에 의해 외기가 하부 습식부와 상부 건식부로 각각 직렬로 통과하게 설치한 것이 '직렬 히팅코일 방식'이다. 물론 이때에는 히팅코일(열교환기)을 수직이 아닌 수평으로 넓게 배치시켜 설치하여야 한다.

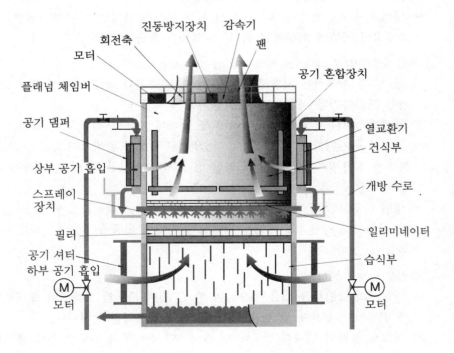

병렬 히팅코일 방식(Parallel Path Heating Coil Method)

2. 변풍량 방식의 공조 시스템 설계 시 고려사항을 설명하시오.

정답 (1) 개요

① 변풍량 방식(VAV : Variable Air Volume)의 공조 시스템은 실내부하의 변화에 따라 송풍량을 주로 변화시키고, 송풍온도를 대개 일정하게 유지시키는 방식이다.

② VAV 방식은 원래 냉방 전용으로 개발되어 급기온도 일정유지가 원칙이나, 우리나라와 같이 추운 겨울의 경우 난방부하가 발생되므로 설계 시 최적화에 주의가 필요하다.

③ 보통 기존의 정풍량 방식 대비 초기 공조설비의 투자규모가 적고, 에너지 절감 효과가 큰 방식이라는 점이 가장 큰 장점이다.

(2) 변풍량 방식의 공조 시스템 설계 시 고려사항

① 공조 설비 용량 : 덕트와 공조기 등의 설비 용량은 동시 사용률을 고려해 정풍량 방식의 약 80% 정도로 하는 경우가 많지만, 현장의 부하특성에 따라서 재평가하여 적용하여야 한다.

② 실내공기의 질 : 실내 도입 외기량 및 환기 순환횟수가 부하에 따라 수시로 변화할 수 있으므로, 정풍량 방식 대비 실내 고청정화를 요할 경우에는 부적당할 수 있다.

③ 에너지절감 효과 : 실내부하 조절에 있어 풍량을 제어하는 것이 부하조절 추종성이 높고, 실내 쾌감도도 좋다. 또한 풍량제어로 인한 연간 송풍동력비 절감과 에너지 절감 효과가 뛰어나다고 할 수 있다.

④ 변풍량 공조의 방식

㉮ 급기온도일정(Constant) : 내주부와 같이 부하변동폭 작은 곳에 주로 적용한다.

㉯ 급기온도가변(Variable) : 외주부와 같이 특수 부하 또는 온도 조건이 까다로운 곳에 주로 적용한다.

⑤ 2중 덕트 변풍량 방식(DDVAV : Double Duct Variable Air Volume)의 조합

㉮ 변풍량 방식을 2중 덕트 변풍량 방식과 결합하면, VAV 유닛과 연계하여 보다 정밀한 실내 부하 제어를 행할 수 있다.

㉯ 이 경우 단순한 변풍량 방식에 비해 에너지 손실이 커지고, 이중 덕트의 설치 등으로 인하여 설비비가 고가이다.

⑥ 환기의 부족

㉮ 풍량이 감소할 때 환기 부족이 우려되므로 풍량의 상한치 및 하한치를 미리 설정하여 풍량의 이상 저감 및 과다를 막아주어야 한다.

㉯ 이 경우 변풍량 방식의 종류 측면에서, 교축형 대신 유인형, 바이패스형, FPU 방식 등을 검토하는 것이 바람직하다.

⑦ 기류분포(氣流分布) : 실내에 기류의 분포가 불균일 시 쾌적감, 콜드 드래프트 발생 등에 문제될 수 있으므로(특히 난방 시 주의) 디퓨저 선택, 유인비 설정 등에 세심한 주의가 필요하다.

⑧ 소음(Noise)

   (가) 변풍량 방식은 실내 부하에 따라 풍속이 수시로 변하여 불쾌감을 줄 수 있다. 특히, VAV 유닛은 풍량 조절 시 특정 풍량 영역(범위)에서 소음이 급격히 증가될 수 있으므로 공명이나 공진의 발생 등에도 주의를 요한다.

   (나) 덕트 경로상 소음이 우려되는 곳에는 미리 소음기 혹은 흡음 체임버 등의 설치를 고려해야 한다.

⑨ 천장 및 벽체마감의 오염

   (가) 코안다 효과에 의한 먼지의 침착 등으로 인하여 천장이나 벽체 코너부가 검게 오염될 수 있으므로, 건축마감재의 선정, 디퓨저 방식의 선정 등에 주의를 요한다.

   (나) 특히 코안다 및 대류에 의해 천장의 디퓨저 설치 주변이 심하게 오염되어지는 경우도 있으므로 얼룩 등이 잘 발생하지 않는 마감재를 선택하는 것이 좋다.

⑩ 실내 습도 상승 : 변풍량 제어는 실내온도를 기준으로 제어하는 방식이므로, 실내의 습도가 지나치게 높은 경우에는 사전에 충분히 제습 후 재열이 필요할 수 있다.

⑪ 다른 전동기기와의 연계 제어 : 공조 설비 중 냉동기 및 송풍기, 펌프 등과의 용량의 연계제어를 행하면 더욱 에너지절약이 가능하며, 종합에너지효율 최적화도 가능하다.

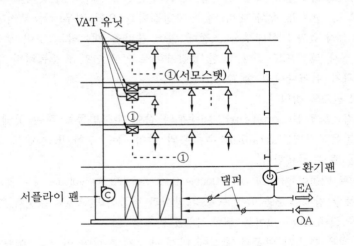

변풍량 방식의 공조 시스템 적용 사례

⑫ VAV System을 건물의 외주부에 채용 시 고려점

   (가) 외주부의 풍량 저하 시 미세먼지 입자의 경우에는 기체 분자와의 충돌에 의한 브라운 운동의 효과가 현저하다.

   (나) 특히 클린룸의 경우에는 정확한 외주부 기류 분석이 어렵고, 클린룸의 공간형태, 각종 장비의 형상 및 작동조건을 정확히 파악해야 하고, 정량적인 분석은 매우 어려운 편이므로 주의를 요한다.

   (다) 클린룸의 FFU 등에서 토출된 기류가 수직방향으로부터 벌어진 각도(편향각)로 벗어나 흐르는 기류(편류)의 발생을 주의해야 한다.

3. 보일러의 에너지 절약대책에 대하여 설명하시오.

정답 **(1) 개요**

① 보일러는 건축물의 공조설비 중에서도 특히 주로 온수, 급탕, 난방 공급 설비로서, 상당히 중요한 기본 온열원 기기에 해당하므로, 건축물에너지 절감에서 보일러의 에너지 절약은 핵심요소로 포함되어져야 한다.

② 보일러의 에너지 절약 방안은 설계측면, 사용측면, 폐열회수장치, 사후관리측면 등 종합적으로 고려되어져야 한다.

(2) 설계상 에너지 절약

① 고효율 기기 선정 : 보일러의 설계 및 장비 선정 시 콘덴싱 보일러 등 열효율이 높은 기기로 선정하여야 한다. 특히, 건축물에 부분부하가 많이 작용하는 건물일수록 장비의 부분부하 효율이 높은 보일러로 선정이 이루어져야 한다.

② 대수분할 운전 : 보일러 선정 및 설치 시 대형 보일러 한 대로 선정하여 설치하는 것보다 여러 대의 보일러로 분할 운전하여 저부하시의 에너지 소모를 줄이고 고장시의 백업운전도 가능하게 하는 것이 유리하다.

③ 인버터 펌프 제어 연계 : 보일러의 부분부하 운전의 비율이 매우 많을 경우 인버터 펌프 제어(용량의 제어)를 도입하여 연간 에너지 효율(SEER) 향상이 가능하다.

(3) 사용 측면의 에너지 절약

① 보일러 사용 시 경년 효율 저하를 막고, 과열을 방지하기 위해 정기적으로 보일러의 세관을 실시하여 스케일 제거 및 부식방지 등이 필요하다. 특히 초음파수처리기, 자기수처리기 등을 상시 가동하면 수질관리에 많은 도움이 될 수 있다.

② 보일러의 블로 다운 등을 통하여 특정 스케일 형성 입자의 고착을 막고, 정기적 수질관리 및 보전관리 실시가 필요하다.

③ 최적 기동 제어 혹은 최적 정지 제어 등을 활용한 간헐 난방을 행하면 보건공조 측면에 있어서는 에너지절약에 많은 도움이 된다.

(4) 배열의 회수

① 보일러에서 배출되는 배기의 열을 회수하여 여러 용도로 재활용하는 방법이 있으며, 이때 연소가스로 인한 금속의 부식 등을 주의해야 한다.

② 배열을 절탄기(Economizer)에 이용하거나, 절탄기를 통과한 연소가스의 남은 열을 이용하여 연소공기를 예열하는 방법 등이 있다.

(5) 온수 및 증기의 낭비 방지

① 에너지 소모를 방지하기 위해서 드레인(Drain)과 블로 다운(Blow Down) 밸브(Valve)를 불필요하게 혹은 필요 이상으로 열지 말 것

② 불량한 증기 트랩(Steam Trap)을 적기에 정비하고, 불필요한 증기 배출을 방지하

여야 한다.

(6) 증기 재이용 공정시스템

산업 현장에서 공정상 발생하는 저압증기를 재가압하여 한 번 더 재이용할 수 있는 시스템으로 다음과 같은 MVR, TVR, 팽창기 등을 적용할 수 있다.

① MVR (Mechanical Vapor Recompression)

㉮ 저압 증기를 전기 등 기계적 구동 압축기를 이용하여 압축하는 방식으로 필요한 온도와 압력의 증기로 재생산하는 시스템이다.

㉯ 시스템 구성이 매우 간단하고, 장비운전에 상대적 소량의 전기에너지만 필요로 한다.

② TVR (Thermal Vapor Recompression)

㉮ 저압 증기를 스팀 이젝터(Steam Ejector)를 이용하여 필요한 온도와 압력의 증기 생산을 가능하게 하는 시스템이다.

㉯ 매우 고속의 스팀 속도를 이용하여 압축하는 방식으로 구동부(Moving Parts)가 없다.

③ 팽창기(폐압회수터빈 ; Energy Recovery Turbine, Expansion Device)

㉮ 기존 공정의 감압밸브 대신 팽창기(폐압회수터빈)로 대체하여 증기 사용처에 증기공급과 더불어 전기를 생산할 수 있다.

㉯ 열역학적으로 볼 때 기존 팽창밸브의 등엔탈피 과정은 비가역 과정으로 비가역성에 의한 손실이 많이 발생하지만, 팽창기(폐압회수터빈)를 적용하면 등엔트로피의 가역과정이 구현되어 손실이 가장 적다.

(7) 기타의 에너지절약 방안

① 보조 증기를 낭비하지 말 것

② 증기와 물의 누설을 방지할 것

③ 연소공기와 연소가스의 누설을 방지할 것

④ 적정 과열 공기를 공급할 것

⑤ 스팀 어큐뮬레이터 등을 활용하여 부하변동에 대응하고, 보일러의 용량을 지나치게 과잉으로 설계하지 말 것

⑥ 적정 공기비를 유지할 것

---

4. 증기압축식 냉동기를 운전할 때 다음 현상의 원인에 대하여 설명하시오.

(1) 토출압력이 너무 높다.　　　(2) 토출압력이 너무 낮다.

(3) 흡입압력이 너무 높다.　　　(4) 흡입압력이 너무 낮다.

(5) 압축기가 기동하지 않는다.

정답 **(1) 토출압력이 너무 높다.**

① 공기, 염소가스 등 불응축성 가스가 냉매계통에 흡입될 경우
② 냉각수 온도가 높거나, 냉각수 양이 부족할 경우
③ 응축기 냉매관에 물때가 많이 끼었거나, 수로 뚜껑의 칸막이 판이 부식
④ 냉매의 과충전으로 응축기의 냉각관이 냉매액에 잠기게 되어 유효 전열면적이 감소
   될 경우
⑤ 토출배관 중의 밸브가 약간 잠겨져있어 저항 증가
⑥ 공랭식 응축기의 경우 실외 열교환기가 심하게 오염되거나, 풍량이 어떤 방해물에
   의해 차단될 경우
⑦ 냉동창치로 인입되는 전압이 지나치게 과전압이 혹은 저전압이 되어 압축비가 과상
   승하거나, Cycle의 균형이 깨질 경우
⑧ 냉각탑 주변의 온도나 습도가 지나치게 상승될 경우

(2) 토출압력이 너무 낮다.

① 냉각 수량이 너무 많든가, 수온이 너무 낮을 경우
② 냉매액이 넘어오고 있어 압축기 출구측이 과열이 이루어지지 않을 경우
③ 냉매 충전량이 지나치게 부족할 경우
④ 토출 밸브 등에서의 누설이 발생할 경우
⑤ 냉각탑 주변의 온도나 습도가 지나치게 낮을 경우
⑥ 공랭식 응축기의 경우 실외 열교환기 주변에 자연풍량이 증가하여 응축이 과다하게
   될 경우
⑦ 유분리기 측으로 Bypass되는 냉매량 증가 시
⑧ 콘덴싱 유닛의 경우 유닛 쿨러와의 거리가 지나치게 멀어지거나 고낙차 설치로 인
   하여 냉매의 압력 저하가 심하게 발생하여 유량 저하 시
⑨ 팽창 밸브를 너무 잠궈 유량 감소 시
⑩ 냉매 Cycle상 막힘 현상 발생으로 유량 저하 시

(3) 흡입압력이 너무 높다.

① 냉동부하가 지나치게 증대되는 경우
② 팽창 밸브가 너무 열린 경우(제어부 고장이나 Setting 불량)
③ 흡입 밸브, 밸브 시트, 피스톤링 등이 파손이나 언로더 기구의 고장
④ 유분리기의 반유장치의 누설 발생
⑤ 언로더 제어 장치의 설정치가 너무 높을 경우
⑥ Bypass Valve가 열려서 압축기 토출가스의 일부가 바이패스 된다.
⑦ 증발기측의 온도나 습도가 지나치게 높은 경우
⑧ 증발기측의 풍량이 냉동능력에 대비하여 지나치게 높을 경우

(4) 흡입압력이 너무 낮다.

① 냉동부하의 지나친 감소
② 흡입 스트레이너나 서비스용 밸브의 막힘
③ 냉매액 통과량이 제한되어 있다.
④ 냉매 충전량의 부족이나 냉매 누설 발생
⑤ 언로더, 제어장치의 설정치가 너무 낮을 경우
⑥ 팽창 밸브를 너무 잠금, 팽창 밸브에 수분이 동결
⑦ 증발기측의 온도나 습도가 지나치게 낮은 경우
⑧ 증발기측의 풍량이 냉동능력 대비 지나치게 낮을 경우
⑨ 콘덴싱 유닛의 경우 유닛 쿨러와의 거리가 지나치게 멀어지거나 고낙차 설치로 인하여 냉매의 압력 저하가 심하게 발생하여 유량 저하 시

(5) 압축기가 기동하지 않는다.

① 전기적 문제
  (개) 전력 품질 확보 부족(주로는 전력 공급 사정이 좋지 못한 지역에서 낮은 전압으로 인한 기동 불량이 많이 초래됨)
  (내) 압축기 내부의 코일이 소손되어 있는 경우
  (대) 압축기 인입 전선의 단락
  (래) 압축기 전기회로의 일부에서 단선 발생
  (매) 기타 압축기 자체와 인입되는 전력의 전기적 사양이 서로 맞지 않거나 고장상태인 경우

② 기계적 문제
  (개) 압축기의 토출측과 흡입측의 평압(평형압력) 불량의 경우
  (내) 압축기 내부의 회전날개(블레이드)의 로킹현상(잠김현상) 발생의 경우
  (대) 기타 압축기 자체의 파손이나 고장 등의 경우

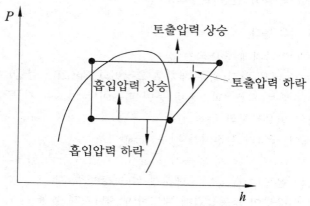

증기압축식 냉동기 운전시의 제현상

5. 고압가스 제상 중 액분리기와 수액기가 있는 상태에서 다음 내용을 설명하고 장치흐름도를 그리시오.

(1) 증발기가 1대인 경우의 제상
(2) 증발기가 2대인 경우의 제상
(3) 재증발 코일을 이용한 제상

정답 **(1) 증발기가 1대인 경우의 제상**

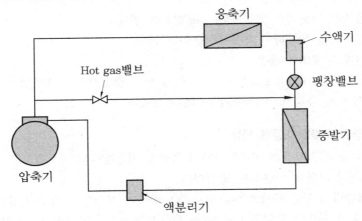

① 제상 운전 시, 위 그림에서 팽창밸브를 먼저 닫는다.
② 압축기 토출측에 있는 Hot gas밸브를 연다.
③ 압축기를 운전하여 제상운전을 이행한다.
④ 이때 냉매의 흐름은
    압축기 → Hot gas밸브 → 증발기 → 액분리기 → 압축기 → (연속 순환)

(2) 증발기가 2대인 경우의 제상

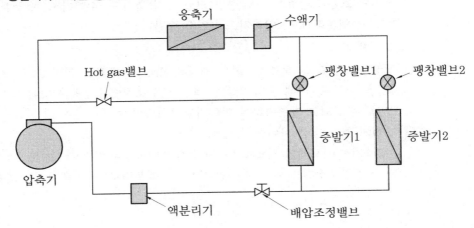

① 먼저 Pump down 실시

   (가) 팽창밸브 1과 팽창밸브 2를 닫은 후 압축기를 운전하면 액냉매가 응축기 및 수액기로 모이게 된다.

   (나) Pump down은 제상과정 중 압축기의 액압축을 방지하기 위한 사전조치로서 필수 과정이라기보다는 증발기의 개수가 많거나, 제상부하가 클 경우에는 반드시 실시해주는 것이 바람직하다.

② 팽창밸브 1과 배압조정밸브를 닫는다.

③ 팽창밸브 2는 열린 상태를 유지한다.

④ 압축기 토출측에 있는 Hot gas밸브를 연다.

⑤ 압축기를 운전하여 제상운전을 이행한다.

⑥ 이때 냉매의 흐름은

    압축기 → Hot gas밸브 → 증발기 1 → 증발기 2 → 팽창밸브 2 → 수액기(양방향형) → 응축기 → 압축기 → (연속 순환)

(3) 재증발 코일을 이용한 제상

① 이 방식은 폐열을 이용하거나 응축열을 저장방식의 서모뱅크(Thermo-bank)라는 재증발 코일을 이용하는 방식이다.

② 재증발 코일을 냉매흐름상 압축기와 응축기 사이에 설치하여 일반 운전 시 미리 데워놓은 재증발 코일의 더운 물을 제상시의 증발기 응축액을 재증발시켜 제상운전을 하는 데 사용하는 방법이다.

   (가) 정상운전 시

      ㉮ 배압조정밸브 1의 선택에 의해 흡입 증기가 재증발 코일을 통하지 않게 하여 불필요한 압력손실과 재증발 코일의 고온에 의한 흡입증기의 과열을 방지한다.

      ㉯ 재증발 코일의 일정한 온도를 유지하기 위해 재증발 코일의 수온이 상승 시 바이패스하여 직접 응축기로 토출가스가 흐르도록 한다.

      ㉰ 냉매의 흐름 : 압축기 → 재증발 코일 → 응축기 → 수액기 → 팽창밸브 → 증발기 → 액분리기 → 압축기 → (연속 순환)

   (나) 제상운전 시

      ㉮ 팽창밸브를 닫고, 토출가스관의 제상용 Hot gas밸브를 열어 고압가스에 의해 제상을 행하며, 이때 응축 액화된 액은 배압조정밸브 2의 선택에 의해 재증발 코일로 유입되고 재증발하여 압축기로 흡입된다.

      ㉯ 냉매의 흐름(제상 사이클)

        압축기 → (드레인 가열코일) → 증발기(Hot gas의 응축 발생)에서 성에 제거 → 배압조정밸브 2 → 재증발 코일 → 액분리기 → 압축기 → (연속 순환)

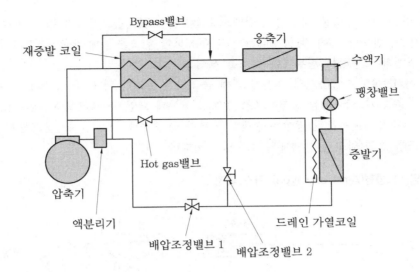

---

6. 냉동장치의 불응축 가스 퍼지에서 다음 내용을 설명하고 장치흐름도를 그리시오.
(1) 요크형(York type) 가스 퍼지
(2) 암스트롱형(Amstrong type) 가스 퍼지

정답 **(1) 요크형(York type) 가스 퍼지**

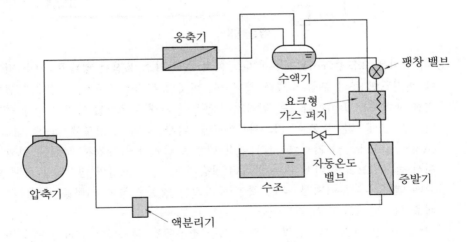

① 이 방식은 암스트롱형(Amstrong type) 가스 퍼지 대비 비교적 간단한 방법으로서 압축기의 운전에 의해 응축기를 통과한 냉매 중 응축이 안 된 냉매 및 불응축 가스가 부력에 의해 수액기 상부에 모이는 점을 이용하여 요크형(York type) 가스 퍼지에 모아 냉각시켜 응축된 냉매는 수액기로 되돌리고, 응축되지 못하는 불응축 가스는 수조를 통해 배출하는 방식이다.

② 암모니아를 냉동 시스템의 냉매로 쓰는 경우에는 암모니아가 강한 독성을 가지고 있고, 반면에 물에 잘 녹는다는 점을 이용하여 수조를 통해 배출하지만, 기타 비독성 냉매를 사용하는 경우에는 수조를 생략할 수도 있다.

③ 장치흐름도 : 압축기의 운전에 의해 응축기를 통과한 냉매 중 응축이 안 된 냉매 및 불응축 가스는 기체 상태이므로 수액기 상부에 모임 → 요크형(York type) 가스 퍼지(냉각) → 응축된 냉매는 수액기로 복귀 → 불응축 가스는 자동온도밸브에 의해 수조를 통과(암모니아 냉매의 경우임) → 방출

(2) 암스트롱형(Amstrong type) 가스 퍼지

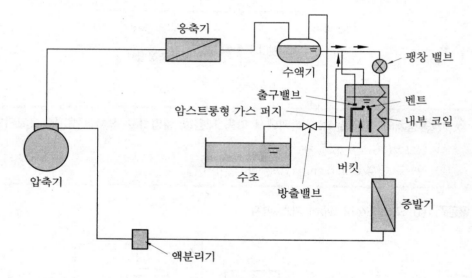

① 이 방식은 요크형(York type) 가스 퍼지 대비 다소 복잡한 형태로, 가스 퍼지 내부에 버킷트랩 등의 부침 소재를 설치하여 버킷의 부침을 통하여 액냉매의 생성과 흐름을 제어하는 방식이다. 즉, 압축기의 운전에 의해 응축기를 통과한 냉매 중 응축이 안 된 냉매 및 불응축 가스가 부력에 의해 수액기 상부에 모여 암스트롱형(Amstrong type) 가스 퍼지의 버킷 내부로 들어가며 여기서 부력에 의해 버킷은 떠서 출구밸브를 막아서 내부 압력이 상승하고, 내부 코일의 냉각작용 등에 의해 빠르게 액화가 이루어지게 되고, 불응축 가스는 벤트를 통해 버킷을 빠져나가 수조로 배출하는 방식의 가스 퍼지이다.

② 암모니아를 냉동 시스템의 냉매로 쓰는 경우에는 암모니아가 강한 독성을 가지고 있고, 반면에 물에 잘 녹는다는 점을 이용하여 수조를 통해 배출하지만, 기타 비독성 냉매를 사용하는 경우에는 수조를 생략할 수도 있다.

③ 불응축 가스는 수조측으로 배출하는 방식은 그림에서처럼 방출밸브를 열어서 방출할 수도 있지만, 암스트롱형 가스 퍼지 내부에 간단한 플로트밸브 등을 설치하는 경우도 있다.

④ 장치흐름도 : 압축기의 운전에 의해 응축기를 통과한 냉매 중 응축이 안 된 냉매 및 불응축 가스가 수액기 상부에 모여 암스트롱형(Amstrong type) 가스 퍼지의 버킷 내부로 들어감 → 부력에 의해 버킷은 뜨게 됨 → 버킷은 출구밸브를 막아 버킷 내부는 압력이 상승함 → 내부 코일에 의해 버킷 내부는 차가워지고 빠르게 버킷 내부의 냉매는 액화가 이루어짐 → 불응축 가스는 벤트를 통해 버킷을 빠져나가고 수조로 들어감(암모니아 냉매의 경우) → 방출 → (연속 동작)

【제 4 교시】

1. 실내공기질 개선을 위한 항균 기술의 종류와 특징을 설명하시오.

정답 (1) 개요

① 공기 중 미생물의 양을 제어하는 항균(Antimicrobial) 기술에는 정균(Static effect)과 살균(Sterilization)이 있다.

② 정균(Static effect)은 미생물 자체를 죽이는 것보다는 이들이 번식하지 못하도록 생명 활동을 정지시킨다는 의미이며, 살균(Sterilization)은 미생물 자체를 죽이는 것을 의미한다.

③ 또한 최근 연구개발 동향은 바이오에어로졸이라는 하나의 오염물질 저감에서 벗어나 입자상의 물질, 가스성 물질 등을 포함한 여러 오염물질을 동시에 저감하는 기술에 대한 연구가 많이 이루어지고 있는 추세이다.

④ 기체상 오염물질을 처리하기 위해서 표면에 많은 미세기공(micropores)이 존재하여 뛰어난 흡착 특성을 보이는 활성탄소계 섬유(ACF : activated carbon fiber) 필터를 주로 사용해야 한다. 이때 세균 등의 바이오에어로졸은 ACF 필터와 친화적이라서 ACF 필터에 부착 및 번식하여 오히려 ACF 필터를 오염시킬 수도 있다.

⑤ 이렇게 오염된 ACF 필터는 오히려 바이오에어로졸의 발생원으로 작용할 수 있기 때문에, ACF 필터를 공조 시스템에 적용하기 위해서는 이에 대한 항균 처리 등이 필수적이라고 하겠다.

(2) 항균 기술의 종류별 특징

① 자외선(UV, ultraviolet) 이용 항균기술

(가) 자외선(UV)은 눈에 보이지 않는 파장이며, 매우 큰 에너지를 함유하고 가시광선의 파장과 거의 유사한 상태이나 살균력이 높은 매우 짧은 파장을 이용하여 미생물을 살균하는 방식이다.

(나) 자외선을 이용한 살균 방법은 미생물의 주요 성분인 단백질, 핵산 등에 자외선을 조사하여 미생물의 생명활동을 하지 못하게 하거나 파괴하는 방식이다.

② 필터 이용 항균기술

㉮ 공기 중에 입자상으로 부유하는 바이오에어로졸 등을 필터를 이용해 분리한 후 제거하는 기술이다.

㉯ 미생물의 경우에는 필터에서 번식이 가능하여 세균 등의 발생원으로 작용할 수 있기 때문에 필터에 대한 항균 처리가 필수이다. 이 방식은 주로 필터 표면에 다양한 항균 물질을 코팅하는 방법으로 이루어진다.

㉰ 필터의 양면에 플라스마를 발생시킬 수 있는 시스템을 설치하여 필터에 여과된 미생물을 살균하는 방식도 있다.

㉱ 은나노 입자를 필터에 통과시켜 필터에 여과된 미생물을 살균하는 기술 등의 방법도 적용되어지고 있다.

③ 광촉매산화(PCO, Photocatalytic oxidation)

㉮ 이 기술은 빛(자외선, 가시광선 등)이 입사되면 화학반응이 촉진되는 물질인 광촉매를 이용하여 산화반응을 촉진시키는 기술이다.

㉯ 예로서 3.2eV에서 띠 간격 에너지를 갖는 광촉매 반도체인 산화티타늄(TiO_2)을 들 수 있다. TiO_2에 의한 효과는 빛이 385nm 이하인 파장에서는 에너지 초과로 전자가 활성화되면서 기류 내 존재하는 유기물과 흡착 반응을 일으켜 유해물질을 제거하는 현상을 보인다.

㉰ 산화티타늄의 유해물질을 산화 분해하는 기능을 이용하여 환경을 정화(환경오염을 제거하고 항균, 탈취하는 등의 효과)하는데 이용하거나, 초친수성 성질 및 기능(표면이 젖어도 물방울을 크게 만들지 않고 엷은 막을 만들어 낼 수 있는 특성)을 응용하여 셀프 크리닝 효과가 있는 유리, 타일, 고효율 열교환기 제품 등 다양한 제품에 적용할 수 있다.

④ 공기 오존화(air ozonation)

㉮ 이 기술은 기류와 터뷸레이터(turbulator) 등에 오존을 주입하거나 혼합하여 미생물을 포함한 모든 유기화합물질의 양을 제어하는 기술이다.

㉯ 오존은 염소보다 약 3600배 이상의 살균 속도와 7배에 달하는 살균력을 가지고 있다고 알려져 있다.

㉰ 모든 균들과 일반 살균제로 죽지 않는 바이러스 조차도 세포막을 파괴시키는 완벽한 방식으로 사멸시킨다.

㉱ 오존은 불소와 OH radical(OH 라디칼 : 수산기) 다음으로 높은 전위차(2.07V)를 가지기 때문에 백금과 은을 제외한 모든 중금속들과 최근 새집증후군, 빌딩증후군 등으로 문제가 크게 되고 있는 각종 미생물 및 유기화합물을 산소로 환원되는 과정에서 제거할 수 있다.

㉲ 일반적으로 공기의 오존화 방식은 성능에 관계없이 오존의 잔류 문제로 또 다른 오염에 대하여 논란되어 왔으나, 오존은 산소 이외의 유해한 2차 부산물이 전혀 남지 않으므로 잔류 물질에 의한 유해성 논란이 거의 없다.

(바) 오존 자체의 인체 유해성에 대한 희비가 있지만 진균에 대한 살균효과가 매우 커서 앞으로도 더 널리 응용될 것으로 예상된다.

⑤ 화학 살생제(chemical biocide) 이용 기술

(가) 화학 살생제(chemical biocide) 이용 기술은 일상에 적용범위가 매우 넓고 부작용이 적은 항균 물질을 개발하고, 그 효과에 시너지를 증대시키기 위해 여러 가지 다른 물질과 혼합시켜 사용하는 기술로서, 제품 용도에 따라 폭넓게 활용될 수 있다는 장점을 지니고 있다.

(나) 보통 필터에 활용할 경우에는 코팅제로 적용하거나 또는 필터 재질에 섞어서 적용하는 방식으로 사용된다.

(다) 실내에서 주로 사용하는 카펫, 섬유류, 종이, 이불, 싱크대, 세면대, 변기, 세탁기, 가습기, 세면도구류 등 여러 생활 소재 제품 등에 광범위하게 적용되어질 수 있다.

⑥ 고온 멸균법

(가) 이 방식은 액체나 고체 상태의 미생물, 바이오에어로졸 등을 고온으로 가열하여 멸균시키는 방법으로서 매우 오래 전부터 사용되어온 방식이다.

(나) 이 방법은 고온 조건을 만들기 위해 에너지가 소비되는 단점이 있지만, 주위 환경에 미치는 부작용이 거의 없는 장점이 있다.

(다) 제약 및 의료시설에서 무균 공간을 유지하거나, 바이오하자드 시설이나 안전 캐비닛의 배기처리용으로 고성능 에어필터(HEPA filter)를 사용하여 부유 미생물을 제거하고 있다. 그런데 일반 고성능 에어필터 여재는 항균 효과가 거의 없으므로, 여과된 부유 미생물이 여재 표면에서 사멸되지 않고 존재할 가능성이 매우 높고, 필터 교환 시 재비산되어 실내를 오염시킬 우려가 있다.

(라) 일반적으로 물리적 살균방법인 열살균(고온 멸균법)은 먼지의 유무나 미생물의 종에 무관하게 여재 전체를 살균할 수 있는 장점이 있다.

(마) 열살균 중 습열멸균법은 증기를 사용하므로 결로에 의한 여재의 손상이나 주위의 부식이 우려된다. 건열멸균법의 경우는 여재에 열풍을 통과시키는 방법이므로 열 이용 효율이 나빠질 수 있고, 여재를 통과한 공기가 실내로 유입될 수 있으므로 실내 온도를 상승시키는 문제가 있다.

⑦ 금속 나노입자 이용 항균기술

(가) 기체상 오염물질과 바이오에어로졸을 동시에 저감하기 위하여 ACF 필터에 금속 나노입자를 무전해도금하여 이용할 수 있다.

(나) 금속 나노입자 이용 기술에는 오래 전부터 항균력이 뛰어나다고 알려져 있으며 다른 물질에 비해 경제적인 은 및 구리 나노입자를 많이 이용하는 편이다.

(다) 구리 나노입자와 은 나노입자에 대한 민감도(susceptibility)와 유의미한 항균을 위한 나노입자의 필요 농도 등에 대한 추가 연구가 필요하다.

⑧ 초음파 이용 항균기술

   ㉮ 초음파가 물을 미립화시키는 원리를 이용하여 물을 함유한 미생물의 세포, 구성 유기물, 단백질, 핵산 등을 미립화시켜 사멸하는 방법이다.

   ㉯ 초음속 노즐 방식 : 공기를 초음파 발생장치의 노즐을 통과하게 하여 출구에서 충격 파장이 발생하도록 하는 방법이다. 이때 발생된 충격파장에 의해 공기 중 바이오에어로졸이 미립화되며, 이를 위해 팬과 펌프의 파워를 증대시키는 기술이 요구된다.

   ㉰ 음속 방식 : 일정한 충격파를 발생시키는 장치로서 덕트 내부 공간에 장착하여 통과하는 기류에 존재하는 바이오에어로졸을 미립화시켜 살균할 수 있는 방법이다. 또한 덕트의 내부 및 외부에 음파를 환충하는 유닛 개발 기술이 요구된다.

(3) 결론

① 현재 기존 항균기술의 확대 또는 다른 기술과 접목을 통하여 항균 기능을 확대시키려는 연구가 지속적으로 이루어지고 있다.

② 특히 코로나19 등 초유의 전염병으로 인하여 바이러스, 세균 등에 대한 민감도가 사회적으로 크게 증가하고 있으며, 이러한 문제점을 해결한 공조기, 공기청정기, 기타 생활제품 등에 대한 요구도 매우 큰 실정이다.

③ 항균 기술을 공조설비(HVAC : heating, ventilation, and airconditioning) 시스템에 접목하는 기술 측면에서는 자외선 발생 장치를 공조기, 팬코일 유닛 등 공조장치 내에 설치하여 곰팡이 및 대기 중 유해 미생물을 제어하는 기술 등은 현재 지속적으로 개발 및 적용되어지고 있는 기술이다.

④ 특히 코로나19라는 비상한 시대를 맞이하여 앞으로는 에너지 손실 저감형 항균장치와 친환경 및 고효율 항균장치 등 고성능 항균장치가 사회적으로 보다 더 요구되어지고 있고, 이러한 기술에 대한 연구가 지속적으로 이루어지고 있으며, 또한 그 기술의 발전도 더욱 가속화되어질 것으로 예상된다.

---

2. **다음에 대하여 설명하시오.**
  (1) 증기트랩의 종류
  (2) 증기트랩의 종류별 개념도와 특징

정답 **(1) 증기트랩의 종류**

① 증기트랩(steam trap)은 플래시 탱크(증발 탱크), 방열기 출구, 관말 등에서 증기와 응축수를 분리해내어 증기를 이용한 열교환장치 등의 가열작용을 지속적으로 유지할 수 있게 하는 중요 기구이다.

② 증기트랩의 종류

　㉮ 버킷 트랩(Bucket Trap)

　　㉮ 상향식 버킷 트랩

　　㉯ 하향식 버킷 트랩

　㉯ 볼탑 트랩(Ball-top Trap, Float Trap)

　㉰ 벨로스식 트랩(Bellows type)

　㉱ 바이메탈식 트랩(Bimetal type)

　㉲ 열역학적 트랩(thermodynamic trap, 충격형 트랩)

(2) 증기트랩의 종류별 개념도와 특징

① 기계식 트랩 : 증기와 응축수의 비중차 이용

　㉮ 버킷 트랩(Bucket Trap)

　　㉮ 밀도차에 의한 부력을 이용하여 증기와 응축수를 분리한다.

　　㉯ 버킷의 부침(浮沈)에 의하여 배수밸브를 자동적으로 개폐하는 형식

　　㉰ 응축수는 증기압력에 의하여 배출된다.

　　㉱ 이 트랩은 대체로 감도가 둔한 결점을 갖고 있다.

　　㉲ 상향 버킷형과 하향 버킷형으로 세분되며 주로 고압증기의 관말트랩이나 증기
탕비기 등으로 많이 사용된다.

　　㉳ 상향 버킷형은 구조가 간단하고, 넓은 압력범위에 사용될 수 있다. 증기 혹은
에어가 버킷의 상부로 유입되면 밸브는 열리고, 버킷 내부가 응축수로 채워지게
되면 버킷은 자중에 의해 가라앉게 되어 밸브가 열리어 응축수가 배출된다.

　　㉴ 하향 버킷형은 증기 혹은 에어가 버킷의 하부로 유입되면 부력이 생성되어 떠
오르게 되며, 이 위치에서 버킷은 밸브를 닫게 된다. 버킷의 상부에는 일정량의
기체를 배출시키기 위하여 설치된 벤트 홀(공기구멍)이 있다. 이 벤트 홀을 통
하여 기체가 배출되면 내부는 응축수로 채워지게 되며, 이로 인하여 부력이 상
실되어 밸브가 열리어 응축수가 배출된다.

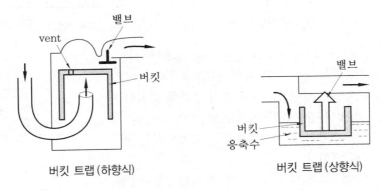

버킷 트랩 (하향식)　　　　버킷 트랩 (상향식)

　㉯ 볼탑 트랩(Ball-top Trap, Float Trap)

　　㉮ 응축수위를 Ball-top이 뜨는 원리를 이용하여 증기와 응축수를 분리한다.

㉯ 저압 증기용 기기의 부속트랩으로 주로 사용된다.

㉰ 트랩 내의 응축수 수위의 변동에 따라 부자(float)를 상하로 움직이게 하는 방식

㉱ 부자(float)를 움직임에 따라 배수밸브를 자동적으로 개폐하는 형식

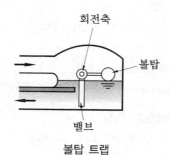

회전축 · 볼탑 · 밸브

볼탑 트랩

② 열동식 트랩((thermostatic trap, 온도식) : 증기와 응축수의 온도차 이용

　㉮ 벨로스식 트랩(Bellows type) : 방열기 등에 이용

　　㉮ 휘발성 액체가 봉입된 금속제의 벨로스를 내장한 트랩

　　㉯ 소형이고 공기배출이 용이하여 많이 사용되고 있다.

　　㉰ 트랩 내의 온도변화에 의하여 벨로스를 신축시켜 배수밸브를 자동적으로 개폐
하는 형식이다.

　㉯ 바이메탈식 트랩(Bimetal type)

　　㉮ 요즘 많이 이용(Tracing Line 등)

　　㉯ 과열증기에 사용이 불가하고, 개폐밸브의 온도차가 크다.

　　㉰ 사용 중에 바이메탈의 특성이 변화될 수 있다.

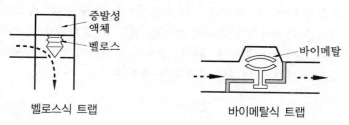

증발성 액체 · 벨로스 　　　　　　바이메탈

벨로스식 트랩　　　　　　　　　바이메탈식 트랩

③ 열역학적 트랩(thermodynamic trap, 충격형 트랩)

　㉮ 증기와 응축수의 유체 운동 에너지차 이용

　㉯ 트랩의 입구측과 출구측의 중간에 설치한 변
압실의 압력변화 및 증기와 응축수의 밀도차
를 이용하여 배수밸브를 자동개폐하는 형식
의 것이다.

　㉰ 디스크형(Disc type)과 오리피스형(orifice
type)이 있다.

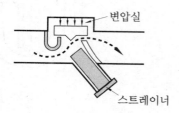

변압실 · 스트레이너

열역학적 트랩(디스크형)

3. 건물의 에너지절약을 위한 폐열회수 방식을 분류하고 런 어라운드 방식과 증발냉각 방식을 설명하시오.

정답 (1) 건물의 에너지절약을 위한 폐열회수 방식

① 직접 이용방법
  (가) 혼합공기 이용법 : 천장 내 유인 유닛(천장 FCU, 천장 IDU) : 조명열을 2차 공기로 유인하여 난방 혹은 재열에 사용하는 방법
  (나) 배기열 냉각탑 이용방법 : 냉각탑에 냉방시의 실내 배열을 이용(여름철의 냉방 배열을 냉각탑 흡입공기측으로 유도 활용)

② 간접 이용방법
  (가) Run Around 열교환기 방식 : 배기측 및 외기측에 코일을 설치하여 부동액을 순환시켜 배기의 열을 회수하는 방식, 즉 배기의 열을 회수하여 도입 외기측으로 전달한다. (다음 그림 참조)
  (나) 열교환 이용법
    ㉮ 전열교환기, 현열교환기 : 외기와 배기의 열교환(공기 : 공기 열교환)
    ㉯ Heat Pipe : 히트파이프의 열전달 효율을 이용한 배열 회수
  (다) 수랭 조명기구 : 조명열을 회수하여 히트펌프의 열원, 외기의 예열 등에 사용한다 (Chilled Beam System이라고도 함).
  (라) 증발냉각
    ㉮ 증발냉각은 증발을 위해 물이 상대적으로 많은 양의 열을 흡수한다는 사실에 기초한 기술이며, 특히 건조한 기후에서 증발식 공기 냉각은 건물 거주자들의 편안함을 위해 더 많은 수분을 주는 이점도 동시에 제공한다.
    ㉯ Air Washer를 이용하여 열교환된 냉수를 FCU 등에 공급하는 방식으로도 이용 가능하다.

③ 승온 이용방법
  (가) 2중 응축기(응축부 Double bundle) : 병렬로 설치된 응축기 및 축열조를 이용하여 재열 혹은 난방을 실시한다.
  (나) 응축기 재열 : 항온항습기의 응축기 열을 재열 등에 사용
  (다) 소형 열펌프 : 소형 열펌프를 여러 개 병렬로 설치하여 냉방 흡수열을 난방에 활용 가능
  (라) Cascade 방식 : 열펌프 2대를 직렬로 조합하여 저온측 히트펌프의 응축기를 고온측 히트펌프의 증발기로 열전달시켜, 저온 외기 상황에서도 난방 혹은 급탕용 온수(50~60℃)를 취득 가능

④ TES(Total Energy System) : 종합 효율을 도모(이용)하는 방식
  (가) 증기 보일러(또는 지역난방 이용)+흡수식 냉동기(냉방)
  (나) 응축수 회수탱크에서 재증발 증기 이용 등
  (다) 열병합 발전 : 가스터빈+배열 보일러 등

(2) 런 어라운드 방식

① 공조장치 등에서 배기덕트 등을 통해 외부로 버려지는 공기가 함유한 열을 회수하여 외기 도입부측에 열교환시켜 그 열을 재활용하는 장치 방식이다. 즉, 배기의 열을 회수하여 도입 외기측으로 전달하는 방식이다.

② 보통 다음 그림과 같이 배기측 및 외기 도입부 측에 코일을 설치하여 물, 부동액 등의 열교환 매체를 순환시켜 열교환을 이룬다.

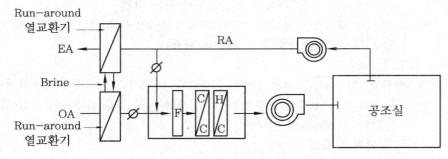

Run Around 방식

(3) 증발냉각 방식

① 증발냉각 방식(evaporative cooler, swamp cooler, swamp box, desert cooler, wet air cooler)은 물의 증발을 통해 공기를 시원하게 하는 장치이다.

② 증발식 냉각은 증발을 위해 물이 상대적으로 많은 양의 열을 흡수한다는 사실(즉, 큰 기화열이 있음)에 기초한 기술이다.

③ 건조한 공기의 온도는 액체 물이 수증기로 상변화가 이루어짐에 따라 상당히 떨어질 수 있다. 이로써 냉각보다 훨씬 에너지를 덜 쓰고도 공기를 차갑게 할 수 있다. 극히 건조한 기후에서 증발식 공기 냉각은 건물 거주자들의 편안함을 위해 더 많은 수분을 주는 이점도 동시에 제공한다.

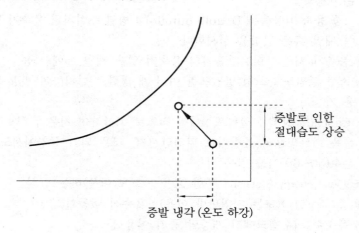

습공기 선도 (증발 냉각)

---

4. 기후변화 협약에 대하여 다음 사항을 설명하시오.

　(1) 리우데자네이루 환경회의　　　　　(2) 교토의정서

　(3) 파리협정　　　　　　　　　　　　(4) 키갈리개정서

정답 **(1) 리우데자네이루 환경회의**

　① 리우데자네이루 환경회의는 리우회의(Rio Summit)라고도 부르며, '기후변화에 관한
　　유엔기본협약(United Nations Framework Convention on Climate Change)'의
　　기초가 된 회의이다.

　② 지구온난화 문제는 1979년 G.우델과 G.맥도날드 등의 과학자들이 지구온난화를 경
　　고한 뒤 논의가 계속되었는데, 1992년 6월 브라질 리우데자네이루에서 열린 환경회
　　의 이후 정식으로 '기후변화협약'이 국제적으로 체결된 것이다.

　③ 이 회의를 기점으로 지구온난화에 대한 범지구적 대책 마련과 각국의 능력, 사회,
　　경제 여건에 따른 온실가스 배출 감축 의무를 부여하였으며, 우리나라는 1993년 12
　　월에 47번째로 UN 기후변화협약(UNFCCC)에 가입하였다.

　④ 당시 전 세계 185개국 정부 대표단과 114개국 정상 및 정부 수반들이 참여하여 지
　　구 환경 보전 문제를 본격 논의한 회의이다. 이 회의의 정식 명칭은 환경 및 개발에
　　관한 유엔 회의(UNCED : United Nations Conference on Environment and
　　Development)이다.

(2) 교토의정서

　① 교토의정서는 1997년 12월에 열린 제3차 기후변화협약 당사국 총회(COP3)의 결의
　　사항이며, 브라질 리우 유엔환경회의에서 채택된 기후변화협약을 이행하기 위한 국
　　가 간 이행합의서(선언문)라고 할 수 있다.

　② 이 협약은 일본 교토에서 개최되었으며, 이산화탄소(CO_2), 메탄(CH_4), 아산화질소
　　(N_2O), HFCs, SF_6, PFCs 등 6종을 온실가스로 명확히 지정한 회의이기도 하다. 이
　　때 처음으로 온실가스 감축계획과 국가별 목표 수치가 정량적으로 제시된 것이다.

　③ 이 협약의 한계로서는 회의가 38개 선진국 간의 감축 의무에 대한 합의에 불과하여
　　개발도상국, 저개발국 등은 포함되지 못하였다. 즉, 지구온난화 문제는 전 지구적인
　　문제인데도 의무 합의국은 38개국에 불과했던 것이다.

　④ 이때 우리나라와 멕시코 등은 개발도상국으로 분류되어 감축의 의무가 면제된 바
　　있다.

　⑤ 선진국들의 온실가스 감축의 정량적 목표 : 1990년 대비 평균 5.2% 의무 감축을 약
　　속하였다.

(3) 파리협정

　① 파리협정은 제21차 기후변화협약 당사국 총회(COP21)로서, 2015년 11월 프랑스
　　파리에서 개최되었다.

② 파리협정서는 무엇보다 선진국만의 의무가 있었던 교토의정서 등 이전의 협약과는 달리 195개 선진국과 개발도상국 모두 참여해 체결했다는 것이 가장 큰 특징이라고 할 수 있다.

③ 파리협정 주요 합의 내용

   ⑦ 이번 세기말(2100년)까지 지구 평균온도의 상승폭을 산업화 이전 대비 1.5℃ 이하로 제한하기 위해 노력한다.

   ⑭ 5년마다 탄소 감축 약속 검토(법적 구속력) : 각국은 2018년부터 5년마다 탄소 감축 약속을 잘 지키는지 검토를 받아야 한다.

   ⑮ 이 협정의 첫 의무 검토는 2023년도에 이루어질 계획이다.

   ⑯ 이 협정은 지구온난화의 문제가 지구 전체적 문제이니 만큼, 선진국 및 개발도상국 등 지구상 대부분의 나라가 참석하였고, 또한 의무적 감축 목표를 주기적으로 검토받아야 한다는 점이 무엇보다 획기적으로 진전된 것으로 평가되어진다.

(4) 키갈리개정서

① 2016년 10월 몬트리올의정서(1987년 9월 채택)의 키갈리개정서 채택(2019.1.1. 발효)

② 신규 규제대상 물질(HFCs) 추가 및 감축 일정을 마련한 회의이다.

③ 의의 : 몬트리올의정서 제28차 당사국회의(르완다 수도 키갈리)에서 HFC의 소비량을 단계적으로 줄이는 것으로 197개국이 의정서 개정에 합의함.

④ 당초 몬트리올의정서는 오존층을 파괴하는 물질에 대응하기 위해 염화불화탄소(CFC, 프레온 가스) 및 기타 불소화 가스로부터 지구 대기에 대한 최초의 위협을 상당히 해결하는 데 성공했다. 그러나 오존층을 파괴뿐만 아니라 지구온난화 방지를 위해 추가적인 조치가 요구되었고, 이 논의의 대상은 주로 대체냉매라고 부르고 있으면서도 지구온난화지수가 상당히 높은 냉매인 HFC의 활용을 단계적으로 낮추자는 데 초점이 맞추어져 왔다. 이에 2016년 10월 르완다키갈리개정안(Kigali Amendment)이 도입된 것이다.

⑤ HFC는 오존층에 직접적인 영향을 미치지 않지만, 강력한 온실가스 중 하나이다. 이러한 HFC 사용을 전세계적으로 단계적으로 낮추어 나가야 세기말 최대의 지구온난화를 피할 수 있는 것이다.

⑥ 주요 합의내용

   ⑦ HFC 18종을 규제대상으로 정하고 선진국과 개발도상국을 구분해 최장 2047년까지 80~85% 감축 합의

   ⑭ 우리나라는 개발도상국 그룹 1에 포함되어 2024년부터 동결에 들어가야 하며, 2045년까지 80% 이상을 감축하여야 한다.

   ⑮ 고온 지역(10년 연속, 연간 2개월 이상, 평균 기온이 35도 이상) 국가 총 34개국은 특정 부문에서 대체물질이 존재하지 않는 경우에 한하여 개정서상 합의된 동결년도 또는 1단계 감축 일정을 4년간 지연 가능

   ⑯ 당사국은 사무국에 매년 HFC 생산·소비량 데이터를 보고, 이행위원회에서 감축의무 준수 여부를 검토 받아야 한다.

5. 밀폐형 지열이용의 열교환 방식 4가지 종류를 쓰고 각각의 개념 및 장단점에 대하여 설명하시오.

정답 **(1) 개요**

① 지열에너지란 토양·암반·지하수·지표수 등이 지구 내부의 방사성 동위원소들의 붕괴로 인하여 생성된 마그마에 의해 보유한 열 혹은 에너지로 정의될 수 있다.

② 지열에너지는 온도를 기준으로 중·저온(약 10~100℃) 지열에너지와 고온(약 100℃ 이상) 지열에너지로 구분될 수 있다.

③ 에너지의 저장 깊이를 기준으로 지표면으로부터 약 100~500m에 저장된 천부지열 (shallow geothermal energy)과 500m에서 지하 수km까지 부존하는 심부지열 (deep geothermal energy)로 구분될 수 있다.

④ 일반적으로 지각 내부의 온도는 지하 25m까지는 지표 온도의 영향을 받아 계절별로 변동을 하고, 25m~200m까지는 약 15℃로 거의 일정하고, 그 이하는 100m씩 깊어질 때마다 대략 2.5℃씩 증가한다.

⑤ 지형과 지역에 따라 다소 차이가 있겠지만, 천부지열은 대략 15~22℃, 심부지열은 대략 22~400℃의 온도 범위에 있으므로 직접적인 냉·난방, 전력생산, 히트펌프 (HP : heat pump)를 통한 냉·난방, 제조용 열 등의 여러 가지 형태로 이용될 수 있다.

⑥ 지열 에너지는 재생 불가능 에너지로도 분류되지만 지구 자체가 보유하고 있는 에너지이므로 잠재력이 거의 무한한 에너지라고도 할 수 있다.

⑦ 천부지열은 주로 지열히트펌프의 열원으로 활용하여 건축물의 냉난방 혹은 온수나 급탕 시스템에 가장 많이 활용되는 편이다.

(2) 밀폐형 지열 이용의 열교환 방식(4가지)의 종류별 개념 및 장단점

① 수직 밀폐형 지열히트펌프 시스템(Vertical Closed Loop System)

   (가) 굴착 대상지가 암반 등으로 구성되어 있고 주변에 미관 유지를 위해 최소한의 미관훼손과 교란만을 허용하는 지역이거나 비교적 대용량의 냉방, 난방, 급탕 에너지를 요구하는 곳(주로 대형건물)에 적합한 방식이다.

   (나) 보통 평균 100~200m의 수직 방향의 천공(Bore hole)을 건물의 하부나 인근 부지에 굴착한다. 그다음 2개의 HDPE관을 U-bend로 연결한 후 굴착공(보어 홀) 내에 삽입하여 설치한다. 이렇게 폐회로의 파이프를 설치한 공(Bore hole)은 적절한 물질로 되채움이 되거나 그라우팅이 실시되어져야 한다. 이와 같이 수직으로 설치한 HDPE관을 지표 밑 1.5m 정도에 매설한 상부 연결관(Header Pipe)과 서로 연결한다. 이들 HDPE관의 수직 및 수평 폐회로는 순환수로 충진시키고 이들 순환수가 지중을 순환하면서 땅속의 열을 지열히트펌프에 이송 및 전달할 수 있도록 한다.

   (다) 다음 그림의 왼쪽은 직렬 연결타입(Serial type)이고, 오른쪽은 병렬 연결타입

(Parallel type)인데, 지중 순환 열매체의 지나친 압력손실 방지, 공기빼기의 용이성, 관리의 용이성 등으로 인하여 주로 병렬 연결타입 위주로 시공이 이루어진다.

㈑ 장점

㉮ 설치 깊이가 깊어서 동절기에 따뜻하고 하절기에 비교적 시원한 편이다.

㉯ 폐회로의 필요 설치 길이가 수평식보다 짧아진다.

㉰ 수직 깊숙이 굴착할 수 있으므로 필요 굴착 면적은 매우 작아진다.

㈒ 단점

㉮ 일반적으로 수직 폐회로는 지하 깊숙이 굴착을 하여야 하므로 설치비 측면에서는 수평 폐회로에 비해 비싼 편이다.

㉯ 지하수, 토양, 지하암반의 종류 등 지중 물질의 물성, 환경 등에 영향을 많이 받을 수 있다.

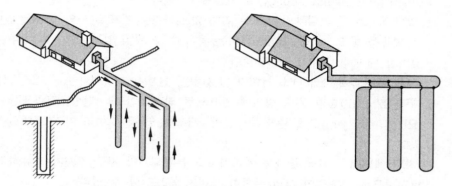

수직 밀폐형 지열히트펌프 시스템(Left : 직렬 연결타입 , Right : 병렬 연결타입)

② 수평 밀폐형 지열히트펌프 시스템(Horizontal Closed Loop System)

㈎ 다음 그림에서 보듯이 이 시스템은 지표 근처의 천부 지중열을 이용하는 시스템이다. 이 기법에서는 열에너지원으로 지하수를 사용하는 대신 지표열을 보유하고 있는 지중에 주로 HDPE 파이프 혹은 PB 파이프로 이루어진 폐회로를 설치하고 이들 폐회로 내부에 물이나 부동액이 혼합된 순환수가 순환하도록 하여 액체가 땅속의 지열을 흡수 혹은 방열하도록 하는 방법이다.

㈏ 특히 이 방식은 폐회로를 부설할 수 있는 충분한 설치공간이 있고 굴착대상 지역의 토양이 굴착하기에 비교적 용이한 곳에서 가장 많이 설치할 수 있는 지열히트펌프 시스템 방식으로서 대체적으로 소량의 냉방, 난방, 급탕 에너지가 필요한 소규모 빌딩이나 가정용 건물 등에 주로 설치하는 방식이다.

㈐ 굴착 깊이는 통상 1~3m 규모이며, 굴착부위의 지면에 수평방향으로 HDPE관 등을 부설한다. 냉·난방 용량 1RT당 필요한 HDPE관의 부설 필요길이는 통상 120~180m 수준이고, 제한된 굴착 공간 내에 HDPE관을 보다 많이 설치하기 위해서 환형(Slinky ; 코일 형태)으로 감아서 부설하기도 한다.

㈔ 최근에는 수평 착정기가 많이 개발되어 설치지점의 미관을 크게 해치지 않고 폐회로의 형태로 설치할 수 있는 방법이 많이 적용되어진다. 수평 착정법을 적용할 수 있을 경우 기존 건물이나 주차장 등의 하부에도 폐회로를 설치할 수 있다. 이러한 형태의 시스템을 설치할 때에는 지열히트펌프가 필요로 하는 충분한 양의 열을 전달 및 흡수할 수 있도록 충분한 길이의 폐회로를 매설해야 하는 것이 중요하다.

㈕ 예를 들면 난방운전 시 지열히트펌프의 열교환기 코일 내에서 순환수가 순환할 때 지열히트펌프의 냉매에 의해 수온은 약 2~5℃ 하강한다. 따라서 폐회로의 설치 필요 길이는 사용한 순환수가 손실한 열량만큼 땅속으로부터 열을 다시 흡수할 수 있도록 충분하게 설치해야 한다.

㈖ 그림의 왼쪽은 Multi-Layer type(Parallel)의 일례이고, 오른쪽은 Single Layer type(Serial type)의 일례인데, 지중 굴착 공간의 절약, 지중 순환 열매체의 압력손실 방지, 관리의 용이성 등으로 인하여 주로 Multi-Layer type 위주로 시공이 이루어진다.

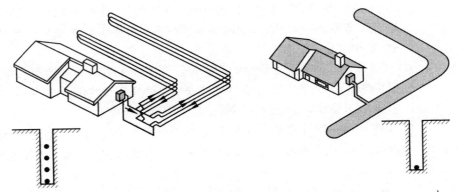

수평 밀폐형 지열히트펌프 시스템(Left : Multi-Layer type , Right : Single Layer type)

㈗ 또한, 그림의 수평 밀폐형 지열히트펌프 시스템(Horizontal slinky coil type) 은 지열 굴착량을 최대한 줄여서(좁은 공간에 많은 길이의 지열 코일 매설) 비교적 용이하게 지중열교환기를 설치하기 위한 방법이다.

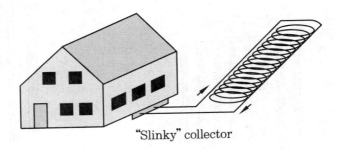

"Slinky" collector

수평 밀폐형 지열히트펌프 시스템(Horizontal slinky coil type)

(아) 장점

　㉮ 수직 밀폐형 대비 비교적 설치 난이도가 낮은 편이다.

　㉯ 굴착 깊이가 얕기 때문에 비교적 짧은 기간 내에 시공이 가능하다.

　㉰ 수평으로 매설하는 열교환 파이프 등이 고장이나 누설 시 비교적 용이하게 찾아내어 수리가 가능하다.

(자) 단점

　㉮ 수직 밀폐형 대비 비교적 긴 폐회로를 부설할 수 있는 충분한 설치공간이 확보되어 있어야 한다.

　㉯ 굴착대상 지역의 토양이 암반이나 자갈 등이 적어 굴착하기에 비교적 용이한 곳이어야 한다.

　㉰ 소량의 냉방, 난방, 급탕 에너지가 필요한 소규모 빌딩이나 가정용 건물 등에 한정하여 주로 설치하는 방식이다.

③ 에너지 파일형 밀폐 지열히트펌프 시스템

　(가) 다음 그림에서와 같이 이 방식은 기존 건설공사에서 사용되는 구조물을 지중열교환기로 활용하는 방식으로 지중열교환기를 설치하기 위해 별도의 굴착이 필요 없는 방식이다.

　(나) 에너지 파일형에는 건물이나 교량 등을 지탱하기 위해 땅속에 설치하는 구조물인 말뚝(파일)을 이용하여 말뚝 내에 지중열교환기를 설치하는 방식이나 건물의 바닥 기초에 지중열교환기를 설치하는 방식이 대표적이다.

　(다) 특히 우리나라의 경우 아파트와 같은 대규모 고층 건축물이 많고 이에 따라 많은 말뚝(파일)이 사용되고 있으므로 말뚝형 지중열교환기의 활용성을 높일 수 있다.

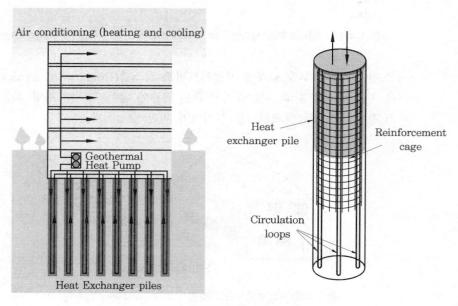

에너지 파일형 밀폐 지열히트펌프 시스템

㈐ 장점

  ㉮ 지중열교환기를 설치하기 위한 별도의 굴착비가 필요 없으므로 시공비가 저렴한 편이다.

  ㉯ 기존의 말뚝에 지중열교환기를 설치하므로 설치가 단순하며, 공사기간이 단축되어질 수 있다.

  ㉰ 굴착 및 시공을 신뢰성 있게 수행할 수 있다.

  ㉱ 건축용 말뚝이나 기초 등을 지중열교환장치로 그대로 활용할 수 있다.

  ㉲ 수직 밀폐형 대비 비교적 설치 난이도가 낮은 편이다.

㈑ 단점

  ㉮ 건축공사의 규모나 방식에 그대로 연계되므로, 설치심도나 개수를 마음대로 조절할 수 없다.

  ㉯ 일반적으로는 에너지 파일을 통해 얻을 수 있는 지열 용량이 적은 편이어서 건물 필요 지열용량의 확보가 어려운 편이다.

  ㉰ 건축공사 및 토목공사와 공사가 겹쳐 시공이 복잡할 수 있어서 아직 적용이 활성화되지는 못하고 있다.

④ 연못 폐회로형 지열히트펌프 시스템(Pond Loop System)

  ㈎ 다음 그림에서와 같이 이 방식은 자연연못, 인공연못, 호수, 저수지, 원수 등을 냉열원과 온열원으로 활용한다.

  ㈏ 일반적인 폐쇄형 지표수 시스템으로써 나선(spiral) 형상의 열교환기를 연못 등의 하부에 설치하는 방식이다.

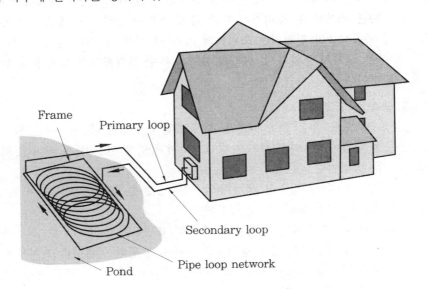

연못 폐회로형 지열히트펌프 시스템(Pond Loop System)

　　(대) 장점
　　　　㉮ 연못, 호수 등의 자연적 열원을 그대로 활용하여 열교환기를 물속에 담그는 형
　　　　　태이므로 비교적 설치가 용이하다.
　　　　㉯ 열원의 용량이 충분할 경우에는 비교적 신뢰성 있게 지열시스템을 구축 가능하다.
　　　　㉰ 나라마다 사정과 법규가 다소 다르기는 하지만 연못, 호수 등의 사용에 따른
　　　　　신고 및 허가절차 등이 필요할 수 있다.
　　(래) 단점
　　　　㉮ 이 방식은 연못이나 호수 등의 열용량이 작을 경우에는 외기온도의 영향을 많
　　　　　이 받을 수 있는 방식이다.
　　　　㉯ 기후 변화나 물의 상태, 오염도 등에 따라 지열시스템의 효율이 감소할 우려가
　　　　　있는 방식이다.

---

6. 식품냉동에서 다음 내용을 설명하시오.
(1) 전처리와 급속냉동의 개념
(2) 초온(t_1) 식품에서 동결(t_3) 식품까지의 동결부하 과정과 계산식

정답 (1) 전처리와 급속냉동의 개념

① 전처리의 개념
　(개) 식품을 냉동하기 전에 신선한 원료를 선별하고 깨끗이 세척하여 먹지 못하는 부
　　위를 제거한 후 소비자가 먹기 좋게 조리 가공하는 단계를 전처리라고 한다.
　(내) 냉동식품의 전처리는 소비자의 조리 시 시간 · 노력의 절감, 급식 등에서 질 · 형
　　태 · 크기의 균일화, 소비자의 불가식 부위 폐기물처리 대행 등을 위해 이루어지는
　　것이다.

② 급속냉동의 개념
　(개) 급속냉동 혹은 급속 동결은 최대 빙결정 생성대(약 -1~-5℃)를 가능한 한 빨리
　　통과(약 30분 이내)시키는 방법으로서 동결에 따른 품질 저하를 최소로 할 수 있
　　는 방법이다.
　(내) 반대로 최대 빙결정 생성대(약 -1~-5℃)를 통과하는 시간이 30분을 초과하는
　　경우를 완만 동결이라고 부른다.
　(대) 과실의 경우에는 동결층이 과육의 표면부에서 중심부로 진행하는 속도가 약
　　3cm/h 이상이면 급속 동결, 그 이하이면 완만 동결이라고 부르며, 일반 식품의
　　경우에는 생성되는 빙결정의 크기가 70μm 이상이면 완만 동결, 그 이하가 급속
　　동결이라고도 한다.
　(래) 보통 급속냉동 후 식품의 평균 품온이 -18℃ 이하로 유지하는데, 이를 심온동결
　　(deep freezing)이라고 부른다.

(2) 초온(t_1) 식품에서 동결(t_3) 식품까지의 동결부하 과정과 계산식

① 식품 동결의 과정 : 초온이 t_1인 식품에서 동결 후 t_3까지 냉동시키는 식품의 경우 그 동결의 과정은 다음과 같다.

　㈎ 동결점 이상에서의 냉각 : 초온이 t_1인 식품이 냉동창고에 입고되어 그 식품 고유의 동결점에 도달하기 직전까지의 냉각과정을 말한다.

　㈏ 동결 상변화 과정 : 식품이 포함하고 있는 액체성분이 잠열에 해당하는 열을 주변으로 빼앗기어 고체인 얼음으로 변화하는 과정을 의미한다.

　㈐ 동결점 이하에서의 냉동 : 식품 내부의 액체성분이 잠열에 의해 얼음으로 변화한 이후부터 최종 온도인 t_3까지 내리는 냉동과정을 의미한다.

② 식품 동결부하 계산식

$Q = q_1 + q_2 + q_3 \ [\text{W}]$

　여기서, Q : 식품 동결부하 (W)

$$q_1(\text{동결점 이상의 부하}) = W \times \frac{C(t_1 - t_f)}{h} \ [\text{W}]$$

$$q_2(\text{동결점 이하의 부하}) = W \times \frac{C_1(t_f - t_3)}{h} \ [\text{W}]$$

$$q_3(\text{동결 잠열}) = W \times \frac{h_f}{h} \ [\text{W}]$$

W : 입고품의 질량 (kg)

C : 동결점 이상의 비열 (J/kg · K)

C_1 : 동결점 이하의 비열 (J/kg · K)

t_1 : 입고품의 초온 (℃ 혹은 K)

t_f : 입고품의 동결점 (℃ 혹은 K)

t_3 : 입고품의 최종온도 (℃ 혹은 K)

h_f : 입고품의 동결잠열 (J/kg)

h : 소요 냉각시간 (s)

제 125 회
건축기계설비기술사 문제풀이

【제 1 교시】

1. 대류 열전달에 관련한 무차원수인 그라쇼프수(Grashof Number)와 너셀수(Nusselt Number)에 대하여 설명하고, 관련 식을 설명하시오.

정답 (1) Nu (너셀수, Nusselt Number)

① Nu(너셀수)는 유체의 대류현상에서 자연대류와 강제대류를 해설할 수 있는 유용한 무차원수이며, 보통 열전달률과 길이의 곱을 열전도율로 나누어 표현되어진다. 즉, 다음의 관계식이 성립된다.

$$Nu = \frac{\alpha \cdot L}{\lambda}$$

여기서, α : 열전달률 (W/m$^2 \cdot$ K), L : 특성길이 (m), λ : 열전도율 (W/m $\cdot$ K)

② 이 식은 대류에 의한 열전달과 전도에 의한 열전달의 비율을 뜻하며, 만약 "Nusselt Number =1" 이라는 것은 전도와 대류의 상대적 크기가 같다는 것을 의미한다고 볼 수 있다.

③ 반면, Nusselt Number가 커질수록 전도에 비해 대류의 효과가 더 커진다는 것을 의미한다.

④ 자연대류는 공기의 온도차에 의한 부력으로 공기순환이 이루어지는 대류방식으로서 Gr(그라쇼프수)와 Pr(프란들수)를 함수로 한 Nu(너셀수)를 이용하여 다음과 같이 표현할 수 있다.

$$\text{Nusselt Number}\,(Nu) = \frac{\alpha \cdot L}{\lambda} = f(Gr,\ Pr)$$

⑤ 강제대류는 기계적인 힘(팬, 송풍기 등의 장치)에 의존하여 공기를 순환하는 대류방식으로서, Re(레이놀드수)와 Pr(프란들수)를 함수로 한 Nu(너셀수)를 이용하여 다음과 같이 표현할 수 있다.

$$\text{Nusselt Number}\,(Nu) = \frac{\alpha \cdot L}{\lambda} = f(Re,\ Pr)$$

(2) 그라쇼프수(Grashof Number)

① Gr(그라쇼프수, Grashof Number)은 자연대류의 상태를 나타내는 무차원수로서, 다음과 같이 부력을 점성력으로 나누어 표현되어진다.

$$Gr = \frac{g \cdot \beta \cdot d^3 \cdot \Delta t}{\nu^2}$$

여기서, g : 중력가속도 (9.807m/s^2) β : 체적팽창계수 (℃^{-1})
d : 관의 내경 Δt : 온도차 (℃)
ν : 동점성계수 (m^2/s)

② Gr(그라쇼프수)가 커질수록 점성력 대비 부력이 강해짐을 의미하며, 자연대류가 더 활발해짐을 의미하기도 한다.

③ 자연대류는 공기의 온도차에 의한 부력으로 공기순환이 이루어지는 대류방식이므로, 흔히 Pr(프란들수)와 더불어 Gr(그라쇼프수) 함수식의 형태로도 표현되어질 수 있다.

---

2. 흡수식 냉동기의 대온도차 공조 시스템에 대하여 설명하시오.

정답 **(1) 개요**

① 일반적으로 흡수식 냉동기는 냉수를 순환시켜 냉방운전을 할 경우 공조기에서 약 5℃ 정도의 온도차가 발생하는 것을 이용한다(약 7℃의 냉수가 공조기 코일에 들어가서 → 12℃로 상승되어 공조기 코일을 빠져나간다).

② 대온도차 냉동기는 이러한 일반적 시스템의 공조기 코일에서의 온도차(약 5℃)보다 온도차를 크게 하여 열 반송동력(펌프, 송풍기 등의 소비동력)을 절감하는 것을 가장 큰 목적으로 한다.

(2) 대온도차 냉동기의 특징

① 냉수를 순환시켜 냉방 시 공조기에서 약 9℃의 온도차 이용(4℃ → 13℃)

② 공조기의 냉각코일에서 약 9℃의 온도차를 이용함으로써 순환 냉수량을 줄일 수 있다.

냉각코일에서의 열교환량 $(q) = G \times C \times \Delta T$

여기서, q : 열량(kW) G : 냉수량 (kg/s)
C : 물의 비열 $(4.1868\,\text{kJ/kg} \cdot \text{K})$ ΔT : 냉각코일 출구수온−입구수온(K)

※ 대온도차 냉동기에서는 상기 식에서 ΔT가 증가하므로, 그만큼 냉수량(G)을 줄일 수 있다.

③ 그에 따라 냉수 펌프의 용량이 적어도 되므로 펌프의 동력 절감과 냉수배관 사이즈가 줄어드는 효과가 있다.

(3) 설계 시 고려사항

① 공조기의 냉각코일의 Size가 증가한다 (동일한 냉동능력을 확보하기 위해서는 열교환 효율을 증대시켜야 하기 때문임).

② 냉수량이 적어지므로 코일의 패스를 재설계할 필요가 있다 (냉수량 감소에 따른 유속 감소를 보완할 수 있게 패스 수를 줄임).

③ 공조기용 송풍기 동력을 줄여 '저온급기방식'으로 적용 가능하다.
　→ 이 경우 실내환기량이 부족해질 수 있으므로 주의를 요한다.

④ 본 '대온도차 냉동기' 이론은 지금까지 기술한 냉수부분(공조기측)과 공조기 송풍기측 외에도 냉각수 부분(냉각탑측)에도 동일하게 적용 가능하다.

⑤ 공조기 코일로 공급되는 물의 온도가 다소 낮아질 수 있으므로, 결로를 방지하기 위해 단열을 강화하여야 한다.

⑥ 보통 취출공기의 온도가 낮아질 수 있으므로, 유인비가 큰 디퓨저가 유리하다.

(4) 대온도차 냉동기의 종류

① 냉수측 대온도차 냉동기

(가) 다음 그림상의 냉수펌프의 유량을 줄여 냉수측의 대온도차를 이용하는 방법이다.

(나) 공조기측 코일의 열교환량$(q) = G$(냉수량)$\times C$(물의 비열)$\times \Delta T$에서 냉수유량이 줄어든 만큼 입·출구의 ΔT를 늘리는 방법이다.

(다) 이를 위해서는 일반적으로 공조기 코일의 크기 혹은 열수가 어느 정도 증가될 수 있으며, 코일 패스 설계 등을 별도로 해주어야 한다.

② 공조기 송풍기측 대온도차 냉동기

(가) 이른바 '저온급기방식'의 일종이다.

(나) 공조기용 송풍기의 풍량을 줄이고(송풍동력 감소), 온도차$(t_i - t)$를 늘리는 방식이다.

(다) 이 경우 열교환량 $(q) = 1.2 Q C_p (t_i - t)$

　여기서, q : 열량(kW)

　　　　Q : 공조기용 송풍기의 공급 공기량 (m^3/s)

　　　　t_i : 실내 공기온도 (K)

　　　　t : 송풍 급기 온도 (K)

　　　　C_p : 공기의 정압비열 $(1.005\,\text{kJ/kg} \cdot \text{K})$

　　　　1.2 : 공기의 밀도 (kg/m^3)

(라) 상기 식에서 풍량(Q)을 줄이고, 온도차$(t_i - t)$를 늘리면 동등한 열교환량(냉동능력)을 확보할 수 있다. 단, 이 경우 공조기 코일의 열수나 크기를 다소 증가시켜 주어야 한다. 코일 패스 설계도 변경이 필요할 수 있다.

③ 냉각수측 대온도차 냉동기

(가) 냉각수측(Condensing Water Side)이란 냉동기의 응축기라는 부품과 냉각탑과 연결되는 냉각수 배관라인을 의미한다.

(나) 이 경우에도 상기 '냉수측 대온도차 냉동기'와 거의 동일하게 적용 가능하다. 즉 냉각수 펌프의 유량을 감소시키고 대신 ΔT를 늘리는 방식이다.

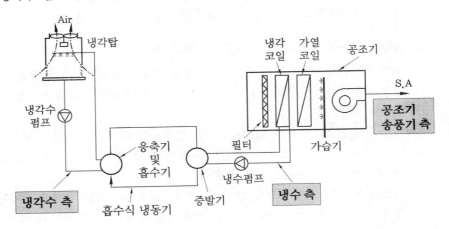

---

3. 송풍기 토출 및 흡입측의 덕트 설계와 시공 시 유의사항에 대하여 각각 3가지씩 설명하시오.

정답 **(1) 송풍기 토출 및 흡입측의 덕트 설계와 시공의 개요**
① 덕트의 재질은 용융 아연도금 강판, 스테인리스 강판, 연화비닐 강판, 알루미늄 아연합금도금 강판, 경질폴리염화 비닐시트 등으로 하여야 한다.
② 덕트용 보온재는 인조광물섬유 보온재 또는 동등 이상의 보온성능을 가진 재료로 전문시방서에 따른다.
③ 풍속에 의한 떨림 및 소음의 발생이 적고 쉽게 풍량을 조절할 수 있는 구조

(2) 송풍기 토출 및 흡입측의 덕트 설계 시 유의사항
① 송풍기의 토출구와 흡입구 구조 : 송풍기의 토출구측 및 흡입구측에 설치하는 댐퍼 및 셔터는 두께 0.5mm 이상의 냉각 압연강판 혹은 1.0mm 이상의 알루미늄(합금)판 이상으로 하여야 한다.
② 플렉시블 조인트
 (가) 플렉시블 조인트에 사용되는 재료는 원칙적으로 글래스 크로스(Glass cloth)로 하며, 편면 및 양면에 알루미늄 및 네오프렌으로 가공한 것으로 내열, 방염성능이 우수한 것으로 하며, 양단의 플랜지 간격은 150~200mm를 표준으로 한다.
 (나) 방수가 요구되는 옥외용 플렉시블 조인트는 전문시방서에 의한다.
③ 외기 흡입 루버
 (가) 두께는 0.6mm 이상, 재질은 용융 아연도금 강판, 냉각압연 강판, 알루미늄(합금)판, 알루미늄(합금) 압출강재, 냉간압연 스테인리스 강판 등으로 한다.

(나) 루버의 유효면적은 특기 사용에 따르며, 빗물의 침입을 방지할 수 있는 구조로 하여야 한다.

(다) 방충망 및 방화 댐퍼 등은 전문시방서에 따라 설치한다.

(3) 송풍기 토출 및 흡입측의 덕트 시공 시 유의사항

① 덕트 만곡부의 구조 : 덕트 만곡부의 내측 반경은 원칙적으로 장방형 덕트의 경우는 반경 방향측 덕트 폭의 1/2 이상, 원형 덕트의 경우에는 직경의 1/2 이상으로 시공하여야 한다.

② 덕트 단면 변형의 구조 : 덕트의 단면을 변형시킬 때에는 급격한 변형을 피하고, 점차적인 확대 또는 축소형으로 하여야 하며, 확대할 때는 경사 각도를 15도, 축소할 때는 30도의 범위 이내로 하여야 한다.

③ 덕트의 관통부 처리 : 덕트와 슬리브 사이의 간격은 2.5cm 이내로 하여야 한다. 덕트 슬리브와 고정철판은 두께 0.9mm 강판재를 사용한다. 방화구획 이외의 벽면을 관통하는 덕트의 틈새는 암면 이외의 불연재로 메운다.

---

4. 난방 배관계에서의 물의 팽창과 관의 신축에 대하여 설명하시오.

정답 **(1) 난방 배관계에서의 물의 팽창과 관의 신축에 대한 개념**

① 난방 배관계에서 온수의 온도변화로 비등(팽창)하여 플래시 가스가 발생하여 내압 상승으로 인한 파손 및 소음 등이 발생할 수 있다.

② 물이 수축 시에는 배관 내에 공기침입이 초래되는 등 배관 계통의 고장 혹은 전열 저해의 원인이 될 수 있다.

③ 팽창탱크를 설치하면 물의 온도변화에 따른 체적팽창 및 수축을 흡수하고, 배관 내부압력을 일정하게 유지할 수 있다.

④ 팽창탱크로 물의 체적변화를 흡수할 수 있지만, 관 자체의 재질 특성으로 인한 신축, 파손 등을 해결해줄 수는 없다. 따라서 난방배관계에 유체의 온도변화가 클 경우 이를 흡수하기 위해 신축이음(expansion joint)을 설치해주는 것이 좋다.

⑤ 만약 배관상 적절한 간격으로 신축이음(expansion joint)을 설치하지 않으면 고온의 유체에 의한 열팽창을 흡수할 수 없게 되어 배관의 누설, 파손 등으로 이어질 수 있다.

(2) 팽창탱크의 설치

난방 배관계의 팽창탱크로는 다음과 같은 종류의 것을 많이 적용한다.

① 개방식 팽창탱크(보통 온수난방, 소규모 건물)

(가) 저온수 난방 배관이나 공기조화의 밀폐식 냉온수 내관계통에서 사용되는 것으로서, 이 수조는 일반적으로 보일러의 보급수 탱크로서의 목적도 겸하고 있다.

(나) 탱크 수면이 대기 중에 개방되며, 가장 높은 곳에 설치된 난방장치보다 적어도 1m 이상 높은 곳에 설치되어야 한다(설치위치의 제한).

② 밀폐식 팽창탱크(고온수 난방, 대규모 건물)

(가) 밀폐식은 가압용 가스로서 불활성 기체(고압질소 가스) 혹은 공기를 사용하여 이를 밀봉한 뒤, 온수가 팽창했을 때 이 기체의 탄력성에 의해 압력 변동을 흡수하는 것이다.

(나) 이 탱크는 100℃ 이상의 고온수 설비라든가 혹은 가장 높은 곳에 설치된 난방장치보다 낮은 위치에 팽창수조를 설치하는 경우 등에 쓰일 수 있다.

③ BRADDER식 팽창탱크

(가) 밀폐실 팽창탱크의 일종으로 '브래더'라고 하는 부틸계의 고무격막을 사용하여 반영구적으로 사용할 수 있는 방식이다.

(나) 이 방식에서 고무격막 브래더(공기주머니)는 공기의 차단을 위해 팽창탱크 내에 설치되어 배관수의 온도에 따라 팽창 및 수축되면서 온수를 흡입·방출하는 기능을 한다.

(3) 신축이음(expansion joint)의 설치

난방 배관계에 설치하는 신축이음으로는 다음과 같은 종류의 것을 많이 적용한다.

① 스위블 조인트 : 방열기 주변 배관에 2개 이상의 엘보를 사용하여 시공하며, 주로 저압용으로 사용된다.

② 슬리브형 : 주로 보수가 용이한 곳(벽, 바닥용의 관통배관)에 사용한다.

③ 신축 곡관형(루프형) : 고압에 잘 견딘다. 옥외배관에 적당하다.

④ 기타 : 벨로즈형 볼 조인트(고온 고압용 ; 볼 조인트와 오프셋(offset) 배관을 이용해서 관의 신축을 흡수하는 방법이며 증기, 물, 기름 등에 압력 약 3MPa, 온도 약 220℃ 정도까지 사용 가능), 콜드 스프링(배관의 자유팽창량의 1/2의 배관길이를 미리 절단 후 설치하는 방법) 등이 있다.

⑤ 배관의 신축량(mm) 계산

(가) 신축량(Δl) 계산

$$\Delta l = \alpha \cdot l \cdot \Delta t$$

여기서, α : 선팽창계수(m/m·K), l : 배관의 길이, Δt : 배관의 온도 변화량

(나) 상기 계산한 신축량(mm)을 기준으로 신축이음의 종류별 신축 허용량에 따라 설치간격이 결정되어질 수 있다.

(다) 주요 재질별 1m당 신축량(0℃ → 100℃로 온도 변화 시) : 강관=1.17, 동관=1.71, 스테인리스=1.73, 알루미늄=2.48

(라) 일반 추천치

동관 : 약 수직 10m, 수평 20m

강관 : 약 수직 20m, 수평 30m

5. 보일러의 능력을 나타내는 다음 출력 표시방법에 대하여 설명하시오.
  (1) 과부하출력   (2) 정격출력
  (3) 상용출력   (4) 정미출력

정답 **(1) 과부하출력**

　　과부하출력은 보일러의 운전 초기나 과부하 발생 시의 출력으로 보통 아래의 정격출력의 약 1.1~1.2배에 해당한다.

(2) 정격출력

　　정격출력은 연속 운전할 수 있는 보일러 능력을 말하며, 보일러의 선정 시 기준이 되는 출력이다.

　　정격출력(Q) = 난방부하(q_1) + 급탕부하(q_2) + 배관부하(q_3) + 예열부하(q_4)

　① 난방부하(q_1) = $\alpha \cdot A$

　　여기서, α : 면적당 열손실계수(kcal/m^{2}h), A : 난방면적(m^2)

　② 급탕부하(q_2) = $G \cdot C \cdot \Delta T$

　　여기서, G : 물의 유량(kg/h), C : 물의 비열(kcal/kg℃), ΔT : 출구온도－입구온도(℃)

　③ 배관부하(q_3) = ($q_1 + q_2$) $\cdot x$

　　여기서, x : 상수(약 0.15~0.25, 보통 0.2)

　④ 예열부하(q_4) = ($q_1 + q_2 + q_3$) $\cdot y$

　　여기서, y : 상수(약 0.25)

(3) 상용출력

　상기 정격출력에서 예열부하(q_4) 제외

　즉, 상용출력 = 난방부하(q_1) + 급탕부하(q_2) + 배관부하(q_3)

(4) 정미출력

　상기 상용출력에서 배관부하(q_3) 제외

　즉, 정미출력 = 난방부하(q_1) + 급탕부하(q_2)

6. 오수정화 및 물 재이용설비의 설계 및 시공 기준 중 다음 장치의 설비 시공에 대하여 설명하시오.
  (1) 폭기장치   (2) 산기장치
  (3) 교반장치   (4) 수중 폭기장치

정답 **(1) 폭기장치**

① 호기성 미생물을 주체로 하는 활성슬러지를 활성화하거나 그 활성도를 유지하기 위해서는 항상 충분한 용존 산소가 공급되어져야 하는데, 이를 위해 이용되는 장치가 폭기장치이다.

② 폭기장치에는 산기식(기포식) 폭기장치와 표면 폭기식 폭기장치 등이 있는데, 산기식 폭기장치는 공기를 물속에 공급시키는 동시에 폭기조를 혼합시키는 방식이며, 표면 폭기식 폭기장치는 기계식 폭기장치라고도 하며, 폭기조의 수면을 기계적으로 교반하여 폭기조 내의 혼합액과 대기중의 공기를 접촉시켜 폭기조 내의 액체에 산소를 공급하는 방식이다.

③ 표면 폭기식 폭기장치는 선회류를 일으켜 폭기조를 혼합시키는 것으로, 종축 회전식과 횡축 회전식이 있다. 또한 기계식 폭기조에는 송풍기 설비 등이 필요하지 않으며 시설이 간단하고 유지관리가 비교적 쉬우나 혼합액의 비산과 악취발생의 우려가 큰 편이다.

④ 이때 폭기조 내로 송입된 공기는 혼합액의 교반과 소비되는 산소의 보급 등 두 가지 목적에 사용되어진다.

⑤ 폭기 시간의 길고 짧음에 따라서 폭기조의 효율이 결정된다. 폭기시간은 처리장에서 활성슬러지에 공기를 공급하는 시간이다. 활성슬러지라는 박테리아는 산소를 소비하면서 유기물을 분해한다. 하수처리장에서는 보통 5~6시간 안에 처리할 수 있는 BOD 20ppm 정도를 정화하는데, 폭기시간을 연장하면 처리율을 높일 수 있다.

(2) 산기장치

① 산기장치는 공기와의 접촉에 의해 필요로 하는 공기(산소)를 공급하는 장치를 말하며 주로 산기판을 이용한다.

② 산기장치 내부에 미세기포가 균일하게 발생시킬 수 있는 기공을 가진 산기판을 설치하여 공기와의 접촉을 시킨다.

③ 산기장치는 미세기포가 균일하게 발생시킬 수 있도록 반응조에 공급배관을 설치하고, 다공질 세라믹제의 산기통 및 다기공 산기판을 반응조의 바닥에 설치하여 기포를 수중에 산기한다.

④ 기포경이 작을수록 용해효율이 좋으나 기포경은 산기통(산기판)의 기공경에 의해 결정되며 일반적으로 기공경은 $100 \mu m$ 정도가 많이 채택되고 있다.

⑤ 접촉조(반응조)는 내식성 및 안전성을 고려하여 콘크리트제의 수조 또는 스테인리스제의 밀폐구조로 설치한다.

(3) 교반장치

① 교반장치는 혼합과 플록 형성 등을 목적으로 설치된 교반기(mixer)와 모터(motor)를 비롯하여 교반조(mixing tank), 플록 형성지 등을 구조물과 부속 설비를 포함한 제반 장치를 말한다.

② 처리수 중에는 침전이 어려운 미세입자, 부유고형물 등이 존재하는데 이는 전하를 지니고 서로 안정되게 수중에 존재하며 탁도를 유발하고 생물학적 처리시설로는 제

거가 어려운 경우가 많다. 따라서 응집제를 사용하여 미세입자들을 응집시켜 플록으로 형성하고, 교반장치로 플록 입자를 크게 성장시켜 침전성을 양호하게 하여 미세부유물질 등을 제거하는 장치이다

③ 이때 응집보조제를 병행하면 효율이 증진된다. 또한 조대화된 플록들이 안전하게 침강할 수 있는 침전시설을 갖추면 응집공정이 완료되는데 이때에는 조대화된 플록들이 다시 깨어지지 않도록 수중의 조건을 적절히 조정할 필요가 있다.

④ 교반기의 종류로는 터빈형과 프로펠러형 등이 있으며 속도경사를 크게 할 필요가 있을 경우에는 터빈형을 주로 사용한다.

(4) 수중 폭기장치

① 정화조, 각종 폐수 및 하수처리장 등의 폭기 및 예비 폭기에 사용하거나 양어장, 양식장의 산소공급 등에도 사용되어지는 수질개선장치의 일종이다.

② 주로 수중펌프와 분출용 이젝터(Ejector)를 결합한 일체형 구조로 제작되어지며, 공기와 액체의 혼합류를 한 방향으로 강력하게 분출하여 폭기조 내에서 교반과 폭기가 동시에 일어나게 한다.

③ 이 방식은 미세기포의 발생에 의하여 위 방향으로 교반하므로 폭기조 내의 MLSS 농도가 비교적 균일한 편이다.

④ 대부분의 구동부가 물속에 감겨 있으므로 소음이 적고, 설치가 비교적 간단한 편이다.

---

7. 주차장 환기설비 방식 중 2가지를 설명하시오.

정답 주차장 환기설비 방식은 크게 동력을 사용하는 기계환기 방식과 무동력의 자연환기 방식의 2가지로 대별될 수 있다.

(1) 기계환기 방식

① 기계환기 방식의 제 방식 비교

비교 항목	급/배기 덕트 방식	노즐 방식	무덕트 방식 (유인팬 방식)
급배기 방식	급기팬 & 덕트 배기팬 & 덕트	급기팬 : 터보팬, 노즐 배기팬 & 덕트(고속)	급기팬 : 터보팬(유인용) 배기팬
덕트 방식	저속 덕트	고속 덕트	덕트 없음
스페이스	大	中	小
기타 특징	• 실내공기 부분적 정체 • 개별제어 곤란 • 자연환기와 조합 곤란 • 층고 증대 • 설비비 및 동력비 증대	• 소음 및 환기 효과가 크다. • 먼지 비산 우려 • 자연환기와 조화가 된다.	• 설치비 및 운전비용이 저렴 • 공기 정체 현상이 없다. • 개별 제어와 전체 제어가 가능하다. • 부분적 고장이 나더라도 전체적 영향이 없다. • 소음이 적다.

② 기계환기에서의 주의사항

(개) 지하주차장의 급기 및 배기측의 통풍이 원활하지 않고, 외기의 통풍저항이 비교적 큰 경우가 많다.

(내) 지하에 분진이 비교적 많아서 팬모터의 회전부, 베어링부 등의 구동부를 쉽게 오염시킨다.

(대) 굴뚝효과(Stack Effect)에 의해 송풍기에 역압이 걸리기 쉽다.

(2) 자연환기 방식

① 수직 덕트 방식

(개) 수직 덕트 방식은 수직의 덕트(Air Shaft)를 설치하여 연돌효과(Stack Effect)를 유도하여 주차장의 배기를 옥상 등으로 배출하는 방식이다.

(내) 옥상에는 무동력 벤틸레이터(Ventilator)를 설치하여 연돌효과의 효과를 배가할 수 있다.

② 피스톤 효과 이용 방식

(개) 차량의 주차장 출입 시 입구램프와 출구램프 간의 피스톤 효과가 자연적으로 발생하도록 유도하는 방식이다.

(내) 이 방식에서는 입구램프의 반대쪽에 출구램프를 배치시키고, 동선은 가급적 짧게 설치하도록 하여야 효과를 크게 할 수 있으며, 되도록 입구램프와 출구램프의 단면적은 크게 하는 것이 유리하다.

---

8. 보온설비의 설계 및 시공 기준 중 노출형 급수배관 등 동파가 우려되는 배관에 설치하는 동파방지 발열선의 구조 기준에 대하여 설명하시오.

정답 **(1) 발열선의 형태**

발열선은 연속병렬 저항체로서 온도변화에 따라 자동으로 발열량이 조절되는 기능을 갖는 자율온도 제어형 정온전선(Self Temperature Regulating Heating Cable)이어야 한다.

(2) 발열선의 피복

발열선은 케이블 길이를 임의로 절단 피복층을 용이하게 벗겨 사용할 수 있는 제품으로 케이블을 겹쳐 사용하더라도 국부과열, 소손 등이 발생되지 않아야 한다.

(3) 발열선의 인증

발열선은 UL, FM, EX 표시 시스템인증제품 또는 동등 이상의 시스템인증제품으로 다음 사항에 적합하여야 한다.

① 발열량 : 사용전압 220V, 60Hz, 파이프 표면온도 10℃일 때 16W/m 이상

② 최고 연속 사용온도 : 65℃

③ 최대 순간 사용온도 : 85℃

(4) 발열선의 피복 재질

발열선의 피복 재질은 방수, 방습성에 강하고 내구성이 있는 제품으로 한다.

(5) 발열선 분전함

배관의 동파방지와 에너지절감을 위하여 발열선의 주위 온도 감지기능, 작동온도 조절기능 및 작동상태 표시기능을 갖추어야 한다.

---

9. 배수배관에서 발생하는 도수 현상(hydraulic jump)과 종국 유속의 정의를 설명하고 종국 유속이 배관에 미치는 긍정적 효과에 대하여 설명하시오.

정답 **(1) 도수 현상(hydraulic jump)의 정의**

① 배수 수직관 최하단부에서의 배수의 유속은 보통 3~6m/s이나(종국 유속), 배수 수평주관에서는 0.6~1.5m/s로 느리게 설계된다. 따라서 배수 수직관에서 가속된 빠른 유속이 배수 수평주관에서 순간적으로 감속되어 배수의 흐름이 흐트러지고, 큰 물결이 일어나는 현상을 도수 현상(hydraulic jump)이라고 한다.

② 도수 현상(hydraulic jump)은 다음 그림과 같이 배수 수직관에서 약 1~1.5m 이내에서는 부분적으로 배수가 관을 막는 현상(도수, 파상류, 정상류)으로도 설명되어 질 수 있는데 이 부분에서는 다른 배수관과 통기관 등의 접속을 피해야 한다.

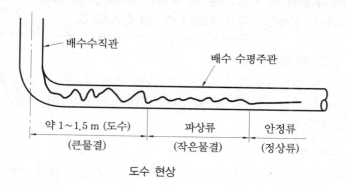

도수 현상

(2) 종국 유속의 정의

① 종국 유속이란 배수수직관으로 들어온 배수는 가속도를 받아 수직관 내를 낙하하는 동안에 속도가 증가하나 계속 증가하지 않고, 관 내압 및 공기와의 마찰저항(항력)과 평형되는 유속을 말한다.

② 종국 유속은 다음 식으로 정의되어질 수도 있다 (즉, 종국 유속은 유량과 관경의 함수이다).

$$V_t = 0.635 \left(\frac{Q}{D} \right)^{2/5} [\text{m/s}]$$

여기서, 입관 내 유량(Q : LPS)　　　수직관 관경(D : m)

다음 그림에서처럼

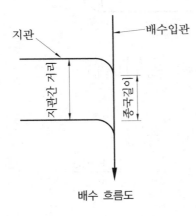

배수 흐름도

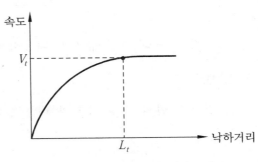

종국 유속 / 종국 길이 그래프

(3) 종국 유속이 배관에 미치는 긍정적 효과

① 위의 그림과 같이 수직관이 아무리 높아도 그 아랫부분에서 높이에 비례한 낙하 충격압을 받지는 않는다. 이것이 고층건물이라고 해서 종국 유속이 특별히 증가하지는 않는 이유이다.

② 종국 유속은 유량과 관경의 함수이므로 유량과 관경만 적절하게 선정하여도 종국 유속의 제어가 가능해진다.

③ 종국 유속은 대략 아파트를 기준으로 약 한 개의 층 정도만 증가하고, 두 개 층 이상에는 영향이 거의 없다.

④ 초고층 건축에서도 배수수직관을 구부려 오프셋(offset)을 만들어 낙하속도를 완화시키는 조치가 거의 필요 없는 경우가 많다.

---

10. 다음과 같은 저장 용기의 내용적(m^3)을 구하시오. (단, 치수의 단위는 mm, 물의 비중은 1, 주기율(π)＝3으로 가정하며, 용기의 두께는 무시한다.)

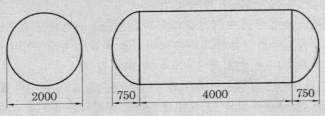

정답 (1) 저장 용기의 내용적(m³)의 계산공식

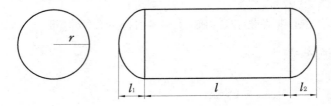

원형 단면의 저장 용기의 내용적 $= \pi r^2 \left(l + \dfrac{l_1 + l_2}{3} \right) [\mathrm{m}^3]$

(2) 계산

원형 단면의 저장 용기의 내용적 $= \pi r^2 \left(l + \dfrac{l_1 + l_2}{3} \right)$

$$= 3 \times 1^2 \times \left(4 + \frac{0.75 + 0.75}{3} \right) = 13.5\,\mathrm{m}^3$$

---

11. 기계설비 기술기준의 환기설비 설계기준 중 공동구 환기설비기준(5개 항목)에 대하여 설명하시오.

정답 국토교통부의 "공동구 설계기준"을 참조하여 다음 중 5가지를 작성한다.

① 공동구 내 설치되는 배관 배선 시설물의 기능을 극대화하고, 유지관리가 용이하도록 온도, 습도의 적정유지, 유해가스의 희석 및 악취제거 등의 목적으로 환기설비를 설치하여야 한다.

② 전력이송용 공동구, 통신용 공동구인 경우도 각 케이블에서 발생되는 열을 냉각하기 위해 환기되어야 하며, 여름철에도 공동구 내의 온도는 외부온도 이상 상승되지 못하도록 하여야 한다.

③ 환기를 위한 공동구 내 공기유속은 최소 2.5m/s 이상을 공동구 전구역에서 유지시켜야 하며, 외부 신선공기는 공동구의 입구부, 출구부 및 지상 환기구에서 유입되게 하여야 하고, 비상시를 위하여 공동구 내 환기는 정, 역방향으로 공기흐름을 조정할 수 있어야 한다. 환기용으로 설치되는 환기팬은 화재시를 대비하여 250℃에서 60분 이상 가동될 수 있도록 하여야 한다.

④ 환기팬을 정방향에서 역방향으로 회전방향을 전환하는 경우는 역회전 시 발생되는 팬의 효율저하를 충분히 고려하여 환기팬 용량을 선정하여야 하며, 정역전환시의 최단시간 내 정격용량에 도달되도록 하여야 한다.

⑤ 지상 환기구는 250m 이내의 간격으로 설치하고, 환기시뮬레이션을 수행하여 설치 간격을 결정할 수 있으며, 지상 환기소로 유입되는 공기의 소음은 생활소음규제기준 이하가 되도록 하고 주변의 오염물질이 유입되지 않도록 공기의 유속은 5m/s 이하

가 되도록 한다. 지상 환기구를 이용하여 공동구 내로 장비반입 및 관리자가 입출 가
능하도록 한다.

⑥ 공동구와 공동구가 분리되거나 합류되는 경우는 공동구 내의 정확한 공기유동 현상
을 파악하기 위하여 컴퓨터 시뮬레이션 혹은 모형실험을 할 수 있으며, 이 결과에 적
합한 적정용량의 환기설비를 설치하여야 한다.

> **12.** 건물에너지관리시스템(BEMS : Building Energy Management System) 설계기준
> (시스템의 개요, 시스템의 기본 기능)에 대하여 설명하시오.

정답 **(1) 건물에너지관리시스템(BEMS)의 개요**

① 건물에너지관리시스템(BEMS : Building Energy Management System)이란 건
물의 쾌적한 실내환경을 유지하고, 에너지를 효율적으로 사용하도록 지원하는 제
어·관리·운영 통합시스템이라고 정의할 수 있다.

② 데이터 수집 단계에서 에너지소비에 영향을 주는 필수적인 데이터의 측정지점과 수
집방식을 제시하여 데이터 누락과 불필요한 수집을 방지함으로써 비용 효과성을 제
고하고, 데이터 분석 단계에서 수집된 데이터의 저장코드를 표준화하고, 데이터의
종류·단위·검증 등 분석정보의 관리방법을 규정하여 데이터의 신뢰성을 확보하
며, 데이터 활용 단계에서 에너지절감량 효과 산정 기준·방법을 표준화하여 체계
적·객관적 성과 분석이 가능하도록 한다.

(2) 건물에너지관리시스템(BEMS)의 기본 기능

구분	항목	주요 내용
데이터 수집	관제점 선정	• 건물전체, 주요설비, 주요공간별 비용효과적인 데이터 수집방법 • 상호운용성을 갖는 통신프로토콜 사용
	관제점 정보관리	• 수집되는 데이터의 속성 파악을 위한 정보 구성 및 관제점 정보목록(관제점 일람표) 작성방법
	태그 생성 및 관리	• 시스템 간 데이터 호환 및 효과적인 데이터 활용을 위한 데이터의 이름(태그) 생성 및 관리 방법
데이터 분석	데이터 분류 및 구성	• 데이터 분류(기준정보, 운영정보, 통계분석정보) • 에너지소비량, 에너지성능 등 통계분석정보의 신뢰성 확보
	데이터 관리	• 데이터 수집(15분 이하) 및 보관 주기(3~5년) • 건물운영자에게 정보제공에 필요한 데이터베이스 기능
데이터 활용	에너지효율 개선조치	• 수집된 데이터 분석을 통해 운전 설정값 및 스케줄 변경, 설비 유지보수, 설비운전 최적화 등 지속적인 효율개선 조치 시행
	에너지절감량 산출	• BEMS 도입 전후의 객관적인 에너지절감성과 파악을 위한 에너지절감량 산출 및 결과보고 방법 ※ 베이스라인(BEMS에 따른 에너지절감효과를 배제한 기준 에너지사용량) 모델 수립

13. 제로에너지건축물 인증제도에 대하여 설명하시오.

정답 (1) 적용법규

① 건축물 에너지효율등급 인증 및 제로에너지건축물 인증에 관한 규칙

② 건축물 에너지효율등급 인증 및 제로에너지건축물 인증 기준

(2) 건축물 에너지효율등급 인증 및 제로에너지건축물 인증은 다음 각 호의 건축물을 대 상으로 한다. 다만, 국토교통부장관과 산업통상자원부장관이 공동으로 고시하는 실내 냉방·난방 온도 설정조건으로 인증 평가가 불가능한 건축물 또는 이에 해당하는 공 간이 전체 연면적의 100분의 50 이상을 차지하는 건축물은 제외한다.

① 「건축법 시행령」 별표1 제1호에 따른 단독주택

② 「건축법 시행령」 별표1 제2호 가목부터 다목까지의 공동주택 및 같은 호 라목에 따 른 기숙사

③ 「건축법 시행령」 별표1 제3호부터 제13호까지의 건축물(근린생활시설, 문화 및 집 회시설, 종교시설, 판매시설 등)로서 냉방 또는 난방 면적이 500제곱미터 이상인 건 축물

④ 「건축법 시행령」 별표1 제14호에 따른 업무시설

⑤ 「건축법 시행령」 별표1 제15호부터 제28호까지의 건축물(숙박시설, 위락시설 등) 로서 냉방 또는 난방 면적이 500제곱미터 이상인 건축물

(3) 제로에너지건축물 인증 기준

① 건축물 에너지효율등급 : 인증등급 1^{++} 이상

② 에너지자립률(%) $= \dfrac{\text{단위면적당 1차 에너지생산량}}{\text{단위면적당 1차 에너지소비량}} \times 100$

※ 「녹색건축물 조성 지원법」 제15조 및 시행령 제11조에 따른 용적률 완화 시 대지 내 에너지자립률을 기준으로 적용한다.

주 1. 단위면적당 1차 에너지생산량($kWh/m^2 \cdot$ 년)

= 대지 내 단위면적당 1차 에너지 순 생산량* +

대지 외 단위면적당 1차 에너지 순 생산량* ×보정계수**

* 단위면적당 1차 에너지 순 생산량 $= \Sigma$[(신재생에너지 생산량 − 신·재생에너지 생산에 필요한 에너지소비량)×해당 1차 에너지환산계수] / 평가면적

** 보정계수

대지 내 에너지자립률	~10% 미만	10% 이상~ 15% 미만	15% 이상~ 20% 미만	20% 이상~
대지 외 생산량 가중치	0.7	0.8	0.9	1.0

※ 대지 내 에너지자립률 산정 시 단위면적당 1차 에너지생산량은 대지 내 단위면적당 1 차에너지 순 생산량만을 고려한다.

⊞ 2. 단위면적당 1차 에너지소비량($kWh/m^2 \cdot$ 년)

$\qquad$ = Σ(에너지소비량×해당 1차 에너지환산계수) / 평가면적

$\qquad$ ※ 냉방설비가 없는 주거용 건축물(단독주택 및 기숙사를 제외한 공동주택)의 경우 냉방 평가 항목을 제외

③ 건축물에너지관리시스템 또는 원격검침전자식 계량기 설치 확인 : 「건축물의 에너지절약 설계기준」의 〔별지 제1호 서식〕 2. 에너지성능지표 중 전기설비부문 8. 건축물에너지관리시스템(BEMS) 또는 건축물에 상시 공급되는 모든 에너지원별 원격검침전자식 계량기 설치 여부

(4) 제로에너지건축물 인증등급

ZEB 등급	에너지자립률
1등급	에너지자립률 100% 이상
2등급	에너지자립률 80% 이상 ~ 100% 미만
3등급	에너지자립률 60% 이상 ~ 80% 미만
4등급	에너지자립률 40% 이상 ~ 60% 미만
5등급	에너지자립률 20% 이상 ~ 40% 미만

【제 2 교시】

1. 급수ㆍ급탕배관에서 행하는 수압시험 시 사용하는 수질의 기준, 배관세척방법과 수압시험방법에 대하여 설명하시오.

정답 **(1) 수압시험의 개요**

① 시험 및 검사방법은 관계법규 및 기타 준용기준에 따라야 한다.

② 사용기기 및 재료는 KS표시 인증제품을 사용하여야 한다.

③ KS표시 인증제품이 아닌 것에 대해서는 사용재료의 모양, 치수, 구조 등을 확인하고 관련기관의 시험성적서 또는 검사증을 제출받아 성능을 확인한다.

④ 필요한 경우에는 입회시험 및 검사를 실시한다.

⑤ 수압시험 전 각 기기 및 기구의 설치 및 부착검사를 진행해야 하며, 이때에는 각 기기 및 기구가 정상으로 기준에 맞게 부착되어 있는지, 견고하게 설치되어 있는지 등을 검사한다.

⑥ 수압시험은 국토교통부의 "건축기계설비공사 표준시방서" 등을 기준하여 관련 배관시험방법에 따른다. 단, 음료수 계통의 시험에는 음료수에 적합한 물을 사용해야 한다.

⑦ 수압시험 후에는 만수시험(탱크류의 경우), 통수시험, 운전시험, 잔류염소측정(음료수의 경우), 관공서 검사 등을 관계법규에서 정하는 기준에 따라 진행하거나 검사를 받아야 한다.

(2) 수질의 기준 및 배관 세척방법

① 배관의 수압시험 및 배관 세척용 물은 반드시 청수를 사용하여야 하며 부득이하게 지하수를 사용하는 경우에는 24시간 이상 침전 또는 여과 등을 실시한 후에 사용하여야 한다.

② 배관공사 후 원격식 계량기 설치 전에 배관 내를 충분히 세척하고 이물질 및 불순물을 제거하여 계량기 작동에 적합하도록 수질상태를 유지하여야 한다.

③ 배관세척 후 원격식 계량기 설치 전에 제조업자로 하여금 배관속의 수질상태가 계량기의 작동에 적합한 지를 확인토록 하여야 한다.

④ 원격식 계량기는 침수의 우려가 있거나 물 또는 습기 발생의 우려가 있는 곳은 피하여야 하며 필요한 경우 칸막이 등으로 주위와 분리한다.

⑤ 기기류는 배관 덕트 내에 설치되지 않도록 하여야 하며, 진동우려가 있는 곳은 피하여야 한다.

⑥ 배관의 시공이 완료되면 관내의 오염물질을 제거하기 위하여 주요 기기를 제거한 상태에서 세척작업을 실시한다. 이 경우 미세한 이물질의 제거를 위해 전용 세척장비를 이용한 세척작업을 실시하는 것이 바람직하다.

(3) 수압 시험방법

① 배관에 대한 확인

㈎ 모양 및 재질

㉮ 물 및 온수의 수송에 적당한 내면 및 모양을 가진 것

㉯ 필요한 강도, 내식성 및 내열성이 있고 음료용 수질기준을 유지할 수 있으며, 위생상 유해한 물질 등을 용출하지 않고 변질이 적은 것

㈏ 최저 사용압력 : 수압 0.75 MPa에 견딜 수 있는 배관일 것

㈐ 시험압력 : 1.75 MPa 이상의 수압시험에 합격한 배관일 것

② 각 배관은 배관의 일부 또는 전체 배관 완료 후 수압시험 및 만수시험 등을 한다.

③ 결로방지 및 보온피복을 하는 배관, 은폐배관 또는 매설되어지는 배관들은 매설 및 매설 전에 시험한다.

④ 시험압력/유지시간

㈎ 직결 : 1.0 MPa 이상의 수압에서 60분 이상

㈏ 고가수조 이하 : 최고사용압력의 1.5배 이상의 수압에서 60분 이상 (단, 0.75 MPa 이상일 것)

㈐ 양수관 : 설계도서에 기재된 펌프 양정의 1.5배 이상의 수압에서 60분 이상 (단, 0.75 MPa 이상일 것)

2. 엔탈피에 대한 다음 용어와 관련 식에 대하여 설명하시오.
　(1) 이상기체 엔탈피　　　　　　　(2) 건공기의 엔탈피
　(3) 수증기의 엔탈피　　　　　　　(4) 습공기의 엔탈피

정답 **(1) 이상기체 엔탈피**

① 이상기체의 엔탈피는 다음과 같이 온도만의 함수로 표현할 수 있다.

$$h = u + P \cdot v = u + R \cdot T \, [\text{J/kg}]$$

여기서, u : 내부에너지 (J/kg),　P : 압력 (Pa),　v : 기체의 비체적 (m³/kg)
　　　　R : 기체상수 (J/kg · K),　T : 절대온도 (K)

② 이상기체의 엔탈피(Enthalpy)는 어떤 물체가 가지고 있는 열량의 총합으로 설명되어지기도 한다.

③ '물체가 갖는 모든 에너지는 내부에너지 외에 그때의 압력과 체적의 곱에 상당하는 에너지를 갖고 있다'라고도 표현할 수 있다.

(2) 건공기의 엔탈피 : 건공기의 엔탈피는 다음 식과 같이 설명될 수 있다.

$$h_a = C_p \cdot t$$

여기서, h_a : 건공기의 엔탈피 (kJ/kg)
　　　　C_p : 건공기의 정압비열 (≒1.005 kJ/kg · ℃),　t : 건구온도 (℃)

(3) 수증기의 엔탈피

수증기의 엔탈피는 다음 식과 같이 설명될 수 있다.

t ℃인 수증기의 엔탈피는 0℃ 포화액의 증발잠열에 이 증기가 t ℃까지 상승하는 데 필요한 열량의 합이다.

따라서 t ℃ 수증기 1kg의 엔탈피 h_v는

$$h_v = r + C_{vp} \cdot t$$

여기서, h_v : 수증기의 엔탈피 (kJ/kg)
　　　　r : 0℃에서 포화수의 증발잠열 (≒2501.6 kJ/kg)
　　　　C_{vp} : 수증기의 정압비열 (≒1.84 kJ/kg · ℃),　t : 온도 (℃)

(4) 습공기의 엔탈피

습공기의 엔탈피는 다음 식과 같이 설명될 수 있다.

① 습공기의 엔탈피 = 건공기의 엔탈피 + 수증기의 엔탈피

② 절대습도 X [kg/kg']인 습공기의 엔탈피 h_w[kJ/kg]는

$$h_w = h_a + X \times h_v$$
$$= C_p \times t + X(r + C_{vp} \times t)$$

여기서, h_w : 습공기의 엔탈피 (kJ/kg)

C_p : 건공기의 정압비열 (≒1.005 kJ/kg · ℃)

X : 절대습도 (kg/kg′)

r : 0℃에서의 물의 증발잠열 (≒2501.6 kJ/kg)

C_{vp} : 수증기의 정압비열 (≒1.84 kJ/kg · ℃)

t : 습공기의 온도 (℃)

---

3. 건물의 부하를 예측하는 방법으로 컴퓨터를 이용한 설계검증 시뮬레이션 프로그램 (전산유체해석, CFD)의 수행 절차와 종류를 설명하시오.

정답 **(1) 개요**

① 전산유체역학(CFD : Computational fluid dynamics)은 말그대로 다양한 유체역학 문제(대표적으로 유동장 해석)들을 전산(컴퓨터)을 이용해서 접근하는 방법이다.

② 프로그래밍의 문제를 해결하기 위한 여러 상용 프로그램들이 이미 나와 있고 또한 상용화되어 있다.

③ 해석기법 : 유한차분법, 유한요소법, 경계적분법 등이 주로 사용되어진다.

(2) CFD의 정의

편미분방정식의 형태로 표시할 수 있는 유체의 유동현상을 컴퓨터가 이해할 수 있도록 대수방정식으로 변환하여 컴퓨터를 사용하여 근사해를 구하고, 그 결과를 분석하는 분야이다.

(3) CFD의 시뮬레이션 수행절차

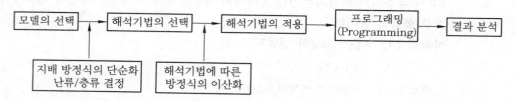

(4) CFD의 시뮬레이션 종류

① 공간격자 (volume mesh or grid) 방식 : 공간 도메인(spatial domain)을 매우 작은 공간격자로 이산화하고, 각각의 격자에 대해 운동 방정식을 세워 적절한 수치 알고리즘을 이용하여 계산하는 방식이다(이 방법에서는 비점성 유동에서의 오일러 방정식, 점성 유동에서의 나비에-스토크스 방정식을 주로 적용한다).

② 라그랑지언 기법(Lagrangian method) : SPH(Smoothed particle hydrodynamics)나 유체 역학적인 문제들을 풀기 위한 방식이다.

③ Spectral methods : 체비쇼프 다항식이나 구면 조화 함수를 기저 함수(basis function)로 두고 지배 방정식을 투영(projection)하여 계산하는 방식이다.

④ LBM (격자 볼츠만기법) : 실제 문제를 미소한 격자나 하나의 큰 계가 아니라 데카르트 격자계에 존재하는 중간 크기(mesoscopic)의 계로 등가하여 계산하는 방식이다.

⑤ 난류 유동모델 방식 : 난류의 전단응력과 유동 특성간의 선형 함수 관계를 가정한 Boussinesq 가정(Boussinesq hypothesis)에 기반을 두고 있는 방식이다.

(5) CFD의 특징

① 보통 유체 분야는 열(熱) 분야와 함께 다루어진다. 그래서 열 유체라는 표현을 많이 사용한다.

② 이러한 열유동 분야의 가장 대표적인 tool로써 Flunet라는 범용해석 tool이 있다.

③ 적용범위는 광범위하지만 대표적인 예로 Fluent 같은 경우는 항공우주, 자동차, 엔진, 인체 Blood 유동 등에 사용되고 있다.

④ 자연계에 존재하는 모든 현상을 전산 프로그래밍화만 가능하다면 해석할 수가 있다.

⑤ CFD의 적용분야

  ㈎ 층류 및 난류의 유동 해석   ㈏ 열전도 방정식

  ㈐ 대류 유동 해석   ㈑ 대류 열전달 해석

  ㈒ 사출성형의 수지흐름 해석   ㈓ PCB 열분석

  ㈔ 엔진의 열분석   ㈕ 자동차 및 우주항공 분야

  ㈖ 의학 분야 (인체 Blood유동 등)

(6) CFD의 단점

① 그러나 이러한 해석 tool 역시 사람이 인위적인 가정 하에 프로그래밍된 것이기 때문에 자연현상을 그대로 표현하기에는 한계가 있다고 할 수 있다.

② 그래서 실질적으로는 많은 실험자료와 함께 비교 활용되어진다.

③ CFD에 지나치게 의존하여 업무 혹은 연구가 진행되면 실제의 현상과 괴리되어 문제를 야기할 수도 있다(이론과 실험의 접목이 가장 좋은 방법이다).

---

4. 인버터 냉난방기와 인버터에 대하여 다음 사항을 설명하시오.

(1) 에너지 절감원리 및 기본식

(2) 인버터 기본 구성 및 회로

(3) 인버터 용량산정 및 시공 시 주의사항

정답 **(1) 에너지 절감원리 및 기본식**

① 기계설비(냉난방기) 분야의 인버터는 VVVF(Variable Voltage Variable Frequency)라고도 하며 주파수를 조절하여 용량(운전 속도)을 조절(가변)하는 역할을 한다.

② 교류 ↔ 직류로 변환 시 전압과 주파수를 조절하여 전동기의 속도를 조절할 수 있도록 해주는 장치이다 (전압을 같이 조절하는 이유는 토크가 떨어지지 않게 하기 위함).

③ 인버터는 VVVF라는 용어 외에도 VSD(Variable Speed Drive)라고도 부르는데, 이는 회전속도를 제어하는 장치를 의미한다.

④ 냉난방기에서 냉매 압축기의 용량가변 분야의 인버터의 의미는 '컨버터형 인버터'라고 할 수 있다. 즉, 교류의 주파수를 변환하여 회전수를 가변하는 반도체를 이용한 장치라고 할 수 있다.

⑤ 인버터의 기본식

$$Q' = \left(\frac{N'}{N}\right) \cdot Q$$

$$H' = \left(\frac{N'}{N}\right)^2 \cdot H$$

$$P' = \left(\frac{N'}{N}\right)^3 \cdot P$$

여기서, N, N' : 변화 전, 후의 회전수(rpm)　　Q, Q' : 유량(Lpm)
　　　　H, H' : 양정(m)　　　　　　　　　　P, P' : 동력(kW, HP)

㉮ 위 식에서 회전수 변경 후의 동력(P')는 회전수 변경 전의 동력(P) 대비 회전수 변경비의 세제곱만큼 커진다는 것을 알 수 있다.

㉯ 만약, 부하가 절반으로 되어 풍량이 1/2로 되면, 동력은 1/8로 절감할 수 있음을 의미한다.

(2) 인버터 기본 구성 및 회로

① 차핑(Chopping) : 인버터 각 ARM에 있는 스위치의 ON, OFF 시간을 조절하여 펄스폭을 변경하여 출력 평균 전압을 제어한다. 펄스폭이 커지면 평균 전압이 커지고, 펄스폭을 작게 하면 평균전압이 작아진다(Variable Voltage 기능).

② 스위칭(Switching) : 인버터의 각 ARM에 있는 스위치의 ON, OFF 주기를 조절하여 출력 주파수를 제어(변환)한다(Variable Frequency).

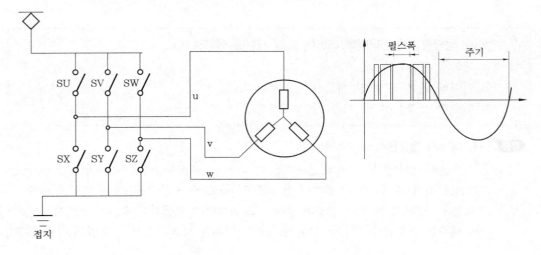

(3) 인버터 용량산정 및 시공 시 주의사항

① 인버터 운전방식은 지나치게 주파수 변경 영역을 크게 하면 전기적 고장이나 소손 등을 야기할 수 있으므로 일정 범위(Hz) 내에서의 운전을 위해 최고 및 최저 주파수를 설정하여 적용함이 필요하다.

② 냉난방기에서 인버터 방식의 용량조절 방식은 다소 용량이 큰 인버터 압축기(운전 드라이브 포함)를 적용하여야 제대로 효과를 볼 수 있다(인버터의 특성상 저부하 영역일수록 효율이 상승하는 경향을 보임).

③ 이러한 인버터 방식의 회전수 변경을 이용한 에너지 절감 과정에서 일부 직류 및 교류 변환 에너지 손실이 발생할 수 있으므로, 이때 발생하는 손실을 차감하여야 실제 순수 에너지 절감량을 산출해낼 수 있다(이때 그 손실량은 해당 동력의 약 5~10% 수준으로 평가된다).

④ 냉난방 설비의 에너지 절감을 위해 인버터 방식을 적용하면, Energy saving은 당연히 이루어지겠지만, 인버터 드라이브 구입, 설치비 등으로 인하여 초기투자비가 일정량 증가함을 감안하여야 한다.

---

5. 지하층 엘리베이터 홀의 벽체에 결로 발생을 방지하기 위하여 제습기를 설치하려고 한다. 다음과 같은 조건일 때 결로 발생을 방지하기 위한 제습기 용량(l/day)을 구하시오. (단, 투습은 고려하지 않는다.)

> [조건]
> 1. 홀의 면적 : 35m², 홀의 높이 : 4m
> 2. 환기횟수 : 0.7회/h
> 3. 표준상태(STP)에서 공기의 비중 : 1.3, 물의 비중 : 1
> 4. 실내공기 조건
>   • 실내온도 : 27℃, 상대습도 : 84%일 때 절대습도 : 19 g/kg
> 5. 결로 발생 구조체의 조건
>   • 표면온도 : 21.5℃, 상대습도 : 100%일 때 절대습도 : 16 g/kg

정답 (1) 홀의 체적(V)

V = 홀의 면적 × 높이 = 35 × 4 = 140m³

(2) 풍량(Q)

Q = 홀의 체적(V) × 환기횟수 = 140m³ × 0.7회/h = 98 m³/h

(3) 제습기 용량

① 습공기선도상 표기

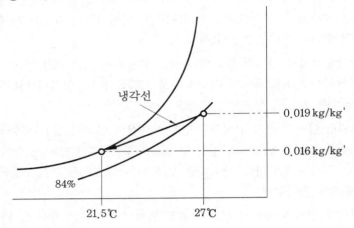

② 계산 : STP에서 공기의 밀도를 $1.3\,\text{kg/m}^3$ 이라고 고려하여

기체의 상태방정식 $P \cdot v = R' \cdot T$ 에서,

밀도 $(\rho) = \dfrac{1}{v} = \dfrac{P}{R' \cdot T}$ 이므로, 밀도(ρ)는 절대온도(T)에 반비례한다.

여기서, P : 공기의 압력

v : 공기의 비체적

R' : 공기의 기체상수

T : 공기의 절대온도

따라서 실내온도 27℃에서의 밀도는 $\dfrac{1.3 \times 273.15}{273.15 + 27} = 1.183\,\text{kg/m}^3$

그러므로,

제습기 용량 $= 98\,\text{m}^3/\text{h} \times 1.183\,\text{kg/m}^3\,(0.019 - 0.016) = 0.3478\,\text{kg/h} = 8.35\,l/\text{d}$

---

6. 다음을 설명하시오.

(1) BIPV (Building Integrated PhotoVoltaic system)와 BAPV (Building Added PhotoVoltaic system)

(2) BIPV의 장점, 해결과제, 설계 시 고려사항 및 설치 형태에 따른 특징

정답 (1) BIPV (Building Integrated PhotoVoltaic system)와 BAPV (Building Added PhotoVoltaic system)

① BIPV (Building Integrated PhotoVoltaic system)

㉮ 건물 일체형 태양광 BIPV(Building Integrated PhotoVoltaic system)은 태

양광 모듈을 창문, 지붕 등의 건축물 외장재와 일체화한 것이 특징이다.

(나) 하나의 소재가 건축물의 외장재로서의 역할과 태양광 모듈의 기능을 동시에 행하는 방식이다.

(다) 건물 일체형 태양광을 건축물에서 떼어내면, 건축물 본래의 외장 소재로서의 기능도 못하는 경우에 해당한다.

② BAPV (Building Added PhotoVoltaic system)

(가) 건물 적용형 태양광 BAPV (Building Applied PhotoVoltaic System)은 별도의 태양광 모듈을 건축물의 창문, 지붕 등에 덧대어 추가로 설치하는 방식이다.

(나) 건물 적용형 태양광을 건축물에서 떼어내더라도 본래의 건축물로서의 기능에는 문제가 없는 방식이다.

(2) BIPV의 장점, 해결과제, 설계 시 고려사항 및 설치 형태에 따른 특징

① BIPV의 장점

(가) 건물의 외피(외장재)와 태양전지를 겸할 수 있어 설치비가 절감될 수 있다.

(나) 설치부지 확보 비용이 거의 들지 않는다.

(다) 커튼월, 지붕, 차양, 타일, 창호, 창유리 등 다양하게 사용 가능하다.

(라) 건물의 외장재 대신 그대로 적용이 가능하므로 태양전지 설치면적이 부족한 나라 등에서는 엄청난 파급효과가 있다.

(마) 설치 지지대(가대, 기초 등)의 설치비용이 들지 않는다.

(바) 전기부하가 발생하는 지점에서 바로 발전이 가능하여 송전손실이 거의 없다.

(사) 건축 디자인 측면에서도 우수하게 적용할 수 있다.

(아) 환경 친화적이고 효율적인 건물 설계 가능

(자) 미래 지향적인 투자 가능

② BIPV의 해결해야 할 과제

(가) 태양광 모듈을 최대효율 기준으로 선정하지 말고, 기후조건(일사량, 일조시간 등)을 고려하여 연중 평균 발전량이 가장 높은 방식의 것을 선정하여야 한다.

(나) 건축물 주변 건물이나 장애물 등의 음영의 영향을 많이 받지 않게 설계하여야 한다.

(다) 음영의 길이가 가장 긴 겨울철 하지 기준의 이격거리를 기준으로 충분히 띄어 설치한다.

(라) 건물에 적용하는 방식, 위치와 각도 등 다양한 조건에 따라 발전량과 경제성의 차이가 매우 크므로, 그 결과를 제대로 평가 및 예측하여야 한다.

③ BIPV의 설계 시 고려사항

(가) 건축물 외장재와 태양광 모듈의 통합에 따른 총 설치비 절감량, 발전량에 따른 경제적 효과 등을 평가하여 합리적인 범위와 규모로 설계하여야 한다.

(나) 사전 신재생에너지 보급 관련 법규상의 의무 설치 필요량 등에 대한 확인이 반드시 필요하다. 또한 필요시 전문가의 도움을 받는다.

(대) BIPV는 창문, 지붕, 커튼월, 차양, 타일 등 다양한 곳에 적용 가능하다.

(래) 태양광 모듈의 안전성, 방수, 방화, 내구성 등 관련 한국에너지공단의 기준에 대한 만족 여부를 모두 체크하여야 한다.

(매) 건축가 및 수요자의 디자인 측면과 건축 성능상의 요구사항을 모두 충족시킬만한 품질의 수준으로 설계를 하여야 한다.

(배) 기타의 설계 시 고려사항

㉮ PV모듈에 음영이 생기지 않게 할 것

㉯ PV모듈 후면 환기 실시 : 온도 상승 방지

㉰ 서비스성 개선 구조로 할 것

㉱ 청결 유지될 수 있는 구조로 할 것

㉲ 전기적 결선(Wiring)이 용이한 구조로 할 것

㉳ 배선 보호 : 일사(자외선), 습기 등으로부터의 보호가 필요하다.

㉴ 방위 및 경사가 적절할 것

㉵ 인접 건물과의 거리가 충분할 것

㉶ 건축과의 조화를 이룰 것

㉷ 형상과 색상이 기능성 및 건물과 조화를 이룰 것

㉮ 건축물과의 통합 수준을 향상시킬 것 등

④ BIPV의 설치 형태에 따른 특징

(가) 지붕 일체형 : 지붕 일체형은 지붕재와 태양광 모듈을 일체화 적용한 타입으로서, 태양광 모듈의 최적의 필요 경사각도(약 30~40°)를 만들기가 쉬워져 단위 면적당 발전량 증가에 유리하다.

(나) 채광창 일체형 : 자연광 유입 부위에 설치하여 채광조건과 발전량의 최적화를 동시에 이루어야 하므로 두 기능을 적절히 수준에서 매칭하여야 한다.

(다) 벽면 외장형 : 벽면 외장형은 건축물의 외장재 중 벽면에 설치하는 방식으로, 건축물 고유의 디자인을 최대한 살려 설치하여야 한는 제약이 따른다.

(라) 커튼월형 : 커튼월형은 개방감을 확보한 커튼월에 설치하는 방식으로 가시광선의 투과성, 건물 디자인과의 매칭, 설계 최소 발전량 이상 확보 등의 문제를 해결하여야 한다.

(마) 스팬드럴형

㉮ 투과율이 필요 없는 스팬드럴 구간에 설치하는 방식으로서, 고효율 및 고성능 모듈제품을 적용하기에 유리하다.

㉯ 발전량을 최대로 하기 위한 최적의 각도(약 30~40도) 형성에도 유리하다.

【제 3 교시】

1. 베르누이 정리 및 토리첼리 정리에 대하여 설명하시오.

정답 **(1) 베르누이 정리**

① 물리학의 '에너지 보존의 법칙'을 유체에 적용하여 얻은 식

② '운동유체가 가지는 에너지의 총합은 일정하다'라는 의미를 지닌 방정식, 즉 유체가 가지고 있는 에너지 보존의 법칙을 관속을 흐르는 유체에 적용한 것으로서 관경이 축소(또는 확대)되는 관속으로 유체가 흐를 때 어느 지점에서나 에너지의 총합은 일정하다(단, 마찰손실 등은 무시).

③ 주로 학계에서는 운동유체의 압력을 구할 때 많이 사용하고, '공조 분야'에서는 수두(H)를 구할 때 많이 사용한다.

④ 법칙식

$$P + \frac{1}{2}\rho v^2 + \gamma Z = 일정$$

혹은

$$\frac{P}{\gamma} + \frac{v^2}{2g} + Z = H\,(일정)$$

여기서, H : 전수두 (m) P : 각 지점의 압력 (Pa, kgf/m^2)

ρ : 유체의 밀도 (kg/m^3) γ : 유체의 비중량 (N/m^3, kgf/m^3)

v : 유속 (m/s) g : 중력 가속도 (9.8m/s^2)

Z : 기준면으로부터 관 중심까지의 높이 (m)

⑤ 베르누이 정리 (Bernoulli's Equation)의 가정(Assumption)

㈎ 1차원 정상유동이다.

㈏ 유선의 방향으로 흐른다.

㈐ 외력은 중력과 압력만이 작용한다.

㈑ 비점성, 비압축성 유동이다.

㈒ 마찰력에 의한 손실은 무시한다.

⑥ 베르누이 정리의 응용(사례)

㈎ Injector (무동력 펌프)

㋐ Injector (무동력 펌프)는 증기보일러의 급수장치로서 Bernoulli 정리에 의해 보일러 급수가 이루어진다.

㋑ 이 펌프는 신뢰성이 우수하여 주로 예비용(정전 대비용, 비상용 등)으로 사용되는 펌프의 일종이다.

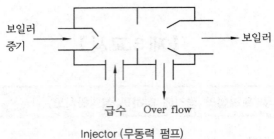

Injector (무동력 펌프)

(나) 빌딩풍 : 도심의 높고 좁은 빌딩 사이로 바람이 불면서 공기의 속도가 증가해 바람이 세게 부는 현상인 빌딩풍도 베르누이의 원리로 설명할 수 있다. 보통 빌딩을 타고 내려오는 바람은 풍속이 2~3배로 증가하여 초속 20~30m의 강한 바람으로 바뀌어 사람이나 간판까지 날려버릴 수 있는 위력을 가진다. 또한 빌딩풍으로 인한 소용돌이 바람은 먼지와 소음을 가져오기도 한다. 이런 빌딩풍의 피해를 줄이기 위해 이제까지의 빌딩 모양을 새로이 바꾸거나 바람을 완화하는 구조물을 설치하는 등 다양한 연구 노력을 하고 있다. 그리고 강한 빌딩풍을 풍력발전에 이용하여 에너지를 생산하기도 한다.

(다) 기타의 베르누이 원리 적용 사례

   ㉮ 축구선수가 축구공의 한가운데를 차지 않고 측면을 차면 공은 회전하면서 휘어져 날아가는 현상

   ㉯ 야구에서 투수가 던지는 커브볼의 원리

   ㉰ 자동차 엔진의 벤투리관으로 들어간 공기를 혼합가스로 만들어 엔진룸으로 보내는 원리

   ㉱ 멈춰 있는 열차에 타고 있을 때 옆으로 급행열차가 지나가면 타고 있던 열차가 크게 흔들리는 현상

(2) 토리첼리 정리

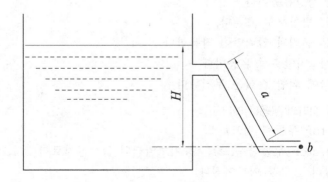

① 상기 그림에서 'a'의 어느 지점에서나 총 에너지의 합은 동일하다.

② 그림의 'b' 지점에서의 속도 계산

'베르누이 방정식'에서

$$\frac{P}{\gamma} + \frac{v^2}{2g} + Z = H$$

$$v = \sqrt{2gH}$$

여기서, H : 전수두 (m) P : 각 지점의 압력 (kgf/m^2 혹은 Pa)

v : 유속 (m/s) γ : 유체의 비중량 (kgf/m^3 혹은 N/m^3)

g : 중력 가속도 ($9.8\,m/s^2$) Z : 기준면으로부터 관 중심까지의 높이 (m)

---

2. 터보 냉동기와 흡수식 냉동기 각각의 운전상 특징 및 장단점에 대하여 설명하시오.

정답 **(1) 개요**

① 냉동기는 그 원리와 특성 등에 따라 주로 많이 적용되어지는 대표적인 냉동기로서, 왕복동식 냉동기, 스크루 냉동기, 터보(원심식) 냉동기, 흡수식 냉동기, 흡착식 냉동기 등으로 대별될 수 있다.

② 터보(원심식) 냉동기는 대용량형으로 적합한 구조이며, 유체의 밀도가 낮아 원거리용으로나 고압축비로는 사용이 비교적 곤란하다는 단점이 있다.

③ 흡수식 냉동기는 폐열의 회수가 용이하고, 냉매용 압축기 등의 고속 전동기류가 없어서 소음 및 진동이 매우 적은 편이다.

(2) 터보 냉동기

① 터보 냉동기의 특징

(가) 원심식 압축기를 장착한 대용량의 냉수 생산용 냉동기를 말하며, 미국에서는 주로 'Centrifugal Chiller'라고 부른다.

(나) 대용량형, 고압축비에는 부적당할 수 있다.

(다) 부분부하 특성이 매우 우수한 편이다.

(라) 용량제어법(냉동기 운전효율 및 신뢰성 향상과 운전에너지 절감)

㉮ 바이패스 제어법 : 동력 절감 안 됨, 가스의 과열 초래 가능성

㉯ 회전수(속도) 제어법 : 인버터 드라이버 등 고가, 동력절감 용이

㉰ 압축기 흡입댐퍼 제어법 : 흡입측 댐퍼를 조절하는 방법

㉱ 압축기 흡입베인 제어법 : 안내깃의 각도 조절법, 가장 널리 사용된다.

㉲ 냉각수량 조절법 : 일종의 응축압력 조절법에 해당된다.

② 터보 냉동기의 장점

(가) 대용량형으로 적합한 구조이다.

(나) 저압축비로 운전되어 효율(COP)이 다른 냉동기 대비 우수한 편이다.

(다) 신뢰성이 높은 편이다.

⒯ 장비 크기가 비교적 작아서 설치면적이 적은 편이다.

⒨ 수명이 길며, 운전 및 관리가 용이하다.

⒱ 냉수온도를 낮게 하기가 용이하다.

⒳ 용량 대비 초기 투자비가 저렴한 편이다.

⒮ 냉동기 서로 간의 조합이 용이하다.

③ 터보 냉동기의 단점

⒢ 유체의 밀도가 낮아 원거리용으로는 부적당하다.

⒣ 고압축비로는 사용이 비교적 곤란한 방식이다.

⒤ 주 에너지원으로 전기를 사용하므로 에너지 다소비형 건물에서는 부담이 될 수 있다.

⒭ 흡수식 냉동기에 비하여 소음과 진동이 큰 편이다.

⒨ 수변전 용량이 커질 수 있다.

⒱ 건물에 부분부하 발생 시 용량 감소로 서징의 발생이 우려될 수 있다.

⒳ 전력요금이 비싼 지역에서는 운전비가 증가된다.

(3) 흡수식 냉동기

① 흡수식 냉동기의 특징

⒢ 흡수식 냉동기는 전동식 압축기가 없이 구동되는 냉동기로서 냉매와 흡수제의 상호 흡착/탈착 원리에 의해 냉동 사이클을 이룬다.

⒣ 흡수식 냉동기는 응축열 등의 폐열의 회수가 용이하고, 냉매용 압축기 등의 고속 전동기류가 없어서 소음 및 진동에 매우 유리한 방식이다.

⒤ 용량 제어법 (냉동기 운전효율 및 신뢰성 향상과 운전에너지 절감)

㉮ 가열용량 제어 : 가열원에 대한 제어 (구동열원 입구 제어 혹은 가열용 증기, 온수 유량 제어)

㉯ Bypass 제어 : 재생기로 공급되는 흡수 용액량 제어방식 (희용액~농용액 Bypass 제어)

㉰ 가열량 제어＋용액량 제어(Bypass 제어)

㉱ 응축기의 냉각수량 제어 (잘 사용하지 않는 제어)

㉲ 3위치 제어, 대수 제어 등

㉳ 직화식 냉동기의 경우

• 버너 연소량 제어 : 직화식에서 버너의 연소량 제어

• 버너 On-Off 제어 혹은 High-Low-Off 제어

② 흡수식 냉동기의 장점

⒢ 전동식 압축기가 없어 전력 소요가 적고, 피크 부하가 줄어든다.

⒣ 에너지이용합리화법에서 냉방방식 중 전력의 사용을 제한할 목적으로 설치를 권장하는 냉방방식 중 하나이다.

⒤ 운전경비가 절감되고, 폐열회수가 용이하다.

(라) 건물의 열원으로 '흡수식 냉동기+보일러' 채택 시 사용 연료의 단일화가 가능하다.

(마) 기계의 소음 및 진동이 적다.

③ 흡수식 냉동기의 단점

(가) 초기 설치비가 비싼 편이다.

(나) 냉각탑 용량, 가스설비, 부속설비 등이 커진다.

(다) 열효율이 낮은 편이다.

(라) 결정사고를 방지하기 위해 운전 정지 후에도 용액펌프를 일정시간 운전해야 한다.

(마) 초기 운전 시 정상적인 냉수의 생산까지 다소 시간이 소요된다.

---

3. 건설산업의 BIM(Building Information Modeling) 활용에 대하여 다음과 같이 구분하여 설명하시오.
(1) 설계   (2) 시공
(3) 유지관리   (4) 스마트 건설에서의 활용

정답 **(1) 설계**

① 설계 단계 시 적용할 수 있는 BIM 기술은 기획 단계, 기본 단계, 실시 단계별로 구분하여 적용하며, 각 단계에 따른 BIM의 적용사항들은 새로운 내용일 수도 있으나 기획~기본~실시의 연속적인 단계로 적용한다면 전 단계의 내용을 후 단계에서 확대·확장하는 개념으로 볼 수 있다.

② 드론 기반 지형·지반 모델링 자동화 기술

(가) 융복합 드론(카메라 레이저 스캔, 비파괴 조사장비, 센서 등과 결합)이 다양한 경로로 습득한 정보(사진촬영, 스캐닝)로부터 지형의 3차원 디지털 모델을 자동 도출하여 BIM에 접목 가능하다.

(나) 공사 부지의 지반조사 정보를 BIM에 연계하기 위한 측량, 시추 결과를 바탕으로 지반강도, 지질상태 등을 보간 예측 가능하다.

(다) AI를 활용한 형상·속성정보를 통합 BIM 모델링에 접목 가능하다.

③ BIM 적용 표준

(가) 다른 사용자 간 디지털 정보를 원활하게 인지·교환할 수 있도록 BIM 설계 객체의 분류 및 속성정보에 대한 표준을 구축해야 한다.

(나) 시간의 경과, 소프트웨어의 종류(버전) 등에 관계없이 동일한 데이터를 저장하고 불러올 수 있는 공통의 파일 형식을 마련해야 한다.

(다) 축적된 BIM 데이터를 바탕으로 새로운 정보와 지식을 창출할 수 있는 빅데이터 활용 표준을 구축할 수 있다.

④ BIM 설계 자동화 기술

(가) 라이브러리를 활용해 속성정보를 포함한 3D 모델의 구축이 필요하다.

(나) 완료된 프로젝트에서 BIM 라이브러리를 자동 생성해야 한다.

⑤ BIM(Building Information Modeling)의 설계 프로세스
　㈎ 1단계 – 개념 모델링
　　㉮ 1단계에서는 설계 초기 단계의 개념 모델을 디자인하여 3D 형상을 결정하는
　　　단계이다.
　　㉯ 3D 형상정보에서 건축요소를 추출하여 변환하는 단계이다.
　㈏ 2단계 – 건축 모델링
　　㉮ 2단계에서는 앞서 생성된 형상정보에 속성정보를 지정하는 단계이다.
　　㉯ 각각의 뷰에서 건축요소의 속성정보를 설정하여 형상을 생성시키고 각각의 건
　　　축요소는 구속조건을 통해 건축요소 상호간에 영향을 준다.
　㈐ 3단계 – 구조 모델링
　　㉮ 3단계의 구조 모델링은 건축 모델에서 구조형상정보를 참조하여 구조해석과
　　　도면작업을 수행하는 단계이다.
　　㉯ 기존 2D설계 기반의 구조해석은 2D 구조도면을 보고 3D모델링을 거쳐야만 해
　　　석을 할 수 있었으나 BIM에서는 건축에서 구축된 BIM Model의 형상정보를
　　　가져와서 해석할 수 있다.
　㈑ 4단계 – 환경 분석과 MEP 모델링
　　㉮ 건축의 'Room & Area' 정보를 기반으로 Zoning을 생성하여 에너지 분석도
　　　구를 통해 실별, 냉난방 부하를 시뮬레이션하여 시설의 용도와 지역위치에 따른
　　　냉난방 부하 결과를 실별로 구분하여 보여줄 수 있다.
　　㉯ 이 단계에서는 국내 기후 등의 입력 데이터가 얼마나 정확한지가 중요한 관건
　　　이 된다.
　　㉰ 기본적인 시스템 패밀리들은 MEP의 객체인 파이프, 덕트, 전선과 같은 연결요
　　　소들이며 장치요소(Equipment, Fixture) 등과 연결하여 회로를 구성한다.
　　㉱ 외부 패밀리로 제공되는 장치요소는 형상정보에 연결정보(전력, 파이프, 덕트
　　　연결)와 설비장치의 성능정보를 포함하여 구성된다.
　㈒ 5단계 – 간섭체크 및 시뮬레이션
　　㉮ 5단계에서는 분야별로 각각 작성된 BIM Model을 통합하여 BIM 데이터를 완
　　　성하는 단계이며, 요소간섭을 검토하여 Model의 오류를 수정해야 한다.
　　㉯ 2D 기반의 도면 데이터는 분산 작성되어 설계오류를 파악하는 것이 어려우며
　　　이에 비해 3D Model은 2D 도면보다 설계 오류를 쉽게 파악할 수 있다.
　　㉰ 3D Model의 복잡성으로 Model의 오류를 수동으로 확인하는 것은 한계가 있
　　　기 때문에 Crash Detective 기능 등을 이용하여 간섭체크의 결과를 쉽게 보고
　　　받을 수 있다.
　㈓ 6단계 – 시각화
　　㉮ BIM Model에서 시각화에 필요한 데이터를 처리하여 시각화하는 단계이다.
　　㉯ 이 단계에서는 시각화에 필요한 데이터 전체를 변환 혹은 필요한 데이터만을

처리하는 방식의 두 가지가 있다.

(2) 시공

① BIM이라는 공통의 플랫폼을 기반으로 한 '통합 프로젝트 발주방식(IPD : Integrated Project Delivery)' 또는 Pre Construction 개념에서 시공이 설계와의 협업 혹은 융합 방식의 발주 방식이 널리 확산되고 있다.

② BIM 기반 공정 및 품질 관리

    ㈎ BIM 기반 공사관리를 통해 주요 공종의 시공 간섭을 확인하고, 드론·로봇 등 취득 정보와 연계해 공정진행 상황을 정확히 체크 가능하다.

    ㈏ 가상시공을 적극 활용하여 조건·환경 변화에 따라 공사관리 최적화가 가능하다.

    ㈐ BIM과 AI를 활용해 사업목적·제약조건 등에 따라 맞춤형 공사관리 방법을 도출한다.

③ 건설기계 자동화 기술 : 건설기계에 탑재한 각종 센서·제어기·GPS 등을 통해 기계의 위치·자세·작업범위 정보를 BIM에 제공 가능하다.

④ 건설기계 통합운영 및 관제 기술

    ㈎ BIM과 AI를 활용하여 최적 공사계획 수립 및 건설기계 통합 운영이 가능하다.

    ㈏ 센서 및 IoT를 통해 현장의 실시간 공사정보를 관제에 반영 가능하다.

⑤ 시공 정밀 제어 및 자동화 기술

    ㈎ BIM, 로봇, 드론 등을 활용하여 조립 시공(양중·제어·접합 등 일련 과정)의 자동화가 가능하다.

    ㈏ 공장의 사전제작·현장 조립(Modular or Prefabrication) 등 공법의 확대 적용이 가능하다.

⑥ 현장 안전사고 예방 기술

    ㈎ BIM과 ICT를 기반으로 가시설, 지반 등의 취약 공종과 근로자 위험요인에 대한 정보를 센서, 스마트 착용장비 등으로 취득하고 실시간 모니터링이 가능하다.

    ㈏ 축적된 작업패턴, 사례(빅데이터) 분석을 통해 얻은 지식과 실시간 정보를 연계하여 위험요인을 사전에 도출하는 예방형 안전관리가 가능하다.

(3) 유지관리

① BIM, IoT 센서 기반 시설물 모니터링 기술

    ㈎ 특정 상황이 발생하였을 때에만 수집된 정보를 전송함으로써 무선 IoT 센서의 전력 소모를 줄이는 상황 감지형 정보 수집이 가능하다.

    ㈏ 이를 위해 대규모 구조물의 신속·정밀한 정보 수집을 위한 대용량 통신 N/W이 요구된다.

② BIM, 드론·로보틱스 기반 시설물 상태 진단 기술

    ㈎ BIM 정보에 기반한 다기능 드론(접촉+비접촉 정보수집)을 통해 시설물을 진단 가능하다.

⒝ 드론·로봇 결합체가 시설물을 자율적으로 탐색하고 진단이 가능하다.

③ BIM과 빅데이터 통합 및 표준화 기술

㈎ 시설관리자 판단에 의한 비정형 데이터를 정형 데이터로 표준화가 가능하다.

㈏ 산재되어 있는 건설관련 데이터들을 통합하여 빅데이터 구축이 필요하다.

④ BIM과 AI 기반 유지관리 최적 의사결정 기술

㈎ BIM을 기반으로 구축된 빅데이터 시스템을 바탕으로 AI가 유지관리 최적 의사 결정 지원이 가능하다.

㈏ 시설물의 3D 모델(디지털 트윈)을 구축해 유지관리 기본 틀로 활용 가능하다.

(4) 스마트 건설에서의 활용

① 스마트 건설이란 전통적인 건설(토목, 건축) 기술에 BIM, IoT, Big Data, Drone, Robot 등 4차 산업 신기술을 융합한 기술을 말한다.

② 스마트 건설 기술 중 설계 단계 시 적용 가능한 기술로는 BIM이 가장 적합하다.

③ 스마트 건설 기술에는 많은 4차 산업의 신기술들이 있지만 대부분의 기술들은 시공 및 유지관리 단계에서 효과적으로 적용할 수 있는 기술들이다.

④ 단계별 활용 분야

㈎ 설계분야에서의 활용

㉮ BIM 기반 설계 자동화

㉯ Big Data 활용 시설물 계획

㉰ VR 기반 대안 검토

㈏ 시공분야에서의 활용

㉮ 3D 프린터를 활용한 급속시공

㉯ IoT 기반 현장 안전관리

㉰ 장비 로봇화 & 로봇 시공

㈐ 유지관리분야에서의 활용

㉮ AI 기반 시설물 운영

㉯ 센서 활용 예방적 유지관리

⑤ 스마트 건설 기술은 건설 산업에 새로운 지식을 도입하여 다른 산업에 비해 저조한 생산성을 갖고 있는 건설분야의 생산성을 향상시키고자 하는 것이다.

⑥ 스마트 건설에서 설계분야의 생산성 향상은 단순히 BIM 적용만으로는 이루어지는 것은 아니다. BIM을 적용할 수 있는 건설 환경, 제도, 규약, 기술 및 인력 등 많은 부분의 변화가 있어야만 가능하다.

⑦ 글로벌 건설 선진국처럼 BIM을 적용할 수 있는 기술력 보유와 더불어 건설 환경 역시 BIM에 걸맞게 변화되어야 하며, 이러한 건설 환경의 변화가 빨리 이루어져 설계분야에 서의 스마트 BIM 건설기술도 활발하게 활용되어질 수 있다.

4. 건축설비 설계 시공 시 에너지 절약 계획서에 대하여 다음을 설명하시오.
   (1) 목적 및 정의   (2) 주요내용   (3) 제출대상 건축물

정답 **(1) 목적 및 정의**

① 목적 : 건축물의 효율적인 에너지 관리를 위하여 열손실 방지, 에너지절약형 설비사용 등을 비롯하여 에너지절약 설계에 대한 의무사항 및 에너지성능지표를 규정

② 정의

  ㈎ 일정 규모(연면적 500m^2) 이상 신축건물의 건축허가 신청 시 건축물 에너지절약설계기준(국토교통부 고시), 녹색건축물 조성 지원법에 의거 에너지절약계획서를 제출

  ㈏ 한국에너지공단은 에너지절약계획서의 적정성 여부(의무사항 전 항목 채택 및 EPI 65점 이상 취득[공공기관은 74점 이상])를 자문하고, 지자체에서 건축허가 결정

(2) 주요내용

① 에너지절약설계기준 의무 사항

  ㈎ 건축 부문 : 아래를 포함한 전체 7개 항목에 대한 평가 진행

    ㉮ 단열조치 준수 여부

    ㉯ 에너지성능지표의 건축 부문 1번 항목 배점을 0.6점 이상 획득 여부

  ㈏ 기계설비 부문 : 아래를 포함한 전체 5개 항목에 대한 평가 진행

    ㉮ 냉난방설비의 용량계산을 위한 설계용 외기조건 만족 여부

    ㉯ 펌프의 KS인증제품 또는 KS규격에서 정해진 효율 이상의 제품 채택 여부

  ㈐ 전기설비 부문 : 아래를 포함한 전체 9개 항목에 대한 평가 진행

    ㉮ 고효율변압기 설치 여부

    ㉯ 전동기에 역률 개선용 콘덴서 설치 여부

② 에너지성능지표

  ㈎ 건축 부문 : 아래를 포함한 전체 13개 항목에 대한 평가 진행

    ㉮ 외벽의 평균 열관류율

    ㉯ 지붕의 평균 열관류율

    ㉰ 최하층 거실바닥의 평균 열관류율

    ㉱ 외피 열교부위의 단열 성능

  ㈏ 기계설비 부문 : 아래를 포함한 전체 15개 항목에 대한 평가 진행

    ㉮ 난방설비의 효율 (%)

    ㉯ 냉방설비 COP

    ㉰ 열원설비 및 공조용 송풍기의 우수한 효율설비 채택 여부

    ㉱ 냉온수 순환, 급수 및 급탕 펌프의 우수한 효율설비 채택

  ㈐ 전기설비 부문 : 아래를 포함한 전체 15개 항목에 대한 평가 진행

    ㉮ 거실의 조명밀도 (W/m^2)

④ 간선의 전압강하 (%)

⑤ 변압기를 대수제어가 가능하도록 뱅크 구성

⑥ 최대수요전력 관리를 위한 최대수요전력 제어설비 적용 여부

㈃ 신재생설비 부문 : 아래 4개 항목에 대한 평가 진행

⑦ 전체 난방설비용량에 대한 신·재생에너지 용량 비율

④ 전체 냉방설비용량에 대한 신·재생에너지 용량 비율

⑤ 전체 급탕설비용량에 대한 신·재생에너지 용량 비율

⑥ 전체 조명설비전력에 대한 신·재생에너지 용량 비율

(3) 제출대상 건축물

① 연면적의 합계가 500제곱미터 이상인 건축물의 건축주가 다음 각 호의 어느 하나에
해당하는 신청을 하는 경우에는 대통령령이 정하는 바에 따라 에너지절약계획서를 제
출하여야 한다.

㈎ 「건축법」 제11조에 따른 건축허가 (대수선은 제외한다)

㈏ 「건축법」 제19조 제2항에 따른 용도변경 허가 또는 신고

㈐ 「건축법」 제19조 제3항에 따른 건축물대장 기재내용 변경

② 제출 제외 대상

㈎ 「건축법 시행령」 별표1 제1호에 따른 단독주택

㈏ 문화 및 집회시설 중 동·식물원

㈐ 「건축법 시행령」 별표1 제17호부터 제26호까지의 건축물 중 냉방 및 난방 설비
를 모두 설치하지 아니하는 건축물

㈑ 그 밖에 국토교통부장관이 에너지절약계획서를 첨부할 필요가 없다고 정하여 고
시하는 건축물

---

5. 다음의 조건으로 급탕 순환펌프 사양(유량, 양정, 동력)을 선정하시오. (단, 안전율(여유율)
은 적용하지 않는다.)

[조건]
1. 배관의 길이 : 600m
2. 단위 길이당 온도차에 따른 열손실 : 2.1 kJ/m·h·℃
3. 기기, 밸브류 등의 열손실량은 배관손실의 20%
4. 배관의 마찰손실은 20 mmAq/m
5. 기기, 밸브의 마찰손실은 직관의 마찰손실의 50%
6. 급탕온도 : 60℃, 환탕온도 : 50℃, 주위온도 : 10℃
7. 물의 비열 : 4.2 kJ/kg·℃, 물의 비중 : 1
8. 급탕 내 수온의 차 : 2℃
9. 펌프의 효율 : 50%

정답 ① 유량 계산 : 아래 LMTD 상관 관계식에서

$$LMTD = \frac{\Delta 1 - \Delta 2}{\ln\left(\dfrac{\Delta 1}{\Delta 2}\right)}$$

여기서, $\Delta 1 = 60 - 10 = 50℃$, $\Delta 2 = 50 - 10 = 40℃$이므로,

$$LMTD = \frac{50 - 40}{\ln\left(\dfrac{50}{40}\right)} = 44.814℃$$

급탕 배관계의 총 열손실량 $= 2.1\,kJ/m \cdot h \cdot ℃ \times 600m \times 44.814℃ \times 1.2/3600s$
$$= 18.822\,kJ/s$$

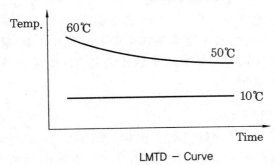

LMTD - Curve

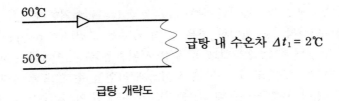

급탕 개략도

"배관 손실열량 + 급탕 내 수온 차에 의한 열량 소모 = 공급열량"에서,
$$18.822\,kJ/s + G \times C \times \Delta t_1 = G \times C \times \Delta t_2$$

여기서, $\Delta t_2 = 60 - 50 = 10℃$

급탕유량 $G = \dfrac{18.822}{C(\Delta t_2 - \Delta t_1)} = \dfrac{18.822}{4.2(10-2)} = 0.56\,kg/s$ 혹은 $0.00056\,m^3/s$

② 양정 계산

배관의 마찰손실 수두 $= 0.02m/m \times 600m = 12m$

기기, 밸브의 마찰손실 수두 $= 12m \times 0.5 = 6m$

그러므로, 펌프의 양정 = 총 마찰손실 수두 $= 12m + 6m = 18m$

③ 급탕 순환펌프 동력 계산

펌프의 동력 = 물의 비중량 × 유량 × 양정/효율
$$= 9.8\,kN/m^3 \times 0.00056\,m^3/s \times 18\,m/0.5 = 0.1976\,kW = 197.6W$$

6. 기계설비 유지관리를 고려한 기계실의 설계기준에 대하여 설명하시오.

정답 **(1) 개요**

① 기계실은 다양한 기계 장비, 특히 건물의 환경을 제어하는 데 사용되는 장비를 수용하는 룸이라고 할 수 있다.

② 기계실은 기계장비실이라고도 하는데, 기계장비, 안전장비, 전기장비 등의 장비들도 일반적으로 기계실에 함께 배치하는 경우가 많다.

③ 기계실은 무거운 장비나 기기들이 많이 반입되어야 하므로, 건축물에서 보통 지하층이나 1층에 많이 위치하지만, 고층건물 등에서는 펌프 등의 양정 및 수두압 문제 때문에 중간층, 최상층 등에 위치하거나 여러 곳에 분산 배치되는 경우가 많이 있다.

④ 기계실을 최상층에 설치하는 것도 방재 측면의 용이성, 공기의 질, 냉각탑과의 짧은 거리 등의 장점이 있으므로, 중량물에 대한 안전성, 반입문제 등만 해결한다면 하나의 좋은 대안이 될 수 있다.

(2) 기계실 장비 배치 관련 설계기준

① 정기적인 유지 보수 및 수리를 위한 충분한 공간이 확보되도록 장비를 배치해야 한다.

② 주위 배관 및 기타 하중이 장비에 직접 가해지지 않도록 배관, 부속기기 등을 설치한다.

③ 환수관에는 역류방지를 위해 check valve를 설치한다.

④ 경수연화장치를 설치한 경우, 급속 급수를 고려하여 by-pass배관을 고려할 것

⑤ 기타 감압밸브, 팽창밸브 등 주요 서비스성 부품 주변에는 by-pass배관을 추가로 설치하여 보수 및 수리 시에 용이하게 작업할 수 있도록 한다.

⑥ 안전밸브의 분출구는 배기관을 설치하여 옥외 안전지대까지 연장 및 외기로 배출이 용이하도록 할 것

⑦ 보일러 등의 블로 다운 시 발생하는 퇴적물 및 대량 배수에 따른 바닥으로의 물 넘침을 고려하여 트렌치 및 블로관을 설치할 것

(3) 배관 관련 설계기준

① 물을 저장할 수 있는 용기류가 포함된 장비의 경우, 점검 및 수리를 위한 배수밸브를 최저부에 설치하고 배관 및 장치의 탈착을 위한 플랜지를 설치할 것

② 공기의 정체가 쉬운 다음의 부분 등에는 공기빼기 밸브를 여유 있는 수량으로 설치할 것

㉮ 입상배관의 최상부

㉯ 수온이 올라가는 곳

㉰ 수압이 내려가는 곳

㉱ 기타 꺾인 배관 부위 등

③ 주요 기기 및 유량 제어용 밸브 상류 측에는 스트레이너를 설치할 것

④ 본체의 냉온수계, 냉각수계는 $8\,kg/cm^2$ 이상이 걸리지 않게 펌프 및 팽창탱크의 설치위치를 고려한다.

⑤ 수격현상을 방지하기 위하여 위로 향한 물매로 구성할 것

⑥ 증기난방의 경우 방열기 출구 혹은 관말 부위 등에 응축수 트랩을 설치하여 성능 저하를 방지할 수 있게 할 것

(4) 펌프류 관련 설계기준

① 하부 흡입방식에서는 foot valve 및 strainer의 설치 필요

② 바닥면의 이물질 흡입방지를 위해 바닥면에서 최소 200mm 이격

③ 소용돌이 등으로 인한 공기의 유입을 방지하기 위해서 벽면에서는 $3D$(관경) 이상 이격시킬 것

④ 흡입구에는 부압이 형성되지 않는지 확인 및 조치

⑤ 펌프를 향해 약 $\dfrac{1}{50} \sim \dfrac{1}{100}$ 의 상향구배의 유지

⑥ 리듀서는 수평으로 설치(저항은 가능한 한 적게 되도록 하고, 필요 시 한 치수 크게 할 것)

⑦ 펌프의 맥동에 의한 진동, 소음이 우려될 경우 펌프 토출 측 배관부분의 0.5~1.0 m 정도 길이를 한 치수 이상 큰 배관으로 설치할 것

⑧ 펌프 토출구로부터 15m까지는 방진행어를 설치할 것

⑨ Sump 및 배수는 오버플로 시의 침수 경로를 확인하여 건축적 및 설비적으로 대응을 고려할 것

⑩ 배수펌프의 용량은 오버플로 발생 시 및 우수 유입의 경우를 고려하여 여유있게 산정할 것

(5) 환기 관련 설계기준

① 기계실의 환기가 충분하여 보일러, 온수기, 온수파이프 등과 같은 기계장비의 과열을 방지하고, 공기의 질을 개선할 수 있을 것

② 외기 인입구 및 배기 그릴은 배기의 재흡입이 없도록 최소 5m 이상 이격시켜 설치하거나 이방향 루버로 설치할 것

③ 도로변에 설치한 배기구 등은 지상 2m 이상에 설치할 것. 부득이한 경우에는 바람의 방향을 제어하여 지나가는 행인 등에 직접 닿지 않게 할 것

④ 환기 덕트, 위생배관, 우수관, 연도 등과의 교차부분에는 점검 및 보수, 교체를 위한 space를 별도로 확보할 것

(6) 기계실 바닥 관련 설계기준

① 기계실의 바닥은 에폭시 등의 재료로 마감처리를 하여 청소하기 용이하고, 분진이나 미세먼지 등이 쌓이지 않게 할 것

② 기계실의 경사는 배수구를 향해 적절하게 경사가 있어야 하며, 위험한 화학 물질 등이 모일 수 있는 함몰이 없어야 한다.

③ 기계실이 지하에 위치하는 경우에는 물이 쌓이는 것을 막기 위해 섬프 펌프가 필요할 수 있다.

④ 장비 반입 동선상의 지장물은 최대한 배제시킬 수 있어야 한다.

(7) 소음 관련 설계기준

① 기계실의 다음 소음 전달경로를 잘 차단하여 소음과 진동으로 인한 인접실의 피해가 없도록 하여야 한다.

　(가) 바닥 구조체를 통한 실내 전달 : Floating 구조(Jack up 방진) 필요

　(나) 벽 구조체를 통한 실내로의 전달 : 중량벽 구조, 흡음재 설치 등 필요

　(다) 흡입구, 배기구를 통한 실내외 전달 : 단면적을 크게 하고, 흡음 체임버 설치가 필요

　(라) 덕트와 건축물 틈새 전달 : 밀실 코킹 실시 필요

　(마) 덕트를 통한 전달 : 덕트 흡음재, 에어 체임버, 소음기, 소음 엘보 등 설치 필요

② 장비의 운전 중 공진의 발생 관련하여서는 진동계가 그 고유진동수와 같은 진동수를 가진 외력(外力)을 주기적으로 받아 진폭이 뚜렷하게 증가하는 현상에 대한 방지가 필요(송풍기, 펌프, 냉동기 등)

(8) 수처리 관련 설계기준

① 수처리장치의 급수 계통에서 급수압을 검토하여 제품규격에 맞을 것

② 배관의 적정압력 및 내압성능 관련하여 필요 시 부스터 펌프 및 감압밸브를 추가로 설치할 것

③ 역류방지를 위해 체크밸브를 설치할 것

④ 수처리를 위한 화학약품 등은 보관 및 관리를 철저히 하여 오용되지 않게 할 것

⑤ 수처리기의 교체 등을 위해 필요 시 주변에 바이패스 배관 등을 설치할 것

(9) 트렌치 관련 설계기준

① 일정한 기울기를 유지할 수 있도록 sump를 중심으로 적절하게 배치할 것

② 출입구 및 주통로 부분은 가급적 피할 것

③ 응축수 환수관 등 매립이 곤란한 배관은 건트렌치를 계획하고, 경사도를 적절히 관리할 것

④ 트렌치는 필요한 장소에만 설치하여 최소화하는 것이 바람직하다.

(10) 연도 관련 설계기준

① 연도설계 계산서를 작성하고, 유지관리 시 기계실 등에 비치할 것

② 장비에서 요구하는 허용 배압의 초과 여부를 반드시 확인할 것

③ 2대 이상의 장비를 동일 연도로 접속한 경우 역류방지 및 신축 등을 고려할 것

④ 옥상 돌출부에 지장물 및 배기에 영향을 받을 수 있는 장비는 없는지 확인할 것

(11) 안전문제 관련 설계기준

① 기계실의 설계 및 유지관리에서 가장 중요하게 고려해야 할 문제가 "안전 문제"이다.

② 기계실을 물리적으로 격리(방화구획 등)하면 화재나 폭발이 건물의 다른 영역으로 전파되는 것을 방지하거나 느리게 할 수 있다.

③ 비상 상황을 위해 자동 운전·정지 외에 수동으로도 운전·정지가 가능하도록 할 것, 또한 수동버튼은 출입구 측에 설치하는 것이 유리하다.

④ 유독 가스를 배출하는 배출구는 흡입구와 충분히 분리되어 유해한 배출구가 점유 공간으로 재순환되지 않도록 해야 한다.

⑤ 일반적으로 프레온냉매 등과 같은 유해 화학 물질이 존재할 경우 호흡장비, 눈 세척 스테이션 및 안전 샤워시설 등이 실내에 설치되는 것이 권장된다.

(12) 법적 고려사항

① 에너지이용합리화법 "보일러설치 검사기준"에 의한 이격거리 고려가 필요

② "고압가스 안전관리법"에 의한 보안거리의 확보가 필요

③ "건축물의 설비기준 등에 관한 규칙"의 기계실 필요 환기량 및 유해물질 농도 관리 기준이 만족하도록 조치 필요

④ 기타 에너지절약계획서, 건축물에너지효율등급 관련 검토사항 체크 필요

(13) 기계실의 위치 관련 설계기준

① 기계실 위치선정 기준

   (개) 통풍이 잘 되는 곳 : 성능 향상, 결로 방지, 수명, 안전

   (내) 소음 및 진동의 전파 방지

   (대) 필요 시 분산 설치 : 수압(1.0 MPa 이하), 내압성 등

   (래) 기타 : 장비 반입의 용이성, 유지관리의 용이성, 방재 및 에너지 효율관리 등에 유리한 곳에 선정 필요

② 비교 Table

기계실이 지하층 혹은 1층에7 위치한 경우	기계실이 최상층에 위치한 경우
1. 중량물에 대한 안전성이 있음 2. 소음 및 진동이 적고, 유지관리가 용이함 3. 기기 반입이 비교적 쉬움 4. 온수 등의 순환력이 증가 5. 굴뚝효과로 연기 방출이 쉬움	1. 화재 시 피해를 최소화할 수 있음 2. 기계실 내 공기의 질이 우수 3. 오염공기의 실내 유입이 적음 4. 기기와 냉각탑 간의 거리가 가까워 수배관 등의 내압강도 측면에서 유리함

【제 4 교시】

1. 건축물의 설비기준 등에 관한 규칙 중 '신축공동주택 등의 기계환기설비의 설치기준'
에서 정의하는 다음 사항에 대하여 설명하시오.
  (1) 공기흡입구의 설치기준
  (2) 기계환기설비에서 발생하는 소음 측정방법
  (3) 외부에 면하는 공기흡입구와 배기구의 교차오염 방지기준

정답 **(1) 공기흡입구의 설치기준**

① 바깥공기를 공급하는 공기공급체계 또는 바깥공기가 도입되는 공기흡입구는 다음
각 목의 요건을 모두 갖춘 공기여과기 또는 집진기 등을 갖춰야 한다. 다만, 제7호
다목*에 따른 환기체계를 갖춘 경우에는 별표1의4 제5호**를 따른다.
가. 입자형·가스형 오염물질을 제거 또는 여과하는 성능이 일정 수준 이상일 것
나. 여과장치 등의 청소 및 교환 등 유지관리가 쉬운 구조일 것
다. 공기여과기의 경우 한국산업표준(KS B 6141)에 따른 입자 포집률이 계수법으로
측정하여 60퍼센트 이상일 것

여기서, * : 바깥공기가 도입되는 공기흡입구와 실내공기를 배출하는 송풍기가 결합된 환기
체계
** : 자연환기설비는 다음 각 목의 요건을 모두 갖춘 공기여과기를 갖춰야 한다.
가. 도입되는 바깥공기에 포함되어 있는 입자형·가스형 오염물질을 제거 또는
여과하는 성능이 일정 수준 이상일 것
나. 한국산업표준(KS B 6141)에 따른 입자 포집률이 질량법으로 측정하여 70퍼
센트 이상일 것
다. 청소 또는 교환이 쉬운 구조일 것

(2) 기계환기설비에서 발생하는 소음 측정방법

① 기계환기설비에서 발생하는 소음의 측정은 한국산업규격(KS B 6361)에 따르는 것
을 원칙으로 한다.
② 측정위치는 대표길이 1미터(수직 또는 수평 하단)에서 측정하여 소음이 40dB 이하가
되어야 하며, 암소음 (측정대상인 소음 외에 주변에 존재하는 소음을 말한다)은 보정하
여야 한다. 다만, 환기설비 본체(소음원)가 거주공간 외부에 설치될 경우에는 대표길이
1미터(수직 또는 수평 하단)에서 측정하여 50dB 이하가 되거나 거주 공간 내부의 중앙
부 바닥으로부터 1.0~1.2미터 높이에서 측정하여 40dB 이하가 되어야 한다.

(3) 외부에 면하는 공기흡입구와 배기구의 교차오염 방지 기준

외부에 면하는 공기흡입구와 배기구는 교차오염을 방지할 수 있도록 1.5미터 이상의

이격거리를 확보하거나, 공기흡입구와 배기구의 방향이 서로 90° 이상되는 위치에 설치 되어야 하고 화재 등 유사 시 안전에 대비할 수 있는 구조와 성능이 확보되어야 한다.

---

2. 음압격리병실 시설에 다음과 같은 설비의 설치 시 유의사항에 대하여 설명하시오.
(1) 위생기구　　　　　　　　　(2) 급수 및 급탕설비
(3) 배수설비　　　　　　　　　(4) 폐수(배수)처리설비

정답 **(1) 위생기구**

① 화장실 및 샤워시설 : 음압병상이 있는 공간(병실 내부)에 설치할 것 (중환자실의 경우 제외 가능)
② 화장실 배기팬 작동 금지 (배기는 헤파 필터를 통해서 나가도록 고려)
③ 위생기기의 수전은 손을 대지 않고 사용할 수 있는 구조 (센서 감응식 등)로 설치한다.
④ 세면대 설치 시 벽 배관 형식을 권장한다.
⑤ 손씻기 설비의 주변에는 종이수건, 세제, 소독약 등을 보관할 수 있는 가구를 벽걸이 형태로 설치할 수 있다.
⑥ 음압 격리병실의 화장실은 플래시 밸브 타입의 변기를 권장한다.

(2) 급수 및 급탕설비

① 급수는 말단 위생기구 이전에 역류로 인한 오염을 방지하기 위하여 역류방지 밸브를 설치한다.
② 급수관과 대변기의 접속은 급수관으로 역류가 일어나지 않도록 한다.
③ 급탕은 교차오염을 방지할 수 있는 개별 급탕시설 등으로 한다. 다만, 각 실마다 유효한 역류방지 밸브를 설치한 경우에는 급탕 재순환이 가능하다.

(3) 배수설비

① 손씻기 용기나 변기 등에 접속시킨 배수관, 통기관은 배수가 역류하지 않도록 설치한다.
② 음압 격리구역의 배수관은 전용 폐수 저장탱크까지 단독 설치한다.
③ 음압 격리구역 내 전용 멸균기를 설치한 경우 멸균기 작동에 따른 응축수는 전용 폐수 저장탱크로 배출한다.

(4) 폐수(배수)처리설비

① 전용 폐수 저장탱크(계류조)를 갖추고, 소독 또는 멸균을 한 다음 폐수처리 설비로 합류시키도록 한다.
② 폐수처리 시스템 설비 재질은 화학적 또는 열적 처리에 적합하도록 설치한다.
③ 폐수 저장탱크에는 폐수의 역류방지를 위해 통기관을 설치하고 통기관 말단에는 제균 필터를 설치한다.
④ 폐수 저장탱크에는 미생물의 생물학적 비활성화를 위한 설비(약액탱크 또는 오존

설비 등) 및 검증 포트를 설치한다.

(5) 참조 (관련법규)

① 음압격리병실 설치 및 운영 세부기준 – 보건복지부

② 음압시설(격리병상) 기술 기준 – (사)한국생물안전협회

---

3. **신축 비주거용 일반 건축물의 녹색건축인증기준에 관한 사항 중 다음을 설명하시오.**
(1) 에너지 및 환경오염 분야에서 배점이 가장 높은 인증항목 및 세부평가기준
(2) 물순환 관리 분야에서 배점이 가장 높은 인증항목 및 세부평가기준

정답 **(1) 에너지 및 환경오염 분야에서 배점이 가장 높은 인증항목 및 세부평가기준**

"녹색건축인증기준 운영세칙"을 참조하여

① 에너지 및 환경오염 분야에서 배점이 가장 높은 인증항목 : 에너지 및 환경오염 분야는 녹색건축인증의 전문분야에서 두 번째 평가항목이다. 다음 표에서 신축 비주거용 일반 건축물의 "2.1 에너지 성능"은 필수항목으로서 그 배점이 가장 높은 인증항목임을 알 수 있다.

전문 분야	인증항목	구분	배점	일반 건축물	업무용 건축물	학교 시설	판매 시설	숙박 시설
2.에너지 및 환경오염	2.1 에너지 성능	필수항목	12	○	○	○	○	○
	2.2 시험 · 조정 · 평가 (TAB) 및 커미셔닝 실시	평가항목	2	○	○	○	○	○
	2.3 에너지 모니터링 및 관리지원 장치	평가항목	2	○	○	○	○	○
	2.4 조명에너지 절약	평가항목	4	–	○	○	○	○
	2.5 신 · 재생에너지 이용	평가항목	3	○	○	○	○	○
	2.6 저탄소 에너지원 기술의 적용	평가항목	1	○	○	○	○	○
	2.7 오존층 보호를 위한 특정물질의 사용 금지	평가항목	3	○	○	○	○	○
	2.8 냉방에너지 절감을 위한 일사조절 계획 수립	평가항목	2	–	○	○	–	–

② 에너지 및 환경오염 분야에서 배점이 가장 높은 인증항목(에너지 성능)의 세부평가기준

㈎ 평가목적 : 건축물의 에너지 소비는 화석연료 사용에 의한 온실가스 배출과 밀접한 관계가 있으므로 건축물의 라이프 사이클에서 가장 많은 에너지를 소비하는 운영단계에서의 에너지 소비를 저감하기 위한 평가로서 건축물의 에너지를 절감하고 나아가 온실가스의 배출을 저감한다.

　㉯ 평가방법

　　㉮ 건축물의 에너지절약설계기준에 따른 에너지절약계획서의 에너지성능지표 검토서 평점 합계에 근거하여 평가

　　㉯ 건축물 에너지효율등급(예비)인증서에 근거하여 평가

㉰ 배점 : 12점 (필수항목, 최우수등급 및 우수등급 : 최소평점 9.6점)

㉱ 산출기준

　※ 평가방법 1, 2 중 유리한 점수로 적용

[평가방법 1] 에너지성능지표를 적용한 경우

- 평점 $= 12 \times [0.4 + \{(\text{평점합계} - 70) \div 25\} \times 0.6]$
  - 평점합계는 에너지성능지표 평점합계이며, 70점 미만인 경우 에너지성능 점수는 0점임
  - 평가방법 1은 최대 12점까지 인정함
  - 평점은 소수점 셋째 자리에서 반올림함
  - 에너지성능지표 검토서는 인증신청 시점의 기준을 적용함(단, 허가 또는 사업 승인신청 시에 검토기관에서 발급한 에너지절약계획서 검토 결과의 에너지성능지표 평점도 인정함)

[평가방법 2] 건축물 에너지효율등급을 적용한 경우

- 평점 $=$ (가중치) $\times$ (배점)

구분	건축물에너지효율 등급	가중치
1급	1^{++} 등급 이상	1.0
2급	1^{+} 등급	0.8
3급	1등급	0.6
4급	2등급	0.4

(2) 물순환 관리 분야에서 배점이 가장 높은 인증항목 및 세부평가기준

① 물순환 관리 분야에서 배점이 가장 높은 인증항목 : 물순환 관리 분야는 녹색건축인증의 전문분야에서 네 번째 평가항목이다. 여기서 "4.1 빗물 관리"는 그 배점이 가장 높은 인증항목임을 알 수 있다.

전문 분야	인증항목	구분	배점	일반 건축물	업무용 건축물	학교 시설	판매 시설	숙박 시설
4. 물순환 관리	4.1 빗물 관리	평가항목	5	○	○	○	○	○
	4.2 빗물 및 유출지하수 이용	평가항목	4	○	○	○	○	○
	4.3 절수형 기기 사용	필수항목	3	○	○	○	○	○
	4.4 물 사용량 모니터링	평가항목	2	○	○	○	○	○

② 물순환 관리 분야에서 배점이 가장 높은 인증항목(4.1 빗물 관리)의 세부평가기준

㉮ 평가목적 : 저영향개발(LID : Low Impact Development)기법 또는 그린인프라 (GI : Green Infrastructure) 시설을 활용하여 대지 내 빗물을 관리함으로써 도시 홍수와 수질오염의 저감 및 개발로 인한 물순환 왜곡의 최소화를 유도할 수 있다. 또한 빗물유출수의 저감은 하수도 인프라 등의 건설비와 유지관리비를 절감할 뿐만 아니라 지하수 보전, 토양 생태계 유지 및 미기후 개선 등의 효과를 얻을 수 있다.

㉯ 평가방법 : 빗물유출량을 저감·관리하는 시설의 설치 정도로 평가

㉰ 배점 : 5점(평가항목)

㉱ 산출기준

• 평점＝(가중치)×(배점)

구분	빗물 관리 용량을 저감·관리하는 시설 설치	가중치
1급	빗물 관리 면적(m^2)×0.03(m) 이상의 용량(m^3)을 관리할 수 있는 저영향개발(LID)기법 또는 그린인프라(GI)시설 설치 및 전체 불투수면 80% 이상의 면적이 연계된 경우	1.0
2급	빗물 관리 면적(m^2)×0.02(m) 이상의 용량(m^3)을 관리할 수 있는 저영향개발(LID)기법 또는 그린인프라(GI)시설 설치 및 전체 불투수면 80% 이상의 면적이 연계된 경우	0.8
3급	빗물 관리 면적(m^2)×0.01(m) 이상의 용량(m^3)을 관리할 수 있는 저영향개발(LID)기법 또는 그린인프라(GI)시설 설치 및 전체 불투수면 50% 이상의 면적이 연계된 경우	0.6
4급	빗물 관리 면적(m^2)×0.005(m) 이상의 용량(m^3)을 관리할 수 있는 저영향개발(LID)기법 또는 그린인프라(GI)시설 설치 및 전체 불투수면 50% 이상의 면적이 연계된 경우	0.4

－ 저영향개발(LID)기법 또는 그린인프라(GI)시설이란 도시홍수 및 수질오염 저감을 위한 빗물의 침투, 저류, 물순환 체계를 고려한 토지이용 계획기법(저류조, 침투 트렌치, 침투측구, 투수성포장 등) 및 토양과 식생 기반으로 빗물을 관리하는 시설 로서 비용이 효율적이고 친환경적으로 빗물을 관리하는 시설(빗물정원, 띠녹지, 수목여과(나무여과상자) 등)을 말한다.

－ 빗물 관리 면적은 대지 전체면적에서 자연지반 면적을 제외한 면적을 말한다.

－ 불투수면이란 토양면이 포장이나 건물 등으로 덮여서 빗물이 침투할 수 없는 해당 대지 대비 불투수 지역의 면적비율을 말한다.

4. 기계설비시공자가 기계설비공사를 끝낸 경우 기계설비의 성능 및 안전평가를 수행하고, 기계설비감리 업무수행자에게 제출해야 하는 서류 중 다음에 대하여 설명하시오.
   (1) 기계설비 안전 확인서의 검사항목 및 내용
   (2) 기계설비 사용 적합 확인서의 검사항목 및 내용

정답 국토교통부의 "기계설비 기술기준"을 참조하여

(1) 기계설비 안전 확인서의 검사항목 및 내용

 ① 검사항목 및 내용
   ㈎ 보일러실의 일산화탄소 감지기, 경보기는 적합한가
   ㈏ 보일러의 안전장치는 적합한가
   ㈐ 냉동기는 친환경냉매를 사용하기에 적합한가
   ㈑ 냉동기의 안전장치는 적합한가
   ㈒ 탱크류 안전밸브 설치는 적합한가
   ㈓ 환기장치의 외기도입구 및 배기구는 안전에 적합한가
   ㈔ 실외기는 안전에 적합한가
   ㈕ 냉각탑의 냉각수에 레지오넬라균 번식방지 조치는 적합한가
   ㈖ 저수조 청소 완료(필증)는 적합한가
   ㈗ 저수조 물넘침에 대비하여 배수시설과 알람시설은 적합한가
   ㈘ 음용수는 수질기준에 적합한가(시험성적서)
   ㈙ 급수, 급탕 등의 역류방지 장치는 적합한가
   ㈚ 급탕가열장치의 온도 및 압력에 대한 안전장치는 적합한가
   ㈛ 교차배관으로 인한 오염발생 방지조치는 적합한가
   ㈜ 각 위생기구에 공급되는 급수압은 적합한가
   ㈝ 물배관 및 계량기의 동파방지 조치는 적합한가
   ㈞ 동파방지 발열선의 과열 시 전원차단 및 경보시설은 적합한가
 ② 체크 사항
   ㈎ 해당 여부
   ㈏ 검사결과(적합 혹은 부적합 여부)
   ㈐ 비고(기타 사항)

(2) 기계설비 사용 적합 확인서의 검사항목 및 내용
 ① 기계설비 유지관리 공간 계획
   ㈎ 기계실
   ㈏ 피트
   ㈐ 샤프트
   ㈑ 점검구

② 기계설비 기술기준

 ㉮ 열원 및 냉난방설비

 ㉯ 공기조화설비

 ㉰ 환기설비

 ㉱ 위생기구설비

 ㉲ 급수·급탕설비

 ㉳ 오·배수통기 및 우수배수설비

 ㉴ 오수정화 및 물재이용설비

 ㉵ 배관설비

 ㉶ 덕트설비

 ㉷ 보온설비

 ㉸ 자동제어설비

 ㉹ 방음·방진·내진설비

③ 기계설비 안전 및 성능 확인

 ㉮ 기계설비 성능 확인

 ㉯ 기계설비 안전 확인

④ 체크 사항

 ㉮ 해당 여부

 ㉯ 검사결과(적합 혹은 부적합 여부)

 ㉰ 비고(기타 사항)

⑤ 첨부사항

 ㉮ 기계설비 사용 전 확인표

 ㉯ 기계설비 성능 확인서

 ㉰ 기계설비 안전 확인서

---

5. 장수명 주택의 정의와 인필(Infill)의 용어에 대하여 설명하고, 장수명 주택의 적용대상과 설비적 측면에서 검토되어야 할 사항을 설명하시오.

정답   "장수명 주택 건설·인증기준"에서

(1) 장수명 주택

내구성, 가변성, 수리 용이성에 대하여 장수명 주택 성능등급 인증기관의 장이 장수명 주택의 성능을 확인하여 인증한 주택을 말한다.

(2) 인필(Infill)

내장·전용설비 등 개인의 의사에 의하여 결정되는 부분이며, 물리적·사회적으로 변화가 심하며 상대적으로 수명이 짧은 부분을 말한다.

(3) 장수명 주택의 적용대상

「주택법」 제15조 (대통령령으로 정하는 호수 이상의 주택건설사업을 시행하려는 자 또는 대통령령으로 정하는 면적 이상의 대지조성사업을 시행하려는 자는 사업계획승 인권자에게 사업계획승인을 받아야 한다)에 따라 사업계획승인을 받아 건설하는 1,000세대 이상의 공동주택에 적용한다.

(4) 장수명 주택에서 설비적 측면에서 검토되어야 할 사항

① 내구성 : 설비 해당 사항 없음

② 가변성

(가) 인필-배관 [6점]

선택 ❶	욕실/화장실 당해 층 배관 • 벽면 배관공법(양변기, 세면기) • 바닥 단차(Slab down) 없는 공법 • 바닥 단차(Slab down) 있는 공법 등	1급	벽면배관공법+건식마감 또는 바닥 단차 없는 건식2중바닥공법	6점
		2급	벽면배관공법+습식마감 또는 바닥 단차 없는 층상 배관공법	5점
		3급	바닥 단차+건식마감	4점
		4급	바닥 단차+습식마감	3점

(나) 인필-물 사용 공간의 가변성[5점]

선택 ❹	욕실(화장실) 이동 • 이동 후 평면, 설비도면 제시	3점	2개 이상
		2점	1개
		※ 단, 화장실이 1개소만 있을 경우에는 1개소 이동 시 3점 획득으로 인정	
선택 ❺	부엌(주방) 이동 • 이동 후 평면, 설비도면 제시	2점	

③ 수리 용이성(전용 부분)

(가) 개보수 및 점검의 용이성 [15점]

필수 ❶	공용배관과 전용설비공간의 독립성 확보 (오배수, 우수 배관, 수직 환기·배기 공간(AS) 제외)	5점
필수 ❷	배관, 배선의 수선 교체가 용이하게 설계 • 2중관, 이중바닥, 건식벽체 설치를 한 경우도 인정 • 온돌배관 공용부에서 전용부 구조체 관통부 제외	5점
선택 ❶	배관·배선의 구조체 매설 금지	2점
선택 ❷	온돌의 건식화 • 적용 범위 전체	3점

(나) 세대 수평분리 계획 [5점]

	분할 사용 계획 시 구분 소유 평면으로 건축평면의 분리 가능성	(5점)
선택 ❸	[3-1] 공간계획 적용 [현관분리, 현관분리 시 전기통신 세대분전반의 별도 공간 확보 또는 여유 공간 계획 수립] ※ 단, 최소 분리 세대비율은 한 개 이상의 입상배관을 공유한 세대로 일정 세대 비율 확보 시 해당 점수 부여 <table><tr><td>1급</td><td>25% 이상</td><td>2</td></tr><tr><td>2급</td><td>20% 이상 ~ 25% 미만</td><td>1.5</td></tr><tr><td>3급</td><td>15% 이상 ~ 20% 미만</td><td>1</td></tr><tr><td>4급</td><td>5% 이상 ~ 15% 미만</td><td>0.5</td></tr></table>	2점
선택 ❹	[3-2] 설비계획 적용 [세탁기 배수입상관, 주방 수직 환기 · 배기 공간(AS)/수직배관 공간(PS), 에어컨 배관(실외기 같이 사용) 등 세대분할에 따른 세대와 전기/통신 간선배관 공간의 별도 공간 확보 또는 여유 공간 · 계획 수립] ※ 단, 최소 분리 세대비율은 한 개 이상의 입상배관을 공유한 세대로 일정 세대 비율 확보 시 해당 점수 부여 <table><tr><td>1급</td><td>25% 이상</td><td>3</td></tr><tr><td>2급</td><td>20% 이상 ~ 25% 미만</td><td>2.5</td></tr><tr><td>3급</td><td>15% 이상 ~ 20% 미만</td><td>2</td></tr><tr><td>4급</td><td>5% 이상 ~ 15% 미만</td><td>1</td></tr></table>	3점

④ 수리 용이성(공용 부분)

(가) 개보수 및 점검의 용이성 [15점]

필수 ❶	공용 공간에 배관 공간(Shaft) 배치 계획 : 공용입상배관은 공용 공간에 배치 계획 (급수, 난방, 급탕, 소화가 해당하며, 오배수 및 우수, 수직 환기 · 배기 공간(AS), 전기, 통신 간선 배선 공간 제외)	5점
필수 ❷	공용 배관 공간 점검구 : 수선 및 교체가 가능한 점검구의 크기, 위치, 구조 확보 • 전층 설치 • 크기 W600×H1500 이상 (단, 해체 가능한 건식공법 인정) • 수직 배연공간(Smoke Tower) 제외 • 환기 · 배기용 배관 공간(Shaft) 제외	5점
선택 ❶	배관 공간(Shaft) 내 배관 배치 : 배관 공간 내 배관 배치 시 배관간의 상호간섭 배제	2점
선택 ❷	배관 구조 : 조립이 가능한 배관 구조의 적용(공용입상 배관 제외)	3점

⒩ 미래수요 및 에너지원의 변화 대응성 [5점]

선택 **❸**	수요의 증가와 분리를 고려한 공용 수직배관 공간(PS)(전기, 통신 간선 배선 공간 포함)의 별도 여유 공간 배치 계획 수립	5점
	[3-1] 메인 공용 수직배관 공간(PS) 면적의 20% 여유 확보	2점
	[3-2] 예비 배관 공간(Shaft) 별도 설치 1개 이상 (세대 분할 시 세대별 계량기 수량 증가에 의한 전기 간선 배선 공간 및 수직배관 공간(PS) 여유 공간 계획 수립)	3점

---

6. 연료전지의 개요, 원리, 구조, 전해질에 따른 종류, 시공 시 유의사항을 설명하시오.

정답 **(1) 연료전지의 개요**

① 대부분의 화력발전소나 원자력발전소는 규모가 크고, 그곳으로부터 집까지 전기가 들어오려면 복잡한 과정을 거쳐야 한다.

② 일반적으로 이들 발전소에서는 전기가 만들어질 때 나오는 열은 모두 버려진다.

③ 반면에, 화력발전소나 원자력발전소 대비 작은 규모로 집안이나 소규모 장소에 설치할 수 있고, 거기에서 나오는 전기는 물론 열까지도 쓸 수 있는 장치가 바로 연료전지와 소형 열병합 발전기이다.

(2) 연료전지의 원리

① 연료전지는 물의 전기분해 과정과 반대의 과정으로서 다른 전지와 마찬가지로 양극 (+)과 음극(−)으로 이루어져 있는데 음극으로는 수소가 공급되고, 양극으로는 산소가 공급된다.

② 음극에서 수소는 전자와 양성자로 분리되는데 전자는 회로를 흐르면서 전류를 만들어낸다.

③ 전자들은 양극에서 산소와 만나 물을 생성하기 때문에 연료전지의 부산물은 물이다 (즉, 연료전지에서는 물이 수소와 산소로 전기분해되는 것과 정반대의 반응이 일어나는 것이다).

④ 연료전지에서 만들어지는 전기는 자동차의 내연기관을 대신해서 동력을 제공할 수 있고(자전거에 부착하면 전기자전거가 됨), 전기가 생길 때 부산물로 발생하는 열은 난방용으로 이용될 수 있다.

⑤ 연료전지로 들어가는 수소는 수소 탱크로부터 직접 올 수도 있고, 천연가스 분해장치를 거쳐 올 수도 있다. 수소 탱크의 수소는 석유 분해 과정에서 나온 것일 수도 있다. 그러나 어떤 경우든 배출물질은 물이기 때문에 수소의 원료가 무엇인지 따지지 않으면 연료전지를 매우 깨끗한 에너지 생산 장치로 볼 수 있다.

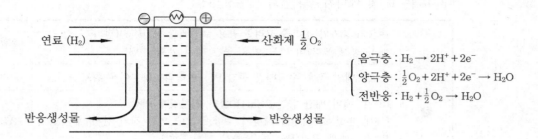

음극층 : $H_2 \rightarrow 2H^+ + 2e^-$
양극층 : $\frac{1}{2}O_2 + 2H^+ + 2e^- \rightarrow H_2O$
전반응 : $H_2 + \frac{1}{2}O_2 \rightarrow H_2O$

(3) 연료전지의 구조

① 개질기 (Reformer)

  (가) 화석연료(천연가스, 메탄올, 석유 등)로 부터 수소를 발생시키는 장치

  (나) 시스템에 악영향을 주는 황(10ppb 이하), 일산화탄소(10ppm 이하) 제어 및 시스템 효율향상을 위한 집적화(compact)가 핵심기술

② 스택 (Stack)

  (가) 원하는 전기출력을 얻기 위해 단위전지를 수십 장, 수백 장 직렬로 쌓아올린 본체

  (나) 단위전지 제조, 단위전지 적층 및 밀봉, 수소 공급과 열회수를 위한 분리판 설계·제작 등이 핵심기술

③ 전력변환기 (Inverter) : 연료전지에서 나오는 직류전기(DC)를 우리가 사용하는 교류(AC)로 변환시키는 장치

④ 주변 보조기기 (BOP : Balance of Plant) : 연료, 공기, 열회수 등을 위한 펌프류, Blower, 센서 등을 말하며, 연료전지 특성에 맞는 기술이 필요하다.

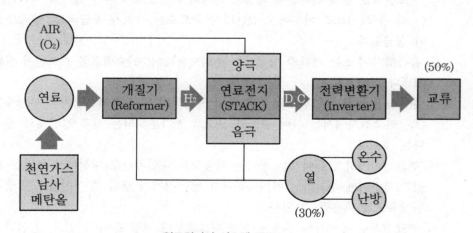

연료전지의 시스템 구조

(4) 전해질에 따른 종류

구분	알칼리 (AFC)	인산형 (PAFC)	용융탄산염형 (MCFC)	고체산화물형 (SOFC)	고분자전해질형 (PEMFC)	직접매탄올 (DMFC)
전해질	알칼리	인산염	탄산염 (Li_2CO_3 + K_2CO_3)	질코니아 (ZrO_2 + Y_2O_3) 등의 고체	이온교환막 (Nafion 등)	이온교환막 (Nafion 등)
연료	H_2	H_2	H_2	H_2	H_2	CH_3OH
동작 온도	약 120℃ 이하	약 250℃ 이하	약 700℃ 이하	약 1200℃ 이하	약 100℃ 이하	약 100℃ 이하
효율	약 85%	약 70%	약 80%	약 85%	약 75%	약 40%
용도	우주발사체 전원	중형건물 (200kW)	중·대용량 전력용 (100kW~MW)	소·중·대용량 발전 (1kW~MW)	정지용,이동용, 수송용 (1~10kW)	소형 이동 (1kW 이하)
특징	순 수소 및 순 산소를 사용	CO 내구성 큼, 병합 대응 가능	발전효율 높음, 내부개질 가능, 열병합 대응 가능	발전효율 높음, 내부개질 가능, 복합발전 가능	저온 작동, 고출력 밀도	저온 작동, 고출력 밀도

㈜ AFC : Alkaline Fuel Cell

  PAFC : Phosphoric Acid Fuel Cell

  MCFC : Molten Carbonate Fuel Cell

  SOFC : Solid Oxide Fuel Cell

  PEMFC : Polymer Electrolyte Membrane Fuel Cell

  DMFC : Direct Methanol Fuel Cell

  Nafion : perfluorinated sulfonic acid 계통의 막

(5) 연료전지 시공 시 유의사항

① 연료전지는 수소와 산소를 반응하게 해서 전기와 열을 만들어내는 장치로 재생가능 에너지는 아니다. 또한 산소는 공기 중에서 쉽게 구할 수 있지만, 수소는 상당히 구하기가 어려운 물질이므로 지속적이고 용이한 조달이 연료전지 발전의 성패의 관건이 될 수 있다.

② 수소는 상당한 고압력의 물질로 다루기가 매우 어렵고, 폭발력을 가지고 있어 현장 시공 시 안전 준수사항 관련 주의가 최우선으로 필요하다.

③ 현재 사용되는 연료 전지용 수소는 거의 대부분 천연가스를 분해해서 생산하며, 천연가스 분해과정에서 이산화탄소가 배출되기 때문에 연료전지는 현재로서는 지구온난화를 완전히 억제할 수 있는 기술은 아니다. 또한 현장에서 이산화탄소 포집 및 농업, 공업 분야에의 재활용 기술과의 접목이 필요할 수 있다.

④ 연료전지는 한 번 쓰고 버리는 보통의 전지와 달리 연료(수소)가 공급되면 계속해서 전기와 열이 나오는 반영구적 장치이므로 철저한 시공 및 지속적 유지관리가 무엇보다 중요하다.

⑤ 연료전지는 규모를 크게 만들 수도 있고, 가정용의 소형으로 작게 만들 수도 있다. 즉, 규모의 제약을 별로 받지 않고, 다른 신재생에너지원 대비 비교적 좁은 공간에도 쉽게 설치가 가능하다.

⑥ 연료전지용 연도를 규격에 맞게 설치하여 배출가스로 인한 질식이나 피해가 없어야 하며, 2중 이상의 안전장치(Fail safe 차원)를 설치하여 인명에 피해가 원천적으로 없게 조치하여야 한다.

⑦ 연료전지는 거의 모든 곳의 동력원과 열원으로 기능할 수 있다는 이점을 가지고 있지만, 연료전지에 사용되는 수소는 폭발성이 강한 물질이고 섭씨 −253℃에서 액체로 변환되기 때문에 다루기에 어려운 점이 있음을 직시하고, 시공 전 인력에 대한 전문적 기술교육이 필요하며, 반드시 법규에 따른 안전시공이 필요하다.

⑧ 천연가스를 이용하여 수소를 생산하는 방법으로는 다음의 수증기개질법(steam reforming) 등을 사용한다(스팀을 700~1,100℃로 메탄과 혼합하여 니켈 촉매반응기에서 압력 약 3~25bar로 다음과 같이 반응).

1차 (강한 흡열반응) : $CH_4 + H_2O = CO + 3H_2$, $\Delta H = +49.7$ kcal/mol

2차 (온화한 발열반응) : $CO + H_2O = CO_2 + H_2$, $\Delta H = -10$ kcal/mol

⑨ 기타 시공 시, 급탕부하 부재 시 혹은 부족 시 발전을 위해 냉각수를 이용한 개질기 및 스택의 냉각 방법을 강구해 두어야 하며, 과열에 대한 충분한 대책을 세우고, 필요 시 운전비, 경제성 등도 재평가가 이루어져야 한다.

◆ 습공기 선도

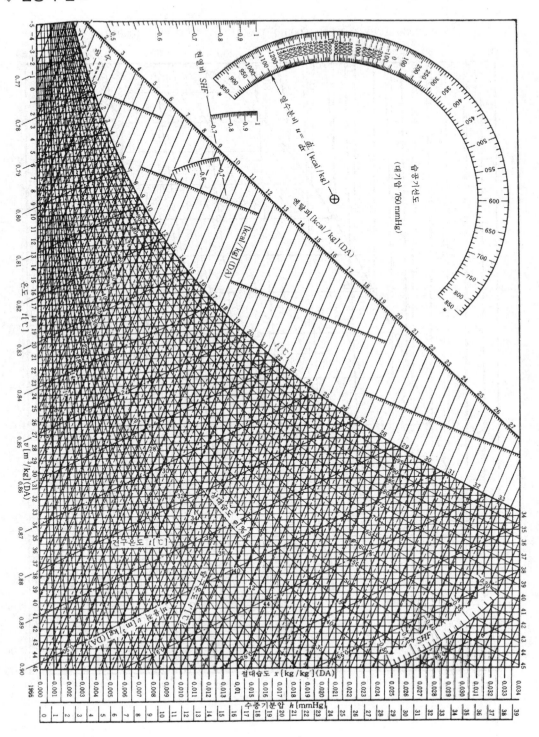

◈ $P-h$ 습공기 선도 (R134a)

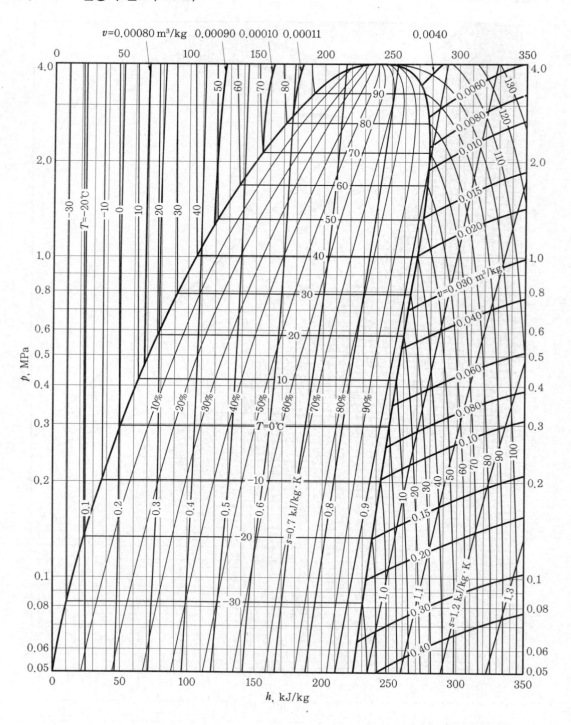

◆ $P-h$ 습공기 선도 (R410a)

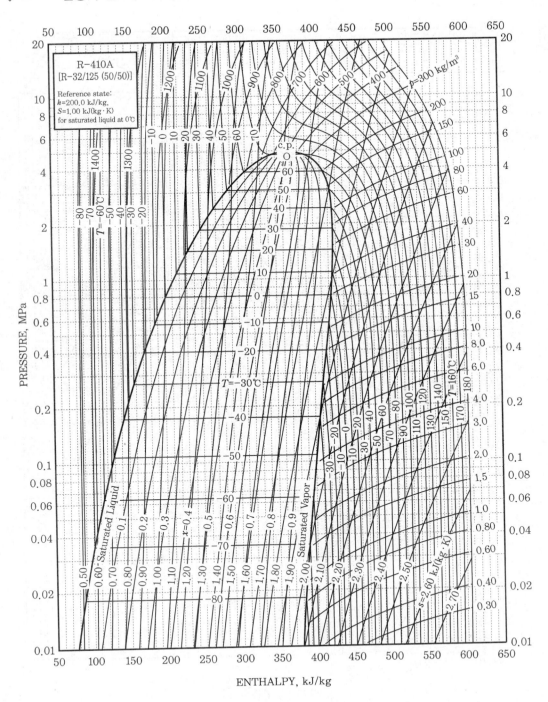

ENTHALPY, kJ/kg

◆ 마찰손실선도 (동관)

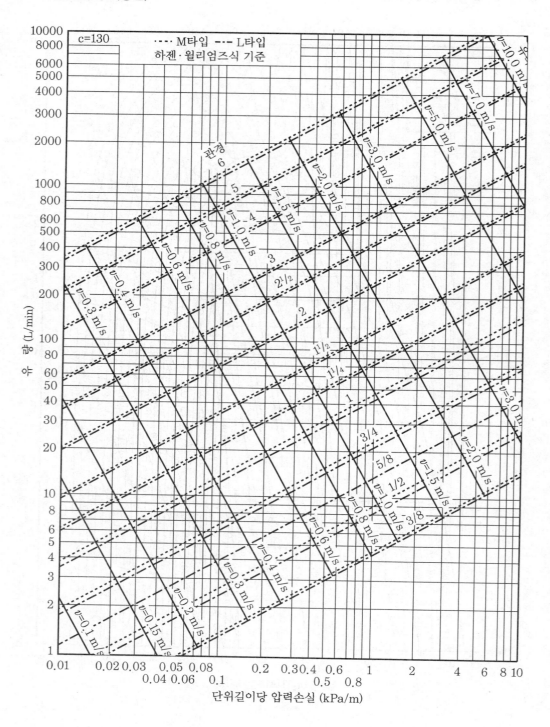

◆ 마찰손실선도(경질 염화비닐관)

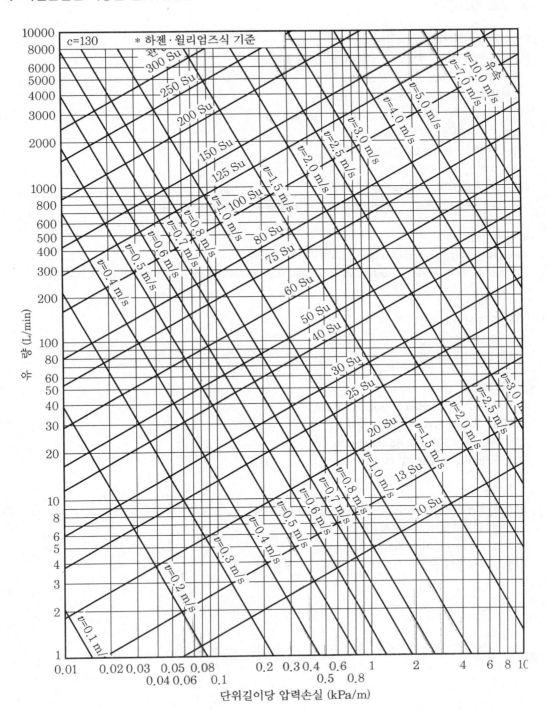

단위길이당 압력손실 (kPa/m)

1346

◈ 주요 참고문헌

1. 국내서적

금종수 외(공역), 『백만인의 공기조화』, 태훈출판사.

김동진 외, 『공업열역학』, 문운당.

김영호 외, 『최신 공기조화설비』, 보문당.

민만기 외(공역), 『공기조화 및 냉동』, 사이텍미디어.

박병우, 『배관설비공학』, 일진사.

위용호(역), 『공기조화 핸드북』, 세진사.

이종수 외, 『실무중심의 냉동공학』, 포인트.

이한백, 『열역학』, 형설출판사.

한국냉동공조기술협회, 『냉동공조기술』, 한국냉동공조기술협회 교재편찬위.

2. 외국서적

Adison wesley, *Thermodynamics*, 교보문고.

Gordon J. Van Wesley, *Fundamentals of classical Thermodynamics*, JOHN WILEY & SONS .

3. 국내 학술지

『냉동공조기술지』

『설비저널』

『한국설비기술협회지』

4. 외국논문

Cooling Tower Fundamentals, MARLEY.

Cooling Tower Practice, BRITISH.

CTI Bulletin RFM-116 Recirculation.

CTI Technical Paper TP 85-18.

5. 기술사 수험서

김진현, 『건축기계설비기술사 및 공조냉동기계기술사』, 보문당.

김회률 외, 『기술사 용어해설』, 예문사.

백환기, 『공조냉동기계 기술사』, 구민사.

신정섭, 『공조냉동기계 기술사』, 일진사.

찾아보기

ㅇ

ㅊ

신정수

· (주) 제이앤지 에너지기술연구소장
· 전주비전대학교 겸임교수
· 건축기계설비기술사
· 공조냉동기계기술사
· 공학박사
· 건축물에너지평가사
· 한국기술사회 정회원
· 용인시 공동주택 품질검수 자문위원
· 충청남도 공동주택 품질검수위원
· 중소벤처기업부 과제심사위원
· 한국에너지기술평가원 평가위원
· 한국산업기술평가관리원 평가위원
· 저서 : 『공조냉동기계/건축기계설비기술사 용어해설』
　　　　『미세먼지 저감과 미래 에너지시스템』
　　　　『친환경 저탄소 에너지 시스템』
　　　　『신재생에너지 시스템공학』
　　　　『신재생에너지 발전설비 기사·산업기사』 외

공조냉동기계 기술사 건축기계설비 기술사 핵심800제

2020년 1월 10일 1판1쇄
2022년 1월 10일 2판1쇄

저　자 : 신정수
펴낸이 : 이정일

펴낸곳 : 도서출판 **일진사**
　　　　www.iljinsa.com
(우) 04317 서울시 용산구 효창원로 64길 6
전화 : 704-1616 / 팩스 : 715-3536
등록 : 제1979-000009호 (1979.4.2)

값 92,000 원

ISBN : 978-89-429-1676-4